TERRA
SIGILLATA

Kosmos-Handbücher
für die praktische
naturwissenschaftliche
Arbeit

Andreas E. Richter

Handbuch des Fossiliensammlers

Ein Wegweiser für die Praxis
und Führer zur Bestimmung von
mehr als 1300 Fossilien

Kosmos
Gesellschaft der Naturfreunde
Franckh'sche Verlagshandlung
Stuttgart

Mit 96 Farbfotos, 7 stratigraphischen Tabellen und 10 Tabellen zur Systematik und Stammesgeschichte von Andreas E. Richter sowie 1095 Zeichnungen und 64 Tafeln von Gabo Richter

Umschlag von Edgar Dambacher unter Verwendung einer Aufnahme von Andreas E. Richter

CIP-Kurztitelaufnahme der Deutschen Bibliothek

Richter, Andreas E.:
Handbuch des Fossiliensammlers: e. Wegweiser für d. Praxis u. Führer zur Bestimmung von mehr als 1300 Fossilien / Andreas E. Richter. –
Stuttgart: Franckh, 1981.
(Kosmos-Handbücher für die praktische naturwissenschaftliche Arbeit)
ISBN 3-440-05004-1

Franckh'sche Verlagshandlung, W. Keller & Co., Stuttgart / 1981

Printed in Germany / Imprimé en Allemagne
L WW H Ste / ISBN 3-440-05004-1
Gesamtherstellung: Brönner & Daentler KG, Eichstätt

Handbuch des Fossiliensammlers

Einleitung

Sammeln ist ein Urtrieb. Geerbt haben wir ihn von unseren Vorfahren. Doch war er bei ihnen Existenzgrundlage, war notwendig, das Überleben zu sichern, so ist er beim heutigen Mitteleuropäer vordergründig überflüssig, aber vielfach wesentlicher Faktor für eine gesunde Physis und Psyche. Das Sammeln von Fossilien führt weg vom Fließband, der Werkbank oder dem Schreibtisch. Der Sammler bewegt sich in der Natur, muß sich körperlich betätigen, am Meer oder in den Bergen oder am Prallhang eines Baches. Hier findet er den nötigen Ausgleich zu einem Dasein, für das ihn die Evolution nicht geschaffen hat. – Und das Sammeln mag auch unser Umweltbewußtsein fördern. Speziell das Fossiliensammeln kann den Blick für Zusammenhänge schärfen, für Abhängigkeiten bzw. die Zusammenhänge zwischen den Lebewesen und ihrer Umwelt.
Warum sind so viele Tiergruppen ausgestorben? Wie hat das Fossil in meiner Hand ausgesehen und wie hat es gelebt? Wird auch der Mensch einst aussterben? – Viele Fragen aus dem Studium von Vorgängen, die Millionen Jahre zurückliegen, lassen sich um so eher beantworten, je genauer wir gleichartig oder ähnlich heute ablaufende Vorgänge kennenlernen. Die genaue Kenntnis der Gegenwart gibt Aufschlüsse über die Vergangenheit – und umgekehrt! Der Erkenntnisvorgang verläuft keineswegs als Einbahnstraße nur in einer Richtung.
Auch die Lebewesen, die in der heutigen Tierwelt keine Entsprechung haben, interessieren. Es geht in der Paläontologie nicht nur um solche, die bereits vor mehreren hundert Millionen Jahren in praktisch der gleichen Form wie heute auftauchten, das heißt, die für den Menschen unvorstellbar langen Zeiträume der Erdgeschichte nahezu ohne Änderung in Bau, Lebensweise oder Aussehen durchliefen.
Mancher Sammler wird sich mit der Freude an seinen schönen Sammlungsstücken im Schrank bescheiden. – Akzeptiert: Das Wichtigste bei jedem Steckenpferd ist die Freude daran – und wohl auch das Erfolgserlebnis! Aber die Erfahrung zeigt, daß vielen der bloße Besitz nicht genügt. Sie wollen den richtigen Namen finden für Ammonit oder Trilobit, suchen nach Erklärungen, wollen lernen, wollen das Fossil „wieder leben lassen“ in seiner Umwelt, seinem „Biotop“, mit den zahlreichen anderen Lebensformen!
Für diese Sammler wurde das vorliegende Buch geschrieben. Es entstand aus der Praxis des Sammelns und kann sowohl dem Anfänger vom ersten „Sammeltag“ an zur Seite stehen, wie auch dem Fortgeschrittenen bei der Lösung seiner Probleme hilfreich sein. Beschrieben wird im allgemeinen Teil alles, was zum Fossiliensammeln gehört – beginnend mit dem Suchen draußen über die Präparation und die Bestimmung zu Hause bis hin zum Aufbau einer Sammlung. Die unverzichtbaren – auch bei den Fachleuten üblichen – Hilfsmittel, Methoden und Fachausdrücke sind aufgezählt, erläutert und durch zahlreiche Abbildungen verdeutlicht.
Folgende Abkürzungen werden verwendet: Abb. Abbildung; Unt. Unterer, Untere, Unteres; Mittl. Mittlerer, Mittlere, Mittleres; Ob. Oberer, Obere, Oberes; LF Leitfossil; WQ Windungsquerschnitt; syn. synonym; s. siehe; s. a. siehe auch. Die bei den Belemniten verwendeten Abkürzungen sind dort erläutert. Nicht erklärte Fremdwörter finden sich im Duden.
Im systematischen Teil findet der Sammler die Fossilgruppen, wobei seltene bzw. für den Sammler meist nur im Museum zugängliche Formen weggelassen wurden, z. B. Spinnentiere, Insekten, Amphibien, Vögel usw. Es mag scheinen, als seien die Pflanzen im Vergleich zu ihrer wissenschaftlichen Bedeutung unterrepräsentiert. Doch sind sie quantitativ ihrem Vorkommen und damit der Zugänglichkeit für den Sammler entsprechend berücksichtigt.
Die Gliederung des systematischen Teiles folgt biologischen Gesichtspunkten. Kennbuchstaben (s. Tabelle S. 77) tragen die einzelnen Gruppen aus Gründen der Vereinfachung. Auch die Abbildungen tragen diese Kennbuchstaben, ergänzt durch eine laufende Nummer: A 50, B 60 usw. Maße nennen

(falls nicht anders angegeben) das Maximalmaß des abgebildeten Fossils, also nicht des Handstücks (Gesteins); sind mehrere Exemplare abgebildet, gilt die Maßangabe für das größte.
Jeder Gruppe ist eine allgemeine Einführung vorangestellt. Sie erläutert Systematik, Stammesgeschichte, Morphologie, Anatomie – vielfach auch Ontogenese – und Lebensweise. Ergänzend und abrundend treten dazu Zeichnungen, die auf Tafeln zusammengefaßt das Wesentliche schnell erfassen lassen. Somit kann das Werk auch als „kleines" Lehrbuch dienen.
An die Einführung schließt sich der Bestimmungsteil an. Er zählt häufige und/oder wichtige Fossilien auf. In der Regel sind die Gattungsmerkmale beschrieben und ist mindestens eine Art abgebildet. Auf die Erwähnung reiner „Lehrbuchfossilien" wie *Archaeopteryx* usw. wird verzichtet. Die Auswahl ist subjektiv. Bei der Fülle des Materials kann das nicht anders sein; ein anderer Autor hätte sicher auch eine andere Auswahl getroffen. Vor allem bei den Ammoniten habe ich Leitfossilien aufgenommen. Die Gattungen und Arten kommen in der Regel in Europa vor. Arten, die es nur außerhalb Europas gibt, fanden ausnahmsweise dann Berücksichtigung, wenn es sich um besonders häufige Formen handelt, die auf jeder Börse problemlos erworben werden können.
Dem systematischen Teil sind 8 Tafeln mit häufigen und auch seltenen Fossilien zur „Vorbestimmung" vorangestellt. Hier findet Hilfe, wer bei der Zuordnung seines Fundes zur richtigen Gruppe (z. B. Ammoniten, Schnecken usw.) Schwierigkeiten hat. Die mit einbezogenen, seltener vorkommenden Organismenreste wie Opercula, Rhyncholithen usw. machen die Durchsicht der Tafeln auch für den fortgeschrittenen Sammler sinnvoll.
Um dem Sammler auch die nötige stratigraphische Information an die Hand zu geben, folgen am Schluß des Buches 7 Tabellen, die die Schichtabfolge vom Präkambrium bis zum Quartär verzeichnen. Diese stratigraphischen Tabellen wurden im Hinblick auf Übersichtlichkeit zusammengestellt. Sie ermöglichen das schnelle Auffinden aller im Text genannten Schichten. Die Zonierung ist soweit wie möglich angegeben. Auf regionale Gliederungen konnte aus Platzgründen nur bedingt eingegangen werden, wobei vor allem die für Sammler wichtigen Gebiete berücksichtigt sind.
Als Grundlage für die Ausarbeitung diente „Brinkmanns Abriß der Geologie", 2. Band (Historische Geologie), 10./11. Auflage 1977, sowie eine Anzahl anderer Arbeiten (Geologische Führer usw.).
Die Schreibweise der Stufenbezeichnungen wurde auf die namengebende Lokalität zurückgeführt (Wenlock statt Wenlockium, Aalen statt Aalenium usw.), abgesehen von wenigen Ausnahmen (z. B. Ypres statt des Ortsnamens Ypern). Ansonsten wurde die Schreibweise unverändert übernommen.
Das Literaturverzeichnis muß sich auf eine Auswahl beschränken. Der Leser findet darin unter anderem Lehrbücher, die tiefer in die verschiedenen Bereiche der Paläontologie führen und teilweise auch als Bestimmungsbücher dienen können, besonders dann, wenn einzelne Fossilgruppen abgehandelt sind. Große Sorgfalt wurde auf die Anlage der umfassenden Register verwendet; der Benutzer sollte problemlos ein Synonym oder eine bestimmte Schichtbezeichnung finden.
Herzlichen Dank für Manuskriptdurchsicht und konstruktive Kritik darf ich Prof. Dr. K.W. Barthel (Berlin) und Prof. Dr. A. Seilacher (Tübingen) aussprechen; für die Durchsicht des Ammonitenteiles danke ich Dr. G. Schairer (München), für die Durchsicht des Fischteils Dipl.-Geologe von der Hocht (Mainz). Für die gute Zusammenarbeit danke ich W.K. Weidert, Lektor des Verlages, sowie meiner Schwester Gabriele für zeitintensive Hilfstätigkeiten. Besonderen Dank schulde ich meiner Frau Gabo, die in geduldiger und ausdauernder Arbeit alle 2800 Einzelzeichnungen fertigte.

Allgemeiner Teil

Fossilien und Paläontologie

Was sind Fossilien?

Alle aus früheren erdgeschichtlichen Zeiten überlieferten Lebensspuren, seien es nun Reste von Pflanzen oder Tieren – auch Tierfährten – werden als Fossilien bezeichnet. Die ältesten bisher bekannten Fossilien stammen aus ca. 3,8 Milliarden Jahre alten Gesteinsschichten. Und was nach dem Ende der letzten Eiszeit vor ca. 10 000 Jahren eingebettet wurde und überdauerte, gilt nicht mehr als fossil, sondern als „subfossil“. Heute lebende Tiere und Pflanzen wiederum bezeichnet man als „rezent“. Fossilien nannte man früher „Petrefakten“; der heute so oft gebrauchte Ausdruck „Versteinerung“ trifft den Sachverhalt nur teilweise, denn nur ein Teil der Fossilien ist wirklich „versteinert“. Wer schon in fossilreichen Schichten gesammelt hat, weiß, in welcher Fülle die Überreste längst vergangenen Lebens auftreten können. An den entsprechenden Mergelhängen im Jura der Schwäbischen Alb finden sich Brachiopoden, Ammoniten, Seeigelreste, Bryozoen, Muscheln und Schnecken usw. zu Hunderten. Trotzdem aber stellen diese vielen Fossilien nur einen winzigen Ausschnitt aus der Fülle früheren Lebens dar. Fossilien sind immer die Ausnahme! Auf ein solches Relikt kommen unzählige andere, für immer vergangene Lebewesen. Entsprechend hoch müssen wir den Wert dieser Dokumente der Lebensentwicklung ansetzen! Die rezenten Lebensformen zeigen trotz ihrer Vielfalt nur einen Ausschnitt des Entwicklungsprogramms des Lebens. – Wieviele Formen aber vergangen sind, läßt sich nur durch Fossilien nachweisen. Nur mit ihrer Hilfe läßt sich das Entwicklungsprogramm rekonstruieren und in einen passenden Rahmen stellen. Freilich bleiben dabei viele Lücken, da zahlreiche Arten nicht überliefert sind – sei es mangels erhaltungsfähiger Hartteile oder wegen ungünstiger Fossilationsbedingungen. Prinzipiell sind alle Teile eines Lebewesens erhaltungsfähig, wie extreme Beispiele zeigen: Blütenblätter aus dem Travertin von Sezanne, Insekten in Bernstein, Wirbeltiere in Erdwachs und Eis usw. Solche Fälle bilden aber stets die Ausnahme.

Fossilentstehung

Die Vorgänge vom Absterben eines Lebewesens bis zu seiner Freilegung als Fossil werden unter dem Begriff Fossilentstehung oder Fossilisation zusammengefaßt. Mit dem Zeitraum zwischen Tod und endgültiger Einbettung im Sediment beschäftigt sich die Biostratonomie, während die Fossildiagenese die daran anschließenden Vorgänge untersucht.

Biostratonomie

Die Biostratonomie versucht zu ermitteln, ob die Einbettung des verendeten Tieres autochthon, das heißt am Todesort erfolgte oder allochthon, das heißt, ob es an einem anderen als dem Ort des Todes eingebettet wurde, weil der Kadaver oder Teile davon z. B. durch Meeresströmungen umgelagert und verdriftet wurden. Die Biostratonomie versucht ferner, die Einbettungsbedingungen und damit – in Grenzen – auch die Umweltbedingungen zu erforschen. Wichtig ist dabei die Kenntnis heutiger ähnlicher oder gleicher Vorgänge, die beobachtet und möglicherweise experimentell bestätigt werden müssen. – Auch heute entstehen Fossilien. Jede z. B. am Strand eingebettete Muschel hat die Chance, in etlichen hundert Millionen Jahren als Fossil wieder aufzutauchen. „Aktuopaläontologie“ ist der

etwas unglücklich gewählte Begriff für dieses Fachgebiet, das die analogen rezenten Vorgänge untersucht.
Nach dem Absterben eines Lebewesens wird im Normfall seine organische Substanz durch Verwesung, Fäulnis oder bakterielle Zersetzung (vor allem bei Pflanzen) zerstört. Bleiben Weichteile erhalten, spricht man z. B. von Mumifikation. Mumifikationen sind z. B. die Mammut- und Nashornfunde im sibirischen Dauerfrostboden.
Auch die sogenannten Hartteile eines Tieres, Knochen, Panzer, Zähne, vergehen im Normalfall spurlos. Doch ist ihre Chance, fossil erhalten zu bleiben, wesentlich größer als die der Weichteile. Die Einbettung der Hartteile erfolgt in den meisten Fällen allochthon, wobei während des Transportes eine Sonderung beispielsweise nach der Größe stattfinden kann. Bei solchen verfrachteten Fossilien beobachten wir oft allseitigen oder einseitigen Abschliff („Facettenbildung"), bei stärker beanspruchtem Material auch Bruch. Hartteile werden vielfach geregelt eingebettet. Das gilt vorzugsweise für z. B. schüssel- oder kegelförmige Objekte. So liegen Muschelklappen in Stillwasserbereichen gewöhnlich mit der Wölbung nach unten, in Bewegtwasser mit der Wölbung nach oben; spitzkegelförmige Objekte (z. B. Turmschnecken) liegen mit der Längsachse etwa in Strömungsrichtung usw.
Thanatozönosen nennen wir die Leichen- oder Grabgemeinschaften fern vom ursprünglichen Lebensraum. Bei einer Biozönose dagegen sind die Fossilien im ursprünglichen Lebensraum eingebettet, also nicht verfrachtet. Bei den Meeres-Thanatozönosen unterscheiden wir zwischen Spülsaum und Strömungszusammenspülungen. Thanatozönosen gibt es ebenso in Binnenseen und fließenden Gewässern. In den letzteren sind die Fossilien großenteils grundverfrachtet und zeigen deutliche Abriebspuren sowie Frachtsonderung.

Fossildiagenese

Der Begriff faßt Vorgänge und Abläufe zusammen, die aus einem „Lebensrest" ein Fossil machen. Untrennbar verbunden ist sie mit der Gesteinsdiagenese, jenem Vorgang, der aus abgelagerten Sedimenten Gestein entstehen läßt. Die wichtigsten Faktoren der Diagenese sind Druck, Temperatur und Zeit. Im Sediment eingelagerte Tier- und Pflanzenreste machen alle Vorgänge, die das Sediment umwandeln, mit und erfahren entsprechende Umbildung. Die ursprüngliche Substanz des Fossils kann weggelöst und/oder durch einen anderen Stoff ersetzt werden; auch Um- und Sammelkristallisation tritt auf.
Fossilien gibt es als Körperfossilien, als Stein- und Prägekerne oder als Abdrücke; sie können vollständig (in den Hartteilen) oder unvollständig erhalten sein, deformiert oder nicht deformiert. Die bekannteste und jedenfalls sehr häufige Überlieferungsform ist der Steinkern. Er entsteht dadurch, daß Sediment die Körperhöhlen, Gehäuse oder Panzer usw., füllt und die Substanz, die diese Höhlung bildete, später weggelöst wird. Der Steinkern gibt die genaue Ausbildung und Form dieses Hohlraumes wieder, also die ehemalige Innenseite der Schale usw., oft mit allen Feinheiten. Umgekehrt überliefert ein Prägekern die Außenseite, die Skulptur, eines Gehäuses oder Panzers usw. (Skulptursteinkern). Wird ein Gehäuse aufgelöst (meist von innen), noch während das Sediment formbar (plastisch) ist, drückt das umgebende plastische Sediment nach und prägt die in ihm „abgedrückte" (negative) Gehäuseskulptur (also die ursprüngliche Außenseite) der ebenfalls noch formbaren Sedimentfüllung, dem „Steinkern" auf.
Schnecken und homomyare (s. S. 154) Muscheln sind meist als Steinkern überliefert, da ihr Gehäuse aus dem leicht löslichen Aragonit bestanden, während monomyare (s. S. 154) Muscheln meist in Schalenerhaltung vorliegen – ihre Schale bestand aus dem weniger leicht löslichen Calcit.
Nicht in jedem Fall werden Gehäuse bei der Einbettung mit Sediment verfüllt, sie können auch leer bleiben. Bei späterer Auflösung des Gehäuses im bereits verfestigten Gestein hinterlassen sie Hohlräume, in denen im Gestein zirkulierende Lösungen Mineralien abscheiden können. Ist das Quarz, spricht man von verkieselten Fossilien, bei Calcit von karbonatisierten (calcitisch erhaltenen) und bei Pyrit oder Markasit von pyritisierten (verkiesten) Fossilien. Pyritisierte Fossilien können sekundär durch Oxidation, die außen ansetzt, teilweise oder ganz in Limonit umgewandelt sein.
Umkristallisation erfolgt vor allem bei aragonitischen Hartteilen; sie werden in den stabilen Calcit umgewandelt. Seltener beobachtet man die Dolomitisierung ursprünglich calcitischer oder aragonitischer Schalen.
Die Skelettelemente der Stachelhäuter (Echinodermata), wie Seeigelgehäuse und -stacheln, Seelilienstielglieder, Seesternasseln usw. bestanden ursprünglich aus einem Maschenwerk einheitlich orientier-

ter Calcit-Körperchen. Durch Umkristallisation entstanden aus diesen einzelnen Skelettelementen homogene Calcitkristalle, die im Bruch gut kenntlich an den großen Spaltflächen („calcitischer Bruch") sind. In den Fossilien verbliebene Hohlräume zeigen oft Kristallauskleidung durch Calcit, Dolomit sowie – seltener – Coelestin usw.
Als Konkretionen bezeichnet man knollen- bis linsenförmige Mineralausscheidungen, entstanden durch bestimmte Konzentrationsvorgänge im Gestein. Die als Konkretionskerne einlagernden Fossilien sind häufig vorzüglich erhalten; in anderen Fällen ist der ursprüngliche Fossilkern durch diagenetische Vorgänge zerstört. Dünnwandige Konkretionen zeichnen häufig die Form des eingeschlossenen Fossils nach, während dickwandige Konkretionen in der Regel rundlich bis eiförmig sind. Zu diesen Konkretionen zählen z. B. auch die Knollenfeuersteine der norddeutschen Ob. Kreide oder die Pyritkonkretionen, etwa aus dem Unt. Jura Süddeutschlands.
Geoden sind Hohlraumausfüllungen in Ergußgesteinen, oft in Form von Kristallbildungen. Sie haben mit Fossilien nichts zu tun, auch wenn der Name oft in diesem Zusammenhang gebraucht wird.
Von Schalenerhaltung sprechen wir, wenn die ursprüngliche Schale noch klar erkennbar ist. In vielen Fällen ist sie freilich nicht im Originalmaterial erhalten. Vielmehr fanden Umbildungen statt, wobei allerdings die ursprüngliche Form bewahrt blieb. Nur selten finden sich Reste der originalen Gehäusefarbe, weil sie so gut wie immer durch die Diagenese zerstört wird. In Sonderfällen sind Farbzeichnungen erhalten, z. B. bei silurischen Orthoceraten, Ammoniten des Unt. Jura und tertiären Mollusken.
Manche Fossilien zeigen Opaleszenz: die oberste Schalenschicht fehlt bei ihnen, wodurch die Perlmuttschicht sichtbar wird. Bekannt ist diese Erscheinung z. B. von den Ammoniten der Ob. Kreide Nordamerikas (Pierre-Shale, Wyoming usw.), von Ammoniten aus dem Jura der Sowjetunion (Abb. A 96), von den Leioceraten des Mittl. Jura (Unt. Aalen) oder den Fossilien der Unt. Kreide (Alb) von Bully (Pays de Bray, Normandie).
Die Deformation von Fossilien beobachten wir oft und in allen Gesteinen. Zu unterscheiden ist dabei zwischen diagenetischen und tektonischen Verformungen. Diagenetische Verformungen – mehr oder weniger schichtparallel – entstehen durch Volumenschwund, der seinerseits z. B. durch Sediment- oder Sackungsdruck hervorgerufen wird. Zu erwähnen sind hier vor allem die papierdünn gepreßten Ammoniten aus dem Oberen Unterjura (Posidonienschiefer) oder aus dem unteren Mitteljura (Opalinusschichten) von Württemberg. Ähnliches beobachten wir in den Solnhofener Schichten Bayerns. Bei Ammoniten ist manchmal ein Teil noch körperlich erhalten, der Rest, in der Regel die Wohnkammer, aber zerdrückt.
Tektonische Deformation bewirkt meist Kurz- oder Langformen, aber auch schiefe Formen. Zwischen bruchloser Deformation und Bruchdeformation sind alle Übergänge möglich. Tektonische Deformationen treten häufig in Kalksteinen und Tonen auf. Deformierte Fossilien wurden früher häufig als eigene Arten beschrieben; heute kann man sie mit Hilfe rechnerischer, zeichnerischer oder optischer Methoden entzerren und so auf die Normalform zurückführen.

Leitfossilien

Schon oberflächliches Studium von Fossilien und Schichten zeigt, daß in den Schichten des Paläozoikums andere Fossilien auftreten, als in jenen des Mesozoikums oder gar des Känozoikums. Alle diese Schichten lassen sich nun mit Hilfe von Fossilien, die sich nur in ihnen finden, kennzeichnen und, mitunter über weite Strecken, parallelisieren und altersmäßig relativ zueinander in Beziehung setzen. Die Grundeinheit einer solchen Kennzeichnung ist die Zone, darunter steht noch die Subzone (bzw. die Teilzone), darüber stehen Stufe, Serie (Abteilung), System und Ärathem:

Ärathem	Mesozoikum
System	Jura
Serie	Mittl. Jura
Stufe	Bajoc
Zone	*parkinsoni*-Zone

Zonen können z. B. durch eine Art oder Gattung, auch durch eine Fauna (Faunenzone) oder durch Pflanzen (Florizone) charakterisiert sein.
Solche kennzeichnende Fossilien heißen „Leitfossilien". Ihr zeitliches Auftreten soll möglichst kurz und damit auf eine Schicht beschränkt sein, aber geographisch sehr weiträumig – ideal weltweit – und

faziesunabhängig, also sowohl in Kalk- wie Sandsteinen, Flachmeer- und Strandablagerungen usw. Mit anderen Worten: Leitfossilien sollen geringe vertikale, aber größtmögliche horizontale Verbreitung haben.
Ideal geeignet als Leitfossilien sind Entwicklungsreihen schnell aufeinanderfolgender Formen, die sich stark wandeln. Diese Forderungen erfüllen sehr gut z. B. die verschiedenen Arten der Ammonitengattung *Sutneria,* mit deren Hilfe ein Teil des Ob. Jura gegliedert werden kann. Allerdings sind nur *S. platynota* und *S. subeumela* kennzeichnend; sie entsprechen Zonierungen im Kimeridge. Eine weitere Forderung – das häufige Auftreten – erfüllen leider nur relativ wenige Leitfossilien, z. B. *Sutneria platynota.* Ausgeprägte, gut erkennbare Merkmale des Leitfossils vereinfachen die Bestimmung, womit also schon im Feld eine Identifizierung und Einordnung der Schicht möglich wird.
Im Laufe der Erdgeschichte variiert die Bedeutung der einzelnen Fossilgruppen als Leitfossilien. Grundsätzlich aber sind marine Fossilien die besseren Leitfossilien, weil sie sich schneller ausbreiten und somit relativ gleichzeitig in den verschiedenen Ablagerungsbereichen auftreten, wobei es auf einige hundert Jahre nicht ankommt bei einer angenommenen Zonen-„Dauer" von ein- bis zweihunderttausend Jahren und mehr. Hinzu kommt, daß im Meer die Chancen für eine Erhaltung der Lebensformen wesentlich besser sind als auf dem Land oder im Süßwasser.
Die jeweiligen Leitfossiliengruppen in den einzelnen Abschnitten der Erdgeschichte zeigt die folgende Aufstellung (wichtige Gruppen sind durch Fettdruck hervorgehoben):

Kambrium	**Trilobiten,** Brachiopoden
Ordovizium	**Graptolithen,** Trilobiten, Brachiopoden
Silur	**Graptolithen,** Trilobiten, Brachiopoden, Ostracoden, Nautiliden
Devon	**Ammonoideen,** Brachiopoden, Korallen, Trilobiten
Karbon	**Ammonoideen,** Foraminiferen, Brachiopoden, Korallen, Pflanzen
Perm	**Ammonoideen,** Foraminiferen, Brachiopoden, Korallen, Pflanzen
Trias	**Ammonoideen,** Muscheln
Jura	**Ammonoideen,** Ostracoden, Foraminiferen
Kreide	**Ammonoideen,** Foraminiferen, Belemniten, Muscheln, Ostracoden
Känozoikum	Säugetiere, Foraminiferen, Belemniten, Muscheln, Schnecken, Pflanzen

Es fällt auf, daß während des Paläozoikums vor allem Trilobiten, Graptolithen, Brachiopoden und Ammonoideen, im Mesozoikum Ammonoideen und Foraminiferen und im Känozoikum eine Reihe etwa gleichwertiger Formen Leitfossilien sind.

Faziesfossilien

Sind Leitfossilien für einen bestimmten zeitlichen Abschnitt der Erdgeschichte charakteristisch, so sind Faziesfossilien an ganz bestimmte Bereiche der „Biofazies" gebunden und für sie typisch. So gibt es eine Korallenriffazies, Brachiopodenfazies, Ammonitenfazies usw. Fazieskunde ist ein hochinteressantes und vielschichtiges Gebiet und hat den Vorteil, daß sowohl rezentes als auch fossiles Material studiert werden kann.

Paläontologie

„Die Lehre vom alten Leben", wie man Paläontologie übersetzen kann, beschäftigt sich mit den Fossilien als den Überbleibseln, den Relikten des vorzeitlichen Lebens. Eingeführt hat die Bezeichnung Paläontologie BLAINVILLE (1825); vorher sprach man von „Petrefaktenkunde" und „Oryktologie". Früher wurde die Paläontologie als Hilfswissenschaft der Geologie betrachtet, später mitunter mehr der Biologie zugeordnet. Heute versteht sich die Paläontologie als eigenständige Wissenschaft zwischen Geologie und Biologie, jedoch mehr zu letzterer hin orientiert.
Innerhalb der „allgemeinen Paläontologie" werden u. a. Biostratonomie, Fossildiagenese, Aktuopaläontologie, Palökologie, Palichnologie und Phylogenie (Stammesgeschichte) behandelt. Die „spezielle Paläontologie" gliedert sich in Paläobotanik und Paläozoologie. Sie hat die Aufgabe, die fossilen Lebensformen zu registrieren, zu beschreiben und mit Hilfe von Nomenklatur und Taxonomie in die bestehende Systematik einzuordnen. Die Paläozoologie wird weiter untergliedert in Wirbellosen-(Invertebraten- oder Evertebraten-) Paläozoologie und Wirbeltier-(Vertebraten-) Paläozoologie. Die Mikropaläontologie beschäftigt sich sowohl mit paläobotanischen wie auch paläozoologischen Proble-

men, in Form der kleinen bis sehr kleinen, nur unter dem Mikroskop zu untersuchenden Fossilien (Mikrofossilien). Die „angewandte Paläontologie" schließlich hilft bei der relativen Zeit- bzw. Altersbestimmung der Schichten mit Hilfe von Leitfossilien. Dieser der Geologie dienende Zweig der Paläontologie heißt „Biostratigraphie".

Die Stratigraphie setzt zur Gliederung der Gesteinsabfolge nicht grundsätzlich nur Fossilien ein, sondern kann auch auf der Gesteinsbeschaffenheit basieren (Lithostratigraphie); relative Zeitmessung erfolgt jedoch immer mit Hilfe der Biostratigraphie durch die Beobachtung der in einer Richtung fortschreitenden Entwicklung des Lebens. Die Mikrofossilien werden in zunehmendem Maße zur Durchführung solcher Schichtparallelisierungen herangezogen.

Kurzgefaßte Geschichte der Paläontologie

Fossilien wurden bereits vor 20–30 000 Jahren gesammelt und benutzt – schon der Steinzeitmensch verwendete Klappen der fossilen Muschel *Glycimeris* als Schminkschale (Jägerstation am Vogelherd bei Stetten im Lonetal/Württemberg aus der Zeit des Aurignacien). Eine „Fossiliensammlung" mit 58 Arten aus dem Oligozän und einigen rezenten mittelmeerischen „Vergleichsstücken" stammt aus einem bronzezeitlichen Grab bei Bernburg südlich von Magdeburg/DDR; die Kollektion war für ihren Besitzer anscheinend immerhin so wertvoll, daß er sie ins jenseitige Leben „mitnahm". Kaiser Augustus besaß in einer seiner Villen auf Capri eine Naturaliensammlung mit vielen fossilen Knochen, von denen die größeren (von Elefanten) wohl für die Gebeine von Riesen gehalten wurden.

Im klassischen Griechenland war die Deutung von Fossilresten schon auf aktuellem Stand: XENOPHANES (ca. 580–480 v. d. Z.) und HERODOT (ca. 510–425 v. d. Z.) erkannten Fossilien ganz richtig als Überreste ehemaliger Meerestiere. ARISTOTELES (384–322 v. d. Z.) allerdings glaubte an eine „Urzeugung", wonach sowohl die lebenden niederen und auch einige höhere Tiere wie natürlich auch die Fossilien aus faulenden Substanzen, Schlamm usw. entstanden sein sollten. Bedauerlicherweise bestimmte diese Ansicht viele Jahrhunderte lang Zoologie und Paläontologie.

Während der Glanzzeit des Römischen Reiches wurde in naturwissenschaftlicher Hinsicht wenig geleistet. Dieser Behauptung tut auch die Tatsache keinen Abbruch, daß PLINIUS der Ältere (24–79 n. d. Z.) eine umfassende „Historia naturalis" verfaßte. Darin finden sich einige Stellen über Fossilien, z. B. die Ansicht, Glossopetren – so nannte man fossile Haizähne – seien vom Himmel gefallen. Einige Autoren, z. B. STRABO (63 v. d. Z. – 20 n. d. Z.) und EUSEBIUS (270–339 n. d. Z.) vertraten die Meinung, daß Fossilien auf ehemalige Meeresbedeckung hinwiesen. Ihre Ansicht aber hatte keinen Einfluß auf die weitere Entwicklung der Versteinerungskunde.

Das Mittelalter trug neue Erkenntnisse zur Paläontologie nicht bei. In der Renaissance dann erklärte LEONARDO DA VINCI (1452 – 1519) Fossilien als Reste ehemaliger Meerestiere. Er ordnete sogar versteinerte Lebensspuren richtig ein und deutete ebenso richtig die seinerzeit vielbeachteten Glossopetren als Haizähne. Ähnlich dachte Girolamo Hieronymus FRACASTORO (1483–1553), der bei Festungsbauten in der Gegend von Verona mit Unmengen tertiärer Fossilien konfrontiert worden war. Daneben aber gab es von anderen Gelehrten aufgestellte Theorien, die uns heute unverständlich sind: Fossilien seien unter dem Einfluß der Gestirne enstanden (Michele MERCATI, um 1574); zumindest ein Teil der Fossilien habe sich durch Gärung aus verhärteten Wassermengen (Georg AGRICOLA, um 1546) gebildet. Fossile Zähne und Knochen entstünden zusammen mit Kristallen und Edelsteinen durch die Einwirkung eines „spiritus architectonicus" oder „spiritus plasticus" (Athanasius KIRCHER, um 1664) usw. Bis zum Ende des 17. Jahrhunderts etwa war die Mehrzahl aller Forscher der Meinung, Fossilien seien Produkte einer geheimnisvollen Urkraft, der „vis plastica" oder „aura seminalis" usw. Über die Natur dieser formenden Kraft wurden allerdings kaum Aussagen gemacht.

Zu den ersten Gelehrten der Neuzeit, die Fossilien für die Überreste ehemaliger Lebewesen erklärten, gehörten Fabio COLONNA (1616) und Nicolaus STENO (1669). Auch Gottfried Wilhelm von LEIBNIZ, John WOODWARD, Johann Jakob BAIER, (1708, 1730) und Johann Jakob SCHEUCHZER (1708) vertraten diese Ansicht. Man hielt alle Fossilien für Überreste der Lebewesen, die während der Sintflut umgekommen waren. 1726 beschrieb SCHEUCHZER unter der gelehrt lateinischen Überschrift „homo diluvii testis" das „Bein-Gerüst" eines in der Sintflut ertrunkenen Menschen! Es wurde dann später von Georges CUVIER richtig als Überrest eines Riesensalamanders (*Andrias scheuchzeri*) identifiziert.

Bereits gegen Ende des 18. Jahrhunderts machten wachsende Kenntnisse sowohl in der Geologie wie auch in der Paläontologie die Theorie einer einzigen Sintflut unhaltbar. Man versuchte nun die beobachteten Fakten durch die Annahme mehrerer aufeinanderfolgender Katastrophen zur Deckung

zu bringen. So Georges Louis Leclerc de BUFFON in seinen 1778 erschienenen „Epoques de la Nature", der allerdings noch von der Kirche gezwungen wurde, diese Theorie zurückzuziehen. Ebenfalls die „Katastrophentheorie" vertraten bedeutende Wissenschaftler wie Jean Etienne GUETTARD (1715–1786), Georges CUVIER (1769–1832) und Alcide D'ORBIGNY (1802–1857). Dabei steigerte man sich von anfangs 6 oder 7 solcher Katastropen (BUFFON, CUVIER) bis zu 27 „Erdrevolutionen" (D'ORBIGNY).
Die ersten sinnvollen stratigraphischen Beobachtungen und Aussagen finden sich bei Martin LISTER, John WOODWARD und Robert HOOKE. Gegen Ende des 18. Jahrhunderts erarbeitete der Engländer William SMITH („The Strata Smith") fundierte und umfassende stratigraphische Tabellen einiger englischer Schichtabfolgen, verzichtete aber bedauerlicherweise auf eine Veröffentlichung. Er gilt als der Vater der modernen Stratigraphie. Und ihre Geburtsstunde schlug dann mit der Erkenntnis, daß gleichalte Schichten durch gleiche Fossilien gekennzeichnet sind und daß mit Hilfe dieser „Leitfossilien" („index fossils") diese Schichten überall wiedererkannt werden können. Wir finden diesen Gedanken auch bei Leopold von BUCH (1810), Alexander BROGNIART & Georges CUVIER (1808, 1811) und Ernst Friedrich von SCHLOTHEIM (1813, 1820).
Zusammen mit der in der ersten Hälfte des 18. Jahrhunderts von Carl von LINNÉ (1707–1778) geschaffenen „binären Nomenklatur" und seinem taxonomischen System (s. eigene Kapitel) waren nunmehr die Voraussetzungen für methodische wissenschaftliche Untersuchungen geschaffen: Denn „kennt man nicht den Namen, so ist die Kenntnis vom Dinge wertlos" (ISIDORUS) – damit war also eine Verständigung über die zahlreichen rezenten und fossilen Formen möglich geworden.
Als einer der Hauptbegründer der modernen wissenschaftlichen Paläontologie gilt CUVIER. Vor allem in der Wirbeltierforschung leistete er Großes, stellte erschöpfende Untersuchungen an fossilen und rezenten Knochen an. Er gilt als Begründer der vergleichenden Anatomie und stellte das berühmte „Korrelationsgesetz" auf, wonach zwischen den einzelnen Organismenteilen gesetzmäßige Formbeziehungen bestehen, sich also kein Organ verändern kann ohne parallellaufende Umwandlung der übrigen.
Bereits Geoffrey SAINT-HILAIRE (1795, 1828, 1831) wie auch Jean Baptiste LAMARCK (1809, 1815, 1830) stellten fest, daß sich Arten verändern können, daß es also eine Weiterentwicklung innerhalb der Tier- und Pflanzenwelt gibt. LAMARCK arbeitete zudem an einer Abstammungstheorie. Diese Ansichten standen natürlich in krassem Gegensatz zu CUVIERS Katastrophentheorie, nach der alle Arten erloschen, und die neuen Formen vollkommen neu entstanden. Erst Charles DARWIN brachte 1858 mit seinem bahnbrechenden Werk „On the Origin of Species" Licht in die lebensgeschichtlichen Zusammenhänge durch die ausführliche Darlegung und schlüssige Begründung der Abstammungstheorie.
Vor allem im Verlaufe des 19. Jahrhunderts entstanden in vielen Ländern zahlreiche umfassende Tafelwerke, die noch heute jeden Fossilienfreund (und auch jeden Bibliophilen!) begeistern. Die folgende Aufzählung stellt nur eine Auswahl dar, kann aber andeuten, mit welchem Eifer und welcher Hingabe die Paläontologen des vergangenen Jahrhunderts die Ergebnisse ihrer Arbeit zusammenfaßten und an die Öffentlichkeit brachten.
Deutschland: Georg August GOLDFUSS: „Petrefacta Germaniae", begonnen 1826; Ernst Friedrich VON SCHLOTHEIM: „Petrefactenkunde", 1820–1823; C.H. ZIETEN: „Versteinerungen Württembergs", 1830–1834; Heinrich Georg BRONN: „Lethaea geognostica", 1835–1838; Friedrich August QUENSTEDT: „Petrefactenkunde Deutschlands", 1846–1884; „Der Jura", 1858; „Handbuch der Petrefactenkunde", 1852, 2. Aufl. 1867, 3. Aufl. 1885; „Die Ammoniten des Schwäbischen Jura", 1885–1888.
Frankreich: Georges CUVIER: „Le Règne animal", 1817; „Recherches sur les Ossements fossiles", 1812–1813; Jean Baptiste LAMARCK: „Histoire naturelle des animaux sans vertèbres", 1815–1822, 2. Aufl. 1835–1845; Alcide D'ORBIGNY: „Paléontologie française", 1840–1855; Gérard Paul DESHAYES: „Description des coquilles fossiles des environs de Paris", 1824–1837.
Italien: Giovanni Battista BROCCHI: „Conchiologia fossile subappennina", 1814.
England: James und Charles SOWERBY (Vater und Sohn): „Mineral Conchology of Great Britain", 1812–1814.
Schweiz: Louis AGASSIZ: „Recherches sur les poissons fossiles", 1833–1842.

Im Gelände

Ausrüstung

Einst wurden Exkursionen nach gründlicher Vorbereitung mit Bahn oder Bus und schließlich – über ganze Tage – zu Fuß durchgeführt. Dieses Sich-erwandern-müssen seiner Funde vermittelte dem Sammler ein ganz anderes, viel „persönlicheres" Verhältnis zu seinen Sammelstücken. Zur Ausrüstung kam auf dem Heimweg noch die Ausbeute; schmerzende Füße und ein überstrapaziertes Kreuz waren gängige Münze und der Regenguß oft genug sogar willkommen zur Abkühlung nach sengender Sonnenglut: Man hatte das gute Gefühl, etwas „verdient" zu haben, für seine Funde auch eine entsprechende Leistung erbracht zu haben. Und als Nebeneffekt kam hinzu, daß der über längere Strecken gehende Fußmarsch gegebenenfalls an unbekannten Aufschlüssen vorbeiführte mit vielleicht guter Fossilführung. Kurz, man brachte unter Umständen weniger nach Hause als heute, aber das Erlebnis selbst war sicher größer und schöner.
Und wie ist es in unseren Tagen?
Das Auto bringt den Sammler in Stunden direkt zum Aufschluß, über Entfernungen, die früher für eine 3-Tage-Exkursion gut waren. Kreuzhacke und Hammer aus dem Kofferraum zu holen dauert kaum Minuten und es kann losgehen. Es sei jedem Sammler empfohlen, doch auch einmal jenes alte Exkursionsgefühl kennenzulernen und dazu solch eine Tageswanderung durchzuführen! Vielleicht im Urlaub und jedenfalls in schöner Landschaft sowie fossilträchtiger Gegend.
Ausrüstung und Funde nimmt eine derbe Exkursionstasche mit breitem Schultertragegurt oder ein fester Rucksack auf. Man spart nicht an der Qualität des Werkzeugs, eher an der Menge. Wichtigstes Requisit ist der Hammer – wir können zwischen zahlreichen Ausführungen wählen. Bewährt haben sich Ganzmetallhämmer mit Schneide; manche Sammler allerdings bevorzugen statt der Schneide eine Spitze – jedem das Seine!
Besitzen wir noch verschiedene Meißel, einen Fäustel und vielleicht Kreuzhacke sowie Klappspaten, so ist alles Nötige an größeren Werkzeugen vorhanden. Spezialisten entwickeln aus den Anforderungen der Praxis vielfach zusätzliche Werkzeuge und Geräte für diesen oder jenen Zweck: besonders präparierte Schraubendreher und Spachtel, kleine Brecheisen usw. Zum Sieben von Lockersanden dienen Siebe mit unterschiedlicher Maschenweite; eine Methode, sie billig selberzumachen, ist im Kapitel „Mikrofossilien" beschrieben.
Das Sammeln in Ton und Mergel verlangt immer einen Spachtel; scharfgeschliffen eignet er sich gut zum Spalten dünner Platten – im Notfall tut's auch ein kräftiges Messer. Die von vielen Sammlern mitgeführte Lupe hat wenig Wert. Alle Feinarbeiten und Untersuchungen werden sinnvollerweise erst zu Hause vorgenommen. Vor schneller „Feldpräparation" ist dringend zu warnen; dabei wird normalerweise mehr zerstört als gutgemacht. Nichts dagegen einzuwenden ist, wenn Sie überschüssiges Gestein mit scharfen Hammerschlägen zu entfernen versuchen. Aber auch Sie nehmen sicher lieber eine große Platte ganz mit als in zahlreichen Bruchstücken.
Fossilien und Gesteinsproben, die auf Mikrofossilien untersucht werden sollen, kommen in stabile Plastikbeutel. Bestes und billigstes Verpackungsmaterial ist Zeitungspapier in ausreichender Menge. Besonders empfindliche Fundstücke sind in Glasröhrchen oder Schachteln einigermaßen stoß- und drucksicher untergebracht.
Daß in jeden Beutel usw. ein Kärtchen mit Angaben zum Fundort und nach Möglichkeit auch zu den Schichten eingelegt wird, ist selbstverständlich. Ein stabiles Notizbuch mit Bleistift sowie ein Maßstab zur Profilaufnahme vervollständigen die Grundausrüstung.

Informationen

Ist eine Sammelexkursion geplant, bemühen wir uns frühzeitig um detaillierte Angaben über Aufschlüsse. Kennen wir andere Sammler, die im „Zielgebiet" tätig sind, sprechen wir sie an; sie helfen sicherlich gern mit Informationen weiter. Alle Angaben, sei es über den Weg, die Schichten oder die Fossilien, notieren! Auch in Zeitschriften wie MINERALIEN-MAGAZIN, KOSMOS oder AUFSCHLUSS finden sich Hinweise auf Fundstellen.
Ebenso erwähnen Bücher, z. B. geologische Führer, fossilführende Aufschlüsse, oft genug sogar mit Erläuterung des Profils der Fundsstelle. In diesem Zusammenhang besonders interessant sind die geologischen Karten im Maßstab 1:25 000 und die dazugehörigen Erläuterungen, worin wir eine

Aufzählung aller bei der Kartierung existierenden Aufschlüsse finden, mit Lageskizzen, Profilen, Beschreibungen und Fossillisten. Liegt die Kartierung oder das Erscheinungsjahr des Buches sehr weit zurück, kann es natürlich sein, daß dort, wo der Aufschluß war, heute Korn im Winde rauscht oder sich eine Schonung ausbreitet.
Zur gründlichen Exkursionsvorbereitung gehört das Studium der topographischen Karte 1:50 000, besser 1:25 000, denn sie verzeichnen größere Aufschlüsse wie Steinbrüche, Gruben usw.
Im Gelände suchen wir das Gespräch mit den Einheimischen. Sie sind häufig genug eine Quelle wertvoller Information! Fragen kann große Umwege und langes Herumirren ersparen, und im Gespräch erfahren wir, wo weitere Brüche oder Baugruben usw. sind oder daß an dieser oder jener Stelle neulich schon einige Sammler klopften. Treffen wir an den Fundstellen andere Sammler, so tauschen wir Informationen aus, später vielleicht auch Fossilien – Sammler helfen einander!

Aufschlüsse

Der Begriff meint Stellen, wo der Untergrund unter dem Pflanzenkleid zutage tritt und ungehindert beobachtet werden kann. Aufschlüsse sind Steinbrüche, eine Sand- oder Tongrube, Bachhänge, eine Hangrutschfläche, Straßen- oder Hausbaugruben usw. Auch ein frisch gepflügtes Feld kann fossilreiche Schichten „aufschließen", und sogar der Maulwurfshaufen auf einer Wiese erbringt wenn auch keine Fossilien, so doch vielleicht Informationen über das anstehende Gestein.
Die meisten Fossilien treten in Kalken, Mergeln und Tonen (und allen Übergängen), Sandsteinen und Sanden auf. Sie alle sind für den Geologen Gestein. Naturgemäß treffen wir die verfestigten Gesteine wie Kalke und Sandsteine in Steinbrüchen an, während Tone, Mergeltone und Sande in Gruben erschlossen sind. Wo die Landschaft eben ist, fallen Steinbrüche aus größerer Entfernung kaum auf. Im hügeligen Gelände dagegen sind sie an Bergflanken oft weithin sichtbar. Grundsätzlich sollte der Sammler an keinem Aufschluß vorbeigehen, ohne ihn näher in Augenschein zu nehmen, sei er nun künstlicher (Hausbau, Grube usw.) oder natürlicher Art (Hangrutsch, Bachbett usw.). Schon mancher mußte erfahren, daß eine Baugrube, an der er vor einigen Wochen vorbeifuhr, ganz hervorragende Fossilien lieferte. Nur durch unermüdliche Begehung unseres Gebietes lernen wir alle Aufschlüsse kennen!
Es ist selbstverständlich, daß wir in Steinbrüchen und Gruben, die in Betrieb stehen, nach Sammelerlaubnis fragen. Möglicherweise bringt das Gespräch mit den Arbeitern sogar nützliche Hinweise – in manchen großen Brüchen sind nur bestimmte Schichten fossilführend – und wir ersparen uns langes Herumsuchen. Nötigenfalls können wir sogar bei den Arbeitern schweres Werkzeug borgen. Verbote sind grundsätzlich einzuhalten, sei es in Steinbrüchen oder draußen im Gelände. Wichtig: In betriebenen Brüchen und Gruben kein Werkzeug zurücklassen! Freiwillig tut das ohnehin niemand, aber für die Brecheranlage sind die Folgen eines liegengebliebenen Hammers oder Meißels im wahrsten Sinne des Wortes verheerend: Reparaturen, Produktionsausfall usw., während uns nur ein Hammer fehlt. An manchen ehemals großartigen Fundstellen werden Sammler heute rigoros verjagt. Einzelne haben durch Fehlverhalten, Nachlässigkeit und Raubbau die Besitzer derart verärgert, daß nun alle Sammler das Nachsehen haben. Unerfreuliche Anblicke wie durch Unterhöhlung zum Sturz gebrachte Bäume oder durchwühlte und nun rutschgefährdete Hänge machen sehr anschaulich deutlich, daß die Haltung der Grundeigentümer durchaus verständlich ist.
Ein verantwortungsbewußter Sammler hinterläßt Ordnung. Das beginnt damit, daß er Löcher wieder auffüllt, und es hört mit dem Wegräumen des Abfalls auf.
Gesundheit oder gar Leben setzt kein vernünftiger Sammler für Fossilien aufs Spiel: also Vorsicht an bröckeligen Steinwänden (das mindeste ist hier ein Schutzhelm!), an Steilabbrüchen, an unterhöhlten Sandwänden, seien sie auch nur wenige Meter hoch; Sand sackt gelegentlich ohne Vorwarnung und völlig lautlos zusammen.

Suchen

Das Gestein bestimmt, welche Technik beim Suchen und Sammeln anzuwenden ist. Kalke und Sandsteine verlangen oft schweres Werkzeug wie Kreuzhacke und Fäustel, während wir in Sanden mit Schaufel und Sieb, in Tonen schließlich mit Spaten und Hacke, in kleinerem Maßstab mit Spachtel und Hammer auskommen.
Zuerst untersuchen wir immer den Hangschutt oder den Abraum, um offen herumliegende, vielleicht

sogar ausgewitterte Fossilien zu erfassen. Auch die Umgebung eines Aufschlusses, seien dies nun Felder, Wiesen oder Ödland, ist immer eine Untersuchung wert; mag sein, daß sich einiges an freigewittertem Material findet. Nach der Sondierung des Hangschuttes wenden wir uns dem anstehenden Gestein zu, bauen vielleicht ab und lernen auf diese Weise den Fossilinhalt der einzelnen Schichten kennen. Wir arbeiten immer von unten nach oben, um Materialverschleppung zu vermeiden. In Kalkbrüchen gehen wir bankweise vor; gründliche Sammler verwahren im Steinbruch ihre Fossilien bankweise und legen dazu einen Zettel mit der in das Profil eingetragenen Banknummer. Profis wie Paläontologen und Geologen sammeln ganz selbstverständlich schichtmäßig (stratigraphisch). Handelt es sich ausschließlich um Haldenfunde, z. B. beim Sammeln von Karbonpflanzen, können wir immerhin versuchen, die Fossilien anhand erkennbarer Gesteinsunterschiede zu trennen. Geschiebesammler sammeln blockweise, halten also alle Fossilien aus einem Block zusammen.
Entnehmen wir dem Gesteinsverband Platten, so markieren wir die Hangendseite (oben) und die Liegendseite (unten) mit „H" und „L". Zu allen Fossilien werden an Ort und Stelle Zettel mit Fundort- und Schichtangabe und dem Datum gelegt – wer weiß, wann wir zur Fundauswertung kommen.
Bei verfestigten Gesteinen kommt die Hauptarbeit, nämlich die Präparation, erst zu Hause. Vor allem kleinere Fossilien fallen im Aufschluß kaum auf, wodurch wir gezwungen sind, alle Gesteinsstücke sehr aufmerksam durchzumustern. Suchen wir in Tonen, treten auch im Aufschluß mitunter reichlich Kleinformen in Erscheinung, freigewaschen vom Regen oder kleinen Rinnsalen. Sinnvollerweise entnehmen wir Ton en bloc und schlämmen dann erst zu Hause in Ruhe. Ähnlich gehen wir in Lockersanden vor – von allen schlämmfähigen Gesteinen nehmen wir eine ordentliche Portion mit. Draußen im Gelände sondern wir größere Fossilien durch Sieben aus, am besten mit einem Sieb mit einer Maschenweite von ca. 5 mm.
Empfindliche Fossilien werden Stück für Stück gesondert in Zeitungspapier oder Papiertaschentücher eingewickelt. Zum Transport bringen wir sie drucksicher unter. Fossilien aus Lockergesteinen lassen sich gegen Beschädigung ganz einfach durch ausreichende Zugabe von Gestein – z. B. Sand – schützen: Wir gewinnen dadurch gleich unser Schlämmaterial. Kalkige Fossilien verpacken wir ebenfalls Stück für Stück in Zeitungspapier, um Abrieb während des Transports zu vermeiden. Ist ein Fossil bereits im Aufschluß zerbrochen, verpackt man die Einzelteile getrennt, tut sie aber zusammen in einen Beutel.

Das Gestein

Jede Gesteinsart enstand und entsteht unter ganz bestimmten Bedingungen. Damit erlaubt unser Sedimentgestein auch Rückschlüsse darauf, welche Verhältnisse zur Zeit seiner Entstehung am Ort der Ablagerung geherrscht haben. Im folgenden dazu stichwortartig Angaben für die einzelnen Gesteine:

A Kalke (Festgestein)

1. Dichter und reiner Kalk entstand küstenfern; Bankung vorhanden; Fossilien sind selten, meist aber gut erhalten.
2. Verunreinigter Kalk (durch Ton oder Sinkstoffe organischer Art) deutet auf küstennahe Enstehung; Bankung vorhanden; Fossilien sind in der Regel häufig bis sehr häufig, mitunter aber mäßig erhalten; in sehr flachem Wasser können Rippelmarken entstanden sein.
3. Riffkalke und Massenkalke zeigen in der Regel keine Bankung; die Fossilführung ist oft sehr reich; die Fossilien sind oft zerbrochen oder sonstwie beschädigt.
4. Bituminöse Kalke sind durch organische Stoffe sowie durch tierische Verwesungsprodukte stark verunreinigt; Fossilien sind selten, jedoch gut erhalten.
5. Auf dem Festland entstandene Kalke sind lückig, porös, unregelmäßig strukturiert; es handelt sich um Sinterbildungen (Kalktuffe usw.) oder um Seeablagerungen (limnische Kalke); an Fossilien finden wir eingeschwemmte Landflora oder -fauna und Süßwasserlebewesen.

B Sandsteine und Sande (Festgestein und Lockergestein)

1. Marine Sande wurden in der Regel küstennah abgelagert; Transportsortierung bedingt, daß das gröbste Korn dem Ufer am nächsten abgelagert wurde; nachträglich (während der Diagenese) durch Bindemittel verfestigt; Fossilien sind teilweise häufig, oft auch gut erhalten.
2. Terrestrische Sande wurden abgelagert in vegetationslosen Gegenden mit aridem Klima, in

Wüstengebieten also; solche festländische Sandablagerungen sind meist weniger verfestigt als marine Bildungen; Fossilien sind selten und gehören entweder zur Flora oder zur Vertebratenfauna; Invertebratenreste sind sehr selten.

C Tone und Mergel (meist Lockergesteine)

1. Tonablagerungen des Schelfmeeres entstanden in der Regel durch die Einspülung von Tontrübe vom Land her; da der Absatz dieser Feinbestandteile Strömungsruhe verlangt, dürfen wir für die Entstehung solcher Sedimente meist tiefes und/oder ruhiges Wasser annehmen; Fossilien sind teilweise sehr häufig und oft pyritisiert; Ammonitenwohnkammern meist zerdrückt.
2. Tonablagerungen der Tiefsee sind durch petrographische Merkmale in der Regel von Schelfbildungen nicht zu unterscheiden, doch fehlen hier Fossilien. Tiefseetone sind in den heutigen Meeren ebenfalls verbreitet.
3. Limnisch entstandene Tone (Süßwasserablagerungen) zeigen oft besonders feine Schichtung; sie enthalten die Überreste von Süßwassertieren und -pflanzen sowie von eingespülten Überresten der Landflora und -fauna, mitunter auch von Insekten.
4. Mergel sind, vereinfacht ausgedrückt, Tone mit mehr oder weniger hohem Kalkgehalt, auch sandführend. Dünnschichtige Mergel werden Mergelschiefer genannt. Das Gestein führt oft reichlich Fossilien, die in Mergelschiefern flachgedrückt erhalten sind. Zwischen Ton und Mergel gibt es zahlreiche Übergangsformen (Kalkmergel, Tonmergel bis Mergelton).
In Kalken, Sandsteinen und auch Tonen und Mergeln beobachten wir nicht selten eine deutlich erkennbare Schichtung. Da nur eine ständige, gleichförmige Sedimentzufuhr bei gleichbleibenden Ablagerungsbedingungen, wie z. B. Strömungsverhältnissen usw., schichtungsfreie Gesteine ergibt, verrät jede Schichtfuge gestörte Ablagerungsbedingungen. Die Sedimentzufuhr änderte sich kurzfristig – in Kalkgesteinen entstanden auf diese Weise z. B. geringmächtige Mergellagen zwischen kompakten Kalkbänken.
Auch Sedimentationsstop über einen längeren Zeitraum kann zur Schichtbildung führen, wenn sich der Meeresboden verfestigt. Es entsteht dann ein sogenannter Hartgrund. Derartige „hardgrounds“ erkennen wir am Bewuchs durch Würmer, an Bohrlöchern usw. Geriet der Ablagerungsraum durch Transgression, das heißt Vordringen des Meeres, immer mehr in Küstenferne, so zeigt das Gestein im Profil nach oben hin feinere Korngröße; bei Regression, das heißt Rückzug des Meeres, wird die Korngröße nach oben hin immer gröber.
Wurde eine bereits abgelagerte Schicht erneut vom Meer aufgearbeitet und die dabei freigelegten Fossilien zusammen mit seinerzeit rezenten Schalen erneut abgelagert, so sprechen wir von einem Kondensationshorizont; Fossilien verschiedenen Alters finden sich hier in einer Schicht. Setzte die Ablagerung über einen längeren Zeitraum aus – zum Beispiel durch Heraushebung des Gebietes aus dem Meer – so sprechen wir von einer Schichtlücke.

Fossilgesellschaften

Biotope, spezielle Lebensräume mit bestimmten Faunengemeinschaften, gab es schon in den Meeren vergangener geologischer Zeitalter. Wir kennen z. B. Flachwasserbiotope auf Sandboden, an Felsküsten, auf Schlick bzw. Wattboden. Auch Riffe und Lagunen bilden Biotope. Der Meeresboden in 200 m Tiefe bietet wieder ganz andere Lebensbedingungen. Tiefe, Temperatur und Lichtdurchlässigkeit des Wassers, Nahrungsangebot, Salzgehalt, Strömung, Beschaffenheit des Grundes (Substrat) usw. bestimmen, welche Lebensformen den Lebensraum besiedeln. Rückschließend von rezenten Lebewesen und unter Auswertung petrographischer Merkmale läßt sich das ökologische Verhalten ganzer Tiergruppen rekonstruieren. Wichtig ist hierbei eine wohlbekannte Begleitfauna sowie natürlich ausreichend Fossilmaterial.
Am Beispiel einer „Ammoniten-Ökologie am Beispiel des Oberjura“ (nach ZIEGLER 1967) sei eine derartige Rekonstruktion vorgeführt. Zu beachten ist dabei, daß die Resultate nicht ohne weiteres auf andere Schichten übertragbar sind.
Nach der Wassertiefe werden 7 Zonen unterschieden:
1. 0–20 m: Riffkorallen vorherrschend; Muscheln (vor allem Austern), Schnecken (Nerineiden), reguläre Seeigel. Ammoniten fehlen oder sind sehr selten.
2. 20–50 m: Muscheln sind vorherrschend. Riffkorallenfaunen sind seltener. Schnecken (vor allem

Harpagodes-Arten); auch irreguläre Seeigel. Ammoniten sind selten (Perisphinctiden und/oder Aspidoceraten).
3. 40–70 m: Muscheln (häufig *Entolium*) und Ammoniten bestimmen das Faunenbild; Schnecken sind selten, irreguläre Seeigel mitunter häufig. Der Ammonitenanteil an der Gesamtfauna beträgt 20 bis 30 % (fast ausschließlich Perisphinctiden und Aspidoceraten).
4. 80–100 m: Vorherrschend Ammoniten (vor allem Perisphinctiden, seltener Aspidoceraten und „Oppelien"); Muscheln treten zurück. Brachiopoden sind häufig, auch irreguläre Seeigel. Kieselschwämme können häufig sein. Unter den Schnecken tritt *Bathrotomaria* hervor.
5. 150–200 m: Vorherrschend Ammoniten („Oppelien" sind häufiger als Perisphinctiden und Aspidoceraten; „mitteleuropäische" Fauna).
6. 300–500 m: Vorherrschend Ammoniten (vor allem Phylloceraten und Lytoceraten; „mediterrane" Fauna; Perisphinctiden und Aspidoceraten sind stellenweise noch häufig). Brachiopoden, irreguläre Seeigel. Schnecken und Muscheln treten sehr selten auf (außer pseudoplanktischen Formen wie z. B. *Inoceramus* – auf Treibholz verfrachtet).
7. Unter 500 m: Alle Makrofossilien fehlen oder sind sehr selten.

Grundlegende Kenntnisse über die Lebensgemeinschaften rezenter Biotope erleichtern Beobachtungen und – bis zu einem gewissen Grad – Deutung fossiler Faunengemeinschaften. Die Beobachtung rezenter Invertebraten an der Küste, vielleicht anläßlich eines Badeurlaubs, und die Vertiefung in entsprechende Literatur sind sicher nutzbringend.

Das Profil

Besuchen wir denselben Aufschluß häufiger, so lohnt sich die Aufnahme eines Profils, also die graphische, das heißt gezeichnete Darstellung und Beschreibung der anstehenden Schichten. Im folgenden die dazu nötigen wichtigen Begriffe und Symbole; weitere Einzelheiten sind der Abbildung zu entnehmen.

Die gezeichnete Schichtwiedergabe zeigt die Gesteinsbänke bzw. -schichten in ihrer wahren Größe (Mächtigkeit) zueinander, jedoch maßstäblich verkleinert (z. B. 1:50 oder 1:20). Härtere Bänke im Profil läßt man in der Zeichnung des Profils hervortreten, das heißt über die anderen weicheren Schichten hinausragen. Alle Schichten erhalten Nummern und zwar von unten beginnend. Die Schichtmächtigkeit wird in Zentimetern hinter der Schichtnummer angegeben. Sofern z. B. Mergelzwischenlagen (auch in geringmächtiger Ausbildung) vorhanden sind, erhalten sie ebenfalls eine Nummer. Die Gesteinsbeschaffenheit (Kalk, Mergelkalk, Dolomit, Sand, Ton usw.) wird vermerkt, weiterhin der Fossilinhalt. Besonderheiten wie Verkieselung, Hartgründe, Kondensationshorizonte usw. werden eingetragen.

Wir gewöhnen uns von vornherein den Gebrauch einheitlicher Symbole zur Darstellung der Gesteinsbeschaffenheit an. Die Symbole in der Abbildung entsprechen den von PHILLIP in Abderhaldens Handbuch verwendeten und international gültigen.

Bei der Profilaufnahme messen wir die Schichtmächtigkeit (immer die kürzeste Strecke zwischen Schichtunter- und -oberseite) und vermerken in unserer Handskizze alle oben angeführten Kriterien. Beim Sammeln gehen wir dann in der üblichen Art schichtweise vor, von unten nach oben.

Sofern wir eine Aufschlußkartei anlegen, gehört ein derartiges Profil unbedingt dazu. In jedem Fall ist so etwas sinnvoll, da wir nur dann auch nach Jahren noch auf Daten zurückgreifen können. Ein Profil wird uns wie auch anderen stets eine wertvolle Hilfe sein. Wenn der entsprechende Aufschluß nach Jahren längst nicht mehr vorhanden ist, kommt unserer Aufnahme besondere Bedeutung zu: Sie belegt die Abfolge der nun nicht mehr zugänglichen Schichten, die Gesteinsbeschaffenheit und die Fossilführung.

Rechte Seite: Beispiel einer Profilaufnahme und Schichtsymbole. Härtere Bänke (10, 11) sind dadurch gekennzeichnet, daß sie die Profilkante überragen.

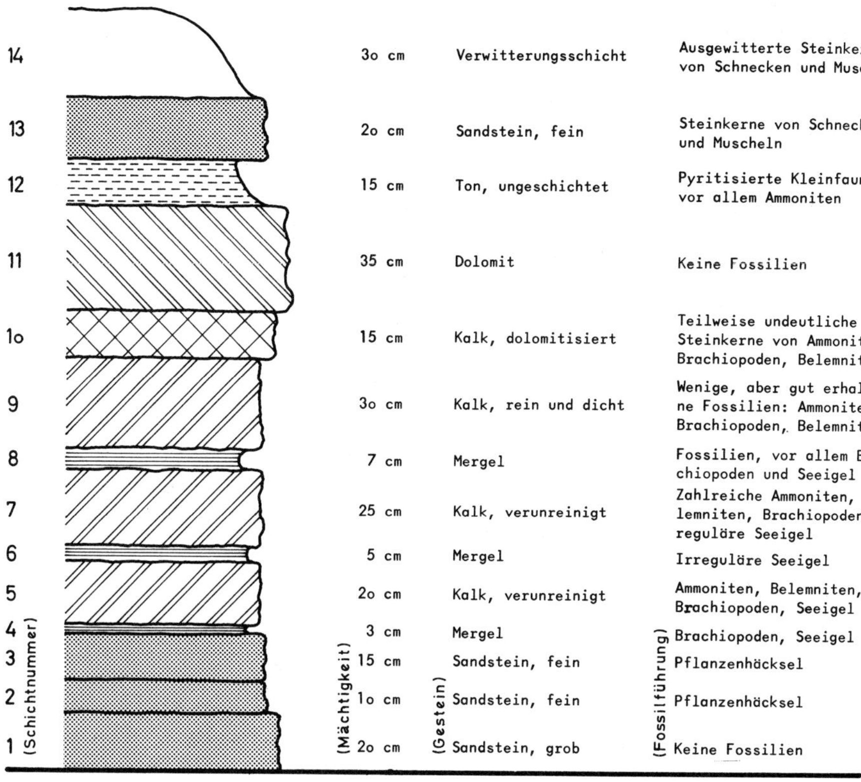

(Schichtnummer)	(Mächtigkeit)	(Gestein)	(Fossilführung)
14	3o cm	Verwitterungsschicht	Ausgewitterte Steinkerne von Schnecken und Muscheln
13	2o cm	Sandstein, fein	Steinkerne von Schnecken und Muscheln
12	15 cm	Ton, ungeschichtet	Pyritisierte Kleinfauna, vor allem Ammoniten
11	35 cm	Dolomit	Keine Fossilien
1o	15 cm	Kalk, dolomitisiert	Teilweise undeutliche Steinkerne von Ammoniten, Brachiopoden, Belemniten
9	3o cm	Kalk, rein und dicht	Wenige, aber gut erhaltene Fossilien: Ammoniten, Brachiopoden, Belemniten
8	7 cm	Mergel	Fossilien, vor allem Brachiopoden und Seeigel
7	25 cm	Kalk, verunreinigt	Zahlreiche Ammoniten, Belemniten, Brachiopoden; reguläre Seeigel
6	5 cm	Mergel	Irreguläre Seeigel
5	2o cm	Kalk, verunreinigt	Ammoniten, Belemniten, Brachiopoden, Seeigel
4	3 cm	Mergel	Brachiopoden, Seeigel
3	15 cm	Sandstein, fein	Pflanzenhäcksel
2	1o cm	Sandstein, fein	Pflanzenhäcksel
1	2o cm	Sandstein, grob	Keine Fossilien

Schichtsymbole

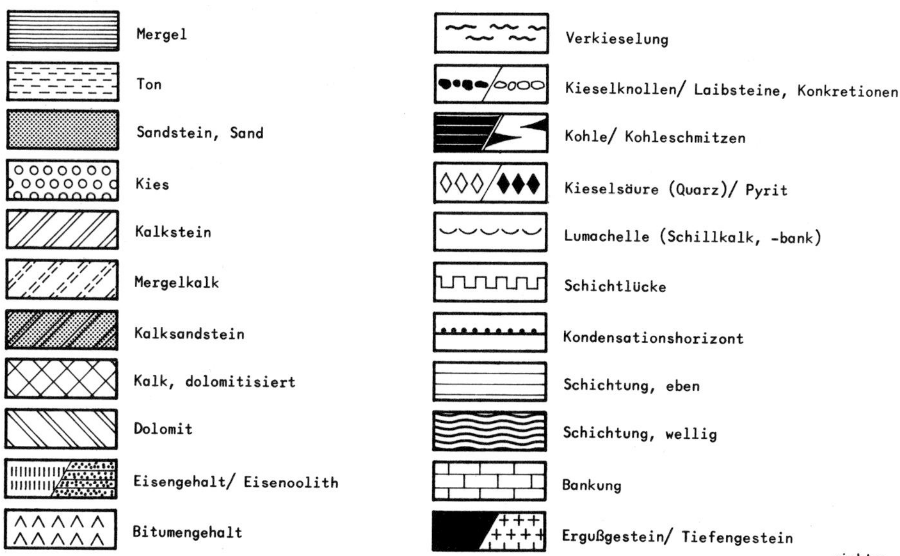

Präparation

Nur in ganz wenigen Fällen kann man Fundstücke bereits nach oberflächlichem Säubern mit Wasser und Bürste in die Sammlung einreihen. Bei der Mehrzahl aller Fossilien sind noch verschiedene „Bearbeitungen" erforderlich, bevor das Stück optimal präsentiert werden kann, Untersuchungen voll zugänglich ist und somit auch bestimmt werden kann. Diese Bearbeitung nennt man „Präparation".
Die Präparationsmethode ist abhängig von der Herkunft des Fossils, das heißt ob es in Mergel, Kalkstein, Schiefer usw. eingebettet war, und von seiner Beschaffenheit, das heißt, ob es körperlich erhalten ist oder als Abdruck, pyritisiert, karbonatisiert oder verkieselt usw. Fossilien aus Kalken bedürfen, sofern sie kalkig erhalten sind, fast immer der Freilegung auf mechanischem Weg mittels Hammer und Meißel. Dagegen werden z. B. pyritisierte (verkieste, nach Pyrit = Schwefelkies) Ammoniten aus Mergeln und Tonen möglicherweise mittels einer Messingbürste oder auch auf chemischem Weg vom anhaftenden Gestein befreit. Nachfolgend sind die verschiedenen Arbeitsgänge und Methoden erläutert und die jeweiligen Hilfsmittel beschrieben. Die Fertigkeit der Präparation kann aber letztendlich nur durch Übung und Geduld erworben werden.
Wie ein Meißel in der Hand gehalten wird und wie der Hammer zu handhaben ist, kann man auf schriftlichem Weg schwer „zeigen". Auch verlangt die besondere Beschaffenheit jedes Fundes besondere Methoden – gute Ergebnisse erfordern immer entsprechende Fertigkeiten, die nur durch Erfahrung erworben werden können. Der Weg zum guten Präparator kann lang sein, gesäumt vom Opfer zahlreicher Fossilien. Und nicht wenige Sammler kommen über ein gewisses Stadium nicht hinaus – ihnen fehlen Begabung und vor allem aber Ausdauer sowie Geduld.

Mechanische Präparation

Für die Präparation benötigen wir eine Reihe von Hilfsmitteln. Bei allen Arbeiten mit Hammer und Meißel legen wir das Fossil auf einen Sandsack, der es gleichmäßig unterstützt. Ruht das Fossil nur mit einem Teil seiner Fläche auf hartem Untergrund, ist die Gefahr groß, daß es unkontrolliert bricht. Der Sack wird sinnvollerweise aus feinem, dichtem Stoff hergestellt und mit einem strapazierfähigen Überzug aus derbem Leinen (Sackleinen etc.) versehen. Eine günstige Größe ist z. B. 30 x 20 cm; als Füllung (nicht ganz prall füllen) verwenden wir feinen Sand, damit das Fossil richtig „eingewühlt" werden kann.
Welchen Hammer und welche Meißel (Flach-, Spitz-, Kreuzmeißel) wir nehmen, richtet sich danach, wie groß das Stück, das wir bearbeiten wollen, ist. Grobe Meißel eignen sich nicht zum Abspalten feiner Gesteinspartikel. Für die Arbeit mit kleinen Meißeln verwenden wir am besten einen leichten Fliesenleger-Hammer (50 g) oder ähnliches. Die sogenannte Feinpräparation kann mit kleinen Schraubenziehern aus hochwertigem Stahl erfolgen, die nötigenfalls angeschliffen sind. Uhrmacherschraubenzieher haben sich bestens bewährt; es gibt sie als Schaft mit verschieden breiten, auswechselbaren Stahlklingen oder im Satz mit fest eingepaßter Klinge. Auch die von Schlossern und Fliesenlegern benutzten Anreißnadeln sind aus hochwertigem Stahl und eignen sich gut für Präparationszwecke. Präpariernadeln schließlich setzen wir für die allerfeinsten Arbeiten ein. Schäfte mit Halterungen für auswechselbare Stahlnadeln bieten einige Firmen an. Gute Dienste leisten auch verschiedene Zangen (Kneifzangen usw.); mit ihnen läßt sich scharfkantiges Gestein bearbeiten.
Wichtig für das Gelingen der Präparation, vor allem wenn noch größere Teile des Stücks im Gestein stecken, ist die genaue Kenntnis von Form und Größe des Fossils. Enthält das Handstück mehrere Fossilien, lassen wir sie beieinander: Entweder auf dem Stein, oder, nach vollständiger Freilegung, im Schrank. Auf den jeweiligen Beizetteln halten wir die anderen Elemente dieser Fossilgemeinschaft fest.
Pyritisierte Fossilien treten in der Regel in Tonen oder Mergeln auf. Schon Waschen und Bürsten entfernt oft einen Großteil des anhaftenden Gesteins. Erweist sich der Rest als hartnäckig, arbeiten wir mit einer Messingbürste, am besten unter fließendem Wasser weiter. Der Gebrauch einer Stahlbürste ist mit einem gewissen Risiko verbunden, da ein „weiches" Fossil dabei beschädigt werden kann. Sind entsprechende Bürsteneinsätze vorhanden, kann von Fall zu Fall auch die Handbohrmaschine eingesetzt werden. Ganz harte Schichten entfernen wir durch wiederholtes Schaben und nochmaliges Bürsten; auch längeres Einweichen kann nützlich sein.
Auch die pyritisierten Fossilien der Bundenbacher Schiefer z. B. können durch Behandlung mit einer Messingbürste freigelegt werden. Wenn wir allerdings die verschmierende und verwischende Wirkung

der Bürste unter dem Binokular betrachten, werden wir den Fachleuten zustimmen: Hier ist nur mit Schaber und Nadel ein sauberes Freilegen möglich.
Besonders feine Strukturen größerer Stücke, andererseits aber auch sehr kleine Fossilien, präpariert man am besten unter dem Stereomikroskop. An dem stark vergrößerten Fossil können wir den Einsatz der Nadel wesentlich besser verfolgen und steuern als das mit bloßem Auge möglich ist. Der Einsatz des Binokulars lohnt sich bei der Präparation mancher Fossilien aus den Solnhofener Schichten, bei den meisten Stücken aus den Hunsrückschiefern (Bundenbach), bei empfindlichen Fossilien wie Seeigeln, Schlangensternen, auch bei Krebspanzern usw., grundsätzlich aber, des hohen Arbeitsaufwandes wegen, nur bei seltenen oder besonders schönen Stücken.
Bei der Arbeit mit Hammer und Meißel tasten wir uns langsam an das Fossil heran, das heißt wir lösen die anhaftenden oder überdeckenden Gesteinsschichten vorsichtig ab. Bei weitgehend von Gestein bedeckten Fossilien ziehen wir den Umriß nach und schaffen eine Rinne, die einen gewissen Sicherheitsabstand vom Fossil einhält. Von hier aus arbeiten wir uns dann zum Fossil vor.
Größte Vorsicht ist bei der Arbeit direkt am Fossil geboten. Hier setzen wir auch die feinsten Werkzeuge ein. Bevor wir in Ungeduld einen groben Schlag ausführen, hören wir lieber auf und beenden die Arbeit für diesen Tag – gar zu oft bringt ein solcher grober Schlag nicht den erhofften schnellen Erfolg, sondern zerstört das gute Stück! Bei manchen Gesteinen, vor allem bei Mergelkalken, oolithischen Gesteinen usw. kann längerdauerndes und wiederholtes „Einweichen" in Wasser vorteilhaft sein; die oberen Schichten lassen sich dann leichter abheben.
Elektrisch betriebene Geräte erleichtern die Präparationsarbeit sehr. Doch dürfen wir keine Wunder erwarten; auch hier geht es nicht ohne Geduld. Relativ günstig im Preis sind die sogenannten Präparier- oder Graviergeräte, bei denen das Werkzeug (Meißel usw.) durch Schwingungen in Vibration versetzt wird. Die Vibrationsintensität ist meist stufenlos verstellbar und kann somit dem zu bearbeitenden Gestein angepaßt werden. In der Regel eignen sich solche Geräte nur zur Feinpräparation kleinerer Stücke; damit „große Brocken" freizulegen ist sehr zeitraubend. Man sollte darauf achten, daß die Fossiloberfläche nicht Spuren der zahlreichen Meißelschläge zieren. Letztlich ist die Benützung solcher Geräte mit einem unangenehmen, auf die Dauer kaum erträglichen Lärm verbunden.
Sehr viel teurer kann die Anschaffung eines sogenannten Hängemotors sein. Er verfügt über eine biegsame Welle. Dazu gehören eine Reihe von Meißeln, Trennscheiben, Schleifkörpern usw., was für die Fossilbearbeitung sehr günstig ist. Speziell für Präparationszwecke vorgesehene Geräte haben auswechselbare drehende oder hämmernde Handstücke. Wir können also wahlweise schleifen, fräsen, meißeln, bürsten usw. Die groben Meißelarbeiten werden wir wohl nach wie vor mit Hammer und Meißel ausführen, aber alle folgenden Arbeitsgänge werden erheblich erleichtert. Das Ergebnis der mit diesen Maschinen möglichen Feinpräparation ist gut bis sehr gut. Ob der Erwerb lohnt, hängt von der Intensität des Einsatzes ab. Wer gute Beziehungen zu seinem Zahnarzt hat, sollte nach eventuell von der letzten Praxisrenovierung übriggebliebenen alten Bohrmaschinen fragen – mit etwas Glück kann man auf diese Weise zu einem gleichwertigen Gerät kommen.

Mitunter sehr wichtig: Kleben

Bruch ist unvermeidlich – beim Anfänger wie auch beim fortgeschrittenen Präparator. Auch sind oft genug getrennt gefundene Teile zusammenzufügen. Deshalb muß hier einiges über das Kleben und Ergänzen von Fossilien gesagt werden. Grundsätzlich eignet sich eine ganze Reihe verschiedener Mittel, vom gewöhnlichen Alleskleber bis hin zum speziellen Zwei-Komponenten-Kleber. Die Abbindezeit der letzteren liegt in der Regel zwischen 5 Minuten und 2 Stunden. Wer nach dem Kitten möglichst schnell weiterpräparieren will, wird Kleber mit kurzer Aushärtezeit bevorzugen. Gut bewährt zum Kleben von Splittern und kleinen Bruchflächen hat sich z. B. „5 Minute Epoxy" von Devcon. Für größere Flächen oder auch ganz allgemein sei empfohlen „Akemi Spachtel Nr. 3". Dieser Zwei-Komponenten-Kitt bindet – bei richtigem Mischungsverhältnis – nach 5–7 Minuten ab, und erreicht bereits nach ca. 30 Minuten große Härte. Überstehende Wülste sollten, solange der Kleber noch weich ist, mit einem Messer oder mit einem Schaber entfernt werden, was die ständige Beobachtung der Klebestelle notwendig macht.
Damit wir das Stück nicht halten müssen, bis der Kleber abbindet, und damit wir keine Schwierigkeiten beim Abstellen haben, bauen wir einen Sandkasten. Seine Abmessungen richten sich nach der Größe unser Präparationsstücke; normalerweise reicht ein Holzkästchen oder auch ein Karton von ca. 15x20x 10 cm. Der bis wenige Zentimeter unter den Rand reichende Sand nimmt die Fossilien auf, bis die

Klebestelle genügend fest ist; durch Hineindrücken in den Sand und vorsichtiges Hin- und Herdrehen fixieren wir die gekitteten Teile gegeneinander.

Ergänzen

Viele grundsätzlich gute und interessante Fossilien verlieren an „Ausstellungswert“, wenn Partien fehlen, sei das Stück nun so gefunden oder bei der Präparation beschädigt worden. Hier kann mit etwas Geschick Abhilfe geschaffen werden: wir ergänzen unser Fossil. Wissenschaftler lehnen dies zwar gelegentlich strikt ab (Verfälschung!), dem Sammler mit Schönheitssinn sei diese Retuschierung seiner Stücke aber trotzdem zugestanden.
Als Material dient Steinkitt, z. B. Akemi. Soll nur ergänzt und nicht auch zugleich geklebt werden, so können wir durchaus auch Gips o. ä. verwenden. In den Kitt mischen wir eine ausreichende Menge – ausprobieren! – abgefeiltes, notfalls noch zermahlenes Originalgestein. Auf diese Weise erhalten wir eine Paste in der Farbe des Gesteins. Die Nachbearbeitung erfolgt mit Schabern und dergleichen.
Beim Arbeiten mit Steinkitt sollten wir versuchen, die Form von vornherein weitgehend zu erreichen. Beim Ergänzen mit Gips reicht eine grobe Modellierung aus; nachträgliche „Schnitzarbeiten“ fallen bei diesem Material leicht. Gips kann ebenfalls mit Gesteinsmehl eingefärbt oder auch nachträglich mit Wasserfarben behandelt werden.
Ergänzungen vermerken wir selbstverständlich auf dem Sammlungszettel, um Mißverständnissen vorzubeugen. Mit etwas Sorgfalt lassen sich nämlich hervorragende, auf den ersten Blick und manchmal überhaupt nicht als solche erkennbare „Rekonstruktionen“ erzielen.

Präparieren mit Chemie und Physik

Ausgewitterte Fossilien führen uns die hohe Qualität der „Naturpräparation“ vor Augen. Diese unter dem Begriff Verwitterung zusammengefaßten Vorgänge gehen bei Fossilien vor allem auf langfristige physikalische und chemische Prozesse zurück. Die Zeit können wir nun zwar nicht für uns arbeiten lassen, wir können aber durch Nachahmung und Intensivierung bestimmter Vorgänge in der Natur ganz gute Ergebnisse erzielen.
Die Wirkung von Hitze und Kälte läßt sich leicht ausnützen: Wir erhitzen das Fossil über einer Flamme (Spiritus- oder Bunsenbrenner) und schrecken im Wasserbad ab. Dadurch wird das Gestein gelockert und im günstigsten Fall springt es an der Fossiloberfläche ab. Dieser Vorgang kann mehrmals wiederholt werden. Zu stark erhitzter Kalk verwandelt sich allerdings in Branntkalk – also Vorsicht! Durch diese „Temperaturmethode“ wird das Gestein jedoch immer gelockert und die anschließende mechanische Präparation fällt leichter.
Harter und dichter, im Bruch muscheliger Kalk ist beim Präparieren mit Hammer und Meißel nicht kalkulierbar; der Sprung geht oft genug mitten durch das Fossil. Spröder Stein wird durch Ausglühen (ausreichend langes Erhitzen) weich und mürb, läßt sich also danach gut bearbeiten. Allerdings beseitigt man damit auch den meist recht deutlichen Härteunterschied zwischen Gestein und Fossil, muß also bei der Präparation dann besonders vorsichtig sein.
Eine Reihe weiterer physikalischer Methoden wie z. B. das Gefrierverfahren sind für den, der nicht dafür eingerichtet ist, meist umständlicher und werden deshalb in der Regel nur in den Laboratorien wissenschaftlicher Institute angewandt.
Der chemischen Präparation dienen sowohl Säuren wie auch Laugen. Grundsätzlich muß man dabei vor Beginn an Probestücken die richtige Verdünnung ermitteln, will man nicht die Fossilien selbst schädigen. Auch hier gilt also: bessere Ergebnisse durch Geduld.
Verkieselte Fossilien in Kalkstein ätzt Salzsäure frei. Wir legen die Gesteinsbrocken in einen möglichst genau passenden, wassergefüllten Plastikbehälter und schütten Säure zu. Das Wasser soll das Gestein gerade eben bedecken. Bitte unbedingt immer die Reihenfolge Wasser – Säure einhalten! – Sehr starke Kohlendioxidentwicklung kann feine Fossilien oder Fossilteile zerstören. Also nicht zu viel Säure auf einmal zugeben. Läßt die Gasentwicklung nach, schütten wir Säure nach usw. Dauert der Ätzvorgang länger, empfiehlt sich, die Stücke zwischendurch unter fließendem Wasser zu waschen. Dieses Waschen entfernt die Calciumchlorid-Schicht, die sich während des Ätzens bildet und die weitere Säureeinwirkung hemmt.
Zeichnen sich während des Ätzens feine und nicht vollkommen verkieselte Strukturen ab (Seeigelgehäuse, feine Muschelschalen usw.), decken wir diese durch aufgetropftes Wachs ab; an diesen Stellen

kann die Säure nun nicht mehr angreifen. Das Abdecken wird mit fortschreitendem Freiätzen wiederholt. Entfernen läßt sich das Wachs später wieder mit kochendem Wasser (hineintauchen!) oder über der offenen, möglichst nicht rußenden Flamme; Wachs läßt sich auch mit Benzin abwaschen.
Bei extrem empfindlichen (dünnschaligen und/oder kaum verkieselten) Fossilien verwenden wir statt der verdünnten Salzsäure verdünnte Essigsäure oder Monochloressigsäure; beide arbeiten schonender. Auch manche WC-Reiniger entwickeln ausreichende ätzende Kräfte. Bei Anwendung solcher schonender Mittel lassen sich sogar calcitische Fossilien freipräparieren.
Chemische Präparation säubert die Schalenoberfläche und arbeitet Strukturen sauber heraus. Wie chemische Mittel wirken, in welcher Konzentration und über welche Zeit sie anzuwenden sind, das muß jeder selbst herausfinden, und zwar bei jedem Gestein aufs Neue!
Kieselschiefer und andere kalkfreie Schiefer oder Quarzite werden von Flußsäure, HF, angegriffen. Sie kann also zum Herauspräparieren phosphatisierter Fossilien aus diesen Gesteinen eingesetzt werden. Beim Arbeiten mit Flußsäure ist allerdings größte Vorsicht geboten. Sie verursacht auf der Haut schmerzhafte, sehr schwer heilende Wunden; ihre Dämpfe greifen die Atmungsorgane an!
Phosphorsäure – sie gilt als ungiftig – löst und bleicht gleichzeitig die Posidonienschiefer Württembergs und ähnliche Gesteine, ohne dabei die darin enthaltenen Knochenreste anzugreifen oder gar farblich zu verändern. Die für eine Präparation erforderliche Verdünnung beträgt 1:3. Die herausgeätzten Fossilien liegen dunkel auf gebleichtem Grund.
Alle mit Säure behandelten Fossilien müssen anschließend gründlich gewässert werden, am besten in fließendem Wasser. Wir können die Säurereste im Fossil auch neutralisieren, z. B. mit Hilfe von Salmiakgeist.
Aus Tonen und Mergeln lösen wir kalkige oder verkieselte Fossilien mit Wasserstoffsuperoxid (wirkt in höheren Konzentrationen stark ätzend!) oder mit Kalilauge (Vorsicht, ätzt die Haut!). Inwieweit sich Natronlauge (ätzend!) zur Präparation einsetzen läßt, muß von Fall zu Fall untersucht werden. Ebenso wie für die Arbeit mit Säuren gilt auch hier: Immer sehr vorsichtig vorgehen; Augen unbedingt schützen und Gummihandschuhe tragen; Verätzungen sofort spülen.
In vielen Fällen führt erst die Kombination verschiedener Methoden, möglicherweise abwechselnd und wiederholt angewandt, zum Ziel.

Einlassen und Lackieren

Das freigelegte Fossil erhält den „letzten Schliff", indem wir es, wenn nötig, konservieren, das heißt, gegen Zerfall oder vor Beschädigung schützen. Vielfach soll diese Schlußbehandlung auch nur die optische Wirkung erhöhen. Das kann geschehen, indem man es mit bestimmten Mitteln tränkt oder mit einem Überzug versieht (lackiert).
Geschützt werden müssen vor allem Knochenfunde aus dem Pleistozän, da sie nach der Bergung aus Kiesen, Sanden oder Höhlenlehm leicht zerfallen. Eine gute, wenn auch zeitraubende Methode sieht folgendermaßen aus: Die Funde werden in feuchtem Sägemehl gelagert (z. B. in einem Eimer) und im Keller abgestellt. Sobald das Sägemehl und die Fossilien darin ganz trocken sind, tränken wir die Knochen mit heißem, flüssigem Tischlerleim (Knochenleim, Perlleim), der, z. B. in einer alten Blechdose, im Wasserbad erhitzt wurde. Solchen Tischlerleim bekommt man in Farbengeschäften, unter Umständen beim Schreiner (Restbestände!), Geigenbauern und auch beim Stukkateur. Die Fossilien werden vor dem Tränken etwas angewärmt; kleinere Stücke werden getaucht, größere streichen wir mit dem Pinsel ein. Nach dem Trocknen wiederholen wir den Vorgang, bei großen Stücken mehrmals. Solcherart präparierte Knochen, Mammutzähne usw. sind gegen Zerfall in der Regel dauerhaft geschützt.
Pyritisierte Fossilien zerfallen gelegentlich unter Freisetzung heller Schwefelsalze. Solche „ausblühende" Fossilien sind normalerweise nicht zu retten. Wir können aber eine Rettung versuchen, indem wir die angegriffenen Stücke über einer Flamme stark erhitzen und dann mit einem Schutzüberzug versehen. Mit etwas Glück bewahren wir sie so vor dem endgültigen Zerfall.
Manche Fossilien gewinnen durch Lackieren: die Oberflächenstrukturen treten deutlicher hervor, die Farben sind intensiver. Lackierte Fossilien sehen aus, als wären sie naß, sie wirken plastischer. Wir verwenden zum Lackieren entweder ein Steinwachsmittel, wie es zur Fußbodenpflege dient; in Drogerien oder anderen Fachgeschäften werden verschiedene Fabrikate (z. B. Rubin, Thompson usw.) angeboten. Auch eine Mischung aus Zaponlack und Aceton eignet sich gut; unverdünnter Zaponlack ist zu dickflüssig und glänzt zu stark.

In Frage für eine solche Behandlung kommen z. B. pyritisierte Fossilien, kalkige Steinkerne, auch Ammoniten mit Schalenerhaltung und dergleichen, nie aber tertiäre Molluskenreste, Korallen usw. Manche Sammler behandeln ihre Stücke mit farbloser Schuhcreme oder Bohnerwachs. Je nach Gestein und Geschmack sind viele Methoden der Verschönerung möglich. Wird auch manches Fossil durch unsachgemäße Behandlung verdorben, so ist doch in der Mehrzahl der Fälle eine ausgeprägt positive Wirkung nicht zu übersehen.

Formatisieren

Sitzt unser Fossil auf Gestein, bringen wir dieses in eine dem Fossil angepaßte Größe, eben das passende „Format". Dünnere Platten, z. B. Schiefer, ritzen wir mit Hilfe einer kräftigen Stahlklinge so lange ein, bis die Platte an der Rißlinie mit der Kneifzange gebrochen werden kann. Manche Platten lassen sich auch ohne vorheriges Ritzen mit einer kräftigen Zange zurechtzwicken, z. B. dünne Platten aus den Solnhofener Schichten. Auch eine Metallsäge leistet gelegentlich gute Dienste beim „Zurechtstutzen" des Gesteins. Kalke werden durch scharfe Schläge mit einem kleinen Hammer formatisiert, wobei der Stein in der linken Hand gehalten wird und nicht etwa auf fester Unterlage ruht. Bei einiger Übung gelingt das ganz gut.
Ideal ist in jedem Fall die Verwendung einer Steinsäge. Viele Mineraliensammler und ebenso Fossiliensammler besitzen derartiges. Kennen wir aber niemand, der uns unsere Handstücke aufs rechte Maß sägt, wenden wir uns an einen Steinmetz. Gegen geringes Entgelt hilft er gern. Und gerade für größere bzw. dickere Stücke sind die leistungsstarken Profi-Sägen bestens geeignet.

Anschleifen

Anschliffe sind einerseits vielfach (bei Korallen, Belemniten usw.) nötig, um ein Fossil exakt bestimmen zu können, und andererseits ganz allgemein erwünscht, um den Innenbau aufzuzeigen, z. B. bei Ammoniten, Belemniten, Nautiliden, auch bei tertiären oder – als Vergleich – rezenten Schnecken. Besonders beliebt sind die median aufgeschnittenen Gehäuse des rezenten Nautilus.
Es ist durchaus möglich, mit relativ einfachen Mitteln sehr schöne Anschliffe zu schaffen. Eine Glasplatte (etwa 8 mm dick) oder auch eine gußeiserne Platte (alte Herdplatte!) dienen als Auflage. Weiterhin brauchen wir Schleifpulver in verschiedenen Körnungen (80 oder 90, 220, 400, 800 oder 1000). Man tut sich beim Anschleifen natürlich sehr viel leichter, wenn man die Arbeit mit einer weitgehend ebenen, wenn auch vielleicht rauhen Ausgangsfläche beginnt. Diese garantiert am ehesten die Steinsäge. Muß man alles Material abschleifen, um zur Fläche zu kommen, so kann das ganz schön mühsam werden und recht lange dauern!
Wir beginnen den Schliff mit dem gröbsten Schleifpulver, von dem wir etwas auf die Arbeitsplatte streuen. Dazu kommen einige Tropfen Wasser, bis unser Pulver breiartige Konsistenz hat. Auf dem Brei bewegen wir das Fossil kreisend und mit möglichst gleichmäßig verteilten Druck. Erscheint uns vom Fossil genug abgetragen bzw. die Fläche ausreichend bearbeitet, wechseln wir zum nächstfeineren Pulver über. Vorher aber werden Fossil und Platte gründlich gewaschen, denn jedes zurückbleibende grobe Korn verursacht Kratzer, die dann mühsam wieder ausgeschliffen werden müssen! Das Waschenmüssen gilt für jeden Arbeitsgang bis hin zum Polieren! Nach Bearbeitung mit der feinsten Körnung muß die Fläche ganz glatt und absolut kratzerfrei sein.
Poliert wird mit Aluminiumoxid („X 3") oder Zinnoxid. Für Quarz, d. h. verkieselte Fossilien, eignet sich besonders gut Ceroxid. Wir arbeiten wieder auf unserer Glasplatte, verschiedentlich werden auch Holz- oder Plexiglasplatten oder Ledertafeln als „Unterlage" verwendet. Auch das Poliermittel ist breiartig anzufeuchten.
Beim Schleifen wie auch beim Polieren wird im Laufe der Zeit jeder eigene Methoden entwickeln; derartige durch Erfahrung gewonnene Erkenntnisse hüten manche Sammler wie die tollsten Geheimnisse.

Grundsätzliches

Fossilien sollten nicht in jedem Falle ganz aus dem Gestein gelöst werden. Wesentlich aussagekräftiger als das isolierte Stück in der Schachtel ist ein Handstück mit mehreren Fossilien: es präsentiert uns Bruchstücke einer Faunengemeinschaft. Sie ist allerdings nur in manchen Fällen mit einer Lebensge-

meinschaft (Biozönose) gleichzusetzen, weitaus häufiger mit einer Grabgemeinschaft (Thanatozönose). Das heißt, die im Gestein fossil erhaltenen Lebewesen bewohnten möglicherweise verschiedene Meeresbereiche; die leeren Gehäuse etc. wurden erst nach dem Tod der Tiere an den Einbettungsort verfrachtet.
Es kommt beim Präparieren, wie man sehr bald feststellt, nicht wenig auf Fingerspitzengefühl und Geduld an. Es steht zu befürchten, daß, bis das Anfängerstadium überstanden ist, die Anzahl der ruinierten Fossilien eine erhebliche Höhe erreicht. – Lassen Sie sich dadurch nicht entmutigen! Allerdings, bei wertvollen Fossilien, deren Präparation eine geübte Hand erfordert, zieht man doch besser einen Fachmann zu Rate oder wartet, bis man selbst weiter fortgeschritten ist in der Kunst der Präparation. Ihre goldene Regel lautet: nichts übereilen!

Nomenklatur

Allgemeines

Alle wissenschaftlich untersuchten und beschriebenen Pflanzen und Tiere, also auch alle Fossilien, tragen einen wissenschaftlichen Namen, der weltweit gültig ist. Wegen der besseren internationalen Verständlichkeit besteht er aus lateinischen oder latinisierten Wörtern. Die Notwendigkeit einer solchen Namengebung wird verständlich, wenn wir uns z. B. die zahlreichen deutschen Regionalnamen einer beliebigen allgemein verbreiteten Pflanze vergegenwärtigen. Daß auf einer solchen Grundlage die Verständigung über die Landesgrenzen hinaus praktisch unmöglich ist, liegt auf der Hand. Zudem sagen diese „gängigen" Namen im Normalfall nichts über verwandtschaftliche Zusammenhänge aus. Die wissenschaftliche Namengebung ist durch die Regeln der internationalen Nomenklatur genau festgelegt. Die Nomenklatur ist keine Wissenschaft, sondern ein rein technisches Hilfsmittel der Taxonomie – sie sorgt nur für eindeutige Namen.
Es war der schwedische Naturforscher Carl von LINNÉ (1707–1778), der zunächst für die Pflanzen, später auch für die lebenden und fossilen Tiere, ein Ordnungssystem ersann, das auf den damals bekannten genetischen Zusammenhängen basierte. Das heißt, er stellte Pflanzen und Tiere entsprechend ihren verwandtschaftlichen Beziehungen in bestimmte Gruppen. LINNÉ war nicht der erste, der einen solchen Versuch unternahm. Schon Gottfried Wilhelm von LEIBNIZ erfand 1666 ein Ordnungssystem und nach ihm dann z. B. auch Johann Christian SENCKENBERG.
Bedenkt man den Namenwirrwarr, der in Mittelalter und Renaissance, wo Tiere und Pflanzen mit bis zu 16 aneinandergefügten Namen belegt wurden, geherrscht hatte, so war das LINNÉsche System ein ungeheurer Schritt vorwärts. Seine Handhabung erwies sich als einfach und bewährte sich in der Praxis. LINNÉ arbeitete sein System immer weiter aus: Am 1. 1. 1758 erschien das „Systema Naturae" in der 10. Auflage. Und in dieser Form, wenn auch teilweise abgewandelt und verfeinert, wird es bis heute angewandt. International verbindlich für die Benennung von Pflanzen und Tieren, wozu auch Fossilien zählen, ist es seit dem Zoologen- bzw. Geologenkongreß von 1905.

Regeln

Sammler werden wohl nur selten in die Verlegenheit kommen, unbekannte, neue Fossilien benennen und darüber schreiben zu müssen. Sie sollten aber doch die wichtigsten Regeln der Namengebung kennen, schon um die verschiedenen Schreibweisen und die zu den Fossilnamen gehörenden Zeichen zu verstehen. Nur dann lassen sich Zitate beispielsweise richtig interpretieren.
Seit der Nomenklatur-Neufassung von 1961 gilt bei Gattungs- und Artnamen grundsätzlich, daß im Lateinischen unbekannte Zeichen wie z. B. Apostroph, Bindestrich usw. nicht mehr verwendet werden dürfen. Es muß also heißen DORBIGNY statt D'ORBIGNY. – Im vorliegenden Buch wird übrigens grundsätzlich das Prädikat weggelassen und ORBIGNY geschrieben. Die Umlaute ä, ü und ö sind zu latinisieren in ae, ue und oe; es muß also heißen *schroederi,* auch wenn sich jener Mann Schröder schrieb.
Die Grundlage der binären (binominalen) Nomenklatur LINNÉs bildet der aus zwei Wörtern bestehende Name. Dabei bezeichnet das erste Wort die Gattung, das zweite die Art: *Pleydellia aalensis*. Der Artname wird immer klein geschrieben, auch wenn es sich um einen Eigennamen handelt (*aalensis* – nach der württembergischen Stadt Aalen; *Beneckeia buchi* nach Leopold von BUCH); er darf innerhalb einer Gattung nur einmal, aber bei verschiedenen Gattungen wieder verwendet werden. Der Artname

wird im Genus dem Gattungsnamen angepaßt: *Productus horridus, Lima striata* usw. Der Gattungsname darf innerhalb des Tierreichs nur einmal vorkommen; er soll dann nach Möglichkeit auch im Pflanzenreich nicht verwendet werden. – Deshalb gibt es einen Katalog, der alle Gattungsnamen erfaßt.
Eine Unterart wird durch ein drittes Wort gekennzeichnet: wir erhalten damit ein Trinomen, z. B. *Pleydellia aalensis tenuicostata.* Gattung, Untergattung, Art und Unterart werden in kursiver Schrift, höhere Einheiten sowie die Variation in gerader (normaler) Schrift gesetzt, z. B. *Babylonella fusiformis pusilla* var. italica. Einheiten unter der Unterart entsprechen nicht mehr der Nomenklatur – Quadrinomen (Namen mit 4 Worten) sind nicht vorgesehen. Tautonomie nennt man die Übereinstimmung von Gattungs- und Artnamen, z. B. *Garantiana garantiana.*

Prioritätsprinzip

Als Autorenname gilt der Name desjenigen, der das Fossil (oder Tier) als erster unter Einhaltung der jeweils gültigen Nomenklaturregeln benannte, wissenschaftlich beschrieb und diese Beschreibung veröffentlichte. Ausgenommen von dieser Regel sind nur Veröffentlichungen, die vor dem Inkrafttreten dieser Nomenklaturregeln erfolgten. Der Autorenname wird dem Artnamen nachgestellt und in Großbuchstaben gesetzt: *Pleydellia aalensis* (ZIETEN). Hat der Autor das Fossil zu einer falschen Gattung gestellt, oder erfolgte aufgrund einer späteren Revision die Zuweisung zu einer anderen Gattung, wird der Autorenname in runde Klammern gestellt. Bei wissenschaftlichen Arbeiten sollte auch die Jahreszahl der Erstveröffentlichung wenigstens einmal erscheinen: *Pleydellia aalensis* (ZIETEN), 1832.
Häufig wurden verschiedene Teile eines Tieres oder einer Pflanze unter verschiedenen Artbezeichnungen beschrieben, weil man erst später erkannte, daß sie zusammengehören. In solchen Fällen faßt man nach dem Prioritätsgesetz alle Teile des Fossils unter dem Namen seines zu allererst beschriebenen Teiles zusammen. So wurden beispielsweise Cephalon (Kopfteil) und Pygidium (Schwanzteil) einer Trilobitenart verschieden benannt oder auch verschieden geformte Zähne eines heterodonten Gebisses (Gebiß mit unterschiedlichen Zahntypen), Seeigelstacheln und Gehäusekapseln, Seelilienstielglieder und Kelch usw. Auch Entwicklungsstadien wurden nicht immer sofort eindeutig als zusammengehörig erkannt, z. B. die Exuvien (Häutungsreste) des Trilobiten *Sao hirsuta.*
Von Synonymie spricht man, wenn eine taxonomische Einheit, z. B. Gattung, mehrere Namen erhielt; diese Namen sind dann synonym. Nach dem Prioritätsprinzip hat unter den Synonymen der älteste Name den Vorrang. Die Ausnahme: War ein Name länger als 50 Jahre im Gebrauch, so kann er durch einen wenigstens ebensolang „vergessenen" Namen bei aller Priorität nicht mehr abgelöst werden. Erhielten verschiedene taxonomische Einheiten den gleichen Namen, so liegt eine Homonymie vor. In solchen Fällen muß „sortiert" werden; es sind gültige bzw. neue Namen zu ermitteln bzw. zu schaffen.

Typusverfahren

Das Typusverfahren wurde 1907 verbindlich eingeführt; es bildet zusammen mit dem Prioritätsprinzip die Grundlage der Nomenklatur. Danach wird jede Art durch ein Typusexemplar belegt, jede Gattung durch eine Typusart und jede Familie durch eine Typusgattung. Das heißt, der Autor wählt aus seinem Material, beispielsweise mehreren Stücken einer Art, ein möglichst „typisches" Einzelstück und kennzeichnet es als den Holotypus. Der Art-Holotypus zeigt am deutlichsten alle artbestimmenden Merkmale, er ist also sozusagen das Urmeter der Art.
Wählte der Autor keinen Holotypus, sondern begründete die Art auf mehrere gleichwertige Syntypen, so muß bei einer späteren Revision einer dieser Syntypen als Lectotypus ausgewählt werden; die übrigbleibenden Syntypen werden zu Paratypoiden oder besser Paratypen.
Nun kann ein Holotypus verlorengehen. Dann wird ein Neotypus aufgestellt; er sollte aus der gleichen Schicht und vom gleichen Fundort sein wie der verlorengegangene Typus. Typusexemplare des Artbereiches gelten als Urkunden.

Anwendungsbeispiele

Gattungen können in Untergattungen geteilt werden. So ist *Perisphinctes (Arisphinctes)* eine Untergattung der Gattung *Perisphinctes.* Der Untergattungsname wird in runden Klammern zwischen den

Gattungs- und den Artnamen gestellt: *Reineckeia (Reineckeites) duplex* (BUCKMAN). Im vorliegenden Buch werden Untergattungsnamen in der Regel nicht in dieser Weise angegeben, sondern der Vereinfachung halber als vollwertige Gattungsnamen geführt; also *Reineckeites duplex* (BUCKMAN). In Erstbeschreibungen erhalten Familien, Gattungen und Arten die Nachsätze n. fam. für nova familia, n. g. oder n. gen. für novum genus und n. sp. für nova species. Werden diese Namen zitiert, so tritt an die Stelle dieser Abkürzungen der Autorenname. So steht in der Artbeschreibung *Loboidothyris subselloides n. sp.*, während es hier im Buch *Loboidothyris subselloides* WESTPHAL heißt.
Unsicherheit bezüglich der Zuordnung von Gattung, Untergattung usw. wird durch verschiedene Zeichen ausgedrückt: Ein Fragezeichen drückt die mögliche, aber nicht nachweisbare Zuordnung zu einer Einheit aus. Z. B. *Reineckeia ? anceps* (unsichere Gattung), *Reineckeia (Reineckeites?) anceps* (unsichere Untergattung), *Reineckeia anceps* (BUCKMAN)? (unsichere Art). Ein cf. (confer = vergleiche) vor dem Namen steht für mögliche und wahrscheinliche, aber nicht sichere Identität der Einheit: cf. *Reineckeia sp.*, *Reineckeia cf. anceps* (REINECKE) usw. Steht hinter dem Gattungs- oder Artnamen aff. (affinis = verwandt), so wird darauf hingewiesen, daß die vorliegende Art oder Unterart noch nicht beschrieben ist. Sie wird aber mit einer bekannten Art oder Unterart verglichen; aff. sollte immer im Zusammenhang mit n. sp. stehen: *Reineckeia* n. sp. aff. *anceps* (REINECKE). Sofern aus verschiedenen Gründen (z. B. zu schlechte Erhaltung) keine Bestimmung von Art oder Unterart durchgeführt werden kann, die taxonomische Stellung jedoch angedeutet werden soll, wird zwischen Gattungs- und Artnamen ex gr. (ex grege) eingefügt: *Reineckeia* ex gr. *anceps* (REINECKE). Früher wurde hierfür auch der Ausdruck Formenkreis verwendet. Wird ganz auf die Ermittlung der Art bzw. der Unterart verzichtet, so stehen hinter dem Gattungs- bzw. Artnamen sp. (species) bzw. subsp. (subspecies): *Reineckeia* sp., *Reineckeia anceps* subsp. Handelt es sich wahrscheinlich um mehrere zu dieser Gattung gehörende Arten, so wird ssp. oder spp. nachgestellt.

Taxonomie

Allgemeines

Während die Nomenklatur die wissenschaftliche Namengebung regelt, dient die Taxonomie zur systematischen Ordnung und Gliederung des Pflanzen- und des Tierreiches in überschaubare Gruppen. Taxonomie ist eine Wissenschaft (und als solche fehlbar!) im Gegensatz zum rein technischen Hilfsmittel der Nomenklatur. Sowohl in der Neontologie (Botanik und Zoologie) wie auch in der Paläontologie (Paläobotanik und Paläozoologie) berücksichtigt die taxonomische Gliederung der Organismen vor allem morphologische (die Gestalt beschreibende) und physiologische (die Lebensvorgänge beschreibende) Merkmale bzw. Vorgänge. Dabei hat die Morphologie natürlich in der Paläontologie deutlichen Vorrang – physiologische Vorgänge sind kaum rekonstruierbar.
Eine Fehlerquelle ersten Ranges innerhalb der Taxonomie ist das unüberlegte „Vereinfachen" und „Aufsplittern": Ihre gut durchdachte und fundierte Ordnung kann zerstört werden, wenn mehrere systematische Einheiten „vereinfachend", jedoch zu Unrecht zu einer einzigen Gruppe gerafft werden und wenn andererseits übertriebenes Aufspalten die Verhältnisse unübersichtlich macht. Der goldene Mittelweg ist sicherlich nicht immer einfach.

Kategorien

Das taxonomische System besteht aus obligatorischen (verpflichtenden) und fakultativen (frei zu wählenden) Kategorien. Die obligatorischen Kategorien wurden bereits weitgehend von LINNÉ aufgestellt: Reich, Klasse, Ordnung, Gattung und Art; später wurden noch Stamm und Familie eingeschoben. Sie müssen grundsätzlich bei der Gliederung von Pflanzen- und Tierreich berücksichtigt werden, die fakultativen Kategorien dagegen nur bei Bedarf. Im folgenden Beispiel sind die obligatorischen Kategorien fettgedruckt; darunter stehen in Normalschrift die fakultativen Kategorien; in Klammern stehen die lateinischen, d. h. wissenschaftlichen Bezeichnungen, und ganz rechts ist ein Beispiel durchexerziert:

Einheit = Taxon		Beispiel
Reich	**(Regnum)**	Animalia
Unterreich	(Subregnum)	Metazoa
Stamm	**(Phylum)**	Mollusca
Unterstamm	(Subphylum)	Conchifera
Klasse	**(Classis)**	Cephalopoda
Unterklasse	(Subclassis)	Ammonoidea
Oberordnung	(Superordo)	–
Ordnung	**(Ordo)**	Ammonitida
Unterordnung	(Subordo)	Ammonitina
Oberfamilie	(Suprafamilia)	Hildocerataceae
Familie	**(Familia)**	Hildoceratidae
Unterfamilie	(Subfamilia)	Grammoceratinae
Tribus	(Tribus)	–
Subtribus	(Subtribus)	–
Gattung	**(Genus)**	*Pleydellia*
Untergattung	(Subgenus)	–
Art	**(Species)**	*Pleydellia aalensis*
Unterart	(Subspecies)	*Pleydellia aalensis tenuicostata*

Die einzelne Einheit innerhalb des taxonomischen Systems heißt Taxon. Die Taxa sind durch bestimmte, teilweise bindend vorgeschriebene Endungen gekennzeichnet und zwar sowohl im Tier- wie auch im Pflanzenreich. Innerhalb der Einheiten Gattung und Familie haben die Taxa kennzeichnende Endungen:

Gattung	*Procer-ites*
Unterfamilie	Zigzagicerat-inae
Familie	Perisphinct-idae
Überfamilie	Perisphinct-aceae

In allen höheren Einheiten findet eine beschreibende Benennung Anwendung, wobei bestimmte Endungen nicht vorgeschrieben, aber möglich sind:

Unterordnung	Ammonitina
Ordnung	Ammonitida
Unterklasse	Ammonoidea
Klasse	Cephalopoda („Kopffüßer")
Stamm	Mollusca („Weichtiere")

Aber auch im Gattungs-/Familienbereich sind beschreibende Namen möglich, ja sogar recht häufig: *Coroniceras* = Kronenhorn; *Echioceras* = Natternhorn; *Lingula* = Zungenförmige; *Nucula* = Nußförmige usw.

Paläontologische Arten lassen sich nur unter teilweise erheblichen Einschränkungen mit neontologischen Arten gleichsetzen. Stellen wir uns einmal vor, die zahlreichen, heute existierenden Hunderassen seien ausgestorben und wir würden nur noch Skelettreste finden. Ganz sicher würde die Paläontologie aus den Skeletten der heute bekannten ca. 200 Rassen, welche alle zu der einen Art *Canis lupus* gehören, eine Vielzahl von Arten folgern müssen, da ja – bei ausgestorbenen Tieren – alle genetischen Kriterien der Zoologie fehlen! Diese Überlegung zeigt uns, daß die teilweise unübersichtliche Aufsplitterung etlicher Fossilgruppen mit großer Vorsicht zu werten ist. Logischerweise werden in Fossilgruppen mit kompliziert geformten Hartteilen bzw. Gehäusen und somit zahlreichen variablen morphologischen Merkmalen (z. B. mesozoische Ammoniten, teilweise auch Trilobiten usw.) wesentlich mehr Arten aufgestellt als in merkmalsarmen Gruppen wie z. B. den Tentaculiten.

Ungeachtet dieser Einwände darf sich die taxonomische Gliederung fossilen Lebens nicht nur auf morphologische Merkmale stützen. Sie muß es allerdings in all den Fällen, wo keine rezenten Vergleichsmöglichkeiten gegeben sind, wie z. B. bei den Tentaculiten. Sie versucht dann stammesgeschichtliche und verwandtschaftliche Zusammenhänge aufzuzeigen, deren Richtigkeit allerdings nur selten überprüfbar sein wird.

Parataxonomie

Nicht alle fossilen Lebensreste lassen die Rekonstruktion des Gesamtorganismus zu oder lassen sich einem solchen eindeutig zuordnen. Sie und die vielfach ebenso nicht eindeutig zuzuordnenden Entwicklungsstadien werden außerhalb der Taxonomie erfaßt. Die für solche Fossilien gewählten Namen haben keinen nomenklatorischen Status und sind somit auch nicht geschützt. Die Fossilien selbst werden in Formgruppen zusammengefaßt. Ein bekanntes Beispiel aus der Paläobotanik ist die Formgruppe der Pteridophyllae. Parataxa aus der Paläozoologie sind z. B. die Aptychen und die Conodonten. Die Benennung der Spurenfossilien erfolgt heute zwar teilweise analog der binären Nomenklatur, die „Gattungen“ und „Arten“ haben jedoch keinerlei taxonomische Bedeutung.

Variationsstatistik

Um die für eine bestimmte Gruppe kennzeichnenden Merkmale zu erkennen, werden Untersuchungen über ihre Variationsbreite und Beständigkeit sowie die Korrelation dieser Merkmale durchgeführt. Sie werden vermessen, gezählt usw. und dann in ein Koordinatensystem eingetragen. Es entstehen Kurven, die die Variationsbreite des/der Merkmale z. B. einer Art zeigen. Wertet man sie aus, kann man Mittelwerte gewinnen. Weiterhin wird ersichtlich, daß Merkmalsänderungen voneinander abhängig sein können, das heißt korrelationsbezogen sind.
Ein einfaches Beispiel für variationsstatistische Untersuchungen ist z. B. die Ermittlung des Verhältnisses Länge zu Höhe bei Muschelklappen. Um derartige Untersuchungen durchführen zu können, muß natürlich reichlich Material zur Verfügung stehen: Die Untersuchungen werden um so genauer, die Ergebnisse um so aussagekräftiger, je mehr Exemplare zur Auswertung zur Verfügung stehen. Hinzuzufügen ist, daß die Population, das Material, aus der Fläche stammen sollte. Mit zunehmender Mächtigkeit der Schicht, aus der Material aufgesammelt wird, bringt man in die Untersuchungen den Zeitfaktor ein, das heißt, man vermengt Variationsbreite mit genetischen Änderungen im Verlauf der Evolution.

Bestimmen

Warum nach Namen suchen?

Zum nach bestem Können präparierten Fund gehört auch der richtige Name, bevor das Fossil in die Sammlung eingereiht wird. Würden Sie auf den Vergleich Ihrer Fossilien mit denen in anderen Sammlungen oder mit den in Büchern abgebildeten verzichten oder aber gäbe es nur eine einzige Fossiliensammlung auf der Welt, nämlich Ihre, dann könnten Sie jedem Sammlungsstück einen selbsterfundenen neuen Namen geben. Und es dürfte ein verständlicher, deutscher Name sein, statt des üblichen zungenbrechenden lateinischen; sogar eine Nummer würde reichen. Nur darauf wäre zu achten, daß gleiche Arten gleiche Namen erhalten und daß unsere Sammlung bzw. Kartei überschaubar bleibt.
Leider aber haben praktisch alle unsere Fossilien schon Namen. Sie sind nach den gültigen Nomenklaturregeln benannt und in wissenschaftlichen Arbeiten beschrieben und abgebildet. Das heißt also, daß wir versuchen müssen, diesen Namen herauszubekommen. Und daß dies meist gar nicht so einfach ist, erkennt jeder Fossiliensammler binnen kurzem. Zum Trost: Auch den Botanikern, Insekten- und Mineraliensammlern geht es nicht anders.

Der direkte Vergleich

Am einfachsten wäre es nun, wir könnten unser Fossil durch direkten Vergleich im Museum bestimmen. Das heißt, wir suchen unter seinen Beständen so lange, bis wir ein bereits benanntes Exemplar finden, das unserem Fossil aufs Haar gleicht, schreiben den Namen ab und sind alle Probleme los. In der Praxis würde das bedeuten, daß wir mit unseren gesamten Fundstücken in ein Museum ziehen und uns dort unter dem gesamten Material umtun, also nicht nur in der Schausammlung. Und dabei hätten wir noch nicht einmal die Gewähr, daß unsere Fundstücke überhaupt in den Sammlungsbeständen des betreffenden Museums enthalten sind. Kein Museum verfügt in einiger Vollständigkeit auch nur über

den größeren Teil aller bekannten Fossilien. Darüber hinaus wäre besagte Durchmusterung der Sammlungen rein zeitlich und ebensowenig organisatorisch kaum zu bewältigen.
Trotzdem ist und bleibt der direkte Vergleich die beste Methode zur Identifizierung unserer Fossilien. Und sie läßt sich ideal anwenden, wenn mehrere Sammler zusammenarbeiten. Sie müssen nur über einige – möglichst viele – bereits bestimmte Fossilien verfügen, Fossilien, deren Bestimmung durch einen Fachmann oder auf anderem Wege erfolgte. Damit ist das bekannte Fossil gegeben, neben das wir unseren Namenskandidaten legen können. Jeder Sammler kennt seine Sammlung, und in der Regel weiß er, ob er ein Exemplar in seiner Kollektion hat, das zu der zur Bestimmung vorgelegten Art paßt. Und falls das nicht der Fall ist, kann er vielleicht mit Hinweisen helfen. Durch solche Zusammenarbeit addieren sich die Kenntnisse der einzelnen Sammler – man kann einander helfen, jeder lernt vom anderen.
Aber auch der Besuch von Museumssammlungen ist nie ohne Nutzen. Wenn er uns auch nicht zur Bestimmung ganzer Teile unserer Kollektion verhelfen wird, so sehen wir doch dieses oder jenes Stück, ähnlich wie wir es zu besitzen glauben, und können uns dazu Notizen machen, also auch auf diesem Weg ein wenig weiterkommen.

Hilfe durch den Fachmann

Die Hoffnung, daß einem ein Paläontologe „schnell mal diese 20 Ammoniten" bestimmen könnte, sollte man gleich aufgeben. Sicher, es gibt eine ganze Reihe unverkennbarer Cephalopoden-Gattungen und Arten, die auf Anhieb benannt werden können – aber verteilt auf alle Schichten seit dem Kambrium! Und infolge der ungeheuren, für den einzelnen nicht mehr überschaubaren Wissensfülle in der Paläontologie gibt es keine Fachleute mehr, die überall Bescheid wissen. Spezialisierung ist auch in der Paläontologie Trumpf! Seit BRONN, ORBIGNY oder QUENSTEDT sind viele Jahre vergangen. Und war es seinerzeit einzelnen noch möglich, das „Fossilreich" zu überblicken, so sind diese Zeiten nun schon lange vorbei. Das heißt, daß ein Trilobitenspezialist bei Ammoniten in der Regel passen muß, obwohl er umfassende Kenntnisse in seinem Fachgebiet hat. Noch lange nicht heißt das aber, daß er alle Trilobiten auf Anhieb bestimmen kann. Auch der Spezialist braucht zum Bestimmen Ruhe, Vergleichsmaterial und eine Menge Literatur!
Schön für den Sammler ist es, wenn er gute Kontakte zu den Paläontologen von Museen oder Instituten hat. Ihnen kann er dann schon mal einige Fundstücke vorlegen, die schwierig zu bestimmen sind. Ein vernünftiger Sammler wird sich für diese Hilfeleistung gerne mit Dubletten bedanken, die für das Institut wichtig sind, und auch einmal ein Einzelstück weggeben. Der Nutzen des Fossils für die Wissenschaft ist seinem Verstauben in einer Privatschublade vorzuziehen. Zumindest aber wird der Sammler sein Material zur Bearbeitung überlassen, wenn das gewünscht wird.

Bestimmen mit alten Büchern

In den meisten Fällen sind Sammler darauf angewiesen, ihre Funde mit Hilfe von Büchern zu bestimmen. Durch Vergleichen des Fossils mit den Fotos oder Zeichnungen samt zugehöriger Beschreibung ermitteln wir mit Glück und einer Menge Literatur mehr oder weniger ähnlich aussehende Exemplare. Genau gleiche Stücke gibt es nicht; Größe, Erhaltung, gattungs- oder artspezifische Merkmale variieren immer.
Aber auch für dieses Vergleichen sind gewisse Grundkenntnisse nötig, z. B. über die Zuordnung des Fossils zu Stamm oder Klasse, ob Ammonit, Schnecke, Nautilide, Belemnit usw. Grundkenntnisse dieser Art erleichtern das Nachschlagen ebenso wie das Wissen um die stratigraphische Herkunft des Fossils, also ob es aus Jura oder Tertiär, Ordovizium oder Kreide kommt, Je genauer wir die Fundschicht ermitteln können, desto einfacher wird die Bestimmungsarbeit.
Steht uns eines der großartigen alten Tafelwerke zur Verfügung, wie z. B. ein Band des umfangreichen ORBIGNY-Werkes „Paléontologie Française" oder QUENSTEDTS „Handbuch der Petrefaktenkunde", blättern wir, bis auf einer der Tafeln ein ähnliches oder unserer Meinung nach gleichartiges Stück abgebildet ist. Stimmt dann die Fundschicht überein und ist auch der Fossilbeschreibung (so vorhanden) nichts Gegenteiliges zu entnehmen, so ist die Übereinstimmung zumindest möglich oder gar wahrscheinlich. Ein Problem dieser Art des Vorgehens ist, daß wir größtenteils überholte Namen ermitteln: Viele dieser vor 100 Jahren verwendeten Namen sind inzwischen durch andere ersetzt. Bei den Ammoniten etwa wurde teilweise noch zu Beginn dieses Jahrhunderts (z. B. FRAAS: „Der

Petrefaktensammler") so verfahren, daß nicht der Gattungsname vorangestellt wurde, sondern ganz allgemein die Bezeichnung „Ammonites", also *Ammonites bifurcatus, Ammonites discoideus* usw. Am ehesten haben noch die Artnamen ihre Gültigkeit behalten. Die meisten der höheren taxonomischen Einheiten (falls seinerzeit überhaupt auf Systematik Wert gelegt wurde) müssen neu ausfindig gemacht werden. Dies ist für einen Fachmann in der Regel einigermaßen schnell möglich, zumindest bei den häufigeren Formen. Durch Vergleich mit den Artbezeichnungen in neueren, auf Teilgebiete beschränkten Arbeiten bzw. durch das Studium von Synonymielisten lassen sich für viele alte Namen die neuen ermitteln.
Besagte alte Werke werden allerdings kaum mehr im Handel angeboten, und wenn, dann zu beachtlichen Preisen. Die 1885 erschienene dritte Auflage von QUENSTEDTS „Handbuch der Petrefaktenkunde" wurde 1980 mit ca. DM 700,– gehandelt; der 1973 erschienene Nachdruck der „Ammoniten des Schwäbischen Jura" vom selben Autor kostete DM 780,–. Obwohl die Bestimmung mit Hilfe alter Tafelwerke nicht ganz problemlos ist, sind sie wegen ihrer zahlreichen Fossildarstellungen doch sehr nützlich. Wer es sich leisten kann und eine Kaufmöglichkeit auftut, sollte zugreifen. Nebenbei verschaffen diese Bücher interessante Einblicke in die Probleme der Forscher vor hundert Jahren. Zudem dürfen wir voraussetzen, daß auf den Tafeln in der Regel häufige und charakteristische Formen festgehalten sind – und an der Häufigkeit der Fossilien hat sich auch in den letzten 100 Jahren nichts geändert.

Neuere Literatur

Vor allem für den spezialisierten Sammler lohnt sich der Erwerb neuerer Veröffentlichungen, die sein Fachgebiet betreffen. Da diese Arbeiten mitunter sehr teuer sind, sollte geprüft werden, ob sie über Fernleihe zu beziehen sind. Auskunft darüber können Mitarbeiter größerer öffentlicher Bibliotheken geben. Auch ältere Bücher können auf diesem Weg für einige Wochen ausgeliehen und zu Hause in Ruhe durchgearbeitet werden.
Die meisten der auch für Sammler wichtigen Arbeiten erschienen und erscheinen in einer Reihe von Fachzeitschriften (z. B. Palaeontographica, Paläontologische Zeitschrift, Eclogae Geologicae Helvetiae, Paleontology usw.). Sie erscheinen meist jährlich oder halbjährlich, sind im allgemeinen sehr teuer und enthalten zu 80 % Arbeiten, die für Sammler unwichtig sind. Das macht sie zumindest für den regelmäßigen Bezug uninteressant. Normalerweise erfährt der Fossilienfreund nichts von für ihn wichtigen Veröffentlichungen in dieser Schriftenreihe, es sei denn, er hat einen „heißen Draht" zu einem Fachwissenschaftler. Wir können natürlich versuchen, uns auch anders Kenntnis über Neuerscheinungen zu verschaffen, z. B. durch das Studium der sporadisch (auf Anforderung) zugeschickten Verlagsprospekte. Wer sich dieser Mühe nicht unterzieht, erfährt meist recht spät von wichtigen Arbeiten, durch Hinweise von anderen Sammlern oder aus Literaturzitaten in Werken, die ihm etliche Jahre später in die Hände fallen.
Neben den Zeitschriften gibt es die sogenannten Monographien. Das sind Bücher, in denen eng begrenzte Gruppen bearbeitet werden, z. B. die Ammoniten der Familie Parkinsoniidae oder gar nur die Arten der Gattung *Parkinsonia*. Andere Autoren bearbeiten ganze Faunen einer bestimmten Schicht in einem begrenzten geographischen Bereich, z. B. die Ammonitenfauna des Lias zeta von Nordbayern. Solche Bücher erweisen sich natürlich als besonders wertvoll, da wir hiermit die meisten unserer Funde, z. B. eben die Parkinsonien oder Ammoniten aus dem Lias zeta, bis zur Art bestimmen können. Leider sind solche Monographien usw. nicht die Regel, sondern wir müssen die unser Spezialgebiet betreffenden Arbeiten mühsam aus zahlreichen Zeitschriften zusammensuchen und als Einzelveröffentlichungen zusammentragen.
Um einen Überblick über die Faunenzusammensetzung bestimmter Aufschlüsse zu bekommen, versuchen wir, uns geologische Karten und vor allem die dazugehörigen Erläuterungen der Gebiete zu besorgen, die uns interessieren. Dadurch entfällt zum einen die Schichtermittlung, denn unser Aufschluß ist, liegt das Aufnahme- bzw. Revisionsdatum der Karte noch nicht zu weit zurück, in die Karte eingetragen und beschrieben, vielleicht sogar mit einem genauen Profil und einer Fossilliste im erläuternden Begleitheft. Zwar verzichten solche Erläuterungen in den meisten Fällen auf Fossilabbildungen, aber auch schon die Auflistung der vorkommenden Arten ist für uns wichtig genug, dürfen wir doch mit einiger Sicherheit annehmen, daß auch unsere gesammelten Stücke in der Fossilliste zu finden sein werden. Wir haben so sehr schnell eine Reihe von Namen, die in Frage kommen, und können dann in anderen Büchern nach den Abbildungen dazu suchen. Im Hinblick darauf sollten wir uns also immer

um regionalgeologische bzw. -stratigraphische Veröffentlichungen bemühen, wozu auch z. B. geologische Führer gehören.
Einen hervorragenden Überblick über die (bis zum Jahr des Drucks) bekannten Gattungen der Wirbellosen sowie über deren taxonomische Stellung gibt der „Treatise on Invertebrate Paleontology", herausgegeben von R.C. MOORE. In den meist sehr umfangreichen Einleitungstexten wird auf Morphologie, Anatomie, Systematik, Ökologie usw. der Gruppen eingegangen. Im nachfolgenden systematischen Teil sind alle Gattungen beschrieben und in der Regel wenigstens durch eine abgebildete Art belegt, In 24, oft mehrteiligen Bänden wird das riesige Spektrum der Wirbellosen vorgestellt. Der englische Text bildet für deutsche Sammler sicherlich eine Hürde; und billig sind die Bände auch nicht gerade. Normalerweise erwirbt der Sammler aber nur die, die sein bevorzugtes Sammelgebiet behandeln, z. B. den Band über Ammoniten.
Sehr nützlich ist auch das „Lehrbuch der Paläozoologie" von A. H. MÜLLER, das in 3 Bänden mit insgesamt 7 Büchern Wirbellose und Wirbeltiere abhandelt. Im Gegensatz zum „Treatise" wird jedoch nur eine Auswahl von Gattungen usw. vorgestellt.
Neuerscheinungen sind bei Fachbuchhandlungen vorrätig; schöngeistige Buchhandlungen besorgen sie dem Sammler. Teilweise führen besagte Fachbuchhandlungen auch antiquarische Werke. Überhaupt ist für den Sammler der Besuch örtlicher Antiquariate immer interessant. – Der Aufbau einer guten Handbibliothek benötigt viel Zeit, von den Kosten gar nicht zu reden.

Praktisches Bestimmen

Nehmen wir als Beispiel einen Ammoniten, der bestimmt, dessen Stellung im System ermittelt werden soll. Insgesamt sind ca. 1940 Ammonitengattungen bekannt, wovon aber aufgrund der stratigraphischen Herkunft („Alter") des Fundes der größte Teil ausscheidet. Nehmen wir einmal an, in der stratigraphischen Zone unseres Ammoniten treten 30 Gattungen auf. Sie zeigen teilweise erhebliche Unterschiede im Gehäusebau, womit 26 Gattungen ausscheiden. Es bleiben 4 Gattungen, zu denen der Ammonit gehören könnte. Welcher er nun wirklich angehört, entscheiden morphologische Merkmale wie Gehäusebau, Skulptur sowie – eventuell – Lobenlinie. – Voraussetzung für eine derartige Auslese ist natürlich die Kenntnis aller in Frage kommenden Gattungen – und damit der „Treatise".
Zur Artermittlung benötigen wir nun freilich die oben erwähnte Spezialliteratur, als da sind Monographien oder Abhandlungen über die verschiedenen, in der Herkunftsschicht auftretenden Arten. Verständlicherweise ist dieser Teil der Bestimmung wesentlich schwieriger als die Gattungsermittlung, da wir neben guter Beobachtungsgabe auch viel mehr Literatur benötigen; und außerdem existieren wesentlich mehr Arten als Gattungen.
Wichtig bei dieser Bestimmungsarbeit ist, daß wir uns unsere Beobachtungen stichwortartig notieren. Nur dann lassen sich Bestimmungen später nachvollziehen und Fehler aufspüren. Wir halten also unsere Beobachtungen über die Gehäuseform usw. fest, ermitteln unter Umständen bestimmte Verhältniszahlen, zeichnen Skulptur oder Oberflächenzeichnung auf, auch den Verlauf der Lobenlinie usw. Alle diese Angaben kommen auf die Rückseite der Karteikarte zum Fossil, und sind damit immer, auch lange später noch greifbar und einer Überprüfung zugänglich.
Die meisten Sammler blättern beim Bestimmen alle Bücher mit „passenden" Abbildungen durch, bis sie eine entdecken, die mit dem Fund übereinstimmen könnte. Damit erwirbt man zwar ein gewisses Formempfinden (und nach jahrelanger Übung vielleicht auch eine ganz gute Übersicht über die zahlreichen Formen), braucht aber verständlicherweise jedesmal aufs neue sehr viel Zeit, um sich auch nur in die Nähe der gesuchten Formen vorzuarbeiten. Bewegen Sie sich lieber von „oben nach unten", verschaffen sich also zuerst einen Überblick über die höheren taxonomischen Einheiten wie Ordnung, Unterordnung und Familie und prägen sich die wesentlichen Gruppenmerkmale ein. Solche Kenntnisse reduzieren von Anfang an die Wahlmöglichkeiten: Zeigt ein Ammonit eine einfach geschwungene Lobenlinie, so kann er nicht zu den Mesoammonoidea (Ceratiten) und den Neoammonoidea (Ammoniten) gehören, sondern ist zu den Palaeoammonoidea (Goniatiten) zu stellen. Kriterien dieser Art erleichtern, sind sie dem Wissensschatz fest einverleibt, auf die Dauer gesehen die Bestimmungsarbeit sehr.
Bei zahlreichen ähnlichen Fundstücken, z. B. Brachiopoden, aus einer Schicht versuche man nicht, aus jeder auch nur geringfügig abgewandelten Form eine neue Art zu machen und um jeden Preis eine Abbildung dazu zu finden. Beim Bestimmen dürfen wir niemals die Tatsache aus den Augen verlieren, daß alle Arten eine gewisse Variationsbreite aufweisen! Auch ohne variationsstatistische Untersu-

chungen erkennen wir, daß verschiedene Arten einer Gattung, vor allem bei gleichzeitigem Auftreten in einer Schicht, durch fließende Übergänge verbunden sein können. In solchen Fällen halten wir uns bei der Artabgrenzung an die entsprechende Literatur. Fehlt sie, legen wir die Artgrenze nach gründlicher Überprüfung der wesentlichen Merkmale provisorisch selbst fest. Wir belegen die Bestimmung in der Sammlung aber immer neben dem Mittelwert mit den Extremwerten. – Selbstverständlich lassen sich derartige Abgrenzungen nur durchführen, wenn reichlich Material vorliegt.
Bestimmungsarbeit setzt neben biologischen und geologischen vor allem stratigraphische Kenntnisse sowie ein gutes Auge voraus, d. h. die Fähigkeit, wesentliche Merkmale zu erkennen, Spaß an gründlicher Arbeit, Geduld (wie lange man an der Bestimmung eines einzigen Stückes sitzen kann, wird ein gründlicher Sammler bald erfahren!) und vor allem Literatur. Auch dieses Buch kann die weiterführende Spezialliteratur, die zur Artermittlung nötig ist, nicht ersetzen.
Bestimmungsarbeit ist mühsam, macht aber auch sehr viel Freude – wenn nach langen Bemühungen endlich ein fundiertes Ergebnis feststeht. Und dann dürfen wir mit Recht stolz sein. Zum Sammeln gehört eben nicht nur das Zusammentragen, sondern auch das Bemühen um eine sinnvolle Gestaltung der Sammlung, in der das Bestimmen ein wesentlicher Faktor ist. Und sollte sich bei einer „Revision“ herausstellen, daß unser erstes Ergebnis falsch war, so ist das nicht weiter schlimm. Irren kann sich jeder, aber die bei der Arbeit gewonnenen Kenntnisse bleiben immer!

Aufbau einer Sammlung

Der Anfang

Kaum eine Fossiliensammlung entsteht von allem Anfang an nach festem Plan und Ziel. Ebensowenig hat sich die Mehrzahl der Sammler kopfüber von heute auf morgen in ihr Hobby gestürzt. – Die ersten Fossilien pflegen von Wanderungen oder aus dem Urlaub mitgebracht zu werden, aufgelesen ohne große Kenntnis, worum es sich da handelt, oft genug nur, weil die Form gefiel. Ebenso mögen Museumsbesuche das Interesse an Fossilien wecken. Vielleicht auch liest man etwas über „Fossilien, versteinerte Zeugen früherer Zeit“ oder über das „Leben aus der Urzeit der Erde“ – an solchen und anderen schönen Titeln herrscht kein Mangel. Oder man bestaunt bei Freunden und Bekannten deren prächtige Sammlungen und bekommt so Lust, selbst ein wenig zu sammeln, zu ordnen und zu „forschen“. Und schon ist man auf dem besten Wege, ein Fossiliensammler zu werden.
Anstöße zum Sammeln mag es viele geben. Und in der Anfangsphase wird in den allermeisten Fällen alles gesammelt und gehortet, was einem unter die Finger kommt. Meist sind es gar nicht nur Fossilien, sondern auch Mineralien und Gesteine. Nun, das schadet bestimmt nicht, denn beim Fossiliensammeln kommen uns petrographische und mineralogische Kenntnisse nur zugute – Kalkspat, Pyrit und Quarz, Kalkstein, Mergel und Ton und viele andere Mineralien und Gesteine begegnen uns draußen im Gelände immer wieder.
Sehr aktive Sammler häufen, vor allem, wenn sie in einem fossilträchtigen Landstrich wohnen, in kürzester Zeit Unmengen Fossilmaterial an. Viele Fossilien sind schlecht erhalten, andere nur bruchstückhaft (womit nichts gegen Bruchstücke gesagt sein soll – bei der Aufstellung sogenannter Fossillisten sind sie durchaus wertvoll), etliches ist doppelt oder gar vielfach vorhanden. Fazit: Wir müssen ausmisten, Platz schaffen!

Sammeln, aber wie?

Und spätestens jetzt, beim ersten großen „Umbruch“ der Sammlung, sollte sich der Fossilienfreund Gedanken machen über seine künftige Sammeltätigkeit: Er kann weiterhin wahllos und ungeordnet, ohne ein bestimmtes Ziel sammeln. Auch damit ist das Sammeln nicht ohne Sinn – am wichtigsten ist ja doch die Freude am Hobby! Er kann aber auch mit „festem Vorsatz“, begrenzt, mit einem speziellen, selbstgewählten Aufgabengebiet sammeln. In dieser Überlegung spielt bei den meisten Sammlern das Platzproblem eine wesentliche Rolle. Die Sammlungsstücke müssen ja untergebracht werden, wenn möglich optisch attraktiv, übersichtlich, leicht erreichbar. Hier also kann sich die erste Hürde auftun: Wohin mit den vielen großen und kleinen Stücken?

Kleinfossilien

Wer wenig Platz hat und in absehbarer Zeit auch nicht mehr Platz schaffen kann, sollte seine Sammlung auf Kleinfossilien ausrichten. Sammelstücke bis etwa 6 x 6 cm lassen sich noch in relativ flachen Schüben unterbringen. Da die Mehrzahl der Fossilien in Sammlungen ohnehin 5 cm kaum überschreitet, ist der Verzicht auf „Größe" gar nicht so hart. Wer Kleinfossilien ausklammert, ist kein echter Fossiliensammler, er will mit seinen Stücken sicherlich nur Aufsehen erregen. Bei der Mehrzahl aller draußen zu sammelnden Fossilien liegt die Größe zwischen 1 und 5 cm. Freilich möchte gerade der Anfänger gerne einige große „Brocken" vorweisen können; sie lassen sich ja auch so schön im Wohnzimmerregal präsentieren.
Die Sammlung selbst aber wird von der Mehrzahl der Sammler geordnet und wohl beschriftet in Schubladen untergebracht. Ich kenne viele, die in konventionelle Wohnzimmerschränke unter Zuhilfenahme mehr oder weniger ausgeprägter Heimwerkertalente sowie einiger Meter Leisten und Sperrholz gut geeignete Schubladen-„Batterien" einbauten.

Kleinstfossilien

Wem auch das Kleinfossil noch zu groß ist, der kann sich auf Fossilien unter 2 x 2 cm beschränken. Unschwer lassen sich eine Menge Fossilien dieser Größe auf kleinem Raum unterbringen – eine Fläche von 40 x 40 cm faßt 400 passende Schächtelchen dieser Größe! Eine strikte Beschränkung auf das genannte „Format" fällt allerdings schwer, denn oft bringen wir größere Stücke nach Hause – nun, die lassen sich bestimmt irgendwie eingliedern!

Jeder sammelt anders!

Es gibt – lassen Sie mich das wiederholen – Sammler, die einfach „schöne" Fossilien zusammentragen. Und warum nicht? Welcher Sammler freut sich nicht über einen hervorragend erhaltenen Trilobiten oder über einen aus hartem Jurakalk meisterhaft herausgearbeiteten Ammoniten? Die Objekte einer solchen, ästhetischen Prinzipien unterliegenden Kollektion werden also rein nach dem Gefallen ausgewählt, ohne weitergehende Ansprüche. Die meisten Sammler aber betreiben – nach einer gewissen Anlaufzeit – das Sammeln zielbewußt nach ganz speziellen Gesichtspunkten.

Stratigraphisch geordnete Sammlungen

Ein solches Ziel kann beispielsweise die nach der Abfolge der erdgeschichtlichen Systeme geordnete Sammlung sein: Die Fossilien liegen zeitlich geordnet in den Schüben, d. h. in der gleichen Abfolge wie zuvor draußen im Gestein. Zuunterst haben die ältesten Fossilien ihren Platz, also in der Regel jene des Kambrium, ganz oben die jüngsten. Alle Fossilien eines Systems, z. B. jene des Kambrium, des Ordovizium, des Silur usw., werden zusammengefaßt und vermitteln, ist die Kollektion einigermaßen reichhaltig, einen guten Überblick über die erhaltungsfähigen Reste der Lebewesen der jeweiligen Zeit. Da man logischerweise mehr in der näheren und weiteren Umgebung seines Wohnorts sammelt, werden die hier aufgeschlossenen Schichten bald überreich belegt sein, während andere, nur in weit entfernten Gegenden anstehende Systeme lediglich durch Urlaubsfunde oder Tausch- und Kaufexemplare vertreten sein dürften.
In einem solchen Falle kann man eine eigene, ganz auf die Fundschichten der Umgebung ausgerichtete Sammlung ausgliedern. Das bedeutet, daß man zwar weiterhin versucht, alle Systeme der Erdgeschichte mit wichtigen und häufigen Stücken zu belegen, daneben aber zum Beispiel ganz besonders an einer Kreidesammlung arbeitet. Eine alle Systeme erfassende stratigraphische Sammlung auszubauen, ist schwierig – woher bekommen wir silurische oder kambrische Fossilien usw.? Eine spezielle Kreidesammlung dagegen wird schnell wachsen. Erstens durch Eigenfunde – weil wir „mitten in der Kreide" wohnen – und zweitens durch spezielle Tauschverbindungen sowie, hier und da, auch durch Kauf. Wir können uns natürlich auch ganz auf diese Kreidesammlung konzentrieren. Damit tauchen dann auch weniger Probleme bezüglich der Unterbringung auf, während die speziellen Kenntnisse über Kreidefossilien und -schichten um so mehr wachsen. Man muß dazu allerdings bemerken, daß nicht alles Heil für den Sammler in der Spezialisierung liegt. Jeder sollte sich um einen allgemeinen Überblick über die Verteilung der Fossilien in den verschiedenen Systemen bemühen.

Aber wir können uns noch weiter spezialisieren, wenn wir zum Beispiel nur Fossilien der Oberen Kreide oder nur solche des Cenoman sammeln. Je enger der vertikale Sammelbereich gefaßt ist, desto größer sind unsere Chancen auf eine einigermaßen vollständige Sammlung. Wirklich lückenlos, das heißt mit allen in der jeweiligen Schicht vorkommenden Fossilien, wird keine Sammlung sein. Auch nicht in Museen und Instituten und noch viel weniger natürlich in privaten Sammlungsschränken!
Aus der Spezialisierung erwachsen im Laufe der Zeit wertvolle Informationen über „unsere" Schicht, die möglicherweise sogar einer wissenschaftlichen Auswertung zugutekommen können. Wer versucht, von anderen Gegenden und aus anderen Ländern Vergleichsmaterial aus der gleichen Schicht zu bekommen, kann anhand der Faunen interessante Rückschlüsse auf regional unterschiedliche Lebensbedingungen ziehen.
Interessant auch der Versuch, alle wichtigen Fossilarten der einzelnen Systeme zusammenzutragen, darunter vor allem die Leitfossilien. Dies ist allerdings nicht einfach: Viele Leitformen sind nicht gerade häufig und oft nicht einmal käuflich zu erwerben. Immerhin sollten wir doch versuchen, einige Leitfossilien der Schichten zusammenzustellen, die uns besonders interessieren.

Paläontologisch geordnete Sammlungen

Breit angelegt enthält eine paläontologische Sammlung alle Pflanzen- und Tiergruppen, geordnet nach Stämmen, Klassen, Ordnungen usw. Sie faßt also beispielsweise Brachiopoden, Ammoniten oder Trilobiten zusammen und gibt damit bei einiger Vollständigkeit sowohl einen Eindruck der stammesgeschichtlichen Entwicklung als auch Informationen über die Verteilung der Tiergruppen in den verschiedenen Schichten. Allerdings wird sich sehr bald herausstellen, daß auch für die Gruppen gilt, daß einige zahlreich und andere nur spärlich vertreten sind. Brachiopoden, Muscheln, Ammoniten und Schnecken können in den entsprechenden Schichten reichlich vorkommen, während z. B. Reste von Krebsen und Knochenfischen meist selten sind.
Paläontologische Sammlungen geben einen guten Überblick über die Verteilung der Organismen, wenn auch die Fossilien nur bedingt Aussagen über die Häufigkeit ihres Auftretens im damaligen Lebensraum zulassen – mit maßgebend für fossiles Vorkommen ist vor allem die Überlieferungsfähigkeit der Lebewesen bzw. ihrer Hartteile.
Bei einer Beschränkung auf bestimmte Tiergruppen wie Ammoniten, Muscheln usw., erreichen wir natürlich leichter eine gute und informative Übersicht. Besonders interessant wird das Sammeln, wenn man versucht, ontogenetische Entwicklungsreihen zusammenzustellen, also die Entwicklung eines Tieres vom ganz jungen bis zum ausgewachsenen Individuum zu demonstrieren. Und nebenbei wird sich herausstellen, daß verschieden große und möglicherweise in der äußeren Form geringfügig voneinander abweichende Exemplare durchaus zu einer Art gehören können. Gerade Anfänger machen gern den Fehler, in jedem Entwicklungsstadium eines fossilen Tieres eine neue Art zu sehen. Entwicklungsreihen lassen sich natürlich am leichtesten aus Gruppen aufstellen, die durch viele Individuen belegt sind, wie z. B. die Brachiopoden, Muscheln und Schnecken.
Vergleiche mit rezenten Tieren vermitteln, weil diese vollständig sind, Verständnis für die morphologischen Besonderheiten auch der fossilen Organismen: Wir legen also neben einen fossilen Nautilus einen rezenten, neben eine fossile Schnecke eine von heute usw. Dabei achten wir darauf, möglichst ähnliche Gehäuse bzw. Schalen zu kombinieren.
Sehr interessant können auch eng gefaßte Sammlungen von sogenannten Durchläufern sein. Eine Reihe von Familien, seltener Gattungen, überdauerte sehr lange Zeiträume der Erdgeschichte relativ unverändert – teilweise mehrere hundert Millionen Jahre. Meist handelt es sich um merkmalsarme Organismen wie z. B. *Lingula*. Diese Gruppen durch die Erdgeschichte zu verfolgen, ist sicher eine reizvolle Aufgabe.

Regional geordnete Sammlungen

Das Sammeln läßt sich auch gut auf bestimmte Gebiete (Deutschland, Bayern, Franken usw.) beschränken, wobei wiederum gilt: je kleiner das Gebiet, um so eher wird man eine einigermaßen gute Übersicht über seine Fossilien bekommen. Sinnvoll wird also ein möglichst eng gefaßtes Sammelgebiet sein. In ihm lernen wir sehr bald alle wichtigen Aufschlüsse kennen und erfahren eine Menge über die Schichten und die darin vorkommenden Fossilien.
Nicht wenige Sammler machen es sich zur Aufgabe, einen ganz bestimmten Steinbruch oder eine Grube

immer wieder aufzusuchen, um die dort vorkommenden Fossilien so lückenlos wie nur irgendwie möglich zu erfassen. Wer seinen Aufschluß einigermaßen regelmäßig und häufig aufsucht, kann weitgehend sicher sein, daß er alle der dort vorkommenden Fossilien in seiner Sammlung hat. Spezialisten dieser Art wissen auch schon einmal besser Bescheid als der Wissenschaftler, der den Aufschluß nur von wenigen Besuchen her kennt und dabei natürlich nicht alle die Informationen und Fossilien sammeln konnte, die ein anderer in 10 Jahren regelmäßiger Besuche zusammengetragen hat. Hier kann der Sammler dem Paläontologen helfen; gerade derartige Lokalsammlungen engagierter und gewissenhafter Sammler unterstützen den Fachmann bei entsprechenden Bearbeitungen!
Wahrscheinlich gibt es nur wenige Sammler, die ganz streng ausschließlich Ammoniten oder Kreidefossilien oder Fossilien aus einem einzigen Steinbruch sammeln. Meist bestehen sicher einige Sammlungstypen parallel nebeneinander, möglicherweise ohne scharf voneinander getrennt zu sein. Also z. B. Jurafossilien allgemein, bevorzugt jurassische Ammoniten; ein naheliegender Steinbruch in Schichten des Mittl. Jura wird häufig besucht („Haus- oder Stammbruch") und hat eine Unmenge Fossilien geliefert . . . Oder wir ordnen unsere Fossilien gruppenweise nach der Systematik, interessieren uns dabei aber besonders für Brachiopoden usw.

Die Unterbringung der Sammlung

Idealer Aufbewahrungsort für unsere „Schaustücke" ist die Glasvitrine. Dort sind sie ins rechte Licht gerückt, vor Staub geschützt und sicher vor neugierigen und möglicherweise groben Fingern. Das Angebot ist breit, es reicht vom ganz modernen Nur-Glas-Schrank bis hin zum schönen altmodischen Edelholzschrank mit Glasfront. Vor der Anschaffung sollten wir allerdings überlegen, ob sich – sofern sie nicht ohnedies vorgesehen ist – eine Beleuchtung einbauen läßt. Ohne Licht wirken auch die schönsten Fossilien nicht! Ideal ist ein Schrank mit verglaster oberer Hälfte, während das Unterteil zahlreiche Schubladen zur Unterbringung der restlichen Sammlungsstücke bietet. In einem solchen Möbel sind alle Sammlungsstücke optimal untergebracht. Wer es sich leisten kann und den nötigen Platz hat, kann die Maßanfertigung durch einen Schreiner in Erwägung ziehen. So etwas ist natürlich ein Langzeitprojekt und muß nicht gleich im ersten Sammeljahr realisiert werden! Gut geeignet sind übrigens auch Tischvitrinen, nach Möglichkeit ebenfalls mit untergebauten Schüben. Die abdeckende Glasscheibe sollte, um Spiegelungen zu vermeiden, schräg liegen. Die Präsentation der Sammlungsstücke in der Tischvitrine ist in jedem Fall besser als die in einer Schrankvitrine, die allerdings in der Regel mehr Platz bietet.
Überlegen Sie doch auch einmal, ob sich nicht lohnt, einen alten Schrank umzurüsten, sei es nun ein Kleider-, Akten- oder Bücherschrank. Mit Licht und Glas läßt sich da viel ausrichten. Die Möglichkeiten werden höchstens durch die handwerklichen Fähigkeiten eingeschränkt.
Weniger feudal, aber durchaus praktisch sind auch schmale, direkt an der Wand befestigte Regalbretter, ca. 5–10 cm breit. Darauf finden die größeren Sammlungsstücke Platz. Wenn sie mit der Zeit auch ein wenig einstauben, so ist dies doch ein kleiner Nachteil, verglichen mit den niedrigen Anschaffungskosten der Bretter. Und so ein Regal kann durchaus hübsch aussehen.

Schachteln in vielen Größen

In den Schüben packen wir die Fossilien nicht einfach nebeneinander, sondern legen jedes Stück für sich in eine passende, nicht zu große Schachtel. So können die Fossilien nicht aneinanderstoßen und dabei beschädigt werden. Sie können darüber hinaus nicht durcheinandergeraten. Solche Sammlungsschachteln bieten mehrere Firmen an. In der Regel handelt es sich dabei um schwarze Kunststoffkästchen in verschiedenen Abmessungen, z. B. 4x5 cm, 5x7 cm usw. Wir können uns aber von Kartonagenfabriken auch Schachteln nach eigenen Angaben fertigen lassen. Erfreulicherweise sind solche Pappschachteln nicht viel teurer als die gespritzten Kunststoffbehälter.
Wer am Schachtelpreis nicht sparen will und muß, kann Kästchen mit Samteinlage und Klarsichtdeckel kaufen, um seine Stücke à la Schneewittchen einzusargen. In der Regel dürfte dies nur bei besonders empfindlichen Fossilien notwendig sein. Letztlich besteht natürlich noch die Möglichkeit, die Schachtel selbst zu kleben. Das ist gar nicht so schwer, bedeutet allerdings eine Menge Zeitaufwand bei sehr geringen Materialkosten.

Fossilien in Diakästen

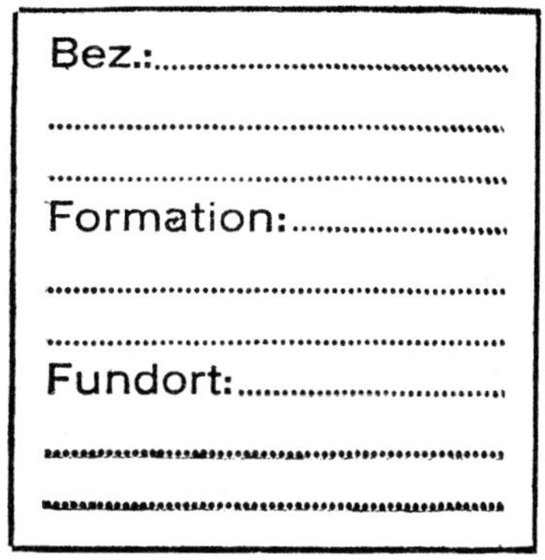

So kann der Stempel für die Papptäfelchen aussehen.

Kleinfossilien können platzsparend auch in Diaboxen oder -kästen untergebracht werden. Man bekommt sie in allen Fotogeschäften. Diabehälter bieten Platz für ca. 100 bis 400 Diapositive im Format 5 x 5 cm. Wenn wir nun unsere kleineren Sammlungsstücke auf Pappscheiben befestigen, können wir sie übersichtlich und wohlgeschützt in diesen Kästen aufbewahren. Unter kleineren Sammlungsstücken sind solche bis maximal etwa 4 x 4 cm zu verstehen; in Frage kommen natürlich vor allem flachere Objekte bis maximal 1,5 cm Dicke, z. B. Ammoniten und grundsätzlich alle sehr kleinen Fossilien. Die 5 x 5 cm großen Papptäfelchen lassen wir in einer Druckerei oder Kartonagenfabrik aus stabilem Karton schneiden; gut eignet sich z. B. die schwere Ausführung des, allerdings nicht ganz billigen, Bristol-Kartons. Wir befestigen die Fossilien auf den Papptafeln entweder mit dauerelastischem Kitt, wie er von Mineraliensammlern verwendet wird, oder auch mit Klebstoff, z. B. 2-Komponenten-Kleber. Die erstgenannte Methode ermöglicht problemloses Ablösen, um z. B. auch die Rückseite betrachten zu können, oder wenn das Fossil fotografiert werden soll. Oft ist die Rückseite aber so unansehnlich, daß wir das Stück ohne weiteres dauerhaft aufkleben können.
Übrigens können wir die Papptäfelchen auch liegend in flachen Schüben aufbewahren – dadurch wirkt die Sammlung noch übersichtlicher. Sowohl Papptafeln wie auch Sammlungsschachteln können durch Leisten fixiert werden, die zwischen die Schachtelreihen geklebt werden.
Die Rückseite der Tafeln wird mit allen zum Fossil gehörenden Angaben beschriftet. Sauber und zeitsparend ist die Anwendung eines Stempels, der allerdings ein wenig kleiner als die Papptäfelchen sein sollte.
Wer will, kann die Nummer des Sammlungsstückes noch groß und auffällig auf der Vorderseite der Papptafel anbringen, z. B. in der linken oberen Ecke.

Katalogisierung

Das Etikett zum Fossil und seine Nummer sind sehr wichtig, reichen aber für die systematische Ordnung der Sammlung nicht aus. Sie ist nur gewährleistet, wenn wir alle Sammlungsstücke katalogmäßig erfassen. Die Notwendigkeit dieser Maßnahme ist, solange die Sammlung aus wenigen Stücken besteht, nicht so ganz überzeugend. Noch wissen wir genau, was wir besitzen, woher es stammt und wo es liegt. Bei intensiver Sammeltätigkeit und regem Tauschverkehr wird schließlich die Zahl der Sammlungsstücke bald so zugenommen haben, daß wir schnell die Übersicht verlieren: Wir wissen nicht mehr, was wir alles besitzen, schon gar nicht mehr, was nun an Jurafossilien oder z. B. Brachiopoden vorhanden ist, was an Fossilien von einem bestimmten Fundort usw.
Dagegen hilft nur, von Anfang an alle Fossilien in einem Katalog zu erfassen. Bei fortlaufender Katalogisierung, die mit dem Zuwachs Schritt hält, ist die Mühe gering. Warten wir damit, bis die Ausbeute einiger Jahre der Erfassung harrt, wenden wir uns mit Grausen und lassen die Sache ganz – aus berechtigter Angst vor dem enormen Arbeitsaufwand. Die Chance zum Aufbau einer wohlgeordneten und damit übersichtlichen Sammlung ist vergeben.
Die einfachste, allerdings nicht sehr übersichtliche Art der Erfassung besteht in einer Katalogisierung nach laufenden Nummern, die man nacheinander in ein Buch schreibt. Wir vermerken Bezeichnung (Gattung, Art, Autor), Schicht, Fundort, Herkunft, Datum des Fundes, eventuell auch das Datum der Registrierung sowie die Nummer:
Hildoceras bifrons BRUGUIERE, Unt. Jura (Unt. Toarc; *bifrons*-Zone); Mende, Dept. Lozère, Südfrankreich; gesammelt Mai 1980; erfaßt Dezember 1980; Nr. 1.
Wer die verwendete Bestimmungsliteratur festhält, erleichtert sich spätere Überprüfungen. Immer nützlich sind Hinweise auf ähnliche Stücke von anderen Fundorten usw.

Karteikarten erhöhen die Übersichtlichkeit

Das Erfassen all dieser Daten auf einer Karteikarte ist eine deutliche Verbesserung. Einerseits lassen sich dadurch Stücke, die ausscheiden, problemlos auch aus der Kartei entfernen, und andererseits besteht die Möglichkeit, die Karten nach besonderen Gesichtspunkten zu ordnen, also nicht nur nach der laufenden Nummer. Wir stellen also etwa alle Jurafossilien zusammen oder alle Muscheln, Schnecken usw. oder alle Fossilien aus Deutschland, vom Fundort XY usw. Derartige Karteikarten sollte man drucken lassen. Die Investition ist zwar – je nach Menge – nicht unbeträchtlich, andererseits aber erleichtern wir uns die Arbeit wesentlich, wir sparen viel Zeit! Die Bezeichnungen „legit“ und „dedit“ auf der abgebildeten Karte stehen für „gesammelt von“ (also selbst gesammelt) und „gegeben“ (eingetauscht, gekauft, Geschenk).

Paläontologische Sammlung
Andreas E. Richter **Nr.** ....

Bezeichnung ....

Autor ....

Schichtangaben ....

....

Fundort ....

....

legit, dedit ....

Literatur ....

....

Veröffentlicht ....

Als Beispiel für eine Fossilkartei die Kartei des Autors.

Es gibt eine Menge Möglichkeiten wie wir unsere Sammelstücke „numerieren“. Wir bezeichnen z. B. alle Systeme mit einem (oder zwei) Buchstaben: Ka (Kambrium), O (Ordovizium), S (Silur) usw. Auch den Fossilgruppen geben wir Kennbuchstaben, eventuell die hier im Buch verwendeten: A (Ammoniten), L (Lamellibranchia = Muscheln) usw. Mit einer dergestalt aufgebauten „Nummer“ läßt sich eine ganze Menge ausdrücken. Nehmen wir als Beispiel O-15-L. Das hieße übersetzt: ordovizische Muschel mit der (auf das Ordovizium bezogenen) laufenden Nummer 15.
Diese Kennzeichnung läßt sich natürlich auch auf Tiergruppen (z. B. L-15-O), Fundorte usw. anwenden. Wer will, kann nebenbei auch noch allen Fossilien fortlaufende Nummern geben.
Die Erfassung von Fossilien auf Karteikarten lohnt den Arbeitsaufwand spätestens dann, wenn wir in einer reichhaltigen Sammlung ganz bestimmte Stücke suchen. Jeder wird bei der Katalogisierung eigene Methoden entwickeln. Dagegen ist gar nichts einzuwenden; es kommt nur darauf an, daß die Stücke in irgendeiner Weise erfaßt sind. Wer mag, kann ganz auf Etiketten verzichten – sofern eine Karteikarte mit der Fossilnummer vorhanden ist und diese Nummer unauslöschlich auf dem Sammlungsstück festgehalten wurde.

Tausch und Kauf

In der Regel bleibt es nicht ausschließlich bei selbst gesammelten Fossilien. Anderswo gibt es andere Fossilien, und überall hinfahren können wir ja nicht. Wer also seine Sammlung ergänzen möchte, sich ein Bild machen möchte von den Fossilien anderer Regionen, der sollte Tauschkontakte zu Gleichgesinnten suchen. Wir treffen immer wieder Sammler draußen im Gelände; ein freundliches Wort kann

der Anfang einer langwährenden und für beide Teile fruchtbaren Beziehung sein. Aber auch mittels Tauschanzeigen in Zeitschriften wie MINERALIEN-MAGAZIN, KOSMOS oder AUFSCHLUSS gelingt es in der Regel schnell, Tauschkontakte zu knüpfen: „Biete Jurafossilien der Fränkischen Alb, suche Jurafossilien, bevorzugt Ammoniten, von anderen Gebieten.“ Jeder Sammler hat ja unter den Eigenfunden meist mehrere Exemplare von einer Art, wenn auch in der Regel nicht gerade wagenradgroße Ammoniten. Und warum alles horten? Sinnvoller erscheint da der Tausch – wir geben weg, was doppelt oder überzählig ist und erhalten dafür neue und fehlende Stücke.
Tauschkontakte sind in erster Linie persönliche Kontakte: Wir zeigen, was wir haben und suchen aus dem Angebot des Partners Fossilien aus, die uns fehlen. Dabei sollte nicht Stück um Stück taxiert und angerechnet werden! Bei längerwährenden Tauschverbindungen gleichen sich Wertunterschiede, soweit solche überhaupt gegeben sind, ohnehin aus. Auch der Tausch auf dem Postweg mittels Paket oder Päckchen hat sich bewährt. Hier verhindert die vorher übermittelte Tauschliste die Zusendung nicht erwünschter Fossilien.
Wer unbeschränkt sammelt, von allen Fundorten, aus allen Systemen und Tiergruppen, kann die Zusammenstellung der Tauschsendung fürs erste ohne weiteres dem Tauschpartner überlassen. In der Regel wird die erste Sendung der weniger erfahrene Sammler abschicken. Fossilien, die uns nicht zusagen oder die schon vorhanden sind, können zurückgegeben werden; wir können die Stücke aber auch an andere Tauschpartner weiterreichen. Übrigens werden auch bei den Treffen der in vielen Städten existierenden Sammlergruppen Fossilien zum Tausch angeboten.
Am schönsten freilich sind selbstgefundene Fossilien, hängt doch zumindest an jedem guten oder sonstwie bemerkenswerten Stück fast immer eine kleine Geschichte. Das Verhältnis zu diesem Fossil ist ein ganz anderes als das zum getauschten oder gekauften. Dennoch, Kauf muß sein. Wenn wir ein bestimmtes Leitfossil suchen, einen seltenen Trilobiten, Vergleichsmaterial von überseeischen Fundstellen oder ganz einfach ein besonders schönes Exemplar, dann müssen wir in den sauren Apfel beißen und Geld ausgeben.
Die beste Gelegenheit zum Fossilienkauf bieten die in den letzten Jahren immer zahlreicher gewordenen Mineralien- und Fossilienbörsen. Man lasse sich von der Bezeichnung „Mineralien“-Börse nicht täuschen. Auf fast jeder Mineralienbörse werden auch Fossilien angeboten, trotz der anderen „Überschrift“. – Die Mineraliensammler sind eben in der Überzahl und dem wird Rechnung getragen. – In fast jeder größeren Stadt findet mindestens einmal im Jahr eine solche Börse statt. Händler und auch Sammler aus der näheren und weiteren Umgebung sowie aus dem Ausland bieten hier ihre Funde an.
Beim Kauf ist zuallererst auf möglichst exakte und ausführliche Fundortangaben zu achten – Angaben wie „Südengland“ oder „Frankenalb“ sind absolut unzureichend! Übrigens läßt schon die Etikettierung (Bestimmung, Schicht- und Fundortangaben) Rückschlüsse auf die fachliche Qualifikation des Verkäufers zu. Mangelhafte Bestimmung kann nachgesehen werden; wer hat sich noch nie mit der Bestimmung eines Fossils schwergetan? Sobald aber die Schicht- und Fundortangaben fehlen oder lückenhaft sind, sollte man sich den Kauf noch einmal überlegen. Auch der günstigste Preis ersetzt nicht fehlende oder falsche Angaben! Bei guten Kenntnissen und vorhandener Literatur (bzw. geologische Karten) kann die Fundschicht eventuell ermittelt werden, aber nur bei Kenntnis des Fundortes. Also: Ohne genauen Fundort ist das schönste Fossil nicht viel wert!
Die Zahl der in diesem Sinne „reellen“ Fossilienhändler ist bedauerlicherweise sehr gering. Die Mehrzahl der auf den Börsen auftretenden „Profis“ versteht von Mineralien mehr oder weniger viel, von den nebenbei angebotenen Fossilien aber nichts.
Weit erfreulicher kann dagegen der Kontakt mit Fossiliensammlern sein, die auf der Börse ihre überzähligen Funde an den Mann bringen wollen – und übrigens meist auch gerne tauschen. Von ihnen können wir auch Informationen über Fundorte erhalten oder über die Häufigkeit und Erhaltung der Fossilien in den jeweiligen Schichten. Sie sind oft auch kompetente Gesprächspartner, wenn es um Fragen der Bestimmung geht. Und so werden wir aus solchen Begegnungen stets ganz nebenbei mit dem gekauften Fossil auch ein wenig Wissen einheimsen. Vielfach sind diese verkaufenden Fossiliensammler, die den Verdienst meist noch am selben Tag wieder in Fossilien für die eigene Sammlung investieren, den Händlern ein Dorn im Auge – schon aufgrund des Preisgefälles. Doch soll hier kein Urteil über diese oder jene Gruppe abgegeben werden – gute Stücke sind bei beiden zu bekommen. Wir sollten aber auf die angesprochenen Kriterien achten.

Mikrofossilien

Den Mikrofossilien widmet sich inzwischen ein eigener Forschungszweig der Paläontologie, die Mikropaläontologie. Sie untersucht alle Fossilien bzw. deren Teile, die nicht größer als wenige Millimeter sind, was bedeutet, daß zur Untersuchung ein Mikroskop gebraucht wird. Erfolgreiches Arbeiten auf dem Gebiet der Mikropaläontologie, ein selbständiges, an der Universität gelehrtes Fach, erfordert gute biologische wie auch geologische Kenntnisse.
Für den Sammler ist die Beschäftigung mit Mikrofossilien in der Regel ein reines Steckenpferd, denn entsprechende Kenntnisse sind wesentlich schwieriger zu erwerben als bei den Makrofossilien. Trotzdem kann das Arbeiten mit so kleinen Fossilien viel Freude machen.
Der Vorteil der Mikropaläontologie ist zweifellos, daß sich das Sammlungs- bzw. Studienmaterial leicht beschaffen läßt, daß es reichlich Mikrofossilien enthält und diese sich problemlos unterbringen lassen. Da in den letzten Jahren erfreulicherweise immer mehr Sammler ihre Liebe zu diesen Miniaturformen vergangenen Lebens entdeckt haben, seien im folgenden die wesentlichen Hilfsmittel und Methoden kurz erläutert.

Hilfsmittel

Wichtigstes Werkzeug ist das Stereo-Auflichtmikroskop (Binokular); es sollte 10- oder 12-fache Vergrößerung haben, denn in diesem Bereich arbeiten wir meistens. In der Regel gehören ohnehin mehrere Okular- und Objektivsätze zum Mikroskop, aus deren Kombination verschiedene Vergrößerungen resultieren. Ideal ist beispielsweise 10-, 20- und 30fache Vergrößerung; mehr braucht es kaum. Von der Anschaffung eines „Zoom"-Mikroskops mit stufenloser Vergrößerungseinstellung rate ich ab, weil erfahrungsgemäß nur die sehr teuren Geräte eine wirklich gute Optik haben. Wichtig ist weiterhin ein großes Objekt- oder Dingfeld – also die beim Blick durch das Mikroskop erfaßte Fläche. Günstig wirken sich hier die sogenannten Weitfeldokulare aus.
Eine ganze Reihe von Firmen bietet gute Auflichtmikroskope an. Am sinnvollsten suchen wir die einschlägigen Adressen im Inseratenteil entsprechender Magazine und lassen uns Prospekte und Preislisten schicken.
Zur Ausleuchtung des Bildfeldes genügt normalerweise eine Schreibtischleuchte mit 100-Watt-Lampe oder eine Spot-Leuchte. Es gibt auch Mikroskope mit eingebauten bzw. angebauten Beleuchtungseinrichtungen. Ihr Nutzen ist aber, verglichen mit dem hohen Anschaffungspreis, gering, die Ausleuchtung kaum besser als mit einer beliebigen hellen Leuchte.
Als weiteres wichtiges Hilfsmittel brauchen wir einen Satz Siebe zum Schlämmen der Gesteinsproben. Wir können die Siebe mit etwas Geschick selbst herstellen. Da die finanzielle Ersparnis dabei relativ groß ist, soll hier ein wenig ausführlicher darüber gesprochen werden. Wir besorgen uns also Siebgewebe mit verschiedenen Maschenweiten. Bewährt haben sich für das Schlämmen Weiten von 0,315 und 0,2 mm. Für gröberes Material tut es auch ein billiges Küchensieb. Weiterhin brauchen wir mehrere Plastikschüsseln mit beliebigem Durchmesser, jedoch nicht unter ca. 15 cm, und mindestens 10 cm Höhe. Aus den Schüsseln entfernen wir den Boden und das Siebgewebe schneiden wir kreisförmig zu, wobei der Durchmesser des Kreises etwas größer sein sollte als der Außendurchmesser der Schüssel. Dann wird die Herdplatte angestellt, mit Alufolie abgedeckt und darauf das zurechtgeschnittene Siebgewebe gelegt. Sobald es heiß ist, drücken wir die Schüssel so lange darauf, bis das Gewebe in den Schüsselrand eingeschmolzen ist. Das geht recht schnell; die Alufolie verhindert, daß die Herdplatte schmutzig wird. Nach dem Erkalten feilen wir die überstehenden Partien des Siebgewebes ab und haben ein komplettes Sieb.
Der Nachtteil dieser von Paul ROMUL entwickelten Siebe ist die etwas umständliche Handhabung beim Entleeren und Saubermachen. – Bei gekauften Sieben kann zur Reinigung der Boden herausgenommen werden. Bequemlichkeit kostet halt Geld! – Übrigens lassen sich auf diese Weise natürlich auch große, weitmaschige Sandsiebe usw. für die Geländearbeit produzieren. Für sie reicht die Herdplatte allerdings nicht mehr aus, die Operation muß auf dem heißen Backblech vorgenommen werden. Aber auch hier die Alufolie nicht vergessen!
Zu den wichtigen Utensilien des Mikropaläontologen zählt auch eine Ausleseschale. Das ist eine schwarzlackierte Messingschale mit sich kreuzenden hellen Linien, die Felder von ca. 10 x 10 mm einrahmen. Mit Hilfe dieser Felder kann man das Material Quadrat für Quadrat systematisch untersuchen und spart viel Zeit. Bei Selbstanfertigung dieser ca. 5 x 10 cm messenden Schalen (aus

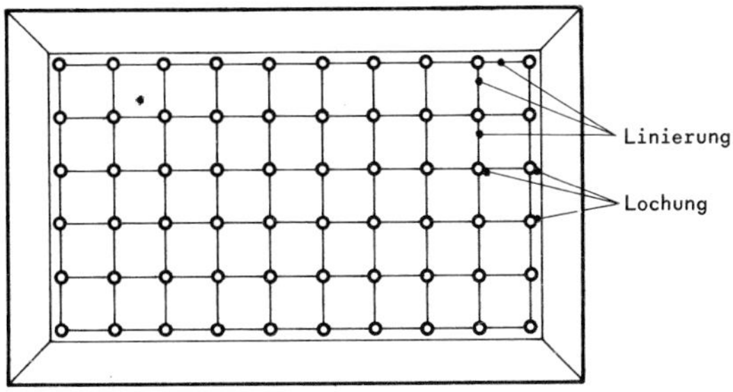

Der Raster der Ausleseschale ermöglicht das systematische Durchmustern der Mikrofossilien, die man durch die Löcher an den Rasterschnittpunkten in die Mikrofossilzelle darunter befördert.

richter

schwarzlackierten Kunststoffdeckeln, schwarzer Pappe usw.) passen wir das Raster genau unserem Objektfeld an: Beim Blick durch das Mikroskop sehen wir zur Gänze ein Quadrat. Zum Auslesen brauchen wir schließlich noch einen feinen Pinsel oder auch eine Lesenadel, die nötigenfalls mit Wachs haftend (für die Mikrofossilien) gemacht wird.

Schließlich benötigen wir noch Behälter für unsere Sammelstücke. Diese Behälter heißen Mikrofossilzellen, sind aus schwarzem Kunststoff und haben einen durchsichtigen Deckel. Die Unterbringung ist problemlos. Die Zellen werden in verschiedenen Formaten angeboten. Wer will, kann seine Mikrofossilien sehr übersichtlich und wohlgeordnet in „Plummer-Zellen" einkleben; mit Hilfe einer Tragantlösung oder eines entsprechend verdünnten Tapetenklebers. Bei den Plummer-Zellen handelt es sich um Tafeln, die mit einer Rasterung von ca. 3,5 x 3,5 mm versehen sind; die insgesamt 60 Felder sind durchnumeriert, was für die Bestimmung und Beschreibung der Fossilien wichtig ist. Die Abdeckung erfolgt mit einer Glasplatte. In Plummer-Zellen kann man die Fauna eines Fundortes, einer bestimmten Schicht zusammenfassen oder auch stratigraphisch bzw. biologisch geordnete Fossilien verschiedener Fundorte zusammenstellen.

Zur Aufbewahrung der Fossilzellen eignen sich gut sogenannte Präparatetafeln. Sie sind aus Kunststoff und lassen sich unschwer auch selbst (aus Holz) herstellen. Und Präparatetafeln bringt man jederzeit staubfrei in Schüben oder kleinen Kästen (eventuell selbst herstellen) bequem unter. Zur Aufbewahrung der geschlämmten und nocht nicht ausgelesenen Proben dienen kleine Fläschchen mit Schraubverschluß oder Schnappdeckel, auch Plastikdosen, leere Filmkapseln usw.

Probenentnahme

Der Sammler bezieht seine Proben normalerweise nur aus Aufschlüssen; an Bohrproben dürfte er kaum herankommen. Bei der Probenentnahme achten wir vor allem darauf, daß vorher die oberste Gesteinsschicht entfernt wurde. Wer das nicht tut, sackt mit Sicherheit auch Material ein, das von weiter oben anstehenden Schichten herabgespült wurde, was die horizontierte Entnahme sinnlos macht. Auch enthalten oberflächennahe Schichten möglicherweise zahlreiche rezente Kleinorganismen und ihre Reste. Schließlich kann die Erhaltung der Mikrofossilien, bedingt durch Verwitterungsvorgänge, schlecht sein.

Der Fachmann nimmt zur Durchführung mikrostratigraphischer Untersuchungen seine Gesteinsproben in einer lückenlosen Folge. Wir begnügen uns mit sogenannten Durchschnittsproben, wobei Gestein aus einer klar abgegrenzten Schicht zusammengefaßt wird: z. B. eine Probe von unten, aus der Mitte und von oben. Steht z. B. eine mächtige Tonfolge ohne klar erkennbare petrographische Unterschiede an, so entnehmen wir unsere Proben alle 50 cm, um Faunenveränderungen feststellen zu können. Daß die Probenentnahme von unten nach oben zu erfolgen hat und daß alle Probenbeutel genau zu bezeichnen sind, versteht sich von selbst. Die Menge des entnommenen Gesteins liegt normalerweise zwischen 500 und 1000 Gramm. Bei fossilarmen Gesteinen lohnt es sich, mehr Material mitzunehmen. Fossilreiche Proben enthalten schon in geringen Mengen ausreichend Mikrofossilien. Bedauerlicherweise ist die Fossilführung im Gelände nur selten zu erkennen. Man wird also stets sicherheitshalber lieber reichlich mitnehmen.

Aufbereitung

Zunächst müssen wir unsere Mikrofossilien aus dem Gestein herauslösen, isolieren. Gelingt das nicht, sind die Alternativen Gesteinsanschliff oder Dünnschliff. Derartiges wird nötig, wenn Mikrofossilien in sehr festen Gesteinen zu untersuchen sind.
Am einfachsten gewinnt man die Mikrofossilien aus unverfestigten Gesteinen wie Sand, Ton oder Mergel. Aufschließen, also zum Schlämmen vorbereiten, lassen sie sich am schnellsten und einfachsten mit Hilfe von Wasserstoffsuperoxid. Das grob zerkleinerte Material wird, trocken oder erdfeucht, mit zehn- bis fünfzehnprozentigem Wasserstoffsuperoxid übergossen. Bei großem Tonanteil kommt die Probe nach kurzer Zeit von selbst zum Sieden. Vorsicht! Sie kann überschäumen und herausspritzen. Am besten, man schlämmt in der Dusch- oder Badewanne. Und wenn doch ein Spritzer auf die Haut gerät, dann gut unter fließendem Wasser spülen. Die Behandlung mit Wasserstoffsuperoxid kann mehrmals wiederholt werden.
Sand ohne jeden Tonanteil kann man ohne weiteres sofort schlämmen; hier muß nicht aufgeschlossen werden. Bei härteren bzw. stärker verfestigten Gesteinen reicht die Behandlung mit Wasserstoffsuperoxid nicht aus. Für sie bietet sich die Kristallisationsmethode an: Das mit Hammer oder Schraubstock zerkleinerte Gestein (vor dem Draufschlagen in einige Lagen Zeitungspapier wickeln; erwünschte Größe ca. 1 cm) wird gründlich getrocknet und mit heißer Glaubersalzlösung übergossen. Die Lösung dringt in die Hohlräume des Gesteins ein, kühlt ab, kristallisiert aus und sprengt dabei das Gestein. Der Vorgang muß möglicherweise mehrfach wiederholt werden, bis ein Schlämmen möglich ist.
Auch mit Hilfe des Gefrierverfahrens können wir zerkleinertes Material aufbereiten: Dabei entfernt längeres Kochen (ca. 30 Minuten) die Luft aus den Gesteinsporen. Die nötige Sprengwirkung entwickelt dann das eingedrungene Wasser, wenn es im Tiefkühlfach gefriert.
Nichtkarbonatische Mikrofossilien können mit verdünnter Salzsäure aus Kalkgesteinen herausgeätzt werden. Solche Kalkgesteine liefern z. B. die Korallenkalke des Oberen Jura Württembergs. Sowohl die Makro- wie auch die Mikrofauna sind hier in Kieselsäure umgewandelt und können so unschwer aus dem einbettenden Kalk herausgeätzt werden.
Um bei unverfestigten Gesteinen unnötige Arbeit bzw. Wasserstoffsuperoxid zu sparen, empfiehlt sich, zuerst ihre sehr feinen, tonigen Bestandteile zu entfernen: Die Probe wird gründlich in Wasser eingeweicht und dann im feinsten Sieb so lange gespült, bis das abfließende Wasser klar ist. Dann kann man die mengenmäßig stark reduzierte Probe aufschließen.
Nach dem Aufschließen kommt das Schlämmen. Es erfolgt in der Regel durch Sieben, obwohl bei außerordentlich empfindlichen Fossilien Dekantieren eher geeignet ist. – Dekantieren heißt Aufrühren der Probe und häufiges Abgießen der Trübe. – Im feinsten Sieb spülen wir unsere Gesteinsprobe so lange, bis das ablaufende Wasser klar bleibt. Zeigt die Durchsicht der getrockneten Rückstände, daß die Foraminiferen usw. verschmutzt sind, so wiederholen wir die Prozedur und reiben unter fließendem Wasser den Rückstand zwischen den Fingern (im Sieb!). Den oft stabilen Foraminiferengehäusen schadet das meist nicht. Für diesen ersten Siebgang verwenden wir, wie schon gesagt, das feinste Sieb, denn alles, was durch die Maschen fällt, geht ja verloren. In der Praxis hat sich die Maschenweite 0,2 mm bewährt; kleinere Objekte sind mit einem Auflichtmikroskop ohnehin kaum mehr auswertbar. Wir können auch 2 Siebe übereinander verwenden, oben eines mit einer größeren Maschenweite (0,315 mm) und unten das feine. Damit entfällt der ansonsten nötige weitere Arbeitsgang zur Fraktionierung des Materials, die aber durchaus auch mit dem getrockneten Rückstand ausgeführt werden kann. Eine Trennung nach Korngrößen muß aber in jedem Fall erfolgen, da sonst das Auslesen unter dem Mikroskop erschwert wird (Tiefenschärfe).

Auslesen

Die Ausleseschale wird nur dünn mit Material bestreut. Wir arbeiten unter dem Mikroskop Reihe um Reihe durch. Fossilien werden mit einem angefeuchteten Pinsel aufgenommen und in die Mikrofossilzelle befördert, was mit einiger Übung ganz flott gelingt. Ein spezielles Auslesebrett verkürzt den Vorgang enorm, denn wir können uns dann beim Einlegen in die Zelle das Aufblicken vom Mikroskop sparen.
Auf ein Grundbrett von etwa 30 x 15 cm wird ein zweites, gleichgroßes Brett mit einem Schlitz, etwas größer als die verwendeten Zellen geleimt. Das obere Brettchen muß etwas dicker sein als die Mikrofossilzellen hoch sind, als Material empfiehlt sich Sperrholz. Das Grundbrett muß sich so auf dem

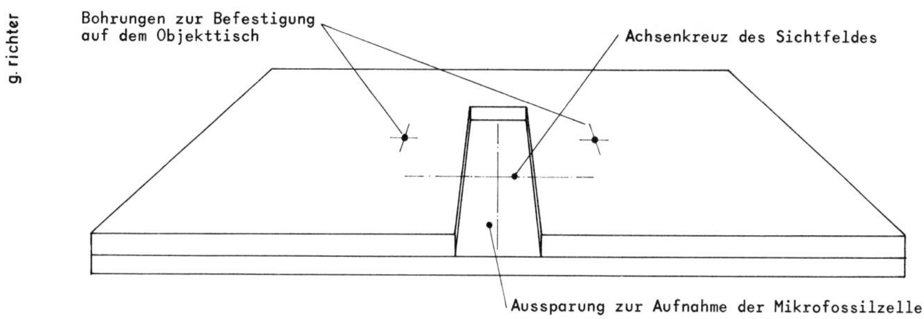

Das Auflagebrett für den Mikroskoptisch hilft beim Auslesen und kann den Vorgang ganz enorm verkürzen.

Mikroskoptisch fixieren lassen, daß die Mitte der Fossilzelle in der Aussparung genau in der Mitte des Objektfeldes liegt. Die Aussparung ist also entsprechend anzulegen.
Wir benötigen nun allerdings auch eine besondere Ausleseschale mit kleinen Löchern in den Schnittpunkten der Hilfslinien. Der Durchmesser dieser Löcher sollte ca. 1 mm betragen. Sie müssen von kleinen, wallartigen Erhöhungen umgeben sein, um sicherzustellen, daß nicht Material ungewollt durchrutscht. Beim Durchmustern unserer Proben ist eines dieser Löcher immer im Objektfeld. Befördern wir unser Mikrofossil nun mit dem Pinsel durch diese Öffnung, so fällt es in die darunterliegende Zelle, deren Öffnung ja ebenfalls im Objektfeld fixiert wurde. – Ausleseschalen sind für wenig Geld auch käuflich zu erwerben.

Bestimmung

Verständlicherweise machen allein schon die geringen Abmessungen der Fossilien ihre richtige Zuordnung noch schwieriger als sie bei den Makrofossilien ist. Es fehlen dazu die Vergleichsmöglichkeiten mit bekannten rezenten Organismen, denn wer kennt sich schon mit rezenten Foraminiferen aus? Einander ähnliche, nur durch den Feinbau getrennte Arten lassen sich kaum auseinanderhalten. Letztlich fehlen auch gute Abbildungen, obwohl gerade über Mikrofossilien eine Unmenge Literatur existiert.
Doch sollte wenigstens die Ermittlung höherer taxonomischer Einheiten gelingen – winzige Schnecken werden wir ebenso wie kleine Muscheln identifizieren können. Verschiedene Foraminiferen, Ostracoden, Teile von Seeigeln, Schlangensternen oder Holothurien (Seewalzen), Chitinhäkchen von Belemniten usw. erkennen wir bald. Im Laufe der Zeit erwerben wir vielleicht auch weitergehende Kenntnisse und können dann z. B. Gesteine ohne Makrofossilien stratigraphisch richtig einordnen, weil wir die darin steckende Mikrofauna kennen.

Systematischer Teil

Tafeln zur Vorbestimmung

Auf den folgenden der Vorbestimmung dienenden Seiten sind sowohl häufig auftretende Fossilien wie auch seltenere Organismenreste erfaßt. Es handelt sich durchweg um tierische Reste. Mikrofossilien wurden nicht berücksichtigt, ausgenommen die Muschelkrebse oder Ostracoden. Die Maßangaben sind nur als Richtwerte zu verstehen.
Das Studium der Tafeln empfiehlt sich dem Anfänger, wenn er bei der Grobunterscheidung seiner Funde Schwierigkeiten hat. Es sind aber auch eine Reihe von Formen erfaßt, deren Natur sogar von fortgeschrittenen Sammlern mitunter nicht auf Anhieb erkannt werden kann, z. B. Gehäusedeckel von Schnecken (Opercula), Fischgehörsteine (Otolithen), Elemente der Ichthyosaurierextremitäten, Kieferteile der Nautiliden (Rhyncholithen), Chitinhaken der Belemnitenarme (Onychiten). Manche der dargestellten Fossilien sind sehr selten oder treten häufig nur an bestimmten, eng begrenzten Fundorten auf. Der beschreibende Text wurde nach Möglichkeit einfach gehalten, verständlich auch für Anfänger ohne umfassende Fachwortkenntnisse.
Weitergehende Bestimmungshilfe leisten die Tafeln nicht. Sie vermitteln die Kenntnis der übergeordneten Einheit, zu der der Fund gehört: Ammoniten, Schnecken usw. Detailinformation liefern Text und Abbildungen zur jeweiligen Gruppe im Bestimmungsteil.

Flach, scheibenförmig

Flach bis linsenförmig, eben oder wellig, mit glatter oder rauher Oberfläche. Manchmal mit erkennbarer Spiralkammerung. Oft massenhaft im Gestein bzw. ausgewittert. Maximal ca. 5 cm. Siehe F - Foraminiferen.	Großforaminiferen: Kreide - rezent	F	
Form unregelmäßig, flach oder leicht konkav, mitunter mit Stielansatz. Oberfläche kann mehr oder weniger regelmäßig gelocht sein, mitunter auch radial verlaufende Kanäle tragen. Auch großwüchsig: Bis über 15 cm. Siehe Po - Porifera.	Kambrium - rezent (häufig Jura und Kreide)	Po	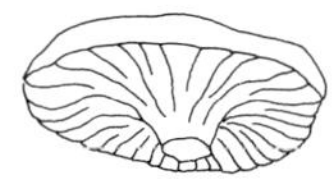
Großflächig, mit welliger Oberfläche und zahlreichen radialstrahligen Strukturen; Umriß unregelmäßig. - Umriß rund; Oberfläche mit Radialstrahlen; flach oder leicht schüsselförmig. Siehe An - Anthozoa.	Ordovizium - rezent (häufig Devon, Jura, Kreide)	An	
Mehr oder weniger flache Spirale ("planspiral"), mit wenigen oder zahlreichen Windungen. Der Steinkern zeigt keine Kammerung. Nicht selten in Schalenerhaltung. Selten größer als 3 cm. Siehe G - Gastropoda.	Kambrium - rezent (häufig in tertiärem Süßwasserkalk)	G	
Flach, meist dünn, oft mit deutlichen spiraligen oder konzentrischen Streifen. Mitunter ist ein "Kern" erkennbar, von welchem aus das Wachstum erfolgte. Operculi - Gehäuseverschlußdeckel der Schnecken. Siehe G - Gastropoda.	Kambrium - rezent (häufiger im Tertiär)	G	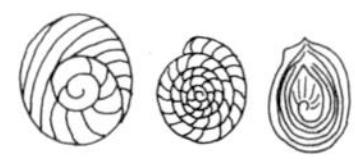
Scheibenförmig, spiralig aufgerollt, mit wenigen oder zahlreichen Windungen. Immer "planspiral". Der Steinkern zeigt in der Regel Kammerung in Form einfacher oder komplizierter Linien ("Lobenlinien"). Siehe A - Ammonoidea.	Devon - Kreide (häufig Jura und Kreide)	A	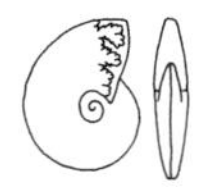
Als Bewuchs auf anderen Fossilien (Ammoniten, Seeigeln usw.), meist klein, mit zahlreichen sehr kleinen Öffnungen, rundem oder unregelmäßigem Umriß. Bis ca. 2 cm. Siehe Br - Bryozoa.	Ordovizium - rezent (häufiger seit dem Mesozoikum)	Br	
Flach oder leicht gewölbt, mit rundem oder ovalem Umriß und symmetrischer Zeichnung der Innenseite (Konkavseite). Die Zeichnung kann an einen Totenkopf erinnern. Bis ca. 2 cm. Siehe B - Brachiopoda, Familie Craniidae.	Ordovizium - rezent (häufig in der Kreide)	B	
Flach, scheibenförmig, mit rundem Umriß. Oberfläche mit oft zahlreichen Radialstreifen. In der Regel ist eine mittige (ehemalige) Öffnung erkennbar ("Achsenkanal"). Bruch calcitisch. Durchmesser bis ca. 2 cm. Siehe C - Crinoidea.	Ordovizium - rezent (häufig in der BRD in Devon, Trias, Jura)	C	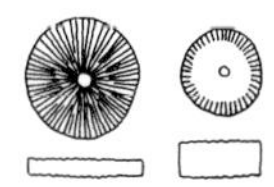
Flach oder leicht gewölbt, polygonal, mit calcitischem Bruch. Oberfläche mitunter skulptiert. Elemente eines Seelilienkelches. Siehe C - Crinoidea.	Ordovizium - rezent (häufiger im Mesozoikum)	C	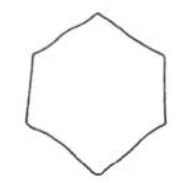
Flach, kaum gewölbt, mit polygonalem Umriß. Ränder können leicht gekerbt sein; die Oberfläche zeigt oft punktartige Skulptur. Bruch calcitisch. Bis maximal 2 cm. Seesternplatten. Siehe As - Asteroidea, Ordnung Valvatida.	Ordovizium - rezent (häufiger in Jura und Kreide)	As	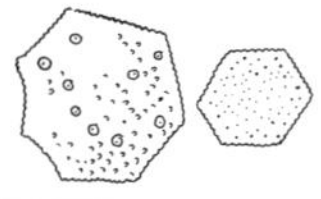
Meist leicht gewölbt, mit polygonalem Umriß. Oberfläche mit einer zentralen Warze und Warzenhof, außen granuliert. Bruch calcitisch. Oft sind mehrere Elemente zusammenhängend überliefert. Bis ca. 1 cm. Siehe E - Echinoidea.	Ob. Silur - rezent (häufig in Jura und Kreide)	E	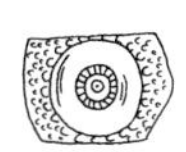

g.richter

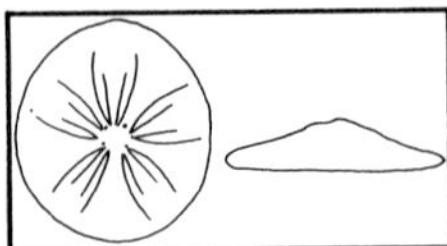	E	Ob. Kreide - rezent (häufig im Tertiär)	Schildförmig; Umriß rund, oval oder mehr oder weniger deutlich polygonal. Oberfläche oft mit fünfstrahliger Zeichnung, dazwischen mit feinen Poren bedeckt. Bruch calcitisch. Bis ca. 1o cm. Siehe E - Echinoidea, Ordnung Clypeasteroida.
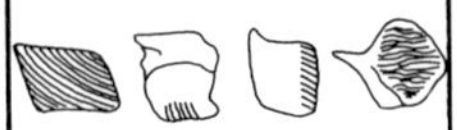	P	Ob. Silur - rezent (häufiger im Mesozoikum)	Umriß rechteckig, rhombisch und rautenförmig, auch unregelmäßig. Oberfläche oft mit einer hochglänzenden Schicht bedeckt (einseitig), fein gestreift, auch glatt. Bis ca. 2 cm. Fischschuppen. Siehe P - Pisces, Klasse Osteichthyes.
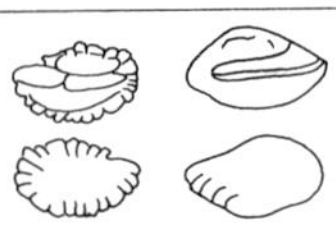	P	Perm; Jura - rezent (häufiger im Tertiär)	Meist klein bis sehr klein (1o - 3 mm); Umriß mehr oder weniger unregelmäßig. Rand oft gekerbt; Oberfläche teilweise kräftig skulptiert. Otolithen (Gehörsteine) der Fische. Siehe P - Pisces, Otolithen.
	R	Ob. Karbon - rezent	Flach oder leicht gewölbt; Umriß polygonal. Rand gekerbt, auch glatt. Oberfläche glatt oder strukturiert, oft mit konzentrischen Anwachsstreifen. Meist zwischen 2 und 5 cm, aber auch größer. Panzerplatten. Siehe R - Reptilia.
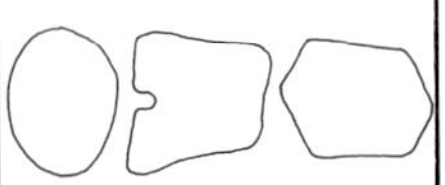	R	Trias - Ob. Kreide (häufiger im Unt. Jura)	Flach, meist relativ "dick"; Umriß oval bis polygonal. Rand glatt oder einseitig kräftig gekerbt. Oberfläche ohne regelmäßige Struktur. Elemente der Extremitäten ("Flossen"). Zwischen 1 und ca. 5 cm. Siehe R - Reptilia, Ichthyopterygia.

Schüssel-, becherförmig

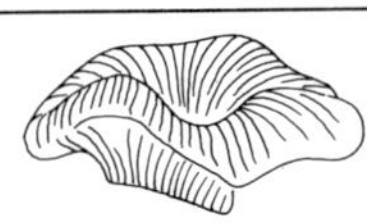	Po	Kambrium - rezent (häufig Jura und Kreide)	Umriß rundlich; mehr oder weniger eingetieft; Rand wellig. Form im Ganzen unregelmäßig. Oberfläche mit Kanälen und/oder Löchern. Bis ca. 15 cm, mitunter auch sehr großwüchsig (bis 4o cm). Siehe Po - Porifera.
	An	Ordovizium - rezent (häufiger in Jura und Kreide)	Umriß rund; Unterseite schüsselförmig, Oberseite wenig eingetieft, auch eben, mit radial verlaufenden Linien. Zwischen 5 mm und ca. 2 cm. Einzelkorallen. Siehe An - Anthozoa.
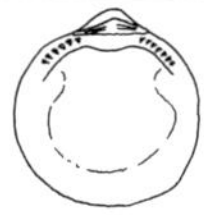	L	Unt. Kambrium - rezent (häufiger im Mesozoikum; häufig im Tertiär)	Umriß rund, oval, auch angedeutet polygonal. Mehr oder weniger gewölbt; der Rand der Konkavseite kann strukturiert sein. Oberfläche der Konvexseite oft mit Streifen, Falten, Stacheln verziert. Siehe L - Lamellibranchia.
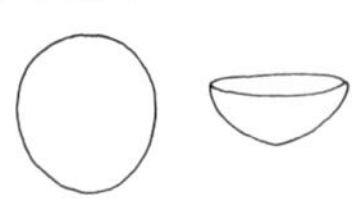	Be	Jura - Kreide	Umriß rund; schüsselförmig, mitunter mit einem randlich liegenden ehemaligen Kanal ("Sipho"). Isolierte Kammerfüllungen eines Belemnitenphragmocon. Bis ca. 2 cm; häufiger in mergeligen Gesteinen. Siehe Be - Belemniten.
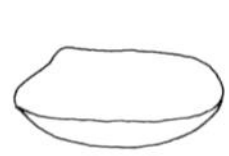	O	Ordovizium - rezent	Meist kleinwüchsig (1 - 2 mm), in manchen Gesteinen bzw. Schichten bis ca. 2 cm. Länglich; Umriß oval, selten rundlich. Oberfläche glatt oder schwach skulptiert. Siehe O - Ostracoda.
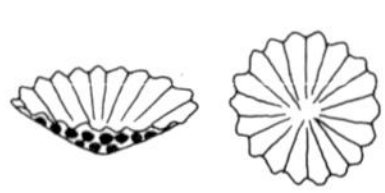	Br	Ordovizium - rezent (häufiger seit dem Mesozoikum)	Meist kleinwüchsig, zwischen 2 und ca. 1o mm. Mehr oder weniger deutlich schüsselförmig. Eine Seite mit deutlichen Poren, die andere oft radial gestreift. Siehe Br - Bryozoen.
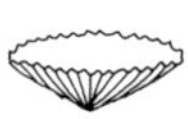	B	Ordovizium - rezent (häufiger in der Kreide)	Stumpf-kegelförmig; Außenseite mit radialen mehr oder weniger ausgeprägten Leisten, auch glatt. Umriß rund bis oval. Bis ca. 2 cm. Siehe B - Brachiopoda, Familie Craniidae.

g. richter

Konvexseite mehr oder weniger glänzend, halbkugelig, oder auch schwächer gewölbt. Andere Seite schüsselförmig oder eben, nicht eingetieft. Oberfläche glatt; keine Öffnungen oder Poren. Bis ca. 2 cm. Siehe P - Pisces, Klasse Osteichtyes.	Ob. Silur - rezent (häufiger im Mesozoikum, häufig im Tertiär)	P	

Kugelig, knollig

Kugelig, manchmal auf kurzem gedrugenen Stiel; Form unregelmäßig. Oberfläche mit Poren oder Löchern und einer größeren Zentralöffnung. Meist kleinwüchsig - bis ca. 3 cm. Siehe Po - Porifera.	Kambrium - rezent (häufig Jura und Kreide)	Po	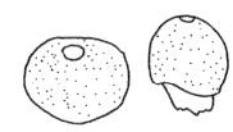
Knollig, von unregelmäßiger Form. Oberfläche mit zahlreichen Öffnungen, die radialstrahlige Unterteilung zeigen. Klein bis mäßig groß (bis ca. 1o cm); auch größer. Siehe An - Anthozoa.	Ordovizium - rezent (häufig Devon, Jura, Kreide)	An	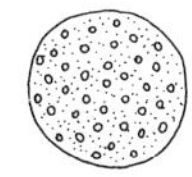
Kugelig bis knollig, auf kurzem Stiel sitzend. Oberfläche mit zahlreichen kleinen Öffnungen; keine zentrale größere Öffnung. Form sehr unregelmäßig. Klein - ca. 5 mm - 1,5 cm. Siehe Br - Bryozoa.	Ordovizium - rezent (häufiger seit dem Mesozoikum)	Br	
Beutel-, kugel-, ei- oder birnenförmig; zusammengesetzt aus zahlreichen polygonalen Platten. Bei guter Erhaltung sind zwei Öffnungen zu erkennen. Fundmöglichkeiten nahezu ausschließlich in Geschieben (in der BRD). Siehe Cy - Cystoidea.	Ordovizium - Devon	Cy	
Angedeutet kugelig bis halbkugelig; Unterseite flach. Umriß rund bis oval, auch angedeutet fünfeckig. Oberfläche mit fünfstrahliger Zeichnung, dazwischen mit feinen Poren bedeckt. Bruch calcitisch. Bis ca. 1o cm. Siehe E - Echinoidea.	Ob. Silur - rezent (häufig seit dem Jura)	E	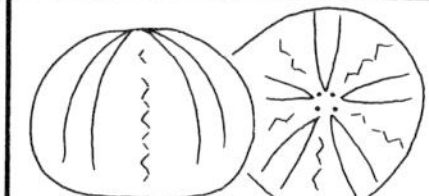
Mehr oder weniger stark gewölbt, mit glänzender Oberfläche, oft auf gedrungenem Schaft sitzend. Oberfläche glatt. Bis ca. 2 cm. Siehe P - Pisces, Klasse Osteichthyes.	Ob. Silur - rezent (häufiger im Mesozoikum, häufig im Tertiär)	P	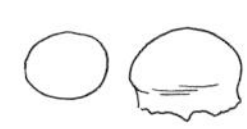

Fünfstrahlig-symmetrisch

Kugelförmig usw. (siehe Cy bei "kugelig, knollig") mit aus zahlreichen Platten zusammengesetzter Oberfläche. Bei guter Erhaltung ist eine fünfstrahlige Zeichnung erkennbar. Bis ca. 5 cm. Siehe Cy - Cystoidea.	Ordovizium - Devon	Cy	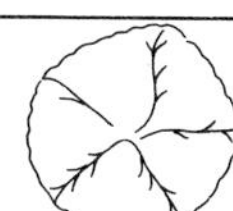
Kelchförmig, mit ausgeprägter fünfstrahliger Symmetrie. Die Unterseite zeigt einen Stielansatz. Seltener kugelig. Oberseite mit mehreren Öffnungen. Bis ca. 2 cm. Siehe Bl - Blastoidea.	Silur - Perm (häufig im Karbon der USA und im Perm von Timor)	Bl	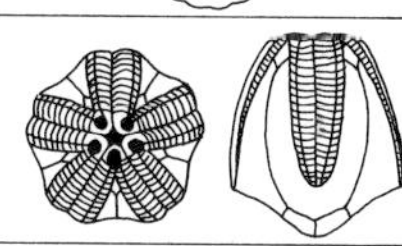
Fünfeckige flache oder stielartig aneinandergereihte Scheiben mit zentraler (ehemaliger) Öffnung: Seelilienstielglieder. - Kugelige oder halbkugelige Gebilde, zusammengesetzt aus mehreren Elementen. Siehe C - Crinoidea.	Ordovizium - rezent (häufig in der BRD in Devon, Trias, Jura)	C	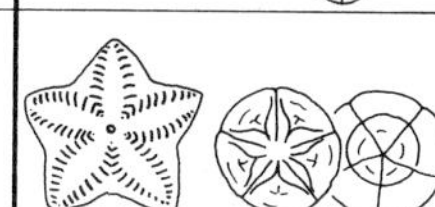
Scheibenförmig; Rand aus zahlreichen Elementen zusammengesetzt. Umriß sternförmig. Mittige Öffnung. Sehr selten; gefunden werden eher einzelne Elemente; siehe z.B. As bei "Bisher nicht erfaßte Formen". Siehe As - Asteroidea.	Ordovizium - rezent	As	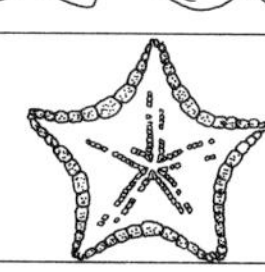
Von einer zentralen Scheibe gehen 5 Arme aus, deutlich abgesetzt. Die Scheibe zeigt eine Öffnung. Sehr selten; gefunden werden eher einzelne Elemente. Siehe Op - Ophiuroidea.	Ordovizium - rezent	Op	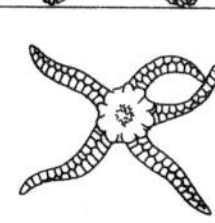

g. richter

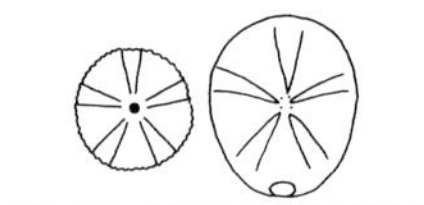	E	Ob. Silur - rezent (häufig seit dem Jura)	Schild- bis kugelförmig; Umriß rund, oval oder angedeutet polygonal. Oberfläche mit feinen Poren bedeckt; 2 Öffnungen, wobei eine immer auf der flachen Unterseite liegt. Bruch calcitisch. Bis ca. 15 cm. Siehe E - Echinoidea.

Doppelklappig

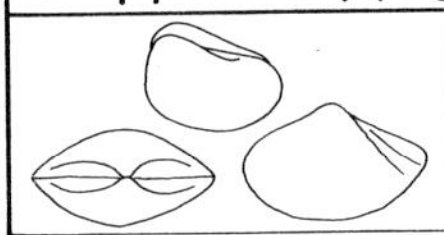	L	Unt. Kambrium - rezent (häufiger im Mesozoikum; häufig im Tertiär)	Die beiden Klappen sind untereinander mehr oder weniger gleich; eine einzelne Klappe kann spiegelgleich sein oder nicht. Oberfläche verziert mit Rippen, Wülsten, Stacheln usw. Bis ca. 15 cm. Siehe L - Lamellibranchia.
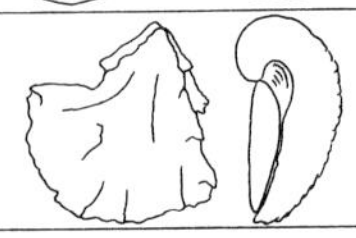	L	Ob. Trias - rezent	Ungleichklappig; gebogen und mit deckelartigem Verschluß; scharf gefaltet und mit rundlichem oder länglichem Umriß; auch zylinderförmig mit Deckel ("Hippuriten", Rudisten). Form unregelmäßig. Bis ca. 2o cm. Siehe L - Lam., UO Ostreina.
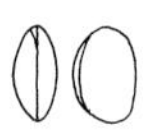	O	Ordovizium - rezent	Meist kleinwüchsig (1 - 2 mm); in manchen Gesteinen sogar gesteinsbildend. Meist länglich, selten rundlich. Oberfläche glatt oder schwach skulptiert. Siehe O - Ostracoda.
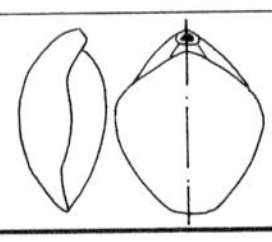	B	Kambrium - rezent (häufig im Paläozoikum und Mesozoikum)	Die beiden Klappen sind untereinander in der Regel deutlich ungleich; die eine Klappe trägt ein Loch ("Stielloch"). Eine einzelne Klappe ist normalerweise in Längsrichtung spiegelgleich. Bis ca. 5 cm. Siehe B - Brachiopoda.

Unregelmäßig gewunden

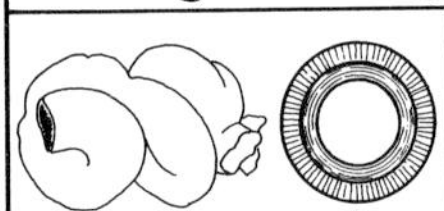	G	Kambrium - rezent (häufiger im Tertiär)	Sehr unregelmäßig gewunden, wobei die Anfangswindungen bei einigen Arten regelmäßig gewunden sein können. Das Gehäuse besteht aus 2 Schichten, wovon die innere konzentrisch und die äußere radial aufgebaut ist. Siehe G - Gastropoda.
	S	Kambrium - rezent (häufiger im Jura und in der Kreide)	Sehr unregelmäßig gewunden; einige Arten bauen jedoch spiralig gewundene Wohnröhren auf. Im Gegensatz zu den Bauten der Wurmschnecken sind die beiden Schichten aus konzentrischen Lagen aufgebaut. Siehe S - Sedentaria.
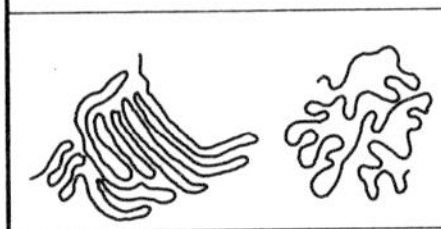	Sp	Kreide - Tertiär	Unkörperliche "Weidespuren", mehr oder weniger regelmäßig; mitunter mäandrierend. Vor allem in Flysch-Gesteinen. Siehe Sp - Spurenfossilien, Weidespuren.
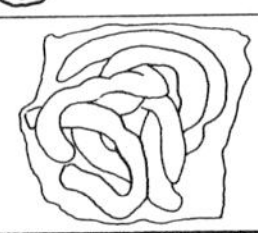	Sp	Ob. Oberjura	Durchmesser ca. 1 - 4 mm; Oberfläche ohne regelmäßige Struktur. Fischkoprolithen - häufig in den Solnhofener Schichten Bayerns. Siehe Sp - Spurenfossilien, Sp 21.

Spiralig

	F	Großforaminiferen: Kreide - rezent	Flach-scheibenförmig bis linsenförmig, eben oder wellig, mit glatter oder rauher Oberfläche. Spiralkammerung vor allem bei aufgesprungenen Exemplaren erkenntbar (auch im Anschliff). Bis ca. 5 cm. Siehe F - Foraminiferen.
	G	Kambrium - rezent (häufig vor allem im Tertiär)	In einer Ebene oder turmartig gewunden, mit wenigen oder zahlreichen Windungen. Gehäuse nicht gekammert (erkennbar am Steinkern). Oberfläche oft reich skulptiert, erkennbar bei (nicht seltener) Schalenerhaltung. Siehe G - Gastropoda.
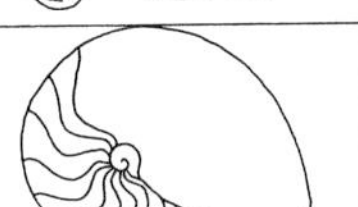	N	Kambrium - rezent (bevorzugt im Mesozoikum)	In einer Ebene aufgerollt ("planspiral"); oft mit rundlichem Windungsquerschnitt, eng und tief genabelt. Die auf dem Steinkern erkennbaren Kammerwände ("Lobenlinie") sind einfach geschwungen oder gezackt. Siehe N - Nautiloidea.

g richter

In einer Ebene aufgerollt (planspiral), selten auch in loser Spirale ("entrollt"); Windungsquerschnitt schmal und hoch bis rund. Lobenlinie der mesozoischen Formen meist kompliziert aufgebaut. Normalerweise bis ca. 1o cm. Siehe A - Ammonoidea.	Devon - Kreide (häufig Jura und Kreide)	A	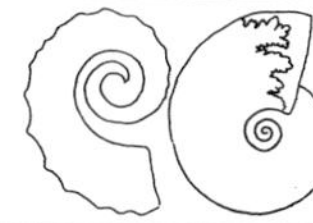
Innen spiralig gewunden, meist leicht konisch angeordnet; später mit irregulärem weiteren Wachstum. Beide Gehäuseschichten werden aus konzentrischen Lagen aufgebaut. Bis ca. 3 cm. Siehe S - Sedentaria.	Kambrium - rezent (häufiger im Jura und in der Kreide)	S	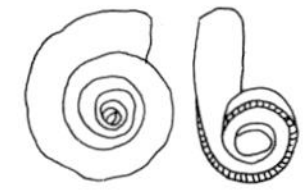
Vor allem in Schiefern, in Form offener Spiralen, ursprünglich auch in Form hochgewundener Spiralen. Einseitig kamm- oder sägeblattartig gezahnt. Meist zwischen 2 und 1o cm. Siehe Gr - Graptolithina.	Mittl. Kambrium - Unt. Karbon (häufig Ordovizium - Silur)	Gr	
Unkörperliche "Weidespuren", in regelmäßiger Spiralform. Vor allem in Flysch-Gesteinen. Siehe Sp - Spurenfossilien, Sp 13.	Kreide - Tertiär	Sp	

Zylinderförmig, konisch

Form unregelmäßig, mit mehr oder weniger großer zentraler Öffnung an einem Ende; ursprünglich mit dem anderen Ende aufgewachsen. Oberfläche oft grob, mit mehr oder weniger deutlichen Öffnungen. Bis ca. 1o cm. Siehe Po - Porifera.	Kambrium - rezent (häufig Jura und Kreide)	Po	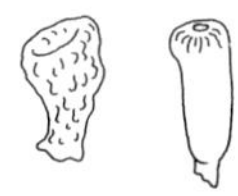
Form unregelmäßig-zylinderförmig, gedrungen bis turmförmig. Oberfläche mit Deckschicht oder längslaufenden Lamellen. Eine Endung eingetieft, mit radial laufenden "Wänden". Bis ca. 12 cm. Siehe An - Anthozoa.	Ordovizium - rezent (häufig im Devon)	An	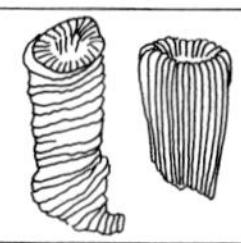
Röhrenförmig, gerade oder oft elefantenzahnartig gebogen. Beide Enden sind offen. Oberfläche oft längsskulptiert. Meist zwischen 2 und 4 cm. Siehe Sc - Scaphopoda.	Devon - rezent (häufig im Tertiär)	Sc	
Stabförmig, langgestreckt, gerade oder auch leicht gekrümmt. Querschnitt rund, oft mit erkennbarer ehemaliger Öffnung ("Sipho"). Gekammert, in Form einfacher aufeinandergestellter "Schalen". Meist Bruchstücke bis ca. 1o cm. Siehe N - Nautiloidea.	Ordovizium - Perm (in der BRD vor allem in Geschieben)	N	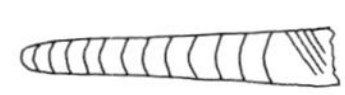
Stabförmig, langgestreckt, auch gebogen. Querschnitt rund oder oval, mitunter mit erkennbarem "Sipho". Gekammert durch kompliziert gefaltete Wände ("Lobenlinie"). Oberfläche oft skulptiert. Bruchstücke bis ca. 1o cm. Siehe A - Ammonoidea.	Jura - Kreide	A	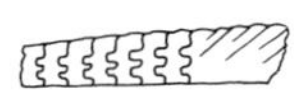
Stabförmig, meist langgestreckt, an einem Ende zugespitzt; auch keulenförmig. Das dicke Ende mit Höhlung ("Alveole"), oft mit erhaltener Kammerung. Querschnitt rund. In der Regel radialstrahlig, calcitisch. Siehe Be - Belemnitida.	Jura - Kreide	Be	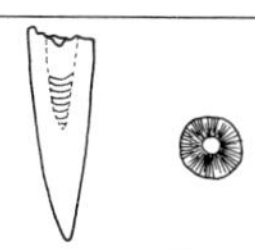
Stabförmig, schlank, spitzkegelförmig. Oberfläche oft quergeringelt. Meist klein - zwischen ca. 1 mm und 1 cm, selten bis zu 8 cm. Siehe Te - Tentaculitida.	Ordovizium - Devon (häufig im Devon)	Te	
Form unregelmäßig, stabförmig, auch gekrümmt. Oberfläche mit zahlreichen kleinen Öffnungen. Meist klein - ca. 5 mm - 1,5 cm. Siehe Br - Bryozoa.	Ordovizium - rezent (häufiger seit dem Mesozoikum)	Br	

g.richter

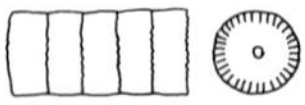	C	Ordovizium - rezent (häufig in der BRD in Devon, Trias, Jura)	Stabförmig, ohne Verjüngung, aus mehreren gleichartigen Scheiben zusammengesetzt, deren Umriß rund, oval oder fünfeckig sein kann. Ehemalige mittig liegende Öffnung erkennbar. Bruch calcitisch. Siehe C - Crinoidea.
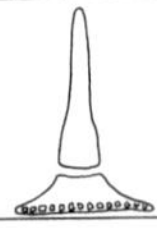	As	Ordovizium - rezent (häufiger im Ob. Jura)	Stachelartig, verjüngt, mit rundem Querschnitt. Bruch calcitisch. Maximal ca. 2 cm. Stachelbesatz von Seesternplatten (darunter dargestellt). Siehe As - Asteroidea, Ordnung Valvatida.
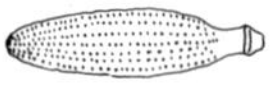	E	Ob. Silur - rezent (häufig in Jura und Kreide)	Stabförmig, keulenförmig, langgestreckt oder gedrungen, mit glatter oder längsgeriefter, gekörnelter oder bestachelter Oberfläche. Bruch calcitisch. Bis ca. 1o cm, meist weniger. Siehe E - Echinoidea.
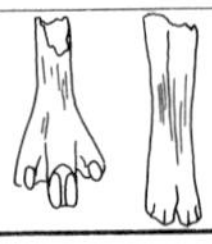	R M	Ob. Devon - rezent (häufig im Quartär (M))	Knochen, Knochenfragmente, mehr oder weniger als solche erkenntlich. Zwischen wenigen Millimetern und ca. 5o cm. Eindeutige Zuordnung zu den Amphibien, den Reptilien (R) oder den Säugern (M) nur selten möglich.
Astförmig			
	An	Ordovizium - rezent	Astförmig, mit rundem oder ovalem Querschnitt, mit mehr oder weniger zahlreichen regel- oder unregelmäßig angeordneten Öffnungen, welche durch radiale Wände (Septen) unterteilt sind. Meist kleine Bruchstücke. Siehe An - Anthozoa.
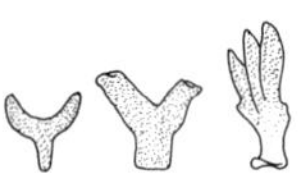	Br	Ordovizium - rezent (häufiger seit dem Mesozoikum)	Ein- oder mehrmals gegabelt, auch buschförmig. Oberfläche mit zahlreichen kleinen Öffnungen. Meist klein - ca. 5 mm - 2,5 cm. Siehe Br - Bryozoa.
	Sp	Kambrium - Tertiär	Unkörperliche "Freßspur", in pflanzenähnlicher verzweigter Form. Vor allem in Flysch-Gesteinen, häufig auch im Ob. Unterjura. Bis ca. 1o cm. Siehe Sp - Spurenfossilien, Sp 5 (Chondrites).
Segmentiert, achsensymmetrisch			
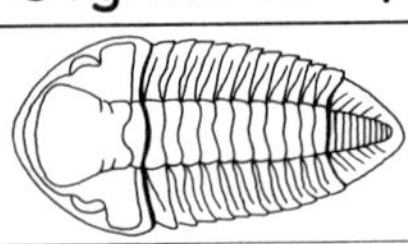	T	Kambrium - Perm	Panzerartig, bilateral-symmetrisch. Oberfläche glatt, gekörnelt oder auch kräftig skulptiert. Gefunden werden häufig der "Kopf" (Cephalon) und/oder der "Schwanz" (Pygidium) ohne Zusammenhang. Bis ca. 1o cm. Siehe T - Trilobita.
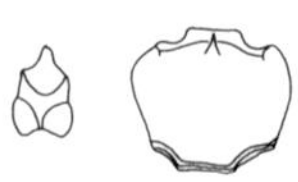	D	Trias - rezent (häufiger im Tertiär)	Panzerartig, bilateral-symmetrisch. Oberfläche glatt, gekörnelt oder auch kräftig skulptiert. Sehr selten im Zusammenhang mit Extremitäten (Scheren, Beine). Meist kleiner als 1o cm. Krebse. Siehe D - Decapoda.
Zähne			
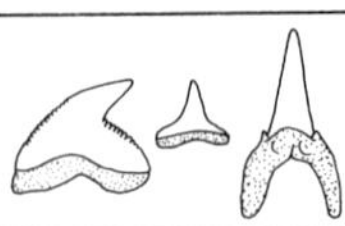	P	Mittl. Devon - rezent (häufig im Tertiär)	Haizähne, in vielen verschiedenen Formen, meist mit Wurzel aus knochenähnlicher Substanz und glänzendem Zahn, mit glatten oder gezahnten Kanten, oft abgeflacht. Bis ca. 8 cm, auch größer. Siehe P - Pisces, Ordnung Selachii.
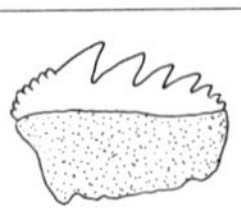	P	Mittl. Jura - rezent (häufig im Tertiär)	Haizähne, flach, länglich, mit sägeblattartigen Zacken. Bis ca. 4 cm. Siehe P - Pisces, Ordnung Selachii, Unterordnung Hexanchoidei (P 13, P 14).
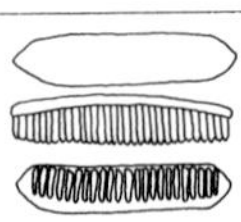	P	Ob. Jura - rezent (häufiger im Tertiär)	Langgezogen, mit oft deutlich sechseckigem Umriß; eine Seite glatt oder gekörnelt, die andere mit querlaufenden Leisten. Bis ca. 4 cm. Siehe P - Pisces, Ordnung Batoida (Rochen).

g. richter

Oberfläche halbkugelig, hochglänzend. Andere Seite eben, eingetieft oder auch mit kurzem Schaft. Kugelzähne. Bis ca. 2 cm. Siehe P - Pisces, Klasse Osteichthyes.	Ob. Silur - rezent (häufiger im Mesozoikum, häufig im Tertiär)	P	
Grob abgerundet-gezackte Zähne, ohne glänzende Oberfläche. Bis ca. 8 cm, meist kleiner. Siehe P - Pisces, Ordnung Dipnoi (P 68 - P 71).	Devon - rezent (häufiger in der Trias)	P	
Konisch, schlank bis gedrungen, mit rundem oder abgeflachten Querschnitt, mit 2 seitlichen scharfen Graten oder nicht. Oberfläche glatt oder gerieft, in der Regel glänzend. In der Regel bis ca. 5 cm. Siehe R - Reptilia.	Ob. Karbon - rezent	R	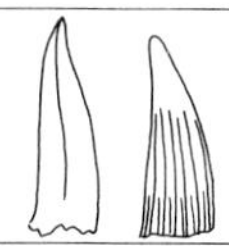
Zylinderförmig, hoch oder auch langgezogen und nieder, mit länglichem oder rundem, auch quadratischem Querschnitt. Oberfläche bzw. Kaufläche oft stark verfaltet. Normalerweise bis ca. 8 cm. Backenzähne (Molaren). Siehe M - Mammalia.	Kreide - rezent (häufiger im Tertiär, häufig im Quartär)	M	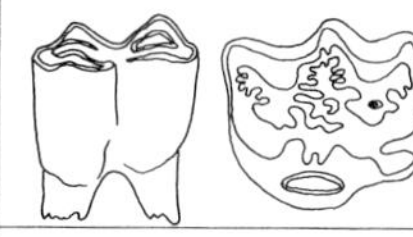
Zylinderförmig, mit rundem oder ovalem Querschnitt und verjüngten Enden, wovon eines schmelzüberzogen ist. Diese Spitze kann auch flacher sein. Eckzähne (Caninen). Bis über 1o cm. Siehe M - Mammalia.	Kreide - rezent (häufiger im Tertiär, häufig im Quartär)	M	

Bisher nicht erfaßte Formen

Aneinandergereihte Säulen bzw. Röhren, Flächen oder Ketten bildend. Teilweise großflächig. Korallen. Siehe An - Anthozoa, Ordnung Tabulata.	Ordovizium - Perm	An	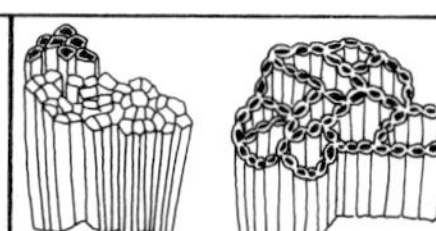
Napf- oder kappenartig, ohne oder mit kleinem gewundenem Teil. Oberfläche meist nur mit Anwachsstreifen. Bis ca. 5 cm. Siehe G - Gastropoda, Oberfamilien Hipponicacea und Calyptraeacea.	Perm - rezent (häufiger im Tertiär)	G	
Gehäuse spindel- bis eiförmig, mit erkennbarem oder verdecktem Gewinde. Oberfläche glatt oder skulptiert. Siehe G - Gastropoda, a : Familie Olividae, bis ca. 5 cm; b : Oberfamilie Cypraeacea, bis 3 cm.	Kreide - rezent (häufiger im Tertiär)	G	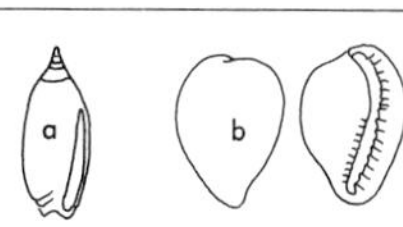
Form verschieden, meist aber länglich, mit einer flachen Seite sowie einer Kuppe auf der anderen Seite. Selten. Kieferteile fossiler Nautiliden. Bis ca. 3 cm. Siehe N - Nautiloidea (Rhyncholithen).	Trias - Kreide	N	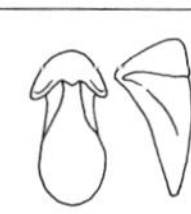
Flache oder leicht gewölbte Gebilde, mit einer geraden Seite (an welche ursprünglich ein zweites, spiegelgleiches Teil anschloß). Länglich oder rundlich, mit poriger oder auch durch Leisten verzierter Oberfläche. Aptychen. A - Ammonoidea.	Jura - Kreide (häufig im Ob. Jura)	A	
Meist kleine hakenartige Gebilde, schwarz und glänzend; bis ca. 3 cm, in der Regel kleiner. Auch in Schlämmrückständen von Tonen und Mergeln. Onychiten = Chitinhaken der Belemnitenarme. Siehe Be - Belemniten, Be 39, Be 4o.	Jura	Be	
Mehrere Kalkplatten bilden einen oben offenen Kegel und sind auf dem Untergrund (Gestein, Schale usw.) aufgewachsen. Meist bis 2 cm, selten bis 5 cm. Koloniales Auftreten häufig. Seepocken. Siehe Ci - Cirripedia, Ci 5 - Ci 9.	Ob. Kreide - rezent (häufig im Tertiär)	Ci	

g.richter

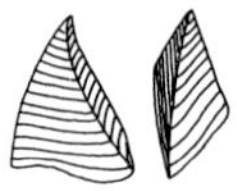	Ci	Ob. Silur - rezent	Kalkplatten in verschiedenen Formen, oft mit einem Grat. Oberfläche glatt oder mit Streifen. Isolierte Platten des "Panzers" von Entenmuscheln (Lepadomorpha). Bis ca. 3 cm. Siehe Ci - Cirripedia, Ci 1 - Ci 4.
	D	Trias - rezent	Konische, leicht gebogene und bei guter Erhaltung mit Gelenkflächen versehene Gebilde. Oberfläche glatt oder gekörnelt; eine Seite kann gezahnt sein. Manchmal auch noch im Zusammenhang, als Krebszange erkennbar. Siehe D - Decapoda.
	C	Ordovizium - rezent	Polygonale, meist leicht gebogene Teile, oft zusammen mit Seelilienstielgliedern auftretend, in verschiedenen (bilateral-symmetrischen) Formen. Bruch calcitisch. Teile eines Seelilienkelches. Siehe C - Crinoidea.
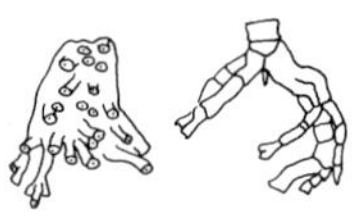	C	Ordovizium - rezent	Wurzelstockartig, von unregelmäßiger Form, oft auch ankerartig oder in Form großer Haftscheiben. Bruch calcitisch; Ansatzfläche des Stieles mitunter erkennbar. "Seelilienwurzeln"; bis ca. 2o cm. Siehe C - Crinoidea.
	As	Ordovizium - rezent	Regelmäßig geformte Elemente. Eine Seite gewölbt, oft gepunktet. Oberfläche glatt oder schwach gezeichnet. Bruch calcitisch. Selten größer als 1 cm. "Seesternasseln". Siehe As - Asteroidea.
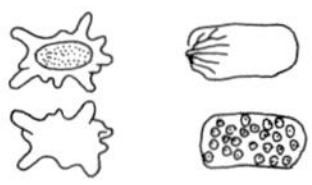	As	Ordovizium - rezent (häufiger Jura und Kreide)	Regelmäßig bis unregelmäßig geformte Elemente. Oberfläche glatt bis gekörnelt. Bruch calcitisch. Meist klein - bis ca. 1,5 cm. Seesternteile. Siehe As - Asteroidea, Ordnung Valvatida.
	E	Ob. Silur - rezent (häufiger im Jura)	Balken- und zahnförmige Elemente mit calcitischem Bruch. Meist klein - maximal ca. 2 cm. Elemente des Kieferapparates von regulären Seeigeln. Siehe E - Echinoidea.
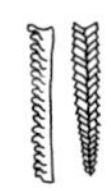	Gr	Mittl. Kambrium - Unt. Karbon (häufig Ordovizium - Silur)	Vor allem in Schiefern, in Form gerader (meist flachgepreßter, selten körperlicher) oder auch leicht gebogener, kammartig (ein- oder zweiseitig) gezahnter Gebilde. Meist zwischen 2 und 1o cm. Siehe Gr - Graptolithina.
	P	Ob. Jura - rezent (häufiger im Tertiär)	Langgezogen, mit komprimiertem Querschnitt. Die Schmalseiten zeigen einen meist mit Zacken besetzten Grat. Oberfläche meist längsgestreift. Schwanzstachel eines Rochens. Siehe P - Pisces, Ordnung Batoida.
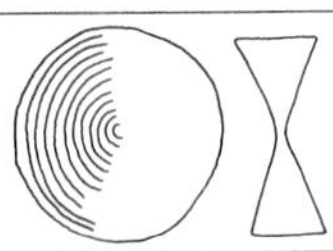	P	Mittl. Devon - rezent (häufiger im Tertiär)	Kreisrund, zur Mitte hin von beiden Seiten her eingetieft, sodaß der Querschnitt sanduhrförmig aussieht. Bis ca. 5 cm. Cyclospondyle Haiwirbel. Siehe P - Pisces, Ordnung Selachii.
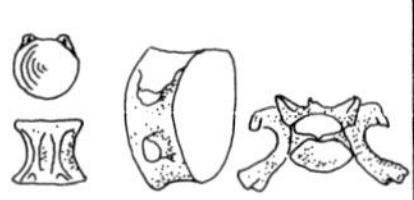	P R M	Ob. Silur - rezent (häufiger in Trias (Bonebed) und Quartär)	Wirbel; meist rund; oft mit seitlichen oder oberen Fortsätzen. Zuordnung zu den Fischen (P), Reptilien (R), Amphibien oder Säugern (M) nicht immer einfach. Bis ca. 2o cm. Siehe P, R und M.
	Sp	Paläozoikum - rezent	Langgezogen, mit Spiralfaltung, rundlich, pillenförmig usw. Form unregelmäßig. Meist klein bis mäßig groß (bis ca. 3 cm). Koprolithen (Kotspuren). Siehe Sp - Spurenfossilien, Sp 22.

g.richter

Pflanzenreich (Plantae)

Pflanzen lassen sich gegenüber den Tieren durch verschiedene Fähigkeiten und Merkmale abgrenzen: Pflanzen können aus anorganischen Stoffen mit Hilfe der Fotosynthese organische Verbindungen herstellen, sie haben eine feste Zellmembran, besitzen in der Regel Blattgrün (Chlorophyll) und können den Standort meist gar nicht oder nur unwesentlich verändern. Dies alles gilt allerdings nur für die höherentwickelten Pflanzen. Bei „niederen" Pflanzen läßt sich eine scharfe Trennung gegenüber „niederen" Tieren nur schwer oder gar nicht durchführen. So sind z. B. bei Bakterien wie auch bei Grün- und Kieselalgen freie Ortsveränderungen durchaus möglich.

Mit derlei Problemen wird der Fossiliensammler allerdings kaum konfrontiert. Seine Sammelstücke gehören in den meisten Fällen zu den Kormophyten und somit den Pflanzen, die klar als solche zu erkennen sind. Pflanzenfossilien kommen bedauerlicherweise – bedingt durch den Mangel an erhaltungsfähigen Hartteilen – ohnehin wesentlich seltener vor als tierische Überreste und sind in den meisten Sammlungen unterrepräsentiert. Deshalb werden wir auch nur kurz bei dieser Gruppe verweilen.

Fossile Pflanzen können nie als Ganzes geborgen werden. Die Funde bestehen vielmehr aus Blättern, Stamm- und Sproßteilen, Früchten, Samen, Sporen und Pollen. Um ein Bild der vollständigen Pflanze zu gewinnen, werden Rekonstruktionen versucht. Die Pflanzen des Neophytikums können zwar oft direkt mit rezenten Arten verglichen und somit in das natürliche System eingeordnet werden, man muß dazu allerdings die rezenten Pflanzen gut kennen.

Im Gegensatz zu den gebräuchlichen Bezeichnungen Paläozoikum, Mesozoikum und Känozoikum wird die Entwicklung der Pflanzenwelt in folgende Großabschnitte unterteilt: Paläophytikum, vom Ob. Silur bis ins Mittl. Perm; beginnend mit den ersten Psilophytales und endend mit den gegenüber den Gymnospermen zurücktretenden Sporenpflanzen. Mesophytikum, vom Ob. Perm bis in die Unt. Kreide; vorherrschend sind Gymnospermen. Und Känophytikum, von der Ob. Unterkreide (Apt) bis heute; vorherrschend sind Angiospermen. Das Zeitalter der Algen, das bereits im Präkambrium beginnt, wird von einigen Autoren als Eophytikum gleichwertig neben die drei anderen Abschnitte gestellt, mitunter aber auch in das Paläophytikum einbezogen.

Man gliedert das Pflanzenreich in die beiden Unterreiche Thallophyta und Kormophyta. Thallophyta (Thallus- oder Lagerpflanzen) sind die niederen und gefäßlosen Pflanzen, wozu die niederen und höheren Algen sowie Pilze und Flechten gehören. Die Kormophyta oder Kormophyten umfassen Pflanzen mit einem in Sproßachse, Blätter und Wurzel gegliederten Vegetationskörper (Kormus). Die weitere Gliederung entnehmen wir der Tabelle „Pflanzenreich".

Die ältesten Spuren pflanzlichen Lebens sind etwa 3,2 Milliarden Jahre alt. Dabei handelt es sich um bakterienartige Mikroorganismen und um morphologisch den Kugelalgen ähnelnde Gebilde. Vielzellige Algen wurden bereits in Gesteinen, die knapp 3 Milliarden Jahre alt sind, nachgewiesen, und zwar in Stromatolithen. Letztere bilden kugelige und/oder schalige Kalkgebilde, entstanden unter der Mitwirkung von Blaualgen. Stromatolithen traten vor allem im Präkambrium riffbildend auf und können auch in rezenten Meeren noch beobachtet werden. Weitere Nachweise verschiedener Florenelemente in Meeresablagerungen verteilen sich auf den Zeitabschnitt bis gegen Ende des Silur, wo mit dem Auftauchen der ersten Landpflanzen die gut belegbare Geschichte der Pflanzen beginnt.

Es handelte sich bei diesen ersten Landpflanzen um Psilophyten (Nacktpflanzen) ohne jede Beblätterung; sie wurden deshalb ursprünglich mitunter als Algen bestimmt. Vor allem in devonischen Ablagerungen treten Psilophyten auf. Bekannt sind die Gattungen *Rhynia, Drepanophycus, Thursophyton.* Im Mittl. Devon beobachten wir schon einen primitiven Schachtelhalm, *Hyenia,* und auch die ersten Vertreter der Samenfarne (z. B. *Aneurophyton*). Im Ob. Devon kommen frühe Bärlappgewächse dazu (z. B. *Cyclostigma*), zusammen mit urtümlichen Gymnospermenformen wie *Archaeopteris* (Progymnospermen). Gegen Ende des Devon sind die Bärlappe, Schachtelhalme und farnlaubigen Pflanzen bereits durch Baumformen vertreten und deuten die nun folgende arten- und individuenreiche Karbonflora an.

Während des Karbon und Unt. Perm (Rotliegendes) durchliefen die Pteridophyta eine ausgesprochene Blütezeit. Diese Farnpflanzen erreichten durchwegs Baumgröße mit Höhen bis zu 30 m und fast 2 m Stammdurchmesser (Bärlappe, Schachtelhalme). Aber auch die Filices traten baumartig auf; krautige Pflanzen waren selten. Die Samenfarne gehören wie die im Ob. Karbon und Unt. Perm verbreiteten Cordaiten zu den Gymnospermen und bilden so zusammen mit den ältesten Koniferenformen die Urformen dieses Stammes. Die wenigen ersten Gymnospermen treten bereits im Ob. Devon auf.

Unterreich	Gruppe	Stamm	Klasse	Ordnung
Thallophyta (Lagerpflanzen)	Niedere Algen	Glaukophyta		
		Myxophyta		
		Euglenophyta		
		Pyrrophyta		
		Chrysophyta		
	Höhere Algen	Chlorophyta Phaeophyta Rhodophyta Charophyta		
	Fungimorpha	Fungi (Pilze)		
		Lichenes (Flechten)		
Kormophyta (Sproßpflanzen)		Bryophyta (Moose)		
		Pteridophyta (Farnpflanzen)	Psilophytopsida	Psilophytales (Nacktfarne)
			Lycopsida	Protolepidodendrales
				Lycopodiales (Bärlappgewächse)
				Selaginellales (Moosfarne)
				Lepidodendrales
				Isoetales (Brachsenkräuter)
			Psilotopsida	Psilotales
			Articulatae (Equisetinae)	Hyeniales (Protoarticulatae)
				Pseudoborniales
				Sphenophyllales
				Calamitales
				Equisetales (Schachtelhalmgewächse)
			Filices (Echte Farne)	
		Gymnospermae (Nacktsamer)	Cycadopsida (Cycadophyta)	Pteridospermales (Samenfarne)
				Caytoniales
				Cycadales (Palmfarne)
				Bennettitales
				Pentoxylales
				Ginkgoales
			Coniferopsida	Cordaitales
				Coniferales
			Taxopsida	Taxales
			Chlamydospermae	Gnetales
		Angiospermae (Bedecktsamer)	Dicotyledoneae (Magnoliatae)	
			Monocotyledoneae (Liliatae)	

Kalkalgen sind kalkabscheidende höhere Algen, zugehörig zu den Chlorophyta (Grünalgen) und den Rhodophyta (Rotalgen).

"Pteridophyllae"

Die fossilen Überreste von echten Farnen (Filices) und Samenfarnen (Pteridosp.) lassen sich meist nur bei besonders günstiger Erhaltung unterscheiden. Aus diesem Grund werden sie nicht nach verwandtschaftlichen Beziehungen zusammengefaßt, sondern mit Hilfe eines auf äußeren Merkmalen (Laubform, Aderung) basierenden künstlichen Systems.

Diese Formengruppe heißt Pteridophyllae; sie umfaßt alle farnlaubigen fossilen Pflanzen.

richter

Übersicht über das Pflanzenreich.

Die Unterkarbonflora enthält verschiedene *Lepidodendron*-Arten, fächeradrige Farnpflanzen und Archaeocalamiten, während im Ob. Karbon Farnpflanzen und Samenfarne, Calamiten, Sigillarien und andere *Lepidodendron*-Arten auftreten. Während des Karbon werden die mächtigsten der weltweit vorkommenden Steinkohlenlager gebildet. – Steinkohle muß aber nicht im Karbon abgelagert worden sein; sowohl devonische als auch permische Steinkohlebildungen sind bekannt. – Im Rotliegenden setzt sich die Karbonflora im großen und ganzen fort, lediglich die Lepidodendren fehlen, und die Sigillarien sind nur noch spärlich vertreten. Dafür treten verstärkt Koniferen auf.

Die Steinkohlenlager entstanden in den Vorsenken der Gebirgszüge. In diesen Senken bildeten sich Waldmoore, in welchen sich Pflanzenreste in ungeheuren Mengen ansammelten. Im Bereich der

Randsenken kam es immer wieder zu Meeresüberflutungen. Lagerstätten, die so entstanden, werden „paralisch“ genannt. Im Landesinneren liegende Becken nennen wir „limnisch“.
Im Ob. Perm verschwand die permokarbonische Flora weitgehend, während die Gymnospermen an Bedeutung zunahmen; bekannte Gattungen sind z. B. *Ullmannia, Baieria, Voltzia*. Die Anpassung an die mehr oder weniger trockene Umwelt zu Beginn des Mesophytikum ermöglichte die reiche Entfaltung und Verbreitung der Nacktsamer. Cycadopsida (z. B. Cycadales, Bennettitales und Ginkgoales) und Koniferen bestimmten das Florenbild; daneben existierten auch Farne, Schachtelhalme usw. Im großen gesehen hatten die Pteridophyta aber ihre Bedeutung verloren. Im Keuper jedoch treffen wir *Equisetites arenaceus* sehr häufig, vor allem im Schilfsandstein. Nach den Schachtelhalmresten erhielt die Schicht den Namen. Immerhin erreichte *E. arenaceus* noch ca. 10 m Höhe und maximal wenige Zentimeter Durchmesser. Zwischen Jura- und Unterkreideflora bestehen kaum nennenswerte Unterschiede.
Im Känophytikum, ab der Ob. Unterkreide, beobachten wir die noch heute anhaltende Blütezeit der Angiospermen. Sie stellen mit ca. 170 000 Arten den überwiegenden Teil der Landpflanzen. In diesen Stamm gehörte bereits in der Ob. Kreide der Großteil der vorkommenden Arten, wobei die Ursachen dieser „explosionsartigen“ Entwicklung noch ungeklärt sind. Eine der Theorien nimmt an, daß sich die Bedecktsamer schon zu Zeiten des Mesophytikum in heute abgetragenen Gebirgen entwickelt haben, weswegen ein fossiler Nachweis fehlen müßte. Vor allem während des Tertiär fand eine breite Auffächerung der Gattungen und Arten statt, die zur heutigen Formenvielfalt führte. Bedingt durch große tertiäre Braunkohlenlager ist die Tertiärflora, ebenso wie jene des Permokarbon, ausgesprochen gut überliefert und untersucht.
Anmerkungen zu den einzelnen Gruppen finden sich im systematischen Teil. Die Thallophyta werden wegen ihrer für den Sammler geringen Bedeutung nicht berücksichtigt. Die fossilen Überreste von farnlaubigen Pflanzen (Pteridophyta und Pteridospermales) werden in der Formengruppe der Pteridophyllae (Pteridophyllen) zusammengefaßt und innerhalb künstlicher Formengattungen, die mit dem natürlichen System keine Verbindung haben, geordnet. Diese Ordnung erfolgt aufgrund äußerer Merkmale der Wedel, wie Laubform bzw. Umriß, Aderung. Bei günstiger Erhaltung läßt sich die Zugehörigkeit einer Art zu den Pteridophyta oder Pteridospermales zwar mitunter ermitteln, die Zuordnung wird jedoch auch in diesen Fällen nicht nach verwandtschaftlichen Gesichtspunkten vorgenommen.
Pflanzen mit eigenem Mineralgerüst, wie es z. B. die Kalkalgen haben, finden wir nur im Unterreich der Thallophyta. Die Teile der Kormophyten können in verschiedener Weise überliefert sein: Die organische Substanz kann ganz oder teilweise erhalten sein; sie kann aufgelöst sein, hat aber einen Abdruck hinterlassen; sie kann mit allen Strukturfeinheiten durch ein Mineral ersetzt worden sein – dann handelt es sich um eine echte Versteinerung.
Falls noch organische Substanz vorhanden ist, fand meist eine mehr oder weniger weitgehende Umwandlung statt. Ein seltenes solches Beispiel ist die Verkohlung, also die Umwandlung in reinen Kohlenstoff (durch Waldbrände, Lavaergüsse, Lagerfeuer prähistorischer Menschen). Bei der wesentlich häufigeren Inkohlung entsteht unter Sauerstoffabschluß Torf, dann Braun- und schließlich Steinkohle. Diese sehr lange dauernde Umwandlung kann in Ausnahmefällen mit Graphit als Endstufe abschließen. Meistens besteht das Endprodukt aber aus kohlenstoffreichen, festen Kohlenwasserstoffen. Je nach Inkohlungsgrad variiert die Erhaltung. Tertiäre Pflanzenfossilien, vor allem die widerstandsfähigen Samen, Früchte, Pollenkörner und Holzteile, können so gut erhalten sein, daß sogar histologische Untersuchungen möglich sind. Bei fortschreitender Inkohlung wird jedoch die Struktur mehr und mehr zerstört. Verschiedene Zelltypen bleiben aber, bedingt durch ihre besondere Widerstandsfähigkeit, nicht selten erhalten: Bei Blättern die Kuticula (feines, die Blattunter- und -oberseite überziehendes Häutchen), bei Sporen die Außenhaut (Exine), sowie manche Elemente der Hölzer. Ein gutes Beispiel für inkohlte Pflanzenreste sind die Karbonfossilien.
Bekannte und ergiebige Fundstellen mit Pflanzenfossilien werden immer seltener. Grubenstillegungen und moderne Abbaumethoden (Schlämmversatz) in den Steinkohlengruben haben dazu geführt, daß Karbonpflanzen, die man früher mitunter reichlich auf Abraumhalden sammeln konnte, auch schon zu Seltenheiten geworden sind. Zu den früher und teilweise heute noch bedeutenden Steinkohleabbaugebieten zählen die belgischen, englischen, irischen, französischen (Normandie, Zentralmassiv), rheinisch-westfälischen, saarländischen, sächsischen (Zwickau) und polnischen (Slask) Reviere. In manchen der unbedeutenderen Reviere wie z. B. südlich des Zentralmassivs in Frankreich (bei Bédarieux) sind glücklicherweise immer noch gute Funde möglich.

An Devonfundstellen muß vor allem das Wahnbachtal bei Bonn mit unterdevonischen Psilophyten, z. B. *Taeniocrada, Zosterophyllum,* genannt werden. Ein Steinbruch bei Wuppertal-Elberfeld lieferte teilweise hervorragend erhaltene Pflanzen des Mittl. Devon, z. B. *Asteroxylon elberfeldense, Hyenia elegans* usw. Permische Pflanzenfossilien, wie z. B. von Manebach in Thüringen oder Hilbersdorf bei Karl-Marx-Stadt, können mit Glück auf alten Halden noch gefunden werden. In der Umgebung von Autun/Frankreich können wir Fossilien des Autun (Unt. Rotliegendes) sammeln, wie auch in Lodève/ Südfrankreich. Berühmt ist die Rotliegend-Fauna des Thüringer Waldes mit *Psaronius* usw.
In den Lettenlinsen der rhätoliassischen Sandsteine Frankens, z. B. bei Bayreuth, sind teilweise hervorragend erhaltene Fossilien wie *Phlebopteris, Dictyophyllum, Thinnfeldia, Nilssonia* usw. eingelagert – hin und wieder besteht auch heute noch Gelegenheit zum Sammeln. Braunkohlenfunde im Geiseltal, die berühmten Obermiozän-Pflanzen von Öhningen am Bodensee, Braunkohlenfossilien aus der weiteren Umgebung Kölns, Travertin- und Kalktuffunde usw. – wer Interesse ganz speziell an fossilen Pflanzen hat, wird auch Fundmöglichkeiten entdecken! Denn wenn auch die klassischen Aufschlüsse vielfach verschüttet, unergiebig oder nicht mehr zugänglich sind, so bestehen doch hin und wieder noch natürliche Aufschlüsse, Bachbette usw., wo wir fündig werden können.

Plantae

Unterreich Kormophyta (Kormuspflanzen)

Stamm Pteridophyta (Farnpflanzen, Gefäßkryptogamen) (Devon – rezent)

Sporentragende Pflanzen, wahrscheinlich von den Grünalgen (Chlorophyta) abstammend. Ontogenetische Entwicklung läuft in 2 Generationen ab. Leitbündel aus Sieb- und Gefäßteilen mit speziellen Leitgefäßen (Tracheiden) in Wurzeln, Stämmen und Blättern ermöglichen die Wasserversorgung bis in entfernte Pflanzenteile. Damit konnten sich baumartige Landpflanzen entwickeln. Während des Karbon und Perm durchliefen die Pteridophyta eine ausgesprochene Blütezeit.

Klasse Lycopsida (Bärlappgewächse)

Ordnung Lepidodendrales (Schuppenbaumgewächse) (Ob. Devon – Perm)

Baumartige Farne, bis ca. 30 m hoch; zusammen mit den Calamitales während des Karbon vorherrschende Pflanzen, entsprechend stark an der Steinkohlebildung beteiligt. Die Stützfunktion wurde nicht von innenliegendem Holz, sondern von der Rinde übernommen („Rindenbäume"), die sehr dick war. Die Baumkrone war gabelig verzweigt, die Blätter linealisch, nadelig, wenige Zentimeter bis etwa 1 Meter lang. Die Rinde zeigt Blattnarben, die zur Bestimmung herangezogen werden. Wurzelstöcke (Stigmarien) und daran wachsende Anhänge (Appendices, eigentliche Wurzeln) lagen im Boden.

Familie Lepidodendraceae (Lepidodendren) (Karbon)

Blattpolster rhombisch bis spindelförmig, in Schrägzeilen angeord-

Terminologie und Morphologie der Pteridophyta (Farnpflanzen) und ▶ Pteridospermales (Samenfarne). (Zusammengestellt nach KRUMBIEGEL und WALTHER, aus SCHAARSCHMIDT, POTONIE, STUR, GOTHAN und REMY, GOTHAN und WEYLAND, ZIMMERMANN.)

Lycopsida

Lepidodendron-Stamm
(schematischer Querschnitt)

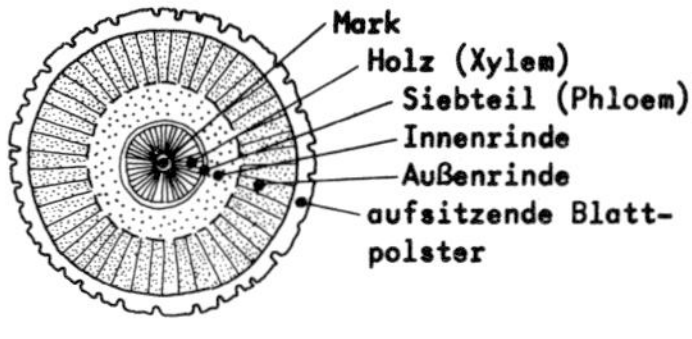

Stammskulpturen von Sigillarien
(schematische Darstellung)

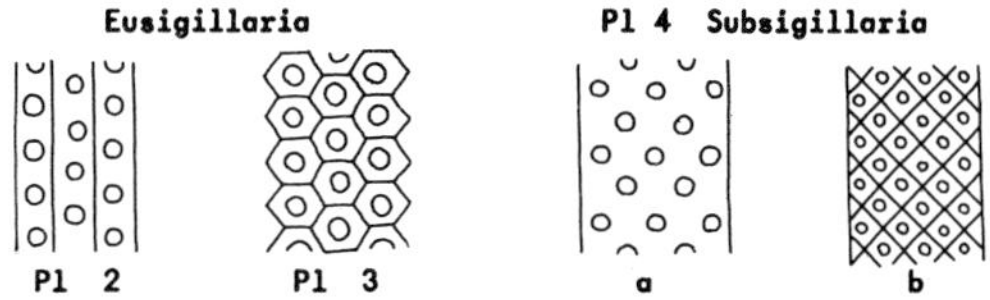

Pl 2 Favularia
Pl 3 Rhytidolepis

a leioderme Form
b clathrarische Form

Articulatae

(Schachtelhalmgewächse)
(Verlauf der Leitbündel)

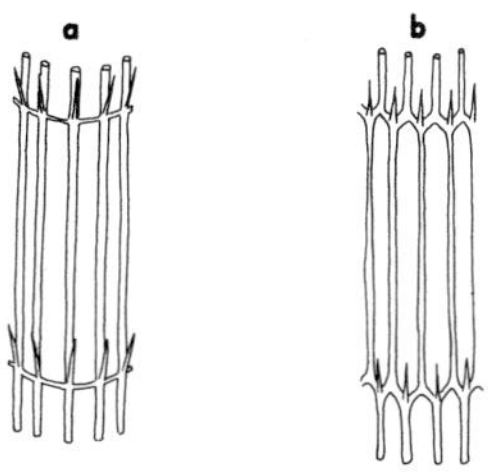

a Archaeoclamites, Asterocalamites
b Calamites (auch Equisetum)

Pteridophyllae

Fiederiger Wedelbau
(schematisiert)

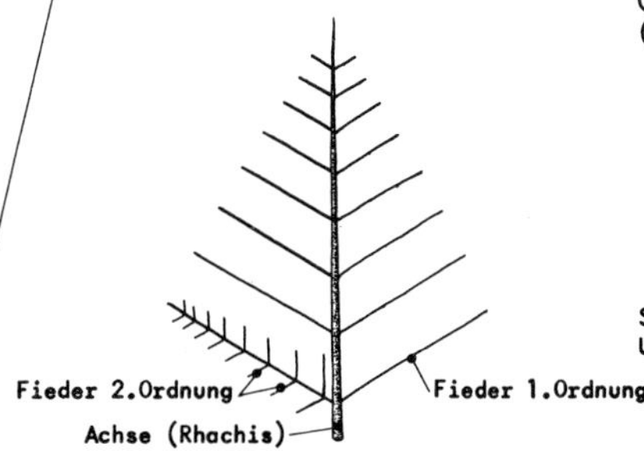

Gabelwedel
(schematisiert)

Sphenopteridium,
Unt. Karbon

Fiederform, Anheftungsweise
(Einzelfiedern, "Blätter")

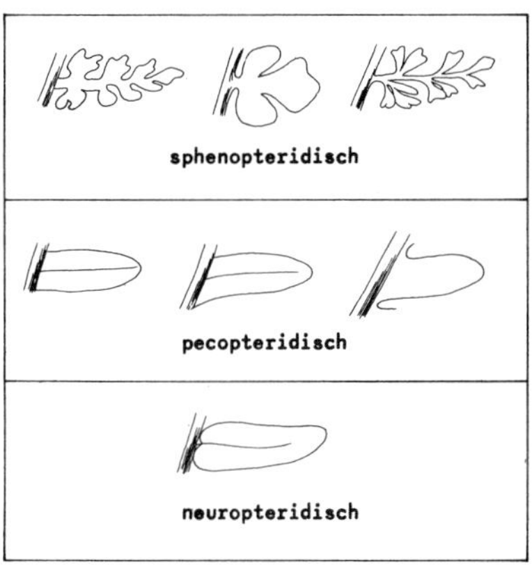

Diplotmematischer Wedel (schematisiert)

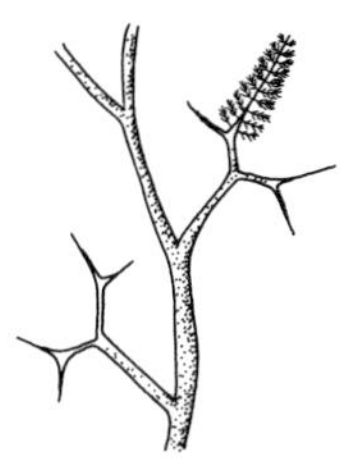

Mariopteris

Doppelgabeliger Wedel (schematisiert)
(mit symmetrischer Dach-übergipfelung)

Mariopteris

Wedel mit Zwischenfiedern

Callipteris conferta

Aderungsformen

Fächeraderung Fiederaderung Maschenaderung

g. richter

net, mit einer querliegenden, rhombischen Blattnarbe im oberen Teil (s. Übersicht). Die verschiedenen Erhaltungszustände der Stämme werden mit folgenden Bezeichnungen charakterisiert: *Bergeria* zeigt undeutlich umgrenzte Blattpolster bei Fehlen der äußeren Gewebeteile; *Aspidiaria* ist der Abdruck der Innenseite des äußeren Außenrindenteiles mit deutlichen Polsterreihen und längsgestreiften Polstern; *Knorria* wird der Ausgußkern genannt, der nur noch den Leitbündelverlauf zeigt. Die bis zu 30 cm langen Zapfen werden *Lepidostrobus* genannt.

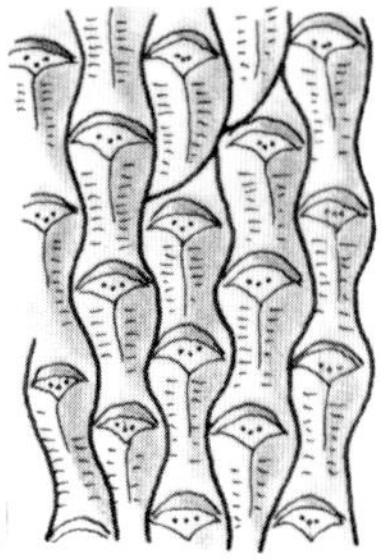

Pl 1

Pl 1 ***Lepidodendron***. Karbon. Blattpolster in Schrägzeilen angeordnet, mit rhombischem Umriß. Blattnarbe meist rhombisch, querliegend; zahlreiche Arten. ***L. volkmannianum*** STERNBERG, Ob. Karbon; ca. 3,6 cm. Weitere Arten (ohne Abb.): ***L. veltheimi*** STERNBERG, Unt. Karbon; ***L. aculeatum*** STERNBERG, Ob. Karbon.

Familie Sigillariaceae (Siegelbäume) (Karbon – Unt. Perm)
Baumwüchsig, größer als die Lepidodendren, mit unverzweigten oder maximal zweifach gegabelten Kronen. Die Stammskulptur zeigt Blattnarben (keine Blattpolster wie bei den Lepidodendren), mit sechsseitigem, langgezogen-eiförmigem oder glockenförmigem Umriß, in Längsreihen angeordnet. Aufgrund der Ausbildung der Stammskulptur wird unterschieden zwischen Eusigillariae und Subsigillariae. Bei den Eusigillariae sind die Blattnarben in senkrechten Reihen angeordnet, mitunter getrennt durch Furchen; hierher gehören die meisten Arten. Bei Vertretern der Gruppe *Rhytidolepis* tragen die Stämme Längsrippen mit mehr oder weniger dicht übereinanderstehenden Narben, während bei den Vertretern der Gruppe *Favularia* von den Narben ein bienenwabenartiges Muster gebildet wird. Bei den Subsigillariae finden wir rhombische bis glockenförmige Narben in Geradzeilen auf dem meist glatten Stamm, dazwischen niemals Quer- oder Längswülste. Bei den leiodermen Formen stehen die Narben getrennt, relativ weit auseinander, bei den clathrarischen Formen dagegen nahe zusammen (s. Seite 61). Die Zapfen werden *Sigillariostrobus* genannt.

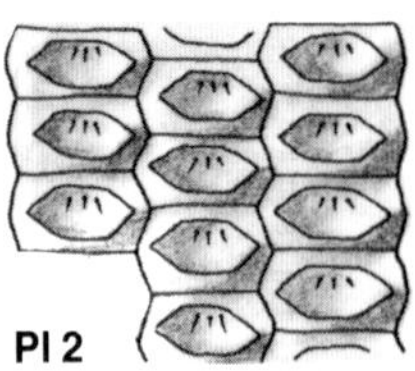

Pl 2

Pl 3 und **Pl 4** s. S. 61

Pl 2 ***Favularia.*** Karbon – Unt. Perm. Blattnarben mehr oder weniger sechsseitig, querliegend, in Längsreihen übereinander angeordnet; die Reihen sind um je eine halbe Narbenhöhe gegeneinander versetzt; Muster bienenwabenartig. ***F. elegans*** (BRONGNIART), Ob. Karbon; ca. 3 cm.
Pl 3 ***Rhytidolepis.*** Karbon – Unt. Perm. Blattnarben in senkrechten, durch Längsrippen getrennten Reihen angeordnet. ***R. sp.,*** Schema; s. S.61.
Pl 4 ***Subsigillaria.*** Karbon – Unt. Perm. Narben rhombisch bis glockenförmig, nicht durch Leisten getrennt, teilweise weitstehend. ***S.,*** leioderme Form (**Pl 4 a**); ***S.,*** clathrarische Form (**Pl 4 b**); beide schematisch; s. S.61.

Klasse Articulatae (syn. Equisetinae)

(Ob. Devon – rezent)
Meist nur fossil bekannt. Rezente Vertreter gehören ausschließlich zu den Equisetales (Schachtelhalmgewächsen). Der Sproß aller Articulatae zeigt eine Gliederung in Nodien (Knoten) und Internodien. Einige der permokarbonischen Arten erreichten ca. 30 m Höhe und Stammdurchmesser bis 1 m.

Ordnung Sphenophyllales (Keilblattgewächse) (Ob. Devon – Unt. Perm)

Keine Wasser-, sondern an der Luft lebende Pflanzen mit dünnem, längsgerieftem Stengel und im Querschnitt dreieckigem Leitbündel; maximal ca. 1 m lang. An den Nodien saßen wirtelartig die Blätter, deren Zahl meist 6 oder 9, aber immer ein Vielfaches von 3 betrug. Sie waren ungeteilt bis stark zerschlitzt mit keilförmigem Umriß, wobei das dünne Ende dem Stengel ansaß. Mitunter tritt Heterophyllie auf, d. h. verschiedene Blattformen an einer Pflanze: der untere Stengelbereich trug zerschlitzte, der obere ungeteilte Blätter.

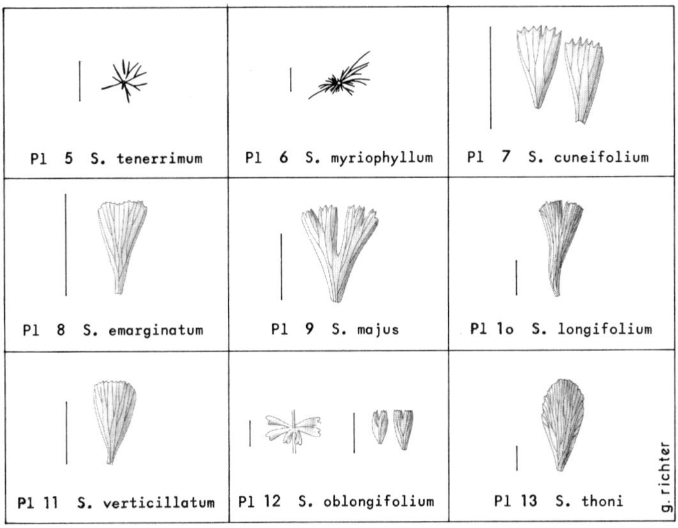

Blattformen von *Sphenophyllum*. (Nach KRUMBIEGEL und WALTHER aus GOTHAN und WEYLAND, STORCH.)

Pl 5 – **Pl 13** s. nebenstehende Übersicht

Pl 5–13 ***Sphenophyllum.*** Karbon – Unt. Perm. Blätter keilförmig, klein (maximal ca. 3 cm), mehr oder weniger zerschlitzt. Zahlreiche Arten. ***S. tenerrimum*** ETTINGSHAUSEN (**Pl 5**), 9 oder 12 Blätter pro Wirtel, Unt. Karbon – Unt. Oberkarbon (Namur A); ***S. myriophyllum*** CREPIN (**Pl 6**), 12 Blätter pro Wirtel, Ob. Karbon (Westfal A und B, selten C); ***S. cuneifolium*** STERNBERG (**Pl 7**), Ob. Karbon (Namur B–Westfal C, selten D); ***S. emarginatum*** BRONGNIART (**Pl 8**), 6 oder 9 Blätter pro Wirtel, Ob. Karbon (Westfal B – D, selten Unt. Stephan); ***S. majus*** BRONGNIART (**Pl 9**), 6 oder 9 Blätter pro Wirtel, Ob. Karbon (Westfal C, D); ***S. longifolium*** (**Pl 10**), 6 Blätter pro Wirtel, Ob. Karbon (Stephan); ***S. verticillatum*** SCHLOTHEIM (**Pl 11**), 6 Blätter pro Wirtel, Ob. Karbon (Stephan); ***S. oblongifolium*** GERMAR (**Pl 12**), 6 Blätter pro Wirtel, Ob. Karbon (Stephan) – Unt. Perm; ***S. thoni*** MAHR (**Pl 13**), Unt. Perm (Rotliegendes).

Pl 8

Ordnung Calamitales (Calamiten)

(Karbon – Perm)

Hierher gehören die als Calamiten bezeichneten, stammartigen Fossilien, bei denen es sich um die Ausfüllungen des Markhohlraumes (Innensteinkerne) handelt. Die Oberfläche der Steinkerne zeigt

Pl 14 s. Fotos S. 65

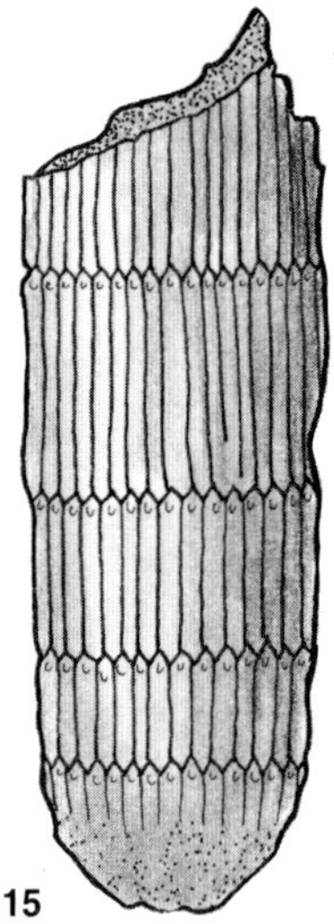

Pl 15

Pl 16

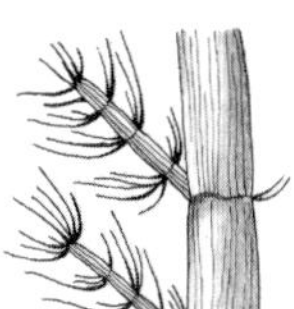

Pl 17

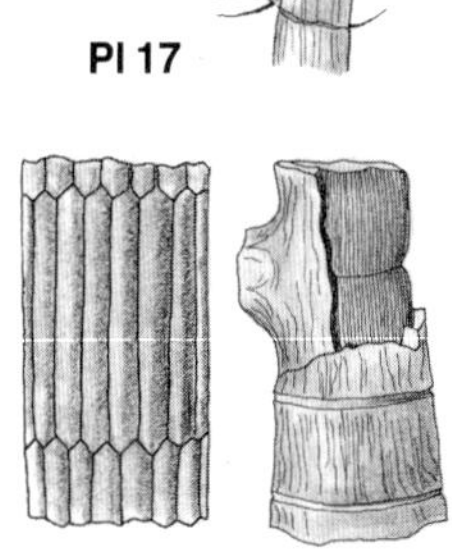

Pl 18

senkrecht verlaufende Rillen, entsprechend dem ehemaligen Verlauf der Gefäßbündel. Nach dem Verlauf dieser Gefäße im Nodialbereich werden 2 Typen unterschieden: Bei *Archaeocalamites* z. B. laufen die Gefäßbündel gerade durch die Knoten und sind im Nodialbereich nur durch dünne Querleisten (Kommissuren) verbunden, während beim Calamitentyp im Knotenbereich eine Gabelung der Gefäßbündel erfolgt, die senkrechten Linien des Steinkerns also versetzt weiterlaufen. Der Archaeocalamitentyp tritt im Unt. Karbon, der Calamitentyp im Ob. Karbon und Unt. Perm auf.
Die Beblätterung der Calamiten bestand aus sternförmigen Blattquirlen; die Blätter der *Archaeocalamites*-Formen können mehrfach gegabelt sein. Die Beblätterung der oberkarbonischen und unterpermischen Calamiten wird in 2 Formgattungen zusammengefaßt: *Annularia* und *Asterophyllites*.

Pl 14 ***Archaeocalamites.*** Unt. Karbon. Steinkerne mit gerade durchlaufenden Gefäßbündeln; Beblätterung quirlständig, mehrfach gegabelt. ***A. radiatus;*** ca. 12 cm. Eine weitere Art (ohne Abb.): ***A. scrobiculatus*** (SCHLOTHEIM).

Pl 15 ***Calamites.*** Ob. Karbon – Unt. Perm. Gefäßbündel gabeln sich an der Nodiallinie; Beblätterung: ***Annularia*** und ***Asterophyllites*** (s. Pl 16, 17); zahlreiche Arten. ***C. suckowi*** BRONGNIART, Ob. Karbon – Unt. Perm; ca. 14 cm. Weitere Beispiele (ohne Abb.): ***C. cruciatus*** STERNBERG, Ob. Karbon (Westfal C – Unt. Perm); mit 3–10 Astnarben auf der Nodiallinie; ***C. carinatus*** STERNBERG, Ob. Karbon; mit 2 großen, gegenständigen Astnarben auf der Nodiallinie.

Pl 16 ***Annularia.*** Ob. Karbon – Unt. Perm. Künstliche Formgattung. Calamitenbeblätterung; Blätter quirlständig, ungeteilt und einnervig, im Umriß linealisch bis lanzettlich (lanceolat); in der Stengelregion scheidig verwachsen; die Blätter werden oft in ausgebreitetem Zustand gefunden. ***A. sphenophylloides*** ZENKER, Ob. Karbon (selten Westfal C, häufig Westfal D – Stephan; selten im Unt. Rotliegenden); größter Blattquirl ca. 1,5 cm.

Pl 17 ***Asterophyllites.*** Ob. Karbon – Unt. Perm. Künstliche Formgattung. Calamitenbeblätterung; Blätter quirlständig, ungeteilt und einnervig, im Umriß lanzettlich; in der Stengelregion nicht verwachsen; mehr oder weniger schräg aufwärts gerichtet. ***A. equisetiformis*** SCHLOTHEIM, Ob. Karbon – Unt. Perm; ca. 5 cm.

Ordnung Equisetales (Schachtelhalmgewächse) (Ob. Karbon – rezent)

Fossil gut belegt, rezent nur noch mit einer Gattung (*Equisetum*, ca. 32 Arten) vertreten. An der Nodiallinie quirlständige, meist einfache Blätter. Im Gegensatz zu den Calamiten ohne sekundäres Dickenwachstum.

Pl 18 ***Equisetites.*** Trias. Gefunden werden vor allem Stammstücke, mit glatter oder teilweise längsgestreifter Rinde. Die Steinkerne zeigen an der Nodiallinie alternierende Längsfurchen. ***E. arenaceus*** JAEGER, Ob. Trias (Unt. – Mittl. Keuper [Stubensandstein]; am häufigsten im Schilfsandstein); links Steinkern (ca. 5 cm hoch), rechts teilweise berindetes Stammstück (Höhe ca. 18 cm); zahlreiche Arten, z. B. (ohne Abb.) ***E. platyodon*** BRONGNIART, Mittl. Keuper (Schilfsandstein); Rinde glatt, Steinkern mit feinen

Pl 14 *Archaeocalamites radiatus,* Unt. Karbon; Borna-Hainichen bei Karl-Marx-Stadt/DDR. Ca. 12 cm.

Pl 32 *Pecopteris cf. arborescens,* Unt. Rotliegendes; Hilbersdorf bei Karl-Marx-Stadt/DDR. Bildbreite ca. 14 cm.

Pl 36 *Pecopteris candolleana,* Ob. Karbon (Westfal); Ibbenbüren/Nordrhein-Westfalen. Ca. 7 cm.

Pl 38 *Pecopteris hemitelioides,* Ob. Karbon (Stefan); Graissesac bei Bedarieux/Frankreich. Bildbreite ca. 15 cm.

Pl 64, 67, 66 *Quercus praeerucifolia* (links), ca. 10 cm (Pl 64); *Betula cf. maximowiczii* (Mitte), ca. 10,5 cm (Pl 67); *Acer sp.* (rechts), ca. 6,5 cm (Pl 66); Tertiär (Pliozän); Willershausen, Harz. Sammlung des Staatlichen Museums für Naturkunde in Stuttgart.

Pl 51 *Callipteris conferta,* Unt. Rotliegendes (Autun); Lodève. Ca. 6,5 cm.

Pl 69 *Fagus cf. silvatica,* Tertiär (Pliozän); Willershausen, Harz. Ca. 7,5 cm. Sammlung des Staatlichen Museums für Naturkunde in Stuttgart.

Großforaminiferen in ihrem natürlichen Lebensraum. Nähere Erläuterungen zum Bild siehe nebenstehende Seite.

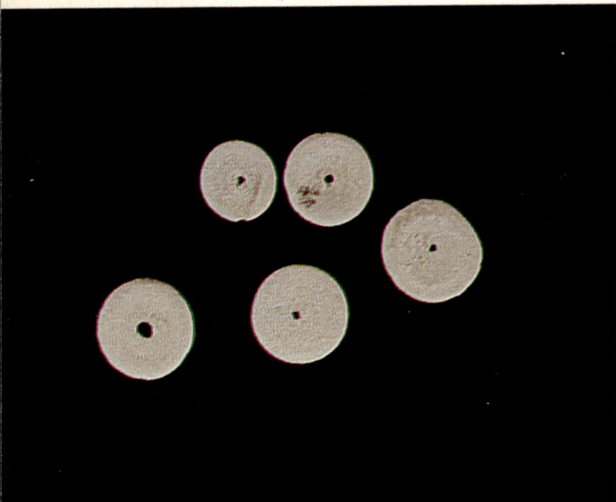

F 27 *Orbitolites complanata,* Tertiär (Eozän; Lutet); Fercourt bei Noailles, Ile de France. Ca. 5,5 mm.

Po *Euplectella aspergilla* OWEN, rezenter Kieselschwamm von Mindanao/Philippinen. Ca. 24 cm.

Po 1 Bohrlöcher des Bohrschwamms *Cliona sp.* Kalkgeröll der ehemaligen Kliffküste der Oberen Meeresmolasse. Tertiär (Unt. Miozän). Zirgesheim bei Donauwörth/Bayern. Bildbreite ca. 5 cm.

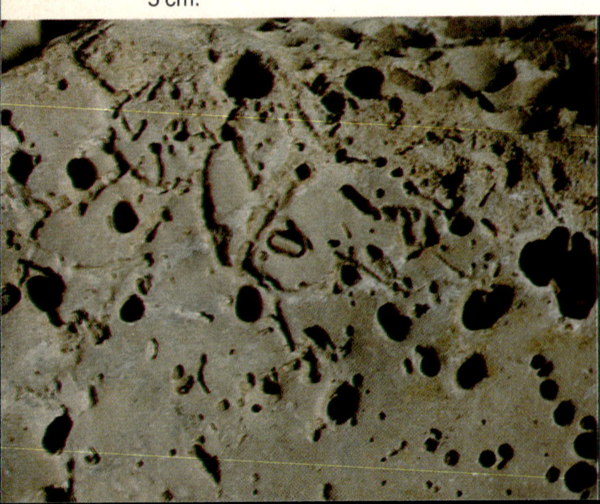

Po 24 *Myrmecium hemisphaericum,* Ob. Jura (Unt. Untertithon; Malm zeta 2); Schnaitheim b. Heidenheim/Württ. Ca. 1,5 cm.

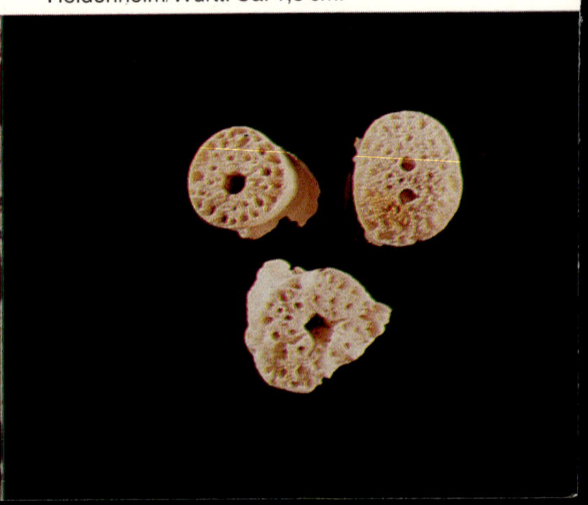

Rillen; ***E. lehmannianus*** GÖPPERT, Ob. Keuper (Rhät); Rippen der Steinkerne breit.

Pteridophyllae (Pteridophyllen; farnlaubige Pflanzen)

Hier handelt es sich um eine Zusammenstellung von Formgattungen, deren einzelne Arten nicht miteinander verwandt sein müssen. Da sowohl zahlreiche Vertreter der Pteridophyta wie auch viele zu den Gymnospermen gehörige Pteridospermales (Samenfarne) farnlaubig beblättert sind, die Wedel aber nur in wenigen Fällen eindeutig entweder zur einen oder zur anderen Gruppe gestellt werden können, schuf BRONGNIART ein künstliches System, beruhend auf Blättchenform und Aderungstyp.

Die Blättchenform oder Fiederform kann sein:

Sphenopteridisch, d. h. zierlich, mit keilförmigem Umriß und eingeschnürter Basis, rundlich-keilförmig bis lanzettlich-keilförmig, selten auch fast linealisch; Blättchen stark zerteilt.

Pecopteridisch, d. h. der Wedel zeigt ein symmetrisches Gesamtbild; die Blättchen sind oft gerade und parallelrandig, gedrungen bis länglich, selten auch dreieckig, basial angeheftet und manchmal auch verbunden; senkrecht zur Achse oder schräg ansitzend; Aderung meist fiedrig, bei einigen Gruppen auch mit einfacher Maschenaderung (z. B. bei *Lonchopteris*).

Neuropteridisch mit ungegliederten, ganzrandigen Blättchen von herz- bis länglich-zungenförmigem Umriß; Seitenränder parallel oder angenähert parallel; Aderung fiederig oder ausgeprägt maschig; Mittelader ausgeprägt, mitunter auch schwach ausgebildet und kaum erkennbar (s. Pl Ü 1).

Es werden weiterhin 4 Aderungstypen unterschieden: Paralleladerung zeigen vor allem längliche bis linealische Blätter, wobei die Aderung dem Rand parallel verläuft, Mittelader ist keine vorhanden. Bei der Fächeraderung verlaufen die Adern von einem Punkt aus fächerförmig zum Rand, wobei sie sich ein- oder mehrmals gabeln können; keine Mittelader. Die Fiederaderung zeigt eine meist deutliche Mittelader auf der ganzen Blättchenlänge oder auf einem Teil, wobei die Mittelader stärker oder wenigstens gleichstark ist wie die von ihr ausgehenden fiederigen Seitennerven, die sich gabeln können. Bei der Maschen- oder Netzaderung schließlich beobachten wir eine mehr oder weniger deutliche Mittelader mit abspaltenden Seitenadern, die sich wieder vereinigen und so ein Maschennetz bilden, wobei die Maschen zum Rand hin enger werden. Bei fehlender Hauptader wird von reiner Maschenaderung gesprochen, während bei einer reinen Netzaderung die Mittelader immer vorhanden ist.

Auch der Wedelaufbau wird zur Unterteilung der Pteridophyllen herangezogen, wobei man folgende Typen unterscheidet: Das Blatt entspricht in seiner Gesamtheit einem Wedel. Der Wedel besteht aus einer Hauptachse (Rhachis) mit seitlich ansitzenden Fiedern 1., 2., 3. usw. Ordnung (Seitenfiedern), wobei die Rhachis unbeblättert sein oder auch Zwischenfiedern tragen kann. Beim gabeligen Wedelbau schließlich ist der Wedel dichotom gegabelt, wobei das vor der Gabelung liegende Stück beblättert oder unbeblättert sein kann. Bei verschiedenen Gruppen tritt doppelte Gabelung auf (diplotmematisch, mariopteridisch).

Wir unterscheiden folgende Formgruppen:

zu S. 66 rechts oben:

Großforaminiferen in ihrem natürlichen Lebensraum

Die rezenten Vertreter der in der geologischen Vergangenheit artenreicheren Großforaminiferen (Protozoa) leben im Flachwasser warmer Meere. Ihre vielkammrigen Kalzitgehäuse liefern den Foraminiferensand tropischer Strände. Sie besitzen in ihrem Cytoplasma symbiontische Algen („Zooxanthellen"), die durch ihre Photosynthese zur Ernährung ihrer Wirte beitragen und die Bildung der großen Kalkgehäuse ermöglichen.

Die Lebendphotographie zeigt Großforaminiferen aus einem Felstümpel der Hawaii-Insel Oahu. Mit besonderen Haftmechanismen sind sie an Grünalgen *(Cladophora socialis)* und Rotalgen *(Jania capillacea)* festgeheftet, um der Brandung zu widerstehen. Ihre Endosymbionten geben ihnen ihre charakteristische Färbung. In der Mitte *Heterostegina depressa* (Größe 2,4 mm), rechts oben *Amphistegina lessonii (H. depressa* fast berührend) und *Amphistegina lobifera* (hinter *A. lessonii* und auch links unten). Ihre Symbionten, durch Feinstrukturanalyse als schalenlose Diatomeen identifiziert, bilden in Reinkultur Kieselsäurefrusteln und lassen sich damit bis zur Art bestimmen. Die Foraminifere *Spirolina arietina,* am unteren Bildrand, besitzt Rotalgen als Symbionten.

Leitz Aristophot, Photar 40 mm, Maßstab 46 : 1.

Aufnahme mit Hilfe der Max Kade Foundation und der Deutschen Forschungsgemeinschaft.

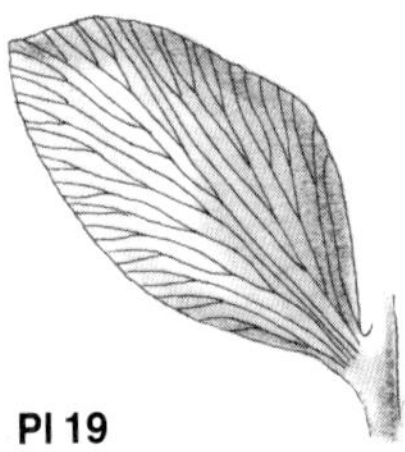

Pl 19

Pl 20

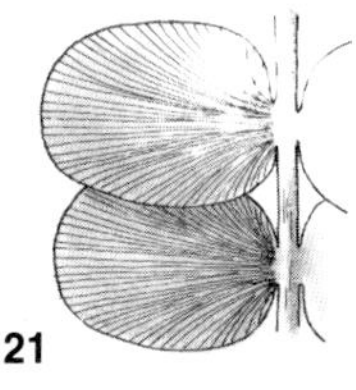

Pl 21

Archaeopterides (Altfarne) (Ob. Devon – Unt. Karbon)
Sowohl echte Farne wie auch Samenfarne; Blätter charakterisiert durch Fächeraderung. Hier tritt erstmals makrophylle Belaubung auf, d. h. flächige Blätter mit ausgeprägtem Adersystem. Wichtige Leitfossilien, z. B. *Archaeopteris* im Ob. Devon.

Pl 22

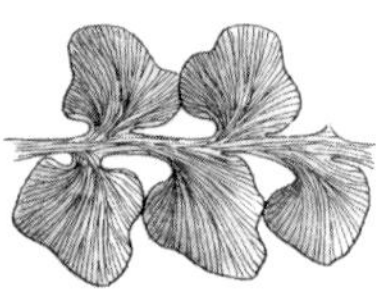

Pl 23

Pl 19 ***Archaeopteris.*** Ob. Devon. Wedel mit Zwischenfiedern; Blätter mit typischer Fächeraderung. ***A.*** stellt im Ob. Devon wichtige Leitformen. ***A. hibernica*** FORBES; ca. 1,6 cm.
Pl 20 ***Sphenopteridium.*** Unt. Karbon. Wedelachse nahe der Basis einfach dichotom gegabelt, ungegabelte Achse meist beblättert. Blätter mehrfach gelappt mit typischer, gegabelter Fächeraderung. ***S. dissectum;*** ca. 9 cm.
Pl 21 ***Fryopsis.*** Unt. Karbon. (Syn. ***Cyclopteris, Cardiopteris***) Blätter relativ groß (2 bis 8 cm), oval bis zungenförmig, wohlgerundet, an der Basis eingeschnürt, mit ausgeprägter Fächeraderung. Die Adern sind gebündelt und dann mehrfach gegabelt. Wedel einfach gefiedert; Achsen quergerieft. Wahrscheinlich handelt es sich um Samenfarne. ***F. frondosa;*** ca. 5 cm.

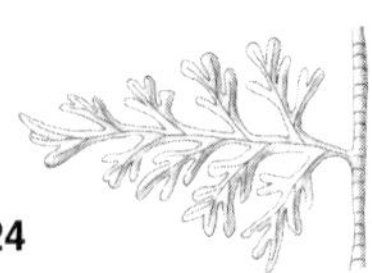

Pl 24

Sphenopterides (Keilfarne) (Karbon – Unt. Perm)
Blatt- und Wedelform sehr variabel, jedoch lassen die Fiederchen meist eine mehr oder weniger deutliche Keilform erkennen, wobei das schmälere Ende dem Stiel entspricht; Blattrand gelappt oder gezähnelt, auch glatt. Aderung fiederig, selten fächerig-fiederig. Hierher werden sowohl Samen- wie auch echte Farne gestellt.

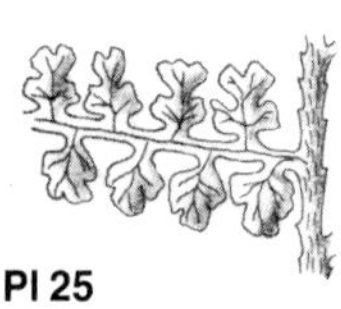

Pl 25

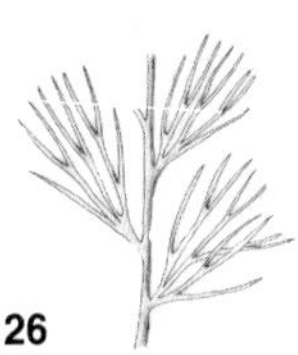

Pl 26

Pl 22–24 ***Sphenopteris.*** Karbon – Unt. Perm. Blätter rundlich, eiförmig, dreieckig, mehr oder weniger keilförmig, meist locker stehend. Aderung meist nur schwer erkennbar. ***S. obtusiloba*** BRONGNIART (**Pl 22**), Ob. Karbon (Westfal C–D); ca. 3,5 cm. ***S. striata*** GOTHAN (**Pl 23**), Ob. Karbon (Westfal B–C); ca. 5 cm. ***S. adiantoides*** SCHLOTHEIM (**Pl 24**, LF), Unt. Oberkarbon (Namur A); ca. 4,5 cm. Weitere Arten (ohne Abb.): ***S. nummularia*** (Westfal B–D), ***S. sauveuri*** CREPIN (Westfal C–D), ***S. macilenta*** (Westfal B–D). Alle genannten Arten gehören zu den Samenfarnen.
Pl 25 ***Lyginopteris.*** Ob. Karbon (Westfal A). Samenfarne; Wedel meist zierlich, mit rundlich gelappten, gewölbten Blättern. Wedelhauptachse gegabelt, Fußstück mit Beblätterung. Die Achsen höherer Ordnung können Punktierung zeigen, was ehemaliger Behaarung entspricht. ***L. hoeninghausi*** BRONGNIART; ca. 1 cm.
Pl 26 ***Rhodea.*** Unt. – Ob. Karbon (Westfal B). Meist Samenfarne, aber auch echte Farne. Blätter meist linealisch zugespitzt, handförmig gelappt, fiederig. ***R. subpetiolata*** H. POTONIE, Ob. Karbon (Westfal A–B); ca. 2,5 cm.

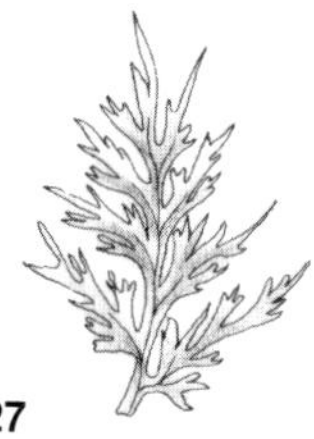

Pl 27

Pl 28

Pl 29

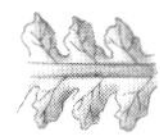

Pl 30

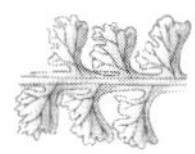

Pl 31

Pl 27 ***Palmatopteris.*** Ob. Karbon (Westfal A–D). Wedel doppelgabelig (diplotmematisch). Blätter fingerförmig, linealisch zugespitzt, fiederig angeordnet, mit je einer Ader pro Abschnitt. Achsen können längsgestreift sein. ***P. furcata*** H. POTONIE, Westfal A–C; ca. 6 cm.

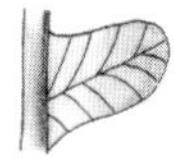

Pl 32

Pl 28–30 ***Alloiopteris.*** Ob. Karbon. Echte Farne. Die Wedel und teilweise auch die Blättchen sitzen immer rechtwinklig an den Achsen. Blätter klein und zart, sphenopteridisch, mitunter auch pecopteridisch. Hauptachsen mit einer Mittellinie und feiner Punktierung (oberseitig). Die meisten Arten von ***A.*** waren wohl Kletterfarne. ***A. coralloides*** GUTBIER (**Pl 28**), Westfal A–D; ca. 3,5 cm. ***A. sternbergi*** ETTINGSHAUSEN (**Pl 29**), Namur B – Westfal D; ca. 1 cm. ***A. essinghi*** ANDRAE (**Pl 30**), Westfal C–D; ca. 1,5 cm.

Pl 33

Pl 31 ***Mariopteris.*** Ob. Karbon. Samenfarne. Wedel sitzen schräg an den Hauptachsen. Blätter sitzen pecopteridisch bis sphenopteridisch an und zeigen oft dreieckigen Umriß; Aderung kräftig. ***M. muricata*** SCHLOTHEIM, Westfal A–C; ca. 4,5 cm.

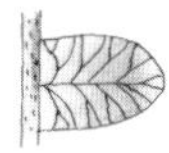

Pl 34

Pecopterides (Kammfarne) (Karbon – Unt. Perm [Unt. Rotliegendes])

Vor allem echte Farne, aber auch Samenfarne. Die Blätter sitzen pecopteridisch an und haben reine Fiederaderung. Die Wedel sind ebenfalls fiederig gebaut, teilweise sehr groß. Hin und wieder können Aphlebien von teilweise beträchtlicher Größe gefunden werden. Aphlebien sind Schutzorgane der jungen, eingerollten Wedel, die später abgeworfen werden. Sie sitzen einzeln oder paarweise an der Basis der Seitenfiedern und konnten bei vielen Formen nachgewiesen werden. Blütezeit der Pecopteriden im Ob. Karbon (Westfal – Stephan) und im Unt. Rotliegenden.

Pl 35

Pl 36

Pl 32–39 ***Pecopteris.*** Karbon – Unt. Perm (Unt. Rotliegendes). Merkmale siehe Pecopterides; zahlreiche Arten. ***P. arborescens*** SCHLOTHEIM (**Pl 32**), Ob. Karbon (Westfal D) – Unt. Perm (Unt. Rotliegendes), echter Farn; ca. 0,4 cm; das Foto zeigt ein Exemplar aus dem Unt. Rotliegenden; Bildbreite ca. 14 cm. ***P. plumosa*** ARTIS (**Pl 33**), Ob. Karbon (Westfal B – Unt. Stephan), echter Farn; ca. 0,5 cm. ***P. pennaeformis*** BRONGNIART (**Pl 34**), Ob. Karbon (Westfal A – C), echter Farn; ca. 0,3 cm. ***P. pluckeneti*** SCHLOTHEIM (**Pl 35**), Ob. Karbon (Westfal D) – Unt. Perm (Unt. Rotliegendes), Samenfarn; ca. 0,8 cm. ***P. candolleana*** BRONGNIART (**Pl 36**), Ob. Karbon (Westfal D) – Unt. Perm (Unt. Rotliegendes), echter Farn; ca. 0,7 cm; das Foto zeigt ein Exemplar aus dem Ob. Karbon (Westfal D), ca. 7 cm. ***P. miltoni*** ARTIS (**Pl 37**), Ob. Karbon (Westfal B) – Unt. Perm (Unt. Rotliegendes), echter Farn; ca. 0,5 cm. ***P. hemitelioides*** BRONGNIART (**Pl 38**), Ob. Karbon (Westfal D) – Unt. Perm (Unt. Rotlie-

Pl 37

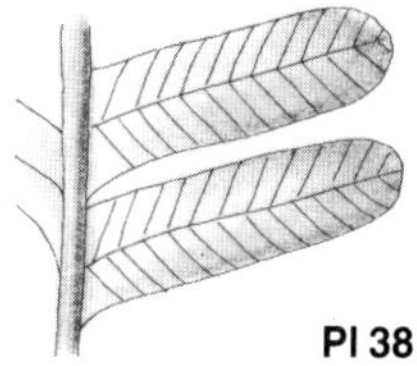

Pl 38

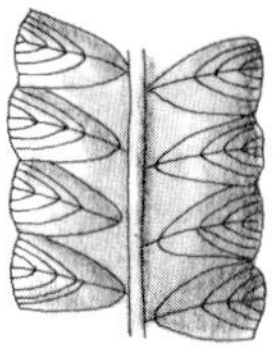

Pl 39

Pl 40

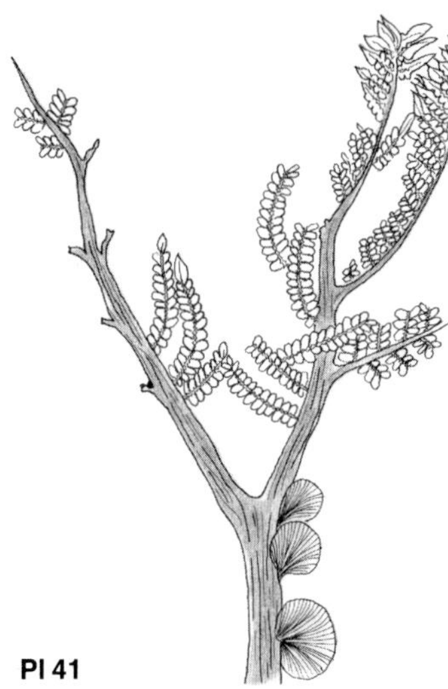

Pl 41

gendes), echter Farn; ca. 1 cm; das Foto zeigt ein Exemplar aus dem Ob. Karbon (Stephan), Bildbreite ca. 15 cm. ***P. unita*** BRONGNIART (**Pl 39**), Ob. Karbon (Westfal D) – Unt. Perm (Unt. Rotliegendes), echter Farn; ca. 1,7 cm.

Pl 40 ***Nemejcopteris.*** Ob. Karbon – Unt. Perm. Blätter mit breiter Basis ansitzend; Aderung einfach fiederförmig; Blätter gezahnt. Achsen ursprünglich stark behaart. ***N. feminaeformis*** SCHLOTHEIM, Ob. Karbon (Stephan) – Unt. Perm (Unt. Rotliegendes); links Teil eines Wedels ca. 5 cm; rechts Einzelblättchen ca. 1 cm.

Pl 42

Neuropterides, Alethopterides (Ob. Karbon – Unt. Perm)
Größtenteils Samenfarne. Dazu gehört eine Reihe von Gattungen, deren wichtigste mit Abbildungen vorgestellt werden. Eine weitere wichtige Gattung ist z. B. *Reticulopteris* (Unt. Perm [Unt. Rotliegendes]); Fieder zungenförmig mit Maschenaderung, Wedel unpaarig gefiedert; ohne Abb. Die Unterteilung der Gruppen erfolgt aufgrund des Wedelbaus und nach der Ausbildung der männlichen Pollangien. Blätter meist neuropteridisch, jedoch auch pecopteridisch.

Pl 43

Pl 41 ***Neuropteris.*** Ob. Karbon. Blätter etwa zungenförmig, mit herzförmig eingeschnürter Basis. Blattform relativ variabel. Mitunter verschiedene Blätter am gleichen Wedel (Heterophyllie). Achsen meist längsgestreift. ***N. heterophylla*** ROEHL, Ob. Karbon (Westfal A–C), Samenfarn; ca. 40 cm; heterophyll belaubter Wedel.

Pl 42, 43 ***Alethopteris.*** Ob. Karbon (Namur B – Stephan). Samenfarne. Wedel groß. Aderung fiederig mit deutlicher Mittelader und ebenfalls deutlichen Nebenadern. Achsen kräftig, längsgestreift. Blattbasis kann an der Achse herunterlaufen. ***A. decurrens*** (ARTIS) ZEILLER (**Pl 42**), Westfal A–C; ca. 4,5 cm. ***A. serli*** (BRONGNIART) (**Pl 43**), Ob. Karbon; ca. 5 cm.

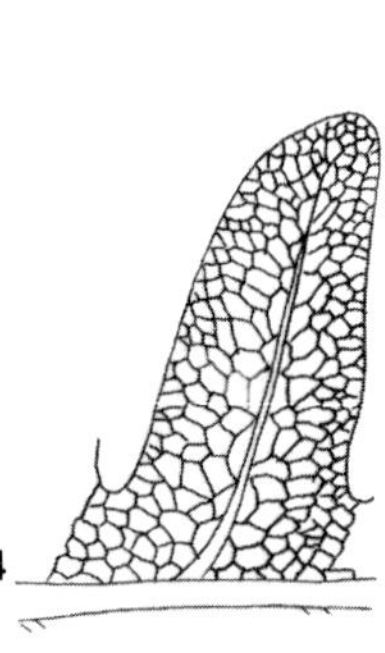

Pl 44

Pl 44 ***Lonchopteris.*** Ob. Karbon (Westfal A–D). Fieder breit ansitzend, mit deutlicher Mittelader und einfacher, gleichmäßiger Maschenaderung. Achsen längsgestreift. ***L. rugosa*** (BRONGNIART), Westfal A–B, Samenfarn; ca. 1,3 cm.

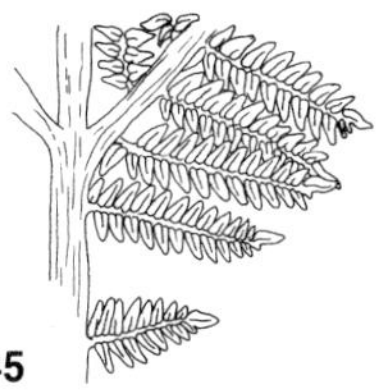

Pl 45

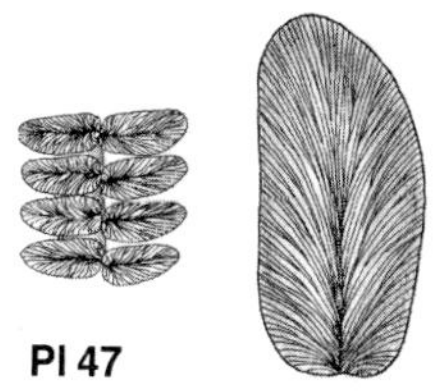

Pl 47

Pl 48

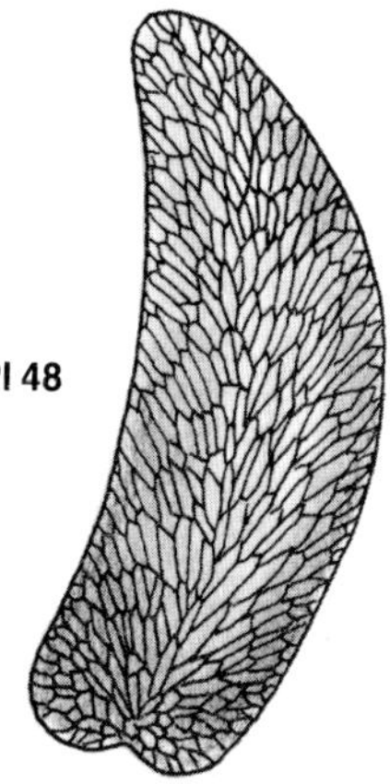

Pl 46

Pl 45, 46 ***Imparipteris.*** Ob. Karbon – Unt. Perm (Unt. Rotliegendes). Fiederumriß zungenförmig, Fiedergröße variabel. Fiederaderung. ***I. attenuata*** LINDLEY & HUTTON (**Pl 45**), Ob. Karbon; ca. 5 cm. ***I. ovata*** HOFFMANN (**Pl 46**), Ob. Karbon (Westfal B–C); ca. 2 cm; beide Arten Samenfarne.

Pl 47 ***Paripteris.*** Ob. Karbon – Unt. Perm. Samenfarne. Wedel enden stets mit 2 Blättern; Fiederchen neuropteridisch, mehr oder weniger zungenförmig, Basis herzförmig eingeschnürt. ***P. gigantea*** (STERNBERG), Ob. Karbon (Namur B – Westfal C); links, ca. 5 cm, Achse mit Blättern; rechts, ca. 2 cm, Einzelblatt.

Pl 48 ***Linopteris.*** Ob. Karbon. Samenfarne. Wedel paarig gefiedert. Fiederchen zungenförmig, neuropteridisch ansitzend, mit herzförmig eingeschnürter Basis. Maschenaderung. ***L. brongniarti*** (GUTBIER), Westfal C–D; ca. 3,5 cm.

Pl 49

Odontopterides (Ob. Karbon [Westfal C] – Unt. Perm)
Durchwegs Samenfarne. Blattumriß variabel; in den meisten Fällen sitzen die Blätter mit der ganzen Basisbreite an der Achse. Aderung parallellaufend oder fächerig-fiederig. Nur bekannt aus limnischen Ablagerungen. Blütezeit im Rotliegenden.

Pl 49, 50 ***Odontopteris.*** Ob. Karbon (Westfal C) – Unt. Perm (Unt. Rotliegendes). Blätter meist schief ansitzend; Aderung fächerig bis fiederig, auch parallelnervig. Mit der Basis breit ansitzend; Umriß zungenförmig bis schief gerundet; mitunter an der längsgestreiften Achse herabgezogen. ***O. subcrenulata*** ZEILLER (**Pl 49**), Ob. Karbon (Stephan); ca. 7 cm. ***O. jeanpauli*** (**Pl 50**), Ob. Karbon (Westfal C – Stephan); ca. 1,7 cm.

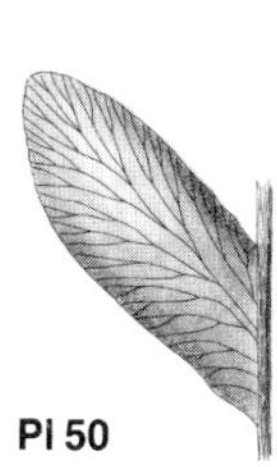

Pl 50

Callipterides (Ob. Karbon [Stephan] – Perm)
Hier werden Samenfarne mit Zwischenfiedern zusammengefaßt, deren Einzelfiedern pecopteridisch bis sphenopteridisch sein können. Die Aderung ist in der Regel fiederig, bei wenigen Arten parallelverlaufend.

Pl 51

Pl 51 ***Callipteris.*** Unt. Perm (Unt. Rotliegendes). Die Blätter sitzen pecopteridisch oder alethopteridisch (mit herablaufender Basis) an; sie können sehr dicht stehen. Fiederaderung und Nebenadern (von der Achse direkt ins Blatt laufend). Blätter ganzrandig oder gelappt. Zwischenfiedern. Achsen längsgestreift. ***C. conferta*** BRONGNIART; ca. 6 cm; das Foto zeigt ein Exemplar aus dem Autun, das Fossil mißt ca. 6,5 cm.

Taeniopterides (Ob. Karbon [Stephan] – Perm)
Wahrscheinlich Samenfarne. Blätter sehr lang, nahezu bandartig, mit herzförmiger Basis. Mittelader deutlich ausgeprägt, Seitenadern mehrfach gegabelt. Achsen glatt bis schwach längsgestreift. Wedel zweifach gegabelt.

Pl 52 ***Taeniopteris.*** Ob. Karbon (Stephan) – Perm. Merkmale siehe Taeniopterides. ***T. jejunata*** GRAND'EURY, Unt. Perm (Rotliegendes); ca. 3,2 cm.

Stamm Gymnospermae (Ob. Devon – rezent)

Die Samenanlagen und Samen dieser Pflanzen liegen offen auf den Fruchtblättern (Nacktsamer). Es handelt sich meist um Holzgewächse mit sekundärem Dickenwachstum.

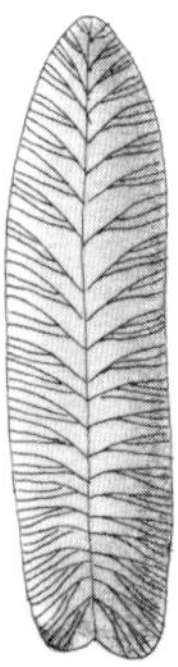

Pl 52

Klasse Cycadopsida (Cycadophyta)

(Ob. Karbon – rezent)
Cycadeenartige Gewächse mit palm- oder farnartiger Gestalt. Blütezeit im Mesozoikum; rezente Baumfarne treten nur in Tropen und Subtropen auf. Ordnung Pteridospermales (Samenfarne) (Karbon – Trias). Samentragende Gewächse mit farnlaubiger Beblätterung. Die Samenfarne des Permokarbon sind zusammen mit den echten Farnen bei den Pteridophyllae erfaßt; hier wird nur eine mesozoische Gattung als Beispiel erwähnt.

Pl 53 ***Thinnfeldia.*** Ob. Trias (Keuper); ? Unt. Unterjura. Wedel einfach, selten gegabelt mit Zwischenfiedern. Blätter alethopteridisch (Basis an der Achse herabgezogen). Hauptachse quergerieft. Zahlreiche Arten wurden vor allem aus dem Rhät beschrieben. ***T. rhomboidalis*** ETTINGSHAUSEN, Rhät; ? Unt. Unterjura; ca. 4,5 cm.

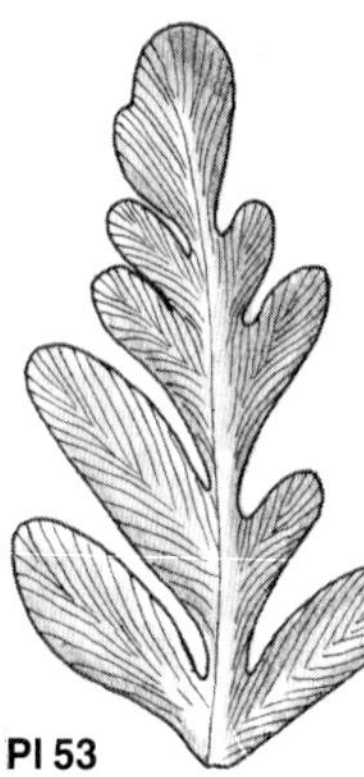

Pl 53

Ordnung Bennettitales (Ob. Trias – Kreide)

Baumartige, cycadeenartige Pflanzen mit meist unverzweigten Stämmen und großen gefiederten Blättern. Formenreiche Gruppe.
Pl 54 ***Nilssonia.*** Ob. Trias – Kreide. Blätter mehr oder weniger langgestreckt, Basalrand berührt fast das nächste Blatt. Aderung dicht, parallel verlaufend; zahlreiche Arten z. B. im Rhät. ***N. compta*** (PHILLIPS), Mittl. Jura – Ob. Jura (Kimeridge); ca. 7,4 cm.
Pl 55 ***Pterophyllum.*** Karbon – Unt. Kreide (Barreme). Sammelgattung, worin Pflanzen mit gefiederten Blättern zusammengefaßt werden, deren Fiedern länger als breit, mehr oder weniger linealisch, parallel geadert sind. Die Blätter sitzen an der Basis breit an; die Adern können sich gabeln. Zahlreiche rhätzeitliche Arten. ***P. jaegeri*** BRONGNIART, Ob. Trias (Keuper; Lettenkohle – Schilfsandstein); ca. 12 cm.

Klasse Coniferopsida (Karbon – rezent)

Ordnung Cordaitales (Cordaiten)

(Karbon – Unt. Perm)

Hohe Bäume, bis um 30 m, mit verzweigter Krone und gefächertem Mark. Alle zu den Pflanzen gehörenden Organe wie Wurzeln, Stamm, Blätter, Blütenstände (*Cordaianthus*) und Samen (*Cardiocarpus*) sind bekannt und gründlich untersucht. Am häufigsten treten die linealischen bis lanzettlichen (lanceolaten) Blätter auf, die stumpf oder zugespitzt sein können und bei Längen bis zu 1 Meter nur wenige Zentimeter Breite erreichen; sie sind ausgeprochen parallelnervig. Die Marksteinkerne (*Artisia*) zeigen ringsum Querrippung, zurückzuführen auf die Markfächerung. Hölzer werden als *Dadoxylon* oder *Araucarioxylon* bezeichnet. Sie sind gekennzeichnet durch die araucarioide Verteilung der Hoftüpfel, welche außer bei den rezenten Araukarien nur noch bei paläozoischen Gymnospermenhölzern zu beobachten ist (nachweisbar nur im Dünnschliff und somit für Sammler kaum auszuwerten). Es existiert nur eine Gattung, allerdings mit zahlreichen Arten und weltweiter Verbreitung.

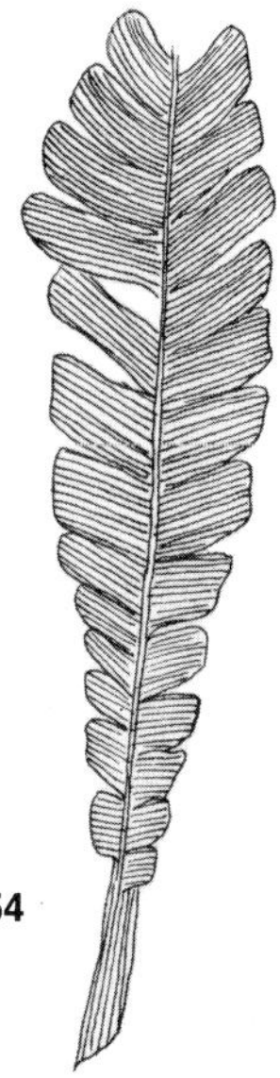

Pl 54

Pl 56 ***Cordaites.*** Karbon – Unt. Perm. Merkmale siehe Cordaitales. ***C. angulosostriatus*** GRAND'EURY, Ob. Karbon (Westfal); ca. 8 cm.

Ordnung Coniferales (Nadelhölzer, Zapfenträger) (Ob. Karbon – rezent)

Bäume oder Sträucher mit meist nadel-, auch schuppenförmigen, einadrigen Blättern. Das Holz hat Harzkanäle; sekundäres Dickenwachstum. Folgende Familien: Lebachiaceae (Ob. Karbon – Perm), Voltziaceae (Perm – Trias), Cheirolepidaceae (Trias – Kreide), Araucariaceae (Jura – rezent), Podocarpaceae (Jura – rezent), Pinaceae (Trias – rezent), Taxodiaceae (Jura – rezent) und Cupressineae (Jura – rezent).

Die permischen Nadelhölzer wurden früher in der Gattung *Walchia* zusammengefaßt. Heute unterscheiden wir zwei an deren Stelle getretene Gattungen: *Lebachia* und *Ernestiodendron* (wesentlich seltener als *Lebachia*), unterschieden durch den Ansatz der Blattnadeln, die Zapfenausbildung und den Epidermisbau. Die Stämme beider Formen erreichten maximal 10 cm Durchmesser und waren nicht sehr hoch. Die Äste waren in Wirteln angeordnet und standen horizontal ab. Der allgemeine Eindruck der Pflanzen wird dem der rezenten Araukarien (Zimmertannen) entsprochen haben. Bevorzugt wurde in der Regel ein trockener Standort.

Pl 55

Pl 56

Pl 57

Pl 57 ***Lebachia.*** Ob. Karbon (Ob. Stephan) – Unt. Perm (Rotliegendes). Blätter spiralig angeordnet, nadelförmig; Seitenzweige fiederig verzweigt und sehr dicht mit Nadelblättern besetzt. Blätter schlank, zugespitzt, schwach gekrümmt, sichel- oder S-förmig, etwa an der Achse herablaufend. Spaltöffnungen in Streifen stehend. Bisher wurden 14 Arten beschrieben; deren wichtigste und häufigste ist ***L. piniformis*** (SCHLOTHEIM); ca. 5 cm.

Pl 58

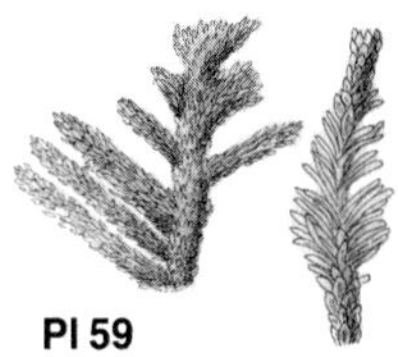

Pl 59

Pl 60

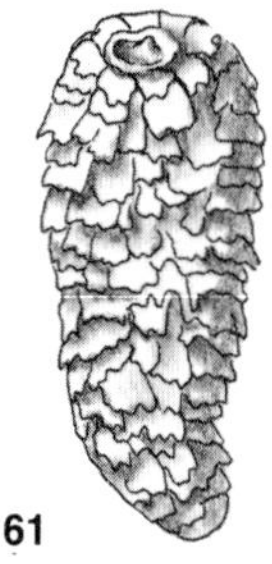

Pl 61

Pl 58 ***Ernestiodendron.*** Unt. Perm (Rotliegendes). Nadelblätter schlank-dreieckig bis linealisch, zugespitzt, mitunter sehr dicht stehend, oft mit einer scharfen Krümmung, so daß der äußere Nadelteil der Achse parallel verläuft. ***E. filiciforme*** STERNBERG; ca. 4,5 cm.
Pl 59 ***Ullmannia.*** Ob. Perm (Zechstein). Beblätterung kurz zungenförmig bis lang parallelrandig, spiralig angeordnet und meist dichtstehend. Manche Äste zeigen heterophylle Beblätterung, wobei die kurzen Nadelblätter schuppenartig wirken. Kurznadelige Äste sind Sonnen-, langnadelige Äste Schattenzweige. ***U. frumentaria;*** links Sonnenzweig (ca. 3,5 cm), rechts heterophyller Zweig (ca. 4 cm; „Frankenberger Kornähren“).
Pl 60 ***Voltzia.*** Perm – Trias. Teilweise ausgeprägte Heterophyllie, wobei die langen Nadeln zwischen 2 und 6, die kurzen 0,5 bis 1 cm messen. Während die Kurznadeln S-förmig gebogen sind, zeigen die Langnadeln oft eine gerade Form. Zechsteinformen werden zu einer eigenen Gattung – ***Pseudovoltzia*** – gestellt; hier ist die Heterophyllie nicht so stark ausgeprägt wie bei ***V.,*** jedoch deutlicher als bei ***Ullmannia*** (***Pseudovoltzia liebeana,*** ohne Abb.). ***V. heterophylla*** BRONGNIART, Unt. Trias (Buntsandstein); ca. 6 cm.
Pl 61 ***Pinus.*** Ob. Kreide – rezent. Bekannt sind vor allem Zapfenreste, z. B. aus den tertiären Braunkohlenablagerungen. ***Pinus sp.,*** Zapfen, Miozän; ca. 3,5 cm. – Zapfen sind auch von einer ganzen Reihe weiterer Formen bekannt, z. B. von ***Sequoia*** (Mammutbaum), ***Keteleeria*** usw. Derartige Funde, wie auch ***Pinus***-Zapfen, sind jedoch immer Seltenheiten und an bestimmte Sedimente gebunden, für den Sammler also relativ unwichtig.

Stamm Angiospermae (Bedecktsamer)

(Jura – rezent)
Die Samenanlagen dieser Pflanzen sind in einem eigenen Fruchtknoten eingeschlossen (Bedecktsamer). Die Entwicklung der Angiospermen war wohl der bedeutsamste Schritt in der Geschichte der Pflanzen, zudem in seinen Auswirkungen auch für die Tierwelt wichtig: Die Entfaltung der Säugetiere und Vögel dürfte mit dem Aufblühen der Angiospermen zusammenhängen. Der weitaus überwiegende Teil der rezenten Pflanzen gehört zu diesem Stamm. Fossilien treten vor allem in den känozoischen Sedimenten auf. Verschiedene mesozoische Floren vermitteln ein Bild der Pflanzenwelt während Jura und Kreide – bekannt sind z. B. die Angiospermen der Unt. Kreide (Alb) von Maryland/USA (Potomac-Flora) oder jene der Ob. Kreide von Quedlinburg/Blankenburg (mit *Credneria, Dyrophyllum, Debeya* usw.).
Das Bestimmen fossiler Angiospermen setzt vor allem für die jüngeren Formen gute Kenntnisse der rezenten Pflanzenwelt voraus. Blattformen z. B. können sich bei verwandten rezenten und tertiären Arten durchaus gleichen. Bei Früchten und Samen lassen sich durch Vergleiche mit rezentem Material immer gute Ergebnisse erreichen; diese Pflanzenorgane sind recht konservativ in ihren Formen. Fossile Holzreste allerdings, ob nun verkieselt, verkalkt oder inkohlt, lassen sich ohne mikroskopische Untersuchung in der Regel nicht bestimmen. Das ist bedauerlich, da die meisten Pflanzenfunde des Meso- und Känozoikum wohl aus Hölzern bestehen.
Die Funde von tertiären Pflanzenfossilien ermöglichen auch Aussagen über die ehemalige Umwelt, z. B. auch über das Klima: Ganzrandige Blätter mit Träufelspitze und derber Spreitenstruktur werden als laurophylle, immergrüne Blätter bezeichnet (*Laurus* = Lor-

beer). Gezähnelte Blätter, mit oder ohne aufgeteilte Spreiten (aufgeteilt: z. B. Ahorn), gehören zu laubwerfenden Pflanzen (arktotertiäre Formen). Hartlaubige (xeromorphe) Gewächse haben kleine und dichtgeaderte, stumpf zugespitzte, glattrandige oder gezähnte Blätter.

Die Blätter werden nach folgenden morphologischen Merkmalen bestimmt:
Blattspreite, z. B. nadelförmig, linealisch, eiförmig, rundlich, dreieckig, herzförmig, handförmig usw.; Blattspitze, z. B. spitz, stachelspitz, gerundet, gestutzt usw.; Blattrand, z. B. ganzrandig, gesägt, gezähnt, gekerbt, gebuchtet, gewimpert usw.; Nervatur, z. B. fiederig, netzförmig, parallel.
Während die Systematik der rezenten Angiospermen normalerweise auf Blüten, Früchten und Samen basiert, wird hier die Blattform nicht zur Bestimmung herangezogen, bedingt vor allem auch durch die sich teilweise stark ähnelnden Blätter von Arten verschiedener Familien. Damit ergeben sich naturgemäß Schwierigkeiten bei der Bestimmung der Fossilfunde.

Pl 62 ***Credneria.*** Ob. Kreide. Blätter verkehrt eiförmig, an der Basis mitunter leicht herzförmig eingeschnürt, ganzrandig bis buchtig gezähnt, dreilappig, dreispitzig oder mit nur einer Spitze; bis über 20 cm lang. Stiel kantig, bis zu 8 cm lang. ***C. triacuminata*** HAMPE, Campan; ca. 10 cm.
Pl 63, 64 ***Quercus.*** Tertiär (Eozän) – rezent. Eiche. Blätter der ältesten Formen ganzrandig; dann gebuchtet; kurzstielig bis mäßig langstielig. ***Q. prolongata*** PROBST (**Pl 63**), Ob. Miozän; ca. 6 cm; das Foto zeigt (links) ***Q. praeerucifolia*** (**Pl 64**) aus dem Pliozän; ca. 10 cm. Eine ganzrandige Blattform des Ob. Eozän ist ***Q. neriifolia*** (ohne Abb.); aus dem Pliozän stammt ***Q. sessiliflora*** (ohne Abb.).
Pl 65, 66 ***Acer.*** Tertiär (Oligozän) – rezent. Ahorn. Blätter gelappt, in der Regel drei- bis fünflappig; Blattrand gesägt oder doppelt gesägt, auch glattrandig. ***A. trilobatum*** BRAUN (**Pl 65**), Ob. Miozän; ca. 4 cm; das Foto zeigt ***A. cf. cappadocium*** (**Pl 66**) aus dem Pliozän; ca. 6,5 cm. Weitere Arten aus dem Pliozän (ohne Abb.): ***A. platanoides*** LINNE und ***A. monspessulanum***.
Pl 67 ***Betula.*** Tertiär (Oligozän) – rezent. Birke. Blätter eiförmig, zugespitzt bis stumpf; Blattrand gezahnt und doppelt gezahnt. ***B. cf. maximowiczii,*** Pliozän; ca. 10,5 cm (Foto, Mitte). Weitere Arten (ohne Abb.): ***B. subpubescens*** aus dem Unt. Miozän, ***B. nana*** LINNE (Zwergbirke) aus dem Pleistozän (– rezent).
Pl 68 ***Salix.*** Ob. Kreide – rezent. Weide. Blätter meist lanzettlich, aber auch eiförmig, glattrandig oder leicht gezahnt. ***S. angusta*** BRAUN, Tertiär (Ob. Miozän); ca. 6 cm.
Pl 69 ***Fagus.*** Tertiär (Oligozän) – rezent. Rotbuche. Blätter länglich-eiförmig, ganzrandig, im frühen Wachstumsstadium gewimpert. ***F. silvatica***, Pliozän; ca. 7,5 cm. Weitere Arten aus dem Pliozän (ohne Abb.): ***F. ferruginea*** (rezent in Nordamerika), ***F. decurrens***.

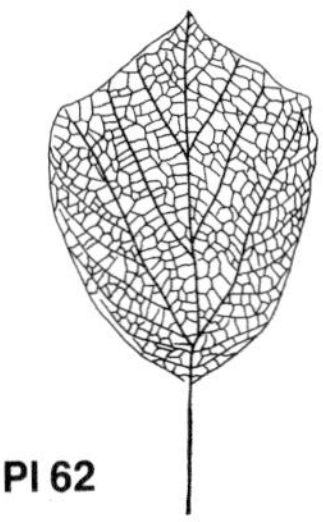

Pl 62

Pl 63

Pl 64 s. Foto S. 65

Pl 65

Pl 66 und **Pl 67** s. Foto S. 65

Pl 68

Pl 69 s. Foto S. 66

Tierreich (Animalia)

Stamm Protozoa (Urtiere)

Einzellige, in der Regel mikroskopisch kleine Organismen. Die Zelle besteht aus Protoplasma, in dem ein oder mehrere Zellkerne liegen. Fortpflanzung durch Generationswechsel ungeschlechtlich und geschlechtlich. Alle Protozoen sind von Feuchtigkeit abhängig. Sie leben im Wasser, z. B. auch im Grundwasser, oder in wäßrigen Flüssigkeiten, auch in Körperflüssigkeiten.
Zusammen mit den pflanzlichen Einzellern (Protophyten) werden die Protozoen oft als Protista zusammengefaßt. Die ältesten Protozoen wurden bisher im Kambrium nachgewiesen.

Klasse Rhizopoda (Wurzelfüßer)

Das Protoplasma der Tiere sendet wurzelartige (Name!) Fortsätze aus, sogenannte Pseudopodien, die der Fortbewegung, der Nahrungsaufnahme und der Exkretion dienen. Viele Gruppen bauen feste Gehäuse (Foraminiferida!) oder Stützgerüste. Unterschieden werden etwa 8 Ordnungen, deren weitaus wichtigste und formenreichste jene der Foraminiferen ist.

Ordnung Foraminiferida (Foraminiferen)

Allgemeines, Größenverhältnisse, Leitwert

„Im Seesand von Rimini . . . findet man eine Menge den Ammoniten und Nautiliden gleichende, kleine, vielkammerige Conchylien . . . So fand PLANCUS in 6 Unzen (187,5 g) dergleichen Meerabsatzes 618 Stück *Nautilus Calcar,* 130 *Nautilus crispus,* 6700 *Nautilus Becarii,* 900 *N. raphanus,* und 4 *N. radicula,* zusammen 8452 Individuen. Sie gleichen zum Theil den Nummuliten u. a. Petrefakten und sind von SOLDANI, PLANCUS, FICHTEL, MOLL und d'ORBIGNY beschrieben und abgebildet, aber noch immer nicht genug erforscht worden.“ (F. S. VOIGT, Lehrbuch der Zoologie, 1853).
Das hat sich gründlich geändert: Keine andere Ordnung wurde seitdem (vor allem ab etwa 1915) in einer derartigen Flut von Veröffentlichungen abgehandelt. Heute sind die Foraminiferen genauestens untersucht. Trotzdem bleiben noch viele Fragen offen, vor allem, was Lebensweise und Lebenszyklus angeht.
Die Gehäusegröße der Foraminiferen („Kammerlinge“) liegt zwischen 0,01 und ca. 190 mm, der überwiegende Teil mißt zwischen 0,1 und 5 mm. Sie sind also nicht gerade große Objekte für Untersuchungen. Aber mit Hilfe einer guten Lupe oder besser eines Auflichtmikroskops kann man doch schon eine Menge Beobachtungen machen. Zudem treten in vielen Gesteinen – sogar gesteinsbildend! – sogenannte Großforaminiferen mit kompliziertem Kammer- und Wandbau auf. Fossile Formen erreichen bis ca. 12 cm Durchmesser (*Nummulites gizehensis*; s. a. F 50–54) – rezente Formen sogar bis zu 19 cm (*Neusina agassizi*).
Foraminiferen sind der wichtigste Forschungsgegenstand der Mikropaläontologie. Vor allem bei der Auswertung von Bohrkernen ist ihre geringe Größe von Vorteil, denn auch kleine Gesteinsproben können große Mengen von Foraminiferen enthalten. Sie dienen in großem Maßstab als Leitfossilien, da sie zahlreiche Arten mit hohem Leitwert, also streng zonengebundenem Auftreten, hervorbrachten. Auch die Erdölgeologie bedient sich ihrer mit größtem Nutzen. Und die paläontologische Grundlagenforschung betreibt an ihnen, weil sie massenhaft auftreten, z. B. Variationsstatistik. In Gesteinen aus Karbon, Perm, Kreide und Tertiär z. B. werden mit Hilfe von Foraminiferen Horizontierungen vorgenommen, wobei sich die Zonengliederung im Tertiär, soweit es sich um marine Ablagerungen handelt, praktisch ausschließlich auf Foraminiferen stützt.

Systematik, Stammesgeschichte

Die Wissenschaft stuft, je nach Anschauung des Bearbeiters, die Foraminiferen als Ordnung ein oder als Klasse. Wir folgen hier LOEBLICH & TAPPAN im „Treatise on Invertebrate Paleontology“ und

Tierreich

Stamm	Unterstamm	Klasse	Unterklasse	Ordnung	
Protozoa (Urtiere)		Rhizopoda (Wurzelfüßer)		Foraminiferida (Kammerlinge)	F
Porifera (Schwämme)					Po
Cnidaria (Nesseltiere)		Anthozoa (Korallen)			An
Mollusca (Weichtiere)		Gastropoda (Schnecken)			G
		Scaphopoda (Kahnfüßer)			Sc
		Lamellibranchia (Muscheln)			L
		Cephalopoda (Kopffüßer)	Nautiloidea (Nautiliden)		N
			Ammonoidea (Ammoniten)		A +
			Coleoidea (Endocochlia)	Belemnitida (Belemniten)	Be +
		Cricoconarida (Tentakuliten i.w.S.)			Te +
Annelida (Ringelwürmer)		Polychaeta (Borstenwürmer)		Sedentaria (Röhrenwürmer)	S
Arthropoda (Gliederfüßer)	Trilobitomorpha	Trilobita (Trilobiten)			T +
	Crustacea (Krebstiere)	Ostracoda (Muschelkrebse)			O
		Cirripedia (Rankenfüßer)			Ci
		Malacostraca (Höhere Krebse)		Decapoda (zehnfüßige Krebse)	D
Bryozoa (Moostierchen)					Br
Brachiopoda (Armfüßer)					B
Echinodermata (Stachelhäuter)	Crinozoa (Seelilienartige)	Cystoidea (Beutelstrahler)			Cy +
		Blastoidea (Knospenstrahler)			Bl +
		Crinoidea (Seelilien)			C
	Asterozoa	Stelleroidea	Asteroidea (Seesterne)		As
			Ophiuroidea (Schlangensterne)		Op
	Echinozoa (Seeigelartige)	Echinoidea (Seeigel)			E
Branchiotremata (Kragentiere)		Graptolithina (Graptolithen)			Gr +
Chordata (Chordatiere)	Vertebrata (Wirbeltiere)	"Pisces" (Fische)			P
		Reptilia (Kriechtiere)			R
		Mammalia (Säugetiere)			M
Spurenfossilien					Sp

Übersicht über das Tierreich. Die äußerste rechte Spalte nennt die im Buch verwendeten Kennbuchstaben der einzelnen Gruppen.

unterglIedern die Ordnung in 5 Unterordnungen:

Allogromiina (Ob. Kambrium – rezent)
Textulariina (Kambrium – rezent)
Fusulinina (Ordovizium – Trias)
Miliolina (Karbon – rezent)
Rotaliina (Perm – rezent)

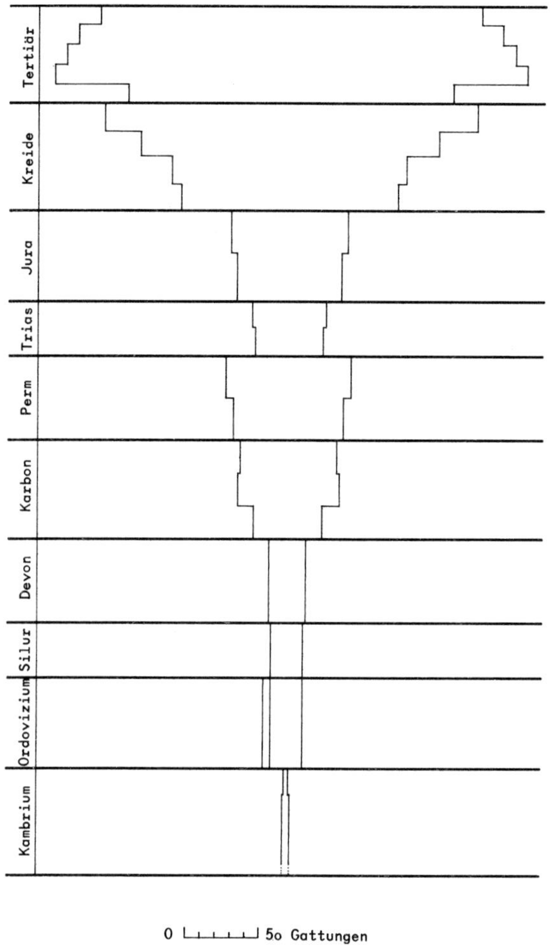

Stammesgeschichtliche Entwicklung der Foraminiferen. (Abgeändert nach A.H. MÜLLER.)

Wenn die Foraminiferida als Klasse betrachtet werden, dann heißen sie Foraminifera. Es bleibt bei der fünffachen Untergliederung; nur erhalten die Namen andere Endungen: Allogromiida, Textulariida, Fusulinida, Miliolida, Rotaliida.
Der Ursprung der Ordnung ist im Präkambrium zu suchen. Damals hatten die Foraminiferen aber noch keine mineralisierten Hartteile bzw. Gehäuse, lassen sich fossil nicht nachweisen – bis jetzt. Die ersten schalentragenden Exemplare jedenfalls wurden für das Unt. Kambrium nachgewiesen.
Bis zum Karbon zeigt die Stammesgeschichte keine bemerkenswerten Blütezeiten. Die einsetzende erste Virenzphase ist auf die Fusulinen zurückzuführen, die in Karbon und Perm mit großer Häufigkeit

Terminologie eines Foraminiferengehäuses

Trochospirales Gehäuse (S = Spiral-, L = Lateral-, U = Umbilikalseite)

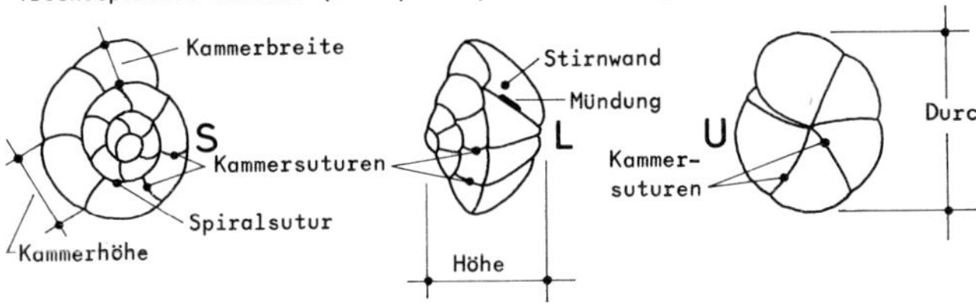

Uniseriales Gehäuse

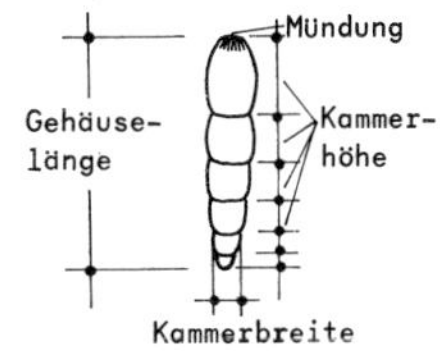

Auswahl einiger Gehäuseformen

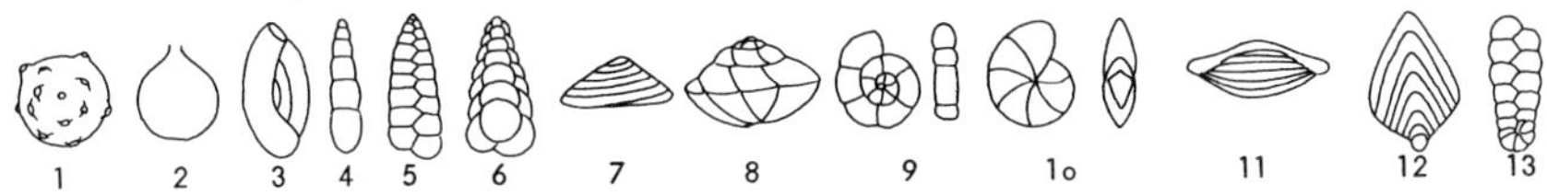

1, 2 lagenaler Typus
3 miliolider Typ (gebrochene Spirale)
4 uniserialer Typ
5 biserialer Typ
6 triserialer Typ
7 ungekammerter trochospiraler Typ
8 gekammerter trochospiraler Typ
9 evoluter flachspiraler Typ
1o involuter flachsp. Typ
11 fusispiraler Typ
12 Typ m. "reitenden Kamm."
13 textularioider Typ

Zusammenstellung wichtiger Mündungsformen

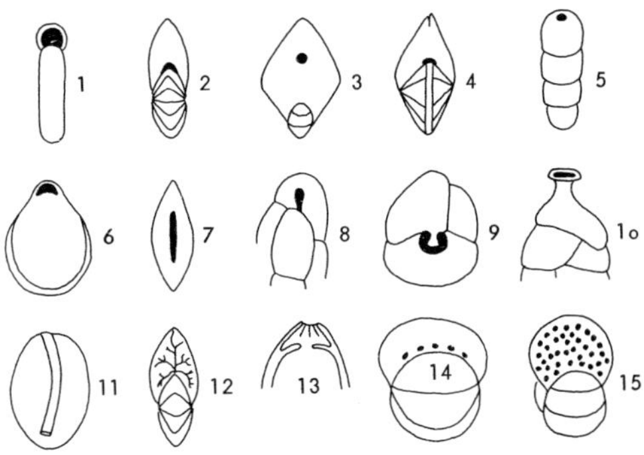

1 Spiralröhrenende frei
2 basal, schlitzförmig
3 mittig auf Stirnwand
4 basal, peripher
5 rundlich, terminal
6 sichelförmig, subterm.
7 schlitzförmig, termin.
8 tränenförmig
9 halbkreisförmig mit Zahn
1o flaschenhalsähnlich
11 entosoleniale Röhre
12 dendritisch
13 Schnitt; strahl.-termin. m. Aperturalkammer
14 Mehrfachmündung an Stirnw.
15 siebförmig (kribrös)

Mündungsformveränderung im Verlaufe der Ontogenese

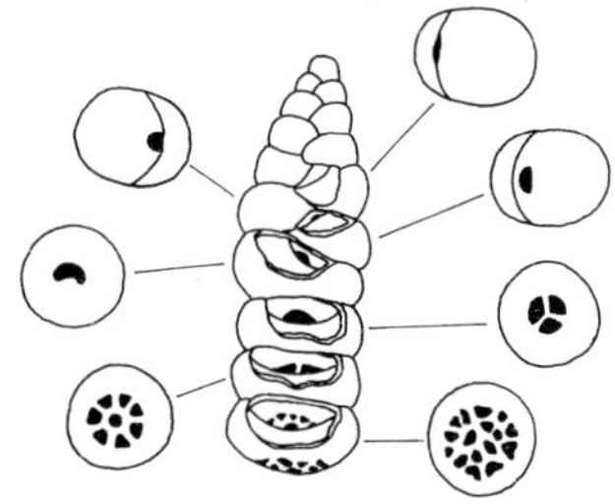

(Climacammina sp.)

Lebende Foraminifere

mit Protoplasmamasse und -pseudopodien und erbeuteter Diatomee (D)

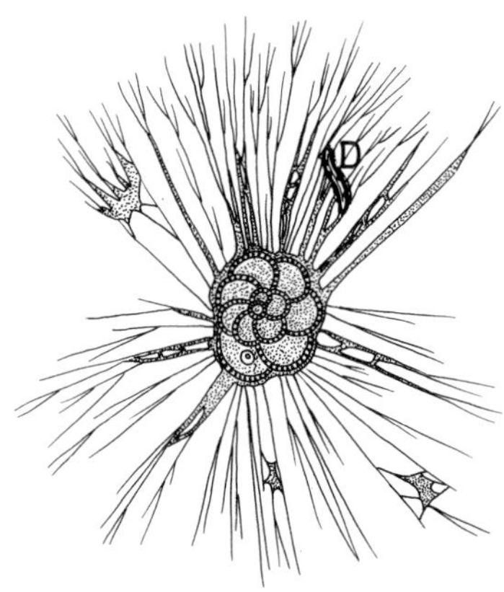

Darstellung eines Gehäuses von Fusulinella (schematisch, teilweise aufgeschnitten)

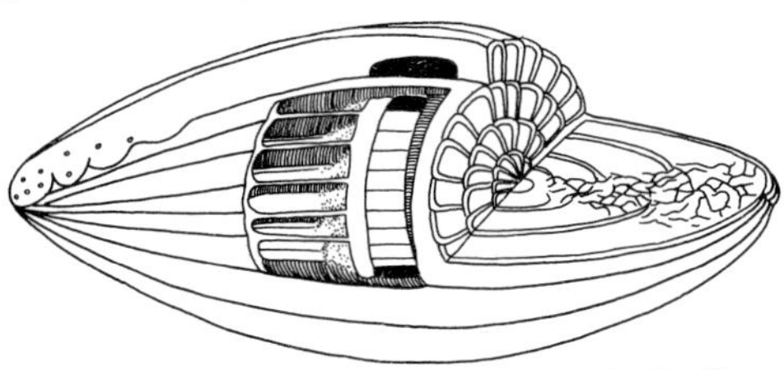

g. richter

Terminologie und Morphologie der Foraminiferida. (Abgeändert nach POKORNY und POKORNY aus CUSHMAN und WATERS.)

auftreten. Nach einem Niedergang der Ordnung in der Unt. Trias, den vor allem langlebige Formen überstanden, entwickelte sich ab dem Unt. Jura die Formenvielfalt der mesozoischen und känozoischen Foraminiferen. Die Entwicklung zeigt zwei Höhepunkte: einen gegen Ende der Kreidezeit und den zweiten im Eozän (Tertiär), als die Nummuliten auftraten. Eine ganze Reihe von Foraminiferengattungen hat sich seit dem Paläozoikum halten können. Nur wenige andere Tiergruppen brachten solche Konservativformen hervor.

Gehäuse

Es kann aus einer oder mehreren Kammern bestehen. Bei mehrkammerigen Formen existieren vielfältige Anordnungsmuster der Kammern. Auch die Gehäusewandung kann verschieden aufgebaut sein, wobei folgende Typen unterschieden werden:
Chitinige Formen. Das Gehäuse ist meist einkammerig, dicht und biegsam. Diese wohl ursprünglichste Bauform tritt vor allem bei einem Teil der Allogromiina auf, oft auch bei Brack- und Süßwasserformen.
Agglutinierende Formen. Hier werden kleine Fremdkörper in die Wandung eingebaut, z. B. Sandkörnchen, Coccolithen, Fischschuppen, Schwammnadeln, kleinere Foraminiferengehäuse, Glimmerblättchen usw. Als „Klebstoff" dienen Kalk oder Chitin. Verschiedene Autoren vertreten die Meinung, daß die Auswahl von Art und Größe der agglutinierten Körper arttypisch sei.
Kalkschalige Formen. Die Wand kann dicht (imperforat) oder porig (perforat) sein. Die Ausbildung ist feinkörnig, faserig, porzellanartig oder glasigdurchscheinend. Die kalkschaligen Großforaminiferen finden sich in sehr warmen Meeren, z. B. in flachen Riffgebieten.
Kieselschalige Formen. Sie sind relativ selten. Ungeklärt ist, ob die fossilen Formen ursprünglich aus Kieselsäure aufgebaut waren oder ob die Verkieselung erst im Verlaufe der Diagenese erfolgte.
Der Proloculus (Protoconch) bildet die erste, innerste Kammer. Nicht selten treten innerhalb einer Art auffallende Größenunterschiede des Proloculus auf, die eine Folge des Generationswechsels (s. Vermehrung) sind. Die an den Proloculus anschließende Kammer heißt Deuteroconch.
Im Verlauf der Stammesgeschichte wurden die einzelnen Baupläne oft wiederholt. Daher ist die Anzahl der Gehäuseformen beschränkt. Einige wichtige Typen der verschiedenen Kammeranordnungen zeigt die Tafel. Im allgemeinen sind Gehäuseform und Lebensweise aufeinander abgestimmt. Kugelförmige Arten etwa leben meist planktisch, Formen des Benthos sind bei freier Lebensweise planspiral, und unregelmäßig (astförmig usw.) bei festsitzender Lebensweise. Die Seite der planspiralen Formen, die nur die äußerste, also jüngste Windung zeigt, wird Nabelseite (Umbilikalseite) genannt, die andere Spiralseite.
Wichtig sind die verschiedenen Mündungsformen. Vor allem bei der Klärung verwandtschaftlicher Beziehungen spielen sie eine große Rolle. Zu beachten ist dabei, daß die Mündungsausbildung im Lauf der Ontogenese (Entwicklung des Einzeltiers) starke Veränderungen erfahren kann (s. Abb. S. 79).

Weichteile, Lebensraum, Lebensweise

Der eigentliche Körper besteht aus Protoplasma. Es füllt das Gehäuse aus und überzieht es auch außen mit einer dünnen Schicht. Innen befinden sich ein oder mehrere Zellkerne. Durch die Mündung oder durch Poren der Wandung tritt Plasma aus und bildet meist lange Pseudopodien (Rhizopodien), die der Fortbewegung, der Nahrungsaufnahme und der Absonderung von Exkretionsstoffen dienen. Bei benthonischen Formen wird die Nahrung meist in das Gehäuse eingeführt und dort verdaut – meist handelt es sich um mikroskopisch kleine Organismen oder organischen Detritus. Die meisten planktischen Formen verdauen ihre Nahrung außerhalb des Gehäuses. Ihre Beute kann daher auch aus größeren lebenden Tieren bestehen. „Größer" meint relativ zur Nahrungsgröße der benthonischen Formen: kleine Krebse oder Larven usw. Sie werden mit den Pseudopodien gefangen, mittels eines lähmenden Stoffes betäubt und schließlich durch das Protoplasma verdaut.
Der allergrößte Teil der Foraminiferen lebt in rein marinen Meeresgebieten. Nur wenige Formen bevorzugen Brack- oder Süßwasser, in dem sich nicht selten zwar nur wenige Arten finden, diese aber mit Unmengen von Individuen. Die Biomasse der Foraminiferen kann in Brackwasserbereichen somit ohne weiteres höher sein als in rein marinen Bereichen.
Wiederum die Mehrzahl der Foraminiferen lebt benthonisch, meist frei beweglich, seltener sessil, festgewachsen. Die vagilen Arten können sich durchschnittlich 1 cm pro Stunde fortbewegen; die schnellsten Tiere erreichen immerhin ca. 6 cm pro Stunde. Die wenigen planktischen Arten leben meist

in höheren Wasserschichten, im durchlichteten Bereich. Wir kennen nur etwa 25 rezente, planktisch lebende Formen.
Wichtige Faktoren eines geeigneten Lebensraums sind Salinität, Wassertemperatur, welche die absolute Gehäusegröße beeinflussen kann – Kaltwasserformen werden größer –, Durchlichtung und Sedimentbeschaffenheit. Die Wassertiefe ist dagegen relativ bedeutungslos. Sie wirkt nicht durch den Druck auf die Verbreitung der Arten ein, sondern lediglich über die Faktoren Temperatur und Durchlichtung.
Dazu ist zu sagen, daß wir die anhand rezenter Foraminiferen gewonnenen Erkenntnisse über deren Ökologie nicht ohne weiteres auf die fossilen Formen übertragen können. Palökologische Rückschlüsse über oder mittels Foraminiferenfaunen sind also immer gründlich zu überprüfen, wie dies grundsätzlich für alle Vergleiche zwischen rezenten und fossilen Faunen bzw. deren Lebensbedingungen gilt.

Vermehrung

Die Fortpflanzung kann sehr kompliziert in Form von zyklischen oder azyklischen Vorgängen ablaufen, das heißt als Wechsel zwischen einer geschlechtlichen und einer ungeschlechtlichen Generation. Die megalosphärische Generation entsteht ungeschlechtlich. Sie heißt nach dem großen Proloculus Megalosphäre. Das ausgewachsene Gehäuse dieser Generation ist wesentlich kleiner als das der mikrosphärischen Generation, bei der wir einen kleinen Proloculus, eine Mikrosphäre, beobachten können, jedoch eine wesentlich höhere Kammerzahl und entsprechend größere Gehäuseabmessung. Die mikrosphärische Generation entsteht geschlechtlich; das entsprechende Tier wird auch als Gamont, das ungeschlechtlich entstandene als Schizont bezeichnet.
Dieser Dimorphismus wie auch andere, aus mehr als zwei Generationen bestehende Zyklen (Polymorphismus) stellen die Bearbeiter neuer Foraminiferenarten vor das Problem, die entsprechenden Formen daraufhin zu untersuchen, ob sie zu zwei oder mehr Generationen einer Art gehören.
Eine azyklische Vermehrung findet z. B. dann statt, wenn sich Bruchstücke regenerieren. Diese Art der Fortpflanzung kommt aber relativ selten vor, mitunter ist sie wohl auch zufallsbedingt, etwa bei Schalenbruch.

Bestimmung

Am wichtigsten für die Bestimmung ist die Gehäuseform in Verbindung mit der Ausbildung der Mündung. Weiterhin ist darauf zu achten, ob es sich um agglutinierende Formen handelt. Man versucht

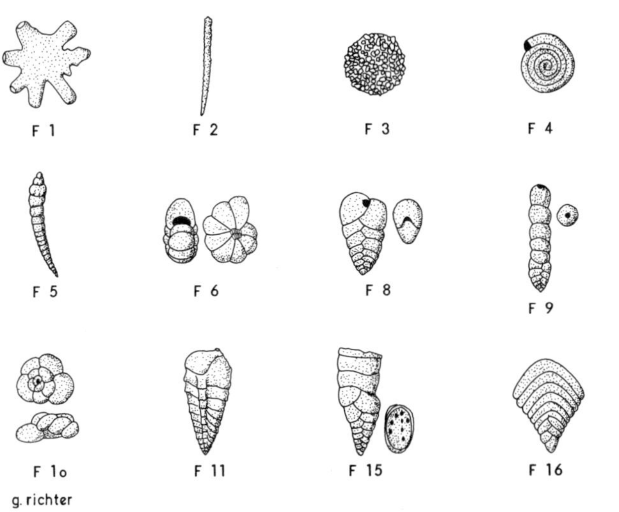

Foraminiferengehäuse
(F 1 bis F 11: Agglutinierend)

F 1 Astrorhiza, Mittl. Ordovizium - rezent; ca. 6 mm
F 2 Bathysiphon, Kambrium - rezent; ca. 9 mm
F 3 Saccamina, Silur - rezent; ca. 1 mm
F 4 Ammodiscus, Silur - rezent; ca. 1 mm
F 5 Haplostiche, Ob. Kreide; ca. 6,5 mm
F 6 Haplophragmoides, Karbon - rezent; ca. o,5 mm
F 8 Textularia, Ob. Karbon - rezent; ca. 2 mm
F 9 Bigenerina, Jura - rezent; ca. 1,5 mm
F 1o Trochammina, Karbon - rezent; ca. o,5 mm
F 11 Gaudryina, Ob. Trias - rezent; ca. o,9 mm
F 15 Climacammina, Karbon - Perm; ca. 2 mm
F 16 Semitextularia, Mittl. - Ob. Devon; ca. o,4 mm

(Umgezeichnet nach A.H. MÜLLER, LOEBLICH und TAPPAN.)

nach Möglichkeit, die Wandungsbeschaffenheit zu erkennen (Material; imperforat oder perforat). Eine mitunter vorhandene Skulptur kann ebenfalls kennzeichnend sein, zusammen mit den übrigen Merkmalen. Da wir in der Regel auf Untersuchungsmethoden mit Hilfe optischer Hochleistungsgeräte verzichten müssen, werden wir uns wohl in den meisten Fällen – vor allem bei sehr kleinen Arten – mit der Feststellung von Gehäuseform und Mündungsausbildung begnügen müssen. Bei den Großforaminiferen, z. B. den Nummuliten, können wir den Innenbau, also die Kammerung, mit Hilfe von Anschliffen oder Dünnschliffen untersuchen.

Vorkommen

Gesteine mit reicher Foraminiferenführung sind z. B. die jungpaläozoischen Fusulinengesteine (Karbon bis Perm). Die darin enthaltenen Gattungen, z. B. *Fusulina* (F 17), *Schwagerina* oder *Neoschwagerina* (F 18), stellen gute Leitfossilien. Im Alttertiär, vor allem im Eozän, treten nicht selten Nummuliten- und Alveolinen-Kalke auf, z. B. im Voralpen- und Kalkalpengebiet, aber auch im Pariser Becken, in den nordafrikanischen Wüstengebieten (die ägyptischen Pyramiden bestehen aus solchen Gesteinen) und in den Gebirgen Zentralasiens. Der rezente Globigerinenschlamm bedeckt ca. ein Drittel des Meeresbodens in Tiefen zwischen etwa 2000 und 5000 m. Derartige fossile Ablagerungen müssen aber nicht unbedingt auf Tiefseeablagerungen hinweisen, auch in flachen Meeresteilen gibt es Bildungsmöglichkeiten.
Grundsätzlich sollten wir bei Exkursionen von jedem Gestein Proben mit nach Hause nehmen, wobei natürlich die Fundstelle genau notiert wird, ebenso wie sonstige Beobachtungen, und das Material zu Hause in Ruhe untersuchen.
Vorzuziehen sind alle tonigen oder mergeligen Sedimente – sie enthalten oft reiche Faunen und sind einfach aufzubereiten (s. Mikrofossilien).
Der folgende systematische Teil bringt Abbildungen typischer oder häufiger Arten, die meistens sehr stark vergrößert dargestellt sind. Der Begleittext ist bewußt kurz gehalten, da in der Regel die Merkmale des Feinbaus ohnehin nicht beobachtet werden können, weil die Apparate dazu fehlen.

Ordnung Foraminiferida

Unterordnung Textulariina (Kambrium – rezent)

Das Gehäuse besteht aus agglutinierten und mittels verschiedener Bindemittel zusammengehaltenen Fremdkörpern.

Oberfamilie Ammodiscacea (Kambrium – rezent)

Gehäuseform unregelmäßig, kugelförmig oder gerade, auch astförmig. Keine oder nur sehr unregelmäßige Kammerung. Mündung einfach.

F 1 – F 4 s. S. 81

F 1 ***Astrorhiza.*** Mittl. Ordovizium – rezent. Gehäuse abgeflacht, in Form einer zentralen Scheibe, von der zahlreiche Radialarme ausgehen. Diese tragen am Ende je eine Mündung. Bis etwa 13 mm. Die rezenten Arten leben in der Tiefsee.
F 2 ***Bathysiphon.*** Kambrium – rezent. Großwüchsig; bis 50 mm. Röhrenförmiges und schmales, langgezogenes Gehäuse. Mündung am offenen Röhrenende. Abb. ca. 9 mm.
F 3 ***Saccamina.*** Silur – rezent. Das Gehäuse besteht aus einer kugelförmigen Kammer. Mündung rundlich, mitunter auf einem kurzen Stiel sitzend. Abb. ca. 1 mm.
F 4 ***Ammodiscus.*** Silur – rezent. Gehäuse planspiral, scheibenförmig. Proloculus und eine röhrenförmige, ungeteilte Kammer mit einfacher Mündung. ***A. siliceus*** (TERQUEM), Unt. Jura; ca. 1 mm.

Oberfamilie Lituolacea (Karbon – rezent)

Gehäuse vielgestaltig; Mündung einfach oder mehrzahlig.

An 19 *Cyathophora bourgueti,* Ob. Jura (Unt. Untertithon; Malm zeta 2); Gerhausen bei Blaubeuren/Württ. Die kugelige *C.* hat einen Durchmesser von ca. 4,5 cm und sitzt einer anderen Koralle auf (*Tiaradendron germinans*); links oben sitzt ein Schwamm. Gesamtgröße der Gruppe ca. 8,5 cm.

An 21 *Enallhelia compressa,* Ob. Jura (Unt. Untertithon; Malm zeta 2); Schnaitheim b. Heidenheim/Württ. Ca. 12 cm.

An 23 *Isastrea explanata,* Ob. Jura (Unt. Untertithon; Malm zeta 2); Schnaitheim b. Heidenheim/Württ. Bildbreite ca. 8 cm.

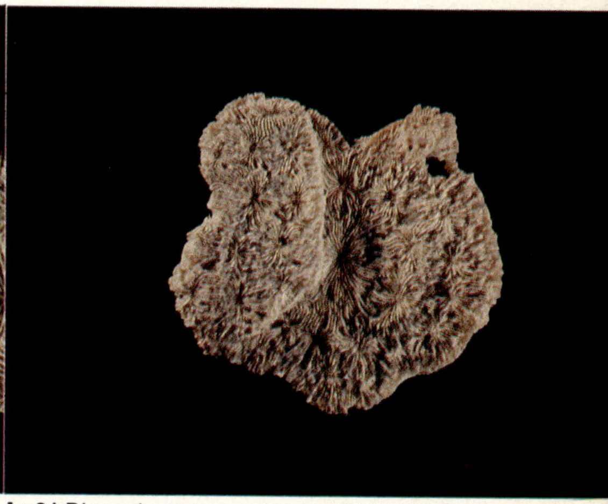

An 31 *Dimorphastrea concentrica,* Ob. Jura (Unt. Untertithon; Malm zeta 2); Gerhausen bei Blaubeuren/Württ. Ca. 4,5 cm. Sammlung BRODTE.

G 15 *Pyrgotrochus conoideus,* Mittl. Jura (Ob. Bajoc); Caen, Calvados, Normandie/Frankreich. Ca. 3,5 cm. Schalenerhaltung.

G 21 *Praenatica gregaria,* Ob. Silur; Morina/ČSSR. Ca. 3,7 cm.

G 39 *Amphitrochus subduplicatus,* Unt. Jura (Ob. Toarc); Mende, Lozère/Frankreich. Ca. 1,5 cm; Schalenerhaltung.

G 50 *Pseudomelania heddingtonensis,* Ob. Jura (Unt. Oxford; Heersumer Schichten); Heersum b. Hildesheim/Niedersachsen. Größerer Steinkern, ca. 8 cm.

G 72 *Tympanotomus margaritaceus,* Tertiär (Ob. Oligozän; Unt. Chatt); Alzey, Mainzer Bekken/Rheinland-Pfalz. Handstück mit zahlreichen Schnecken, Bildbreite ca. 7,5 cm.

G 86 *Drepanocheilus speciosus,* Tertiär (Unt. Miozän; Aquitan); Schleswig-Holstein. Die Schnecke stammt aus einem »Holsteiner Gestein« genannten Geschiebe. Ca. 3,7 cm.

G 112 *Hinia clathrata,* Tertiär (Pliozän; Piacenza); Piacenza bei Verona/Italien. Ca. 2,7 cm; Schalenerhaltung.

G 116 *Aquilofusus semiglaber,* Tertiär (Ob. Miozän; Gram-Stufe); Gram östlich Ribe/Dänemark. Ca. 4,5 cm; Schalenerhaltung.

F 5 ***Haplostiche.*** Ob. Kreide. Gehäuse langgezogen, uniserial, geradegestreckt oder gekrümmt. Maximalgröße ca. 8 mm. Mündung rundlich, am Gehäuseende mitunter erhöht. ***H. foedissima*** (REUSS); ca. 6,5 mm.

F 6 ***Haplophragmoides.*** Karbon – rezent. Gehäuse involut; planspiral gewunden. Mündung schlitzförmig, basal. Rezente Formen leben in kalten Meeresteilen, in flachem bis tiefem Wasser. Abb. ca. 0,5 mm.

F 5 und **F 6** s. S. 81

F 7 ***Bulbophragmium.*** Kreide. Gehäuse im Jugendstadium unregelmäßig gewunden, später uniseriale Kammeranordnung. Mündung siebförmig. ***B. aequale*** MAYNC, Ob. Kreide (Campan); ca. 4 mm.

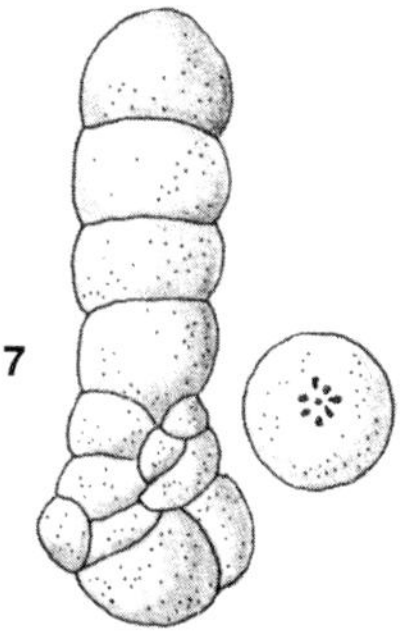

F 7

F 8 ***Textularia.*** Ob. Karbon – rezent. Gehäuse biserial, langgezogen, seitlich abgeflacht. Zahlreiche Kammern. Mündung einfach, basal und schlitzförmig. Rezent vor allem in tropischen Flachmeeren. Abb. ca. 2 mm.

F8 – F 11 s. S. 81

F 9 ***Bigenerina.*** Jura – rezent. Gehäuse langgezogen, im frühen Stadium bi-, später uniserial. Mündung im Jugendstadium wie bei ***Textularia***, später rundlich und terminal. Bis etwa 5 mm; rezent vor allem in tropischen und gemäßigten Flachmeeren. Abb. ca. 1,5 mm.

F 10 ***Trochammina.*** Karbon – rezent. Gehäuse trochospiral, gekammert. Kammern kugel- bis eiförmig mit langsam zunehmender Größe. Mündung auf der Nabelseite. Bis ca. 2 mm; rezent in kalten Meeren. Abb. ca. 0,5 mm.

F 11 ***Gaudryina***. Ob. Trias – rezent. Gehäuse langgezogen; frühes Stadium triserial, später biserial. Mündung basal. ***G. carinata*** FRANKE, Ob. Kreide (Turon – Campan); ca. 0,9 mm.

F 12 ***Verneuilinoides***. Jura – Kreide. Gehäuse immer triserial, langgezogen. Kammergröße nimmt zur Mündung hin zu. Mündung an der Basis der letzten Kammer (basal), bogenförmig. ***V. neocomensis*** (MJATLIUK), Unt. Kreide (Berrias – Barreme); ca. 0,5 mm.

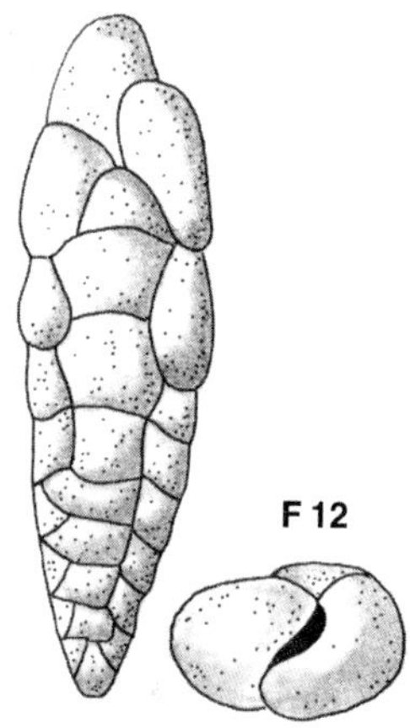

F 12

F 13 ***Dorothia***. Unt. Kreide (Alb) – rezent. Frühstadium trochospiral (4 oder mehr Kammern pro Windung), später gerade, langgezogen und biserial. Mündung basal und schlitzförmig. ***D. pupoides*** (ORBIGNY), Ob. Kreide (Turon – Maastricht); ca. 1 mm.

F 14 ***Clavulina***. Tertiär (Paläozän) – rezent. Gehäuse im Frühstadium triserial, später uniserial. Zahlreiche Kammern. Mündung rundlich, terminal, mit einem kleinen Zahn. Rezent weltweit, in Tiefen zwischen ca. 700 und 900 m. ***C. parisiensis*** ORBIGNY, Tertiär (Mittl. Eozän; Lutet); ca. 1,4 mm.

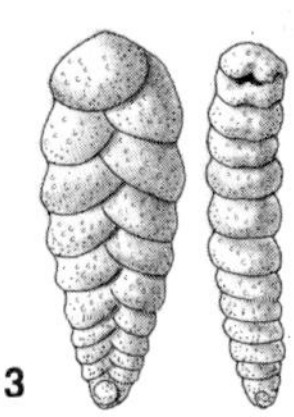

F 13

Unterordnung Fusulinina (Ordovizium – Trias)

Primitive Formen mit kalkiger Wandung. Höherentwickelte Formen mit zwei oder mehr Wandungslagen.

Oberfamilie Endothyracea (Silur – Trias)

Gehäuse röhrenförmig oder mit trochospiralem bzw. unregelmäßig gewundenem Frühstadium und bi- oder uniserialem Folgestadium. Wandung kalkig, faserig oder granuliert. Mündung einzeln oder mehrzahlig, basal oder terminal.

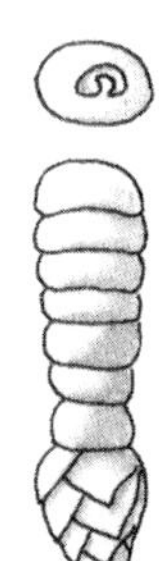

F 14

F 15 ***Climacammina***. Unt. Karbon (Ob. Tournai) – Perm. Gehäuse großwüchsig. Die ersten beiden Drittel (etwa) biserial, danach uniserial, mit breiten und niedrigen Kammern. Im uniserialen Stadium 2 oder mehr Mündungen, terminal. Wandung teilweise agglutiniert. ***C. antiqua*** (BRADY), Unt. Karbon; ca. 2 mm.

F 15 s. S. 81

F 16 s. S. 81

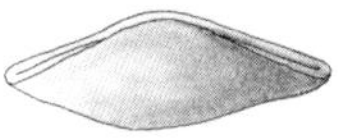
F 17

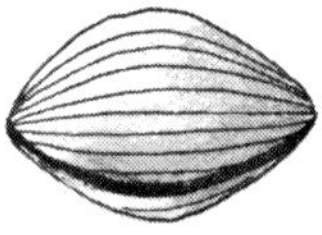
F 18

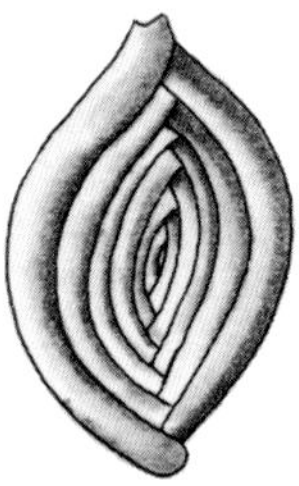
F 19

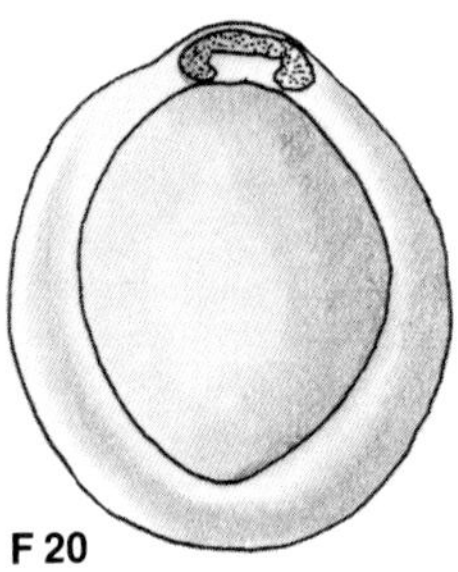
F 20

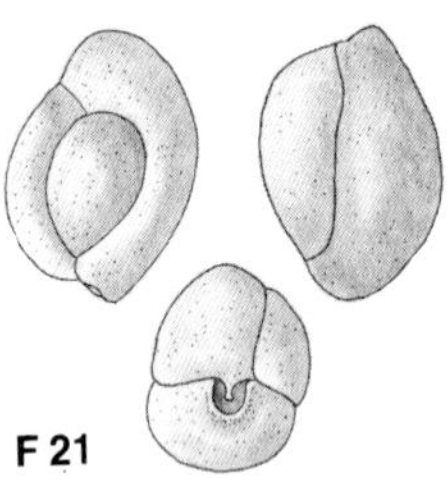
F 21

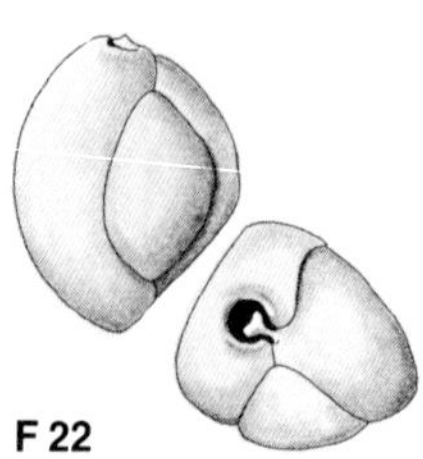
F 22

F 16 ***Semitextularia***. Mittl. – Ob. Devon. Gehäuse breit, abgeflacht, mit reitenden Kammern. Frühstadium biserial, dann breite und niedrige, bogenförmige Kammern (meist zahlreich). Mündung porig auf der letzten Kammer. Wandung granuliert. Abb. ca. 0,4 mm.

Oberfamilie Fusulinacea (Ob. Unterkarbon – Perm)

Gehäusegröße etwa bis 70 mm. Linsenförmig bis spindelförmig (fusiform), auch kugel- und zylinderförmig; planspiral und involut. Wandung kalkig, perforat. Ein Teil der Arten wird zu den Großforaminiferen gerechnet.

F 17 ***Fusulina***. Ob. Karbon (Westfal – Stefan). Gehäuse spindelförmig oder ähnlich, planspiral, involut, mit kompliziertem Innenbau. ***F. cylindrica*** Fischer De Waldheim, Ob. Westfal (Miatchkovo); ca. 7 mm.

F 18 ***Neoschwagerina***. Ob. Perm. Großwüchsig. Fusiform, etwa eiförmig. Dickwandig; mit bis zu 20 dicht aufeinanderfolgenden Windungen. Durchmesser (der Abb.) ca. 10 mm.

Unterordnung Miliolina (Karbon – rezent)

Gehäuse kalkig, porzellanartig. Wandung imperforat. Mitunter mit zufällig eingebautem Fremdmaterial.

Oberfamilie Miliolacea (Karbon – rezent)

Wandung prozellanartig. Proloculus spiralig, danach zahlreiche planspiral aufgerollte oder andersartig angeordnete Kammern. Mündung terminal, einzeln oder auch siebförmig.

F 19 ***Spiroloculina***. Ob. Kreide – rezent. Gehäuse mit flachen Seiten, im Milioliden-Typ, mit 2 Kammern pro Windung. Wandung imperforat. Mündung am offenen Ende der letzten Kammer, mit einfachem oder Doppelzahn. ***S. cretacea*** Reuss, Ob. Kreide (Cenoman – Campan); ca. 0,8 mm.

F 20 ***Pyrgo***. Jura – rezent. Gehäuse aufgebläht, scheibenförmig bis eiförmig. Kammern entsprechen je einer halben Windung. Wandung imperforat. Mündung terminal, rundlich bis länglich, mit deutlichem Doppelzahn. ***P. simplex*** (Orbigny), Tertiär (Miozän; Torton); ca. 1 mm.

F 21, 22 ***Triloculina***. Jura – rezent. Kammerlänge entspricht einer halben Windung. Von außen sind immer nur 3 Kammern sichtbar. Wandung imperforat. Mündung terminal, mit Doppelzahn. ***T. austriaca*** Orbigny (**F 21**), Tertiär (Miozän; Torton); ca. 2 mm. ***T. trigonula*** (Lamarck) (**F 22**), Tertiär (Mittl. Eozän; Lutet); ca. 1,3 mm.

F 23 ***Wellmanella***. Unt. Kreide (Valangin) – Tertiär (Eozän). Späteres Wachstumsstadium mit 3 oder 4 gerundeten Kammern pro Windung. Mündung am offenen Ende der letzten Kammer, schwach bogenförmig bis schlitzförmig. ***W. antiqua*** (Reuss), Valangin – Barreme; ca. 1,2 mm.

F 24 ***Miliola***. Tertiär (Eozän). Die Kammern entsprechen etwa einer halben Windungslänge und sind in 5 verschiedenen Ebenen um eine transversale Achse angeordnet („quinqueloculin"). Mündung siebförmig. ***M. saxorum*** (Lamarck), Lutet; ca. 0,7 mm.

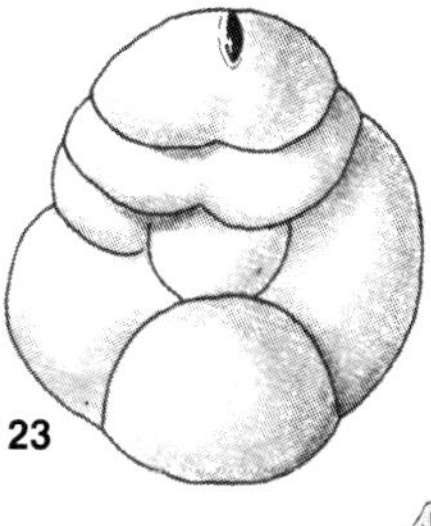
F 23

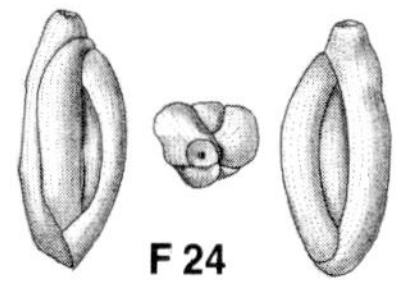
F 24

F 27 s. Foto S. 66

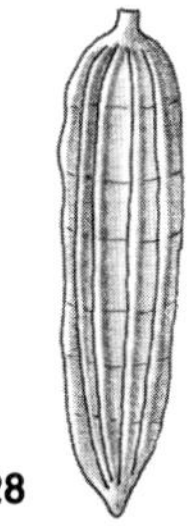
F 28

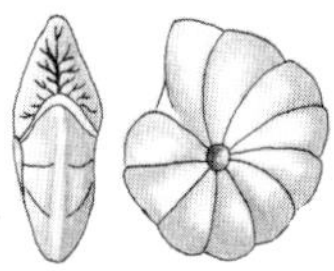
F 26

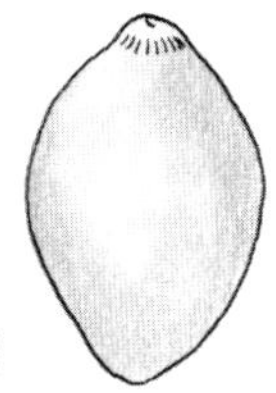
F 25

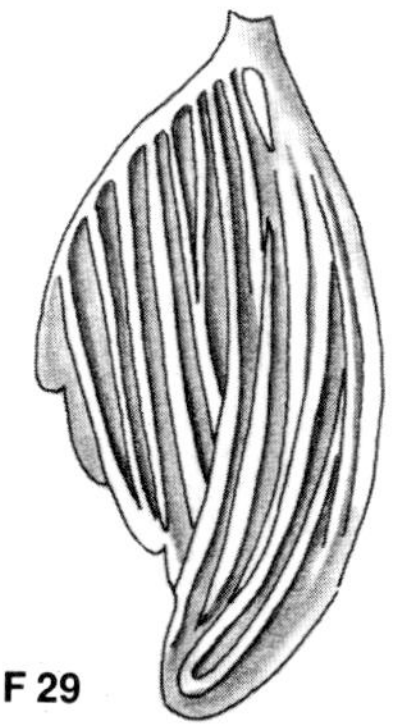
F 29

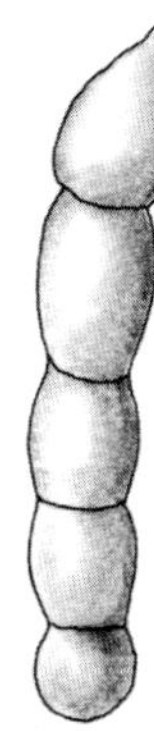
F 30

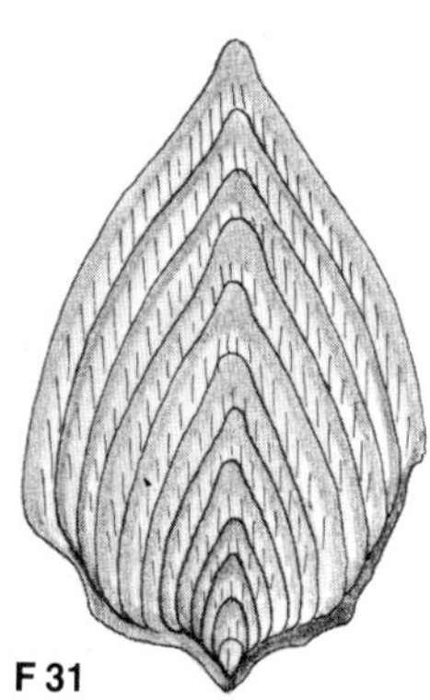
F 31

F 25 ***Idalina***. Ob. Kreide (Senon). Gehäuse frei, etwa eiförmig. Die Umfassung durch die Kammern nimmt im Verlauf des Wachstums zu, so daß im Adultstadium die letzte Kammer schließlich alle inneren Windungen umhüllt. Mündung im Adultstadium mit zahlreichen unregelmäßigen Öffnungen, vorher strahlig und in anderen Formen. ***I. antiqua*** SCHLUMBERGER & MUNIER-CHALMAS; ca. 3,1 mm.
F 26 ***Dendritina***. Tertiär (Eozän) – rezent. Gehäuse planspiral, stark involut. Kammern einfach. Oberfläche glatt oder gestreift. Mündung dendritisch. ***D. arbuscula*** ORBIGNY, Tertiär (Miozän); stark vergrößert.
F 27 ***Orbitolites***. Tertiär (Ob. Paläozän – Eozän). Scheibenförmig; mit zahlreichen kleinen, aneinandergereihten Kammern, ringförmig angeordnet. Mündungen in peripheren Reihen. ***O. complanata*** LAMARCK, Eozän (Lutet); ca. 5,5 mm.

Unterordnung Rotaliina (Perm – rezent)

Wandung kalkig, perforat.

Oberfamilie Nodosariacea (Perm – rezent)

Kammern planspiral angeordnet oder nicht aufgerollt, gerade; auch um eine Längsachse gewunden. Mündung seitlich oder terminal, oft strahlig, auch schlitzartig oder gerundet.

F 28 ***Nodosaria***. Perm – rezent. Gehäuse gerade, mit mehreren Kammern, die einen runden Querschnitt haben (perlschnurartig). Oberfläche glatt, berippt oder gestreift, auch mit kleinen Knoten. Mündung strahlig-terminal, auch auf kurzem Hals. ***N. raphanus*** (LINNE), Ob. Kreide (Cenoman – Campan); ca. 1 mm.
F 29 ***Citharina***. Jura – Tertiär (Paläozän). Gehäuse abgeflacht, im Umriß angenähert dreieckig. Zahlreiche Kammern. Wandung glatt, berippt oder gestreift. Mündung am Außenrand der letzten Kammer. ***C. harpa*** (ROEMER), Unt. Kreide (Berrias – Barreme); ca. 3 mm.
F 30 ***Dentalina***. Perm – rezent. Gehäuse länglich, leicht gebogen, uniserial. Mündung strahlig-terminal; letzte Kammer oft spitz ausgezogen. ***D. lilli*** REUSS, Kreide; ca. 3 mm.
F 31, 32 ***Frondicularia***. Perm – rezent. Gehäuse länglich oder mit reitenden Kammern, seitlich abgeflacht. Kammern breit und nied-

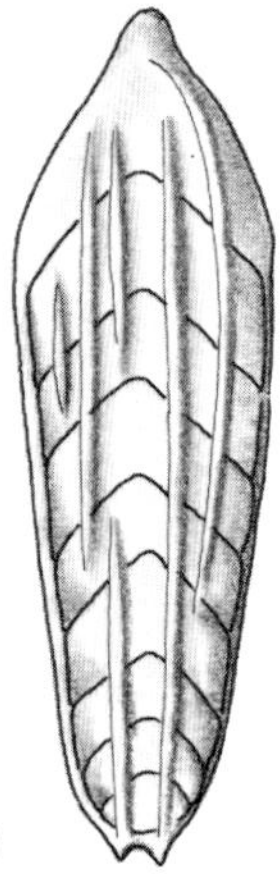

F 32

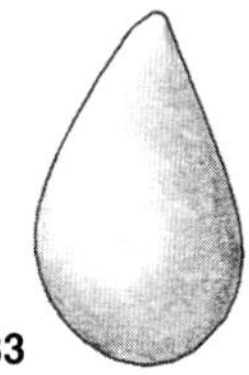

F 33

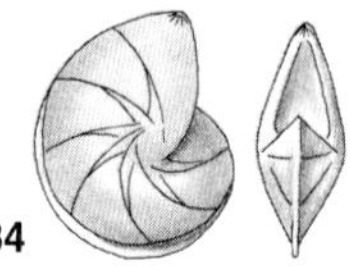

F 34

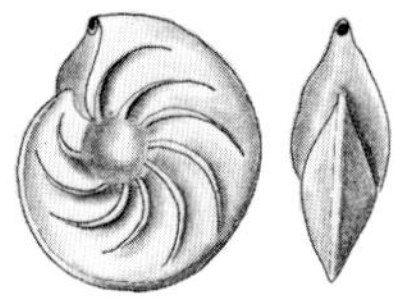

F 35

F 36

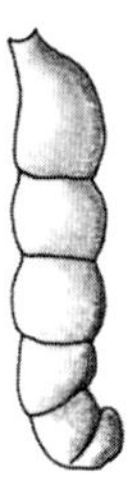

F 37

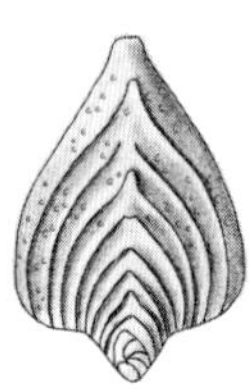

F 38

F 39

F 40

rig. Kammerwandungen (Septen) kräftig gebogen oder gewinkelt mit dem höchsten Punkt in der Gehäusemitte. Mündung strahlig-terminal, mitunter auf kurzem Hals. Von schmalen bis extrem breiten Formen alle Übergänge. ***F. cordai*** REUSS (**F 31**), Ob. Kreide (Cenoman); ca. 2,3 mm. ***F. bicostata*** ORBIGNY (**F 32**), Mittl. Unterjura; ca. 1,5 mm.

F 33 ***Lagena***. Jura – rezent. Gehäuse einkammerig, selten mit 2 oder 3 Kammern (lagenaler Typ). Oberfläche ornamentiert, oft längsgestreift oder längsberippt. Mündung rund, auf dem verlängerten, stielförmigen Ende. ***L. globosa*** (MONTAGU), Ob. Kreide (Coniac – Maastricht); ca. 1 mm.

F 34, 35 ***Lenticulina***. Trias – rezent. Gehäuse planspiral, selten schwach trochospiral. Beide Seiten konvex; Außenrand winkelig oder gekielt. Kammern in der Regel breiter als hoch. Oberfläche kann verschieden ornamentiert sein. Mündung strahlig, auf der Außenecke der letzten Kammer. ***L. rotulata*** (LAMARCK) (**F 34**), Ob. Kreide (Senon); ca. 1,6 mm. ***L. orbicularis*** (ORBIGNY) (**F 35**), Ob. Kreide (Coniac – Campan); ca. 1,1 mm.

F 36 ***Marginulina***. Trias – rezent. Gehäuse im Frühstadium schwach gewunden, aber nicht eingerollt, danach gerade. Sutur schräggestellt. Mündung an der Spitze der letzten Kammer, teilweise auf kurzem Hals, oft strahlig ausgebildet. ***M. elongata*** (ORBIGNY), Ob. Kreide (Campan); ca. 0,8 mm.

F 37 ***Marginulinopsis***. Jura – rezent. Gehäusefrühstadium planspiral, dann gerade wie bei ***Marginulina***. Mündung strahlig-terminal. Oberfläche oft skulptiert, mit Streifen oder Knoten. ***M. gracilissima*** (REUSS), Unt. Kreide (Berrias – Apt); ca. 0,9 mm.

F 38, 39 ***Neoflabellina***. Ob. Kreide – Tertiär (Paläozän). Großwüchsig, mit reitenden Kammern. Seiten flach, parallel. Ränder gekielt oder gewinkelt ausgebildet. Oberfläche kräftig mit Rippen oder Knoten ornamentiert. Kammern niedrig und lang, mit dem höchsten Punkt in Gehäusemitte. Mündung strahlig-terminal. ***N. deltoidea*** (WEDEKIND) (**F 38**), Ob. Kreide (Coniac – Campan); ca. 2,3 cm. ***N. ovalis*** (WEDEKIND) (**F 39**), Ob. Kreide (Coniac – Santon); ca. 1,7 cm.

F 40 ***Palmula***. Jura – rezent. Gehäuse flach; länglich oder mit reitenden Kammern. Frühstadium planspiral oder gewinkelt, danach gerade. Kammern niedrig und breit, gebogen oder gewinkelt, mit dem höchsten Punkt in Gehäusemitte. Mündung strahlig-terminal. ***P. tenuistriata*** (FRANKE), Ob. Unterjura; ca. 0,8 mm.

Oberfamilie Buliminacea (Ob. Trias – rezent)

Gehäuse trochospiral mit Entwicklung zu bi- oder uniserialen Formen. Wandung fein bis grob perforat. Mündung basal, schlitzförmig, auch terminal, mitunter auf einem Hals sitzend.

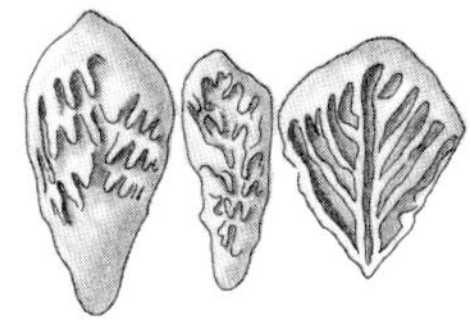

F 41 F 42 F 43

F 41–43 ***Bolivinoides***. Ob. Kreide (Ob. Santon) – Tertiär (Paläozän). Gehäuse biserial, rhomben- bis V-förmig. Trennwände dick und schräggestellt. Oberfläche mit kräftiger Verzierung. Wandung fein perforat. Mündung basal, schlitzförmig. ***B. decorata*** (JONES) (**F 41**), Ob. Kreide (Ob. Campan); ca. 0,7 mm. ***B. strigillata*** (CHAPMAN) (**F 42**), Ob. Kreide (Unt. Campan); ca. 0,5 mm. ***B. draco*** (MARSSON) (**F 43**), Ob. Kreide (Campan); ca. 0,6 mm.

Oberfamilie Discorbacea (Mittl. Trias – rezent)

Gehäuse trochospiral; Wandung perforat. Mündung basal, schlitzförmig, mehr oder weniger mittig auf der Stirnwand; andere Mündungsarten möglich.

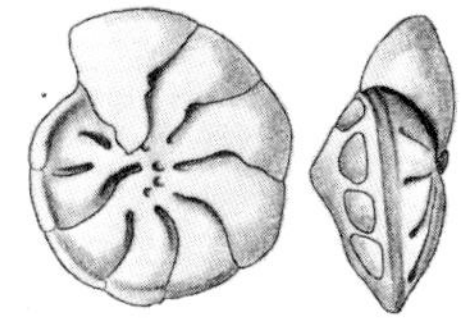

F 44

F 44, 45 ***Discorbis***. Tertiär (Eozän) – rezent. Gehäuse trochospiral, auf der Nabelseite abgeflacht. Rand meist winkelig. Auf der Spiralseite sind alle Kammern sichtbar, auf der Nabelseite nur diejenigen der letzten Windung. Mündung basal, schlitzförmig. ***D. turbo*** (ORBIGNY) (**F 44**), Mittl. Eozän (Lutet); ca. 1,4 mm. ***D. vesicularis*** LAMARCK (**F 45**), Mittl. Eozän (Lutet); ca. 1,3 mm.

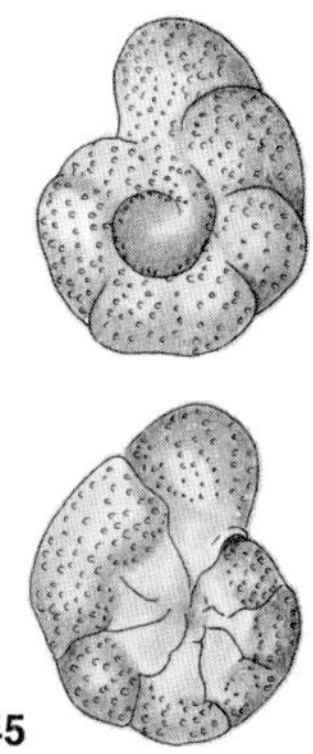

F 45

Oberfamilie Rotaliacea (Ob. Kreide – rezent)

Gehäuse mit zweischichtiger Windung. Keine auffallende Hauptmündung oder großen Poren; Mündungen klein.

F 46 ***Rotalia***. Ob. Kreide (Coniac) – rezent. Gehäuse trochospiral, linsenförmig oder plankonvex, meist zwischen 1 und 4 mm Durchmesser. Alle Windungen sind von der Spiralseite her sichtbar. 8 – 17 einfache Kammern pro Windung. Wandung grob perforat. Spiralseite glatt, Nabelseite mit markanter, oft knoten- oder wulstartiger Skulptur. ***R. trochidiformis*** LAMARCK, Tertiär (Mittl. Eozän; Lutet); ca. 1,6 mm.

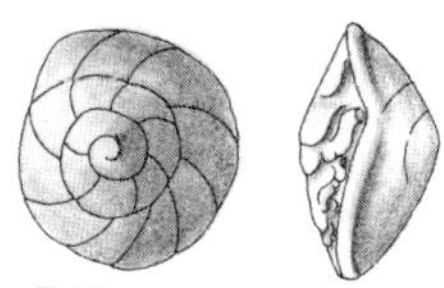

F 46

F 47 ***Ammonia***. Tertiär (Miozän) – rezent. Gehäuse bikonvex, niedrig trochospiral. Sutur schwach gebogen, nach hinten geneigt. Wandung fein perforat. Nabelseite mit unregelmäßigen feinen Knoten auf den Windungen. Nabel mit blasenförmigen Aufwölbungen. Spiralseite evolut, Nabelseite involut. Mündung basal. ***A. beccarii*** (LINNE), Miozän – rezent; ca. 1,5 cm. In manchen (miozänen) Sedimenten ebenso häufig wie in rezenten Strandablagerungen (s. Allgemeines).

F 48 ***Pararotalia***. Ob. Kreide (Coniac) – rezent. Trochospiral, plankonvex bis bikonvex. Nabel durch eine blasenförmige Ausbuchtung gefüllt. Kammeraußenseite gerundet oder gewinkelt. Wandung perforat. Mündung auf der nabelseitigen Stirnwand. ***P. inermis*** (TERQUEM), Tertiär (Mittl. Eozän; Lutet); ca. 0,5 mm.

F 49 ***Cribrononion***. Tertiär (Miozän) – rezent. Gehäuse planspi-

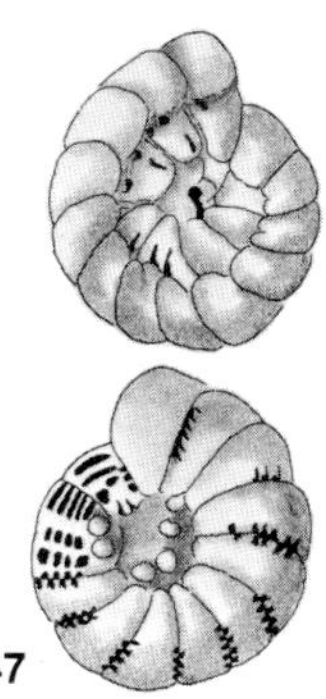

F 47

F 49

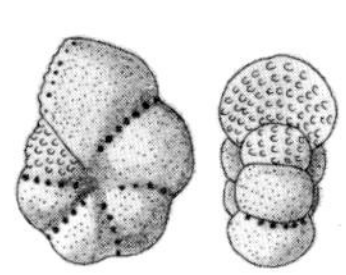

F 48

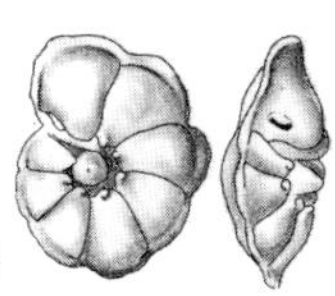

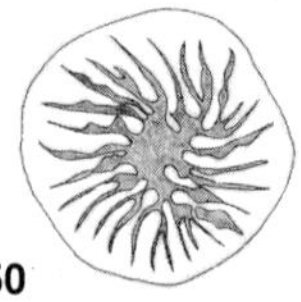

F 50

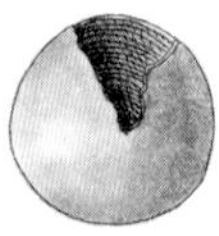

F 51

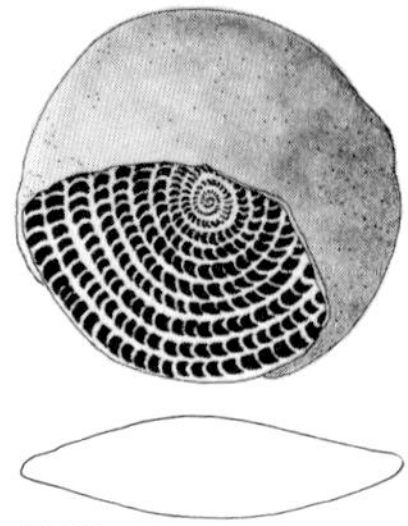

F 52

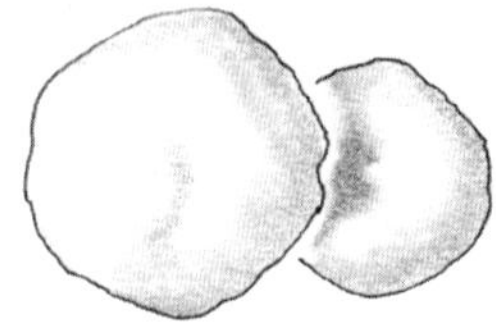

F 53

F 54

ral, bilateral-symmetrisch, involut, meist relativ hoch. Wandung grob perforat. Mündung meist in Form einer einzelnen Öffnung oder einer Porenreihe an der Basis der Stirnwand. ***C. heteroporum*** (EGGER), Miozän; ca. 0,5 mm.

F 50–54 ***Nummulites***. Tertiär (Paläozän – Oligozän). LOEBLICH & TAPPAN fassen ***N.*** mit ***Assilina*** und ***Operculina*** zusammen und geben als Zeit des Auftretens Paläozän – rezent an. Wir behalten aber hier die beiden anderen Gattungsnamen bei. Gehäuse bilateral-symmetrisch, planspiral, linsenförmig, flach bis kugelförmig. Involut. Bis ca. 40 Windungen; Mündung einfach. Bis ca. 12 cm Durchmesser. Die geschwungenen Septen sind in der Regel außen nach hinten gebogen (rückwärts). ***N.*** stellt eine Anzahl sogenannter Großforaminiferen mit dem Hauptauftreten im Eozän. ***N. burdigalensis*** HARPE (**F 50**), Unt. Eozän; ca. 3,5 cm. ***N. complanatus*** (DEFRANCE) (**F 51**), Eozän; ca. 2,5 cm. ***N. laevigatus*** (BRUGUIERE) (**F 52**), Mittl. Eozän (Lutet); ca. 1,7 cm. ***N. millecaput*** BOUBEE (**F 53**), Mittl. Eozän (Ob. Lutet; Mittl. Adelholzener Schichten); ca. 4 cm (diese Art soll in Armenien bis zu 12 cm Durchmesser erreichen). ***N. variolarius*** LAMARCK (**F 54**), Ob. Eozän; ca. 2,3 cm.

F 55

F 55 ***Assilina***. Tertiär (Paläozän – Eozän). Scheiben- oder linsenförmig, mit langsam zunehmender Windungshöhe. Bis ca. 16 Windungen. Evolut; die Umgänge verdecken einander nicht. Bis ca. 5 cm Durchmesser; am großwüchsigsten im Mittl. Eozän. ***A. exponens*** (SOWERBY), Mittl. Eozän; ca. 2,2 cm.

F 56

F 56 ***Operculina***. Ob. Kreide – rezent. Gehäuse seitlich abgeflacht, scheiben- oder linsenförmig. Jugendstadium involut, danach evolut, mit entsprechend zunehmender Windungshöhe. Geringe Windungszahl (ca. 5) mit zahlreichen Kammern. Mündung einfach, basal. Oberfläche glatt oder granuliert. Bis ca. 2 cm. Abb. ca. 4 mm.

Oberfamilie Globigerinacea (Mittl. Jura – rezent)

Gehäuse plan- oder trochospiral, oder in davon abgeleiteten Formen. Kammern wenigstens in frühen Wachstumsstadien kugelig. Mündung oft basal, aber auch angenähert terminal.

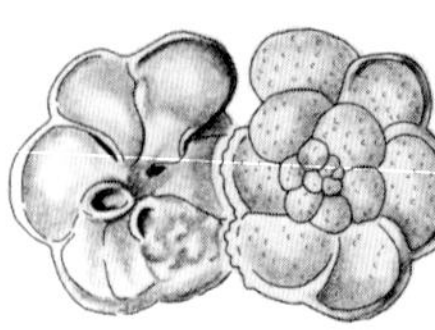

F 57

F 57 ***Rotalipora***. Ob. Kreide (Cenoman – Turon). Gehäuse trochospiral, bikonvex bis plankonvex. Genabelt; Kammeraußenrand gerundet oder gewinkelt, oft gekielt. Wandung perforat, Oberfläche glatt bis beknotet. Mündung meist basal, schlitzförmig. ***R. cushmanni*** (MORROW), Cenoman; ? Turon; ca. 0,6 mm.

F 58 ***Globotruncana***. Ob. Kreide (Turon – Maastricht). Gehäuse trochospiral, mit großem Nabel. Kammern meist mit Randsaum; gerundet. Oberfläche glatt bis geperlt. Mündung basal, auf der nabelseitigen Stirnwand. ***G. paraventricosa*** (HOFKER), Turon – Campan; ca. 0,7 mm.

Oberfamilie Orbitoidacea (Kreide – rezent)

Gehäuse grundsätzlich spiralig gewunden.

F 59 ***Cibicides***. Kreide – rezent. Gehäuse mit der Spiralseite am Substrat angeheftet, trochospiral; Spiralseite flach und evolut. Nabelseite kräftig gewölbt und involut. Kiel vorhanden, ungeport. Spiralseite grob, Nabelseite fein perforat. Mündung basal, schlitzförmig, mitunter entlang der Spiralsutur auf der Spiralseite. ***C. formosus*** BROTZEN, Kreide (Cenoman – Turon); ca. 0,4 mm.

F 60 ***Linderina***. Tertiär (Eozän – Miozän). Gehäuse angeheftet, scheibenförmig und in der Mitte verdickt, Durchmesser ca. 1 – 3,5 mm. Wandung perforat, Oberfläche mit zahlreichen Knoten. Mündungen beidseits der Kammerbasen. ***L. brugesi*** SCHLUMBERGER, Ob. Eozän; ca. 1,3 mm.

F 61, 62 ***Discocyclina***. Tertiär (Paläozän – Eozän). Gehäuse rund, scheiben- oder linsenförmig. Oberfläche glatt oder skulptiert. Kammern angeordnet in zahlreichen, etwa konzentrischen Ringen. Bis ca. 5 cm Durchmesser. ***D. seuneis*** DOUVILLE (**F 61**), Paläozän; ca. 2 cm. ***D. papyracea*** (BOUBEE) (**F 62**), Eozän; ca. 2,8 cm.

Oberfamilie Cassidulinacea (Ob. Trias – rezent)

Wandung perforat; Mündung schlitzförmig, auch schlingenförmig oder in Form mehrerer Öffnungen.

F 63 ***Nodosarella***. Tertiär (Paläozän) – rezent. Gehäuse uniserial; Kammern aufgebläht. Sutur horizontal, eingeschnürt. Wandung sehr fein perforat. Mündung terminal, meist schlitzförmig. ***N. tuberosa*** (GÜMBEL), Ob. Mitteleozän – Unt. Obereozän; ca. 1,5 mm.

F 64 ***Virgulinella***. Tertiär (Miozän – Pliozän). Gehäuse länglich, mit rundlichem Querschnitt. Frühstadium triserial, danach biserial. Kammern aufgebläht. Entlang der Sutur sitzen zahlreiche kleine Öffnungen. Wandung fein perforat, durchscheinend. Mündung terminal, oft schleifenförmig. ***V. pertusa*** (REUSS), Miozän; ca. 0,8 mm.

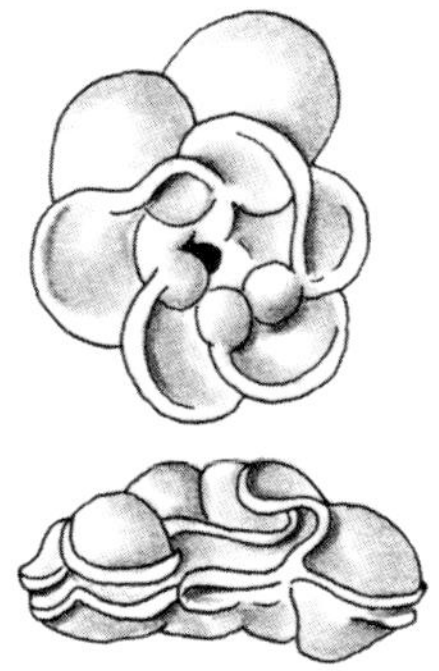
F 58

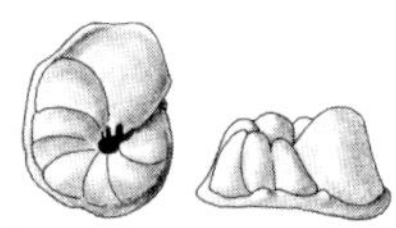
F 59

F 60

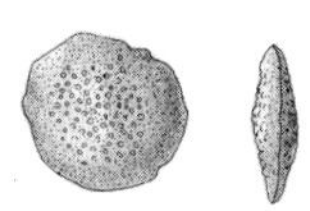
F 61

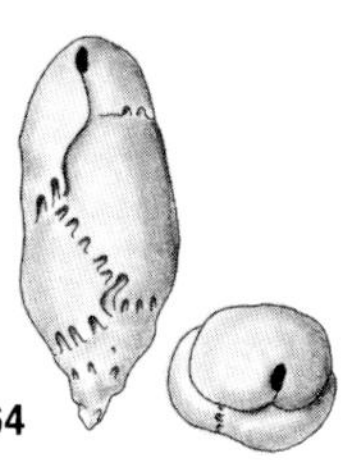
F 64

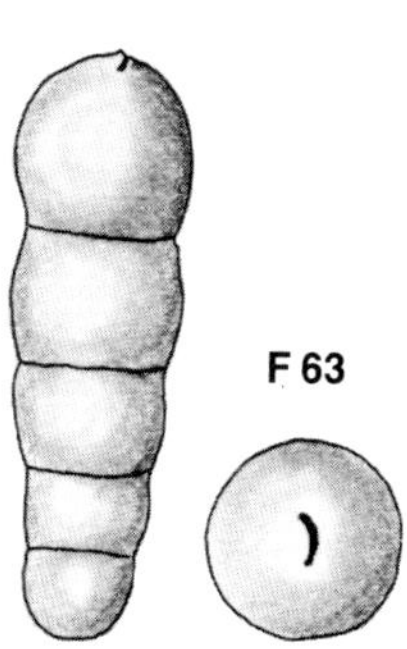
F 63

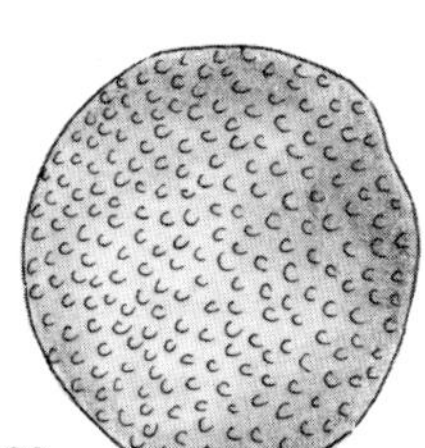
F 62

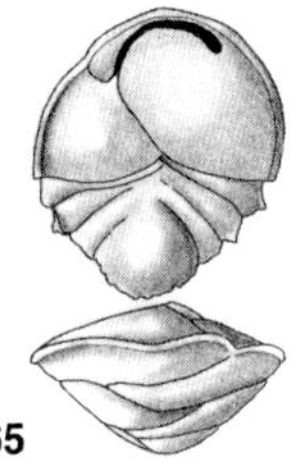
F 65

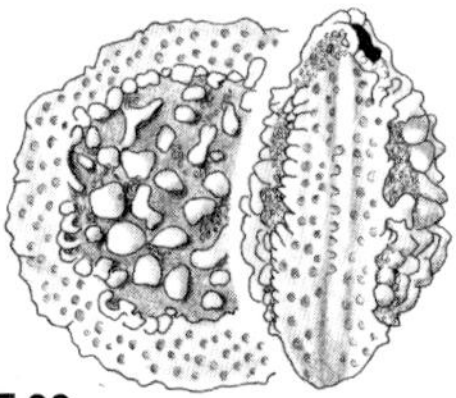
F 66

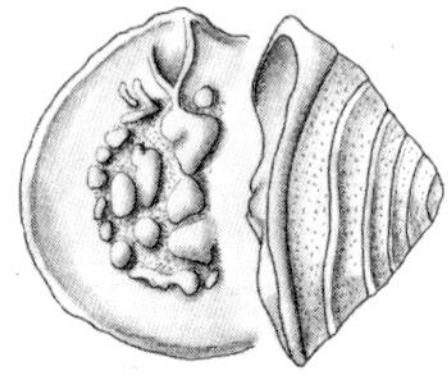
F 67

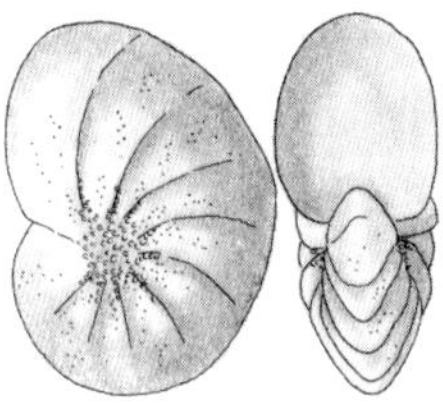
F 68

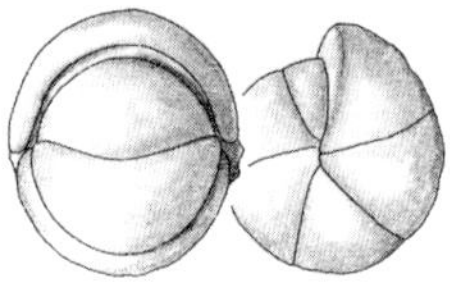
F 69

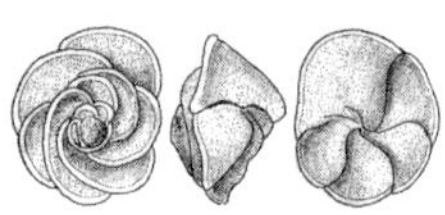
F 70

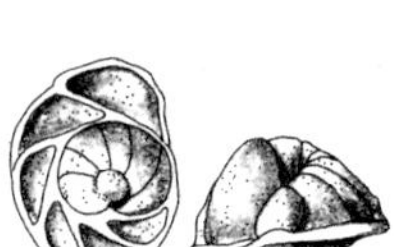
F 71

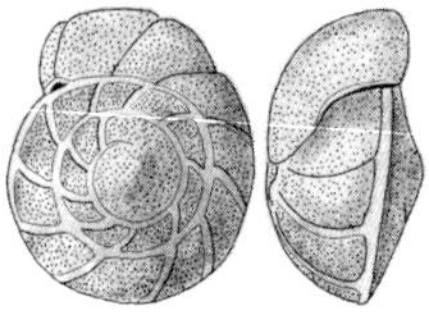
F 72

F 65 ***Ehrenbergina***. Tertiär (Eozän) – rezent. Gehäuse abgeflacht. Umriß gezahnt. Kammern biserial angeordnet, breit und niedrig. Wandung fein perforat. Oberfläche glatt oder granuliert. Mündung schlitzförmig, randlich auf der letzten Kammer sitzend. ***E. serrata*** Reuss, Miozän; ca. 0,5 mm.

F 66 ***Involutina***. Ob. Trias – Unt. Jura. Gehäuse linsenförmig. Dem Proloculus folgt eine planspiral gewundene und ungekammerte, röhrenförmige Kammer. Nabelregion beidseitig mit zahlreichen Wülsten und Knoten. Mündung am offenen Röhrenende. ***I. liassica*** (Jones), Unt. Jura; ca. 1,4 mm.

F 67 ***Trocholina***. Ob. Trias (Rhät) – Ob. Kreide (Cenoman). Gehäuse trochospiral, ungekammert. Die Spiralseite zeigt alle Windungen; Nabelseite flach, im Innenbereich mit Knoten oder Wülsten. Wandung der Spiralseite grob perforat. Mündung am offenen Röhrenende. ***T. conica*** (Schlumberger), Mittl. Jura (Bathon); ca. 0,7 mm.

F 68 ***Nonion***. ? Ob. Kreide; Tertiär (Paläozän) – rezent. Gehäuse planspiral, involut. Umriß gerundet, beide Seiten zeigen Nabelvertiefung. Zahlreiche Kammern. Wandung feinperforat. Oberfläche glatt; Nabelregion wulstig. Mündung schlitzförmig. ***N. commune*** (Orbigny), Miozän (Torton); ca. 0,5 mm.

F 69 ***Pullenia***. Ob. Kreide – rezent. Gehäuse kugelförmig bis flach, planspiral. Involut. Kammerzahl niedrig; in der letzten Windung 3 bis 6 Kammern. Sutur radial. Wandung feinperforat. Mündung in Form eines langen und schmalen basalen Schlitzes von einem zum anderen Nabel. ***P. bulloides*** (Orbigny), Tertiär (Miozän); ca. 0,4 mm.

F 70 ***Conorotalites***. Unt. Kreide (Barreme – Alb). Gehäuse plankonvex oder ungleich bikonvex; trochospiral. Nabelseite kräftig gewölbt. Kammern rundlich, auf der Spiralseite gut zu erkennen, mit Saum. Wandung perforat. Mündung basal, schlitzförmig (auf der Nabelseite). ***C. aptiensis*** (Bettenstaedt), Unt. Apt; ca. 0,5 mm.

F 71 ***Globorotalites***. Kreide (Alb – Maastricht). Gehäuse trochospiral, plankonvex. Spiralseite flach, schwach konkav oder schwach konvex; Nabelseite kräftig gewölbt. Ungeporter Kiel vorhanden. Wandung fein perforat. Mündung basal, schlitzförmig (auf der Nabelseite). ***G. michelianus*** (Orbigny), Ob. Kreide (Turon – Maastricht); ca. 0,7 mm.

F 72 ***Heterolepa***. Ob. Kreide (Maastricht) – rezent. Gehäuse trochospiral, ungleich gewölbt oder plankonvex. Spiralseite flach bis schwach konvex, evolut. Spiralseite zeigt die relativ zahlreichen Kammern. Nabelseite stark involut, Nabel geschlossen. Wandung grob und regelmäßig perforat. Mündung basal, schlitzförmig. ***H. dutemplei*** (Orbigny), Tertiär (Miozän); ca. 1,1 mm.

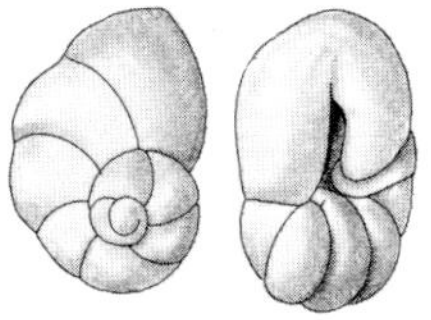

F 73

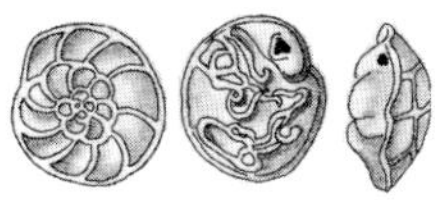

F 74

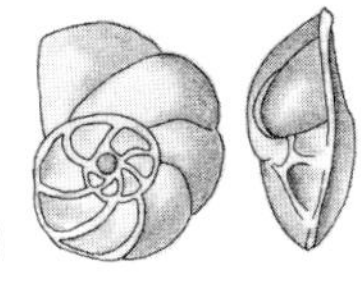

F 75

Oberfamilie Robertinacea (? Trias; Jura – rezent)

Gehäuse trochospiral. Mündung in Form eines Schlitzes auf der Stirnwand.

F 73 ***Ceratobulimina***. Ob. Kreide – rezent. Gehäuse tief genabelt; Kammergröße nimmt schnell zu. Windungszahl niedrig. Oberfläche glatt, poliert. Mündung nabelseitig, in Form eines senkrechten Schlitzes. ***C. contraria*** (Reuss), Tertiär (Mittl. Oligozän); ca. 0,4 mm.

F 74, 75 ***Epistomina***. ? Trias; Mittl. Jura – Unt. Kreide. Gehäuse trochospiral, linsenförmig. Rand winkelig ausgebildet oder gekielt. Nabelbereich geschlossen. Mündung meist am Rand der letzten Kammer, auf der Nabelseite. ***E. regularis*** Terquem (**F 74**), Mittl. Jura (Bajoc); ca. 0,5 mm. ***E. tenuicostata*** Bartenstein & Brand (**F 75**), Unt. Kreide (Valangin); ca. 0,5 mm.

F 76 ***Garantella***. Mittl. Jura (Ob. Bajoc). Gehäuse trochospiral, plan- bis bikonvex. Mehrere Mündungen auf der Nabelseite, im Bereich der letzten Kammern. ***G. ornata*** (Hofker), Ob. Bajoc (*garantiana*-Zone); ca. 0,5 mm.

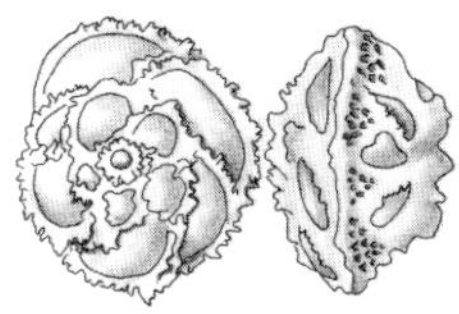

F 76

Stamm Porifera (Schwämme)

Allgemeines, Größenverhältnisse, Leitwert

Schon Aristoteles und Plinius erwähnen sie in ihren Schriften und berichten, wie und wofür man sie im Haus oder in der Medizin verwendete, beispielsweise, daß man mit Schwämmen Brustpanzer und Helme polsterte. Über Bau- und Lebensweise war freilich kaum etwas bekannt. Aristoteles z. B. empfiehlt, sich Schwämmen leise zu nähern, da sie sich dann leichter abreißen ließen. Lange Zeit ordnete man sie den Pflanzen zu, später auch den Hohltieren.

Schwämme verfügen zwar über einen mehrzelligen Aufbau, besitzen aber weder eigens ausgebildete Organe noch echtes Gewebe. Sie sind kaum höher entwickelt als die Einzeller. Fossil wie auch rezent treten sehr kleine, Bruchteile von Millimetern große bis extrem großwüchsige Formen auf: Der rezente Neptunsbecher etwa (*Poterion neptuni*) aus dem Pazifik wird ca. 1,50 m hoch; andere Arten erreichen Maße bis um 2 m. Vor allem im Erdmittelalter treten Schwämme nicht selten auch riffbildend auf. Auch als Komponenten innerhalb von Korallenriffen können wir häufig Schwämme beobachten. So gibt es z. B. im Ob. Jura Süddeutschlands wie auch in der Ob. Kreide (Santon) der Provence Schwammriffbildungen. Rezente Schwammriffe sind allerdings nicht bekannt.

Die weitaus größte Zahl der rezenten Arten lebt im Meer; nur wenige Spezialisten sind ins Süßwasser vorgedrungen. Insgesamt kennt man etwa 5000 Arten. Am bekanntesten ist wohl der Badeschwamm, *Euspongia officinalis*, aus dem östlichen Mittelmeer bzw. der Adria. Dabei handelt es sich um ein organisches (horniges) „Schwammskelett“, dessen organische Komponenten entfernt wurde. Der Venuskorb, *Euplectella aspergillum*, aus dem Gebiet der Philippinen stellt eine informative Samm-

lungsbereicherung dar. Mit ihm können wir einen rezenten Kieselschwamm vorstellen (s. Foto). Schwämme treten sowohl in solitär lebenden Exemplaren auf wie auch koloniebildend.
Verschiedene Arten des Ob. Jura und der Ob. Kreide wurden und werden je nach den regionalen Gegebenheiten heute noch als Leitformen angesehen. Grundsätzlich aber eignen sich Schwämme schlecht als Leitfossilien. Einerseits ist ihre Horizontbeständigkeit zu gering, andererseits treten sie fossil ohnehin nicht übermäßig häufig in Erscheinung und sind schließlich meist nur durch mikroskopische Untersuchung mit letzter Sicherheit zu bestimmen. Als sessile Lebewesen waren sie zudem an bestimmte, mehr oder weniger eng begrenzte Lebensbereiche gebunden und nicht fähig, sich schnell auszubreiten. Und gerade das sollte ja ein weiteres Kriterium eines Leitfossils sein, damit das erste Auftreten der Art in weiten Bereichen praktisch gleichzeitig erfolgt – wobei es auf 500 oder 1000 Jahre nicht ankommt. Als Faziesfossilien allerdings leisten die Schwämme gute Dienste.

Systematik

Die ersten gesicherten Funde liegen aus dem Unt. Kambrium vor. Die 5000 rezenten Schwammarten verteilen sich auf ca. 1400 Gattungen; lediglich 20 Gattungen leben im Süßwasser. Höhepunkt der stammesgeschichtlichen Entwicklung beobachten wir im Ob. Jura, in der Ob. Kreide und im frühen Tertiär.
Die Systematik der fossilen Formen weicht von jener der rezenten ab; wir beschränken uns hier jedoch auf erstere. Der Stamm wird in folgende Klassen unterteilt:
Demospongea, Hornschwämme mit eingelagerten Kieselnadeln, soweit diese nicht triaxon sind. Steinschwämme mit erhaltungsfähigem und massivem Skelett gehören zur Ordnung Lithistida.
Hyalospongea, Glasschwämme oder Kieselschwämme – auch Hexactinellida genannt – mit triaxonen Skleren.
Calcispongea, Kalkschwämme.
Die systematische Unterteilung beruht auf dem Material der Skelettnadeln und auf deren Form.

Skelett

Es wird durch Skleren (syn. Sklerite, Spicula, Schwammnadeln) gebildet und stützt den Weichkörper. Die Skleren können aus folgenden Substanzen bestehen:
Kieselsäure in Form von Skelettopal;
Spongin, einem sehr widerstandsfähigen, hornähnlichen Protein;
Kalziumkarbonat, und zwar vorwiegend als Calcit;
in Sponginfasern eingebauten Fremdkörpern wie Sandkörnchen, Foraminiferengehäusen usw.
Wir unterscheiden Megaskleren und Mikroskleren. Erstere sind relativ große Nadeln zwischen ca. 0,1 und maximal 3 mm, die in regelmäßiger Wiederholung und in wenigen Formen im Weichkörper einer Art auftreten. Die Anordnung untereinander ist oft gleichgerichtet, und zwar mit parallellaufenden Längsachsen. Alle Skleren, mit Ausnahme der kugel- und sternförmigen, haben einen Achsenkanal, der bei rezenten Formen mit organischer Substanz gefüllt ist.
Mikroskleren treten immer zusammen mit den Megaskleren (im folgenden nur Skleren genannt) auf, sind aber sehr klein (ca. 10–100 µm) und daher paläontologisch schwer erfaßbar. In der Systematik der rezenten Schwämme spielen sie jedoch eine wichtige Rolle. Alle Skleren werden in besonderen Zellen gebildet.
Die Form der Schwammnadeln kann außerordentlich variieren. Jedoch lassen sich alle auf einige wenige Grundtypen zurückführen:
Monaxone. Einachsig, gerade oder gebogen, glatt oder dornig, zugespitzt oder mit haken- bzw. ankerförmiger usw. Endung. Ca. 20 verschiedene Formen.
Tetraxone (regelmäßige Vierstrahler). Vierachsig; Achsen in verschiedenen Ebenen. Durch Reduzierung entstehen triradiate oder sogar sekundär einachsige Formen. Endungen können gegabelt sein. Die bei den Kalkschwämmen häufigste Sklerenform (triradiat) ist wohl von Tetraxonen abgeleitet.
Triaxone (Sechsstrahler). Grundform: 3 unter 90 Grad gekreuzte Achsen. Reduktionsformen möglich bis hin zu einstrahligen Nadeln. Die regelmäßigen, kubischen Maschengitter mancher Schwämme entstehen durch Verschmelzung nebeneinanderliegender Triaxone. Triaxone treten nur bei den Hyalospongea auf.
Desmone. Unregelmäßig verzerrte Skleren (wurzel-, astförmig, knorrig usw.), zurückzuführen auf den

Auswahl einiger Schwammformen

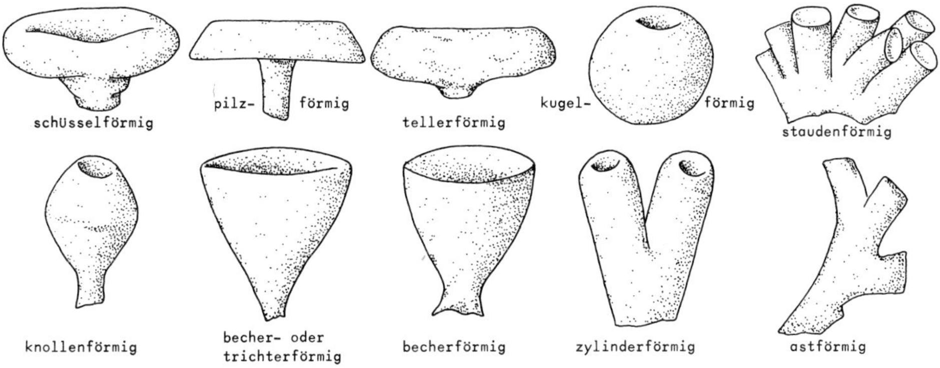

Schwammtypen

(unterschieden nach dem Hohlraumsystem und der Auskleidung mit Kragengeißelzellen)

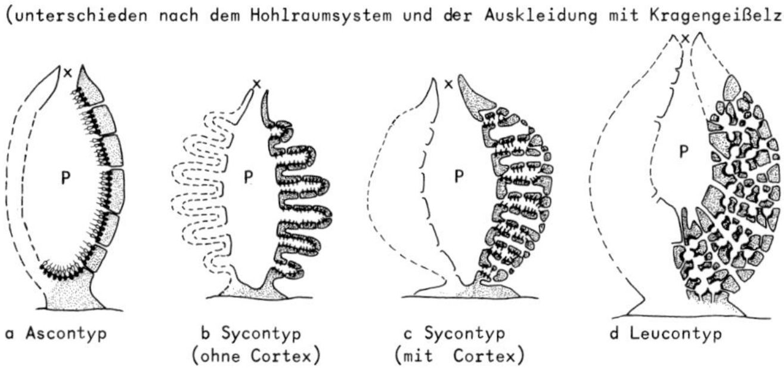

Merkmale

a dünnwandig; außen Epithel, innen Kragengeißelzellen

b, c dickwandig; radiale Kanäle, ausgekleidet mit Kragengeißelzellen

d sehr dickwandig; verzweigtes Kanalsystem mit kugelförmigen Kammern

(x = Osculum; P = Paragaster)

Die wichtigsten Typen der Skleren (Schwammnadeln)

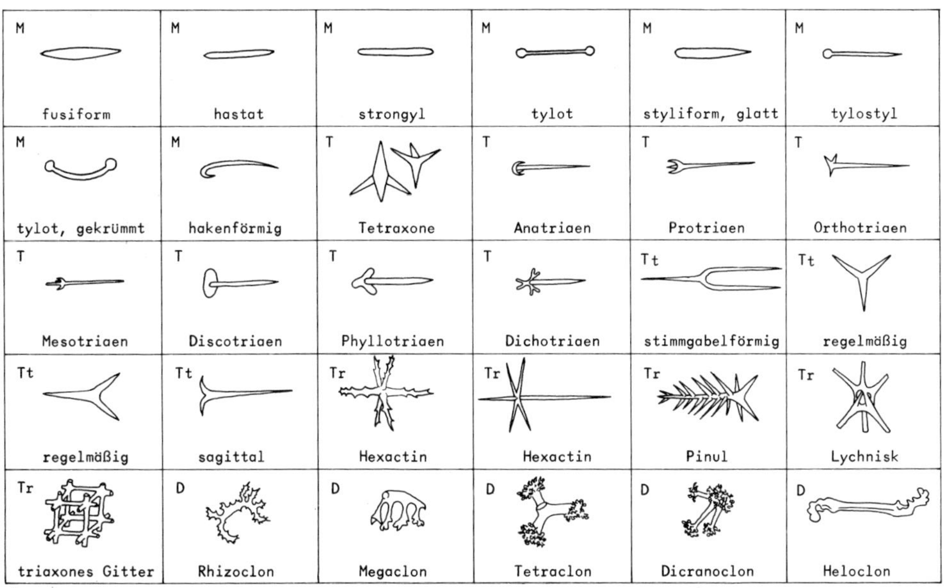

(M = Monaxone; T = Tetraxone; Tt = triradiate Formen; Tr = Triaxone; D = Desmone)

g. richter

Terminologie und Morphologie der Porifera (Schwämme). (Zusammengestellt nach LEHMANN, A.H. MÜLLER.)

monaxonen, tetraxonen und triaxonen Grundtyp. Vor allem bei den Steinschwämmen (Klasse Demospongea, Ordnung Lithistida).
Polyaxone. Vielachsig, oft sternförmig. Meist als Mikroskleren und somit von geringer Bedeutung.

Weichteile

Die Form der Schwämme kann außerordentlich variieren. Sie ist daher in den meisten Fällen nicht kennzeichnend. Immerhin entwickeln manche Arten vor allem der Kalk- und Steinschwämme arttypische Formen. Grundsätzlich werden aber Größe und Form nicht zur Auswertung im Hinblick auf die Systematik herangezogen. Hierzu werden vielmehr vor allem die Skleren benutzt.
Immerhin lassen sich eine Reihe typischer Wuchsformen unterscheiden: teller-, schüssel-, becher-, trichter-, pilz-, knollen-, zylinder-, kugel-, ast- und staudenförmig. Inkrustierende Formen bilden Überzüge auf Fremdkörpern, ähnlich wie manche Korallen- oder Bryozoenarten.
Der Körper zeigt kein echtes Gewebe, er besteht vielmehr aus lockeren Schichten von Plattenepithel. Darin eingefügt sind die verschiedenen Zelltypen wie z. B. die Geschlechts-, Wander- und Faserzellen sowie die Skelettnadeln. Die Zellen vermögen sich amöboid zu bewegen. Sinnes- und andere Organe fehlen ebenso wie Nervensystem und Blutgefäße.
Der zentrale Körperhohlraum heißt Paragaster oder Spongocoel. Eine mehr oder weniger große Öffnung auf der Oberseite wird Osculum genannt. Mit der Unterseite (Basis) ist der Schwamm im Sediment verankert bzw. auf Fremdkörpern angewachsen. Außenseitig gelegene Öffnungen, durch die das Nahrungswasser einströmt, sind kleiner und zahlreich vorhanden; sie heißen Ostia (lat. ostium = Eingang) im Gegensatz zu den größeren, innenseitigen Postica (lat. posticum = Hintertür).
Entsprechend dem Hohlraumsystem und seiner Auskleidung mit Kragengeißelzellen werden 3 Grundtypen unterschieden (s. Übersicht S. 95):
Ascon-Typ. Körper dünnwandig; außen mit Epithel, innen mit Kragengeißelzellen-Epithel. Einfachster Typ.
Sycon-Typ. Wandung dick, mit zahlreichen, radial verlaufenden und meist regelmäßig angeordneten Kanälen. Ihre Innenwandungen sind großenteils mit Kragengeißelzellen besetzt, während der eigentliche Paragaster nur mit Plattenepithel ausgekleidet ist. Wir unterscheiden Typen ohne und mit äußerer Rinde (Cortex).
Leucon-Typ (Rhagon-Typ). Wandung sehr dick und von einem verzweigten Kanalsystem durchzogen. In dieses System sind kleine, kugelige Kammern integriert, die Kragengeißelzellen auskleiden. Diese Geißelkammern wirken wie kleine Pumpstationen, durch sie wird die Wasserzirkulation in Gang gehalten. Die meisten Schwämme gehören zum Leucon-Typ; er stellt die am höchsten entwickelte Form dar.

Lebensraum, Lebensweise, Ontogenese

Lebensraum ist nahezu ausschließlich das Meer. Erwachsene Schwämme leben immer fixisessil. Aus der Tiefenzonierung rezenter Schwämme lassen sich Wassertiefen auch für den Lebensraum der fossilen Formen ableiten. Zumindest seit dem Jura dürfte sich diese bathymetrische Verteilung nicht wesentlich geändert haben. Lediglich die Hyalospongea machen eine Ausnahme: Sie verlegten etwa seit der Ob. Kreide ihre bevorzugten Standorte mehr und mehr in tiefere Bereiche. Die Kalkschwämme (Calcispongea) und die meisten der monaxonen Demospongea leben dagegen im Flachwasser, bevorzugt im Gezeitenbereich.
Tetraxone Demospongea leben in tieferem Wasser, etwa zwischen 80 und 400 m. Steinschwämme (Lithistida) treten vor allem in wärmeren Meeren auf, zwischen 100 und 350 m Tiefe. Hyalospongea halten sich vom Gezeitenbereich bis zu maximal rund 6000 m Tiefe auf; das Häufigkeitsmaximum liegt zwischen 200 und 400 m Tiefe.
Abgesehen von den Warmwasser bevorzugenden Steinschwämmen sind alle anderen Gruppen weltweit anzutreffen. Horn-, Stein- und Kalkschwämme leben gerne auf Fels- und Sandgrund, triaxone Hyalospongea ziehen dagegen Schlammgrund vor. Entsprechend finden wir derartige Fossilien vor allem in tonigen Sedimenten, während Kalkschwämme sehr oft zusammen mit Riffkorallen in kalkigen Ablagerungen gefunden werden.
Der durch die Kragengeißelzellen ins Innere gestrudelte Wasserstrom versorgt die Tiere mit Sauerstoff und Nahrung (Plankton). Die Verdauung erfolgt teilweise in den Choanocyten (Kragengeißelzellen).

Durch das Osculum tritt das zirkulierende Wasser wieder aus. Die Strömung ist stark genug, um Exkremente mitzureißen. In Stillwasserbereichen der tropischen Flachmeere beobachtet man deutliche Oberflächenbewegungen, die durch solche Strömungen verursacht sind.
Die Fortpflanzung erfolgt geschlechtlich über ein frei bewegliches Larvenstadium, oder aber ungeschlechtlich durch äußere oder innere Knospung, d. h. Abschnüren oder Freisetzen von Gewebe, aus dem dann neue Schwammtiere entstehen. Im zweiten Fall bleiben die neugebildeten Individuen beim Muttertier, wodurch Kolonien entstehen können.

Bestimmung

Wie bereits angesprochen, ist die Bestimmung fossiler Schwämme sehr problematisch. Jedoch können wir vor allem bei Kalk- und Steinschwämmen mit verlötetem Nadelskelett nicht selten arttypische Formen mit mehr oder weniger großer Variabilität und natürlich faziesgeprägt beobachten. Im systematischen Teil sind derartige Formen gezeichnet. Damit ist die Bestimmung zumindest einiger häufiger und/oder typischer Formen möglich.
Bei den meisten Schwämmen zerfällt das Skelett nach dem Tode sehr rasch, da der Zusammenhalt gering ist. Die widerstandsfähigen Skleren werden im Sediment eingebettet und überliefert. Durch verschiedene Methoden lassen sie sich herauspräparieren und untersuchen. Am einfachsten ist die Gewinnung durch Sieben und Schlämmen, am kompliziertesten wohl die Untersuchung an Hand von Dünnschliffen. In jedem Fall aber benötigen wir ein Auflichtmikroskop, bei Untersuchung von Dünnschliffen ein Durchlichtmikroskop.

Einige bekannte Vorkommen

Fossile Schwammriffe sind z. B. aus der Ob. Trias der Salzburger Alpen bekannt, wie auch aus dem Ob. Jura Süddeutschlands und der Ob. Kreide der Provence. Allerdings waren bei der Riffbildung sicherlich auch andere Organismen, z. B. Stromatolithen, maßgeblich beteiligt. Ein bekanntes Vorkommen von Kalkschwämmen ist St. Kassian in Südtirol, wo sie zusammen mit einer kleinwüchsigen Muschel- und Schneckenfauna in Ablagerungen der Alpinen Trias gefunden werden.
Schwammgestein wird als Spongiolith bezeichnet, aus Skleriten gebildetes Gestein als Spiculit (Spicula). Die sekundär umgelagerten Riffschuttkalke Württembergs enthalten Unmengen im Gestein eingelagerter Skleren, die durch Ätzen mit verdünnter Salzsäure leicht freigesetzt werden können. Sammlern werden die Ortsnamen Nattheim bzw. Heidenheim a. d. Brenz ein Begriff sein. Es gibt aber im weiteren Umkreis noch eine große Anzahl ähnlicher Fundstellen. Gestein aus Skelettbruch in Zusammenhang mit Verwesungsfällungskalk heißt Tuberolith. Bedingt durch noch ungeklärte Vorgänge während der Diagenese (Gesteinsbildung) werden Kalkschwämme meist verkieselt, Kieselschwämme bzw. deren Skleren dagegen meist verkalkt überliefert.

Stamm Porifera (Schwämme)

Klasse Demospongea (Kambrium – rezent)

Hornschwämme; skelettlose Formen sowie alle Schwämme mit nicht triaxonen Kieselskleren. Erhaltungszustand nur bei den Lithistida gut. Unterschieden werden 8 Ordnungen: Keratosida, Haplosklerida, Poecilosklerida, Hadromerida, Epipolasida, Choristida, Carnodisa, Lithistida.

Ordnung Hadromerida (Kambrium – rezent)

Po 1 ***Cliona***. Devon – rezent. Bohrschwämme; Skleren tylostil, seltener zweiseitig zugespitzt. Skelettüberreste sind selten. Häufig treten aber Bohrgänge in Gestein oder Schalenresten z. B. von Muscheln oder Schnecken auf. Die gangartigen Hohlräume messen zwischen 1 und 6 mm im Durchmesser und sind miteinander verbunden. Zahlreiche Kalkgerölle der jugoslawischen Felsküste z. B. sind durchlöchert von rezenten ***Cliona***-Arten. ***C. sp.,*** Tertiär (Unt. Mio-

Po 1 s. Foto S. 66

zän; Ob. Meeresmolasse); Bildausschnitt ca. 5 cm (angebohrtes Strandgeröll). Eine Art aus der Kreide ist ***C. cretacea*** (PORTLOCK); ohne Abb.

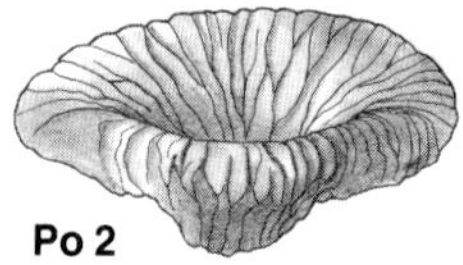
Po 2

Ordnung Lithistida (Kambrium – rezent)

Steinschwämme; massig und meist dickwandig, mit kieseligem Skelett aus fest verbundenen Desmonen. Kanalsystem meist kompliziert.

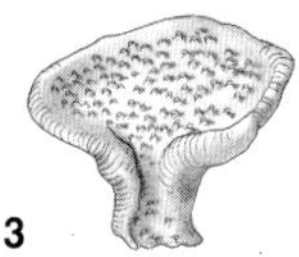
Po 3

Unterordnung Rhizomorina (Kambrium – rezent)

Skleren meist klein, unregelmäßig astförmig mit Auswüchsen (Rhizoclone). Entwicklungsmaximum in der Kreide.

Po 4

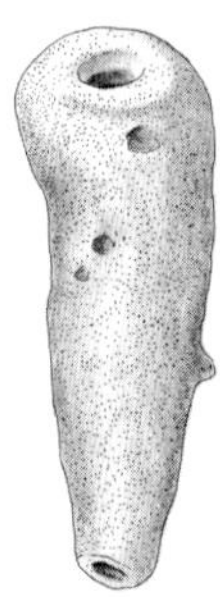
Po 5

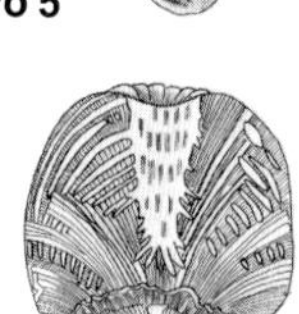
Po 6

Po 7

Po 2 ***Cnemidiastrum***. Ordovizium – Ob. Jura. Kreisel-, knollen- oder schüsselförmig. Oberfläche meridional gefurcht. Radialkanäle fein, in den Furchen aneinandergereiht. ***C. rimulosum*** GOLDFUSS, Ob. Jura (Kimeridge); ca. 6 cm. Aus der gleichen Schicht stammt ***C. stellatum*** GOLDFUSS (syn. ***C. goldfussi***), ist jedoch statt teller- oder schüsselförmig eher becher- oder zylinderförmig (ohne Abb.).
Po 3 ***Verruculina***. Kreide – Tertiär. Trichter-, ohr-, napf- oder blattförmig, mit oder ohne Stiel. Osculum von Wulst umgeben. ***V. crassa*** (ROEMER), Ob. Kreide (Cenoman – Turon); ca. 5,2 cm. Eine im Gegensatz dazu sehr dünnwandige Form (Ob. Kreide; Cenoman – Campan) ist ***V. tenuis*** (ROEMER). Eine sehr großwüchsige Art (bis 40 cm), becher- bis ohrförmig, ist ***V. seriatopora*** (ROEMER) (Ob. Kreide; Santon – Campan; ohne Abb.).
Po 4 ***Hyalotragos***. Jura – Kreide. Schüssel-, teller-, trichter- oder kreiselförmig. Meist mit kurzem, kräftigem Stiel. Oberfläche runzelig, Runzeln oft konzentrisch angeordnet. Paragaster flach oder gering eingetieft; Osculum sehr weit. ***H. patella*** (GOLDFUSS), Ob. Jura (Unt. Oxford); ca. 4,5 cm. Aus dem Mittl. Oberjura (Kimeridge) sei genannt ***H. pezizoides*** (GOLDFUSS) (syn. ***Spongites rugosus***), eher trichterförmig. ***H. rugosum*** (GOLDFUSS) finden wir in der Ob. Kreide (Cenoman; beide Arten ohne Abb.).
Po 5 ***Isoraphinia***. Kreide. Zylinder-, walzen- oder keulenförmig. Oberende flach; Paragaster sehr tief. Oberfläche ohne auffällige Öffnungen – die Wasserzirkulation erfolgte durch die weiten Skelettmaschen. ***I. texta*** (ROEMER), Ob. Kreide (Cenoman – Turon); ca. 10,7 cm. Durch einen kurzen und breiten Stiel (im Gegensatz zum meist langen Stiel von ***I. texta***) unterscheidet sich ***I. simplicissima*** POCTA (mit der gleichen stratigraphischen Verbreitung; ohne Abb.).

Unterordnung Tetracladina (Ordovizium – rezent)

Das Skelett wird hauptsächlich aus vierstrahligen Desmonen (Tetraclonen) gebildet. Nahe der Schwammoberfläche finden sich häufig auch andere Formen. Entwicklungsmaximum in der Kreide.

Po 6 ***Aulocopium***. Ordovizium – Silur. Halbkugelig bis knollenförmig, teilweise mit leicht konvexer Unterseite. Überzogen mit gerunzelter, kieseliger Schicht. Radialkanäle, aber auch parallel der Oberfläche verlaufende Kanäle. Formen der Gattung finden sich nicht selten in Geschieben des norddeutschen Pleistozän. ***A. aurantinum*** OSWALD, Ordovizium; ca. 9 cm.
Po 7 ***Siphonia***. Kreide – Tertiär. Knollen-, birnen- und trichterförmig mit kurzem bis langem Stiel und verästelter Wurzel. Oberseite gerundet oder spitz. Paragaster tief. Oberfläche außen mit unregel-

mäßigen Ostia, innen mit teilweise in Reihen angeordneten Postica. Tetraclone groß und glatt. ***S. tulipa*** ZITTEL, Ob. Kreide; ca. 14 cm. Eine weitere häufige Form aus der Ob. Kreide (Santon–Campan) ist ***S. griepenkerli*** SCHRAMMEN (Stiel kürzer als bei ***S. tulipa***, Scheitel gerundet, ohne Abb.).

Po 8 ***Callopegma***. Ob. Kreide. Halbkugelig, schüssel-, scheiben- oder trichterförmig. Paragaster weit, flach und nur mäßig tief, mit großen Postica. Keine Ostia. Große, an den Enden stark verästelte Tetraclone. ***C. acaula*** ZITTEL, Ob. Kreide (Coniac–Maastricht); ca. 4 cm.

Po 9 ***Jerea***. Kreide. Zylinder-, birnen-, flaschen- oder trichterförmig. Stiel kurz bis mäßig lang. Oberseite flach oder gering eingetieft. Habitus etwas schlanker als bei ***Siphonia***, sonst ähnlich, wenn auch mit weitmaschigerem Skelett wegen der großwüchsigeren Tetraclone. ***J. pyriformis*** LAMOUROUX, Ob. Kreide (Cenoman); ca. 4 cm.

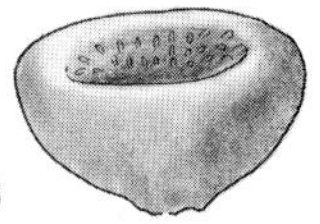

Po 8

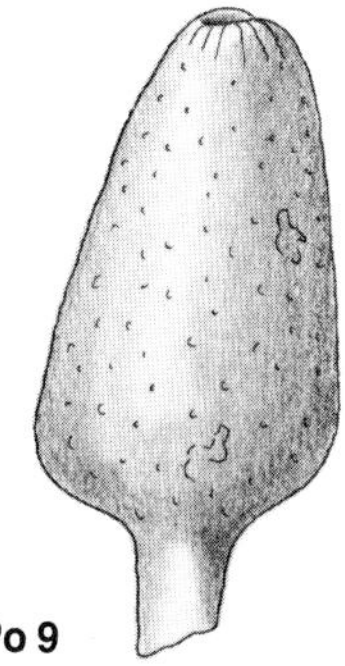

Po 9

Unterordnung Anomocladina (Kambrium – Jura)

Charakteristisch sind zentral verdickte Desmone mit 3, 4 oder mehr Strahlen (Sphaeroclone); oberflächennah sind häufig Monaxone eingebaut.

Po 10 ***Cylindrophyma***. Jura (häufig vor allem im Ob. Jura). Zylinderförmig und dickwandig. Paragaster röhrenförmig und bis zur Basis durchlaufend. Zahlreiche horizontale Radialkanäle. ***C. milleporata*** (GOLDFUSS), Ob. Jura (Kimeridge); ca. 6 cm.

Unterordnung Eutaxicladina (Ordovizium – rezent)

Desmone mit nicht verdicktem Zentrum; davon ausgehend 3 oder 4, seltener mehr Strahlen (Dicranoclone).

Po 11 ***Astylospongia***. Ordovizium – Silur. Kugelig. Paragaster flach. Außenseite mit meridional verlaufenden Furchen. Desmone hier mit 5 oder 6 Strahlen. Die zu ***A.*** gehörenden Arten waren wahrscheinlich nicht direkt auf dem Untergrund angewachsen, sondern durch besondere Sklerenbildungen angeheftet. Häufig in den Geschieben des norddeutschen Pleistozän. ***A. praemorsa*** (GOLDFUSS), Silur; ca. 3 cm.

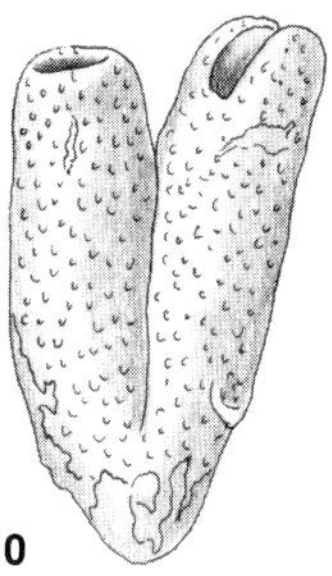

Po 10

Klasse Hyalospongea (Kambrium – rezent)

Glas- oder Kieselschwämme; Skelett besteht aus Triaxonen in sehr großer Formfülle, meist in beachtlicher Größe. Paragaster weit und von einer dünnen Wand umgeben. Kanalsystem einfach, oft blind endend. Oberfläche mit anderen Sklerenformen; manchmal aus dichter Kieselhaut mit eingelagerten, sternförmigen Skleren. Die zu dieser Klasse gehörenden Schwämme können mit der Basis oder auch mit besonderen langen Glasfäden am Untergrund befestigt sein (vergleichbar dem Byssus der Muscheln). Ein gutes Beispiel gibt der rezente Glasschwamm *Euplectella aspergilla* OWEN (s. Foto S. 66).

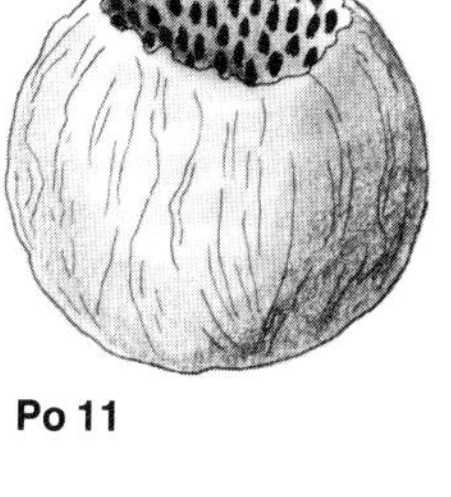

Po 11

Ordnung Dictyida (Mittl. Ordovizium – rezent)

Skelett aus regelmäßig zu festem Gitterwerk verwachsenen Triaxonen, mit rechtwinkligen Maschen. Skelettsubstanz während der Diagenese häufig in Calcit umgewandelt oder unter Erhaltung der Hohlräume aufgelöst. Entwicklungsmaxima im Mesozoikum und rezent.

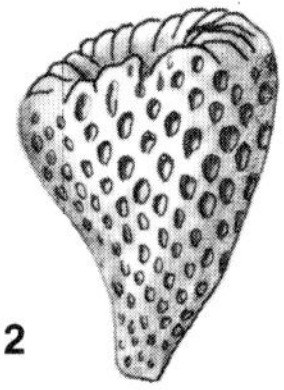
Po 12

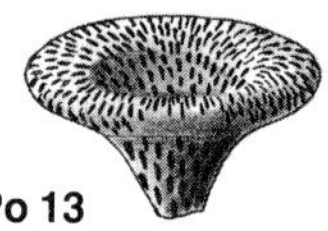
Po 13

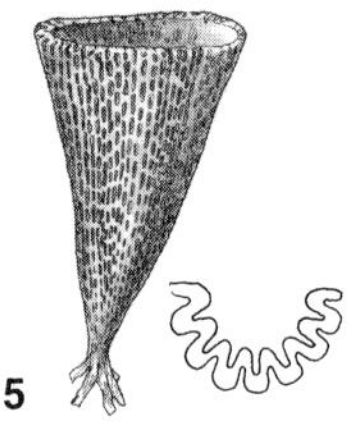
Po 15

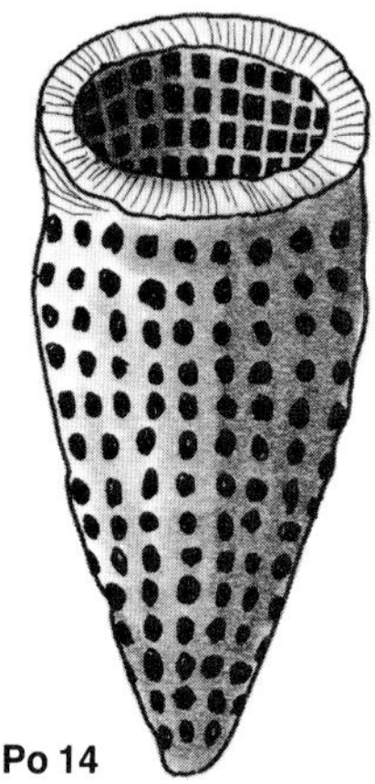
Po 14

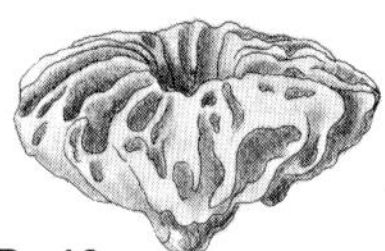
Po 16

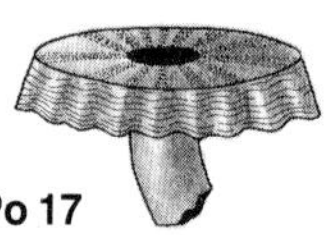
Po 17

Po 18

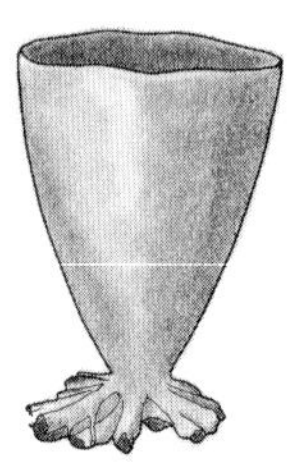
Po 19

Po 12 ***Sporadobyle***. Jura. Becher- bis trichterförmig; nur mäßig groß. Paragaster weit. Oberseite meist mit flachem, radial gefurchtem Rand. Zahlreiche Ostia und Postica, oft in Reihen. ***S. obliqua*** (GOLDFUSS), Ob. Jura (Unt. Oxford); ca. 2,5 cm.
Po 13 ***Tremadictyon***. Ob. Jura. Trichter- bis tellerförmig; großwüchsig. Paragaster weit, Basis verdickt. Ostia und Postica zahlreich, in alternierenden Reihen. Oberfläche häufig mit einer Deckschicht aus kreuzförmigen Vierstrahlern (Stauraxonen). Sehr häufig auftretende Gattung. ***T. reticulatum*** (GOLDFUSS), Kimeridge; ca. 10 cm.
Po 14 ***Laocaetis***. Jura – Tertiär. Becher- bis trichterförmig. Die zahlreichen Ostia und Postica sind in Vertikalreihen angeordnet. Die relativ großen Öffnungen sind rund oder oval. Eine ursprünglich vorhandene Deckschicht wird fossil nur noch selten angetroffen. ***L. paradoxa*** (MUENSTER), Ob. Jura; ca. 11 cm.

Ordnung Lychniskida (? Trias; Jura – rezent)

Ähnlich den Dictyida, jedoch mit Triaxonen, die im Zentrum, also dem Kreuzungspunkt, kurze, diagonal verlaufende Verstrebungen haben (Lychniske).

Po 15 ***Ventriculites***. Kreide. Teller-, schüssel, becher-, trichter- oder zylinderförmig. Wand im Querschnitt mäandrisch gefaltet, relativ dünn, mit dichter Deckschicht. Paragaster weit. Ostia in alternierenden Vertikalreihen. ***V. striatus*** SMITH, Ob. Kreide (Unt. Campan); ca. 12 cm. Eine weitere Art aus der Ob. Kreide (Santon – Campan) ist ***V. radiatus*** MANTELL (ohne Abb.).
Po 16 ***Pachyteichisma***. Ob. Jura. Kreisel- oder schüsselförmig. Wand dick und gefaltet, wobei die Falten außen durch tiefe Furchen, innen durch flache Rinnen getrennt sind. Keine Deckschicht, keine Wurzeln. ***P. lopas*** QUENSTEDT, Unt. Kimeridge (Malm gamma); ca. 5 cm.
Po 17, 18 ***Coeloptychium***. Ob. Kreide. Pilzförmig, meist mit langem Stiel. Wand dünn und mäandrisch gefaltet; Falten radiär, außen oft gegabelt, klar erkennbar meist nur auf der Unterseite. Rand der Unter- und Oberseite scharf ausgebildet. Rand und Oberseite mit

poröser Deckschicht, welche die Faltung ausfüllt. Die kleinen Ostia liegen unregelmäßig auf den Faltenrücken der Unterseite. ***C. agaricoides*** Goldfuss (**Po 17**), Campan; ca. 8 cm. ***C. incisum*** Roemer (**Po 18**), Campan; ca. 7 cm. Weitere, meist nur schwer unterscheidbare Arten aus dem Campan sind (ohne Abb.): ***C. lobatum*** Goldfuss, ***C. rude*** Seebach und ***C. sulciferum*** Roemer.

Po 19 ***Coscinopora***. Ob. Kreide. Schüssel- bis trichterförmig. Wandung dünn, Wurzel kräftig, verästelt. Paragaster tief und weit. Ostia und Postica klein; alternierend. Deckschicht porös, plattig. ***C. infundibuliformis*** (Goldfuss), Campan; ca. 5,5 cm. Eine mehr flach trichter- bis schüsselförmige Art aus dem Turon – Campan ist ***C. macropora*** (Goldfuss); ohne Abb.

Po 20 ***Cypellia***. Ob. Jura. Schüssel- bis becher- oder trichterförmig. Deckschicht aus großen, sternförmigen Skleren (Stauractinen). Gattung häufig auftretend. ***C. rugosa*** (Goldfuss); ca. 7 cm. ***C. dolosa*** (Quenstedt) tritt vor allem im Unt. Oberjura auf (Malm alpha; ohne Abb.).

Po 21 ***Becksia***. Ob. Kreide. Schüssel- bis becherförmig. Häufig mit radialen, stachelartigen Wurzeln. Wand dünn, gefaltet. Deckschicht auf der Außenwand. Ostia sehr klein, Postica fehlen. ***B. soekelandi*** Schlüter, Coniac – Campan; ca. 4 cm.

Klasse Calcispongea (Kambrium – rezent)

Kalkschwämme; Skelettelemente aus Calcit (ursprünglich). Bei allen anderen Schwämmen fehlt diese Substanz, wogegen bei den Kalkschwämmen weder Spongin noch Kieselsäure vorkommen. Skleren als Monaxone mit unterschiedlichen Enden und als Tetraxone, wobei die triradiaten, z. B. stimmgabelförmigen, regelmäßigen oder sagittalen Elemente besonders häufig, geradezu kennzeichnend sind und nur in dieser Klasse auftreten.

Sehr oft wurden die Skleren durch Metasomatose vom ursprünglich kalkigen Zustand in Kieselsäure umgewandelt. Somit können sie durch Ätzen mit Salzsäure relativ unkompliziert aus entsprechenden Kalken gelöst werden.

Ordnung Pharetronida (? Devon; Perm – rezent)

Dickwandig; Leucon-Typ mit zuweilen sehr undeutlichem Kanalsystem. Skleren triradiat (stimmgabelförmig); Struktur faserig. Einzelheiten ohne Mikroskop kaum erkennbar.

Po 22 ***Stellispongia***. Trias – Kreide. Kugelig, halbkugelig, zylinder- oder keulenförmig. Oft in Kolonien. Basis und Seiten teilweise mit runzeliger und dichter Schicht bedeckt. Oberseite meist gewölbt. Paragaster von radial verlaufenden Kanälen umgeben. ***S. glomerata*** (Quenstedt), Ob. Oberjura; ca. 3,5 cm. ***S. pisiformis*** (Goldfuss) finden wir in der Ob. Kreide (Cenoman; ohne Abb.).

Po 23, 24 ***Myrmecium***. Jura. Becher- bis trichterförmig; Oberseite flach, leicht konkav oder auch gut gerundet. Paragaster klein und tief, mit radialen Kanälen. Auf der Oberseite zahlreiche Öffnungen; Seiten mit dichter Deckschicht. ***M. hemisphaericum*** (Goldfuss) (**Po 23**) (syn. ***M. rotula***), Ob. Jura (Kimeridge); ca. 1,5 cm. ***M. indutum*** (Quenstedt) (**Po 24**), Ob. Jura (Unt. Untertithon; Malm zeta 2); ca. 1,2 cm.

Po 25 ***Elasmostoma***. Jura – Kreide. Oft nur aus einem dünnen Blatt bestehend (z. B. ohrförmig), aber auch becher- bis trichterförmig. Oberfläche mit glatter Deckschicht und zahlreichen Osculi.

Po 20

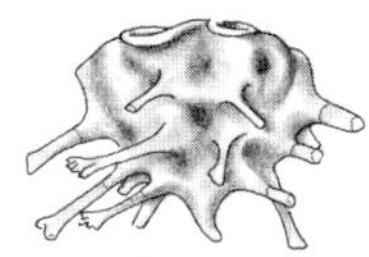

Po 21

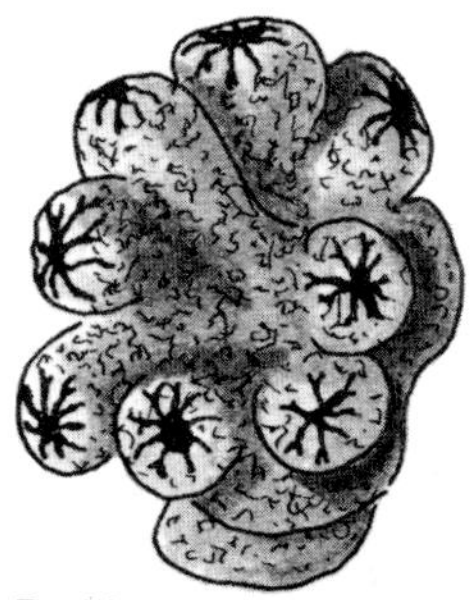

Po 22

Po 23

Po 24 s. Foto S. 66

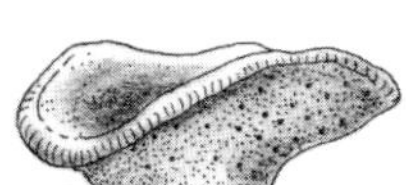

Po 25

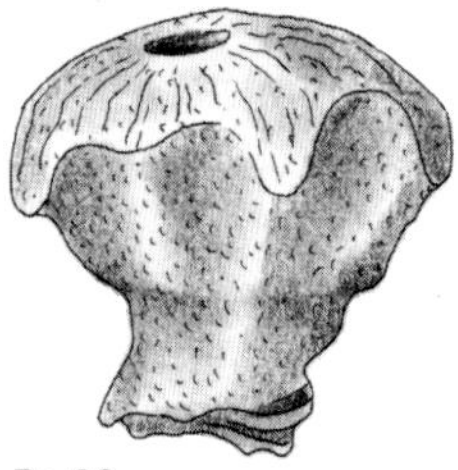

Po 26

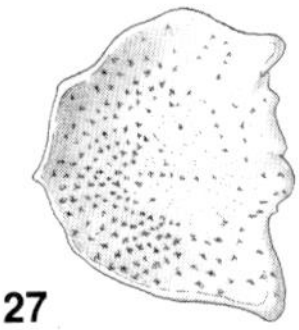

Po 27

Po 28

Po 29

Unterseite ohne Deckschicht, mit dichtstehenden Ostia. ***E. normanianum*** (ORBIGNY), Ob. Kreide (Cenoman – Turon); ca. 2,5 cm. Aus den gleichen Schichten stammt ***E. consorbrinum*** (ORBIGNY) (Osculi bei ***E. normanianum*** bis zu 1,3 mm Durchmesser, bei ***E. consorbrinum*** bis zu ca. 0,5 mm; ohne Abb.).

Po 26 ***Corynella***. Trias – Kreide. Meist zylinder-, aber auch trichter- und kreiselförmig und sehr selten ästig. Wandung dick, mit mehreren Osculi, umgeben von radialen Kanälen. Paragaster tief, trichter- bis röhrenförmig, mitunter bis zur Basis reichend. Basis manchmal mit dichter Deckschicht. ***C. quenstedti*** ZITTEL (syn. ***C. astrophora***), Ob. Jura (Kimeridge); ca. 3 cm. ***C. foraminosa*** (GOLDFUSS) (Cenoman – Turon), ***C. multiformis*** (ROEMER) (Cenoman) und ***C. tetragona*** (GOLDFUSS) (Cenoman) treten in der Ob. Kreide auf (ohne Abb.).

Po 27 ***Raphidonema***. Trias – Kreide. Becher- bis trichterförmig, aber auch flach, ohrförmig und dünnwandig. Paragaster weit und tief, mit glatter und feinperforierter Wand. Außenwand rauh und uneben, mit weit auseinanderliegenden Ostia. ***R. stellata*** (GOLDFUSS), Ob. Kreide (Cenoman); ca. 6,5 cm.

Po 28, 29 ***Peronidella***. Trias – Kreide. Zylinderförmig, meist staudenartig verwachsen. Dickwandig. Paragaster röhrenförmig, bis zur Basis reichend. Oberseite gewölbt, mit mäßig großem bis kleinem Osculum. Oberfläche relativ glatt, porös. ***P. cylindrica*** (GOLDFUSS) (**Po 28**), Ob. Jura (Kimeridge); ca. 4 cm. ***P. furcata*** (GOLDFUSS) (**Po 29**), Unt. – Ob. Kreide (Santon); ca. 3 cm.

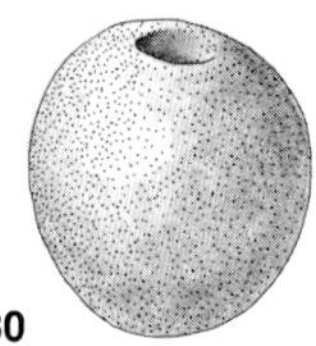

Po 30

Po 30 ***Porosphaera***. Kreide. Kugelig, mit feinporöser Oberfläche und teilweiser Stachelbedeckung. Kleinwüchsig – selten größer als ca. 1 cm. Manche Exemplare haben Löcher, verursacht von Bohrorganismen. ***P. globularis*** PHILLIPS, Ob. Kreide (Coniac – Maastricht); relativ großwüchsige Art: je ca. 2,5 cm. In der Schreibkreide Rügens häufig.

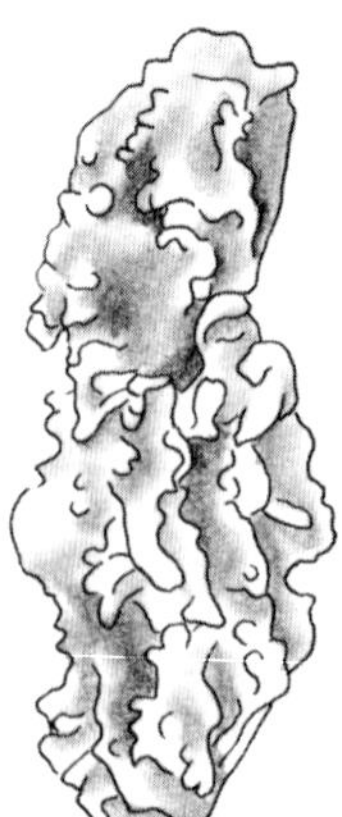

Po 31

Po 31 ***Petrostoma***. Kreide. Zopfförmig bis ästig; Querschnitt elliptisch. Basis verdickt und mit Deckschicht; eine zu Lebzeiten der Tiere auch die Seiten bedeckende Deckschicht zerfällt unmittelbar nach dem Tod und ist somit fossil nur in Ausnahmefällen nachweisbar. ***P. goldfussi*** (GÜMBEL), Unt. Kreide – Ob. Kreide (Santon); ca. 5,5 cm; diese Art lebte häufig auf stabförmigen Fremdkörpern aufgewachsen. Eine schlanke und astförmige Art aus der Ob. Kreide (Cenoman – Santon) ist ***P. digitata*** WELTER; massig, mit lappenartigen Auswüchsen ist ***P. lobata*** (ROEMER), Unt. – Ob. Kreide (Cenoman); beide ohne Abb.

Ordnung Thalamida (Ob. Karbon – Kreide)

Ihr Skelett besteht aus hohlen, kugelförmigen Elementen, reihenweise angeordnet. Hierher gehörende Schwämme treten vor allem in Flachwasserbildungen von Perm und Trias auf.

Po 32 ***Barroisia***. Kreide. Außenform staudenartig, mit einzelnen, zylinderförmigen Elementen. Ein Längsschnitt zeigt die perlschnurartige Aneinanderreihung einzelner Kammern, durchzogen von einer Röhre mit perforierter Wand (entspricht dem Paragaster). Diese Röhre reicht nicht bis zur Basis. Wandungen, Röhre und Querböden porös. ***B. irregularis*** (HINDE) (syn. ***Tremacystia irregularis***), Unt. Kreide (Apt); ca. 4,5 cm.

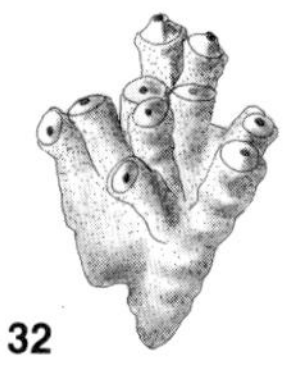

Po 32

Stamm Cnidaria (Nesseltiere)

Die Cnidaria gehören zusammen mit den Acnidaria (Rippenquallen) zur Großgruppe der Coelenterata (Hohltiere). Sie leben überwiegend im Meer. Ihr Körperbau ist meist radialsymmetrisch, der Mund von einem Tentakelkranz umgeben. Die Tentakel sind mit Nematocysten (Nesselkapseln; Name!) besetzt, die ein giftiges Sekret enthalten und zur Verteidigung und zur Lähmung der Beute eingesetzt werden. Die Tiere sind sessil oder freischwimmend, oft beides nacheinander im Generationswechsel. Sie leben solitär oder in Kolonien und bilden mitunter Kalkskelette aus. Unterschieden werden 5 Klassen, von denen die Anthozoa (Korallen) die wichtigste ist; erwähnt seien noch die Hydrozoa (Quallen) und die Scyphozoa. Der Stamm ist seit dem Kambrium bekannt.

Klasse Anthozoa (Korallen)

Allgemeines, Größenverhältnisse, Leitwert

Korallen sind rein marine Tiere, die in Kolonien (Korallenstöcke) oder als Einzelindividuen leben. Im Altertum wurden die Steinkorallen zu den Mineralien gestellt – als „wachsende Steine". Später wurden sie als Pflanzen eingestuft, z. B. von OVID, dann als Tierpflanzen oder Pflanzentiere, und erst 1723 erkannte PEYSSONEL ihre tierische Natur. Eine entsprechende Abhandlung wurde zunächst von der Akademie der Wissenschaften in Paris nicht anerkannt. Es dauerte bis etwa 1840, ehe sich „die Gesamtheit der Naturforscher" über die tierische Natur der Korallen „gänzlich beruhigt fand" (VOIGT 1853).
Riffbildende Korallen leben wegen ihrer Symbiose mit Algen zwischen 28° nördlicher und 28° südlicher Breite. Sie bevorzugen warmes Wasser (mindestens 19°C) und geringe Tiefen (bis ca. 180 m) mit guter Durchlichtung. Möglicherweise haben sich die ökologischen Anforderungen im Verlauf der Stammesgeschichte zumindest im Hinblick auf die Temperatur geändert. Vor allem im Paläozoikum lebten Korallen wenigstens teilweise noch in kälteren Meeresteilen, wie das Auftreten von Korallen zusammen mit Brachiopoden in entsprechenden Sedimenten beweist.
Koloniebildende Korallen bauen Riffe auf; das bekannteste aus unseren Tagen ist das Great-Barrier-Reef vor der Westküste Australiens. Manche Riffe sind wie das genannte wall- oder mauerförmig oder auch ringförmig (Atolle, z. B. das Bikini-Atoll). Letztere entstehen als Saumriffe um untermeerische Vulkankegel. Beim Absenken des Vulkans durch tektonische Vorgänge bzw. beim Anstieg des Meeresspiegels beim Abschmelzen polarer Eiskappen wachsen die Riffe weiter, bis schließlich nur noch der Riffkranz erhalten bleibt mit einer vom offenen Meer abgetrennten, flachen Lagune.
Die massiven Kalkbauten der Korallen blieben sehr häufig fossil erhalten. Die ältesten Überreste stammen aus dem Ordovizium. Reiche Korallenfaunen beobachten wir z. B. im Devon oder auch im Jura. Berühmt sind die Funde aus dem Schweizer und Französischen Jura wie auch die verkieselten Korallen aus dem Ob. Jura Württembergs.
Wir finden sowohl winzige Einzelkorallen, mit einem Durchmesser von nicht viel mehr als 2 mm, und ebenso ganze Stöcke mit einer Ausdehnung von einem halben Meter und mehr. Das Skelett eines Individuums bezeichnen wir als Polypar, eine Ansammlung von Polyparen als Corallum. Das im Kalkskelett steckende Einzellebewesen heißt Polyp.
Der Leitwert fossiler Korallen ist meist gering. In einigen Fällen aber können Arten als Leitfossilien herangezogen werden. Im Devon z. B. kommt den Rugosa eine gewisse stratigraphische Bedeutung zu.

Systematik, Stammesgeschichte

Die Klasse wird in 3 Unterklassen geteilt. Die erste der Ceriantipatharia ist bis auf die auch im Miozän nachgewiesene Gattung *Leiopathes* nur rezent belegt. Wir berücksichtigen diese Unterklasse im folgenden nicht. Die zweite Unterklasse, Octocorallia, ist ebenfalls nur durch spärliche Fossilfunde belegt und für Sammler relativ unwichtig. Zu den Octocorallia gehören beispielsweise die Seefedern (Pennatulacea). Die weitaus wichtigste Unterklasse ist die der Zoantharia, gekennzeichnet (bei den rezenten Formen) durch paarige Mesenterien (Weichsepten). Sie wird in 7 Ordnungen gegliedert, wovon 3 nur rezent bekannt, 3 bereits ausgestorben sind, und eine sowohl fossil als auch rezent belegt ist.

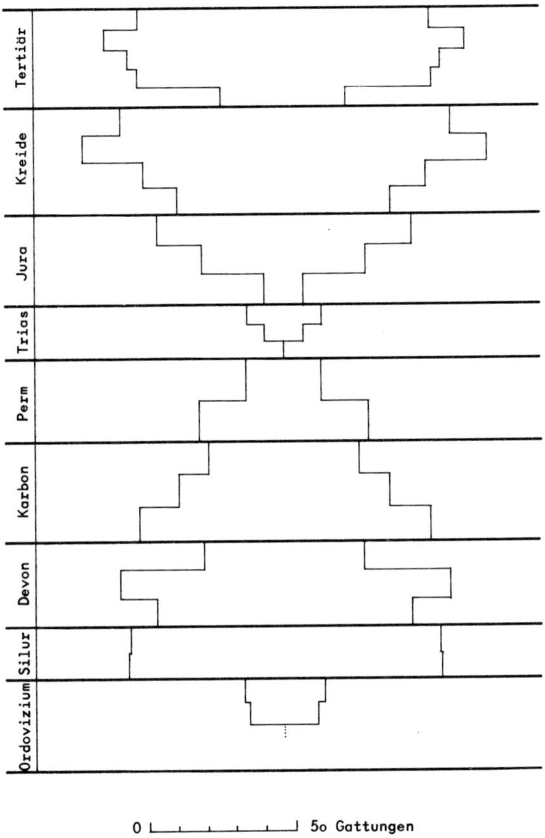

Stammesgeschichtliche Entwicklung der Korallen. (Abgeändert nach A.H. MÜLLER.)

Die Ordnung Rugosa (syn. Pterocorallia, Tetracorallia) trat nur im Paläozoikum auf (Ordovizium – Perm). Die Scleractinia (syn. Cyclocorallia, Hexacorallia) sind bekannt seit der Trias. Heterocorallia waren auf die jüngere Karbonzeit beschränkt und werden im systematischen Teil nicht berücksichtigt. Die Tabulata traten erstmals im Unt. Ordovizium auf und erloschen gegen Ende des Perm, wenige Einzelformen ausgenommen, die bis in die Trias, möglicherweise sogar bis ins Tertiär (Eozän) bestanden.

Unsere Darstellung der stammesgeschichtlichen Entwicklung zeigt zwei Virenzperioden, deren jede in 3 Phasen unterteilt werden kann. Die paläozoische Periode war schwächer als die nachfolgenden. Gegen Ende des Perm durchlaufen die Korallen eine Krisenzeit. Einer sehr schwachen Ausbreitung während der Mittl. und Ob. Trias folgt im Mittl. Jura ein deutlicher Aufschwung, der zur bisher größten Formenvielfalt während der Kreide führt. Die letzte Virenzphase ist noch nicht abgeschlossen.

Terminologie und Morphologie der Anthozoa (Korallen). (Abgeändert nach BIRENHEIDE, GEYER, KRUMBIEGEL und WALTHER aus R. RICHTER, A.H. MÜLLER aus EASTON und WELLS.)

Einzelkoralle der Scleractinia
(schematische Darstellung)

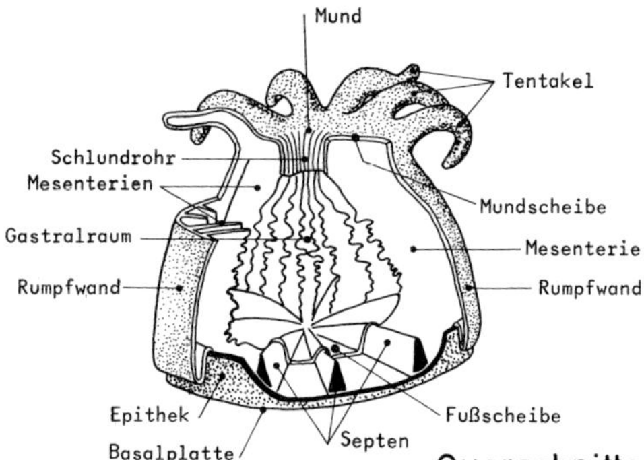

Polyparformen bei Einzelkorallen

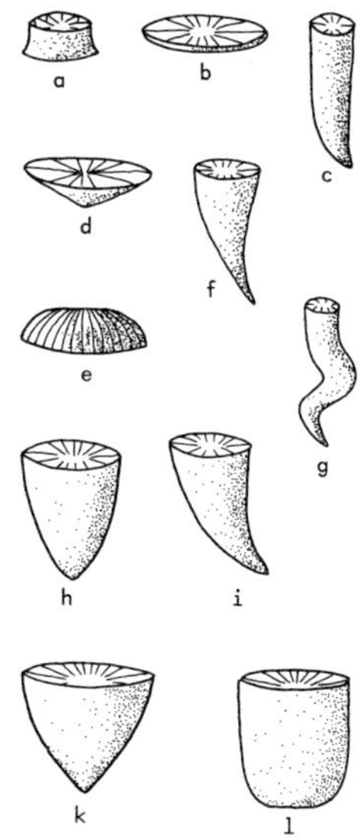

a tympanoid
b discoid
c zylindrisch (cylindroid)
d patellat
e cupolat
f ceratoid
g scolecoid
h turbinat
i trochoid
k flabellat
l cuneiform

Calceola sandalina
(Rekonstruktion)

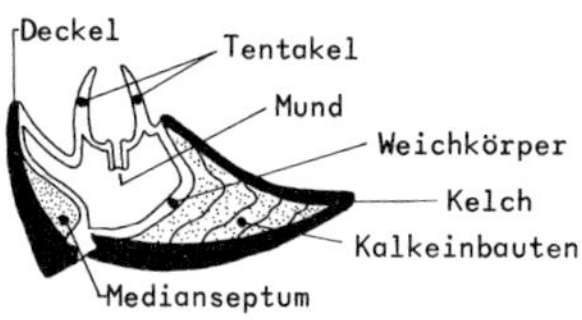

Querschnitte
(rugose Korallen)

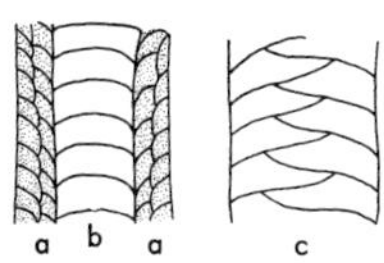

a Dissepimentarium
b vollständiges Tabularium
c unvollständiges Tabular.

Serienschnitt durch eine rugose Koralle
Gezeigt wird die Folge der Septenanlage im Verlaufe der Entwicklung eines Individuums.

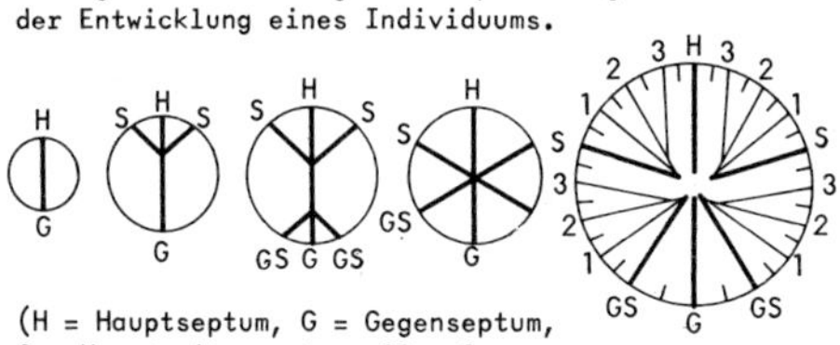

(H = Hauptseptum, G = Gegenseptum, S = Hauptseitenseptum, GS = Gegenseitenseptum)

Bauformen koloniebildender Korallen

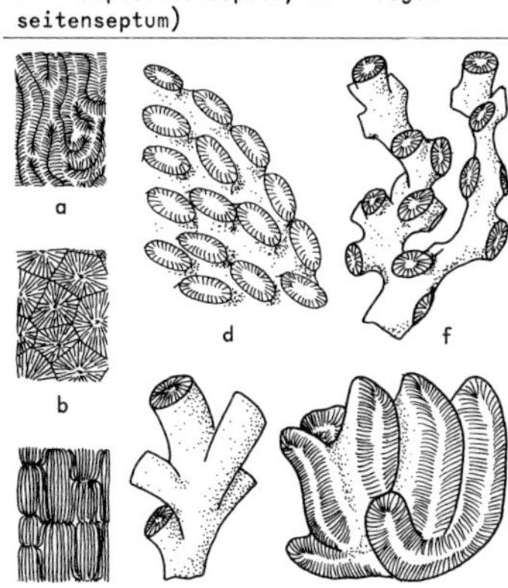

a meandroid
b cerioid
c thamnasterioid
d placoid
e phaceloid
f dendroid
g flabelloid

Knospungsarten
rugoser Korallen (am Beispiel von Einzelkorallen)

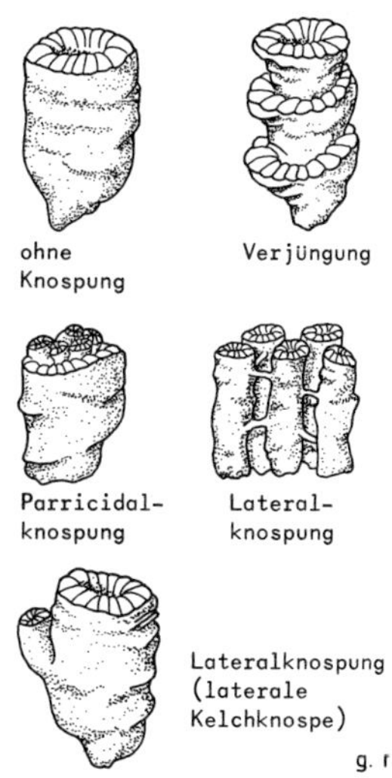

g. richter

Hartteile

Nur ein Teil der Korallen bildet ein kalkiges Außenskelett. Es ist in seinen Grundzügen einfach: Zuunterst liegt die Basalplatte, deren Außenbegrenzung durch die Epithek gebildet wird. Diese entsteht in einer überfalteten Zone („edge-Zone") im unteren Bereich der Polypenweichteile. Septen nennen wir die radial verlaufenden und vertikal stehenden Trennelemente im Inneren des Polypars. Die Septen werden durch schalenförmig einander überlagernde Lamellen aufgebaut oder durch Trabekel, welche wiederum aus Sklerodermiten bestehen (winzige, calcitische Bauelemente). Die Struktur der Septenwandung ist sehr variabel, z. B. perforat, gegittert, gefenstert oder auch imperforat. Vor allem bei den mesozoischen und bei manchen känozoischen Korallen ist sie wichtig für die Systematik. Zwischen den Hauptsepten können sogenannte Kleinsepten angeordnet sein. Bei den Rugosa erfolgt die Septenbildung in einer bestimmten Folge, welche die bilateral-symmetrische Fiederstellung der Septen regelt.
Im Zentrum des Polypars sitzende Skelettbildungen heißen Columella oder Axialstruktur. Zwischen der Columella und den Septen sitzen häufig vertikale stabförmige Elemente. Diese Pali (lat. palus = Pfahl) sind abgetrennte Innenteile der Septen.
Bei weiterem Wachstum des Polypars werden die verlassenen, unteren Bereiche durch kalkige Bauteile abgetrennt. Diese horizontal eingebauten Elemente heißen Tabulae (lat. tabula = Tafel). Sie können den gesamten Innenraum erfassen oder nur den Zentralteil. Dissepimente oder Dissepimentalblasen sind plattige und gebogene, meist blasenförmige Skeletteile, vorhanden hauptsächlich bei einem Teil der Rugosa. Bei devonischen Formen dieser Ordnung erkennen wir an Hand von Längs- und Querschliffen sehr gut das Dissepimentarium, welches dem von den Dissepimenten eingenommenen Raum entspricht.
Das Kalkskelett zwischen den einzelnen Coralliten eines Korallenstocks wird Coenenchym (syn. Coenosteum) genannt. Die Bildung erfolgt durch das Coenosarcgewebe, welches die einzelnen Polypen miteinander verbindet.
Die Wandung des Polypars kann vor allem bei Formen des Mesozoikums und des Känozoikums in verschiedener Weise ausgebildet sein, wobei die ursprüngliche Wandungsform verstärkt oder auch vollkommen ersetzt worden sein kann.
Die verschiedenen Formen von Polypar und Corallum entnehmen wir der Tafel. Zu den Polyparformen von Einzelkorallen ist anzufügen, daß der Basiswinkel der ceratoiden Vertreter bei ca. 20°, der trochoiden bei ca. 40°, der turbinaten bei ca. 70° und jener der patellaten bei ca. 120° liegt. Bei den placoiden, thamnasterioiden, cerioiden und meandroiden Corallumformen sind folgende Ausbildungsformen möglich: massiv (knollig bis dick fladenförmig), ramos (wulstig bis astförmig), folios (blattartig) und inkrustierend (dünne, auf einem Fremdkörper aufgewachsene Lagen).

Weichteile

Die Einzelindividuen (Polypen) bestehen aus der Fußscheibe, dem Rumpf und der Mundscheibe, wobei die Fußscheibe den unteren und die Mundscheibe den oberen Abschluß des Tieres bildet. Die Mundscheibe weist eine zentrale, ovale oder spaltförmige Mundöffnung auf, umgeben von einem oder mehreren Tentakelkränzen. Vom Mund reicht ein kurzes Schlundrohr in den Gastralraum (Magenraum), den senkrechte, stets paarig angeordnete Gewebefalten (Mesenterien, Weichfalten) unterteilen. Der Außenrand der Mesenterien ist an der Rumpfwandung angewachsen; unten und oben sind sie mit Fuß- bzw. Mundscheibe verbunden.

Ontogenese

Die Vermehrung erfolgt meist ungeschlechtlich, durch Sprossung, Knospung oder Teilung. In den meisten Fällen verbleiben die neugebildeten Individuen in Verbindung mit dem Mutterpolypen, wodurch Korallenstöcke entstehen. Diese Kolonien sind sehr vielgestaltig, meist aber scheibenförmig bis halbkugelig.
Wir unterscheiden Innenknospung und Außenknospung. Bei der Innenknospung bildet sich innerhalb des alten ein neues Polypar. Bei Außenknospung entstehen die jungen Polypen an der Außenwand der Alttiere oder auch innerhalb des Coenosarcgewebes zwischen den Coralliten eines Stocks. Bei beiden Knospungsarten wird eine Anzahl hier nicht näher beschriebener Varianten unterschieden.

Lebensraum, Lebensweise

Korallen leben ausschließlich im vollmarinen Bereich. Wo vom Land her Süßwasser zugeführt wird, finden wir keine Korallen. Sehr wenige Formen, in der Regel sind es Einzelkorallen, leben in der Tiefsee, bis in ca. 5800 m Tiefe. Diese können Wassertemperaturen bis 1°C ertragen. Die meisten Korallen aber, darunter vor allem die riffbildenden Formen (hermatypisch), sind auf relativ flaches Wasser oberhalb 50 m angewiesen. Optimal ist eine Wassertiefe von weniger als 35 m und eine Temperatur zwischen 25 und 30°C. Alle Korallen leben sessil, die meisten fixisessil, also angewachsen. Die Mehrzahl der Riffkorallen lebt in Symbiose mit Grünalgen, welche die Abbauprodukte (CO_2) der Wirtstiere verwerten. Algen sind auf Sonnenlicht zur Assimilation angewiesen. Dadurch wird die Lebensraum-Untergrenze von 35 m für viele der hermatypischen Korallen verständlich. Da alle Korallen sich von winzigen planktischen Tieren ernähren, besteht für die Algen selbst kaum Gefahr, verspeist zu werden. Ihre ausschließlich tierische Nahrung strudeln die Korallen mit Hilfe ihrer Tentakelkränze in die Mundöffnung; sie wird schließlich im Gastralraum verwertet.
Senkt sich der Meeresboden, wird dies durch ein entsprechendes Höhenwachstum der Korallenstöcke ausgeglichen – bis zu 3 cm pro Jahr; bei ästigen bis zu 12 cm pro Jahr. Ist die Absenkung größer als das mögliche Maximalwachstum, sterben die Korallen ab, sobald sie in Wassertiefen unter 35 m gelangen. Weitere mögliche Ursachen für das Absterben von Korallenriffen waren und sind z. B. länger dauerndes Trockenfallen, starke Überdeckung mit Schlamm oder vulkanischem Auswurfmaterial, lang anhaltende Wassertrübung, Süßwasserzufuhr und damit verbunden Änderung des Salzgehalts oder Sinken der Wassertemperatur.
Aus verschiedenen Gründen ist anzunehmen (s. oben), daß ein Teil der fossilen Korallenriffe in kaltem bzw. relativ kaltem Wasser entstand. Zumindest aber die Riffe aus dem Mesozoikum und Känozoikum dürften sich unter tropischen Bedingungen gebildet haben. Auf jeden Fall müssen fossile Korallenvorkommen sorgfältig analysiert werden – in Zusammenhang mit Fazies und Begleitfauna –, ehe Aussagen über die damaligen Lebensbedingungen gemacht werden können. Wir können ohne weitere Untersuchungen nicht aus dem Vorkommen eines Korallenriffs auf hohe Wassertemperaturen schließen.

Bestimmung

Zumindest bei einem Teil der Einzelkorallen wird uns bei der Bestimmung auch die Außenform des Polypars nützlich sein. Zwar ist auch bei den Korallen die Wuchsform von den besonderen Umweltbedingungen abhängig – fazieskontrolliert. Aber es lassen sich immerhin Rückschlüsse ziehen: Eine patellate Koralle wird auch unter veränderten Lebensbedingungen keine trochoide Polyparform entwickeln. Dies gilt sinngemäß natürlich auch für die koloniebildenden Formen. Ein großer systematischer Wert kann allerdings der Außenform nicht beigemessen werden. Bei verschiedenen Vertretern der devonischen Rugosa bildet mitunter eine Art sowohl solitäre als auch koloniale Formen aus.
Bei vielen Korallen lassen sich genaue Gattungs- und Artbestimmungen nur durch die Anfertigung von Quer- und Längsschliffen erzielen, d. h. wir müssen Polypar bzw. Corallum zersägen und polieren. Dadurch kann man Aussagen über die Aufeinanderfolge der Septen im Wachstumsverlauf (Serienschliffe quer) oder über die Anlage des Dissepimentariums usw. gewinnen. Zur Gattungsbestimmung genügt in der Regel ein Längsschliff. Der Querschliff zur Artbestimmung soll immer im Reifebereich des Kelchs angelegt werden. Besonders die Rugosa können ohne derartige Schliffe nur in besonderen Glücksfällen exakt bestimmt werden. Vorbedingung ist dabei unter anderem die hervorragende Erhaltung des Skeletts. Einige Quer- und Längsschliffbilder sind im systematischen Teil eingefügt. Wer sich eingehender mit den Rugosa beschäftigen möchte, muß auf weiterführende Spezialliteratur zurückgreifen.
Die wichtigsten äußeren Merkmale bei Einzelkorallen sind: Größe und Form des Polypars, Kelchform, Wandausbildung, eventuell vorhandene Wurzelbildung, die Knospungsart. Bei kolonialen Formen achten wir auf den Umriß, die Kelchform, die Anordnung der Polypare zueinander und die Knospungsart.

Klasse Anthozoa (Korallen)
Ordnung Rugosa (syn. Pterocorallia, Tetracorallia) (Ordovizium – Perm)

Koloniebildende oder solitäre Korallen, mit Epithek. Die ersten 6 Septen, die Haupt- oder Protosepten, entstehen in einer festgelegten Reihenfolge. Danach werden Metasepten in fiederförmiger Anordnung ausgebildet, später bei verschiedenen Formen noch Kleinsepten (s. Tafel). Typisch ist ferner die Ausbildung horizontaler Tabulae, durch das Gesamtpolypar reichend oder in Verbindung mit Dissepimenten (s. Tafel S. 105).

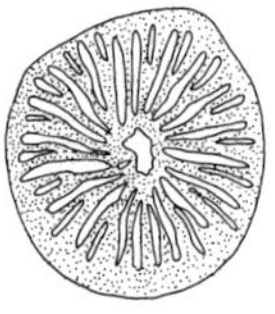

An 1

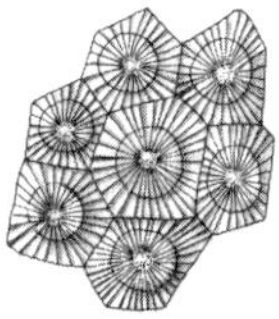

An 2

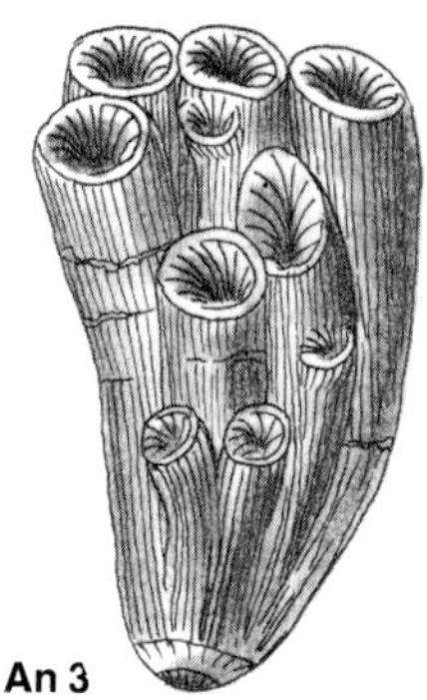

An 3

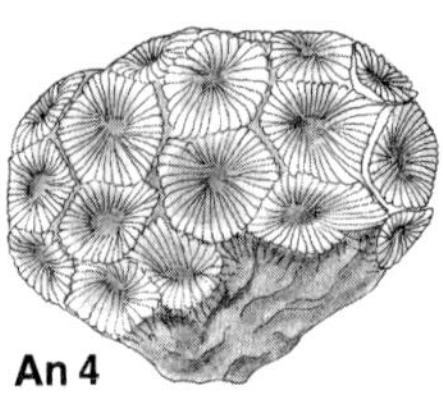

An 4

Unterordnung Streptelplasmatina (Ordovizium – Perm)

An 1 ***Syringaxon.*** Silur – Devon. Kleinwüchsig; solitär. Septen dick; Axialstruktur hohl. Im Reifestadium ca. 20 Großsepten; Kleinsepten kurz und fiederstellig. ***S. bohemicus*** (BARRANDE), Devon (? Ob. Ems; Eifel; ? Unt. Givet); ca. 0,5 cm, Querschnitt im Reifestadium.

An 2 ***Acervularia.*** Silur. Corallum kolonial; cerioid. Mit Innenwand, etwa zwischen Dissepimentarium und Tabularium. Septen bei manchen Formen gestreift; an der Innenwand dicker werdend. Dissepimente und Tabulae variabel. Früher wurden zahlreiche Devonkorallen zu ***A.*** gestellt. Sie gehören aber meist zu *Hexagonaria* oder *Phyllipsastrea*. ***A. ananas*** (LINNE), Mittl. Silur (Wenlock); ca. 2 cm.

An 3 ***Disphyllum.*** Mittl. Silur – Devon. Corallum kolonial; Phaceloid bis cerioid. Trichterkelche, mäßig steil bis flach. Septen dünn und lang. Dissepimente in 2 oder mehr konzentrischen Lagen. Lateralknospung. Bei manchen Arten der Gattungen ***D.*** und ***Columnaria*** aus dem Eifel ist die Abgrenzung sehr schwierig. Cerioide ***D.***-Arten wurden früher häufig zu ***Hexagonaria*** gestellt. ***D. caespitosum*** (GOLDFUSS) (syn. ***Cyathophyllum caespitosum***), Mittl. Devon (Givet); ca. 4,5 cm; cerioide Coralliten möglich.

An 4 ***Hexagonaria.*** Devon – Unt. Karbon. Kolonial; cerioid. Corallite manchmal ziemlich groß. Kelche flach trichter- bis mäßig wulstförmig. Septen lang und innen dünn. Mäßig lange Kleinsepten. Dissepimente zahlreich, klein und rundlich. Die Gattung ist nur schwer von ähnlichen zu trennen, z. B. den cerioiden ***Disphyllum***-Formen oder ***Prismatophyllum*** und ***Marisastrum***. ***H. hexagona*** (GOLDFUSS), Ob. Devon (Unt. – Mittl. Frasne); ca. 6 cm. Aus dem Ob. Frasne seien 2 weitere Arten genannt (ohne Abb.): ***H. macrommata*** ROEMER und ***H. intercellosa*** (PHILLIPS).

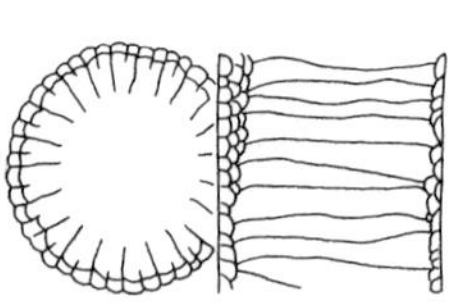

An 5

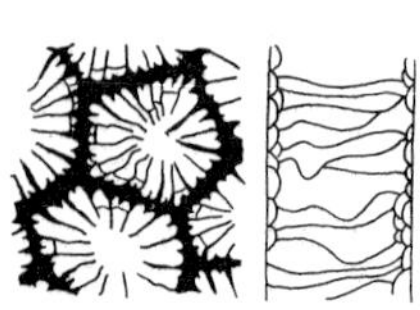

An 6

Unterordnung Columnariina (Ordovizium – Perm)

An 5, 6 ***Columnaria.*** Mittl. – Ob. Devon. Kolonial; cerioid, seltener phaceloid. Polypare sehr schlank; steilwandige Trichterkelche. Kurze, unterschiedlich lange Großsepten. Dissepimente klein oder ganz fehlend. Tabulae in unregelmäßigen Abständen, konvex. ***C. geinitzi*** (LANG & SMITH) (**An 5**), Mittl. Devon (Givet); ca. 1,3 cm, Quer- und Längsschnitt. ***C. sulcata*** GOLDFUSS (**An 6**), Mittl. Devon (Ob. Givet) – ? Ob. Devon (Unt. Frasne); ca. 1 cm, Quer- und Längsschnitt. Zwei Arten aus dem Eifel (ohne Abb.): ***C. cacotropia*** GLINSKI (Junkerberg- und Freilingen-Schichten) und ***C. junkerbergiana*** GLINSKI (Junkerberg-Schichten). Im Frasne tritt auf ***C. wirbelauense*** (PICKETT); ohne Abb.

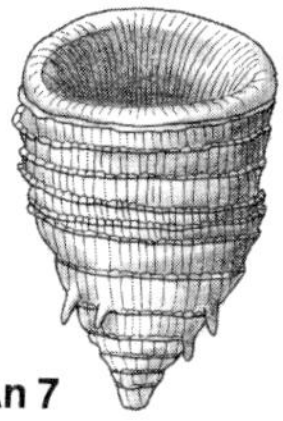
An 7

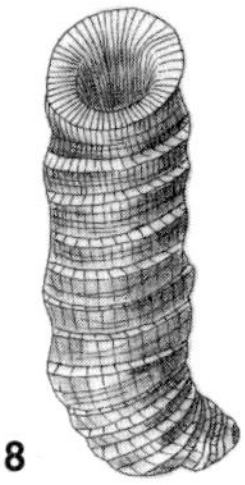
An 8

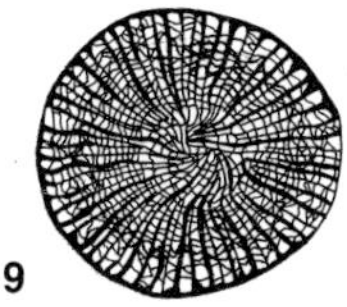
An 9

An 7 ***Ketophyllum.*** Ob. Silur. Solitär; oft turbinat. Septen lang und dünn, Böden leicht konvex. Dissepimente sehr groß. Polyparaußenseite oft mit feinen Knoten oder wurzelartigen Anhängen. ***K. subturbinata*** (ORBIGNY); ca. 7,5 cm.

An 8, 9 ***Acanthophyllum.*** Mittl. Silur – Mittl. Devon. Solitär; oft zylinderförmig. Tiefe Trichterkelche mit breitem und ebenem Rand. Großsepten axial, mäßig spiralig eingedreht. Septenzahl hoch. ***A. vermiculare*** (GOLDFUSS) (**An 8**) (syn. ***Cyathophyllum vermiculare***), Mittl. Devon (Ob. Eifel – Unt. Givet); ca. 6 cm. ***A. concavum*** (WALTHER) (**An 9**), Mittl. Devon (Givet, selten auch schon im Eifel); ca. 3 cm, Querschnitt. Weitere Arten aus dem Devon: ***A. radiatum*** (WEDEKIND) und ***A. torquatum*** (SCHLÜTER), Ob. Ems (Wiltz-Schichten) – Mittl. Eifel (Ahrdorf-Schichten).

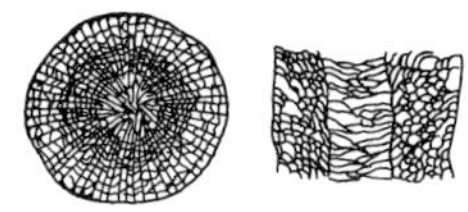
An 10

An 10 ***Gyrophyllum.*** Mittl. Devon. Solitär; klein bis mittelgroß; zylinderförmig. Flache bis steile Trichterkelche. Wandung dünn oder verdickt durch Septenenden. ***G. primum*** (WEDEKIND), Mittl. Devon (Eifel – Unt. Givet [Loogh-Schichten]); ca. 1,8 cm, Querschnitt und Längsschnitt durch das Reifestadium. Im Ob. Givet finden wir ***G. denckmanni*** (WEDEKIND) und ***G. stummi*** (TAYLOR) (Rodert- bis Kerpen-Schichten); im Unt. – Mittl. Givet: ***G. convolutum*** (WEDEKIND) (Loogh- bis Dreimühlen-Schichten); ohne Abb.

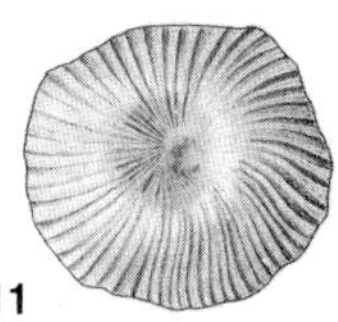
An 11

An 11 ***Dohmophyllum.*** Mittl. Devon. Solitär; mittelgroß bis großwüchsig; trochoid bis patellat, selten kolonial (cerioid). Septen dünn und zahlreich, häufig zentrale Septenknäuel. Dissepimente klein, Böden eng und unregelmäßig gewölbt. ***D. helianthoides*** (GOLDFUSS) (syn. ***Cyathophyllum helianthoides***), Eifel (Nohn-Schichten – Junkerberg-Schichten), fraglich bis Givet (Cürten-Schichten); ca. 4 cm. ***D. difficile*** (WEDEKIND), Givet (Loogh- bis Cürten-Schichten), fraglich Ob. Eifel (Ahbach-Schichten); ohne Abb.

Unterordnung Cystiphyllina (Ordovizium – Devon)

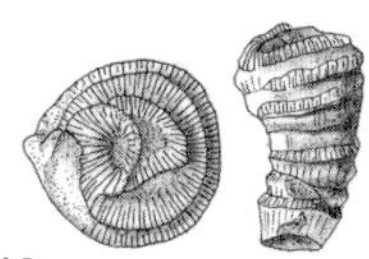
An 12

An 12 ***Tryplasma.*** Silur – Unt. Devon. Solitär; sehr selten koloniebildend. Keine Dissepimente, Böden im gesamten Polyparraum, unregelmäßig, waagrecht oder leicht konkav. ***T. loveni*** (MILNE-EWARDS & HAIME) (syn. ***Cyathophora loveni, Pholidophyllum loveni***), Mittl. Silur (Wenlock); ca. 2,5 cm.

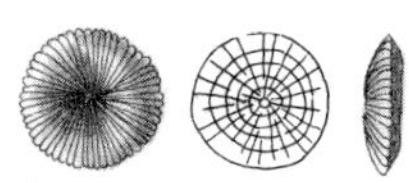
An 13

An 13 ***Porpites.*** Unt. – Mittl. Silur. Solitär; kleinwüchsig; discoid. Hauptsepten reichen bis in die Mitte. Keine Tabulae und Dissepimente. ***P. porpita*** (LINNE), Unt. Silur (Ob. Llandovery); ca. 1,7 cm.

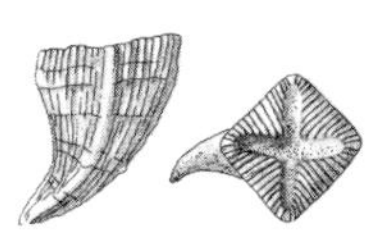
An 14

An 14 ***Goniophyllum.*** Silur. Solitär; pyramidenförmig, mit vierteiligem Deckel. Polyparspitze leicht gekrümmt, mitunter mit wurzelartigen Anhängen. Septen und Böden zahlreich, dick. ***G. pyramidale*** (HISINGER), Mittl. Silur (Wenlock); ca. 3 cm.

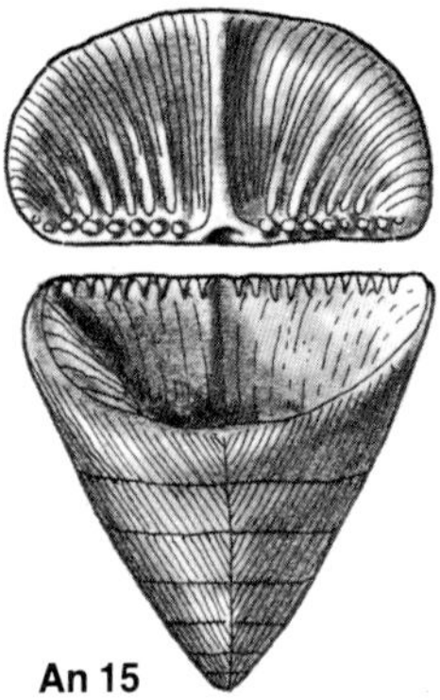

An 15

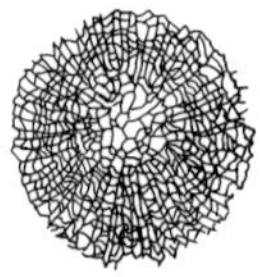

An 16

An 17

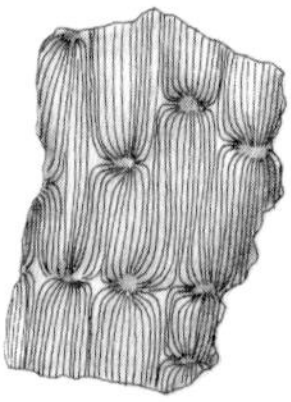

An 18

An 19 s. Foto S. 83

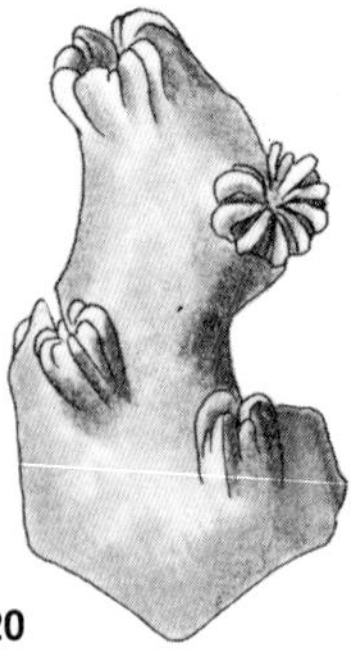

An 20

An 21 s. Foto S. 83

An 15 ***Calceola.*** Unt. Devon (Ems) – Mittl. Devon. Solitär; Maximalmaß ca. 5 cm. Polypar mit dreieckiger Grundfläche. Kelch sehr tief; Deckel einteilig, Oberfläche leicht gewölbt. Außenwand und Deckeloberfläche gestreift; keine Wurzelanhänge. ***C. sandalina*** (LINNE), Mittl. Unterdevon – Mittl. Devon (Ob. Givet); ca. 3 cm, Pantoffelkoralle.

An 16 ***Mesophyllum.*** Unt. – Mittl. Devon. Solitär, selten auch kolonial. Kelch krempen- bis trichterförmig oder flach. Septen dünn. ***M. cylindricum*** (SCHLÜTER), Mittl. Devon (Unt. Eifel; Nohner-Schichten – Ahbach-Schichten); ca. 2,2 cm (Querschnitt). ***M. pseudoorthoceras*** (SCHULZ) tritt auf im Eifel (Nohner-Schichten – Junkerberg-Schichten; fraglich Freilingen- und Ahbach-Schichten); ohne Abb.

Ordnung Scleractinia (syn. Cyclocorallia, Hexacorallia) (Mittl. Trias – rezent)

Bei den Korallen dieser Ordnung werden die Protosepten (die ersten 6 Septen) gleichzeitig gebildet (im Gegensatz zu den Rugosa) und in hexamerer, radialer Symmetrie angeordnet. Dazwischen schalten sich zahlreiche weitere Septen ein. Septen gleicher Entstehungsphasen sind gleich lang und dick; die jüngeren sind kürzer und dünner als die älteren. Die Septenzahl ist stets durch 6 teilbar (Hexacorallia). In dieser Ordnung werden praktisch alle mesozoischen und jüngeren Korallen zusammengefaßt.

Unterordnung Astrocoeniina (Mittl. Trias – rezent)

An 17, 18 ***Thamnasteria.*** Mittl. Trias – Mittl. Kreide. Corallum thamnasterioid, massiv, astförmig oder auch inkrustierend. Septen schwach granulat; reihenförmig gepunktet oder mit randparallel laufenden Rippen bedeckt. ***T. rectilamellosa*** (WINKLER) (**An 17**), Ob. Trias (Nor); ca. 0,8 cm (Querschnitt). ***T. blaburensis*** (GEYER) (**An 18**), Ob. Jura (Unt. Untertithon; Malm zeta 2); ca. 4,5 cm.

An 19 ***Cyathophora.*** Jura – Kreide. Corallum massig, placoid. Polypare dicht, wenig hervorragend, verbunden durch mit kleinen Stacheln oder Körnchen besetztes Coenenchym. Septen gut entwikkelt, aber sehr kurz. ***C. bourgueti*** (DEFRANCE), Ob. Jura (Unt. Untertithon; Malm zeta 2); Durchmesser eines Polypars ca. 5 mm. ***C. claudiensis*** (ETALLON) aus der gleichen Schicht unterscheidet sich durch den mehr polygonalen Polyparumriß (ohne Abb.).

An 20 ***Tiaradendron.*** Ob. Jura. Corallum mittelgroß; dendroid, meist in einer Ebene. Polypare groß, mitunter alternierend, auf der Schmalseite der Äste sitzend. Coenenchym dicht, Oberfläche glatt oder leicht granuliert. ***T. germinans*** (QUENSTEDT) (syn. ***Lobophyllia germinans***); Unt. Untertithon (Malm zeta 2); ca. 4 cm.

An 21 ***Enallhelia.*** Mittl. Jura – Unt. Kreide. Corallum dendroid; Äste liegen meist in einer Ebene. Polypare relativ klein und zahlreich, meist alternierend. Septenzahl gering. ***E. compressa*** (GOLDFUSS) (syn. ***Lithodendron compressum, Oculina cylindrica, O. ramosa),*** Unt. Untertithon (Malm zeta 2); ca. 12 cm. ***Enallhelia elegans*** (GOLDFUSS) ist graziler gebaut und die Anordnung der Polypare regelmäßiger alternierend. Die Berechtigung dieser Art muß angezweifelt werden (gleiche Schicht; ohne Abb.). Bei ***E. striata*** (QUENSTEDT) aus der gleichen Schicht liegen die Polypare

An 22

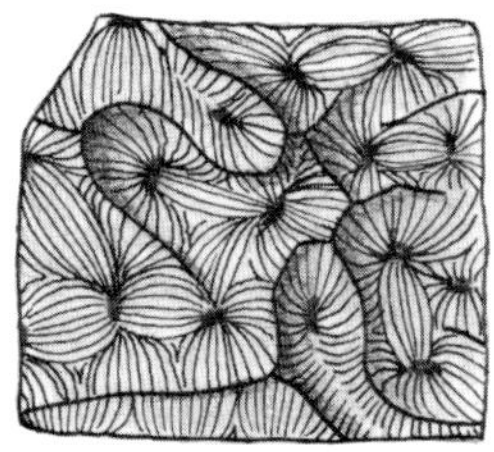
An 24

An 23 s. Foto S. 83

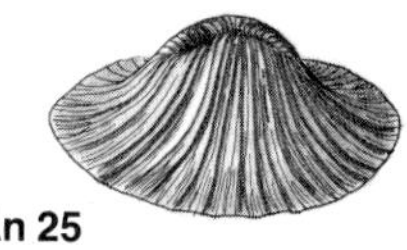
An 25

auf der Breitseite der Äste und sind durch eine Rinne getrennt; bei ***E. tubulosa*** (BECKER) sind die Äste extrem komprimiert (beide ohne Abb.).

An 26

Unterordnung Fungiina (Mittl. Trias – rezent)

An 22, 23 ***Isastrea.*** Mittl. Jura – Kreide. Corallum cerioid; meist massig. Polypare engstehend. Querschnitt rundlich bis vieleckig. Die Septen haben gezähnelte Oberränder und sind seitlich fein gerippt. ***I. limitata*** (LAMOUROUX) (**An 22**), Mittl. Jura (Bathon); ca. 1,5 cm. ***I. explanata*** (MÜNSTER) (**An 23**) (syn. ***Isastrea goldfussiana),*** Ob. Jura (Unt. Untertithon; Malm zeta 2); ca. 8 cm. Aus der gleichen Schicht stammen ***I. helianthoides*** (GOLDFUSS) und ***I. oblonga*** (FLEMING). Erstere hat kleinere und flachere Kelche, letztere kleinere Kelche und weniger Septen (30 – 36; bei ***I. helianthoides*** 40 – 50, bei ***I. explanata*** 40 – 60 Septen pro Kelch); ohne Abb.

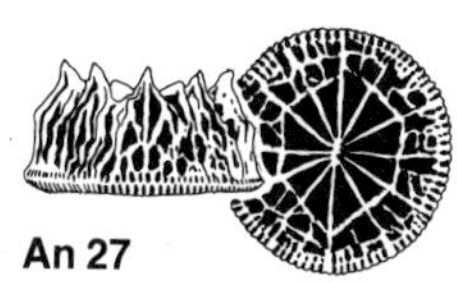
An 27

An 24 ***Microphyllia.*** Ob. Jura. Corallum meandroid; massig oder blattförmig. Kelche in Reihen angeordnet, getrennt durch flache Erhebungen. Septen perforat. ***M. soemmeringii*** (MUENSTER), Unt. Untertithon (Malm zeta 2); ca. 3,2 cm.

An 25 ***Cyclolites.*** Kreide – Tertiär (Eozän). Solitär; Polypar cupolat (scheibenförmig mit flacher Unterseite, oben gewölbt). Septen dünn, sehr zahlreich, fast immer perforat. ***C. undulatus*** (LAMARCK), Ob. Kreide; ca. 10 cm.

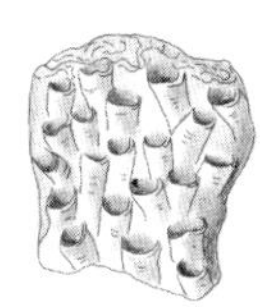
An 28

An 26 ***Micrabacia.*** Kreide – rezent. Solitär; kleinwüchsig: maximal ca. 1,5 cm Durchmesser; cupolat; nicht angewachsen. Septalränder mit feiner Zähnelung. ***M. coronula*** (GOLDFUSS), Ob. Kreide (Cenoman); ca. 0,8 cm.

An 27 ***Stephanophyllia.*** Tertiär (Eozän) – rezent. Solitär; cupolat. Nicht angewachsen. Septen perforat, am höchsten im Randbereich. ***S. imperialis*** (MICHELIN), Tertiär (Miozän; Burdigal – Langh); ca. 3,2 cm.

Unterordnung Faviina (Mittl. Trias – rezent)

An 29

An 28 ***Latusastrea.*** Ob. Jura – Unt. Kreide. Corallum fladenförmig bis inkrustierend; placoid. Polypare ragen wie kleine Taschen aus dem glattem Coenenchym heraus. Nur wenige und rudimentäre Septen. ***L. alveolaris*** (GOLDFUSS), Ob. Jura (Unt. Untertithon; Malm zeta 2); ca. 4 cm.

An 29 ***Placophyllia.*** Mittl. – Ob. Jura. Corallum phaceloid. Polypare rundlich. Septen leicht überragend. Eine Hauptsepte ist über das Zentrum hinaus verlängert. Epithek dick. ***P. dianthus*** (GOLD-

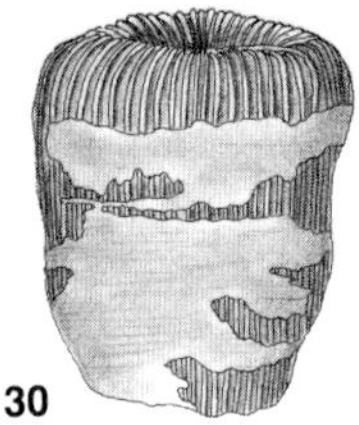

An 30

An 31 s. Foto S. 83

An 32

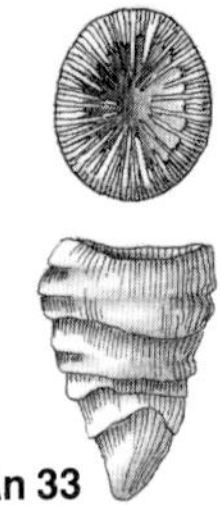

An 33

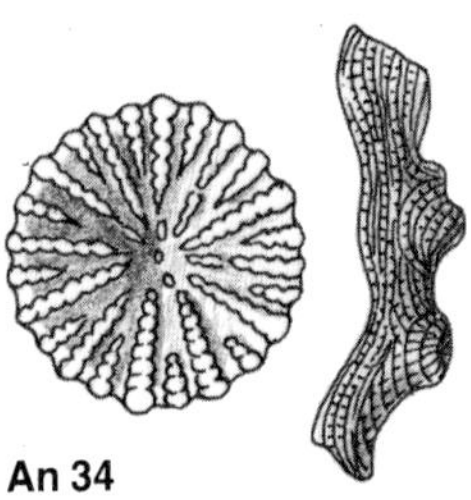

An 34

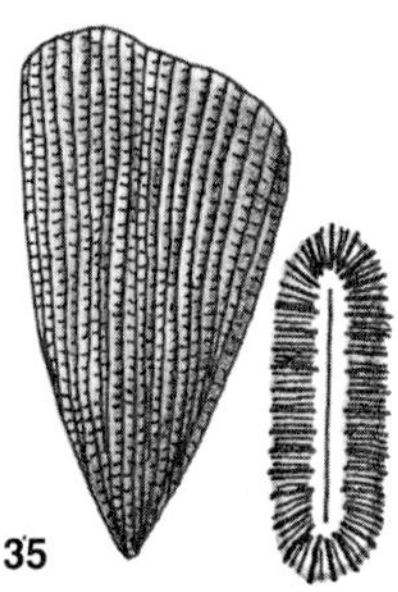

An 35

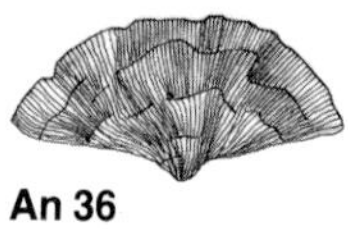

An 36

FUSS) (syn. ***Lithodendron dianthus***); Ob. Jura (Unt. Untertithon; Malm zeta 2); ca. 4 cm. Von ***P. rugosa*** BECKER aus der gleichen Schicht unterscheidet sich ***P. dianthus*** durch wesentlich kürzere und unten spitz zulaufende Polypare ***(P. rugosa;*** ohne Abb.).

An 30 ***Montlivaltia.*** Mittl. Trias – Kreide. Solitär; trochoid bis angenähert zylinderförmig. Septen zahlreich, mit gezähnelten Rändern und granulierten oder gerippten Seiten. ***M. obconica*** (MUENSTER), Ob. Jura (Unt. Untertithon; Malm zeta 2); ca. 5,5 cm. Die Gattung stellt zahlreiche Arten; allein aus dem Unt. Untertithon Württembergs (Malm zeta 2) wurden ca. 20 Arten beschrieben. Weitere häufige Arten aus diesen Schichten sind ***M. crassisepta*** FROMENTEL, ***M. ellipsocentra*** (QUENSTEDT), beide ohne Abb. Insgesamt wurden über 100 Arten beschrieben.

An 31 ***Dimorphastrea.*** Ob. Jura – Mittl. Kreide. Corallum thamnasterioid; meist massig. Septen wenig perforiert, Seitenflächen in Form horizontaler Reihen perforiert. Polyparanordnung circumoral (thamnasterioid, jedoch konzentrisch um einen Zentralkelch angeordnet). ***D. concentrica*** BECKER, Ob. Jura (Unt. Untertithon; Malm zeta 2); ca. 4,5 cm. Weitere Arten aus der gleichen Schicht (ohne Abb.): ***D. heteromorpha*** (QUENSTEDT) und ***D. speciosa*** (BECKER). Bei ***D. concentrica*** beträgt der Durchmesser des Zentralkelchs ca. 0,8 – 1,0 cm und der Abstand der Kelchreihen ca. 0,8 cm. Diese Werte sehen bei ***D. heteromorpha*** so aus: 2,5 cm bzw. 0,6 – 1,2 cm; bei ***D. speciosa*** betragen sie ca. 2 cm bzw. 1 – 1,5 cm.

An 32 ***Thecosmilia.*** Mittl. Trias – Kreide. Corallum phaceloid. Enden der Polypare frei. Septen sehr zahlreich. ***T. trichotoma*** GOLDFUSS, Ob. Jura (Unt. Untertithon; Malm zeta 2); ca. 3,5 cm. ***T.*** gehört zusammen mit ***Montlivaltia*** zu den artenreichsten und langlebigsten Gattungen der Ordnung. Aus der gleichen Schicht wie die abgebildete Art stammen (ohne Abb.): ***T. irregularis*** ETALLON, zu erkennen an den ungleich hohen und nicht gedrängt stehenden Polyparen; ***T. dichotoma*** KOBY, gekennzeichnet durch die extrem kräftige, gerunzelte Epithek.

An 33 ***Cricocyathus.*** Tertiär (Eozän – Miozän). Solitär; turbinat; auf einer breiten Basis aufgewachsen. ***C. annulata*** (REUSS), Mittl. Oligozän (Rupel); ca. 3 cm.

An 34 ***Haplohelia.*** Tertiär (Oligozän). Corallum kolonial; dendroid. Coenenchym granuliert. Polypare relativ groß, mit kräftigen Septen. Columella mit Warzen. ***H. gracilis*** REUSS; ca. 3 cm, Corallum; 0,7 cm Polypar.

An 35 ***Aulosmilia.*** Mittl. Kreide – Tertiär (Eozän). Solitär; flabellat, oft flach. Columella in Form einer dünnen Lamelle. ***A. cuneiformis*** (MILNE-EDWARDS & HAIME), Ob. Kreide (Gosauschichten; Coniac – Unt. Campan); ca. 3,5 cm, Lateralansicht und Querschnitt.

An 36 ***Phyllosmilia.*** Ob. Kreide – Tertiär (Eozän). Corallum kolonial; flach, etwa flabellat. Coenenchym granuliert oder gerippt.

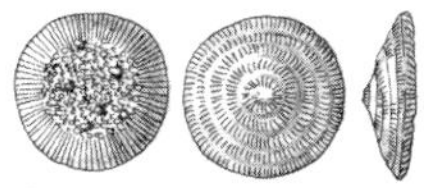
An 37

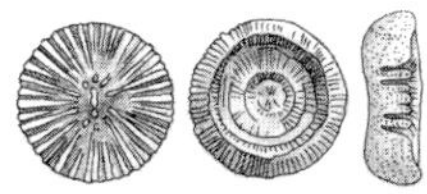
An 38

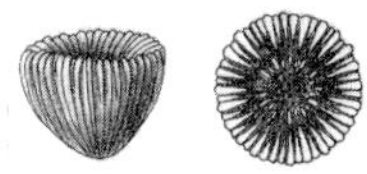
An 40

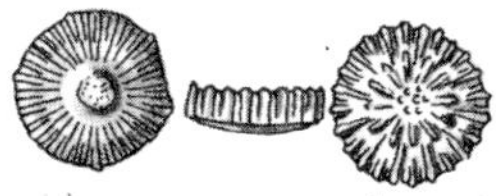
An 39

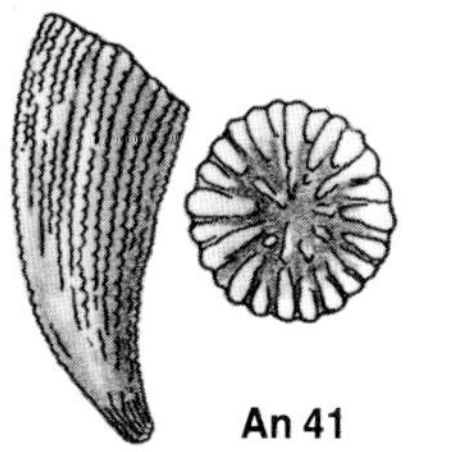
An 41

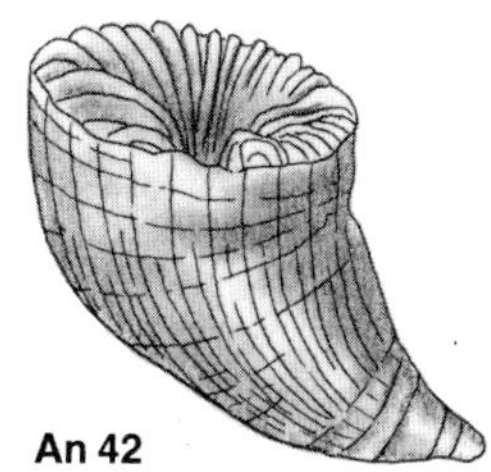
An 42

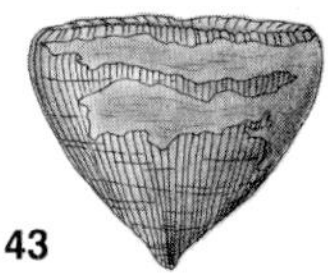
An 43

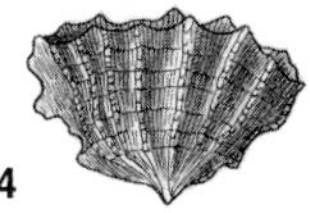
An 44

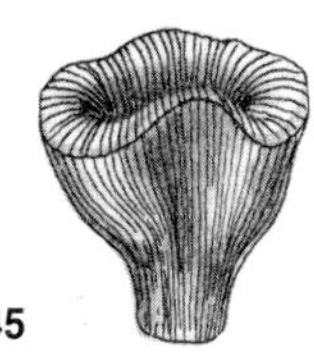
An 45

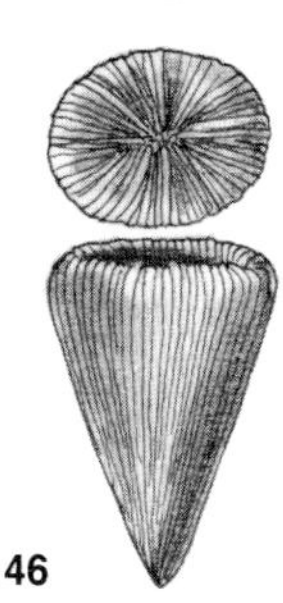
An 46

P. transiens FELIX, Ob. Kreide (Gosauschichten; Coniac – Unt. Campan); ca. 9 cm.

Unterordnung Caryophylliina (Jura – rezent)

An 37 ***Thecocyathus.*** Jura. Solitär; kleinwüchsig; turbinat (sehr flach); nicht aufgewachsen. Columella granuliert und/oder mit feinen Warzen. ***T. mactrus*** (GOLDFUSS), Unt. Jura (Ob. Toarc) – Mittl. Jura (Unt. Aalen); ca. 1,5 cm. Eine noch kleinwüchsigere Art (bis zu ca. 0,6 cm Durchmesser) mit etwas steilerem Kelch, aus der gleichen Schicht, ist ***T. tintinnabulus*** (GOLDFUSS); ohne Abb.
An 38 ***Discocyathus.*** Mittl. Jura – Kreide. Solitär; discoidal; nicht aufgewachsen. Columella wird durch mehrere Pfeiler gebildet. ***D. eudesii*** (MICHELIN), Mittl. Jura (Bajoc); ca. 1,5 cm.
An 39, 40 ***Trochocyathus.*** Mittl. Jura – rezent. Solitär; turbinat bis ceratoid, auch discoid; festgewachsen oder frei. Zahlreiche Septen. Pali in meist 2 konzentrischen Ringen um die Columella angeordnet. ***T. florealis*** (QUENSTEDT) (**An 39**) (syn. ***Stephanophyllia florealis***), Ob. Jura (Unt. Oxford); ca. 1 cm. ***T. harveyanus*** MILNE-EDWARDS & HAIME (**An 40**), Unt. Kreide (Alb); ca. 1 cm.
An 41 ***Stephanosmilia.*** Unt. Kreide. Solitär; trochoid; aufgewachsen oder frei. Columella klein; Pali in 2 konzentrischen Reihen. ***S. perlata*** FROMENTEL, Apt; ca. 1 cm.
An 42 ***Parasmilia.*** Kreide – rezent. Solitär; trochoid; immer aufgewachsen. Columella lückig, schwammig. Dissepimente vorhanden, jedoch tief unten im Kelch. ***P. centralis*** (MANTELL) (syn. ***Coelosmilia centralis***), Ob. Kreide (Ob. Campan – Unt. Maastricht); ca. 4 cm.
An 43 ***Rennensismilia.*** Ob. Kreide. Solitär; Polypar flach. Seitliche Dissepimente vorhanden. ***R. complanata*** (GOLDFUSS) (syn. ***Placosmilia complanata***), Ob. Kreide (Gosauschichten; Coniac – Unt. Campan); ca. 4 cm. Viele der früher zu ***Trochosmilia*** gestellten Formen gehören zu ***Rennensismilia.***
An 44 ***Flabellum.*** Tertiär (Eozän) – rezent. Solitär; cuneiform bis flach turbinat; nicht aufgewachsen. Zahlreiche Septen. Columella fehlt oder ist nur schwach ausgebildet. ***F. roissyanum*** MILNE-EDWARDS & HAIME, Tertiär (Miozän); ca. 3,7 cm.

Unterordnung Dendrophylliina (Ob. Kreide – rezent)

An 45 ***Balanophyllia.*** Tertiär (Eozän) – rezent. Solitär; trochoid; aufgewachsen auf relativ breiter Basis. Columella schwammig, lükkig. ***B. sinuata*** REUSS, Tertiär (Mittl. Oligozän); ca. 2 cm.
An 46 ***Eupsammia.*** Ob. Kreide – rezent. Wie ***Balanophyllia,*** jedoch erst im Reifestadium aufgewachsen. ***E. trochiformis*** MILNE-EDWARDS & HAIME, Tertiär (Mittl. Eozän; Lutet); ca. 2,5 cm.

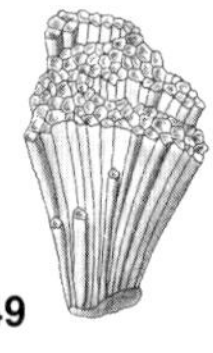
An 49

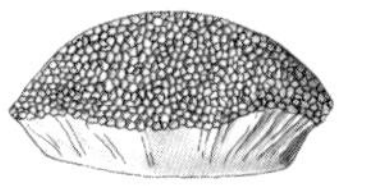
An 48

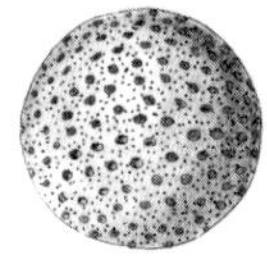
An 47

Ordnung Tabulata (Ordovizium – Perm; ? Trias; ? Tertiär [Eozän])

Nur kolonial auftretende Korallen mit meist sehr schlanken Polyparen, gegliedert durch zahlreiche Querböden. Septen oft nur rudimentär oder reduziert zu Septalleisten oder -dornen. Wände oft porös. Im Unterschied zu den Rugosa und Scleractinia ist bei den Tabulata immer nur ein peripherer Septenkranz entwickelt.

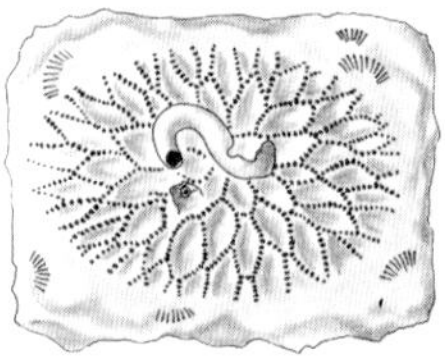
An 50

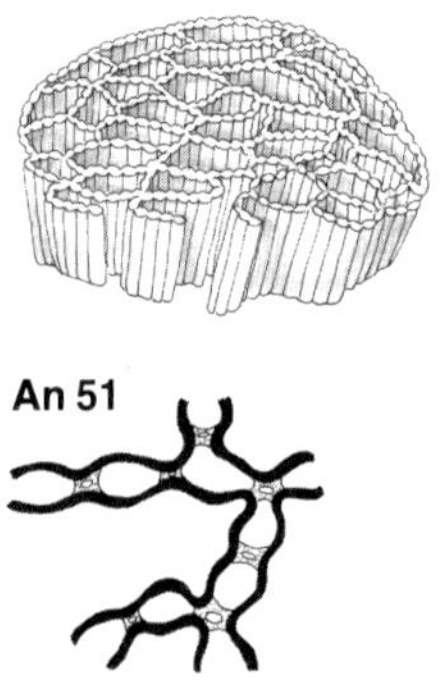
An 51

An 47 ***Heliolites.*** Unt. Silur – Mittl. Devon. Querschnitt der Polypare kreisförmig bis polygonal. Das Coenenchym zwischen den Polyparen besteht aus dünnen Röhrchen (Tubuli) mit schwacher Wandung. Zu jedem Polypar gehören wenigstens 12 Tubuli. ***H. porosa*** (GOLDFUSS), Mittl. Devon (Eifel); ca. 3,3 cm.
An 48, 49 ***Favosites.*** Ob. Ordovizium – Mittl. Devon. Corallum massiv, ohne Coenenchym. Polypare dünn und lang, immer mit Wandporen. Septen kurz, meist als Septaldornen ausgebildet. Tabulae engständig, regelmäßig. ***F. gothlandicus forbesii*** (MILNE-EDWARDS & HAIME) (**An 48**), Mittl. Silur (Wenlock) – Ob. Silur (Ludlow); ca. 6 cm. Die Unterart ***F. gothlandicus gothlandicus*** LAMARCK tritt sicher vom Mittl. Silur bis zum Unt. Devon auf, möglicherweise auch schon im Unt. Silur (ohne Abb.). ***F. basalticus*** GOLDFUSS (**An 49**) (syn. ***F. basaltiformis***), Mittl. Devon; ca. 3,5 cm.
An 50 ***Pleurodictyum.*** Unt. Devon. Corallum scheibenförmig oder halbkugelig. Polypare groß, mit dicker Wandung. Septaldornen. Keine oder nur wenige Böden. Die Koralle enthält nicht selten einen wurmartigen Fremdkörper (***Hicetes***), der möglicherweise das Corallum nachträglich anbohrte. Ob es sich um eine Symbiose oder um Parasitismus handelte, ist nicht endgültig geklärt. ***P. problematicum*** GOLDFUSS, Ems, ca. 5 cm.
An 51 ***Halysites.*** Ordovizium – Silur. Phaceloid, jedoch seitlich komprimiert. Polypare lang und dünn, aneinandergereiht. Schmalseiten jeweils mit dem Nachbarpolypar verwachsen (kettenartig). Zwischen die großen Polypare sind kleinere (Mikropolypare) zwischengeschaltet. ***H. catenularia*** (LINNE), Mittl. Silur; ca. 5,5 cm, Corallum und Querschnitt durch Polyparreihen.

Stamm Mollusca (Weichtiere)

Der Stamm umfaßt sehr verschiedengestaltige Formen, deren verwandtschaftliche Beziehung nicht ohne weiteres klar wird. Die Mollusca stellen nach den Arthropoden die Tiergruppe mit der größten Artenzahl (ca. 128 000). Der Körper der Weichtiere ist, die Monoplacophora ausgenommen, ungegliedert. Wir unterscheiden jedoch 4 Bereiche: den Kopf, der mehr oder weniger deutlich vom übrigen Körper abgesetzt ist – er fehlt bei den Muscheln; den bauchseitigen muskulösen Fuß, der ursprünglich nur zur Fortbewegung konzipiert war, später dann aber teilweise für die verschiedensten Aufgabenbe-

reiche umfunktioniert wurde; den dorsal (rückenseitig) liegenden Eingeweidesack und, als vierten Bereich, den Mantel.
Alle Mollusken sind im Prinzip bilateral-symmetrisch. Vor allem bei den Schnecken ist dieser ursprüngliche Bauplan aber nicht ohne Schwierigkeiten rekonstruierbar. Die Atmung erfolgt mit Hilfe von Kiemen in einer Mantelhöhle. Der Blutkreislauf ist offen, bewegt durch ein Herz oder ein herzähnliches Organ. Die Mundhöhle der meisten Gruppen, abgesehen vor allem von den Muscheln, enthält eine mit chitinigen Zähnchen besetzte Raspelzunge (Radula). Die verschiedenen Ganglien (Kopf-, Schlund-, Bauch- und Fußganglien) sind paarig angeordnet und stehen miteinander in Verbindung. Der Kopf trägt normalerweise Fühler und Augen.
Mollusken treten praktisch in allen aquatischen Lebensräumen auf, die Schnecken sogar auch auf dem Lande. Weltweit bewohnt werden sowohl Süßwasser wie auch hypersalinares Salzwasser sowie alle dazwischenliegenden Bereiche. Die Lebensweise variiert vom sessilen Futterfilterer bis hin zum hochaktiven Jäger (manche Cephalopoden).
Die sowohl dem Stamm der Annelida wie auch den Weichtieren eigentümliche Trochophoralarve weist auf verwandtschaftliche Beziehungen der beiden Stämme hin. Die Gliederung des Stammes sieht so aus:
Unterstamm Amphineura (Urmollusken). Primitive, ausschließlich marin lebende Formen; fossil bekannt seit dem Kambrium, doch nur wenig belegt. Ca. 1150 Arten. Bevorzugter Lebensbereich ist die Brandungszone.
Klasse Aplacophora (Solenogastres, Wurmmollusken). Ohne Gehäuse und somit fossil unbekannt. Rezent ca. 150 Arten.
Klasse Placophora (Polyplacophora, Käferschnecken, Chitoniden). Ein Teil der Arten trägt ein dachziegelartig ausgebildetes Gehäuse aus 8 Platten (bekannteste Art: *Chiton*). Fossil wenig belegt. Rezent ca. 1000 Arten.
Unterstamm Conchifera (Schalenträger). Weichtiere mit einheitlicher oder zweigeteilter Kalkschale. Seit dem Unt. Kambrium. Rezent sind etwa 126 000 Arten bekannt. Die Conchifera stellen in vielen Sedimenten teilweise hervorragend erhaltene Fossilien. Verbreitung sowohl fossil wie auch rezent weltweit. Die fossilen Formen stellen wichtige Leitfossilien.
Klasse Monoplacophora. Primitive Formen, fossil bekannt seit dem Unt. Kambrium. Rezent erst 1953 nachgewiesen (*Neopilina galathea* LEMCHE). Rezent sind 2 Arten bekannt.
Klasse Gastropoda (Schnecken). Seit dem Kambrium. Rezent ca. 105 000 Arten.
Klasse Scaphopoda (Kahnfüßer). Sicher nachgewiesen erstmals im Devon. Fraglich ist ein ordovizisches Vorkommen. Rezent ca. 350 Arten.
Klasse Lamellibranchia (Muscheln). Seit dem Unt. Kambrium. Rezent ca. 20 000 Arten.
Klasse Cephalopoda (Kopffüßer). Seit dem Kambrium. Rezent ca. 730 Arten.
Klasse Cricoconarida. Unt. Ordovizium – Ob. Devon. Die wichtigste Gruppe ist jene der Tentaculitida (Tentakuliten).

Klasse Gastropoda (Schnecken)

Allgemeines, Größenverhältnisse

Schnecken (auch Bauch- oder Magenfüßer genannt) sind die wohl bekanntesten Weichtiere. Jeder hat schon leere Schneckenhäuser gefunden und kennt die in Wiesen und Gärten usw. anzutreffenden lebenden Tiere. Im Gegensatz zu allen anderen Mollusken schafften die Schnecken den Sprung auf das Land. Sie entwickelten der Luftatmung angepaßte Organe (Lungenschnecken, Pulmonata). Die Landschnecken machen allerdings nur einen kleinen Teil der mit ca. 105 000 rezenten Arten formen- und erfolgreichsten Weichtierklasse aus. Auch die Zahl der fossilen Arten ist beträchtlich.
Schnecken werden häufig in der Umgangssprache zitiert: Schneckentempo oder (Gebäck-) Schnecken, Schneckenhaus und – in Bayern – geschneckelte Haare. Und wie oft wird man als Sammler draußen im Gelände gefragt, ob man nach „versteinerten Schnecken" suche – gemeint sind Ammoniten. In der Mythologie allerdings ist die Gruppe nur wenig vertreten. Die fossilen Formen ähneln den rezenten zu sehr, um der Ausdeutung großen Spielraum zu lassen. *Acteonella*- Querschnitte im Alpenraum wurden als Wirbel- oder Drachensteine gedeutet.
Die meisten Schnecken haben ein einteiliges (abgesehen vom Operculum; s. Gehäuse), meist spiralig

gedrehtes, seltener auch napfförmiges Gehäuse. Etwa 10 % der Arten aber haben im ausgewachsenen Zustand nur noch ein stark reduziertes oder gar kein Gehäuse mehr. Nur ganz wenige Formen zeigen bilateral-symmetrischen Gehäuse- und Körperbau (z. B. *Bellerophon,* G 2). Bei der Gehäuseorientierung wird die Spitze nach oben und die Mündung zum Betrachter gehalten: Bei rechtsliegender Mündung handelt es sich um ein rechts-, bei linksliegender Mündung um ein linksgewundenes Gehäuse. Arten mit linksgewundenem Gehäuse gibt es nur wenige (z. B. die Formen der Familie Physidae). Als Ausnahme treten auch bei normal rechtsgewundenen Arten – sehr selten! – linksgewundene Exemplare auf und umgekehrt („Schneckenkönig").
Die kleinsten rezenten Formen messen ausgewachsen nicht mehr als 1 Millimeter, während großwüchsige Arten bis zu 60 cm erreichen können. Bei der Mehrzahl der rezenten Land- und Süßwasserschnekken dürfte die Größe im Bereich zwischen 1 und 3 cm liegen, während die Meeresschnecken eine etwas höhere Durchschnittsgröße erreichen. Die Fossilisation bedingte eine Verminderung der überlieferten großwüchsigen Formen. Daher liegt die Größe bei den fossilen Schnecken im Schnitt zwischen 1 und 10 cm. Riesenformen wie *Campanile giganteum* (G 73) aus dem Lutet des Pariser Beckens bilden die Ausnahme; ihre Gehäuse erreichen 50 cm und mehr!
Das kalkige Schneckengehäuse ermöglicht, anders als die Muschelklappen, nur begrenzte Rückschlüsse auf den Bau des Weichkörpers. Für alle Untersuchungen ist deshalb die Gehäuseform wichtig, zusammen mit Oberflächenskulptur, Gehäuseaufbau und Anwachsstreifung. Da das Gehäuse ursprünglich meist aus leichtlöslichem Aragonit bestand und aufgelöst wurde, liegen oft nur merkmalsarme Steinkerne vor. In anderen Fällen erfolgte eine diagenetische Umwandlung in Calcit. Hier kann das Fossil in umgewandelter Schalenerhaltung vorliegen.
Die seltenen Schlitzbandschnecken (Pleurotomariidae), die hin und wieder aus tieferen Bereichen des Karibischen und der ostasiatischen Meere nach oben kommen, werden als lebende Fossilien bezeichnet; sie schließen praktisch unmittelbar an die Formen des Jura an. Die rezenten Arten, z. B. *Perotrochus teramachii* KURODA oder *Mikadotrochus schmalzi* SHIKAMA, werden hin und wieder von Conchylienhändlern angeboten (für viel Geld). Sie sind von Sammlern sehr gesucht. Übrigens wird angenommen, daß sich die Pleurotomariidae direkt aus dem *Bellerophon*-Formenkreis entwickelten.
Gerade bei den Schnecken sollte es uns leicht fallen, unsere Sammlungsstücke durch rezente Gegenstücke zu ergänzen und so ein wenig mehr Farbe in Schrank oder Schubladen zu bringen. Auf den meisten Mineralien- und Fossilienbörsen werden auch rezente Sammlermuscheln angeboten. Von der prächtigen Kaurischnecke bis hin zu *Terebra* können wir zwischen einer großen Anzahl meist preiswerter Schneckengehäuse wählen. Bei Süßwasser- oder Landschnecken haben wir es noch einfacher. Ein Gang entlang einer Eisenbahnböschung oder in Ufernähe von Fluß und Teich wird uns zahlreiche Gehäuse bringen, die teilweise zu den fossilen Formen passen.

Leitwert

Schnecken können nur in wenigen Fällen als Leitfossilien herangezogen werden. Einige Arten von *Bellerophon* z. B. dienen als Leitformen im Unt. Karbon. Auch im Tertiär treten manche Arten horizontgebunden auf, vor allem Landschnecken, z. B. *Succinea oblonga* (G 147) aus dem Pleistozän. Aber auch marine Formen des Tertiär bilden wichtige Horizontierungsmarken, wie z. B. im Pariser oder im Wiener Becken usw.

Systematik, Stammesgeschichte

Die systematische Gliederung der rezenten Schnecken erfolgt aufgrund der Ausbildung des Nervensystems (Oberschlundganglien, Schlundring, zwei Längsstrangpaare usw.). Weiterhin sind wichtig Lage und Ausbildung der Kiemen sowie Ausbildung der Radula (Reibezunge). Die Einordnung der fossilen Formen in dieses System ist verständlicherweise nicht einfach, gelingt aber oft mit Hilfe der rezenten Verwandten. Die beiden Unterklassen Prosobranchia (Vorderkiemer; Streptoneura = kreuznervige Schnecken) und Euthyneura (geradnervige Schnecken) werden in der nachfolgend beschriebenen Weise weiter unterteilt. Dabei ist zu beachten, daß die Systematik von Autor zu Autor mitunter recht unterschiedlich gehandhabt wird. Wir folgen hier bei der Ordnung Archaeogastropoda der im Treatise vorgeschlagenen Gliederung (Autoren: KNIGHT, COX, KEEN, BATTEN, YOCHELSON und ROBERTSON). Die Gliederung der übrigen Gruppen erfolgt weitgehend nach WENZ, wobei die höheren systematischen Einheiten teilweise abweichen.

Unterklasse Prosobranchia (Vorderkiemer)
Ordnung Archaeogastropoda (Diotocardia)
Unterordnung Bellerophontina
Unterordnung Macluritina
Unterordnung Pleurotomariina
Unterordnung Patellina
Unterordnung Trochina
Unterordnung Neritopsina
Unterordnung Murchisoniina
Ordnung Caenogastropoda (Monotocardia)
Unterordnung Mesogastropoda
Unterordnung Neogastropoda
Unterklasse Euthyneura
Überordnung Opisthobranchia (Hinterkiemer)
Ordnung Bullacea (Cephalaspidea)
Ordnung Aplysiacea (Anaspidea)
Ordnung Sacoglossa (Ascoglossa)
Ordnung Notaspidea
Ordnung Nudibranchia (Nacktkiemer)
Überordnung Pulmonata (Lungenschnecken)
Ordnung Basommatophora
Ordnung Stylommatophora

Die weitaus meisten fossilen Arten gehören zu den Prosobranchia. Die ältesten Funde stammen bereits aus dem Unt. Kambrium. Die Unterklasse Euthyneura dagegen ist fossil nur recht spärlich belegt. Hierher gehören z. B. die seit dem Eozän bekannten Pteropoda (pelagisch lebende Schwimmschnekken). Die ältesten Euthyneura stammen aus karbonischen Ablagerungen.

Im Paläozoikum und auch noch in der Trias traten die Schnecken nur wenig in Erscheinung. Erst ab dem Unt. Jura häufen sich die Fossilfunde; die Gruppe wurde im Verlauf der weiteren Entwicklung immer formenreicher und erreichte ihr bisheriges Entwicklungsmaximum im Miozän.

Gehäuse

Es besteht größtenteils aus Aragonit; bei Schalenerhaltung der Fossilien liegt meist, infolge sekundärer Umwandlung, Calcit vor. Die Gehäuseform kann außerordentlich vielgestaltig sein; einen Überblick über einen Teil der möglichen Formen zeigt uns Tafel S. 121. Weiterhin beobachten wir napfförmige Gehäuseformen (Napfschnecken, in großer Zahl z. B. im Gezeitenbereich von Felsküsten), mützen- und tellerförmige usw.

Bei den meisten Schneckengehäusen können wir eine Gliederung in Gewinde und Basis durchführen; die Spitze (Apex) bildet das Anfangs- oder Embryonalgewinde (s. unten). Die äußere Berührungslinie der Umgänge ist die Naht (Sutur). Falls die Umgänge innen verschmelzen oder einander berühren, bilden sie eine feste Achse, die Spindel (Columella) genannt wird. Im anderen Fall entsteht ein trichterförmiger Hohlraum, der Nabel (Umbilicus). Die Gehäuseöffnung heißt Mündung; der Mündungsrand oder Mundsaum (Peristom) kann ganzrandig sein (holostom) oder unten ausgeschnitten (siphonostom). Dieser als Rinne neben der Spindel verlaufende Ausguß dient zur Aufnahme der Atemröhre (Sipho). Der Mündungsrand kann lippenartig verdickt und verschiedenartig ausgebildet sein, z. B. ganzrandig, eingeschnürt, gekerbt, umgebogen, gelappt, gezähnelt, flügelig, mit krallenartigen Fortsätzen, gestachelt.

Die Aufwindung der Umgänge kann sehr verschieden sein, und wir trennen grundsätzlich folgende Formen:

planspiral, d. h. die Mittellinien der Umgänge liegen in einer Ebene (s. S. 118, Abb. 7)

pseudoplanspiral, d. h. die Mittellinien der Umgänge weichen nur geringfügig voneinander ab (s. S. 118, Abb. 9)

trochispiral, d. h. mit wendeltreppenartig angeordneten Umgängen (s. S. 118, Abb. 4, 6, 8)

Wichtig für die Beschreibung der Gehäuseform ist ferner der Grad der Einrollung. Wie bei den Ammoniten wird hierbei das Verhältnis der Umgänge zueinander angegeben. Wir unterscheiden mehrere Formen:

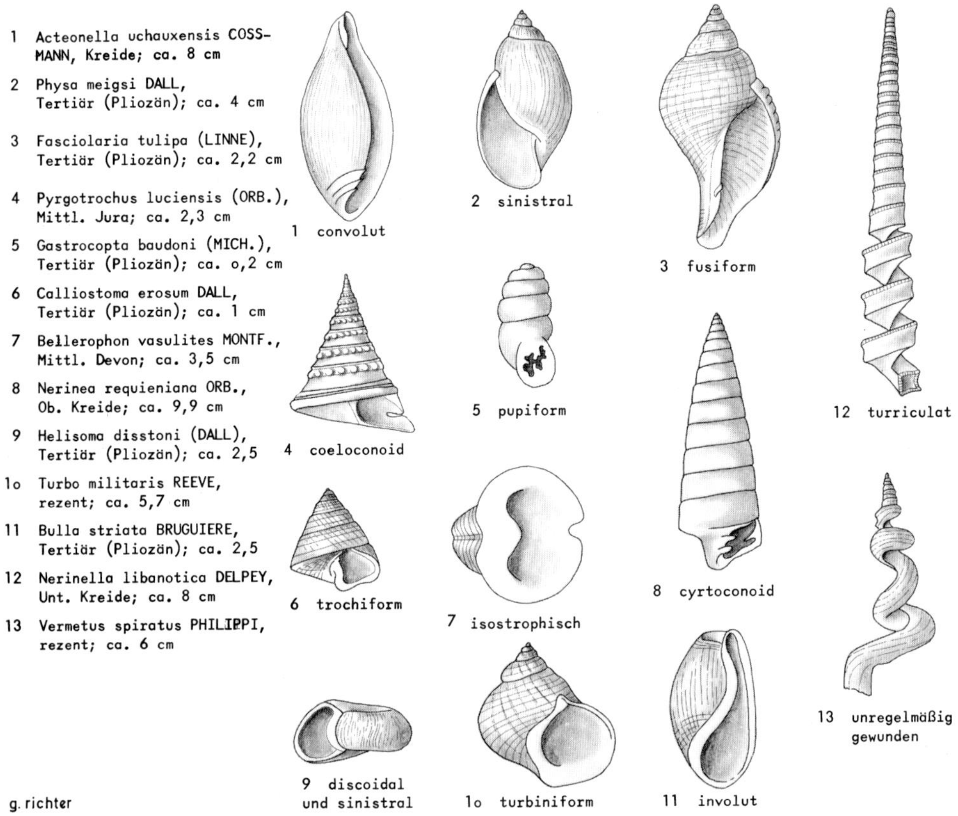

Gehäuseformen von Schnecken. (Nach COX.)

devolut, d. h. die Umgänge berühren sich nicht und bilden eine lose Spirale; dieser Typ tritt nur selten auf (s. die jüngeren Umgänge der Abb. 12 u. 13 oben)
advolut, d. h. die Umgänge berühren einander gerade (oben Abb. 9)
convolut, d. h. die Umgänge berühren sich großflächig, und der letzte Umgang hüllt alle vorhergehenden ein; keine Nabelbildung (oben Abb. 1)
involut, d. h., die Umgänge berühren sich großflächig, und der letzte Umgang hüllt alle vorhergehenden mehr oder weniger ein; Nabel vorhanden, eng (oben Abb. 11)

Das Embryonalgewinde besteht aus den ersten Umgängen und weicht in den meisten Fällen von der späteren Gewindeform ab; es kann auch abweichend – wenn überhaupt – skulptiert sein. Der älteste Gehäuseteil ist ein meist rundlicher, glatter und glänzender Kern, der Nucleus. Die häufigste Form des Embryonalgewindes heißt orthostroph oder homöostroph (mit gleichem Windungssinn wie das spätere Gewinde). Alloiostrophe Formen sind etwa um 90 Grad gegen das Folgegewinde abgebogen. Heterostroph (heterogyr) heißen Formen mit entgegengesetztem Windungssinn. Formen mit 1 oder 2 Umgängen heißen paucispiral, solche mit 3 oder mehr Umgängen werden multispiral genannt.

Die Oberfläche der meisten Gehäuse ist in irgendeiner Weise verziert. Die einfachste Skulptierung sind Anwachsstreifen. Es gibt sie in 5 verschiedenen Ausbildungsformen (s. Übersicht S. 121). Viele Arten zeigen vertiefte Linien, Furchen und Leisten, Rippen, Falten, Knoten und Stacheln, Wülste. Sofern diese Skulptierung parallel der Naht, also in Längsrichtung der Röhre angeordnet ist, sprechen wir von Längs- oder Spiralverzierung; verläuft sie senkrecht oder schräg dazu, sprechen wir von Querverzierung.

Bei einigen Formen weist der Mantelrand (s. unten) einen Schlitz auf, wodurch hier keine Schalenbildung stattfindet, das Gehäuse also einen entsprechenden Spalt zeigt, der erst beim Weiterwachsen geschlossen wird. Dadurch kann ein sogenanntes Schlitzband entstehen, zu beobachten z. B. bei *Bellerophon* (G 2) oder bei den Pleurotomariidae. *Haliotis* (Meerohr) demonstriert die Entstehung einer so gebildeten Lochreihe.
Viele Arten entwickeln ein Operculum. Das ist ein horniger, seltener kalkiger Deckel, der auf dem Hinterende des Fußes sitzt und beim Rückzug ins Gehäuse die Mündung verschließt. Bei manchen Arten ist das Operculum nur im Jugendstadium entwickelt. Seine Form entspricht der Mündungsform. Wie beim Gehäuse wird der zuerst gebildete Teil Nucleus genannt; er kann mehr oder weniger zentral oder auch randlich liegen. Fossile Opercula sind selten. In verschiedenen tertiären Sanden gelingen hin und wieder Funde meist sehr kleiner Exemplare.
Ein sehr wichtiger Teil, zumindest für die Systematik der rezenten Formen, ist die Radula (Reibezunge). Sie ist meist sehr klein und mit zahlreichen Reihen horniger, zahnartiger Platten besetzt. In der Regel ist die Radula nicht erhaltungsfähig, wodurch ihre taxonomische Bedeutung bei fossilen Formen vernachlässigt werden kann.

Weichteile

Am Kopf sitzen 1 oder 2 Paar Tentakel, die Augen sowie die Mundöffnung. Sofern ein abgesetzter Kopf fehlt, handelt es sich um Rückbildung. Der Fuß ist in der Regel flach und sehr muskulös; er dient als Kriechsohle. Verschiedene Schwimmformen haben allerdings statt dessen beidseitig des Kopfes Fuß- oder Schwimmlappen (Parapodien), mit deren Hilfe sich die Tiere wie mit Flügelschlägen schwimmend fortbewegen können. Andere Formen verwenden den Fuß auch zum Graben (z. B. *Natica*) oder zum Springen (z. B. *Strombus*). Die Sohlenmuskulatur kann einheitlich ausgebildet, aber auch in zwei oder vier parallelen Streifen angeordnet sein, die dann alternierend arbeiten. Die Kriechfläche der Landschnecken wird durch einen von einer Drüse abgesonderten Schleim geglättet.
In einem im Gehäuse untergebrachten Körpersack befinden sich Magen und Darm, Leber und Niere sowie das Herz. In der Mantelhöhle sitzen die Atmungsorgane (Kiemen bzw. Lungen) sowie die Afteröffnung. Der Mantel umgibt den Körper- oder Eingeweidesack. Der Mantelsaum ist mit zahlreichen Drüsen besetzt, die sowohl das kalkige Gehäusematerial als auch die eingelagerten Farbstoffe ausscheiden. Das Nervensystem besteht aus verschiedenen, durch Nervenstränge verbundenen Ganglienpaaren, wobei die Visceralstränge bei den Prosobranchia (= Streptoneura = Kreuznervige Schnecken) über Kreuz verlaufen. Der Gesamtkörper ist durch den Spindelmuskel fest mit dem Gehäuse verbunden und kann durch Kontraktion des Muskels in das Innere zurückgezogen werden.

Ontogenese

Schnecken sind getrenntgeschlechtlich oder Zwitter, in letzterem Fall oft mit innerer Befruchtung. Die Ausbildung der Geschlechtsorgane ist sehr vielfältig. Abgesehen von einigen lebendgebärenden Arten (*Viviparus*, G 53) und wenigen Brutpflege treibenden Gruppen legen die Tiere Eier ab, in Form von Laich, in Kokons oder auch einzeln. Aus den Eiern der Meeresschnecken entwickeln sich weichtiertypische Schwimmlarven des Trochophora- und Veligertyps. Aus den dotterreichen Eiern vor allem der Land- und Süßwasserschnecken schlüpfen „fertige", winzig kleine Jungtiere.

Lebensraum, Lebensweise

Der Großteil aller Schnecken lebt im Meer, und zwar benthisch, d. h. auf dem Meeresboden. Abgesehen von wenigen, die Tiefseeböden bevorzugenden Formen, werden ausschließlich die Flachmeerbereiche bewohnt. Neben den Arten des Benthos existieren auch noch eine Reihe pelagischer Schwimmformen sowie verschiedene driftende Formen. Einige Gruppen siedeln bevorzugt im Gezeitenbereich, wie z. B. die Napfschnecke (*Patella*), die Strandschnecke (*Littorina*) oder die Kreiselschnecke (*Gibbula*). Sie treten hier meist in großer Individuenzahl auf. Grundsätzlich beobachten wir bei vielen Arten eine deutliche Bevorzugung eines speziellen Lebensraums. Übertragen auf die fossilen Formen, macht sie diese Eigenheit zu Faziesanzeigern, wobei natürlich die Lebensweise der verwandten rezenten Formen nicht ohne weiteres auf die Fossilien übertragen werden kann. Üblicherweise hat

jedes Biotop charakteristische Gruppen. Bezeichnend für die mesozoischen Korallen-Fazies-Bereiche bzw. für Bewegtwasser-Biotope ist z. B. die Gruppe der Nerineen bzw. Actaeonellen.
Pflanzenfresser sind in der Regel alle Süßwasser- und Landschnecken, während zu den marinen Formen sowohl Pflanzen- wie auch Fleischfresser gehören. Wir finden darunter auch eine Reihe von Spezialisten, wie z. B. die bohrenden Formen (*Natica* u. a.): Sie ätzen die Schalen anderer Weichtiere an, vor allem von Muscheln und Schnecken, und kommen so an deren Weichteile (s. a. Abb. G 138). Ganz wenige Arten leben commensalistisch; nachgewiesen sind viele derartige Fälle an fossilen Seelilien vor allem des Paläozoikums. Andere Arten weiden die Algenrasen der Felsküste ab. Unter den Fleischfressern gibt es regelrechte Räuber. Bei den sogenannten Giftzünglern steht die Radula mit einer Giftdrüse in Verbindung; die Beute wird durch einen Stich getötet bzw. gelähmt.
Die überwiegende Mehrzahl der Schnecken bewegt sich durch Sohlenkriechen fort. Die schwimmenden und driftenden Formen sind nur schwach repräsentiert. Einige Arten graben im Sediment und gebrauchen hierzu den Fuß.

Bestimmung

Beim Bestimmen achten wir auf Gehäuseform und Art der Einrollung, auf Form und Ausbildung der Mündung sowie die Verzierung des Gehäuses mit Anwachslinien, Furchen, Leisten, Knoten und Stacheln usw. Sehr wichtig ist auch die Beobachtung des Embryonalgewindes, das natürlich in der Regel nur bei wohlerhaltenen Exemplaren studiert werden kann. Auch die Form der Spindel und etwa vorhandene Spindelfalten können von Bedeutung sein.

Vorkommen

Im Paläozoikum treten fossile Gastropoden nur sehr untergeordnet auf, Massenvorkommen sind selten. Aber bereits im Unt. Jura finden wir mitunter schon reichlich fossile Schnecken, wenn auch oft nur als Stein- bzw. Pyritkern (aus Mergeln und Tonen). Im Mittl. Jura treten oft gut erhaltene Schalenexemplare auf. Bekannt ist die Fauna aus dem Bajoc der Normandie. Auch in lokal begrenzten Vorkommen der Oberpfalz tritt eine artenreiche fossile Schneckenfauna auf. Im Ob. Jura registrieren wir dann vor allem wieder Steinkernexemplare (z. B. *Pseudomelania*, G 50), teilweise in beträchtlicher Größe.
Im Tertiär finden wir oft hervorragend erhaltene fossile Gastropoden, teils in überraschender Zahl, sogar gesteinsbildend. Berühmt sind z. B. die Schneckenkalke aus dem Miozän des Steinheimer Beckens (z. B. mit *Gyraulus*, G 146) oder auch die Schichten mit *Tympanotomus margaritaceus* (G 72) des Mainzer Beckens. Auch in Norddeutschland, in Dänemark und in Belgien existierten eine ganze Reihe guter Aufschlüsse mit interessanten und artenreichen Schneckenfaunen. In England sind vor allem die Schichten des Eozän gut aufgeschlossen und enthalten die entsprechenden Arten, z. B. auf der Isle of Wight oder im Kliffbereich der nordwestlich liegenden Orte Barton (Barton; Stratotypus!) oder Highcliff.
In Frankreich existiert eine Reihe guter Fundorte vor allem im Pariser Becken (Paläozän, Eozän) und in der Umgebung von Bordeaux (Miozän). Aus den eozänen Schichten, und zwar allein aus dem Lutet, wurden nicht weniger als ca. 1000 Molluskenarten beschrieben – und der Großteil davon gehört zu den Gastropoden! In Italien bestehen gute Fundmöglichkeiten z. B. in fossilreichen Schichten des Jungtertiärs südlich von Piacenza oder zwischen Florenz und Siena.
Grundsätzlich werden wir feststellen, daß in nahezu allen fossilführenden Sedimenten auch Schnecken vorkommen, mit Häufigkeitsschwerpunkten besonders im Tertiär. Eine Spezialisierung auf Gastropoden kann für den Sammler sehr interessant sein. Lehrreich wirkt auch die Gegenüberstellung rezenter und fossiler Formen. Sie gibt zudem der Sammlung ein farbiges Aussehen.

Terminologie und Morphologie der Gastropoda (Schnecken). (Abgeändert nach COX, LEHMANN, A.H. MÜLLER nach A.H. MÜLLER aus D. GEYER.) ▶

Schnitt durch eine Schnecke
(Helix pomatia, Weinbergschnecke)

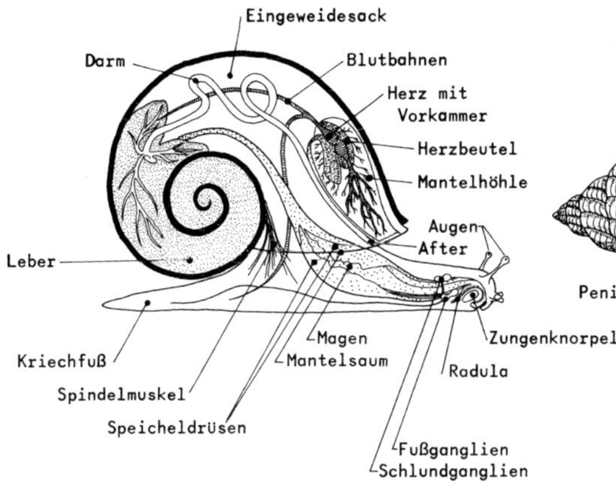

Gehäuse und Körper
von Buccinum undatum
(Wellhornschnecke)

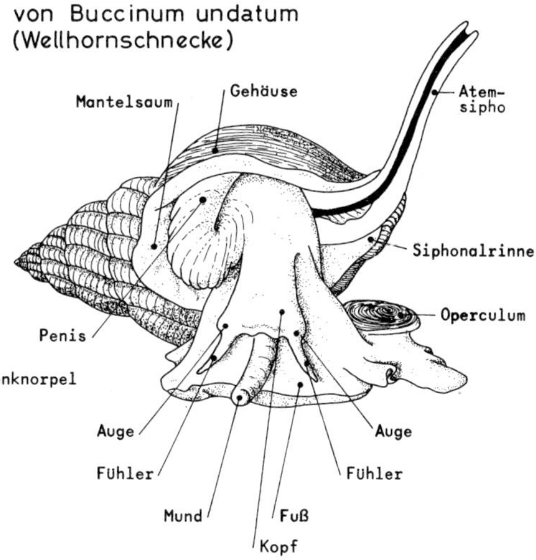

Gehäuseterminologie

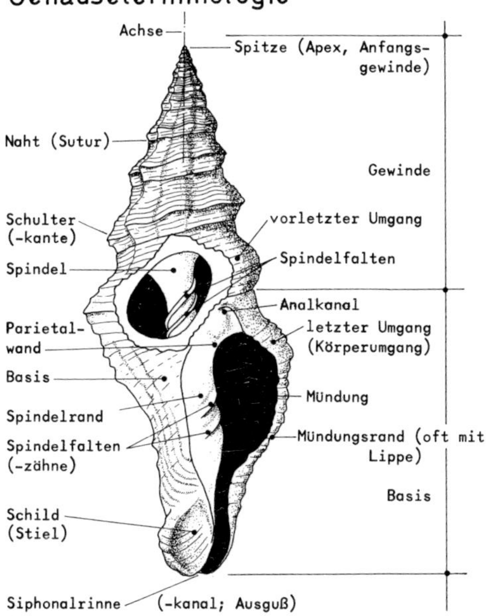

(am Beispiel von Latirus lynchi (BASTEROT), Tert. (Miozän))

Maßangaben am Gehäuse

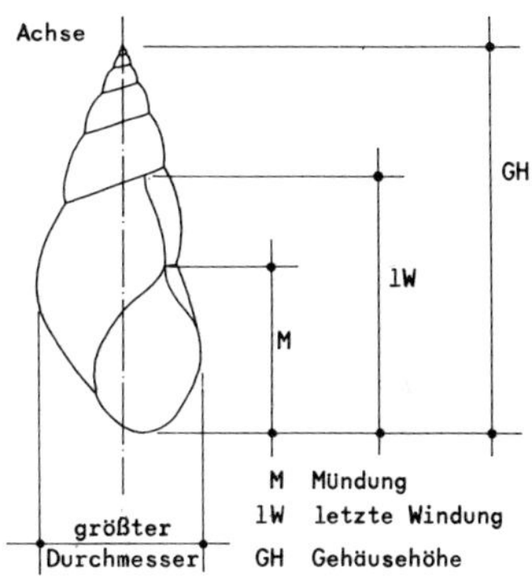

Anwachsstreifen

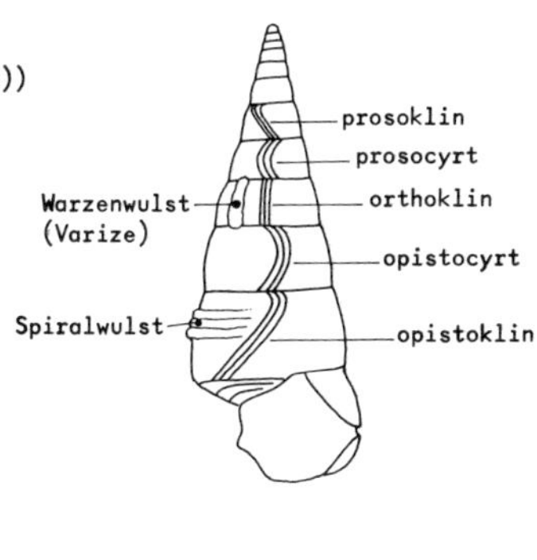

Formen des Anfangsgewindes
(Auswahl)

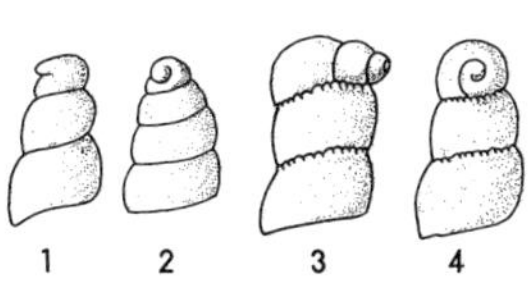

1 orthostroph (homöostroph) 2 alloiostroph
3 und 4 heterostroph (heterogyr)

g. richter

Klasse Gastropoda (Schnecken)
Unterklasse Prosobranchia (Vorderkiemer; Streptoneura) (Kambrium – rezent)

Kiemen nach vorn orientiert; Nervenbahnen gekreuzt. Gehäuse in der Regel spiralig, selten schüssel-, mützen- oder hornförmig. Zahlreiche fossile Arten.

Ordnung Archaeogastropoda (Diotocardia; Aspidobranchiata) (Kambrium – rezent)

Mündung kranzartig (holostom). Manche Formen mit Schlitzband. Überwiegend Pflanzenfresser. Hierher werden alle paläozoischen und alle direkt davon abstammenden jüngeren Schnecken gestellt.

Unterordnung Bellerophontina (Kambrium – Unt. Trias)

Gehäuse isostrophisch, sehr selten asymmetrisch. Die Umgänge umfassen einander. Mundrand einfach, mitunter innen verdickt, oft mit Schlitz und anschließendem Schlitzband. 5 Familien mit ca. 57 Gattungen und Untergattungen; Fossilfunde selten.

Familie Sinuitidae (Ob. Kambrium – Mittl. Perm)

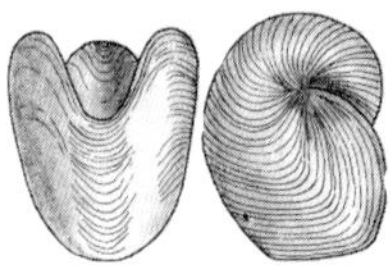

G 1

G 1 ***Sinuites.*** Ordovizium. Klein bis mittelgroß; kugelig; symmetrisch eingerollt. Mündung oben mit Sinus; Gehäuse ungekielt. Oberfläche glatt oder mit feinen Anwachs- und Spiralstreifen. ***S. bilobatus*** (SOWERBY), Mittl. Ordovizium; ca. 2,5 cm.

Familie Bellerophontidae (Ob. Kambrium – Unt. Trias)

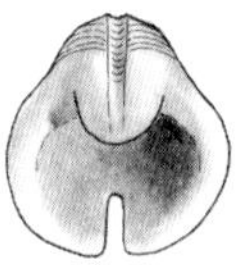

G 2

G 2 ***Bellerophon.*** Silur – Unt. Trias. Umgänge breit gerundet; Nabel meist bedeckt durch eine Verdickung der Seitenränder. Gehäuse mit Schlitzband oder Kiel. Oberfläche mit Anwachslinien. ***B. bicarenus*** LEVEILLE, Unt. Karbon; ca. 3,3 cm. Eine devonische Art ist ***B. vasulites*** MONTFORT; aus dem Unt. Karbon stammt ***B. insculptus*** KONINCK (beide ohne Abb.).

Unterordnung Macluritina (Ob. Kambrium – Trias; ?Ob. Kreide)

Familie Euomphalidae (Ordovizium – Trias)
Gehäuse meist discoidal, mit weitem Nabel.

G 3

G 3 ***Poleumita.*** Silur. Angenähert discoidal. Nabel weit und tief. Naht tief. Oberseite des Gehäuses eingetieft, mit zahlreichen Lamellen und angedeuteter Knotenreihe auf einer Spiralkante. Unterseite mit feinen Anwachsstreifen. ***P. discors*** (SOWERBY), Mittl. – Ob. Silur; ca. 6 cm.

G 4

G 4 ***Straparollus.*** Silur – Mittl. Perm. Gehäuseform sehr variabel, meist aber discoidal. Folgende Untergattungen: ***Euomphalus*** (Silur – Mittl. Perm); angenähert discoidal; ***Philoxene*** (Devon); trochiform bis discoidal, mit sehr weitem Nabel; ***Serpulospira*** (Devon – Karbon); mit gerundeten Umgängen, deren letzter sich löst; ***Straparollus*** (Karbon); trochiform bis discodial, Nabel mäßig weit, Umgänge gerundet mit schwach angedeuteter Schulter; ***Amphiscapha*** (Ob. Karbon – Unt. Perm); discoidal, mit flacher Unter- und eingetiefter Oberseite; Umgangsquerschnitt nahezu quadratisch; ***Leptomphalus*** (Ob. Perm); discoidal, Flanken mit peripheren Kanten oder Leisten. – ***S. (Straparollus) pentagonalis*** PHILLIPS, Karbon; ca. 1,5 cm.

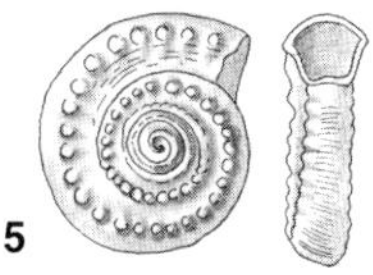

G 5

G 5 ***Discohelix.*** Mittl. Trias – Ob. Kreide (Campan). Discoidal; meist Unter- und Oberseite eingetieft. Windungsquerschnitt angenähert quadratisch. Meist mit deutlicher Spiral- und Anwachsstreifung; oft mit peripheren Leisten oder Kanten, die Knoten tragen. ***D. sinistra*** (ORBIGNY), Unt. Jura (Pliensbach); ca. 3 cm.

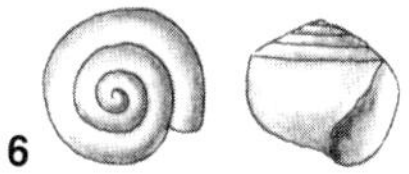

G 6

G 6 **Coelodiscus.** Unt. – Mittl. Jura. Gehäuse klein, breiter als hoch, mit zahlreichen niedrigen Windungen. Weit und tief genabelt. Mündung hochoval. Glatt oder mit schwacher Skulptur. ***S. minutus*** (ZIETEN), Unt. Jura (Toarc) – Mittl. Jura (Aalen; ?Bajoc); ca. 0,5 cm (über das stratigraphische Auftreten der Art liegen widersprüchliche Angaben vor). Aus dem Mittl. Unterjura (Ob. Pliensbach) stammt ***C. aratus*** (TATE); ohne Abb.

Unterordnung Pleurotomariina (Ob. Kambrium – rezent)

Gehäuse meist kegelförmig (turbiniform – coeloconoid), selten flach oder anders. Meist mit Schlitz und Schlitzband (besonders bei den mesozoischen Formen ausgeprägt) oder mit einer Lochserie (Tremata). Zahlreiche Gattungen und Untergattungen (Ca. 170 + 51). Die Pleurotomariina sind wohl direkt von den Bellerophontina abzuleiten.

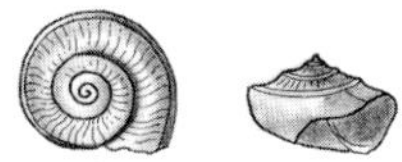

G 7

Familie Eotomariidae (Ob. Kambrium – Unt. Jura)

Gehäuse turbiniform – trochiform. Seitlicher Mündungsschlitz immer vorhanden.

G 7 ***Ptychomphalus.*** Unt. Jura. Niedrig; kreiselförmig. Umgänge schwach konkav bis schwach konvex, mit peripherer Kante. Skulptur schwach; Nabel bedeckt. ***P. expansus*** (SOWERBY), Unt. Jura (Ob. Pliensbach); ca. 2 cm.

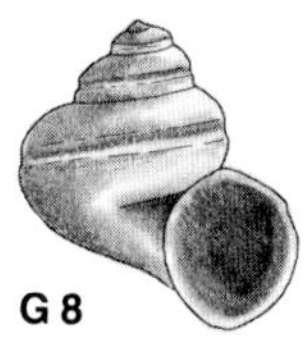

G 8

Familie Gosseletinidae (Mittl. Ordovizium – Trias)

Seitlicher Mündungsschlitz sehr kurz.

G 8 ***Euryzone.*** Ob. Ordovizium – Mittl. Devon. Gehäuse breit trochiform. Nabel mehr oder weniger weit. Umgänge durch tiefe Naht getrennt. Anwachsstreifen zum Schlitzband zurückgebogen. Schlitzband breit, mitunter schwach konkav. ***E. delphinuloides*** (SCHLOTHEIM), Mittl. – Ob. Devon; ca. 4,2 cm.

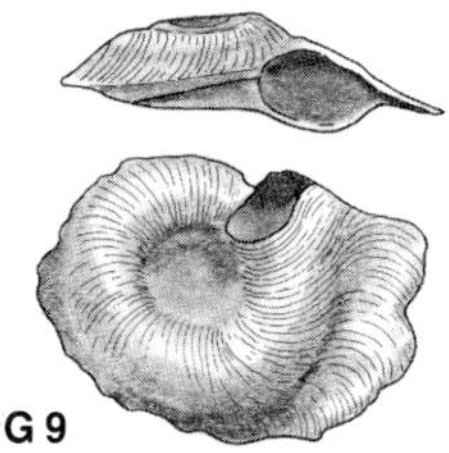

G 9

Familie Euomphalopteridae (Mittl. – Ob. Silur)

Linsenförmig bis trochiform.

G 9 ***Euomphalopterus.*** Mittl. – Ob. Silur. Gewinde niedrig, kegelförmig. Weitnabelig. Anwachsstreifen der Oberseite wenig gebogen, jene der Unterseite S-förmig geschwungen. ***E. alatus*** (WAHLENBERG); ca. 5 cm.

G 10

Familie Pleurotomariidae (Trias – rezent)

Mittelgroß bis großwüchsig; trochiform. Schlitz und Schlitzband deutlich.

G 10 ***Pleurotomaria.*** Jura – Unt. Kreide (Apt). Mittelgroß bis

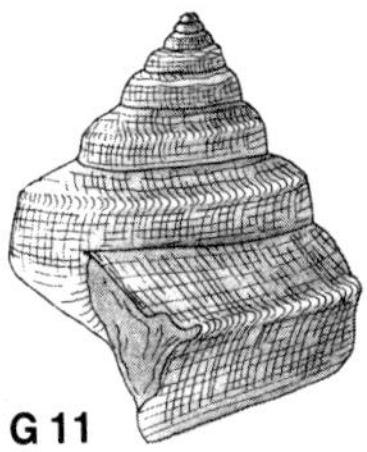

G 11

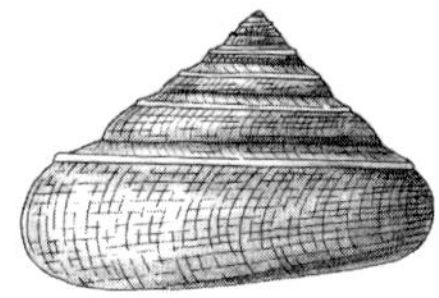

G 12

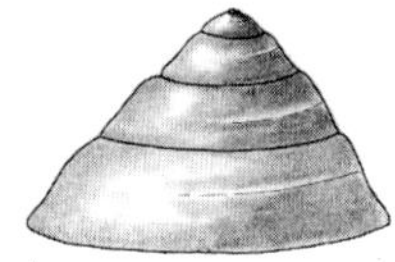

G 13

G 14

G 15 s. Foto S. 83

G 16

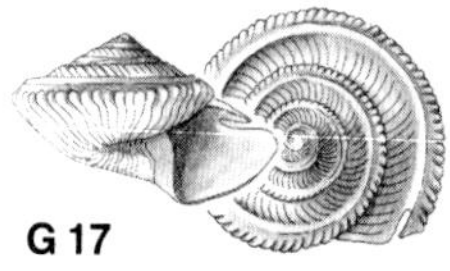

G 17

großwüchsig; trochiform. Umgänge außen abgeflacht. Oberfläche mit Spiralstreifen oder mit Spiral- und Anwachsstreifen (gegittert). Schulter trägt häufig Knotenreihe. Schlitzband meist breit. ***P.*** diente früher als Sammelgattung für viele, heute zu anderen Gattungen gestellte Arten. ***P. anglica*** (SOWERBY), Mittl. Unterjura; ca. 3,6 cm. Eine weitere Art aus dem Unt. Jura ist ***P. tuberculata*** ZIETEN (Hettang – Unt. Pliensbach); ohne Abb.

G 11, 12 ***Bathrotomaria.*** Jura – Ob. Kreide (Campan). Trochiform; Gewinde niedrig bis hoch. Umgangsquerschnitt außen gewinkelt. Spiralskulptur, jedoch weniger ausgeprägt als bei ***Pleurotomaria;*** keine Knoten. ***B. reticulata*** (SOWERBY) (**G 11**), Ob. Jura (Oxford – Kimeridge); ca. 7,5 cm. ***B. perspectiva*** (MANTEL) (**G 12**), Unt. Kreide (Ob. Alb) – Ob. Kreide (Coniac); ca. 5,6 cm.

G 13 ***Leptomaria.*** Mittl. Jura – Unt. Tertiär (Dan). Gehäuse konisch, etwa trochiform. Umgänge schwach bis stark gewölbt, selten eben. Oberfläche mit feinen Spiralstreifen oder in Verbindung mit Anwachsstreifen gegittert. Schlitzband schmal, etwa in Umgangsmitte. ***L. subgigantea*** (ORBIGNY), Ob. Kreide (Cenoman – Campan); ca. 11 cm. Aus dem Mittl. Jura (Bajoc) stammt ***L. amoena*** (DESLONGCHAMPS); ohne Abb.

G 14–16 ***Pyrgotrochus.*** Jura – Ob. Kreide (Cenoman). Gehäuse konisch, coeloconoid. Umgänge flach oder leicht konkav. Naht durch Knotenreihen gesäumt. Anwachsstreifen schwach. Schlitzband erhaben. ***P. bitorquatus*** (DESLONGCHAMPS) (**G 14**), Mittl. Unterjura; ca. 6,5 cm. ***P. conoideus*** (DESHAYES) (**G 15**), Mittl. Jura (Ob. Bajoc); ca. 3,5 cm. ***P. speciosus*** (GOLDFUSS) (**G 16**), Unt. Oberjura; ca. 4 cm. Eine Art aus dem Mittl. Jura zeigt Abb. 4 auf S. 118: ***P. luciensis*** (ORBIGNY).

G 17 ***Obornella.*** Ob. Unterjura – Ob. Jura (Oxford). Niedrig turbiniform bis linsenförmig. Nabel offen. Unterseite gewölbt. Schlitzband oberhalb der Windungskante. Skulptur in Form feiner Spiralstreifen und kräftiger Querrippen. ***O. pliopunctata*** (DESLONGCHAMPS), Mittl. Jura (Bajoc); ca. 3,6 cm. In Bathon und Callov tritt auf ***O. granulata*** (SOWERBY); ohne Abb.

Unterordnung Trochina (Ordovizium – rezent)

Gehäuse meist kegelförmig (trochiform – turbiniform), selten auch discoidal.

Familie Platyceratidae (Mittl. Ordovizium – Mittl. Perm)

Gehäuse meist nur mäßig hoch, turbiniform. Lebensweise commensalistisch auf Seelilien und Cystoiden. Die Schnecken saßen auf dem Kelch in Afternähe oder auf dem After und ernährten sich von den ausgeschiedenen Stoffen.

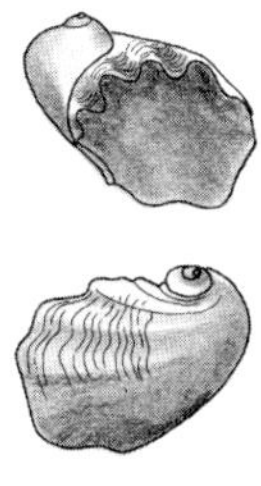

G 18

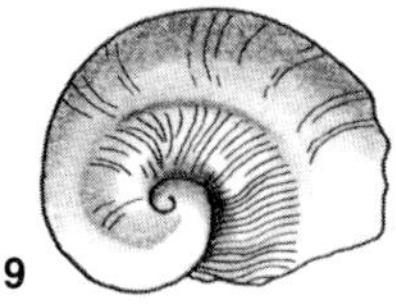

G 19

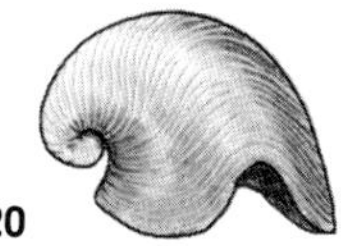

G 20

G 21 s. Foto S. 83

G18–20 ***Platyceras.*** Silur – Unt. Karbon. Gehäuseform unregelmäßig, niedrig kappenförmig. Auf eine oder zwei Innenwindungen folgt eine in der Größe sehr schnell zunehmende Außenwindung. Anwachsstreifung, mitunter auch Spiralstreifung. ***P. haliotis*** (SOWERBY) (**G18**), Silur (Wenlock – Ludlow); ca. 3,5 cm. ***P. priscus*** (PHILLIPS) (**G 19**), Devon; ca. 2,5 cm. ***P. trilobatus*** (PHILLIPS) (**G 20**), Karbon; ca. 1,5 cm.

G 21 ***Praenatica.*** Ob. Silur – Unt. Devon. Naticaform bis ohrenförmig; innere Windungen klein, Außenwindung sehr groß. Feine Anwachslamellen und dichtstehende, schräge und unregelmäßige Bänder. ***P. gregaria*** (BARRANDE), Ob. Silur; ca. 3,7 cm.

G 22

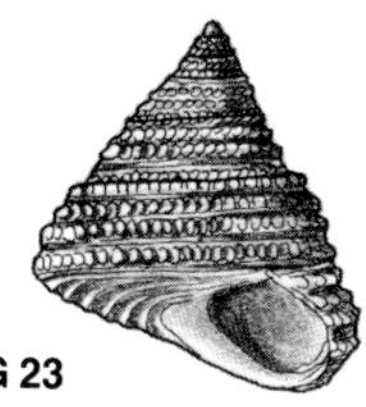

G 23

Familie Trochidae (Trias – rezent)
Gehäuse konisch, turbiniform oder auch angenähert kugelig. Mündung ganzrandig.

G 22 ***Periaulax.*** Ob. Kreide – Tertiär (Pliozän).
Gehäuse turbiniform, mit offenem Nabel. Oberfläche glatt oder spiralig berippt. ***P. radiatulus*** (FORBES), Ob. Kreide (Coniac – Santon); ca. 1,3 cm.

G 23 ***Calliostoma.*** Kreide – rezent. Konisch bis turbiniform; ungenabelt. Oberfläche mit gekörnelten Spiralreihen. Umgangsaußenseite eben oder wenig gewölbt. ***C. nodulosum*** (SOLANDER), Tertiär (Eozän; Barton); ca. 2,5 cm. Eine weitere, in der Gehäuseform ähnliche, jedoch feiner skulptierte Art aus der gleichen Schicht ist ***C. monilifera*** (LAMARCK); ohne Abb.

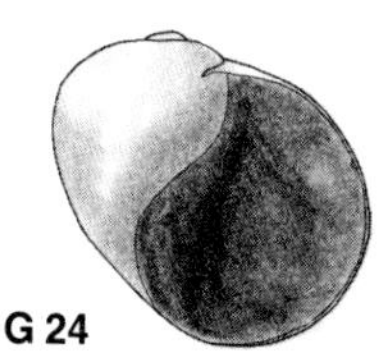

G 24

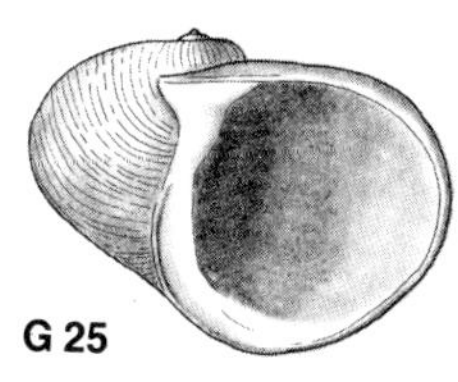

G 25

Unterordnung Neritopsina (Mittl. Devon – rezent)
Gehäuse eiförmig bis kugelig, selten kappen- oder napfförmig. Windungszahl gering.

Familie Neritopsidae (Mittl. Devon – rezent)
Gehäuse kugelig; letzte Windung sehr groß. Innenlippe breit und glatt.

G 24, 25 ***Naticopsis.*** Mittl. Devon – Trias. In der Regel großwüchsig; kugelig, jedoch mit schwach erhabener Spitze. Spindel- und Parietallippen verdickt. ***N. elliptica*** (PHILLIPS) (**G 24**), Unt. Karbon; ca. 6 cm. ***N. ampliata*** (PHILLIPS) (**G 25**), Karbon (Vise); ca. 5,5 cm.

G 26 ***Turbonitella.*** Unt. Karbon. Turbiniform; die mehr oder weniger ausgeprägte Schulter trägt langgezogene Knötchen, die mit der Anwachsstreifung korrespondieren. ***T. biserialis*** (PHILLIPS); ca. 1,5 cm.

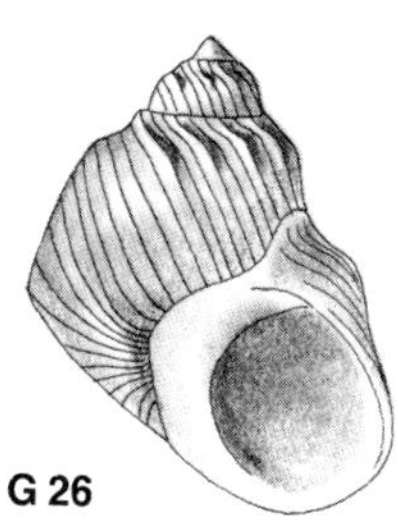

G 26

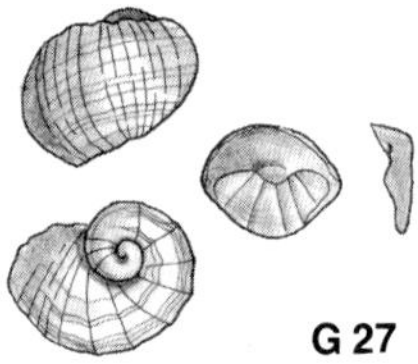

G 27

G 27 ***Neritopsis.*** Trias – rezent. Kleinwüchsig bis mittelgroß, mit schwach erhabener, stumpfer Spitze. Letzte Windung kugelig. Mündung kreisförmig; Operculum kräftig, trapezförmig. Skulptierung in Form von Spiralrippen. ***N. philea*** (ORBIGNY), Unt. Jura (Unt. Toarc); Gehäuse ca. 2,5 cm, Operculum ca. 1 cm. Eine im Ob. Jura (Kimeridge – Unt. Untertithon) mitunter häufige, kleinwüchsige Art, meist als Steinkern überliefert, ist ***N. jurensis*** (ZIETEN); ohne Abb.

Familie Neritidae (Trias – rezent)
Gehäuse rundlich, turbiniform, auch kappen- oder napfförmig. Ungenabelt.

G 28

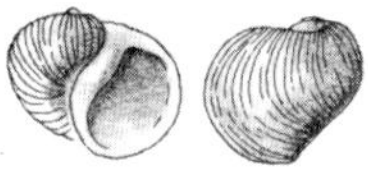

G 28 ***Neritaria.*** Mittl. – Ob. Trias. In der Form ***Natica*** ähnlich, glattschalig oder mit Anwachsstreifen. Spitze mäßig erhaben. ***N. spirata*** (SCHLOTHEIM), Trias (Ob. Muschelkalk); ca. 1,2 cm. Eine Art mit ähnlicher stratigraphischer Reichweite ist ***N. candida*** (KITTL); diese zeigt jedoch eine höhere Spitze und keine Skulptierung (ohne Abb.).
G 29 ***Velates.*** Ob. Kreide – Tertiär (Eozän). Großwüchsig. Windungen nicht sichtbar. Erinnert an ***Crepidula*** (Pantoffelschnecke). Innenlippe gezahnt. ***V. schmiedelianus*** CHEMNITZ, Tertiär (Paläozän [Thanet] – Eozän [Lutet]); ca. 4,6 cm.

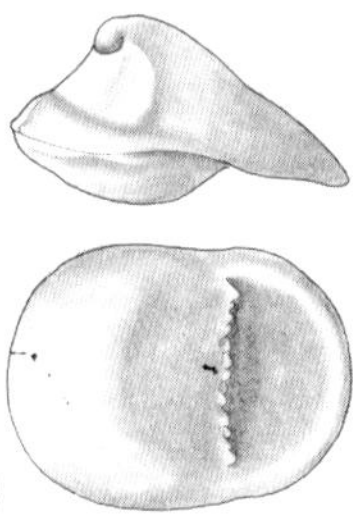

G 29

Unterordnung Murchisoniina (?Ob. Kambrium; Ordovizium – Trias)
Gehäuse schmal, hoch, mit zahlreichen Windungen. Anwachsstreifen immer, Spiralstreifen oft vorhanden.

Familie Murchisoniidae (?Ob. Kambrium; Ordovizium – Trias)

G 30 ***Murchisonia.*** Silur – Perm; ?Trias. Kleinwüchsig bis mittelgroß; turmförmig. Mündung oval, Mundrand scharf. Umgänge mehr oder weniger kantig. Schlitzband peripher, etwa in Umgangsmitte, schmal, konkav. Unterhalb der Naht können Knoten sitzen; Oberfläche ansonsten nur schwach skulptiert (Anwachsstreifen). ***M. bilineata*** (DECHEN), Mittl. Devon; ca. 5 cm.

G 30

Oberfamilie Palaeotrochacea (Devon – Kreide)
Turbiniform, trochiform oder mäßig turmförmig. Gehäusewandung meist dickschalig.

Familie Paraturbinidae (Trias – Kreide)
Turbiniform. Ungenabelt oder mit sehr schmalem Nabel.

G 31 ***Chartronella.*** Trias – Ob. Jura. Kleinwüchsig; ungenabelt oder mit schmaler Nabelöffnung. Letzte Windung mit 2 Kielen (bicarinat); die älteren Windungen können einfach gekielt sein. ***C. zetes*** (ORBIGNY), Mittl. Jura (Bajoc); ca. 1 cm.

G 31

Oberfamilie Amberleyacea (Mittl. Trias – Tertiär [Oligozän])
Gehäuse meist turbiniform mit kreisförmiger Mündung. In der Skulptur überwiegen Spiralelemente. Links- oder rechtsgewunden.

Familie Amberleyidae (Mittl. Trias – Tertiär [Oligozän])
Turbiniform, auch niedrig turmförmig; rechtsgewunden.

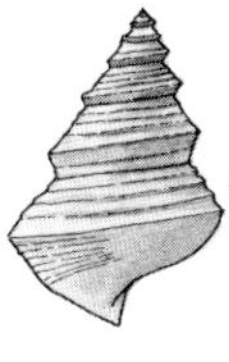

G 32

G 33

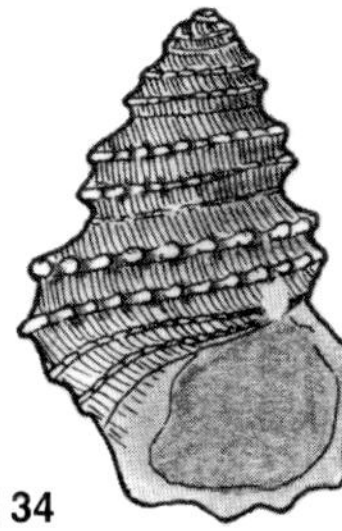

G 34

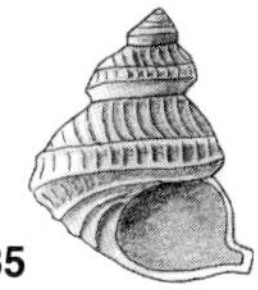

G 35

G 32, 33 ***Amberleya.*** Trias – Ob. Jura (Unt. Oxford). Gehäuse angenähert turbiniform bis mäßig turmförmig; ungenabelt. Spindellippe konkav. Oberfläche mit Knotenreihen. ***A. subimbricata*** (ORBIGNY) (**G 32**), Unt. Jura (Sinemur – Pliensbach); ca. 2,8 cm. ***A. bathonica*** COX & ARKELL (**G 33**), Mittl. Jura (Bathon); ca. 5 cm.
G 34 ***Eucyclus.*** Trias – Tertiär (Oligozän). Gehäuse ähnlich ***Amberleya,*** jedoch mit angenähert gerader und senkrechter Spindellippe und mit bis zu 5 spiral verlaufenden Kielen, die auch gezähnelt sein können. ***E. capitanaeus*** (MUENSTER), Unt. Jura (Ob. Toarc); ca. 3,3 cm. Eine hochgewundene Art aus dem Mittl. Unterjura ist ***E. obeliscus*** (DESLONGCHAMPS); ohne Abb.
G 35 ***Tectospira.*** Mittl. Trias. Kleinwüchsig; turbiniform; ungenabelt. Mündung oval, breiter als hoch, mit Ausbuchtung im Kielbereich. Oberhalb der Naht an der Stelle der größten Umgangsbreite befindet sich ein breiter bandförmiger Kiel. Oberfläche mit Querrippen. ***T. chopi*** PICARD, Trias (Muschelkalk); ca. 1,2 cm.

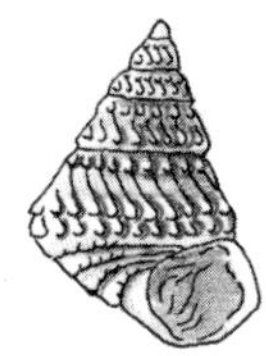

G 36

G 36 ***Riselloidea.*** Trias – Unt. Kreide (Unt. Apt). Kleinwüchsig; trochiform; ungenabelt. Basis (Unterseite) flach und gekielt. Umgänge mit beknoteten Kielen beiderseits der tiefen Naht. Querrippen zwischen den Knotenreihen. ***R. biarmata*** (MUENSTER), Mittl. Jura; ca. 1 cm.

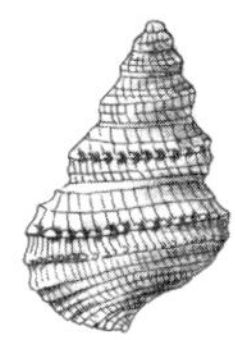

G 37

G 37 ***Onkospira.*** Ob. Jura – Unt. Kreide. Turbiniform, hochgewunden; ungenabelt. Umgänge kräftig gewölbt im Querschnitt. Oberfläche mit zahlreichen Spiralrippen und feinen Querrippen. ***O. ranellatus*** (QUENSTEDT) (syn. ***O. anchura*** [GOLDFUSS]); Ob. Jura; ca. 2,1 cm.

Familie Nododelphinulidae (Ob. Trias – Ob. Kreide)
Klein bis mittelgroß; turbiniform. Höhe etwa gleich Breite. Nabel offen. Mündung kreisförmig (Ausnahme: *Amphitrochus*), ganzrandig. In der Skulptur herrschen Spiralelemente vor.

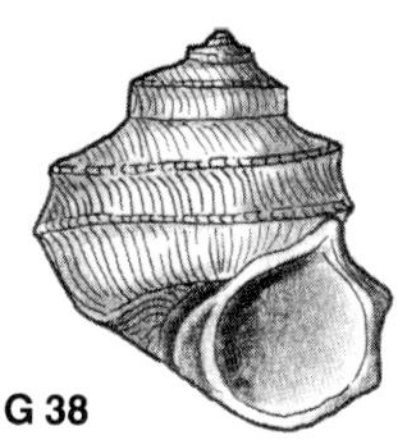

G 38

G 38 ***Nododelphinula*** Mittl. Jura – Unt. Kreide. Turbiniform, breit genabelt. Letzte Windung mit 2 Spiralkielen. Oberfläche mitunter mit Spiralrippen, bei manchen Arten gekreuzt von Querrippen. Unterseite mit auch in den Nabel laufenden Querrippen. ***N. reticularis*** (PHILLIPS), Unt. Kreide (Valangin – Unt. Apt); ca. 2,5 cm. Eine Art aus dem Mittl. Jura (Bajoc) mit knotenbesetzten Spiralkielen ist ***N. hudlestoni*** COSSMANN (ohne Abb.).

G 39 s. Foto S. 84

G 39 ***Amphitrochus.*** Ob. Trias (Nor) – Unt. Kreide (Unt. Apt). Mittelgroß; trochiform mit konischem Gewinde. Nabelöffnung schmal. Die letzte Windung trägt 2 beknotete Spiralrippen; eine oder beide verlaufen über der Naht der älteren Umgänge. Der Nabelrand kann von einem beknoteten Kiel gebildet werden. ***A. subduplicatus*** (ORBIGNY), Unt. Jura (Ob. Toarc); ca. 1,5 cm. Im Mittl. Jura (Bajoc) finden wir ***A. duplicatus*** (SOWERBY); ohne Abb.

G 40

G 40 ***Trochacanthus.*** Ob. Kreide. Relativ großwüchsig; turbiniform. Ein oder 2 Spiralkiele verlaufen peripher, an der Stelle der größten Umgangsbreite. Oberfläche mit feinen Spiralstreifen. ***T. tuberculatocinctus*** (MUENSTER), Coniac – Maastricht; ca. 5 cm.

Ordnung Caenogastropoda (Monotocardia) (Ordovizium – rezent)

Mündung oft mit Ausguß (siphonostom). Kiemen einzeilig (pectinibranch). Die Tiere dieser Ordnung sind überwiegend Fleischfresser. – Einige Autoren verzichten neuerdings auf eine Gliederung der Ordnung in Meso- und Neogastropoda und unterteilen nur in Oberfamilien.

Unterordnung Mesogastropoda (Ordovizium – rezent)

Gehäuse spiralig aufgerollt, meist höher als breit, selten auch discoidal oder napfförmig. Keine Perlmuttschicht.

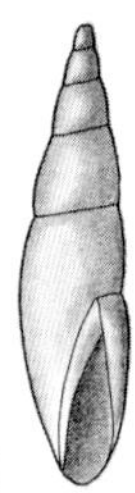

G 41

Oberfamilie Subulitacea (Mittl. Ordovizium – Mittl. Perm)

Meist kegel- bis turmförmig, mit wenig gewölbten Umgängen. Oberfläche glatt oder mit schwachen Anwachsstreifen und/oder Spiralstreifen.

Familie Subulitidae (Mittl. Ordovizium – Mittl. Perm)

G 41 ***Subulites.*** Mittl. Ordovizium – Unt. Devon. Schlank turmförmig bis fusiform; Mündung langgezogen, schmal. Umgänge flach oder nur leicht gewölbt. Naht seicht. Keine Skulptur. ***S. subelongatus*** (ORBIGNY), Mittl. Ordovizium; ca. 4,6 cm.

G 42

G 42 ***Ianthinopsis.*** Mittl. Devon – Mittl. Perm. (Syn. ***Strobeus, Strobaeus***). Gehäuseform variabel, von angenähert kugelförmig mit aufgesetzter Spitze bis hochgewunden, etwa fusiform. Mündung ganzrandig. Oberfläche mit schwachen Spiralstreifen und/oder feinen Anwachsstreifen. Bei den Arten der ähnlichen Gattung ***Soleniscus*** (Karbon – Mittl. Perm) ist die Mündung siphonostom ausgebildet. ***I. arculatus*** (SCHLOTHEIM) (syn. ***Strobeus arculatus, Soleniscus arculatus***), Mittl. Devon; ca. 6,5 cm.

Oberfamilie Loxonematacea (Mittl. Ordovizium – Ob. Jura)

Hochgewunden, mit zahlreichen Windungen. Meist ungenabelt.

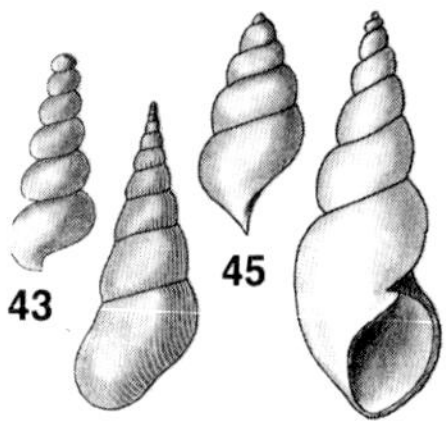

43 45

G 44 G 46

Familie Loxonematidae (bei weiter Fassung Mittl. Ordovizium – Trias)

G 43–46 ***Loxonema.*** Mittl. Ordovizium – Trias. Gehäuse schlank, turmförmig, mit zahlreichen gewölbten Umgängen. Naht tief. Oberfläche glatt oder jedenfalls ohne Spiralskulptur. ***L. gregaria*** (SOWERBY) (**G 43**), Silur (Ludlow); ca. 3 cm. ***L. lefevrei*** KONINCK (**G 44**), Unt. Karbon; ca. 4 cm. ***L. altenburgense*** (GEINITZ) (**G 45**), Perm (Zechstein); ca. 1,2 cm . ***L. fritschi*** PICARD (**G 46**), Trias (Unt. Muschelkalk); ca. 5,5 cm.

Familie Zygopleuridae (Trias – Ob. Jura)

G 47, 48 ***Zygopleura.*** Trias – Ob. Jura (Unt. Kimeridge). Gehäuse schlank, turmförmig. Umgänge kräftig gewölbt. Querrippen deutlich entwickelt, keine Spiralskulptur. Embryonalgewinde glatt mit bis zu 3 Windungen. ***Z. obsoleta*** (SCHLOTHEIM) (**G 47**)), Trias (Unt. Muschelkalk); ca. 4,5 cm. ***Z. zieteni*** (QUENSTEDT), (**G 48**) Mittl. Unterjura; ca. 3,5 cm.

G 49 ***Allocosmia.*** Mittl. Trias – Unt. Jura. Großwüchsig; Gehäuse schwach coeloconoid, mit sehr schlanker Spitze. Umgänge kräftig gewölbt. Deutl. Spiralstreifen, Querrippen manchmal schwach oder fehlend. ***A. grandis*** (HOERNES), Trias (Nor); ca. 9,5 cm.

G 47

G 48

Familie Pseudomelaniidae (Trias – Ob. Kreide [Cenoman])

G 50 ***Pseudomelania.*** Trias – Ob. Kreide (Cenoman). Gehäuse hochgetürmt, kegelförmig, Flanken gerade. Mündung ganzrandig. Umgänge hoch, zahlreich. Naht linienförmig, nur schwach eingetieft. Oberfläche glatt oder mit schwach gebogenen Anwachsstreifen. ***P. heddingtonensis*** (SOWERBY) (syn. ***Chemnitzia heddingtonensis),*** Ob. Jura (Oxford – Unt. Kimeridge); der größere Steinkern der Abb. mißt ca. 8 cm.

Familie Coelostylinidae (Ob. Devon – Jura)

G 51 ***Omphaloptycha.*** Perm. – Trias. Trochiform bis turbiniform; Apex spitz. Mündung eiförmig, oben gewinkelt. Umgänge nur schwach gewölbt und durch tiefe Naht getrennt. Endwindung aufgebläht, mehr als die Hälfte der Gesamthöhe ausmachend. Oberfläche glatt oder mit schwachen, geraden oder wenig gebogenen Anwachsstreifen. ***O. gregaria*** (SCHLOTHEIM), Ob. Muschelkalk; ca. 0,7 cm.

G 52 ***Bourguetia.*** Mittl. Trias – Ob. Jura (Kimeridge). Großwüchsig; dünnschalig; noch kegelförmig. Mündung rundlich bis oval, oben gewinkelt. Letzter Umgang höher als halbe Gesamthöhe. Umgänge gewölbt und durch tiefe Naht getrennt. Deutliche Spiralstreifen oder -rippen, mitunter auch geschwungene Anwachsstreifen. ***B. saemanni*** (OPPEL) (syn. ***B. striata***), Mittl. Jura – Ob. Jura (Oxford); ca. 14 cm.

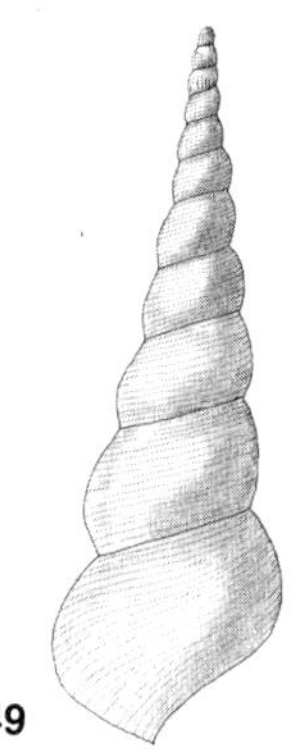

G 49

Oberfamilie Cyclophoracea (Karbon – rezent)

Meist mit kegelförmig gewundenem Gehäuse; Operculum spiralig.

G 53 ***Viviparus.*** Jura – rezent. (Syn. ***Paludina***). Gehäuse bis mit-

G 50 s. Foto S. 84

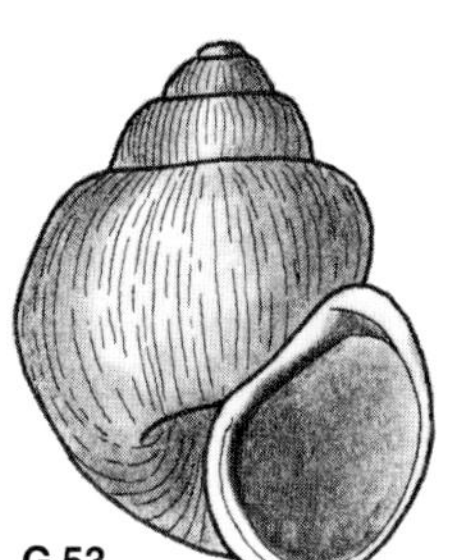

G 53

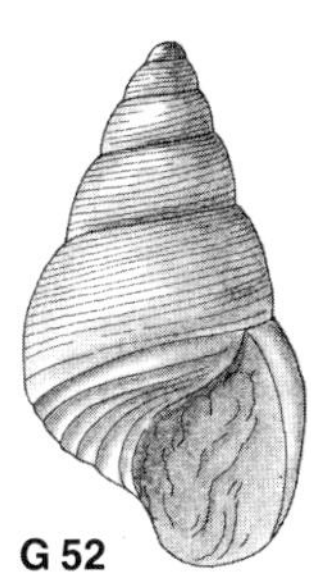

G 52

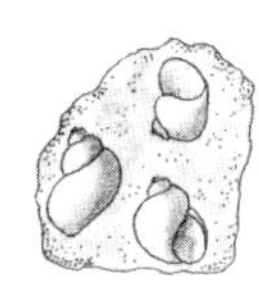

G 51

telgroß; breit-turbiniform. Mündung schräg, eiförmig bis rundlich. Nabel eng, teilweise bedeckt. Umgänge kräftig gewölbt, glatt oder mit Anwachsstreifen. Verschiedene fossile Formen zeigen einfache oder beknotete Spiralkiele. Embryonalgewinde kantig. Alle rezenten Arten leben im Süßwasser und sind lebendgebärend. ***V. suevicus,*** Tertiär (Miozän); ca. 3,4 cm. Aus der Unt. Kreide (Valangin – Barreme) stammt ***V. sussexiensis*** (SOWERBY), während ***V. angulosus*** (SOWERBY) und ***V. lentus*** (SOLANDER) im Tertiär (Ob. Eozän – Unt. Oligozän) vorkommen; ***V. diluvianus*** (KUNTH) finden wir in quartären Ablagerungen (die letzten 4 Arten ohne Abb.).

G 54

Oberfamilie Littorinacea (Trias – rezent)

Gehäuse hoch-kreiselförmig bis kugelig; Operculum spiralig. Die marinen Formen sind bis auf wenige Ausnahmen Bewohner strandnaher Bereiche.

G 54 ***Purpurina.*** ?Trias; Mittl. Jura (Bajoc) – Ob. Jura (Oxford). Bis mittelgroß; turbiniform, jedoch mit als Kante ausgebildeter Schulter (rampenartig). Mündung schiefliegend, eiförmig. Ungenabelt. Endwindung sehr groß, unten gerundet. Oberfläche mit kräftigen Querrippen und zahlreichen Spiralrippen. ***P. bellona*** ORBIGNY, Mittl. Jura (Bajoc); ca. 2,2 cm.

G 55

G 55 ***Pomatias.*** Tertiär (Oligozän) – rezent. Kleinwüchsig bis mäßig groß; turbiniform, relativ schlank. Spitze abgestumpft. Mündung rundlich, ganzrandig. Umgänge gerundet. Oberfläche mit Spiral- und Anwachsstreifen, die sehr schwach sein können. Landbewohnende Formen. Mitunter Leitformen. ***P. antiquum*** (BRONGNIART), Oligozän; ca. 2 cm.

Oberfamilie Rissoacea (Perm – rezent)

Meist kleinwüchsig; Gehäuse turmförmig bis oval-kegelförmig, auch turbiniform bis angenähert discoidal. Mündung ganzrandig, kreisförmig bis oval. Süßwasser- und landbewohnende sowie auch marine Formen.

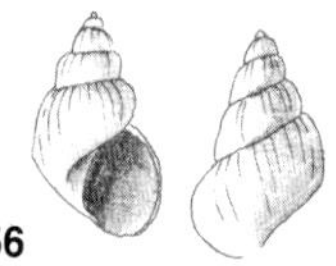

G 56

G 56 ***Hydrobia.*** Perm; Ob. Jura – rezent. Kleinwüchsig; kegelförmig mit mäßig großer Endwindung. Umgänge stark gewölbt, Naht tief. Endwindung punktgenabelt. Oberfläche glatt. ***H. trochulus*** SANDBERGER, Tertiär (Miozän; Serravall); ca. 0,3 cm. Diese Art tritt im Süßwasserkalk des Nördlinger Rieses bankbildend auf. Ohne Abb.: ***H. elongata*** FAUJAS aus dem Unt. Miozän (Aquitan; Hydrobienschichten).

G 57 ***Litorinella.*** Tertiär (Oligozän – Miozän; ?Pliozän). Kleinwüchsig; etwa turbiniform, mit großer Endwindung, deren Durchmesser jäh vergrößert sein kann. Mundrand umgeschlagen. Nabel offen. Oberfläche glatt. ***L. inflata*** (FAUJAS), Unt. Miozän (Aquitan; *Corbicula*-Schichten);ca. 0,5 cm.

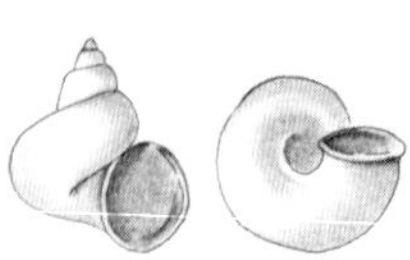

G 57

Oberfamilie Cerithiacea (Devon – rezent)

Gehäuse hochgewunden, mit zahlreichen Windungen. Operculum spiralig.

Familie Turritellidae (Devon – rezent)

Hochgewunden-turmförmig (turriculat), mit zahlreichen Windungen. Spiralskulptur in der Regel deutlich.

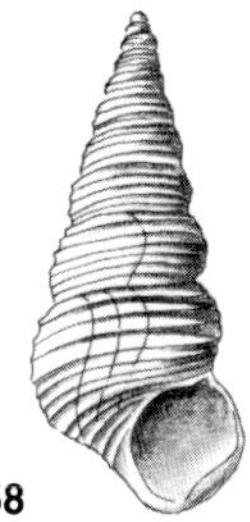
G 58
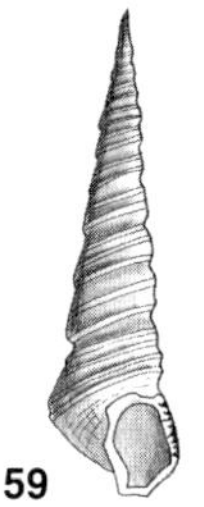
G 59
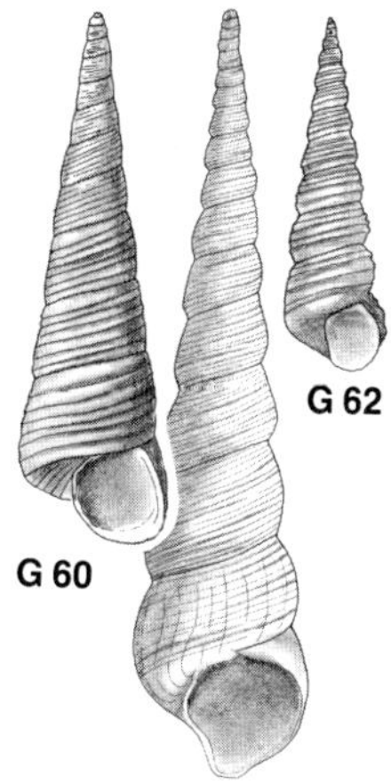
G 60
G 61
G 62

G 58 ***Mesalia.*** Ob. Kreide (Turon) – rezent. Festschalig, nicht sehr schlank. Umgänge relativ niedrig, gerundet. Ausgeprägte Spiralskulptur in Form mehrerer Rippen; Anwachslinien undeutlich, schwach gebogen. Embryonalgewinde klein. Zahlreiche Arten im Eozän des Pariser Beckens, individuenreich. ***M. sulcata*** (Lamarck), Tertiär (Eozän; Lutet – Barton); ca. 3,5 cm.
G 59 ***Haustator.*** Kreide – rezent. Gehäuse turriculat; schlank, mit zahlreichen hohen Umgängen. Mündung gerundet-quadratisch. Flanken flach, Umgänge wenig gewölbt, durch tiefe Naht getrennt. Oft Kante oberhalb der unteren Naht. Spiralförmig; stark gebogene Anwachsstreifen. Spindelrand kaum verdickt. ***H. imbricataria*** (Lamarck), Tertiär (Eozän; Lutet); ca. 6,2 cm.
G 60–62 ***Turritella.*** Ob. Kreide (Turonium) – rezent. Turriculat; mäßig groß bis großwüchsig. Mündung rundlich. Umgänge gewölbt und durch tiefe Naht getrennt. Ausgeprägte, auf dem letzten Umgang manchmal schwächere Spiralskulptur. Anwachsstreifen geschwungen, fein. ***T.*** wurde früher als Sammelgattung gehandhabt; eine große Zahl der turriculaten Formen wurde hierhergestellt und zwischenzeitlich auf andere Gattungen (bzw. Untergattungen) verteilt. Bei enger Fassung von ***T.*** dürfen nur die Formen aus dem Tertiär (ab Oligozän) und die rezenten Arten eingegliedert werden. ***T. sexlineata*** Roemer (**G 60**), Ob. Kreide (Santon – Campan); ca. 8 cm. ***T. terebralis*** Lamarck (**G 61**), Tertiär (Unt. Miozän; Burdigal); ca. 11,5 cm. ***T. turris*** Basterot (**G 62**), Tertiär (Unt. Miozän; Burdigal; Ob. Meeresmolasse); ca. 5,4 cm. Bekannt sind die gesteinsbildenden Vorkommen von Ermingen bei Ulm: „Turritellenplatte". Aus dem Ob. Miozän (Torton) von Weitendorf (Steiermark) ist bekannt ***T. turris badensis*** Sacco (ohne Abb.).

G 63

G 63 ***Ispharina.*** Tertiär (Eozän). Ähnlich ***Turritella,*** jedoch mit ausgeprägteren Anwachsstreifen, wodurch die Spiralrippen, vor allem die unmittelbar über der Naht liegenden, fein gezähnelt erscheinen können. ***I. sulcifera*** (Deshayes), Ypres – Lutet, ca. 11 cm.

G 64

G 64 ***Torquesia*** Kreide. Turriculat, mit ebenen Flanken und praktisch geraden Umgängen. Mündung oval. Spiralskulptur fein; unterhalb der Naht sitzt eine etwas erhobene Knotenreihe. ***T. granulata*** (Sowerby) (syn. ***Turritella granulata***), Unt. Kreide (Alb) – Ob. Kreide (Cenoman); ca. 4 cm.

Familie Thiaridae (Unt. Kreide – rezent)
Rundlich bis turmförmig, oben oft gestuft. Mündung meist ganzrandig, aber auch unten ausgeschnitten, jedoch immer ohne längere Siphonalrinne. Die lebenden Arten sind Süßwasserbewohner.

G 65 G 66

G 67

G 68

G 69

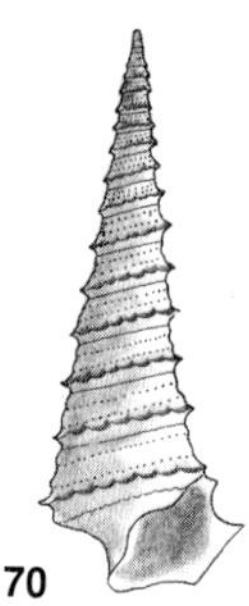

G 70

G 71

G 72 s. Foto S. 84

G 65, 66 ***Melanopsis.*** Ob. Kreide (Coniac) – rezent. Kleinwüchsig bis mäßig groß; gedrungen bis länglich-eiförmig; Gewinde kurz; ungenabelt. Mündung schmal, oben spitzwinklig. Oberfläche glatt oder skulptiert, wobei Querrippen vorherrschen. ***M. fossilis*** FERRUSAC (**G 65**), ***M. hastata*** NEUMAYR (**G 66**), beide Tertiär (Pliozän); beide 2,9 cm.

G 67 ***Paraglauconia.*** Ob. Jura (Tithon) – rezent. Gehäuse getürmt-kegelförmig, mit zahlreichen, relativ flachen Umgängen und geraden Flanken. Unter- und oberhalb der Naht je eine Knotenreihe; dazwischen liegen gebogene Anwachsstreifen (opisthoklin). ***P. strombiformis*** (SCHLOTHEIM), Unt. Kreide (Berrias – Barreme); ca. 3,5 cm.

Familie Procerithidae (Devon; Perm – Kreide)
Hochgewunden, turmförmig; meist mit Knotenreihen und Querrippen.

G 68 ***Procerithium.*** Jura. Kleinwüchsig. Zahlreiche, meist nur schwach geneigte Umgänge, mäßig gewölbt. Naht tief; Mündung unten mit Andeutung einer Siphonalbucht. Spiral- und Querrippen; meist kräftig skulptiert. ***P. muricatum*** (SOWERBY), Mittl. Mitteljura; ca. 2 cm. ***P. quinquegranosum*** COSSMANN tritt im Unt. Unterjura auf (ohne Abb.).

G 69 ***Cryptaulax.*** Unt. Jura (Sinemur) – Unt. Kreide (Unt. Apt). Gehäuse mäßig bis mittelgroß, schlank, manchmal geradezu stabförmig. Mündung oval. Zahlreiche Umgänge, nur schwach geneigt, mit Spirallinien und bedornten Querrippen. ***C. armata*** (GOLDFUSS), Unt. Jura (Ob. Toarc) – Ob. Jura (Oxford); ca. 1,5 cm. Im Unt. Jura (Ob. Pliensbach) finden wir ***C. scobina*** (DESLONGCHAMPS); ohne Abb.

Familie Potamiidae (Ob. Kreide – rezent)
Gehäuse stabil, meist getürmt-kegelförmig.

G 70 ***Potamidopsis.*** Tertiär (Eozän). Mittelgroß bis großwüchsig; turmförmig. Mündung mit kurzem, aber deutlichem Ausguß. Über der Naht verläuft ein ausgeprägter bezahnter Kiel, darüber meist 2 gekörnelte Spiralrippen, die auch auf der Unterseite auftreten. ***P. tricarinatus*** (LAMARCK), Barton; ca. 7,6 cm.

G 71 ***Pirenella.*** Ob. Kreide (Turon) – rezent. Kleinwüchsig bis mäßig groß; turmförmig. Mündung klein, rundlich, mit kurzer Siphonalrinne oder ausgeschnittenem Rand. Umgänge schwach gewölbt. Oberfläche mit 2 bis 6 gekörnelten Spiralrippen oder Knotenreihen. ***P. monilifera*** (DEFRANCE), Tertiär (Unt. – Mittl. Oligozän); ca. 2,5 cm.

G 72 ***Tympanotomus.*** Ob. Kreide (Turon) – rezent. (Syn. ***Tympanotonos***). Gehäuse getürmt-kegelförmig, mit zahlreichen flachen Umgängen. Mündung etwa rautenförmig, mit schwachem Analkanal, mäßig verbreitertem Spindelrand und verdicktem Mündungsrand. Die auch innerhalb einer Art stark variierende Skulptur besteht aus kräftigen Spiralrippen, knoten- oder stachelbesetzt. ***T. margaritaceus*** (BROCCHI), Tertiär (Ob. Oligozän; Unt. Chatt); das größere Exemplar etwa in Bildmitte mißt ca. 2,5 cm. Im Unteren Eozän (Ypres) tritt ***T. funatus*** (SOWERBY) auf (ohne Abb.).

Familie Cerithidae (Ob. Kreide – rezent)
Kleinwüchsig bis sehr groß, meist turmförmig. Mündung unten gebuchtet oder mit kurzer Siphonalrinne.

G 73 ***Campanile.*** Ob. Kreide (Maastricht) – rezent. (Syn. ***Campanilopa***). Groß- bis riesenwüchsig; getürmt-kegelförmig. Mündung schief eiförmig. Zahlreiche, sehr flache Umgänge. Die ersten Umgänge tragen glatte oder gekörnelte Spiralrippen, die späteren nur noch kräftige Knoten. ***C. giganteum*** (LAMARCK), Tertiär (Eozän; Lutet); ca. 14 cm; die Art kann über 50 cm Gehäusehöhe erreichen. Eine kleinwüchsigere Art mit rundlichen Knoten aus der gleichen Schicht ist ***C. cornucopiae*** (SOWERBY); ohne Abb.
G 74 ***Serratocerithium.*** Tertiär (Eozän). Getürmt-kegelförmig. Mündung oval, mit kurzer, nach hinten gebogener Siphonalrinne. Naht eingetieft. Letzte Windung relativ niedrig; Außenrand schwach verdickt. Erste Umgänge mit gekörnelten Spiralrippen, die folgenden mit stachelbesetztem Kiel. Spindel gerade. ***S. serratum*** (BRONGNIART), Lutet – Barton; ca. 6,2 cm.

G 73

Oberfamilie Nerineacea (Jura – Kreide)
Gehäuse getürmt-kegelförmig oder, selten, rundlich, mit allen dazwischenliegenden Übergängen. Embryonalgewinde heterostroph, abgebogen, mit horizontaler Achse. Spindel meist mit Spindelfalten.

Familie Nerineidae (Jura – Kreide); z. T. wichtige Leitformen
Gehäuse schlank; getürmt-kegelförmig. Umgänge umfassen einander nicht; die Naht ist meist erhaben. Bevorzugter Lebensraum ist der Brandungs- und Riffbereich.

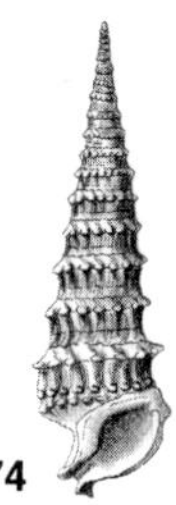
G 74

G 75 ***Nerinea.*** Jura – Kreide (Campan). Meist großwüchsig; schlank; turmförmig. Die letzte Windung macht maximal ein Viertel der Gehäusehöhe aus. Umgänge leicht konkav bis eben. Unterseite konkav, ungenabelt. Oberfläche glatt oder mit Spiralskulptur. ***N. hoheneggeri*** PETERS, Ob. Jura (Unt. Untertithon); ca. 4 cm. Im Unt. Oberjura (Oxford) finden wir ***N. visurgis*** ROEMER (ohne Abb.).
G 76 ***Melanioptyxis.*** Mittl. Jura (Bajoc – Bathon). Schlank-kegelförmig, mit geraden Flanken und eingetiefter Naht. Mündung langgezogen, schiefliegend, mit kurzer Siphonalrinne. Oberfläche glatt oder mit feinen Spiralstreifen. Spindel gerade. ***M. altararis*** (COSSMANN), Bathon; ca. 5 cm.

G 75

G 76

G 77 ***Aptyxiella.*** Ob. Jura – Unt. Kreide (Apt). Gehäuse mittelgroß bis sehr groß; schlank bis stabförmig. Umgänge hoch – gleich Breite oder höher. Mündung etwa rautenförmig, Siphonalrinne deutlich. Innenseite des Außenrandes gefurcht. Umgänge konkav, Naht erhaben. Oberfläche mit feiner Spiralskulptur. ***A. portlandica*** (SOWERBY), Ob. Jura (Ob. Tithon; Portlandian); ca. 6 cm (Steinkern). Aus dem Ob. Jura (Oxford) sei genannt ***A. sexcostata*** (ORBIGNY); ohne Abb.
G 78 ***Bactroptyxis.*** Mittl. Jura (Bajoc) – Ob. Jura (Kimeridge). Gehäuse mittelgroß bis sehr groß; schlank bis stabförmig. Umgänge höher als breit, konkav oder flach. Mündung schmal, langgezogen. Naht nur schwach erhaben. Oberfläche glatt oder mit Spirallinien. Spindel mit 3 Falten, deren unterste am kräftigsten ausgebildet und mitunter geteilt ist. ***B. bacillus*** (ORBIGNY), Mittl. Jura (Bathon); ca. 5,2 cm.

G 77

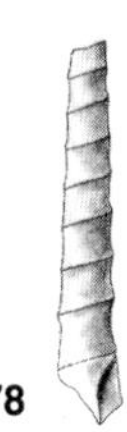
G 78

G 79 ***Trochalia.*** Mittl. Jura (Bathon) – Unt. Kreide (Unt. Apt). Großwüchsig; kreiselförmig; coeloconoid, mit flachen oder konkaven Flanken. Mündungsrand innen oft verdickt. Zahlreiche niedere Umgänge. Umgänge konkav bis schwach gerundet. ***T. pyramidalis*** (MUENSTER), Ob. Oberjura; ca. 6,5 cm. In der Unt. Unterkreide finden wir ***T. annulata*** (SHARPE); ohne Abb.

G 79

Oberfamilie Hipponycacea (Perm – rezent)

Turbiniform bis trochiform, napf- oder kappenförmig.

G 80 ***Hipponix.*** Ob. Kreide – Tertiär (Miozän). Gehäuse dickschalig, kappenförmig. Innenseite mit hufeisenförmigem Muskeleindruck. Oberfläche glatt oder mit Anwachsstreifen. Embryonalgewinde rechts gewunden. ***H. cornucopia*** (LAMARCK), Tertiär (Eozän; Lutet – Barton); ca. 3 cm. Zahlreiche Arten im Lutet und Barton des Pariser Beckens.

G 80

Oberfamilie Calyptraeacea (Kreide – rezent)

Gehäuse spiral- oder kappenförmig.

G 81, 82 ***Calyptraea.*** Ob. Kreide – rezent. Gehäuse breit und niedrig; kegelförmig, Spitze zentral. Mündung rundlich, oft sehr groß. Unterseite konkav. ***C. aperta*** (SOLANDER) (**G 81**), Tertiär (Paläozän [Ob. Thanet] – Eozän); ca. 2,5 cm. ***C. chinensis*** (LINNE) (**G 82**), Tertiär (Pliozän) – rezent; ca. 3 cm.

G 81

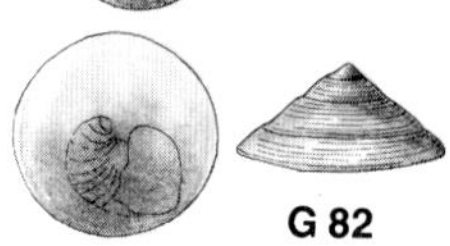
G 82

Oberfamilie Strombacea (Jura – rezent)

Gehäuse kegelförmig, niedrig bis hochgetürmt. Spindel oft verlängert; Siphonalrinne mehr oder weniger ausgeprägt. Mundrand meist umgeschlagen, flügelartig verbreitert und nicht selten mit finger- oder krallenartigen Fortsätzen.

Familie Xenophoridae (Ob. Kreide – rezent)

Gehäuse niedrig, oft scharf gekielt, mit lappigen Fortsätzen. Einige Arten agglutinieren Steinchen oder Schalenbruchstücke usw. auf der Schalenoberseite.

G 83 ***Jurassiphorus.*** Mittl. Jura – Kreide. Dünnschalig; sehr flach; genabelt. Umgänge sehr niedrig, mit stachelbesetztem, peripherem Kiel. ***J. fittoni*** (ROEMER) (syn. ***Solarium fittoni***), Unt. Kreide (Alb) – Ob. Kreide (Cenoman); ca. 5,5 cm. Aus dem Mittl. Jura (Callov) sei genannt ***J. caillaudianus*** (ORBIGNY); ohne Abb.

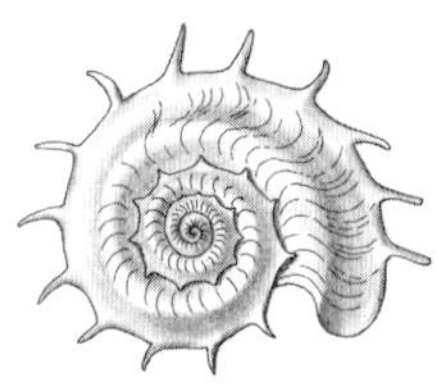
G 83

G 84 ***Xenophora.*** Ob. Kreide – rezent. Gehäuse festschalig; nieder kreiselförmig, mit flachen oder schwach gewölbten Umgängen, Naht tief, mit agglutinierten Fremdkörpern besetzt. Unterseite konkav, mit kräftig geschwungenen Anwachsstreifen. Ungenabelt oder eng genabelt. Embryonalgewinde glatt, abgeflacht. ***X. deshayesi,*** Tertiär (Miozän); ca. 5,3 cm. Im Tertiär (Eozän; Ypres) tritt auf ***X. extensa*** (SOWERBY), mit scharfem, peripherem Kiel und nicht oder nur gering agglutinierend, während ***X. agglutinans*** (LAMARCK) ebenfalls im Eozän, jedoch in den Schichten des Lutet – Barton vorkommt (beide ohne Abb.).

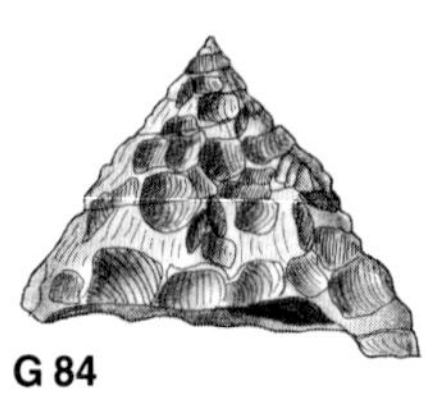
G 84

Familie Aporrhaidae (Jura – rezent)

Gehäuse meist getürmt-kegelförmig, mit langer rostraler Spindel und mehr oder weniger deutlicher Siphonalrinne. Mundrand verdickt, ausgebreitet, flügelartig ausgebildet oder mit fingerartigen Fortsätzen.

G 85, 86 ***Drepanocheilus.*** Unt. Kreide (Apt.) – Tertiär (Eozän). Gehäuse getürmt. Mündung schmal. Mündungsrand flügelartig, mit 1 oder 2 Fortsätzen. Umgänge gewölbt. Rostrum relativ kurz. Oberfläche der ersten Umgänge glatt, später mit Spiral- und Querrippen; letzte Windung mit 2 Kanten, die beknotet sein können. Feine Spiralstreifen. ***D. granulosus*** (G. Müller) (**G 85**), Ob. Kreide (Coniac – Santon); ca. 2,2 cm. ***D. speciosus*** (Schlotheim), (**G 86**) Tertiär (Unt. Miozän; Aquitan); ca. 3,7 cm. Das abgebildete Stück ist ein Geschiebefund aus Holsteiner Gestein; es handelt sich um die Unterart ***D. speciosus*** (Schlotheim) ***unisinuatus*** (Sandberg).

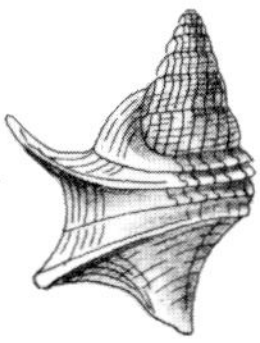

G 85

G 86 s. Foto S. 84

G 87 ***Aporrhais.*** Ob. Kreide (Coniac) – rezent. Gewinde relativ hoch, mit feiner Spitze. Mündung schmal, mit relativ langem, mehr oder weniger als Siphonalrinne ausgebildetem Rostrum, sowie mit einem oberen, dem Gewinde teilweise angehefteten Fortsatz. Mündungsrand mit mehreren fingerartigen, verschieden kräftig ausgebildeten Fortsätzen. Umgänge zahlreich, gewölbt oder kantig. Anfangswindungen mit Querrippen, danach mit Knotenreihen. Feine Spiralstreifung. ***A. tridactylus*** A. Braun, Tertiär (Mittl. Oligozän); ca. 2,5 cm. Im Tertiär (Eozän; Ypres) tritt auf ***A. sowerbii*** (Fleming); weit verbreitet ist die rezente Art ***A. pespelicani*** (Linne) (Pelikanfuß); beide ohne Abb.

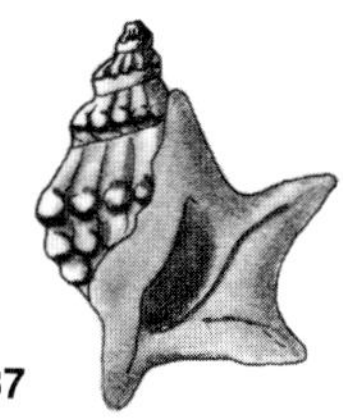

G 87

G 88 ***Harpagodes.*** Mittl. Jura (Bathon) – Ob. Kreide (Cenoman). Großwüchsig; festschalig; aufgebläht. Mit kurzem Gewinde und gewölbten oder kantigen Umgängen. Außenrand kräftig, mit 5 fingerförmigen, gekrümmten Fortsätzen in Verlängerung der kräftiger ausgebildeten Spiralkiele. ***H. oceani*** (Brongniart) (syn. ***Pterocera oceani***), Ob. Jura (Mittl. Kimeridge); ca. 6 cm. ***H. pelagi*** (Brongniart) tritt in der Unt. Kreide (Barreme) auf (ohne Abb.).

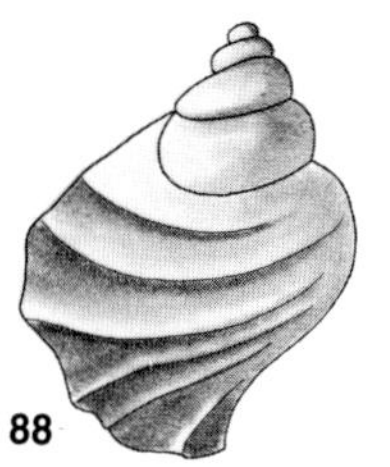

G 88

G 89, 90 ***Anchura.*** Jura – Kreide. Gehäuse turmförmig. Mündungsrand flügelförmig, mit einem oder 2 Fortsätzen. Umgänge gewölbt oder kantig, glatt oder gekielt, auch in Form von Knotenreihen. Spindel rostrumartig verlängert. ***A. subpunctata*** (Muenster) (**G 89**), Mittl. Jura (Unt. Aalen); ca. 3 cm. ***A. bicarinata*** (Goldfuss) (**G 90**), Ob. Oberjura; ca. 1,9 cm. In der Ob. Kreide (Alb) finden wir ***A. carinata*** (Mantell); ohne Abb.

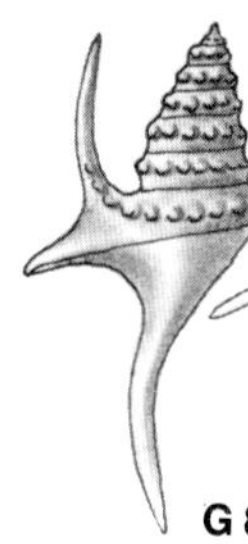

G 90

G 89

G 91 ***Spinigera.*** ?Ob. Trias (Rhät); Unt. Jura (Toarc) – Unt. Kreide. Gehäuse getürmt, mit langem, geradem Rostrum. Umgänge gewölbt, kantig, mit in einer Ebene liegenden Stacheln auf jedem Umgang. Außenrand nicht verbreitert. Spiralskulptur. ***S. alba*** (Quenstedt), Unt. Oberjura (Oxford); ca. 2,9 cm. ***S. longispina*** (Deslongchamps) tritt im Mittl. Jura (Bajoc) auf (ohne Abb.).

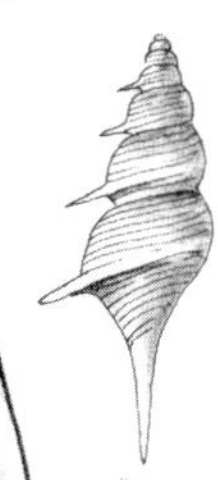

G 91

Familie Strombidae (Ob. Kreide – rezent)
Form variabel; Gewinde meist getürmt. Mündung lang und schmal; Spindel meist rostral verlängert. Fortbewegung durch Springen mit Hilfe des Fußes.

G 92 ***Rimella.*** Tertiär (Eozän) – rezent. Kleinwüchsig bis mittelgroß. Mündung oval, mit sehr kurzem Rostrum und durch Außen- und Spindelrand gebildeter, bis zur Gehäusespitze ausgezogener Rinne. Mündungsrand umgeschlagen, innen glatt. Umgänge gewölbt; Naht vertieft. Die letzte Windung entspricht etwa der halben Gesamthöhe. Oberfläche mit ausgeprägten Querrippen. ***R. fissu-***

G 92

rella (LAMARCK), Eozän (Ypres – Barton); 3,2 cm. Ebenfalls im Eozän (Barton – Priabon) tritt auf ***R. rimosa*** (SOLANDER). Bei dieser Art reicht die Rinne nicht ganz bis zur Spitze und wir beobachten eine feine Spiralskulptur. Im Barton finden wir ***R. labrosa*** (SOWERBY) (mit gedrungenerer Gestalt als ***R. fissurella***); die letzten beiden ohne Abb.

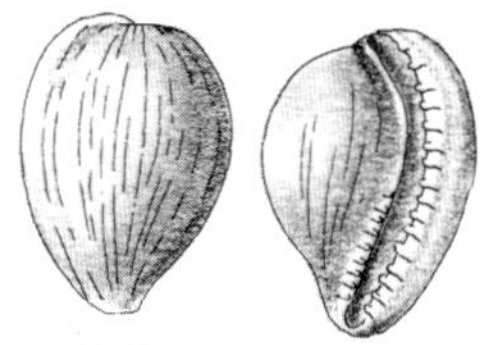

G 93

Oberfamilie Cypraeacea (Kreide – rezent)

Gehäuse meist eiförmig; convolut. Mündung langgezogen, schlitzförmig; Außenrand eingeschlagen; Außenlippe und Spindelrand fast immer gezahnt oder gefaltet. Bekannt sind vor allem die oft farbenprächtigen rezenten Formen der tropischen Meere; fossile Arten treten nicht sehr häufig auf.

G 93 ***Eocypraea.*** Unt. Tertiär. Eiförmig; mit gebogener, schlitzförmiger Mündung. Mündungsrand umgeschlagen, verdickt, gezahnt. Spindelrand schwach gezahnt. ***E. subexcisa*** (A. BRAUN), Mittl. Oligozän; ca. 2 cm.
Die Gattung ***Trivia*** mit kräftig quergerippter Oberfläche tritt auf ab dem Ob. Eozän– rezent, während ***Cypraea*** (mit glatter Oberfläche und leicht sinusförmig geschwungener Mündung) seit dem Miozän bekannt ist und rezent mit zahlreichen Arten vorkommt.

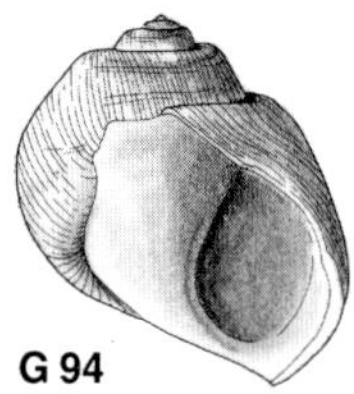

G 94

Oberfamilie Naticacea (Trias – rezent)

Gehäuse eiförmig; kugelig (naticaform) bis ohrförmig. Gewinde meist ziemlich niedrig. Mündung groß, holostom. Mündungsrand meist scharf. Oberfläche glatt, aber auch mit schwacher Spiralskulptur. Räuberische Lebensweise: Die beim Kriechen auf Sand und Schlamm aufgestöberten Muscheln und Schnecken werden mit Hilfe eines von einer Bohrdrüse abgesonderten Sekrets angebohrt und ausgesaugt. Zahlreiche fossile Formen, vor allem im Tertiär.

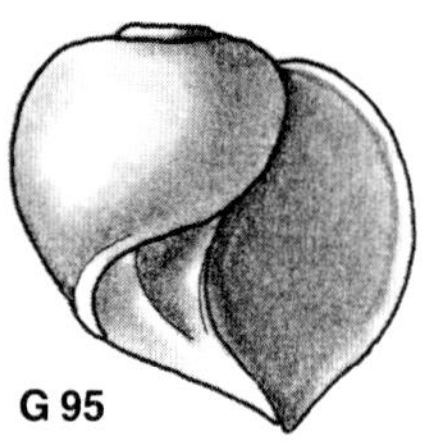

G 95

Familie Naticidae (Auftreten und Merkmale wie Oberfamilie)

G 94 ***Megatylotus.*** Tertiär (Oligozän – Miozän). Großwüchsig; dickschalig; kugelig. Gewinde erhaben, abgestumpft. Die schwach gewölbten Umgänge werden durch eine tiefe Naht getrennt. Endwindung sehr groß; Nabel bedeckt. Spindelrand bedeckt einen Teil des Nabelfeldes. ***M. crassatina*** (LAMARCK) (syn. ***Natica crassatina, Ampullinopsis crassatina***), Oligozän (Rupel); ca. 5 cm.
G 95 ***Gyrodes.*** Unt. Kreide (Alb) – Ob. Kreide. Gehäuse rundlich, breiter als hoch. Gewinde kurz und stumpf, mit wenigen, schnell größer werdenden Umgängen. Endwindung sehr groß, mit weitem, oft von Kante begrenztem Nabel. Mündungsrand dünn. Letzte Windung mit feinen Anwachsfältchen. ***G. acutimargo*** (ROEMER), Ob. Kreide (Santon – Unt. Campan); ca. 2,8 cm.

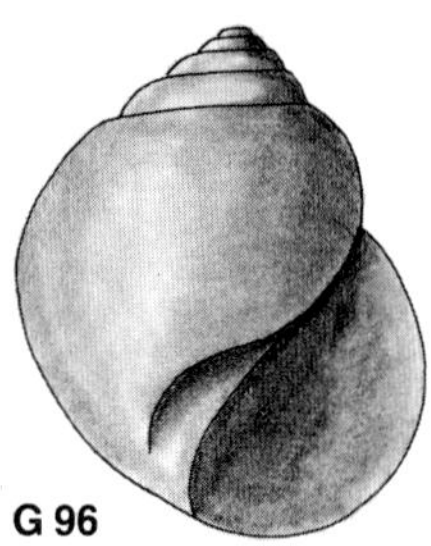

G 96

G 96 ***Ampullina.*** Jura – Tertiär (Miozän). Mittelgroß bis großwüchsig; festschalig; Gehäuse kugelig. Umgänge gewölbt, oben abgeflacht; Gewinde wenig erhaben. Endwindung sehr groß, mäßig eng genabelt. ***A. gigas*** (STROMBECK), Ob. Jura (Kimeridge – Unt. Untertithon); ca. 7 cm.

G 97

G 97 ***Ampullospira.*** Mittl. Trias – Tertiär (Miozän). Gehäuse dickschalig; rundlich bis dick-kegelförmig. Gewinde mehr oder weniger erhaben, oben mitunter abgestumpft. Nabel nahezu oder ganz bedeckt durch den Spindelrand. Feine Anwachsstreifen. ***A. ceres*** (LORIOL), Ob. Jura (Ob. Tithon; Portlandian); ca. 2 cm.

G 98 ***Globularia.*** Jura – rezent. Gehäuse rundlich; Gewinde meist wenig erhaben; spitz. Umgänge gewölbt, regelmäßig anwachsend, durch seichte Naht getrennt. Mündung groß, etwa halbkreisförmig; Mündungsrand scharf. Nabel ganz oder nahezu bedeckt. ***G. sigaretina*** (LAMARCK) (syn. ***Ampullina sigaretina***), Tertiär (Eozän; Lutet – Barton); ca. 3 cm.

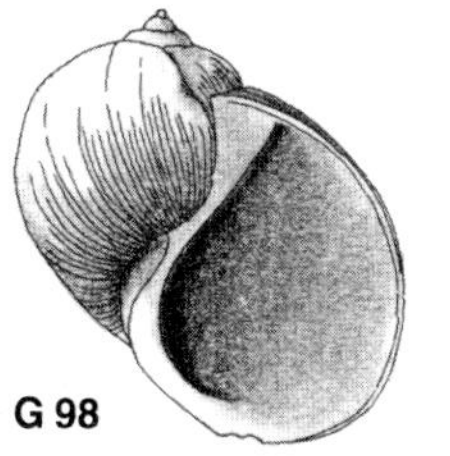

G 98

G 99 ***Crommium.*** Ob. Kreide – Tertiär (Miozän). Gehäuse bis mittelgroß; rundlich; festschalig. Gewinde klein und spitz; Flanken konkav. Endwindung sehr groß; Naht eingetieft. Mündung halboval; Mündungsrand scharf. Nabel als Schlitz sichtbar. Feine Spirallinien auf den älteren Umgängen. Spindel nahezu gerade. ***C. willemeti*** (DESHAYES) (syn. ***Ampullina willemeti***), Tertiär (Eozän; Lutet); ca. 2,5 cm. Die in der Form recht ähnliche Art ***Ampullonatica ambulacrum*** (SOWERBY) ist etwas gedrungener und zeigt vor allem den Nabel (Eozän; Lutet – Barton); ohne Abb.

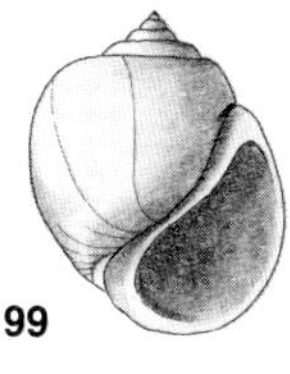

G 99

G 100–102 ***Natica.*** Bei weiter Fassung Jura – rezent. Wird häufig als Sammelgattung gebraucht; alle kugeligen Formen, die sonst nicht untergebracht werden können, werden zu ***Natica*** gestellt. Festschalig; kugelig. Gewinde niedrig. Mündung halbkreisförmig bis halboval; Mündungsrand scharf. Nabel offen, relativ eng. Durch Anschwellen des Spindelrandes kann der Nabel verengt oder ganz geschlossen werden. Skulptur schwach oder fehlend. ***N. pelops*** (ORBIGNY) (**G 100**), Unt. Jura (Unt. Toarc); ca. 2,5 cm. ***N. cretacea*** GOLDFUSS (**G 101**), Ob. Kreide (Coniac – Campan); ca. 1,5 cm. ***N. millepunctata*** LAMARCK (**G 102**), Tertiär (Pliozän) – rezent; ca. 2,5 cm.

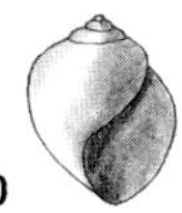

G 100

G 101

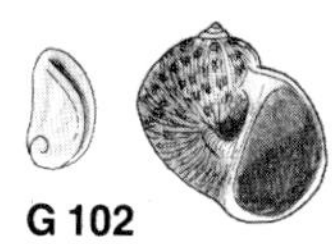

G 102

Oberfamilie Tonnacea (Ob. Kreide – rezent)

Festschalig; oft aufgebläht, mit niedrigem bis mäßig hohem Gewinde und großer bis sehr großer letzter Windung. Mündung halbkreisförmig bis langgezogen, schmal.

Familie Cassididae (Ob. Kreide – rezent)

G 103 ***Sconsia.*** Tertiär (Eozän) – rezent. Gehäuse mittelgroß bis großwüchsig; etwa eiförmig. Gewinde mäßig hoch; Umgänge nur schwach gewölbt; Nähte eingetieft. Mündung langgezogen, oben schmäler und spitzwinklig, unten mit kurzer Siphonalrinne bzw. mit Siphonalausschnitt; Mündungsrand innen gezahnt. Oberfläche mit zahlreichen Spiralrippen. Embryonalgewinde mit 2 oder 3 glatten Umgängen. ***S. ambigua*** (SOLANDER) (syn. ***Cassis ambigua***), Eozän (Barton – Priabon); ca. 3,3 cm.

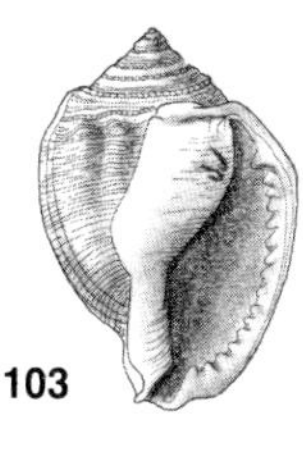

G 103

G 104 ***Cassis.*** Tertiär (Eozän) – rezent. Großwüchsig, dickschalig; eiförmig. Gewinde sehr niedrig. Endwindung groß, mit ausgeprägtem Siphonalwulst. Mündung hoch und schmal, mit tief ausgeschnittener und gebogener Siphonalrinne. Spindelrand stark verbreitert; Mündungs- und Spindelrand gezahnt. Oberfläche mit Anwachsstreifen bzw. Querrippen; Spiralelemente sind seltener. Knotenreihen sind möglich. ***C. scabrum*** LAMARCK, Miozän; ca. 4 cm.

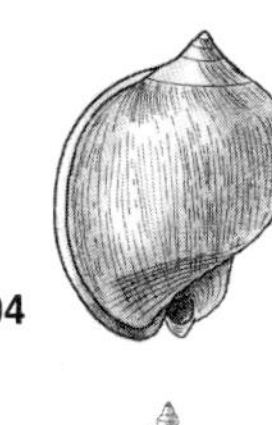

G 104

Familie Cymatiidae (Ob. Kreide – rezent)

G 105 ***Sassia.*** Tertiär – rezent. Kegelförmig; mäßig getürmt. Umgänge kantig. Die Höhe der letzten Windung entspricht etwa zwei Dritteln der Gesamthöhe, Mündung rundlich bis oval, oben gewinkelt; Mündungsrand innen gezahnt. Spindel rostral verlän-

G 105

gert, mit Siphonalrinne. Spindelrand breit, gerunzelt (unten stärker). Deutliche Spiral- und Querskulptur mit Knoten an den Kreuzungspunkten. Embryonalgewinde gerundet, mit wenigen glatten Umgängen. ***S. flandrica*** (KONINCK), Oligozän (Rupel); ca. 4 cm. Aus dem Eozän sei genannt ***S. arguta*** (SOLANDER) (Lutet – Barton); aus dem Mittl. Pliozän ***S. apenninica*** (SASSI); beide ohne Abb.

Familie Bursidae (Tertiär [Eozän] – rezent)

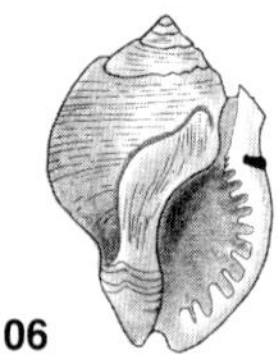

G 106

G 106 ***Aspa.*** Tertiär (Miozän) – rezent. Mittelgroß, sehr dickschalig; gedrungen eiförmig, mit niedrigem Gewinde. Naht eingetieft. Endwindung rundlich, sehr groß. Mündung groß und eiförmig, oben mit deutlich eingeschnittenem Kanal, unten mit kurzem und breitem Siphonalkanal. Spindelwand unten gefaltet; Mündungsrand innen gezahnt. Spiralskulptur. ***A. marginata*** (GMELIN) (syn. ***Ranella marginata***), Miozän; ca. 4,5 cm.

Familie Ficidae (Ob. Kreide – rezent)

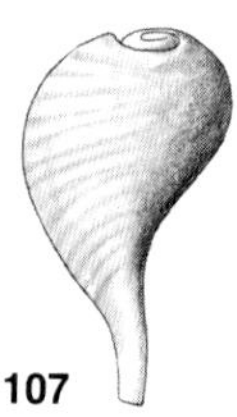

G 107

G 107 ***Ficus.*** Tertiär (Eozän) – rezent. Mittelgroß bis großwüchsig; dünnschalig. Gehäuse umgedreht birnenförmig, mit sehr niedrigem Gewinde. Mündung hoch, oben gewinkelt, unten mit langer Siphonalrinne. Oberfläche mit Gitterskulptur, wobei die Spiralelemente meist stärker ausgeprägt sind. ***F. conditus*** LAMARCK, Miozän (Burdigal); ca. 5 cm. Im Eozän (Lutet – Barton) finden wir ***F. nexilis*** (SOLANDER) (syn. ***Pyrula nexilis***); ohne Abb. Die in der Form ähnliche Gattung ***Priscoficus*** (Paläozän – Eozän) zeigt deutlich knotentragende Querwülste oder knotentragende Umgangskanten. Eine markant beknotete Art ist ***P. smithi*** (SOWERBY) aus dem Eozän (Ypres); ohne Abb.

Unterordnung Neogastropoda (Ob. Kreide – rezent)

Mündung immer siphonostom; Siphonalrinne kurz bis sehr lang. Nahezu ausschließlich marin lebende Schnecken. Hauptentwicklung im Tertiär.

Oberfamilie Muricacea (Ob. Kreide – rezent)

Gehäuse spiralig gewunden, meist mit langer Siphonalrinne. Spindelrand ohne Falten oder Zähnelung. Oberfläche meist kräftig skulptiert, mit Schuppen, Knoten oder Stacheln.

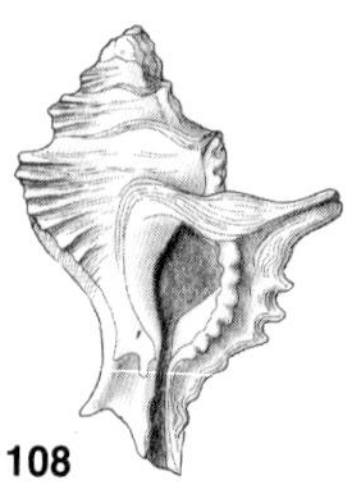

G 108

G 108 ***Pterynotus.*** Tertiär (Eozän) – rezent. Gehäuse hochgewunden. Umgänge mit 3 Umgangswülsten (Varices), relativ hoch und scharf ausgebildet. Mündung etwa oval, ziemlich klein, unten mit fast geschlossenem Siphonalkanal. Mündungsrand außen mit flügelartigem Varix, innen gezähnelt. Spiralskulptur. Embryonalgewinde spitz, mit mehreren glatten Umgängen und gering abgebogenem Nukleus. ***P. tricarinatus*** (LAMARCK) (syn. ***Murex tricarinatus***), Eozän (Lutet – Barton); ca. 4 cm. Aus dem Eozän (Ob. Priabon) sei genannt ***P. hantoniensis*** (EDWARDS).

Oberfamilie Buccinacea (Ob. Kreide – rezent)

Gehäuse eiförmig bis schlank-getürmt; Siphonalkanal kurz bis lang. Oberfläche oft deutlich skulptiert.

Familie Galeodidae (Ob. Kreide – rezent)
Meist großwüchsig; rundlich, umgekehrt birnenförmig, aber auch getürmt und relativ schlank. Meist mit deutlicher Schulter. Mündung groß; Siphonalkanal offen.

G 109 ***Pugilina.*** Tertiär (Paläozän) – rezent. Großwüchsig; mit mäßig hohem Gewinde und sehr hoher letzter Windung. Umgänge kantig; Schulter mit kräftigen Knoten besetzt. Letzte Windung mit ausgeprägtem Siphonalwulst. Mündung länglich; Siphonalkanal relativ kurz. Oberfläche mit feinen Spiralstreifen und mehr oder weniger deutlichen Querfalten. Operculum groß, mit außenliegendem Nukleus. Embryonalgewinde kegelförmig mit mehreren flachen Umgängen. ***P. subcarinata*** (LAMARCK) (syn. ***Melongena subcarinata***), Eozän (Barton); ca. 4,5 cm.

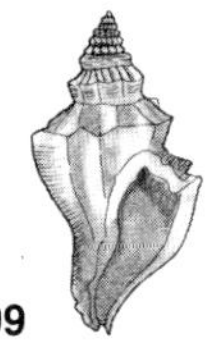

G 109

G 110, 111 ***Sycostoma.*** Ob. Kreide – Tertiär (Oligozän). (Syn. ***Sycum.***) Gehäuse bis mittelgroß; kräftig, mit relativ kurzem, konkavem Gewinde. Umgänge niedrig. Letzte Windung sehr hoch. Mündung schmal und langgezogen, oben mit Kanal, unten in eine nicht abgesetzte, breite Siphonalrinne übergehend. Mündungsrand meist dünn und scharf, Spindelrand schwielig. Oberfläche glatt oder mit schwachen Anwachsstreifen. ***S. bulbiforme*** (LAMARCK) (**G 110**), Tertiär (Eozän; Ypres – Barton); ca. 5,5 cm. ***S. pyrus*** (SOLANDER) (**G 111**) (syn. ***Leiostoma pyrus***), Tertiär (Eozän; Lutet – Barton); ca. 5 cm. Ebenfalls im Eozän (Lutet – Barton) tritt auf ***S. bulbus*** (SOLANDER), von ***S. bulbiforme*** geschieden durch gedrungenere Form und niedrigeres, ausgeprägt konkaves Gewinde (ohne Abb.).

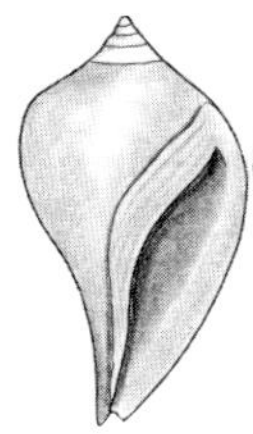

G 110

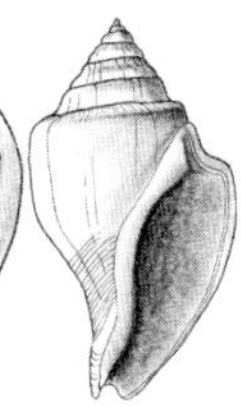

G 111

Familie Nassariidae Tertiär [Eozän] – rezent)
Klein bis mittelgroß; rundlich bis schlank-getürmt. Siphonalrinne sehr kurz oder nur ausgeschnitten.

G 112 ***Hinia.*** Tertiär (Eozän) – rezent. Kleinwüchsig bis mittelgroß; gedrungen, mit mäßig hohem Gewinde. Umgänge gewölbt. Mündung oval; kurzer Stiel mit tiefer, gebogener Siphonalrinne. Spindelrand mit wenig Falten, Mündungsrand innen regelmäßig gezahnt. Oberfläche mit kräftigen Querrippen und deutlicher Spiralskulptur. Embryonalgewinde mit 2 oder 3 glatten Umgängen. ***H. clathrata*** (BORN), Pliozän; ca. 2,7 cm. Aus dem Ob. Pliozän bis zum Altpleistozän stammt ***H. granulata*** (SOWERBY) (syn. ***Nassa granulata***), mit schlankerem Gehäuse, unterschieden von ***H. reticosa*** (SOWERBY) (syn. ***Nassa reticosa***) aus den gleichen Schichten durch feinere Skulptierung (beide ohne Abb.).

G 112 s. Foto S. 84

Familie Fasciolariidae (Ob. Kreide – rezent)
Gehäuse meist getürmt, mit mehr oder weniger langem Stiel, mit Siphonalrinne.

G 113 ***Euthriofusus.*** Tertiär (Eozän – Pliozän). Gehäuse mittelgroß bis großwüchsig; meist schlank, mit kurzem Gewinde und sehr hoher letzter Windung. Stiel relativ lang, gerade, ohne Siphonalwulst. Umgänge gewölbt. Mündung oval, oben gewinkelt. Mündungsrand meist scharf, innen mit feiner Zähnelung. Oberfläche mit feinen, regelmäßigen Spirallinien sowie manchmal mit mehr oder weniger ausgeprägten Querrippen, die auf dem letzten Umgang erlöschen. Embryonalgewinde klein und spitz, mit mehreren

G 113

Umgängen und nur schwach abgebogenem Nukleus. ***E. burdigalensis*** (BASTEROT), Miozän (Burdigal); ca. 6,3 cm. Aus dem Eozän (Ypres) sei erwähnt **E. complanatus** (SOWERBY) (syn. ***Fusus complanatus***), mit Knotenreihe auf der Schulter sowie ***E. transversarius*** WRIGLEY, ohne Knoten, jedoch mit kräftiger Spiralskulptur. Ebenfalls im Eozän, jedoch vom Lutet bis zum Barton tritt auf ***E. regularis*** (SOWERBY) (syn. ***Fusus regularis, Chrysodomus antiquus***); die letzten 3 ohne Abb.

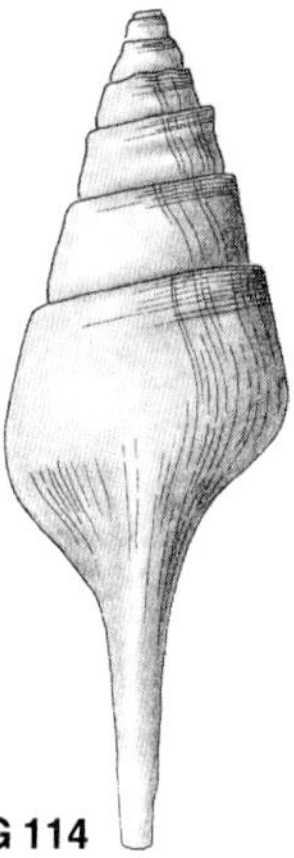

G 114

G 114 ***Clavilithes.*** Tertiär (Paläozän – Pliozän). Mäßig groß bis großwüchsig, festschalig; schlank-turmförmig. Gewinde relativ niedrig, letzte Windung sehr hoch. Umgänge kantig, mit deutlicher Rampe im Nahbereich, oder auch gewölbt. Stiel lang, mit Siphonalrinne. Mündung schmal; Mündung innen glatt, Spindelrand relativ ausgebreitet, schwielig. Oberfläche der älteren Windungen mit Spiralskulptur und Knoten, später nur mit Spiralelementen oder glatt. Embryonalgewinde zylinderförmig, oft deutlich abgesetzt, mit nur schwach gewölbtem Nukleus. ***C. macrospira*** COSSMANN, Eozän (Lutet – Barton); ca. 11 cm. ***C. longaevus*** (SOLANDER) (syn. ***Fusus longaevus***) tritt in den gleichen Schichten auf, hat aber eine mit stacheligen Knoten besetzte oder jedenfalls scharfe, nach oben gewölbte Kante als Schulter (ohne Abb.). Die Art ***C. parisiensis*** (MAYER-EYMAR) zeigt keine Kanten auf den gerundeten Umgängen; sie tritt im Eozän (Lutet) auf (ohne Abb.).

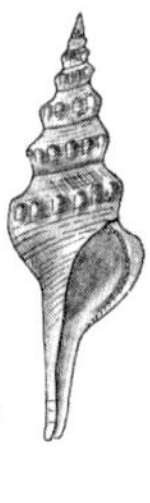

G 115

G 115 ***Fusinus.*** Ob. Kreide (Coniac) – rezent. Mittelgroß bis großwüchsig; mit getürmtem Gewinde und deutlich abgesetztem langem Stiel. Umgänge gewölbt; letzte Windung sehr hoch; Mündung oval, oben gewinkelt, unten in eine lange Siphonalrinne auslaufend. Mündungsrand innen gefältelt, Spindelrand deutlich begrenzt. Oberfläche mit wulstigen Querrippen und kräftigen Spiralrippen; die Querrippen können auf der letzten Windung verschwinden. Embryonalgewinde mit eineinhalb Umgängen und durch einen Warzenwulst begrenzt, wobei der erste Umgang glatt, der folgende halbe Umgang mit Querrippen besetzt ist; Nukleus klein. ***F. longirostris*** (BROCCHI), Tertiär (Miozän); ca. 5,5 cm. Zwei Arten aus dem Tertiär (Eozän): ***F. wetherelli*** WRIGLEY (Ypres) mit kräftig gewölbten Umgängen und feiner Spiralskulptur, ohne Querrippen; ***F. porrectus*** (SOLANDER) (syn. ***Fusus porrectus***) (Lutet – Barton) mit kräftig gewölbten Umgängen und ausgeprägter Gitterskulptur (beide ohne Abb.).

G 116 ***Aquilofusus.*** Tertiär (Oligozän – Miozän). Bis mittelgroß; Gewinde getürmt mit mäßig langem Stiel; festschalig. Umgänge gewölbt, mit tiefer Naht. Mündung oval, oben stumpf gewinkelt, unten mit kurzer Siphonalrinne. Mündungs- und Spindelrand glatt. Oberfläche mit kräftiger Spiralskulptur und vor allem auf den älteren Windungen auch mit Querrippen. Embryonalgewinde sehr niedrig. ***A. semiglaber*** (BEYRICH), Ob. Miozän; ca. 4,5 cm. Aus dem Oligozän (Chatt) sei genannt ***A. waeli*** (NYST); ohne Abb.

G 116 s. Foto S. 84

Oberfamilie Volutacea (Ob. Kreide – rezent)

Gehäuse ei- bis schlankspindelförmig; Mündung unten ausgeschnitten oder mit Siphonalrinne. Spindelrand mit Falten.

Familie Olividae (Ob. Kreide – rezent)

Gehäuse ei- bis spindelförmig, meist schlank, mit niedrigem Gewinde, meist glatt und glänzend. Mündung schmal, meist auch mit Analkanal.

G 117 ***Strepsidura.*** Tertiär (Eozän – Oligozän). Gehäuse meist klein bis mäßig groß; umgekehrt birnenförmig, rundlich, mit kurzem, kegelförmigem Gewinde. Stiel kurz. Umgänge niedrig, schwach gewölbt; letzte Windung sehr groß. Mündung langgezogen, oben gewinkelt, unten allmählich in die Siphonalrinne übergehend. Mündungsrand innen glatt, Spindelrand mit 2 Falten. Oberfläche mit relativ scharfen Querrippen und feinen Spirallinien, die auf der letzten Windung fehlen können. Embryonalgewinde halbkugelig, mit 3 glatten Umgängen und flachem Nukleus. ***S. turgida*** (SOLANDER), Eozän (Ypres – Barton); ca. 2,5 cm.

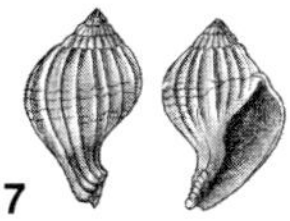
G 117

G 118 ***Baryspira.*** Tertiär (Oligozän) – rezent. Gehäuse mittelgroß, festschalig, leicht aufgebläht. Umgänge durch dicke Schmelzschicht bedeckt, die letzte Windung nur teilweise. Mündungshöhe entspricht der halben Gesamthöhe. Mündung oval, unten tief ausgeschnitten. Embryonalgewinde klein und spitz. ***B. glandiformis*** (LAMARCK) (syn. ***Ancilla glandiformis, Ancillaria glandiformis***), Miozän (Burdigal); ca. 3,5 cm.

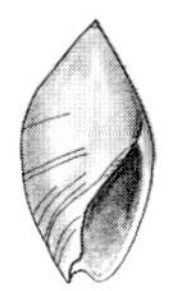
G 118

G 119, 120 ***Tortoliva.*** Tertiär (Eozän – Miozän). Mäßig groß; Gehäuse spindelförmig mit geraden Flanken und kurzem, stumpfem Gewinde. Letzte Windung extrem hoch. Mündung sehr schmal, oben spitzwinklig; unterer Mündungsrand gewinkelt (etwa rechteckig). ***T. canalifera*** (LAMARCK) (**G 119**) (syn. ***Ancilla canalifera***), Eozän (Lutet); ca. 2,5 cm. ***T. subcanalifera*** (ORBIGNY) (**G 120**) (syn. ***Ancilla subcanalifera***), Miozän (Burdigal); ca. 2,5 cm.

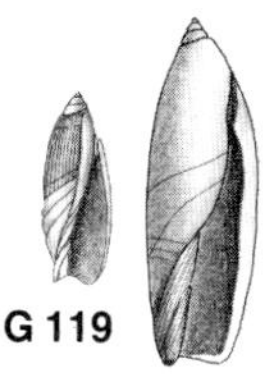
G 119 G 120

G 121 ***Agaronia.*** Tertiär (Eozän) – rezent. Gehäuse bis etwa mittelgroß; spindelförmig, mit niedrigem, leicht zugespitztem Gewinde. Naht rinnenförmig; letzte Windung sehr hoch; Mündung sehr hoch, oben spitzwinklig. Spindelrand unten mit mehreren schiefliegenden Falten. Gewinde nicht von Schmelzschicht bedeckt. Embryonalgewinde klein, mit rundem und leicht gebogenem Nukleus. ***A. plicaria*** (LAMARCK) (syn. ***Ancilla plicaria***), Miozän (Burdigal); ca. 4,8 cm.

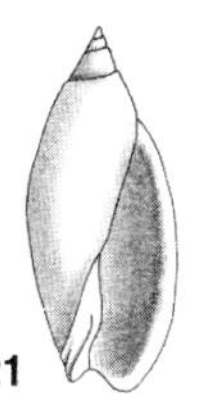
G 121

G 122, 123 ***Olivella.*** Ob. Kreide (Coniac) – rezent. Kleinwüchsig bis mäßig großwüchsig; etwa spindelförmig, mit relativ hohem und spitzem Gewinde. Umgänge flach; Naht tief und rinnenförmig. Mündung hoch und schmal. Spindelrand mit einer sehr kräftigen und darunterliegenden schwächeren Falten. Gehäuse nur teilweise von Schmelzschicht bedeckt. Embryonalgewinde mit wenigen Umgängen, klein und rundlich. ***O. clavula*** (LAMARCK) (**G 122**) (syn. ***Oliva clavula***), Miozän; ca. 3,5 cm. ***O. grateloupi*** (ORBIGNY) (**G 123**), Miozän (Burdigal); ca. 3 cm.

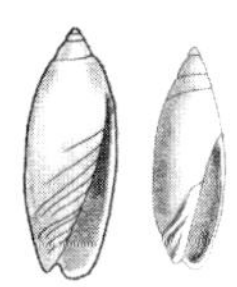
G 122 G 123

Familie Vasidae (Ob. Kreide – rezent)
Meist festschalig, mehr oder weniger rundlich bis umgekehrt-birnenförmig, teilweise mit langem Stiel. Umgänge und Endwindungen meist mit beknoteter bzw. bestachelter Kante.

G 124, 125 ***Tudicla.*** Ob. Kreide – rezent. Mäßig groß bis großwüchsig; umgekehrt-birnenförmig, mit langem Stiel. Umgänge sehr niedrig; letzte Windung sehr hoch. Mündung groß, oval bis rundlich, mit langer Siphonalrinne. Mündungsrand innen mit zahlreichen Leisten; Spindelrand oben mit 3 Falten (im Alter meist zu einer verschmolzen). Endwindung mit einfacher oder doppelter stachelbesetzter Kante. Embryonalgewinde mit wenigen rasch zunehmenden glatten Umgängen und warzenartigem Nukleus. ***T. coronata*** (ROEMER) (**G 124**), Ob. Kreide (Coniac – Maastricht); ca. 3 cm.

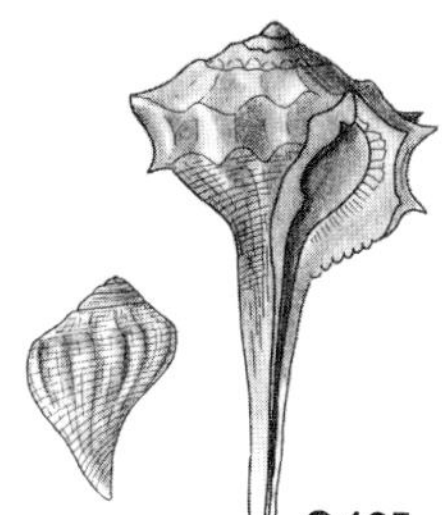
G 124 G 125

T. rusticula (Basterot) (**G 125**) (syn. ***Pyrula rusticula***), Tertiär (Miozän; Burdigal); ca. 7 cm.

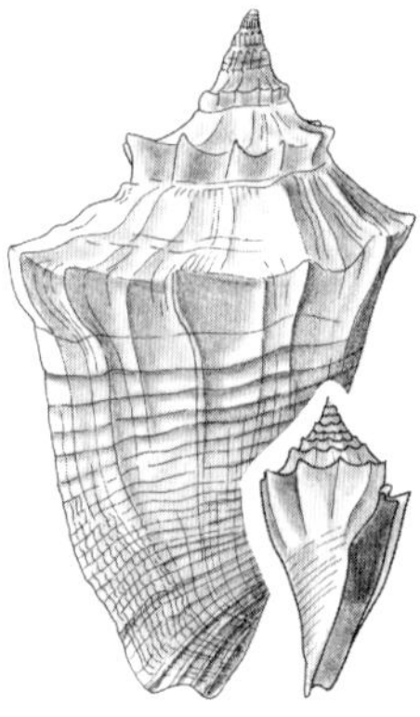

G 127 G 126

Familie Volutidae (Ob. Kreide – rezent)
Mittelgroß bis großwüchsig; Gehäuse länglich–eiförmig, auch spindelförmig, mit meist kurzem Gewinde.

G 126, 127 ***Volutospina.*** Ob. Kreide (Turon) – rezent. Gewinde kegelförmig, mit sehr großer letzter Windung. Umgänge abgesetzt, mit ausgeprägter Schulterkante. Mündung hoch und schmal, oben breiter. Spindel mit etwa 5 schiefen Falten, wobei die unterste die kräftigste ist. Kräftige und mitunter scharfe Querrippen, die auf der Schulterkante Knoten oder Stacheln bilden. Spiralstreifen vorhanden oder nicht. Embryonalgewinde kurz und glatt, mit spitzem Nukleus. ***V. spinosa*** (Linne) (**G 126**), Tertiär (Eozän; Lutet); ca. 4,2 cm. ***V. luctator*** (Solander) (**G 127**) (syn. ***Voluta luctatrix***), Tertiär (Eozän; Barton); ca. 10 cm. Ebenfalls aus dem Eozän (Ypres) stammt ***V. denudatus*** (Sowerby); ohne Abb.

G 128 ***Volutilithes.*** Ob. Kreide (Turon) – Tertiär (Eozän). Mittelgroß; etwa spindelförmig. Gewinde hoch; Umgänge gewölbt, oft mit deutlicher Schulter. Mündung hoch, oben gewinkelt, unten allmählich in eine kurze, breite Siphonalrinne übergehend. Mündungsrand nur schwach verdickt, innen glatt; Spindelrand mit einer von außen sichtbaren, kräftigen Falte und weiteren innenliegenden Falten. Kräftige Querrippen können auf der Schulter als Knoten ausgebildet sein; feine Anwachsstreifen. Embryonalgewinde zylinderförmig, mit spitz ausgezogenem Nukleus. ***V. muricinus*** (Lamarck), Tertiär (Eozän; Lutet); ca. 4,6 cm. ***V. torulosus*** (Deshayes) kommt in derselben Schicht vor; diese Art trägt keine Knoten und ist schlanker (ohne Abb.).

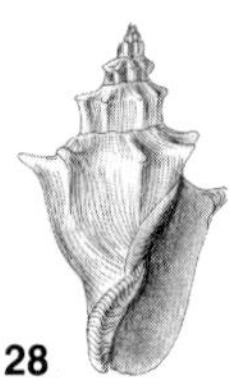

G 128

G 129 ***Lyria.*** Ob. Kreide (Coniac) – rezent. Mittelgroß; festschalig; etwa spindelförmig, mit kegelförmigem Gewinde. Umgänge leicht gewölbt; letzte Windung groß. Mündung schmal, oben gewinkelt, unten tief ausgeschnitten. Drei Spindelfalten, darüber schwache Runzeln. Oberfläche mit kräftigen und regelmäßigen Querrippen. Embryonalgewinde klein und rundlich, Nukleus etwas abgebogen. ***L. harpula*** (Lamarck), Tertiär (Eozän; Ypres – Barton); ca. 2,8 cm. Eine wesentlich gröber berippte Art aus dem Eozän (Lutet – Priabon) heißt ***L. decora*** (Beyrich); ohne Abb.

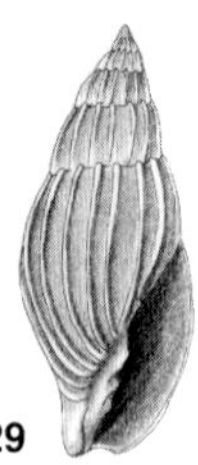

G 129

Familie Marginellidae (Tertiär [Eozän] – rezent)
Kleinwüchsig; Gehäuse etwa eiförmig.

G 130 ***Gibberula*** Ob. Kreide (Maastricht) – rezent. Relativ dünnschalig; Gehäuse etwa eiförmig. Gewinde sehr flach. Mündung hoch und schmal, unten tief ausgeschnitten. Spindelfalten (4 oder mehr), wovon 2 meist sehr deutlich ausgebildet sind. ***G. subovatula*** (Orbigny), Tertiär (Miozän; Burdigal); ca. 0,7 cm.

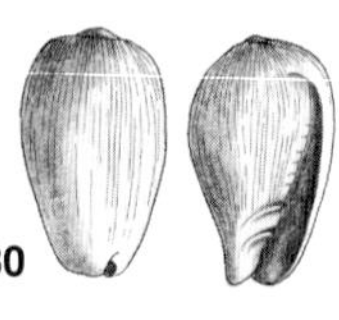

G 130

Oberfamilie Conacea (Toxoglossa, Giftzüngler) (Ob. Kreide – rezent)

Gehäuseform sehr verschieden; die Zusammengehörigkeit dieser Tiere resultiert in erster Linie aus anatomischen Gegebenheiten.

Familie Turridae (Ob. Kreide – rezent)
Gehäuse meist spindelförmig. Mündungsrand oft scharf; Mündung mit Analkanal, unten mit Siphonalrinne oder ausgeschnitten.

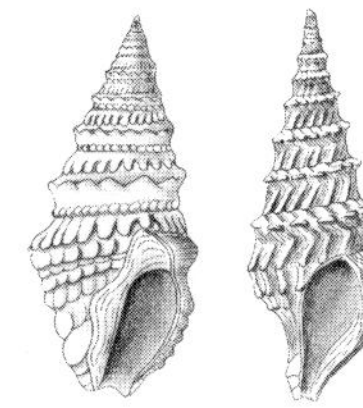

G 131 G 132

G 131, 132 ***Clavatula.*** Tertiär (Eozän) – rezent. Mittelgroß; getürmt – kegelförmig, mit hohem Gewinde. Umgänge flach oder schwach konkav. Mündung oval, unten ausgeschnitten. Mündungsrand und Spindelrand glatt. Ausgeprägte Spiralskulptur mit knoten- oder dornenartigen usw. Elementen, auch mit Querrippen. Embryonalgewinde glatt und abgestumpft. ***C. granulatocincta*** MUENSTER (**G 131**), Miozän; ca. 5 cm (links). ***C. asperulata*** LAMARCK) (**G 132**), Miozän (Burdigal) ; ca. 4,2 cm.
G 133, 134 ***Turris.*** Tertiär (Eozän) – rezent. Mittelgroß bis groß; spindelförmig mit hohem Gewinde. Umgänge gewölbt, ohne ausgeprägte Kanten. Endwindung mit großem Stiel; Mündung oval, allmählich in die Siphonalrinne übergehend. Mündungsrand dünn, innen gefältelt. Spindel glatt, Spindelrand breit. Oberfläche mit Spiralskulptur und feinen Anwachsstreifen, auch glatt. Embryonalgewinde gewölbt-kegelförmig, mit glatten Umgängen; Nukleus stumpf. ***T. belgicus*** (NYST) (**G 133**), Oligozän (Rupel); ca. 3,6 cm (links). ***T. selysi*** (KONINCK) (**G 134**), Oligozän (Rupel); ca. 5,5 cm.

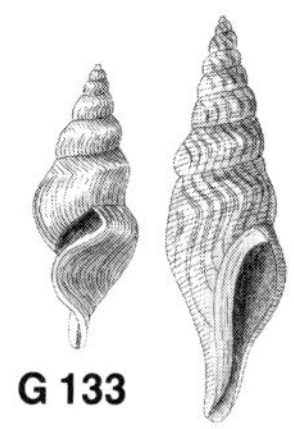

G 133

G 134

Familie Conidae (Tertiär – rezent)
Mittelgroß bis großwüchsig, mit meist umgedreht kegelförmigem Gehäuse. Mündung hoch und schmal, schief zur Achse, mit nahezu oder vollkommen parallelen Rändern. Operculum klein und klauenförmig. Die Fossilien zeigen hin und wieder noch Spuren der ursprünglichen Gehäusefärbung.

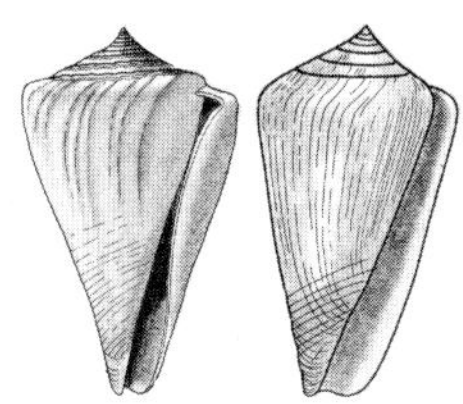

G 135 G 136

G 135, 136 ***Leptoconus.*** Tertiär – rezent. Gewinde mäßig hoch und konkav-kegelförmig. Umgänge leicht stufenförmig abgesetzt. Mündung oben mit parallelen Rändern, unten erweitert. Mündungsrand oben kräftig zurückgebogen und tief ausgeschnitten. Gehäuseoberseite mit Spiralstreifen; letzte Windung glatt oder mit Spiralstreifen. ***L. edwardsi*** (COSSMANN) (**G 135**) (syn. ***Conus deperditus*** EDWARDS), Eozän (Lutet); ca. 6,7 cm. ***L. ponderosus*** (BROCCHI) (**G 136**), Miozän; ca. 5 cm. Eine weitere Art aus dem Miozän (Burdigal) unterscheidet sich von der vorgenannten durch schlankere Form und ein höheres Gewinde: ***L. saucatsensis*** (MAYER); ohne Abb.

Familie Terebridae (Tertiär [Eozän] – rezent)
Schlank bis sehr schlank, mit sehr hohem Gewinde. Zahlreiche Umgänge; letzte Windung niedrig. Stiel kurz; Mündungsrand nicht verdickt.

G 137

G 137 ***Hastula.*** Tertiär (Eozän) – rezent. Kleinwüchsig bis maximal mittelgroß; sehr schlank. Umgänge hoch, flach oder schwach gewölbt. Mündung klein, oben spitz gewinkelt, unten mit weit und tief ausgeschnittener Siphonalrinne. Dichtstehende deutliche Querrippen. Embryonalgewinde hoch, mit zahlreichen Umgängen; gewölbt kegelförmig. ***H. subcinerea*** (ORBIGNY), Miozän (Burdigal); ca 1,7 cm. Eine weitere Art: ***H. plicatula*** (LAMARCK) aus dem Eozän (Ypres – Barton); ohne Abb.

G 138 s. Foto S. 165

G 138 ***Subula.*** Tertiär (Miozän) – rezent. Mittelgroß bis sehr groß; festschalig; schlank. Umgänge flach, getrennt durch Naht und Nahtband; letzte Windung etwa einem Drittel der Gesamthöhe entsprechend. Mündung oval, oben spitzwinklig und ausgeschnitten, unten breit und tief ausgeschnitten. Kurzer Stiel. Oberfläche der oberen Umgänge mit Querrippen, der unteren nur noch mit feinen Anwachslinien. Embryonalgewinde mit einigen glatten Umgängen. ***S. plicaria*** (BASTARD) Miozän (Burdigal); ca. 6 cm.

Unterklasse Euthyneura (Karbon – rezent)

Hierher werden die Schnecken mit nicht über Kreuz laufenden Nervensträngen gestellt. Fossil bedeutungsvoll sind nur wenige Gruppen; manche Arten treten allerdings auch fossil in großer Individuenfülle auf.

Überordnung Opisthobranchia (Hinterkiemer) (Karbon – rezent)

Lebensweise marin.

Ordnung Bullacea (Cephalaspidea)

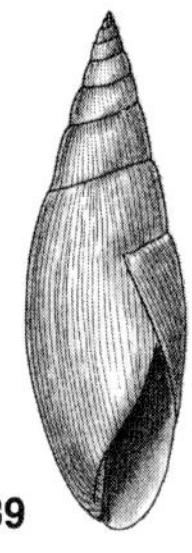

G 139

G 140 s. Übersicht, S. 118, Figur 1

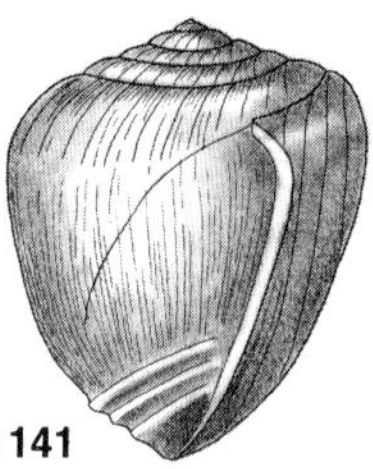

G 141

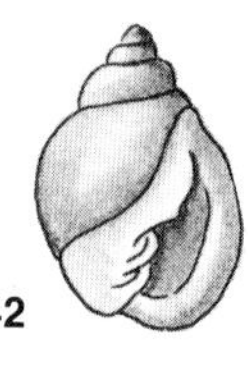

G 142

G 139 ***Euactaeonina.*** ?Trias; Jura; ?Kreide. Großwüchsig; schlank und spindelförmig. Gewinde mäßig hoch bis hoch, meist mit geraden Flanken. Umgänge schwach gewölbt, mit kleiner Rampe abgesetzt. Mündung hoch und schmal; Mündungsrand scharf. Oberfläche mit Anwachsstreifen. ***E. acutum*** (ORBIGNY) (syn. ***Acteonina dormoisiana***) Ob. Jura (Ob. Oxford); ca. 6,8 cm.

G 140 ***Acteonella.*** ?Ob. Trias; Unt. Kreide (Ob. Barreme; Urgon) – Ob. Kreide. Mäßig großwüchsig bis großwüchsig; dickschalig; convolut. Mündung gebogen, fast parallelrandig. Unten 3 deutliche Spindelfalten. ***A. uchauxensis*** COSSMANN, Ob. Kreide (Turon); ca. 8 cm (s. S. 118, Fig. 1).

G 141 ***Trochactaeon.*** Unt. Kreide (Ob. Barreme; Urgon) – Ob. Kreide. Großwüchsig; dickschalig; kugelig bis gebaucht-spindelförmig oder zylinderförmig, mit niedrigem Gewinde, geradflankig oder konkav. Mündung schmal und hoch, unten etwas breiter. Drei deutliche Spindelfalten. ***T. gigantea*** (SOWERBY) (syn. ***Acteonella gigantea***), Ob. Kreide (Coniac – Unt. Campan; Gosauschichten); ca. 5,6 cm.

G 142 ***Ringicula.*** Ob. Kreide – rezent. Meist sehr klein; rundlich bis eiförmig. Gewinde niedrig. Umgänge gewölbt, Naht eingetieft. Mündung klein, schräggestellt, unten ausgeschnitten. Mündungsrand mit breitem, glattem Lippenwulst, innen gezähnelt. Spindel mit 2 kräftigen Falten; Spindelrand oft mit mehr oder weniger deutlichem Zahn. Embryonalgewinde heterostroph, abgebogen. ***R. buccinea*** (BROCCHI), Tertiär (Miozän); ca. 0,4 cm. Aus dem Tertiär (Eozän; Lutet – Barton) stammt ***R. ringens*** (LAMARCK) ohne Abb.

Unterordnung Pulmonata (Lungenschnecken) (Karbon – rezent)

Angepaßt an Luftatmung. Zahlreiche rezente Gattungen und Arten; fossil unbedeutend.

Ordnung Bassommatophora (Karbon – rezent)

Süßwasserschnecken; die Augen der Tiere sitzen (meist am Grunde eines Fühlerpaares) ungestielt direkt am Kopf.

G 143 ***Physa.*** Ob. Oberjura – rezent. Gehäuse linksgewunden; klein bis großwüchsig; dünnschalig. Apex stumpf bis mäßig spitz; Umgänge gewölbt. Letzte Windung hoch; Mündung oval, oben spitz, unten gerundet. Oberfläche mit Anwachsstreifen. ***P. gigantea*** MICHAUD, Tertiär (Paläozän; Thanet); ca. 4,5 cm.

G 144, 145 ***Radix.*** Tertiär (Paläozän) – rezent. Klein bis mäßig großwüchsig; gedrungen; rundlich bis eiförmig. Gewinde kurz und spitz, wenig erhaben. Letzte Windung sehr groß; Mündung gedrungen oval bis ohrförmig. ***R. socialis*** (ZIETEN) (**G 144**), Mittl. Miozän; ca. 2 cm. ***R. peregra*** (MÜLLER) (**G 145**), Quartär – rezent; ca. 2 cm.

G 146 ***Gyraulus.*** Ob. Jura – rezent. Kleinwüchsig; meist discoidal. Oberseite eben oder eingesenkt, Unterseite mittig mehr oder weniger deutlich genabelt. Mündung breiter als hoch, komprimiert-rundlich bis oval. ***G. trochiformis*** (STAHL) (syn. ***Planorbis multiformis, Carinifex multiformis***), Tertiär (Mittl Miozän; Serravall); die größeren Exemplare auf der Platte messen etwa 0,5 cm. ***G. trochiformis*** ist an sich eine Zusammenfassung zahlreicher, in den Schichten des Steinheimer Beckens (bei Heidenheim/Württ.) auftretender, gesondert beschriebener „Arten", mit ganz flachem bis hochgewundenem Gehäusebau.

G 147 ***Planorbarius.*** Tertiär (Ob. Eozän) – rezent. (Syn. ***Coretus***). Mäßig groß bis großwüchsig; discoidal (Tellerschnecken, Posthornschnecken). Meist oben und unten eingesenkt. Mündung nicht erweitert, rundlich bis oval. Umgänge gerundet. Oberfläche mit Anwachsstreifen. ***P. cornu*** BRONGNIART, Tertiär (Ob. Miozän); ca. 2,5 cm. Die Formen von ***P.*** sind im Gegensatz zu den ähnlichen Arten der Gattung ***Planorbis*** ungekielt. Eine sehr häufige rezente Art ist ***P. corneus*** (LINNE) (Große Tellerschnecke, Posthornschnecke; ohne Abb.).

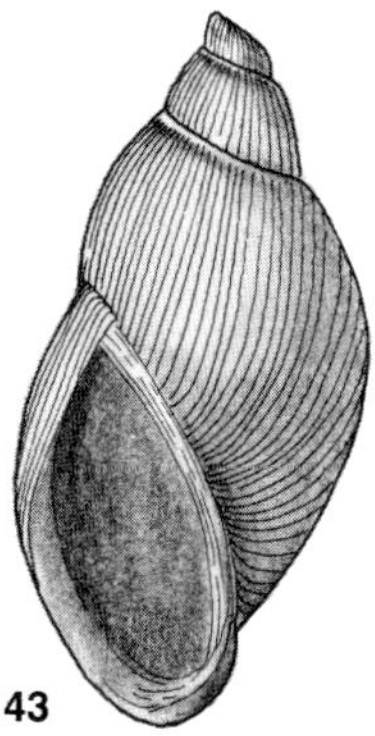

G 143

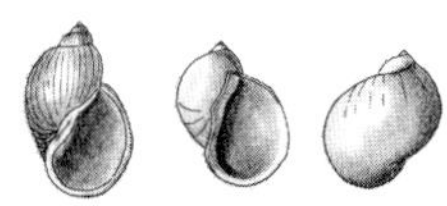

G 144 **G 145**

G 146 s. Foto S. 165

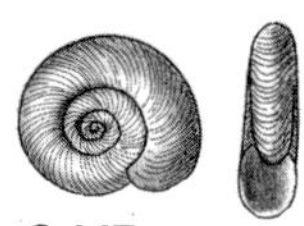

G 147

Ordnung Stylommatophora (Karbon – rezent)

Landschnecken; die Augen der Tiere sitzen auf einziehbaren Fühlern.

G 148 ***Succinea.*** Tertiär (Paläozän) – rezent. Kleinwüchsig bis mäßig großwüchsig; dünnschalig; etwa eiförmig. Gewinde deutlich erhaben; letzte Windung sehr groß, bauchig. Ungenabelt. Mündung oval, oben gewinkelt, unten rund. Mündungsrand scharf. ***S. oblonga*** DRAPARNAUD, Quartär – rezent; ca. 0,6 cm. Die rezenten „Bernsteinschnecken" leben auf Pflanzen an Gewässerrändern.

G 149 ***Eualopia.*** Tertiär (Unt. Miozän; Aquitan). Mäßig großwüchsig; linksgewunden; festschalig. Gehäuse hochgetürmt, cyrtoconoid. Apex stumpf. Ca. 10 regelmäßig anwachsende Umgänge, nur schwach gewölbt. Mündung rundlich bis rautenförmig; Rand umgeschlagen. Oberrand mit 2 Falten. ***E. bulimoides*** (THOMAE) (syn. ***Clausilia bulimoides***); ca. 3 cm.

G 150 ***Triptychia.*** Tertiär (Oligozän [Chatt] – Pliozän). Mäßig großwüchsig; linksgewunden. Etwa cyrtoconoid, jedoch mit konkaver Spitze. Apex stumpf, knopfförmig. Zahlreiche Umgänge, nur schwach gewölbt. Mündung umgedreht birnenförmig, oben oft spitzwinklig, unten gerundet. Rand zusammenhängend, verdickt oder umgeschlagen. Meist 2 deutliche Spindelfalten. Oberfläche der ersten 3 Umgänge glatt, später mit mehr oder weniger ausgeprägten Querrippen. ***T. suturalis*** SANDBERGER, Miozän (Serravall); ca. 3 cm. Aus dem Unt. Miozän (Aquitan) sei genannt ***T. antiqua*** (ZIETEN); ohne Abb.

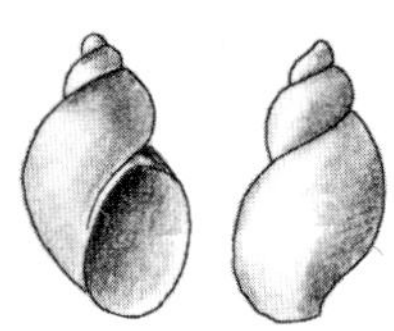

G 148

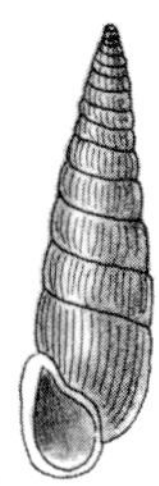

G 150

G 149

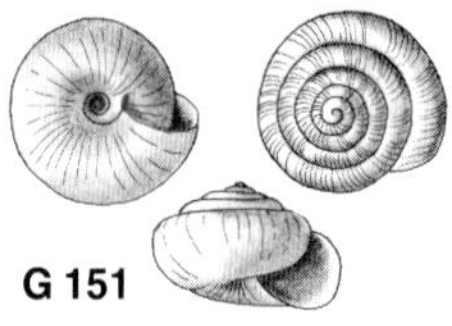

G 151

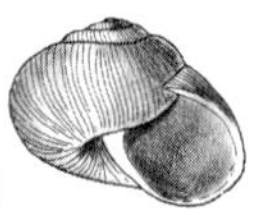

G 152

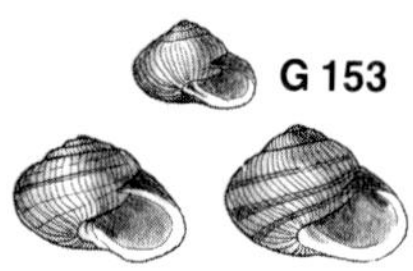

G 153

G 155 G 154

G 151 ***Trichia.*** Tertiär (Chatt) – rezent. Gehäuse klein; discoidal bis niedrig kegelförmig, mit 5–7 langsam anwachsenden Umgängen. Punktförmig oder offen genabelt. Mündung schief; Mundrand einfach. ***T. hispida*** (Linne) (syn. ***Helix hispida***), Quartär – rezent; ca. 0,8 cm. Rezent in ganz Deutschland verbreitet, außer im Hochgebirge; recht häufig.
G 152 ***Dinarica.*** Tertiär (Miozän; Serravall) – rezent. Gehäuse mäßig groß; rundlich; mit 5–6 gewölbten Umgängen und niedrigem, allmählich zunehmendem Gewinde. Offen genabelt. Mündung groß, oval, oben und unten gewinkelt. Oberfläche mit Anwachsstreifen. ***D. insignis*** (Schübler) (syn. ***Helix insignis***), Miozän (Serravall); ca. 3,2 cm.
G 153–155 ***Cepaea.*** Tertiär (Oligozän; Rupel) – rezent. Gehäuse rundlich, mit niedrig kegelförmigem Gewinde, mit etwa 5 gewölbten Umgängen. Ungenabelt. Mündung schief, etwa oval, oben und unten gewinkelt. Mundrand erweitert, innen verdickt. Oberfläche mit Anwachsstreifen. Mitunter Leitformen. ***C. alloiodes*** (**G 153**) (syn. ***Helix deflexa***), Unt. Miozän; ca. 1,6 cm. ***C. silvana*** (Klein) (**G 154**) (syn. ***Helix silvana***), Miozän (Serravall); ca. 2,3 cm. ***C. sylvestrina*** (Zieten) (**G 155**) (syn. ***Helix sylvestrina***), Miozän (Serravall); ca. 2,3 cm. Die rezenten ***Cepaea***-Arten sind in Deutschland weit verbreitet; die am häufigsten auftretenden beiden Arten sind ***C. hortensis*** (Müller), Gartenbänderschnecke, und ***C. nemoralis*** (Linne), Hainbänderschnecke, beide gelb mit schwarzen Streifen, letztere jedoch mit dunklem Mundrand (beide ohne Abb.). Übrigens zeigen auch fossile Exemplare hin und wieder noch deutliche Farbstreifung.

Klasse Scaphopoda (Kahnfüßer, Grabfüßer)

Allgemeines, Größenverhältnisse, Leitwert

Die Schale dieser Mollusken ist als gerade oder gekrümmte Röhre ausgebildet. An beiden Enden offen, weist sie keine Kammerung auf. Früher wurden die Tiere zu den Röhrenwürmern gestellt. Ein Buch aus dem Jahre 1751 beschreibt sie wie folgt: „Diese sind länglichte, gestreiffte, und an beyden Enden stumpffe Röhrlein . . ., . . . worinnen gemeiniglich ein Wurm von entsprechender Größe gefunden wird.“ (Voigt, 1853)
Die rezenten Formen sind zwischen 2 mm und ca. 15 cm groß. Die meisten fossilen Formen liegen zwischen 2 und 4 cm. In Karbonschichten von Texas wurden allerdings Schalenreste nachgewiesen, die auf eine Gesamtgröße von rund 60 cm schließen lassen!
Die Klasse der Kahnfüßer stellt keine Leitfossilien, hat also keine biostratigraphische Bedeutung. Mit aus diesem Grunde wurden die fossilen Formen auch wenig beachtet; dazu kommt die Merkmalsarmut der Schalen, die exakte Unterscheidungen oft unmöglich macht.

Systematik, Stammesgeschichte

Wir unterteilen die Klasse in zwei Familien: Dentaliidae („Elefantenzähne“) und Siphodentaliidae. Viele Gattungen sind über sehr lange Zeiträume vertreten, *Gadila* z. B. von der Unt. Kreide bis heute. Der erste sichere Nachweis stammt aus dem Devon; fraglich ist ein Vorkommen in ordovizischen Schichten. Im Verlauf der Stammesgeschichte konnte sich die Gruppe immer besser anpassen und entsprechend verbreiten: Insgesamt ca. 300 fossilen Formen, wobei der Großteil auf das Känozoikum entfällt, stehen ca. 350 rezente Arten gegenüber.

Gehäuse, Weichteile, Ontogenese

Das kalkige Gehäuse wird von 3 Schichten gebildet und ist immer beidseitig offen. Manche Formen haben am Schalenende Schlitze, Kerben oder Lochreihen. Die Schale kann mit Längsrippen verziert oder auch glatt sein. Bei rezenten wie fossilen Formen beobachten wir Anwachsstreifen. Die Farbe der rezenten Arten ist meist hell und unauffällig.
Der Bau des Tierkörpers ist zweiseitig-symmetrisch (bilateral-symmetrisch). Die Schale kleidet ein zweilappiger, auf der Bauchseite verwachsener Mantel aus. Muskelmagen und Darm, Herz, Nieren und Keimdrüse bilden die wichtigsten Organe (s. Zeichnung unten). Der von Fangfäden (Captacula) umgebene Mund und der Grabfuß (zwei-, dreilappig oder scheibenförmig) liegen im Bereich der größeren Öffnung am Vorderende. Die Öffnung am Schalenhinterende dient der Frischwasserversorgung. Die gesamte Mantelinnenfläche ist mit feinen Wimpern besetzt und versorgt das Tier mit Sauerstoff. Eine Reibzunge (Radula; ähnlich derjenigen der Schnecken) zerkleinert die Nahrung.
Alle Scaphopoden sind getrenntgeschlechtlich. Die Schale wird am Ende eines mehr oder weniger komplizierten Larvenstadiums (Schwimmlarven) aufgebaut; sie wird während des Wachstums durch überlappende Gehäuseteile nach vorn vergrößert. Die Lebensdauer der Scaphopoden beträgt mehrere Jahre, in denen sie kontinuierlich weiterwachsen.

Lebensraum, Lebensweise

Scaphopoden leben ausschließlich marin, in nahezu allen Meeresbereichen vom Gezeitenbereich bis zur Tiefsee, bevorzugen aber Flachwassermeere. Mit Hilfe ihres Fußes graben sie sich in lockere Böden (Sand, Schlick usw.) ein, wobei das dünne Hinterende noch ins freie Wasser ragt. Die Fangfäden (bis zu 130) werden im lockeren Boden ausgestreckt. Mit Hilfe von Klebedrüsen am Ende dieser Fangwerkzeuge werden hier vorkommende Lebewesen („Sandlückenfauna“ bzw. „-flora“) aufgenommen und dem Mund zugeführt. Bevorzugte Nahrung sind kleine Foraminiferen, Diatomeen (Kieselalgen), kleine Mollusken usw. Sobald ein Standort „leergefressen“ ist, wird ein neuer aufgesucht. Fortbewegung ist nur langsam und über kleine Entfernungen möglich. Die Ausbreitung der Arten geschieht vor allem durch die Schwimmlarven.

Bestimmung

Schon die Bestimmung der rezenten Arten ist mitunter nicht einfach. Die beiden Familien unterscheiden sich vor allem durch die Schalenform, aber auch durch die Beschaffenheit von Grabfuß und Radula. Markante rezente Formen können oft auf Anhieb bestimmt werden. Fossile Gehäuse sind dagegen schwer zuzuordnen. Wir achten bei ihnen vor allem auf die Schalenform, die Skulptur, mögliche Verengungen an Hinter- und/oder Vorderende und auf Schlitze am Hinterende. Im folgenden die wichtigsten Gattungen und die Zeit ihres Auftretens. Einige typische Formen sind abgebildet.

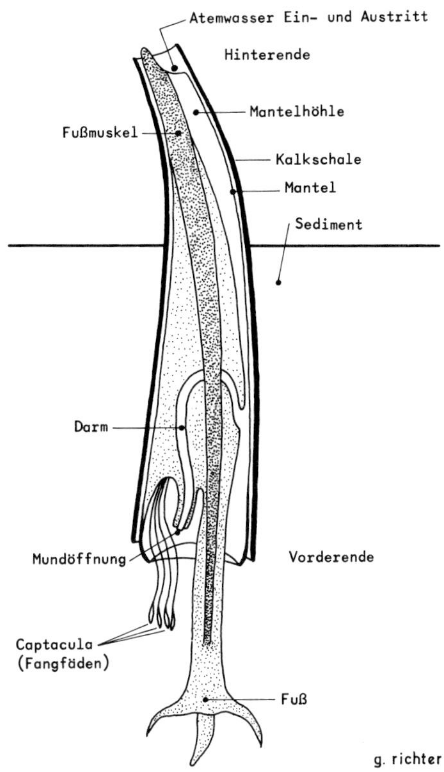

Schnitt durch einen Scaphopoden. (Abgeändert nach W. SCHÄFER).

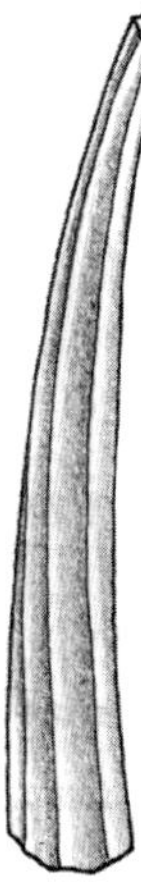

Sc 1

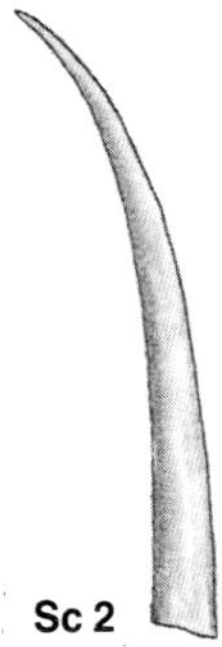

Sc 2

Sc 4

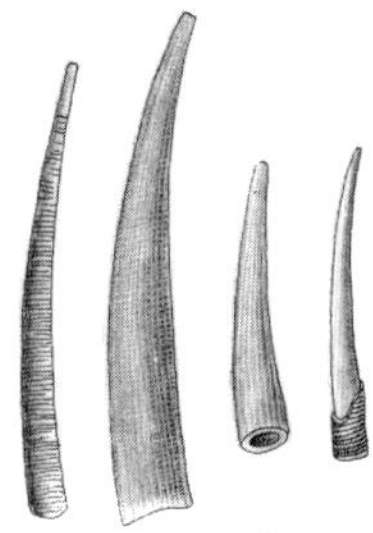

Sc 5 6 7 8

Familie Dentaliidae (? Ordovizium; Devon – rezent)
Schale meist langgezogen, gerade oder gebogen, mit oder ohne Schlitz am Hinterende. Größter Durchmesser immer am Vorderende. Gleichmäßige Schalenerweiterung. Oberfläche glatt oder skulptiert.

Sc 3

Dentalium. Ob. Kreide – rezent.
Sc 1 ***D. brocchii*** SOWERBY, Tertiär (Pliozän); ca. 6 cm.
Antalis. Mittl. Trias – rezent.
Sc 2 ***A. laevis*** (SCHLOTHEIM), Mittl. Trias (Ob. Muschelkalk); ca. 1,7 cm.
Sc 3 ***A. entalis*** LINNE, Tertiär (Pliozän) – rezent; ca. 6 cm.
Coccodentalium. Tertiär (Mittl. Eozän) und rezent.
Compressidens. Tertiär (Unt. Oligozän) und rezent.
Episiphon. Unt. Jura – rezent.
Fissidentalium. Unt. Kreide – rezent.
Fustiaria. Unt. Kreide – rezent.
Gadilina. Tertiär (Unt. Miozän) und rezent.
Graptacme. Tertiär (Unt. Eozän) und rezent.
Laevidentalium. Mittl. Trias – rezent.
Sc 4 ***L. regulare*** (AHLBURG), Mittl. Trias (Unt. Muschelkalk); ca. 2 cm.
Sc 5 ***L. entalloides*** (DESLONGCHAMPS), Ob. Mitteljura; ca. 6 cm.
Sc 6 ***L. decussatum*** (SOWERBY), Unt. Kreide (Alb); ca. 7 cm.
Sc 7 ***L. acutum*** (HIB.), Tertiär (Unt. Oligozän); ca. 4 cm.
Lobantale. Tertiär (Mittl. Eozän).
Pseudantalis. Unt. Kreide – rezent.
Plagioglypta. ? Unt. Ordovizium; Ob. Devon – Ob. Kreide.
Prodentalium. Devon – Ob. Karbon.
Sc 8 ***P. antiquum*** (GOLDFUSS), Mittl. Devon; ca. 4,5 cm.

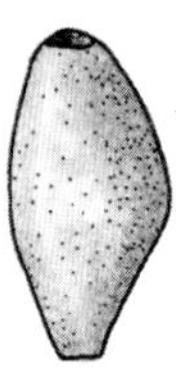

Sc 9

Familie Siphonodentaliidae (? Mittl. Trias; Unt. Kreide – rezent)
Gehäuse meist klein und glatt, oft am Vorderende verengt.

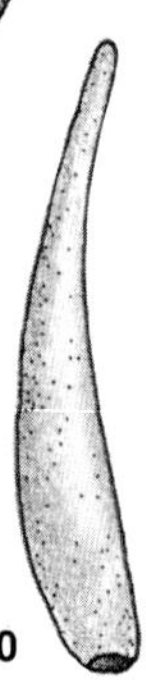

Sc 10

Cadulus. Ob. Kreide – rezent.
Sc 9 ***C. ovulum*** (PHILLIPS), Tertiär (Miozän) – rezent; ca. 0,5 cm.
Dischides. Tertiär (Mittl. Eozän) und rezent.
Gadila. Unt. Kreide – rezent.
Polyschides. Tertiär (Mittl. Eozän) und rezent.
Entalina. ? Mittl. Trias; Tertiär und rezent.
Siphonodentalium. Tertiär (Mittl. Eozän) und rezent.
Sc 10 ***S. breve*** DESLONGCHAMPS, Eozän (Ypres); ca. 0,6 cm.

Klasse Lamellibranchia (Muscheln)

Allgemeines, Größenverhältnisse

Muscheln gehören sicher zu den bekanntesten wirbellosen Wassertieren. Man zählt bisher etwa 20 000 rezente Arten. 80 % davon leben im Meerwasser, während die übrigen 4 000 Arten im Süßwasser auftreten, zu einem geringen Teil auch in unseren heimischen Bächen, Flüssen und Seen.
Neben der Bezeichnung Lamellibranchia (oder auch Lamellibranchiata) sind auch andere Namen gebräuchlich: Bivalvia (Zweischaler), Pelecypoda (Beilfüßer; besonders im englischen Sprachraum), Acephalen (deutet auf das Fehlen eines Kopfes hin). Lamellibranchia kommt aus dem Griechischen und bedeutet etwa Plattenkiemer.
Sowohl bei den rezenten wie auch bei den fossilen Vertretern beobachten wir eine große Formenvielfalt von winzigen bis riesigen Exemplaren. Die kleinsten Arten messen im ausgewachsenen Zustand nicht mehr als ca. 0,2 cm, während die größten rezenten Muscheln immerhin ca. 1,30 m erreichen (*Tridacna gigas*). Die meisten Formen aber liegen zwischen etwa 2 und 10 cm.
In manchen Gesteinen sind fossile Muschelüberreste sehr häufig. Im jüngeren Erdmittelalter und vor allem in manchen tertiären Ablagerungen können wir zahlreiche Arten beobachten, manchmal in überraschendem Individuenreichtum. Austern treten häufig gesteinsbildend auf. Bekannt sind z. B. die Gryphaeenbänke des Unt. Jura (Unt. Sinemur, mit *G. arcuata*) oder die fossilen Austernbänke des Miozän (z. B. mit *Crassostrea crassissima*).
Die Formenvielfalt, die wir bei rezenten wie auch fossilen Arten beobachten, reicht von ungeschmückten, glattschaligen bis hin zu abenteuerlich mit Dornen und Stacheln versehenen Exemplaren. Besonders reizvoll und relativ leicht ist gerade bei den Muscheln der Vergleich rezenter und fossiler Arten.
Nicht wenige Gattungen konnten sich über unvorstellbare Zeiträume hinweg halten: *Gryphaea* (L 75) seit dem Unt. Jura (ca. 195 Millionen Jahre), *Spondylus* (L 69) seit dem Perm (ca. 285 Millionen Jahre) und *Lima* (L 70) sogar seit dem Ob. Karbon – mit einer bisherigen Lebensdauer der Gattung von ca. 320 Millionen Jahren! Gut an die verschiedenen Lebensbereiche angepaßt, sind die Muscheln eine konservative Tiergruppe.
Im Gegensatz zu vielen anderen Fossilien spielen die Muscheln in der Mythologie und im Volksglauben nur eine untergeordnete Rolle. Die Schalenform war immer schon vertraut, sowohl an der Küste wie auch im Binnenland, wo es Süßwasserarten gibt. Zu erklären blieb also „nur" noch, wieso (fossile) Muscheln in Trockengebieten oder Gebirgen zutage traten. – Im Gestein eingeschlossene, nur im Anschliff und nicht als Muscheln erkennbare Formen allerdings erfuhren geheimnisvolle Deutungen als Wildfrauenspuren, versteinerte Kuhtritte oder Spuren der Wilden Jagd (Dachsteinmuscheln, *Conchodus infraliassicus,* Ob. alpine Trias).
Rezente Muscheln haben in den verschiedensten Bereichen Bedeutung. Zu erwähnen sind vor allem die Austernzucht sowie ganz allgemein die Nutzung als Nahrungsmittel (in Europa werden jährlich ca. 100 000 Tonnen Miesmuscheln verspeist!) und die Perlenfischerei und -zucht. Perlmuscheln gibt es vor allem in tropischen Meeren. *Pinctada margaritifera* ist die wichtigste Perlen liefernde Art. Aber auch andere Muscheln produzieren Perlen: Die mit ca. 7 kg Gewicht und ca. 23 x 15 x 14 cm größte bekannte Perle stammt aus einer Tridacna gigas. Sogar fossile Perlen wurden gefunden! Bekannt ist zudem die Verwendung von Muscheln als Zahlungsmittel bei einigen Naturvölkern, z. B. *Macoma nasuta* bei den Indianern an der nordamerikanischen Westküste.
Fossile Muschelansammlungen – zusammen mit Schneckenschalen – meist tertiären Alters werden als kalkreiche Düngemittel verwendet. Bekannt sind vor allem die „Faluns" Frankreichs aus dem Pariser Becken oder der Gegend um Bordeaux.
Muscheln können ein beträchtliches Alter erreichen. Für Flußperlmuscheln (*Margaritana margaritifera*) wurde ein Lebensalter von etwa 80 Jahren nachgewiesen.
Der Bauplan der Muscheln ist grundsätzlich bilateral-symmetrisch. Den Weichkörper umgeben zwei Klappen, die gleich groß und gleich ausgebildet sein können (gleichklappig), oft jedoch mehr oder weniger ungleichklappig und ungleichseitig sind. Im Gegensatz zur oberen und unteren Brachiopodenklappe sprechen wir bei den Muscheln von einer linken und rechten Klappe. Die Orientierung geschieht folgendermaßen: Der hinter dem Wirbel gelegene Schalenteil ist meist länger als das Vorderende; das Ligament liegt hinter den Wirbeln oder beiderseits, selten jedoch ausschließlich davor. Wenn wir die

Schale nun mit dem Schloß nach oben und mit dem Vorderende von uns weg halten, sind linke und rechte Klappe fixiert.

Eignung als Leitfossilien

Von einigen Ausnahmen abgesehen ist der biostratigraphische Leitwert der Muscheln gering. Die lange Lebensdauer der Arten und die relativ hohe Faziesabhängigkeit der Tiere, weiterhin die oft sessile oder doch stark ortsgebundene Lebensweise beschränken eine Verwendung als Leitfossilien. In der Ob. Kreide allerdings stellen die Muscheln eine Reihe wichtiger Leitfossilien, z. B. *Inoceramus* und Rudisten, und auch im Tertiär können sie oft zur Korrelation der Schichten herangezogen werden. Darüber hinaus existieren zahlreiche Arten, die schichttypisch sind, wie z. B. die schon erwähnte *Gryphaea arcuata* im Unt. Jura.

Systematik, Stammesgeschichte

Die Neozoologen verwenden meist eine andere Gliederung als die Paläontologen. Bei den rezenten Formen basiert die Klassifizierung oft auf der Kiemenausbildung; die Ordnungen heißen dann Fieder-, Faden-, Blatt- und Verwachsenkiemer. Die Systematik der fossilen Formen gründet auf Gehäusemerk-

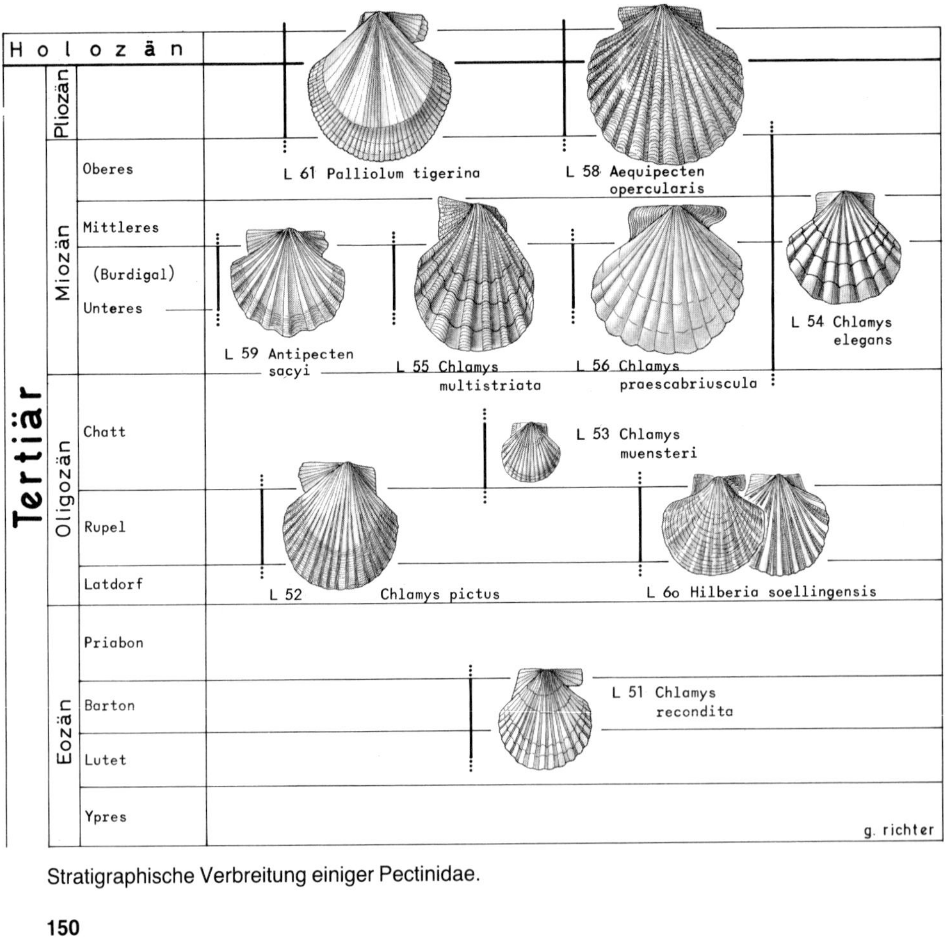

Stratigraphische Verbreitung einiger Pectinidae.

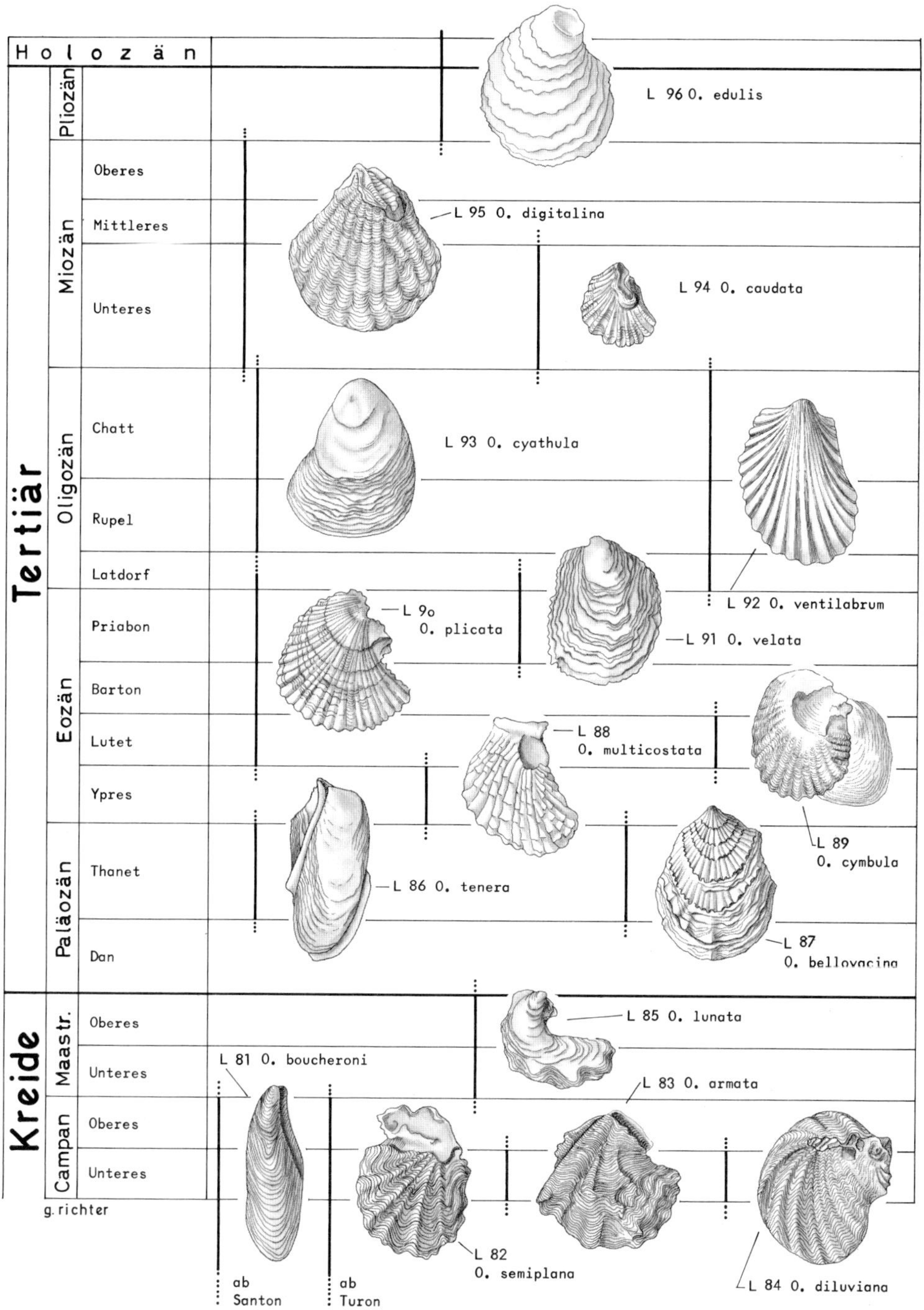

Stratigraphische Verbreitung einiger Ostrea-Arten.

malen wie Schloßbau, Ausbildung der Schließmuskeleindrücke, Mantelrand und Ligament bzw. Ligamentgrube. Folgende Unterklassen und Ordnungen werden unterschieden:

Palaeotaxodonta (Ordovizium – rezent)
  Nuculoida (Ordovizium – rezent)
Cryptodonta (? Ob. Kambrium; Ordovizium – rezent)
  Solemyoida (Devon – rezent)
  Praecardioida (? Ob. Kambrium; Ordovizium – Unt. Unterkarbon)
Pteriomorphia (Ordovizium – rezent)
  Arcoida (Ordovizium – rezent)
  Mytiloida (Devon – rezent)
  Pterioida (Ordovizium – rezent)
Palaeoheterodonta (Mittl. Kambrium – rezent)
  Modiomorphoida (Mittl. Kambrium – Unt. Perm; ? Ob. Perm)
  Unionoida (? Mittl. Devon; Ob. Devon – rezent)
  Trigonoida (? Mittl. Ordovizium; Devon – rezent)
Heterodonta (Mittl. Ordovizium – rezent)
  Veneroida (Mittl. Ordovizium – rezent)
  Myoida (Karbon – rezent)
  Hippuritoida (Mittl. Silur – Kreide)
Anomalodesmata (? Unt. Ordovizium; Mittl. Ordovizium – rezent)
  Pholadomyoida (? Unt. Ordovizium; Mittl. Ordovizium – rezent)

Eine Ordnung unsicherer Stellung bilden die Conocardioida (Mittl. Ordovizium – Perm; Ob. Trias).
Im Paläozoikum war die Klasse der Lamellibranchia nur schwach vertreten. Die seltenen fossilen Muscheln aus diesen Schichten sind oft schlecht erhalten und meist nur als Steinkerne überliefert. Ab dem Mesozoikum gewinnen sie aber an Bedeutung. In Trias und Jura treten viele Arten auf, die lokal auch angereichert vorkommen können. Das absolute Entwicklungsmaximum erreichten die Muscheln in der Ob. Kreide. Danach vollzog sich ein schwacher Rückgang, der wohl auf die zunehmende Konkurrenz der im Tertiär weiter an Bedeutung zunehmenden Schnecken zurückzuführen ist.

Schale

Sie besteht hauptsächlich aus Calciumcarbonat, und zwar sowohl aus Calcit als auch aus Aragonit, sowie aus Spuren weiterer Mineralien, zusammengehalten durch eine organische Substanz, das Skleroprotein Conchyolin. Der Schalenaufbau ist in den meisten Fällen dreischichtig: Äußerste Schicht ist das Periostracum, das als unterschiedlich dicker Überzug die nächste bedeckt. Der Überzug ist meist dünn bei marinen und dick bei Süßwasserformen; er besteht aus Conchyolin. Die mittlere Schicht wird vom Mantelsaum gebildet, heißt Ostracum und setzt sich aus Calcitprismen zusammen; daher auch die Bezeichnung Prismenschicht. Das innenliegende Hypostracum wird von der Manteloberfläche abgesondert und besteht aus Aragonit. Es kann perlmutt- oder porzellanartig ausgebildet sein, wobei sich die Perlmuttschicht aus zahlreichen, schalenparallel verlaufenden Lamellen aufbaut.
Eine Reihe von Schalen zeigt einen von diesem Schema abweichenden Bau. So fehlt bei vielen Formen der Heterodonta (z. B. den Veneridae und den Cardiidae) die Prismenschicht und ist bei anderen Formen nur im Jugendstadium schwach entwickelt. Auch die Prismenschicht kann vorherrschend sein; das Hypostracum ist dann nur schwach oder gar nicht ausgebildet. Die Schalendicke kann ganz beträchtlich sein. Vor allem bei den Austern treten nicht selten Schalen auf, die mehrere Zentimeter dick sind.
Die beiden Klappen werden auf der Rückenseite (dorsal) durch das Ligament zusammengehalten. Es besteht aus Conchyolin, ist elastisch und läßt die Klappen beim Nachlassen des Schließmuskelzugs auseinanderklaffen. Das Ligament kann beiderseits der Wirbel, hinter den Wirbeln oder auch innen sitzen, befindet sich aber meist oberhalb des Schlosses in Ligamentfeldern oder -gruben, im Bereich einer nicht selten skulptierten Ligamentarea.
Der älteste und am stärksten gewölbte Schalenteil ist der Wirbel (Umbo). Nach vorn gekrümmte Wirbel werden prosogyr, nach hinten geneigte opisthogyr und nach außen gedrehte spirogyr genannt. Vom Wirbel aus erfolgt das weitere Schalenwachstum. Der Wachstumsrhythmus zeichnet sich in Anwachslinien ab, die in Form konzentrischer Streifen oder Wülste auf der Schale in Erscheinung treten.

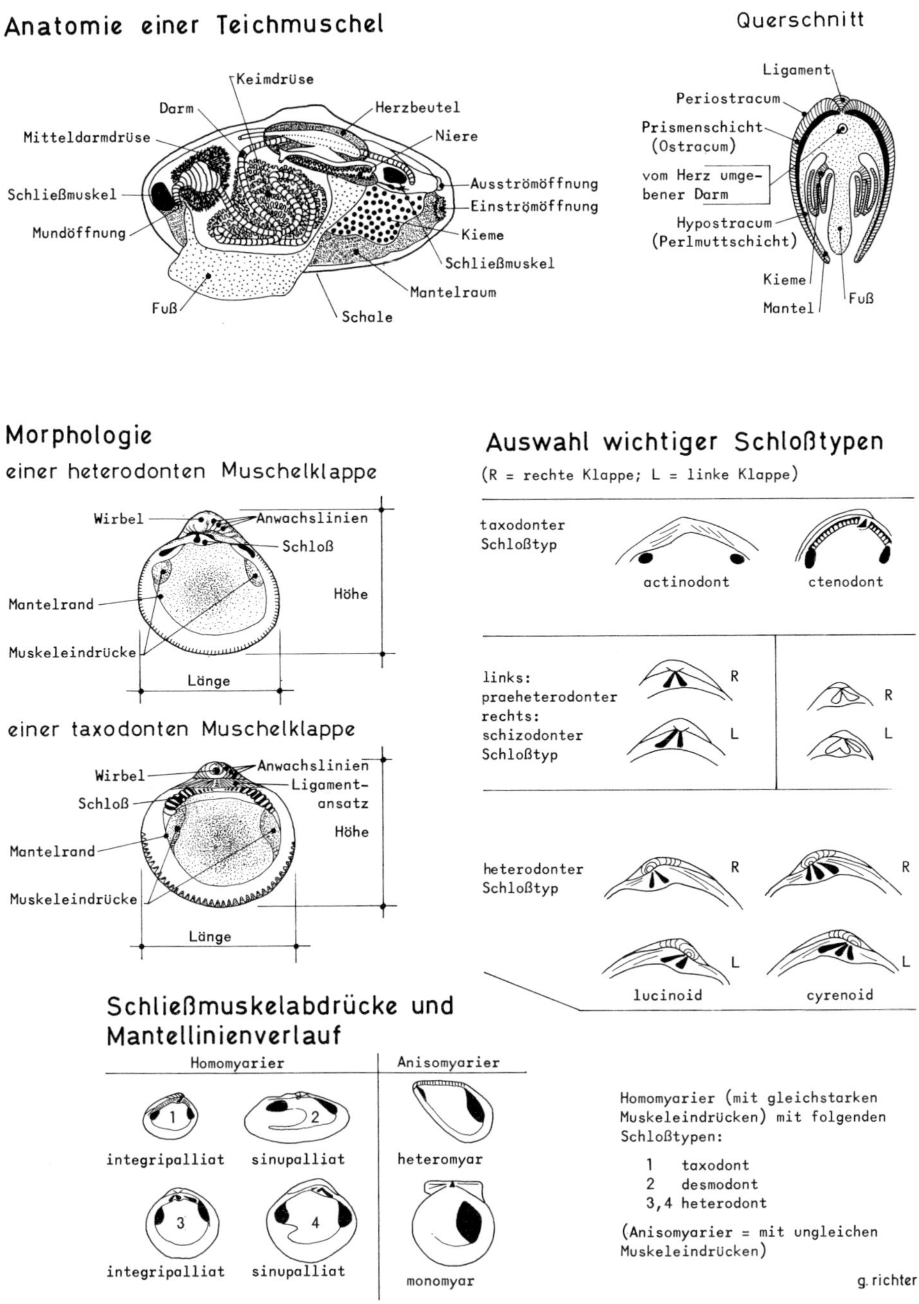

Terminologie und Taxonomie der Lamellibranchia (Muscheln). (Abgeändert nach KRUMBIEGEL und WALTHER aus VANGEROW, A.H. MÜLLER und SALVINI-PLAWEN.)

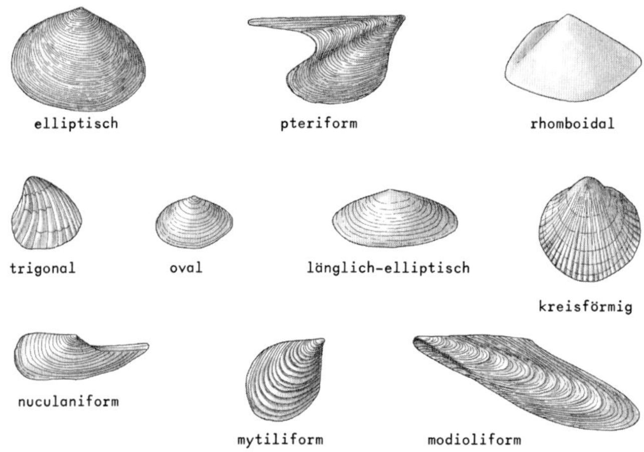

Auswahl typischer Schalenformen von Muscheln.

Zwischen bzw. hinter den Wirbeln befindet sich ein von der übrigen Schalenverzierung abweichend skulptiertes Feld. Es ist von der außerhalb liegenden Schalenoberfläche meist durch eine Kante oder Furche getrennt und heißt Area. Besonders schön ist die Area bei den Trigonien ausgebildet (z. B. L 110 – 112). Wir unterscheiden zwischen einer Kardinalarea, einer ebenen, oft dreieckigen Fläche zwischen den Wirbeln und dem Schloßrand, und einer Ligamentarea, mit oft parallel oder gewinkelter Skulptur (früherer Ligamentansatz). Kardinalarea und Ligamentarea sind oft identisch. Ein meist herzförmig abgegrenztes Feld vor den Wirbeln wird Lunula genannt.
Nach den Schließmuskeleindrücken auf der Schaleninnenseite werden die Muscheln in 2 große Gruppen geteilt: Die Homomyarier haben 2 mehr oder weniger gleiche Eindrücke. Zu den Anisomyariern gehören die heteromyaren Typen, bei denen der vordere Eindruck deutlich kleiner ist als der hintere, und die monomyaren Typen mit nur einem, hinten liegenden Muskeleindruck.
Die durch die Festheftung des Mantels auf der Schaleninnenseite entstehende Linie wird Mantellinie genannt. Sie verläuft etwa parallel zum Schalenrand. Sofern sie eine Einbuchtung aufweist, heißt sie sinupalliat, ohne, d. h. in Form einer ganzrandigen Linie, integripalliat.
Durch das dorsal gelegene Schloß wird die Lage der beiden Klappen gegeneinander fixiert; es verhindert also eine seitliche Verschiebung derselben. Die Vorsprünge heißen Schloßzähne, die Vertiefungen Zahngruben. Die 10 Schloßbautypen seien kurz vorgestellt:
Lamellidont: Zähne und Gruben verlaufen parallel zum Schloßrand.
Taxodont (Reihenzähner): Bis ca. 35 gleichartige Zähne, quer zum Schloßrand ausgerichtet. Wir unterscheiden die Typen ctenodont (hier konvergieren die Zähne zur Schalenmitte, z. B. bei *Nucula, Glycimeris, Arca)* und actinodont (hier weisen die Zähne eine Neigung zum Wirbel auf, z. B. bei den Actinodonta).
Praeheterodont (syn. diagenodont): Schloß mit 3 oder weniger Haupt(Cardinal-)zähnen und entsprechenden Zahngruben (reduziert).
Heterodont (Ungleichzähner): Zu den Hauptzähnen kommen vordere oder hintere Seiten- oder Nebenzähne (Leistenzähne). Dies ist der häufigste Schloßtyp (hierher gehören z. B. *Cardium, Crassatella, Cyprina*). Lucinoid werden die Typen mit 2 Haupt- und einem oder 2 vorderen und hinteren Seitenzähnen genannt; cyrenoid heißen jene mit 3 Haupt- und 2 vorderen und hinteren Seitenzähnen.
Pachydont (Dickzähner): Breite und stark vergrößerte Zahntypen (wie z. B. bei den Rudisten: *Caprina, Requienia, Hippurites*).
Schizodont (Spreiz-, Spaltzähner): Hauptspaltzahn V-förmig (z. B. *Schizodus, Trigonia, Myophoria*).
Desmodont (Bandzähner): Löffelartig verbreiterte Vorsprünge (Ligamentlöffel) ersetzen die Zähne; ein Schloß im eigentlichen Sinn ist nicht vorhanden (*Mya*).
Isodont (Gleichzähner): Zwei gleiche, hakenförmig und symmetrisch angeordnete Zähne beiderseits des Ligaments (z. B. *Spondylus*).
Dysodont (Mißzähner): Ohne Zähne (z. B. *Gryphaea, Ostrea, Avicula, Pecten, Mytilus, Lima, Inoceramus*).

Kryptodont (Versteckzähner): Mit leichten Höckern und Gruben, ein Schloßentwicklungsstadium andeutend (z. B. *Cardiola*).
Der Schloßbau bei praeheterodonten, schizodonten und heterodonten Muscheln kann in einer Zahnformel ausgedrückt werden.
Manche Muscheln können ihre Klappen vollkommen schließen und auf diese Weise z. B. ein Trockenfallen ihres Lebensraums eine Zeitlang überstehen. Andere Formen, z. B. der Pholadomyacea, haben hinten, mitunter auch vorn klaffende Schalen. Eine große Anzahl der Muschelschalen zeigt keine besondere Skulptierung, wir beobachten lediglich die erwähnten Anwachslinien oder -streifen. Andere Arten zeigen konzentrisch oder radial angelegte, oft großartige Verzierungen: Dornen und Stacheln, Runzeln, Kanten, Rippen und Knotenreihen.

Weichteile

Der Körper ist, der Gehäuseform entsprechend, seitlich abgeflacht, vom Umriß her oval oder quer verlängert und von Mantelfalten eingehüllt, die vom Rumpf ausgehen. Unter den Mantelfalten befinden sich paarige Kiemenblätter, deren Ausbildung eine Einteilungsgrundlage rezenter Formen liefert. Der unten sitzende Fuß ist meist beilförmig, schwellfähig und zum Graben geeignet. Eine Drüse an der Fußwurzel sondert klebrige Haftfäden (Byssus) ab, die im Wasser erhärten und zum Anheften am Untergrund dienen.
Die Schließmuskeln bewirken durch Zusammenziehen (Kontraktion) den Verschluß der beiden Klappen. Dabei besorgen die Arbeitsfasern den unmittelbaren, schnell wirkenden Zug, während die Sperrfasern die Schalen wochen- und monatelang mit geringem Kräfteverbrauch geschlossen halten. Zwei Öffnungen im hinteren Mantelrand dienen dem Aus- und Einströmen des Wassers. Bei röhrenartiger Verlängerung heißen diese Gebilde Siphonen. Sie können extrem verlängert sein und bewirken die sinupalliate Einbuchtung der Mantellinie. Wir beobachten sie vor allem bei grabenden und im Sediment lebenden Formen. Die Mundöffnung befindet sich in der Regel im vorderen Schalenbereich; Schlundabschnitt und Radula sind nicht vorhanden. Das Herz liegt im oberen Schalenbereich und umgibt einen Teil des Darms; unterhalb des Herzens befindet sich die Niere.
Ein Schweresinnesorgan liegt im Fuß; weitere Sinneszellen sitzen auf dem oft gelappten oder mit Tentakeln versehenen Mantelrand. Er kann überlappend auch vor den Schalenvorderrand gebracht werden. Die Sinneszellen nehmen sowohl „Gerüche" als auch optische Reize wahr. Nicht wenige Formen (z. B. viele Pectiniden) entwickeln sogar „Augen" (bis zu 40), die, bei verschiedener Bauweise, recht leistungsfähig sein können. Das Nervensystem ist mit einem Sinnesknoten (Visceralganglion) verbunden, der die Reize der Sinneszellen usw. verarbeitet.

Ontogenese

Die meisten Muscheln sind getrenntgeschlechtlich; die Schalen der männlichen und weiblichen Exemplare einer Art können unterschiedlich ausgebildet sein. Die Keimdrüsen haben eine Ausmündung in den Mantelraum; die Geschlechtszellen gelangen mit dem ausströmenden Wasser ins Freie. Die Eier werden dann im freien Wasser befruchtet. Fast immer folgt ein Larvenstadium; die häufigste Larvenform ist die Veligerlarve. Die Larven besitzen meist bereits einen Enddarm und Nieren. Nach einem planktischen Stadium, in dessen Verlauf bereits zwei aus Conchyolin bestehende Klappen gebildet werden, die in der Lage den späteren Wirbeln entsprechen, sinkt die Larve auf den Boden und entwickelt sich hier zur Muschel.

Lebensraum, Lebensweise

Muscheln leben immer im Wasser; der Großteil der Arten lebt im Meer. Die marinen Formen bevorzugen die flachen Schelfmeere und vor allem die Küstenzonen. Ihr Hauptlebensraum liegt etwa zwischen 0 und 100 m Wassertiefe. Tiefseeformen sind selten. Muscheln gehören zu den bodenbewohnenden Lebewesen (Benthos). Viele Formen, vor allem die Austern, leben mit einer Klappe festgewachsen oder mit Byssus angeheftet, d. h. fixisessil bzw. sessil, während einige Formen auch frei auf dem Sediment liegen und beweglich sind (Sedimentlieger). Diesen sind Ortsveränderungen möglich, z. B. durch springende Bewegungen, erzeugt nach dem Rückstoßprinzip durch heftiges Schalenzusammenklappen oder mit Hilfe des Fußes.

Eine ganze Reihe von Arten lebt im Sediment und gehört somit zur Infauna. Sie sind teilweise frei beweglich, bewegen sich also durch Graben fort. Andere bleiben für den Rest ihres Lebens am Ort des ersten Eingrabens. Wieder andere bohren in Gestein, z. B. an Felsküsten im Brandungsbereich (Bohrmuscheln) oder in Hölzern (Schiffsbohrwurm = *Teredo*).
Bei den auf dem Sediment lebenden Formen fallen bald nach dem Tod die Klappen auseinander. Deshalb besteht ein Großteil der fossilen Überreste aus isolierten Einzelklappen. Die Schalen der Infauna werden dagegen oft im Zusammenhang überliefert (z. B. *Trigonia, Pholadomya*).
Grundsätzlich können wir festhalten, daß die in warmen Flachwassermeeren lebenden Arten dickschalig, stark skulptiert und kräftig gefärbt sind, während die Arten der kalten und/oder tiefen Meeresbereiche dünnschalig sind und meist eine helle Schalenoberfläche aufweisen. Ausnahmen von dieser Faustregel sind allerdings nie auszuschließen.
Zwischen Schalenform und Lebensweise bestehen enge Zusammenhänge: Bei den fixisessilen Muscheln sind die Klappen immer ungleich gewölbt. Die eigenartigen Hippuriten der Oberkreide zeigen eine hochgewachsene, kelchförmige Unterklappe, mit der sie auf dem Untergrund festgewachsen sind, und eine flache Deckelklappe. Die Lebensbedingungen dieser korallenartig gewachsenen Muscheln begünstigten den Zusammenschluß zu riffartigen Kolonien. Auch bei einer ganzen Reihe weiterer Muschelarten finden wir eine Art Koloniebildung, so z. B. bei vielen Austern, den Miesmuscheln usw.
Die allermeisten Muscheln leben von planktischen Kleinstlebewesen. Durch den Schlag der winzig kleinen Wimpern auf den Kiemen wird das Atemwasser mitsamt den darin enthaltenen Nahrungspartikeln in den Mantelraum eingestrudelt und zwischen den Kiemen hindurchgepreßt. Die Nährstoffe bleiben hängen und werden, ähnlich wie bei den Brachiopoden, durch Schleimstränge zur Mundöffnung transportiert. Die Abfallstoffe aus After und Niere werden durch das im oberen Mantelraum abfließende Wasser weggespült. Lediglich die in Holz bohrenden Muscheln haben eine andere Nahrung, nämlich die Zellulose des Holzes. Hingegen leben die übrigen bohrenden Formen ebenfalls als Futterfilterer, d. h., die Bohrtätigkeit wird nur zur Erstellung eines sicheren Wohnbaus ausgeübt und hört auf, wenn das Tier ausgewachsen ist.

Bestimmung

Wir müssen zuerst versuchen, die Zugehörigkeit unserer Fundstücke zu einer höheren systematischen Einheit zu erkennen, also zu einer Unterklasse, Ordnung oder Familie. Vor allem aufgrund des Schloßbaus sind derartige Aussagen möglich. Bedauerlicherweise zeigen nur die wenigsten fossilen Muscheln gut die Merkmale, auf die es hier ankommt. Mit Hilfe der allgemeinen Form, der Größe und der Skulptur und schließlich, wenn erkennbar, der Schließmuskeleindrücke, suchen wir nach der Gattungs- und Artzugehörigkeit. Da es sehr viele fossile Arten gibt, müssen wir uns oft mit der Ermittlung der Gattung zufriedengeben. Aber auch dies wird nicht immer gelingen: Immerhin wurden bisher etwa 2170 Gattungen und etwa 1000 Untergattungen aufgestellt!

Vorkommen

In nahezu allen marinen fossilführenden Sedimenten treten auch Muscheln auf, je nach Fazies und Entstehungstiefe oft sogar mit der größten Individuenzahl. Auch in Süßwasserablagerungen finden wir nicht selten fossile Muscheln. Mitunter beobachten wir schichtweise Anhäufungen, wie z. B. die von *Steinmannia bronni* (L 34) in den Posidonienschiefern Süddeutschlands (Unt. Jura, Unt. Toarc). Interessant ist auch das gesteinsbildende Auftreten der kleinen *Probeamussium pumilum* (L 42) im Mittl. Jura (Ob. Aalen). Muschelpflaster heißen Schichtflächen, die dicht mit Muscheln bedeckt sind. Gerade auch im Muschelkalk treffen wir hin und wieder auf derartige Schichten. Die „Einkippung“ der Einzelklappen mit der Wölbung nach oben erlaubt dabei die nachträgliche Orientierung loser Stücke oder tektonisch verstellter Schichtpakete.
Lumachellen und Schillkalke bestehen ganz allgemein aus den meist zerriebenen oder wenigstens abgerollten Überresten von Molluskenschalen. Somit ist die Bezeichnung von Muschelschill nicht ganz korrekt.

Klasse Lamellibranchia (Muscheln)

(Unt. Kambrium – rezent)

Unterklasse Palaeotaxodonta

(Ordovizium – rezent)
Gleichklappig; Schloßbau taxodont. Homomyar. Ganzrandig (integripalliat).

Ordnung Nuculoida (Ordovizium – rezent)

Familie Nuculoidae (Ordovizium – rezent)
Perlmuttschicht vorhanden; Ligament innenliegend. Mantellinie integripalliat.

L 1, 2 ***Leionucula.*** Kreide – rezent. Oval; kleinwüchsig. Oberfläche glatt. Innerer Ventralrand glatt, nicht gezähnelt. ***L. planata*** (DESHAYES) (**L 1**), Kreide (Valangin – Campan); ca. 1,5 cm. ***L. albensis*** (ORBIGNY) (**L 2**), Kreide (Alb – Cenoman); ca. 1,5 cm.
L 3 ***Pectinucula.*** Kreide. Oval; kleinwüchsig. Oberfläche mit mehr oder weniger ausgeprägten Radialrippen. ***P. pectinata*** (SOWERBY), Unt. Kreide (Alb) – Ob. Kreide (Campan); ca. 2 cm.
L 4–6 ***Palaeonucula.*** Trias – Jura. Kleinwüchsig; kräftig gewölbt (aufgeblasen). Schalenoberfläche und innerer Ventralrand glatt. ***P. subglobosa*** (ROEMER) (**L 4**), Unt. Jura (Pliensbach – Toarc); ca. 1,5 cm. ***P. hausmanni*** (ROEMER) (**L 5**), Unt. Jura (Toarc) – Mittl. Jura (Aalen); ca. 2 cm. ***P. variabilis*** (SOWERBY) (**L 6**), Mittl. Jura (Ob. Bajoc); ca. 1,5 cm. Eine im Unt. Mitteljura (Unt. Aalen) häufige Art ist ***P. hammeri*** (DEFRANCE); ohne Abb.

Familie Nuculanidae (Devon – rezent)
Schalenhinterende langgezogen (nuculaniform).

L 7–10 ***Nuculana.*** Trias – rezent. Langgezogen, teilweise mit rostral verlängertem Hinterende (nuculaniform); kleinwüchsig. Konzentrische Skulptur. ***N. truncata*** (MONKE) (**L 7**), Unt. Jura (Unt. Sinemur); ca. 1 cm. ***N. trapezoidalis*** (MONKE) (**L 8**), Unt. Jura (Pliensbach); ca. 1,5 cm. ***N. ovum*** (SOWERBY) (**L 9**), Unt. Jura (Unt. Toarc); ca. 2,5 cm. ***N. deshayesiana*** (DUCHASTEL) (**L 10**), Tertiär (Mittl. Oligozän); ca. 2,5 cm.
L 11 ***Phestia.*** Devon – Unt. Trias. Form wie ***Nuculana,*** jedoch andere stratigraphische Reichweite. ***P. attenuata*** (FLEMING) (syn. ***Polydevcia attenuata, Nuculana attenuata***), Karbon; ca. 3,3 cm.
L 12 ***Yoldia.*** Kreide – rezent. Länglich oval, flach und dünnschalig. Mantellinie sinupalliat. ***Y. oblongoides*** (WOOD), Quartär (Ältest- und Altpleistozän); ca. 3,5 cm.

Unterklasse Cryptodonta (? Ob. Kambrium; Ordovizium – rezent)

Schloß zahnlos oder taxodont. Schale dünn; gleichklappig. Immer 2 Schließmuskeln. Ligament außen.

Ordnung Praecardioida (? Ob. Kambrium; Ordovizium – Unt. Unterkarbon)

Umriß rundlich bis oval und länglich. Homomyar. Dünnschalig. Mantellinie ganzrandig, bei wenigen Formen mit schwachem Sinus.

L 1 L 2 L 3

L 4 L 5 L 6

L 7 L 8

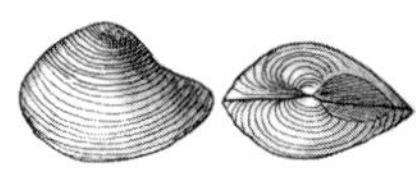
L 9

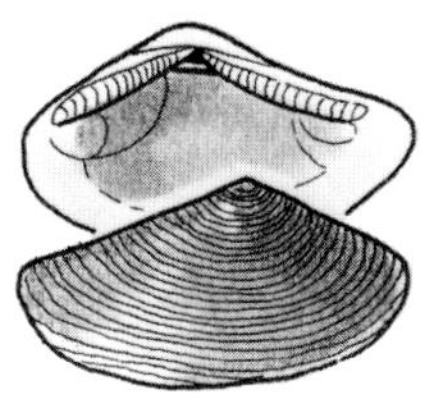
L 10

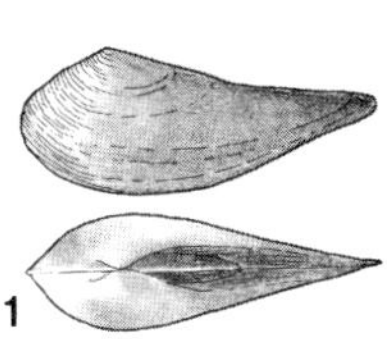
L 11

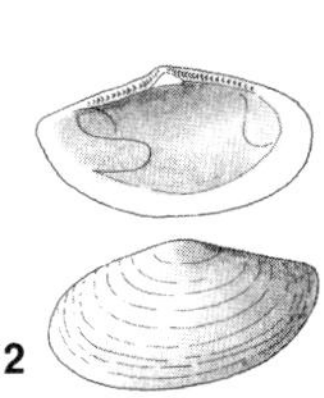
L 12

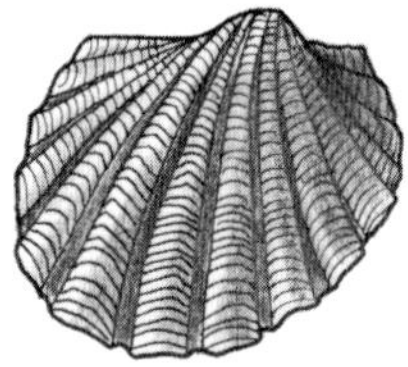
L 13

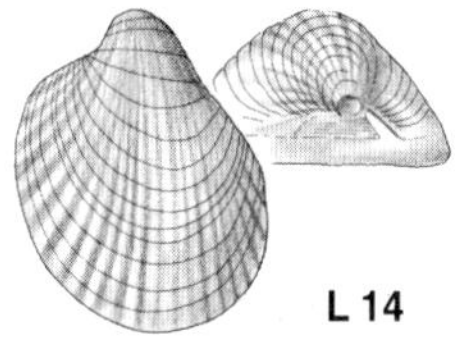
L 14

L 15 s. Foto 165

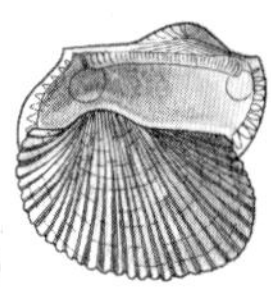
L 16

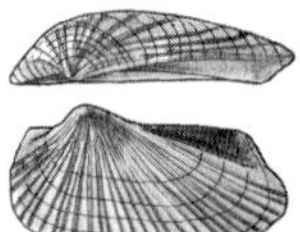
L 17

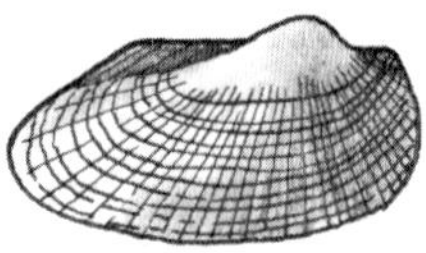
L 18

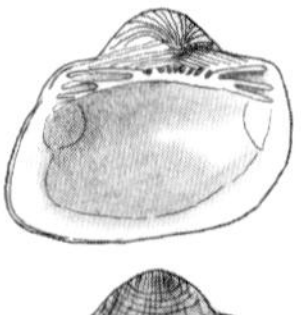

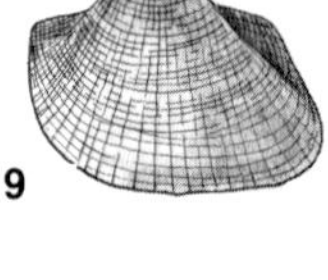
L 19

Familie Praecardiidae (? Ob. Kambrium; Ordovizium – Unt. Unterkarbon)
Oval; gleichklappig. Oberfläche normalerweise mit Radialrippen.

L 13 ***Buchiola.*** Silur – Devon. Umriß oval. Taxodont, mit wenigen Zähnen. Kräftige flache Radialrippen werden von schwachen Anwachslinien gekreuzt. ***B. retrocostata*** (BUCH), Ob. Devon; ca. 1 cm.
L 14 ***Cardiola.*** Ob. Silur (Ludlow) – Devon. Aufgebläht; ausgeprägte Wirbel. Oberfläche mit kräftigen Radialrippen. Flache und dreieckige Area. Wichtige Leitformen: ***C. interrupta*** (SOWERBY), Ob. Silur (Pridoli); ca. 4 cm.

Unterklasse Pteriomorphia (Ordovizium – rezent)

Schloßbau verschieden; Schließmuskeleindrücke variabel, meist aber heteromyar. Lebensweise auf dem Boden, angeheftet mittels Byssus oder direkt aufgewachsen.

Ordnung Arcoida (Ordovizium – rezent)

Taxodont; meist homomyar und gleichklappig. Umriß rundlich bis trapezförmig. Fast alle Arten zeigen eine ausgeprägte, ebene Ligamentarea.

Familie Arcidae (? Trias; Jura – rezent)
Umriß länglich trapezförmig bis oval. Oberfläche radial verziert. Gleichklappig; ungleichseitig. Mantellinie integripalliat.

L 15, 16 ***Arca.*** Ob. Kreide – rezent. Länglich trapezförmig bis rechteckig. Area breit. Schloß lang und meist gerade. Schloßbau ctenodont. Zähne klein und zahlreich, meist verschieden lang, am kürzesten im Bereich der Wirbel. Oberfläche mit feinen Radialrippen, gekreuzt von schwachen Anwachslinien. ***A. angusta*** (LAMARCK) (**L 15**), Tertiär (Eozän; Lutet); ca. 1,5 cm. ***A. diluvii*** LAMARCK (**L 16**), Tertiär (Unt. Pliozän); ca. 3,5 cm.

Familie Parallelodontidae (Ordovizium – rezent)
Umriß länglich; aufgebläht. Nahezu gleichklappig; ausgeprägt ungleichseitig.

L 17 ***Parallelodon.*** Ordovizium – Jura. (syn. ***Macrodon***) Schale langgezogen, mehr als doppelt so lang wie hoch; glattschalig oder mit radialen Rippen. Schloßrand gerade oder fast gerade. Area breit. Am Vorderende 3–7 scharfe Kerbzähne, dann 2 oder 3 langgestreckte, dem Schloßrand nahezu parallel laufende Leistenzähne. ***P. striatus*** (SCHLOTHEIM), Perm; ca. 2,6 cm.

Familie Cucullaeidae (Jura – Kreide, rezent)
Umriß oval, gerundet-dreieckig bis quadratisch. Oberfläche glatt oder mit Radialrippen. Dickschalig; Wirbel fast in der Mitte.

L 18–20 ***Idonearca.*** Jura – Kreide. Länglich trapezförmig. Radialrippen fein und dicht, gekreuzt von Anwachsstreifen. ***I. muensteri*** (ZIETEN) (**L 18**), Unt. Jura (Pliensbach – Toarc); ca. 3 cm. ***I. subdecussata*** (MUENSTER) (**L 19**), Mittl. Jura (Ob. Bajoc – Callov); ca. 4,5 cm. ***I. texta*** (ROEMER) (**L 20**), Ob. Jura (Mittl. Kimeridge); ca. 3 cm.

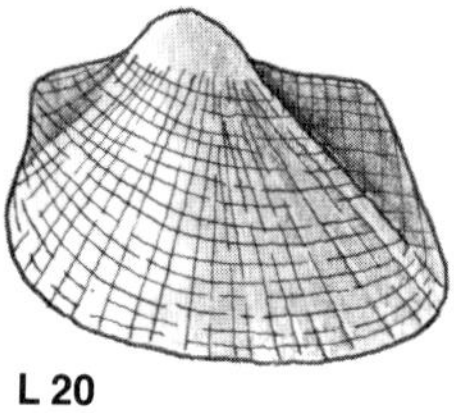

L 20

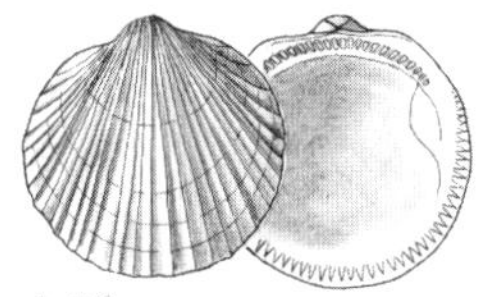

L 21

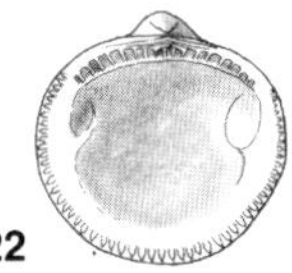

L 22

Familie Glycimerididae (Kreide – rezent)
Umriß rundlich bis dreieckig; gleichklappig, mehr oder weniger gleichseitig. Schloß ctenodont; breite Schloßplatte. Dickschalig. Mantellinie integripalliat.

L 23 s. Foto S. 165

L 21, 22 ***Glycimeris*** Kreide – rezent. (syn. ***Axinea, Pectunculus***) Umriß kreisförmig. Schalen gleichklappig und nahezug gleichseitig. Dreieckige Ligamentarea mit breit V-förmigen Furchen. Dickschalig. Innerer Schalenrand gekerbt. ***G. angusticostatus*** LAMARCK (**L 21**), Tertiär (Mittl. Oligozän; Rupel); ca. 3,5 cm. ***G. obovatus*** LAMARCK (**L 22**), Tertiär (Mittl. Oligozän; Rupel); ca. 3,5 cm.

Ordnung Mytiloida (Devon – rezent)

Schalen gleichklappig und sehr ungleichseitig, mytiliform. Mit Byssus auf dem Sediment angeheftet. Schließmuskeleindrücke anisomyar. Schloßbau dysodont.

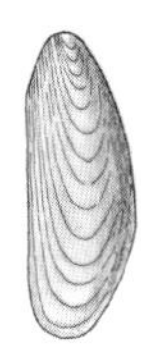

L 24

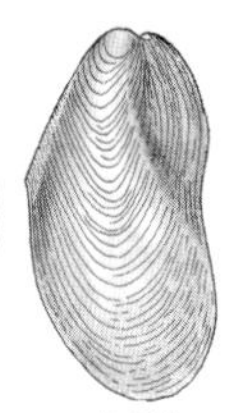

L 25

Familie Mytilidae (Devon – rezent)

L 23 ***Mytilus.*** Ob. Jura – rezent. Oberfläche glatt oder mit schwachen Radialfalten. Schaleninnenrand glatt. ***M. edulis*** LINNE, Quartär – rezent; ca. 5 cm, rezent.
L 24–26 ***Modiolus.*** Devon – rezent. Modioliform. Mehr oder weniger aufgebläht. Vorderende gerundet. Wirbel stumpf. ***M. minutus*** (GOLDFUSS) (**L 24**), Ob. Trias (Rhät); ca. 4 cm. ***M. modiolatus*** (LINNE) (**L 25**), Mittl. Mitteljura; ca. 5 cm. ***M. bipartitus*** (SOWERBY) (**L 26**), Mittl. Jura (Bathon) – Ob. Jura (Oxford); ca. 6 cm.

Ordnung Pterioida (Ordovizium – rezent)

Ungleichklappig und ungleichseitig. Schließmuskeleindrücke anisomyar. Mantellinie integripalliat. Perlmuttschicht ausgebildet. Schloßbau variabel.

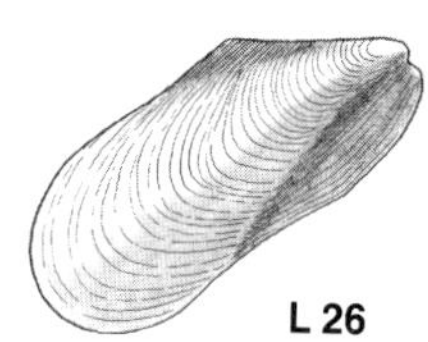

L 26

Familie Pterineidae (Ordovizium – Perm)
Ungleichklappig; linke Klappe gewölbt, rechte Klappe oft flach, deckelförmig. Umriß pteriform. Schloßbau teilweise actinodont.

L 27 ***Pteronitella.*** Ob. Silur. Pteriform; linker Wirbel auffallender als der rechte. Ohne Radialverzierung, nur mit schwachen Anwachsstreifen. ***P. retroflexa*** (WAHLENBERG), Ob. Silur (Ludlow); ca. 5 cm.

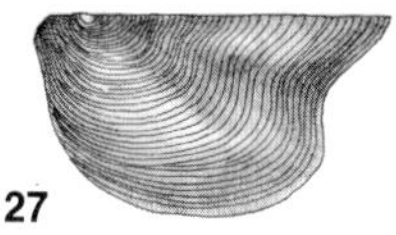

L 27

Familie Pteridae (Trias – rezent)
Oval bis kreisförmig. Schloßrand mit teilweise langen (rostralen) Fortsätzen. Ungleichseitig, nahezu gleich- bis stark ungleichklappig. Linke Klappe flacher.

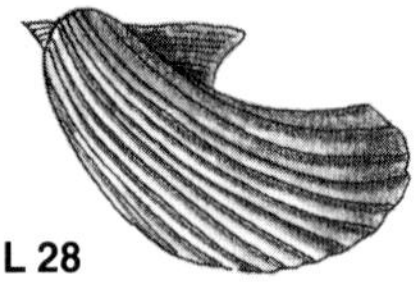

L 28

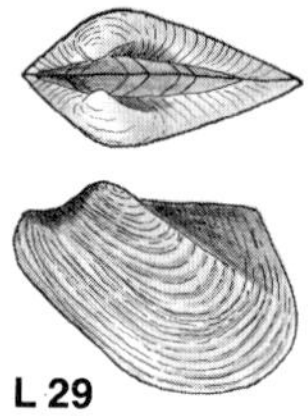

L 29

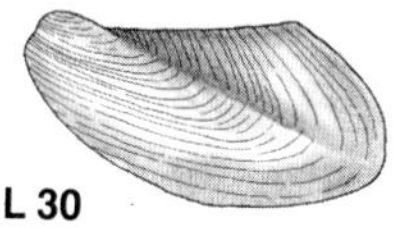

L 30

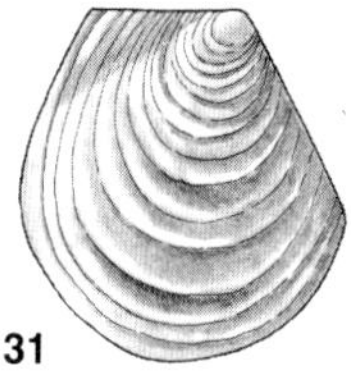

L 31

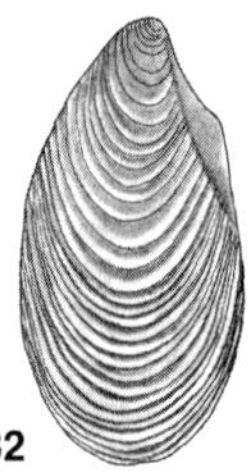

L 32

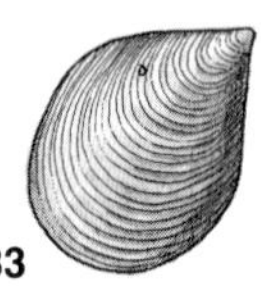

L 33

L 34

L 28 ***Rhaetavicula.*** Ob. Trias (Rhät). Kleinwüchsig; schmal. Sehr ungleichklappig. Linke Klappe stark gewölbt, rechte fast flach. Oberfläche mit radialen Rippen. ***R. contorta*** (PORTLOCK), *contorta*-Zone; ca. 3 cm.

Familie Bakevelliidae (Perm – Tertiär [Eozän])
Sehr ungleichseitig; Umriß oval bis rhomboidal, auch trapezförmig.

L 29 ***Bakevellia.*** Perm – Kreide. Klein bis mittelgroß; trapezförmig oder rhomboidal. Nur mäßig ungleichklappig. Unter dem Wirbel 3 oder 4 Leistenzähne. Oberfläche glatt oder mit schwachen Radialrippen. ***B. binneyi*** (BROWN), Ob. Perm; ca. 1,8 cm.
L 30 ***Hoernesia.*** Trias – Mittl. Jura. Länglich trapezförmig. Sehr ungleichklappig. Linke Klappe stark gewölbt, mit breiter Wirbelregion, rechte Klappe schwach konvex bis konkav. ***H. socialis*** (SCHLOTHEIM), Trias (Ob. Muschelkalk); ca. 5 cm.

Familie Inoceramidae (Perm – Kreide; ? Tertiär [Oligozän])
Form sehr variabel. Nahezu gleichklappig bis sehr ungleichklappig. Linke Klappe stärker gewölbt als rechte Klappe. Radialrippen selten; Schloßzähne fehlen fast immer.

L 31 ***Inoceramus.*** Jura – Kreide. Oval, rundlich, trapezförmig. Gleichklappig bis mäßig ungleichklappig. Mittelgroß bis groß. Mehr oder weniger ausgeprägte konzentrische Wülste; feine Anwachsstreifen. ***I. crippsi*** MANTELL, Kreide (Ob. Alb – Cenoman); ca. 10 cm. In der Kreide treten sehr viele Arten dieser Gattung auf und sind zum Teil leitend.
L 32 ***Mytiloides.*** Jura – Kreide. Mittelgroß. Länglich-oval. Nahezu gleichklappig; Schloßrand kurz. Konzentrische Wülste und Falten. ***M. labiatus*** (SCHLOTHEIM) (syn. ***Inoceramus labiatus***), LF, Ob. Kreide (Turon); ca. 12 cm; weitere leitende Arten in der Ob. Kreide.
L 33 ***Pseudomytiloides.*** Unt. Jura. Ziemlich klein; nahezu gleichklappig; aufgebläht. Mytiliform. Schloßrand kurz. Dünnschalig. Oberfläche mit konzentrischen Falten. ***P. dubius*** (SOWERBY) (syn. ***Inoceramus dubius***), Unt. Toarc; ca. 4 cm. Im Ob. Pliensbach tritt nicht selten auf ***P. nobilis*** (GOLDFUSS) (syn. ***Inoceramus nobilis***, ohne Abb.).
L 34 ***Steinmannia.*** Unt. Jura (Toarc). Angenähert kreisförmig, ohne Ohren. Gleichklappig; dünnschalig. Schmale Ligamentarea. Oberfläche mit konzentrischer Skulptur. ***S. bronni*** (VOLTZ) (syn. ***Posidonia bronni***), Unt. Toarc; ca. 5,5 cm. Häufig im süddeutschen Lias epsilon.

Familie Isognomonidae (Ob. Perm – rezent)
Nahezu gleichklappig bis sehr ungleichklappig. Mäßig bis stark ungleichseitig. Form sehr variabel. Ligamentarea außen, normalerweise flach. Oberfläche glatt oder konzentrisch verziert.

L 35 ***Isognomon.*** Ob. Trias – rezent. Rhomboidal; oben gestutzt; höher als lang. Nahezu gleichklappig, stark ungleichseitig. Großwüchsig. Schloßrand gerade. Ligamentarea groß, mit zahlreichen parallelen Ligamentgruben. Monomyar; Schließmuskeleindruck groß und nierenförmig. ***I. sandbergeri*** (DESHAYES), Tertiär (Mittl. Oligozän; Rupel); ca. 9 cm.

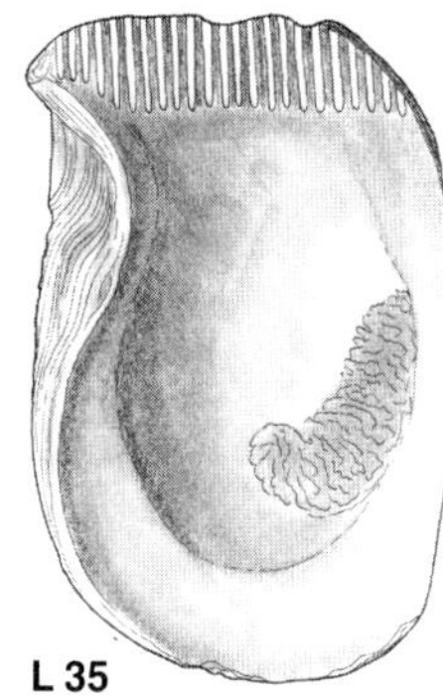
L 35

Familie Aviculopectinidae (Ob. Devon – Jura)
Schalen kreisförmig, mit Ohren (pectiniform). Rechte Klappe weniger gewölbt.

L 36 ***Aviculopecten.*** Karbon – Perm. Rechte Klappe normalerweise kleiner; hinteres Ohr gleichlang oder länger als das vordere. Schale mit kräftigen, aber verschieden stark ausgebildeten Radialrippen. ***A. plicatus*** SOWERBY, Unt. Karbon; ca. 3,5 cm.

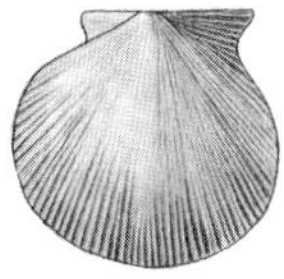
L 36

L 37 ***Pleuronectites.*** Mittl. – Ob. Trias. Mittel- bis großwüchsig; Umriß kreisförmig. Nahezu gleichklappig, mit kurzem, geradem Schloßrand. Hinteres Ohr geringfügig kürzer. Feine Anwachsstreifen. ***P. laevigatus*** (SCHLOTHEIM), Trias (Muschelkalk); ca. 3,5 cm.

L 37

Familie Posidoniidae (Karbon – Kreide)
Oval; dünnschalig; mäßig gewölbt. Nahezu gleichklappig; niedrige Wirbel. Feine Radialstreifen und/oder konzentrische Falten.

L 38 ***Posidonia.*** Karbon – Jura. Oval bis rhomboidal. Kleine oder nur bei adulten Exemplaren schwach entwickelte Ohren. Oberfläche mit konzentrischen Wülsten. ***P. becheri*** (BRONN), Ob. Unterkarbon (Vise); ca. 4,5 cm.

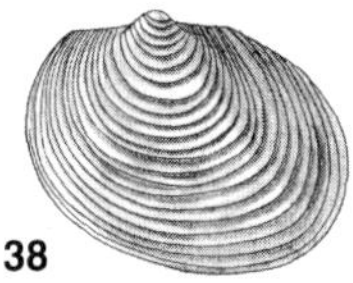
L 38

Familie Oxytomidae (Perm – Kreide)
Angenähert kreisförmig bis oval. Meist stark ungleichklappig und ungleichseitig. Rechte Klappe meist schwächer skulptiert.

L 39 ***Oxytoma.*** Ob. Trias – Kreide. Mittelgroß; Umriß angenähert kreisförmig. Rechte Klappe nur schwach gewölbt, glatt oder mit schwachen Radialrippen. Linke Klappe stärker gewölbt, mit 2 oder 3 verschieden stark ausgeprägten alternierenden Radialrippen. Hinteres Ohr wesentlich größer. ***O. inaequivalvis*** (SOWERBY) (syn. ***Avicula inaequivalvis***), Unt. Jura (Hettang) – Mittl. Jura (Bajoc); ca. 4 cm.

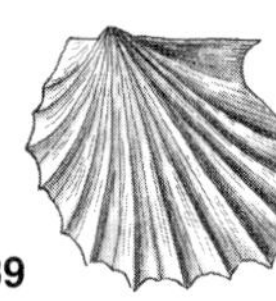
L 39

Familie Entoliidae (Karbon – Kreide)
Kreisförmig; nahezu gleichklappig und gleich gewölbt. Glatt oder mit feiner radialer und/oder konzentrischer Skulptur. Kleine Ohren.

L 40 ***Entolium.*** Mittl. Trias – Kreide. Oberfläche glatt; die Ohren der linken Klappe stehen über den Schloßrand hinaus. ***E. demissum*** (PHILLIPS) (syn. ***Pecten demissus***), Mittl. Jura (Ob. Aalen – Unt. Bajoc); ca. 2 cm.

L 40

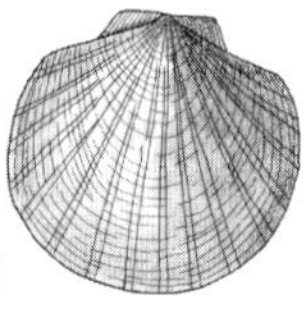

L 41

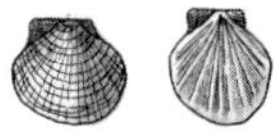

L 42

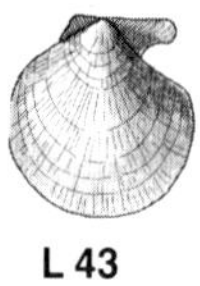

L 43

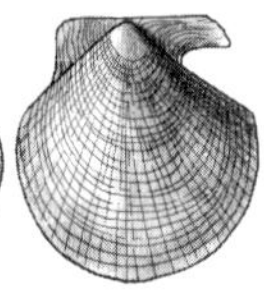

L 44

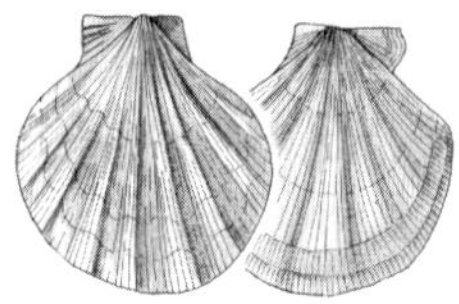

L 45

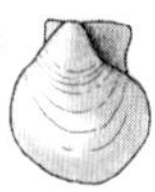

46

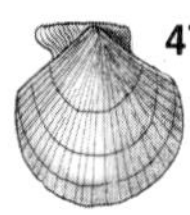

47

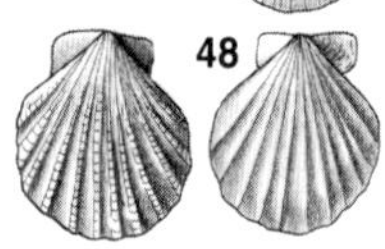

48

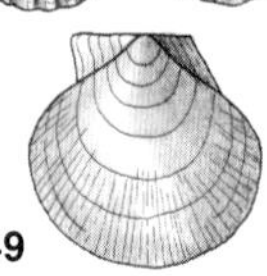

L 49

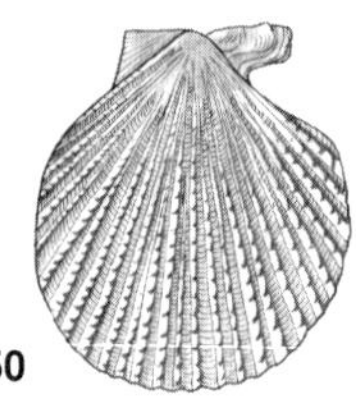

L 50

L 51–56 s. Übersicht S. 150

Familie Pectinidae (Trias – rezent)
Schalenumriß kreisförmig bis oval; Größe variabel. In der Regel ist eine Klappe deutlich weniger gewölbt, es treten aber auch gleich gewölbte Formen auf. Wirbel normalerweise zentral. Ohren vorhanden. Oberfläche glatt oder mit radialen Rippen bzw. Falten. Junge Exemplare mit taxodontem, später ganz fehlendem Schloß. Adultformen monomyar. Freie oder angeheftete Sedimentlieger (Byssus), teilweise auch mit der rechten Klappe aufgewachsen.

L 41 ***Amussium.*** Tertiär (Unt. Miozän) – rezent. Scheibenförmig; dünnschalig. Klappen nur schwach gewölbt. Oberfläche nur mit schwachen, Innenseite aber mit kräftigen Radialrippen (paarweise angeordnet). ***A. cristatus*** (BRONN), Tertiär (Unt. Miozän); ca. 4 cm.

L 42 ***Propeamussium.*** Jura – rezent. Kleinwüchsig; dünnschalig. Nahezu gleich gewölbt, flach. Umriß oval bis rundlich. Außen mit konzentrischen Linien skulptiert, linke Klappe mit radialen Rippen oder Streifen. ***P. pumilum*** (LAMARCK) (syn. ***Pecten personatus, Variamussium pumilum, Parvamussium pumilum***), Unt. Jura (Toarc) – Mittl. Jura (Bajoc); ca. 1,5 cm. ***Parvamussium*** (syn. ***Variamussium***) tritt erst ab der Ob. Kreide auf, weshalb bei korrekter Fassung die jurassischen Arten zu ***Propeamussium*** gestellt werden müssen.

L 43 ***Camptonectes.*** Jura – Kreide. Linke Klappe kräftiger gewölbt. Oberfläche mit feinen, geschwungenen und gekörnelten Rippen oder Linien und konzentrischen Streifen. ***C. auritus*** (SCHLOTHEIM), Mittl. Jura (Callov) – Ob. Jura (Kimeridge); ca. 3 cm.

L 44 ***Camptochlamys.*** Mittl. Jura (Bajoc) – Ob. Jura. Ähnlich ***Camptonectes,*** jedoch mit ausgeprägterer und angenähert gleich starker Kreuzskulptur. ***C. intertextus*** (ROEMER), Mittl. Jura (Bajoc) – Ob. Jura (Oxford); ca. 3,5 cm.

L 45 ***Pseudamussium.*** Tertiär (Mittl. Miozän) – rezent. Kleinwüchsig bis mittelgroß. Schloßrand kurz. Rechte Klappe stärker gewölbt. Breite Radialfalten sind von Radialrippen unterschiedlicher Ausprägung bedeckt. ***P. septemradiatum*** (MÜLLER), Tertiär (Pliozän); ca. 4 cm.

L 46–56 ***Chlamys.*** Trias – rezent. Die Gattung wird in 34 Untergattungen geteilt; dazu gehören ***Aequipecten, Antipecten, Hilberia*** und ***Palliolum***. Beide Klappen konvex gewölbt, die linke meist stärker. Normalerweise höher als lang; vorderes Ohr länger. Zahlreiche, meist feine, teilweise vertiefte radiale Streifen oder Rippen. ***C. subulatus*** (MUENSTER) (**L 46**), Unt. Jura (Hettang – Pliensbach); ca. 2 cm. ***C. textorius*** (SCHLOTHEIM) (**L 47**) (syn. ***Pecten textorius***), Unt. Jura (Hettang – Unt. Pliensbach); ca. 2,5 cm. ***C. fibrosus*** (SOWERBY) (**L 48**), Ob. Jura (Oxford); ca. 2,5 cm (linke und rechte Klappe). ***C. comatus*** (MUENSTER) (**L 49**), Ob. Jura (Kimeridge – Tithon); ca. 3 cm. ***C. cretosus*** (DEFRANCE) (**L 50**), Ob. Kreide (Turon – Campan); ca. 8 cm. ***C. recondita*** (SOLANDER) (**L 51**), Tertiär (Eozän; Ob. Lutet – Barton); ca. 2 cm. ***C. pictus*** (GOLDFUSS) (**L 52**) (syn. ***Pecten pictus***), Tertiär (Mittl. Oligozän; Rupel); ca. 3,8 cm. ***C. muensteri*** (GOLDFUSS) (**L 53**) (syn. ***Pecten muensteri***) Tertiär (Ob. Oligozän; Unt. Chatt); ca. 1,5 cm. ***C. elegans*** ANDR. (**L 54**), Tertiär (Miozän); ca. 3 cm. ***C. multistratus*** POLI (**L 55**), Tertiär (Unt. Miozän; Burdigal); ca. 4,5 cm. ***C. praescabriusculus*** FONTANNES (**L 56**), Tertiär (Unt. Miozän; Burdigal); ca. 4,5 cm.

L 57, 58 ***Aequipecten.*** Jura – rezent. Wie ***Chlamys***, jedoch mit mehr gerundetem Umriß und fast gleichgroßen Ohren. Rippenzahl geringer. ***A. priscus*** (SCHLOTHEIM) (**L 57**) (syn. ***Pecten priscus***), Unt. Jura (Hettang – Pliensbach); ca. 4 cm. ***A. opercularis*** (LINNE) (**L 58**), Tertiär (Pliozän) – rezent; ca. 2,7 cm.

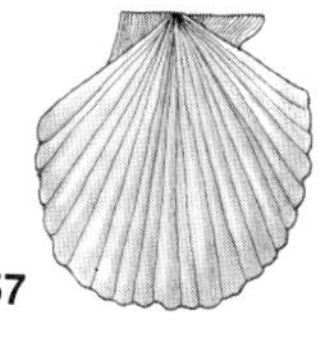

L 57

L 58–61 s. Übersicht S. 150

L 59 ***Antipecten.*** Tertiär (Unt. – Mittl. Miozän; Burdigal – Serravall). Schale meist breiter als hoch. Rechte Klappe nahezu eben, linke gewölbt. Ohren sehr groß. Rippenzahl gering. ***A. sacyi*** COSSMAN & PEYROT, Burdigal; ca. 4,3 cm.

L 60 ***Hilberia.*** Tertiär (Eozän – Mittl. Miozän (Serravall). Große Ohren. Zahlreiche feine Radialrippen können auf der linken und rechten Klappe verschieden ausgebildet sein. ***H. soellingensis*** (KOENEN), Tertiär (Mittl. Oligozän; Rupel); ca. 4 cm, linke und rechte Klappe.

L 61 ***Palliolum.*** Tertiär (Miozän) – rezent. Mittelgroß; Ohren meist sehr ungleich groß. Feine Radialrippen; konzentrische Wülste. ***P. tigerina*** (MÜLLER); ca. 2,7 cm.

L 62 ***Spondylopecten.*** Mittl. Jura (Bathon) – Ob. Jura. Kleinwüchsig. Oberfläche mit zahlreichen kräftigen Radialrippen, die auf der linken Klappe oft mit Stacheln besetzt sind. ***S. roederi*** (LORIOL), Ob. Jura (Oxford); ca. 1,3 cm, linke und rechte Klappe.

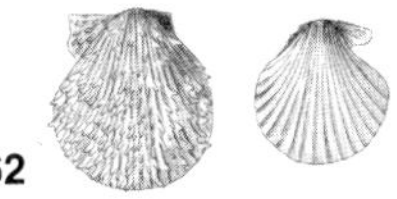

L 62

L 63 ***Pecten.*** Tertiär (Ob. Eozän) – rezent. Alte Sammelgattung. Rechte Klappe deutlich gewölbt, linke mäßig konvex, flach oder konkav. Ohren nahezu gleichgroß. Meist mit breiten, oben abgeflachten Radialrippen. ***P. jacobaeus*** LINNE, Tertiär (Pliozän) – rezent; ca. 15 cm.

L 63

L 64 s. Foto S. 165

L 64 ***Amussiopecten.*** Tertiär (Ob. Oligozän – Ob. Miozän [Torton]). Geringfügig länger als hoch. Ohren fast gleichgroß. Kräftige, gerundete Radialrippen. ***A. burdigalensis*** (LAMARCK), Tertiär (Unt. Miozän; Burdigal); ca. 10,5 cm.

L 65 ***Neithea.*** Kreide. Rechte Klappe wesentlich stärker gewölbt. Ohren gleichgroß. Zwischen 4–6 kräftigen Radialwülsten liegen 3 oder 4 schwächere Radialrippen. ***N. sexcostata*** (WOODWARD) (syn. ***Pecten sexcostatus***), Ob. Kreide (Cenoman – Campan); ca. 2,2 cm.

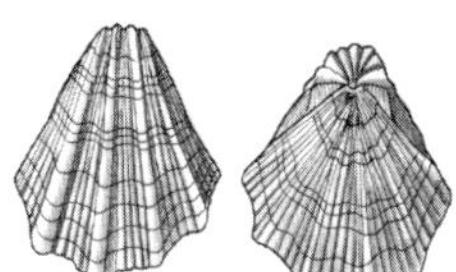

L 65

L 66 ***Pseudopecten.*** Unt. Jura (Sinemur – Pliensbach). Nahezu gleichklappig. Oberfläche mit 15 oder 16 kräftigen Radialrippen, die meist glatt sind, mitunter jedoch mit kleinen Dornen besetzt. ***P. equivalvis*** (SOWERBY) (syn. ***Pecten aequivalvis***), Ob. Pliensbach; ca. 6,5 cm.

L 66

Familie Plicatulidae (Mittl. Trias – rezent)

Kleinwüchsig bis mittelgroß. Umriß oval, kreisförmig oder dreiekkig. Ungleichklappig bis nahezu gleichklappig. Schalenform auch im Artbereich sehr variabel. Oberfläche mit meist unregelmäßigen Radialrippen, teilweise auch mit Schuppen und Dornen.

L 67, 68 ***Plicatula.*** Mittl. Trias (Ladin) – rezent. Keine Ohren. Fast alle Arten mit Radialskulptur. Schuppige Anwachsstreifen. Viele Arten mit kurzen Stacheln oder Dornen. ***P. spinosa*** (SOWERBY) (**L 67**), Unt. Jura (Pliensbach); ca. 2 cm. ***P. gurgitis*** PICTET & ROUX (**L 68**), Unt. Kreide (Mittl. – Ob. Alb); ca. 4 cm.

L 67

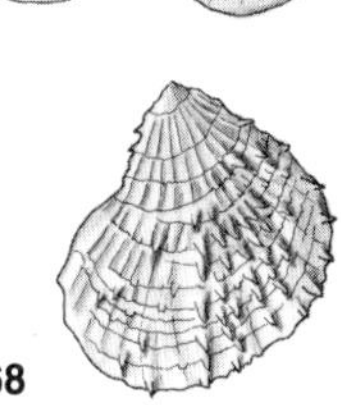

L 68

Familie Spondylidae (Jura – rezent)

Meist mittelgroß, selten kleinwüchsig. Umriß kreisförmig bis oval. Ungleichklappig; rechte Klappe stärker gewölbt. Nahezu gleichsei-

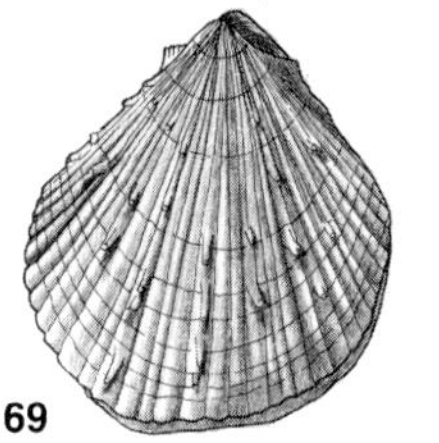

L 69

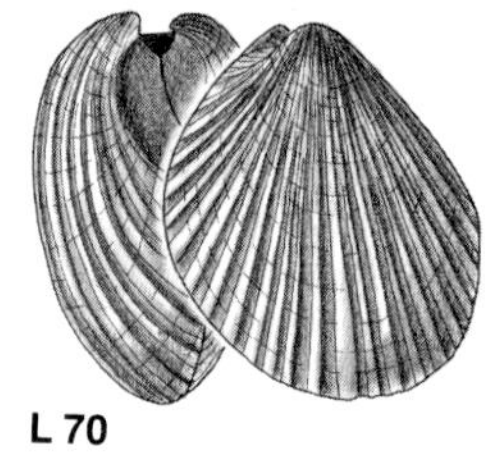

L 70

L 71

tig. Unregelmäßige Radialrippen oder Radialstreifen, meist mit Dornen besetzt.

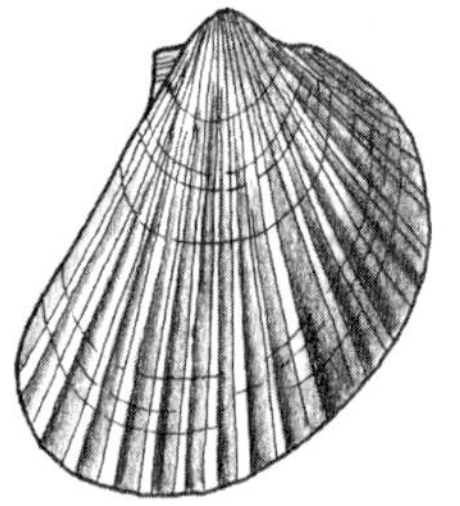

L 72

L 69 ***Spondylus.*** Jura – rezent. Aufgebläht. Rechte Klappe mit großer, dreieckiger Kardinalarea. Kräftige Radialskulptur. Oberfläche oft mit Dornen oder Stacheln. ***S. spinosus*** (Sowerby), Ob. Kreide (Turon – Maastricht); ca. 7 cm.

Familie Limidae (Karbon – rezent)
Schloß dysodont oder mit schwachen taxodonten Zähnen. In der Regel gleichklappig. Umriß oval, kreisförmig oder dreieckig, meistens höher als lang. Zwei kleine Ohren sind fast immer vorhanden. Beide Klappen zeigen eine Kardinalarea. Oberfläche glatt oder mit radialer Verzierung; ganz selten konzentrische Skulptur.

L 70 ***Lima.*** Jura – rezent. Gerundet-dreieckig, höher als lang. Kurzer Schloßrand. Oberfläche mit schuppigen Radialrippen. ***L. lineata*** (Schlotheim), Trias (Unt. Muschelkalk); ca. 5,2 cm.
L 71 ***Ctenostreon.*** Jura – Unt. Kreide (Neokom). Großwüchsig; dickschalig. Umriß angenähert kreisförmig, jedoch auch im Artbereich sehr variabel. Relativ flach. Ohren groß; das vordere Ohr ist kleiner. Radialrippen breit und gerundet, mit Schuppen oder Dornen besetzt. ***C. pectiniformis*** (Schlotheim) (syn. ***Lima pectiniformis***), Mittl. Jura (Mittl. – Ob. Bajoc); ca. 5,6 cm.

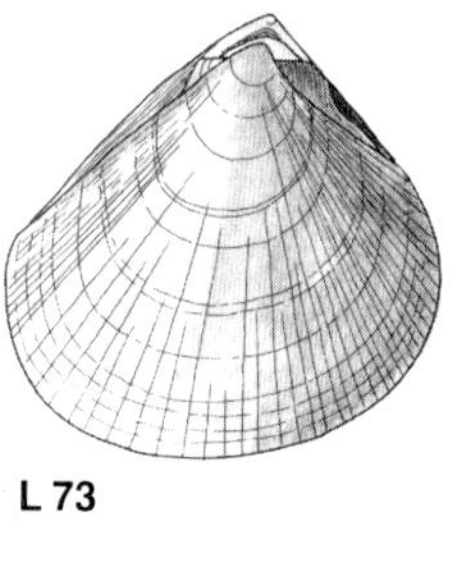

L 73

L 72, 73 ***Plagiostoma.*** Mittl. Trias – Kreide. Mittelgroß bis großwüchsig. Umriß oval, meist geringfügig länger als hoch. Oberfläche glatt, mit schwachen Radialstreifen oder unauffälligen Radialrippen. Mäßig bis stark aufgebläht. ***P. pectinoides*** (Sowerby) (**L 72**), Unt. Jura (Hettang – Pliensbach); ca. 3,5 cm. ***P. gigantea*** (Sowerby) (**L 73**) (syn. ***Lima gigantea***), Unt. Unterjura (Hettang – Unt. Pliensbach); ca. 12 cm. Aus dem Ob. Jura (Oxford) sei genannt ***P. rigidum*** Sowerby, aus der Ob. Kreide (Turon – Maastricht) ***P. hoperi*** (Mantell), beide ohne Abb.

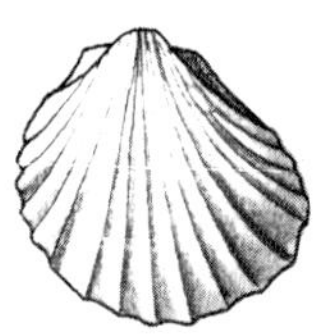

L 74

L 74 ***Pseudolimea.*** Trias – Kreide. Kleinwüchsig; Umriß oval bis kreisförmig. Schloß mit Zähnen oder zahnlos. ***P. acuticosta*** (Goldfuss), Unt. Jura (Pliensbach); ca. 2 cm. Eine Art mit beträchtlicher Reichweite ist ***P. duplicata*** (Sowerby), Unt. Jura (Toarc) – Ob. Jura (Oxford); in der Ob. Kreide (Santon – Campan) tritt auf ***P. elongata*** (Sowerby), in der Unt. Kreide (Hauterive) ***P. sculpta*** (Pictet & Campiche); die letzten 3 Arten ohne Abb.

Unterordnung Ostreina (Austern)

(Ob. Trias – rezent)
Schließmuskelabdruck monomyar. Grundsätzlich mit der linken

G 138 *Subula plicaria,* Tertiär (Miozän; Burdigal); Saucats bei Bordeaux/Frankreich. Ca. 6 cm.

G 146 *Gyraulus trochiformis,* Tertiär (Mittl. Miozän; Serravall); Steinheim bei Heidenheim/Württ. Größtes Exemplar ca. 5 mm. Die Schnecken treten in Süßwasserablagerungen auf; eine Reihe aufeinanderfolgender Unterarten sind unschwer zu unterscheiden.

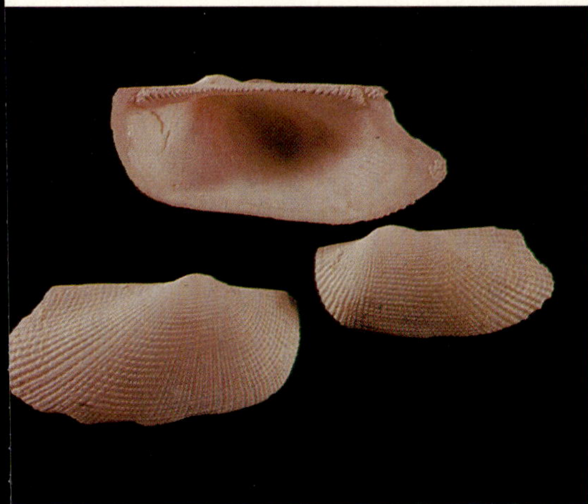

L 15 *Arca angusta,* Tertiär (Eozän; Lutet); Fercourt bei Noailles, Ile de France. Ca. 2 cm.

L 23 *Mytilus edulis* (Miesmuschel), rezent, aus dem Golfe du Lion/Frankreich. Ca. 5 cm.

L 64 *Amussiopecten burdigalensis,* Tertiär (Miozän; Burdigal); Niederösterreich. Ca. 10,5 cm; Schalenerhaltung; doppelklappig.

L 105 *Myophoria kefersteini,* Ob. Trias (Karn); Raibl, Dolomiten. Ca. 4,5 cm.

L 130 *Carinastarte reimersi,* Tertiär (Ob. Miozän; Gram-Stufe); Gram östlich Ribe/Dänemark. Ca. 2 cm.

N *Nautilus pompilius* LINNE, rezente Exemplare von den Philippinen. Medianschliff ca. 16 cm Durchmesser. Gut zu erkennen die Siphonaldüten.

A 32 *Holcophylloceras calypso,* Unt. Jura (Ob. Toarc); Truc de Balduc bei Mende, Lozère/Frankreich. Ca. 4,5 cm. Stein- bzw. Pyritkern, äußerlich durch Oxidation in Limonit umgewandelt.

A 55 *Amaltheus gibbosus,* Unt. Jura (Ob. Pliensbach; Lias delta); Weiler in den Bergen bei Schwäbisch Gmünd/Württ. Ca. 6,2 cm; Schalenerhaltung.

A 56 *Amaltheus margaritatus,* Unt. Jura (Ob. Pliensbach; Lias delta); Salach bei Göppingen/Württ. Ca. 4 cm.

A 63 *Pseudolioceras bicarinatum,* Unt. Jura (Ob. Toarc; Lias zeta); Mende, Lozère/Südfrankreich. Ca. 3 cm.

L 76 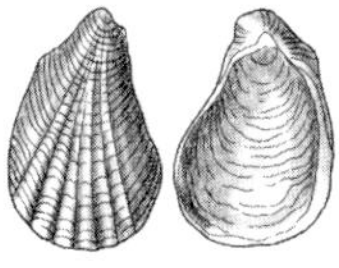

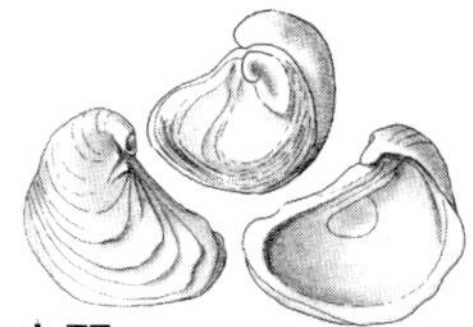
L 77

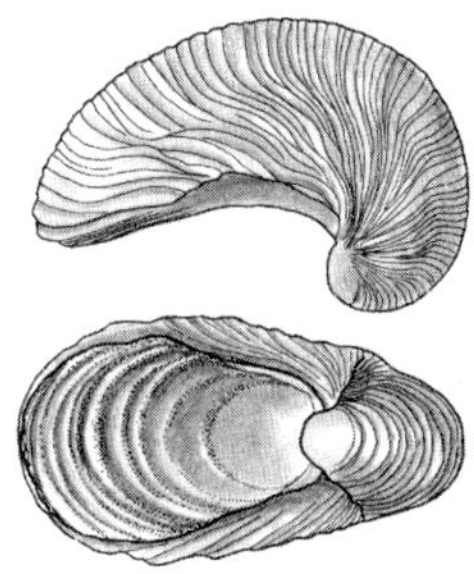
L 75

Klappe auf dem Untergrund festgewachsen; Fuß und Byssus fehlen bei erwachsenen Exemplaren. Schloßbau dysodont.

Familie Gryphaeidae (Ob. Trias – rezent)
Klappen meist stark voneinander abweichend geformt. Das Ostracum fehlt oder ist nur sehr dünn ausgebildet.

L 75 ***Gryphaea.*** Ob. Trias – Ob. Jura (Oxford). Kleinwüchsig bis riesenwüchsig, bis ca. 16 cm Länge bei 14 cm Höhe. Keine Radialornamentierung; konzentrische, teilweise schuppige Anwachsstreifen auf der linken wie auf der rechten (Deckel-)Klappe. ***G. arcuata*** LAMARCK (syn. ***Liogryphaea arcuata***), Unt. Jura (Unt. Sinemur; Lias alpha); ca. 8 cm. ***G. obliqua*** GOLDFUSS tritt auf im Ob. Sinemur (Lias beta), ***G. cymbium*** GOLDFUSS im Unt. Pliensbach (Lias gamma); im Mittl. Jura (Callov) finden wir ***G. calloviensis*** ROLLIER, im Mittl. Jura (Callov) – Ob. Jura (Oxford) ***G. dilatata*** (SOWERBY); die Untergattung ***Bilobissa*** ist mit der Art ***B. bilobata*** (SOWERBY) vertreten (Mittl. Jura; Aalen – Bajoc); außer ***G. arcuata*** alle ohne Abb.
L 76 ***Liostrea.*** Ob. Trias (Nor) – Jura. Kleinwüchsig, max. 5 cm lang und 3 cm hoch. Linke Klappe stark gewölbt, rechte Klappe nur schwach gewölbt, flach oder schwach konkav. ***L. rugosa*** (MUENSTER), Ob. Jura (Kimeridge); ca. 3 cm.
L 77 ***Exogyra.*** Kreide. Alte Sammelgattung. Kleinwüchsig bis riesenwüchsig, mit einem Maximaldurchmesser von ca. 21 cm. Sehr ungleichklappig, rechte Klappe flach bis konkav, linke Klappe wesentlich größer, konvex, stark gewölbt. Linke Klappe mit schuppigen, konzentrischen Anwachsstreifen und unregelmäßigen, schwachen Radialrippen; mitunter auch mit kräftigen und aufspaltenden (dichotomen) Radialrippen. ***E. obliquata*** (PULTENEY), Unt. Kreide (Apt) – Ob. Kreide (Cenoman); ca. 3 cm.

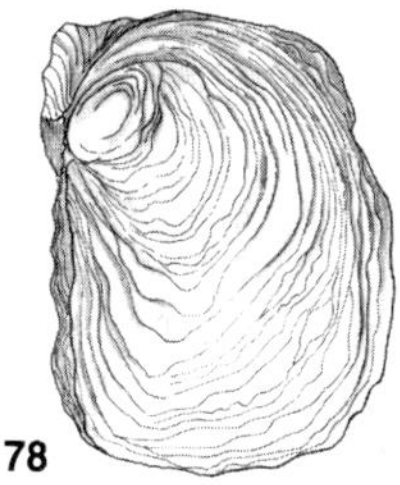
L 78

L 78 ***Aetostreon.*** Unt. Kreide. Mittel- bis großwüchsig; linke Klappe stark gewölbt, rechte Klappe flach oder konkav. Linke Klappe mit kräftigem Wirbel und von hier aus radial über die Schale ziehendem Kiel. ***A. latissimum*** (LAMARCK) (syn. ***Exogyra latissima, Exogyra couloni***), Valangin – Unt. Alb; ca. 12 cm.
L 79 ***Ceratostreon.*** Kreide. Mäßig groß bis mittelgroß, max. ca. 10 cm. Umriß länglich; beide Klappen gekielt, mehr oder weniger ausgeprägt. Undeutliche Radialornamentierung, oft in Form unterschiedlich deutlich ausgebildeter Dornen und Stacheln. ***C. spinosum*** (MATHERON) (syn. ***Exogyra matheroni***), Ob. Kreide (Coniac – Campan); ca. 4 cm.

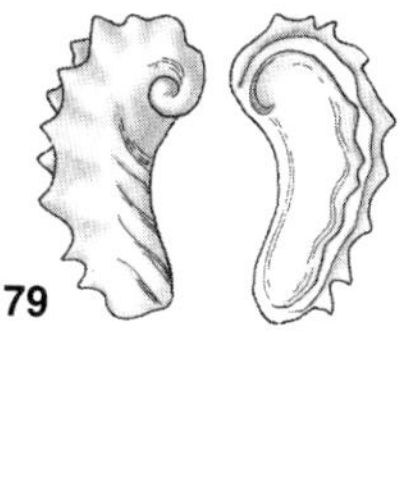
L 79

Familie Ostreidae (Ob. Trias – rezent)
Klappen ausgeprägt ungleich bis nahezu gleich; Schalenform auch im Artbereich sehr variabel. Anwachsfläche klein bis groß.

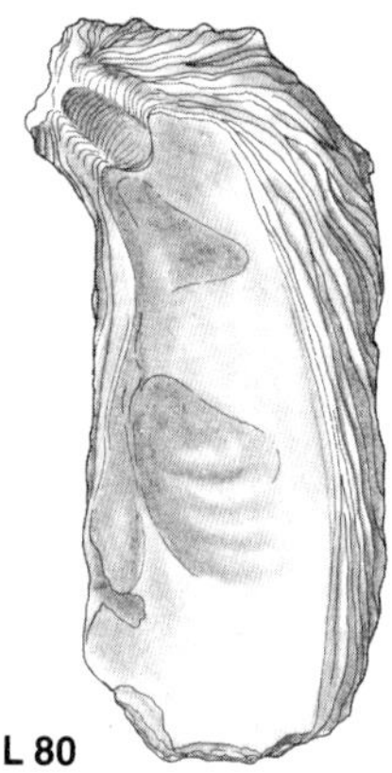

L 80

L 81–96 s. Übersicht S. 151

L 97

L 98

L 80 ***Crassostrea.*** Kreide – rezent. Klein bis riesenwüchsig, bis 60 cm Höhe. Meist mit länglichem, geradem Umriß. Ligamentarea mitunter sehr lang, quergestreift. Oberfläche rauh, mit schuppigen Anwachslamellen, aber auch mit unregelmäßigen radialen Elementen. ***C. giengensis*** (SCHLOTHEIM) (syn. ***Ostrea giengensis***), Tertiär (Miozän); ca. 10 cm. Eine großwüchsige Art des Mittl. Miozän ist ***C. crassissima*** (LAMARCK) (ohne Abb.).

L 81–96 ***Ostrea.*** Kreide – rezent. Alte Sammelgattung. Mittelgroß bis großwüchsig, bis ca. 20 cm Länge. Umriß rundlich bis länglich, Schalenform auch im Artbereich sehr unregelmäßig. Ligamentarea normalerweise dreieckig, länger als hoch, quergestreift. Schuppige Anwachslamellen, auch unregelmäßige grobe Radialrippen und Radialfalten. ***O. boucheroni*** COQUAND (**L 81**), Ob. Kreide (Santon – Campan); ca. 8 cm. ***O. semiplana*** SOWERBY (**L 82**), Ob. Kreide (Turon – Campan); ca. 4 cm. ***O. armata*** LAMARCK (**L 83**), Ob. Kreide (Unt. Campan); ca. 3,5 cm. ***O. diluviana*** ORBIGNY (**L 84**), Ob. Kreide (Unt. Campan); ca. 5 cm. ***O. lunata*** NILSSON (**L 85**), Ob. Kreide (Maastricht); ca. 3,5 cm. ***O. tenera*** SOWERBY (**L 86**), Tertiär (Paläozän; Thanet); ca. 11 cm. ***O. bellovacina*** LAMARCK (**L 87**), Tertiär (Paläozän; Thanet); ca. 13 cm. ***O. multicostata*** MUENSTER (**L 88**), Tertiär (Unt. Eozän; Ypres); ca. 4 cm. ***O. cymbula*** LAMARCK (**L 89**), Tertiär (Mittl. Eozän; Lutet); ca. 5 cm. ***O. plicata*** SOLANDER (**L 90**), Tertiär (Eozän; Lutet – Priabon); ca. 4 cm. ***O. velata*** WOOD (**L 91**), Tertiär (Ob. Eozän [Priabon] – Unt. Oligozän [Unt. Lattorf]); ca. 5 cm. ***O. ventilabrum*** GOLDFUSS (**L 92**), Tertiär (Oligozän); ca. 5 cm. ***O. cyathula*** LAMARCK (**L 93**), Tertiär (Mittl. – Ob. Oligozän); ca. 5 cm. ***O. caudata*** MUENSTER (**L 94**), Tertiär (Unt. Miozän); ca. 2,5 cm. ***O. digitalina*** DUBOIS (**L 95**), Tertiär (Miozän); ca. 5 cm. ***O. edulis*** LINNE (**L 96**), Tertiär (Pliozän) – rezent; ca. 9,5 cm.

L 97 ***Lopha.*** Trias – rezent. Schale in Form und Größe sehr variabel. Klein bis mittelgroß (bis ca. 11 cm). Beide Klappen mit ausgeprägten Radialrippen oder Radialfalten; angenähert gleichklappig. Schalenrand oft zickzackartig gefaltet. ***L. marshi*** (SOWERBY) (syn. ***Ostrea cristagalli, Ostrea marshi***), Hahnenkammauster, Hauptvorkommen im Mittl. Jura (Bajoc), aber schon vom Unt. Jura (Ob. Toarc) bis zum Ob. Jura (Kimeridge) vertreten. In der Ob. Kreide (Ob. Turon – Unt. Maastricht) finden wir ***L. semiplana*** (SOWERBY) (ohne Abb.).

L 98 ***Arctostrea.*** Mittl. Jura (Ob. Bajoc) – Kreide. (Untergattung von ***Rastellum***). Kleinwüchsig bis mittelgroß, bis ca. 11 cm. Umriß sehr langgezogen, komma-, haken- oder halbkreisförmig, mit fast parallelen und steilen Flanken. Zahlreiche scharfe Rippen bzw. Falten bedecken die Oberfläche. ***A. gregarea*** (SOWERBY) (syn. ***Ostrea gregarea, Alectryonia gregarea, Lopha gregarea***), Mittl. Jura (Bajoc) – Ob. Jura (Tithon); ca. 7 cm. Langlebige Art mit großer Variationsbreite.

Unterklasse Palaeoheterodonta (Mittl. Kambrium – rezent)

Gleichklappig; Schloßbau variabel mit wenigen, mehr oder weniger radialen und divergierenden Zähnen in der Wirbelregion; frühe actinodonte Formen. Marine und Süßwasserformen.

Ordnung Modiomorphoida (Mittl. Kambrium – Unt. Perm; ? Ob. Perm)

Schalenform meist eiförmig; Oberfläche meist nicht ornamentiert. Ausschließlich marin.

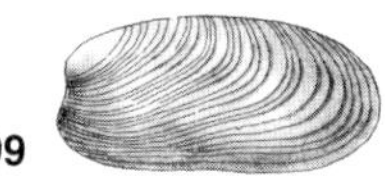
L 99

Familie Modiomorphidae (Ordovizium – Unt. Perm; ? Ob. Perm)
Umriß angenähert oval. Oberfläche manchmal mit Radialverzierung.

L 99 ***Modiomorpha.*** Mittl. Silur – Unt. Perm. Umriß oval; Oberfläche mit konzentrischen Anwachslinien. Linke Klappe mit großem Zahn, rechte Klappe mit entsprechender Grube. ***M. lamellosa*** SANDBERGER, Unt. Devon; ca. 4,5 cm.

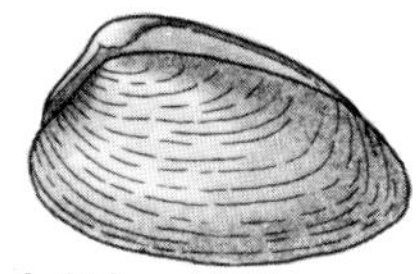
L 100

Ordnung Unionoida (? Mittl. Devon; Ob. Devon – rezent)

Ungleichseitig; gleichklappig oder fast gleichklappig. Flach bis rundlich, aufgebläht. Umriß nahezu kreisförmig bis länglich. Oberfläche meist nur mit Anwachslinien. Praktisch nur nichtmarine Formen.

Familie Anthracosiidae (Karbon – Perm)
Umriß meist oval, elliptisch, gerundet-dreieckig bis angenähert kreisförmig. Meist nur 1 Zahn im Wirbelbereich, in einer oder beiden Klappen; nie mehr als 2 Zähne.

L 101

L 100, 101 ***Anthracosia.*** Ob. Karbon – Perm. Umriß oval, elliptisch, auch langgezogen-dreieckig. Wirbel niedrig. Schwache Anwachslinien. ***A. acuta*** (KING) (**L 100**), Ob. Karbon (Westfal); ca. 2,5 cm. ***A. carbonaria*** (GOLDFUSS) (**L 101**), Unt. Perm; ca. 2 cm.
L 102 ***Carbonicola.*** Karbon (Tournai – Westfal). Ähnlich ***Anthracosia,*** jedoch mit höheren Wirbeln. Schloßrand gebogen. Vom Wirbel aus laufen schwache Radialstreifen über die Schale. ***C. communis*** DAVIES & TRUEMAN, Ob. Karbon (Westfal); ca. 4,8 cm.

Familie Pachycardiidae (Perm – Ob. Trias; ? Unt. Jura)
Umriß oval bis trapezförmig; gleichklappig und ungleichseitig. Ligament außenliegend. Oberfläche glatt, selten mit konzentrischer Verzierung. Süß-, Brack- und Meerwasserformen.

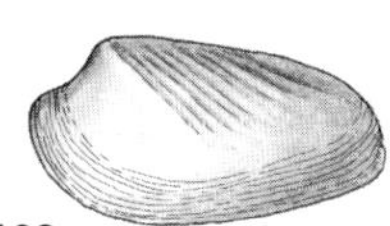
L 102

L 103 ***Unionites.*** Trias. (Syn. ***Anoplophora***). Kleinwüchsig; Umriß oval bis trapezförmig. Schalenwölbung schwach. Pro Klappe 1 Zahn unterhalb des Wirbels. ***U. letticus*** (QUENSTEDT), Trias (Ob. Muschelkalk – Unt. Keuper); ca. 1,5 cm.

Ordnung Trigonioida (? Mittl. Ordovizium; Devon – rezent)

Schale gleichklappig; Umriß trigonal, oval oder rhomboidal. Schloßbau schizodont. Linke Klappe normalerweise mit einem kräftigen Haupt- und schwächeren seitlichen Zähnen (eigentliche Seitenzähne fehlen bei nahezu allen Formen); rechte Klappe mit 2 Hauptzähnen. Mantellinie ganzrandig. Ausschließlich marine Formen; die meisten gehören zur Infauna.

L 103

Familie Myophoriidae (Devon – Trias; ? Unt. Jura)
Kleinwüchsig bis mäßig groß; Umriß quadratisch, oval bis angenä-

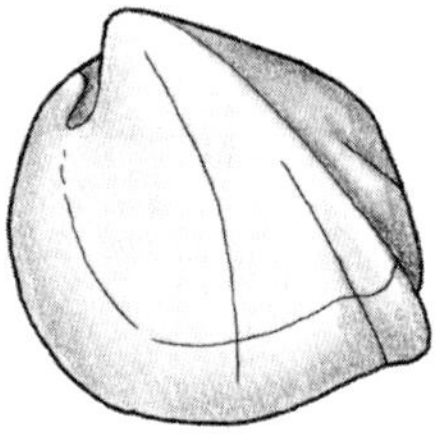

L 104

L 105 s. Foto S. 165

L 106

L 107

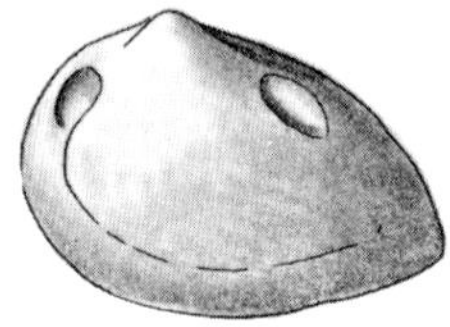

L 108

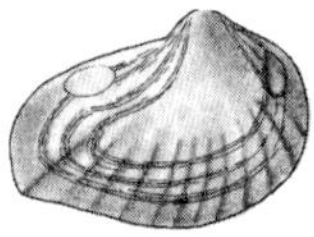

L 109

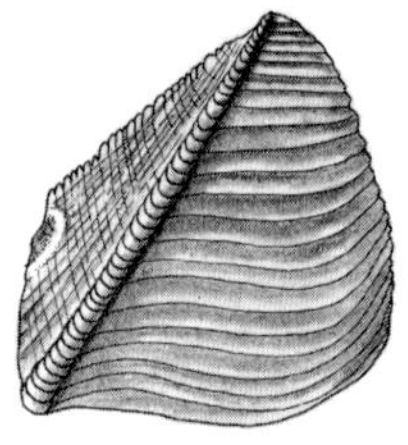

L 110

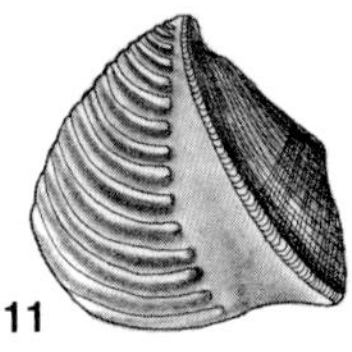

L 111

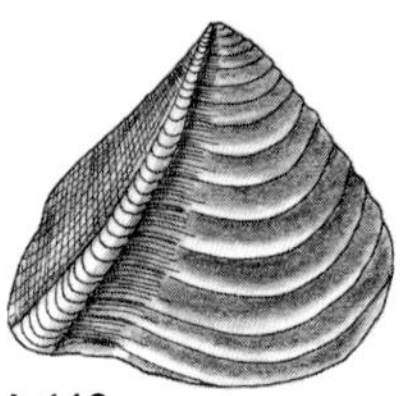

L 112

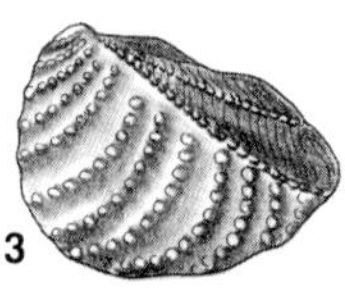

L 113

L 114

hert trigonal. Oberfläche glatt, auch radial oder konzentrisch verziert.

L 104, 105 ***Myophoria.*** Trias. Oval bis dreieckig; sehr ungleichseitig. Klappen mit einer oder mehreren schmalen Radialrippen, Zwischenräume glatt, seicht, konkav. Area glatt oder mit unbeständigen Rippen. Anwachsstreifen. ***M. vulgaris*** (SCHLOTHEIM) (**L 104**), Ob. Buntsandstein – Unt. Keuper; ca. 2,8 cm. ***M. kefersteini*** (MUENSTER) (**L 105**), Ob. Trias (Karn); ca. 4,5 cm.

L 106, 107 ***Costatoria.*** Ob. Perm – Trias. Ähnlich ***Myophoria,*** jedoch mit einer größeren Anzahl von Radialrippen, mit entsprechenden schmalen, konkaven Zwischenräumen. ***C. goldfussi*** (ALBERTI) (**L 106**) (syn. ***Myophoria goldfussi***), Trias (Ob. Muschelkalk – Mittl. Keuper [Unt. Karn; hier häufig]); ca. 1,2 cm. ***C. costata*** (ZENKER) (**L 107**) (syn. ***Myophoria fallax, Myophoria costata***), Trias (Ob. Buntsandstein); ca. 1,6 cm.

L 108 ***Eoschizodus.*** Devon – Perm. Angenähert dreieckig bis oval. Fast gleichseitig bis sehr ungleichseitig. ***E. inflatus*** (ROEMER) (syn. ***Myophoria inflata***), Unt. Devon (Ems); ca. 3 cm.

L 109 **Schizodus.** Karbon – Perm. Oval bis oval-dreieckig. Nahezu gleichseitig bis stark ungleichseitig. Oberfläche glatt, mitunter mit sehr schwachen Anwachslinien. ***S. obscurus*** (SOWERBY), Perm; ca. 4,2 cm.

Familie Trigoniidae (Mittl. Trias – rezent)

Mittelgroß, meist größer als die Arten der Myophoridae. Umriß mehr oder weniger ausgeprägt trigonal. Skulptur sehr variabel: Flanke normalerweise konzentrisch oder schräg, Area abweichend davon verziert. Area sehr groß, deutlich ausgeprägt.

L 110–112 ***Trigonia.*** Mittl. Trias (Anis) – Ob. Kreide (Cenoman). Trigonal; Wirbel deutlich, auffallend. Area breit, zweigeteilt, mit kräftiger Skulptur, von der übrigen Schalenoberfläche durch eine deutliche Kante getrennt. Die meist konzentrischen Flankenrippen sind oft durch ein schmales Band von der Areakante isoliert. ***T. costata*** PARKINSON (**L 110**), Unt. Jura (Ob. Toarc) – Mittl. Jura (Bajoc); ca. 4 cm. ***T. triangularis*** (GOLDFUSS) (**L 111**), Mittl. Jura (Bajoc – Bathon); ca. 4,5 cm. ***T. interlaevigata*** QUENSTEDT (**L 112**), Mittl. Jura (Bajoc – Callov); ca. 5 cm.

L 113 ***Myophorella.*** Jura – Unt. Kreide (Neokom). Ähnlich ***Trigonia***; kleinwüchsiger; mit glatter oder mit querlaufenden Furchen verzierter Area, die nie radiale Elemente zeigt. Die konzentrischen Flankenrippen können in Knotenreihen aufgelöst sein. ***M. clavellata*** (SOWERBY), Mittl. Jura (Bajoc) – Ob. Jura (Kimeridge); ca. 4,5 cm.

L 114 ***Pterotrigonia.*** Ob. Jura (Tithon) – Kreide. Hinterende dünn, lang ausgezogen. Area sehr schmal, glatt oder quer gefurcht;

Rippen steilstehend, schräg, glatt oder mit Knoten besetzt. ***P. aliformis*** (PARKINSON) (syn. ***Trigonia aliformis***), Unt. Kreide (Ob. Alb); ca. 4,2 cm.

L 115 ***Scaphotrigonia.*** Mittl. Jura (Aalen). Area mit schmaler Mittelfurche und schwachen querlaufenden Furchen bzw. Anwachslinien; im Verlauf des Wachstums immer glatter werdend. Areakante zum Wirbel hin mit schwachen Knoten; Flankenrippen fast senkrecht stehend, mehr oder weniger aufgelöst in Knotenreihen. Vorderende abgestumpft, abgeflacht, mit querlaufenden Rippen, die an der Kante in Knoten enden. ***S. navis*** (LAMARCK) (syn. ***Trigonia navis***), Unt. Aalen; ca. 5 cm.

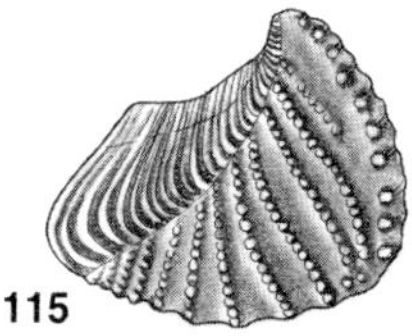

L 115

Unterklasse Heterodonta

(Mittl. Ordovizium – rezent)
Schloßbau heterodont. Kardinalarea meist vorhanden.

Ordnung Veneroida (Mittl. Ordovizium – rezent)

Gleichklappig; homomyar.

Familie Lucinidae (Silur – rezent)

Umriß kreisförmig, oval oder trapezförmig. Schale mäßig dick; Oberfläche konzentrisch verziert. Radialelemente selten. Skulptur unregelmäßig, verschieden stark ausgebildet.

L 116 ***Lucina.*** Ob. Kreide – rezent. Mittelgroß bis großwüchsig; meist flachschalig. Innerer Schalenrand mit feiner Zähnelung. Lunula asymmetrisch, langgezogen und schmal. Skulptur regelmäßig, bestehend ausschließlich aus konzentrischen Linien. Zu ***L.*** gehören sehr zahlreiche Arten. ***L. concentrica*** LAMARCK, Tertiär (Eozän; Ypres – Barton); ca. 4 cm (die Art wird von manchen Autoren zu ***Codakia*** gestellt, was aufgrund der fehlenden, für ***Codakia*** typischen Gitterskulptur wohl nicht zutrifft).

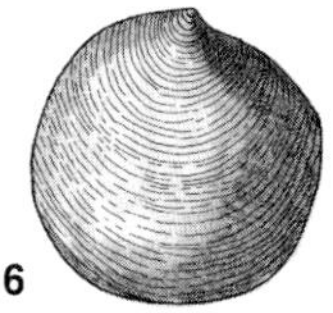

L 116

L 117 ***Linga.*** Tertiär (Eozän) – rezent. Umriß rundlich. Mittelgroß; relativ aufgebläht. Lunula kurz. Innerer Schalenrand gezähnelt. Oberfläche konzentrisch berippt. ***L. columbella*** (LAMARCK), Unt. – Mittl. Miozän; ca. 2 cm. Bekannt sind mehrere Unterarten.

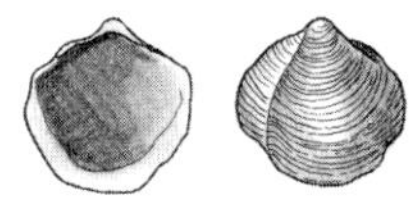

L 117

Familie Mactromyidae (Devon – rezent)

Umriß elliptisch bis länglich trigonal. Schale kugelig, stark aufgebläht. Vorherrschend konzentrische Skulptur.

L 118 ***Mactromya.*** Mittl. Jura (Ob. Bajoc) – Ob. Jura. Elliptisch, fast gleichseitig. Oberfläche mit kräftigen konzentrischen Rippen, relativ weitständig. ***M. concentrica*** (MUENSTER), Mittl. Jura (Bathon) – Ob. Jura (Kimeridge); ca. 4,5 cm.

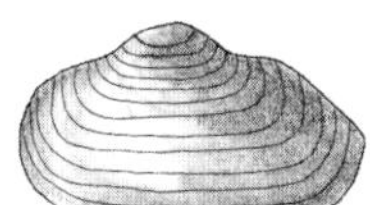

L 118

L 119, 120 ***Paracyclas.*** Devon. Oval. Flache Area vor den Wirbeln. ***P. rugosa*** (GOLDFUSS) (**L 119**); ca. 2 cm. ***P. proavia*** (GOLDFUSS) (**L 120**), Mittl. Devon; ca. 4,5 cm.

L 119

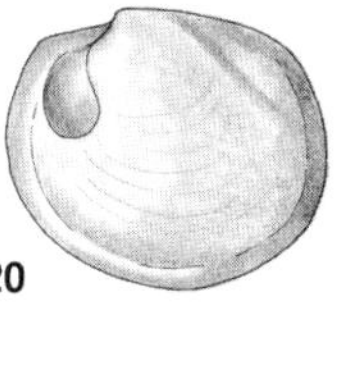

L 120

Familie Chamidae (? Ob. Kreide; Tertiär – rezent)

Skulptur konzentrisch oder radial, deutlich ausgeprägt. Mit einer Klappe angewachsen am Untergrund.

L 121

L 121 ***Chama.*** ? Ob. Kreide; Tertiär – rezent. Mit der linken Klappe aufgewachsen. Skulptur auffallend schuppig, mit unregelmäßigen, konzentrisch angeordneten und in stachelartige Fortsätze auslaufenden Lamellen. ***C. calcarata*** (Lamarck), Tertiär (Eozän; Lutet); ca. 2,5 cm.

L 122

Familie Permophoridae
(? Ordovizium; ? Devon; Karbon – Kreide)
Mittelgroß bis großwüchsig; trapezförmig bis modioliform. Stark ungleichseitig. Bei vorhandenen Radialrippen können diese auf dem Vorderende fehlen oder nur schwach entwickelt sein.

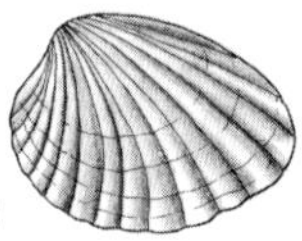
L 123

L 122 ***Permophorus.*** Karbon – Perm. Langgezogen; Wirbel am Vorderende. Lunula deutlich ausgebildet. ***P. costatus*** (Brown), Perm; ca. 2,2 cm.

Familie Carditidae (Devon – rezent)
Klein bis großwüchsig; Umriß trapezförmig bis gerundet. Kräftige Radialrippen. Innerer Schalenrand gezähnelt. Ligament außenliegend.

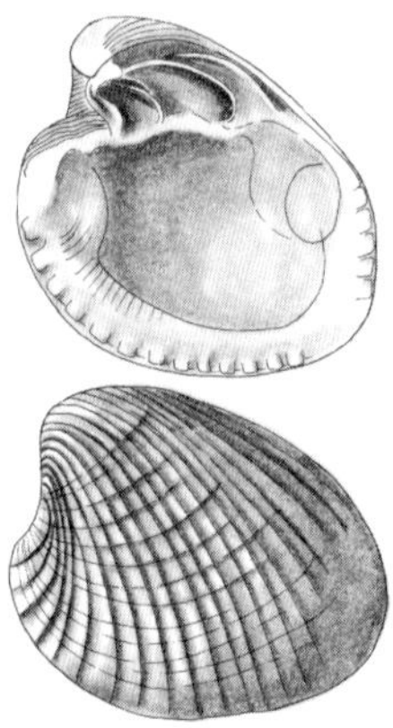
L 124

L 123 ***Cardita.*** Tertiär – rezent. Relativ klein und kurz. Ungleichseitig. Umriß trapezförmig. Kräftige, mitunter beknotete Radialrippen. ***C. jouaneti*** Basterot, Tertiär (Mittl. Miozän); ca. 4 cm. Aus dem Eozän seien genannt ***C. sulcata*** (Solander) (Barton) und ***C. deltoidea*** (Sowerby) (Priabon); im Pliozän finden wir ***C. senilis*** (Lamarck); alle 3 Arten ohne Abb.
L 124 ***Venericor.*** Tertiär. Gerundet-dreieckig mit zahlreichen Radialrippen, die bei adulten Exemplaren flach und niedrig ausgebildet sind. Außerordentlich kräftiges Schloß. ***V. planicosta*** (Lamarck), Eozän (Lutet – Barton); ca. 6 cm.

Familie Astartidae (? Mittl. Ordovizium; Devon – rezent)
Umriß gerundet-dreieckig bis gerundet-quadratisch. Glattschalig bis konzentrisch berippt, im Bereich der Wirbel meist glatt.

L 125

126

127

128

L 129

L 125–129 ***Astarte.*** Jura – rezent. Trigonal bis trapezförmig; ungleichseitig. Oberfläche mit konzentrischen Rippen oder Wülsten in regelmäßigen Abständen. Schaleninnenrand mitunter gezähnelt. ***A. gueuxi*** (Orbigny) (**L 125**), Unt. Jura (Hettang – Pliensbach); ca. 3 cm. ***A. striatosulcata*** (Roemer) (**L 126**), Unt. Jura (Pliensbach) – Mittl. Jura (Bathon); ca. 1 cm. ***A. voltzi*** Hoeninghaus (**L 127**), Unt. Jura (Unt. Toarc); ca. 1,5 cm. ***A. pulla*** Roemer (**L 128**), Mittl. Jura (Bajoc – Bathon); ca. 0,6 cm. ***A. muensteri*** Dunker & Koch (**L 129**), Mittl. Jura (Bajoc – Bathon); ca. 3,5 cm. Aus dem Tertiär seien folgende Arten erwähnt (ohne Abb.): ***A. tenera*** Morris, Paläozän (Thanet); ***A. filigera*** Wood, Eozän (Ypres); ***A. mutabilis*** Wood, ***A. omalii*** Jonkaire und ***A. obliquata*** Sowerby, Pliozän – Quartär.

L 130 s. Foto S. 166

L 130 ***Carinastarte.*** Tertiär (Oligozän – Pliozän). Wie ***Astarte,*** jedoch mit recht unregelmäßiger Berippung. ***C. reimersi*** (Semper) (syn. ***Astarte reimersi***), Ob. Miozän (Messiniano); ca. 2 cm.

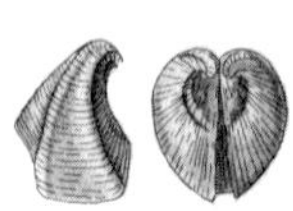
L 131

L 131 ***Opis.*** Jura – Kreide. Kleinwüchsig. Länglich-dreieckig; aufgebläht. Mit langen, schnabelartigen Wirbeln. Gleichklappig, aber sehr ungleichseitig. Konzentrisch berippt. Lunula groß. Ein Hauptzahn in der rechten, zwei ungleiche in der linken Klappe. ***O. cardissoides*** Goldfuss, Ob. Jura (Unt. Tithon); ca. 2,2 cm.

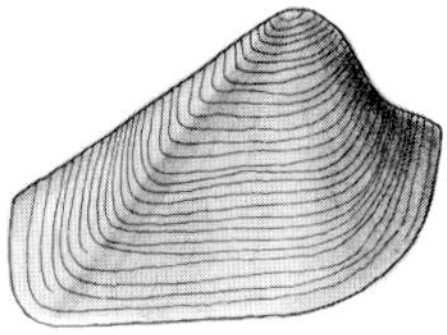

L 132

L 133

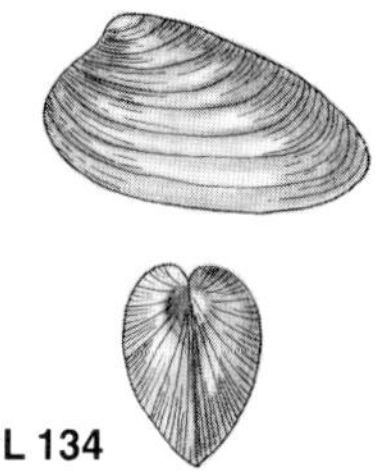

L 134

Familie Crassatellidae (Devon – rezent)
Angenähert quadratisch bis trigonal, Vorderende gerundet. Konzentrisch berippt bis glattschalig.

L 132 ***Crassatella.*** Ob. Kreide (Turon) – Tertiär (Mittl. Miozän). Umriß rundlich bis angenähert trapezförmig. Dickschalig. Tief eingesunkene Lunula. Schaleninnenrand sehr fein gezähnelt. Konzentrisch berippt, mehr oder weniger kräftig. ***C. arcacea*** ROEMER, Kreide (Ob. Santon – Unt. Campan); ca. 6 cm.

Familie Cardiniidae (Ordovizium – rezent)
Dickschalig; oval bis dreieckig. Mehr oder weniger ungleichseitig. Schwach bis mäßig gewölbt. Grobe konzentrische Berippung, mitunter auch glatte Oberfläche.

L 135 L 136

L 133, 134 ***Cardinia.*** Ob. Trias (Karn) – Unt. Jura (Toarc). Mittelgroß bis groß. Umriß oval, auch trigonal. Glattschalig oder mit konzentrischen Rippen oder Rillen. ***C. listeri*** (SOWERBY) (**L 133**) (syn. ***Thalassites listeri***), Unt. Jura (Hettang – Sinemur); ca. 4 cm. ***C. hybrida*** (SOWERBY) (**L 134**), Unt. Jura (Hettang – Unt. Pliensbach); ca. 4,5 cm.

Familie Cardiidae (Ob. Trias – rezent)
Ligament kurz, außenliegend. Rippen in der Regel radial, bei den meisten Formen mit abweichender Skulptur am Hinterende.

L 135, 136 ***Protocardia.*** Ob. Trias – Kreide. Umriß abgerundet-quadratisch; Wirbel fast in der Mitte. Abgesehen vom radial gerippten Hinterende zeigt die Oberfläche konzentrische Skulptur. ***P. phillippiana*** (DUNKER) (**L 135**), Unt. Jura (Hettang); ca. 1,5 cm. ***P. eduliformis*** (ROEMER) (**L 136**), Ob. Jura (Ob. Oxford – Kimeridge); ca. 2 cm. Weitere Arten (ohne Abb.): ***P. rhaetica*** (LINTH), Ob. Trias (Rhät); ***P. dissimilis*** (SOWERBY) (syn. ***Cardium dissimile***), Ob. Jura (Ob. Tithon); ***P. truncata*** (SOWERBY), Unt. Jura (Ob. Pliensbach); ***P. hillana*** (SOWERBY) (syn. ***Cardium hillanum***), Unt. Kreide (Ob. Alb) – Ob. Kreide (Cenoman).

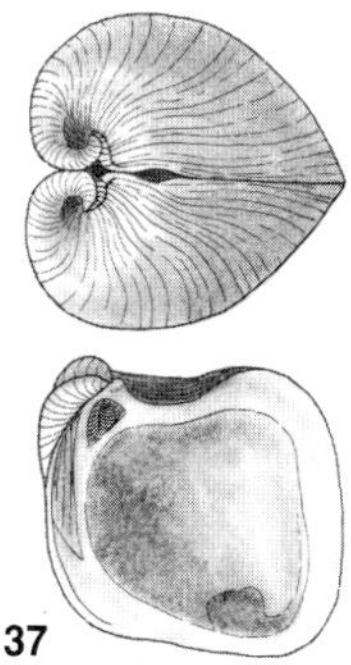

L 137

Familie Dreissenidae (Tertiär [Eozän] – rezent)
Mytiliform bis quadratisch. Wirbel meist am Vorderende. Schloß zahnlos.

L 137 ***Congeria.*** Tertiär (Oligozän – Pliozän). Quadratisch; dickschalig. Wirbel stark gekrümmt. Mantellinie integripalliat. Oberfläche glatt. ***C. subglobosa*** PARTSCH, Mittl. Miozän (Serravall) – Ob. Miozän (Torton); ca. 4,5 cm.

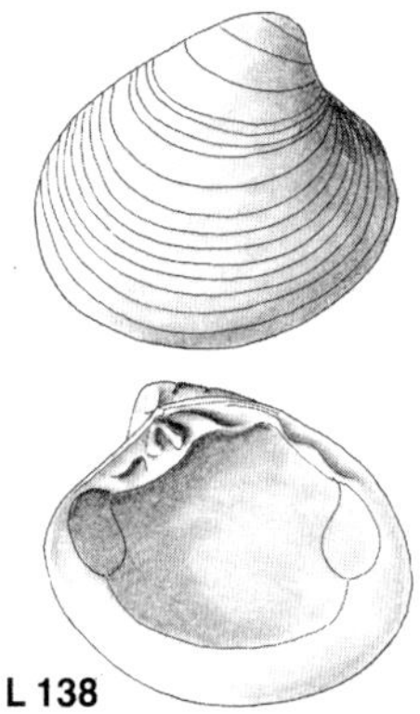

L 138

Familie Arcticidae (Ob. Trias – rezent)
Gleichklappig; ungleichseitig. Aufgebläht. Teilweise mit Flankenkielen. Oberfläche glatt oder mit feinen konzentrischen Rippen.

L 138 ***Arctica.*** Unt. Kreide (Alb) – rezent. Mittel- bis großwüchsig. Kräftige Schale mit ovalem Umriß. Oberfläche glatt. Keine Lunula. Periostracum gut ausgebildet. ***A. islandica*** (LINNE) (syn. ***Cyprina islandica***), Pliozän – rezent; ca. 7 cm. Zwei Arten aus dem Alttertiär sind (ohne Abb.): ***A. morrisi*** (SOWERBY), Paläozän (Thanet) – Eozän (Ypres); ***A. planata*** (SOWERBY) Paläozän (Ob. Thanet) – Eozän.

L 139 ***Rollierella.*** Mittl. Jura (Ob. Bajoc) – Ob. Jura. Umriß kreisförmig; Schale kräftig gewölbt, aufgeblasen. Wirbel mitunter hochstehend und eingekrümmt. ***R. orbicularis*** (ROEMER), Ob. Jura (Ob. Oxford – Kimeridge); ca. 3 cm.

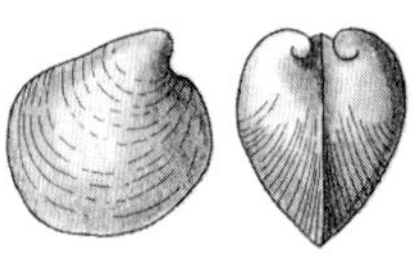

L 139

Familie Corbiculidae (? Unt. Jura; Mittl. Jura – rezent)
Klein bis mäßig groß; dünnschalig. Gut entwickeltes Periostracum.

L 140 ***Corbicula*** Kreide – rezent. (Syn. ***Cyrena***). Gerundet-trigonal; konzentrische Verzierung. Zahlreiche Arten, vor allem ab der Kreide. ***C. convexa*** BRONGNIART, Tertiär (Ob. Oligozän; Unt. Chatt); ca. 1,5 cm. Weitere Arten (ohne Abb.): ***C. cordata*** (MORRIS), Paläozän (Ob. Thanet); ***C. obovata*** (SOWERBY), Ob. Eozän (Priabon) – Unt. Oligozän (Unt. Lattorf); ***C. fluminalis*** (MÜLLER), Ob. Quartär – rezent.

L 140

Familie Veneridae (Kreide – rezent)
Umriß oval; Skulptur meist konzentrisch, selten radial, auch mit Dornen oder Schuppen. Ligament außenliegend. Mantellinie sinupalliat. Lunula gut entwickelt. Pro Klappe 3 Hauptzähne.

L 141 ***Pitar.*** Tertiär (Eozän) – rezent. Zahlreiche Untergattungen und Arten. Umriß oval bis gerundet-trigonal. Ungleichseitig. Glatt oder mit feiner konzentrischer Berippung. Sinupalliat; Einbuchtung der Mantellinie tief. ***P. incrassata*** (SOWERBY), Tertiär (Ob. Oligozän; Chatt); ca. 5 cm (syn. ***Meretrix incrassata, Cytherea incrassata***).

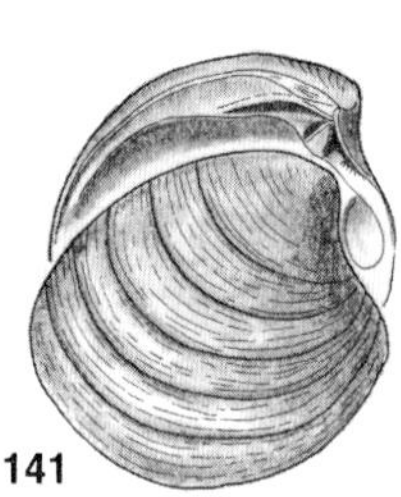

L 141

Ordnung Myoida (Karbon – rezent)

Schloß zurückgebildet, mit einem Kardinalzahn pro Klappe, auch zahnlos. Stark ungleichseitig; dünnschalig; gleich- oder ungleichklappig. Homo- oder anisomyar. Keine Lunula. Hierher gehören alle bohrenden und viele grabende Formen. Sipho gut entwickelt.

Unterordnung Myina (Perm – rezent)

Ligament extern; Mantellinie sinupalliat.

L 142

Familie Corbulidae (Ob. Jura – rezent)
Klein bis mäßig groß; kräftig. Linke Klappe oft kleiner. Ausbuchtung der Mantellinie klein bis fehlend.

L 142 ***Corbula.*** Ob. Jura – rezent. Zahlreiche Untergattungen und Arten. Kleinwüchsig; kräftig gebaut. Hinterende ausgezogen (rostrat); linke Klappe kleiner. Beide Klappen kräftig konzentrisch gerippt. ***C. ficus*** (SOLANDER), Tertiär (Eozän; Barton); ca. 2 cm. Im Tertiär finden wir z. B. folgende Arten: ***C. cuspidata*** SOWERBY, Eozän (Barton) – Unt. Oligozän (Unt. Lattorf); ***C. plicata*** WRIGLEY, Eozän (Lutet); beide ohne Abb.

Familie Hiatellidae (Perm – rezent)
Umriß quadratisch bis trapezförmig; Schale klaffend. Mantellinieneinbuchtung deutlich. Schloß mit einem oder zwei Zähnen. Grabende oder in kolonieähnlichen Gemeinschaften lebende Formen.

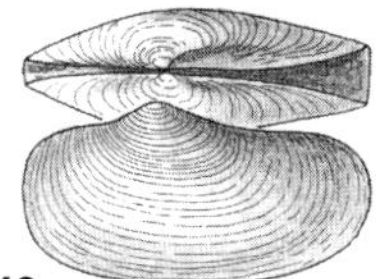
L 143

L 143 ***Panopea.*** ? Unt. Trias; Kreide – rezent. Mittelgroß bis groß. Umriß länglich; Schale klaffend. Pro Klappe ein kleiner Hauptzahn. ***P. menardi*** DESHAYES, Tertiär (Mittl. Oligozän); ca. 4,8 cm. Aus der Unt. Kreide sei genannt ***P. gurgitis*** (BRONGNIART) (Apt – Alb), aus dem Tertiär ***P. intermedia*** (SOWERBY) (Ob. Paläozän – [Ob. Thanet] – Unt. Oligozän [Unt. Lattorf]); beide ohne Abb.

Ordnung Hippuritoida (Mittl. Silur – Ob. Kreide)
Pachydont; dickschalig; aberrant. Die meisten Formen leben aufgewachsen oder stecken im Sediment, oft kolonial. Die älteren und frühen Formen sind noch gleichklappig.

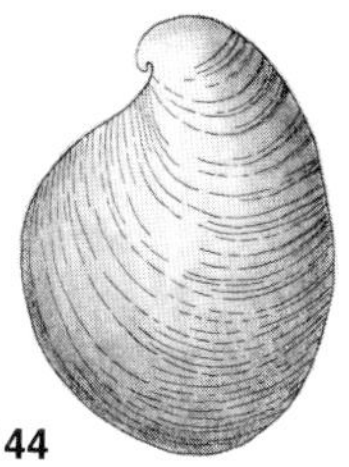
L 144

Familie Megalodontidae (Mittl. Silur – Unt. Kreide)
Mittelgroß bis groß; dickschalig. Bis auf wenige Ausnahmen gleichklappig. Schale gewölbt; Umriß oval bis trigonal. Oberfläche glatt, selten radial skulptiert, häufig mit schwachen konzentrischen Falten.

L 144 ***Megalodon.*** Devon – Trias. Mittelgroß bis groß; Umriß oval bis trigonal. Kräftig gewölbt. Wirbel unweit des Vorderendes. Oberfläche glatt oder mit konzentrischen Streifen. Am Hinterende tragen die Flanken einen mehr oder weniger deutlichen „Kiel". ***M. cucullatus*** SOWERBY, Mittl. Devon (Givet); ca. 6 cm.

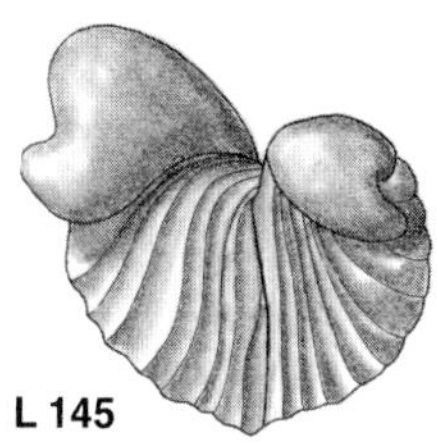
L 145

Familie Diceratidae (Ob. Jura – Unt. Kreide [Valangin])
Eine oder beide Klappen hornförmig, gewunden, verdreht. Meist ungleichklappig. Feine Oberflächenskulptur.

L 145 ***Diceras.*** Ob. Jura (Ob. Oxford – Unt. Kimeridge). Dickschalig. Beide Klappen gewölbt, mit auffallenden Wirbeln. Mit einer Klappe aufgewachsen. ***D. arietinum*** LAMARCK, Ob. Oxford; ca. 9 cm.

L 146

Familie Requieniidae (Ob. Jura [Tithon] – Kreide)
Ungleichklappig; aufgewachsen mit der gewundenen linken Klappe. Rechte Klappe klein und deckelförmig.

L 146 ***Requienia.*** Unt. Kreide (Valangin) – Ob. Kreide. Vor allem im Urgon, einer Sonderfazies Südeuropas (Barreme – Unt. Apt) und der Alpen. Mittel- bis großwüchsig; linke Klappe spiralförmig gewunden. Skulptur besteht vor allem aus Anwachslinien und -falten. Selten feine Radialrippen. ***R. ammonia*** GOLDFUSS, Unt. Kreide (Barreme – Unt. Apt; Urgon); ca. 20 cm.

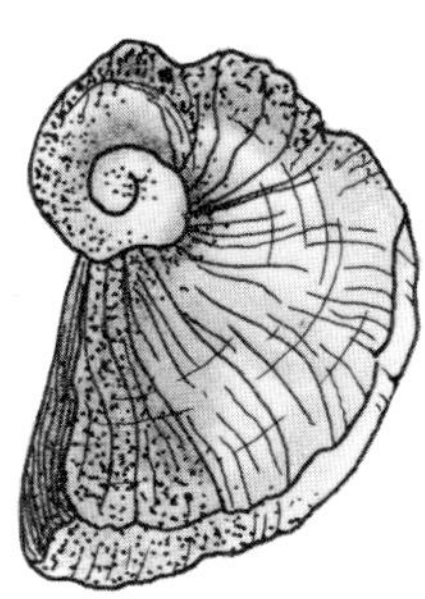
L 147

L 147 ***Toucasia.*** Unt. Kreide (Barreme) – Ob. Kreide (Cenoman). Hauptsächlich im Urgon. Bis mittelgroß. Linke Klappe spiralig gewachsen, kräftig gekielt. Teilweise netzartige Skulptur. ***T. carinata*** (MATHERON), Unt. Kreide (Barreme – Unt. Apt; Urgon); ca. 3,5 cm.

Familie Monopleuridae
(Unt. Kreide [Valangin] – Ob. Kreide)

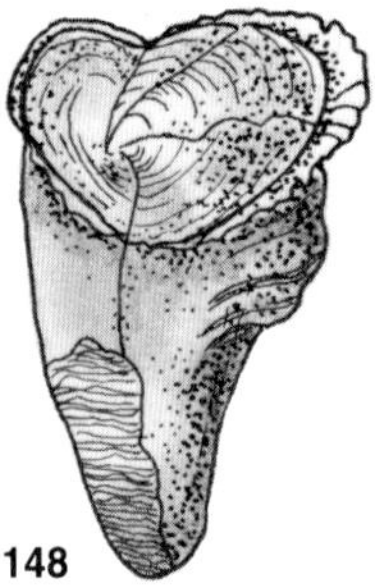

L 148

L 148 ***Monopleura.*** Unt. Kreide (Valangin) – Ob. Kreide. Klein bis mittelgroß; rechte Klappe konisch, tütenförmig, spiralig verdreht. Linke Klappe deckelförmig (flach) und/oder niedrig spiralförmig. Oberfläche mit unregelmäßigen und ungleichen längslaufenden Rippen. ***M. trilobata*** ORBIGNY, Unt. Kreide (Barreme – Unt. Apt; Urgon); ca. 3,5 cm.

Familie Hippuritidae (Ob. Kreide; [Turon – Maastricht])
Großwüchsig; bis zu 1 m. Konisch bis länglich zylinderförmig; rüben- oder kreiselförmig, gerade oder gebogen. Die rechte Klappe ist mit der Spitze (= Wirbel) aufgewachsen. Die linke Klappe ist wesentlich kleiner und dient als Deckel, ist flach oder leicht konvex, mit poriger Außenseite (ohne spiralige Struktur). Die großen Schloßzähne sitzen auf der Innenseite der linken (Deckel-)Klappe. Im Innenraum der linken Klappe sitzen 3 säulenartige Erhöhungen; die oberen Enden von 2 dieser Säulen passen in mehr oder weniger ausgeprägte Öffnungen der Deckelklappe, die aber auch fehlen können. Die Unterscheidung der Gattungen und Arten erfolgt meist aufgrund der Schloßkonstruktion, jedenfalls aber durch Untersuchung innenliegender Merkmale, die oft nur durch Schliffe nachweisbar sind. Zur Familie Hippuritidae werden 13 Gattungen gezählt; früher wurden alle Arten zur Gattung *Hippurites* (Sammelgattung!) gestellt, wozu heute vor allem glattschalige Arten gezählt werden.

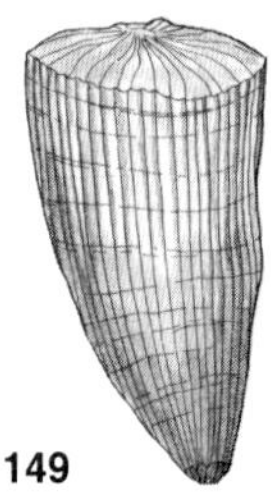

L 149

L 149 ***Vaccinites.*** Ob. Kreide (Turon – Maastricht). Großwüchsig; rechte Klappe konisch bis zylinderförmig. Oberfläche mit zahlreichen, längslaufenden Falten. ***V. gosavensis*** (DOUVILLE), Coniac – Unt. Campan (Gosau); ca. 12 cm.

Unterklasse Anomalodesmata

(? Unt. Ordovizium; Mittl. Ordovizium – rezent)
Gleichklappig bis schwach ungleichklappig. Homomyar; zahnlos oder mit schwach entwickelten Hauptzähnen, ohne Seitenzähne. Umriß kurz bis länglich. In Gemeinschaften lebend auf dem Sediment, häufiger aber im Sediment (Infauna).

Ordnung Pholadomyoida

(? Unt. Ordovizium; Mittl. Ordovizium – rezent)

Familie Grammysiidae (? Unt. Ordovizium; Mittl. Ordovizium – Perm)

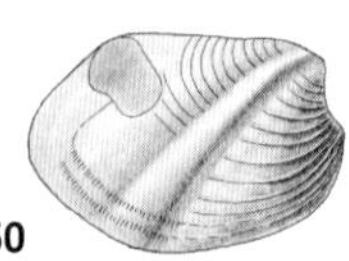

L 150

Umriß oval bis länglich; Oberfläche glatt oder mit konzentrischer Verzierung. Radialrippen selten und schwach ausgebildet. Mantellinie integripalliat. Schloß zahnlos.
L 150 ***Grammysia.*** Devon. Umriß oval; Schale gewölbt. Lunula tief. Oberfläche mit konzentrischen Falten und zwei radialen Rinnen, die etwa in Flankenmitte vom Wirbel zum Schalenrand laufen. ***G. bisulcata*** (CONRAD), Mittl. Devon; ca. 6 cm.

Familie Pholadomyidae (Karbon – rezent)
Klein bis groß; Schale gleichklappig. Umriß queroval bis trigonal. Meist stark ungleichseitig. Mäßig bis stark aufgebläht. Dünnschalig. Schale klafft hinten, manchmal auch vorn. Vorderrand kurz und gerundet, Hinterrand verlängert. Oberfläche mit konzentrischen und/oder radialen Rippen, oft auch mit kleinen Knoten besetzt.

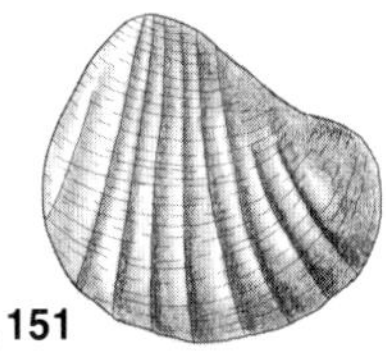
L 151

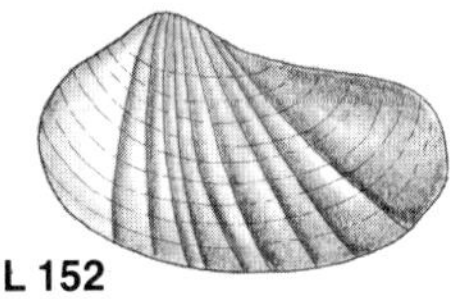
L 152

L 151, 152 ***Pholadomya.*** Ob. Trias – rezent. Umriß länglich-oval bis gleichseitig (Länge gleich Höhe). Wirbel breit und groß. Hinten klaffend. Mantellinie sinupalliat. ***P. lirata*** (SOWERBY) (**L 151**) (syn. ***P. murchisoni***), Unt. Jura (Ob. Toarc) – Mittl. Jura (Callov); ca. 4,5 cm. ***P. aequalis*** (SOWERBY) (**L 152**), Ob. Jura (Oxford); ca. 5,5 cm. Im Mittl. Jura (Bathon – Unt. Callov) tritt auf ***P. deltoidea*** (SOWERBY); im Tertiär (Unt. Eozän; Ypres) finden wir ***P. margaritacea*** (SOWERBY); beide ohne Abb.

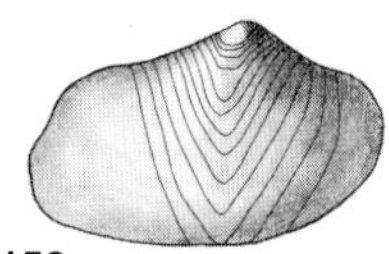
L 153

L 153 ***Goniomya.*** Jura – Tertiär (Eozän). Klein bis mittelgroß. Umriß oval bis ausgeprägt langgezogen. Wirbel kräftig; mäßig aufgebläht. Hinten stark, vorne wenig klaffend. Oberfläche mit gewinkelten Rippen, die an einer – gedachten – Linie zwischen Wirbel und ventralem Schalenrand V-förmig aufeinandertreffen. ***G. literata*** (SOWERBY) (syn. ***G. v-scripta***), Mittl. Jura – Ob. Jura (Kimeridge); ca. 4,5 cm.

Familie Ceratomyidae (Ob. Trias – Jura; ? Tertiär [Miozän])
Umriß oval, immer länger als hoch; ungleichseitig. Mäßig bis stark aufgebläht. Meist nicht oder nur hinten wenig klaffend.

L 154

L 155

L 154, 155 ***Gresslya.*** Jura. Oval bis mäßig langgezogen. Hinten gering klaffend. Mantellinie sinupalliat mit tiefen Einbuchtungen. Oberfläche glatt oder schwach verziert, mitunter in Form gepunkteter Linien. ***G. abducta*** (PHILLIPS) (**L 154**), Unt. Jura (Ob. Pliensbach) – Mittl. Jura (Bathon); ca. 3,8 cm. ***G. gregaria*** (ZIETEN) (**L 155**), Mittl. Jura (Bajoc – Bathon); ca. 3,5 cm.

Familie Thraciidae (Jura – rezent)
Rechte Klappe größer; Oberfläche glatt oder granuliert. Umriß oval bis kreisförmig. Schloß zahnlos. Mantellinie sinupalliat.

L 156

L 156 ***Thracia.*** Jura – rezent. Umriß länglich-oval; Schale mäßig gewölbt, meist flach. Fast gleichseitig. Hinterende gestutzt. Oberfläche mit schwachen konzentrischen Streifen; granuliert. ***T. phillipsi*** ROEMER, Unt. Kreide (Berrias – Hauterive); ca. 9,5 cm. Im Ob. Jura (Kimeridge – Tithonium) tritt auf ***T. incerta*** (ROEMER); im Mittl. Jura (Bathon) und Ob. Jura (bis Tithon) ***T. depressa*** (SOWERBY). Im Tertiär finden wir ***T. oblata*** (SOWERBY) (Paläozän [Thanet] – Eozän [Ypres]).

Klasse Cephalopoda (Kopffüßer)

Zu dieser Klasse gehören die höchstentwickelten Weichtiere und gleichzeitig die größten bekannten Invertebraten, sowohl fossil wie auch rezent: Die größten Tintenfische mit einer Körperlänge von ca. 6,5 m und Tentakellängen bis zu 10 m gehören zur Gattung *Architeuthis*. Diese Riesen leben vor allem in tieferen Meeresbereichen, und auf ihr Auftauchen dürfte wohl manches Seemannsgarn zurückgehen.

Cephalopoda

	Unterklasse	Ordnung
Palcephalopoda	+ Endoceratoidea	Endocerida Intejocerida
	+ Actinoceratoidea	Actinocerida
	Nautiloidea	+ Ellesmerocerida + Orthocerida + Ascocerida + Oncocerida + Discosorida + Tarphycerida + Barrandeocerida Nautilida
	+ Bactritoidea	Bactritida
Neocephalopoda	+ Ammonoidea	Anarcestida Clymeniida Goniatitida Prolecanitida Ceratitida Phylloceratida Lytoceratida Ammonitida Ancyloceratida
	Coleoidea (Endocochlia)	+ Aulacocerida + Phragmoteuthida Teuthida Sepiida + Belemnitida Octopodida

Systematik der Cephalopoda. Die mit einem Kreuz bezeichneten Unterklassen und Ordnungen sind ausgestorben.

Bei den fossilen Formen stellen die Orthoceraten (Geradhörner) die größten Formen mit Gesamtlängen bis ca. 10 m!
Der Körperbau ist bilateral-symmetrisch. Der Kopf ist immer deutlich abgesetzt und mit Fangarmen versehen. Der Fuß ist zu einem Trichter umfunktioniert und dient der Fortbewegung, die nach dem Rückstoßprinzip erfolgt.
Alle Cephalopoden haben ein gekammertes Gehäuse, das ursprünglich außen lag, später nach innen verlagert (Belemnitenrostrum) und bis zum Schulp der Sepiida reduziert wurde. Existiert ein gekammertes Außengehäuse, so bewohnt das Tier immer die zuletzt gebildete Kammer und ist mit den anderen Kammern durch einen sogenannten Sipho verbunden. Die Gehäuseform kann geradegestreckt, leicht gebogen, spiralig eingerollt oder unregelmäßig sein.
Die rezenten Tintenfische haben 2 oder 4 Kiemen (Di- bzw. Tetrabranchiata). Vor allem bei den Dibranchiaten (Sepiida, Teuthida und Octopodida) sind Augen und Nervensystem hochentwikkelt. Ob die fossilen Formen 2 oder 4 Kiemen hatten, ist nicht mit Bestimmtheit zu klären.
Die Palcephalopoda sind heute nurmehr mit 3 Arten vertreten, deren bekannteste *Nautilus pompilius* ist (s. Abb. S. 181). Die bekanntesten fossilen Cephalopoden sind die Ammoniten. Sie starben gegen Ende der Kreidezeit aus.

Unterklasse Nautiloidea (Nautiliden) mit Endoceratoidea

Allgemeines

Diese älteste Gruppe der Cephalopoda konnte sich über Jahrmillionen hinweg halten: Eine letzte Gattung existiert bis in unsere Tage! Das klingt freilich nicht großartig, wenn wir bedenken, daß die Nautiliden in ihrer Blütezeit die Meere beherrschten. Zu befürchten ist, daß unter kräftiger Mithilfe des Menschen auch das letzte Relikt einer ehemals mit vielen Arten und Formen vertretenen Gruppe bald erlöschen wird. Insgesamt wurden etwa 650 Gattungen beschrieben, von denen die meisten während des Paläozoikum lebten.
Um so höher müssen wir es daher schätzen, anhand der wenigen rezenten Arten die Anatomie der Nautiliden studieren zu können. Sicherlich lassen sich die so gewonnenen Erkenntnisse nicht ohne weiteres auf alle fossilen Formen oder gar auf die Ammoniten übertragen. Aber immerhin können wir aufgrund dieser Informationen ein recht gutes Bild vom Körper- und Schalenbau der fossilen Nautiliden entwerfen. Als Anschauungsmaterial sollte in jeder Sammlung eine Schale des rezenten *Nautilus* vorhanden sein, und wer Lust hat, kann sich sogar selbst einen Medianschliff anfertigen, um auch den Innenbau kennenzulernen.
Bedauerlicherweise sind die fossilen Nautiliden in den Schichten des Mesozoikum in der Regel wesentlich seltener als Ammoniten, und im Tertiär gehören sie zu den ausgesprochenen Seltenheiten. In manchen paläozoischen Schichten aber treten sie massenhaft auf: Bekannt sind die „Orthoceraten-Schlachtfelder" des böhmischen Silur, mit *Michelinoceras michelini.* Auch die in Schweden zu Tischplatten etc. verarbeiteten ordovizischen Gesteine enthalten oft reichlich Überreste jener gestreckten Nautiliden- und Endoceratenformen. Geschiebesammler treffen ebenfalls bei ihren Exkursionen nicht selten auf derartige Fossilien in den nordischen Geschieben.

Größenverhältnisse

Die Gehäuse der ausgewachsenen rezenten Nautiliden erreichen 18 bis 22 cm Durchmesser. Und hier ungefähr dürfte auch der Durchschnitt der mesozoischen Formen liegen. Bei den kleineren Stücken müssen wir die meist fehlende Wohnkammer dazurechnen, die riesenwüchsigen Formen mit Abmessungen von 40 cm und mehr sind wohl Ausnahmen, obwohl in manchen Schichten solche großwüchsigen Nautiliden gehäuft auftreten können.
Die paläozoischen geradegestreckten (orthoconen) oder auch leicht gekrümmten (cyrtoconen) Formen aber sollen knapp 10 m Länge erreicht haben! Schalenreste bis zu 5 m sind bekannt und größere Tiere ohne weiteres denkbar. Die Michelinoceraten des böhmischen Silur findet man selten größer als 30 cm; die ordovizischen Endoceraten werden immerhin schon meterlang.

Leitwert

Wenige paläozoische Formen werden als Leitfossilien verwendet (z. B. *Michelinoceras*). Da die mesozoischen, planspiral aufgerollten Arten zum einen selten sind, zum anderen meist recht langlebig waren, also über einen langen Zeitraum als unveränderte Art auftreten, entsprechend dem allgemein konservativen Konzept der Gruppe, sind sie als Leitfossilien ungeeignet.

Systematik, Stammesgeschichte

Mehrere altpaläozoische Gruppen der Cephalopoda werden meist in eigenen Unterklassen geführt (Palcephalopoda). Die meisten sind für den Sammler unwichtig, da kaum zugänglich und sehr schwer zu sammeln und zu erwerben. Um jedoch einen Eindruck der Systematik zu vermitteln, ist auf Seite 178 eine Tabelle eingefügt, der alles Wesentliche entnommen werden kann.
Die stammesgeschichtlichen Zusammenhänge sind recht kompliziert, teilweise auch noch nicht zweifelsfrei geklärt. Wir dürfen aber voraussetzen, daß alle anderen Formen von der bereits im späten Kambrium auftretenden Gruppe der Ellesmerocerida abstammen.
Viele der paläozoischen Formen waren orthocon oder cyrtocon (Geradhörner, Krummhörner). Nur einige wenige Vertreter der orthoconen Orthocerida konnten sich bis ins frühe Mesozoikum halten, starben aber gegen Ende der Trias ebenfalls aus. Die Ordnung der Nautilida existierte seit dem Unt. Devon und hat als einzige Gruppe bis zur Gegenwart überlebt. Beschrieben wurden insgesamt ca. 165 Gattungen.
Die Unterklasse der Nautiloidea erlebte drei Virenzphasen. Die erste und weitaus bedeutsamste fiel in die Zeit zwischen Ordovizium und Ob. Devon, die zweite liegt zwischen Ob. Karbon und Unt. Jura und die dritte und schwächste zwischen Ob. Kreide und Oligozän. Danach erfolgte ein rapider Niedergang. Heute kennen wir nur noch ca. 3 Arten. Die bekannteste und häufigste wurde bereits 1758 von LINNE beschrieben: *Nautilus pompilius*. Die anderen Arten sind *N. scrobiculatus* SOLANDER und *N. macromphalus* SOWERBY (mit offenem Nabel).

Gehäuse, Hartteile, Körperbau

Am Beispiel eines planspiral aufgerollten *Nautilus*-Gehäuses kann man sich ein Bild des Bauplans machen. Das Gehäuse besteht aus Aragonit, ist innen gekammert und unterteilt durch Kammerscheidewände (Septen). Bei den Nautiliden sind diese meist nur einfach gewölbt, die konkaven Seiten der Septen zeigen zur Mündung. Die Anwachslinien der Septen an der Außenwand (Lobenlinie, Sutur; s. a. Ammoniten, Abschnitt Lobenlinie) sind meist nur einfach geschwungen und nie so kompliziert ausgebildet wie bei den Ammoniten. Derartige Lobenlinien sehen wir bei schalentragenden Exemplaren nicht (wie z. B. bei der Schale eines rezenten *Nautilus*). Erst Ausgüsse bzw. Steinkerne ermöglichen uns die Beobachtung. Die vorderste und weitaus größte Kammer ist die Wohnkammer; in ihr befand sich der Körper des Tieres.
Die Wohnkammer war mit allen anderen Kammern durch einen Sipho verbunden (über Aufbau und Funktion dieser „Rohrleitung“ s. Abschnitt Sipho bei den Ammoniten). Dieser Siphonalapparat kann bei den Nautiliden, im Gegensatz zu den Ammoniten, sehr verschieden ausgebildet sein. Der Sipho ist meist dünn, kann aber bei altpaläozoischen Formen (Endoceratoidea) bis zur Hälfte des Gehäusedurchmessers einnehmen. Die Lage variiert von zentral bis randlich (ventral, also außen, oder dorsal,

innen). Die systematische Einordnung der Nautiliden erfolgt in erster Linie durch Untersuchungen der Siphonalausbildung anhand von Längs- und Querschliffen.
Die wichtigsten Formen der Siphonaldüten, das ist der Septenbereich an der Durchtrittsstelle des Siphos, entnehmen wir der Zeichnung. Die orthochoanitische Ausbildung beobachten wir bei den meisten der planspiral gewundenen Formen (Tarphycerida, Barrandeocerida, Nautilida). Holo- und macrochoanitische Formen sind typisch für die Endocerida, während die Orthocerida sowohl orthochoanitische als auch hemichoanitische, loxo-, subholo- und cyrtochoanitische Siphonaldüten aufweisen können.
Weitere, freilich ausschließlich isoliert auftretende Hartteile sind die papageienschnabelartigen Rhyncholithen. Sie sind wenige Millimeter bis selten einige Zentimeter groß und werden in marinen Sedimenten des Perm bis hin zu solchen des Tertiär gefunden. Die Zuordnung dieser offensichtlich zum Kiefer der Tiere gehörenden Teile (sie ähneln stark Teilen des Kauapparats des rezenten *Nautilus*) ist nicht möglich. Wir wissen nicht, welche Rhyncholithen zu welchen Nautiliden gehören.
Eine Ausnahme gibt es: Im Muschelkalk werden zusammen mit *Germanonautilus bidorsatus* (N 10) nicht allzu selten die beiden Formen *Rhyncholithes hirundo* (N 31) und *Conchorhynchus avirostris* gefunden; freilich isoliert und nicht im Zusammenhang mit den Nautiliden. Erstere stellt den Ober-, letztere den Unterkiefer des Tieres dar.
In manchen Jura- und Kreideschichten treten solche Rhyncholithen auf, werden aber von den meisten Sammlern wegen der geringen Größe und vor allem auch aus Unkenntnis der Form nicht beachtet, möglicherweise als undefinierbare Bruchstücke liegengelassen. Eigenartigerweise stammen Rhyncholithenfunde fast ausschließlich aus Europa und Nordafrika. Von anderen Gebieten sind derartige Fossilien praktisch unbekannt – warum, ist ungeklärt.
Über den Körperbau des rezenten *Nautilus* informiert eine Zeichnung. Da die langgestreckten, geraden oder gekrümmten Nautilidenschalen des Paläozoikum ebenso gekammert waren wie die planspiralen mesozoischen und känozoischen Formen, können wir die anatomischen Merkmale übertragen, obwohl bestimmt Verschiedenes anders konstruiert und untergebracht war. Der Weg zu genauerer Kenntnis ist uns leider und wohl für immer verschlossen.
Zur Anatomie des *Nautilus* der Zeichnung noch Folgendes: Den Körper umgibt der Mantel; der Sipho ist eine Art Verlängerung des Mantels. Der Blutkreislauf wird durch ein arterielles Herz betrieben; in der Mantelhöhle befinden sich die 4 Kiemen sowie die Mündungen der Exkretions- und Geschlechtsorgane.
Die beiden Tentakelkränze mit zusammen ca. 90 Armen dienen zum Ergreifen und Festhalten der

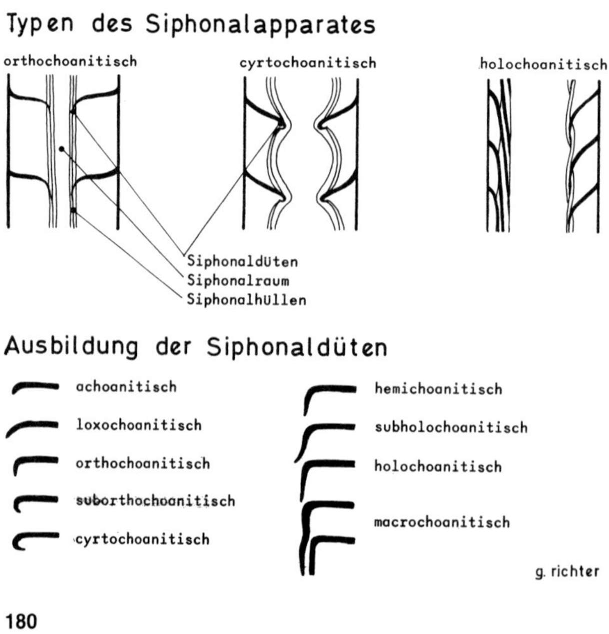

Terminologie und Morphologie des Siphonalapparates der Nautiloidea. (Abgeändert nach NAEF, TEICHERT.)

Gehäusetypen (rechts) bei den Nautiliden und Körperbau des rezenten Nautilus (unten). (Abgeändert nach A.H. MÜLLER, TEICHERT.)

Gehäusetypen

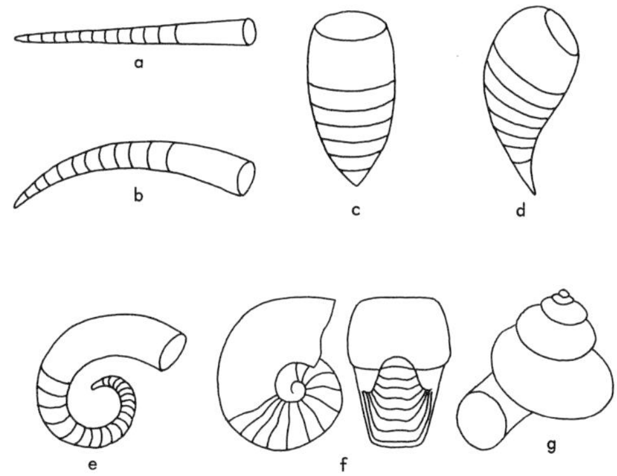

a orthocon und longicon
b cyrtocon und longicon
c orthocon und brevicon
d cyrtocon und brevicon
e gyrocon
f planspiral
g torticon

Medianschnitt durch einen rezenten Nautilus

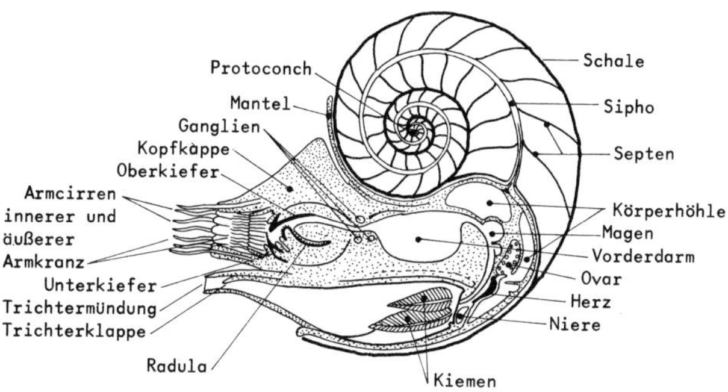

g. richter

Beute. Die dünnen, in die scheidenartigen Basistentakel zurückziehbaren Armcirren haben weder Haken noch Saugnäpfe, ermöglichen aber trotzdem ein festes Zugreifen. Ob auch die fossilen Nautiliden so zahlreiche Tentakel hatten, ist zweifelhaft. Vor allem die paläozoischen Formen dürfen wir uns wohl eher mit wenigen, dafür sehr kräftigen Tentakeln vorstellen.

Ontogenese

Die Entwicklung des Tieres vom Ei zum Adultstadium ist bei den rezenten Nautiliden noch wenig erforscht. Wenn wir die Verhältnisse bei anderen rezenten Cephalopoden betrachten, erkennen wir teilweise ein kompliziertes Larvenstadium mit einer Larvenform, die vom erwachsenen Tier so stark abweicht, daß sie früher sogar als eigenes Tier galt. Andere Formen aber, solche aus großen Eiern, entwickeln sich ohne Larvenstadium. Über die Entwicklung der fossilen Nautiliden ist verständlicherweise so gut wie nichts bekannt.

Lebensraum, Lebensweise

Der rezente *Nautilus* lebt in Wassertiefen bis ca. 600 m in tropisch warmen Meeresteilen. Die fossilen Formen werden ausschließlich in marinen Sedimenten gefunden. Es ist anzunehmen, daß sie sowohl in flacheren wie auch etwas tieferen Meeresgebieten lebten, bis vielleicht 700 m Tiefe. Funde aus verschiedenen Faziesbereichen deuten auf weite Verbreitung und zahlreiches Auftreten hin, vor allem während des Paläozoikum. Die Augen des rezenten *Nautilus* sind zwar groß, aber wenig leistungsfähig: In den dunklen Meerestiefen (in 400 m Tiefe dringt nur noch ein winziger Bruchteil des auf die Oberfläche fallenden Lichts) tritt die Bedeutung der Augen als Sinnesorgane zurück.
Die Nautiliden bewegten sich schwimmend fort; man nimmt an, daß sie zu sehr schnellen und zielgerichteten Bewegungen nicht unbedingt fähig waren. Zumindest läßt dies das Studium der Bewegungsweise des rezenten *Nautilus* vermuten: ein unsicheres Taumeln und Schwanken. Bei den langgestreckten, geraden und gekrümmten Formen mag dies allerdings anders gewesen sein. Wir nehmen an, daß diese gewandtere Schwimmer waren als die planspiralen Formen. Trotzdem konnten sich letztere halten; alle anderen starben aus.
Die frühesten Formen, z. B. die Ellesmerocerida, hatten kleine Gehäuse mit geringvolumigen Gaskammern. Der Auftrieb wurde wohl durch das Gehäusegewicht aufgehoben. Durch die folgende Tendenz zur Gehäusevergrößerung aber wurden verschiedene Maßnahmen zur Lagestabilisierung und Auftriebskompensation nötig. Die langgestreckten Formen lebten sowohl horizontal (Endoceraten) wie auch senkrecht bzw. schräg schwimmend. Bei den Endoceratoidea wurde durch Kalkablagerungen im inneren Spitzenbereich der Siphonalröhre die Horizontallage ermöglicht und zugleich der Auftrieb kompensiert.
Die planspiralen Formen hielten den Körper mehr oder weniger waagerecht. Die Gehäuselage wurde dadurch stabilisiert, daß der Auftriebspunkt der Gaskammern über dem Schwerpunkt lag. Durch Wachstum erfolgende Schwerpunktveränderungen wurden durch Ballast in den Kammern wieder ausgeglichen (teilweises Fluten der Kammern).
Die Nahrungssuche erfolgte wohl in der Nähe des Meeresbodens, teilweise vielleicht kriechend auf dem Grunde. Mesozoische und jüngere Nautiliden ernährten sich wahrscheinlich mehr oder weniger räuberisch; sie machten Beute ähnlich wie der rezente *Nautilus*, der nach Fischen usw. jagt. Sicherlich wurde auch Aas nicht verschmäht. Da für die paläozoischen Formen keine Überreste eines Kauapparates nachgewiesen werden konnten (Kieferteile!), besteht die Möglichkeit, daß sie zumindest teilweise von pflanzlicher Nahrung oder von Kleinlebewesen lebten. Große Beutetiere setzen einen zum Zerkleinern geeigneten Kieferapparat voraus; dieser wäre bei weicher Pflanzennahrung wohl unnötig gewesen.
Die Schalenform der männlichen und weiblichen Tiere des rezenten *Nautilus* weicht nur gering voneinander ab. Inwieweit bei den fossilen Formen Geschlechtsdimorphismus auftrat, ist bisher ungenügend untersucht, sicher nachgewiesen jedoch bei einigen Formen aus dem Ob. Jura.

Bestimmung

Die äußere Gehäuseform der Nautiliden hat leider nur geringe Aussagekraft. Zumindest bei den paläozoischen Formen können ohne Längs- und Querschliffe kaum Aussagen gemacht werden. Wichtig sind der Durchmesser des Siphos im Verhältnis zum Gehäusedurchmesser, die Lage des Siphos und die Ausbildung der Siphonaldüten. Zu beachten ist auch die Lobenlinie.
Die mesozoischen Formen sind weitestgehend planspiral aufgerollt. Es treten sehr langlebige Arten auf (*Cenoceras inornatum*, N 16: Unt. Jura – Mittl. Jura). Hier achten wir vor allem auf die Gehäuseform und die Lobenlinie. Auch Ausbildung und Lage des Siphonalapparates sind wichtig. Anwachslinien und Skulptur sind weitere Bestimmungsmerkmale, freilich nur bei Schalenerhaltung zu beobachten.
In die folgende Aufzählung wurden auch 2 Gattungen der Unterklasse Endoceratoidea aufgenommen, N 1 und N 2. Korrekterweise hätte die Unterklasse eigens abgehandelt werden müssen. Es unterblieb im Hinblick auf die enge Verwandtschaft zu den Nautiloidea und die geringe Zahl der zu behandelnden Gattungen. Die bei der Beschreibung verwendeten Bezeichnungen sind, soweit unklar, der Tafel Gehäuseterminologie bei den Ammoniten zu entnehmen.

A 64 *Polyplectus discoides,* Unt. Jura (Ob. Toarc; Lias zeta); Truc de Balduc bei Mende, Lozère/Südfrankreich. Ca. 7 cm.

A 67 *Pleydellia aalensis,* Unt. Jura (Ob. Toarc; Lias zeta); Mistelgau bei Bayreuth/Bay. Ca. 4 cm; pyritisiert.

A 81 *Brightia sueva,* Mittl. Jura (Ob. Callov); Erkenberg bei Neidlingen/Württ. Ca. 2,3 cm.

A 91 *Pleurocephalites tumidus,* Mittl. Jura (Unt. Callov); Dehme an der Porta Westfalica/Nordrhein-Westfalen. Ca. 7 cm.

A 94 *Kosmoceras spinosum,* Mittl. Jura (Unt. Callov); Laufen a.d. Eyach b. Albstadt/Württ. Ca. 2,5 cm.

A 96 *Cadoceras elatmae,* Mittl. Jura (Mittl. Callov); Elatma, Oka/UdSSR. Ca. 6,5 cm. Teilweise perlmuttige Schalenerhaltung.

A 107 *Grossouvria sulcifera,* Mittl. Jura (Callov); Staffelberg bei Staffelstein/Bay. Ca. 2,7 cm. »Goldschnecken« bzw. richtig »Goldammoniten«.

A 135 *Nicklesia dumasiana,* Unt. Kreide (Barreme); St. Lambert nördlich Grasse, Provence. Ca. 5 cm.

A 139 *Dufrenoyia dufrenoyi,* Unt. Kreide (Ob. Apt; Gargas); Carniol bei Apt, Provence. Ca. 3,3 cm.

A 140 *Hoplites dentatus,* Unt. Kreide (Alb); Troyes/Frankreich. Ca. 10,5 cm; Schalenerhaltung.

Be 13, 14 *Megateuthis aalensis,* ca. 16 cm (Be 13); *M. ellipticus,* ca. 35 cm (Be 14); beide aus dem Mittl. Jura (Mittl. Bajoc; Dogger delta); von Bethel bei Bielefeld/Nordrhein-Westfalen.

T 6 *Ellipsocephalus hoffi,* Mittl. Kambrium; Jinče/ČSSR. Ca. 2,7 cm.

Unterklasse Endoceratoidea
Ordnung Endocerida

Orthocone und meist großwüchsige Palcephalopoda mit weiträumigem Siphonalapparat. Kalkablagerungen innerhalb des Spitzenbereichs des Gehäuses.

Familie Endoceratidae (Ordovizium)

N 1 ***Endoceras.*** Mittl. – Ob. Ordovizium. Großwüchsig; orthocon und longicon. Sipho mit großem Durchmesser, außenliegend (ventral). Siphonaldüten holochoanitisch. Lobenlinie gerade. Kalkablagerungen in Kammern und Siphonalbereich.

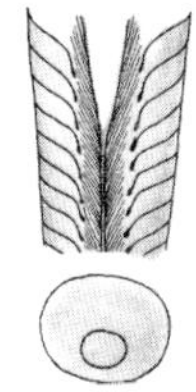

N 1

N 2 ***Suecoceras.*** Mittl. Ordovizium. Sehr lang und schlank. Spitzenbereich leicht gebogen. Sipho mit großem Durchmesser (bis zum halben Gehäusedurchmesser); im Spitzenbereich direkt an der Außenwand, später etwas nach innen verschoben. Siphonaldüten holochoanitisch bis geringfügig macrochoanitisch. Kalkabscheidungen wie bei ***Endoceras. S. barrandei*** (Dewitz); ca. 6 cm.

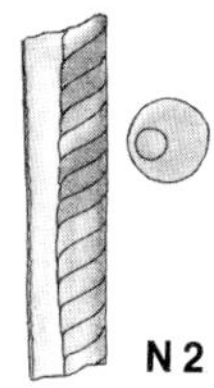

N 2

Unterklasse Nautiloidea
Ordnung Orthocerida

Orthocon bis mäßig cyrtocon. Sipho dünn, meist zentral gelegen. Weit auseinanderstehende Septen. Gehäuse glatt, teilweise mit Ornamenten (Pigmentreste!).

Familie Orthoceratidae (Unt. Ordovizium – Ob. Trias)

N 3 ***Orthoceras.*** Orthocon; WQ rundlich, mit geringer Durchmesserzunahme beim Wachstum. Gehäuse dünnschalig. Sipho dünn; Siphonaldüten orthochoanitisch. Oberfläche mit feinen Linien. ***O. regulare*** (Schlotheim); ca. 9,5 cm.

N 4, 5 ***Michelinoceras.*** Unt. Ordovizium – Ob. Trias (Nor). Orthocon; sehr lang und schlank. WQ kreisrund; Septenabstände groß. Wohnkammer sehr lang. Sipho zentral oder geringfügig exzentrisch. Siphonaldüten orthochoanitisch, gerade. ***M. michelini*** (Barrande) (**N 4**), Mittl. Silur; ca. 6 cm. ***M. lateseptatum*** (Hauer) (**N 5**), Ob. Trias (Nor); ca. 4,5 cm.

N 6 ***Kionoceras.*** Mittl. Ordovizium – Unt. Perm. Orthocon; schlank bis mäßig gedrungen. Spitzenbereich leicht geschwungen. WQ rund bis leicht oval. Sipho zentral oder leicht exzentrisch.

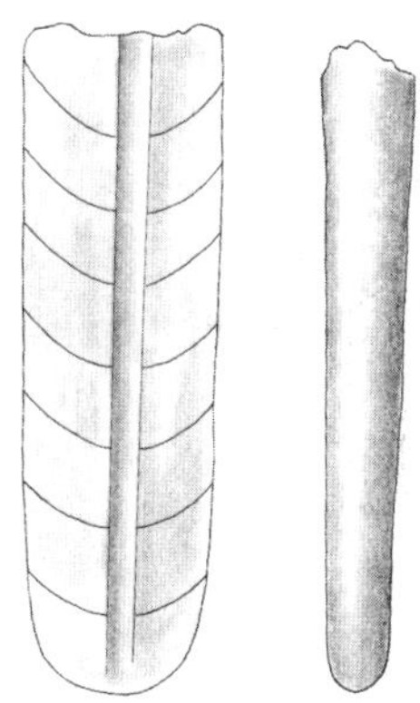

N 3

N 6

N 5

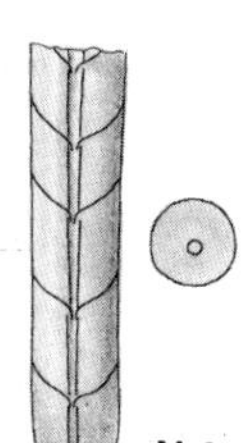

N 4

Siphonaldüten suborthochoanitisch oder gerade. Oberfläche mit auffallenden, längslaufenden Rippen, getrennt durch konkave Zwischenräume. Oft auch mit unscheinbaren, längs- und querlaufenden Streifen und Rillen. ***K. planicanaliculatum*** (Sandberger & Sandberger), Mittl. Devon; ca. 6 cm.

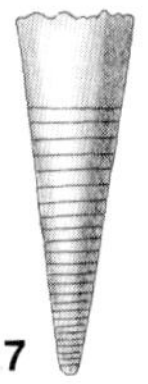

N 7

N 8

Familie Geisonoceratidae (Mittl. Ordovizium – Mittl. Devon)

N 7, 8 ***Geisonoceras.*** Mittl. Ordovizium – Mittl. Devon. Orthocon oder cyrtocon; meist nur langsam im Durchmesser zunehmend. WQ kreisförmig bis mäßig oval. Sipho exzentrisch. Siphonaldüten kurz und gerade, orthochoanitisch. Sutur gerade, mitunter leicht schräg geneigt. Oberfläche mit breiten, querlaufenden Bändern, dazwischen Anwachslinien. ***G. rapiforme*** (Sandberger & Sandberger) (**N 7**), Mittl. Devon; ca. 5 cm. ***G. planiseptatum*** (Sandberger & Sandberger) (**N 8**), Mittl. Devon; ca. 4,5 cm.

Ordnung Tarphycerida

Gehäuse aufgerollt. Septen einfach. Lage des Siphos kann sich im Verlauf des Wachstums ändern. Siphonaldüten orthochoanitisch.

Familie Lituitidae (Ordovizium)

N 9

N 9 ***Lituites.*** Mittl. Ordovizium (Llanvirn – Caradoc). Innenwindungen planspiral aufgerollt, lose oder mit Kontakt. Nach wenigen Windungen löst sich das Gehäuse von der Spiralform und wächst gerade oder leicht gekrümmt weiter. Sipho geringfügig exzentrisch. Oberfläche mit geraden, ringförmigen, später leicht geschwungenen Rippen. Auch in nordischen Geschieben vorkommend. ***L. lituus*** (Modeer), Mittl. Ordovizium (Llanvirn – Llandeilo); ca. 15 cm.

Ordnung Nautilida

Gekrümmte bis planspiral gewundene Gehäuse. Zu den Nautilida gehören nahezu alle mesozoischen und alle känozoischen und rezenten Arten der Unterklasse Nautiloidea.

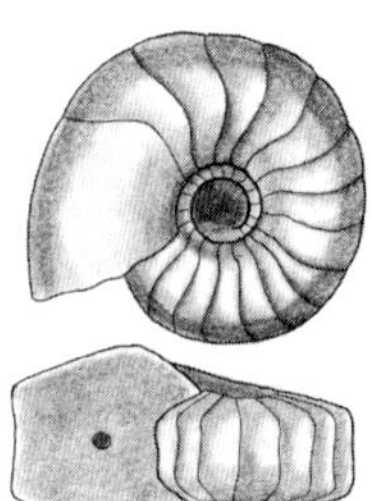

N 10

Familie Tainoceratidae (Unt. Karbon – Trias)

N 10 ***Germanonautilus.*** Trias. Planspiral; mehr oder weniger involut. WQ quadratisch bis breitrechteckig. Venter breit und flach. Sipho zentral. Schalenoberfläche glatt; Sutur einfach geschwungen. ***G. bidorsatus*** (Schlotheim), Mittl. Trias (Ob. Muschelkalk); ca. 19 cm. Zu dieser Art werden die Rhyncholithen und Concholithen (Kieferteile) des Muschelkalks gestellt (s. N 31).

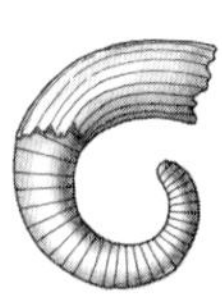

N 11

Familie Rutoceratidae (Unt. Devon – Unt. Karbon)

N 11 ***Pleuronoceras.*** Mittl. Devon. Gyrocon; mit dünner Schale und schwachen Anwachslinien sowie längslaufenden Furchen. Auf den Flanken hohle, wulstartige Knoten, paarweise angeordnet. ***P. nodosum*** (Goldfuss); ca. 3,5 cm.

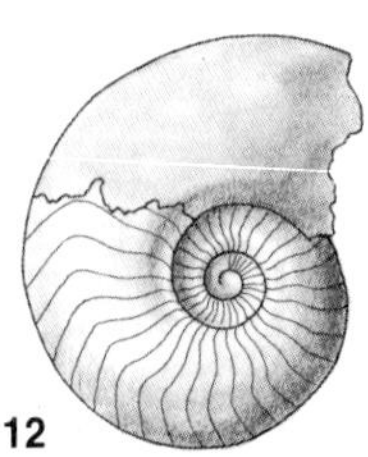

N 12

Familie Tetragonoceratidae (Mittl. Devon)

N 12 ***Nassauoceras.*** Mittl. Devon. Planspiral; sehr evolut, mit

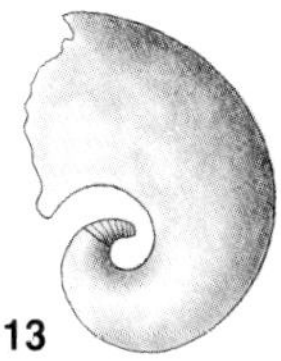
N 13

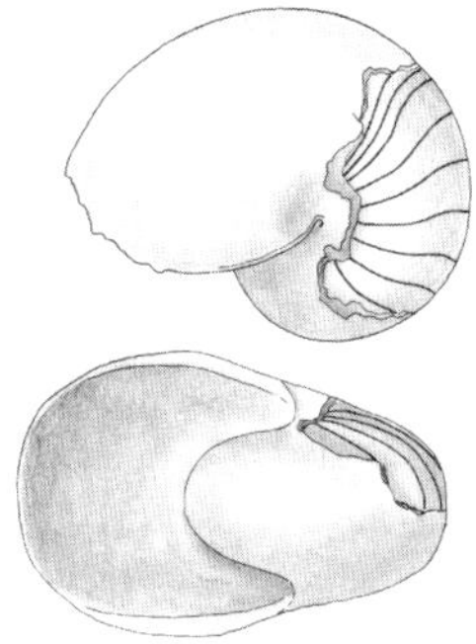
N 14

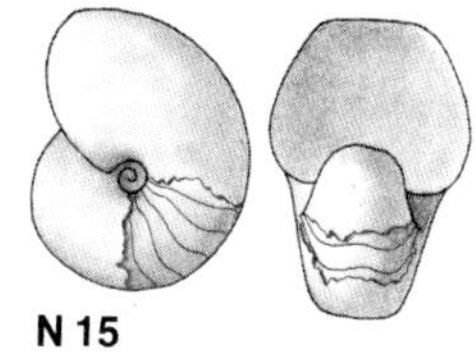
N 15

weitem und tiefem Nabel. WQ trapezförmig mit größter Breite etwa im äußeren Viertel. Venter flach. Sipho nahe am Venter. ***N. subtuberculatum*** (SANDBERGER & SANDBERGER); ca. 6 cm.

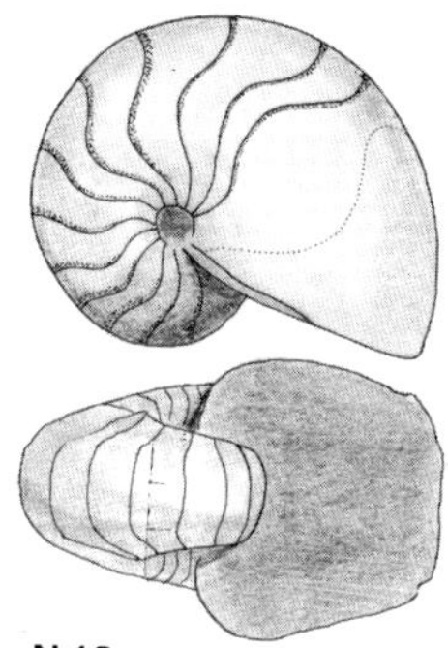
N 16

Familie Aipoceratidae (Karbon)

N 13 ***Aipoceras.*** Unt. Karbon. Gyrocon; Flanken abgeflacht. Gehäusedurchmesser nimmt schnell zu. Sipho ventral. Oberfläche glatt; Sutur nahezu gerade. ***A. gibberosum*** (KONINCK), Unt. Karbon (Tournai); ca. 9,5 cm.

Familie Liroceratidae (Unt. Karbon – Trias)

N 14 ***Paranautilus.*** Mittl. Trias (Anis) – Ob. Trias (Nor). Planspiral; sehr involut bis ungenabelt. WQ hochoval. ***P. simonyi*** (HAUER), Ob. Trias (Nor); ca. 8,5 cm.

N 17

Familie Nautilidae (Ob. Trias – rezent)

N 15, 16 ***Cenoceras.*** Ob. Trias – Mittl. Jura. Planspiral; evolut bis involut. WQ sehr variabel, rundlich bis trapezförmig. Venter gewölbt oder flach. Lage des Siphos variabel, jedoch nie extrem dorsal oder ventral. Oberfläche glatt oder mit feinen Längsstreifen und/oder Anwachslinien. ***C. intermedius*** (SOWERBY) (**N 15**). (syn. ***C. jurense*** [QUENSTEDT]), Unt. Jura; ca. 7,5 cm; WQ trapezförmig; mäßig involut; Längsstreifen und Anwachslinien. ***C. inornatum*** (ORBIGNY) (**N 16**), Unt. Jura (Toarc) – Mittl. Jura (Bajoc); ca. 6 cm; involut; WQ nahezu quadratisch.

N 17 ***Eutrephoceras.*** Ob. Jura – Tertiär (Miozän). Meist kugelförmig, mit rundem oder mäßig hochovalem WQ. Involut mit engem oder geschlossenem Nabel. Lage des Siphos variabel. Siphonaldüten orthochoanitisch. Sutur fast gerade. Oberfläche glatt. Bekannt sind ca. 89 Arten: 6 aus dem Jura, 39 aus der Kreide und 44 aus dem Tertiär. ***E. sharpei*** (SCHLÜTER), Ob. Kreide (Cenoman); ca. 9 cm.

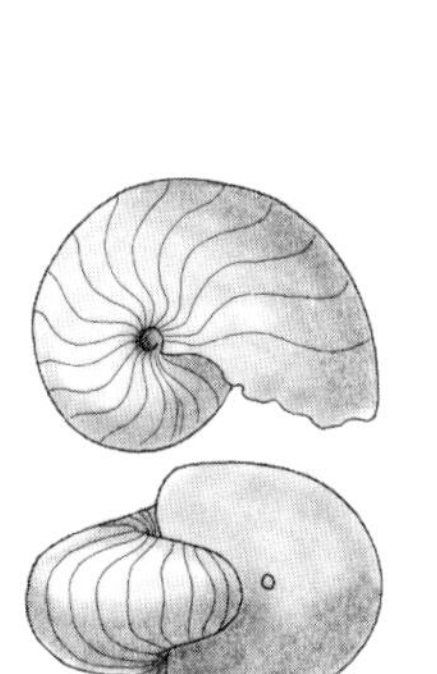
N 18

N 18 ***Pseudocenoceras.*** Kreide. Involut; WQ mäßig hochrechteckig bis hochoval, mit flachen Flanken. Nabelwand nahezu senkrecht; Innenbug gerundet. Sipho nur geringfügig exzentrisch. Sutur leicht geschwungen. Oberfläche glatt. ***P. cenomanensis*** (SCHLÜTER), Ob. Kreide (Cenoman); ca. 9 cm.

Familie Pseudonautilidae (Jura – Unt. Kreide)

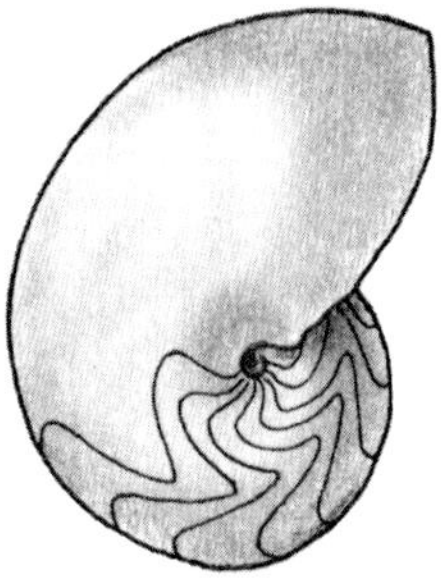

N 19

N 19 ***Pseudonautilus.*** Ob. Jura – Unt. Kreide. Involut; mit engem und tiefem Nabel; scheibenförmig. WQ oval, immer höher als breit. Flanken abgeflacht; Venter breit, gerundet. Sipho in Venternähe. Lobenlinie mit großem, V-förmigem Seitenlobus. ***P. geinitzi*** (Oppel), Ob. Jura (Tithon); ca. 10 cm.

N 20 ***Pseudaganides.*** Jura. Involut; mit engem Nabel. WQ hochrechteckig bis quadratisch, mit größter Breite im inneren Drittel. Flanken flach; Venter flach bis gerundet. Sipho zentral bis geringfügig exzentrisch. Sutur mit Ventrallobus und tiefem gerundetem Seitenlobus. ***P. aganiticus*** (Quenstedt), Ob. Jura (Kimeridge); ca. 6 cm.

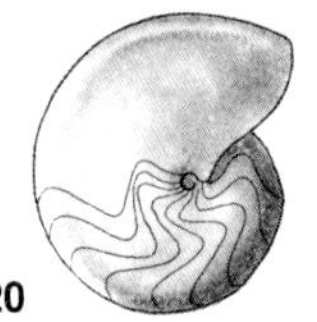

N 20

Familie Paracenoceratidae (Mittl. Jura – Unt. Kreide)

N 21 ***Paracenoceras.*** Mittl. Jura – Unt. Kreide (Alb). Involut; mit mäßig engem Nabel und steiler Nabelwand. WQ trapezförmig mit größter Breite am Innenbug. Flanken abgeflacht, Venter flach und breit, Lage des Siphos variabel. Sutur leicht geschwungen. ***P. hexagonum*** (Sowerby), Ob. Jura; ca. 10 cm.

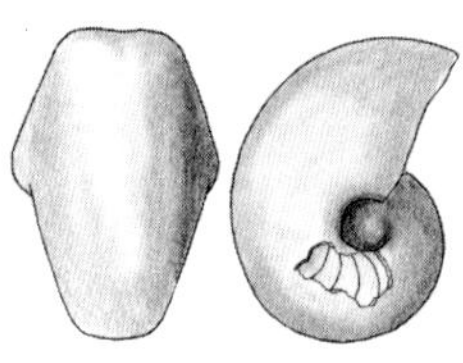

N 21

Familie Cymatoceratidae (Ob. Jura – Tertiär)

N 22, 23 ***Cymatoceras.*** Ob. Jura – Tertiär (Oligozän). Involut bis mäßig evolut; meist kugelig mit rundlichem WQ. Gehäuseform sehr variabel. Lage des Siphos variabel. Sutur nur sanft geschwungen. Oberfläche mit markanten, meist leicht geschwungenen Rippen, die auf dem Venter zurückschwingen. ***C. pseudoelegans*** (Orbigny) (**N 22**), Kreide; ca. 6 cm. ***C. radiatum*** (Sowerby) (**N 23**), Unt. Kreide (Apt); ca. 9 cm.

N 24 ***Deltocymatoceras.*** Ob. Kreide. Involut; Flanken wohlgerundet; Venter mit glattem, kielartigem Grat. Feine zurückschwingende Rippen, die etwa auf Flankenmitte bifurkieren und am „Kiel“ enden. ***D. leiotropis*** (Schlüter), Ob. Kreide (Turon); ca. 11 cm.

N 25 ***Paracymatoceras.*** Ob. Jura – Unt. Kreide. Ähnlich ***Cymatoceras,*** jedoch ohne den Grat in Ventermitte und mit stärker geschwungener Lobenlinie. Schwache Berippung, zurückschwingend den Venter überquerend. ***P. asperum*** (Oppel), Ob. Jura; ca. 8 cm.

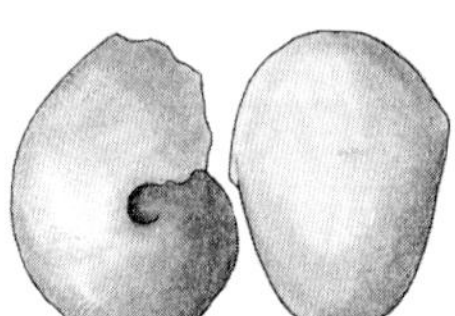

N 22

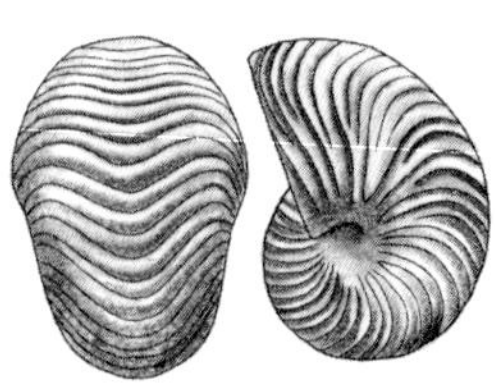

N 23

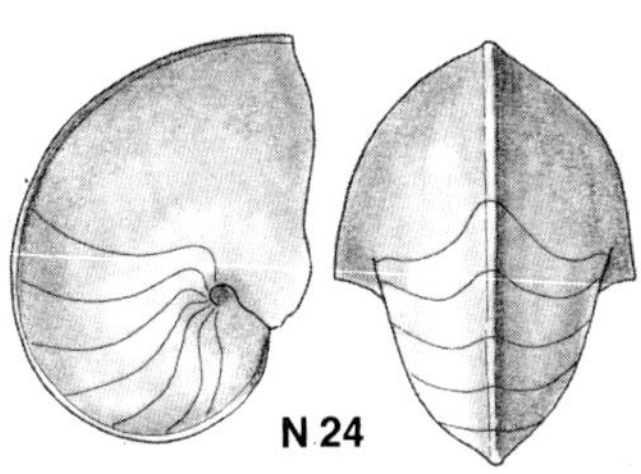

N 24

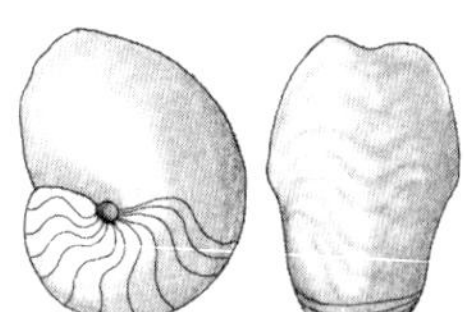

N 25

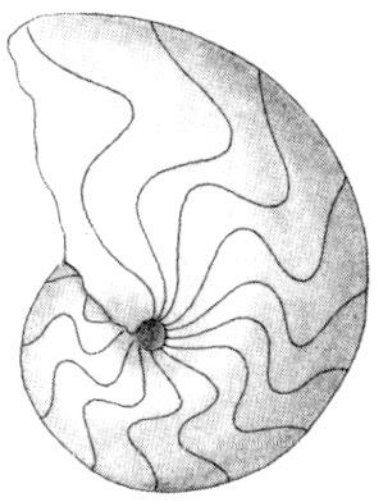

N 26

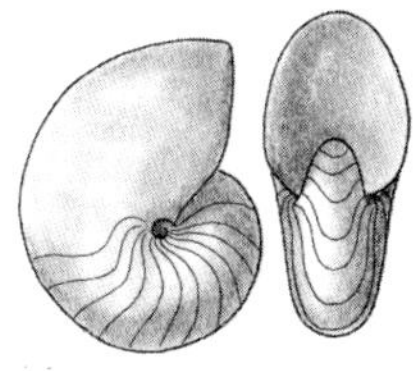

N 27

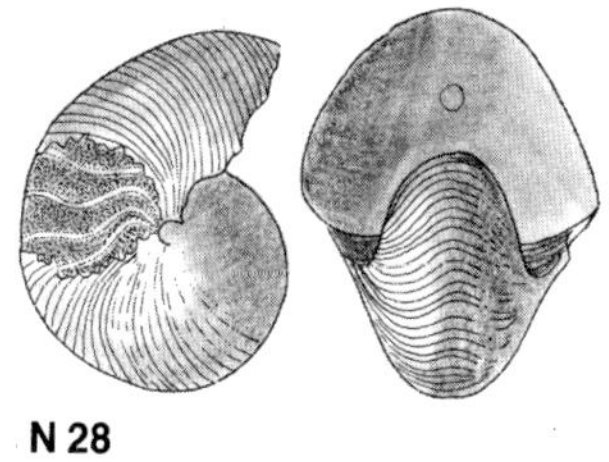

N 28

Familie Hercoglossidae (Ob. Jura – Tertiär)

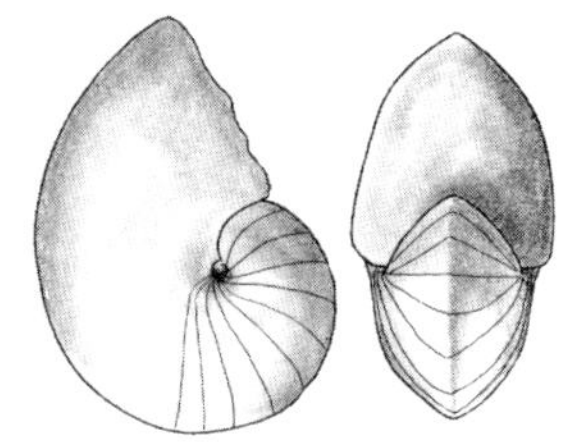

N 29

N 26 ***Hercoglossa.*** Tertiär (Dan – Eozän). Involut; mit engem Nabel; kugelförmig bis scheibenförmig. WQ abgeflacht bis gerundet, auch trapezförmig. Venter gerundet. Lage des Siphos variabel. Siphonaldüten orthochoanitisch. Stark geschwungene Lobenlinie. ***H. danica*** (SCHLOTHEIM), LF, Tertiär (Dan); ca. 4,5 cm.
N 27, 28 ***Cimomia.*** Ob. Jura – Tertiär (Oligozän). Involut; mit engem Nabel und niedrigen Nabelwänden; kugelförmig bis scheibenförmig. WQ wohlgerundet. Sipho dünn, Lage variabel. Oberfläche glatt oder mit Anwachslinien. Sutur sanft geschwungen. ***C. schroederi*** (WIEDEMANN) (**N 27**), Ob. Kreide (Cenoman); ca. 8,5 cm. ***C. imperalis*** (SOWERBY) (**N 28**), Tertiär (Eozän); ca. 6,5 cm.
N 29 ***Deltoidonautilus.*** Ob. Kreide – Tertiär. Involut; mit engem Nabel; scheibenförmig. WQ rundlich bis hochoval; Venter bei manchen Arten zugeschärft. Sipho dorsal (innenliegend). Anwachslinien; Lobenlinie wenig geschwungen. ***D. westphalicus*** (SCHLÜTER), Ob. Kreide (Unt. Campan); ca. 11 cm.

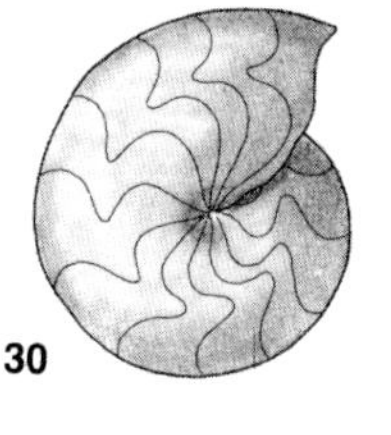

N 30

Familie Aturiidae (Tertiär: Paläozän – Miozän)
N 30 ***Aturia.*** Tertiär (Paläozän – Miozän). Involut; mit engem Nabel; scheibenförmig. WQ hochval, mit flachen Flanken und gerundetem Venter. Sipho innenliegend. Sutur relativ stark differenziert, mit V-förmigem Seitenlobus. ***A. aturi*** (BASTEROT), Tertiär (Miozän); ca. 5 cm.

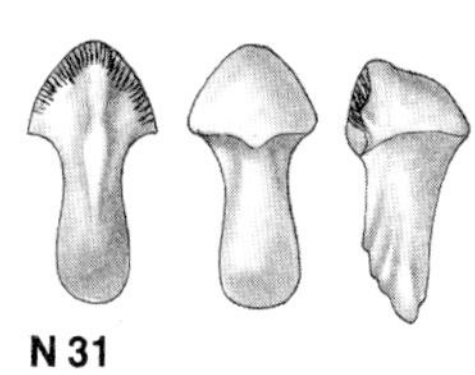

N 31

Rhyncholithen (Kieferteile, Zuordnung meist unbekannt)
N 31 ***Rhyncholithes.*** Oberkieferteil von ***Germanonautilus bidorsatus*** ist ***R. hirundo*** (BIGUET); Mittl. Trias (Muschelkalk); ca. 2,5 cm.

Unterklasse Ammonoidea (Ammoniten)

Ammoniten sind wohl die beliebtesten Objekte des Sammelehrgeizes bei Fossilienfreunden. Mit einem gewissen Recht, vergegenwärtigt man sich die vielfach hervorragende Überlieferung der ebensooft ästhetisch ungemein ansprechenden Gehäuse. Zusätzliche Aufmerksamkeit verschaffen den Ammoniten auch die ungelösten Rätsel, die ihr Aussterben umgeben. Hinzu kommt die große Formenfülle in nahezu allen Schichten seit dem Devon bis gegen Ende der Oberkreide; sie läßt die Beschäftigung mit dieser Tiergruppe nie eintönig werden. In manchen Gesteinen treten Ammoniten geradezu massenhaft auf. Der Sammler hat begründete Aussicht, bei entsprechendem Zeiteinsatz Belege für einen Großteil der 1554 bekannten Gattungen, wozu noch 384 Untergattungen kommen (die Artenzahl liegt natürlich wesentlich höher), zusammentragen zu können.

Größenverhältnisse

Den größten bisher bekannt gewordenen Riesenammonit stellt das Landesmuseum Münster aus. Es ist *Parapuzosia seppenradensis* (LANDOIS); sein Durchmesser beträgt ca. 2,10 m. Noch größere Formen sind vorstellbar. Doch der Beweis in Form ganzer Exemplare steht noch aus. Die meisten großwüchsigen Arten lebten in der Oberkreide. Aber auch schon im Paläozoikum treten Formen mit 60 cm Durchmesser auf. Im Mesozoikum dann, in der Obertrias, erreicht *Pinacoceras metternichi* (HAUER) immerhin stattliche Durchmesser bis zu 1,50 m. Erinnert sei auch an die bestens bekannten „wagenradgroßen“ Arieten aus dem Unteren Jura von Schwaben! Und aus dem Oberen Jura sind Perisphinctidae mit einem Durchmesser bis zu 1 m keine Seltenheit.
Neben diesen „Riesen“ wirken kleinwüchsige Arten mit 1 oder 2 cm natürlich recht bescheiden. Aber gerade unter ihnen gibt es interessante Formen mit wunderbar verzierten Gehäusen. In der Mehrzahl dürfte die Größe ausgewachsener Ammoniten zwischen 2 und 20 cm Durchmesser liegen.

Ammoniten als Leitfossilien

Viele Schichten und Horizonte, vor allem des Erdmittelalters (Mesozoikum), werden mit Hilfe der darin enthaltenen Ammoniten gegliedert: Ammoniten fungieren als Leitfossilien. Sie eignen sich dazu besonders gut, weil sie durch rasche Entwicklung immer neue kurzlebige Formen hervorbrachten. Das bedeutet geringe vertikale Verbreitung im Gestein und mitunter weltweite Verbreitung. Viele Gattungen und Arten sind kosmopolitisch, haben weite Gebiete bewohnt und werden so in den einander zeitlich entsprechenden Gesteinen der verschiedensten Länder gefunden.
Ein großer Teil der Leitformen hat gut erkennbare Gehäusemerkmale; Paläontologen und versierte Sammler erkennen häufigere Gattungen und Arten oft auf Anhieb.

Systematik

Die Unterklasse (siehe hierzu Tabelle Cephalopoda, S. 178) der Ammonoidea bildet (nach Treatise) zusammen mit den Palcephalopoda und der Unterklasse der Coleoidea (wozu z. B. die Belemniten gehören) die Klasse Cephalopoda (Kopffüßer). Wir unterscheiden folgende Ordnungen:

a Anarcestida (Devon)	
b Clymeniida (Ob. Devon)	Goniatiten
c Goniatitida (Mittl. Devon – Ob. Perm)	
d Prolecanitida (Ob. Devon – Ob. Trias)	Ceratiten
e Ceratitida (Mittl. Perm. – Ob. Trias)	
f Phylloceratida (Unt. Trias – Ob. Kreide)	
g Lytoceratida (Unt. Jura – Ob. Kreide)	Ammoniten
h Ammonitida (Unt. Jura – Ob. Kreide)	
i Ancyloceratida (Kreide)	

Die Ordnungen a bis c und ein Teil der Gattungen aus der Ordnung d werden zu den Palaeoammonoidea (Altammoniten, Goniatiten) zusammengefaßt; der andere Teil der Gattungen von d mit e zu den Mesoammonoidea (Ceratiten) und schließlich f bis i zu den Neoammonoidea (Ammoniten).

Stammesgeschichte

Man nimmt heute an, daß sich die aufgerollten Ammonoidea aus den Bactritida entwickelten. Viele Wissenschaftler gliedern die Bactritida als älteste Ordnung bei den Ammonoidea ein, andere stellen sie als eigene Cephalopoden-Unterklasse zwischen die Nautiloidea und die Ammonoidea. Diskutiert wird, ob auch die Belemniten von den Bactritida abstammen könnten.
Die stammesgeschichtliche Entwicklung der Ammoniten erfolgte in mehreren Schüben, sogenannten

Stammesgeschichtliche Entwicklung der Ammonoideen. (Abgeändert nach A.H. MÜLLER.)

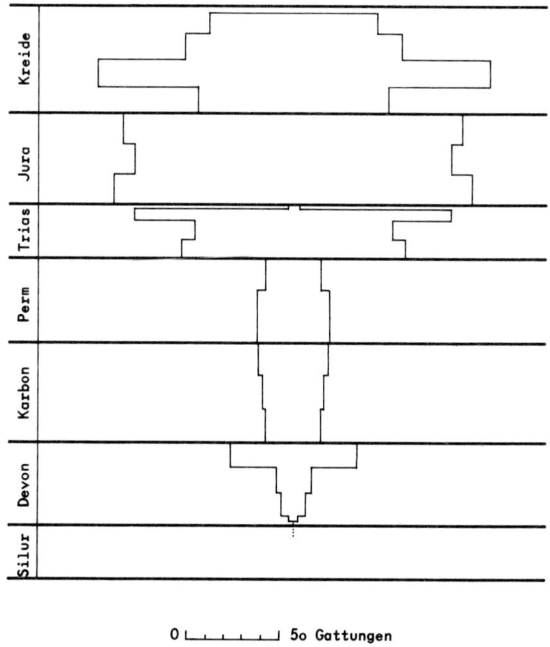

Virenzphasen, wobei mit jedem dieser Schübe bis hin zum Aussterben die Aufsplitterung in Arten und die Individuenzahl sprunghaft zunahmen. Virenzphase 1 fällt ins Obere Devon. Phase 2 baut sich langsam und ohne großen Höhepunkt während des Karbon und des Perm auf. Ihr Ende ist durch einen drastischen Rückgang auf wenige Formen gekennzeichnet, aus denen sich dann die Ammonitenfauna der Trias entwickelt. Sie verzeichnet ihren Höhepunkt, die 3. Virenzphase, in der Obertrias. An der Grenze Trias/Jura ist die Gruppe wieder vom Aussterben bedroht. Erneut registrieren wir nur wenige „Überlebende“, die die Stammväter der Vielfalt von Jura- und Kreideammoniten wurden.
Das Aussterben der Ammonoidea erfolgte sicher nicht von heute auf morgen. Es ist als eine Entwicklung zu sehen, die wohl schon im Verlaufe der Unteren Kreide einsetzte. Nach den letzten Gründen dafür sucht man trotz aller Klärungsversuche noch heute. Sicher aber war nicht nur ein Faktor auslösendes Moment für das Aussterben, sondern ein ganzes Bündel, d. h. das Zusammenwirken mehrerer ungünstiger Umstände.
Ein sehr wichtiger Faktor dürfte die paläogeographische Situation gewesen sein. Ammoniten waren meist Lebewesen des Benthos. Die großen Meeresregressionen (Rückzug des Meeres) an den Grenzen vom Devon zum Karbon, vom Perm zur Trias, von der Trias zum Jura und am Ende der Oberkreide bedeuteten eine starke Verknappung des Lebensraumes und Krisenzeiten, die die Gruppe schließlich nicht mehr überstand. Als weiterer Faktor kommt hinzu, daß sich während des Mesozoikum die wesentlich beweglicheren Fische und die Dibranchiaten („Tintenfische“) geradezu explosionsartig entwickelten und ausbreiteten. Das bedeutete Nahrungskonkurrenz für die Ammoniten, wenn sie nicht sogar von Fischen gejagt wurden (gefährdet war vor allem auch die Brut). Andere Gruppen, wie die fleischfressenden Neogastropoden, eroberten schließlich die „ökologische Nische“, die bis dahin nahezu ausschließlich von den Ammoniten besetzt gewesen war.
Weitere diskutierte Gründe für das Aussterben waren und sind ein allgemeines Nachlassen der „Lebenskraft“, eine Art Altersschwäche der ganzen Unterklasse, weiträumige Klimaänderungen und außerirdische Ereignisse, wie kosmische Strahlung, Einschlag eines Asteroiden usw.

Gehäuse

Ammoniten haben im Verlaufe ihrer Stammesgeschichte eine Vielzahl von Gehäuseformen entwikkelt; die auf der Tafel S. 192 zusammengestellten sind nur ein Ausschnitt des „Entwicklungsprogramms“. Am häufigsten, d. h. die Norm, ist das zweiseitig-symmetrisch eingerollte Gehäuse. Von den Gehäuseformen, die davon abweichen, sind wohl die bekanntesten die „crioconen“ (lose Spirale) und die hochkonisch gewundenen, schneckenhausartigen, „turriliticonen“ Gehäusetypen. Alle Gehäuse, die von der Norm, der aufgerollten Spirale, abweichen, nennt man „heteromorph“ oder „aberrant“. Heteromorphe Formen häufen sich in der Oberkreide, auch schon in der Ob. Trias.

Gehäuseterminologie

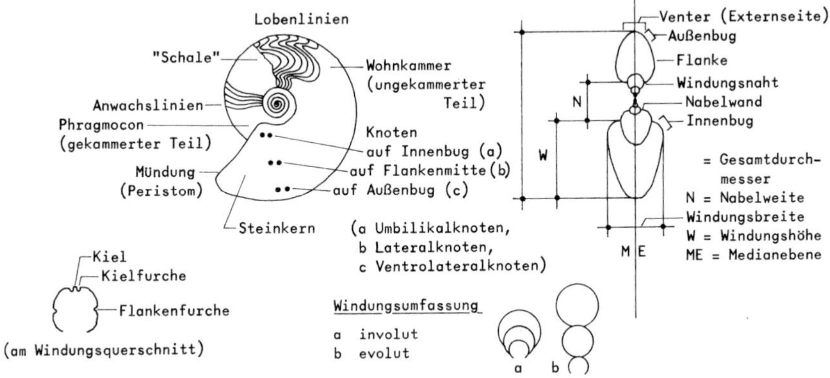

Windungsquerschnitte

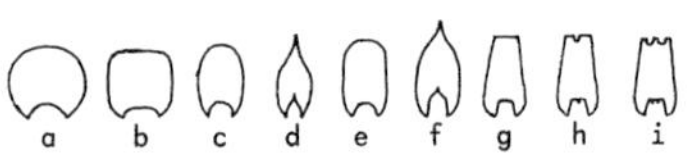

a rund
b quadratisch
c elliptisch
d lanceolat
e hochrechteckig
f carinat (gekielt)
g tabulat (abgeflacht)
h tabulat und sulcat
i tricarinat und bisulcat (sulcat = gefurcht)

Rippenformen

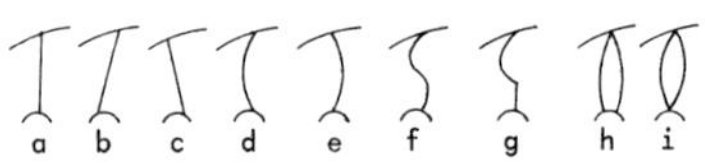

a radial
b proradiat
c retroradiat
d konkav
e konvex
f sinusförmig
g falcat (sichelförmig)
h, i fibulat (spangenförmig)

Spaltrippen

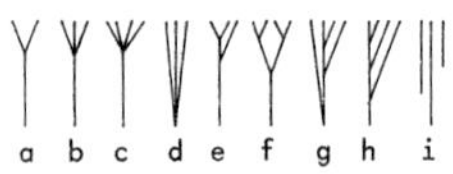

a bipartit
b tripartit
c quadripartit
d fascipartit
e polygrat
f polyplok
g diversipartit
h virgatipartit
i Schaltrippen, verschieden lang

Gehäuseformen

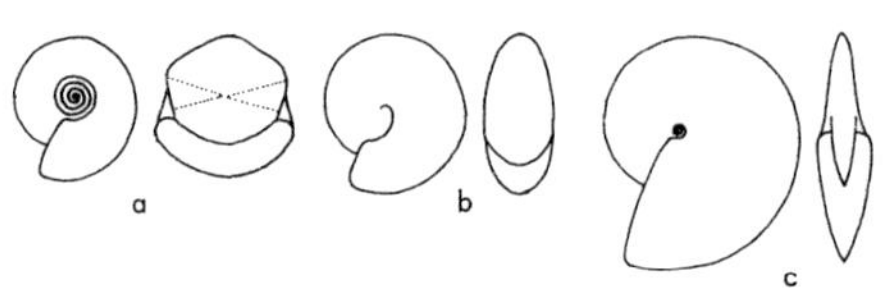

a cadicon
b sphaerocon
c oxycon
d serpenticon
e platycon (planulat)
f criocon
g hamiticon
(f und g: heteromorph)
h coronat

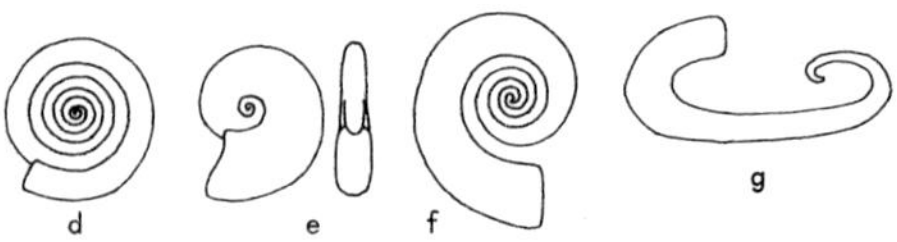

h

Terminologie und Morphologie der Ammonoidea. (Abgeändert nach ARKELL, KUMMEL und WRIGHT, LEHMANN aus SCHINDEWOLF, MILLER, FURNISH und SCHINDEWOLF, SCHLEGELMILCH.)

Die Röhre des ursprünglich aragonitischen Gehäuses gliedern Trennwände in einzelne Kammern. Daran schließt sich ein großer ungekammerter Gehäuseteil an, der Wohnraum des Tieres. Ein Sipho verbindet ihn mit den anderen Kammern. Die zur Gehäusebeschreibung üblichen Fachausdrücke finden sich auf der Tafel S. 192.
Die Zahl der Kammern des erwachsenen Ammonitentieres beträgt je nach Art zwischen 40 und 150, die Wohnkammerlänge zwischen einer halben und eineinhalb Windungen. Ammoniten benötigten zwischen 1 und 12 Jahren, um die mögliche Endgröße zu erreichen. Ob ein Ammonit adult, d. h. erwachsen war, erkennt man, wenn die Wohnkammer erhalten ist, an ihrer Länge, an Lobendrängung vor der Wohnkammer, an Skulpturveränderungen, die bis zum völligen Verschwinden gehen, und an der Ausbildung von Mündungsapophysen.
Mündungsapophysen („Ohren" – äußerliche Ähnlichkeit, nicht die Funktion, gab den Namen!) finden sich in der Regel nur an Endwohnkammern, also beim ausgewachsenen Tier. Ohren sind nur bei relativ kleinwüchsigen oder mäßig großwüchsigen Arten bekannt (s. „Dimorphismus").

Lobenlinie

Die Verwachsungslinie der Septen (Kammerscheidewände) mit der Gehäuseaußenwand wird Lobenlinie oder Sutur (Naht) genannt. Sie ist mitunter sehr kompliziert geformt, d. h., die Kammertrennwände sind nach außen, zur Schale, stark verfältelt, was der Verstärkung des Gehäuses gegen höheren Außendruck gedient haben mag. Zu erkennen ist die Lobenlinie nur auf dem Steinkern; bei Exemplaren mit Schalenerhaltung wird sie nach dem Entfernen der Schale sichtbar. Die Wiedergabe der Sutur in Büchern erfolgt nicht in räumlicher Darstellung, sondern entrollt.
Die meist gerundeten und nach vorn, d. h. zur Mündung gerichteten Krümmungen der Sutur werden als Sättel, die nach hinten gerich-

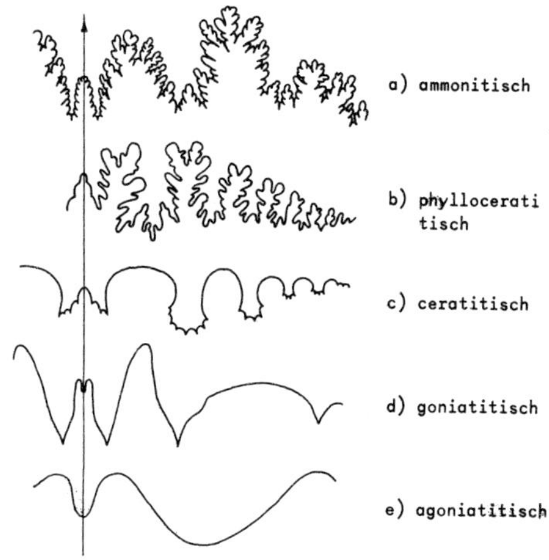

a, b Neoammonoidea, c Mesoammonoidea, d, e Paläoammonoidea. Der Pfeil entspricht der Ventermittellinie.

Elemente der Lobenlinie. (Abgeändert nach MILLER, FURNISH und SCHINDEWOLF aus MILLER und FURNISH.)

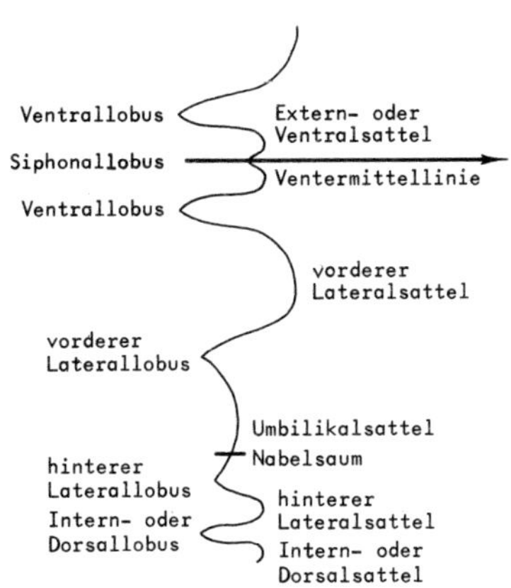

Goniatitische Lobenlinie

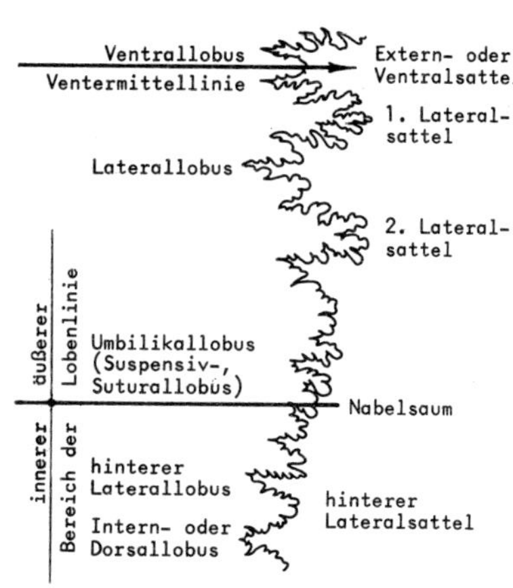

Ammonitische Lobenlinie

teten und meist spitzen werden als Loben bezeichnet. Zu unterscheiden sind 3 Grundtypen der Lobenlinie, die entwicklungsgeschichtlich aufeinander folgen:
goniatitisch: wellen- oder zickzackförmige Sutur
ceratitisch: glattrandige Sättel und Lobenzähnelung nach hinten
ammonitisch: hochgradig zerschlitzte und verästelte Sättel und Loben
Da sich die Sutur während des Wachstums verändert, müssen, will man verschiedene Vertreter einer Art vergleichen, die Lobenlinien immer beim gleichen Durchmesser, d. h. beim gleichen Alter abgegriffen werden.

Aptychen und Anaptychen

Aptychen sind in der Regel paarige, verschieden geformte, mehr oder weniger gewölbte, wenige Millimeter bis einige Zentimeter große Gebilde. Sie bestehen im Gegensatz zur aragonitischen Ammonitenschale aus Calcit. Entwicklungsgeschichtliche Vorgänger der Aptychen waren die einteiligen Anaptychen. Sie bestanden aus einer hornartigen Substanz und traten vom Devon bis zum Unteren Jura auf. Aptychen beobachten wir seit dem Unteren Jura bis zum Aussterben der ganzen Unterklasse. Angehäuft bilden sie gelegentlich richtiggehende Schichten, die möglicherweise dadurch zustande kamen, daß die leichter löslichen Ammonitenschalen während der Diagenese zersetzt wurden, die Aptychen dagegen nicht.

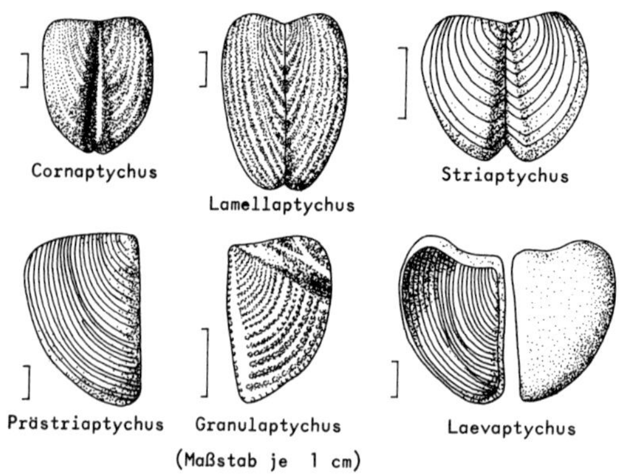

Aptychen-Formen. (Umgezeichnet nach LEHMANN.)

Bisher wurden Aptychen als Schalenverschlußklappen (Opercula) gedeutet. Heute sieht man die Funktion von Anaptychen und Aptychen – auch sie waren wohl ursprünglich durch eine hornige Innenschicht verbunden, so daß sie insgesamt wie eine Klappe wirkten – eher im Zusammenhang mit der Ernährungsweise. Eindeutig geklärt ist das Problem noch nicht.

Weichteile

Die Weichteile des Ammonitentieres sind verständlicherweise, weil im allgemeinen nicht erhaltungsfähig, kaum bekannt. Immerhin konnten in Serienschliffen an Exemplaren vor allem aus dem Lias Magen, Schlund und Tintenbeutel nachgewiesen werden. Es ist anzunehmen, daß ein arterielles Herz den Kreislauf in Gang hielt, daß Kiemen den Sauerstoff aus dem Wasser filterten und das Tier mit einem Trichter einen relativ schwachen Rückstoß erzeugen konnte. All dies sind Vermutungen in Anlehnung an die Anatomie des rezenten *Nautilus* (s. gegenüberliegende Seite).

Larvenstadium

Die „ausgeschlüpften" Ammonitenlarven bildeten nach dem Eistadium in einer ersten Wachstumsphase den Protoconch. Das war eine nur gering eingerollte und nicht mehr als ca. 0,8 mm große Kammer, genannt Anfangskammer. In der zweiten Phase wurden bereits ca. 1,5 Windungen aufge-

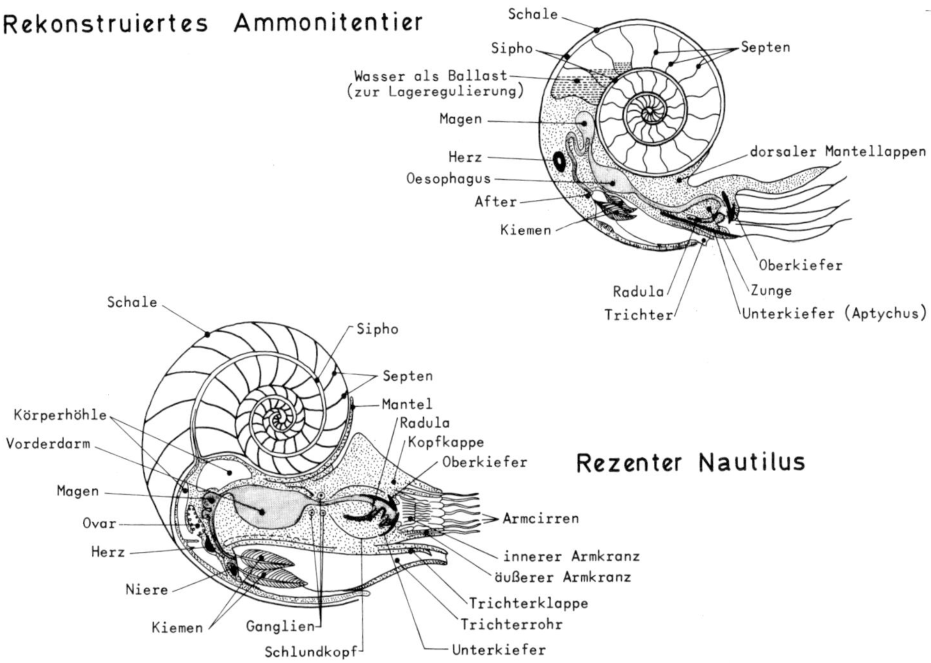

Medianschnitt durch einen Ammoniten mit rekonstruierten Weichteilen. (Abgeändert nach LEHMANN.)

baut. Während dieser Zeit hielten sich die Larven wohl im oberflächennahen, warmen Wasser auf; zur aktiven Ortsveränderung waren sie nicht fähig. Mit dem Ende der zweiten Wachstumsphase und damit des Larvenstadiums setzte das reguläre Gehäusewachstum ein. Es brachte Größenzunahme, nicht aber Formveränderung.

Lebensraum

Ammoniten lebten auf oder jedenfalls in der Nähe des Meeresgrundes; sie gehörten also zum vagilen Benthos. Die meisten Arten dürften in Bereichen zwischen 50 und 250 m Tiefe zu finden gewesen sein, obwohl Gehäuse und Sipho vielfach einen höheren Druck (bis zu 70 Atmosphären) ausgehalten haben dürften und die Tiere somit in der Lage gewesen wären, bis in rund 700 m Wassertiefe abzusteigen.
Lebensraum der Ammoniten war wohl das Schelfmeer, und hier waren es vor allem oft die Außenbereiche der Riffe wegen ihres extrem reichen Nahrungsangebotes. In reinen Riffablagerungen sind Ammoniten sehr selten. Nichts deutet darauf hin, daß Ammoniten in Brack- oder gar Süßwasser vorgedrungen wären.
Der früher vermutete Zusammenhang zwischen Gehäuseform und Lebensraum besteht nicht oder nur sehr bedingt. Nicht unbedingt sind schlanke und hohe Formen als schnelle Schwimmer und damit Hochseebewohner zu deuten und plumpe, breite Formen als bodennah lebende Tiere.
Die Einbettung von Ammonitengehäusen erfolgte meist im ursprünglichen Lebensraum, am Boden des strandfernen Schelfmeeres also. Doch auch Verdriftungen durch Wind und Strömung lassen sich nachweisen; ein schönes Beispiel dafür ist die Dactylioceraten-Bank in der Umgebung Forchheims in Franken – sie besteht praktisch ausschließlich aus den Überresten einer Ammonitenart.

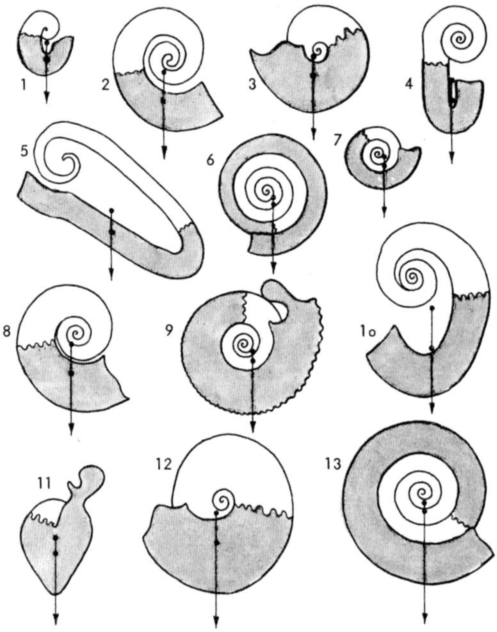

Wohnkammer geschummert, Phragmokon weiß; oberer Punkt = Auftriebszentrum, unterer Punkt = Schwerpunkt. 1 Scaphites, 2 Crioceratites, 3 Ludwigia, 4 Macroscaphites, 5 Lytocrioceras, 6 Caloceras, 7 Promicroceras, 8 Hoplocrioceras, 9 Normannites, 1o Aspinoceras, 11 Oecoptychius, 12 Sigaloceras, 13 Dactylioceras

Schwimmlage einiger Ammoniten. (Nach ARKELL aus TRUEMAN.)

Bewegungsweise

Ammoniten konnten sich im Wasser frei bewegen. Allerdings bestimmt nicht sehr schnell, trotz eines vermutlich leistungsstarken und reaktionsschnellen Nervensystems. Grundlage der Bewegung war das Prinzip des Rückstoßes. Durch den bereits erwähnten Trichter wurde Wasser ausgestoßen, wobei wir heute annehmen, daß dieser Rückstoß tatsächlich nach „hinten" gerichtet war und der Kopf des Tieres somit in „Fahrtrichtung" zeigte.
Die Gehäusekammern waren mit Gas und Wasser gefüllt und gaben dem Tier Auftrieb: Ammoniten schwebten wie Freiballons im Wasser. Normalerweise dürften Ammoniten über den Boden gekrochen sein oder sich knapp darüber bewegt haben.

Sipho

Der Sipho bestand aus konzentrischen Conchyolin-Membranen. Er ging durch alle Kammern des Phragmocons und verband die Embryonal- mit der Wohnkammer. Zunächst lag der Sipho innen oder in Schalenmitte, wanderte jedoch im Verlauf der Ontogenese, des Wachstums also, an die Außen-, die Ventralseite des Gehäuses. Eine Ausnahme machen nur die oberdevonischen Clymenien. Wie ein „Rohr" diente der Sipho zum Füllen bzw. Leeren (durch eine Art Osmose) der Kammern mit Wasser und half damit das Gehäuse „horizontal" einzuregeln. Damit konnte das Tier aut wachstumsbedingte Schwerpunktverschiebungen reagieren. Medianschliffe durch Ammonitensteinkerne zeigen mitunter den Sipho.

Ernährung

Waren die Aptychen Unterkiefer, so dienten sie sicherlich als eine Art Schaufel, mit der die Ammoniten, während sie über den Meeresboden krochen, Kleinlebewesen der obersten Bodenschicht aufscheuchten, die sie dann verschluckten: Krebse und Krebslarven, Brachiopodenbrut, Foraminiferen, Ostracoden und auch kleine Ammoniten – eben alles, was nicht schnell genug fliehen konnte und nicht zu groß war. Inwieweit Ammoniten auch Korallen und Bryozoen „abweideten", ist ungeklärt. Da Aptychen zum Zerschneiden und Zerkleinern nicht geeignet waren, scheidet größere Beute jedenfalls aus. Auch Aas dürfte auf dem Speiseplan gestanden haben.
Ob ein Oberkiefer vorhanden war, ist ungeklärt. Dagegen weiß man, daß Ammoniten eine Radula hatten, eine Art Zunge aus hornartiger Substanz, besetzt mit kleinen Zähnchen. Die Radula diente zum Zerreiben der Nahrung. Bei Schnecken kennt man Ähnliches.

Dimorphismus

Schon im vorigen Jahrhundert beobachteten verschiedene Forscher, daß unterschiedliche Ammonitenarten aus gleichen Schichten bis zu einem gewissen Alter, also einer bestimmten Größe, gleich ausgebildet sind. Feststellen läßt sich das z. B., wenn man die Innenwindungen großer Ammoniten im Querschnitt untersucht. Bei der einen Art – wir nennen sie Mikrokonche – folgen darauf nur noch wenige Umgänge ohne nennenswerte Gehäusevergrößerung, wobei aber nicht selten Ohren ausgebildet sind. Bei der anderen Art, dem Makrokonch, nehmen dagegen die folgenden Umgänge beachtlich an Größe zu. Ohren jedoch fehlen auch im ausgewachsenen Stadium.
Sind beide Formen in die gleiche Schicht eingebettet, haben sie aller Wahrscheinlichkeit nach gleichzeitig gelebt. Und können dann noch die inneren Windungen nicht unterschieden werden, dürfen wir annehmen, daß es sich nicht um zwei verschiedene Arten, sondern um Männchen und Weibchen einer Art handelt, wobei die Mikrokonche vermutlich die Männchen sind.
Rezente Cephalopoden zeigen im allgemeinen nur geringe geschlechtsbedingte Größenunterschiede. In den Fällen allerdings, wo der Größenunterschied beträchtlich ausfällt, so bei der Gattung *Argonauta,* müssen die kleineren Männchen darauf achten, daß sie nicht nach der Paarung von den größeren Weibchen verspeist werden.
Ähnlichen Kannibalismus mag es schon zu Zeiten der Ammoniten gegeben haben. Und vielleicht sind jene teilweise geradezu visierartigen Mündungsapophysen, die Ohren, ein Schutz gegen das Gefressenwerden. Sie verhinderten, daß das wesentlich größere und stärkere Weibchen das Männchen aus seinem Gehäuse zog und verspeiste.
Der Geschlechtsdimorphismus hat sich im Verlaufe der Entwicklungsgeschichte der Cephalopoden verstärkt: Alle rezenten Formen sind getrenntgeschlechtlich.

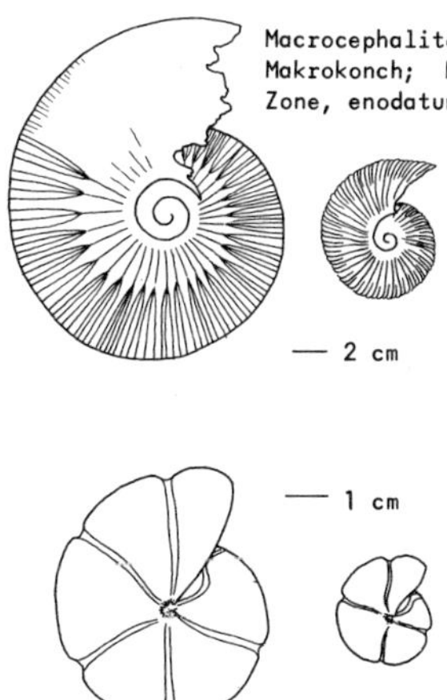

Zwei Beispiele für Mikro- und Makrokonch. (Umgezeichnet nach LEHMANN aus MAKOWSKI.)

Bestimmung

Für den Sammler und den Fachmann ist die Gehäuseform vorrangiges Bestimmungsmerkmal (s. Tafel S. 192). Wichtig sind die Art der Einrollung, der Windungsquerschnitt, der sich im Verlauf des Wachstums ändern kann, ob und wie weit die größere Windung die vorangehende, kleinere umfaßt (evolut, involut usw.), das Peristom (Mundrand), Gehäuseverzierungen (Skulptur) wie Rippen und Dornen, Anwachslinien und frühere Mundränder in Form von Einschnürungen bzw. Wülsten, die wohl jeweils einen Wachstumsstillstand anzeigen. Maßgebend für die eindeutige Bestimmung von Familie und Gattung ist in vielen Fällen die Lobenlinie, wobei der Umgang mit diesem Merkmal im allgemeinen allerdings wohl den Paläontologen und sehr fortgeschrittenen Sammlern vorbehalten bleibt. Artermittlung mit ihrer Hilfe ist nur in wenigen Fällen möglich.

Klasse Cephalopoda
Unterklasse Ammonoidea
Ordnung Anarcestida

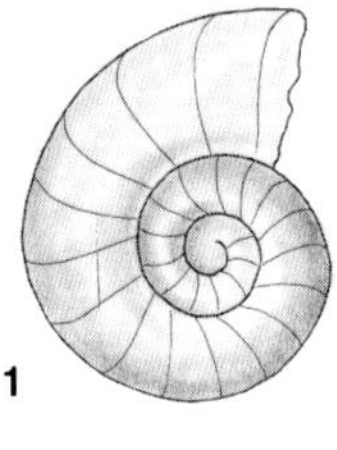

A 1

Primitive Ammonoideen mit einfach gewellter, goniatitischer Lobenlinie. Anwachslinien konvex, im Alter mitunter bikonvex. Sipho ventral. Unt. – Ob. Devon.

Oberfamilie Anarcestaceae

Familie Mimoceratidae (Unt. – Mittl. Devon)

A 1 ***Gyroceratites.*** Unt. – Mittl. Devon. Weitnabelig, stets mit Nabellücke. WQ rundlich; sehr evolut. Schale glatt oder mit sehr schwachen Einfachrippen. Mitunter Kiele auf dem Außenbug. ***G. gracilis*** BRONN, Mittl. Devon; ca. 3 cm.

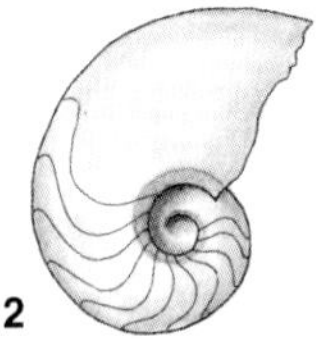

A 2

Familie Agoniatitidae (Unt. – Mittl. Devon)

A 2 ***Paraphyllites.*** Mittl. Devon. Nabelweite variabel. WQ hochrechteckig bis oval; schnell zunehmende Windungshöhe. Feine, bikonvexe Anwachslinien. ***P. tabuloides*** (BARRANDE), Mittl. Devon; ca. 6,5 cm.

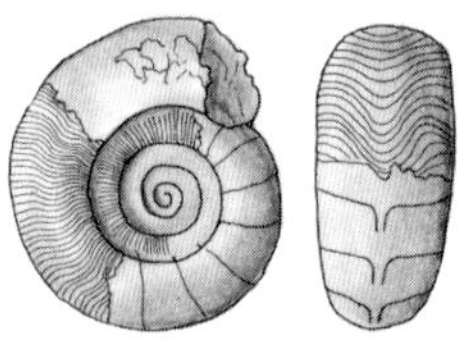

A 3

Familie Anarcestidae (Unt. – Ob. Devon)

A 3 ***Anarcestes.*** Kleine Nabellücke. WQ niedrigmündig; queroval bis halbmondförmig. Nur langsam zunehmende Windungshöhe. Im Jugendstadium mitunter aufgebläht; Adultstadium seitlich abgeflacht. Feine, bikonvexe Anwachslinien. ***A. plebeius*** (BARRANDE), Mittl. Devon; ca. 4 cm.

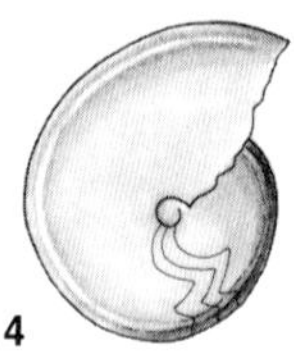

A 4

A 4 ***Maenioceras.*** Mittl. Devon. Nabellücke sehr klein. WQ hochmündig. Langsam zunehmende Windungshöhe. Adultformen seitlich abgeflacht. ***M. terebratum*** (SANDBERGER & SANDBERGER), Mittl. Devon; ca. 2,5 cm.

Oberfamilie Prolobitaceae

Familie Prolobitidae (Mittl. – Ob. Devon)

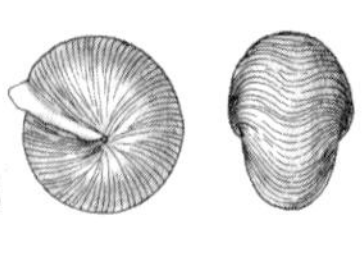

A 5

A 5 ***Prolobites.*** Ob. Devon. Kleinwüchsig, kugelig, ohne Nabellücke. Jugendformen weit-, Adultformen punktgenabelt. WQ sehr niedrigmündig. Meist mit Einschnürungen (bei Adultformen 1 pro Umgang), parallel zu den mehr oder weniger radialen Anwachslinien. ***P. delphinus*** (SANDBERGER & SANDB.), Ob. Devon; ca. 2,2 cm.

Oberfamilie Pharciceratacea

Familie Gephyroceratidae (Ob. Devon)

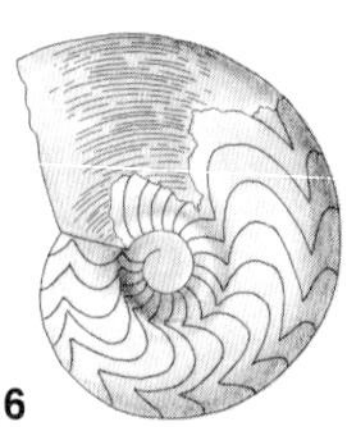

A 6

A 6 ***Manticoceras.*** Ob. Devon. Großwüchsig: bis zu 65 cm mit variabler Nabelweite. WQ hochmündig; Anwachslinien bikonvex. ***M. intumescens*** BEYRICH, Ob. Devon; ca. 5,2 cm.

Ordnung Clymeniida

Frühe Ammoniten mit einfach gewellter Lobenlinie. Einzige Ordnung der Ammoniten mit immer dorsal-, also innenliegendem Sipho. Gehäuse glatt bis kräftig berippt.

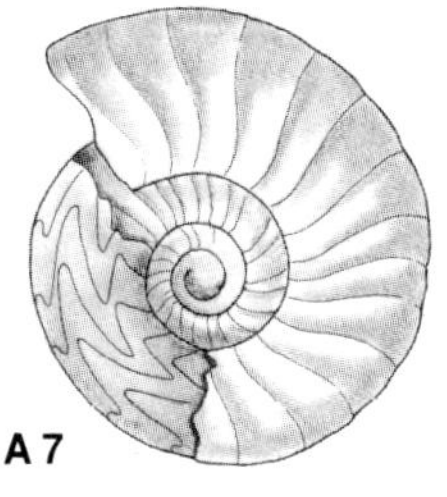

A 7

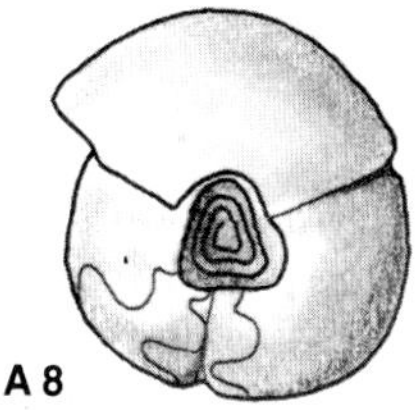

A 8

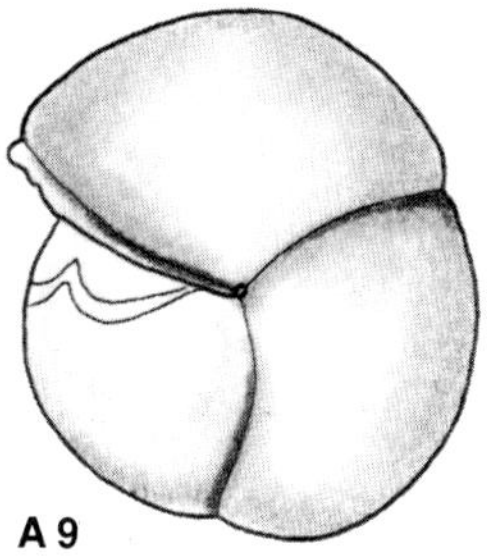

A 9

Oberfamilie Gonioclymeniaceae

Familie Gonioclymeniidae (Ob. Devon)

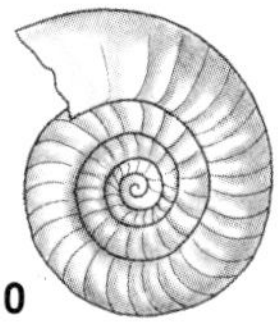

A 10

A 7 ***Gonioclymenia.*** Ob. Devon (*Clymenia*-Zone). Flach; sehr weitnabelig. WQ trapezförmig. Mäßig evolut. Venter sulcat (Medianfurche). Rippen proradiat, innen paarig, auf den späteren Windungen als Einfachrippen. Teilweise Knoten auf dem Außenbug. ***G. speciosa*** (MUENSTER); ca. 7,5 cm.

Familie Wocklumeridae (Ob. Devon)

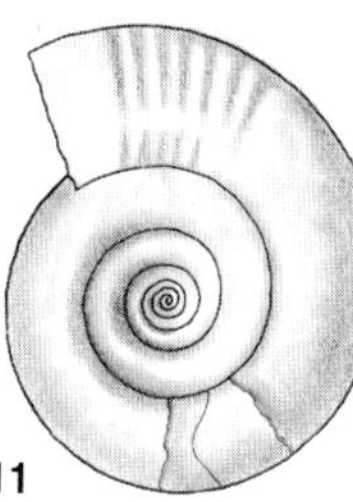

A 11

A 8 ***Wocklumeria.*** Ob. Devon (*Wocklumeria*-Zone). Dick bis kugelig; Nabelweite variabel. WQ niedrigmündig. Jugendwindungen von der Spiralform abweichend: dreieckig aufgerollt, mit tiefen Einschnürungen, die bei den Adultformen fehlen. Radiale Anwachslinien. ***W. sphaeroides*** (RICHTER), LF; ca. 2,3 cm.

A 9 ***Epiwocklumeria.*** Ob. Devon (*Wocklumeria*-Zone). Dünn; Punktnabel (geschlossen). Die dreieckige Gehäuseform wird in abgerundeter Form bis ins Alter beibehalten. Ausgeprägte konvexe Einschnürungen, meist 3 pro Umgang. ***E. applanata*** (WEDEKIND); ca. 2,3 cm.

Oberfamilie Clymeniaceae

Familie Clymeniidae (Ob. Devon)

A 10 ***Platyclymenia.*** Ob. Devon (*Platyclymenia*-Zone). Flach. Weitgenabelt. Langsam zunehmende Windungshöhe. Schale glatt oder einfach. Anwachslinien konkav. ***P. annulata*** (MUENSTER), LF; ca. 2,8 cm.

A 11 ***Clymenia.*** Ob. Devon (*Clymenia*-Zone). Gehäuseform wie bei ***Platyclymenia,*** jedoch mit sehr schwachen, radialen Anwachslinien und ohne markante Berippung. Venter gerundet oder geschärft, aber nicht gekielt. ***C. laevigata*** (MUENSTER), LF; ca. 8 cm.

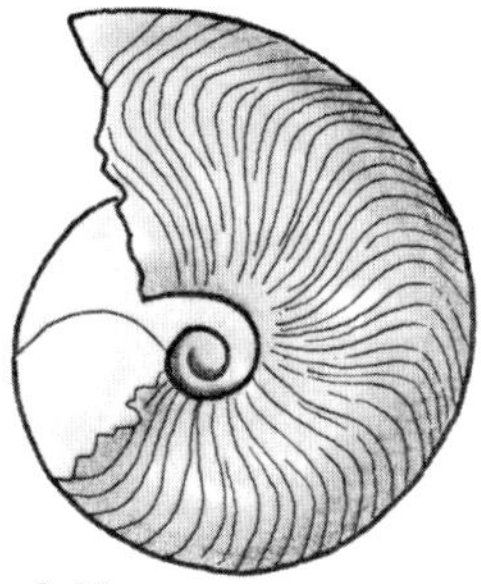

A 12

Familie Cyrtoclymeniidae (Ob. Devon)

A 12 ***Cyrtoclymenia.*** Ob. Devon (*Platyclymenia-*, *Wocklumeria*-Zone). Dick bis kugelig; engnabelig. WQ niedrigmündig, gerundet. Glatt oder mit schwachen, konvexen Anwachslinien. ***C. frechi*** (TOKARENKO), Ob. Devon (*Platyclymenia*-Zone); ca. 3 cm.

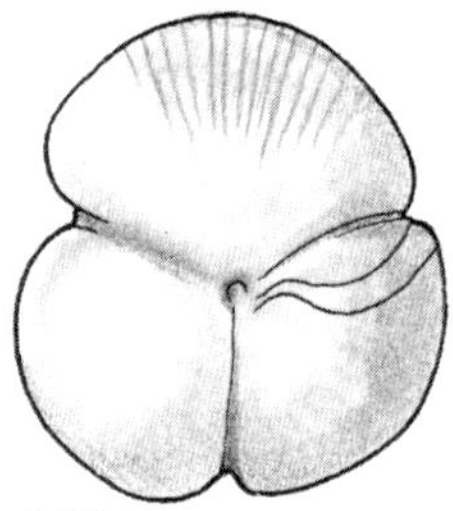

A 13

Oberfamilie Parawocklumeridaceae

Familie Parawocklumeridae (Ob. Devon)

A 13 ***Parawocklumeria.*** Ob. Devon (*Wocklumeria*-Zone). Nabelweite variabel; Gehäuse dreieckig aufgewunden auch bei Adultformen. WQ niedrigmündig. Markante Dreiteilung durch tiefe Einschnürungen. Anwachslinien radial bis schwach retroradiat. ***P. paradoxa*** (WEDEKIND); ca. 2,3 cm.

Ordnung Goniatitida

Die Lobenlinie der älteren Formen ist einfach gewellt. Spätformen zeigen erstmals gezackte Ausbildung der Sutur.

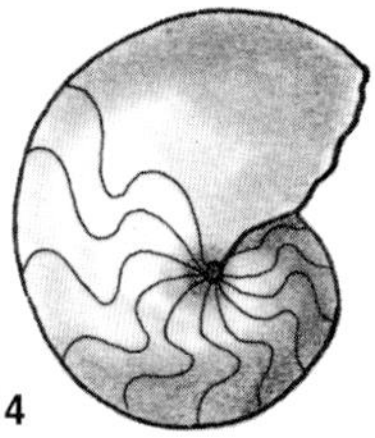

A 14

Oberfamilie Cheilocerataceae

Familie Tornoceratidae (Mittl. – Ob. Devon)

A 14 ***Tornoceras.*** Mittl. – Ob. Devon. Dick; kleinwüchsig; Nabelweite variabel, jedoch meist engnabelig. WQ hochoval bis rundlich; mitunter paarige Externfurchen. Anwachslinien bikonvex. ***T. simplex*** (BUCH), Ob. Devon; ca. 2,5 cm.

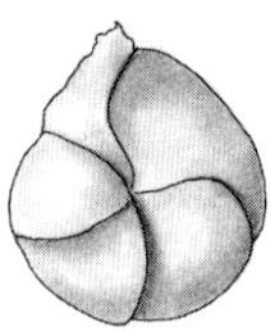

A 15

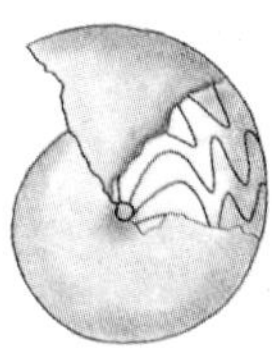

A 16

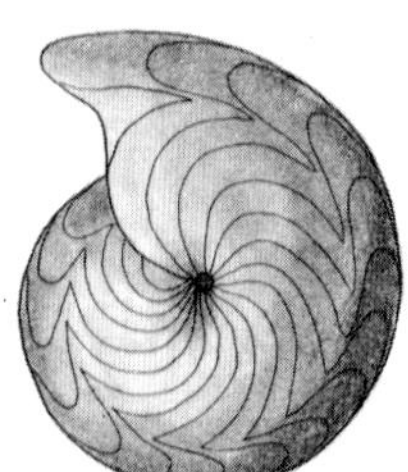

A 17

Familie Cheiloceratidae (Mittl. Devon – Ob. Perm)

A 15 ***Cheiloceras.*** Ob. Devon. Dick bis kugelig, mit engem oder geschlossenem Nabel. Konvexe Anwachslinien, manche Formen mit gleichlaufenden Einschnürungen (3 oder 4 pro Umgang). ***C. subpartitum*** (MUENSTER), Ob. Devon; ca. 2,2 cm.
A 16 ***Sporadoceras.*** Ob. Devon. Großwüchsige Formen; kugelig, mit engem bis geschlossenem Nabel. WQ niedrigmündig, gerundet. Anwachslinien konvex oder bikonvex. ***S. muensteri*** (BUCH); ca. 4,5 cm.
A 17 ***Imitoceras.*** Ob. Devon – Mittl. Perm. Scheibenförmig bis kugelig, eng- bis punktgenabelt. Anwachslinien im Adultstadium konvex. Sehr formenreiche Gattung. ***I. rotatorium*** (KONINCK), Unt. Tournai; ca. 6 cm.

Oberfamilie Goniatitaceae

Familie Goniatitidae (Unt. Karbon – Unt. Perm)

A 18 ***Goniatites.*** Unt. Karbon. Kugelig, mit engem Nabel. WQ niedrigmündig, halbmondförmig, allseits gerundet. Anwachslinien meist radial und schwach; häufig deutliche Spiralstreifung. Artbestimmung bei manchen Formen durch Abzählen der Spiralstreifen von Naht bis Ventermitte (***G. subcircularis*** [MILLER]: 16; ***G. spirale*** PHILLIPS: 24; ***G. granosum*** PORTL.: 36; ***G. crenistria*** PHILLIPS: ca. 75; ***G. striatum*** SOWERBY: ca. 95). Die Abbildung zeigt ***G. choctawensis*** SHUMARD, Vise; ca. 2 cm.

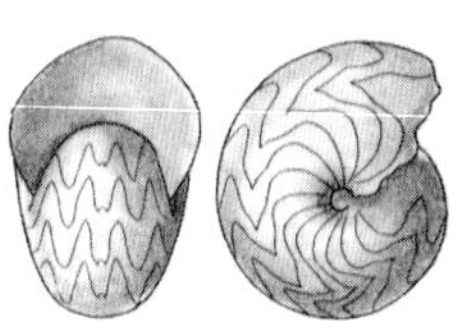

A 18

Ordnung Ceratitida

„Mesoammoniten" – hierzu gehören die meisten der Triasammoniten. Glattschalig bis kräftig skulptiert. Kennzeichnend ist bei einigen Gruppen die ceratitische Lobenlinie.

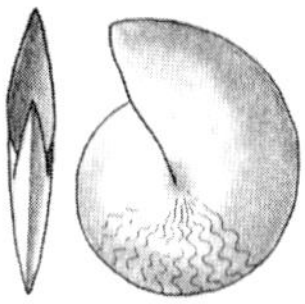

A 19

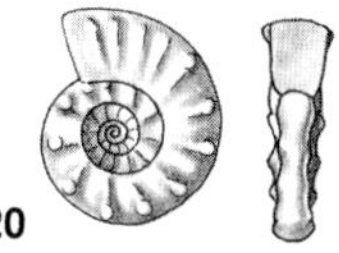

A 20

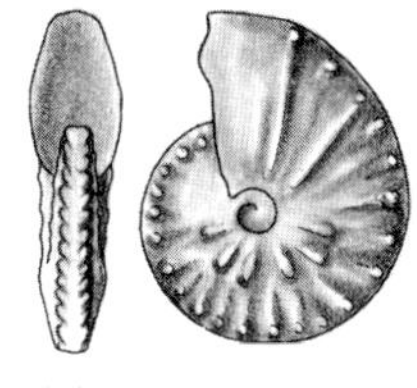

A 21

Oberfamilie Noritiaceae

Familie Hedenstroemiidae (Unt. – Mittl. Trias)

A 19 ***Beneckeia.*** Unt. Trias (Ob. Skyth) – Mittl. Trias (Anis). Flach; sehr engnabelig (oxycon). WQ hochmündig. Venter spitz zulaufend. Glattschalig. ***B. buchi*** (ALBERTI), Unt. Muschelkalk (Anis); ca. 3,7 cm. ***B. tenuis*** (SEEBACH) tritt im Ob. Skyth auf (ohne Abbildung).

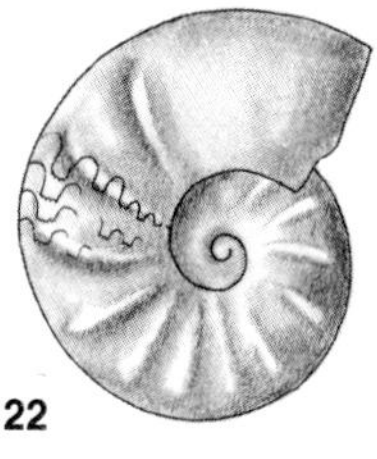

A 22

Oberfamilie Ceratitiaceae

Familie Tirolitidae (Unt. Trias)

A 20 ***Tirolites.*** Unt. Trias (Ob. Skyth). Flach. WQ hochrechteckig. Mäßig evolut. Venter gerundet oder tabulat, ohne Skulptur. Auf den Flanken unregelmäßige Einfachrippen, auf dem Außenbug Knoten. ***T. cassianus*** (QUENSTEDT); ca. 4 cm.

Familie Ceratitidae (Mittl. Trias)

A 21–23 ***Ceratites.*** Mittl. Trias (Ladin). WQ hochoval, trapezförmig, rundlich. Evolut bis mäßig involut. Venter gerundet oder abgeflacht. Skulptur meist kräftig. Lobenlinie ceratitisch (Loben gezähnelt). Die Gattung stellt wichtige Leitformen im Ob. Muschelkalk. Großwüchsig: bis um 30 cm. Untergattungen (Paraceratites, Progonoceratites) nur undeutlich charakterisiert.

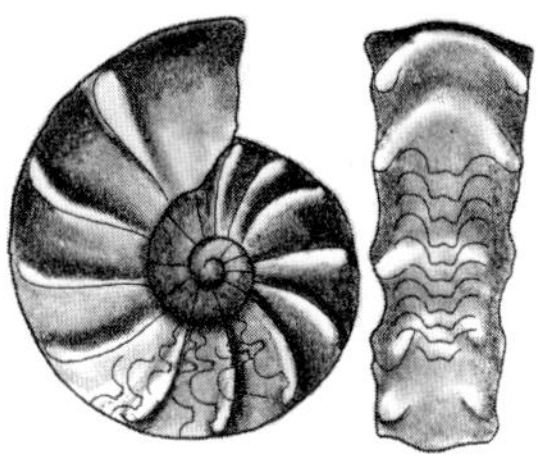

A 23

C. atavus PHILLIPS (**A 21**), LF, Unt. Ceratiten-Schichten (*atavus*-Zone); ca. 5 cm. WQ hochrechteckig. Involut. Knotenreihen etwa auf Flankenmitte sowie auf dem Außenbug. Gabelrippen mit unregelmäßig zwischengeschalteten Einfachrippen. Älteste und kleinste Ceratitenform. ***C. compressus*** SANDBERGER (**A 22**), LF, Mittl. Ceratiten-Schichten (*compressus*-Zone); ca. 7 cm. Flach. WQ hochoval bis hochrechteckig. Einer Knotenreihe auf Flankenmitte entsprechen ca. doppelt so viel Knoten auf dem Außenbug. Einfachrippen, die auf der Wohnkammer schwächer ausgebildet sind. ***C. nodosus*** (BRUGUIERE) (**A 23**), LF, Ob. Ceratiten-Schichten (*nodosus*-Zone); ca. 15 cm. WQ gerundet-quadratisch. Knotenreihe auf dem Außenbug; kräftige Einfachrippen, die auf dem Außenbug enden (als Knoten oder Dorn). Formenreiche Art mit einer Reihe von Unterarten (***C. nodosus major, C. nodosus minor, C. nodosus lateumbilicatus, C. nodosus laevis).***

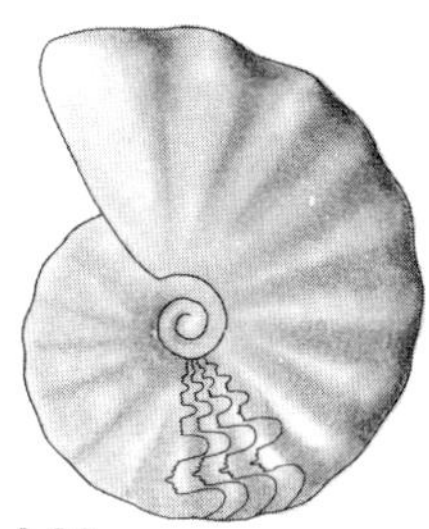

A 24

A 24 ***Discoceratites.*** Mittl. Trias (Ladin, Ob. Ceratitenschichten, *Discoceratites*-Zone). Flach. WQ sehr hochmündig, schmal. Involut, mäßig engnabelig. Venter schmal oder spitz zulaufend. Meist glattschalig. Großwüchsig: bis knapp 40 cm. ***D. semipartitus*** (MONTFORT); ca. 6,5 cm.

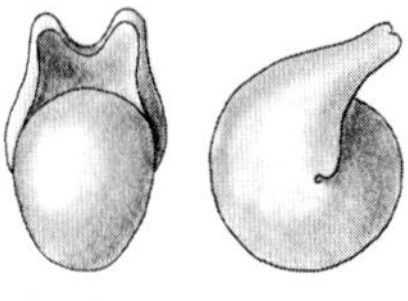

A 25

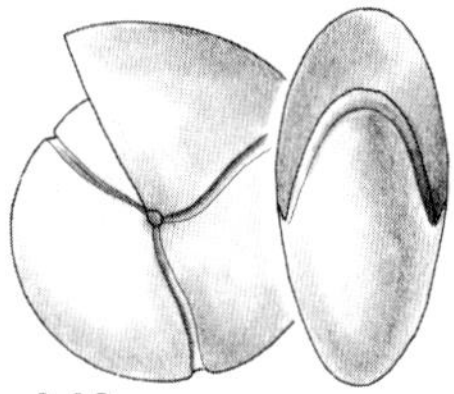

A 26

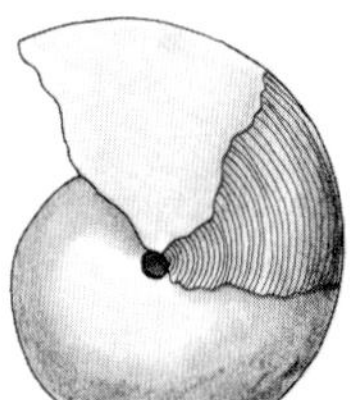

A 27

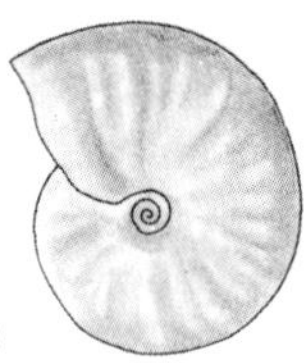

A 28

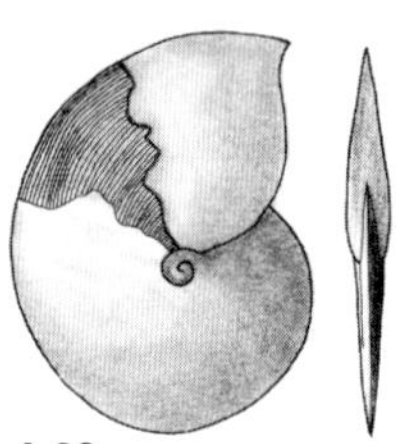

A 29

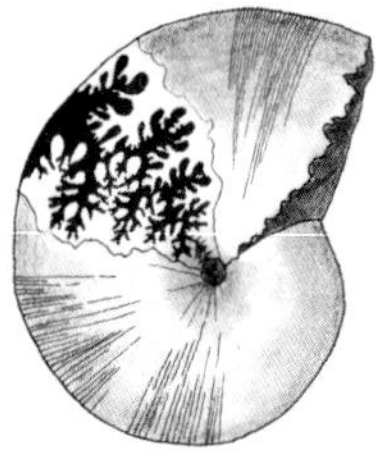

A 30

Oberfamilie Arcestaceae

Familie Arcestidae (Mittl. – Ob. Trias)

A 25 ***Arcestes.*** Mittl. Trias (Anis) – Ob. Trias (Rhät). Kugelig; sehr eng- bis punktgenabelt. WQ niedrigmündig. Wohnkammer sehr lang. Mündungsbildung sehr verschieden und ausschlaggebend für die Artzuordnung. Meist glattschalig; mitunter Einschnürungen. Septen dichtstehend; Lobenlinie ammonitisch, stark differenziert. ***A. pinacostomus*** DIENER, Ob. Trias (Karn); ca. 7 cm.

Familie Joannitidae (Mittl. – Ob. Trias)

A 26 ***Joannites.*** Mittl. Trias (Anis) – Ob. Trias (Karn). Enggenabelt; involut. Schale glatt; regelmäßige Einschnürungen. Lobenlinie ammonitisch. ***J. cymbiformis*** (WULFEN), Mittl. Karn; ca. 6,5 cm.

Familie Cladiscitidae (Mittl. – Ob. Trias)

A 27 ***Cladiscites.*** Ob. Trias (Karn – Rhät). Dick; sehr engnabelig. WQ hochrechteckig bis quadratisch. Spiralstreifung. Lobenlinie ammonitisch. ***C. tornatus*** (BRONN), Nor; ca. 6 cm.

Oberfamilie Ptychitaceae

Familie Ptychitidae (Mittl. – Ob. Trias)

A 28 ***Ptychites.*** Mittl. Trias. Dick; mäßig engnabelig; Nabelwände steil. WQ rundlich bis hochoval. Venter gerundet. Weitständige Radialfalten auf den Flanken. Lobenlinie ammonitisch. ***P. studeri*** (HAUER), Ladin; ca. 6 cm.

Oberfamilie Pinacocerataceae

Familie Pinacoceratidae (Mittl. – Ob. Trias)

A 29 ***Pinacoceras.*** (Ob. Trias; Karn – Nor). Extrem dünn; engnabelig mit steilen Nabelwänden. WQ hochmündig mit spitz zulaufendem Venter. Lobenlinie ammonitisch, extrem differenziert, mit der kompliziertesten Form überhaupt. Zu dieser Gattung gehören die größten Triasammoniten. ***P. metternichi*** (HAUER), Nor; ca. 15 cm. Größter Durchmesser dieser Art ca. 1,50 m.

Ordnung Phylloceratida

Meist engnabelige und hochmündige Ammoniten. Schale glatt oder nur schwach skulptiert; nicht selten mit Einschnürungen als Kennzeichen früherer Mundränder. Einige Gruppen weisen extrem zerschlitzte Lobenlinie auf, wobei blattförmige (phylloide) Sattelscheitel kennzeichnend sein können.

Oberfamilie Phyllocerataceae

Familie Phylloceratidae (Unt. Jura – Ob. Kreide)

A 30 ***Phylloceras.*** Unt. Jura (Sinemur) – Unt. Kreide (Valangin). Flach; eng- oder punktgenabelt; WQ hochoval; involut. Keine Skulptur. Auf der Schale radiale, dichtstehende Anwachslinien (auf dem Steinkern nicht sichtbar). Einige Formen zeigen schwache Radialfalten auf den Flanken. Möglich sind schwache und meist kurze Einschnürungen auf der inneren Flankenhälfte. ***P. heterophyllum*** (SOWERBY), Unt. Jura (Unt. Toarc); ca. 12,5 cm.

A 31 ***Phyllopachyceras.*** Unt. Kreide (Barreme) – Ob. Kreide (Maastricht). Eng- oder punktgenabelt. WQ hochoval; mäßig bis stark involut; Innenwindungen glatt; später kräftige Wulstrippen. ***P. infundibulum*** (ORBIGNY), Unt. Kreide (Barreme); ca. 6,5 cm.

A 32 ***Holcophylloceras.*** Unt. Jura (Toarc) – Unt. Kreide (Apt). Engnabelig. WQ hochoval; involut. Ca. 6–8 s-förmige Einschnürungen, auch auf dem Steinkern sichtbar. ***H. calypso*** (ORBIGNY), Unt. Jura (Ob. Toarc); ca. 4,5 cm. ***H. guettardi*** (RASPAIL), Unt. Kreide (Ob. Apt; ohne Abbildung); ***H. nilssoni*** (HAUER), Unt. Jura (Ob. Toarc), nur aus dem alpinen Lias (ohne Abbildung).

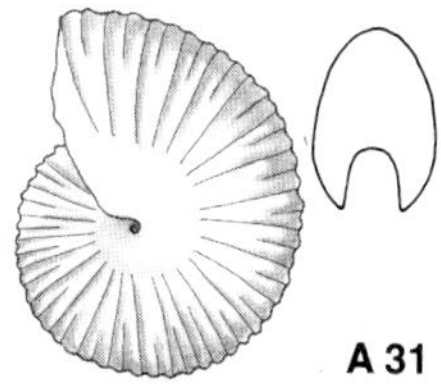

A 31

A 32 s. Foto S. 166

Familie Juraphyllitidae (Unt. Jura)

A 33 ***Tragophylloceras.*** Unt. Jura (Pliensbach). Flach. Nabelwände schräg; mehr oder weniger evolut. Außenwindungen mit Wulstrippen, die auf dem Außenbug meist stark abgeknickt nach vorn schwingen. Einige Formen ohne ausgeprägte Berippung. ***T. ibex*** (QUENSTEDT), LF, Unt. Pliensbach (*ibex*-Zone); ca. 3,5 cm.

A 33

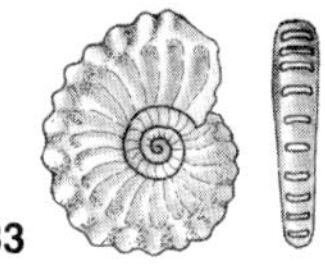

Ordnung Lytoceratida

Evolute, weitnabelige Ammoniten mit meist rundem oder rundlichem WQ. Oft ohne Skulptur oder nur mit Anwachslinien bzw. schwachen Einfachrippen. Lobenlinie mit wenigen, aber stark differenzierten Elementen.

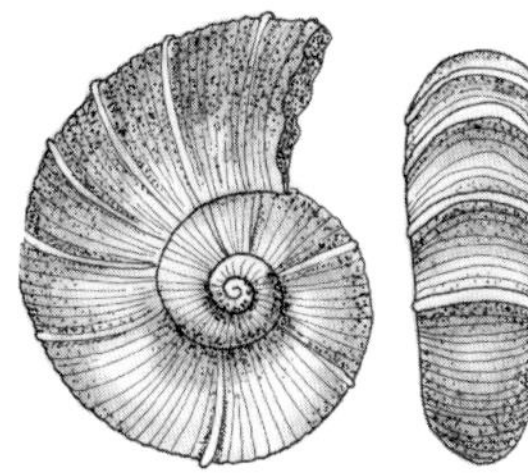

A 34

Oberfamilie Lytocerataceae

Familie Lytoceratidae (Unt. Jura – Ob. Kreide)

A 34, 35 ***Lytoceras.*** Unt. Jura (Sinemur) – Ob. Kreide. WQ rund oder gerundet-quadratisch; sehr evolut; Anwachslinien und Rippen zeigen oft eine typische Kräuselung am Hinterrand. Mitunter schwache Spiralstreifung. Wulstbildungen der Schale entsprechen Einschnürungen auf dem Steinkern. ***L.*** ist eine der langlebigsten Ammonitengattungen. ***L. fimbriatum*** (SOWERBY) (**A 34**), Unt. Jura (Pliensbach); ca. 11 cm. ***L. jurense*** (ZIETEN) (**A 35**), Unt. Jura (Ob. Toarc); ca. 4,5 cm.

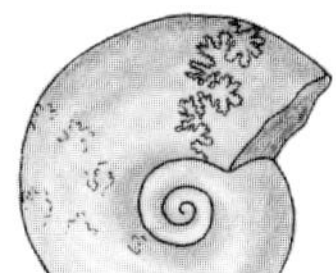

A 35

A 36 ***Alocolytoceras.*** Unt. Jura (Toarc). WQ rund, hochoval, gerundet-quadratisch oder breitoval; sehr evolut. Gekennzeichnet durch ca. 10 tiefe Einschnürungen pro Umgang; dazwischen je nach Art schwankend 4 bis 20 scharfe Rippen. ***A. germaini*** (ORBIGNY), Ob. Toarc; ca. 3,5 cm.

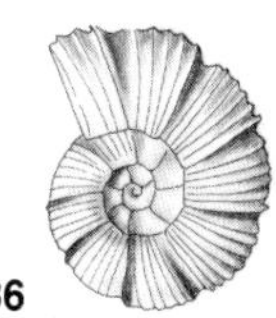

A 36

Oberfamilie Spirocerataceae

Die Gruppe wird neuerdings in die Nähe der Parkinsoniidae gestellt.

Familie Spiroceratidae (Mittl. – Ob. Jura)

A 37 ***Spiroceras.*** Mittl. Jura (Ob. Bajoc). Entrollte, criocone Formen. Die Gehäusespirale kann sehr variabel ausgebildet sein, wobei sich die ersten eineinhalb Windungen immer berühren. Meist jedoch wird eine offene Spirale gebildet. WQ hoch- bis queroval. Einfachrippen mit Knoten- und Dornenreihen; glattes Ventralband.

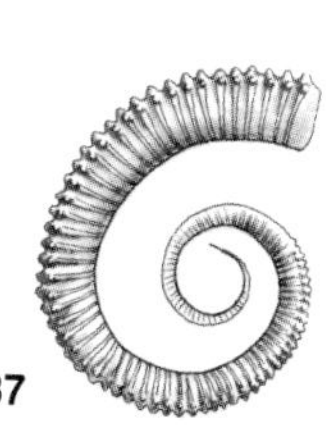

A 37

S. orbignyi (BAUGIER & SAUZE), Ob. Bajoc; ca. 5 cm. Die Gattung ***Parapatoceras*** tritt auf vom Ob. Bathon bis ins Mittl. Callov.

A 38

Ordnung Ammonitida

Ammoniten des Jura und der Kreide, planspiral aufgewunden und in großer Formenvielfalt mit verschiedenartigster Skulptur. Meist stark zerschlitzte Lobenlinie (gekerbt, gezähnelt).

Oberfamilie Psiloceratacea

Familie Psiloceratidae (Unt. Jura)

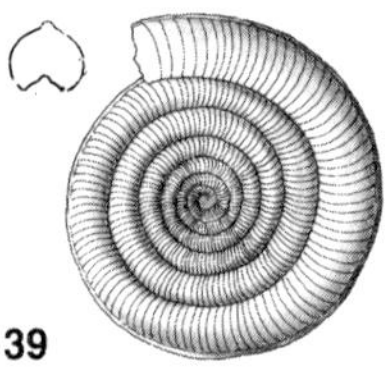

A 39

A 38 ***Psiloceras.*** Unt. Jura (Unt. Hettang). Flach. WQ hochoval oder hochrechteckig mit gerundetem Venter. Feine Anwachslinien. Mitunter grobe, unregelmäßige Rippen auf den Flanken. ***P. planorbis*** (SOWERBY), LF, Unt. Hettang (*planorbis*-Zone); ca. 6 cm.

A 39 ***Alsatites.*** Unt. Jura (Hettang). WQ rundlich bis oval; sehr evolut. Kiel breit, nicht von Furchen begleitet. Dichtstehende, radiale bis schwach konkave Einfachrippen; serpenticon. ***A. liassicus*** (ORBIGNY), LF, Mittl. Hettang (*liasicus*-Zone); ca. 18 cm.

Familie Schlotheimiidae (Unt. Jura)

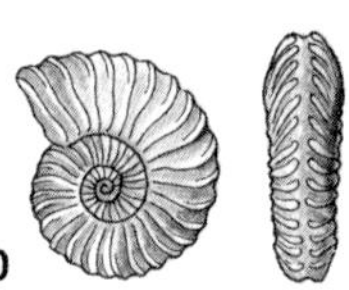

A 40

A 40 ***Schlotheimia.*** Unt. Jura (Hettang). Flach. WQ hochoval mit gerundetem Venter; evolut. Kräftige, einfache oder am Innenbug gabelnde Rippen schwingen am Außenbug jäh nach vorn und enden auf Ventermitte beidseits eines glatten Bandes (oder einer seichten Rinne), gewinkelt zueinanderstehend. Bei manchen Formen überqueren die Rippen den Venter. *S. angulata* (SCHLOTHEIM), LF, Ob. Hettang (*angulata*-Zone); ca. 3 cm.

A 41 ***Sulciferites.*** Unt. Jura (Unt. Sinemur). WQ hochoval bis gerundet-quadratisch. Windungshöhe nimmt rasch zu; mäßig involut. Innenwindungen mit kräftigen, scharfen Rippen, gabelnd am Innenbug. ***S. charmassei*** (ORBIGNY). (Syn. ***Charmasseiceras charmassei***); ca. 27 cm.

Familie Arietitidae (Unt. Jura)

A 42 ***Arietites.*** Unt. Jura (Unt. Sinemur). WQ quadratisch. Venter tricarinat-bisulcat; evolut. Radiale Einfachrippen auf den Flanken. Sehr großwüchsig. ***A. bucklandi*** (SOWERBY), LF, (*bucklandi*-Zone); ca. 30 cm.

A 43 ***Vermiceras.*** Unt. Jura (Sinemur). WQ rundlich, quadratisch

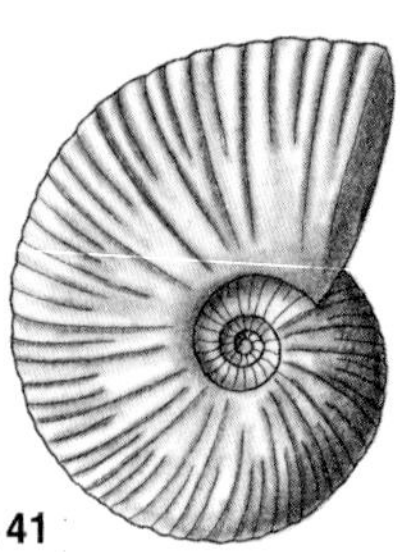

A 41

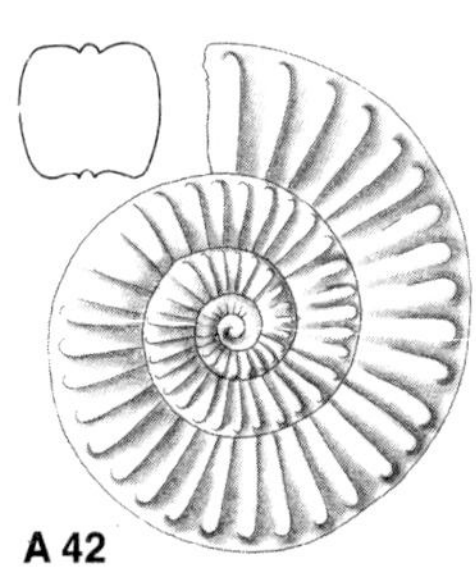

A 42

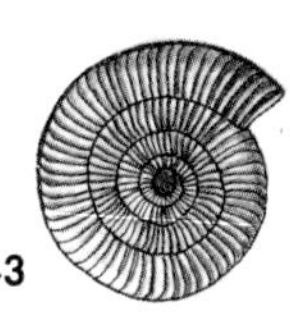

A 43

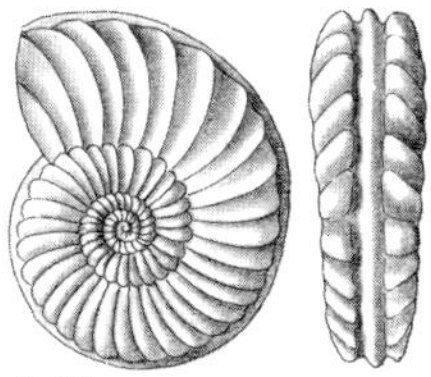
A 45

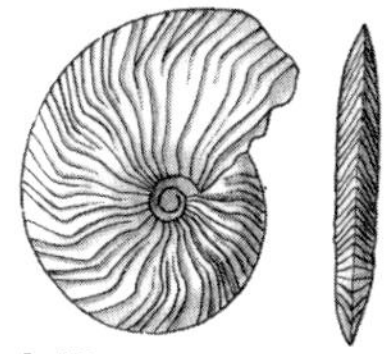
A 46

A 44

oder mäßig hochrechteckig; sehr evolut; Venter tricarinat-bisulcat. Serpenticon. Radialrippen münden senkrecht in die Nebenkiele. Kleinwüchsige Formen. ***V. spiratissimum*** (QUENSTEDT), Unt. Sinemur (*bucklandi*-Zone); ca. 3,5 cm.

A 44 ***Arnioceras.*** Unt. Jura (Sinemur). WQ rundlich bis mäßig hochrechteckig. Windungshöhe nimmt nur langsam zu; evolut. Aufgesetzter Kiel mit glatten Kielbändern. Innenwindungen glatt, dann kräftige und scharfe Radialrippen, die auf dem Außenbug vorschwingen und auf dem Venter erlöschen. Kleinwüchsige Formen. ***A. oppeli*** GUERIN-FRANIATTE (syn. ***A. geometricum*** [OPPEL]), Unt. Sinemur (*semicostatum*-Zone); ca. 3,5 cm.

A 45 ***Asteroceras.*** Unt. Jura (Sinemur). Mäßig dick. WQ hochmündig mit größter Breite auf dem Innenbug oder im unteren Flankendrittel. Kräftiger Kiel, begleitet von tiefen Furchen. Ausgeprägte und leicht vorschwingende Einfachrippen. ***A. obtusum*** (SOWERBY), LF, Ob. Sinemur (*obtusum*-Zone); ca. 9 cm.

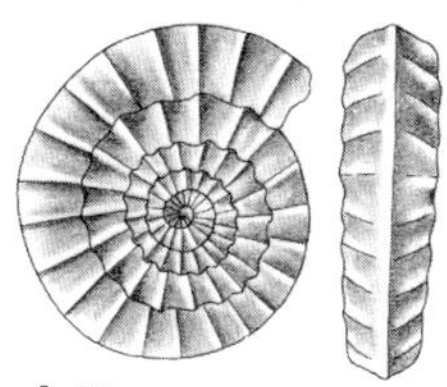
A 47

Familie Oxynoticeratidae (Unt. Jura)

A 46 ***Oxynoticeras.*** Unt. Jura (Sinemur). Dünn; oxycon; engnabelig. WQ hochmündig, lanzettförmig mit geraden Flanken. Venter der Innenwindungen mit rundlichem, später mit scharfem Hohlkiel. Berippung scharf, oft nur bis Flankenmitte, sonst auf dem Außenbug vorschwingend. Auch glatte Formen. ***O. oxynotum*** (QUENSTEDT), LF, Ob. Sinemur (*oxynotum*-Zone); ca. 5,5 cm.

Familie Echioceratidae (Unt. Jura)

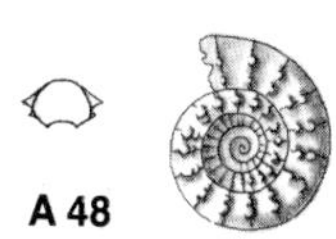
A 48

A 47 ***Echioceras.*** Unt. Jura (Ob. Sinemur, *raricostatum*-Zone). WQ rundlich; flacher Venter mit fadenförmigem Kiel; evolut. Serpenticon. Innenwindungen mit dichten Radialrippen, die später kräftiger werden und weitständiger auftreten. Außenwindungen der Adultformen mit verlöschender Skulptur. Kleinwüchsig. ***E. raricostatum*** (ZIETEN), LF; ca. 6 cm; WQ mäßig breitoval. Durch den runden WQ und etwas dichtere Berippung geschieden wird ***E. raricostatoides*** (VADASZ); ohne Abbildung.

Oberfamilie Eoderocerataceae

Familie Eoderoceratidae (Unt. Jura)

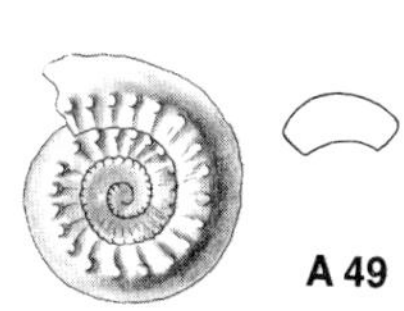
A 49

A 48 ***Bifericeras.*** Unt. Jura (Ob. Sinemur, *oxynotum*-Zone). WQ niedrigmündig, breitoval. Venter breit und nur leicht gerundet; evolut. Innenwindungen glatt, später feine und scharfe Rippen mit zwei Dornenreihen auf der Flanke. Kleinwüchsig. ***B. bifer*** (QUENSTEDT); ca. 2 cm.

A 49 ***Coeloceras.*** Unt. Jura (Unt. Pliensbach). WQ niedrigmündig, breitoval. Kräftige Rippenstiele enden in einer Knotenreihe und ziehen als feine Sekundärrippen über den Venter. Coronat. Kleinwüchsig. ***C. pettos*** (QUENSTEDT), (*jamesoni*-Zone); ca. 3,3 cm.

Familie Polymorphitidae (Unt. Jura)

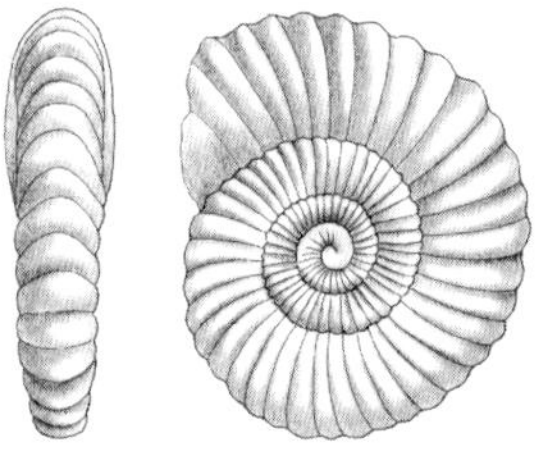

A 50

A 50 ***Uptonia.*** Unt. Jura (Unt. Pliensbach, *jamesoni*-Zone). Flach. WQ hochmündig, hochrechteckig bis hochoval; evolut. Kräftige, geschwungene Einzelrippen treffen auf dem Venter vorgeschwungen aufeinander. Keine Knoten. Großwüchsig. ***U. jamesoni*** (SOWERBY), LF; ca. 17 cm.

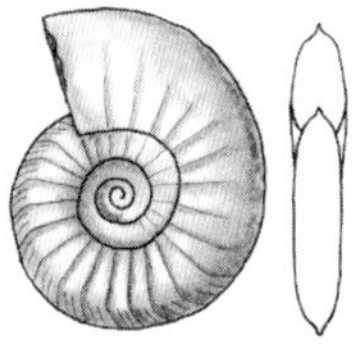

A 51

A 51 ***Tropidoceras.*** Unt. Jura (Unt. Pliensbach, *jamesoni*-Zone). WQ hochrechteckig bis hochoval; evolut; kräftiger Kiel. Einfachrippen schwingen auf dem Außenbug nach vorn; mitunter zwischengeschaltete Sekundärrippen auf dem äußeren Flankenbereich. ***T. masseanum*** (ORBIGNY); ca. 9 cm.

Familie Liparoceratidae (Unt. Jura)

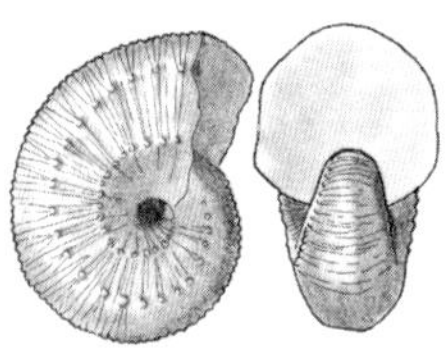

A 52

A 52 ***Becheiceras.*** Unt. Jura (Unt. Pliensbach). Aufgebläht; Windungshöhe rasch zunehmend; tiefer Nabel. WQ rundlich; involut. Feine Berippung mit ungleichzahligen Knotenreihen auf den Flanken. ***B. bechei*** (SOWERBY), (*davoei*-Zone); ca. 13,5 cm. Die ähnlichen Formen der Gattung ***Liparoceras*** sind weitnabeliger und weisen kräftigere Skulptur auf.

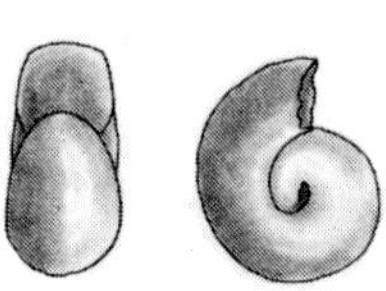

A 53

A 53 ***Cymbites.*** Unt. Jura (Unt. Sinemur – Ob. Pliensbach). WQ rundlich, queroval, selten hochoval. WQ der Wohnkammer verkleinert, Mündung eingeschnürt. Sphaerocon. Feine Rippung oder Streifung. Zwergwüchsig. ***C. centriglobus*** (OPPEL); ca. 1 cm.

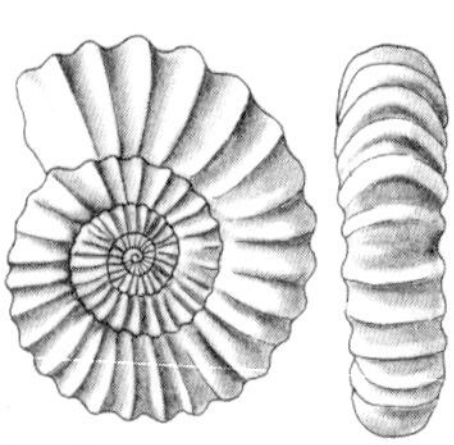

A 54

A 54 ***Androgynoceras.*** Unt. Jura (Unt. Pliensbach, *ibex*- bis *davoei*-Zone). WQ rundlich bis gerundet-quadratisch; evolut. Angenähert serpenticon. Auf dem Außenbug nach vorn schwingende Einfachrippen mit feinen Zwischenrippen. Mitunter feine Knoten auf Innen- und Außenbug. ***A. lataecosta*** (SOWERBY), (*davoei*-Zone); ca. 7,5 cm. Die Gattung ***Oistoceras*** bringt ähnliche Formen hervor. Jedoch treffen bei diesen die kräftigen Einfachrippen abgewinkelt in Ventermitte aufeinander; die Gehäuseform ist ausgeprägter serpenticon.

Familie Amaltheidae (Unt. Jura)

A 55, A 56 s. Foto S. 166

A 55, 56 ***Amaltheus.*** Unt. Jura (Ob. Pliensbach, *margaritatus*-Zone). Flach. Eng- bis mäßig weitnabelig. WQ variabel; die Innenwindungen zeigen bei geringem Durchmesser (bis ca. 1 cm) oft rundlichen, später dann hochmündigen Querschnitt. Typischer zopfförmiger Kiel, allerdings bei einigen Arten erst ab ca. 1 – 2 cm Durchmesser ausgebildet. Oxycon. Sinusförmige Rippen; mitunter Knoten auf Flanke. Spiralstreifung möglich. ***A. gibbosus*** (SCHLOTHEIM) (**A 55**); ca. 6,2 cm. Ab einem Durchmesser von ca. 1 cm etwa auf jeder dritten Rippe kräftige Dornen auf Flankenmitte, die bei ca. 2,5 cm wieder verschwinden. Großwüchsige Exemplare sind nur durch diese Bedornung der Innenwindungen zu unterscheiden von ***A. margaritatus*** MONTFORT (**A 56**), LF; ca. 9 cm. Große Artenzahl, z. B. ***A. stokesi*** (SOWERBY), ***A. evolutus*** (BUCKMAN), ***A. subnodosus*** (YOUNG & BIRD), ***A. gloriosus*** (HYATT), ***A. striatus*** (HOWARTH); alle ohne Abbildung.

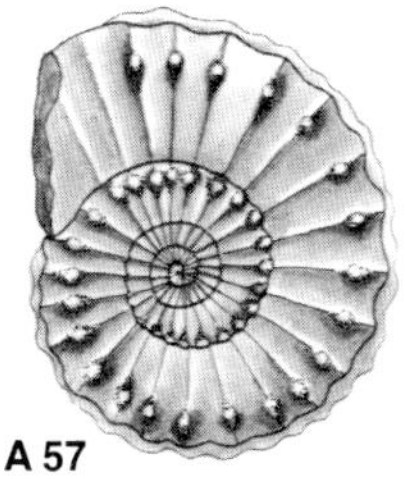

A 57

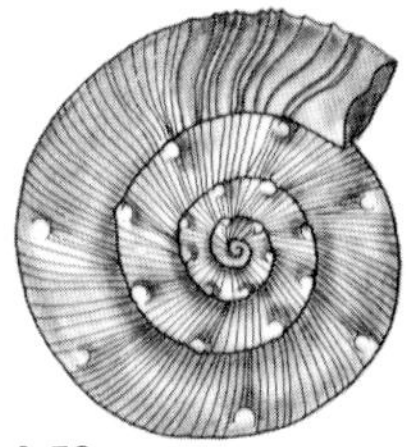

A 58

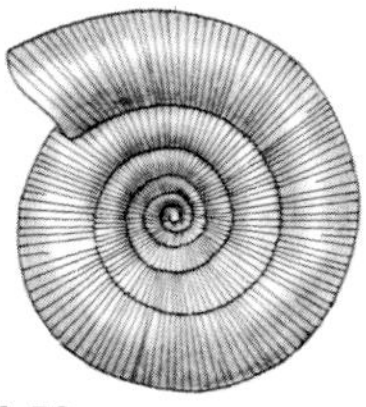

A 59

A 57 ***Pleuroceras.*** Unt. Jura (Ob. Pliensbach, *spinatum*-Zone). WQ quadratisch bis mäßig hochrechteckig; evolut. Venter tabulat, mit kräftigem, aufgesetztem Zopfkiel. Ausgeprägte radiale Einfachrippen enden meist in einer Knotenreihe auf dem Außenbug. ***P. spinatum*** (BRUGUIERE), LF; ca. 7,5 cm.

Familie Dactylioceratidae (Unt. Jura)

A 58 ***Prodactylioceras.*** Unt. Jura (Unt. Pliensbach, *davoei*-Zone). WQ rundlich bis abgerundet quadratisch; evolut. Serpenticon. Berippung fein, meist nach vorn geneigte Einfachrippen. Unregelmäßige, weitständige Dornen auf dem Außenbug. ***P. davoei*** (SOWERBY), LF; ca. 13 cm.

A 59, 60 ***Dactylioceras.*** Unt. Jura (Unt. Toarc). WQ variabel, meist rundlich; evolut. Serpenticon. Berippung dicht und meist fein, einfach oder bipartit (Gabelung meist am Außenbug), radial oder auf dem Venter vorschwingend. ***D. tenuicostatum*** (YOUNG & BIRD) (**A 59**), LF, (*tenuicostatum*-Zone); ca. 7,5 cm. ***D. commune*** (SOWERBY) (**A 60**), (*tenuicostatum*-Zone); ca. 7 cm. Berippung gröber als bei ***D. tenuicostatum***, außerdem mit einer feinen Knotenreihe an den Gabelungsstellen der Spaltrippen. Die Ammoniten des Forchheimer „Ammonitengrabes" gehören zu ***D. athleticum*** (SIMPSON).

A 61 ***Catacoeloceras.*** Unt. Jura (Unt. Toarc). WQ niedrigmündig, queroval bis rundlich; evolut. Coronat. Rippen einfach oder bipartit, bei manchen Formen an einer Knotenreihe auf dem Außenbug gabelnd. Kleinwüchsig. ***C. crassum*** (YOUNG & BIRD), (*bifrons*-Zone); ca. 4 cm.

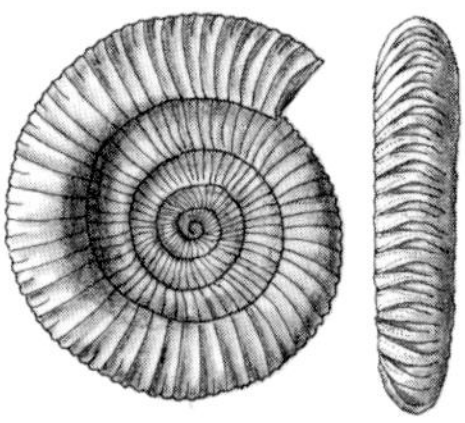

A 60

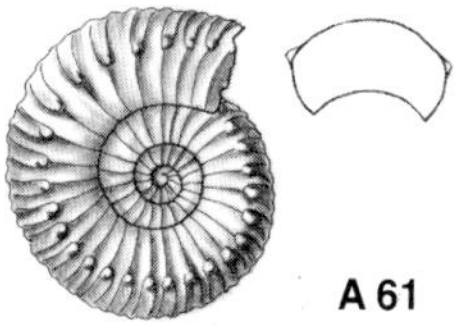

A 61

Oberfamilie Hildocerataceae

Familie Hildoceratidae (Unt. – Mittl. Jura)

A 62 ***Harpoceras.*** Unt. Jura (Unt. Toarc). Flach; mehr oder weniger enggenabelt. WQ hochmündig, lanceolat; mäßig involut; gekielt; sichelförmige (falcate) Berippung, auf der äußeren Flankenhälfte meist kräftiger als innen. ***H. falcifer*** (SOWERBY), LF, (*falcifer*-Zone); ca, 7,5 cm.

A 63 ***Pseudolioceras.*** Unt. Jura (Ob. Toarc). Dünn; engnabelig; WQ sehr hochmündig; Venter schmal, carinat oder tricarinat; involut; Nabelwand gerade; Hohlkiel; sichelförmige, meist schwache Rippen. ***P. bicarinatum*** (ZIETEN); ca. 3 cm. Venter tricarinat im Gegensatz zu ***P. compactile*** (SIMPSON) mit spitz zulaufendem Venter; ohne Abbildung.

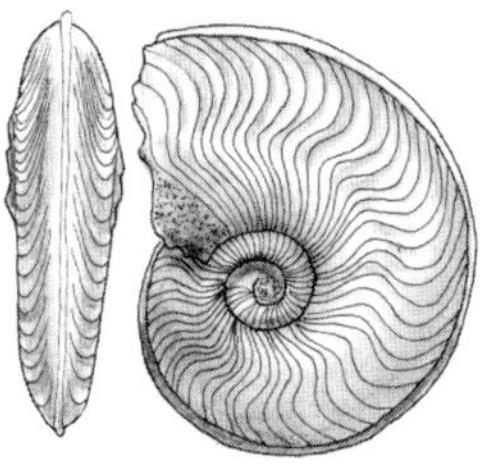

A 62

A 63 s. Foto S. 166

A 64 s. Foto S. 183

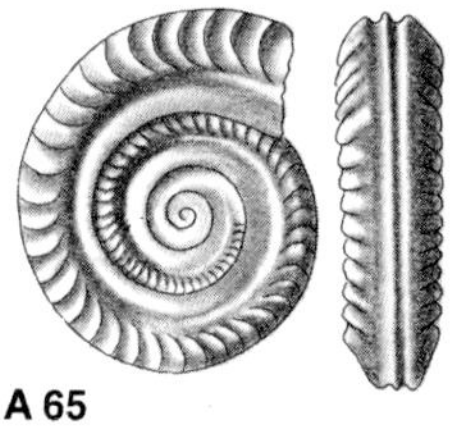

A 65

A 66

A 67 s. Foto S. 183

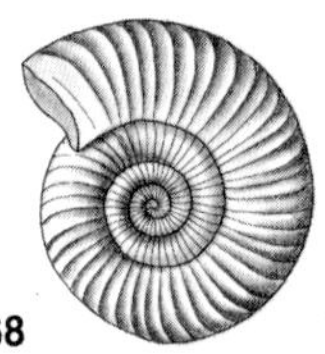

A 68

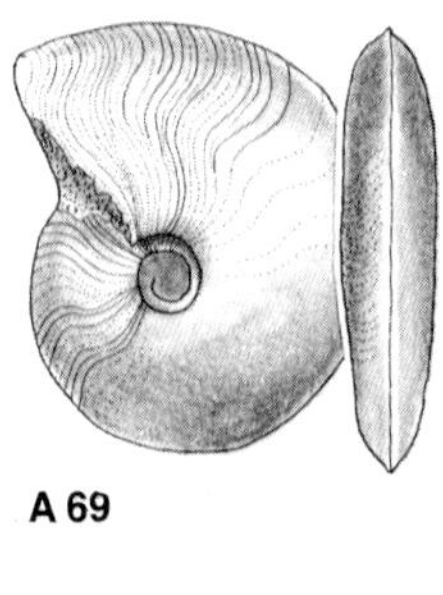

A 69

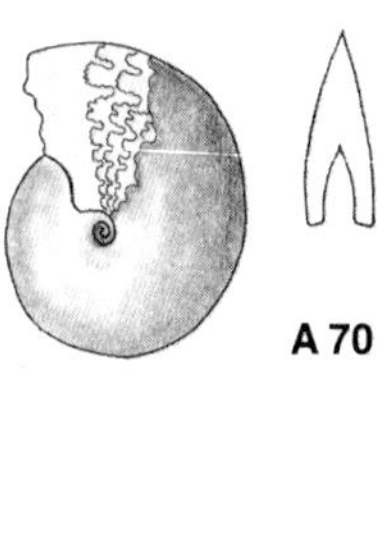

A 70

A 64 ***Polyplectus.*** Unt. Jura (Ob. Toarc). Dünn, flach; oxycon. WQ sehr hochmündig, mit messerscharfem Venter; sehr involut; sichelförmige Berippung; Schalenexemplare zeigen einen aufgesetzten Hohlkiel. ***P. discoides*** (ZIETEN); ca. 7 cm.

A 65 ***Hildoceras.*** Unt. Jura (Unt. Toarc). Weitnabelig; WQ quadratisch bis hochrechteckig; ausgeprägte Furche etwa in Flankenmitte; Venter tricarinat-bisulcat; mehr oder weniger evolut; Berippung falcat, wobei die Rippen innerhalb der Flankenfurche sehr schwach sein oder fehlen können. ***H. bifrons*** (BRUGUIERE), LF, (*bifrons*-Zone); ca. 11 cm; WQ quadratisch, Berippung auch auf den innenliegenden Windungen sichtbar. ***H. graecum*** (MITZOPOULOS); WQ mäßig hochrechteckig, Berippungsansätze auf den innenliegenden Windungen sichtbar. ***H. semipolitum*** BUCKMAN; WQ hochrechteckig, innenliegende Windungen glatt. Die beiden letztgenannten ohne Abbildung.

A 66 ***Grammoceras.*** Unt. Jura (Ob. Toarc). Weitnabelig; flach. WQ hochoval; Venter mit aufgesetztem Kiel; Nabelwand sehr flach; evolut; Innenwindungen (bis ca. 1 cm) glatt, dann leicht sinusförmige Einfachrippen. ***G. thouarsense*** (ORBIGNY) (syn. ***G. radians*** [REINECKE]), LF, (*thouarsense*-Zone); ca. 3 cm. ***G. striatulum*** (SOWERBY) unterscheidet sich vor allem durch feinere Berippung; ohne Abbildung.

A 67 ***Pleydellia.*** Unt. Jura (Ob. Toarc) – Mittl. Jura (Unt. Aalen). Flach. WQ hochmündig; abgesetzter Kiel; involut bis evolut; Berippung variabel, jedoch meist sinusförmig, fein bis scharf, dicht oder weitständig, mitunter mit angedeuteter Rippenbündelung am Innenbug. ***P. aalensis*** (ZIETEN), LF, Ob. Toarc (*aalensis*-Zone); ca. 4 cm.

A 68 ***Dumortieria.*** Unt. Jura (Ob. Toarc). Weitnabelig; WQ rundlich bis hochoval, mitunter mit flachen Flanken; fadenförmiger Kiel; mäßig evolut; Radialrippen, die auf den Außenbug vorschwingen können. Innenwindungen bis ca. 0,5 cm glatt. ***D. levesquei*** (ORBIGNY), LF, (*levesquei*-Zone); ca. 8,5 cm.

Familie Graphoceratidae (Mittl. Jura)

A 69 ***Leioceras.*** Mittl. Jura (Unt. Aalen). Flach; mäßig engnabelig; WQ hochmündig, spitz zulaufend; Kiel schwach; involut; glattschalig oder mit feinen, dichtstehenden Anwachslinien oder Rippen, leicht geschwungen bis schwach falcat. ***L. opalinum*** (REINECKE), LF, (*opalinum*-Zone); ca. 7 cm.

A 70 ***Staufenia.*** Mittl. Jura (Ob. Aalen). Flach; oxycon; engnabelig. WQ hochmündig, mit scharfem Venter; involut; Schale glatt

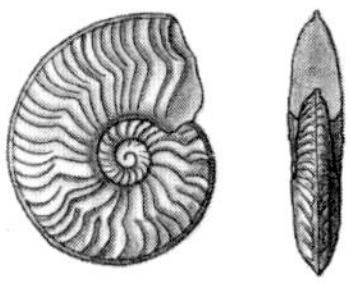

A 71

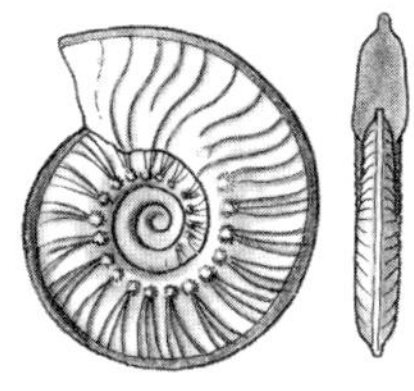

A 72

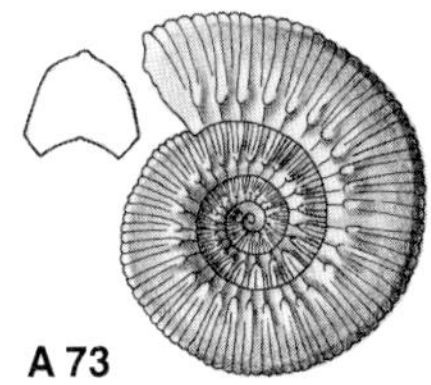

A 73

oder mit falcaten Anwachslinien bzw. entsprechenden feinen Rippen; Innenwindungen kräftiger berippt. ***S. staufensis*** (OPPEL); ca. 8 cm.

A 71 Ludwigia. Mittl. Jura (Ob. Aalen). Flach. WQ hochmündig und je nach Durchmesser variabel; Venter gerundet; steile Nabelwand; mäßig evolut; Innenwindungen mit kräftigem Kiel und ausgeprägter, meist falcater Berippung, die auf der Wohnkammer der Adultformen verschwindet. ***L. murchisonae*** (SOWERBY), LF, (*murchisonae*-Zone), ca. 3,5 cm.

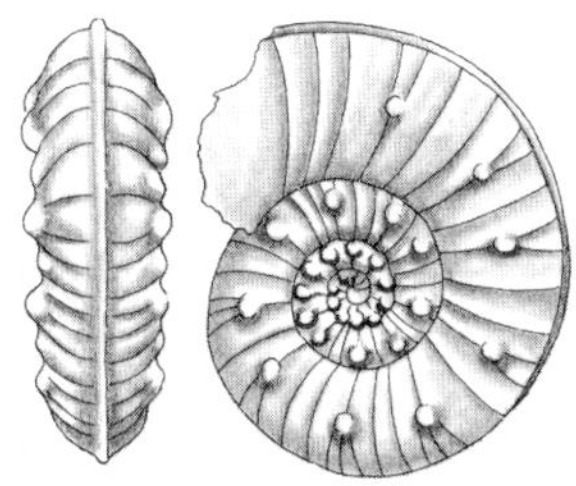

A 74

Familie Hammatoceratidae (Unt. – Mittl. Jura)

A 72 ***Haugia.*** Unt. Jura (Ob. Toarc). Meist dünn. WQ hochmündig (hochoval bis hochrechteckig); deutlich abgesetzter, mitunter hoher Kiel; mäßig evolut; von einer Knotenreihe auf dem Innenbug verlaufen einzelne oder mehrere Rippen zum Kiel. ***H. variabilis*** (ORBIGNY), LF, (*variabilis*-Zone); ca. 18 cm.

A 73 ***Hammatoceras.*** Unt. Jura (Ob. Toarc). WQ rundlich bis hochoval (auch nach Durchmesser variabel); deutlicher, mitunter aber schwacher Kiel; evolut bis involut; Rippenstiele verlaufen von der Naht bis zu einer Knotenreihe auf oder knapp über dem Innenbug, wo sich die Rippen gabeln und radial oder leicht vorgeschwungen zum Kiel ziehen. ***H. insigne*** (ZIETEN), (*variabilis*-Zone); ca. 8 cm.

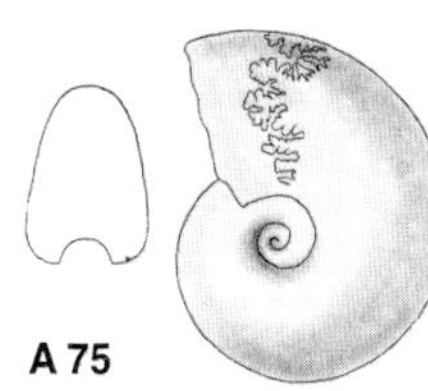

A 75

Familie Sonniniidae (Mittl. Jura)

A 74 ***Sonninia.*** Mittl. Jura (Ob. Aalen – Unt. Bajoc). Windungshöhe schnell zunehmend. WQ rundlich bis hochoval, auch nach Durchmesser variabel. Gekielt; mäßig evolut; kräftige, unregelmäßige, geschwungene Rippen; weitständige Knoten etwa auf Flankenmitte an der Gabelungsstelle der Rippen. ***S. sowerbyi*** (MILLER), LF, Unt. Bajoc („*sowerbyi*“-Zone); ca. 8 cm.

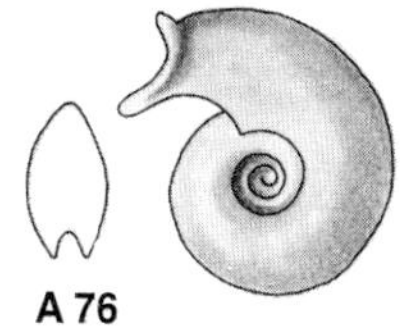

A 76

Oberfamilie Haplocerataceae

Familie Haploceratidae (Mittl. Jura – Unt. Kreide)

A 75 ***Haploceras.*** Ob. Jura (Kimeridge – Tithon). WQ gerundet-hochrechteckig bis oval; kein Kiel; Venter wohlgerundet; mäßig involut; glattschalig; selten mit feinen Anwachslinien. ***H. elimatum*** (OPPEL), Tithon; ca. 7 cm.

A 76 ***Glochiceras.*** Ob. Jura (Oxford – Kimeridge). WQ hochmündig, hochoval; evolut bis involut; mehr oder weniger ausgeprägte

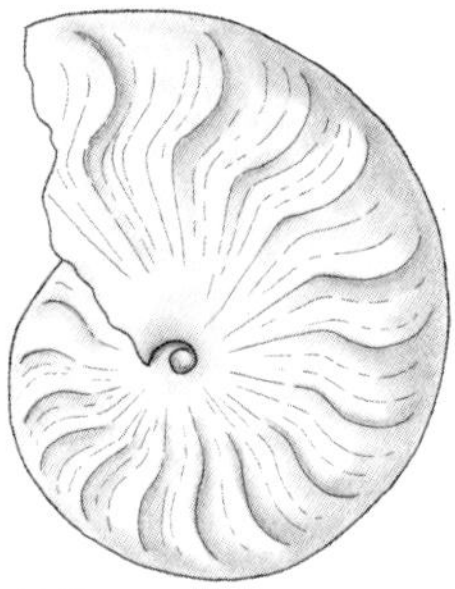

A 77

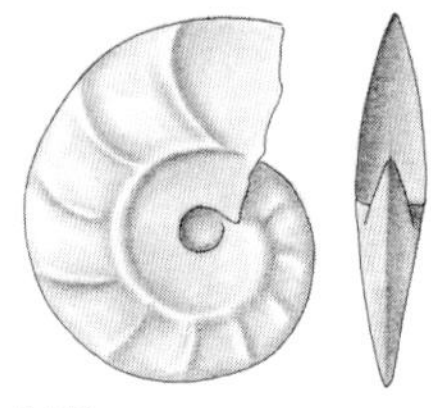

A 78

A 79

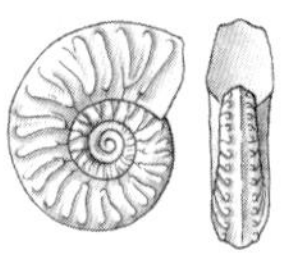

A 80

A 81 s. Foto S. 183

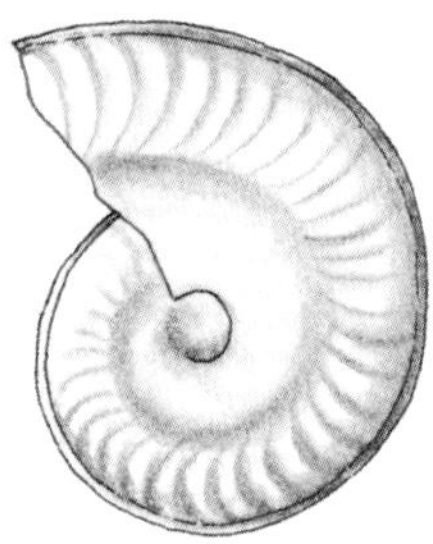

A 82

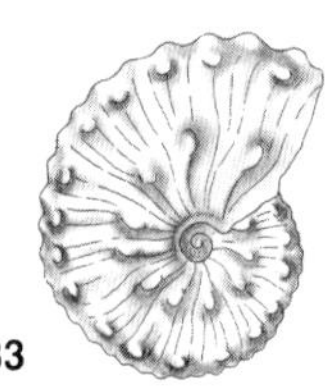

A 83

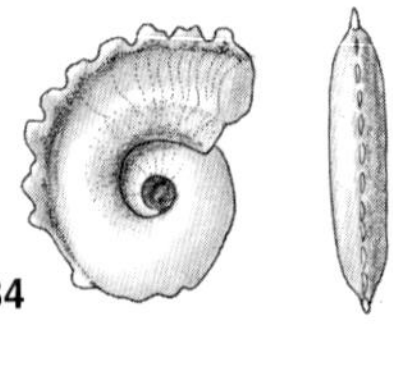

A 84

Flankenfurche; glattschalig oder nur mit schwacher Skulptur; meist ausgeprägte Seitenohren; kleinwüchsig. ***G. nimbatum*** (OPPEL), Unt. Kimeridge; ca. 2 cm.

Familie Oppeliidae (Mittl. Jura – Unt. Kreide)

A 77 ***Oppelia.*** Mittl. Jura (Bajoc). Flach; oxycon. WQ hochmündig, lanceolat; schwach gekielt; involut; schwache, weitständige, falcate Berippung mit feinen Zwischenrippen auf dem äußeren Flankenviertel. ***O. fallax*** (GUERANGER), Ob. Bajoc; ca. 10 cm.
A 78, 79 ***Oxycerites.*** Mittl. Jura (Ob. Bajoc – Callov). Wie ***Oppelia,*** jedoch mit schärferem Venter. Die Zwischenrippen sind nur manchmal bei Jugendformen vorhanden. ***O. aspidoides*** (OPPEL) (**A 78**), LF, Ob. Bathon (*aspidoides*-Zone); ca. 5 cm. ***O. fuscus*** (QUENSTEDT) (**A 79**), Bathon; 2 cm; kleinwüchsig. Von ***O. aspidoides*** durch breiteren WQ und dichte Konkavrippen auf dem äußeren Flankendrittel geschieden.
A 80 ***Hecticoceras.*** Mittl. Jura (Unt. Callov). Weitnabelig; WQ hochrechteckig bis hochoval; Venter nur schwach gerundet; fadenförmiger Kiel; evolut; kräftige, geschwungene, meist paarweise angeordnete Rippen zwischen Knotenreihen auf Innen- und Außenbug, wobei ein innerer Knoten mit je 2 Außenknoten verbunden ist. Viele der als ***H.*** bezeichneten Sammlungsstücke gehören zur Gattung ***Brightia. H. hecticum*** (REINECKE); ca. 5 cm.
A 81 ***Brightia.*** Mittl. Jura (Ob. Callov). Weitnabelig; flach. WQ rundlich, vor allem bei den Innenwindungen, bis hochoval; schmaler, fadenförmiger Kiel; evolut; auf der inneren Flankenhälfte sitzen weitständige, knotenartige Rippen oder Knoten; außen feine zurück- und auf dem Venter wieder vorschwingende Rippen. ***B. sueva*** (BONARELLI); ca. 2,3 cm.
A 82 ***Ochetoceras.*** Ob. Jura (Unt. Oxford – Unt. Kimeridge). Oxycon; mäßig engnabelig; WQ hochmündig; Venter gerundet und mit aufgesetztem Kiel; involut; schwache Flankenfurche bzw. -band; Berippung falcat, wobei die Rippenstiele innerhalb der Flankenfurche nur angedeutet sind. ***O. canaliculatum*** (BUCH), Unt. Oxford; ca. 5,5 cm.
A 83 ***Taramelliceras.*** Ob. Jura (Oxford – Kimeridge). Engnabelig; WQ gerundet hochrechteckig; Venter meist breit; Kiel unterbrochen (gekerbt); involut; auf dem Außenbug oft Knotenreihen, mitunter auch auf der Flanke; Berippung unregelmäßig, doch kräftig; schwach falcat. ***T. costatum*** (QUENSTEDT), Ob. Oxford; ca. 4,5 cm.
A 84 ***Creniceras.*** Ob. Jura (Oxford). Dünn. WQ hochoval, mit flachen Flanken; Wohnkammer weicht von der normalen Win-

dungsspirale ab (geknickt); Innenwindungen involut; Außenwindungen evolut; skulpturlos; mitunter kräftige Kielzähne auf der Wohnkammer. ***C. renggeri*** (OPPEL), Unt. Oxford; ca. 2 cm.

Oberfamilie Stephanocerataceae

Familie Otoitidae (Mittl. Jura)

A 85 ***Otoites.*** Mittl. Jura (Unt. Bajoc). Dick bis kugelig; Innenwindungen cadicon; WQ niedrigmündig, immer breiter als hoch; kräftige, grobe Gabelrippen, die sich an einer Knotenreihe etwa am Innenbug teilen; große, seitliche Ohren. ***O. sauzei*** (ORBIGNY), LF, (*sauzei*-Zone); ca. 7 cm.

A 86 ***Normannites.*** Mittl. Jura (Unt.–Mittl. Bajoc). Dick; weitnabelig; WQ rundlich; evolut; Berippung ähnlich ***Otoites,*** jedoch liegt die Knotenreihe mehr zur Flankenmitte hin; große seitliche Ohren. ***N. orbignyi*** (BUCKMAN), Mittl. Bajoc; ca. 6 cm.

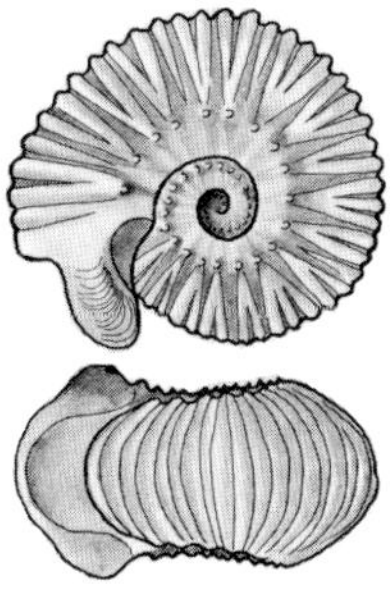
A 85

Familie Stephanoceratidae (Mittl. Jura)

A 87 ***Stephanoceras.*** Mittl. Jura (Mittl. Bajoc). Dick; WQ rundlich bis queroval; evolut; scharfe Rippen, die sich an einer kräftigen Knotenreihe unterhalb der Flankenmitte gabeln und über den Venter ziehen. ***S. humphriesianum*** (SOWERBY), LF, (*humphriesianum*-Zone); ca. 11 cm.

Familie Clydoniceratidae (Mittl. Jura)

A 88 ***Clydoniceras.*** Mittl. Jura (Mittl. – Ob. Bathon). Oxycon; sehr enggenabelt; WQ der Innenwindungen hochmündig mit gerundetem Venter und abgesetztem Kiel; Außenwindungen mit scharfem Venter und ohne Kiel; glattschalig oder mit schwachen falcaten Rippen bzw. Anwachslinien. ***C. discus*** (SOWERBY), LF, Ob. Bathon (*discus*-Zone); ca. 6,5 cm.

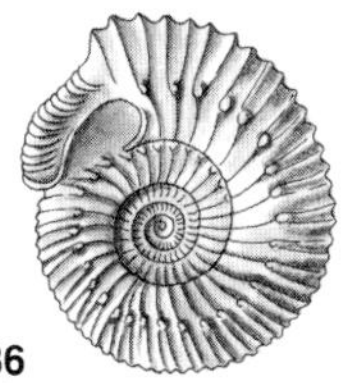
A 86

Familie Tulitidae (Mittl. Jura)

A 89 ***Kheraiceras.*** Mittl. Jura (Unt. Callov). Sphaerocon; WQ sehr niedrigmündig; die Wohnkammer löst sich von der Windungs-

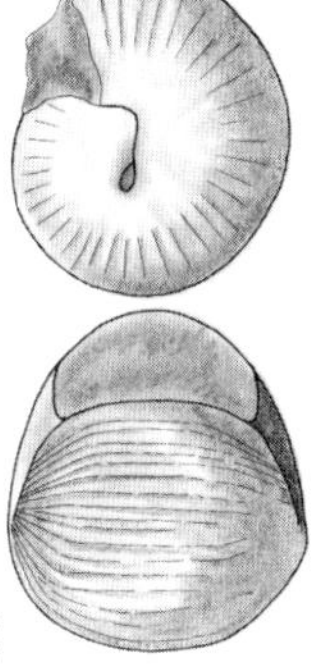
A 89

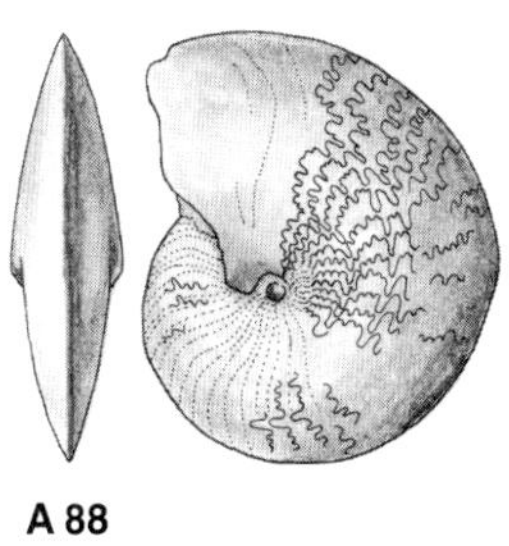
A 88

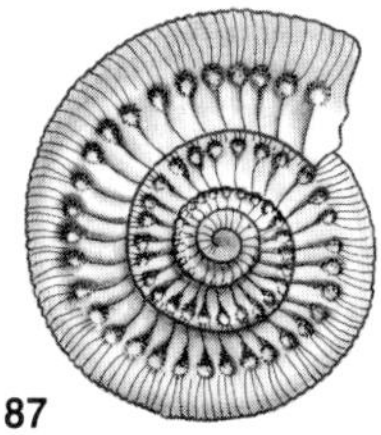
A 87

spirale, so daß die Naht jetzt radial verläuft und schließlich nach einem erneuten Knick (ca. unter 90°) endet; involut; schwache Radialrippen ziehen über den Venter. ***K. cosmopolitum*** (Parona & Bonarelli); ca. 6 cm.

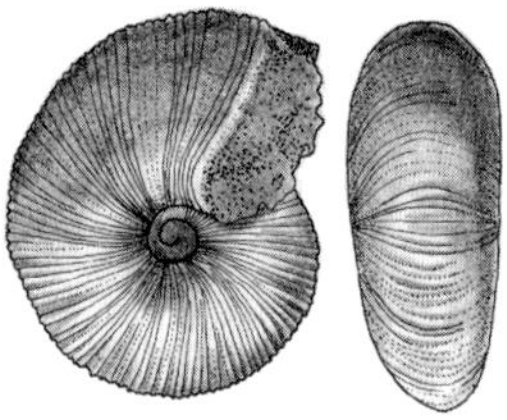

A 90

A 91 s. Foto S. 183

Familie Macrocephalitidae (Mittl. Jura)

A 90 ***Macrocephalites.*** Mittl. Jura (Unt. Callov). Eng- und tiefgenabelt; aufgebläht; Innenwindungen mitunter flacher; Windungshöhe nimmt rasch zu; involut; die scharfe Berippung gabelt sich im unteren Flankendrittel und zieht über den wohlgerundeten Venter; Endwindungen können skulpturlos sein; großwüchsig: bis 40 cm. ***M. macrocephalus*** (Schlotheim), LF, (*macrocephalus*-Zone); ca. 7,5 cm.
A 91 ***Pleurocephalites.*** Mittl. Jura (Unt. Callov). Wie ***Macrocephalites,*** jedoch nahezu kugelig, mit rundlichem bis extrem breitovalem WQ und gröberer Berippung. ***P. tumidus*** (Reinecke), (*macrocephalus*-Zone); ca. 7 cm; WQ breitoval. ***P. perseverans*** (Modiol); WQ extrem breit, nierenförmig; ohne Abbildung.

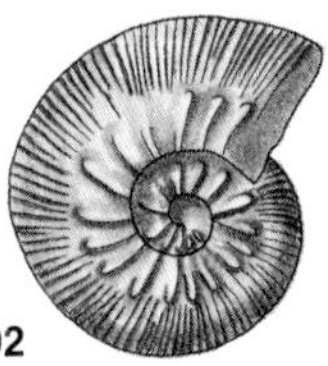

A 92

Familie Kosmoceratidae (Mittl. Jura)

A 92 ***Kepplerites.*** Mittl. Jura (Unt. Callov). Mäßig weit genabelt; Innenwindungen hochmündig, mit tabulatem und teilweise auch sulcatem Venter; Außenwindungen mit rundlichem WQ und wohlgerundetem Venter; mehr oder weniger evolut; scharfe, etwas unterhalb der Flankenmitte gabelnde Rippen; Gabelungsstelle teilweise mit feinen Knoten. ***K. gowerianus*** (Sowerby); ca. 9 cm.
A 93 ***Sigaloceras.*** Mittl. Jura (Unt. Callov). Mäßig engnabelig; WQ hochoval bis trapezförmig; Venter tabulat; involut; Konkavrippen gabeln etwa im unteren Flankendrittel und ziehen dann als feine Spaltrippen über den Venter. ***S. calloviense*** (Sowerby), LF, (*calloviense*-Zone); ca. 6,5 cm.

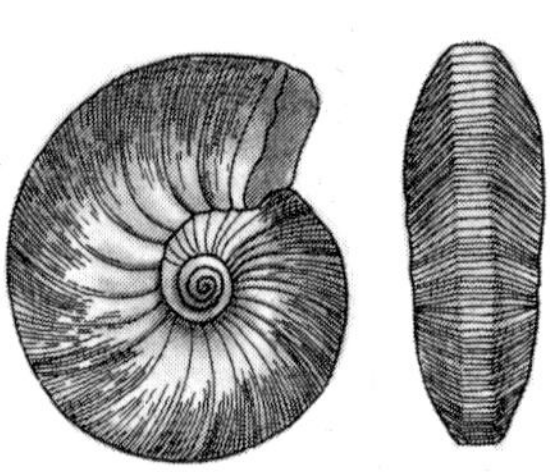

A 93

A 94 ***Kosmoceras.*** Mittl. Jura (Ob. Callov). Mäßig weitnabelig; WQ rundlich; Venter mit glattem Band oder Furche; mehr oder weniger evolut; Berippung scharf, unregelmäßig, leicht geschwungen; unregelmäßige Flankenknoten und kräftige Knoten beiderseits des Ventralbandes; kleinwüchsig. ***K. spinosum*** (Sowerby); ca. 2,5 cm.
A 95 ***Gulielmites.*** Mittl. Jura (Mittl. Callov). Flach; WQ tabulat und mitunter sulcat; glattes Venterband oder -rinne; mäßig involut; sehr feine Berippung; manche Formen mit feinen Knotenreihen beiderseits des Venterbandes. ***G. jason*** (Reinecke), LF, (*jason*-Zone); ca. 3 cm.

A 94 s. Foto S. 183

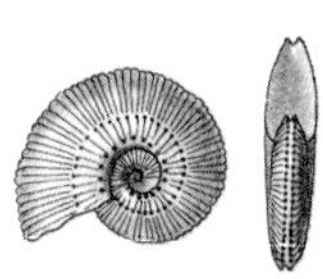

A 95

A 96 s. Foto S. 183

Familie Cardioceratidae (Mittl. – Ob. Jura)

A 96 ***Cadoceras.*** Mittl. Jura (Unt. – Mittl. Callov). Cadicon; WQ extrem niedrigmündig; involut; Innenwindungen zeigen feine, scharfe Berippung, die über den Venter zieht. Mit zunehmender Größe wird die Berippung schwächer, so daß nur noch knotenartige Rippenansätze sichtbar sind; Wohnkammer glatt. ***C. elatmae*** (Nikitin), Mittl. Callov; ca. 6,5 cm.
A 97 ***Quenstedtoceras.*** Mittl. Jura (Ob. Callov) – Ob. Jura (Unt. Oxford). Mäßig eng- bis mäßig weitgenabelt; WQ rundlich bis hochoval; mäßig involut; kräftige, geschwungene Wulstrippen, die

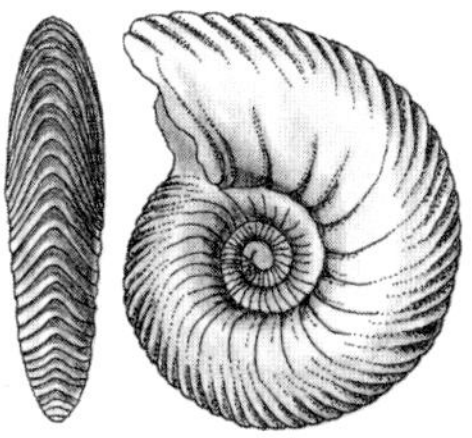

A 98

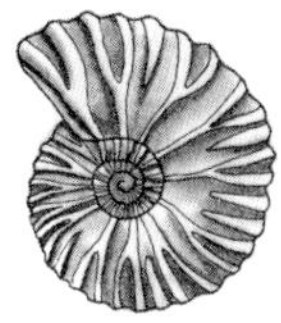

A 97

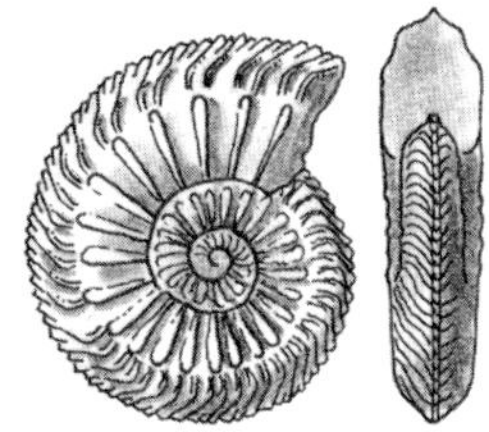

A 99

meist auf Flankenmitte gabeln und zusammen mit Schaltrippen über den Venter ziehen. ***Q. mariae*** (ORBIGNY), LF, Unt. Oxford (*mariae*-Zone); ca. 4 cm.

A 98 ***Lamberticeras.*** Mittl. Jura (Ob. Callov). Dünn; WQ hochmündig; mäßig involut; Berippung prokonkav, auf Ventermitte gewinkelt aufeinandertreffend; Untergattung von ***Quenstedtoceras. L. lamberti*** (SOWERBY), LF, (*lamberti*-Zone); ca. 8 cm.

A 99 ***Cardioceras.*** Ob. Jura (Oxford). Flach; WQ mäßig hochrechteckig bis hochoval; Kiel gezahnt, gekerbt; mäßig involut; kräftige, leicht geschwungene Rippenstiele, die sich etwa auf dem Außenbug gabeln; die zahlreichen Sekundärrippen münden im Kiel. ***C. cordatum*** (SOWERBY), LF, Unt. Oxford (*cordatum*-Zone); ca. 2,5 cm.

A 100 ***Amoeboceras.*** Ob. Jura (Ob. Oxford – Unt. Kimeridge). Flach; WQ mäßig hochrechteckig mit tabulatem Venter; Kiel gezähnelt, begleitet von zwei schmalen glatten Bändern oder seichten Rinnen; mäßig involut; Berippung ähnlich ***Cardioceras,*** jedoch feiner; kleinwüchsig. ***A. alternans*** (BUCH), (*bimammatum*-Zone); ca. 2 cm.

A 100

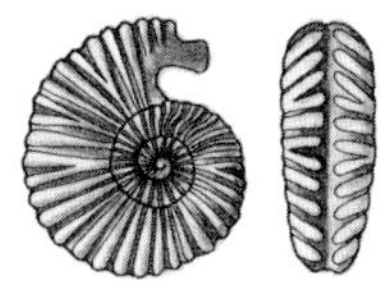

A 101

Oberfamilie Perisphinctaceae

Familie Parkinsoniidae (Mittl. Jura)

A 101 ***Strenoceras.*** Mittl. Jura (Mittl. Bajoc). Weitnabelig; WQ hochrechteckig; glatte Ventralfurche; evolut; scharfe Radialrippen, meist einfach, mitunter gegabelt (etwa auf Flankenmitte); Knoten auf Flanken und Venter möglich. ***S. subfurcatum*** (ZIETEN), LF, (*subfurcatum*-Zone); ca. 3,5 cm.

A 102 ***Garantiana.*** Mittl. Jura (Ob. Bajoc – Mittl. Bathon). Weitnabelig; WQ rundlich bis gerundet-hochrechteckig; glattes Ventralband oder -rinne; evolut bis mäßig evolut; scharfe Berippung, einfach bis tripartit, meist aber bipartit. Die Rippen enden gegenständig beidseits des Ventralbandes, immer in kleinen Knoten. Lateralknoten möglich. ***G. garantiana*** (ORBIGNY), LF, Ob. Bajoc (*garantiana*-Zone); ca. 6,5 cm.

A 103 ***Parkinsonia.*** Mittl. Jura (Ob. Bajoc – Unt. Bathon). WQ gerundet-hochrechteckig bis hochoval; Ventralrinne oder -band; evolut bis selten involut; kräftige und scharfe, bipartite Berippung; Gabelung auf dem äußeren Flankendrittel; Lateralknoten möglich; Rippen enden alternierend beiderseits der Ventralrinne. ***P. parkinsoni*** (SOWERBY), LF, Ob. Bajoc (*parkinsoni*-Zone); ca. 7,5 cm. Untergattung ***Oraniceras*** mit ***O. württembergica*** (OPPEL) (ohne Abb.).

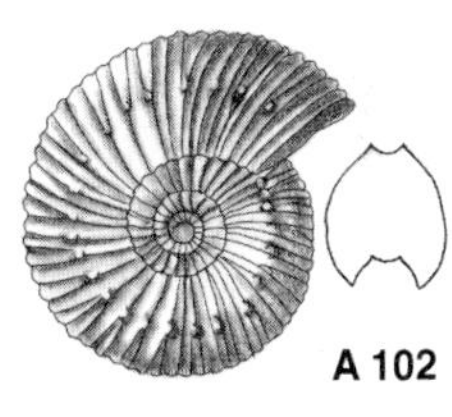

A 102

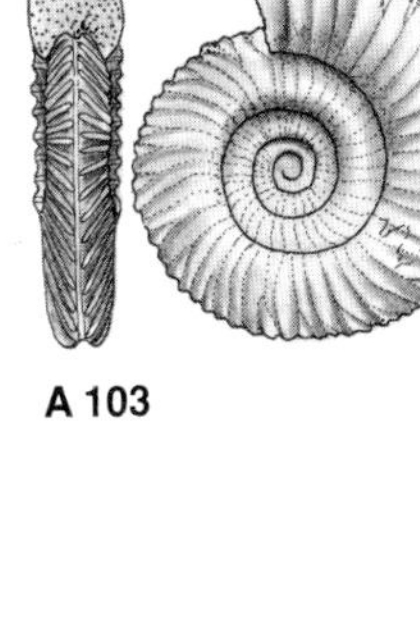

A 103

Familie Reineckeidae (Mittl. Jura)

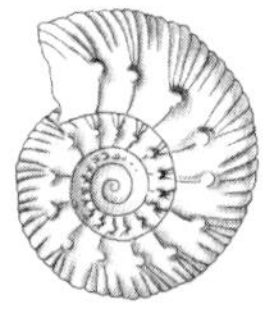

A 104

A 104 Reineckeia. Mittl. Jura (Mittl. Callov). Dick; Innenwindungen coronat; WQ breitoval bis hochoval, auch variabel nach Durchmesser; Innenwindungen zeigen schmale Ventralfurche; mäßig evolut; Gabelrippen; kräftige Knoten an der Gabelungsstelle (meist auf Flankenmitte); zahlreiche feine Spaltrippen. ***R. anceps*** (REINECKE); ca. 13 cm.

Familie Perisphinctidae (Mittl. – Ob. Jura)

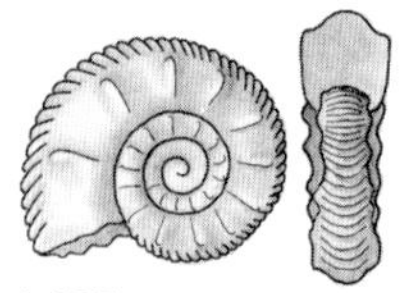

A 105

A 105 *Zigzagiceras.* Mittl. Jura (Unt. Bathon). Innenwindungen coronat; WQ quadratisch bis hochrechteckig; Venter tabulat bis sanft gewölbt; letzte Windung evolut und flach; auf den Flanken kräftige, weitständige Primärrippen; feine vorschwingende Venterrippen. ***Z. zigzag*** (ORBIGNY), LF, (*zigzag*-Zone); ca. 4 cm.

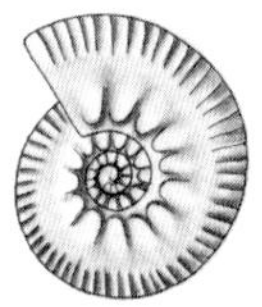

A 106

A 106 *Proplanulites.* Mittl. Jura (Unt. Callov). Mäßig engnabelig; WQ hochoval bis rundlich; glattes Venterband; involut; kräftige Rippenstiele auf der inneren Flankenhälfte teilen sich in zahlreiche feine Spaltrippen; Rippen nahezu radiat. ***P. koenigi*** (SOWERBY); ca. 6,5 cm.

A 107 s. Foto S. 184

A 107 *Grossouvria.* Mittl. Jura (Callov). WQ rundlich bis mäßig hochoval; evolut; Spaltrippen unregelmäßig, fein, meist vorgeschwungen und immer über den Venter ziehend; Einschnürungen. ***G. sulcifera*** (OPPEL); ca. 2,7 cm.

A 108

A 108 *Perisphinctes.* Ob. Jura (Ob. Oxford). Sehr weitnabelig; WQ quadratisch; evolut; innere und mittlere Windungen mit scharfen, mehr oder weniger radialen Gabelrippen. Plötzlicher Übergang zu groben und weitständigen Einfachrippen auf den Außenwindungen; auf den äußeren Windungen keine Einschnürungen. Die vielen in den Sammlungen als ***Perisphinctes*** bezeichneten Ammoniten gehören wohl zu einem großen Teil zu anderen Gattungen. Das Vorkommen von ***P.*** ist auf das Ob. Oxford beschränkt; adulte Exemplare sind immer groß- bis riesenwüchsig. ***P. variocostatus*** (BUCKLAND); ca. 23 cm.

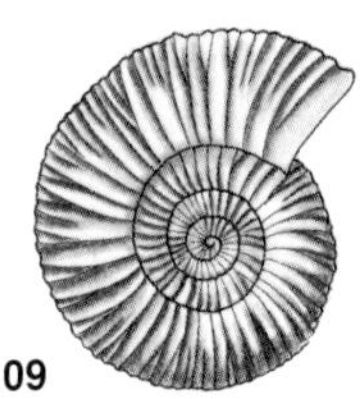

A 109

A 109 *Orthosphinctes.* Ob. Jura (Ob. Oxford – Unt. Kimeridge). Flach; sehr weitnabelig; WQ rundlich bis hochoval, mit flachen Flanken; evolut; scharfe, meist leicht proradiate bis prokonkave Spaltrippen mit Gabelungspunkt auf dem äußeren Flankendrittel; Schaltrippen; Einschnürungen. ***O. tiziani*** (OPPEL), Ob. Oxford – Unt. Kimeridge; ca. 6,5 cm.

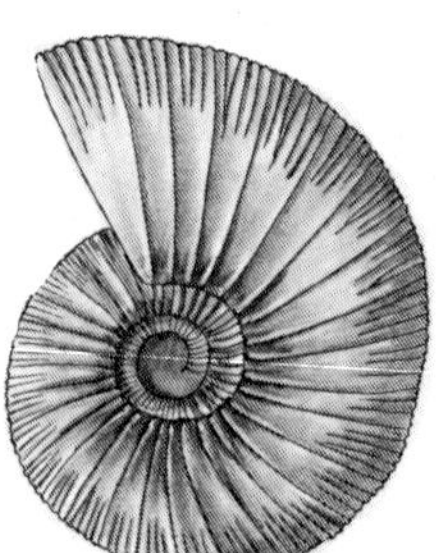

A 110

A 110 *Ataxioceras.* Ob. Jura (Unt. Kimeridge). Flach; WQ hochoval; mehr oder weniger involut; meist proradiate, polyploke Spaltrippen, die etwas außerhalb der Flankenmitte oder auf dem Außenbug gabeln und ungeschwächt über den Venter ziehen; unregelmäßige, tiefe Einschnürungen. ***A. hypselocyclum*** (FONTANNES), LF, (*hypselocyclum*-Zone); ca. 8 cm.

A 111 *Idoceras.* Ob. Jura (Ob. Oxford – Unt. Kimeridge). Weitnabelig; flach; WQ hochoval bis hochrechteckig; evolut; scharfe, meist auf dem Außenbug bifurkierende Rippen; Schaltrippen. Einige Arten zeigen polyploke Rippengabelung wie bei ***Ataxioceras.*** Die Rippen enden bei manchen Formen alternierend an einem schmalen Venterband. ***I. planula*** (ZIETEN), LF, Ob. Oxford (*planula*-Zone); ca. 7 cm.

A 112, 113 *Aulacostephanus.* Ob. Jura (Kimeridge). Mäßig engnabelig; WQ hochoval bis hochrechteckig; mäßig involut bis

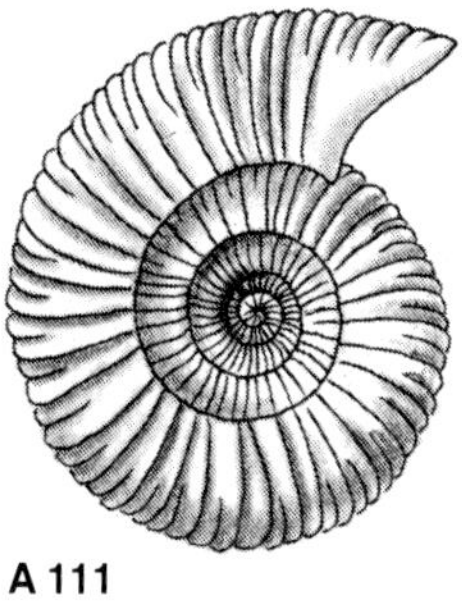

A 111

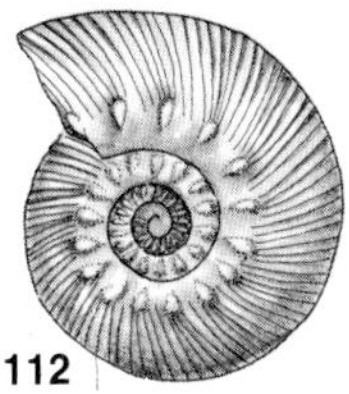

A 112

A 113

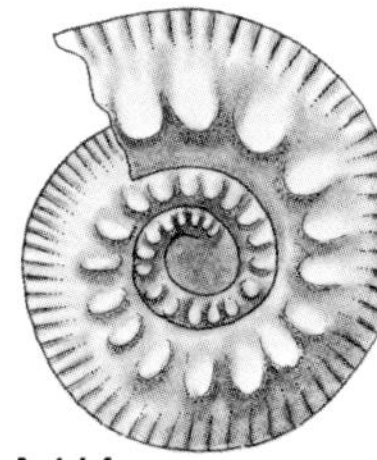

A 114

mäßig evolut; weitständige, teilweise kräftig verdickte Rippenstiele auf dem inneren Flankendrittel; zahlreiche leicht vorschwingende und bis zu einem glatten Venterband ziehende Sekundärrippen. ***A. circumplicatus*** (QUENSTEDT) (**A 112**), Ob. Kimeridge; ca. 5 cm. ***A. eudoxus*** (ORBIGNY) (**A 113**); Ob. Kimeridge; ca. 8 cm.

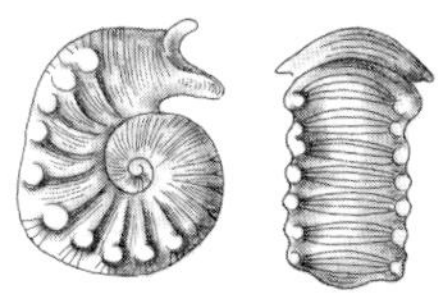

A 115

A 114 ***Gravesia.*** Ob. Jura (Ob. Kimeridge – Tithon). Aufgebläht; coronat; WQ sehr niedrigmündig; Außenwindungen auch rundlich bis hochoval; kräftige, auf dem Grat meist bifurkierende Rippen, die auf dem Venter vorschwingen; Gabelungsstelle kann beknotet sein; großwüchsig. ***G. gigas*** (ZIETEN), LF, Unt. Tithon (*hybonotum*-Zone); ca. 18 cm.

A 115 ***Sutneria.*** Ob. Jura (Kimeridge). Dick; Wohnkammer weicht von der normalen Windungsspirale ab und ist exzentrisch gewunden; WQ niedrigmündig; quadratisch bis mäßig hochrechteckig oder -oval; involut; Innenwindungen fein berippt; auf der Wohnkammer meist knoten- oder wulstartige Einfachrippen, die in Knoten auf dem Außenbug enden. Der Berippungswechsel erfolgt abrupt; Seitenohren; kleinwüchsig. ***S. platynota*** (REINECKE), LF, Unt. Kimeridge (*platynota*-Zone); ca. 2 cm.

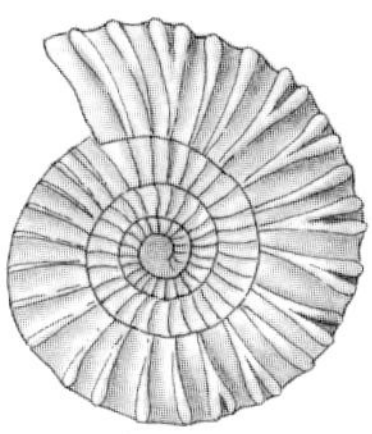

A 116

A 116 ***Crussoliceras.*** Ob. Jura (Kimeridge – Tithon). Weitnabelig; dick; WQ niedrigmündig bis rundlich; evolut; kräftige und scharfe, weitständige Einfach- oder Gabelrippen, radiat oder leicht vorgeschwungen über den Venter ziehend. ***C. divisum*** (QUENSTEDT), LF, (*divisum*-Zone); ca. 6 cm.

Familie Aspidoceratidae (Mittl. – Ob. Jura)

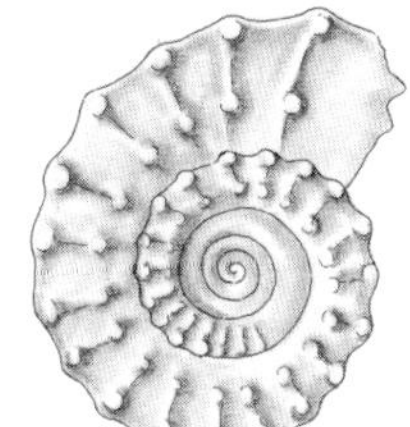

A 117

A 117 ***Peltoceras.*** Mittl. Jura (Ob. Callov). Weitnabelig; WQ quadratisch bis rundlich; Venter tabulat; sehr evolut; kräftige Einfachrippen; bei manchen Formen auch auf dem Außenbug gabelnde bi- oder tripartite Rippen. Die Rippen laufen zumindest auf den Innenwindungen über den Venter; Knotenreihen auf Flanke und Außenbug, sehr kräftig ausgebildet vor allem auf den Außenwindungen. ***P. athleta*** (PHILLIPS), LF, (*athleta*-Zone); ca. 8 cm.

A 118

A 118 ***Euaspidoceras.*** Mittl. Jura (Ob. Callov) – Ob. Jura (Ob. Oxford). Weitnabelig; WQ breitoval bis selten hochoval, meist jedoch gerundet-quadratisch; evolut; kräftige Radialrippen zwischen Knoten auf dem Innenbug und dornenartigen Knoten auf dem Außenbug ziehen stark geschwächt über den nur leicht gewölbten oder tabulaten Venter; großwüchsig. ***E. perarmatum*** (SOWERBY), Oxford; ca. 16,5 cm.

A 119 ***Aspidoceras.*** Ob. Jura (Kimeridge). Mitunter aufgebläht; WQ niedrigmündig; rundlich oder hochoval; evolut bis involut;

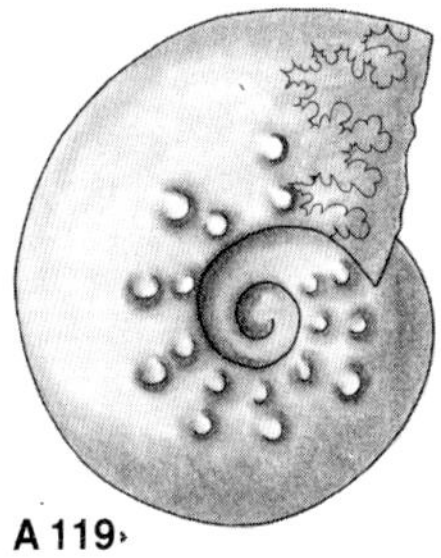

A 119

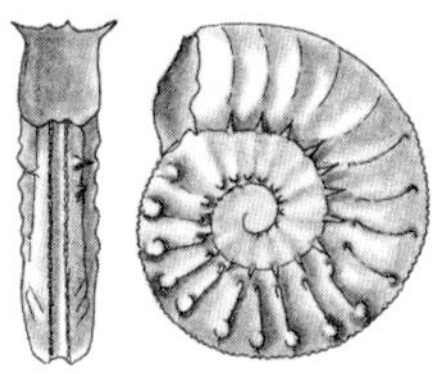

A 121

A 122a

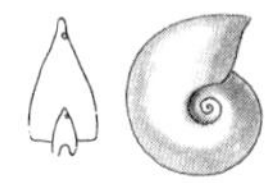

A 122b

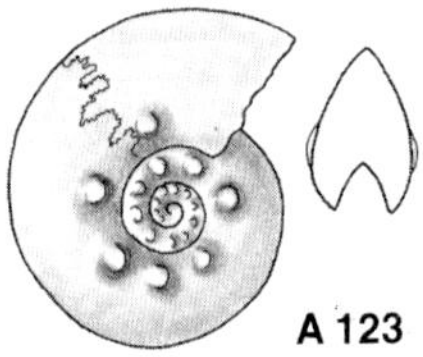

A 123

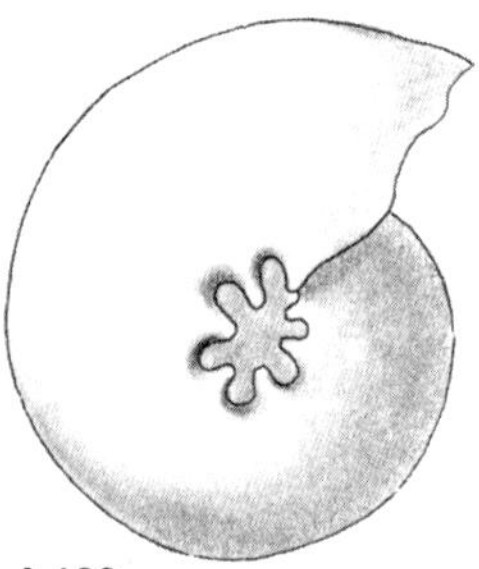

A 120

selten berippt, jedoch immer mit zwei Knotenreihen etwa auf Innen- und Außenbug oder auch auf den Flanken. ***A. binodus*** (OPPEL), Unt. Kimeridge; ca. 7 cm.

A 120 ***Physodoceras.*** Ob. Jura (Ob. Oxford – Kimeridge). Kugelig aufgebläht; WQ niedrigmündig, mitunter rundlich; involut; glattschalig, jedoch mit einer Dornenreihe auf dem Innenbug: die Dornen zeigen in Nabelrichtung. ***P. circumspinosum*** (QUENSTEDT), Ob. Oxford; ca. 3,5 cm.

A 121 ***Hybonoticeras.*** Ob. Jura (Mittl. Kimeridge – Tithon). Weitnabelig; WQ hochrechteckig bis hochoval; Venter konkav, bicarinat (Kiele geperlt oder glatt) und sulcat (Rinne glatt); evolut; Berippung einfach und weitständig; auch bi- oder tripartit von einer Knotenreihe auf dem Innenbug aus; teilweise auch Knoten oder Dornen auf dem Außenbug. ***H. hybonotum*** (OPPEL), LF, Unt. Tithon (*hybonotum*-Zone); ca. 15 cm.

Familie Craspeditidae (Ob. Jura – Unt. Kreide)

A 122 ***Platylenticeras.*** Unt. Kreide (Valangin). Oxycon; mäßig engnabelig; WQ lanceolat; Venter spitz zulaufend; mäßig involut. Eine Besonderheit der Gattung ist der außermittig liegende Sipho. ***P. heteropleurum*** (NEUMAYR & UHLIG) **(A 122 a)**, Unt. Valangin; ca. 2 cm. ***P. latum*** (KOENEN) **(A 122 b)**, Unt. Valangin.

A 123 ***Tolypeceras.*** Unt. Kreide (Valangin). Mäßig eng- bis weitnabelig; flach; WQ hochoval bis lanceolat; Venter spitzwinklig, aber gerundet; mäßig involut; glattschalig, jedoch mit kräftigen, weitständigen Knoten auf der inneren Flankenhälfte. ***T. marcousianum*** (PICTET & CAMPICHE); ca. 9 cm.

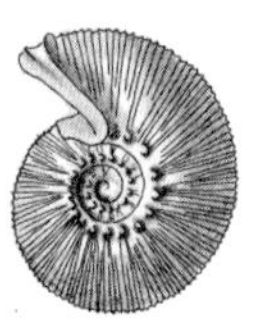

A 124

Familie Olcostephanidae (Ob. Jura – Unt. Kreide)

A 124 ***Olcostephanus.*** Unt. Kreide (Ob. Valangin). Dick bis aufgebläht; WQ queroval bis hochoval; Venter wohlgerundet; mehr oder weniger involut; von einer Knotenreihe auf dem Innenbug laufen 3 oder mehr radiale oder geschwungene Rippen über den Venter; Schaltrippen möglich, ebenso rippenparallele Einschnürungen. ***O. astierianus*** (ORBIGNY), LF, Ob. Valangin („*Astierien*“-Zone); ca. 6 cm.

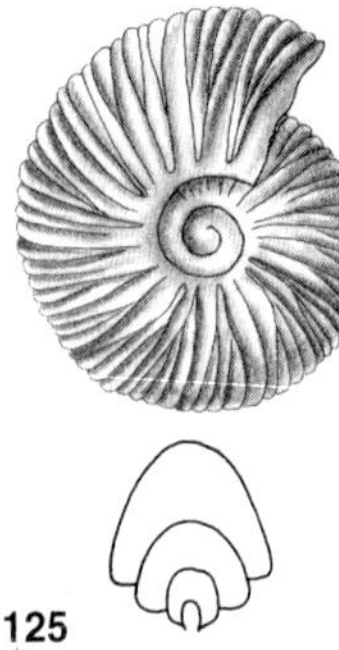

A 125

A 125 ***Polyptychites.*** Unt. Kreide (Valangin). Coronat; WQ niedrigmündig bis hochmündig, dann mitunter mit flachen Flanken; mäßig involut bis stark evolut; von Knoten auf dem Innenbug verlaufen 2 oder mehr teilweise auf den Flanken oder dem Außenbug

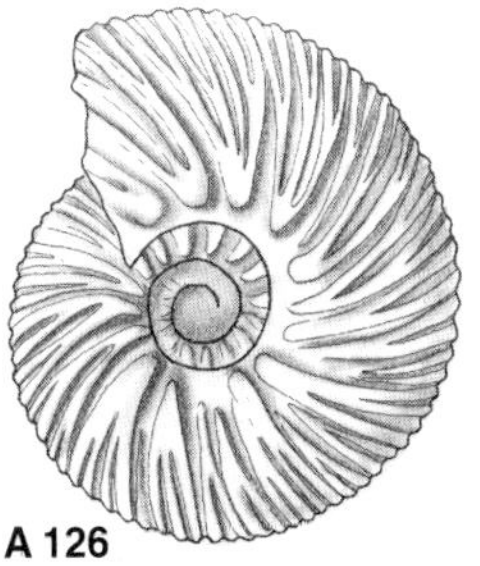

A 126

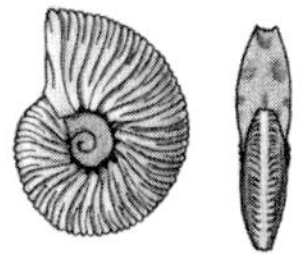

A 127

A 128

nochmals gabelnde Rippen über den Venter; Berippungsbild unregelmäßig. ***P. quadrifidus*** KOENEN, Unt. Valangin; ca. 8,5 cm.
A 126 ***Dichotomites.*** Unt. Kreide (Ob. Valangin – Unt. Hauterive). Ähnlich den dicken Formen von ***Polyptychites,*** jedoch mit noch flacheren Flanken und feinerer, proradiater Berippung; Knoten nicht sehr kräftig. ***D. bidichotomus*** (ORBIGNY), LF, Ob. Valangin (*bidichotomus*-Zone); ca. 11,5 cm.

Familie Berriasellidae (Ob. Jura – Unt. Kreide)

A 127 ***Neocomites.*** Unt. Kreide (Berrias – Valangin). Mäßig engnabelig; flach; WQ hochrechteckig; steile Nabelwand; Venter meist tabulat; Flanken flach; glattes Ventralband; involut; Berippung fein, leicht geschwungen und nach vorn geneigt, von Knoten auf dem Innenbug ausgehend. Feine Knotenreihen beiderseits des Ventralbandes möglich; kleinwüchsig. ***N. neocomiensis*** (ORBIGNY), Valangin; ca. 3 cm.
A 128 ***Acanthodiscus.*** Unt. Kreide (Unt. Hauterive). Dick; WQ rundlich bis hochoval; der glatte Venter ist tabulat oder leicht konkav; mäßig involut; kräftige Knotenreihen auf Innenbug und (etwa) Flankenmitte sind durch radiale Primärrippen verbunden; feinere Knoten auf dem Außenbug, an welchen die einfachen, bi- oder tripartiten Sekundärrippen enden. ***A. radiatus*** (BRUGUIERE), LF, („*radiatus*“-Zone); ca. 10 cm.
A 129 ***Saynella.*** Unt. Kreide (Unt. Hauterive). Flach; Oxycon; WQ hochmündig, lanceolat; Venter spitz zulaufend; involut und mäßig engnabelig; glattschalig. ***S. clypeiformis*** (ORBIGNY); ca. 6 cm.

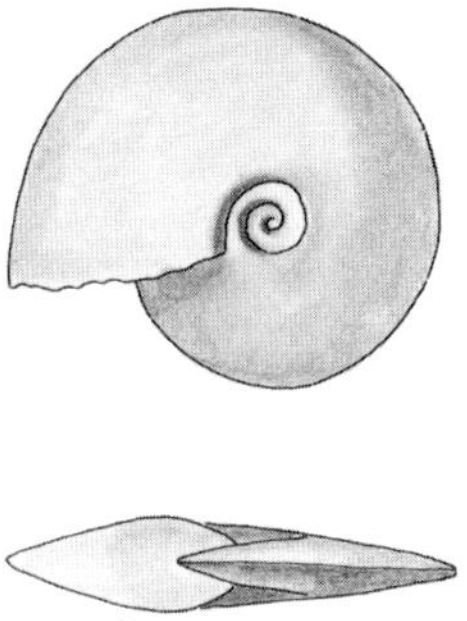

A 129

Oberfamilie Desmocerataceae

Familie Desmoceratidae (Unt. – Ob. Kreide)

A 130 ***Barremites.*** Unt. Kreide (Hauterive – Barreme). Dünn; WQ hochmündig, hochoval; sehr involut; Nabelwand steil mit scharfem Knick; sinusförmige Einschnürungen (bzw. Wülste), ca. 10 pro Umgang. ***B. difficilis*** (ORBIGNY), Barreme; ca. 8 cm.
A 131 ***Raspailiceras.*** Unt. Kreide (Hauterive – Barreme). Wie ***Barremites,*** jedoch mit breiterem WQ und breitem, wohlgerundetem Venter; Nabelwand abgeschrägt; Untergattung von ***Barremites.*** ***R. cassida*** (RASPAIL), Barreme; ca. 6 cm.

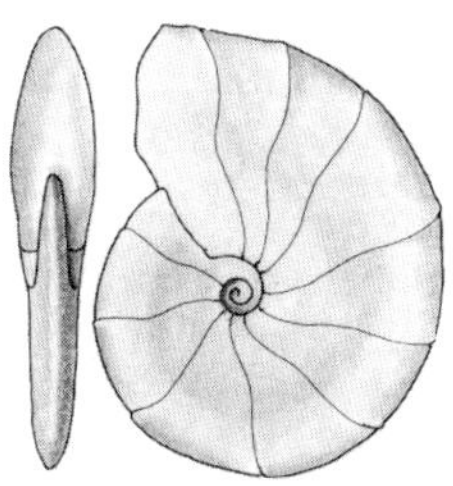

A 130

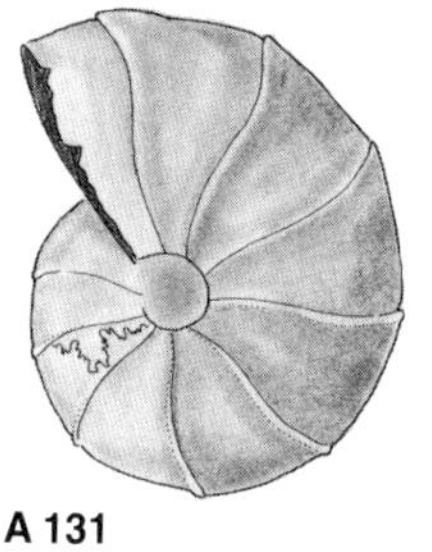

A 131

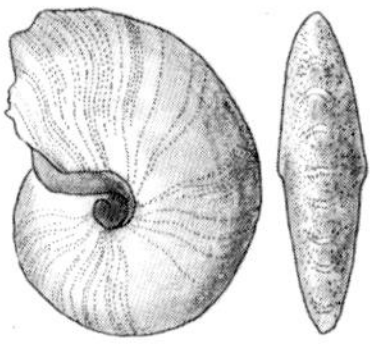

A 132

A 132 ***Beudanticeras.*** Unt. Kreide (Alb). Mäßig engnablig; WQ hochoval, mit schmalem, doch gerundetem Venter; mehr oder weniger involut; glattschalig oder mit sehr schwachen Rippen; leicht sinusförmig geschwungene flache, jedoch immer gut sichtbare Einschnürungen. ***B. beudanti*** (BRONGNIART), Ob. Alb; ca. 8,5 cm.

Familie Pachydiscidae (Unt. – Ob. Kreide)

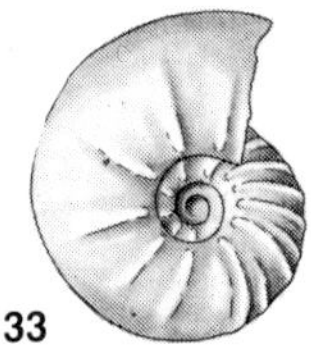

A 133

A 133 ***Lewesiceras.*** Ob. Kreide (Ob. Cenoman – Coniac). Mäßig weitnabelig; dick; WQ der Innenwindungen niedrigmündig bis rundlich, später hochoval; involut bis mäßig evolut; Innenwindungen mit Einschnürungen; kräftige, weitständige Knoten auf dem Innenbug, von welchen vorgeschwungene Rippen über den Venter ziehen; dazwischen Schaltrippen. Verschiedene Formen haben dichte und stark sinusförmige, feine Rippen. ***L. peramplus*** (MANTELL), Turon; ca. 9,5 cm.

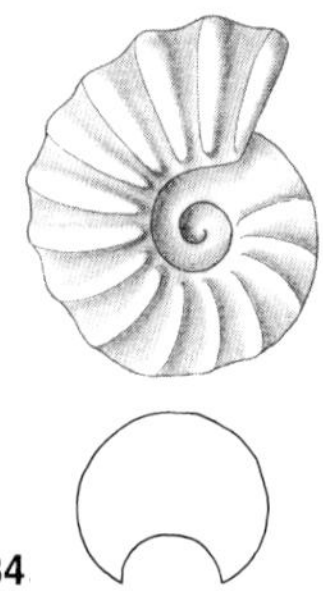

A 134

A 134 ***Pachydiscus.*** Ob. Kreide (Campan – Maastricht). Flach bis dick; WQ hochmündig; hochoval, mitunter mit flachen Flanken; involut; Berippung oft geteilt in kurze Rippen auf dem Innenbug und andere auf Außenbug und Venter, mitunter auch in Knotenform. ***P. wittekindi*** (SCHLÜTER), Ob. Campan; ca. 9,5 cm.

Familie Pulchelliidae (Unt. Kreide)

A 135 s. Foto S. 184

A 135 ***Nicklesia.*** Unt. Kreide (Barreme). WQ hochoval; Venter wohlgerundet oder sanft abgeflacht; sehr involut und entsprechend engnabelig; Innenwindungen glatt; später breite wulstartige Rippen, die ungeschwächt über den Venter ziehen. Die Rippenabstände sind schmäler als die Rippen. ***N. dumasiana*** (ORBIGNY); ca. 5 cm.

Familie Douvilleiceratidae (Unt. Kreide) (Neuerdings auch bei den Ancyloceratida geführt)

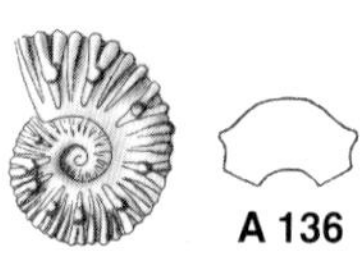

A 136

A 136 ***Cheloniceras.*** Unt. Kreide (Ob. Apt). WQ extrem niedrigmündig, breitoval; Venter flach, wenig gewölbt; evolut; Knoten auf Innenbug und Flanke, teilweise auch auf dem Außenbug; die knotentragenden Rippen sind kräftig, die Zwischenrippen feiner. ***C. cornuelianum*** (ORBIGNY); ca. 5 cm.

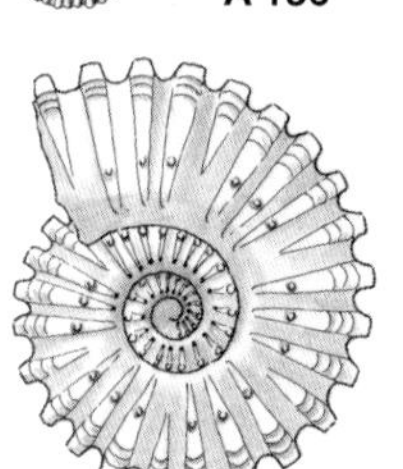

A 137

A 137 ***Douvilleiceras.*** Unt. Kreide (Unt. – Mittl. Apt). Dick. WQ niedrigmündig bis mäßig hochmündig; queroval bis rundlich oder auch polygonal; evolut; Innenwindungen mit kräftigen Knoten auf Innen- und Außenbug; später zahlreiche verschieden starke Knotenreihen auf wulstartigen Radialrippen, die über den Venter ziehen. ***D. mammillatum*** (SCHLOTHEIM), LF, Unt. Alb (*mammillatum*-Zone); ca. 6 cm.

Familie Deshayesitidae (Unt. Kreide) (neuerdings auch bei den Ancyloceratida geführt)

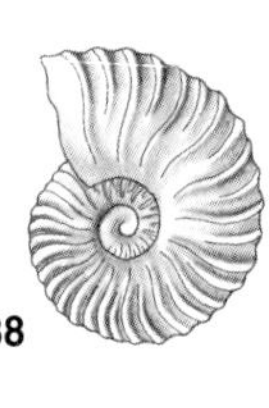

A 138

A 138 ***Deshayesites.*** Unt. Kreide (Apt). Mäßig weitnabelig; flach; WQ hochoval bis hochrechteckig, mit flachem Venter; mäßig evolut; Rippen leicht sinusförmig, teilweise auf Flankenmitte bifurkierend, ungeschwächt über den Venter ziehend; Rippenverdickungen auf dem Innenbug möglich, jedoch keine ausgeprägten Knoten. ***D. deshayesi*** (ORBIGNY), LF, Unt. Apt (*deshayesi*-Zone); ca. 4 cm.

A 139 ***Dufrenoyia.*** Unt. Kreide (Ob. Apt). Mäßig weitnabelig; flach; WQ hochrechteckig; flache Flanken und tabulater Venter; evolut; sinusförmige Rippen enden an glattem Ventralband, mitunter in einer feinen Knotenreihe. Rippen fein bis grob, meist flach und wulstförmig. ***D. dufrenoyi*** (ORBIGNY); ca. 3,3 cm.

A 139, A 140 s. Foto S. 184

Familie Hoplitidae (Unt. – Ob. Kreide)

A 140 ***Hoplites.*** Unt. Kreide (Mittl. Alb). Flach bis dick; WQ hochmündig (hochrechteckig) bis niedrigmündig (trapezförmig); Venter sulcat; mäßig evolut bis mäßig involut; kräftige Knoten auf dem Innenbug, von wo leicht vorgeschwungene Rippen paarweise (seltener 3) verlaufen und an einer glatten Venterrinne enden, je nach Art gegenständig oder alternierend, mitunter in Knoten. ***H. dentatus*** (SOWERBY), LF, (*dentatus*-Zone); ca. 10,5 cm (Rippen enden alternierend).

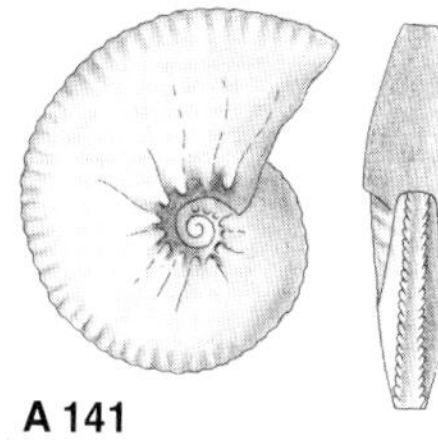

A 141

A 141 ***Anahoplites.*** Unt. Kreide (Mittl. – Ob. Alb). Mäßig engnabelig; flach; WQ hochmündig, mit tabulatem, mitunter sulcatem Venter; involut; schwache Knoten auf dem Innenbug; schwache, leicht vorgeschwungene Rippen oder Anwachslinien enden in feinen und dichtstehenden Knoten auf dem Außenbug. ***A. planus*** (MANTELL); ca. 8,5 cm.

Familie Schloenbachiidae (Unt. – Ob. Kreide)

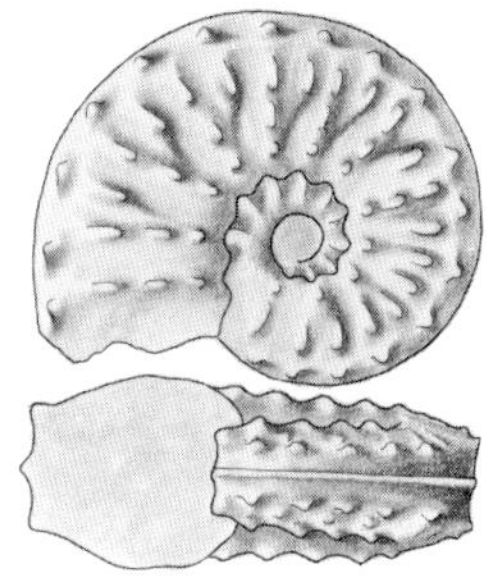

A 142

A 142 ***Schloenbachia.*** Unt. Kreide (Ob. Alb) – Ob. Kreide (Ob. Cenoman). Flach bis dick aufgebläht; WQ hochrechteckig bis quadratisch; gekielt; involut bis evolut; Knoten auf Innen- und Außenbug und bei manchen Formen auch auf der Flanke; Berippung unregelmäßig, teilweise gabelnd. ***S. varians*** (SOWERBY), Cenoman; ca. 5,5 cm; WQ hochrechteckig; mäßig großwüchsig. ***S. coupei*** (BRONGNIART), Cenoman; WQ quadratisch, kleinwüchsig; ohne Abbildung.

Oberfamilie Acanthocerataceae

Familie Brancoceratidae (Unt. – Ob. Kreide)

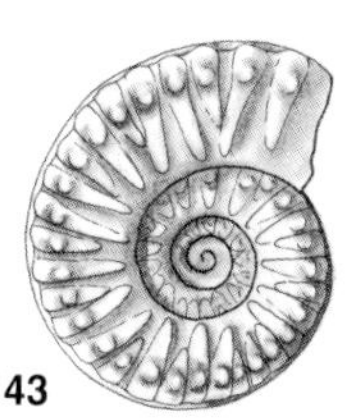

A 143

A 143 ***Mortoniceras.*** Unt. Kreide (Mittl. – Ob. Alb). WQ hochrechteckig bis quadratisch oder trapezförmig; gekielt; mehr oder weniger evolut; kräftige Knoten auf dem Innenbug, wo die meist radialen Rippen gabeln; nur auf den Innenwindungen Gabelrippen, später Einfachrippen. Weitere Knotenreihen in Flankenmitte und auf dem Außenbug, wobei die Flankenknoten meist am schwächsten ausgebildet sind. ***M. commune*** SPATH, Ob. Alb; ca. 5 cm; sehr evolut. ***M. inflatum*** (SOWERBY), Ob. Alb; weniger evolut; ohne Abbildung.

Familie Lyelliceratidae (Unt. – Ob. Kreide)

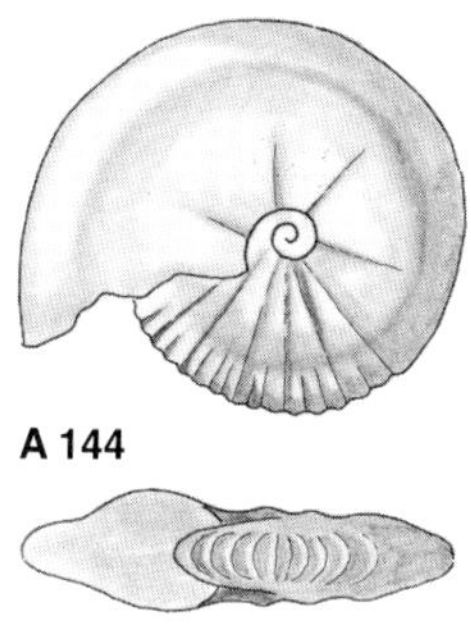

A 144

A 144 ***Stoliczkaia.*** Unt. Kreide (Ob. Alb) – Ob. Kreide (Unt. Cenoman). Flach; WQ hochoval bis hochrechteckig; Venter gerundet, schmal bis breit; bei den Innenwindungen auch tabulat; involut; Rippen mehr oder weniger radial oder schwach geschwungen; zahlreiche auf Flankenmitte einsetzende Schaltrippen; Knotenreihe auf Innenbug, Flanke und Außenbug möglich. ***S. dispar*** (ORBIGNY), LF, Ob. Alb (*dispar*-Zone); ca. 6 cm.

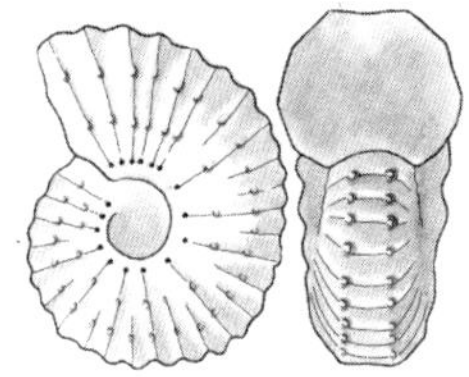

A 145

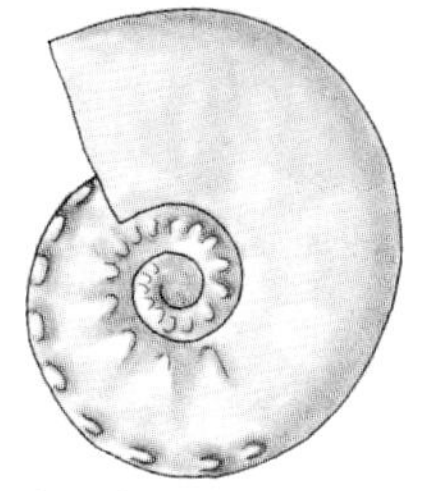

A 146

A 147

A 148

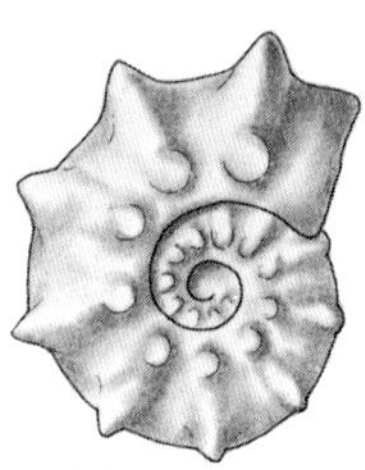

A 149

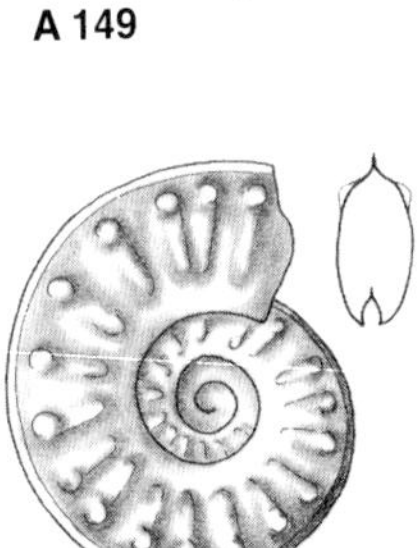

A 150

Familie Acanthoceratidae (Ob. Kreide)

A 145 ***Mantelliceras.*** Ob. Kreide (Unt. Cenoman). Dick; teilweise aufgebläht; WQ hochrechteckig bis quadratisch oder polygonal; Venter tabulat, teilweise auch schwach konkav; mäßig involut bis evolut; Knoten auf Innen- und Außenbug, teilweise auch Knotenreihen auf der Flanke; die Radialrippen ziehen zusammen mit Schaltrippen meist über den Venter, können aber auch unterbrochen sein. ***M. mantelli*** (SOWERBY), LF, (*mantelli*-Zone); ca. 4,5 cm.
A 146 ***Acompsoceras.*** Ob. Kreide (Unt. Cenoman). Mehr oder weniger flach; WQ hochmündig; Venter tabulat; später gerundet; evolut; manche Formen mit schwachem Kiel; auf den Innenwindungen weitständige, wulstartige Einfachrippen, ausgehend von einer Knotenreihe auf dem Innenbug und etwa auf Flankenmitte auslaufend; Knoten auch auf dem Außenbug. ***A. bochumensis*** (SCHLÜTER); ca. 10 cm.
A 147 ***Calycoceras.*** Ob. Kreide (Cenoman–Unt. Turon). Dick bis aufgebläht; WQ niedrigmündig, rundlich, quadratisch oder oval; Venter meist wohlgerundet, aber auch tabulat; mäßig evolut; Knoten auf Innen- und Außenbug sowie meist auch auf Flankenmitte. Bei Formen mit mehreren Knotenreihen sind diejenigen auf dem Innenbug am kräftigsten ausgebildet; Radialrippen, teilweise bipartit, mit etwa auf Flankenmitte einsetzenden Schaltrippen, die über den Venter ziehen. ***C. naviculare*** (MANTELL), LF, Ob. Cenoman (*naviculare*-Zone); ca. 8 cm.
A 148 ***Acanthoceras.*** Ob. Kreide (Cenoman). Dick bis aufgebläht; WQ rundlich oder quadratisch; Venter vor allem bei Adultformen tabulat; evolut; wulstige, radiale Einfachrippen; zahlreiche Knotenreihen: auf dem Innenbug, zwei nahe beieinanderliegende, auf dem Außenbug sowie auf Ventermitte anstelle eines Kiels. Letztere verschwinden bei Adultformen; der Venter ist dann breit und flach. ***A. rhotomagense*** (DEFRANCE), LF, Mittl. Cenoman (*rhotomagense*-Zone); ca. 6 cm.
A 149 ***Mammites.*** Ob. Kreide (Turon). Mäßig dick. WQ quadratisch bis hochrechteckig, auch trapezförmig; Venter tabulat oder schwach konkav; mäßig evolut; Knotenreihen auf Innen- und Außenbug sowie auf dem Venter; nur schwache Berippung; glattes Venterband. ***M. nodosoites*** (SCHLOTHEIM), LF, Mittl. Turon; ca. 10 cm.

Familie Collignoniceratidae (Ob. Kreide)

A 150 ***Gauthiericeras.*** Ob. Kreide (Coniac). Mäßig weitnabelig;

dünn bis dick; WQ quadratisch bis mäßig hochrechteckig, auch trapezförmig; evolut; Kiel meist kräftig, mitunter fein gekerbt, mit beidseitigen deutlichen glatten Furchen; einzelne oder paarweise Knoten auf dem Innenbug, kräftige Knoten auf dem Außenbug; ausgeprägte Radialrippen, auf den Innenwindungen paarweise, dann als Einfachrippen. ***G. margae*** (SCHLÜTER); ca. 11 cm.

A 151 ***Paratexanites.*** Ob. Kreide (Unt. Coniac – Unt. Santon). Weitnabelig; flach; WQ niedrigmündig, quadratisch oder mäßig hochrechteckig; evolut; schwach gekielt; einfache, mitunter leicht vorgeschwungene Radialrippen; kräftige Knoten auf dem Innenbug, weiter Knotenreihen auf dem Außenbug (2) und auf dem Venter. ***P. emscheris*** (SCHLÜTER), LF, Ob. Coniac; ca. 11 cm.

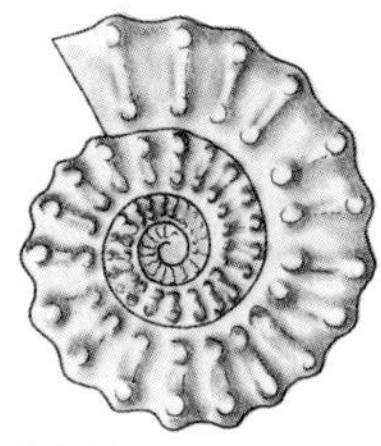

A 151

A 152

Ordnung Ancyloceratida

In dieser Ordnung werden die heteromorphen (entrollten, aberranten) Kreideammoniten zusammengefaßt. Viele Autoren stellen diese Formen zu den Lytoceratida. Nach neueren Untersuchungen bestehen jedoch keine entwicklungsgeschichtlichen Verbindungen zwischen den beiden Gruppen.

Oberfamilie Ancylocerataceae

Familie Ancyloceratidae (Unt. Kreide)

A 152 ***Crioceratites.*** Unt. Kreide (Hauterive – Barreme). Criocon; die ersten eineinhalb Windungen berühren sich, dann folgt eine offene und plane Windungsspirale; WQ oval bis gerundet quadratisch; dichte radiale oder geschwungene Rippen mit zwischengeschalteten kräftigeren Wulstrippen in regelmäßigen Abständen; die Wulstrippen tragen meist mehrere Dornenreihen. ***C. nolani*** (KILIAN), Ob. Hauterive; ca. 15 cm.

A 153 ***Paracrioceras.*** Unt. Kreide (Ob. Hauterive – Barreme). Gehäuseform wie bei ***Crioceratites,*** jedoch mit mehr (dichterstehenden) und kräftigeren Wulstrippen, die ausgeprägte Dornen tragen. Zudem fallen bei Adultformen die Zwischenrippen weg; verschiedene Arten haben nur schwache Skulptur. ***P. elegans*** (KOENEN), LF, Mittl. Barreme (*elegans*-Zone); ca. 8 cm.

A 154 ***Ancyloceras.*** Unt. Kreide (Ob. Barreme – Unt. Apt). Hamiticon; planspirale Innenwindungen, gefolgt von einem geraden Gehäuseteil mit schließlich zurücklaufendem Haken; Rippen fein, radial oder proradiat mit regelmäßig eingeschalteten kräftigeren Rippen, welche Knoten oder Dornen tragen; großwüchsige Formen. ***A. matheronianum*** (ORBIGNY), Unt. Apt; ca. 64 cm.

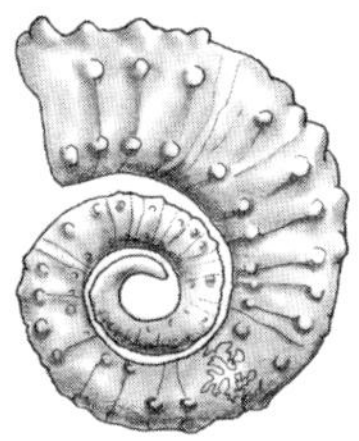

A 153

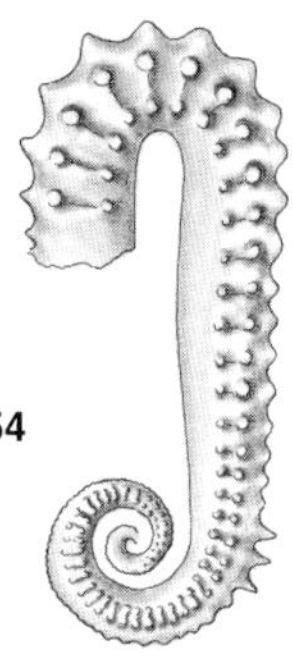

A 154

Familie Hemihoplitidae (Unt. Kreide)

A 155 ***Pseudothurmannia.*** Unt. Kreide (Ob. Hauterive – Barreme). Flach; WQ hochrechteckig mit schwach gewölbten oder geraden Flanken; Venter gebogen bis tabulat; evolut, mitunter Nabelknoten und Knotenreihen auf dem Außenbug; radiale oder schwach geschwungene Einfachrippen. ***P. angulicostata*** (ORBIGNY), LF, Ob. Hauterive (*angulicostata*-Zone); ca. 5 cm.

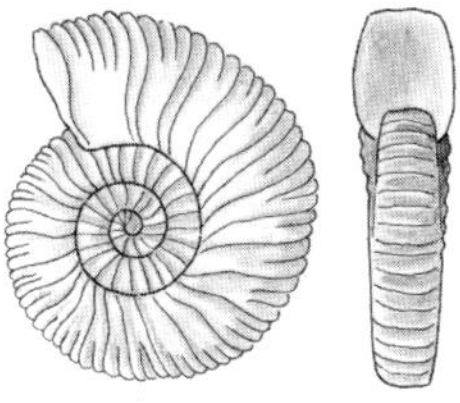

A 155

Oberfamilie Turrilitaceae

Familie Ptychoceratidae (Unt. Kreide)

A 156 ***Ptychoceras.*** Unt. Kreide (Ob. Apt – Unt. Alb). Stabförmiges Gehäuse, bestehend aus 3 parallel verlaufenden und verbundenen Teilen; WQ oval bis rundlich; erster Gehäuseteil glatt; die folgenden Abschnitte mit Einfach- bzw. Wulstrippen. In den Sammlungen existieren normalerweise nur Gehäusebruchteile. ***P. emericianum*** ORBIGNY, Ob. Apt; ca. 8,5 cm.

Familie Hamitidae (Unt. – Ob. Kreide)

A 157 ***Hamites.*** Unt. Kreide (Ob. Apt – Ob. Alb). Drei parallel verlaufende, stabförmige, mitunter geringfügig gekrümmte Röhren, durch Bogenstücke verbunden und meist nicht in Kontakt; WQ rundlich bis oval; Berippung scharf mit variabler Dichte und Ausprägung; Einfachrippen, keine Dornen oder Knoten. ***H. attenuatus*** SOWERBY, Mittl. Alb; ca. 15,5 cm.

Familie Baculitidae (Unt. – Ob. Kreide)

A 158 ***Baculites.*** Ob. Kreide (Ob. Turon bis Maastricht). Stabförmige Gehäuse; Innenwindungen meist bis zur siebzehnten Kammer planspiral aufgewunden; geschwungene, feine Anwachslinien, getrennt mitunter durch parallel verlaufende Wulstrippen. Hierher gehören auch die geraden Bruchstücke aus der Oberen Kreide von Dakota/USA. ***B. anceps*** (LAMARCK), Campan; ca. 10 cm.

Familie Anisoceratidae (Unt. – Ob. Kreide)

A 159 ***Allocrioceras.*** Ob. Kreide (Turon). In einer Ebene gewunden, jedoch oft von der Spiralform abweichend; WQ hochrechteckig bis oval; meist radiale Einfachrippen; Knotenreihe auf dem Außenbug. ***A. ellipticum*** (MANTELL); ca. 10 cm.

Familie Turrilitidae (Unt. – Ob. Kreide)

A 160 ***Turrilites.*** Ob. Kreide (Cenoman). Turriliticon, hochkonisch spiral aufgewunden; Berippung fein bis kräftig; mitunter mehrere Knotenreihen. ***T. costatus*** LAMARCK, Unt. Cenoman; ca. 14,5 cm.

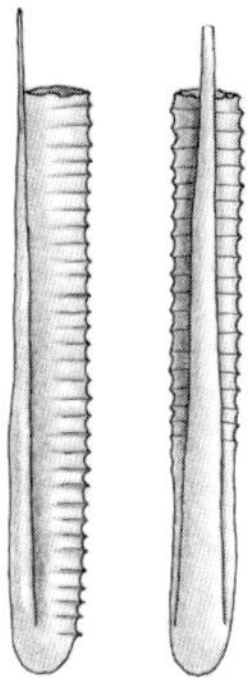
A 156

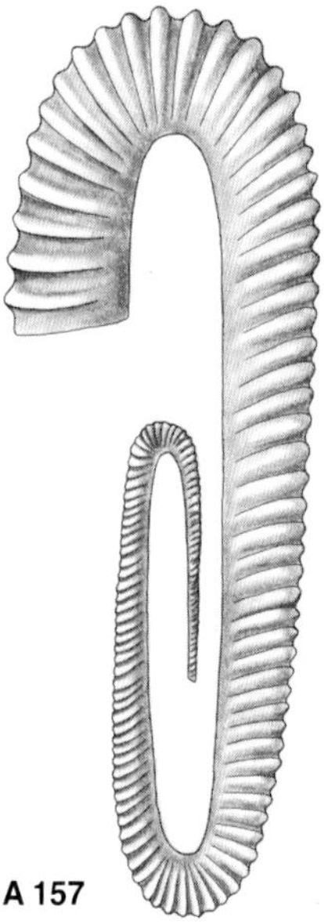
A 157

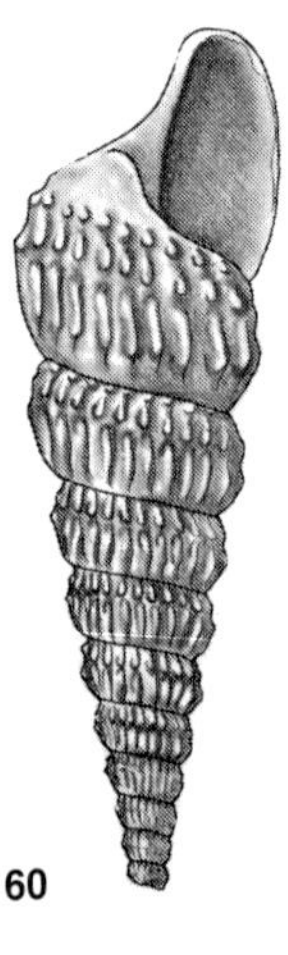
A 160

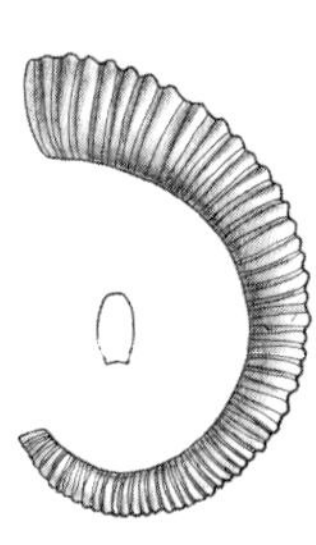
A 159

A 158

Familie Nostoceratidae (Ob. Kreide)

A 161 ***Hyphantoceras.*** Ob. Kreide (Turon – Santon). Korkenzieherartig gewundene, lose Gehäusespirale; WQ rundlich oder oval; feine Berippung mit zwischengeschalteten weitständigen, kräftigen Rippen, die Knoten tragen können; Rückenseite (Dorsalseite, innen) glatt. In den Sammlungen meist nur durch Bruchstücke belegt. ***H. reussianum*** (SCHLÜTER), Ob. Turon; ca. 10 cm.

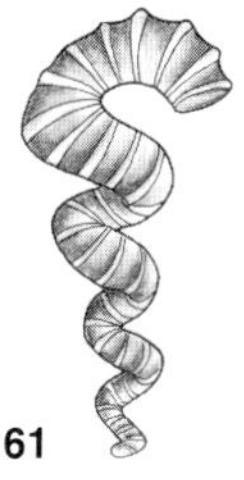
A 161

Oberfamilie Scaphitaceae

Familie Scaphitidae (Unt. – Ob. Kreide)

A 162 ***Scaphites.*** Unt. Kreide (Ob. Alb) – Ob. Kreide (Campan). Innenwindungen mehr oder weniger involut; Wohnkammer hakenartig abgelöst; Mündung eingeschnürt; Gabelrippen; Knoten auf der Wohnkammer (auf Innen- und Außenbug). ***S. geinitzi*** ORBIGNY, Ob. Kreide (Turon); ca. 4 cm. Ohne Abbildung: ***S. equalis*** SOWERBY, Cenoman; ***S. binodosus*** (RÖMER), Unt. Campan; ***S. inflatus*** (RÖMER), Ob. Santon – Unt. Campan; ***S. spiniger*** SCHLÜTER, Ob. Campan; ***S. roemeri*** ORBIGNY, Ob. Campan.

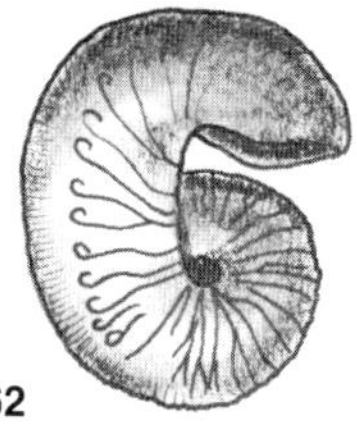
A 162

Unterklasse Coleoidea (Endocochlia)

Hierher gehören die rezenten (fossil nur selten nachgewiesenen) Dibranchiata (Formen mit 2 Kiemen) mit folgenden Ordnungen: Sepiida, Teuthida und Octopodida. Die Ausweitung der Bezeichnung Dibranchiata auf weitere fossile Formen erscheint fraglich, da die Kiemenzahl z. B. der Belemnitentiere nicht feststeht.
Weitere 3 Ordnungen sind bereits ausgestorben: Aulacocerida, primitive Formen ohne Proostracum und mit langer, röhrenförmiger Wohnkammer; ? Devon; Karbon – Jura; Phragmoteuthida, mit kleinem Rostrum und sehr großem, fächerförmigem Proostracum; Perm – Trias; Belemnitida, die wichtigste und artenreichste Gruppe.
Die Coleoidea stammen wahrscheinlich von frühen Bactriten (*Parabactrites*) ab.

Ordnung Belemnitida (Belemniten)

Allgemeines

In den Schichten des Jura und der Kreide treten Belemniten-Überreste teilweise massenhaft auf. Begünstigt durch ihre calcitische Beschaffenheit und die kompakte Form überstehen viele Rostren all jene für Organismenreste meist zerstörenden Vorgänge, welche beim Tod der Tiere einsetzen, während der Gesteinsbildung weitergehen und schließlich mit der erneuten Freilegung, Auswitterung usw. enden. Die sogenannten Belemnitenschlachtfelder zeigen ganze Scharen postmortal durch Strömungseinflüsse zusammengeschwemmter, eingeregelter Belemnitenrostren.
Bedingt durch ihr reichliches Auftreten, gute Erhaltung und die eigenartige, unvergleichliche Form, fielen diese Fossilien schon immer auf und gingen oft in regionale Sagen ein. Auch erhielten sie im Volksmund allerlei mehr oder weniger kennzeichnende Namen: Donnerkeil, Figurenstein, Katzenstein (nach dem beim Reiben freiwerdenden Geruch nach „Katzenpiß“), Fingerstein, Teufelsfinger usw.
Auch in der Medizin fanden Belemniten-Rostren Verwendung, z. B. als Heilmittel gegen Alpdrücken. Pulverisiert eingenommen sollten sie der Heilung verschiedenster Übel dienen. Früheste wissenschaftliche Deutungsversuche zu Anfang des 19. Jahrhunderts brachten die Rostren mit den „Stacheln von Seeäpfeln“ (Seeigeln) in Zusammenhang. Andere Forscher stellten sie zu den Reptilienzähnen.

Immerhin erkannte schon 1724 Balthasar EHRHART, daß es sich um „fossile Arten mariner Schaltiere“ handelt.
Ganz im Gegensatz zur Häufigkeit ihres Auftretens sind in den vielen Fossiliensammlungen Belemnitenrostren nicht gerade reichlich vertreten. Denn einerseits durch die bei oberflächlichem Betrachten einfache Form und andererseits wegen der schwierigen Zuordnung zu Gattung und Art werden diese Fossilien zu Unrecht gering geachtet. Theodor ENGEL (1842 – 1933), jener petrefaktensammelnde Pfarrer aus Württemberg, bezeichnete die Belemniten einmal als „langweilige Gesellschaft“ . . . Mit etwas Übung kann man sich aber durchaus eine gewisse Formenkenntnis aneignen und schließlich erkennen, daß die meisten Arten sehr wohl kennzeichnende Merkmale aufweisen, wenn auch die Variationsbreite einer Art oft sehr groß sein kann. Zusammen mit der genauen Fundschicht wird es uns dann sicher gelingen, zumindest einen Teil unserer Funde zu bestimmen.

Größenverhältnisse, Leitwert

Die kleinsten Überreste ausgewachsener Tiere dürften kaum mehr als einen Zentimeter messen (*Hibolites pressulus,* Be 18). Die Gattung *Megateuthis* dagegen soll Rostren bis über eineinhalb Meter Länge hervorgebracht haben. Dies würde einem Tier von 3 m Länge und mehr entsprechen! So große Rostren werden freilich immer zerbrochen geborgen – was allerdings ihren Wert für den Sammler nicht mindert.
Während der Kreide, vor allem der Ob. Kreide, erfüllen besonders in borealen (nördlichen) Bereichen die Belemniten eine wichtige Aufgabe als Leitfossilien. Im Jura allerdings werden die Belemniten nicht oder nur untergeordnet (regional) als Leitfossilien herangezogen.

Systematik, Stammesgeschichte

Bei enger Fassung wird die Ordnung der Belemnitida auf die 3 Unterordnungen Belemnitina, Belemnopseina und Diplobelina beschränkt. Es ist anzunehmen, daß die Belemniten, wie auch die Ammoniten, von den Bactriten abstammen, wobei bedauerlicherweise keine Übergangsformen nachweisbar sind. Jedenfalls fanden sich im Devon – bisher – noch keine entsprechenden Fossilien.
Ein erstes, noch umstrittenes Auftreten der Belemniten wird im Unt. Karbon vermutet (*Eobelemnites*). Während des Perm und der obersten Trias ist kein Nachweis der Ordnung möglich. Im untersten Jura trat plötzlich eine Vielzahl von Formen auf. Und bis gegen Ende der Kreidezeit war die Ordnung nun immer stark vertreten. Unter teilweise sehr starker Reduzierung der Hartteile (des Skeletts) hielt sie sich mit wenigen Arten bis ins Eozän (*Bayanoteuthis*), um dann schließlich zu erlöschen. Die Gründe des Aussterbens sind nur zu vermuten. Das starke Anwachsen der Nahrungskonkurrenz durch Fische, Raubschnecken usw. zusammen mit paläogeographischen Gründen (Reduzierung der Schelfmeerfläche; s. a. Ammoniten) spielte wohl eine große Rolle.

Hartteile

Die Belemniten hatten ein Innenskelett, d. h. die Hartteile waren von Gewebe umgeben. Der massive kalkige Teil, den wir fossil so häufig finden, wird Rostrum genannt und unterteilt in ein Rostrum solidum und ein Rostrum cavum. Letzteres umfaßt die Alveole, eine meist spitze, trichterförmige Eintiefung, welche ihrerseits den gekammerten Phragmocon aufnimmt. Rostren sind kegelförmig (conirostrid), fingerförmig (dactyliorostrid), zylinderförmig oder keulenförmig (clavirostrid). Das Rostrum wird aufgebaut aus wechsellagernden organischen und wesentlich dickeren anorganischen Lamellen (Amphitheca). Die organische Substanz ist nicht selten als Limonit überliefert, die anorganische praktisch ausschließlich als radialstrahliger Calcit.
Verschiedene Belemniten der Jurazeit entwickelten im Reifestadium ein spießartiges Epirostrum, das beträchlich länger sein kann als das eigentliche Rostrum (Orthorostrum). Die bekannteste Art mit Epirostrum ist *Salpingoteuthis acuarius ventricosus* aus dem Unt. Jura (Be 8).
Die Rostren weisen vielfach Oberflächenmerkmale auf, die für eine Zuordnung sehr wichtig sein können:
Gefäßeindrücke. Feine, verästelte Eindrücke der Blutgefäße, zu beobachten vor allem bei Kreidebelemniten (z. B. *Belemnitella*: Be 32).
Alveolarkanal. Am Alveolenrand beginnende, furchenartige Längsvertiefung in der Sagittalebene,

Terminologie und Morphologie des Belemnitenrostrums. (Abgeändert nach BARTHEL, SCHWEGLER, A. H. MÜLLER.)

Skelettelemente

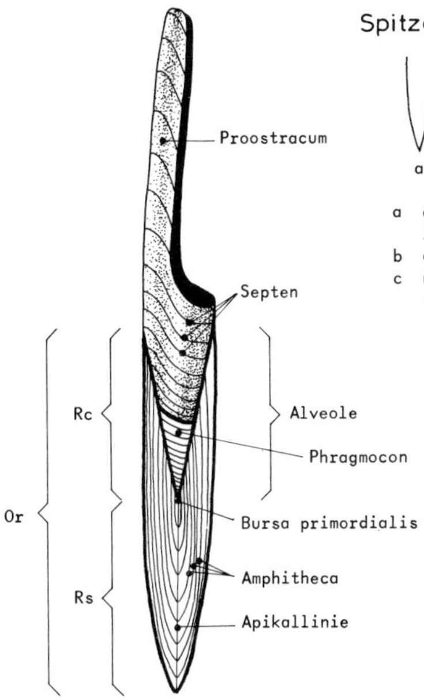

Or Orthorostrum
Rc Rostrum cavum
Rs Rostrum solidum

Spitzenausbildung

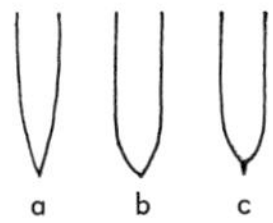

a allmählich zulaufend
b abrupt
c mit aufgesetztem Dorn (Mucro)

Typische Rostrenformen

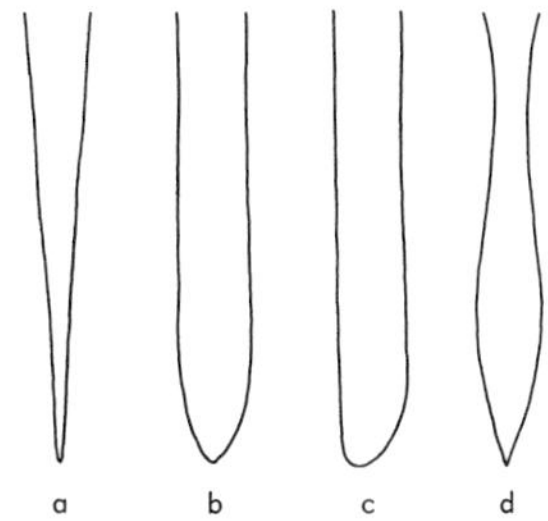

a kegelförmig
b zylinderförmig
c fingerförmig
d keulenförmig

Querschnitt

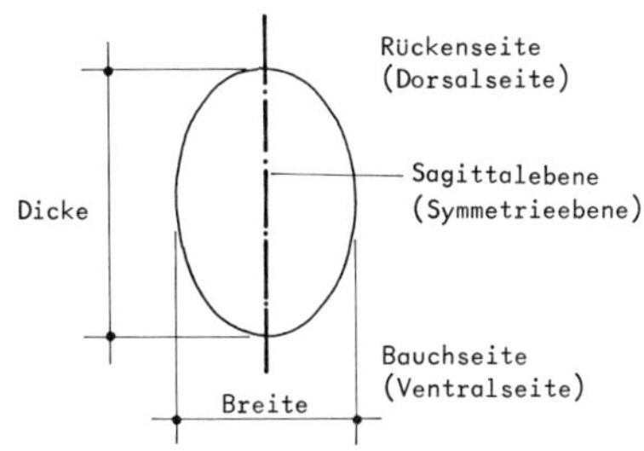

Querschnittstypen

im Furchen- bzw. Kanalbereich

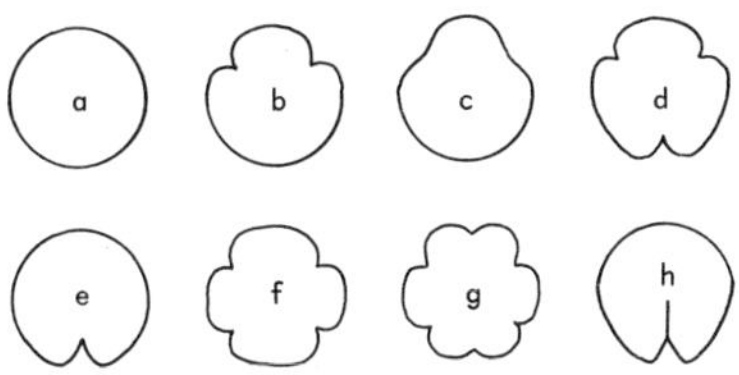

a ohne Furchen
b. paarige Dorsolateralfurchen
c paarige Dorsolateralmulden
d paarige Dorsolateralfurchen und Ventralfurche
e unpaare Ventralfurche
f paarige Dorso- und Ventrolateralfurchen
g paarige Dorso- und Ventrolateralfurchen sowie Dorsal- und Ventralfurche
h unpaarer Alveolarkanal mit Alveolarschlitz

Querschnittstypen

außerhalb des Furchenbereiches

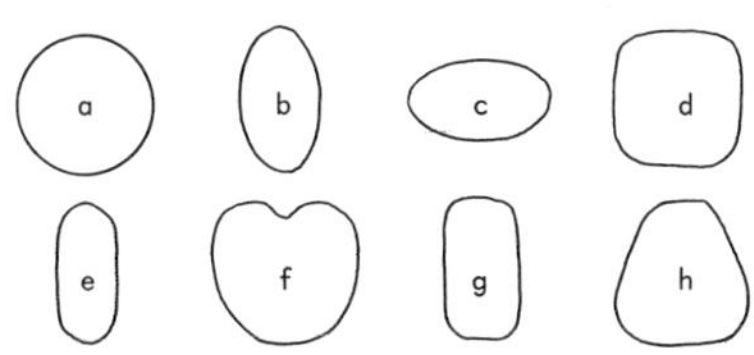

a kreisrund
b elliptisch (durch seitliche Kompression)
c brotlaibförmig (durch Depression)
d quadratisch (durch vierseitige Abplattung)
e elliptisch abgeplattet
f apfelförmig (durch Einmuldung)
g rechteckig
h trapezoid

Rekonstruktionsversuch eines Belemnitentieres

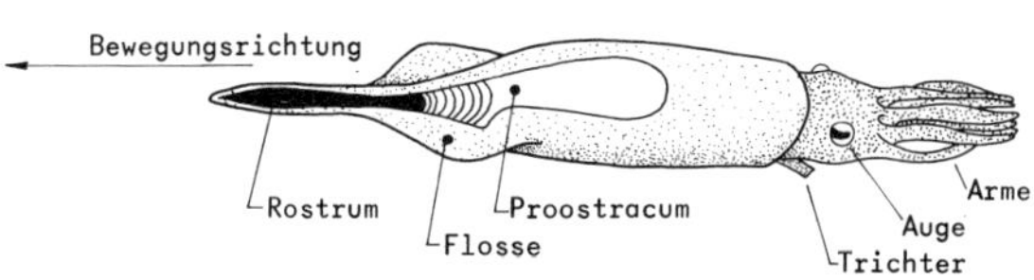

g. richter

die meist vor der Spitze erlöscht. Im Alveolenbereich ist dieser Kanal meist noch mit einem feinen Schlitz (radial, ähnlich einem dünnen Sägeschnitt) versehen (Alveolarschlitz).
Alveolarfurche. Längsvertiefung von der Alveole in Spitzenrichtung; ohne Alveolarschlitz.
Längsfurchung. Der Lage nach variable, mehr oder weniger tiefe Rinnen, die teilweise als Ansatzlinien paariger Flossen gedeutet werden.
Spitzenfurchen. Der Lage nach variable, von der Rostrenspitze ausgehende Furchen.
Spitzenfalten oder Spitzenstreifung. Feine, nur im Spitzenbereich vorkommende Längszeichnung; durch ungünstige Erhaltung oft nicht mehr erkennbar.
Der Phragmocon besteht wie bei den Ammoniten aus durch Septen getrennten Kammern. Die Spitze des Phragmocons wird durch eine mehr oder weniger kugelförmige Anfangskammer gebildet (Bursa primordialis oder B. embryonalis), von der aus der Sipho (s. Ammoniten) durch die Kammern und Septen verläuft. Der gesamte Phragmocon wird von einer Hülle umgeben (Conothek), die auch das immer dorsal (rückenseitig) gelegene Proostracum anschließend an die letzte Septe bildet. Leider ist das chitinöse (mit wenig eingelagertem Aragonit), sehr dünne und zungenförmige Proostracum nur ganz selten erhalten, z. B. im Oxford Englands und in den Solnhofener Schichten.
Die Arme der Belemniten waren mit Chitinhäkchen besetzt (Onychiten). Diese meist sehr kleinen, schwarzglänzenden Fossilien werden isoliert z. B. im Ob. Pliensbach und im Toarc des Unt. Jura, aber auch im Oxford (Ob. Jura) gefunden. In den Solnhofener Schichten wurden diese Onychiten im Zusammenhang mit den Armabdrücken der Tiere gefunden, wodurch eine Rekonstruktion der Armzahl möglich war. Wer die Möglichkeit hat, sollte Schlämmproben von Lias- oder anderen Juratonen untersuchen; hin und wieder enthalten sie Onychiten.
Die Belemniten besaßen offensichtlich keine erhaltungsfähigen, den Rhyncholithen der Nautiliden und den Aptychen der Ammoniten vergleichbaren Kieferelemente.

Weichteile

Bedauerlicherweise gelang bisher der Nachweis von Weichteilen nur in ganz wenigen Fällen. In den Solnhofener Schichten wie auch im Posidonienschiefer (Unt. Toarc) konnten immerhin Tintenbeutel nachgewiesen werden. Die inneren Organe werden wohl jenen rezenter Kalmare usw. nicht allzu unähnlich gewesen sein. Im Gegensatz zu den tetrabranchiaten (vierkiemigen) Ammoniten und Nautiliden hatten die Belemniten wohl nur 2 Kiemen (dibranchiat). Die Armzahl (s. oben) betrug 10.

Ontogenese

Über die Entwicklung des Tieres vom Ei bis zum Adultstadium ist kaum etwas zu berichten. Wir dürfen aber annehmen, daß dem Eistadium eine Art Larvenstadium folgte. An Längsschliffen durch das Rostrum lassen sich verschiedene Entwicklungsstadien erkennen: Auf die Embryonalkammer folgt ein „Jugendstadium" des Rostrums, das sich dann, manchmal unter Formänderung (!), zum Orthorostrum entwickelt, an das schließlich auch noch ein Epirostrum ansetzen kann.

Lebensraum, Lebensweise

Belemniten treten ausschließlich in marinen Ablagerungen auf. Ähnlich den Ammoniten lebten die Tiere im Schelfmeerbereich. Allerdings gehörten die Belemniten wohl nicht zum Benthos. Wir nehmen vielmehr an, daß sie sich als mittelmäßige bis gute Schwimmer ähnlich den heutigen Tintenfischen räuberisch ernährten und somit zumindest teilweise auf schnelle Fortbewegung angewiesen waren. Befähigt dazu waren sie durch ein hochentwickeltes Nervensystem.
Mit Hilfe der hakenbewehrten Arme ergriffen sie ihre Beute. Wahrscheinlich den heutigen Kalmaren vergleichbar, jagten sie nach Fischen, Krebstieren, Mollusken usw. Allerdings würde das Fehlen von Kieferteilen auf eine ähnliche Nahrung wie die der Ammoniten hinweisen; ohne Hilfsmittel kann eine größere Beute nicht zerkleinert werden.
Das Rostrum hatte die Funktion, den Auftrieb der Luftkammern zu kompensieren. Außerdem diente es wohl der Stabilisierung beim Schwimmen. Wichtig war auch die Schutzfunktion. Das Tier bewegte sich beim Schwimmen ja rückwärts, also mit dem Rostrum voran. Das Hinterende des Tieres war durch dieses Hartteil gut geschützt.
Die Fortbewegung erfolgte mit Hilfe des Trichters – der durch Wasserausstoß bewirkte Rückstoß

wurde in gleicher Weise wie z. B. bei den rezenten Kalmaren zur Fortbewegung genutzt. Der Trichter war wohl beweglich; Schwenken des Trichters bewirkte Richtungsänderungen.

Bestimmung

Wichtig ist vor allem die Form des Rostrums (kegelförmig, keulenförmig usw.). Weiterhin sind die Oberflächenmerkmale von Bedeutung (Furchen, Leisten, Blutgefäßeindrücke, Granulation). Da nicht wenige Arten eine große Variationsbreite haben, werden wir bei Material aus der gleichen Schicht zwar verschiedene Arten bestimmen können, aber auch Übergangsformen immer wieder als unbestimmbar beiseitelegen müssen.
Wichtig ist das Schliffbild. Wer sich ernsthaft mit Belemniten beschäftigen will, wird bei der Bestimmung manchmal nicht ohne Schliffe auskommen. Der Schliff soll immer durch die Sagittalebene (Symmetrieebene; sie verläuft vom Rücken zum Bauch, also dorsoventral) führen. Wenn er richtig angelegt ist, wird er Sipho und Embryonalkammer wie auch die Apikallinie schneiden. Die Apikallinie ist eine gedachte Linie von der Embryonalkammer über die Spitzen sämtlicher früherer Rostrenwachstumsstadien zur Spitze des Exemplars. An Schliffen kann weiterhin der Phragmoconwinkel (Alveolenwinkel) gemessen werden. Er kann bei manchen Arten (im Zusammenhang mit anderen Merkmalen) kennzeichnend sein. Da aber sowohl Meßungenauigkeiten wie anatomische Abweichungen beträchtlich sein können, darf diese Bestimmungshilfe nicht zu hoch bewertet werden.
Wird bei verschiedenen Rostren die Länge verglichen, muß diese von der Embryonalkammer bis zur Spitze gemessen werden. Andere Längenangaben sind sinnlos, da das Rostrum cavum so gut wie nie vollständig erhalten ist. Dicke bezeichnet das in der Sagittalebene gemessene Maß (dorsoventral); Breite jenes in lateraler Richtung, also senkrecht zur Dicke. Breite und Dicke werden bei keulenförmigen Rostren an der Stelle des größten Durchmessers abgenommen, bei kegel- und zylinderförmigen Rostren an der Embryonalkammer.
Diese Messungen liefern nun eine Reihe von Verhältniszahlen (Länge zu Dicke, Länge zu Breite, Breite zu Dicke), die für die Bestimmung wichtig sein können. Dieses System läßt sich noch verfeinern, wenn wir z. B. bei keulenförmigen Rostren größte und kleinste Dicke oder Breite nehmen sowie die relative Lage der größten Breite oder Dicke zwischen Embryonalkammer und Spitze auswerten.
Da es sich bei den Belemniten als wenig sinnvoll erweisen würde, die Gattungen zu beschreiben, werden im folgenden eine Reihe von Arten abgebildet und erläutert. Dies soll die Bestimmung einiger wichtiger Arten ermöglichen, andererseits aber auch einen Überblick über die verschiedenen Formen geben.

Ordnung Belemnitida (Belemniten)

Verwendet werden bei der Beschreibung die Abkürzungen
Or Orthorostrum, Qu Querschnitt, Rc Rostrum cavum, Rs Rostrum solidum, Aw Alveolenwinkel.

Be 1 ***Nannobelus acutus*** (MILLER) (syn. ***N. brevis*** [BLAINVILLE]). Unt. Jura (häufig im Unt. Sinemur, seltener im Ob. Sinemur und Unt. Pliensbach). Schlank kegelförmig, mit gleichmäßig schlanker Spitze. Keine Furchen, jedoch Spitzenfalten. Rc länger als Rs. Alveolenwinkel 25 – 27°. Große Variationsbreite (Form und Größe). Kleinwüchsig. Gattung: Unt. Jura (Sinemur–Toarc). Abb. ca. 4 cm.

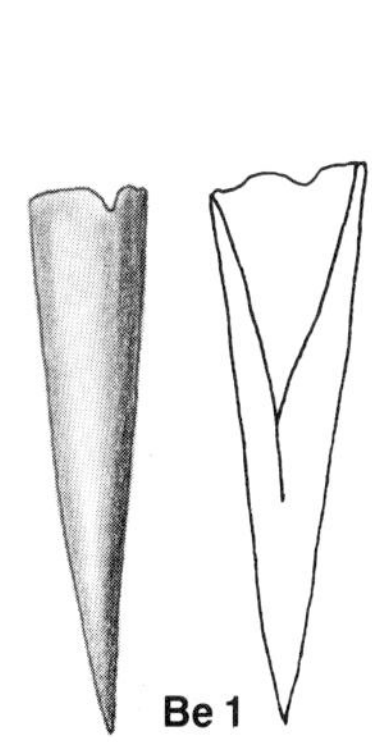
Be 1

Be 2 ***Passaloteuthis apicicurvatus*** (BLAINVILLE). Unt. Jura (Unt., seltener Ob. Pliensbach). Sehr schlank, zylinderförmig, mit allmählich zulaufender Spitze. Qu seitlich komprimiert. In der Spitzenregion ausgeprägte Dorsolateralfurchen. Rc:Rs etwa 2:3. Aw ca. 25°. Mittelgroß. Gattung: Unt. Jura (Pliensbach – Toarc). Abb. ca. 6 cm.
Be 3 ***P. paxillosus*** (SCHLOTHEIM). Unt. Jura (Pliensbach – Unt. Toarc; am häufigsten und typischsten im Ob. Pliensbach). Schlank, zylinderförmig bis pfahlförmig; mit gleichmäßiger, allmählich zulaufender Spitze, meist stumpf und ganz leicht dem Rücken zu gebogen. Meist 2 deutliche Dorsolateralfurchen im Spitzenbereich. Qu mäßig oval bis kreisförmig. Rc:Rs etwa 2:3. Aw ca. 25°. Großwüchsig; Exemplare bis 20 cm sind keine Seltenheit. Abb. ca. 12 cm.
Be 4 ***Odontobelus pyramidalis*** (ZIETEN). Unt. Jura (Toarc). Kegelförmig, schwach bauchig. Qu rundlich. 3 ausgeprägte Spitzenfurchen (tripartit), wobei die Dorsolateralfurchen kräftiger ausgebildet sein können als die Ventralfurche. Rc relativ lang. Alveole liegt exzentrisch. Kleinwüchsig bis mittelgroß. Gattung: Unt. Jura (Toarc) – Mittl. Jura (Unt. Aalen). Abb. ca. 8,5 cm.
Be 5 ***O. brevirostris*** (ORBIGNY). Unt. Jura (Ob. Toarc) – Mittl. Jura (Unt. Aalen). Sehr kleinwüchsig, vogelschnabelförmig. Rc wesentlich länger als Rs; das gesamte Rostrum bildet nur eine kalkige Hülle (Tüte, Scheide) für den Phragmocon. Scharfe Dorsolateral- und meist schwache Ventralfurche im Spitzenbereich. Alveole exzentrisch auf der Bauchseite. Aw ca. 30°.
Be 6 ***Brachybelus breviformis*** (VOLTZ). Unt. Jura (Ob. Toarc) – Mittl. Jura (Unt. Aalen). Zylinderförmig bis leicht kegelförmig, etwas exzentrisch. Abrupte Spitzenverjüngung. Qu rundlich bis mäßig queroval. Keine Furchen. Exzentrische Apikallinie. Aw ca. 30°. Kleinwüchsig. Gattung: Unt. Jura (Ob. Toarc) – Mittl. Jura (Bathon). Abb. ca. 4,5 cm.
Be 7 ***B. gingensis*** (OPPEL). Mittl. Jura (Bajoc). Kleinwüchsig, kegelförmig; plump. Bauchseite und Flanken mehr oder weniger abgeplattet. Qu entsprechend quadratisch bis trapezförmig mit rundem schmalem Rücken. Spitze geringfügig abgesetzt. Rs sehr kurz; das Rostrum bildet nur eine Hülle für den Phragmocon. Alveole stark bauchseitig exzentrisch. Aw ca. 30°. Abb. ca. 2,5 cm.
Be 8 ***Salpingoteuthis acuarius ventricosus*** (QUENSTEDT). Unt. Jura (Toarc). Sehr langes und schlankes Rostrum, deutlich getrennt in ein vorderes, meist komprimiertes Or und ein mehrfach längeres, röhrenförmiges Epirostrum. Or und Epirostrum zeigen Spitzenrundung; der Spitzenbereich des Epirostrums zeigt Furchen, die allerdings, bei zerdrückten Exemplaren, undeutlich sein können. Da das Epirostrum leicht abbricht, wird oft nur das Or gefunden. Gattung: Unt. Jura (Toarc) – Mittl. Jura (Unt. Aalen). Abb. ca. 22 cm.
Be 9 ***S. tubularis*** (YOUNG & BIRD). Unt. Jura (Unt. Toarc, ? Ob. Toarc). Außerordentlich schlank: bei 30 cm Länge nicht mehr als 1 cm dick. Zwischen Jugend- und Adultformen gibt es keinen wesentlichen Unterschied; wir beobachten bei dieser Art also keine Trennung in Or und Epirostrum. Qu rundlich, im Alveolenbereich mehr oval (komprimiert). Im Spitzenbereich Ventralfurche, mitunter auch schwache Dorsolateralfurchen. Aw ca. 25°. Abb. ca. 22 cm.
Be 10 ***Dactyloteuthis wrighti*** (OPPEL). Unt. Jura (Unt. Toarc). Schlank, zylinderförmig. Qu oval, seitlich abgeflacht. Allmähliche Zuspitzung, mäßig scharfe Spitze. Schwache Dorsolateralfurchen im Spitzenbereich; scharfe, längere Ventralfurche. Aw ca. 23°. Mittelgroß. Gattung: Unt. Jura (Toarc). Abb. ca. 10,5 cm.

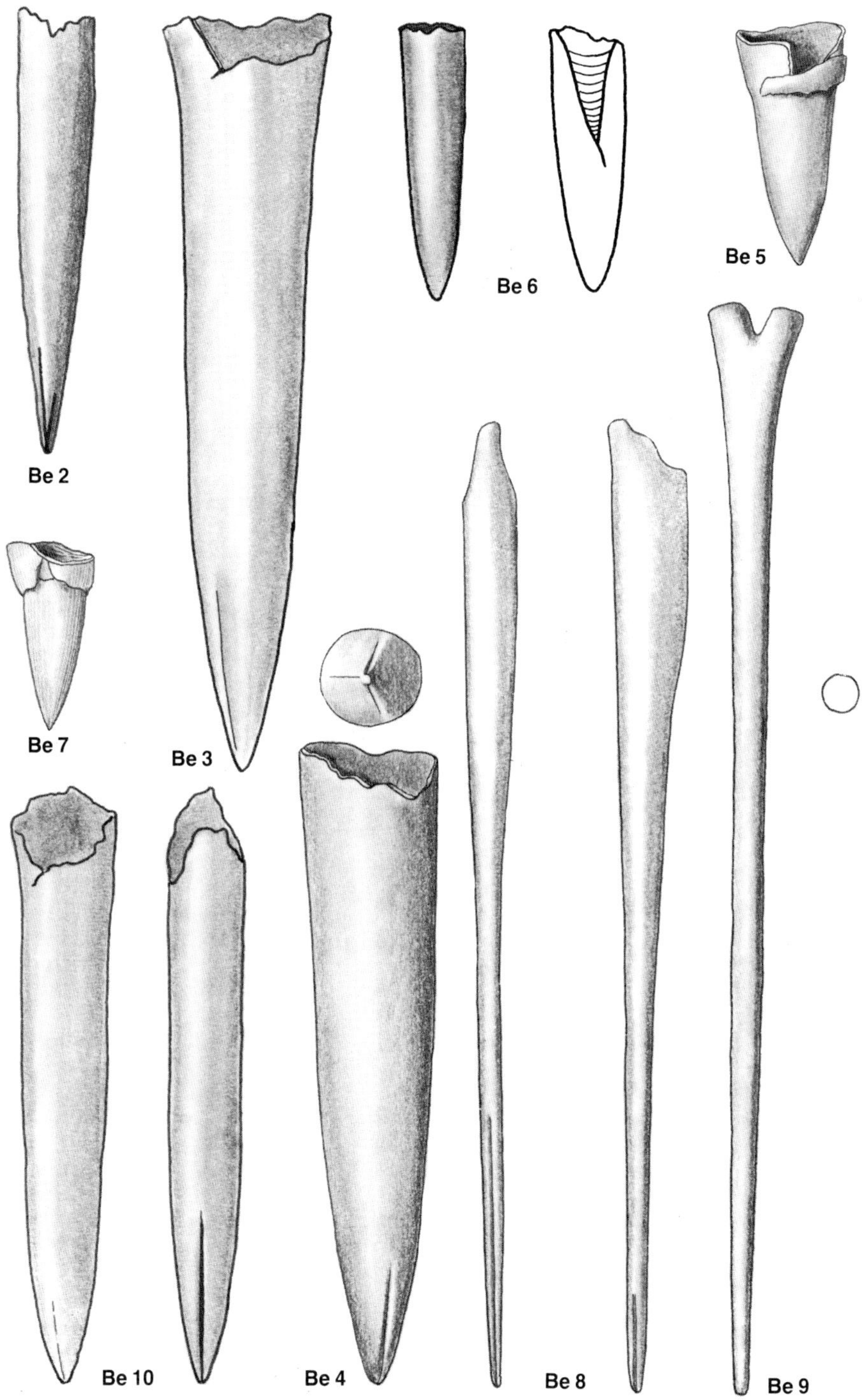
Be 2
Be 3
Be 6
Be 5
Be 7
Be 10
Be 4
Be 8
Be 9

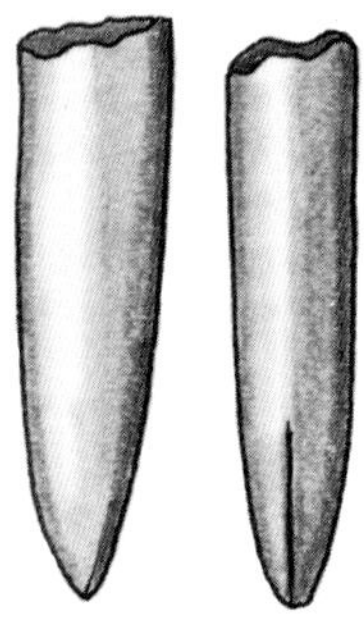

Be 11

Be 11 ***D. incurvatus*** (ZIETEN). Unt. Jura (Unt. Toarc). Kurz, zylinderförmig. Qu oval, seitlich abgeplattet, stark komprimiert. Relativ rasche Zuspitzung; Spitze exzentrisch, scharf, leicht zum Rücken geneigt. Im Spitzenbereich kurze, aber deutliche Ventralfurche und noch kürzere, oft undeutliche Dorsolateralfurchen. Aw ca. 28°. Kleinwüchsig bis mittelgroß. Abb. ca. 5,5 cm.

Be 12 ***D. irregularis*** (SCHLOTHEIM) (syn. ***D. digitalis*** [ZIETEN]). Unt. Jura (Toarc). Zylinderförmig, mit gerundeter Spitze, wodurch das Rostrum fingerförmig aussieht. Qu seitlich stark komprimiert, kräftig abgeplattet. Die typische Form ist schon bei Jugendrostren zu beobachten. Meist scharfe, wenn auch kurze Ventralfurche. Spitze mitunter mit kleiner Grube und/oder kleiner Warze, meist aber schön gerundet. Aw ca. 27°. Abb. (größtes Exemplar) ca. 8 cm.

B 13 ***Megateuthis aalensis*** (VOLTZ) (syn. ***M. giganteus*** [SCHLOTHEIM]). Mittl. Jura (Ob. Bajoc–Bathon, am häufigsten im Mittl. und Ob. Bajoc). Bei Adultformen gut erkennbar eine Trennung (stufenartiger Übergang) in Or und Epirostrum. Bei ca. 15 cm Länge setzt das Epirostrum an. Das Or erinnert in der Form etwa an eine dicke Form von ***Passaloteuthis paxillosus*** und hat ovalen Qu; Spitzenfaltung möglich. Das Epirostrum ist meist wesentlich länger als das Or (etwa 2:1) und hat paarige Dorso- und kürzere Ventrolateralfurchen. Aw ca. 23°. Riesenwüchsig. Gattung: Unt. Jura (Ob. Toarc)–Mittl. Jura (Bathon). Abb. ca. 16 cm.

Be 14 ***M. ellipticus*** (MILLER) (syn. ***M. giganteus*** [SCHLOTHEIM]). Mittl. Jura (Bajoc–Bathon; am häufigsten im Mittl. und Ob. Bajoc). Schlank, zylinderförmig mit lang ausgezogener Spitze. Keine Unterteilung in Or und Epirostrum wie bei ***M. aalensis.*** Qu oval. Kurze, deutliche Dorsolateralfurchen im Spitzenbereich. Jugendformen ähneln den Adultformen. Übergänge zwischen ***M. aalensis*** und ***M. ellipticus*** möglich. Geschlechtsdimorphismus dieser beiden Formen wurde als Möglichkeit diskutiert. Abb. ca. 35 cm.

Be 15 ***Hastites clavatus*** (SCHLOTHEIM). Unt. Jura (Pliensbach). Kleinwüchsig, ausgeprägt keulenförmig mit oft sehr dünnem „Stiel". Selten spitz, meist stumpf oder gerundet. Qu rundlich. Keine Furchen; mitunter Seitenlinien. Große Variationsbreite. Gattung: Unt. Jura (Pliensbach)–Ob. Jura (Unt. Oxford). Abb. (größeres Exemplar) ca. 5 cm.

Be 16 ***Hibolites semihastatus*** (QUENSTEDT). Mittl. Jura (Bajoc–

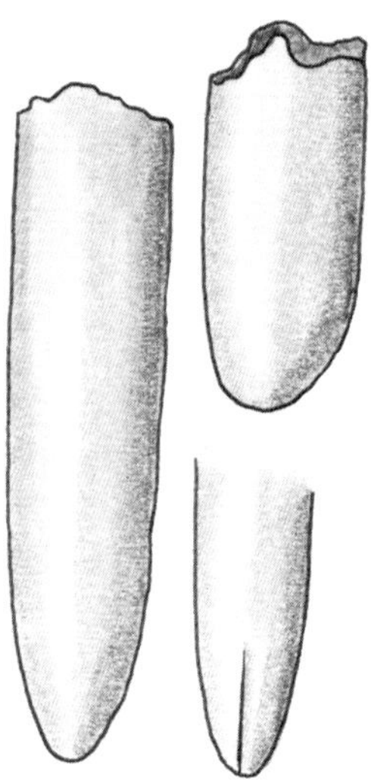

Be 12

Be 13, Be 14 s. Foto S. 184

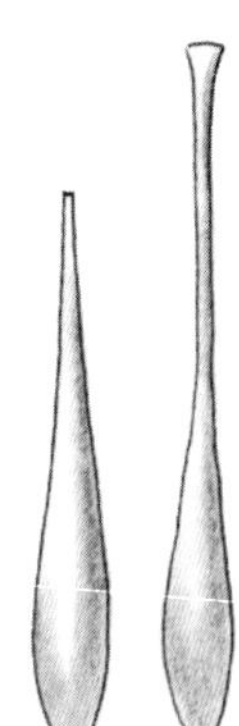

Be 15

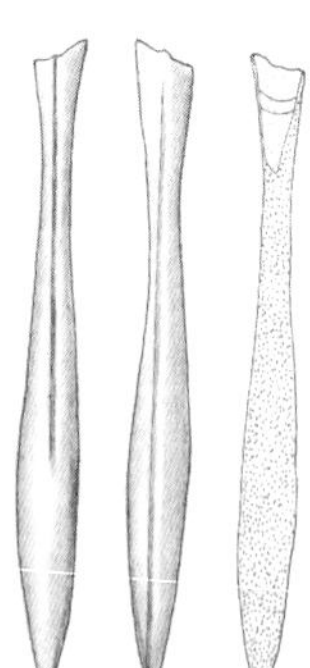

Be 16

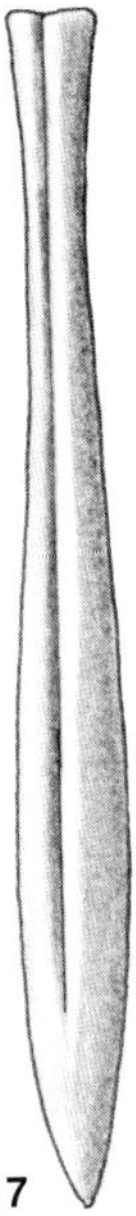
Be 17

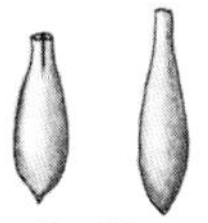
Be 18

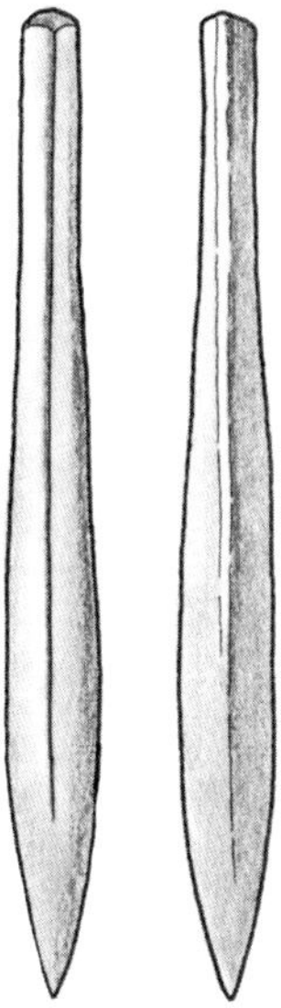
Be 19

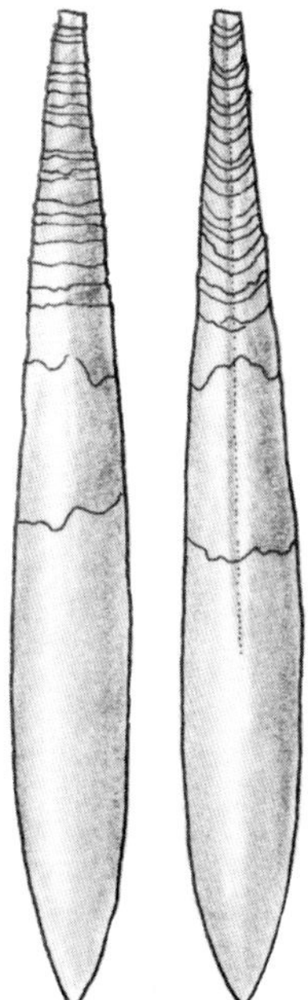
Be 20

Callov). Keulenförmig, schlank; allmählich zulaufende Spitze. Qu rundlich. Kräftiger ventraler Alveolarkanal, der etwa im hinteren Rostrendrittel ausläuft. Deutliche Flankenfurchen. Mittelgroß bis großwüchsig. Gattung: Mittl. Jura (Bajoc) – Ob. Jura (Unt. Tithon). Abb. ca. 22 cm.

Be 17 ***H. calloviensis*** (OPPEL). Mittl. Jura (Callov). Wie ***H. semihastatus***, jedoch mit gedrungenerer Form und weiter zur Spitze verlaufendem Alveolarkanal. Mittelgroß. Abb. ca. 8 cm.

Be 18 ***H. pressulus*** (QUENSTEDT). Ob. Jura (Unt. Oxford). Keulenförmig, mit extrem dünnem „Stiel". Dorsoventral stark abgeplattet. Qu im Alveolarbereich (= Stielbereich) rundlich, sonst abgeplattet queroval. Abrupte Spitzenverjüngung mit aufgesetztem Dorn (Mucro). Kurzer ventraler Alveolarkanal. Alveole sehr klein. Zwergwüchsig; kaum größer als ca. 1,5 cm. Abb. (größeres Exemplar) ca. 1,5 cm.

Be 19 ***H. hastatus*** (BLAINVILLE). Ob. Jura (Oxford – Unt. Tithon; am häufigsten im Unt. und Mittl. Kimeridge). Keulenförmig, schlank. Ventraler Alveolarkanal, etwa in Rostrenmitte auslaufend (bezogen auf das Or). Allmählich zulaufende Spitze. Meist mittelgroß, im Mittl. Kimeridge bis 20 cm. Die ***Acanthoteuthis***-Funde (Weichteilreste, Chitinhaken) aus den Solnhofener Schichten (Unt. Tithon) dürften zu ***H. hastatus*** gehören. Abb. ca. 6 cm.

Be 20 ***H. jaculoides*** SWINNERTON. Unt. Kreide (Hauterive – Barreme). Keulenförmig, mit allmählich sich verjüngender Spitze. Meist fehlt das Rc. Die Amphitheca lösen sich nicht selten schuppig am Vorderende (Alveolarende). Qu rund. Schwacher Alveolarkanal, schwache Ventral- und Seitenfurchen. Mittelgroß. Abb. ca. 10,5 cm.

Be 21 ***Neohibolites minimus*** (MILLER). LF. Unt. Kreide (Alb).

Be 21

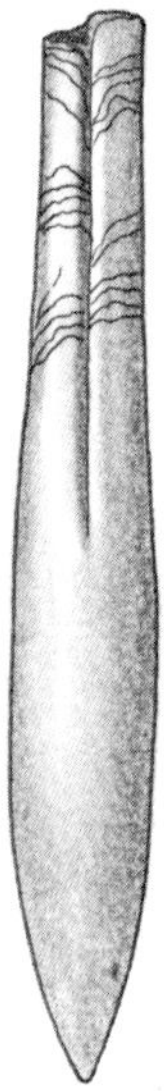

Be 22

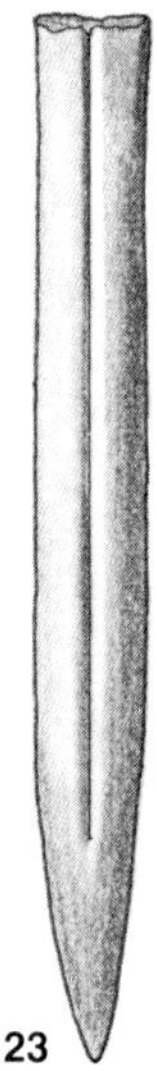

Be 23

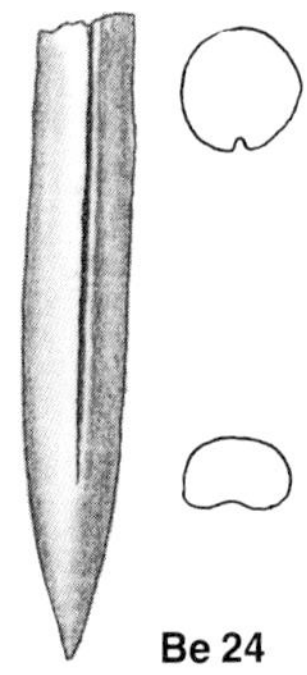

Be 24

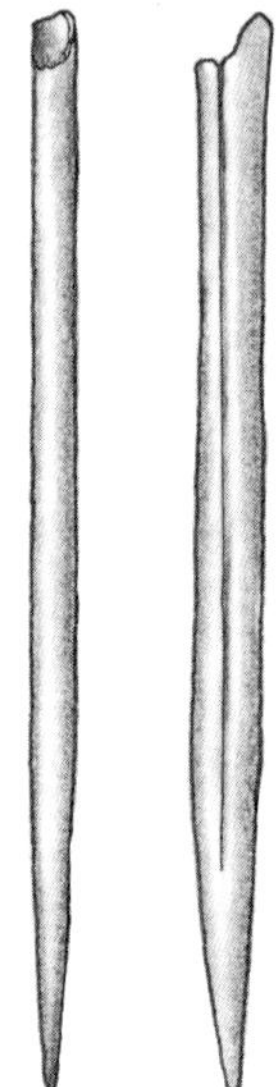

Be 25

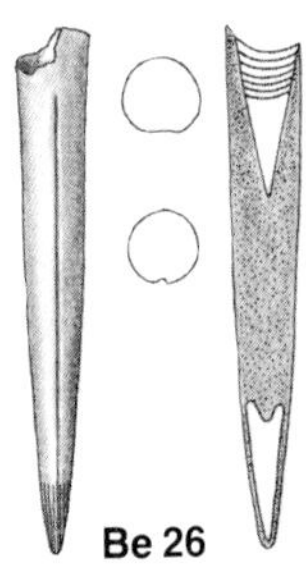

Be 26

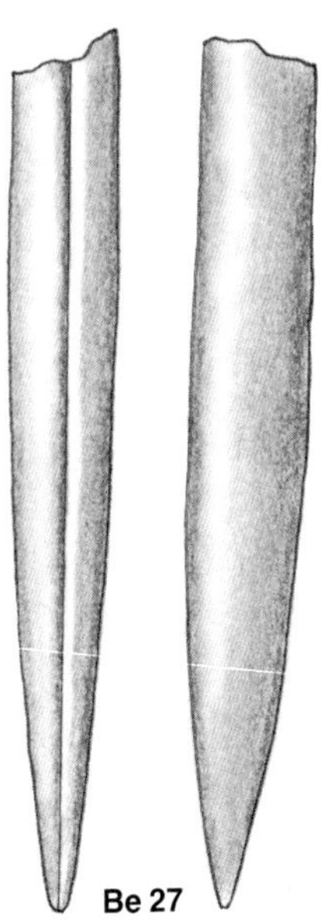

Be 27

Keulenförmig bis schlank zylinderförmig. Spitze abrupt oder allmählich zulaufend, meist stumpf, oft mit Mucro. Alveolarkanal ventral, sehr kurz; kurzer Alveolarschlitz. Flankenlinien. Qu rundlich. Kleinwüchsig. Gattung: Unt. Kreide (Apt) – Ob. Kreide (Cenoman). Abb. ca. 3 cm.

Be 22 ***N. wollemanni.*** Unt. Kreide (Alb). Kräftig keulenförmig. Ventraler Alveolarkanal bis etwa zur Mitte des Or. Qu rundlich. Mittelgroß. Abb. ca. 7 cm.

Be 23 ***Belemnopsis fusiformis*** (PARKINSON). Mittl. Jura (Mittl. – Ob. Bajoc). Zylinderförmig, schlank. Spitze allmählich zulaufend. Ventrale Alveolarfurche bis fast zur Spitze. Schwache Flankenfurchen. Qu rundlich. Mittelgroß. Gattung: Unt. Jura (Pliensbach) – Ob. Jura. Abb. ca. 7 cm.

Be 24 ***B. canaliculatus*** (SCHLOTHEIM). Mittl. Jura (Bajoc – Callov). Wie ***B. fusiformis***, jedoch dorsoventral komprimiert, mit außerordentlich ausgeprägter Furche: Qu nierenförmig. Mittelgroß. Abb. ca. 8,5 cm.

Be 25 ***Rhabdobelus exilis*** (ORBIGNY). Unt. Jura (Toarc). Stabförmig, mit geringer Verdickung im hinteren Drittel (zur Spitze hin). Qu im Alveolarbereich nahezu quadratisch, sonst rundlich. Kräftige Dorsolateralfurche, vom Alveolarrand bis fast zur Spitze verlaufend. Mittelgroß. Gattung: Unt. Jura (Toarc) – Mittl. Jura (Bathon). Abb. ca. 7 cm.

Be 26 ***Cylindroteuthis munieri*** (DESLONGCHAMPS). Mittl. Jura (Bajoc). Schlank, zylinderförmig mit allmählich zulaufender Spitze. Kräftige Ventralfurche fast über die gesamte Rostrenlänge. Spitzenfaltung. Qu rundlich. Großwüchsig. Gattung: Mittl. Jura (Bajoc) – Ob. Jura. Abb. ca. 14 cm.

Be 27 ***C. puzosiana*** (ORBIGNY). Mittl. Jura (Callov) – Ob. Jura (Oxford). Ähnlich ***C. munieri***, jedoch ohne Spitzenfältelung. Qu leicht oval. Abb. ca. 15 cm.

Be 28 ***Acroteuthis subquadratus*** (ROEMER). LF. Unt. Kreide (Valangin). Gedrungen, kegelförmig bis zylinderförmig. Qu quadratisch bis hochrechteckig (seitlich komprimiert). Spitze mehr oder weniger allmählich zulaufend, mitunter mit Mucro. Vor der Spitze auslaufende Ventralfurche. Niedriger Alveolenwinkel. Mittelgroß. Gattung: Ob. Mitteljura – Unt. Kreide (Unt. Hauterive). Abb. ca. 8,5 cm.

Be 29 ***Duvalia dilatata*** BLAINVILLE. Unt. Kreide (Valangin – Barreme). Fingerförmig, mit starker seitlicher Abplattung und Verbreiterung in dorsoventraler Richtung. Unregelmäßige Umrißform; immer wesentlich dicker als breit. Keine Furchen. Mittelgroß. Gattung: Mittl. Jura (Bathon) – Unt. Kreide (Barreme). Abb. ca. 6 cm. ***D. lata*** BLAINVILLE ist ebenfalls abgeplattet und in dorsoventraler Richtung verbreitert, weist aber von der Seite gesehen eine exzentrisch liegende Spitze auf. Kräftige Dorsalfurche. Unt. Kreide (Valangin – Barreme); ohne Abb.

Be 30 ***Pseudobelus pistiformis*** (BLAINVILLE). Unt. Kreide (Ob. Valangin – Apt). Zylinderförmig, mit allmählich zulaufender Spitze. Alveole selten erhalten. Am Alveolarende häufig abschuppende Amphitheca. Qu rundlich bis mäßig oval. Seitenfurchen. Kleinwüchsig. Gattung: Unt. Jura (Toarc) – Unt. Kreide (Apt). Ca. 6 cm.

Be 31 ***Oxyteuthis brunsvicensis*** (STROMBECK). LF, Unt. Kreide (Barreme – Apt). Kräftig zylinderförmig, mit allmählich zulaufender Spitze. Schwache Seitenlinien, keine Furchen. Tiefe Alveole; Aw niedrig. Qu rundlich. Mittelgroß. Gattung: Unt. Kreide. Abb. ca. 6 cm.

Be 32 ***Belemnitella mucronata*** (SCHLOTHEIM). LF. Ob. Kreide

Be 28

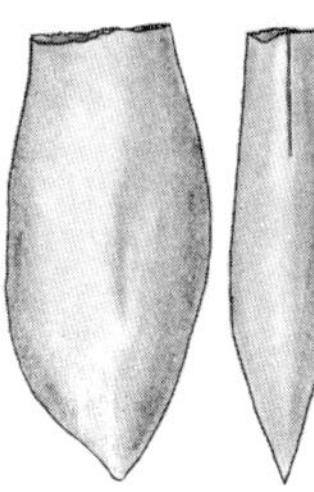

Be 29

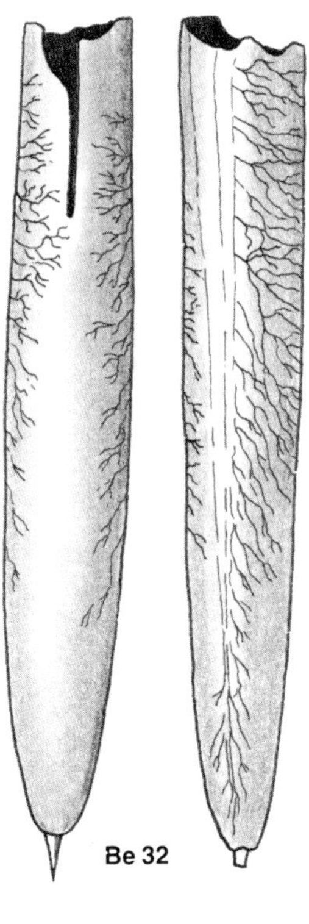

Be 32

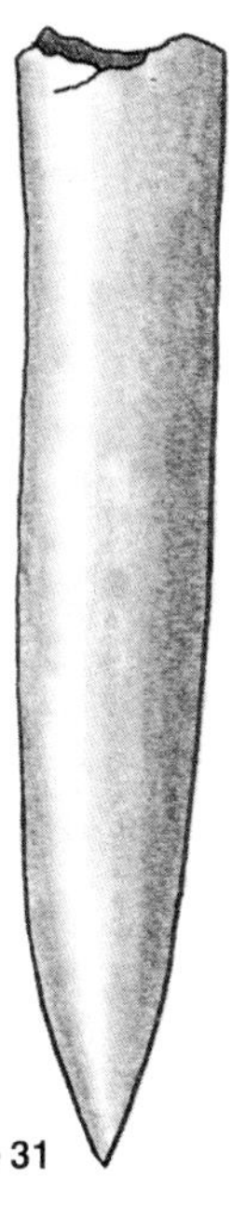

Be 31

Be 30

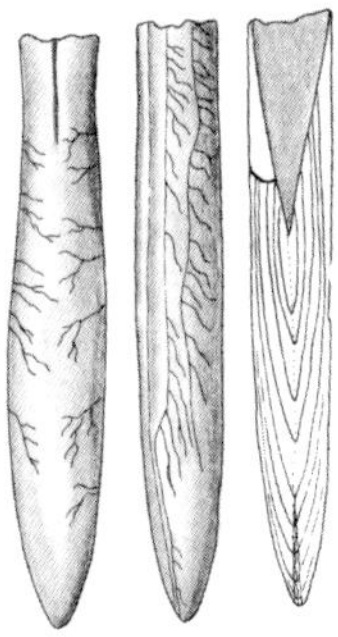

Be 33

(Unt. Obercampan). Zylinderförmig, mit relativ abrupter Zuspitzung. Spitze gerundet, mit aufgesetztem Mucro. Deutlicher Alveolarschlitz, der wie bei allen Arten dieser Gattung erst relativ hoch über der Embryonalkammer einsetzt (bei ***B. mucronata*** ca. 8 mm). Kräftige Gefäßeindrücke. Paarige Dorsolaterallinien. Tiefe Alveole. Aw ca. 14°. Mittelgroß. Gattung: Ob. Kreide (Ob. Santon – Ob. Maastricht). Abb. ca. 9,5 cm.

Be 33 ***B. langei*** Jeletzky. LF. Ob. Kreide (Ob. Obercampan). Wie ***B. mucronata,*** jedoch gedrungener. Mittelgroß. Abb. ca. 8 cm.

Be 34 ***Belemnella lanceolata*** (Schlotheim). LF. Ob. Kreide (Unt. Untermaastricht). Schlank, zylinder- bis schwach keulenförmig. Qu rundlich. Spitze stumpf, jedoch nicht so abrupt zulaufend wie bei ***Belemnitella mucronata.*** Aufgesetzter Dorn (Mucro). Der Alveolarschlitz setzt knapp über der Bursa primordialis ein (1,5 bis 2 mm). Paarige Dorsolaterallinien; Gefäßeindrücke. Mittelgroß. Gattung: Ob. Kreide (Maastricht). Abb. ca. 11 cm.

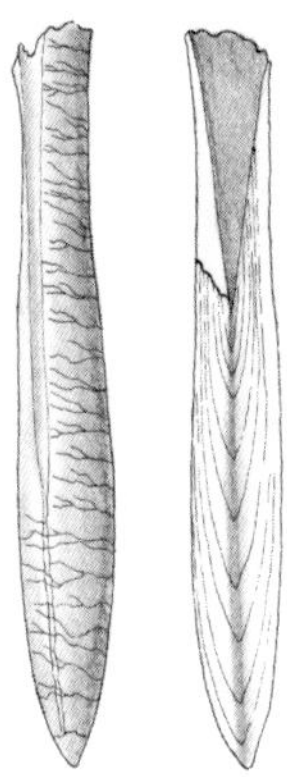

Be 34

Be 35 ***Actinocamax plenus*** (Blainville). LF. Ob. Kreide (Ob. Cenoman). Keulenförmig, mäßig gedrungen. Allmähliche Spitzenverjüngung mit nochmaliger Zuspitzung. Je 2 Dorsolateralstreifen. Qu am Vorderende („Stiel") trapezförmig mit flachem Venter und gerundeter Dorsalseite. Mittelgroß. Gattung: Ob. Kreide (Cenoman – Campan). Abb. ca. 9 cm.

Be 36 ***Gonioteuthis westfalica*** (Schlüter). LF. Ob. Kreide (Unt. Santon). Zylinderförmig bis sehr schwach keulenförmig. Spitze gerundet, mit aufgesetztem Mucro. Da der Alveolarteil des Rostrums nur unvollständig verkalkt war, finden wir heute nur noch einen Teil der Alveole (eine sehr kurze Pseudoalveole). Die Alveolarvertiefung ist entsprechend gering. Qu des Alveolenbereiches oval. Sehr kurzer Alveolarschlitz. Mittelgroß. Gattung: Ob. Kreide (Santon – Unt. Campan). Abb. ca. 6 cm.

Be 37 ***G. granulata*** (Blainville). LF. Ob. Kreide (Ob. Santon). Wie ***G. westfalica,*** jedoch mit weniger abruptem Spitzenübergang, längerem Alveolarschlitz und rundem Qu des Alveolenbereiches. Mittelgroß. Abb. ca. 6,5 cm.

Be 38 ***G. quadrata*** (Blainville). LF. Ob. Kreide (Unt. Campan). Wie ***G. granulata,*** jedoch mit längerem Alveolarschlitz und gerundet-quadratischem Qu des Alveolenbereiches. Mittelgroß. Abb. ca. 8,3 cm.

Be 39 ***Onychites amalthei*** Quenstedt. Unt. Jura (Ob. Pliensbach). Chitinig, schwarzglänzend, hakenartig gekrümmt, mit relativ stumpfem Ende. Abb. ca. 3 cm. Verbreitung der Onychiten: Jura.

Be 40 ***O. rostratus*** Quenstedt. Ob. Jura (Unt. Oxford). Wie ***O. amalthei,*** jedoch spitzer. Immer kleinwüchsig. Abb. ca. 1 cm.

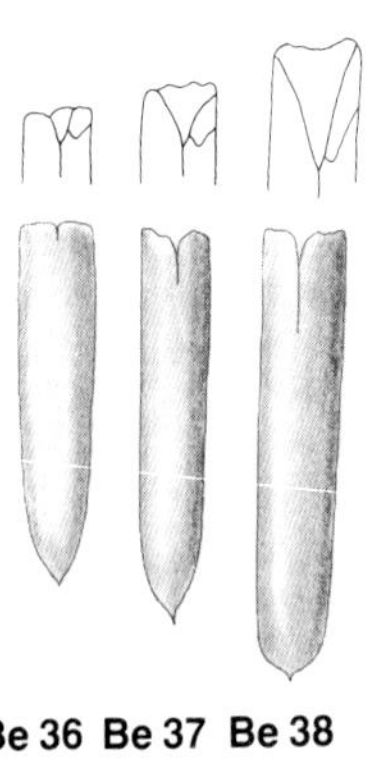

Be 36 Be 37 Be 38

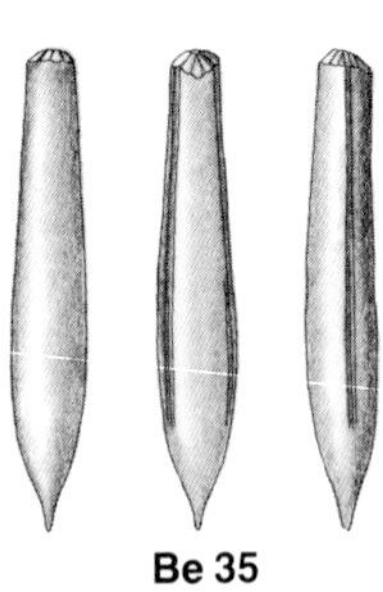

Be 35

Be 40

Be 39

Klasse Cricoconarida

(Tentakuliten im weiteren Sinne)

Allgemeines, Größenverhältnisse

Die bekanntesten Fossilien dieser Klasse sind die Tentakuliten. Aber auch die anderen Gruppen treten in manchen Gesteinen des Paläozoikum sehr häufig auf. Allen gemeinsam ist die Form: schlank und spitzkegelförmig. Die kalkigen Gehäuse sind meist sehr klein, nur einige Millimeter im Durchschnitt. Die kleinsten messen ca. 0,8 mm, die größten bekannten Formen erreichen etwa 8 cm.
In verschiedenen Schichten treten die Cricoconariden in ungeheuren Mengen auf, wie z. B. in den Tentakulitenschiefern des Thüringer Unterdevon oder des Mitteldevon im Rheinischen Schiefergebirge. Ganze Schichtflächen sind dann bedeckt, das Gestein ist regelrecht gespickt mit fossilen Tentakuliten. Aus manchen verwitterten und entsprechend lockeren Kalken kann man Tentakuliten ausschlämmen. Mitunter findet man im Gestein nur noch die Hohlformen, die Negative, vor allem in dichteren Kalken und Kalksandsteinen.

Leitwert, Systematik

Beschreibungen und Abbildungen von Cricoconariden finden wir schon in sehr alten Abhandlungen. Systematische Untersuchungen sind jedoch meist jüngeren Datums, und die biostratigraphische Bedeutung als Leitfossilien erkannte man erst in jüngster Zeit.
Heute werden die Cricoconariden meist als eigene Klasse zu den Mollusken gestellt. Früher und zum Teil auch heute noch war man der Meinung, sie seien eher zu den Pteropoden oder auch zu den Coelenteraten zu stellen. Auch als Seeigelstacheln hat man sie schon eingestuft.
Die Klasse wird in die Ordnungen Tentaculitida und Dacryoconarida unterteilt. Die Tentaculitida haben einen immer gekammerten Anfangsteil (Jugendgehäuse); der Spitzenwinkel ist geringer als jener der Dacryoconarida. Diese weisen keine Gehäuseunterteilung auf.
Die ersten Cricoconariden finden wir im Unt. Ordovizium (Ob. Tremadoc). Gegen Ende der Devonzeit starb die Klasse aus. Die Formenvielfalt wurde im Verlauf der Stammesgeschichte immer größer, bis zum ziemlich abrupten Aussterben. Insgesamt sind ca. 14 Gattungen bekannt.

Gehäuse, Weichteile, Ontogenese

Die kleinen, kalkigen Gehäuse weisen im Spitzenbereich einen meist vom übrigen Gehäusekonus abweichenden Winkel (zwischen 2–18°) auf. Das Gehäuse ist innen hohl, entweder glatt oder mit schwacher Wiederholung der Außenskulptur. Diese zeigt oft Ringe, die im Spitzenbereich immer deutlicher und schärfer ausgebildet sind als in Mündungsnähe. Seltener finden wir glattschalige oder längsgestreifte Arten. Das Gehäuse besteht aus mehreren Kalklagen, die bei dickschaligen Formen in Mündungshöhe perforiert sein können (Radialkanäle).
Der Spitzenbereich kann mit massivem Kalk gefüllt sein; andere Formen haben konkave Querböden, die den nicht mehr bewohnten (juvenilen) Bereich von der Wohnkammer abtrennen. Die Dacryoconarida sind bis zur Spitze hohl. Die Mündung ist glatt und ohne besondere Ausbildung. Die Embryonalkammern der beiden Ordnungen sind wichtige Merkmale: Die Tentaculitida haben kegelförmige Spitzen bzw. Anfangskammern, während jene der Dacryoconarida kugel- bzw. tränenförmig ausgebildet sind.
Über Ontogenese und Weichteile ist bedauerlicherweise nichts bekannt. Vermutlich besaßen die Tiere Tentakel (Name!).

Lebensraum, Lebensweise

Alle Cricoconariden treten ausschließlich in marinen Sedimenten auf, lebten also nur im Meer. Ein Teil der Tiere lebte planktisch und wurde durch Strömungen weltweit verbreitet. Hierzu gehörte wohl der Großteil der Dacryoconarida. Die Tentaculitida zählten zum Benthos und lebten teilweise eingegraben; nur die Mündung war sichtbar. Inwieweit sich die Tiere kriechend oder schwimmend fortbewegen konnten, ist ungeklärt. Ihre Nahrung bestand wohl hauptsächlich aus Plankton, durch die Strömung zugeführt oder mit Hilfe der Tentakel zum Mund gestrudelt.

Bestimmung

Sofern das Gehäuse einigermaßen gut erhalten vorliegt, können wir anhand von Form und Skulptur erste Anhaltspunkte für die Bestimmung gewinnen. Vor allem aber helfen uns Längsschliffe weiter. Sie zeigen die Ausbildung der Embryonalkammer und die Querböden, die Dicke der Schale und die Zahl der Kalkschichten. Wichtig kann weiterhin der Spitzenwinkel sein und das Verhältnis desselben zum Winkel des Gehäusekonus.

Ordnung Tentaculitida (Ordovizium – Ob. Devon)

Familie Tentaculitidae (Unt. Silur – Ob. Devon)
Gehäuse meist dickwandig, viellagig. Oberfläche geringelt; der Ringabstand wird zur Mündung hin größer und ist im Mündungsbereich meist uneinheitlich. Mündungsbereich perforiert. Konkave Querböden im Spitzenbereich. Bis 8 cm.

Te 1

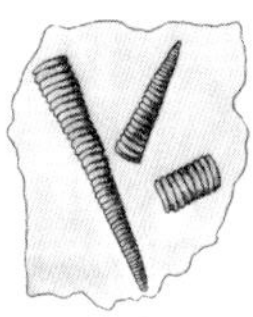

Te 2

Te 3

Te 1–3 ***Tentaculites.*** Unt. Silur – Ob. Devon (Mittl. Frasne). Konische, meist zwischen 15 und 40 mm lange Formen. Ringe engständig; im Mündungsbereich zwischengeschaltete feine Ringe und Streifen. Embryonalkammer immer spitz, meist hohl, jedoch auch mit massiver Kalkeinlagerung. Querböden. Spitzenwinkel 9–12°, Gehäusekonus in Mündungshöhe 3–7°. ***T. ornatus*** SOWERBY (**Te 1**), Mittl. Silur; ca. 4 cm. ***T. scalaris*** SCHLOTHEIM (**Te 2**), Mittl. Silur – Ob. Silur (Ludlow); ca. 3,5 cm. ***T. infundibulum*** RICHTER **Te 3**), Mittl. Devon (Givet); ca. 3 mm.

Te 4

Te 4 ***Cornulites.*** Ordovizium – Silur. Gehäusewinkel relativ groß. Ringabstand gleichbleibend bis zur Mündung. Ringquerschnitt ungleich: Zur Mündung hin flacher. ***C. serpularius*** SCHLOTHEIM, Mittl. Silur – Ob. Silur (Ludlow); ca. 5,5 cm.

Familie Homoctenidae (Mittl. Devon – Ob. Devon)
Gehäusewand dünn, nur aus 2 oder 3 Lagen bestehend. Außenfläche mit gratartigen Ringen, die mit entsprechenden Wülsten und Vertiefungen der Innenfläche korrespondieren. Mündungsbereich weist keine Perforation auf. Spitzenbereich mit 1 bis 3 Querböden, teilweise aber auch ohne.

Te 5

Te 6

Te 5 ***Homoctenus.*** Ob. Devon (Unt. – Mittl. Frasne). Gehäuse und Embryonalkammer konisch, meist nur durch einen Querboden getrennt. Der Ringabstand wird zur Mündung hin größer, die Zwischenräume sind breiter als die Ringe. Spitzenwinkel 9–15°; Gehäusekonus in Mündungshöhe 6–12°. ***H. krestovnikowi*** LYASHENKO, Ob. Devon; ca. 3,5 mm.

Familie Uniconidae (Unt. Ordovizium – Ob. Devon)
Gehäuse mit dicker und viellagiger Schale, perforiert. Spitzenbereich mit Querböden. Außenseite gleichmäßig geringelt. Innenfläche glatt.

Te 6 ***Uniconus.*** Unt. Silur – Ob. Devon (Frasne). Gleichmäßig konisch; Spitzenbereich mit Querböden. Außenfläche gleichmäßig geringelt, mit zunehmendem Abstand zur Mündung hin. Ringe mit ungleichem Querschnitt: steilere Wand zur Mündung hin. Spitzenwinkel 7–9°, Gehäusekonus im Mündungsbereich 4–6°. ***U. glaber*** (TRAUTSCHOLD), Ob. Devon (Frasne); ca. 8,5 mm.

Ordnung Dacryoconarida (Ordovizium – Ob. Devon)

Familie Nowakiidae (Ob. Silur – Ob. Devon)
Gehäusewinkel immer größer als bei den Tentaculitida; Embryonalkammer kugel- bis tränenförmig. Außenfläche geringelt oder glatt; Innenfläche schwach wellenförmig geringelt bis glatt. Keine Gehäuseperforation. Meist kleinwüchsig.

Te 7, 8 ***Nowakia.*** Ob. Silur – Ob. Devon (Mittl. Frasne). Gehäuse geringelt, Spitze aber glatt. Teilweise längs- und quergestreift. Dünnwandig; die Innenfläche wiederholt meist abgeschwächt die Skulptur der Außenseite. Spitzenwinkel 13–18°; Gehäusekonus in Mündungsnähe 10–13°. ***N. acuaria*** Richter (**Te 7**), Mittl. Devon; ca. 3,5 mm. ***N. elegans*** (Barrande) (**Te 8**), Mittl. Devon; ca. 3 mm.

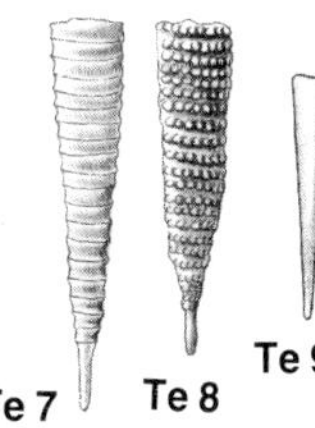

Te 7 Te 8 Te 9

Familie Styliolinidae (Mittl. Silur – Ob. Devon)
Innenfläche glatt; Wanddicke variabel. Keine Perforation. Embryonalkammer kugel- bis tropfenförmig. Außenfläche glatt, geringelt oder längsgestreift.

Te 9 ***Styliolina.*** Mittl. Silur – Ob. Devon (Unt. Famenne). Außenfläche meist glatt, selten mit wenigen Querstreifen. Spitzenwinkel 8–14°; Gehäusekonus in Mündungsnähe 3–11°. ***S. clavula*** (Barrande), Mittl. Devon (Givet); ca. 2 mm (Steinkern).

Stamm Annelida (Ringelwürmer)

Hierher gehören alle langgestreckten, drehrunden Würmer mit geschlossenem Blutkreislauf, einem sogenannten Strickleiternervensystem und einer Gliederung des Körpers in Segmente, die bei den meisten Formen als Ringe oder Ringel erkannt werden können. Ein jedermann bekanntes Beispiel ist der Regenwurm. Auch Borstenwürmer und Egel gehören zu diesem Stamm. Fossil ist er hauptsächlich durch Lebensspuren belegt: Bauten, Kriech- und Fraßspuren findet man in vielen Sedimenten.

Klasse Polychaeta (Borstenwürmer)

Deutlich segmentierte, hauptsächlich marin lebende Würmer mit zahlreichen Segmenten. Sie leben oft in harten (kalkigen) Wohnröhren. Andere leben freischwimmend und räuberisch. Die Tiere verfügen über gute Augen, Fühler und Riechorgane. An jedem Segment des Körpers sitzt ein Paar Stummelfortsätze (Parapodien) mit Borsten.

Ordnung Sedentaria (Röhrenwürmer, Serpeln)

Allgemeines, Größenverhältnisse, Leitwert, Systematik

Zu den Röhrenwürmern gehört die Mehrzahl der fossilen Wohnröhrenfunde. Die Ordnung Sedentaria (beschrieben wurden etwa 100 Gattungen) ist, bedingt durch relativ zahlreiche Funde, weitaus besser bekannt als die anderen Ordnungen der Klasse Polychaeta. Sedentaria wurden bereits in kambrischen Gesteinen nachgewiesen.
Die Erbauer jener Wohnröhren waren Würmer mit gegliedertem Körper, zusammengesetzt aus zahlreichen Segmenten mit je zwei borstenbesetzten Parapodien. Neben dauernd bewohnten Röhrenbauten (permanente Röhren) werden auch zeitweilig benutzte Bauten (temporäre Röhren, Grabgänge) erstellt, die wenig widerstandsfähig und somit fossil nicht oder nur sehr selten überliefert sind.

Die Gruppe stellt so gut wie keine Leitfossilien, obwohl eine Bearbeitung der tertiären Serpuliden Österreichs (W. J. SCHMIDT, 1955) eine große horizontale (teilweise sogar weltweite) und bei den meisten Formen auch horizontgebundene Verbreitung zeigte (89 Arten). Weitere 44 Arten ermöglichten trotz größerer Schwankungen in vertikaler Richtung immer noch stratigraphische Aussagen. Die Systematik der rezenten Formen stützt sich vorwiegend auf die Untersuchung der Weichteile. Die Paläontologen müssen sich dagegen mit der Untersuchung der Wohnröhren begnügen und darauf aufbauend eine Gliederung der vorhandenen Formen erstellen. – Nur leider haben bei den rezenten Tieren mitunter verschiedene Arten gleich aussehende Wohnröhren, was sicher teilweise auch auf die fossilen Vertreter zutraf. Ein weiterer erschwerender Umstand ist die gerade auch bei Würmern große Variabilität der Wohnröhrenform innerhalb einer Art.
Die kleinsten fossilen Wohnröhren sind etwa 1 mm groß, während die größten immerhin 10 cm und mehr erreichen können. Meistens finden wir solche Fossilien nicht isoliert, sondern aufgewachsen z. B. auf den Schalen von Mollusken, etwa auf Muscheln, Schnecken, Ammoniten oder Belemniten. Die Besiedelung erfolgte sowohl zu Lebzeiten des Trägertieres wie auch auf den Skeletteilen bzw. Schalen gestorbener Tiere, die auf dem Grund lagen.

Wohnröhre, Weichteile

Die Röhren bestehen normalerweise aus kalkiger Substanz, die die Tiere ausgeschieden haben. Die Röhre wird im Mündungsbereich mit mäßiger Geschwindigkeit verlängert; weiter hinten liegende, nicht mehr bewohnte Teile können durch Scheidewände abgetrennt werden. Die mitunter sehr ähnlichen Gehäuse der Wurmschnecken unterschied man früher aufgrund des vermeintlichen Fehlens solcher Querböden, bis auch bei ihnen Kammerscheidewände nachgewiesen werden konnten. Ein klares Unterscheidungsmerkmal bildet aber die Wandstruktur: Bei den Röhrenwürmern beobachten wir einen zweischichtigen Aufbau, jeweils aus konzentrischen Lagen, während bei den Schnecken die innere Schicht konzentrischen, die äußere aber radialfaserigen Bau aufweist.
Die Röhrenoberfläche kann völlig glatt sein, zeigt aber oft verschiedene Skulpturelemente: 3–8 Längskiele oder -streifen, auch in Form regel- oder unregelmäßig geperlter Linien oder Kiele; Querelemente in Form feiner Anwachslinien oder wulstiger Verdickungen (Wachstumspausen). Schließlich beobachten wir eine Mischung in Form von Gitterstruktur.
Die verschiedenen Windungsformen heißen:
scolecoform (unregelmäßig gekrümmt)
lophoform (abwechselnd gerade und knäuelförmig)
ceratoform (elefantenzahnartig gebogen)
discoform (planspiral eingerollt)
cylindroform (wie um einen Zylinder gerollt, aufsteigend)
cypelloform (wie ein auf der Spitze stehender, flacher, weitnabeliger Kegel)
corytoform (eingerollt zu einem kegelförmigen Köcher)
cryptoform (mäßig steil kegelförmig aufgerollt mit obenliegender Mündung)
Sehr wichtig ist auch die Form des Röhrenquerschnitts; wir unterscheiden zwischen kreisrunden, 3-, 4-, 5- und 7-eckigen Querschnitten.
Der Körper besteht aus zahlreichen Segmenten. Der Kopf ist bei den Sedentaria nicht besonders abgesetzt. Im vorderen Körperbereich sitzen mit Flimmerhärchen besetzte Kiemen. Im Gegensatz zu manchen anderen Formen verfügen Sedentaria über keinen besonders differenzierten Kauapparat. Die Parapodien sind meist kurz und einfach und zum Schwimmen nicht geeignet.

Lebensraum, Lebensweise

Die zu den Sedentaria gehörenden Würmer leben marin bis brackisch. Die meisten Formen leben im Flachwasserbereich oberhalb ca. 40 m. Zur Tiefe hin nimmt die Häufigkeit ab, bis etwa bei 400 m, von wenigen Ausnahmen abgesehen, die Untergrenze der vertikalen Reichweite erreicht ist.
Die Tiere leben fixisessil in Kalkröhren oder freiliegend auf bzw. im Sediment. Die Röhrenwürmer sind als Gruppe nicht faziesabhängig.
Sedentaria sind Filterer: Mit den Flimmerhärchen strudelt sich der in der Röhre sitzende Wurm Wasser zu und filtert die enthaltenen Nahrungspartikel heraus. Andere sind Fleischfresser, und wieder andere leben von Detritus oder von Großpflanzen.

Bestimmung

Durch das Fehlen eindeutiger Bestimmungsmerkmale sind wir auf die wenigen Hinweise angewiesen, die uns Windungsform, Querschnitt und Skulptur geben. Im folgenden werden einige teilweise häufige bzw. kennzeichnende Gattungen beschrieben und jeweils eine oder mehrere Arten abgebildet.

Ordnung Sedentaria (Kambrium – rezent)

Familie Serpulidae (Ordovizium – rezent)
Permanente Wohnröhre; kalkig. Querschnitt rund oder vieleckig; meist aufgewachsen oder angeheftet. Röhre mitunter durchscheinend, z. B. solche aus tertiären Sanden.

S 1

S 1 ***Protula.*** Kreide – rezent. Dickwandig, nahezu gerade (ceratoform, wobei das Anfangsstadium anders ausgebildet sein kann). Durchmesser meist größer als 5 mm. Oberfläche glatt, abgesehen von querlaufenden, mehr oder weniger kräftig ausgebildeten Anwachswülsten bzw. -linien. ***P. extensa*** (SOLANDER), Tertiär (Lutet – Barton); ca. 6 cm.

S 2 ***Glomerula.*** Jura – rezent. Röhren rund, von meist geringem, gleichbleibendem Durchmesser. Oberfläche glatt. Es gibt solitäre und koloniale Formen. Die Windungsform ist unregelmäßig (lophoform); die einzelnen Röhren sind nicht miteinander verwachsen, aber bei kolonialem Auftreten stark verschlungen. ***G. gordialis*** (SCHLOTHEIM), Jura – Kreide; ca. 2,5 cm.

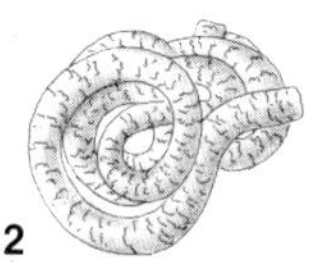

S 2

S 3 ***Sarcinella.*** Jura – rezent. Querschnitt rund. Röhrenform geradegestreckt. Meist kolonial auftretend, in Form langgestreckter Gruppen. Oberfläche glatt. ***S. plexus*** (SOWERBY) (syn. ***Serpula socialis***), Jura – Kreide; ca. 3,3 cm.

S 4 ***Ditrupa.*** Kreide – rezent. Schwach gebogen (ceratoform); konische Röhren. Querschnitt rund, drei- oder fünfkantig. An beiden Enden offen. Die Arten von ***D.*** können wegen ihres regelmäßigen Wuchses leicht mit Scaphopoden verwechselt werden. Oberfläche glatt oder mit feinen Querrunzeln. Äußere Schalenschicht manchmal durchscheinend. Meist nicht länger als ca. 1 cm und bis ca. 1 mm dick. Kurz vor der Mündung (am dickeren Ende) verringert sich der Durchmesser. ***D. plana*** (SOWERBY), Tertiär (Unt. Eozän; Ypres); ca. 1,8 cm. Aus der Ob. Kreide stammen die folgenden beiden Arten (ohne Abb.): ***D. tricostata*** (GOLDFUSS) (Cenoman), Röhren kurz und dick und nur schwach konisch; ***D. subtorquata*** (MUENSTER) (Coniac – Campan), Röhren auffallend dickwandig (Durchmesser bis 3 mm), im Querschnitt fünfkantig. Im Tertiär (Eozän; Lutet) des Pariser Beckens finden wir häufig ***D. strangulata*** DESHAYES.

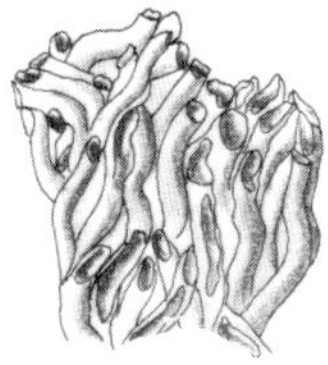

S 3

S 4

S 5 ***Spiraserpula.*** Kreide – rezent. Röhren rund bis dreikantig, discoform mit geraden, zwischen den planspiralen Einrollungen liegenden Bereichen. Gerundet W-förmige Querwülste in größeren Abständen, sonst glatt. Gesamtröhre aufgewachsen; Mundstück bzw. Mündungsbereich kann frei sein. ***S. spirographis*** (GOLDFUSS), Kreide (Cenoman) – Tertiär (Eozän); ca. 0,8 cm. Eine andere Art, aus der Ob. Kreide, erreicht nur einen Röhrendurchmesser von max. 1,5 mm: ***S. versipellis*** REGENHARDT (ohne Abb.).

S 5

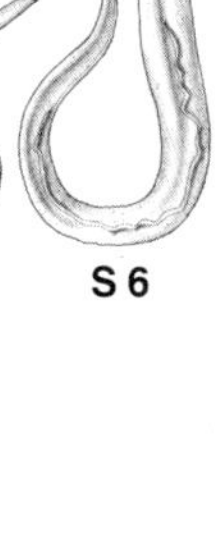

S 6

S 6 ***Pomatoceras.*** Kreide – rezent. Röhren gerade, schlingen- oder hakenartig. Festgewachsen; Aufwuchsfläche als breiter Sockel ausgebildet. Durchlaufender Kiel. Querschnitt dreieckig. Oberfläche quergerunzelt. Wachstumsabschnitte sind an äußeren Einschnitten

S 7

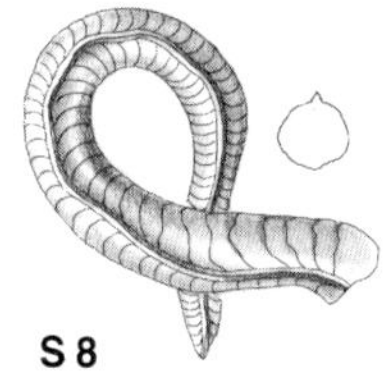

S 8

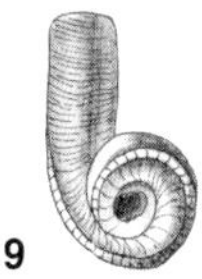

S 9

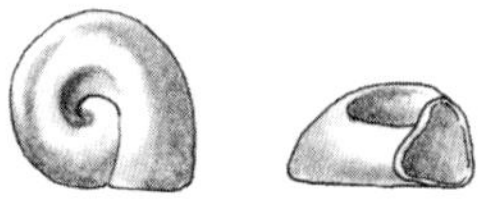

S 10

S 11

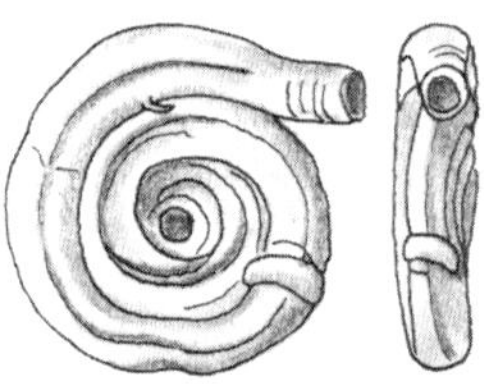

S 12

erkennbar. ***P. trachinus*** (Goldfuss), Ob. Kreide (Cenoman – Campan); ca. 3,2 cm. In den europäischen Meeren finden wir häufig ***P. triqueter*** (Linne) (Dreikantwurm); bis ca. 5 cm (ohne Abb.).

S 7–9 ***Serpula.*** Ob. Perm – rezent. Querschnitt rund oder dreieckig; Röhre meist gekielt. Anfangsbereich teilweise eingerollt. Ganz oder nur mit dem Hinterende aufgewachsen. Oberfläche mit mehr oder weniger kräftiger Querrunzelung. Zu dieser Gattung wurden und werden viele Arten gestellt, die bei anderen Gattungen schlecht eingegliedert werden können (Sammelgattung). ***S. lumbricalis*** (Schlotheim) (**S 7**), Mittl. – Ob. Jura; ca. 3 cm. ***S. sulcata*** Sowerby (**S 8**) (syn. ***S. grandis***), Mittl. – Ob. Jura (Oxford); ca. 5 cm. ***S. convoluta*** Goldfuss (**S 9**), Ob. Mitteljura; ca. 2,5 cm. Der Serpulit, ein in Nordwestdeutschland auftretendes Gestein, besteht aus den zerbrochenen Röhren von ***Serpula coacervata*** Blumenbach; der Kalk-Röhrenwurm (***S. vermicularis*** Linne), Durchmesser bis 5 mm, lebt in der Nordsee (beide ohne Abb.).

S 10, 11 ***Spirorbis.*** Silur – rezent. Planspiral (discoform) oder cypelloform gewunden. Die Röhren haben ein schneckenhausartiges Aussehen. Meist sehr klein. Mit der Spitze aufgewachsen. Mündungsteil manchmal frei. Oberfläche glatt oder skulptiert. ***S. tenuis*** Sowerby (**S 10**), Silur (Wenlock); ca. 2 mm. ***S. subrugosus*** (Muenster) (**S 11**), Ob. Oberkreide; ca. 2,2 cm. Rezent tritt in europäischen Meeren häufig der Posthörnchen-Röhrenwurm auf (***S. carinatus***); ohne Abb.

S 12 ***Rotularia.*** Ob. Kreide – Tertiär (Eozän). Anfangsteil unregelmäßig gewunden, danach meist discoform. Mündungsbereich oft losgelöst. Querschnitt rund bis angenähert quadratisch. Oberfläche quergerunzelt. Entwicklungsmaximum der Gattung im Eozän. ***R. bognoriensis*** (Mantell), Tertiär (Unt. Eozän; Ypres); ca. 2,5 cm.

Stamm Arthropoda (Gliederfüßer)

Die Arthropoden sind der Tierstamm mit der weitaus höchsten Artenzahl: ca. 860 000; allerdings stellt allein die Klasse Insecta (Insekten) davon etwa 800 000 Arten, und gerade Insekten sind leider fossil extrem unterrepräsentiert. Die Funde sind nur in wenigen Ausnahmefällen so gut erhalten, daß eine Bestimmung möglich ist. Das gilt z. B. für die Fossilien aus dem Geiseltal bei Merseburg und bedingt auch für die Insekten aus den Solnhofener Schichten von Bayern. Dazu kommen eine Reihe überseeischer Funde und schließlich vor allem die hervorragenden Exemplare, die in Bernstein eingeschlossen sind. Aus diesem Grund bleiben die Insekten aus den folgenden Beschreibungen ausgespart.

Der Körperbau der Arthropoden ist bilateral-symmetrisch. Der Körper ist unterteilt in ungleichartige Abschnitte mit paarigen und gegliederten Extremitäten – daher der Name! Wir unterscheiden Kopf (Cephalon), Brustabschnitt (Thorax) und Hinterleib (Abdomen bzw. Pygidium). Kopf- und Brustteil können verschmolzen sein und heißen dann Cephalothorax (Prosoma). Die Tiere verfügen über ein

chitiniges Außenskelett. Bei manchen sind Kalksalze eingelagert; dadurch werden sie widerstandsfähiger und fossil gut überlieferungsfähig.
Trotzdem sind die Arthropoden in den meisten Sammlungen unterrepräsentiert, abgesehen vielleicht von den Trilobiten. Der starre Panzer erfordert beim Wachsen teilweise zahlreiche Häutungen; er wird abgeworfen und neu gebildet. Die Extremitäten sind vor allem im Kopfbereich stark differenziert und ermöglichen Aussagen über verwandtschaftliche Beziehungen.
Die verschiedenen Gruppen der Arthropoda haben sich frühzeitig spezialisiert. Wir unterscheiden folgende Unterstämme und Klassen:
Unterstamm Trilobitomorpha (Kambrium – Perm)
Klasse Trilobitoidea (Mittl. Kambrium – Devon)
Klasse Trilobita (Trilobiten) (Kambrium – Perm)
Unterstamm Chelicerata (Fühlerlose) (Kambrium – rezent)
Klasse Merostomata (Kambrium – rezent). Hierzu gehört der bekannte Molukkenkrebs oder Schwertschwanz, *Limulus*, und seine oft abgebildeten Verwandten aus den Solnhofener Schichten (Ob. Oberjura); rezent 4 Gattungen
Klasse Arachnida (Spinnentiere) (Silur – rezent); rezent ca. 36 000 Arten
Unterstamm Pycnogonida (Asselspinnen) (Ob. Devon und rezent); rezent ca. 500 Arten
Unterstamm Crustacea (Krebstiere) (Kambrium – rezent); rezent ca. 20 000 Arten
Klasse Cephalocarida; nur rezent
Klasse Branchiopoda (syn. Phyllopoda) (? Kambrium; Devon – rezent)
Klasse Mystacocarida; nur rezent
Klasse Ostracoda (Muschelkrebse) (Kambrium – rezent); fossil gut belegt
Klasse Euthycarcinoida (Trias); nur 2 Gattungen bekannt
Klasse Copepoda (Ruderfußkrebse); nur rezent bekannt; fraglich im Miozän
Klasse Branchiura (Fischläuse); nur rezent
Klasse Cirripedia (Rankenfüßer) (Ob. Silur – rezent). Hierher gehören die rezent wie auch teilweise fossil häufig auftretenden Seepocken
Klasse Malacostraca (höhere Krebse) (Ob. Kambrium – rezent); Krebse im eigentlichen und von Nichtbiologen gebrauchten Sinn
Unterstamm Onychophora (Stummelfüßer) (Kambrium: Burgess-Schiefer, rezent; eine weitere, wohl unterkambrische Form ist das vielzitierte *Xenusion*)
Unterstamm Myriapoda (Tausendfüßer) (? Ob. Karbon; Kreide – rezent); mit 6 hier nicht näher aufgeführten Klassen; rezent ca. 3680 Arten
Unterstamm Insecta (Insekten); rezent ca. 800 000 Arten; mit 2 Klassen (Sackkiefler = Entognatha und Freikiefler = Ectognatha); nachgewiesen ab dem Devon, wobei die devonischen Formen beinahe auf dem Entwicklungsstand der rezenten stehen und es somit wahrscheinlich machen, daß die Klasse wesentlich älter ist und lediglich die fossilen Belege fehlen
Unterstamm Pentastomida (Linguatulida, Zungenwürmer); nur rezent bekannt
Unterstamm Tardigrada (Bärtierchen); nur rezent bekannt
Die Arthropoden haben sich alle möglichen Lebensbereiche erschlossen: Wir finden sie im Süß-, Brack- und Meerwasser, auf dem Lande und in der Luft. Etliche Formen leben parasitär. Viele der Gruppen, vor allem der Insekten, stehen auf einer hohen sozialen Organisationsstufe, z. B. die Bienen oder die Ameisen. Der größte Teil der Arthropoden liegt größenmäßig zwischen 0,5 und ca. 5 cm. Die größten rezenten Vertreter, japanische Riesenkrabben, erreichen ca. 4 m – den Hauptanteil an dieser Länge haben die Beine –, während die paläozoischen Eurypteriden immerhin auch 3 m groß wurden. Sie sind von der Körpermasse her wohl die größten Arthropoden, die jemals lebten!

Unterstamm Trilobitomorpha (syn. Proarthropoda)

Ausgestorbene, meist marin lebende Arthropoden, deren bekannteste Klasse die Trilobiten bilden. Allen gemeinsam sind Spaltbeine vom Trilobitentyp und Antennen. Die verwandtschaftlichen Beziehungen zwischen den Trilobitomorpha und den Crustacea (Krebstieren) sind noch umstritten; neueste Untersuchungen deuten aber doch auf gemeinsame Vorfahren hin. Der Unterstamm ist bekannt vom Kambrium bis zum Perm.

Klasse Trilobita (Trilobiten)

Allgemeines, Größenverhältnisse

„Diese gehören zu den ersten Geschlechtern der Erde, denn gleich die untersten Schichten des Übergangsgebirges bergen die größte Anzahl, doch haben sie, in stets anderen Formen, bis in die obersten Glieder jener ältesten Wasserbildung noch große Bedeutung." So äußerte sich schon F. A. QUENSTEDT 1852 in seinem „Handbuch der Petrefaktenkunde" über die Trilobiten.
Schon von alters her gehören Trilobiten genauso wie Ammoniten zum „Kern" vieler Fossiliensammlungen. Einige Sammler haben sich gar auf diese Gliederfüßer spezialisiert und beachtliche Kollektionen zusammengetragen. Zwar können wir in heimischen Bereichen leider nur noch wenige Fundstellen besuchen, andererseits werden aber von berühmten und ergiebigen außerdeutschen Fundgebieten wie z. B. der Prager Mulde oder auch manchen amerikanischen Vorkommen reichlich Trilobiten angeboten, und so können wir doch nach und nach eine kleine Sammlung aufbauen bzw. Vorhandenes ergänzen.

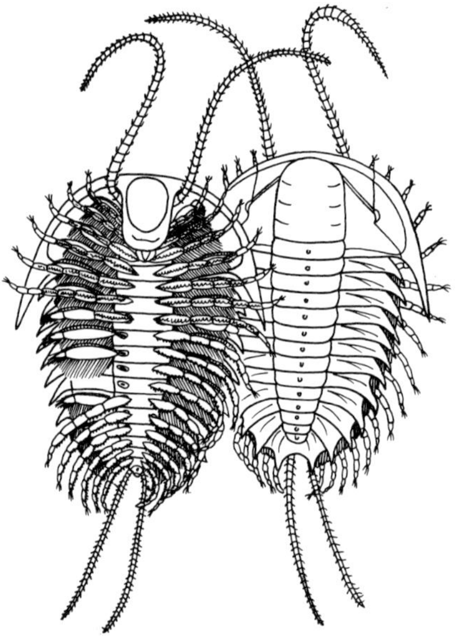

Olenoides serratus (ROMINGER), Mittl. Kambrium, Rekonstruktion. (Umgezeichnet nach HARRINGTON aus HAWLE & CORDA.)

Daß gerade das Sammeln von Trilobiten früher einfacher war als heute, mag uns folgende Anekdote beweisen: Als Alexander von HUMBOLDT im Herbst des Jahres 1789 eine Studienreise in die Gegend von Bonn unternahm (er wollte die dortigen Basalte untersuchen), führte ihn ein Abstecher auch in die Eifel. In der Gegend von Gerolstein, auf den sogenannten Trilobitenfeldern, fand er die berühmten devonischen Trilobiten in solcher Menge, daß die (gewiß nicht kleinen) Taschen seines Schoßrocks schnell übervoll waren. So blieb ihm nichts anderes übrig, als den auf den Feldern arbeitenden Bauersfrauen „die Strümpfe vom Leibe abzukaufen" – darin trug er dann den Überfluß hinweg. Liegenlassen wollte er nichts: Hier gibt es keinen Unterschied zwischen einem Gelehrten des 18. Jahrhunderts und einem Sammler von heute.
Der Name ist glücklich gewählt; die Bezeichnung „Trilobita" wurde 1771 von WALCH geprägt, der an sich Professor der „Beredsamkeit und Dichtkunst" und nebenher mineralogisch und paläontologisch sehr rege war. „Trilobit" kommt aus dem Lateinischen und bedeutet „Dreilapper". Damit wird auf die Dreiteilung des Panzers in Cephalon (Kopfschild), Thorax (Rumpf) und Pygidium (Schwanzschild) und quer dazu die außen liegenden Pleuren (Seitenteile) und die mittig liegende Achse (Rhachis, Spindel) hingewiesen.
Mitunter werden die Trilobiten auch als „Dreilappkrebse" oder „Urkrebse" bezeichnet – beides ist in dem Sinne falsch, als Trilobiten jedenfalls nicht zu den eigentlichen Krebstieren gehören.
Besonders gut erhaltene Trilobitenfossilien zeigen hin und wieder noch Teile des ehemaligen, nicht mineralisierten Gliedmaßenskeletts. Vor allem die mittelkambrischen Burgess-Schiefer vom Burgess-Paß in Kanada lieferten eine ganze Reihe derartiger besonders wertvoller Fossilien: Der berühmte amerikanische Paläontologe WALCOTT untersuchte im Jahre 1909 die kambrischen Aufschlüsse in British Columbia und entdeckte dabei in der Nähe des erwähnten Passes im Hangschutt einen Gesteinsblock mit wunderbar erhaltenen Fossilien. Ein Jahr später gelang dann die Lokalisierung der anstehenden Schicht; die räumlich leider unbedeutende Fundstelle wurde vollkommen abgebaut. In der Umgebung des Ortes Field existieren aber weiterhin einige ähnliche Fundstellen und liefern auch heute noch gute Fossilien.

In diesem Gestein waren nun nicht nur die Hartteile hervorragend erhalten, sondern teilweise auch die Weichteile! Sogar komplette Borstenwürmer, Seegurken usw. entdeckte man sowie z. B. reichlich Arthropoden, darunter Trilobiten mit teilweise erhaltenen Weichteilen und Gliedmaßen. *Agnostus* (T 1), *Eodiscus, Olenoides* (s. Rekonstruktionszeichnung S. 242) wurden hier u. a. häufig gefunden. Aber auch in den Hunsrückschiefern (Bundenbacher Schiefer) des Unt. Devon treten nicht selten bestens erhaltene Trilobiten auf. Die Präparation stellt dabei allerdings ein echtes Problem dar, da die saubere und schadenfreie Freilegung der feinen Pyrithäutchen extrem zeitintensiv ist. Hier hilft sich der Paläontologe vor allem durch Röntgenuntersuchungen. Die Aufnahme zeigt das verkieste Fossil meist in schöner Deutlichkeit; bei Bedarf kann es später immer noch freipräpariert werden.
Die Durchschnittsgröße ausgewachsener Trilobiten liegt bei ca. 3 bis 8 cm. Die kleinsten erwachsenen Tiere waren nicht größer als ca. 0,5 cm, während die größten Exemplare beachtliche Ausmaße erreichten: *Paradoxides harlani* (T 7, 8) aus dem Mittl. Kambrium ca. 45 cm, *Uralichas riberoi* aus dem Mittl. Ordovizium gar 75 cm und *Terataspis grandis* aus dem Mittl. Devon immer noch 60 cm! Dies sind wohl die Stücke, die den meisten Sammlern noch fehlen (und sie dürfen sich trösten: Ganze und wohlerhaltene Exemplare jener Arten sind so gut wie unbekannt!).

Trilobiten als Leitfossilien

Trilobiten stellen häufig Leitformen – bedingt durch ihre Horizontbeständigkeit und weite Verbreitung eignen sie sich in hervorragender Weise als biostratigraphische Zeitmarken. Dazu kommt, daß die nicht selten gute Erhaltung zusammen mit reichlich vorhandenen Bestimmungsmerkmalen auch bei Feldarbeiten eine schnelle Schichtermittlung ermöglichen kann. Dabei genügen in vielen Fällen bereits Skeletteile, z. B. ein isoliertes Cephalon, zur Ermittlung der Gattung oder sogar der Art (s. Bestimmung).
Im Kambrium stützt sich die Zonierung praktisch ausschließlich auf Trilobiten – ca. 20 Stufen bzw. Zonen werden unterschieden. In den anderen Systemen des Paläozoikum treten Trilobiten als Leitfossilien nicht mehr exklusiv auf; im Ordovizium und im Silur werden vor allem Graptolithen wichtig, im Devon schließlich auch schon Ammoniten.

Systematik, Stammesgeschichte

Die Klasse wird in 7 Ordnungen unterteilt:

Agnostida (Kambrium – Ordovizium)
Redlichiida (Unt. – Mittl. Kambrium)
Corynexochida (Kambrium)
Ptychopariida (Kambrium – Mittl. Perm)
Phacopida (Ordovizium – Devon)
Lichida (Ordovizium – Devon)
Odontopleurida (Ordovizium – Devon)

Heute sind etwa 3000 Gattungen und Untergattungen bekannt; vor etwa 15 Jahren waren es nicht mehr als die Hälfte: Die paläontologischen Kenntnisse haben sich mit überraschender Geschwindigkeit vermehrt. 10 000 Arten wurden bisher beschrieben – ein nahezu unüberschaubares Feld!
Im Unt. Kambrium tritt schlagartig eine Vielzahl von Gattungen auf. Die Trilobiten waren zu diesem Zeitpunkt morphologisch schon hoch differenziert. Das deutet darauf hin, daß bereits im Präkambrium Vorfahren existierten. Diese hatten aber, ähnlich wie die Brachiopodenvorläufer, keine erhaltungsfähigen, mineralisierten Hartteile. Folgerichtig müssen wir die Mineralisation des Skeletts als wichtigen Schritt in der Entwicklung der Gruppe betrachten.
Bereits im Ob. Kambrium erreicht die Klasse das absolute Entwicklungsmaximum. Während des gesamten Silur beobachten wir einen Engpaß – die Gattungszahl und mit ihr die Individuenzahl geht deutlich zurück. An eine schwache Blütezeit zu Beginn des Devon schließt sich dann ein kontinuierlicher Niedergang an, bis zum Aussterben der Trilobiten im Perm, gegen Ende des Erdaltertums.
Warum die Trilobiten ausgestorben sind, ist letztlich ungeklärt. Einige Autoren versuchen dies mit der nachlassenden „Lebenskraft" zu erklären; wahrscheinlich aber hängen die abnehmende Tendenz in der Stammesgeschichte und das schließliche Verschwinden u. a. mit ungünstigen Umwelteinflüssen zusammen. So beobachten wir praktisch von der Wende Kambrium/Ordovizium an einen ständigen

Rückgang der Formenvielfalt und Individuenzahl. Zahlreiche der an Faulschlammsedimente gebundenen kambrischen Trilobitengruppen erloschen, manche andere paßten sich den gut durchlüfteten Flachmeeren mit Kalksandsedimentierung im Ordovizium an. Aber die idealen und bevorzugten Lebensbedingungen schienen zumindest im vorherigen Ausmaß nicht mehr gegeben gewesen zu sein. Eine durch andere stark „expandierende“ Tiergruppen entstandene Nahrungskonkurrenz zusammen mit Einengung des Lebensraums mag schließlich zum Erlöschen der Klasse geführt haben.

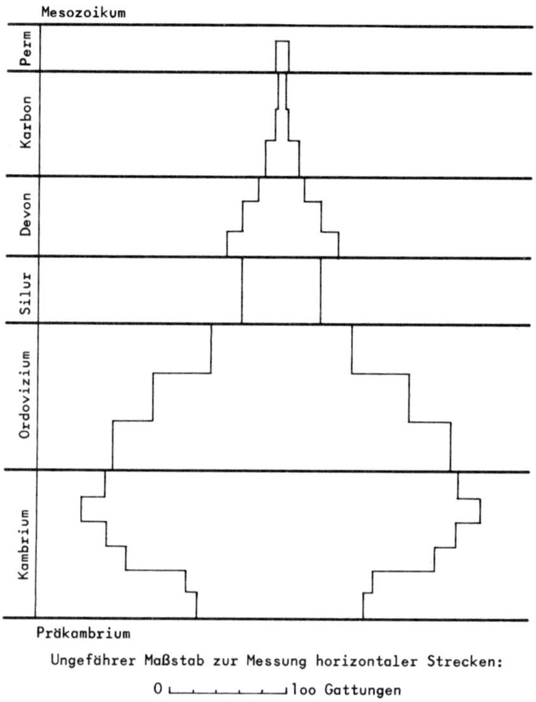

Stammesgeschichtliche Entwicklung der Trilobiten. (Abgeändert nach A.H. MÜLLER.)

Panzer

Die erhaltungsfähigen, d. h. schon im Leben mineralisierten Hartteile der Trilobiten bestehen aus dem Dorsal-(Rücken-)panzer – diesen bzw. die Exuvien (Häutungsreste; s. „Ontogenese“) finden wir in der Regel im Gestein – und den wenigen Hartteilen, die die Unterseite des Tieres schützten. Sämtliche Skeletteile gehörten zu einem Außenskelett (Exoskelett), das den Körper umhüllte. Entsprechend der weitgehend benthonischen Lebensweise war vor allem der Rücken bestens geschützt – die Unterseite lag dem Boden direkt auf und bedurfte keines so gründlichen Schutzes. Die Entwicklung der Panzerung geschah übrigens kaum im Hinblick auf räuberische Feinde – im Kambrium existierten noch keine Fische oder z. B. Cephalopoden, und auch keine anderen Tiere mit räuberischer Lebensweise –, sondern wohl eher, um mechanische Beschädigungen (z. B. durch Brandung usw.) zu verhindern. Vor allem diente der Panzer als Stützgerüst für die Weichteile. Später hat er dann sicherlich auch Schutzfunktion übernommen – die zahlreich ausgebildeten Stacheln, Dornen usw. wirkten darüber hinaus bestimmt abschreckend.

Der Panzer bestand aus Chitin, mit Einlagerungen von Kalk und Calciumphosphat (bis zu 30 %), was sich für die Fossilisation sehr vorteilhaft auswirkte. Die oben angesprochenen Teile der Ventralpanzerung (Bauchpanzerung) heißen Rostralplatte, Hypostom und Metastom; sie sind meist klein und deckten nur Bereiche unterhalb des Cephalons ab. Es ist noch nicht endgültig geklärt, inwieweit die Trilobiten der verschiedenen Familien und Gattungen über derartige Skeletteile verfügten, da Bestandteile der Ventralpanzerung vergleichsweise selten gefunden werden. Im Laufe der Panzerentwicklung bildete sich das Cephalon durch Verschmelzen (Cephalisation) aus einzelnen beweglichen Segmenten, ebenso wie das Pygidium durch Caudalisation.

Das Cephalon ist fast immer halbkreisförmig und wird durch die in der Längsachse liegende Glabella (Glatze) beherrscht. Sie kann glatt sein oder Furchen aufweisen als Überbleibsel der früheren Segmentierung. Fast immer ist ein gut erkennbarer Nackenring (Occipitalring) vorhanden, der zwischen Glabella und Thorax sitzt, immer aber mit dem Cephalon verschmolzen ist. Die Seitenteile links und rechts der Glabella – Wangen bzw. Freiwangen – hatten wohl die Aufgabe, die darunterliegenden Beine zu schützen. Die Festwangen sind die unmittelbar an die Glabella anschließenden Teile;

Terminologie und Morphologie eines Trilobitenrückenpanzers. (Abgeändert nach HAHN und HAHN.)

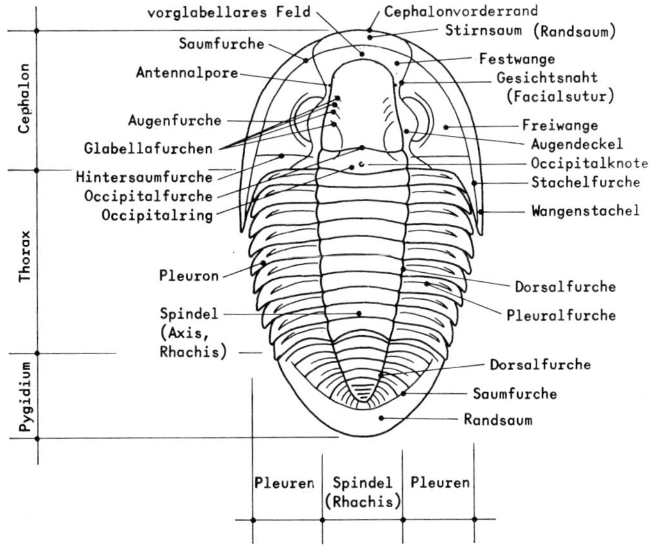

die Freiwangen sind durch Gesichtsnähte (Facialsuturen) von den Festwangen getrennt. Diese Nähte erleichterten den Prozeß der Häutung – hier platzte bei den meisten Trilobiten der Panzer auf. Die Wangenecken des Cephalons können gerundet oder als Wangenstacheln ausgebildet sein.

Die Augen liegen seitlich auf dem Kopfschild. Eine ganze Reihe von Arten aber war primär oder sekundär blind. *Trimerocephalus* und *Dianops* sind solche im Laufe der Entwicklung sekundär erblindete Formgruppen. Manche Tiere hatten Facettenaugen mit zwischen 100 und 15 000 (!) Einzellinsen aus klarem Calcit (z. B. *Phacops*, T 45, 46), andere sogar Stielaugen *(Staurocephalus)*, die wohl einerseits als Periskop dienten, wenn das Tier sich im Sediment eingewühlt hatte, andererseits aber auch als „Aussichtstürme" fungieren mochten. Augen, deren Linsen von einer gemeinsamen Hornhaut überdeckt werden, heißen holochroal; ist hingegen jede Linse von der anderen abgetrennt, handelt es sich um schizochroale Augen (*Phacops*, T 45, 46). Bei vielen Formen sind die Augen durch eine Augenleiste mit der Glabella verbunden. Die Augenausbildung der einzelnen Gruppen steht sicher in ursächlichem Zusammenhang mit der Lebensweise.

Der Thorax (Rumpf) ist immer deutlich segmentiert. Die Zahl der Thorakalsegmente schwankt zwischen 2 (*Agnostus pisiformis*, T1) und maximal 42, liegt aber normalerweise zwischen 6 und 15. Diese Segmente sind untereinander sowie mit Cephalon und Pygidium frei beweglich verbunden, was einer großen Zahl von Arten das Einrollen ermöglichte. Dies erfolgte wohl als Schutzreaktion bei Gefahr, ähnlich wie beim Igel. Beim Schwimmen z. B. konnten die Tiere durch Einrollen und somit Flächenverringerung schneller auf den Grund sinken und so angreifenden Feinden entfliehen. Wesentlicher aber dürfte ganz einfach die im eingerollten Zustand allseitige Panzerung gewesen sein – auch die ansonsten offenliegenden Weichteile der Unterseite waren dann bedeckt. Unterschieden werden 2

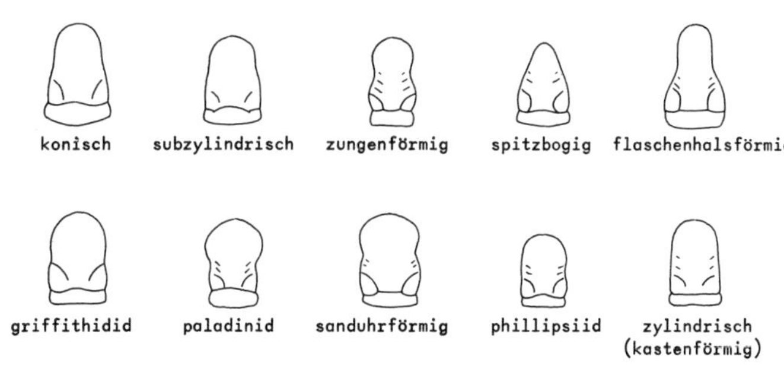

Glabellaformen der Proetidae. (Umgezeichnet nach HAHN & HAHN.)

Einrollungstypen: der sphäroidale (alle Thorakalsegmente sind etwa gleichmäßig beteiligt) und der discoidale (Thorax und Pygidium werden auf das Cephalon geklappt).
Das Pygidium (Schwanzschild) ist meist abgerundet und oft ohne wesentliche Oberflächenskulptierung. Während die Zahl der ursprünglichen Segmente beim Cephalon immer 7 beträgt, waren es beim Pygidium je nach Art meistens mehr. Einige Arten entwickelten abenteuerliche Verzierungen: Lappen, Dornen und Stacheln von mitunter erstaunlicher Größe, vergleichbar den Wangenstacheln des Cephalons. Bei erdgeschichtlich (und stammesgeschichtlich) älteren Trilobiten ist das Pygidium meist kleiner als das Cephalon, bei jüngeren Formen hingegen werden Kopf- und Schwanzschild oft nahezu gleich groß.

Weichteile

Verständlicherweise sind Aussagen über die Weichteile ausgestorbener Tiere immer unter Vorbehalt zu machen, da ein direkter Nachweis nur in ganz seltenen Fällen gelingt. Nach den wenigen Funden aber stellen wir uns vor, daß die Eingeweide der Trilobiten hauptsächlich unter der Körperachse lagen.

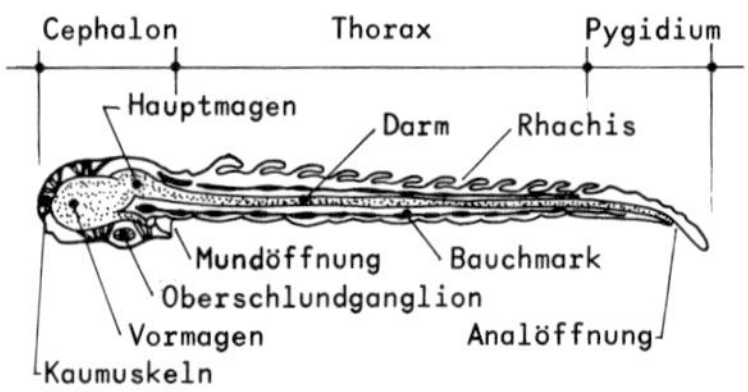

Längsschnitt durch einen Trilobiten mit rekonstruierten Weichteilen. (Abgeändert nach A.H. Müller aus R. RICHTER.)

Der mögliche Aufbau: Mund, Vormagen und Magen lagen unter dem Cephalon, wobei die Kaumuskeln des Magens innen am Cephalon angewachsen waren. Ein langer Darm lag unter Thorax und Pygidium, mit After unter dem letzten Segment des Schwanzschildes. In der Mundregion war als Nervenzentrale ein Ganglion vorhanden und unter dem Darm ein Markstrang („Bauchmark").
Die Funde aus dem Unt. Devon des Hunsrückschiefers (Bundenbacher Schiefer) und auch jene aus dem Kambrium vom Burgess-Paß (s. Allgemeines) zeigen hin und wieder Gliedmaßen. Diese „Beine" waren sehr zahlreich; jedes Thorakalsegment und alle, außer dem hintersten des Pygidiums, trugen ein Paar derartiger Spaltfüße. Das Cephalon trägt ein Antennenpaar (mit Fühlerfunktion) und 3–4 Paar Spaltfußpaare.

Ontogenese

Über die Fortpflanzung der Trilobiten ist äußerst wenig bekannt. Jedenfalls aber legten die Tiere Eier. Nachgewiesen ist, daß die Nachkommenschaft nach dem Schlüpfen ein kompliziertes und langwieriges Larvenstadium durchlief. Die Ontogenese wird in 3 Abschnitte gegliedert: 1. das Protaspis-Stadium – vom Schlüpfen bis zur Teilung in Kopf- und Schwanzregion; 2. das Meraspis-Stadium – es endet, wenn die endgültige Zahl von Thorakalsegmenten erreicht ist; 3. das Holaspis-Stadium – die Form des ausgewachsenen Tieres ist erreicht, bei weiteren Häutungen wird lediglich ein Größenzuwachs erzielt.
Früher wurden nicht selten die Larvenstadien ein und derselben Trilobitenart als eigene Arten beschrieben. Da die Häutungsreste (Exuvien) der verschiedenen Larvenstadien einer Art recht verschieden aussehen können, sind derartige Irrtümer nur zu verständlich. Es ist wohl anzunehmen, daß sich auch hinter den heute als eigene Arten geführten Formen noch einige derartige Larvenstadien verbergen, zumal nur bei ganz wenigen Arten die Abfolge und das Aussehen der Häutungsstadien bekannt sind.
Ein sehr schönes und klassisches Beispiel für eine ontogenetische Entwicklungsreihe bietet die Art *Sao hirsuta* (BARRANDE) (T 18) aus dem Mittl. Kambrium der Prager Mulde.
Im Verlauf der Ontogenese erfolgte also eine größere Anzahl von Häutungen (30 und mehr!). Bestimmt gehört der Großteil aller Trilobitenfunde zu diesen Häutungsrückständen. Da beim Häutungsvorgang der Zusammenhalt der Panzerteile verlorenging (das Cephalon z. B. riß entlang der Gesichtsnähte auf, sofern welche da waren), finden wir Cephalon und Pygidium häufig isoliert im Gestein, manchmal auch noch durch Verfrachtung (Strömung) sortiert, wodurch Anhäufungen von Kopf- und Schwanzschilden entstehen konnten. Die Thorakalsegmente verloren die Bindung aneinan-

der und wurden verstreut. Sehr schön können wir solche Exuvien-Anhäufungen z. B. in den oberkambrischen Stinkkalken Südschwedens beobachten: Hier finden wir massenhaft, geradezu gesteinsbildend Kopf- und Schwanzschilde von *Agnostus* (T 1).

Lebensraum, Lebensweise

Alle Trilobiten lebten ausschließlich marin; inwieweit gewisse Gattungen und Arten in Brackwasserbereiche vordrangen, bedarf noch der Klärung. Die als Lebensbereich bevorzugten flachen Schelfmeere wurden vom strandnahen Flachwasser bis in Tiefen von ca. 300 m bewohnt. Die helleren, oberflächennahen Bereiche bevorzugten die Arten mit gutem Sehvermögen, während jene mit schwachem oder ohne Sehvermögen wohl in den tiefen und lichtarmen Meeresteilen zu Hause waren oder eingegraben lebten.

Die Tiere waren überwiegend an ein Leben auf dem Meeresboden gebunden. Sie bewegten sich wahrscheinlich kriechend fort und trugen kompakte und teilweise schwere Panzer, die oft stark gewölbt waren. Beim Kriechen wie auch beim Scharren oder Ruhen hinterließen sie Spuren (*Cruziana* oder *Bilobites*). Solche Spuren finden sich vor allem in Sandsteinen des Kambrium, Ordovizium, Silur und Devon. Die eher zierlichen Formen mit mehr oder weniger gutem Schwimmvermögen hatten meist flache, dünne und vor allem leichte Panzer, die oft mit feinen Stacheln und Auswüchsen versehen waren (*Miraspis*), um das Schwebevermögen zu erhöhen. Es kann allerdings auch sein, daß derartige Anhänge vor dem Einsinken im Schlamm schützen sollten. Die Augen schwimmender Formen greifen gelegentlich auf die Unterseite über (*Pricylopyge*); dadurch wurde also das Sichtfeld nach unten erweitert.

Trilobiten hatten außer den basalen Beingliedern keine differenzierten Kauapparate (jedenfalls wurden bis heute keine entsprechenden fossilen Reste identifiziert). Sie waren also wohl nicht in der Lage, harte oder zähe Nahrung zu zerkleinern. Wir dürfen deshalb annehmen, daß die Tiere von Pflanzenmulm, Kleintieren oder auch von Aas lebten. Ein Teil der Gruppe filterte aus dem Schlamm des Meeresbodens verwertbare organische Bestandteile heraus (Sedimentfresser). Wieweit gewisse Arten z. B. der Phacopidae ihren Nahrungsbedarf durch Jagd auf andere, sehr viel kleinere Tiere bestritten, ist ungeklärt, liegt aber sicher im Bereich des Möglichen.

Zusammen mit den Trilobiten finden wir Brachiopoden, Gastropoden, aber auch Korallen und Stachelhäuter (vor allem Cystoiden, aber auch Seelilien). Ein nicht überlieferter Bestandteil der Begleitfauna waren Medusen, Kieselschwämme und Würmer.

Bestimmung

Wir achten allgemein auf die Form des Panzers sowie auf dessen Verzierung bzw. Skulptierung und ganz besonders auf Cephalon und Pygidium.

Beim Cephalon untersuchen wir die allgemeine Form (gerundet, dreieckig, schmal oder breit, gewölbt oder flach, mit oder ohne Wangenstachel usw.), die Form der Glabella (Abb. S. 245 unten zeigt die typischen Glabellaformen von Proetidae; sie sind, zumindest teilweise, auf andere Gruppen übertragbar) und Glabellarfurchen. Sehr wichtig sind Ausbildung und Lage der Gesichtsnähte, die Form des Nackenrings und vor allem auch der Augen. Auf den Freiwangen sind letztere die wichtigsten Merkmale.

Auch die Anzahl der Thorakalsegmente kann für die Bestimmung zumindest höherer taxonomischer Einheiten wichtig sein. Ihre Form ist weniger aussagekräftig.

Hingegen achten wir wieder auf die Form des Pygidiums; die Achse im Pygidiumbereich (Form, Länge, Anzahl der Segmente) kann wertvolle Hinweise geben. Die Schildseiten können berippt oder glatt sein; der Randsaum kann deutlich sein oder fehlen.

Grundsätzlich können isolierte Kopf- wie auch Schwanzschilde bestimmt werden, bedingt durch deren Merkmalsreichtum, während dies bei isolierten Thorakalsegmenten kaum gelingen dürfte. Da Trilobiten sehr oft aus Panzerfragmenten bestehen, können wir uns die Wichtigkeit dieser Tatsache vorstellen. Die Abbildungen ganzer Trilobitenpanzer in Lehr- oder Bestimmungsbüchern wie auch dem vorliegenden sind nicht selten Rekonstruktionen, d. h. Zusammenstellungen von Cephalon, Thorax und Pygidium.

Vorkommen

Im europäischen Raum existiert eine große Anzahl zumindest ehemals hervorragender Trilobitenfundorte. Bedauerlicherweise gibt es aber in der Bundesrepublik kaum Fundstellen, die vergleichsweise gute Fossilien erbringen. Hier sind die Geschiebesammler im Vorteil: Sie haben immer die Möglichkeit, in den weit verstreuten Kiesen und Geröllen – Hinterlassenschaften der Eiszeiten – gute Fossilien zu finden, darunter natürlich auch Trilobiten. Nicht wenige Trilobitenarten wurden übrigens erstmalig (und teilweise auch ausschließlich!) in Geschieben gefunden!

Bis vor wenigen Jahren wurden in der Eifel, in der Umgebung von Gerolstein z. B. („Trilobitenfelder" bei Gees; s. a. Allgemeines), devonische Trilobiten in großer Artenfülle gefunden. Heute sind dort, weil Aufschlüsse fehlen, kaum mehr Funde möglich. Im Harz wie auch im Kellerwald treten ebenfalls Ablagerungen des Devon auf, die Trilobitenfaunen enthalten. Im Thüringischen Schiefergebirge werden in Gesteinen des Ordovizium, Silur und Devon und im Vogtland devonische Trilobiten gefunden, während im Lausitzer Schiefergebirge (Ludwigsdorf) Funde im Unt. Kambrium möglich sind. Die Bundenbacher Schiefer des Hunsrücks enthalten ebenfalls wunderschöne Fossilien (nach entsprechender Präparation), darunter auch Trilobiten. Wer allerdings schon einmal an einer solchen Halde stand, entmutigt durch stundenlanges vergebliches Klopfen und Plattenumdrehen, wird die hervorragenden, in Büchern abgebildeten Stücke mit um so größerer Bewunderung betrachten. Nun, noch vor wenigen Jahren konnte der Sammler hier für relativ wenig Geld unpräparierte Stücke erwerben.

Auch in den Ardennen, z. B. in der Umgebung von Givet oder Vireux, sind gute Funde devonischer Trilobiten gemacht worden und heute noch möglich. Berühmt sind schließlich auch die verschiedenen skandinavischen Fundgebiete. Das Fundgebiet aber, welches zur Zeit die besterhaltenen Funde hervorbringt, noch dazu oft in großer Zahl, soll etwas ausführlicher beschrieben werden.

Die Prager Mulde

Im Südwesten von Prag sind Gesteine des Paläozoikum aufgeschlossen. Die Schichtabfolge des Mittl. Kambrium bis zum Mittl. Devon wird hier nach ihrem Erforscher Joachim BARRANDE (1799–1883), einem französischen Emigranten „Barrandium" genannt. Lokal bedeutsam und fossilreich sind vor allem Schiefer des Mittl. Kambrium und des Ordovizium sowie Kalke des Silur und Devon. Die beiden Orte Jinče und Skryje sind berühmt für ihre mittelkambrischen Trilobitenfaunen: Die teilweise großflächigen Halden in der Umgebung dieser Städte ermöglichen auch heute noch großartige Funde. Besonders vom nördlichen Hang der Berounka in der Nähe von Skryje stammen viele, teilweise großwüchsige Trilobiten: *Eccaparadoxides pusillus, Condylopyge rex, Pleuroctenium granulatum, Phalagnostus nudus, Ellipsocephalus vetustus* (T 6), *Conocoryphe sulzeri* (T 11), *Agraulos ceticephalus* (T 19), *Skrejaspis spinosus* und *Ptychoparia striata* (T 9). Am Vinice-Hang der Litavka, gegenüber der Stadt Jinče, befinden sich ebenfalls Halden, und auch hier kann der Sammler schnell fündig werden: *Paradoxides gracilis* (T 8), *Ellipsocephalus hoffi* (T 6), *Conocoryphe sulzeri* (T 11) und *Ptychoparia striata* (T 9) gehören nicht zu den Seltenheiten.

Sao hirsuta (T 18) gehört ebenfalls zu den am Berounka-Hang möglichen Funden, ist allerdings bei weitem nicht so häufig wie viele andere Arten. BARRANDE wies an Material von diesem Fundort (Pod hruskou – Unter dem Birnbaum) erstmals die verschiedenen Larvenstadien einer Trilobitenart nach (s. Ontogenese). Alle oder doch die meisten Fossilien aus dem blaugrauen bis bräunlichen Glimmerschiefer zeigen einen Überzug aus Eisenhydroxid und fallen deshalb auch bei geringer Größe auf. Die kleineren Larvenstadien sind nicht größer als etwa 0,5 Millimeter.

Aber auch im Ordovizium, z. B. bei Lodenice und Beroun, werden in caradocischen Schichten Trilobiten gefunden (*Dalmanitina proeva* (T 48), *Marrolithus ornatus, Opsimasaphus nobilis, Selenopeltis buchi, Stenopareia panderi* usw.). Im Unt. Devon enthalten vor allem die Kosor-Kalke eine sehr reiche Fauna mit z. B. *Spiniscutellum umbeliferum, Leonaspis lochkonvensis, Cornuproetus lepidus* (zu sammeln vor allem in der Umgebung von Hlubocepy, im Pridoli-Tal und im Radotin-Tal im Südwesten von Prag).

Für Sammler paläozoischer Fossilien ist die Prager Mulde ein Paradies. Ein Besuch dieser Fundorte ist zwar möglich, die Ausfuhr der gesammelten Fossilien dagegen nicht ohne weiteres gestattet. Wer aber einmal dort hinkommen sollte, darf es nicht versäumen, der Welt berühmteste Trilobitensammlung im Nationalmuseum in Prag zu besuchen. In einem eigenen Saal wird die Sammlung von BARRANDE gezeigt. Er hat sie seinerzeit dem Museum vermacht: „Die Fossilien kommen aus dem böhmischen Lande und sollen deshalb dem böhmischen Lande gehören."

Klasse Trilobita (Trilobiten)

Ordnung Agnostida (Kambrium – Ordovizium)

Kleinwüchsig, mit 2 oder 3 Thorakalsegmenten. Cephalon und Pygidium angenähert gleichaussehend und gleichgroß.

T 1 ***Agnostus.*** Ob. Kambrium. 2 Thorakalsegmente. Keine Gesichtsnähte, keine Augen. Glabella mit deutlicher Querfurche. Achse des Schwanzschildes meist breiter als die langgezogene Glabella. Schwanzschild mit 2 kleinen, außensitzenden Randstacheln. ***A. pisiformis*** (WAHLENBERG), LF, Ob. Oberkambrium (*pisiformis*-Zone); ca. 1 cm. ***A. pater*** WESTERGAARD zeigt bei beiden Schilden nahezu gerade und parallel verlaufende Außenränder, während bei ***A. neglectus*** WESTERGAARD die Achse des Pygidiums deutlich eingeschnürt ist (beide gleiche Schicht wie ***A. pisiformis***).

T 2 ***Geragnostus.*** Unt. Ordovizium. Ähnlich ***Agnostus,*** jedoch zeigt die Glabella nur eine sehr schwache Querfurchung. Achse des Pygidiums parallelseitig. ***G. callavei*** (LAKE) (syn. ***Agnostus callavei***), Tremadoc; ca. 1 cm.

T 3 ***Lotagnostus.*** Ob. Kambrium. Ähnlich ***Agnostus***, jedoch zeigen die Schilde innerhalb der Saumfurche unregelmäßige Radialfurchen. Glabella und Pygidium-Achse mit mehreren deutlichen Furchen. ***L. trisectus*** (SALTER) (syn. ***Agnostus trisectus***); ca. 1 cm.

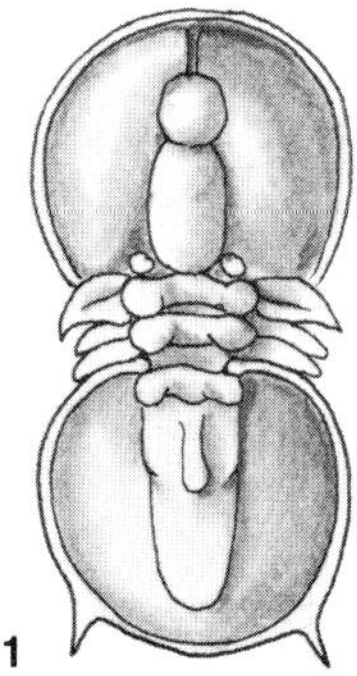

T 1

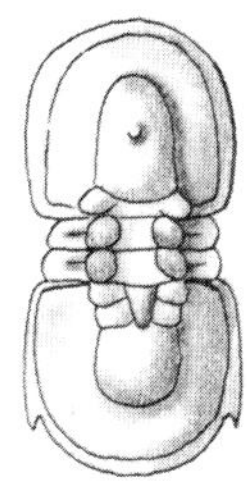

T 2

Ordnung Redlichiida (Unt. – Mittl. Kambrium)

Cephalon relativ groß, halbkreisförmig, meist mit deutlichen Wangenstacheln. Gesichtsnähte und Augen vorhanden; Glabella deutlich segmentiert. Thorakalsegmente zahlreich. Pygidium klein.

T 4 ***Holmia.*** Unt. Kambrium. Cephalon breiter als Thorax; größte Glabellabreite vorn. 16 Thorakalsegmente mit Mitteldornen. Pleuren enden in Stacheln. Achse des Pygidiums zeigt 2 Segmente. ***H. kjerulfi*** (LINNARSON), LF, Ob. Olenelliden-Stufe (*kjerulfi*-Zone); ca. 7,8 cm.

T 5 ***Olenelloides.*** Unt. Kambrium. Panzer lang und schmal. Cephalon mehr- oder sechseckig, mit stachelbesetzten Ecken. 8 Thorakalsegmente. ***O. armatus*** PEACH, Olenelliden-Stufe; ca. 2,2 cm.

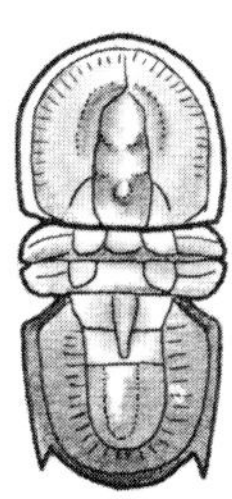

T 3

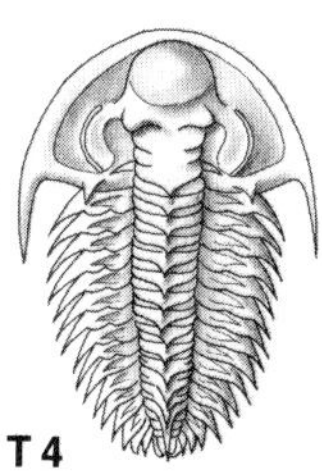

T 4

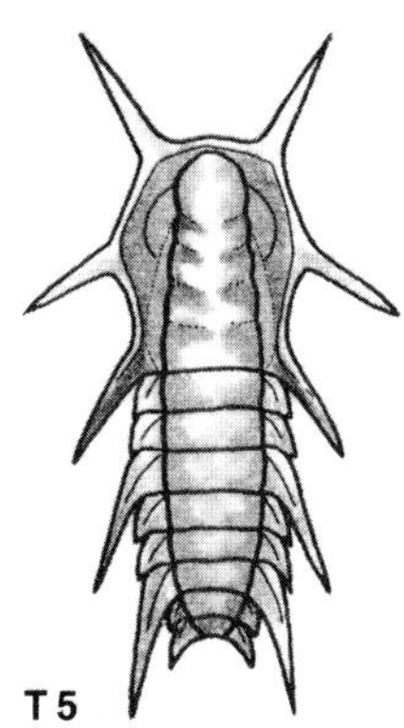

T 5

T 6 s. Foto S. 184

T 6 ***Ellipsocephalus.*** Unt. – Mittl. Kambrium. Cephalon geringfügig breiter als Thorax, meist ohne Wangenstacheln; Gesichtsnähte weit außen. Glabella gar nicht oder nur schwach segmentiert, Vorderende winkelförmig zugespitzt. 12 Thorakalsegmente. Pygidium klein, aber breit. ***E. hoffi*** (SCHLOTHEIM), Mittl. Kambrium; ca. 2,7 cm (diese Art ist zusammen mit einer ***Paradoxides***-Art praktisch alleiniger Faunenbestandteil eines Schichtabschnittes der Jinče-Schichten und ausschließlich von diesem Fundort bekannt). Eine weitere Art ist ***E. vetustus*** (ohne Abb.). In den nordischen Geschieben treten hin und wieder vor allem großwüchsige ***E.***-Arten auf, immer gut erkennbar an der gewinkelten Glabellavorderfront.

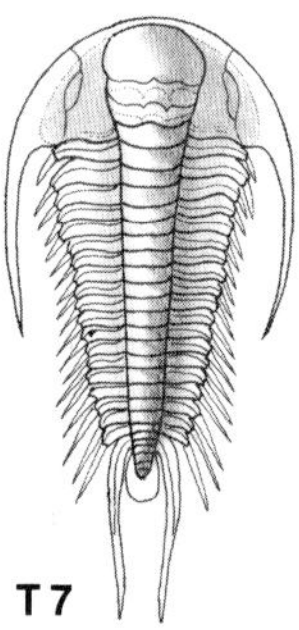

T 7

T 7, 8 ***Paradoxides.*** Mittl. Kambrium. Mittelgroß bis großwüchsig. Cephalon breit, mit oft extrem langen Wangenstacheln. Glabella verbreitert sich stark nach vorn. Augen relativ groß. 16 bis 21 Thorakalsegmente. Pleuren tief gefurcht, mit Endstacheln. Pygidium sehr klein. ***P. bohemicus*** BARRANDE (**T 7**); ca. 16 cm. ***P. gracilis*** (BOECK) (**T 8**); ca. 2,1 cm. ***P. spinulosus*** BOECK zeigt sehr lange Wangenstacheln, bei ***P. paradoxissimus*** (WAHLENBERG), LF, Mitt. Mittelkambrium (*paradoxissimus*-Stufe), ist das Cephalon wesentlich breiter als der Thorax, der Hinterrand des Pygidiums gerade gestutzt (beide ohne Abb.).

T 8 s. Foto S. 265

Ordnung Ptychopariida (Kambrium – Mittl. Perm)

Glabella einfach, nach vorn schmäler werdend. Formenreichste Ordnung; Stammgruppe der meisten nachkambrischen Trilobiten.

Unterordnung Ptychopariina

(Kambrium – Ob. Ordovizium)

Thorax relativ groß, Pygidium klein. Cephalon meist halbkreisförmig, mit großem vorglabellarem Feld.

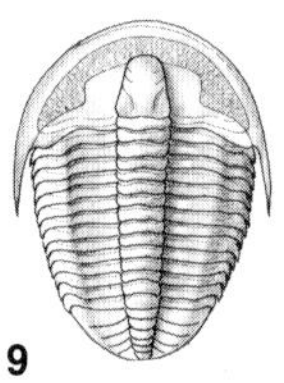

T 9

Oberfamilie Ptychopariacea

(Kambrium – Unt. Ordovizium)

Panzerform länglich-oval. Cephalon halbkreisförmig mit deutlichem Randsaum. Glabella mit 3 oder 4 Paar mehr oder weniger kräftig ausgeprägten Seitenfurchen und mit gerundetem oder gestutztem Vorderrand. Augenleisten in der Regel, Wangenstacheln immer vorhanden. 12–17 Thorakalsegmente.

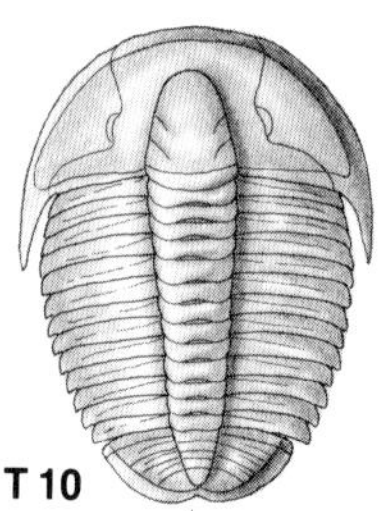

T 10

T 9 ***Ptychoparia.*** Mittl. Kambrium. Glabella mit 4 Paar Seitenfurchen, vorglabellares Feld mit radialen Streifen. Pygidium besteht aus 5 Segmenten; Umriß etwa halb so lang und breit wie Cephalon. ***P. striata*** (EMMERICH); ca. 6 cm.

T 10 ***Elrathia.*** Mittl. Kambrium. Panzerumriß oval. Cephalon mit kleinen Augenleisten und Wangenstacheln. Glabella mit 2 Paar Seitenfurchen, nach vorn verjüngt. ***E. kingii*** (MEEK), Monte Neva-Formation (Wheeler-Shale-Formation); ca. 6,5 cm.

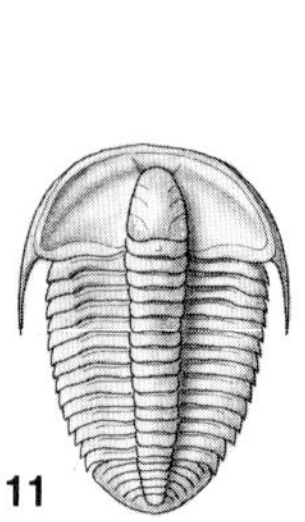

T 11

Oberfamilie Conocoryphacea (Kambrium – Ordovizium)

Panzer klein bis mittelgroß, mit länglich-ovalem Umriß. Cephalon halbkreisförmig bis angenähert trapezförmig. Glabella kräftig abgesetzt, nach vorn verjüngt. Nackenring deutlich entwickelt. Keine Augen. Gesichtsnähte können fehlen. 7–25, selten mehr Thorakalsegmente. Pygidiumachse mit 1 bis 8 Segmenten.

T 11 ***Conocoryphe.*** Mittl. Kambrium. Cephalon halbkreisförmig,

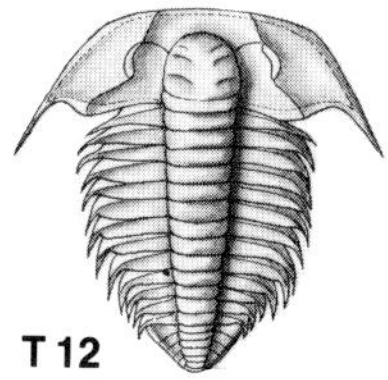

T 12

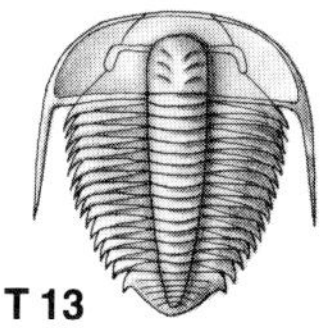

T 13

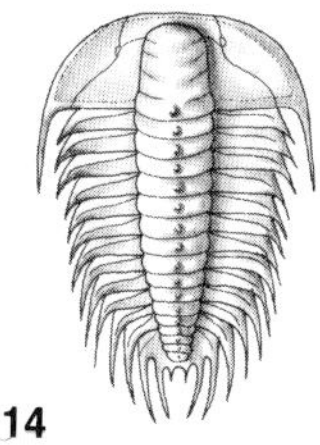

T 14

Glabella nach vorn schmäler werdend und mit gestutztem Vorderrand, mit 3 Paar Seitenfurchen. Keine Augen. 14 Thorakalsegmente. Pleuren tief gefurcht und an den Enden gestutzt. Pygidiumachse besteht meist aus 6 bis 8 Segmenten; Randsaum schmal, aber deutlich. ***C. sulzeri*** (SCHLOTHEIM); ca. 4,8 cm.

Oberfamilie Olenacea (Mittl. Kambrium – Ordovizium)

Panzer angenähert oval, auch langgezogen. Cephalon mit schmalem Randsaum und gerundeten Wangenecken oder auch mit Wangenstacheln. Augenleisten meist deutlich ausgebildet, Augen klein bis mittelgroß. Glabella bei den meisten Formen nach vorn verjüngt. 9 bis 24 Thorakalsegmente. Pygidium klein, teilweise mit Randstacheln.

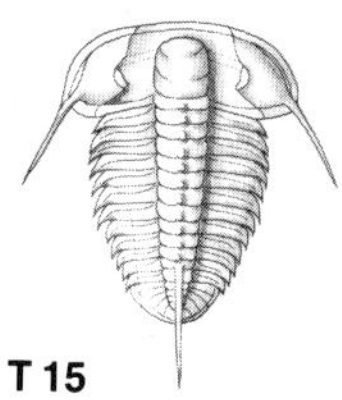

T 15

T 12, 13 ***Olenus.*** Ob. Kambrium. Cephalon halbkreisförmig oder angenähert trapezförmig; Glabella mit 2 oder 3 Paar Seitenfurchen. Vorglabellares Feld groß. Augen mittelgroß, durch Augenleisten mit dem Glabellavorderrand verbunden. 13 bis 15 Thorakalsegmente. Pleuren spitz endend. Pygidium klein, halbkreisförmig oder dreieckig, mit schmalem, erhabenem Randsaum. ***O. truncatus*** (BRÜNNICH) (**T 12**), LF, Unt. Oberkambrium (*Olenus*-Stufe); ca. 1,2 cm. ***O. gibbosus*** (WAHLENBERG) (**T 13**), LF, Unt. Oberkambrium *Olenus*-Stufe); ca. 3,2 cm.

T 14 ***Parabolina.*** Ob. Kambrium – Unt. Ordovizium (Tremadoc). Ähnlich ***Olenus,*** jedoch mit breiterer und längerer Glabella. Pygidium mit 2 bis 6 deutlich entwickelten Stacheln. ***P. spinulosa*** (WAHLENBERG), LF, *spinulosa*-Zone; ca. 1,8 cm.

T 15 ***Leptoblastus.*** Ob. Kambrium – Unt. Ordovizium (Tremadoc). Panzer oval und flach. Glabella breit, zylindrisch bis schwach verjüngt nach vorn, mit 2 oder 3 Paar Seitenfurchen. Vorglabellares Feld kurz oder fehlend. Augenleisten vorhanden. Wangenstacheln schmal und gerade. 9 bis 12 Thorakalsegmente. Pleuren mit Endstacheln. Achsenringe mit mittigen Knoten oder Stacheln. Pygidium klein, gerundet-dreieckig bis halbkreisförmig. ***L. stenotus*** VOGDES, LF, Ob. Kambrium (*Leptoblastus*-Stufe); ca. 1,6 cm.

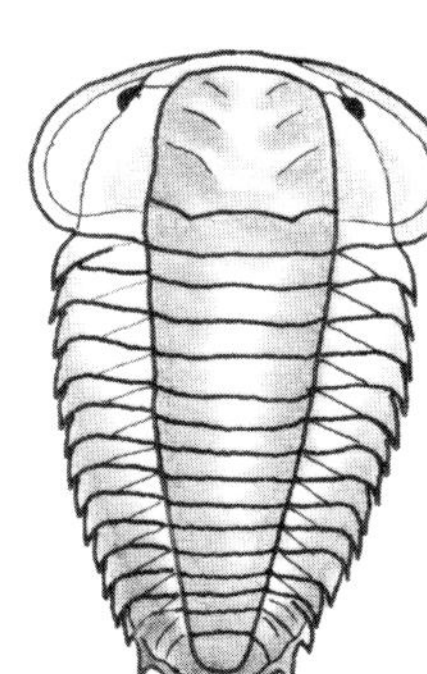

T 16

T 16 ***Peltura.*** Ob. Kambrium. Panzer länglich, angenähert oval, kräftig gewölbt. Cephalon angenähert nierenförmig, mit wohlgerundeten Wangenecken. Glabella sehr breit, nahezu bis an den Stirnsaum reichend, mit 2 oder 3 Paar flachen Seitenfurchen. Augen weit vorn; Augenleisten undeutlich. Festwangen schmal. Thorakalsegmente um 12, zum Cephalon wie zum Pygidium hin schmäler werdend. Pleuren schief gefurcht, in Dornen endend. Pygidium klein und breit, mit 2 Achsenringen und 2 oder 3 Pleurenpaaren, die ebenfalls in Dornen auslaufen können. ***P. scarabaeoides*** (WAHLEN-

BERG), LF, *Peltura*-Stufe; ca. 1 cm. Exuvien dieser Art treten gelegentlich, auch in nordischen Geschieben, gesteinsbildend auf.

T 17 ***Acerocare.*** Ob. Kambrium. Cephalon querelliptisch. Glabella mäßig breit, angenähert zylindrisch. Augen weit vorn. Saumfurche. Um 12 Thorakalsegmente, deren Achsenringe kleine Knoten tragen können. Pleuren schräg gefurcht, ohne Endstacheln. Pygidium relativ groß, halbkreisförmig, Achse aus zahlreichen Segmenten zusammengesetzt. ***A. ecorne*** ANGELIN, LF, Ob. Oberkambrium (*Acerocare*-Stufe); ca. 2 cm.

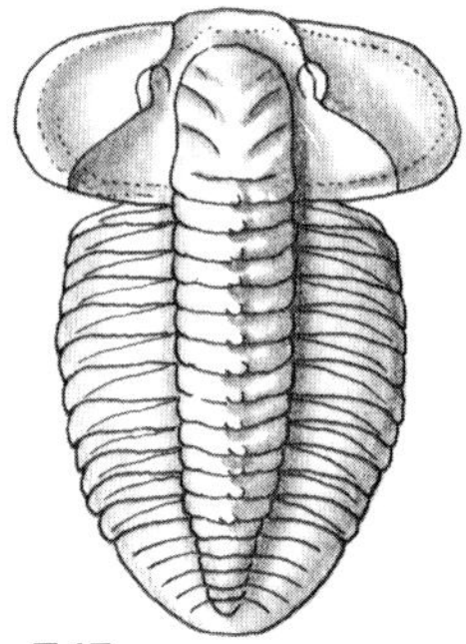

T 17

Oberfamilie Solenopleuracea

(Mittl. Kambrium – Unt. Ordovizium)

Glabella meist mit ovalem Umriß, aber auch verjüngt nach vorn oder mit parallelen Seiten. Pygidium klein bis mittelgroß. Panzeroberfläche granuliert oder mit Knoten bedeckt.

T 18 ***Sao.*** Mittl. Kambrium. Panzerumriß länglich-oval. Cephalon halbkreisförmig, mit kurzen Wangenstacheln. Glabella nach vorn verjüngt, mit 2 oder 3 Paar Seitenfurchen und einer längslaufenden Mittelfurche. Randsaum breit, Saumfurche deutlich. 17 Thorakalsegmente, teilweise mit Knoten auf den Achsenringen. Pleurenenden gestutzt. Pygidium kurz, mit 2 Achsenringen. Oberfläche kräftig gekörnelt. ***S. hirsuta*** BARRANDE; ontogenetische Entwicklungsstadien: 1. ca. 0,6 mm; 2. ca. 0,7 mm; 3. ca. 0,8 mm; 4. ca. 1 mm; 5. ca. 2,6 mm; 6. ca. 2,8 cm: Exemplar mit endgültiger Panzerform; s. a. Ontogenese.

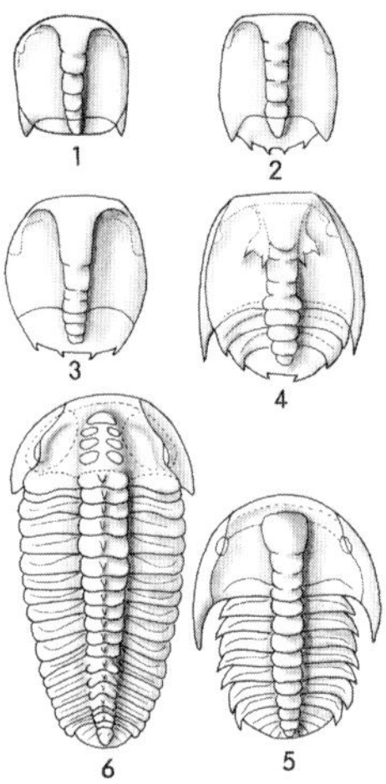

T 18

T 19 ***Agraulos.*** Mittl. Kambrium. Cephalon mit kurzen Wangenstacheln. Vorglabellares Feld groß. Glabella ohne auffallende Segmentierung. Augenleisten fehlen oder sind sehr undeutlich. 16 Thorakalsegmente; Pleuren stumpf endend. Pygidium sehr klein. ***A. ceticephalus*** (BARRANDE); ca. 3,3 cm.

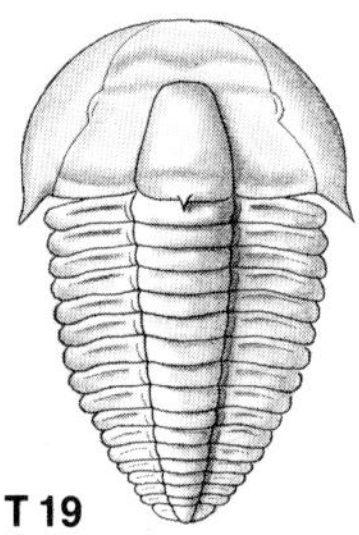

T 19

Oberfamilie Asaphiscacea (Mittl. – Ob. Kambrium)

Umriß elliptisch bis oval. Cephalon und Pygidium weitgehend gleichgestaltig und gleichgroß. 7 bis 11 Thorakalsegmente.

T 20 ***Asaphiscus.*** Mittl. Kambrium. Cephalon halbkreisförmig, mit großem vorglabellarem Feld. Glabella nach vorn verjüngt, mit 3 Paar Seitenfurchen. Wangenecken gerundet. Pygidium halbkreisförmig, mit breitem Randsaum. ***A. wheeleri*** MEEK, Monte Neva-Formation (Wheeler-Shale-Formation); ca. 4,2, 3,4, 1,9 cm.

T 20 s. Foto S. 265

Unterordnung Asaphina

(Ob. Mittelkambrium – Ordovizium)

Augen mehr oder weniger konisch, kurz oder mäßig lang. Pygidium gerundet, mitunter auch mit Endstachel. 8, bei wenigen Gattungen 7 Thorakalsegmente.

T 21 ***Asaphus.*** Unt. Ordovizium (Ob. Arenig – Unt. Llanvirn). Cephalon und Pygidium ohne Randsaum. Glabella lang, fast Vorderrand des Cephalons erreichend. Wangenecken gerundet. Augen klein. 8 Thorakalsegmente. Pleuren schräg gefurcht, an den Enden gerundet. Pygidiumachse nur schwach segmentiert. ***A. expansus*** (WAHLENBERG), LF, Ob. Arenig (*expansus*-Kalk); ca. 5,3 cm. Aus dem *lepidurus*-Kalk (eine Schicht tiefer) stammt ***A. lepidurus*** NIESZ-

KOWSKI; ***A. raniceps*** (ANGELIN) findet sich im Unt. Llanvirn (*raniceps*-Kalke); beide Leitfossilien; ohne Abb.

T 22 ***Plectasaphus.*** Mitt. Ordovizium (Llandeilo). Umriß oval, breit gerundet. Cephalon und Pygidium ohne Randsaum. Freiwangen gerade oder schwach konkav, Ecken spitz. Augen groß und halbkreisförmig. 8 Thorakalsegmente. Pygidium nur mit schwachen und gerundeten Rippen. ***P. plicicostis*** (TÖRNQUIST); ca. 4 cm.

T 23 ***Megalaspides.*** Unt. Ordovizium (Arenig). Cephalon mit flachem Randsaum, Pygidium ohne. Augen mäßig groß, halbkreisförmig, auf der Mittellinie oder dahinter sitzend. Glabella etwa parallelseitig. 8 Thorakalsegmente. Pygidiumachse glatt. ***M. dalecarlicus*** (HOLM); ca. 7 cm.

T 24 ***Asaphellus.*** Unt. Ordovizium (Tremadoc). Cephalon und Pygidium mit konkavem Randsaum. Glabella wenig auffallend, flach, parallelseitig, bis zum Vorderrand des Cephalons reichend. Augen klein. Auffallende Wangenstacheln. 8 Thorakalsegmente. Pleuren schwach schräg gefurcht, Enden gerundet. Die deutlich abgesetzte und flache Pygidiumachse ist unsegmentiert. ***A. homfrayi*** (SALTER); ca. 5 cm.

T 25 ***Ogygiocaris.*** Unt. Ordovizium (Ob. Llanvirn) – Mittl. Ordovizium (Unt. Llandeilo). Cephalon halbkreisförmig. Glabella etwa sanduhrförmig. Vorglabellares Feld schmal. Wangenstacheln spitz. Pygidium mit flachen Rippen. ***O. sarsi*** ANGELIN; ca. 5 cm.

T 26 ***Nileus.*** Unt. Ordovizium (Tremadoc) – Ob. Ordovizium. Panzer etwa parallelseitig. Cephalon nierenförmig gerundet. Glabella extrem breit, ungefurcht, zylindrisch. Augen halbkreisförmig, sehr groß. Wangenecken gerundet; Freiwangen sehr klein. 8 Thorakalsegmente; Achse nur undeutlich abgesetzt. Pygidium halbkreisförmig, glatt. ***N. armadillo*** DALMAN; ca. 4,8 cm. Eine Form aus dem Unt. Caradoc (*ludibundus*-Kalk) ist ***N. platys platys*** SCHRANK (ohne Abb.).

T 27 ***Symphysurus.*** Unt. Ordovizium (Tremadoc) – Mittl. Ordovi-

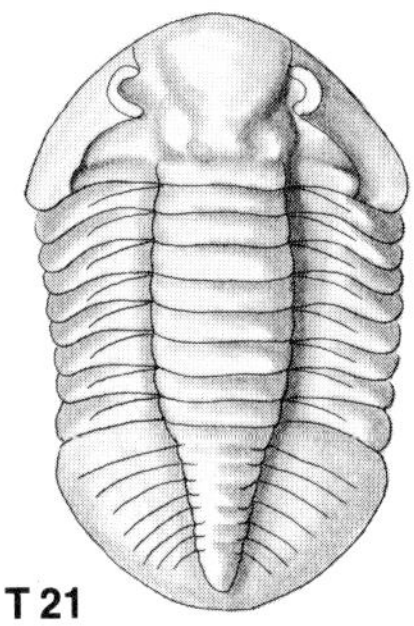

T 21

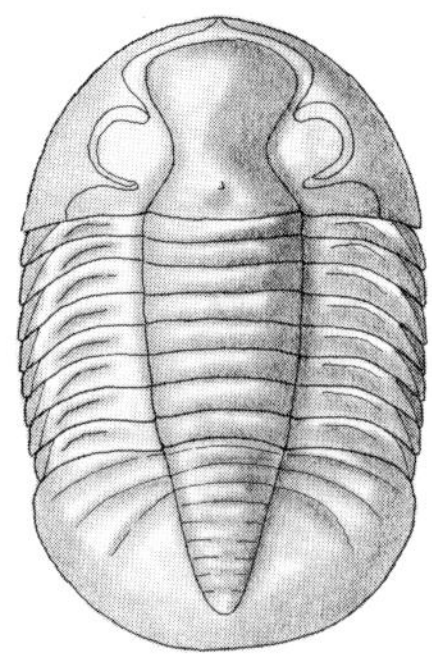

T 22

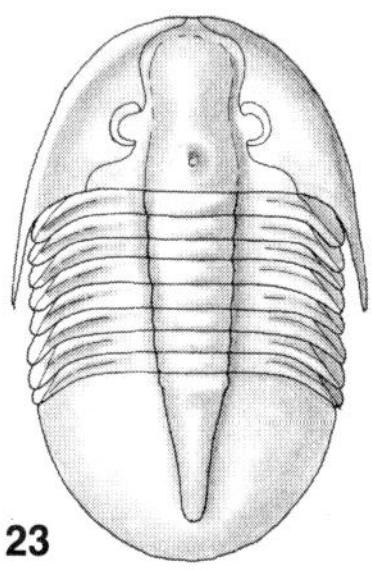

T 23

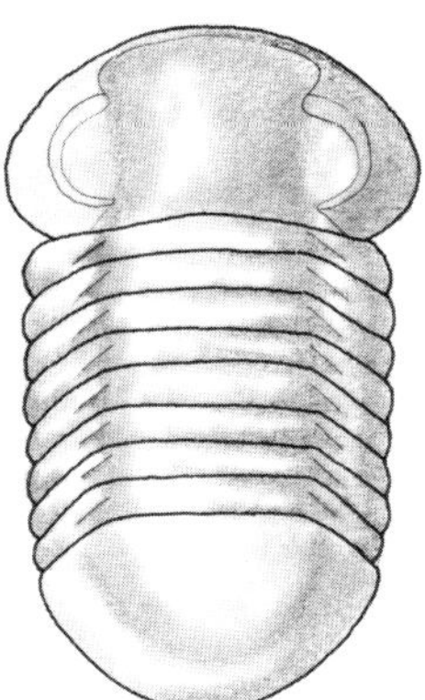

T 26

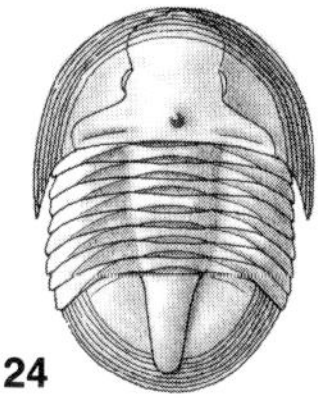

T 24

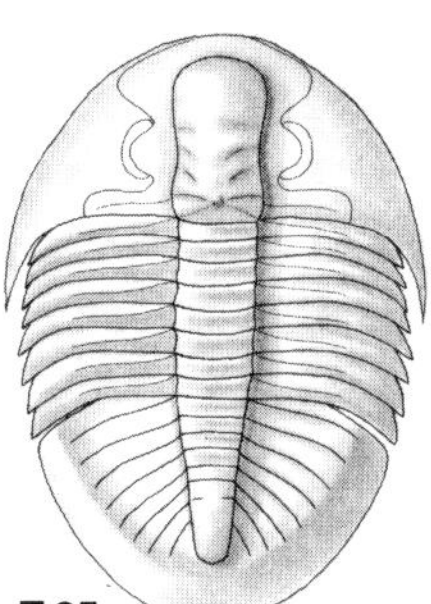

T 25

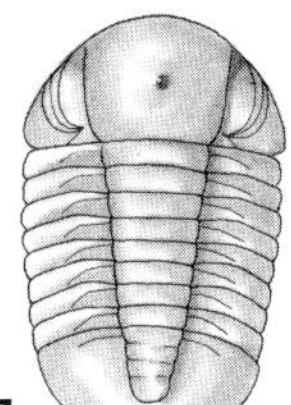

T 27

zium. Cephalon kurz. Glabella breit und deutlich abgegrenzt. Augen groß und halbkreisförmig. Freiwangen sehr klein; Wangenecken gerundet. 8 Thorakalsegmente. Pygidium mit kurzer und mäßig deutlicher Achse. ***S. palpebrosus*** (DALMAN), Mittl. Ordovizium; ca. 5,7 cm.

Unterordnung Illaenina (Ordovizium – Mittl. Perm)

Cephalon und Pygidium etwa gleich groß; Glabella ohne oder nur mit sehr schwachen Seitenfurchen. 6 bis 20 Thorakalsegmente. Den meisten Formen fehlen Augenleisten.

Oberfamilie Illaenacea (Ordovizium – Silur)

Panzer höchstens mäßig groß. Glabella verbreitert sich nach vorn. 8 bis 10 Thorakalsegmente.

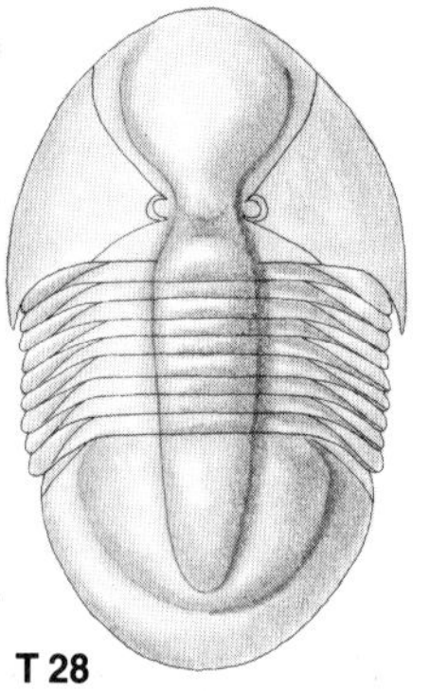

T 28

T 28 ***Stygina.*** Mittl. – Ob. Ordovizium. Cephalon groß, mit kurzen Wangenstacheln. Glabella verbreitert sich stark nach vorn. Augen klein, direkt am eingeschnürten Teil der Glabella ansitzend. 9 Thorakalsegmente. Pleuren ungefurcht. Pygidium glatt, Achse nicht segmentiert. ***S. latifrons*** (PORTLOCK), Ob. Caradoc; ca. 4,5 cm.

T 29 ***Bumastus.*** Ob. Ordovizium – Ob. Silur (Ludlow). Wangenecken des Cephalons mäßig spitz. Augen sitzen sehr weit außen. Glabella sehr flach, ohne jede Furchung. 8 bis 10 Thorakalsegmente. Achse sehr breit, jedoch nur undeutlich abgegrenzt. Pygidium glatt, Achse nicht oder kaum erkennbar. ***B. barriensis*** (MURCHISON) (syn. ***Illaenus barriensis***), Mittl. Silur (Wenlock); ca. 9,6 cm.

T 30 ***Ectillaenus.*** Ordovizium (Llanvirn – Ashgill). Cephalon und Pygidium etwa gleichaussehend und gleichgroß, halbkreisförmig bis gerundet-dreieckig. Wangenecken gerundet. Augen sehr klein oder fehlend. 10 Thorakalsegmente. Achse nur undeutlich abgegrenzt. Pleuren ungefurcht. ***E. katzeri*** (BARRANDE); ca. 7,5 cm.

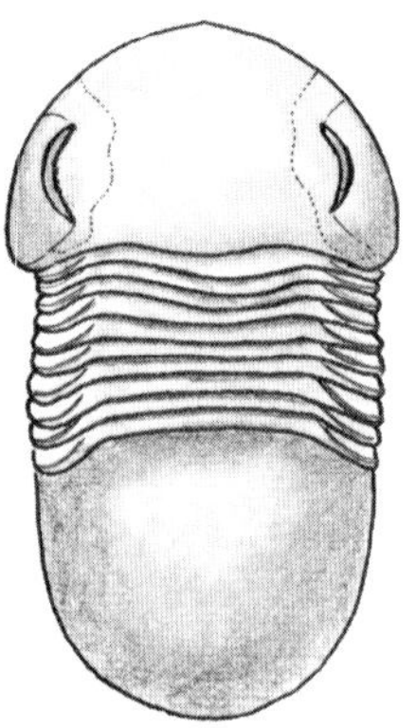

T 29

Oberfamilie Proetacea (Ob. Kambrium – Mittl. Perm)

Panzer klein bis mittelgroß (durchschnittlich 1 bis 4 cm, selten bis ungefähr 12 cm). Cephalon meist mit deutlichem Randsaum. Glabella vielgestaltig (s. Abb. S. 245), jedoch meist nicht oder nur ganz schwach nach vorn verbreitert. 1 bis 4 Paar Seitenfurchen. 6 bis 17 Thorakalsegmente, meist aber um 10. Pleuren gefurcht. Pygidium gleichgroß oder kleiner als Cephalon.

T 31 ***Proetus.*** Ordovizium – Mittl. Devon. Kleinwüchsig. Cepha-

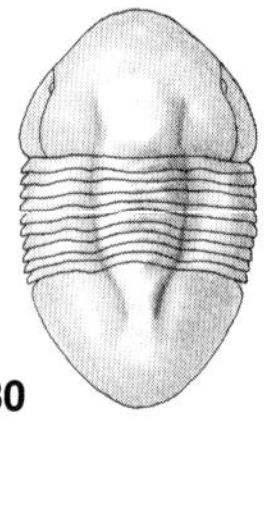

T 30

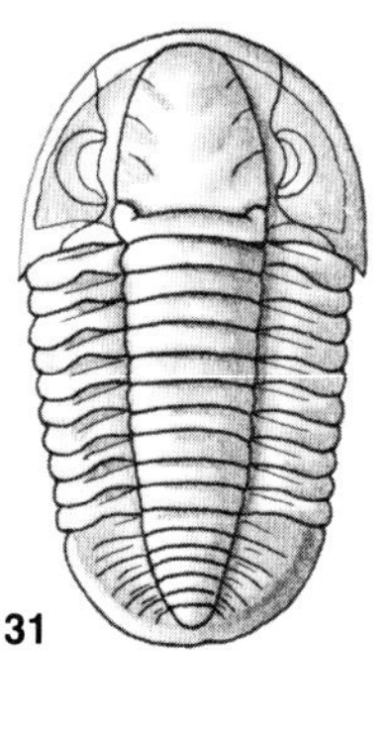

T 31

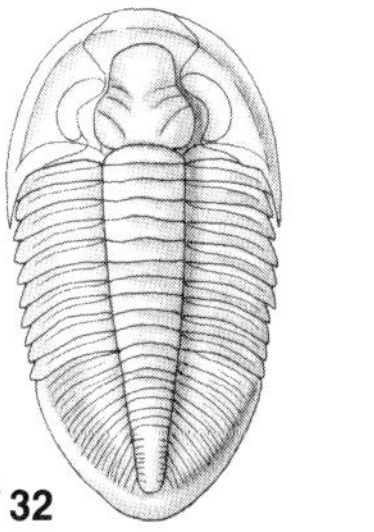

T 32

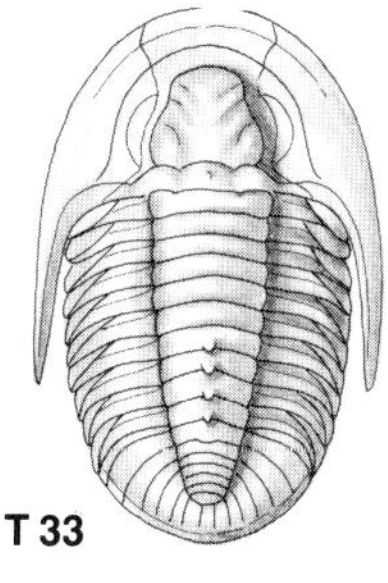

T 33

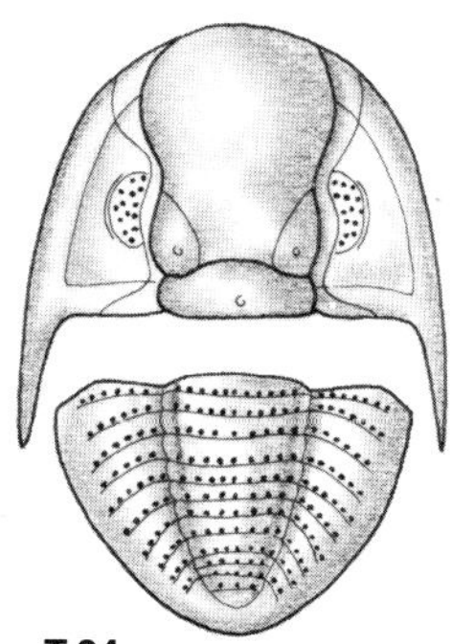

T 34

lon in Form eines quer halbierten Ovals, mit kurzen Wangenstacheln. Glabella groß, bis zum Randsaum reichend, angenähert oval bis rechteckig. Glabellarfurchen fehlen oder sind sehr schwach ausgebildet (1 Paar). Nackenring mitunter mit Einschnitten. Cephalon und Pygidium mit deutlichem Randsaum. 10 Thorakalsegmente. Pleurenenden gestutzt. Pygidiumachse deutlich segmentiert, Schildseiten deutlich berippt. ***P. bohemicus*** HAWLE & CORDA, Unt. Devon (Siegen; Konjeprusy-Kalk); ca. 3 cm. Aus dem Mittl. Devon sei genannt: ***P. cuvieri*** STEININGER, mit gerundeten Wangenecken und nahezu quadratischer Glabella (ohne Abb.).

T 32 ***Dechenella.*** Mittl. Devon. Cephalon halbkreisförmig, mit Wangenstacheln. Randsaum gewölbt, Saumfurche deutlich. Glabella etwa flaschenhalsförmig, mit 3 oder 4 Paar auffallenden Seitenfurchen. Augen groß, unweit des hinteren Glabellabereichs. 10 Thorakalsegmente. Pleurenenden schwach zugespitzt. Pygidium lang, die Achse zeigt 14 bis 19 Segmente, die Schildseiten weisen maximal 14 Rippenpaare auf. ***D. verneuili*** (BARRANDE); ca. 3,4 cm.

T 33 ***Astycoryphe.*** Mittl. Devon. Cephalon halbkreisförmig, mit langen, gefurchten Wangenstacheln. Randsaum gewölbt, mit deutlicher Saumfurche. Glabella relativ gedrungen, vorn nur schwach gerundet. Vorglabellares Feld groß. 3 Paar Seitenfurchen. 10 Thorakalsegmente. Pleurenenden gestutzt. Pygidium gewölbt, Achse segmentiert, Schildseiten berippt. ***A. senckenbergiana*** RICHTER & RICHTER; ca. 1,2 cm.

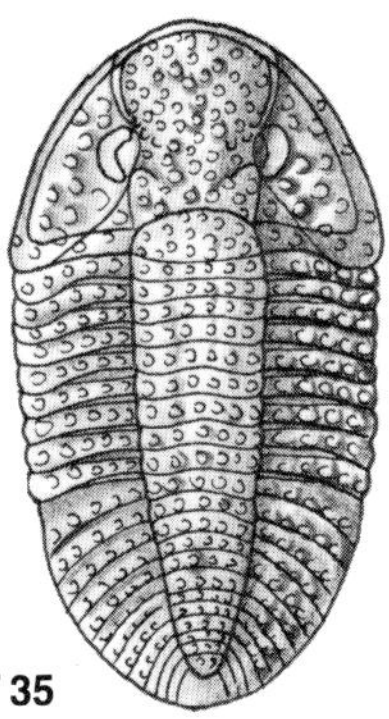

T 35

T 34 ***Griffithides.*** Karbon. Cephalon in Form eines quer halbierten Ovals. Augen klein. Wangenstacheln mäßig spitz, ohne Stacheln. Glabella verbreitert sich nach vorn und erreicht ganz oder nahezu den Vorderrand. 9 Thorakalsegmente. Pleurenenden gerundet. Pygidium lang, halboval, Achse segmentiert und Schildseiten berippt. Oberfläche teilweise mit kleinen Knoten besetzt. ***C. longiceps*** PORTLOCK, Unt. Karbon – Ob. Karbon (Namur); Cephalon und Pygidium; Pygidium ca. 2,5 cm breit.

T 35 ***Metaphillipsia.*** Unt. Karbon. Panzerumriß oval, Oberfläche dicht mit Knoten besetzt. Glabella nach vorn stark verbreitert und breit an den Stirnsaum stoßend. Augen klein, etwa am eingeschnürten Teil der Glabella sitzend. 9 Thorakalsegmente. Pleurenenden gerundet. Pygidium groß, Achse segmentiert. Schildseiten berippt. ***M. seminifera*** (PHILLIPS) (syn. ***Griffithides seminifera, Eocyphinium seminifera***); ca. 4,5 cm. – Die ähnliche Gattung ***Eocyphinium*** (Karbon; Ob. Tournai – Namur) unterscheidet sich u. a. durch die vorn gerundete Glabella.

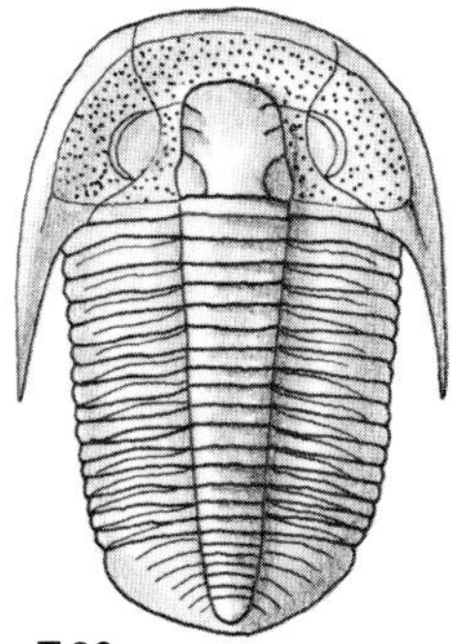

T 36

T 36 ***Paraaulacopleura.*** Mittl. Ordovizium – Mittl. Devon. Cephalon halbkreisförmig, flach bis mäßig gewölbt, mit Wangenstacheln. Glabella klein, zylindrisch bis konisch, mit 2 oder 3 Paar Seitenfurchen. Augen relativ groß, etwa gegenüber der Glabellamitte. Augenleisten vorhanden. 11 bis 22 Thorakalsegmente. Pleurenenden gerundet. Pygidium klein, Achse segmentiert, Schildseiten berippt. ***P. beyrichi*** NOVAK, Mittl. Devon; ca. 2 cm. Die Arten der sehr ähnlichen Gattung ***Aulacopleura*** (Silur – Mittl. Devon) unterscheiden sich durch mehr nach vorn gerückte Augen, ein größeres vorglabellares Feld, weniger Thorakalsegmente und mehr Pygidiumsegmente. Eine bekannte Form dieser Gattung ist ***A. konincki konincki*** (BARRANDE) aus dem Mittl. Silur (Wenlock; ohne Abb.).

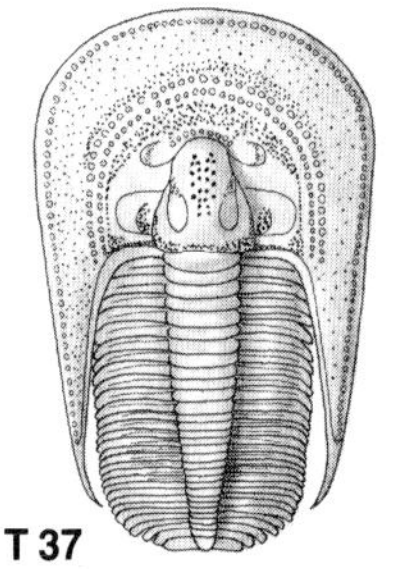
T 37

Unterordnung Harpina (Ob. Kambrium – Devon)
Cephalon angenähert halbkreisförmig bis oval, teilweise mit siebartiger, grubenbesetzter Oberfläche. Glabella sehr klein, gewölbt, mit 1 bis 3 Paar Seitenfurchen. Augen sehr klein (nur aus je 2 Linsen bestehend), Augenleisten deutlich. Keine Gesichtsnähte. Thorax gedrungen, Zahl der Segmente 12 oder mehr (maximal 29). Pleuren kurz und gefurcht. Pygidium klein, breit-dreieckig oder auch länglich.

T 37 ***Harpes.*** Mittl. Devon. Cephalon mit langen Wangenstacheln. 29 Thorakalsegmente. Glabella vorn verjüngt. Pygidium klein. ***H. macrocephalus*** GOLDFUSS; ca. 7 cm.

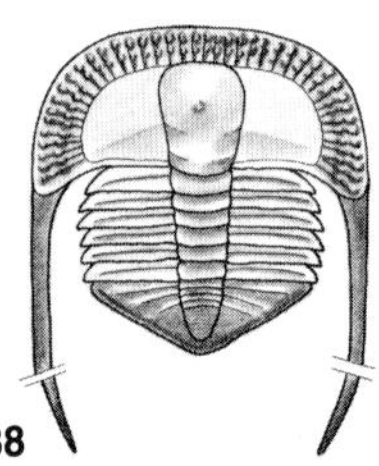
T 38

Unterordnung Trinucleina (Ordovizium – Mittl. Silur)
Cephalon halbkreisförmig bis gerundet-dreieckig. Die Wangenstacheln ragen meist über den Hinterrand des Pygidiums hinaus. Keine Augen oder stark reduzierte (bis zu nurmehr einer Linse). Glabella immer nach vorn verbreitert, mit maximal 3 Paar Seitenfurchen. Normalerweise 5 bis 7 Thorakalsegmente, wenige Formen bis zu 30. Pleuren breit, flach und tief gefurcht. Pygidium angenähert halbkreisförmig bis dreieckig; die schmale und lange Achse erreicht den Hinterrand. Der Randsaum kann mit netzartig angeordneten Gruben besetzt sein.

T 38 ***Trinculeus.*** Unt. – Mittl. Ordovizium. Cephalon sehr breit, Wangenstacheln extrem lang. Glabella vorn gestutzt, mit 3 Paar Seitenfurchen, von welchen die vordersten am schwächsten ausgebildet sind. Pygidium breit und dreieckig. ***T. fimbriatus*** MURCHISON, Caradoc; ca. 3,5 cm.
T 39 ***Ampyx.*** Unt. – Mittl. Ordovizium. Cephalon und Pygidium mit etwa dreieckigem Umriß. Glabella reicht bis an den Cephalonvorderrand oder darüber hinaus und ist mit einem langen, aufwärts nach vorn gekrümmten Stachel besetzt. Keine Augen. 6 Thorakalsegmente. Pleurenenden gerundet; Pleuralfurchen werden nach außen tiefer. Achse des Pygidiums angedeutet segmentiert, Schildseiten glatt. Oberfläche teilweise mit feinen Gruben. ***A. nasutus*** DALMAN, Mittl. Ordovizium (Ob. Llanvirn); ca. 5,6 cm.

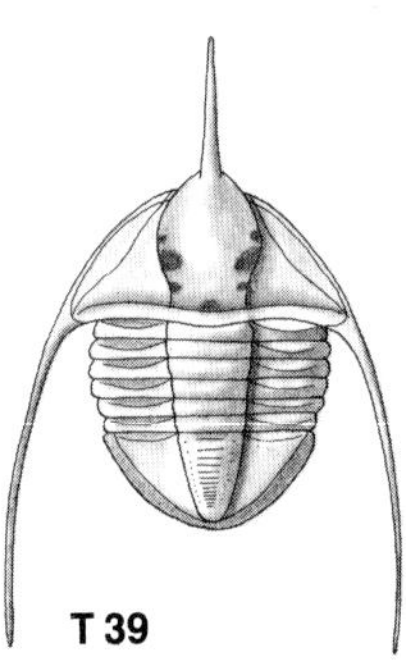
T 39

Ordnung Phacopida (Ordovizium – Devon)
Gesichtsnähte vorhanden, aber beim Häuten meist nicht aufplatzend. Glabella vielgestaltig, in der Regel nach vorne verbreitert, aber auch verjüngt. 8 bis 19 Thorakalsegmente. Pygidium mittelgroß bis groß.

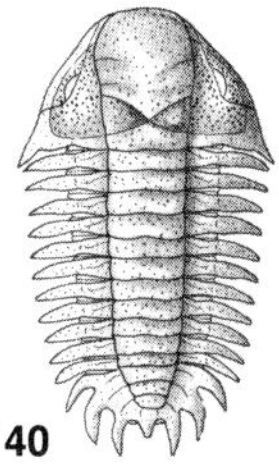

T 40

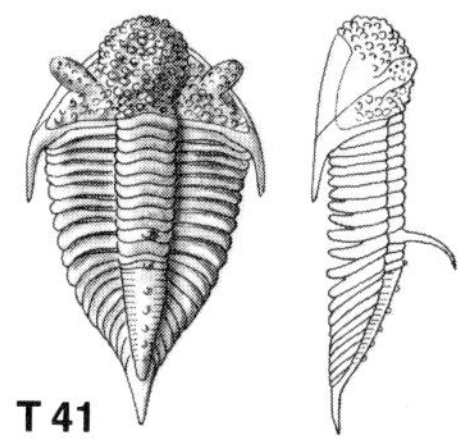

T 41

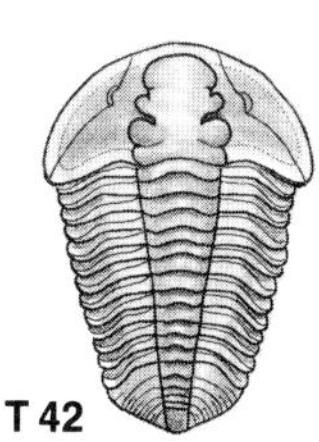

T 42

Unterordnung Cheirurina (Ordovizium – Mittl. Devon)
Klein bis mittelgroß. Glabella mit bis zu 3 Paar Seitenfurchen, auch durchlaufend. Augen klein oder fehlend. Pygidium berippt, meist bedornt.

T 40 ***Cheirurus.*** Ob. Ordovizium – Silur. Cephalon mit kurzen Wangenstacheln. Glabella nach vorn verbreitert, bis zum Vorderrand oder darüber hinaus reichend, mit 2 Paar Seitenfurchen. Gesichtsnähte vorhanden. 11 Thorakalsegmente. Pleuren schräg gefurcht, in schlanke Spitzen auslaufend. Pygidium mit meist 3 Paar etwa gleich großen Stacheln und einem kleinen mittigen Randstachel. ***C. insignis*** BEYRICH, Mittl. Silur (Ob. Wenlock); ca. 6 cm.
T 41 ***Encrinurus.*** Mittl. Ordovizium – Silur. Oberfläche des Cephalons mit Knoten besetzt. Glabella nach vorn verbreitert, über den Rand des Cephalons hinausragend, mit 3 Paar kurzen Seitenfurchen. Wangenecken gerundet. Augen gestielt. 11 oder 12 Thorakalsegmente. Pleuren ungefurcht, Enden gerundet. Pygidium angenähert dreieckig, länger als breit, Achse mit zahlreichen Segmenten, Schildseiten berippt. Manchmal mit Enddorn. ***E. punctatus*** (WAHLENBERG), Unt. – Mittl. Silur; ca. 5,3 cm. Eine Art aus dem Mittl. Silur mit nur schwach gestielten Augen und schräg abstehenden, kurzen Wangenstacheln ist ***E. variolaris*** (BRONGNIART); ohne Abb.

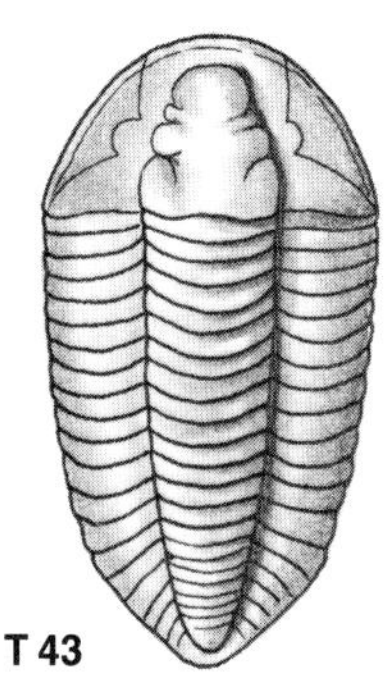

T 43

Unterordnung Calymenina (Ordovizium – Mittl. Devon)
Mittelgroß bis groß. Cephalon halbkreisförmig bis dreieckig. Glabella verjüngt sich nach vorn; maximal 4 Paar Seitenfurchen. Wangenecken meist gerundet. Meist 13, selten weniger Thorakalsegmente. Pygidium querelliptisch bis länglich-dreieckig.

T 42 ***Calymene.*** Silur – Mittl. Devon. Glabella kräftig gewölbt, mit 3 Paar seitlichen Ausbuchtungen (Loben). Augen klein, Gesichtsnähte deutlich. Wangenecken gerundet. 13, selten 12 Thorakalsegmente. Pygidium mit 6 Achsenringen und 6 tiefen Pleuralfurchen. ***C. blumenbachii*** BRONGNIART Mittl. Silur (Wenlock); ca. 7,5 cm.
T 43 ***Flexycalymene.*** Mittl. – Ob. Ordovizium. Glabella mit 3 Paar seitlichen Ausbuchtungen. Vorglabellares Feld relativ groß. Gesichtsnähte vorhanden. Augen klein. 12 oder 13 Thorakalsegmente; Achse in der Regel breiter als bei ***Calymene.*** Pygidiumachse mit tiefen Pleural- und schwachen Zwischenfurchen. ***F. caractaci*** (SALTER) (syn. ***Calymene caractaci***), Mittl. Ordovizium (Caradoc); ca. 4,2 cm.
T 44 ***Trimerus.*** Mittl. Silur. Panzer langgezogen. Cephalon dreieckig, ohne Randsaum. Glabella angenähert trapezförmig, glatt. 13

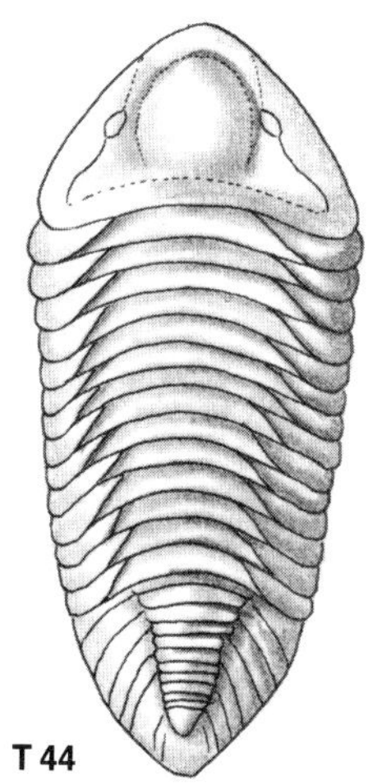

T 44

T 45, T 46 s. Foto S. 265

Thorakalsegmente; Achse breit und nur undeutlich abgesetzt. Pygidium dreieckig, länger als breit; Achse undeutlich, doch erkennbar. ***T. delphinocephalus*** GREEN (syn. ***Homalonotus delphinocephalus***), Mittl. Silur (Wenlock); ca. 6 cm.

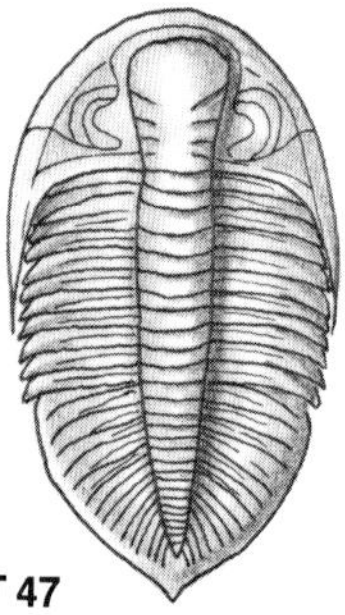

T 47

Unterordnung Phacopina (Ordovizium – Devon)

Augen setzen sich aus isolierten Einzellinsen zusammen (schizochroal). 11 Thorakalsegmente. Pleuren gefurcht.

Oberfamilie Phacopacea (Silur – Devon)

Cephalon halbkreisförmig, mit gerundeten Wangenecken. Glabella groß, nach vorn verbreitert, begrenzt durch 2 tiefe divergierende Furchen, bis an den Stirnrand oder darüber hinaus reichend.

T 45, 46 ***Phacops.*** Silur – Devon. Cephalon ohne Randsaum. Glabella bis an den Vorderrand reichend. Pleurenenden gerundet. Pygidium kurz, hinten gerundet. Cephalon mit kleinen Knoten, Restpanzer mehr oder weniger granuliert. ***P. latifrons*** (BRONN) (**T 45**), Mittl. Devon; ca. 1,5 cm. ***P. rana*** GREEN (**T 46**), Ob. Devon (Givet; Hamilton Group); ca. 1,5 cm. Bei ***P. schlotheimi*** (BRONN) aus dem Mittl. Devon sind u. a. die Augen anders ausgebildet als bei ***P. latifrons,*** nämlich in Form senkrecht angeordneter, alternierender Reihen (ohne Abb.).

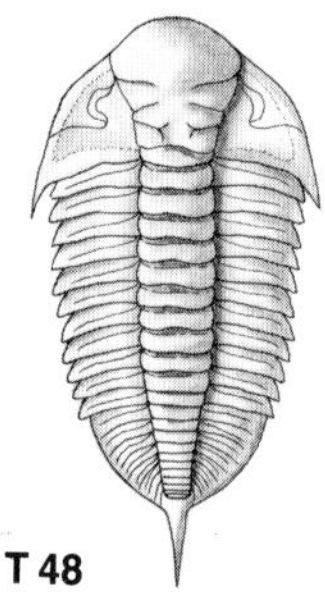

T 48

Oberfamilie Dalmanitacea (Ordovizium – Devon)

Cephalon mit deutlichem vorglabellarem Feld, mit Wangenstacheln. Glabella mit 3 Paar Seitenfurchen. Augen in der Regel groß, halbkreisförmig.

T 47 ***Odontochile.*** Unt. – Mittl. Devon. Cephalon halbkreisförmig, mit langen Wangenstacheln und ausgeprägtem Randsaum. Pleuren spitz endend. Pygidium lang, etwa dreieckig, manchmal mit kurzem Endstachel. Pygidiumachse mit 16 bis 22 Segmenten, Schildseiten mit 12 bis 15 Rippenpaaren. ***O. hausmanni*** BRONGNIART, Mittl. Devon; ca. 8 cm.

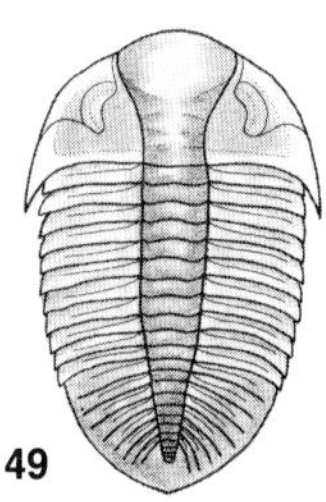

T 49

T 48 ***Dalmanitina.*** Mittl. – Ob. Ordovizium. Panzer langgezogen, Cephalon halbkreisförmig, mit meist kurzen bis mäßig langen Wangenstacheln, die leicht schräg gestellt sind und eine deutliche Knickstelle zeigen. Glabella nach vorn verbreitert, bis an den Vorderrand oder darüber hinaus reichend; 3 Paar deutliche Seitenfurchen. Pleurenenden winkelig. Pygidium mäßig spitz, mit Endstachel; Achse mit 8 bis 14 Segmenten, Schildseiten mit 7 oder 8 Rippenpaaren. ***D. socialis*** (BARRANDE), Mittl. Ordovizium (Llandeilo); ca. 7,5 cm.

T 49 ***Eudolatites.*** Mittl. – Ob. Ordovizium. Cephalon halbkreisförmig, Wangenstacheln leicht schräg gestellt, ohne auffallenden Knick. Glabella stark verbreitert, bis an den Vorderrand reichend, mit 3 Paar deutlichen Seitenfurchen. Pygidium fast so groß wie das Cephalon; Pygidiumachse mit 11 bis 15 Segmenten, Schildseiten mit 8 bis 13 Rippenpaaren. Kein Endstachel. ***E. angelini*** (BARRANDE), Mittl. Ordovizium (Caradoc); ca. 2,5 cm.

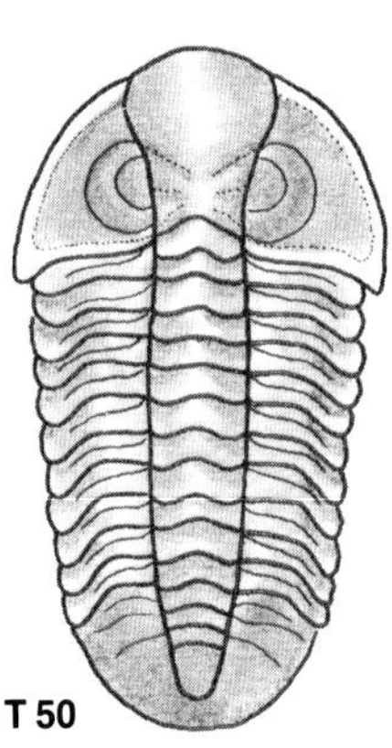

T 50

T 50 ***Acastava.*** Unt. Devon. Cephalon halbkreisförmig, mit kurzen Wangenstacheln. Glabella stark nach vorn verbreitert, mit 3 Paar Seitenfurchen. Augen sehr groß, am eingeschnürten Glabellateil ansitzend. Pleuren stumpf endend. Pygidium mit deutlicher Achse; Berippung schwach oder fehlend. ***A. schmidti*** (Rud. RICH-

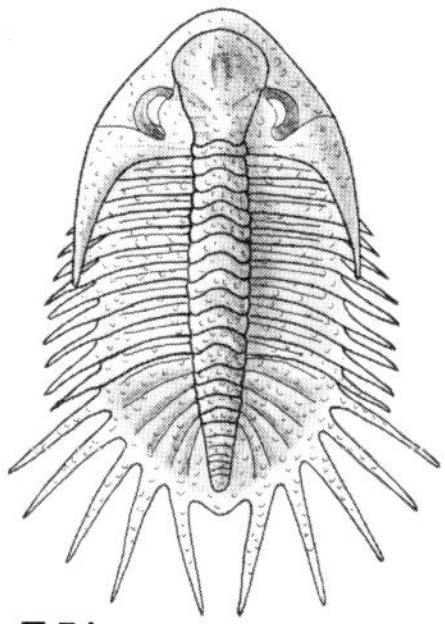

T 51

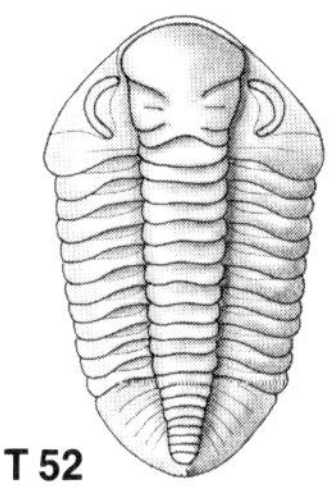

T 52

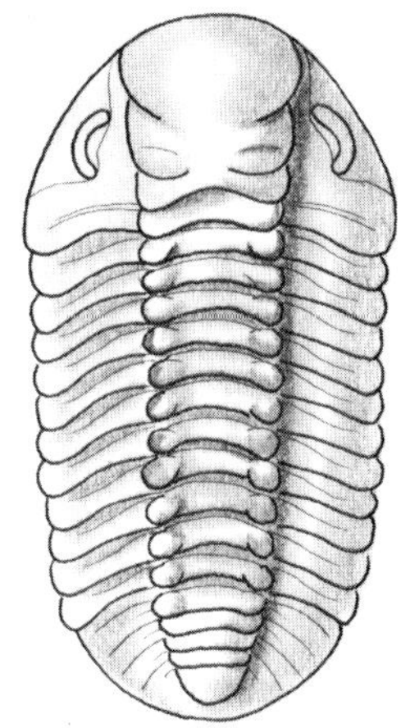

T 53

TER), Ems; ca. 2,5 cm. Bei der Art ***A. atavus*** (W. E. SCHMIDT) aus dem Siegen stehen die Augen weiter ab von der Glabella; das Pygidium hat einen gezackten Rand (ohne Abb.).

T 51 ***Asteropyge.*** Mittl. Devon – Unt. Oberdevon. Cephalon gerundet-dreieckig, mit kräftigen Wangenstacheln, schwach bis mäßig gewölbt. Glabella nach vorn verbreitert, mit 3 Paar Seitenfurchen. Nackenring deutlich. Pleuren teilweise in langen Stacheln endend. Pygidium mit ausgeprägter Achse (10 bis 15 Segmente) und 5 Rippenpaaren, die in lange Stacheln auslaufen. ***A. punctata*** (STEININGER), Mittl. Devon; ca. 5,3 cm.

T 52 ***Acaste.*** Silur. Kleinwüchsig. Cephalon halbkreisförmig bis dreiseitig, mit gerundeten Wangenecken. Glabella nach vorn verbreitert, bis knapp an den Vorderrand reichend, mit 3 Paar Seitenfurchen. Nackenring deutlich. Pygidium relativ lang, gerundet bis dreieckig, mit deutlich segmentierter und abgesetzter Achse und berippten Schildseiten. ***A. downingiae*** (MURCHISON) (syn. ***Phacops downingiae***), Mittl. Silur (Wenlock); ca. 2 cm.

T 53 ***Acastoides.*** Unt. Devon. Panzer angenähert parallelseitig. Cephalon halbkreisförmig, mit gerundeten Wangenecken. Augen klein, relativ weit außen sitzend. Glabella bis an den Vorderrand reichend, parallelseitig bis leicht nach vorn verbreitert. 3 Paar Seitenfurchen, deren vordere beide Paare oft schwach ausgebildet sind. Pygidium klein, mit segmentierter Achse und berippten Schildseiten. ***A. henni*** (Rud. RICHTER); ca. 5,6 cm.

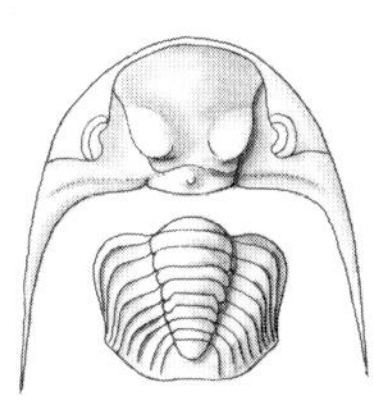

T 54

T 54 ***Chasmops.*** Ordovizium. Cephalon vielgestaltig, meist aber halbkreisförmig. Wangenstacheln lang. Glabella nach vorn deutlich verbreitert, mit seitlichen Ausbuchtungen. Augen mäßig bis sehr hoch, klein bis groß. Pygidium mit langer Achse und oft zahlreichen Segmenten (6 bis 20), Schildseiten berippt. ***C. odini*** (EICHWALD), Llandeilo; Pygidium ca. 1,7 cm breit. Die Art ***C. extensa*** (BOECK) aus dem Caradoc hat nahezu parallel verlaufende Wangenstacheln und ein langgezogenes Pygidium (ohne Abb.).

Unterstamm Crustacea (Krebstiere, Krustentiere)

Der Unterstamm umfaßt 9 Klassen, die beim Stamm Arthropoda (s. S. 241) aufgeführt sind. Zwei dieser Klassen sind fossil bekannt (Branchiopoda und Euthycarcinoidea), treten jedoch nur in wenigen Formen und meist selten auf, so daß die dazugehörigen Arten für den Sammler keine Bedeutung haben. Weitere 4 Klassen sind bisher nur rezent bekannt. Die anderen 3 Klassen sind fossil wie rezent meist gut

belegt: Ostracoda (Muschelkrebse), Cirripedia (Rankenfüßer) und Malacostraca (höhere Krebse, also Krebse im eigentlichen Sinn).
Alle Krebstiere haben 2 Antennenpaare und zweiästige Spaltfüße, deren vordere 3 Paare hochdifferenziert sein und als Kauapparat verwendet werden können. Die Extremitäten sind vollständig oder unvollständig ausgebildet; bei vollständiger Ausbildung unterscheiden wir zahlreiche Teile. Die körpernächsten (oft 3) Teile werden als Basis zusammengefaßt. Auf ihr sitzen 2 Fortsätze, der Exo- und der Endopodit; letzterer ist nur bei den höheren Krebsen vorhanden. Jeder dieser „Füße" gliedert sich in mehr oder weniger zahlreiche Segmente. Die Ausbildung dieser Spaltfüße kann sowohl zur Feststellung verwandtschaftlicher Beziehungen wie auch für die Bestimmung sehr wichtig sein (s. Abb. S. 273).
Der Körper wird von einem chitinigen Panzer (Carapax, Gehäuse) umhüllt. Er kann durch Einlagerung von Kalksalzen verfestigt sein oder auch ganz aus Kalk bestehen. Er besteht aus einem Stück, aus zwei muschelklappenähnlichen Hälften (Ostracoda; „Muschelkrebse") oder auch aus mehreren Kalkplatten (wie z. B. bei den Cirripediern).
Die Lebensweise der Crustacea ist sehr verschieden: Von fixisessilen (Cirripedier: Seepocken) bis zu sehr beweglichen Formen existieren alle Übergänge. Den allermeisten Formen aber ist der Lebensraum gemeinsam, das Wasser. Auch im heimischen Süßwasser finden wir Krebstiere: Ostracoden z. B. oder die bekannten und früher teilweise weit verbreiteten Flußkrebse. Und die Asseln haben sogar das Land erobert! Die meisten Formen aber leben im Meer. Fossile Muschelkrebse treten in vielen Gesteinen auf, wenn sie auch wegen der geringen Größe nicht auffallen. Überreste von Cirripediern sind in tertiären Sedimenten nicht gerade selten. Wohlerhaltene Panzer der Malacostraca hingegen gehören zu den Schmuckstücken jeder Fossiliensammlung.

Klasse Ostracoda (Muschelkrebse)

Allgemeines, Größenverhältnisse, Leitwert

Muschel- oder Schalenkrebse treten seit dem Unt. Kambrium auf, teilweise sehr häufig. Die Schale ist zweiklappig und auf der Dorsalseite (Rückenseite) gelenkig verbunden. Die beiden Klappen sind trotz gleicher Wölbung meist ungleich groß. Von wenigen Ausnahmen abgesehen ist das Gehäuse klein. Es erreicht bei der Mehrzahl der Formen zwischen 0,5 und 4 mm. Die größte bekannte fossile Art erreicht knapp 6 cm (*Leperditia titanica* SCOTT). Bei den rezenten Formen ist die Art *Gigantocypris agassizii* G. W. MÜLLER mit ca. 23 mm die großwüchsigste. Die mesozoischen und känozoischen Formen erreichen allerdings nur selten Abmessungen über 3 mm.
Bedingt durch das oft massenhafte Auftreten und teilweise auch durch die weite Verbreitung dienen Ostracoden häufig als Leitfossilien – im Mikrobereich. Vor allem bei parachronologischen Arbeiten (Schichtenparallelisierung mittels Leitfossilien) in der Erdölgeologie sind sie sehr wichtig. Sie eignen sich aber auch als Faziesfossilien. Bestimmte Formen können also Aussagen geben über Bedingungen im damaligen Ablagerungsraum, vor allem über den Salzgehalt. Da in geringvolumigen Gesteinsproben reichlich Ostracoden enthalten sein können, eignen sie sich auch für biostatistische Untersuchungen.

Systematik, Stammesgeschichte

Die Klasse wird in 5 Ordnungen unterteilt, wobei die Archaeocopida eine geringe Zahl nicht sicher zuzuordnender Formen umfassen.
Archaeocopida (? Kambrium, Unt. Ordovizium)
Leperditicopida (? Kambrium, Ordovizium – Devon)
Palaeocopida (syn. Beyrichiida) (Ordovizium – Jura)
Podocopida (? Kambrium, Ordovizium – rezent)
Myodocopida (Ordovizium – rezent)
Die Stammesgeschichte zeigt zwei durch einen starken Rückgang während der Trias getrennte Phasen. Das erste Maximum lag im Mittl. Devon, das zweite im Miozän. Bereits in der Unt. Kreide finden wir Gattungen, die bis heute überlebten.

Hartteile

Das Gehäuse besteht aus einer rechten und einer linken Klappe. Es entspricht dem Cephalothorax der höheren Krebse (Malacostraca). Ein elastisches Ligament verbindet die beiden Klappen auf der Dorsalseite. Sie klaffen auseinander, sobald der Zug der Schließmuskeln nachläßt. Die Schale besteht aus 3 Schichten, die ursprünglich alle chitinig waren, teilweise aber verkalkt sein können: Wir beobachten außen einen dünnen Überzug, darunter ein äußeres und schließlich ein inneres Schalenblatt. Das äußere Schalenblatt ist praktisch immer verkalkt, das innere teilweise oder gar nicht.
Eine Klappe ist sehr häufig größer und ragt bzw. greift über die andere hinaus. Aber auch Wölbung und Skulptur können verschieden sein. Die Schalenform hängt vom Innenbau ab und kann z. B. auch, geschlechtsbedingt, bei männlichen und weiblichen Exemplaren einer Art Unterschiede zeigen. Die Gehäuseorientierung ist bei paläozoischen Formen schwierig und umstritten. Bei mesozoischen und jüngeren Formen gilt als Faustregel: Das von der Seite gesehen spitzere Ende ist das Hinterende, das Vorderende ist meist höher. Vom Rücken (dorsal) betrachtet ist das Hinterende dicker, weil hier die oft voluminösen Geschlechtsorgane liegen.
Die beiden Klappen sind dorsal durch ein Schloß verbunden. Es besteht aus Zähnen und/oder Leisten und entsprechenden Vertiefungen. Ähnlich den Schloßtypen der Muscheln werden auch bei den Ostracoden eine Anzahl von verschiedenen Formen unterschieden. Schloßformen können für die Zuordnung und Bestimmung wichtig sein, einige typische zeigt die Zeichnung.

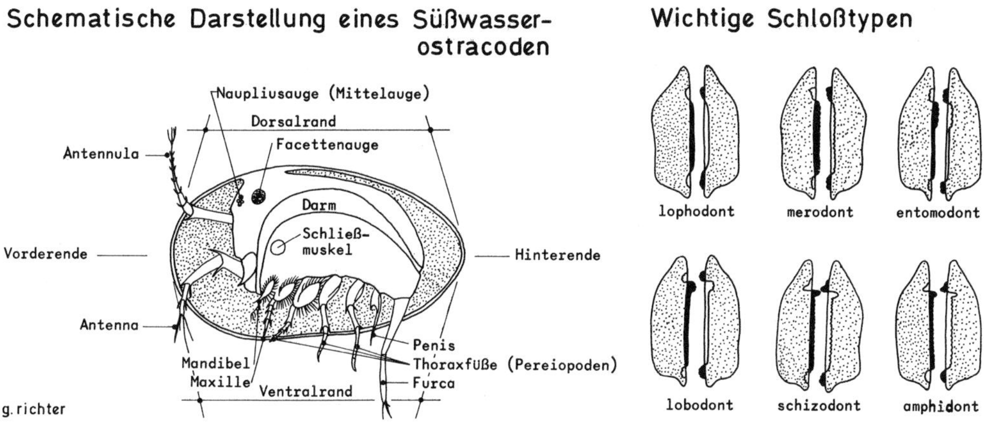

Terminologie und Morphologie der Ostracoda (Muschelkrebse). (Abgeändert nach A.H. MÜLLER.)

Weichteile

Die Schale umschließt den Körper vollkommen, die Weichteile sind also gut geschützt. Zwischen Körper und Gehäusebau bestehen enge Beziehungen. Wir unterscheiden die meist nur undeutlich voneinander getrennten Teile Kopf, Rumpf und Abdomen. Die in der Mehrzahl 7 Paar Anhänge bestehen aus Antennula, Antenna, Mandibeln und Maxillen. Die Antennula oder vorderen Antennen dienen als Sinnesorgane und zur Fortbewegung, während die Antenna, die zweiten Antennen, hauptsächlich zur Fortbewegung gebraucht werden. Das gilt auch für die außerdem zur Nahrungserfassung dienenden Mandibeln. Meeresbewohnende Formen verfügen schließlich noch über ein Paar Maxillula und 2 Paar Thoraxfüße, verwendet zur Fortbewegung und als Putzfüße, während Süßwasserformen anstelle dieser Kombination 3 Paar Thoraxfüße haben. Die Furca, eine Art Schwanz, dient u. a. zum Eingraben ins Sediment.
Wir beobachten einen Verdauungskanal, ein Nervensystem und ein Blutgefäßsystem. Die Sauerstoff-

aufnahme (Respiration) erfolgt meist über die gesamte Körperoberfläche; nur wenige Arten haben Kiemen.
Die 5 Muskelgruppen und vor allem die von ihnen hinterlassenen Eindrücke auf der Schaleninnenseite sind besonders bei der Zuordnung der meist merkmalsarmen Süßwasserformen wichtig. Genannt werden hier nur die meist zentral liegenden Schließmuskeln. Bei manchen Arten lassen sich Beziehungen zwischen Muskelansatzstellen und Schaleneinsenkungen, Verformungen also, nachweisen. Diese Schalenformung konnte nur unmittelbar nach der Häutung erfolgen, solang die Schale noch elastisch war.
Neben einem „Mittelauge", dem Naupliusauge, haben die Ostracoden große, seitlich liegende Augen, bestehend aus zwischen 4 und 50 Einzelelementen. Die Schale weist im Augenbereich Augenflecken auf und ist hier mehr oder weniger durchsichtig.

Ontogenese, Lebensraum, Lebensweise

Ostracoden sind in der Regel getrenntgeschlechtlich; wir beobachten einen teilweise sehr ausgeprägten Geschlechtsdimorphismus. Nach dem Schlüpfen aus den Eiern entwickeln sich die Larven über 5–9 Häutungsstadien zur Geschlechtsreife. Bereits die frischgeschlüpften Larven verfügen über ein zweiklappiges Gehäuse, haben jedoch nur 3 Paar Anhänge. Die verschiedenen Larvenstadien können sich sowohl untereinander wie auch vom adulten Tier beträchtlich unterscheiden.
Die meisten Ostracoden leben im vollmarinen Bereich. Aber auch im Brack- und Süßwasser finden wir – sowohl rezent wie fossil – zahlreiche Arten. Bekannt ist z. B. das massenhafte und geradezu bankbildende Auftreten der Art *Cypris risgoviensis* in den miozänen Süßwasserkalken des Nördlinger Ries (Bayern). Die marinen Formen leben meist in Tiefen zwischen 150 und 600 m. Der größte Teil der Ostracoden lebt benthisch. Im Gegensatz zu den leichten und gering verkalkten Gehäusen der planktischen Formen weisen die Formen des Benthos dicke und stark verkalkte Gehäuse auf, die oberflächlich meist kräftig skulpiert sind: Höcker, Stacheln usw. sollen das Einsinken in weiches Sediment verhindern.
Ostracoden sind Allesfresser: Diatomeen, kleine Algen, Foraminiferen und vor allem auch Aas bilden ihre Hauptnahrung. Die Fortbewegung erfolgt bei wenigen kriechend und schwimmend, bei den meisten nur kriechend mit Hilfe der Anhänge.

Bestimmung, Vorkommen

Die fossilen Ostracoden werden vor allem nach äußerer Schalenform und Skulptur sowie, soweit vorhanden, den Muskelansatzstellen bestimmt. Sehr wichtig kann die Schloßform sein, zumindest bei der Zuordnung in höhere taxonomische Einheiten. Ohne gründliche Untersuchungen mit einem Stereomikroskop oder zumindest einer guten ca. 10fach vergrößernden Lupe können wir allerdings, vor allem bei den Formen unter 1 mm, kaum Aussagen machen.
Gesteine mit teilweise sehr reicher Ostracodenführung sind:
Beyrichienkalk. Dieses Geschiebe tritt an der Ostseeküste teilweise sehr häufig auf, wird aber auch an anderen Geschiebefundorten angetroffen. Enthaltene Ostracoden: *Beyrichia* (O 4), *Neobeyrichia* (O 5, *N. tuberculata*), „*Primitia*", selten auch *Leperditia*. Ob. Silur (Ludlow).
Leperditiengesteine. Geschiebe mit Verbreitung wie der Beyrichienkalk. Wichtige Ostracoden werden vor allem von der Gattung *Leperditia* gestellt: *L. schellwieni, L. grandis, L. phaseolus*. Mittl. Silur (Ob. Wenlock).
Cypridinenschiefer. Devongesteine des Harz und Thüringens. Wichtige Ostracodenformen sind: *Richterina* (O 14), *Nehdentomis* (O 17), *Cypridina, Kleodenia*. Siehe auch Abb. S. 267.
Bairdiakalke. Dieses Gestein aus der Ob. Trias (Unt. Keuper) kann die folgenden Arten enthalten: *Bairdia pirus* SEEBACH, *B. proceras* SEEBACH, *B. teres* SEEBACH.
Cypriskalke. Tertiäre Süßwasserkalke mit reichlich und meist sogar in bankbildender Individuenfülle vertretenen Arten der Gattung *Cypris*. Z. B. im Mainzer Becken, im Oberrheintalgraben und im Nördlinger Ries.

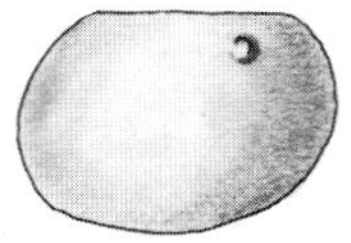

O 1

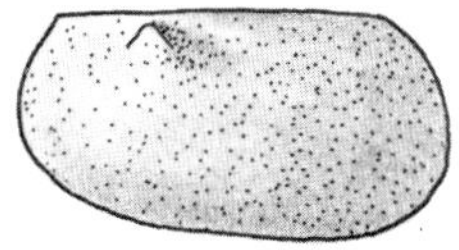

O 2

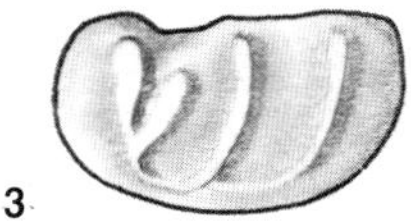

O 3

Klasse Ostracoda (Muschelkrebse)

Ordnung Leperditicopida (? Kambrium, Ordovizium – Devon)

Dickwandige Gehäuse mit glatter Schalenoberfläche, selten auch skulptiert. Dorsalrand gerade, Dorsalecken ausgeprägt, freier Rand gebogen.

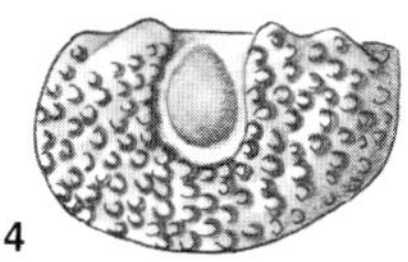

O 4

O 1 ***Leperditia.*** Silur – Devon. Klappen verschieden groß, kleinere Klappe im hinteren Dorsalbereich mit Anschwellung. Glattschalig, mit Augenhöcker. ***L. balthica*** (HISINGER), Mittl. Silur; ca. 22 mm.
O 2 ***Briartina.*** Devon. Dorsal- und Ventralrand parallel oder nahezu parallel. Umriß fast symmetrisch. ***B. quenstedti*** (GÜMBEL), Mittl. Devon (Givet); ca. 6 mm.

Ordnung Palaeocopida (syn. Beyrichiida)

(Ordovizium – Jura)
Formen mit meist gut verkalkter Schale. Dorsalrand gerade, freier Rand bogenförmig geschwungen. Viele Arten mit markanter Skulptur. Auffallender Geschlechtsdimorphismus. Von den Leperditicopida unterschieden durch das Fehlen der seitlichen Augenhöcker, die Skulptur und den Dimorphismus.

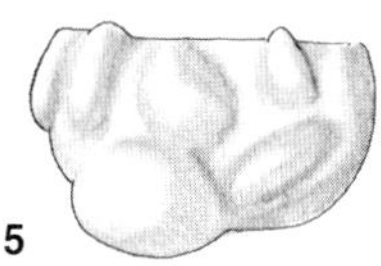

O 5

O 3 ***Tallinella.*** Ordovizium. Auf jeder Klappe 4 rippenartige Wülste. ***T. scripta*** (HARPER), Caradoc; ca. 2,5 mm.
O 4 ***Beyrichia.*** Silur. Gehäuse dreilappig skulptiert, wobei der erste und der dritte Lappen immer größer sind als der mittlere. Kompliziertes Schloß. Oberfläche granuliert mit unregelmäßig verstreuten Grobkörnern und/oder Stacheln. ***B. kloedeni*** McCOY, Wenlock; ca. 2,5 mm.
O 5 ***Neobeyrichia.*** Ob. Silur (Ob. Ludlow) – Devon. Wie ***Beyrichia***, jedoch mit voneinander abgetrennten Lappenwülsten. Oberfläche gekörnelt oder glatt. ***N. lauensis*** (KIESOW), linke Klappe eines weiblichen Exemplars. Ob. Silur (Ob. Ludlow); ca. 6 mm.
O 6 ***Monoceratina.*** Devon – rezent. Klappen etwa gleichgroß, rechteckig bis rhombisch, meist länglich. Dorsalrand gerade, Ventralrand gerade oder leicht gebogen. Auf den Klappen sitzt ein kräftiger Wulst, manchmal mit einem Dorn besetzt. ***M. stimulea*** (SCHWAGER), oben linke, in der Mitte die rechte Klappe von außen, unten Dorsalansicht. Mittl. Jura (Unt. Aalen); ca. 0,8 mm.

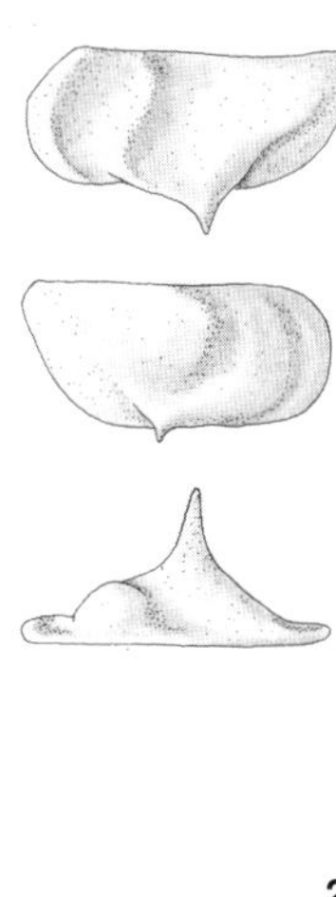

O 6

Ordnung Podocopida (? Kambrium, Ordovizium – rezent)

Schale immer verkalkt. Dorsal- und Ventralrand meist gebogen.

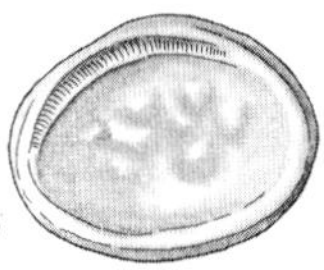
O 7

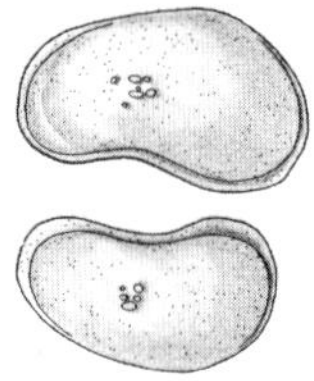
O 8

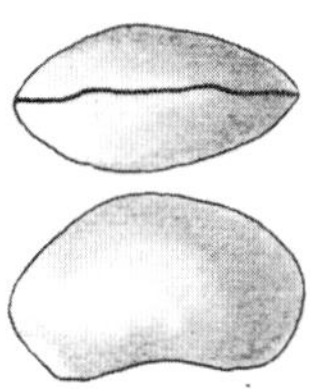
O 9

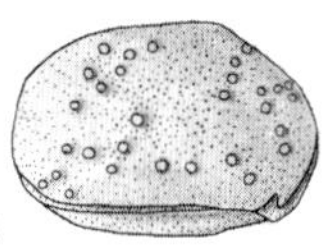
O 10

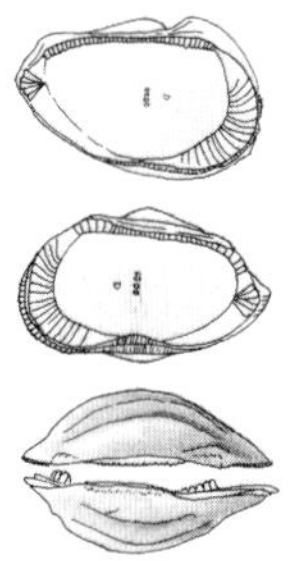
O 11

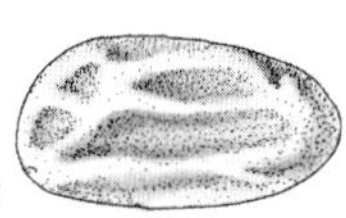
O 12

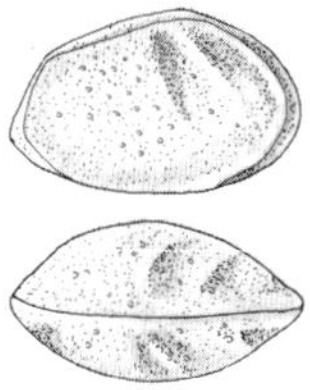
O 13

O 14–21 s. S. 267

O 7 ***Ogmoconcha.*** Unt. Jura. Dickwandiges und eiförmiges Gehäuse. Oberfläche glatt. Innenrand mit feinen Zähnchen. Linke Klappe größer. ***O. contractula*** TRIEBEL, Innenseite der linken Klappe; ca. 0,7 mm.

O 8 ***Candona.*** Jura – rezent. Süßwasserform, selten im Brackwasser. Artenreichste rezente Süßwassergattung. Umriß nierenförmig. Ungleichklappig. ***C. neglecta*** SARS, oben linke, unten rechte Klappe, beide von außen. Quartär – rezent; ca. 1,3 mm. Kaltwasserform. Besonders häufig in der Elster-Saale-Zwischeneiszeit.

O 9 ***Cypris.*** Tertiär – rezent. Süßwasserform, selten auch im Brackwasser. Umriß nierenförmig oder oval, auch länglich. Schale dünn, meist durchscheinend. Dorsalrand oft stark gebogen. Oberfläche rauh bis glatt, Ränder oft gezähnelt. ***C. risgoviensis*** SIEBER, Tertiär (Miozän, Sarmat); ca. 1 mm.

O 10 ***Cypridea.*** Mittl. Jura (Bathon) – Tertiär (Eozän). Umriß oval bis langgestreckt, mit Schnabel (Rostrum) am ventralen Vorderrand. Gehäuse stark gewölbt, Oberfläche glatt, punktiert oder netzförmig verziert. ***C. granulosa*** (SOWERBY), rechte Klappe. Unt. Kreide (Berrias); ca. 1,2 mm.

O 11 ***Protocythere.*** Mittl. Jura – Ob. Kreide (Cenoman). Umriß eiförmig bis viereckig. Vorderrand breitgerundet, oft mit Randzähnelung. Oberfläche skulptiert mit 3 Längswülsten. Linke Klappe größer. ***P. triplicata*** (ROEMER), oben linke, in der Mitte rechte Klappe, unten Dorsalansicht. Unt. Kreide (Hauterive); ca. 1 mm.

O 12 ***Pleurocythere.*** Mittl. Jura (Bajoc – Callov). Umriß eiförmig bis gerundet viereckig. Oberfläche mit kräftigen Rippen. Linke Klappe größer. ***P. richteri*** TRIEBEL, linke Klappe eines weiblichen Exemplars; ca. 0,75 mm.

O 13 ***Amphicythere.*** Ob. Jura (Kimeridge). Umriß oval, mit breitgerundetem Vorder- und schmalgerundetem Hinterende. Augenhöcker. Oberfläche glatt bis genarbt. ***A. semisulcata*** TRIEBEL, oben rechte Klappe von außen, unten Dorsalansicht; ca. 0,7 mm.

Ordnung Myodocopida (Ordovizium – rezent)

Viele dieser Formen weisen einen Einschnitt (Inzisur) im freien Bereich des Randes auf, im Gegensatz zu den Podocopida. Ventralrand konvex, Dorsalrand ebenfalls häufig bogenförmig, teilweise aber gerade.

O 14 ***Richteria.*** Ob. Devon. Umriß oval bis bogenförmig. Dorsalrand bogenförmig, manchmal mit geradem Mittelteil. Oberfläche meist mit einheitlichen Längsrippen und schwacher Mittelfurche, ***R. serratostriata*** (G. SANDBERGER), Famenne (Nehden); ca. 0,7 mm.

O 15–17 ***Nehdentomis.*** Ob. Devon. Wie ***Richteria,*** jedoch mit betontem Mittelfurchenende: Gruben- oder keulenförmig. ***N. tenera*** (GÜRICH) (**O 15**), Frasne – Unt. Famenne (Nehden); ca. 1,5 mm. ***N. pseudorichterina*** (MATERN) (**O 16**), Frasne (Mittl. – Ob. Adorf); ca. 1,4 mm. ***N. nehdensis*** (MATERN) (**O 17**), Famenne (Nehden); ca. 0,7 mm.

O 18–21 ***Bertillonella.*** Ob. Devon – Unt. Karbon. Umriß eiförmig bis rundlich, auch quadratisch oder dreieckig. Mittlerer Teil des Dorsalrandes gerade. An der vorderen Ventralecke ein größerer, an der hinteren Dorsalecke ein kleinerer Dorn. Feine Längsrippen (wichtig für die Artbestimmung). ***B. triangulata*** (RABIEN) (**O 18**), Ob. Devon (Frasne, Unt. Adorf); ca. 0,8 mm. ***B. torleyi*** (MATERN)

T 8 *Paradoxides cf. gracilis,* Mittl. Kambrium; Jinče/ČSSR. Ca.2,1 cm. Sammlung ROECK.

T 20 *Asaphiscus wheeleri,* Mittl. Kambrium (Monte Neva Formation [Wheeler Formation]); House Range, Millard Co., Utah/USA. Ca. 4,2, 3,4 und 1,9 cm; die beiden größeren Stücke Sammlung OTTER.

T 45 *Phacops latifrons,* Mittl. Devon; Vireux-Molhain bei Givet/Frankreich. Ca. 2 cm. Eingerollter Trilobit.

T 46 *Phacops rana,* Ob. Mitteldevon (Givet; Hamilton Group); Ontario/USA. Ca. 1,5 cm.

D 35 *Zanthopsis leachi,* Tertiär (Unt. Eozän; Ypres); Sheppey, Kent/England. Ca. 4,5 cm.

D 37 *Coeloma helmstedtense,* Tertiär (Oligozän); Helmstedt/Niedersachsen. Ca. 15 cm. Sammlung des Staatlichen Museums für Naturkunde in Stuttgart.

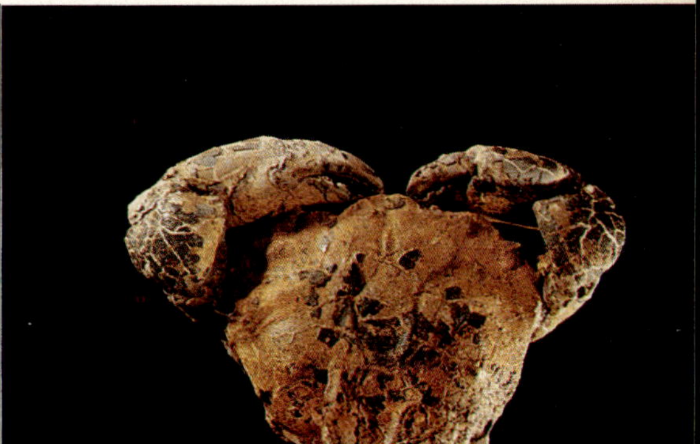

B 46 *Atrypa thola,* Mittl. Devon (Eifel); Sötenich, Eifel. Ca. 2,2 cm.

B 47 *Spinatrypa aspera,* Mittl. Devon (Eifel); Sötenich, Eifel. Ca. 1,5 cm.

B 48 *Spinatrypa curvirostra,* Mittl. Devon (Eifel); Sötenich, Eifel. Ca. 2,5 cm.

B 53 *Paraspirifer bownockeri,* Ob. Mitteldevon (Givet; Hamilton Group); Sylvania, Ohio/USA. Ca. 5 cm; pyritisiert. Viele Exemplare dieses Fundortes zeigen bei aufgebrochener Schale das Armgerüst.

B 56 *Spinocyrtia ostiolata,* Mittl. Devon (Eifel); Rommersheim/Eifel. Ca. 3,8 cm.

B 101 *Nucleata nucleata,* Ob. Jura (Unt. Kimeridge; Malm gamma); Kirchheim bei Bopfingen/Württ. Ca. 1,5 cm.

(**O 19**), Ob. Devon (Frasne, Unt. Adorf); ca. 0,5 mm. ***B. latesulcata*** (PAECKELMANN) (**O 20**), Ob. Devon (Frasne, Unt. Adorf); ca. 1 mm. ***B. calcarata*** (REINH. RICHTER) (**O 21**), Ob. Devon (Frasne – Unt. Famenne [Nehden]); ca. 0,5 mm.

O 22–24 ***Franklinella*** (syn. ***Ungerella***). Ob. Devon. Umriß eiförmig, quadratisch oder dreieckig. Dorsalrand gerade, mit abgerundeten Ecken. An der vorderen Ventralecke sitzt ein kleiner schräger Dorn. Lange Mittelfurche. Feine Längsrippen. ***F. cicatricosa*** (MATERN) (**O 22**), Frasne (Mittl. Adorf); ca. 1 mm. ***F. materni*** (VOLK) (**O 23**), Frasne (Unt. Oberadorf); ca. 1 mm. ***F. reichi*** (MATERN) (**O 24**), Frasne (Mittl. Oberadorf); ca. 1,2 mm.

O 22–24 s. die untere Tabelle dieser Seite

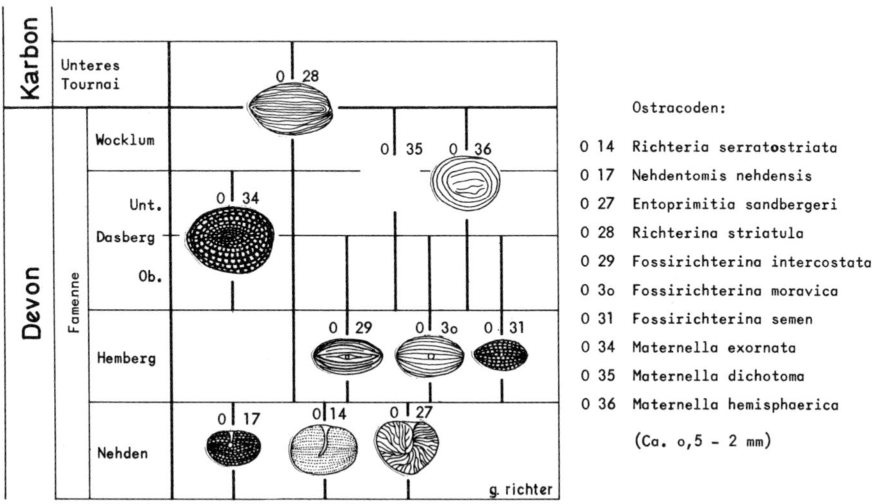

Stratigraphisches Auftreten einiger Ostracodenarten des Ob. Devon. (Abgeändert nach A.H. MÜLLER aus RABIEN.)

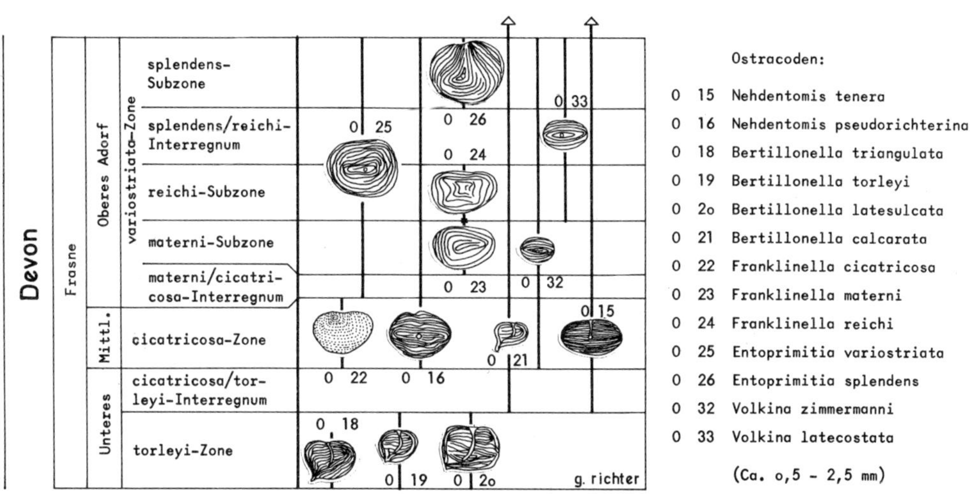

O 25–27 ***Entoprimitia.*** Ob. Devon. Umriß breitelliptisch bis oval. Dorsalrand gebogen mit kurzem geradem Teil. Dorsalecken gerundet. Mittelfurche kurz. Feine randparallele Berippung (konzentrisch wirkend). ***E. variostriata*** (CLARKE) (**O 25**), Frasne (Ob. Adorf); ca. 2,2 mm. ***E. splendens*** (WALDSCHMIDT) (**O 26**), Frasne (Ob. Oberadorf); ca. 2,5 mm. ***E. sandbergeri*** (MATERN) (**O 27**), Famenne (Nehden); ca. 1,5 mm.

O 28 ***Richterina.*** Ob. Devon (Famenne, Hemberg) – Unt. Karbon (Tournai). Länglich elliptisch. Breit abgerundetes, symmetrisches Vorder- und Hinterteil. Keine Schließmuskelgrube. Längsrippenskulptur. ***R. striatula*** (REINH. RICHTER); ca. 2 mm.

O 29–31 ***Fossirichterina.*** Ob. Devon (Hemberg – Wocklum). Wie ***Richterina***, unterschieden jedoch durch die hier vorhandene Schließmuskelgrube. Manchmal mit kleinen Querrippen. ***F. intercostata*** (MATERN) (**O 29**), Famenne (Hemberg – Unt. Dasberg); ca. 1,7 mm ***F. moravica*** (RZEHAK) (**O 30**), Famenne (Hemberg – Unt. Dasberg); ca. 1,7 mm. ***F. semen*** (JONES) (**O 31**), Famenne (Hemberg – Unt. Dasberg); ca. 1,5 mm.

O 25–36 s. S. 267

O 32, 33 ***Volkina.*** Ob. Devon. Ähnlich ***Richterina***, jedoch mit Schließmuskelgrube und Dorsalgrube. ***V. zimmermanni*** (VOLK) (**O 32**) Frasne (Mittl. – Ob. Adorf); ca. 0,5 mm. ***V. latecostata*** (RABIEN) (**O 33**), Frasne (Ob. Adorf, *reichi-splendens*-Subzone); ca. 0,9 mm.

O 34–36 ***Maternella.*** Ob. Devon (Famenne, Hemberg – Wocklum). Umriß breit eiförmig, geringfügig unsymmetrisch. Dorsalrand schwach, Ventralrand stärker gebogen. Randparallele Rippen, die konzentrisch wirken. Mitunter Querrippen. ***M. exornata*** (MATERN) (**O 34**), Dasberg; ca. 2 mm. ***M. dichotoma*** (PAECKELMANN) (**O 35**), Dasberg – Wocklum; ca. 1,5 mm. ***M. hemisphaerica*** (REINH. RICHTER) (**O 36**), Dasberg – Wocklum; ca. 1,8 mm.

Klasse Cirripedia (Rankenfüßer)

Allgemeines, Größenverhältnisse

Die Krebstiere dieser Klasse leben durchweg festgewachsen, und zwar mit dem Kopfende. Wohl jeder, der einmal am Meer seinen Urlaub verbracht hat, wird die häufigste Form beobachtet haben: *Balanus* oder einfach Seepocken. Zu Zehntausenden sitzen diese Tiere im Gezeitenbereich an den Felsküsten (z. B. an der jugoslawischen Adria). An Sandstränden finden wir oft Muschel- und Austernschalen mit aufsitzenden Balaniden. Und auch fossil treten sie nicht selten in Erscheinung – vor allem in tertiären Sedimenten finden wir ihre Überreste, als Bewuchs auf Schalen oder Brandungsgeröllen.

Die sogenannten Entenmuscheln begegnen uns rezent wie fossil wesentlich seltener. Wir erkennen sie an einem mehr oder weniger langen Stiel, mit dem sie im Gegensatz zu den unmittelbar dem Substrat aufsitzenden Balaniden auf dem Untergrund festgeheftet sind. Die Cirripedier stellen etwa 760 rezente Arten; die Zahl der fossil beschriebenen Formen dürfte wesentlich geringer sein. Bedingt durch nur geringe Differenzierung und das oft spärliche Auftreten sowie durch fehlenden Leitwert wurden die Cirripedier von den Paläontologen recht stiefmütterlich behandelt; bedeutende Monographien vor allem aus der jüngeren Vergangenheit existieren nicht.

Die Tiere erreichen nur geringe Abmessungen. Der Körper der Entenmuscheln (bekanntester rezenter Vertreter: *Lepas anatifera*) wird etwa 4 cm lang bei einer Stiellänge zwischen 5 und 10 cm, ausnahmsweise auch bis zu ca. 1 m. Seepocken sind in der Regel nicht größer als ca. 2 cm, jedoch existieren rezente wie auch fossile Formen mit ca. 5 cm Höhe und sogar mit maximal 30 cm.

Unterordnung Balanomorpha (Seepocken)

Balanus amphitrite DARWIN

(rezent; vordere Platten entfernt; Mantel und Depressormuskeln weggelassen)

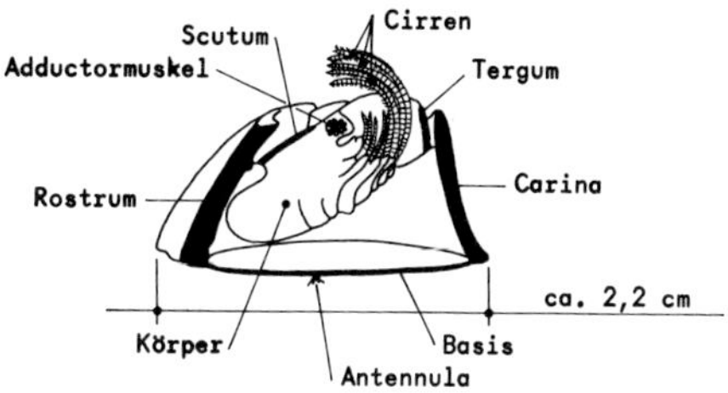

Hartteile des Mauerrings

(schematisiert; vergrößert)

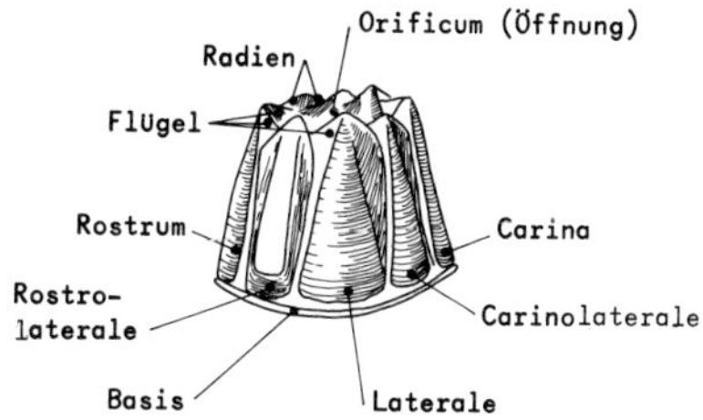

Beispiele für Plattenformen (schematisiert; stark vergrößert)

I z.B. Carina oder Rostrum;

II z.B. Rostrolaterale oder zusammengesetztes Rostrum;

III z.B. Laterale oder Carinolaterale

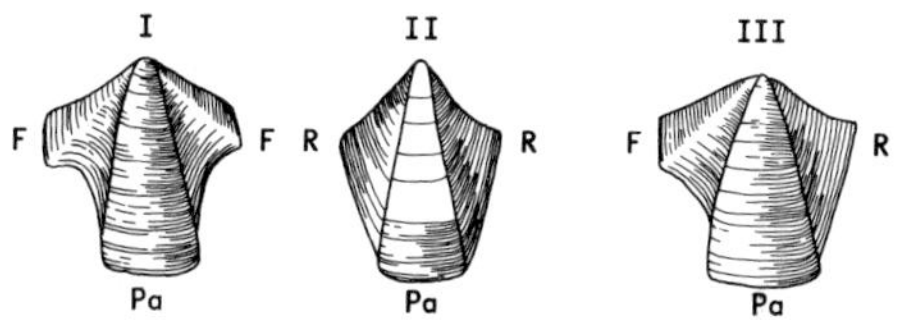

F = Flügel (Ala)
R = Radius
Pa = Paries (verdicktes Plattenmittelteil)

Unterordnung Lepadomorpha (Entenmuscheln)

Lepas (Dosima) fascicularis (ELLIS & SOLANDER)

(rezent; vordere Platten entfernt)

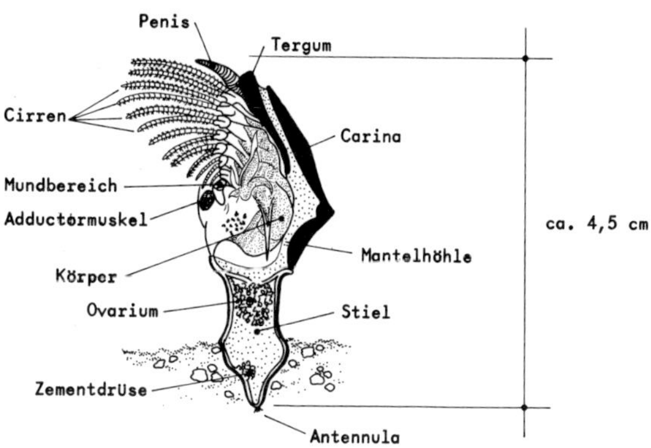

Lepas anatifera LINNE

(Miozän - rezent)

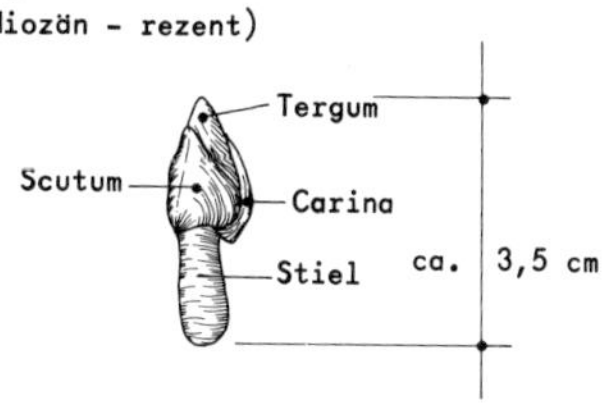

g. richter

Terminologie und Morphologie der Cirripedia (Rankenfüßer). (Abgeändert nach MOORE und CORMICK, NEWMAN, ZULLO und WITHERS.)

Systematik

Die Klasse wird in 5 Ordnungen gegliedert, deren eine, Acrothoracica, nur in Form charakteristischer, kommaförmiger Bohrlöcher in Molluskenschalen nachgewiesen werden konnte (seit dem Karbon). Eine andere Ordnung, die Thoracica, ist seit dem Silur bekannt; ein ordovizisches Vorkommen ist fraglich. In der Unterordnung Lepadomorpha werden die gestielten, in der Unterordnung Balanomorpha die basal aufgewachsenen Formen zusammengefaßt. Die anderen Ordnungen heißen Rhizocephala, Ascothoracica und Apoda – sie sind von geringer Bedeutung.

Gehäuse, Weichteile

Der Körper wird von einem Mantel eingehüllt, den wiederum kalkige Platten schützen. Bei den Lepadomorpha oder Entenmuscheln streckt sich der Kopfteil zu einem maximal 1 m langen Stiel; Mantel und Gehäuse heißen dann Capitulum. Die einzelnen, nicht verwachsenen Platten der Tiere dieser Unterordnung tragen Bezeichnungen, die auf DARWIN zurückgehen (u. a. Carina, Scutum, Tergum und Rostrum). Fossil treten sie in der Regel nur wenig in Erscheinung.
Die Balanomorpha bilden etwa kegelförmige Gehäuse, die unmittelbar mit der Basis am Untergrund festgewachsen sind. Die Plattenzahl der Außenhülle variiert zwischen 4 und 8, wozu noch zwei Deckelplatten zum Verschließen des Gehäuses kommen. Bei den Balanomorpha sind die Gehäuseplatten fest miteinander verwachsen.
Der Körper besteht aus dem Verdauungsorgan, der Leber bzw. einem leberähnlichen Organ, den Geschlechtsorganen, einem Schließmuskel und den nach außen reichenden Cirren (Pereiopoden, Rankenfüße), die dicht mit feinen Borsten besetzt sind.

Lebensraum, Lebensweise, Bestimmung

Alle Cirripedier leben im Meer, von ganz wenigen Ausnahmen abgesehen. Von den fossilen Formen dürfen wir das gleiche annehmen. Bevorzugter Lebensbereich ist das Schelfmeer. Eine Reihe von Balanidenarten lebt im Gezeitenbereich, meist in enormer Individuenzahl. In der Nordsee finden wir z. B. *Balanus balanoides* (LINNE). Andere Formen leben auf Schiffsrümpfen, auf Treibholz oder auf der Haut von Walen. Eine Reihe weiterer Arten lebt parasitär. Hier sitzen die Tiere in Krabben, ohne das Wirtstier entscheidend zu schädigen. Derartiges ist fossil natürlich nur selten nachweisbar.
Die Tiere sind auf Kleinplankton- und Detritusnahrung spezialisiert. Mit Hilfe der Rankenfüße wird das Material eingestrudelt. Dem Wasserstrom wird gleichzeitig der nötige Sauerstoff entnommen. Die freischwimmenden Larven entwickeln sich nach ein- bis dreimaliger Häutung zu zweiklappigen, ostracodenähnlichen Formen, heften sich schließlich mit der Kopfregion an und entwickeln nach dem Verlassen der zweiklappigen Schale das neue Gehäuse.
Im folgenden systematischen Teil werden eine Reihe von mehr oder weniger häufigen Arten abgebildet. Die Bestimmung erfolgt durch Analyse von Plattenzahl, -form und -anordnung und ist in der Regel sehr schwierig. Trotzdem wird sich mit Hilfe der Abbildungen doch ein Teil der Funde einordnen lassen. Bei den Lepadomorpha sei darauf verwiesen, daß die Kalkplatten in der Regel isoliert gefunden werden. Eine genauere Bestimmung dieser Skeletteile wird wohl nicht möglich sein; immerhin aber wissen wir wenigstens, zu welcher Tiergruppe unser Fossil gehört.

Klasse Cirripedia (Rankenfüßer)
Ordnung Thoracica (Ob. Silur – rezent)

Mantel von Kalkplatten umgeben. Tiere mit 6 Paar Rankenfüßen; fixisessil lebend.

Unterordnung Lepadomorpha (Ob. Silur – rezent)

„Gestielte“ Formen; Kalkplatten nicht verwachsen.

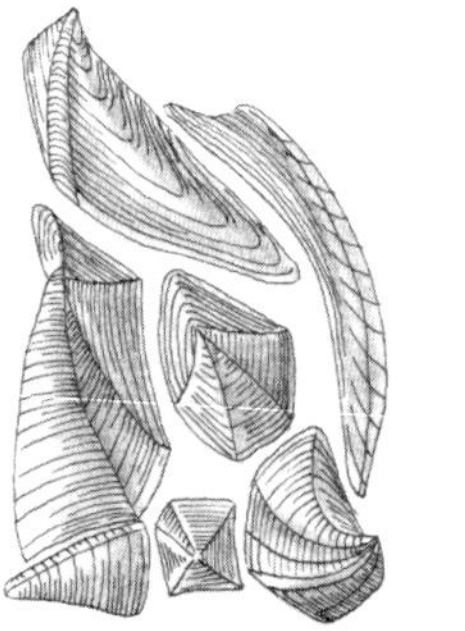
Ci 1

Ci 1 ***Scalpellum.*** Tertiär (Eozän) – rezent. ***S. fischeri*** BERTRAND, Mittl. Eozän (Lutet); ca. 1,5 cm, Rekonstruktion.
Ci 2 ***Archaeolepas.*** Ob. Jura – Unt. Kreide. ***A. redtenbacheri*** (OPPEL), Ob. Jura (Kimeridge); ca. 2,1 cm, Rekonstruktion.
Ci 3 ***Arcoscalpellum.*** Ob. Kreide (Coniac) – rezent. ***A. quadratum*** (SOWERBY), Tertiär (Unt. Eozän; Ypres); ca. 2,1 cm, von links: Carina, Tergum, Scutum.

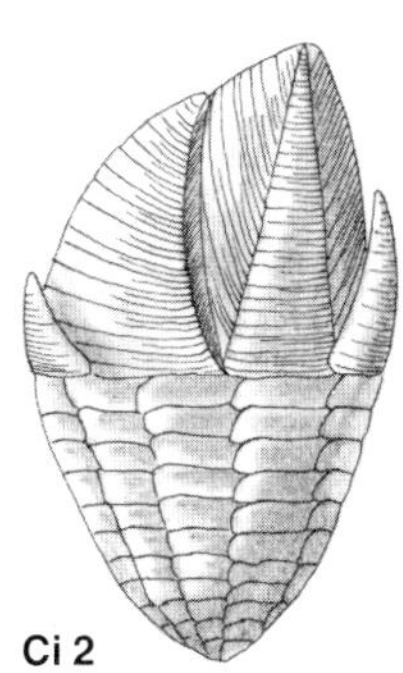
Ci 2

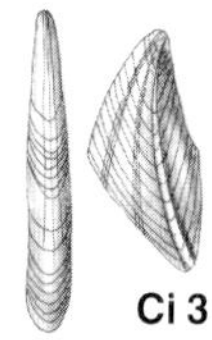
Ci 3

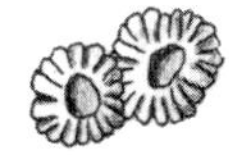
Ci 5

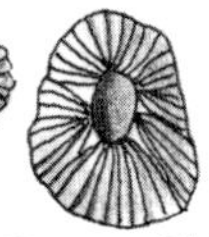
Ci 6

Ci 7

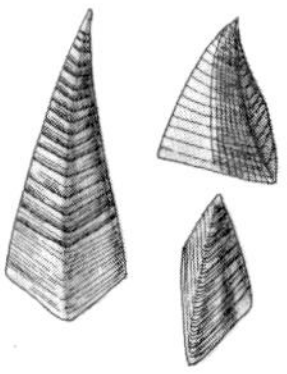
Ci 4

Ci 4 ***Cretiscalpellum.*** Unt. Kreide (Apt) – Ob. Kreide. ***C. unguis*** (SOWERBY), Unt. Kreide (Alb); ca. 2,6 cm (links Carina, rechts oben rechtes Scutum, rechts unten Tergum). Weitere Arten (ohne Abb.): ***C. fossula*** (DARWIN), Ob. Kreide (Ob. Senon); ***C. maximum solidulum*** (STEENSTRUP), Ob. Kreide (Ob. Campan).

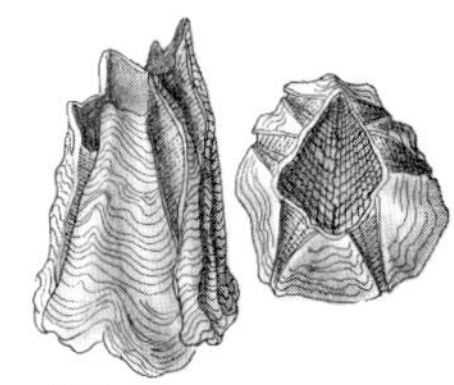
Ci 8

Unterordnung Balanomorpha (Ob. Kreide [Ob. Senon] – rezent)

Mit der Basis aufgewachsen; Kalkplatten fest verwachsen; Gehäuse durch einen Deckel dicht abschließbar.

Ci 9

Ci 5–8 ***Balanus.*** Tertiär (Oligozän) – rezent. Etwa 12 meist nur rezent vertretener Untergattungen. Die folgenden Formen gehören zu ***Balanus*** (***Balanus***) (Ci 5 – Ci 8). ***B. stellaris*** MUENSTER (**Ci 5**), Ob. Oligozän; ca. 0,7 cm. ***B. pictus*** MUENSTER (**Ci 6**), Miozän (Burdigal); ca. 1,5 cm. ***B. concavoides*** MILLER (**Ci 7**), Miozän (Burdigal); ca. 3,2 cm. ***B. concavus*** BRONN (**Ci 8**), Pliozän – rezent; 5 cm.
Ci 9 ***Megabalanus.*** Tertiär (Oligozän) – rezent. Untergattung von ***Balanus. M. tintinnabulum*** (LINNE), Pliozän; ca. 1,8 cm.

Klasse Malacostraca (Höhere Krebse)

In dieser Gruppe werden die allgemein bekannten Krebse wie Hummer, Garnele und „Krabbe“ zusammen mit einer ganzen Reihe weniger auffallender und häufiger Formen zusammengefaßt; insgesamt ca. 14 000 Arten. Ihr Körper besteht aus (meist) 21 Segmenten, zusammengefaßt in 3 Abschnitten: Kopfteil (Cephalon) mit 6 Segmenten, Brustteil (Thorax) mit 8 Segmenten (Cephalon und Thorax oft verschmolzen zum Cephalothorax) und Hinterleibsteil (Abdomen) mit 6 Segmenten sowie dem Telson. Letzterer bildet zusammen mit den aus den Anhängen des letzten Segments umgebildeten Uropoden den Schwanzfächer.
Die frühesten fossil nachgewiesenen Formen stammen aus dem Unt. Kambrium. Die Klasse wird heute in folgender Weise gegliedert:
Unterklasse Phyllocarida (Ordovizium – rezent); Blattfußkrebse; fossil wie rezent (ca. 8 Arten) gering belegt
Unterklasse Eumalacostraca (Mittl. Devon – rezent)
Überordnung Eocarida (Mittl. Devon – Perm); wenige Formen

Überordnung Syncarida (Karbon – rezent); kleinwüchsige Formen (bis wenige Millimeter), im Süßwasser lebend (teilweise im Grundwasser); fossil vor allem im jüngeren Paläozoikum nachgewiesen; rezent ca. 31 Arten.
Überordnung Peracarida (Perm – rezent); hierher gehören die Asseln (Isopoda), Spaltfüßer (Mysidacea) und die Flohkrebse (Amphipoda); insgesamt etwa 5200 rezente Arten; fossil nur selten nachgewiesen
Überordnung Eucarida (Perm – rezent); ca. 8400 rezente Arten; Augen gestielt
Ordnung Euphausiacea (nur rezent); Leuchtkrebse; sie bilden den Krill
Ordnung Decapoda (Trias – rezent); Zehnfüßige Krebse; fossil wichtigste Gruppe
Überordnung Hoplocarida (Karbon – rezent); Fangschreckenkrebse; bekannt ist der rezente Gemeine Heuschreckenkrebs *Squilla mantis* FABRIZIUS (bis 20 cm); etwa 170 rezente und wenige fossile Arten, verteilt auf etwa 32 Gattungen.

Ordnung Decapoda (Zehnfüßige Krebse)

Allgemeines, Größenverhältnisse

Die Decapoda treten in großer Formenvielfalt und mitunter auch in beträchtlicher Individuenzahl auf, in allen Meeren und meist im Küstenbereich. Im Süßwasser finden wir wesentlich weniger Arten. Die größte und bekannteste Süßwasserform, der Edelkrebs (*Astacus astacus* LINNE), wird wohl bald ganz ausgestorben sein, bedingt durch zunehmende Wasserverschmutzung und das Auftreten der sogenannten Krebspest.
Die kleinsten rezenten Arten messen wenige Millimeter, während der Japanische Riesenkrebs (*Macrocheira kaempferi* DE HAAN) eine Spannweite von knapp 4 m erreichen kann – im übrigen aber eine friedliche Stillwasserform ist. Die Mehrzahl der rezenten wie auch fossilen Krebse aber erreicht Abmessungen zwischen ca. 2 und 20 cm. Bei manchen Arten weisen Männchen und Weibchen abweichende Körperformen auf.

Systematik, Stammesgeschichte

Früher wurde die Ordnung unterteilt in Macrura, Brachyura und Anomura wie auch in Natantia (Schwimmformen) und Reptantia (Kriechformen). BEURLEN & GLAESSNER erarbeiteten eine 1930 veröffentlichte Neugliederung, die vor allem auch die fossilen Formen berücksichtigte (Trichelida, mit Scheren an 3 Paar Pereiopoden, und Heterochelida, wobei das dritte Pereiopodenpaar keine Scheren trägt). Wir schließen uns im folgenden der 1969 von GLAESSNER veröffentlichten Unterteilung in Dendrobranchiata und Pleocyemata an, obwohl diese rein auf dem Kiemenbau basierende Gliederung bei den fossilen Formen teilweise fraglich sein mag.
Taxonomische Bedeutung haben die Form des Carapax und seine Furchung bzw. Skulptur. Die Furchen tragen eigene Bezeichnungen, worauf aber hier nicht näher eingegangen wird; siehe jedoch Abb. S. 273. Ein Nutzen für die Bestimmung ist nur bei hervorragender Erhaltung des Fossils gegeben.
Die frühesten Decapoda treten in der Unt. Trias auf; die Gruppe entfaltete sich im bisherigen Ablauf immer mehr. Das Entwicklungsmaximum dürfte in der Jetztzeit liegen.
Das bei der Gliederung verwendete Taxon Infraordnung steht rangmäßig zwischen Unterordnung und Oberfamilie.

Panzer, Weichteile

Der Panzer besteht aus Chitin mit eingelagerten Kalksalzen; er kann sehr widerstandsfähig sein, und entsprechend gut ist auch die fossile Überlieferung. Der Körper wird in Cephalothorax (Cephalon und Thorax verschmolzen) und Abdomen gegliedert. Das Telson bildet zusammen mit den Uropoden den Schwanzfächer. Der Carapax besteht aus einer vom Kopf ausgehenden, ursprünglichen Hautduplikatur. Er hat mit der Körpersegmentierung nichts zu tun, ist aber meist mit den überdeckten Segmenten verwachsen. Der rückenseitige (dorsale) Bereich des Carapax wird Notum genannt, die Seitenteile Pleuren. Die chitinigen Deckplatten der Segmente heißen Tergite (dorsal), Pleurite (seitlich) und Sternite (unten). Diese Bezeichnungen gelten für Thorax und Abdomen.

Körperhauptabschnitte der Decapoda

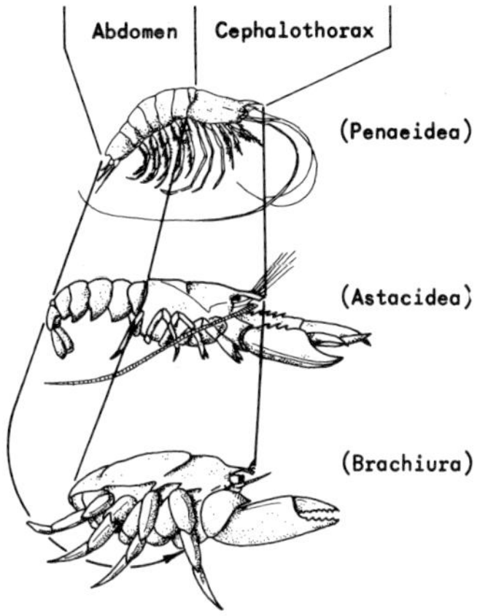

Terminologie von Carapax und Pereiopoden
(am Beispiel eines Vertreters der Brachyura)

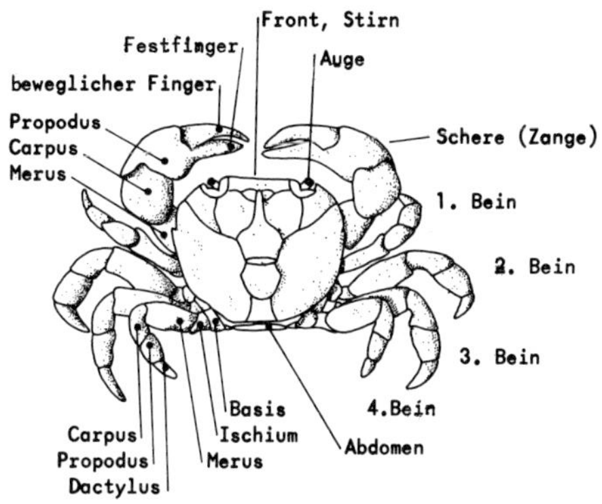

Abdominalsegment (Schema)

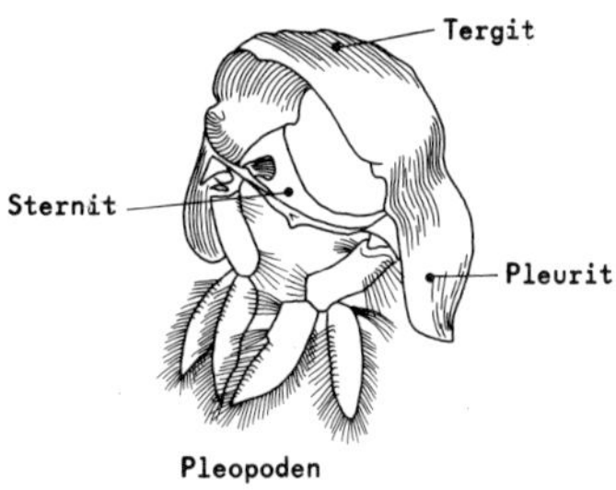

Terminologie (am Beispiel eines Vertreters der Caridea: Bechleja)

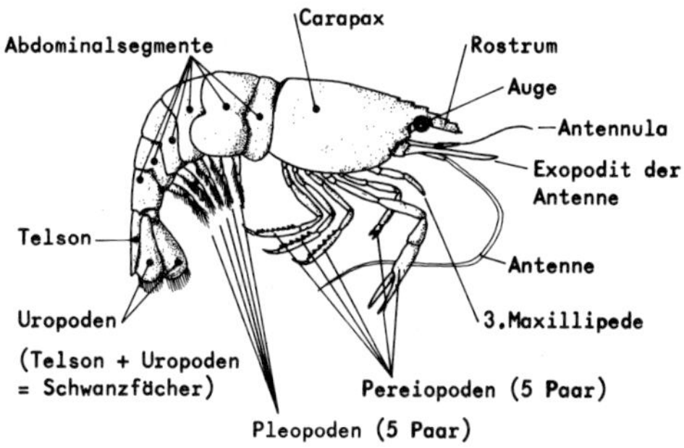

Schere (Schema)

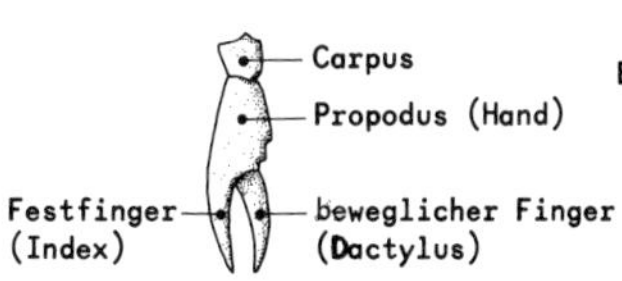

Spaltbein (Schema)

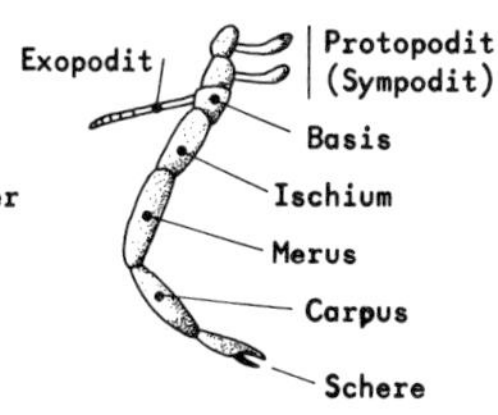

Carapaxfurchen

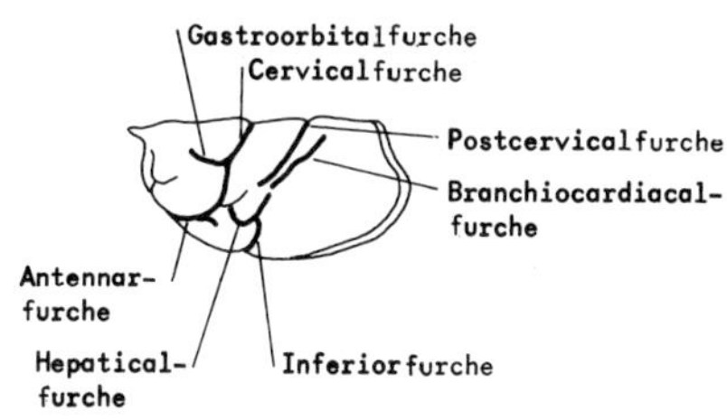

g. richter

Terminologie und Morphologie der Decapoda (Zehnfüßige Krebse). (Abgeändert nach GLAESSNER,

Die ersten 3 Extremitätenpaare des Thorax heißen Maxillipeden. Sie dienen nicht der Fortbewegung, sondern stehen in Beziehung zu den Mundwerkzeugen. Die übrigen 5 Thorakopodenpaare werden Pereiopoden genannt. Sie können als Schreit-, Ruder- oder Grabfüße ausgebildet sein. Das erste Pereiopodenpaar trägt in der Regel besonders kräftige Zangen.
Kopf und Thorax bestehen zusammen aus 14 Segmenten (6 + 8). Der Kopf trägt gestielte Augen und eine Reihe von Anhängen: Antennulae, Antenne; Mandibeln, Maxillulae und Maxillen dienen als Mund- und Kauwerkzeuge.
Das Abdomen (Hinterleib) setzt sich aus 6 Segmenten zusammen, deren Anhänge Pleopoden heißen. Diese Abdominalfüße können als Schwimmfüße ausgebildet sein. Die Uropoden des Schwanzfächers entstanden aus den umgebildeten Pleopoden des hintersten Segments. Das Abdomen wird bei den sogenannten Kurzschwanzkrebsen (Brachyura) unter den Thorax geklappt.
Die Kiemen können in verschiedener Weise ausgebildet sein (Trichobranchien, Phyllobranchien und Dendrobranchien). Das Nervensystem arbeitet in Verbindung mit Ganglienknoten. Mundwerkzeuge und Magen bilden die Hauptbestandteile des Ernährungssystems. Das primitive Herz sitzt im hinteren Bereich des Carapax.
Die Entwicklung des Einzeltieres kann über ein Larvenstadium oder direkt ablaufen, letzteres vor allem bei Süßwasserformen. Die verschiedenen Larvenformen können zahlreich sein; s. a. D 13 und D 14. Da der starre Panzer bei weiterem Wachstum abgestreift wird („Häutung"; derartige Häutungsreste heißen Exuvien), müssen wir berücksichtigen, daß ein Gutteil der Fossilien zu den Exuvien gehören kann, die aber meist als solche kenntlich sind.

Lebensraum, Lebensweise

Bevorzugter Lebensraum sind die Flachmeere, auch der Gezeitenbereich im Watt oder an Fels- und Sandküsten. Manche Arten, wie z. B. die Nordseegarnele, leben tagsüber eingegraben und werden erst nachts aktiv. Viele der bodenbewohnenden Krebse sind zum Schwimmen nicht mehr fähig; entsprechend schwer und kräftig ist dann meist ihr Panzer gebaut. Wichtig scheint vor allem der bevorzugte Bodentyp zu sein, also Schlick-, Sand-, Felsboden usw., da einige Formen auf ihnen zusagenden Sedimentarten in extrem abweichenden Tiefen zwischen ca. 40 und 1000 m vorkommen. Durchlichtung und Wasserdruck spielen demnach scheinbar eine untergeordnete Rolle.
Viele Krebse leben räuberisch, sie ernähren sich von Würmern und Kleinkrebsen, Larven und auch kleinen Fischen. Andere weiden Algen ab oder leben von Detritus. Grundsätzlich dürften die meisten Krebse mehr oder weniger als Allesfresser zu bezeichnen sein.
Manche Formen sind auf ein Leben in Schneckenschalen oder ähnlichen Gehäusen spezialisiert wie z. B. der Einsiedlerkrebs (*Pagurus*). Sein Hinterleib ist weich und findet im harten Schneckenhaus Schutz, nur die wehrhaften Zangen des ersten Pereiopoden-Paares und der Kopf ragen nach außen (gut zu beobachten an der Felsküste der jugoslawischen Adria).
Das Instinktverhalten der Tiere ist meist hoch entwickelt. Bei den Formen der Gattung *Uca* (Winkerkrabben) z. B. wird ein Lockverhalten der Männchen (Scherenwinken) immer 30 bis 60 Minuten nach Beginn der Ebbe beobachtet, das auch unter den gleichbleibenden Bedingungen eines Aquariums immer zur richtigen Ebbezeit ausgeübt wird. Bei nahezu allen Formen sind Geruchs-, Geschmacks- und Tastsinn sehr gut entwickelt und auch die Leistung der Facettenaugen ist zumindest bei den meisten Krebsen gut, wohl immer besser als bei den ausgestorbenen Trilobiten. Das berühmte Seitwärtslaufen, zumindest das schnelle, beschränkt sich auf einige kurzschwänzige Taschenkrebse wie z. B. *Ocypoda*.

Bestimmung, Vorkommen

Wir achten bei der Bestimmung vor allem auf die Form des Panzers und hier besonders auf jene des Carapax, dessen Skulptur wichtig ist. Die Ausbildung der Zangen, der Pereiopoden, Form und Länge der Antennen, auch die Zahl der Zangen helfen uns weiter. Da aber oft nur einzelne Panzerteile vorliegen, z. B. Pereiopodenteile, der Carapax allein, Teile des Abdomens, wird die Zuordnung zu Gattung und Art schwierig sein. Hier müssen wir uns mit der Ermittlung der übergeordneten Einheit begnügen.
Erfreulicherweise sind Funde wohlerhaltener Krebse gar nicht so selten, auch wenn man von den spektakulären Funden, z. B. in den Solnhofener Schichten, einmal absieht. Hier treten zwar eine große Zahl teilweise besterhaltener Arten auf, leider sind aber Eigenfunde immer als Glücksfälle und

Ausnahmen einzustufen; der Sammler ist praktisch durchweg auf Kauf angewiesen. In verschiedenen Schichten des Ob. Jura sind verschiedene, früher als *Prosopon* zusammengefaßte Formen gar nicht so selten (D 21 – D 27). Auch in manchen Kreideschichten können wir gute Funde machen, wie z. B. *Meyeria* (D 10, D 11). Die besten und reichsten Fundmöglichkeiten allerdings bieten die Gesteine des Tertiär: Berühmt sind die oft hervorragend erhaltenen Krabben aus der Umgebung Veronas (*Harpactocarcinus*, D 32) oder auch die Funde aus dem Oligozän Helmstedts (*Coeloma*, D 37). Dabei handelt es sich allerdings meist um doch spärlich auftretende, wenn auch exzellente, Stücke. Die Krabben aus dem Miozän Dänemarks (Fundort Gram) oder aber von Fakse (*Dromiopsis*, D 29) sind dafür recht zahlreich. Auch das Tertiär Englands, vor allem des London Clay (Unt. Eozän; Ypres), liefert ganz hervorragende Funde (D 28, D 33, D35). Interessant sind auch die in letzter Zeit reichlich zum Kauf angebotenen Krebse aus dem Cenoman des Libanon (*Carpopenaeus*, D 5); sie treten zusammen mit einer reichen Fischfauna auf.

Ordnung Decapoda (Zehnfüßige Krebse)

Unterordnung Dendrobranchiata (Trias – rezent)

Die ersten 3 Pereiopodenpaare tragen Scheren.

Infraordnung Penaeidea (Trias – rezent)

Carapax seitlich zusammengedrückt und dünnwandig. Abdomen lang. Antennen lang. Zangenpaare der ersten 3 Pereiopodenpaare gleichförmig.

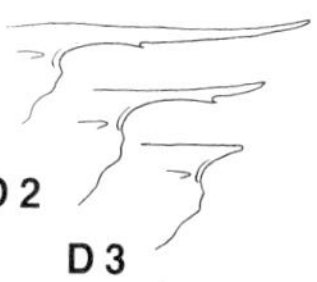
D 1
D 2
D 3

D 1–3 ***Aeger.*** Trias – Jura. Carapax granuliert. Rostrum kurz bis lang, mit granulierten Seiten. Drittes Maxillipedenpaar und die ersten 2 oder 3 Paar Pereiopoden kammartig beborstet; das dritte Pereiopodenpaar ist das längste und trägt immer lange Scheren. ***A. tipularius*** (SCHLOTHEIM (**D 1**), ob. Jura (Unt. Untertithon; Solnhofener Schichten); ca. 10 cm. Die Schemazeichnung zeigt die Rostren folgender Arten (schematisiert, ohne Größenbezug): ***A. tipularius*** (SCHLOTHEIM) (**D 1**); ***A. elegans*** *(MUENSTER)* (**D 2**); ***A. armatus*** OPPEL (**D 3**); alle Ob. Jura (Unt. Untertithon; Solnhofener Schichten).

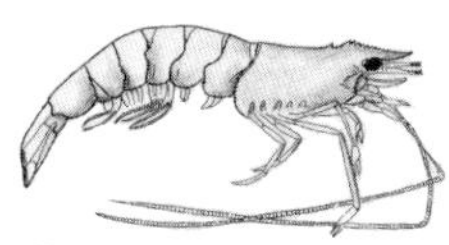
D 4

D 4 ***Antrimpos.*** Trias – Kreide. Carapax glatt, dünnwandig. Rostrum oben gezahnt. Pereiopoden ohne Borsten; das dritte Paar ist das längste. Antennulae sehr kurz, Antennen bis zur zweifachen Körperlänge. ***A. speciosus*** (MUENSTER), Ob. Jura (Unt. Untertithon; Solnhofener Schichten); ca. 18 cm. Wohl der häufigste Krebs aus den Solnhofener Schichten. – Die Gattung wird als Sammelgattung gebraucht: hierher werden alle bei anderen Formen nicht einzuordnende Penaeidea gestellt.

D 5 ***Carpopenaeus.*** Ob. Kreide (Cenoman). Carapax kurz, mit längslaufendem Spalt. Rostrum lang, mit einem unter- und 7 oder 8 rückenseitigen Zacken. Zweites und drittes Pereiopodenpaar außen

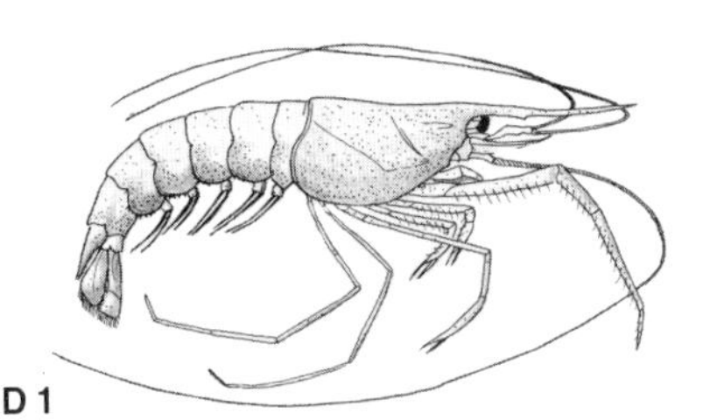
D 1

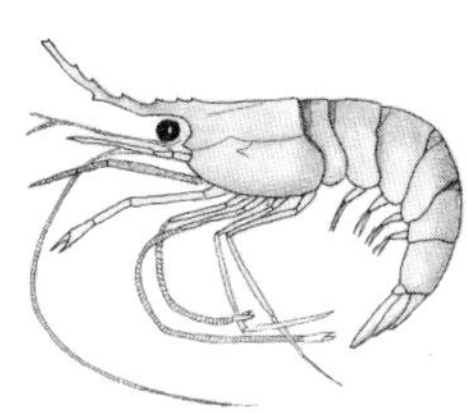
D 5

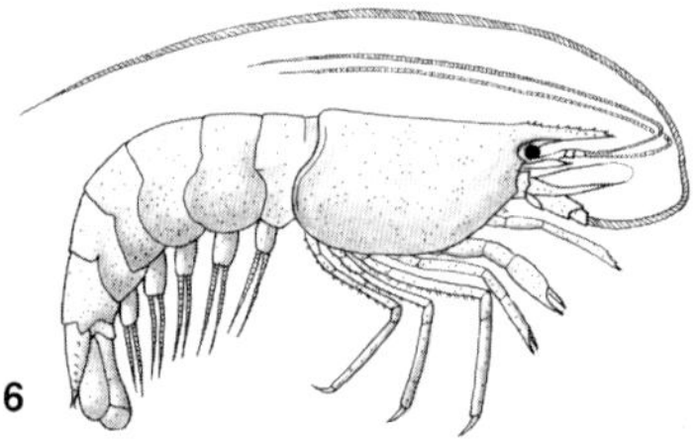

D 6

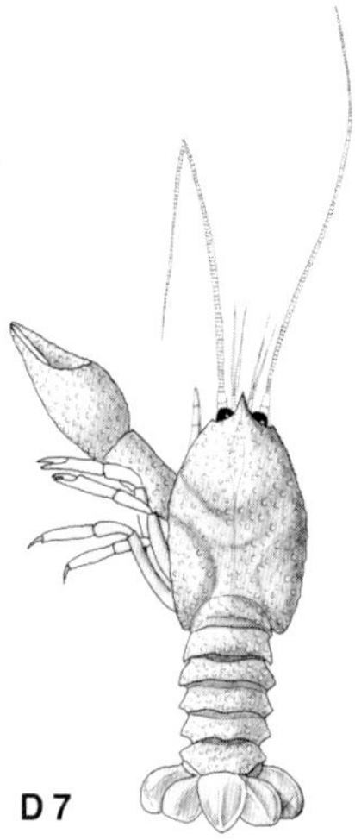

D 7

aus zahlreichen Gliedern bestehend (flexibel). ***C. callirostris*** GLAESSNER; ca. 6 cm.

Unterordnung Pleocyemata (Trias – rezent)
Infraordnung Caridea (Mittl. Jura – rezent)

Carapax zylinderförmig, seitlich oder (schwach) quer dazu zusammengedrückt. Rostrum meist gut entwickelt. Das dritte Pereiopodenpaar immer mit, die vorderen beiden mit oder ohne Scheren. Abdomen gut entwickelt; das Pleurit des zweiten Segments ist gerundet und überlappt.

D 6 ***Hefriga.*** Ob. Jura. Rostrum dorsal gezahnt. Alle Pereiopodenpaare tragen Scheren; das dritte Paar ist das längste. ***H. serrata*** MUENSTER, Unt. Untertithon (Solnhofener Schichten); ca. 9 cm.

Infraordnung Astacidea (Trias – rezent)

Cephalothorax etwa zylinderförmig; Rostrum und Abdomen deutlich. Die ersten 3 Pereiopodenpaare tragen Scheren.

D 7 ***Eryma.*** Jura – Unt. Kreide. Carapax granuliert. Cervicalfurche tief und nicht sehr kräftig gebogen; Postcervical- und Branchiocardiacalfurche fast parallel. Rostrum kurz. Erstes Scherenpaar sehr kräftig, großwüchsig. ***E. modestiformis*** (SCHLOTHEIM), Ob. Jura (Unt. Untertithon; Solnhofener Schichten); ca. 13 cm.
D 8 ***Enoploclythia.*** ? Mittl. Jura; Ob. Jura – Kreide. Ähnlich ***Eryma***, jedoch mit kräftiger ornamentiertem Carapax und erstem Pereiopodenpaar. Das Rostrum ist kräftig gezahnt. ***E. leachi*** (MANTELL), Ob. Kreide (Turon – Campan); ca. 5 cm (Carapax von oben); ca. 8 cm (Carapax von der Seite); ca. 7,5 cm, Zange.

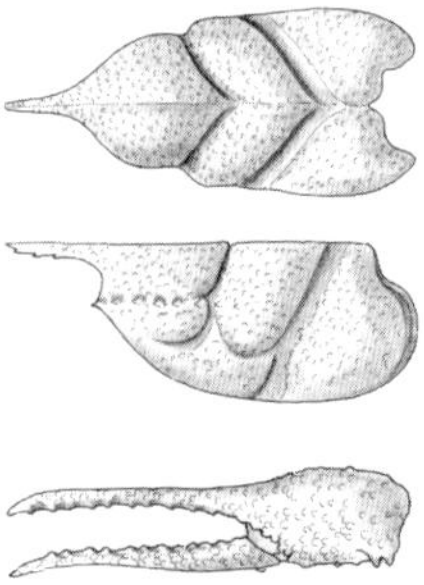

D 8

Infraordnung Palinura (? Unt. Trias; Mittl. Trias – rezent)

Carapax zylinderförmig oder auch dorsoventral zusammengedrückt. Außer bei ***Pemphix*** kein auffallendes Rostrum.

D 9 ***Mecochirus.*** Jura. Carapax dünnschalig; Cervicalfurche

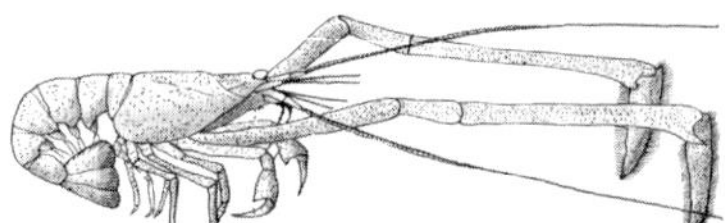

D 9

unauffällig, Postcervical- und Branchiocardiacalfurche gerade und seicht. Das erste Pereiopodenpaar ist sehr lang, teilweise länger als der übrige Körper. ***M. longimanatus*** (SCHLOTHEIM), Ob. Jura (Unt. Untertithon; Solnhofener Schichten); ca. 13 cm. Eine Art aus dem Mittl. Jura (Callov) ist ***M. socialis*** (MEYER); ohne Abb.

D 10, 11 ***Meyeria.*** Kreide. Carapax granuliert, auch bestachelt (im Gegensatz zum relativ glatten Carapax von ***Mecochirus***). Das erste Pereiopodenpaar übertrifft die Körperlänge nicht. ***M. ornata*** (PHILLIPS) (**D 10**), Unt. Kreide (Hauterive); ca. 4 cm. ***M. magna*** McCOY (**D 11**). Unt. Kreide (Unt. Apt); ca. 5 cm.

D 12 ***Pemphix.*** Mittl. Trias. Carapax schwach dorsoventral zusammengedrückt; sehr kräftig skulptiert. Rostrum lang. Abdomen kräftig. ***P. sueuri*** (DESMAREST), Muschelkalk; ca. 11 cm.

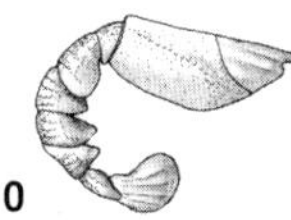
D 10

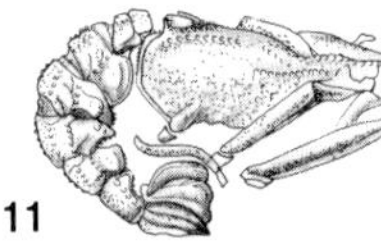
D 11

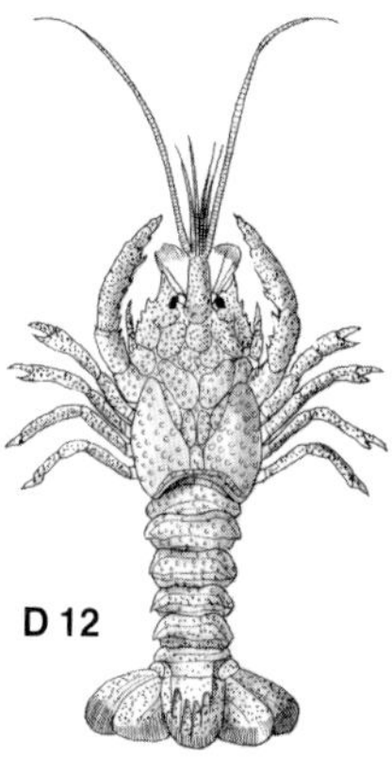
D 12

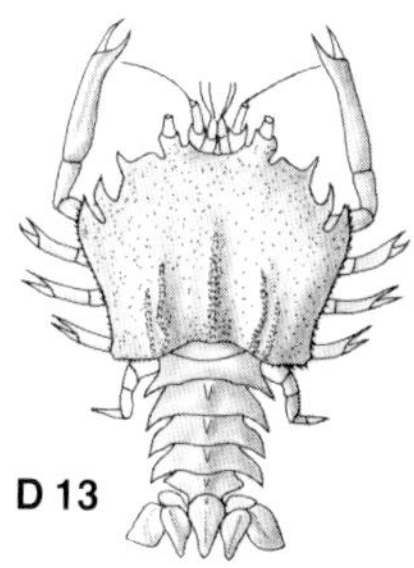
D 13

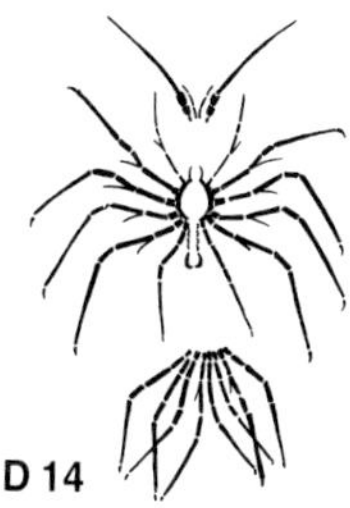
D 14

D 13 ***Eryon.*** Mittl. Jura – Unt. Kreide. Carapax fast quadratisch; granuliert; Cervical- und Branchiocardiacalfurche undeutlich oder fehlend. Das erste Pereiopodenpaar ist am größten; die 4 vorderen Paare tragen Zangen. ***E. arctiformis*** (SCHLOTHEIM), Ob. Jura (Unt. Untertithon; Solnhofener Schichten); ca. 7,5 cm.

D 14 ***Phalangites.*** Ob. Jura (Unt. Untertithon; Solnhofener Schichten). Krebslarvenform, wahrscheinlich von ***Palinura. P. priscus*** MUENSTER; ca. 4,3 cm. Diese Fossilien, bei denen es sich wahrscheinlich um Exuvien handelt, treten relativ häufig in den Solnhofener Schichten auf, werden aber leicht übersehen, da sie farblich oft nicht abstechen. Die Zugehörigkeit zu ***Phalangites*** wurde längere Zeit diskutiert.

D 15 ***Palpipes.*** Ob. Jura (Unt. Untertithon; Solnhofener Schichten). Krebslarvenform; Adultform unbekannt. ***P. cursor*** ROTH ca. 6 cm. Auftreten und Vorkommen wie bei ***Phalangites.***

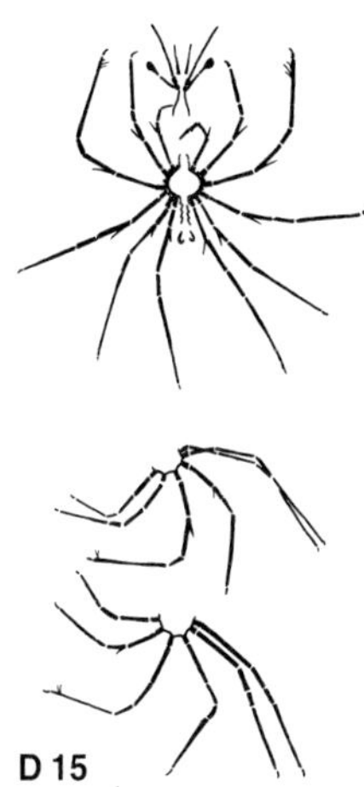
D 15

Infraordnung Anomura (Jura – rezent)

Drittes Pereiopodenpaar ohne Scheren. Abdomen teilweise nur schwach verkalkt, Länge meist reduziert.

D 16
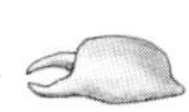

D 16 ***Magila.*** Jura. Carapax nur schwach verkalkt. Zangen des ersten Pereiopodenpaares groß. Abdominalpleurite gut entwickelt.

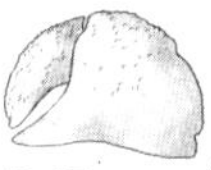
D 17
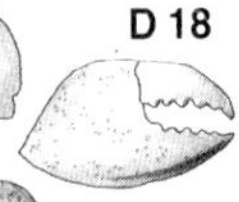
D 18
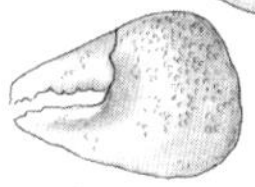
D 19

D 20

M. suprajurensis (QUENSTEDT), Ob. Oberjura (Unt. Tithon); ca. 1,1 cm. Derartige isolierte Scheren treten mitunter massenhaft in den sogenannten Krebsscherenkalken der Schwäbischen Alb auf.

D 17 ***Eocalcinus.*** Tertiär (Eozän). Carapax etwa oval. Linke Zange größer als rechte, kräftig, plankonvex, mit rundem oder halbkreisförmigem Umriß. ***E. eocenicus*** VIA; ca. 2,8 cm (linke Zange).

D 18 ***Goniochirus.*** Jura. Zangen außen gewölbt, innen flach. Der feste Teil ist meist kürzer als der bewegliche. ***G. cristatus*** ETALLON, Ob. Jura; ca. 3 cm.

D 19 ***Orhomalus.*** Mittl. – Ob. Jura; ? Unt. Kreide. Zangen breiter als lang; außen gewölbt. Feststehender Finger kurz und dick; beide Finger mit gerundeten Zähnen besetzt. ***O. deslongchampsi*** HEER. Ob. Jura; ca. 3,2 cm.

D 20 ***Palaeopagurus.*** Unt. Jura; ? Ob. Kreide. Zangen länglich, außen gewölbt und innen flach. ***P. deslongchampsi*** VAN STRAELEN, Unt. Jura; ca. 2 cm.

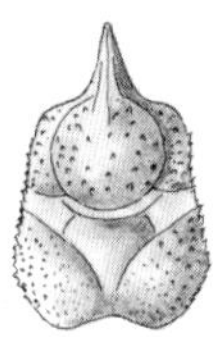
D 21

D 21 ***Gastrosacus.*** Ob. Jura – Unt. Kreide. Carapax länglich, mit deutlichem Rostrum, das einen etwa dreieckigen Umriß zeigt. Oberfläche gefurcht und granuliert, ausgenommen die glatten Rostrumseiten. ***G. wetzleri*** MEYER, Ob. Jura; ca. 1,3 cm.

Infraordnung Brachyura (Jura – rezent)

Carapax kurz und breit, meist mit seitlichen Rändern (Kurzschwanzkrebse). Abdomen kurz und flach, meist unter den Cephalothorax geklappt. Erstes Pereiopodenpaar immer, drittes Paar nie mit Zangen.

D 22

D 22 ***Eocarcinus.*** Unt. Unterjura. Carapax länglich, ohne Seitenränder. Cervical- und Branchiocardiacalfurche deutlich entwickelt. Abdomen kürzer als Carapax, nicht untergeschlagen. ***E. praecursor*** WITHERS; ca. 7 cm.

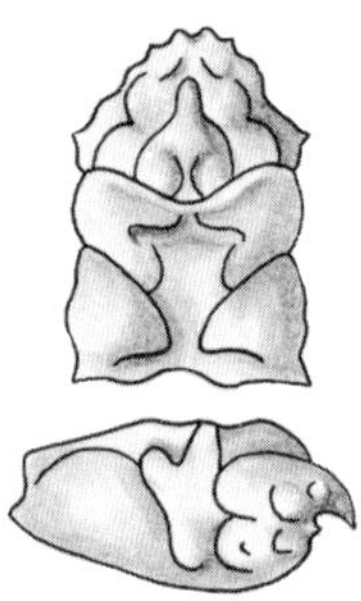
D 23

D 23 ***Prosopon.*** Mittl. Jura – Unt. Kreide. Carapax kräftig gewölbt, ohne scharfe Seitenränder; Vorderrand gewinkelt oder gerundet, nie gerade. Oberfläche kräftig skulptiert; Cervicalfurche gut entwickelt, Branchiocardiacalfurche sehr kräftig. Hinterrand gerade und breit. ***P.*** wurde früher als Sammelgattung verwendet; die zahlreichen Arten werden heute auf verschiedene Gattungen verteilt, meist innerhalb der Familie Prosopidae. ***P. mammillatum*** WOODWARD, Ob. Jura; ca. 1,5 cm.

D 24 ***Laeviprosopon.*** Ob. Jura. Carapax mit etwa rechteckigem Umriß. Oberfläche schwächer skulptiert als bei ***Prosopon,*** mitunter auch glatte Bereiche. Cervical- und Branchiocardiacalfurche deutlich. ***L. laeve punctatum*** (MEYER), Ob. Oberjura; ca. 0,7 cm.

D 25 ***Nodoprosopon.*** Ob. Jura. Carapax länglich. Das kurze Rostrum ist zweigeteilt. Hinterrand schmal. Cervical- und Branchiocardiacalfurche deutlich. ***N. ornatum*** (MEYER) (syn. ***Prosopon spinosum***), Ob. Oberjura; ca. 1,3 cm.

D 26 ***Pithonoton.*** Mittl. – Ob. Jura. Carapax länger als breit;

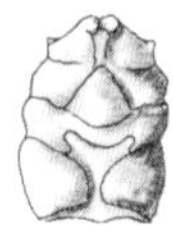
D 24
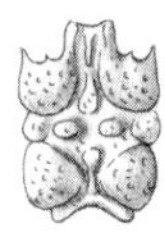
D 25
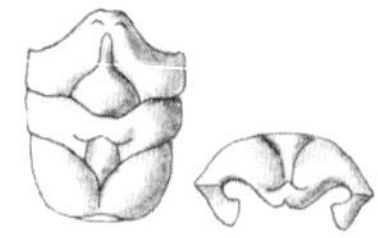
D 26

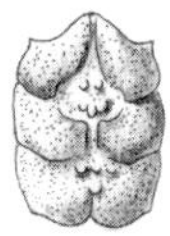
D 27

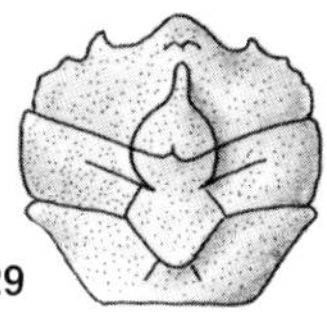
D 29

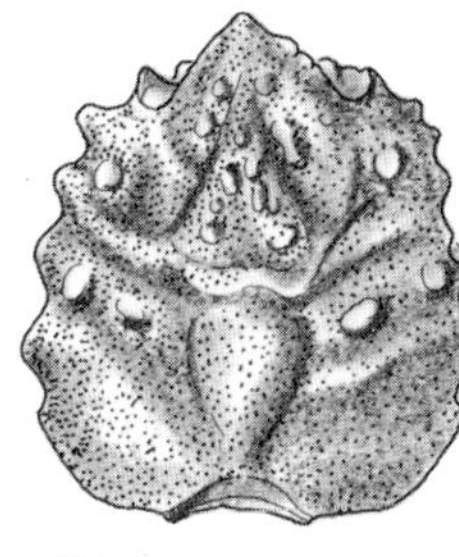
D 28

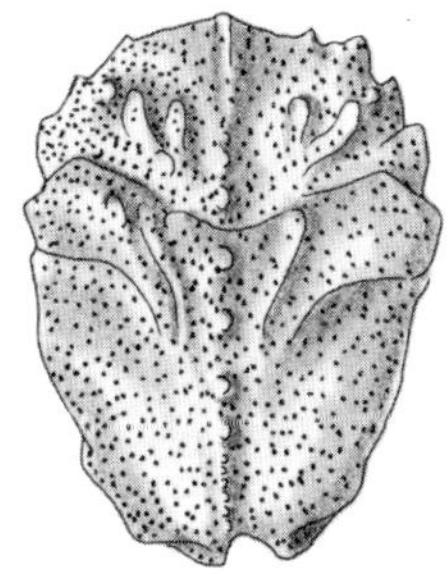
D 30

Oberfläche glatt. Cervical- und Branchiocardiacalfurche gleich stark ausgebildet. ***P. marginatum*** (MEYER) (syn. ***Prosopon marginatum***), Ob. Oberjura; ca. 1,4 cm.

D 27 ***Coelopus.*** Mittl. – Ob. Jura. Carapax mit angenähert rechteckigem Umriß. Rostrum schmal, dreieckig. Oberfläche glatt. Cervical- und Branchiocardiacalfurche parallel verlaufend. ***C. pustulosus*** (MEYER) (syn. ***Prosopon rostratum, Pithonoton rostratum***), Ob. Oberjura (Unt. Tithon); ca. 1,4 cm.

D 28 ***Dromilites.*** Tertiär (Paläozän; Unt. – Mittl. Eozän; Miozän). Carapax mit angenähert rundem Umriß und gezackten Rändern. Cervical- und Branchiocardiacalfurche erkennbar. Das erste Pereiopodenpaar trägt kräftige Zangen; das vierte und fünfte Beinpaar sind reduziert. ***D. lamarcki*** (DESMAREST), Unt. Eozän (Ypres); ca. 3,5 cm. Eine weitere Art aus dem Unt. Eozän ist ***D. bucklandi*** MILNE-EDWARDS, mit angenähert gerundet quadratischem Umriß (ohne Abb.).

D 29 ***Dromiopsis.*** Ob. Kreide – Tertiär (Paläozän). Carapax etwa fünfeckig, gewölbt, mit breitem Vorderrand. Cervical- und Branchiocardiacalfurche parallel; letztere mit einer nach vorn offenen Einbuchtung, die mehr oder weniger stark ausgebildet sein kann. ***D. rugosa*** (SCHLOTHEIM), Tertiär (Dan); ca. 2 cm.

D 30 ***Notoporocystes.*** Unt. Kreide (Alb) – Ob. Kreide. Carapax mit längsovalem bis schildförmigem Umriß; Vorder- und Hinterrand schmal. Vorderer Seitenrand gezahnt. ***N. stokesi*** (MANTELL), Unt. Kreide (Alb); ca. 3,5 cm.

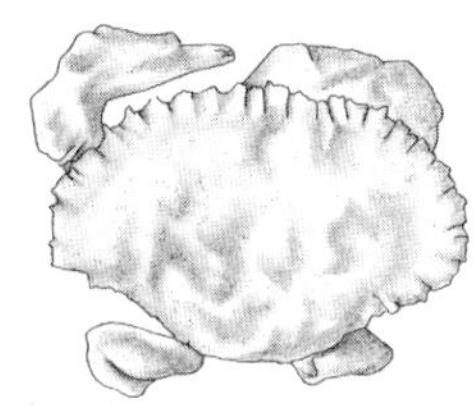
D 31

D 31 ***Cancer.*** Tertiär (Miozän) – rezent. Carapax sehr breit, mit kräftig gezahntem Vorder- und Seitenrand; Oberfläche fein granuliert; Umriß queroval. Rechte Zange größer. ***C. deshayesi*** MILNE-EDWARDS, Miozän; ca. 13 cm. Die bekannteste rezente Art ist ***C. pagurus*** LINNE (ohne Abb.).

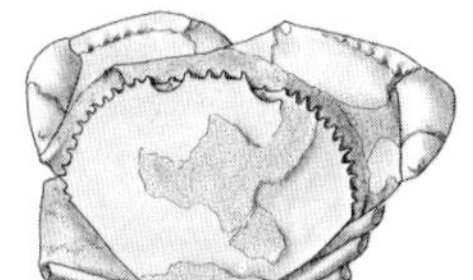
D 32

D 32 ***Harpactocarcinus.*** Tertiär (Eozän). Carapax breiter als lang, mit etwa querovalem Umriß. Oberfläche des Carapax ohne deutliche Furchen und Gruben. Rücken nur schwach gewölbt und fein gepunktet. Vorder- und Seitenrand mit Stacheln. Zangen gleichgroß. ***H. punctulatus*** (DESMAREST); ca. 12 cm.

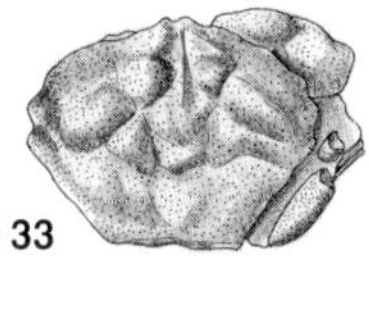
D 33

D 33 ***Xanthilites.*** Tertiär (Paläozän – Mittl. Eozän). Carapax geringfügig breiter als lang; Oberfläche kräftig skulptiert; Ränder gezahnt oder ungezahnt. Zangen kräftig, glatt. ***X. bowerbanki*** (BELL), Unt. Eozän (Ypres); ca. 5,3 cm.

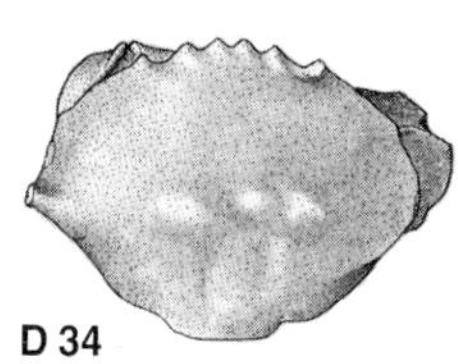
D 34

D 34, 35 ***Zanthopsis.*** Tertiär (Paläozän – Oligozän). Carapax rundlich bis oval im Umriß. Ränder scharf, mit wenigen Stacheln besetzt. Oberfläche skulptiert. Zangen gleichgroß, kräftig ausgebil-

D 35 s. Foto S. 265

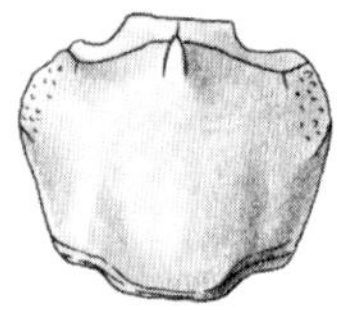

D 36

D 37 s. Foto S. 265

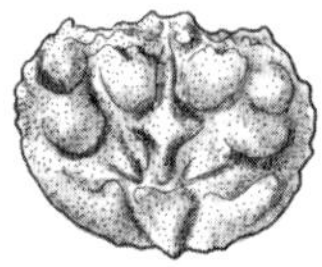

D 38

det. ***Z. sonthofensis*** (MEYER) (**D 34**), Eozän; ca. 6 cm. ***Z. leachi*** (DESMAREST) (**D 35**), Unt. Eozän (Ypres); ca. 4,5 cm.
D 36 ***Potamon.*** Tertiär (Ob. Miozän – Pliozän). Carapax angenähert quadratisch oder jedenfalls rechteckig. Vorderrand sehr breit. Süßwasserform. ***P. speciosus*** (MEYER) (syn. ***Telphusa speciosa***); Ob. Miozän (Süßwasserkalk); ca. 2,2 cm.
D 37 ***Coeloma.*** Tertiär (Eozän – Unt. Miozän). Carapax flach, Umriß etwa trapezförmig. Oberfläche skulptiert und granuliert. Zangen etwa gleichgroß. ***C. helmstedtense*** BACHMAYER & MUNDLOS, Oligozän; ca. 15 cm. Eine weitere Art ist z. B. ***C. vigil*** MILNE-EDWARDS aus dem Oligozän (ohne Abb.).
D 38 ***Glyphithyreus.*** Tertiär (Eozän). Carapax queroval. Vorderrand breit und mehr oder weniger gerade. Oberfläche kräftig skulptiert und granuliert. ***G. wetherelli*** (BELL), Ypres; ca. 2 cm.

Stamm Bryozoa (Moostierchen)

Allgemeines, Größenverhältnisse, Leitwert

Die Moostierchen oder Bryozoen – im englischsprachigen Bereich wird teilweise von Polyzoa gesprochen – gehören zu den dem Nichtfachmann nur wenig bekannten Tiergruppen, obwohl sie z. B. in der Nordsee oder auch im Mittelmeer Algen, Muschelschalen oder Schneckenhäuser usw. mit den für sie typischen Kolonien überziehen. Bisher wurden etwa 25 000 Arten beschrieben – eine unüberschaubare Formenvielfalt. VOIGT stellt die Gruppe in seinem „Lehrbuch der Zoologie" von 1853 noch ohne jede Diskussion und ohne Bedenken zu den Korallen. Immerhin, die tierische Natur der Bryozoen hat schon 1729 PEYSONNEL erkannt.
Moostierchen leben nahezu ausschließlich in Kolonien. Die Einzelindividuen sind sehr klein, messen höchstens wenige Millimeter. Die Kolonien können dagegen vergleichsweise beachtliche Ausmaße erreichen. Man hat rezente Arten mit Durchmessern bis zu 1 m, fossile Vertreter bis zu 60 cm nachgewiesen. Allerdings sind die auf fossilen Hartteilen größerer Tiere (meist von Mollusken wie z. B. Schnecken, Muscheln, Ammoniten usw.) zu beobachtenden Kolonien selten größer als einige wenige Zentimeter.
Das Außenskelett des Zooids (oder Bryozooid = Einzeltier) wird Zooecium genannt; es hat meist einen Durchmesser um 1 mm oder weniger. Eine Kolonie (Zoarium) besteht oft aus zahlreichen derartigen Wohnröhren oder Kästen (*Schizorella sanguina* hat nach etwa 5 Monaten bereits 38 000 Zooecien, bei einem Durchmesser von ca. 12 cm). Die Form des Zoariums kann inkrustierend oder frei blattförmig (mit Zooecien beiderseits) oder auch astförmig sein.
Vor allem in der Ob. Kreide (Maastricht; Schreibkreide) stellen die Bryozoen wertvolle Leitfossilien. Da jedoch die Artbestimmung (s. Bestimmung) meist nur unter Schwierigkeiten möglich ist, bleibt ihr Nutzen zumindest für schnelle feldmäßige Horizontermittlungen gleich Null.

Systematik, Stammesgeschichte

Die Systematik der Bryozoen ist noch nicht zweifelsfrei geklärt; je nach Autor werden 2 oder 3 Klassen unterschieden. Und auch in der Verteilung der Klassen auf die Ordnungen besteht keine Einheitlichkeit. Aus diesem Grunde wird auf eine genauere Darstellung der Systematik verzichtet. Die folgenden Angaben sollen ein knappes Bild vermitteln:
Bei Aufspaltung in 3 Klassen werden unterschieden:
Phylactolaemata. Sie leben nur im Süßwasser, haben keine Hartteile und sind somit fossil nicht überlieferungsfähig.
Stenolaemata, Formen mit überwiegend röhrenförmigen Zooecien.
Gymnolaemata, Formen mit überwiegend kurzen, kasten- oder krugförmigen Zooecien.

Bei einer Gliederung in 2 Klassen (wie es z. B. von BASSLER im „Treatise", Part G, gehandhabt wird) entfällt die Klasse Stenolaemata.
Gesicherte erste Nachweise von Bryozoen erfolgten in ordovizischen Gesteinen; fraglich sind kambrische Funde. Der Stamm hatte bereits im Ordovizium ein großes Formenspektrum erreicht. Die Formenvielfalt verringerte sich von da an gering, bis hin zu einem drastischen Einschnitt während der Trias. Einem mäßigen Aufschwung im Jura folgte der absolute Entwicklungshöhepunkt mit knapp 1500 Arten (!) während der Kreide. Der Stamm ist noch heute in nahezu allen Meeren und, untergeordnet, auch im Süßwasser vertreten.

Hartteile, Weichteile

Das Außenskelett oder Zooecium besteht aus kalkiger oder chitiniger Substanz. Hauptformen sind röhren- oder kastenförmige Hohlräume. Der Weichkörper wird unterteilt in den Polypid oder Vorderkörper, zu dem die frei beweglichen Teile gehören und den Cystid, wozu die lebende, sprossungsfähige Umhüllung des Polypiden gerechnet wird.
Die Mundöffnung umgibt ein Tentakelkranz, der an der Basis zu einem hufeisen- oder ringförmigen Wulst verschmolzen ist (Lophophor). Die Tentakel übernehmen in Verbindung mit einem zwischen Mund und After gelegenen Ganglion sinnesorganähnliche Funktionen, dienen zum Ergreifen von Nahrung und spielen wohl auch für die Atmung eine Rolle. Das Verdauungssystem ist U-förmig und besteht aus Schlund, Magen und Darm. Die (weißen) Blutkörperchen bewegen sich frei in der Körperhöhle; Herz und ein eigentlicher Kreislauf sind nicht vorhanden. Die Analöffnung befindet sich außerhalb des Tentakelkranzes.

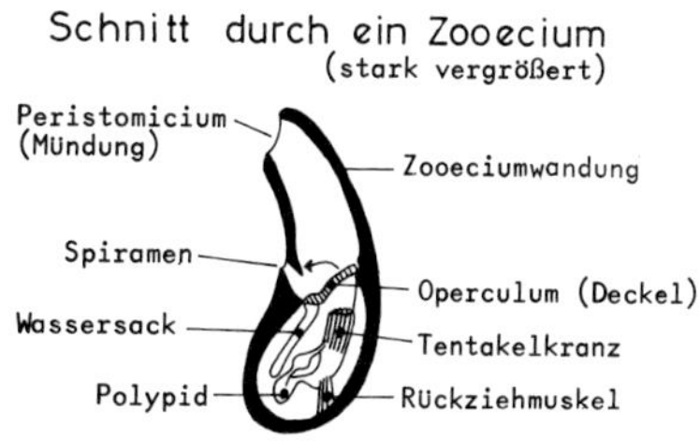

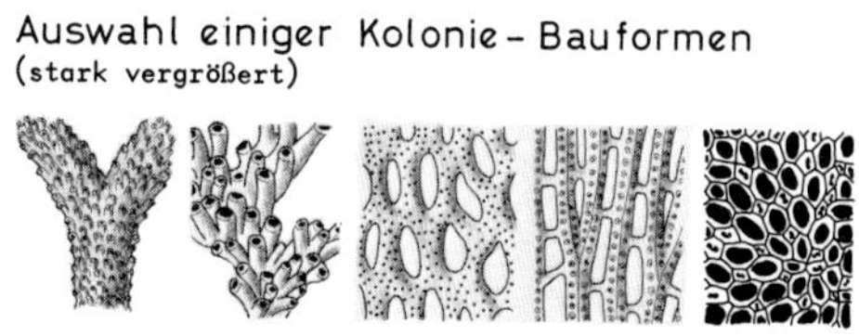

Terminologie und Morphologie der Bryozoa (Moostierchen). (Abgeändert nach BASSLER, O.F. GEYER aus BASSLER.)

Lebensraum, Lebensweise, Ontogenese

Die meisten rezenten Bryozoen leben im Meer; eine besonders häufige Gattung ist z. B. *Membranipora*. Die Süßwasserformen sind auch in heimischen Gewässern zu beobachten, z. B. *Plumatella*. Da nur Hartteile überliefert werden können und Süßwasserbryozoen solche nicht haben, sind alle fossilen Formen Salzwasserbewohner, ausschließlich wohl aus flachen Meeresbereichen. Die vertikale Verbreitung der rezenten Arten liegt zwischen 0 und ca. 1000 m, wobei das Hauptauftreten in Bereichen bis ca. 200 m liegen dürfte. Bryozoen sind wichtige Stotzenbildner; im Zechstein, während der Kreide (vor allem der Ob. Kreide), auch im Tertiär und in den Meeren der Gegenwart errichteten und errichten sie zahlreiche, teilweise auch umfangreiche „Riff"-bauten.
Die Tentakel dienen u. a. auch dem Ergreifen bzw. dem Fang von Nahrung, z. B. Kleinstlebewesen wie Diatomeen usw. Mund und Tentakel können durch besondere Muskelstränge nach innen, in das Zooecium, gezogen werden.
Fast alle Arten sind zweigeschlechtlich, d. h. in der Körperhöhle sind sowohl männliche wie auch weibliche Geschlechtsorgane enthalten. Die Befruchtung erfolgt entweder in der Körperhöhle oder in besonderen Brutkammern (Ovicellen), die für die Bestimmung wichtig sein können. Die Larven durchlaufen ein planktonisches Stadium von maximal ca. 2 Monaten. Wenn es zu Ende geht, setzen sie sich auf einem geeigneten Untergrund fest und entwickeln sich zum Primärzooid der neuen Kolonie. Durch fortgesetzte Knospung entstehen dann die weiteren Polypide.

Bestimmung

Eine exakte Bestimmung der Bryozoen ist für den Sammler nur in ganz wenigen Ausnahmen möglich, dann z. B., wenn es sich um relativ großwüchsige und charakteristische Arten handelt. Bei der nicht mehr überblickbaren Vielfalt der fossilen Arten gehört zur Vertiefung neben einem enormen Wissen auch umfangreiches Studien- und Vergleichsmaterial, das Sammlern kaum zugänglich sein dürfte. Zudem erfordert eine exakte Bestimmung zwei tangentiale Schnitte, einen nahe der Oberfläche und einen tieferen (ersetzbar allerdings durch einen beide Bereiche erfassenden schrägen Anschliff).

Einige Vorkommen

Bekannte Massenvorkommen sind z. B. die bryozoenführenden dolomitischen Zechsteinschichten Thüringens, die als „Riff"-ablagerungen entstanden. Die kreidigen Bryozoenkalke der Ob. Kreide („Maastrichter Tuffkreide") liefern eine Fülle von Arten, wie auch zahlreiche Gesteine der Ob. Kreide im allgemeinen. Auch in den Korallenkalken von Fakse (Dänemark) treten Bryozoen häufig auf. Die sekundär umgelagerten Korallenkalke des Ob. Jura (Unt. Untertithon) Württembergs enthalten mehrere Bryozoenarten in teilweise großer Individuenzahl. „Bryozoen-Mergel" treten in allen Systemen seit dem Ordovizium auf. Die Schreibkreide Rügens zeigt vor allem nach einer entsprechenden Behandlung (Schlämmen) eine Vielfalt interessanter Formen, wobei es sich meist um 2 bis 7 mm große Bruchstücke von Zoarien handelt.
Im folgenden Teil werden einige typische, mehr oder weniger häufige Gattungen mit Artbeispielen genannt. Sie sollen einen Eindruck von den möglichen Formen vermitteln. Auf eine systematische Gliederung wurde verzichtet. Die Anordnung erfolgt nach dem stratigraphischen Auftreten.

Stamm Bryozoa (Moostierchen)

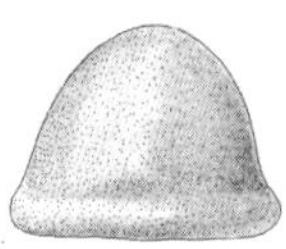

Br 1

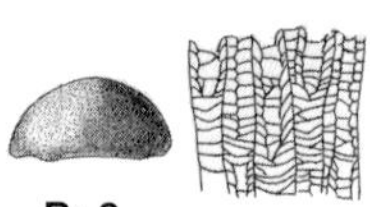

Br 2

Br 3

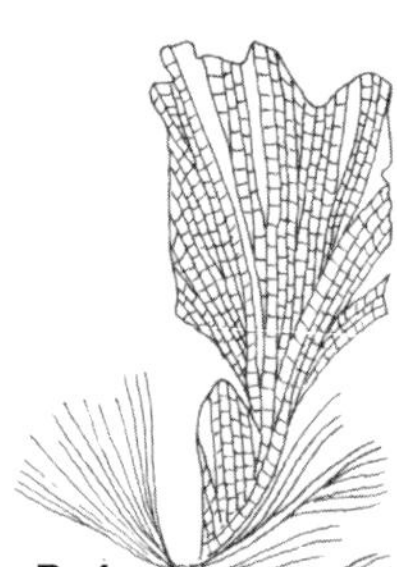

Br 4

Br 1 ***Monticulipora.*** Ordovizium. Zoarium meist massig und knollig bis halbkugelig, jedoch auch inkrustierend und wedelig. Zooecien dünnwandig, vieleckig. ***M. petropolitana*** PAND., ca. 4 cm.

Br 2 ***Prasopora.*** Ordovizium. Zoarium scheibenförmig bis halbkugelig. ***P. grayae*** NICHOLSON & ETHERIDGE, Caradoc; Zoarium ca. 2 cm, Querschnitt und Längsschnitt je ca. 1,5 mm.

Br 3 ***Favositella.*** Ordovizium – Silur. Zoarium massiv, meist fladenförmig. Zooecien dünnwandig, wabenförmig, langröhrig. ***F. interpuncta*** (QUENSTEDT), Silur (Wenlock); Zoarium ca. 6 cm. Oberflächenausschnitt ca. 2,5 mm.

Br 4 ***Fenestella.*** Ordovizium – Perm. Zoarium in der Regel trichterförmig, zusammengesetzt aus schmalen, parallel verlaufenden Zweigen, die aus je 2 Reihen von Zooecien bestehen. Häufig vor allem im Devon und Perm. ***F. retiformis*** SCHLOTHEIM, Perm (Zechstein); ca. 3,5 cm.

Br 5 ***Acanthocladia.*** Ob. Karbon – Perm. Zoarium astförmig, kurz und kräftig, mit schrägen Abzweigungen. Rückseite oft fein gestreift. ***A. anceps*** (SCHLOTHEIM), Perm (Zechstein); ca. 1 cm; links Rück-, rechts Vorderseite des Zoariums.

Br 6, 7 ***Berenicea.*** Ordovizium – rezent. Dünn, inkrustierend. Mit einfachen, röhrenförmigen, flachliegenden oder aufgerichteten Zooecien. Zooarien häufig auf fossilen Schalen etc. aufgewachsen. ***B. archiaci*** HAIME (**Br 6**), Unt. Jura (Ob. Pliensbach) – Ob. Jura (Oxford); ca. 3,5 mm, Zoarium bis zu einem Durchmesser von knapp 1,5 cm. ***B. diluviana*** LAMOUROUX (**Br 7**), Mittl. Jura (Bathon); ca. 6 mm. Im Mittl. Mitteljura tritt z. B. ebenfalls auf ***B. compressa*** (GOLDFUSS) (ohne Abb.).

B 119 *Trigonellina pectuncula,* Ob. Jura (Unt. Oxford; Malm alpha); Winnberg bei Neumarkt, Oberpfalz/Bayern. Ca. 1,1 cm; ein Exemplar zeigt das terebratulide Armgerüst.

B I *Pentremites godoni* (DEFRANCE), Unt. Karbon (Chester); Floraville, Illinois/USA. Ca. 1 cm.

C 1 *Rhodocrinites douglassi serpens,* Unt. Karbon (Unt. Mississippian; Tournai); Gilmore City, Iowa/USA. Ca. 2 cm.

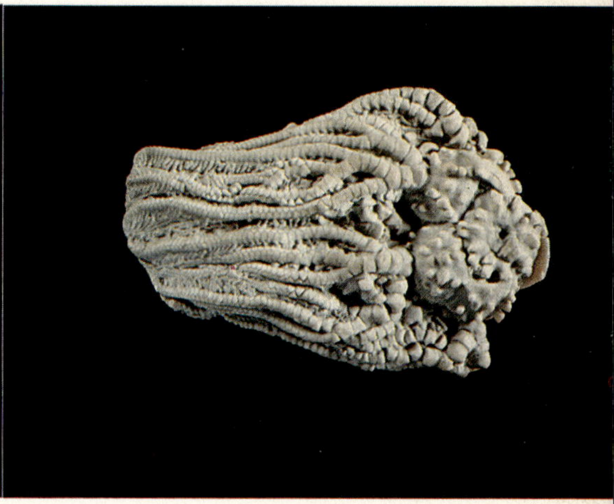

C 7 *Platycrinites hemisphericus,* Unt. Karbon (Unt. Mississippian; Tournai); Montgomery Co., Indiana/USA. Ca. 6 cm. Sammlung DUPPER.

C 23 *Pterocoma pennata,* Ob. Jura (Unt. Untertithon; Solnhofener Schichten); Eichstätt/Bay. Haarstern; ca. 8,5 cm. Sammlung ROECK.

C 34 *Eugeniacrinites caryophyllatus,* Ob. Jura (Unt. Oxford; Malm alpha); Winnberg bei Neumarkt, Oberpfalz/Bayern. Ca. 2 cm.

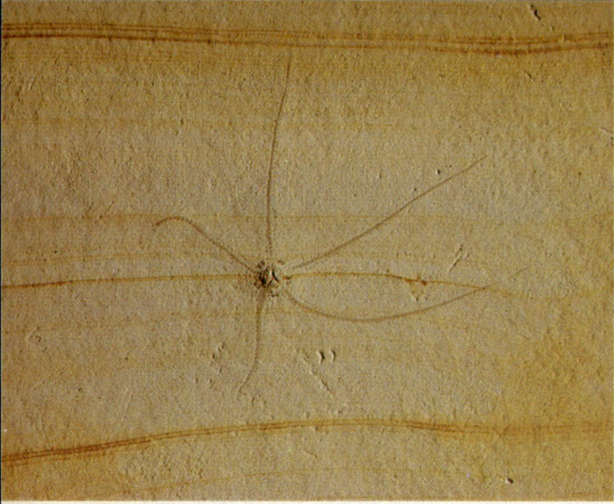

Op 3 *Geocoma carinata,* Ob. Jura (Unt. Untertithon; Solnhofener Schichten); Zandt bei Ingolstadt/Bayern. Schlangenstern. Ca. 4 cm.

Op 10 *Ophiopinna elegans,* Mittl. Jura (Callov); La Voulte bei Valence/Südfrankreich. Ca. 2,3 cm.

E *Heterocentrotus mammillatus* (LINNE), Griffelseeigel, rezent von den Philippinen. Gehäuse mit Stacheln ca. 14 cm, ohne Stacheln ca. 4,5 cm.

E 47 *Encope micropora,* Tertiär (Pliozän), Golf von Kalifornien. Ca. 6 cm.

E 56 *Studeria subcarinata,* Tertiär (Oligozän); Doberg bei Bünde/Nordrhein-Westfalen. Ca. 2,7 cm.

E 82 *Spatangus desmaresti,* Tertiär (Oligozän); Doberg bei Bünde/Nordrhein-Westfalen. Ca. 8 cm. Sammlung BREITKREUTZ.

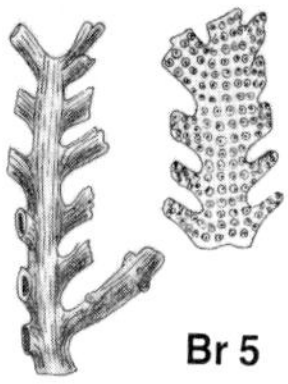

Br 5

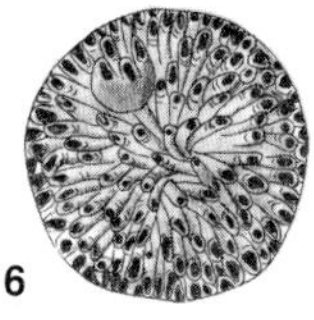

Br 6

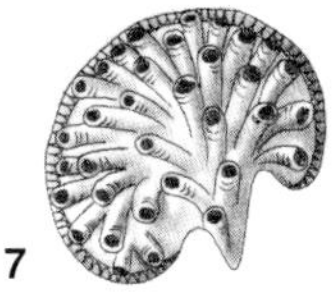

Br 7

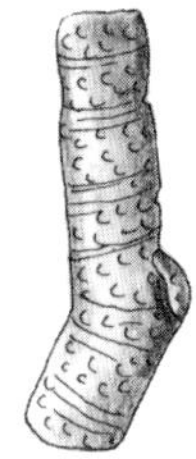

Br 8

Br 8–10 ***Ceriopora.*** Trias – Tertiär (Miozän). Zoarium ästig verzweigt, meist mit glatter Oberfläche. Vielgestaltige Formen. Sammelgattung. Hierher werden viele, anderswo nicht einzuordnende Formen gestellt. ***C. radiciformis*** GOLDFUSS (**Br 8**), Ob. Jura (Unt. Oxford – Unt. Kimeridge); ca. 2,5 cm. ***C. angulosa*** GOLDFUSS (**Br 9**), Ob. Jura (Unt. Untertithon; Malm zeta 2); ca. 2 cm. ***C. gracilis*** GOLDFUSS (**Br 10**), Ob. Kreide (Cenoman); ca. 1 cm.

B 11 ***Radiopora.*** Ob. Kreide (Cenoman). Untergattung von ***Lichenopora.*** Zoarium massiv, mit mehreren Ästen bzw. halbkugeligen Ansätzen. ***R. substellata*** GOLDFUSS; ca. 1,7 cm.

Br 12 ***Onychocella.*** ? Mittl. Jura; Kreide – rezent. Zoarium massiv bis inkrustierend, mit sechseckigen Zoarien. ***O. inelegans*** (LONSDALE), Ob. Kreide (Coniac – Campan); rechts Zoarium, ca. 1,4 cm, links Oberflächenausschnitt, ca. 1,5 mm.

Br 13 ***Entalophora.*** Jura – rezent. Zoarium zylinderförmig und schlank, astförmig, auch verzweigt. Mündungen auf allen Seiten, nach oben zeigend. ***E. proboscidea*** (MILNE-EDWARDS), Tertiär – rezent; ca. 2 mm. Aus dem Mittl. Jura (Bathon) sei genannt ***E. cellaroides*** LAMOUROUX (ohne Abb.).

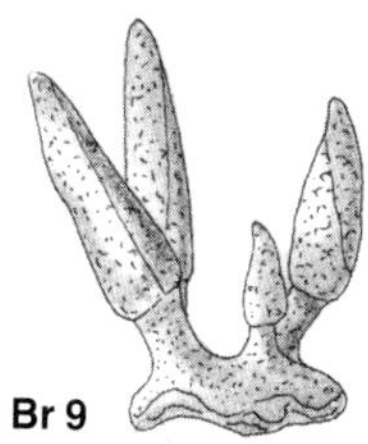

Br 9

Br 10

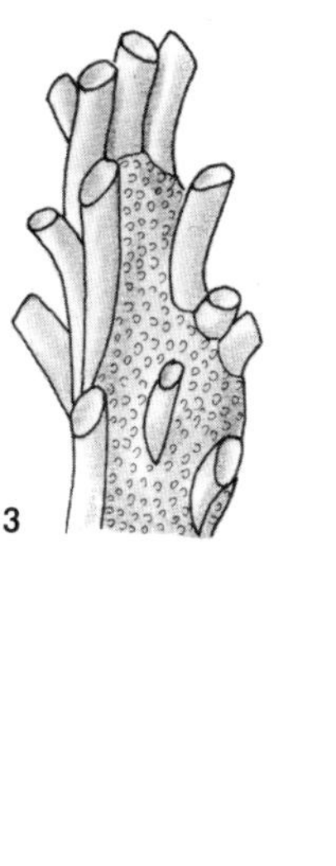

Br 13

Br 12

Br 11

Stamm Brachiopoda (Armfüßer)

Allgemeines, Größenverhältnisse

Der Name Brachiopoda stammt aus der Frühzeit der Zoologie und ist unglücklich gewählt. In Anlehnung an die Gastropoda (Bauchfüßer, also Schnecken) und die Cephalopoda (Kopffüßer, Tintenfische usw.) wurden sie Armfüßer genannt. Die spiraligen Kiemenarme der Tiere hielt man ursprünglich für armähnliche Fangwerkzeuge oder Fühler.
Im Gegensatz zur linken und rechten Muschelklappe weisen die Brachiopoden eine untere (ventrale oder Stiel-)Klappe und eine obere (dorsale oder Arm-)Klappe auf. Ein weiteres wichtiges Unterscheidungsmerkmal ist die bei den meisten Brachiopoden vorhandene Stielöffnung. Zudem haben Muscheln und Brachiopoden verschiedene Symmetrieebenen: Während sie bei den Muscheln zwischen den beiden Schalenhälften liegt, halbiert sie bei den Brachiopoden die Klappen in der Längsachse (s. Tafel S. 289).
Obwohl viele Naturfreunde Brachiopoden und Muscheln aufgrund ihres ähnlichen Aussehens in einen Topf werfen, besteht keine Verwandtschaft zwischen den beiden Tiergruppen. Daß man so wenig über sie weiß, hängt mit der Seltenheit der rezenten Armfüßer zusammen. Mitte des vergangenen Jahrhunderts wurden die wenigen bekannten Formen noch unbedenklich zu den Muscheln gestellt. Wir lesen bei F. S. VOIGT (Lehrbuch der Zoologie, 1853): „Sind zweischalige, aber festsitzende und der freien Bewegung unfähige Muscheln, welche statt des Fußes zwei fleischige, mit zahlreichen Fäden besetzte Arme, wahre Fühler, besitzen, zwischen deren Basis der Mund liegt. Sie können diese Fühler aus der Schale hervorstrecken und wieder zurückziehen, wobei sie sie spiral rollen." Tatsächlich weist der Stamm der Brachiopoden verwandtschaftliche Beziehungen zu den Hufeisenwürmern (Phoronidea) und den Moostierchen (Bryozoa) auf.
Die außerordentlich zahlreichen fossilen Formen weckten schon sehr früh das Interesse der Naturforscher. Die „Lochmuscheln", „Tascheln" oder „Lampenmuscheln" (wegen der Ähnlichkeit mit etruskischen Öllampen) waren bereits in Hunderten von fossilen Arten untersucht und benannt, ehe auch nur einiges über die Anatomie der rezenten Vertreter bekannt geworden war. Noch um die Jahrhundertwende waren nur wenig mehr als 100 rezente Arten beschrieben; bis heute sind es etwa 280, verteilt auf 64 Gattungen. Demgegenüber nimmt sich die Zahl der fossil bekannten ca. 1800 Gattungen, einschließlich der ca. 60 Untergattungen, überwältigend aus. Die Artenzahl beträgt etwa 8000.
Im Volksmund tragen die Armfüßer eine ganze Reihe von Bezeichnungen, die auf vertraute Formen Bezug nehmen: Taubensteine, Eulenköpfe (*Stringocephalus burtini*, B 70), Heiligen-Geist-Schnecke, Täubli (*Rhynchonella*), Muttersteine oder Schamsteine (*Spirifer* [B 59], *Orthis* [B 8], *Schizophoria* [B 12]) usw.
Brachiopoden treten in nahezu allen marinen Ablagerungen seit dem Kambrium auf, teilweise in beachtenswerter Formen- und Artenfülle. Und doch werden diese Fossilien nur von wenigen Sammlern geschätzt – vielleicht, weil die großen und spektakulären Ausstellungsstücke in dieser Gruppe fehlen? Gerade des reichlichen Vorkommens wegen kann die Entwicklung des Stamms mit vergleichsweise wenig Mühe gut belegt werden, und mitunter dürfte es schwieriger sein, ein bestimmtes rezentes Belegexemplar beizubringen als eine seltene Art aus dem Devon, um 380 Millionen Jahre alt!
Über den unfaßbaren Zeitraum von ca. 570 Millionen Jahren hinweg existiert der Stamm schon, und manche Formen haben eine große Zeitspanne davon nahezu unverändert überstanden! Vertreter der Gattung *Lingula* (B 1) aus dem Silur unterscheiden sich nur unwesentlich von rezenten *Lingula*-Arten (Konservativ-Typ); Brachiopoden sind also recht konservative Tiere.
Die Größenverhältnisse der fossilen Formen sind unterschiedlich. Das größte bisher bekannte Gehäuse stammt aus dem Karbon: *Gigantoproductus giganteus* (B 25) mit einer Breite von mehr als 35 cm! Die meisten Arten liegen wohl im Bereich zwischen 1,5 und 4 cm. Die kleinste rezente Art mißt ausgewachsen nur etwa 1 mm, während die größten Exemplare, die Riesen unter den rezenten Brachiopoden, etwa 8 cm erreichen.

Brachiopoden als Leitfossilien

Armfüßer stellen zahlreiche Leitfossilien. Bekannt sind vor allem verschiedene Formen des Devon: *Spirifer* (B 59), *Atrypa* (B 45, B 46), *Uncites* (B 49), *Athyris* (B 50), *Stringocephalus* (B 70) usw. Aber auch in anderen Systemen treten Armfüßer mit hohem Leitwert auf: *Productus* und *Gigantoproductus* (B 25) z. B. im Zechstein; *Coenothyris* (B 71) und *Spiriferina* (B 60) im Muschelkalk; *Pygope* (B 100) und *Antinomia* im Ob. Jura usw. Grundsätzlich können wir feststellen, daß der Wert als Leitform im Paläozoikum höher ist als im Mesozoikum; im Neozoikum hat der Tierstamm bereits seine Bedeutung verloren.

Lokal können kurzlebige Arten bei genügender Kenntnis des Vorkommens Bedeutung erlangen. Als Beispiel seien die im Ob. Mitteljura Schwabens (Bathon; *aspidoides*-Zone) auftretenden Arten *Ornithella longa, O. blumbergensis* und *O. expolita* (B 114) genannt. Sie treten allerdings, soweit bekannt, nur im westlichen Teil der Schwäbischen Alb auf.

Neben diesen als Leitfossilien geeigneten, relativ wenigen Arten kennen wir eine wesentlich höhere Zahl, die als „Durchläufer" in mehreren aufeinanderfolgenden Zonen oder Stufen auftreten, deren stratigraphische Reichweite lokal variieren kann und die somit zur Horizontierung nicht verwendet werden können.

Systematik, Stammesgeschichte

Der Stamm wird in 2 Klassen unterteilt: Inarticulata (Schloßlose oder Ecardines) und Articulata (Schloßträger oder Testicardines). Die Inarticulata werden weiter untergliedert in 4 Ordnungen:

Lingulida (Kambrium – rezent)
Acrotretida (Kambrium – rezent)
Obollelida (Unt. – Mittl. Kambrium)
Paterinida (Unt. – Mittl. Kambrium)

Bei den Articulata unterscheiden wir 6 Ordnungen:

Orthida (Kambrium – Unt. Perm)
Strophomenida (Ordovizium – Unt. Jura)
Pentamerida (Mittl. Kambrium – Devon)
Rhynchonellida (Mittl. Ordovizium – rezent)
Spiriferida (Mittl. Ordovizium – Jura)
Terebratulida (Devon – rezent)

Die beiden Konservativgruppen der Lingulida und Acrotretida konnten den Zeitraum von ca. 570 Millionen Jahren überbrücken, ohne allerdings jemals große Bedeutung zu erlangen. 4 Ordnungen erloschen bereits im Erdaltertum, während 2 weitere immerhin noch im Jura belegt sind. Die Rhynchonellida waren seit jeher gut und gleichmäßig repräsentiert; zusammen mit den Terebratulida stellt diese Ordnung praktisch alle nachjurassischen schloßtragenden Armfüßer.

Im Verlauf der Erdgeschichte durchlief der Stamm mehrere Virenzphasen. Die erste und längste dauerte vom Ordovizium bis zum Devon, über einen Zeitraum von ca. 240 Millionen Jahren hinweg! Während der Trias beobachten wir einen deutlichen Niedergang. Wer schon im Muschelkalk gesammelt hat, kennt die Artenarmut – wenn auch manchmal große Individuenzahl – der Brachiopoden in diesen Schichten. Einer schwachen Blütezeit im Jura folgte ein bedeutender Rückgang in der Unt. Kreide; ein erneuter, wenn auch sehr schwacher Aufschwung hält heute noch an.

Der Großablauf der Stammesgeschichte läßt sich dahingehend deuten, daß die Brachiopoden wohl in nächster Zukunft (geologisch gesprochen, d. h. also in einigen Millionen Jahren) aussterben werden. Eines der Merkmale für einen solchen intermediären Entwicklungsablauf ist die Erhöhung des Anteils an kurzlebigen Arten im Verlauf der Erdgeschichte.

Gehäuse

Die meisten Brachiopoden haben zwei Klappen, die bilateral-symmetrisch angeordnet sind. Die Arm- und die Stielklappe sind ungleich, jedoch jede für sich spiegelbildlich symmetrisch. Der Aufbau ist ein- oder zweischichtig, die Schale kalkig oder hornig-chitinig. Rezente Gattungen sind meist schlicht geformt. Fossile Arten zeigen dagegen oft verzierte Schalenformen. Nahezu alle Brachiopoden weisen Anwachslinien auf. Weiterhin beobachten wir konzentrische Wülste, Falten oder Furchen wie auch teilweise stark ausgeprägte Radialrippen. Stacheln und Dornen sind mitunter funktionsmorphologisch bedingt (siehe Kapitel Lebensraum und Lebensweise). Die Berührungslinie der beiden Klappen wird

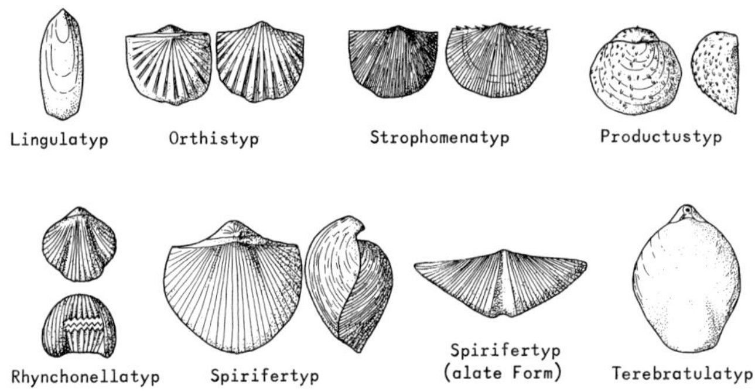

Gehäuseformen. (Nach O.F. GEYER.)

Kommissur genannt. Sie kann glatt, gelappt oder gezackt sein und ist auf der Längsseite oft anders ausgebildet als am Stirnrand.
Der Gehäusevorderrand (Stirnrand) zeigt gegenständige oder alternierende Faltung (s. Tafel). Die Gehäuseform kann sein: resupinat, konkavo-konvex (häufig), plankonvex (häufig), bikonvex (häufig), knieförmig-bikonvex oder konvexo-konkav (s. Tafel). Der Schloßrand am Gehäusehinterrand ist vor allem bei paläozoischen Formen oft gerade. Eine abweichend ausgebildete Fläche zwischen dem Wirbel und dem Schloßrand beider Klappen oder nur der Stielklappe wird Interarea genannt.
Am Hinterrand befindet sich eine Öffnung für den Stiel. Sie kann vielgestaltig sein und nur eine oder beide Klappen erfassen. Delthyrium nennen wir einen meist dreieckigen Einschnitt der Stielklappe, Notothyrium den Einschnitt in der Armklappe. Viele Arten weisen in der Stielklappe ein regelrechtes Stielloch (Foramen) auf. Im Verlauf des Wachstums werden die Einschnitte in der oder den Klappen durch Kalkplättchen geschlossen. Einfache Platten werden Deltidium (in der Stielklappe) oder Chilidium (in der Armklappe) genannt, paarweise Platten Deltidial- bzw. Chilidialplättchen.
Das Armgerüst (Brachidium), das an der Armklappe (Name!) befestigt ist, stützt den Armapparat (Lophophoren). Es kann eine beträchtliche Größe erreichen. Diese kalkigen Fortsätze sind für die systematische Unterteilung und die Bestimmung sehr wichtig. Ihre Veränderung im Lauf des Wachstums eines Tieres (Ontogenese) ermöglicht darüber hinaus Aussagen über verwandtschaftliche Beziehungen und somit über die Stammesgeschichte.
Im einzelnen unterscheiden wir folgende Typen des Armgerüstes:
Aphaneropegmat. Ohne eigentliches kalkiges Armgerüst, jedoch mit kurzen Platten (Brachiophoren); hierher gehört ein Teil der Orthida und der Pentamerida.
Ancistropegmat. Mit kurzen, hakenartigen Fortsätzen (Cruren); Rhynchonellida und ein Teil der Pentamerida.
Ancylopegmat. Mit zu Schleifen (kalkigen Bändern) entwickelten und verbundenen Cruren. Man unterscheidet die Typen centronellid (mit einfacher Schleife, ohne Einbuchtung); terebratulid (mit Einbuchtung); meganterid (mit rückläufiger Schleife); terebratellid (mit rückläufiger Schleife und Medianseptum); stringocephalid (nach der Mitte konvergierende verbreiterte Schleifenbänder).
Helicopegmat. Mit dünnen, zu hohlen Spiralkegeln gewundenen Bändern. Wir unterscheiden spiriferid (Kegelspitzen nach außen orientiert, Primärlamellen verlaufen nach vorn); atrypid (Kegelspitzen nach innen gerichtet); athyrid (Kegelspitzen nach außen gerichtet; Primärlamelle verläuft nach vorn und knickt dann scharf nach hinten).
Medianseptum nennen wir eine vor allem an der Stielklappe oft kräftig entwickelte Mittelwand, die als Muskelansatzstelle dient. Speziell bei den Terebratulida ist sie oft gut zu beobachten. Primärlamelle heißt die erste Windung des Armgerüsts der helicopegmaten Typen. Die folgenden Windungen werden Sekundärlamellen genannt.
Die Schalenfarbe der rezenten Tiere variiert von hellen Grau- und Gelbtönen bis zu dunklem Braun. Auffallende Farben wie bei den Schnecken und Muscheln kommen nicht vor. Es ist anzunehmen, daß auch die fossilen Tiere ähnliche „Tarnfarben“ trugen.

Terminologie und Morphologie der Brachiopoda (Armfüßer). (Abgeändert nach WILLIAMS und ROWELL, aus G.A. THOMAS, aus WILLIAMS, nach KRUMBIEGEL und WALTHER aus DAVIDSON SHROCK, TWENHOFEL, ZITTEL.)

Längsschnitt
(Terebratulina sp)

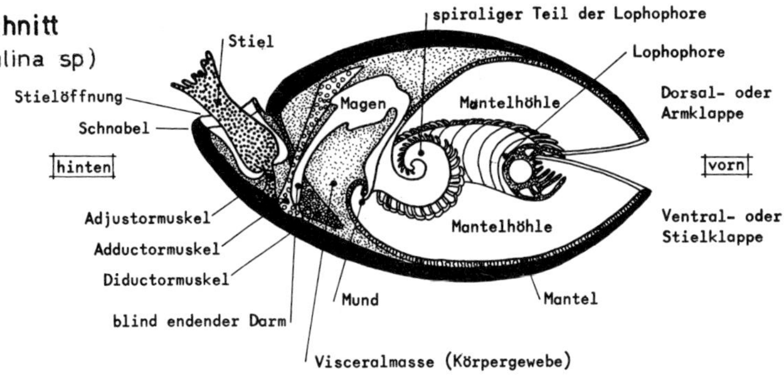

Schalenvorderrand

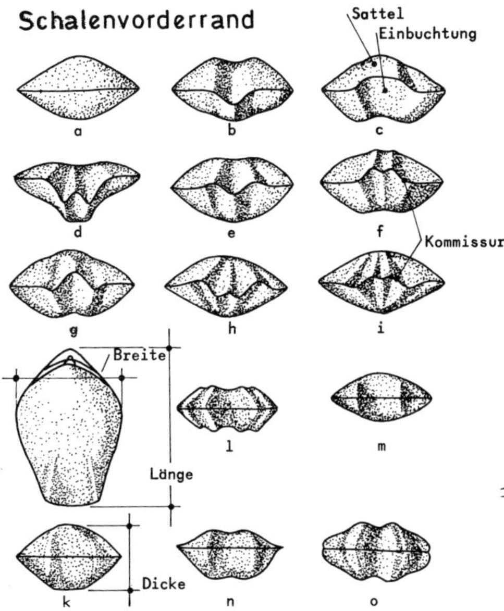

Alternierende Faltung (a bis i):

a rectimarginat
b sulcat
c uniplicat
d intraplicat
e paraplicat
f sulciplicat
g parasulcat
h antiplicat
i episulcat

(d bis i: biplicat)

Gegenständige Faltung (k bis o):

k ornithellid
l metacarinat
m strangulat
n ligat
o bilobat

Seitenansichten

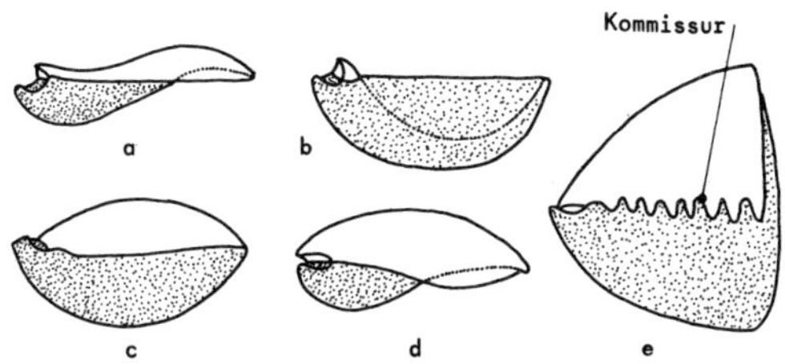

a resupinat   b konkavo-konvex
c bikonvex   d konvexo-konkav
e knieförmig bikonvex

(die Stielklappe ist gepunktet)

Brachidiumtypen

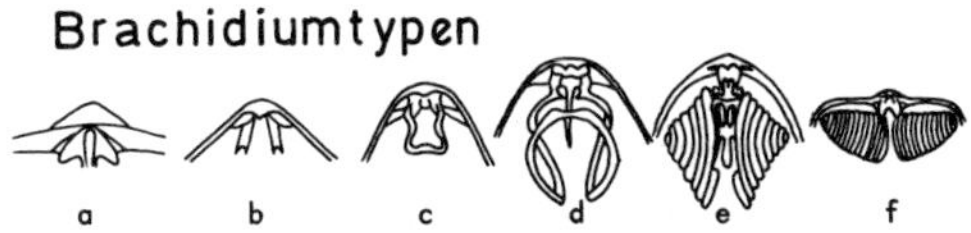

a aphaneropegmater Typ
b ancistropegmater Typ
c, d ancylopegmate Typen
c terebratulid
d terebratellid
e, f helicopegmate Typen
e athyrid
f spiriferid

Symmetrieebene u. Wachstumsrichtung

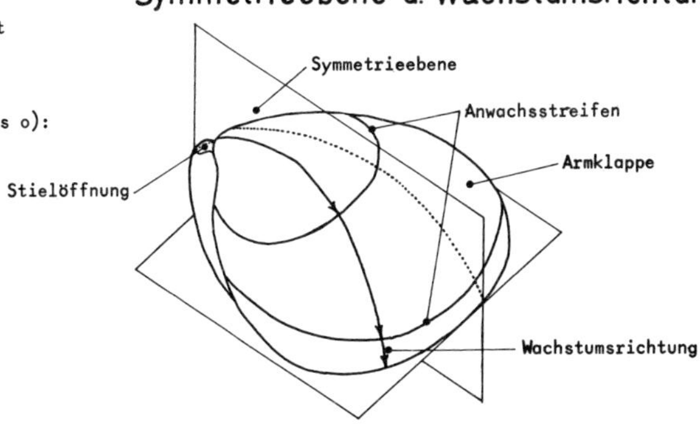

g. richter

Die Vorfahren der Brachiopoden waren vermutlich sehr kleine Futterfilterer ohne Schale, bestenfalls mit einer schwachen hornigen Hülle. Dies würde das Fehlen von Brachiopodenüberresten in den präkambrischen Gesteinen erklären. Der bedeutendste Schritt in der Entwicklungsgeschichte des Stammes war demnach die Entwicklung einer harten Schale – wohl hauptsächlich zum Schutz der hochempfindlichen Kiemenarme.

Weichteile

Die Körpermasse liegt überwiegend im Gehäuseinneren unweit der Stielöffnung. Eingelagert in das Gewebe (Visceralmasse) liegen der Darm mit Mund und Magen, die Leber und eine Geschlechtsdrüse. Sie sind durch Ausgänge (Nephridien) mit der Mantelhöhle verbunden.
Herz ist keines vorhanden, jedoch ein primitives Kreislaufsystem, angetrieben durch die Bewegung der Lophophoren. Der Stofftransport erfolgt über einen in der Körpermasse liegenden Sammelkanal. Nahrung und Ausscheidungen werden durch langsam pulsierende (alle 30 bis 40 Sekunden) Aussakkungen entlang des Kanals transportiert. Ein einfaches Nervensystem verbindet die Organe und läuft bis in die Spitzen der Kiemenarme. Körpergewebe und Weichteile umgibt der Mantel, der auch die übrige Schaleninnenseite weitgehend auskleidet. Im Körpergewebe vieler articulater Brachiopoden sind winzige stern- oder geweihförmige Calcitkörper (Spiculae) eingelagert.
Wichtig sind die Muskeln, die sowohl das Öffnen wie auch das Schließen der Klappen bewirken. Vor allem bei den Inarticulata sind hierfür oft sehr komplizierte Systeme vorhanden (6 Hauptgruppen). Die wichtigsten Muskeln sind die Adductores (Schließmuskeln), Diductores (Öffnermuskeln) und Adjustores (Stielmuskeln). Die Muskelansatzstellen hinterlassen auf der Schaleninnenseite Eindrücke, die bei günstigen Erhaltungsbedingungen auch an Fossilien zu beobachten sind: bei Schalenerhaltung auf der Schaleninnenseite, ansonsten auf dem Steinkern. Die Schaleninnenseite kann im übrigen auch Gefäßeindrücke zeigen, die zusammen mit den Muskelansatzstellen Aussagen über die Lebensweise des Tieres ermöglichen.

Ontogenese

Der überwiegende Teil der Brachiopoden ist getrenntgeschlechtlich. Einige Arten betreiben eine Art Brutpflege: Die Jungtiere bleiben bis zum freischwimmenden Larvenstadium im Schalenraum des erwachsenen Tieres. Die abgelegte Eizahl ist je nach Art sehr verschieden; sie kann bis zu 8000 betragen.
Inarticulata und Articulata haben abweichende Larvenstadien. Bei ersteren schlüpft nach wenigen Tagen die Larve in Form eines sozusagen zumindest gestaltmäßig fertigen, wenn auch winzig kleinen Brachiopoden aus dem Ei. Diese Larve hat Wimpern und ist frei beweglich. Bei den Articulata dagegen entsteht eine mundlose, vom Dotter lebende Larve, die ein wenige Stunden bis höchstens einige Tage dauerndes Stadium freier Bewegungsmöglichkeit durchläuft und sich danach auf einem geeigneten Untergrund anheftet.

Lebensraum, Lebensweise

Im Gegensatz zu den verwandten Bryozoen sind die Brachiopoden ausschließlich Meeresbewohner. Hauptsächlicher Lebensraum ist das Schelfmeer von der Zone des niedrigsten Gezeitenwasserstandes bis zum Kontinentalsockel. Nur sehr wenige Arten leben in der Tiefsee, z. B. *Clidonophora chuni* zwischen 2000 und 3000 m. Aber auch in sehr flachem Wasser finden wir in heutigen Meeren nur wenige Arten. Brachiopoden leben sowohl in tropischen wie auch in kalten Meeren, wobei sie grundsätzlich kühles und stärker bewegtes Wasser bevorzugen. Im Paläozoikum treten sie zusammen mit Korallen auf, sind im Mesozoikum nur noch selten in Riffablagerungen zu beobachten und gehören in rezenten Korallenriffen zu den Seltenheiten. Die ökologischen Anforderungen der Brachiopoden blieben offensichtlich konstant, während sich jene der Korallen zum warmen Wasser hin verlagerten.
Nahezu alle Brachiopoden leben auf dem Meeresboden, sessil bzw. fixisessil, angeheftet mit dem Stiel, seltener auch direkt mit der Stielklappe auf dem Substrat aufgewachsen (zementiert). Viele Formen bevorzugen Hartgrund, einige ankern mit dem Stiel in weichen, schlammigen Sedimenten. Eine Reihe von Formen lebt als freie Sedimentlieger. Dabei handelt es sich meist um solche mit konkavo-konvexen oder plankonvexen Schalen, die mit der konvexen Seite auf dem Sediment liegen. Die Sedimentlieger

haben oft Stacheln oder Dornen, bevorzugt am Schloßrand, um eine bessere Bodenhaftung zu erreichen.
Wenige Formen sind Bestandteil des Endobenthos. Sie leben im Sediment in Röhren und ragen meist mit dem Vorderrand ins freie Wasser. Diese Arten gehören ausschließlich zu den Lingulida. Ein Teil der sessil lebenden Tiere geht im adulten Stadium zur freilebenden, also nicht angewachsenen Lebensweise über.
Zwischen Brachiopoden und Muscheln besteht in der Lebens- bzw. Ernährungsweise eine gewisse Ähnlichkeit: Beide sind Futterfilterer. Der Armapparat ist der Fangapparat; er dient nicht oder nur höchst untergeordnet der Atmung. Die ungewöhnliche Ausbreitung der Armfüßer des Erdaltertums ist wohl darauf zurückzuführen, daß der Stamm damals das Monopol auf die ökologische Nische des Futterfilterns hatte. Die Muscheln entwickelten sich nämlich vom ersten Auftreten im Unt. Kambrium an ziemlich langsam und traten erst seit dem Erdmittelalter in einen intensiven Konkurrenzkampf ein. Mit Erfolg: Die Zahl der Brachiopodenarten nahm ab, während die Muscheln expandierten.
Die Nahrungsaufnahme der Armfüßer verläuft folgendermaßen: Bei geöffneter Klappe stellt sich das Tier gegen den Strom und fängt mit den Tentakeln Plankton. Dieses wird ausgesiebt und von Wimpern in einer Rinne am Fuße der Fangfäden zum Munde befördert. Durch ständige Bewegung der Wimpern wird die Nahrung nun mundwärts transportiert. Abfallstoffe gelangen durch Umkehr der Transportrichtung wieder nach außen. Die Hauptnahrung besteht aus Kieselalgen, Geißeltierchen, Foraminiferen, Strahlentierchen wie auch Weichtier- und Stachelhäuterlarven.
Die koloniebildende Lebensweise der Brachiopoden ist teilweise durch die geringe Ausbreitungsmöglichkeit der Larven bedingt. Die Siedlung wird durch die in unmittelbarer Nähe des Elterntieres sich festheftende Larve vergrößert. Die Eroberung weiter entfernt liegender Siedlungsräume ist nur bei günstigen Strömungsverhältnissen möglich. Die maximale Lebensdauer eines Brachiopoden dürfte etwa bei 12 Jahren liegen.

Bestimmung

Fossile Brachiopoden sind sehr oft nicht ohne Schwierigkeiten zu bestimmen, da die äußere Gehäuseform auch innerhalb einer Art sehr verschieden sein kann, bedingt durch Anpassung an den jeweiligen Lebensbereich (Faziesanpassung). Wir beobachten, daß bei einer größeren Anzahl von Brachiopoden eines Fundortes, die vermutlich der gleichen Art angehören, schon sehr viele Variationsformen auftreten können. Handelt es sich aber nun um Funde von verschiedenen Fundorten und somit möglicherweise um verschiedene Faziesbereiche, müssen wir berücksichtigen, daß die äußere Form sehr unterschiedlich sein kann, bedingt durch Unterschiede z. B. der Wassertiefe, Temperatur und Strömungsverhältnisse sowie des Untergrunds, Salzgehalts und Nahrungsangebots.
Als Sammler müssen wir uns trotzdem an äußere Merkmale halten. Wir untersuchen die Gehäuseform, die Verzierung der Schale, falls vorhanden die Interarea, die Stielöffnung, wenn möglich auch die Eindrücke der Muskeln auf der Schaleninnenseite bzw. auf dem Steinkern. Wir achten weiterhin darauf, ob ein Medianseptum erkannt werden kann.
Eine endgültige Bestimmung können wir mit Hilfe dieser Merkmale nur bei typischen und leicht erkennbaren Formen durchführen. Als Beispiele seien *Platystrophia lynx* (B 11) aus dem Ob. Silur, *Tetractinella trigonella* (B 51) aus dem Muschelkalk, *Ismenia pectunculoides* (B 120) aus dem Ob. Jura oder *Isocrania egnabergensis* (B 6) aus der Ob. Kreide genannt. Bei ihnen genügen sogar schon Gehäuseform und -verzierung! Und wenn die Artbestimmung nicht durchführbar ist, so versuchen wir doch, die Gattung zu ermitteln. Mag sein, daß uns später mit mehr Kenntnissen auch die Feststellung der Art möglich sein wird.
Die Paläontologen bestimmen Armfüßer vor allem aufgrund von Untersuchungen des Schaleninnenbaus und des Brachidiums. Bei rezenten Formen ist nun die Feststellung der Brachidiumform einfach. Bei Fossilien freilich verbirgt sich das Armgerüst im harten Stein. Eine Freipräparation ist zumindest aufwendig, wenn nicht unmöglich. Glücksfälle, bei welchen die Hartteile verkieselt sind, in Kalkgestein stecken und somit mit verdünnter Salzsäure leicht freigeätzt werden können, sind selten. Mitunter kann auch auf relativ einfache und schonende Weise mittels Röntgenuntersuchung Klarheit über den Innenbau gewonnen werden. Meist aber sind sogenannte Serienschliffe erforderlich: Der Brachiopode wird scheibchenweise abgetragen und die Hartteilanschnitte bei jedem Stadium für die anschließende Auswertung festgehalten. Mit diesen Werten kann nun das Armgerüst rekonstruiert werden. Für Sammler dürfte diese Methode keinen großen Gewinn bringen: Am Schluß wissen wir freilich, welcher

Art der Brachiopode angehörte. Nun bleibt uns aber nichts mehr übrig, als das Etikett mit den Angaben auf den Boden der Schachtel mit dem Staub des Fossils zu kleben. Wenn auch die Bestimmung aufgrund der erkennbaren äußeren Merkmale fraglich sein wird – das Fossil bleibt uns erhalten!

Vorkommen

Armfüßer treten oft in solchen Anhäufungen auf, daß sie gesteinsbildend sind. Bekannt ist z. B. der Spiriferen-Sandstein des Unt. Devon, der *Productus*-Kalk des Perm oder die Terebratel-Bank des Muschelkalk. Wir finden Überreste von Brachiopoden in nahezu allen marinen Ablagerungen. Ein Beispiel für massenhaftes Auftreten einer inarticulaten Form ist *Lingula credneri* aus Kupferschiefer und Zechstein. Im Devon der Eifel können wir mit Glück eine arten- und individuenreiche Brachiopodenfauna sammeln. Auch der erwähnte Muschelkalkbrachiopode *Tetractinella trigonella* (B 51) tritt an manchen Fundorten massenhaft auf.

Stamm Brachiopoda (Armfüßer)

Klasse Inarticulata (Kambrium – rezent)

Ohne Schloß; Klappen werden nur durch Muskeln zusammengehalten. Kein kalkiges Armgerüst. Meist kleinwüchsig. Darm mit Afteröffnung nach außen.

Ordnung Lingulida (Kambrium – rezent)

Schale aus Calciumphosphat oder Calciumcarbonat. Umriß langgezogen (*Lingula*-Typ). Keine Stielfurche. Meist bikonvex.

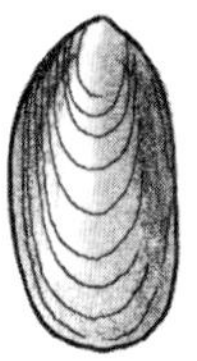

B 1

B 1 ***Lingula.*** ?Ordovizium; Silur – rezent. Schale langgezogen, Seitenränder schwach gebogen oder parallel. Oberfläche glatt oder konzentrisch, selten radial gestreift. Mitunter im Brackwasserbereich. Faziesfossil – immer in Weichböden. Grabende Lebensweise bei allen rezenten und wahrscheinlich auch bei den fossilen Vertretern. ***L. beani*** PHILLIPS, Unt. Jura (Toarc); ca. 2 cm. Weitere Arten (ohne Abb.): ***L. lewise*** SOWERBY, Silur; ***L. minima*** SOWERBY und ***L. cornea*** SOWERBY, Ob. Silur (Pridoli); ***L. squamiformis*** PHILLIPS, Karbon (Vise – Namur).

B 2

B 2 ***Lingulella.*** Kambrium – Mittl. Ordovizium; ?Ob. Ordovizium. Länglich-oval bis dreiseitig. Oberfläche mit konzentrischen Anwachsstreifen. Stielklappe zugespitzt, mit Stielfurche. ***L. davisii*** (McCOY) (syn. ***Lingula davisii***), Ob. Kambrium; ca. 1,6 cm.

Ordnung Acrotretida (Kambrium – rezent)

Schale meist hornig-phosphatisch. Stielöffnung rund oder schlitzförmig, am Wirbel der oft kegelförmig ausgebildeten Stielklappe.

Unterordnung Acrotretidina (Kambrium – rezent)

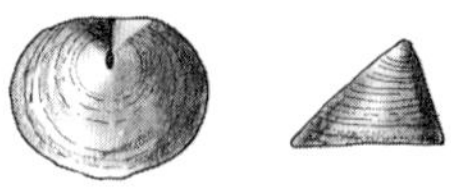

B 3

B 3 ***Acrotreta.*** Kambrium – Ordovizium. Umriß rundlich. Stielklappe hochkonisch, Armklappe flach, mit Medianseptum. Konzentrische Anwachsstreifung. Sehr kleinwüchsig. ***A. socialis*** SEEBACH, Mittl. Kambrium; ca. 3 mm.

Unterordnung Craniidina (? Mittl. Kambrium; Ordovizium – rezent)

Familie Craniidae (? Mittl. Kambrium; Ordovizium – rezent)
Schale kalkig, meist dick. Armklappe konisch, Stielklappe konisch bis konvex, oder bei aufgewachsenem Zustand dem Untergrund in der Form angepaßt. Stiel nur im Jugendstadium; Anheftung meist

direkt mit der Stielklappe. Innenseite der Stielklappe erinnert an einen Totenkopf (Cranium).

B 4 ***Crania.*** ? Karbon; Kreide – rezent. Schale gerundet-quadratisch. Innere Schalenränder verdickt, gekörnelt. Aufgewachsen mit der Stielklappe, teilweise oder mit der Gesamtfläche. Oberfläche glatt oder mit konzentrischen Streifen. ***C. craniolaris*** (LINNE), Ob. Kreide; ca. 1,3 cm (von links: Innenseite der Stielklappe, Außenseite der Armklappe, Seitenansicht).

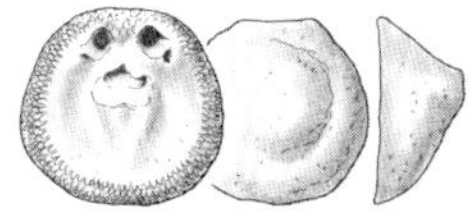

B 4

B 5 ***Ancistocrania.*** Kreide; ? rezent. Ähnlich ***Crania,*** jedoch mit 2 dünnen Fortsätzen in der Innenspitze der Armklappe. Kurzes, niedriges Medianseptum kann vorhanden sein. Aufgewachsen mit der gesamten Stielklappe. Schalenrand der Stielklappe verdickt, der Armklappe nicht. Oberfläche ohne Skulptur, rauh bis glatt. ***A. parisiensis*** (DEFRANCE) (syn. ***Crania parisiensis***), Ob. Kreide (Campan); ca. 2 cm (Stielklappe).

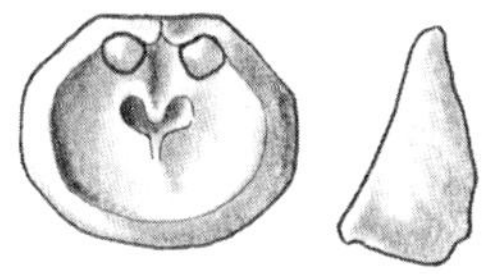

B 5

B 6 ***Isocrania.*** Ob. Kreide. Beide Klappen mehr oder weniger konisch, Armklappe höher als Stielklappe. Aufgewachsen nur mit der Spitze der Stielklappe. Oberfläche mit kräftigen Radialrippen. ***I. egnabergensis*** (RETZIUS) (syn. ***Crania egnabergensis***), Maastricht; ca. 0,6 cm (Stielklappe von außen und innen). Aus dem Campanium sei genannt: ***I. paucicostata*** (BOSQUET); ohne Abb.

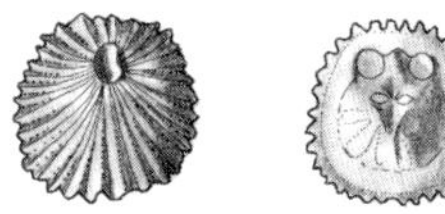

B 6

Ordnung Obolellida (Unt. – Mittl. Kambrium)

Umriß kreisförmig bis länglich-oval. Bikonvex. Lage der Stielöffnung sehr variabel. Schale kalkig.

B 7 ***Obolella.*** Unt. Kambrium; ? Mittl. Kambrium. Umriß rund. Oberfläche mit konzentrischen Streifen. Sehr kleinwüchsig. ***O. comleyensis*** COBBOLD, Unt. Kambrium; ca. 0,5 cm (Stielklappe).

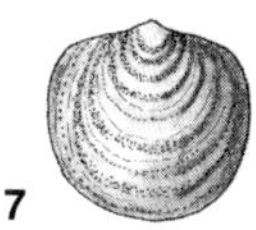

B 7

Klasse Articulata (Kambrium – rezent)

Gehäuse meist kalkig; alle Formen mit Schloß. Darm endet blind, kein After vorhanden.

Ordnung Orthida (Kambrium – Perm)

Umriß oft halbkreisförmig (*Orthis*-Typ). Gehäuse meist bikonvex, mit radial berippter Oberfläche. Kein verkalktes Armgerüst, nur Brachiophoren.

Unterordnung Orthidina (Kambrium – Perm)

B 8 ***Orthis.*** Unt. Ordovizium; ? Mittl. Ordovizium. Angenähert quadratisch bis oval. Plankonvex. Oberfläche kräftig berippt, mit feinen Linien in den Zwischenräumen. Delthyrium offen, Notothyrium unbedeckt. Diente früher als eine Art Sammelgattung; die meisten der hier ursprünglich eingereihten Arten werden heute zu anderen Gattungen gestellt. Bestimmung schwierig wegen der Formähnlichkeit mehrerer anderer Gattungen. ***O. callactis*** DALMAN, Unt. Ordovizium; ca. 1,9 cm.

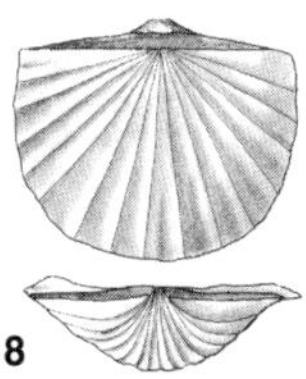

B 8

B 9 ***Nicolella.*** Mittl. – Ob. Ordovizium. Umriß mehr oder weniger quadratisch. Konkavo-konvex bis ungleich bikonvex. Gut entwikkelte Areas. Delthyrium offen. Kräftiges Chilidium. ***N. actoniae*** (SOWERBY) (syn. ***Orthis actoniae***), Ob. Ordovizium (Caradoc); ca. 3 cm (oben: Steinkern der Stielklappe, unten: Armklappe).

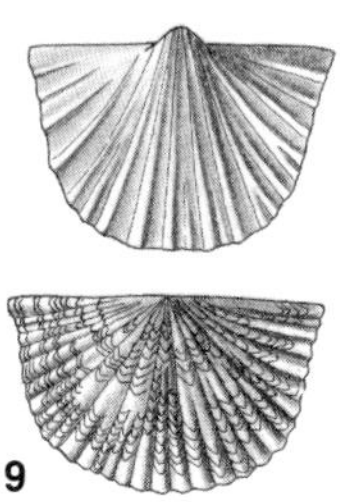

B 9

B 10 ***Orusia.*** Ob. Kambrium; ? Unt. Ordovizium. Umriß oval bis rundlich. Gehäuse ungleich bikonvex. Schloßrand relativ kurz. Area

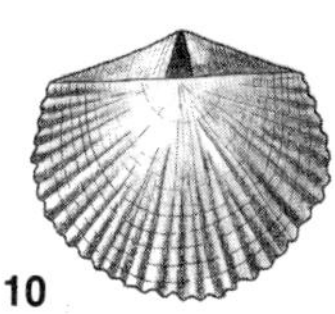

B 10

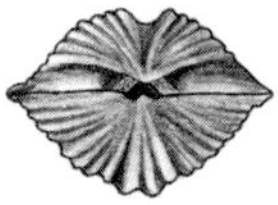

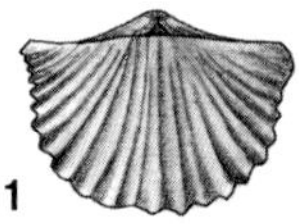

B 11

B 12

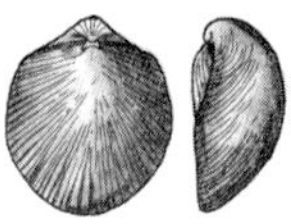

B 13

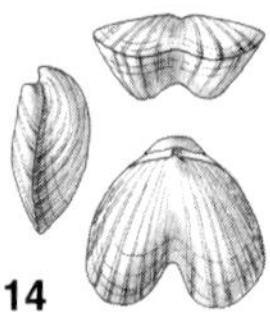

B 14

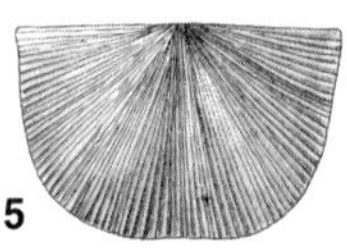

B 15

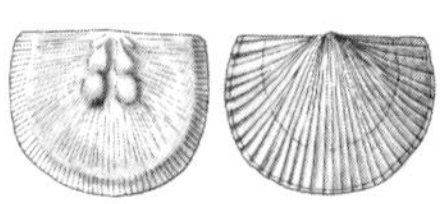

B 16

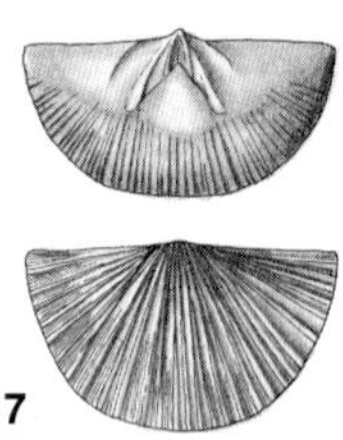

B 17

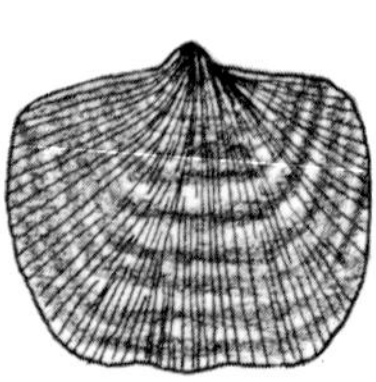

B 18

gut entwickelt. Delthyrium und Notothyrium offen. Zahlreiche Radialrippen, teilweise mit ungleichen Zwischenräumen. Anwachslinien. ***O. lenticularis*** (WAHLENBERG), Ob. Kambrium; ca. 1 cm.

B 11 ***Platystrophia.*** Mittl. Ordovizium – Mittl. Silur (Wenlock). Umriß ähnlich dem *Spirifer*-Typ. Gehäuse stark gewölbt, bikonvex und uniplicat. Größte Gehäusebreite am Schloßrand. Delthyrium und Notothyrium offen. Oberfläche kräftig berippt, fein gekörnelt. ***P. lynx*** (EICHWALD), Mittl. Ordovizium (Ob. Llandeilo); ca. 3,5 cm.

B 12 ***Schizophoria.*** Ob. Ordovizium – Perm. Umriß elliptisch bis oval; bikonvex; Stirnrand schwach uniplicat. Wölbung der Stielklappe wesentlich stärker. Delthyrium und Notothyrium offen. Sehr feine, häufig hohle Radialrippen, manchmal bedornt. Großwüchsig. ***S. striatula*** (SCHLOTHEIM), Mittl. Devon; ca. 3 cm.

B 13 ***Reserella.*** Silur. Bikonvex bis plankonvex. Armklappe flach bis schwach konvex, Stielklappe kräftig gewölbt, Delthyrium und Notothyrium offen. Radialrippung, sehr fein und gleichmäßig. ***R. canalis*** (SOWERBY) (syn. ***Parmorthis elegantula***), Wenlock; ca. 1,3 cm.

B 14 ***Dicoelosia.*** Ob. Ordovizium – Mittl. Devon. Schloßrand kürzer als größte Gehäusebreite. Stirnrand stark eingebuchtet. Stielklappe stark gewölbt, Armklappe schwach konvex bis schwach konkav. Delthyrium und Notothyrium offen. Oberfläche fein berippt. Kleinwüchsig. ***D. biloba*** (LINNE) (syn. ***Orthis biloba, Bilobites biloba***), Silur (Wenlock – Ludlow); ca. 0,7 cm.

B 15 ***Harknessella.*** Mittl. Ordovizium. Umriß angenähert quadratisch. Schloßrand gerade. Bikonvex; Stirnrand sulcat. Delthyrium und Notothyrium offen. ***H. vespertilio*** (SOWERBY) (syn. ***Orthis vespertilio***), Caradoc; ca. 3,5 cm.

B 16 ***Heterorthis.*** Mittl. – Ob. Ordovizium. Kreisförmig bis angenähert quadratisch. Schloßrand immer kürzer als größte Gehäusebreite. Konkavo-konvex bis plankonvex. Delthyrium offen, Notothyrium mit gut ausgebildetem Chilidium. Feine und gleichmäßige Radialrippung. ***H. alternata*** (SOWERBY) (syn. ***Orthis alternata***), Mittl. Ordovizium (Caradoc); ca. 3 cm (links Arm-, rechts Stielklappe). Ebenfalls im Caradoc tritt auf: ***H. retrorsistria*** (MCCOY), mit zum Wirbel hin ansteigendem Schloßrand.

Ordnung Strophomenida (Ordovizium – Unt. Jura)

Schale im Gegensatz zu den übrigen Brachiopoden praktisch ausschließlich pseudopunctat, mit senkrecht zur Oberfläche angeordneten stabartigen Einheiten, die beim Verwittern porenartige Vertiefungen (Pseudoporen) hinterlassen. Schloßrand gerade gestreckt. Oberfläche meistens radial berippt. Plankonvex bis konkavo-konvex, selten bikonvex.

Unterordnung Strophomenidina (Ordovizium – Trias)

B 17 ***Sowerbyella.*** Ordovizium – Unt. Silur. Umriß in Form eines Halbkreises oder eines halbierten Ovals (*Strophomena*-Typ). Konkavo-konvex. Feine, ungleichmäßige Radialrippen, mitunter geperlt. ***S. sericea*** (SOWERBY), Mittl. Ordovizium (Caradoc); ca. 2,1 cm (oben: Steinkern, unten: Oberfläche der Stielklappe).

B 18 ***Leptaena.*** Mittl. Ordovizium – Devon. Umriß angenähert quadratisch; konkavo-konvex. Klappen knicken scharf ab und bilden eine Schleppe aus; Normalbereich und Schleppe verschieden skulptiert. Auf der gesamten Oberfläche feine Radialrippen bzw.

-streifen, wozu im randlichen Bereich der Schleppe noch kräftige konzentrische, meist unregelmäßige Runzeln kommen. Stielöffnung groß. ***L. rhomboidalis*** (WAHLENBERG) (syn. ***L. depressa***), Silur; ca. 2,5 cm.

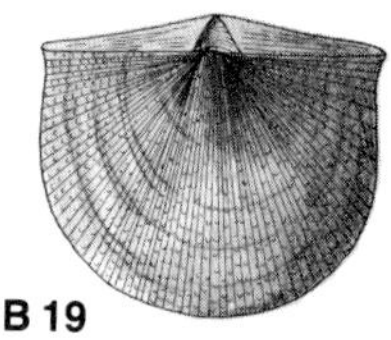

B 19

B 19 ***Schellwienella.*** Devon – Karbon. Bikonvex bis resupinat. Stielklappe der adulten Formen konvex bis schwach konkav, jedoch immer schwächer gewölbt als die Armklappe. Stielklappe ohne, Armklappe mit Septum. Oberfläche fein und gleichmäßig berippt. ***S. umbraculum*** (SCHLOTHEIM), Mittl. Devon; ca. 4,6 cm.

Unterordnung Chonetidina (? Ob. Ordovizium; Silur – Unt. Jura)

B 20

B 20 ***Protochonetes.*** Mittl. – Ob. Silur. Umriß halbkreisförmig. Plankonvex bis konkavo-konvex. Die Stielklappe trägt entlang des Schloßrandes mehr oder weniger dicht stehende Stacheln oder Dornen. Armklappe mit langem Medianseptum. ***P. ludloviensis*** MUIR-WOOD (syn. ***Chonetes striatellus***), Ob. Silur; ca. 0,8 cm.

Unterordnung Productidina (Unt. Devon – Ob. Perm)

Gehäuseform im *Productus*-Typ. Meist mittelgroß bis großwüchsig.

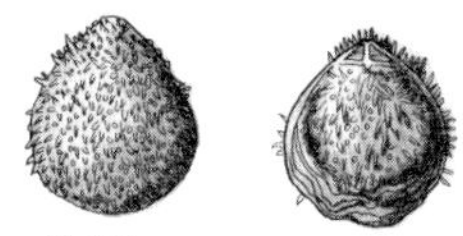

B 21

B 21 ***Dasyalosia.*** Ob. Perm (Zechstein). Umriß oval bis rundlich, unregelmäßig. Delthyrium und Notothyrium geschlossen. Stielklappe im Wirbelbereich aufgewachsen. Beide Klappen mit unregelmäßigen wurmartigen Stacheln. ***D. goldfussi*** (MUENSTER); ca. 2,5 cm.

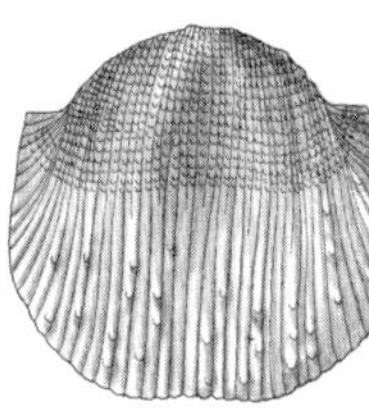

B 22

B 22 ***Dictyoclostus.*** Unt. Karbon – Ob. Karbon (Namur). Umriß quadratisch; konkavo-konvex, auch resupinat. Konzentrische Runzeln und radiale, mehr oder weniger feine Rippen erzeugen deutlich Gitterskulptur; die Runzeln bedecken mitunter nur einen Teil der Schale. Feine, unregelmäßige Dornen auf der Stielklappe, im Schloßbereich in Reihen angeordnet. Armklappe ohne oder nur mit sehr wenigen Stacheln. Großwüchsig. ***D. semireticulatus*** (MARTIN) (syn. ***Productus semireticulatus***); ca. 5,5 cm.

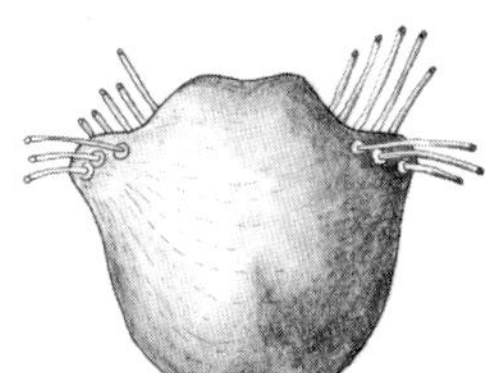

B 23

B 23 ***Horridonia.*** Perm. Größte Breite etwa am Schloßrand. Stielklappe kräftig gewölbt, Armklappe schwach konkav. Oberfläche glatt, mit zahlreichen Anwachsstreifen; Stielklappe selten mit Rippen im Bereich des Stirnrandes. Stacheln verstreut auf der Stielklappe und in Reihen entlang des Schloßrandes und auf den Ohren. Armklappe mit einer Stachelreihe und je 1 oder 2 Stacheln auf den Ohren, sonst nahezu glatt. ***H. horrida*** (SOWERBY) (syn. ***Productus horridus***), Ob. Perm (Zechstein); ca. 6 cm.

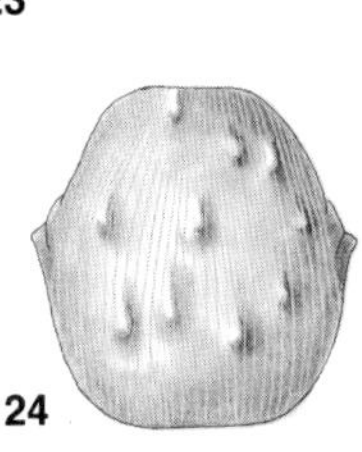

B 24

B 24 ***Linoproductus.*** Karbon – Perm. Gehäuseform ähnlich ***Horridonia.*** Klein bis großwüchsig. Beide Klappen mit mehr oder weniger unregelmäßig geschwungenen feinen Rippen. Die Flankenrunzelung ist auf der Armklappe deutlicher entwickelt. Stacheln verstreut, unregelmäßig angeordnet, auf der Armklappe deutlich weniger. ***L. cora*** (ORBIGNY), Unt. Perm; ca. 4,5 cm.

B 25

B 25 ***Gigantoproductus.*** Unt. Karbon (Vise). Schloßrand bis 35 cm. Dickschalig; Schalenhohlraum klein. Kräftige, unregelmäßige Radialwülste und feine Rippen. Stacheln über die Oberfläche verstreut; Stachelreihen nahe dem Schloßrand. Riesenwüchsig. ***G. giganteus*** (SOWERBY) (syn. ***Gigantella gigantea, Productus giganteus***); ca. 18 cm.

Ordnung Pentamerida (Mittl. Kambrium – Devon)

Gehäuse bikonvex; Schloßrand kurz. Kräftige Mediansepten. Schale porenlos. Meist großwüchsig.

Unterordnung Pentameridina

(? Mittl. Ordovizium; Ob. Ordovizium – Devon)

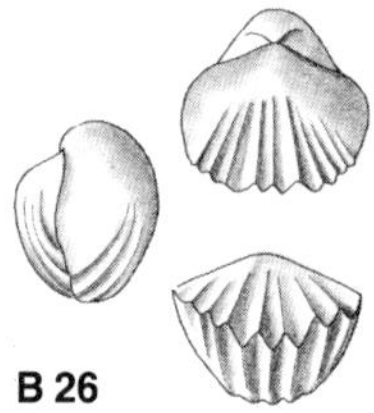

B 26

B 26 ***Gypidula.*** Silur – Devon. Umriß länglich-oval bis kreisförmig. Stielklappe aufgebläht; Schnabel reicht über die Armklappe hinaus und kann stark gekrümmt sein. Faltung alternierend, Stirnrand sulcat. Rippen mehr oder weniger ausgeprägt, scharf bis abgerundet wulstig. ***G. galeata*** (DALMAN) (syn. ***Pentameris dudleyensis***), Mittl. Silur; ca. 2,5 cm.

Ordnung Rhynchonellida

(Mittl. Ordovizium – rezent)

Gehäuse bikonvex, oft rundlich. Schloßrand sehr kurz. Stirnrand stark verfaltet, meist mit zickzackartig verlaufender Kommissur. Armgerüst ancistropegmat, mit Cruren. Gehäuseform: *Rhynchonella*-Typ.

B 27

Familie Uncinulidae (Silur – Devon, ? Perm)

B 27 ***Sphaerirhynchia.*** Silur. Rund bis gerundet-würfelig, mit flacher Stirn und flachen Flanken. Zahlreiche Radialrippen; Kommissur scharf gezackt, auf der Stirnseite etwa quadratisch zungenförmig hochgezogen. ***S. wilsoni*** (SOWERBY) (syn. ***Rhynchonella wilsoni, Wilsonia wilsoni, Uncinulus wilsoni***), Mittl. – Ob. Silur; ca. 2 cm.

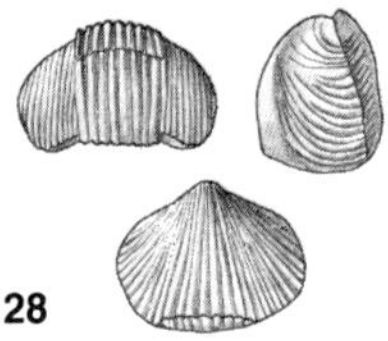

B 28

B 28 ***Hypothyridina.*** Mittl. – Ob. Devon. Würfelig, hoch. Schalenfaltung niedrig, alternierend, Stirnrand uniplicat. Zahlreiche feine, abgerundete Rippen. Kommissur glatt (Schloßbereich) bis gefaltet, am Vorderrand zungenförmig hochgezogen. Mittelgroß bis großwüchsig. ***H. cuboides*** (SOWERBY) (syn. ***Rhynchonella cuboides, Wilsonia cuboides***); ca. 2,8 cm.

Familie Pugnacidae (Devon – Karbon)

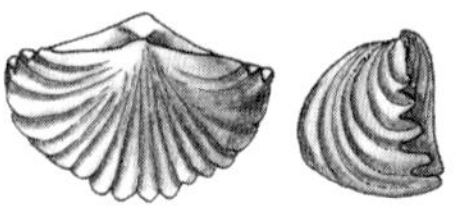

B 29

B 29 ***Pleuropugnoides.*** Unt. Karbon (Vise) – Ob. Karbon (Namur). Mittelgroß, mit wenigen kräftigen Radialfalten. Kommissur scharf gezahnt. Faltung alternierend; Stirnrand uniplicat, zungenartig hochgezogen. ***P. pleurodon*** (PHILLIPS) (syn. ***Rhynchonella pleurodon, Pugnax pleurodon, Pugnoides pleurodon***); ca. 2,5 cm.

Familie Wellerellidae (Karbon – Kreide)

Faltung alternierend; Stirnrand uniplicat. Mehr oder weniger zahlreiche, feine oder kräftige Rippen. Kleinwüchsig bis mittelgroß.

B 30

B 30 ***Lacunosella.*** Ob. Jura; ? Unt. Kreide. Angenähert dreieckig. Mit wenigen kräftigen und scharfen Rippen. Umriß bei manchen Formen mit am Stirnrand vorspringendem Mittelteil. Kommissur scharf gezackt. Mittelgroß. ***L. trilobata*** (ZIETEN), Ob. Oberjura; ca. 3,5 cm. Im Unt. Oberjura finden wir ***L. arolica*** (OPPEL), mit dreiseitigem Umriß (vor allem im Unt. Oxford); ohne Abb.

B 31 ***Torquirhynchia.*** Ob. Jura. Umriß mehr oder weniger dreiseitig. Rippen scharf, nicht zahlreich. Kommissur gezackt, verläuft asymmetrisch über den Stirnrand, so daß die Schale zerdrückt, verdreht aussieht (torquieren = drehen, krümmen). Mittelgroß ***T. speciosa*** (MUENSTER); ca. 2,8 cm. Eine Art aus dem Unt. Kimeridge: ***T. inconstants*** (SOWERBY) (syn. ***Rhynchonella inconstans, Rhactorhynchia inconstans***); ohne Abb.

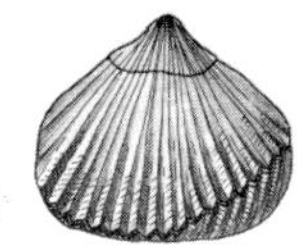

B 31

B 32, 33 ***Orbirhynchia.*** Unt. Kreide (Albium) – Ob. Kreide. Umriß oval bis rundlich. Bikonvex; Faltung eher schwach. Zahlreiche gerundete Rippen. Kommissur schwach gezackt bis gelappt, Stirnrand hochgezogen. Im Schloßbereich mitunter glattschalig. Wirbel klein. ***O. parkinsoni*** OWEN (**B 32**) (syn. ***Rhynchonella sulcata***), Unt. Kreide (Ob. Alb); ca. 2,8 cm. ***O. cuvieri*** (ORBIGNY) (**B 33**) (syn. ***Rhynchonella cuvieri***), Ob. Kreide (Turon); ca. 1,5 cm.

B 34, 35 ***Rhynchonelloidella.*** Mittl. Jura – Ob. Jura. Umriß meist rundlich. Viele scharfe Rippen. Kommissur gezackt, am Stirnrand stark hochgezogen. Wirbel klein, kaum gebogen. Kleinwüchsig, selten mittelgroß. ***R. varians*** (SCHLOTHEIM) (**B 34**) (syn. ***R. alemanica***), Mittl. Jura (Bathon; *discus*- und *apidoides*-Zone); ca. 1,3 cm. ***R. socialis*** (PHILLIPS) (**B 35**), Mittl. Jura (Unt. Callov; *calloviense*-Zone); ca. 1,6 cm. Im Bathon finden wir ***R. wattonensis*** MUIR-WOOD; Faltung weniger ausgeprägt als bei ***R. varians***, Seitenansicht nahezu rechteckig (ohne Abb.).

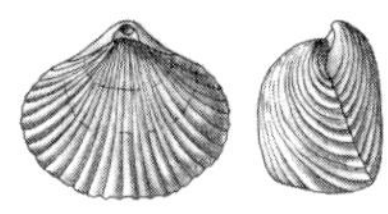

B 32

Familie Rhynchonellidae (Trias – Ob. Kreide)
Stirnrand rectimarginat oder uniplicat, ansonsten nur aufgrund innerer Merkmale von den Wellerellidae zu trennen; Armklappe trägt kein ausgeprägtes Medianseptum; Cruren vergleichsweise kurz.

B 33

B 36–38 ***Acanthothiris.*** Mittl. Jura (Bajoc – Bathon). Umriß dreiseitig bis rundlich. Gehäuse flach bis aufgebläht. Faltung alternierend; Stirnrand uniplicat. Zahlreiche gerundete, mit kleinen Dornen besetzte Rippen, teilweise gabelnd. Kommissur schwach gezackt. Wirbel klein, wenig gekrümmt. Stielöffnung sehr klein. Bis mittelgroß. ***A. sentosa*** (QUENSTEDT) (**B 36**), Mittl. Bajoc; ca. 2 cm. ***A. inflata*** (QUENSTEDT) (**B 37**), Mittl. Bajoc; ca. 3 cm. ***A. spinosa*** (LINNE) (**B 38**), Ob. Bajoc – Unt. Bathon (*zigzag*-Zone); ca. 2,8 cm.

B 34–38 s. S. 307

B 39 ***Tetrarhynchia.*** Unt. Jura – Mittl. Jura (Bajoc). Umriß queroval bis rundlich, auch dreiseitig. Uniplicat; Faltung sehr stark; Stirnrand zungenartig so stark hochgezogen, daß die größte Dicke in diesem Bereich liegt (bikonvex-knieförmig). Zahlreiche scharfe Rippen; im Wirbelbereich mitunter glatt. Wirbel sehr klein, kaum gekrümmt. Medianseptum kurz. Kommissur auch seitlich scharf gezackt. Mittelgroß ***T. tetraedra*** (SOWERBY), Unt. Jura (Ob. Pliensbach; *spinatum*-Zone); ca. 2,5 cm.

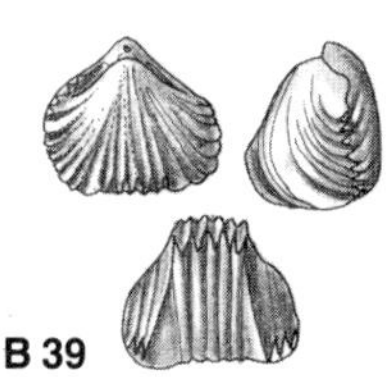

B 39

B 40, 41 ***Formosarhynchia.*** Mittl. Jura (Mittl. – Ob. Bajoc; Dogger delta). Umriß rundlich. Gehäuse bikonvex, manchmal kugelig. Faltung meist unauffällig, Stirnrand uniplicat. Wirbel mäßig bis kräftig gekrümmt; Stielloch oval bis rund. Zahlreiche Rippen. Kommissur gezackt. ***F. undosa*** SEIFERT (**B 40**), Mittl. Bajoc; ca. 2,3 cm. ***F. bruta*** SEIFERT (**B 41**), Mittl. Bajoc; ca. 2,3 cm.

B 42 ***Robustirhynchia.*** Mittl. Jura (Callov). Umriß queroval. Gehäuse bikonvex bis bikonvex-knieförmig. Wenige scharfe und kräftige Rippen (meist 12–15), bereits am Wirbel beginnend. Stirnrand uniplicat; Faltung kräftig; größte Dicke im Bereich des hochgezogenen Stirnrandes. Kommissur kräftig gezackt. Mittelgroß bis mäßig großwüchsig. ***R. robusta*** SEIFERT, Unt. Callov (*macrocephalus*-Zone); ca. 3,5 cm.

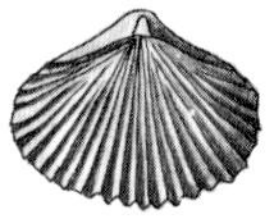

B 43

B 43 ***Lamellaerhynchia.*** Unt. Kreide (Valangin – Barreme). Umriß oval. Bis mittelgroß. Stirnrand uniplicat, rectimarginat oder asymmetrisch. Wirbel kräftig. Zahlreiche, gleichmäßig ausgebildete Rippen. Kommissur gezackt. ***R. rostriformis*** (ROEMER) (syn. ***Rhynchonella multiformis***), Hauterive – Barreme; ca. 3,5 cm.

Ordnung Spiriferida (Mittl. Ordovizium – Jura)

Armgerüst helicopegmat. Schale überwiegend bikonvex und meist radial berippt. Armklappe meist ohne Area, die auf der Stielklappe immer vorhanden und oft sehr stark ausgeprägt ist. Schalen impunctat (porenlos).

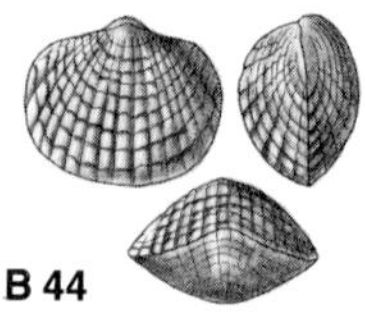

B 44

Unterordnung Atrypidina (Mittl. Ordovizium – Devon)

Familie Atrypidae (Mittl. Ordovizium – Unt. Silur)

Kleinwüchsig; radial fein gestreift bis grob berippt bzw. gefaltet. Schloßrand kurz, gebogen.

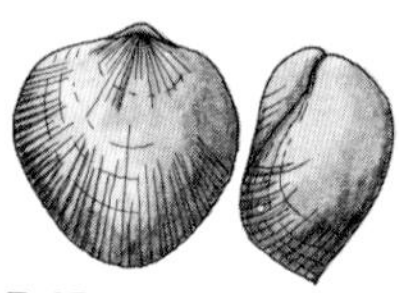

B 45

B 44 ***Plectatrypa.*** Ob. Ordovizium – Devon. Umriß queroval bis rundlich. Gehäuse bikonvex, nahezu gleich gewölbt. Stirnrand meist schwach uniplicat, gering hochgezogen. Gerundete Radialrippen und auffallende Anwachsstreifen ergeben Gitterskulptur. Kommissur nur schwach gewellt. Wirbel sehr klein, nicht gekrümmt. ***P. aspera*** (SCHLOTHEIM) (syn. ***Atrypa aspera***), Mittl. Devon; ca. 2,6 cm.

B 45, 46 ***Atrypa.*** Silur – Ob. Devon (Frasne). Umriß rundlich bis länglich-oval. Schale bi- oder plankonvex; Armklappe immer stärker gewölbt. Stielklappe mitunter eben. Stirnrand uniplicat, auch rectimarginat. Zahlreiche feine Gabelrippen; markante weitständige Anwachslinien. Wirbel kaum gekrümmt; keine Area. ***A. reticularis*** (LINNE) (**B 45**); ca. 2,5 cm. ***A. thola*** COOPER (**B 46**), Mittl. Devon (Eifel); ca. 2,2 cm.

B 46, B 47, B 48
s. Fotos S. 266

B 47, 48 ***Spinatrypa.*** Unt. Devon (Ob. Ems) – Ob. Devon (Frasne). Schalenform wie bei ***Atrypa***, Skulptur jedoch mit gröberen gerundeten Falten und schuppigen Anwachslamellen, die bestachelt sein können. ***S. aspera*** (SCHLOTHEIM) (**B 47**), Mittl. Devon (Eifel); ca. 1,5 cm. ***S. curvirostra*** COOPER (**B 48**), Mittl. Devon (Eifel); ca. 3 cm. Eine weitere Art aus dem Mittl. Devon ist ***S. kelusiana*** STRUVE (ohne Abb.).

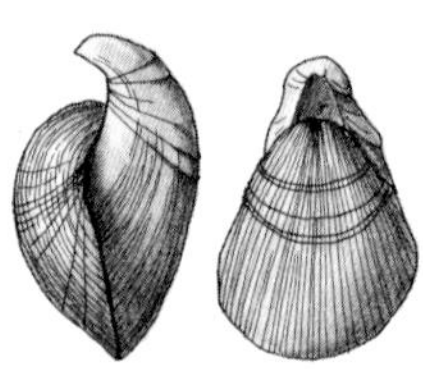

B 49

Familie Uncitidae (Mittl. Devon)

B 49 ***Uncites.*** Mittl. Devon. Umriß länglich-oval. Schale bikonvex. Keine Faltung. Die Gabelrippen werden von unregelmäßigen Anwachsstreifen gekreuzt. Wirbel der Stielklappe rostrumartig verlängert und eingekrümmt. ***U. gryphus*** (SCHLOTHEIM), Mittl. Devon; ca. 4,5 cm.

Unterordnung Athyrididina (Ob. Ordovizium – Jura)

Schale impunctat; oval bis rundlich; bikonvex, meist kräftig gewölbt. Glattschalig oder mit wenigen Falten. Keine Area.

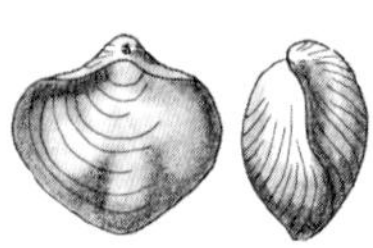

B 50

B 50 ***Athyris.*** Devon – Trias (Maximum im Mittl. – Ob. Devon). Bikonvex. Stirnrand uniplicat oder rectimarginat. Radialfalten mitunter vorhanden. Oberfläche glatt oder mit Anwachsstreifen, mitunter lamellös, auch bedornt, ***A. concentrica*** (Buch), Mittl. Devon; ca. 2,5 cm.

B 51 ***Tetractinella.*** Trias. Kleinwüchsig; Schale bikonvex. Faltung gegenständig, metacarinat; meist mit 4 schmalen, gratartigen Falten auf beiden Klappen. In der Regel keine Anwachsstreifen. ***T. trigonella*** (Schlotheim), Mittl. Trias (sowohl in der Alpinen Trias als auch im Germanischen Muschelkalk); ca. 1 cm. Jugendformen dieser Art haben einen mehr langgezogenen Umriß.

B 51

Unterordnung Spiriferidina (Silur – Unt. Jura)

Glattschalig, radial gefaltet oder berippt. Schloßrand meistens lang und gerade. Stielklappe mit meist deutlich ausgebildeter Area.

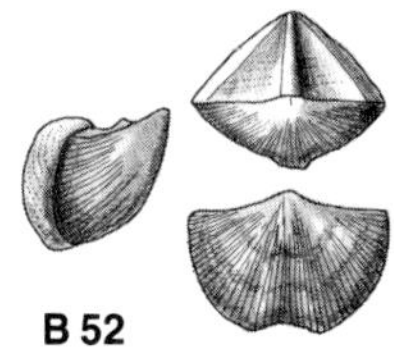

B 52

Familie Cyrtiidae (Silur – Mittl. Devon)

B 52 ***Cyrtia.*** Silur (Ob. Llandovery) – Unt. Devon. Delthyrium schmal. Oberfläche glatt oder mit schwachen Radialstreifen. Area extrem hoch, wodurch die Stielklappe ein pyramidenartiges Aussehen hat. ***C. exporrecta*** (Wahlenberg), Silur (Ob. Llandovery – Wenlock); ca. 2,8 cm. Nur im Wenlock tritt auf ***C. trapezoidalis*** Dalman (ohne Abb.).

B 53 s. Foto S. 266

Familie Delthyrididae (Silur – Mittl. Devon)

Umriß breiter als hoch; Schale bikonvex. Stirnrand meist uniplicat, selten auch sulciplicat. Radiale Rippen oder Falten; Anwachsstreifen.

B 53 ***Paraspirifer.*** Unt. Devon (Ems) – Mittl. Devon (Givet). Großwüchsig; größte Dicke in Schalenmitte. Armklappe kräftig, Stielklappe geringer gewölbt. Uniplicat; Sattel der Armklappe sehr stark ausgeprägt, scharfrückig und glatt (ohne Skulptur). Einbuchtung der Stielklappe V-förmig, glatt. Zahlreiche gerundete und niedrige Rippen, die sich unweit des Schalenrandes gabeln können. ***P. bownockeri*** (Stewart), Mittl. Devon (Givet); ca. 5 cm.

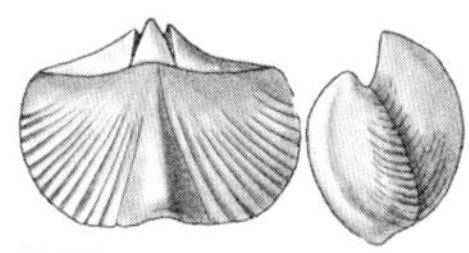

B 54

B 54 ***Brachyspirifer.*** Unt. Devon (Siegen – Ems). Mittelgroß; bikonvex; Klappen annähernd gleich gewölbt. Schloßrand geringfügig kürzer als Gehäusebreite. Kräftig uniplicat; Sattel und Einbuchtung glatt. Seitliche Radialrippen zahlreich, nicht gabelnd. Area hoch. Delthyrium breit. ***B. carinatus*** (Schnur), Siegen; ca. 3,8 cm.

B 55

B 55 ***Euryspirifer.*** Unt. Devon (Ems). Extrem breit; größte Gehäusebreite am geraden Schloßrand. Stirnrand uniplicat; Sattel und Einbuchtung glatt. Seitliche Falten bzw. Rippen zahlreich, gerundet und ohne Gabelung. Area niedrig. Schwache Anwachsstreifen. ***E. paradoxus*** (Schlotheim); ca. 7 cm.

B 56 s. Foto S. 266

Familie Spinocyrtiidae (Unt. Devon [Ems] – Ob. Devon [Frasne])

B 56 ***Spinocyrtia.*** Mittl. Devon – Ob. Devon (Frasne). Mittelgroß bis großwüchsig; breit. Stirnrand kräftig uniplicat mit glattem Sattel und glatter Einbuchtung. Zahlreiche, seitlich gerundete Radialfalten, Anwachsstreifen. Kommissur glatt oder nur schwach gewellt. Area niedrig bis hoch. ***S. ostiolata*** (Schlotheim), Mittl. Devon (Eifel); ca. 3,8 cm.

B 57

B 57 ***Pterospirifer.*** Ob. Perm. Größte Schalenbreite am Schloßrand; uniplicat. Sattel glatt. Einbuchtung mit schwacher Mittelrippe;

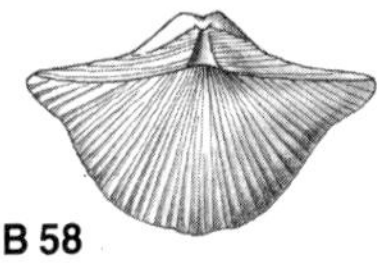
B 58

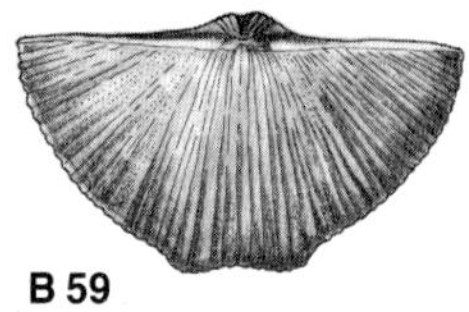
B 59

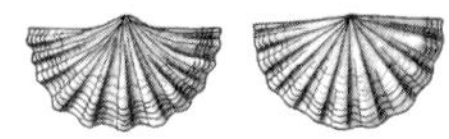
B 60

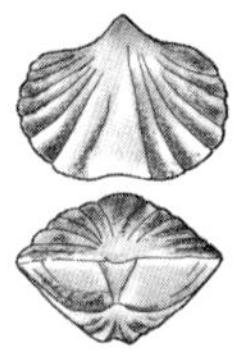
B 61

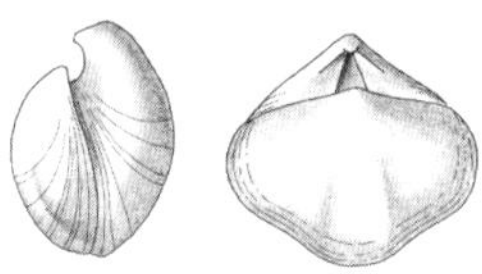
B 62

B 63

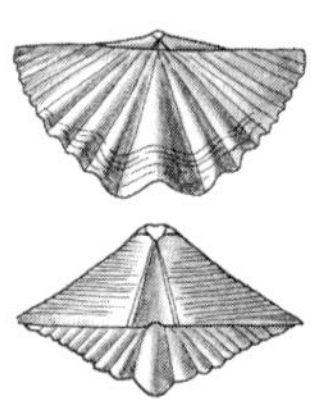
B 64

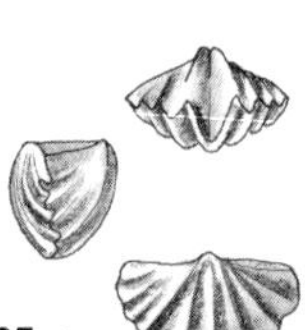
B 65

Seitenrippen kräftig. Deutliche Anwachsstreifen. ***P. alatus*** (SCHLOTHEIM); ca. 6 cm (Steinkern).

Familie Cyrtospiriferidae (Ob. Devon [Frasne] – Unt. Karbon [Vise])

B 58 ***Cyrtospirifer.*** Ob. Devon – Unt. Karbon (Tournai). Gehäuse breit; größte Breite am Schloßrand. Uniplicat; Sattel und Einbuchtung kräftig ausgebildet. Zahlreiche Radialrippen auf der gesamten Oberfläche, dichotom (gabelnd) im Bereich des Sattels und der Einbuchtung. Relativ schwache Anwachs- und Radialstreifen. Delthyrium offen. ***C. verneuili*** (MURCHISON) (syn. ***Spirifer verneuili***), Ob. Devon (Frasne); ca. 4,6 cm. Eine weitere Art aus dem Ob. Devon ist ***C. extensus*** (SOWERBY), mit extremer Schalenbreite (ohne Abb.).

Familie Spiriferidae (Karbon – Perm)

B 59 ***Spirifer.*** Karbon. Bikonvex; ziemlich gleichklappig. Größte Breite im Bereich des Schloßrandes. Stirnrand uniplicat; zahlreiche, mitunter feine Radialfalten können auf dem Sattel und der Einbuchtung sowie in deren Nähe als Gabelrippen ausgebildet sein. Mitunter auch sehr feine Anwachsstreifen. Stielklappe mit Medianseptum. ***S. striatus*** (MARTIN), Unt. Karbon; ca. 5 cm.

Familie Spiriferinidae (Karbon – Unt. Jura)

B 60–63 ***Spiriferina.*** Trias – Unt. Jura. Klein bis mittelgroß. Breite gleich Länge oder breiter als lang. Mehr oder weniger deutlich uniplicat. Oberfläche glatt, gefaltet bis dicht beripppt; Anwachsstreifen. Manchmal mit zahlreichen feinen Dornen. Schale punctat, mit Poren. ***S. fragilis*** (SCHLOTHEIM) (**B 60**), Trias (Muschelkalk); ca. 1,5 cm. ***S. walcotti*** (SOWERBY) (**B 61**), Unt. Jura (Sinemur); ca. 2,8 cm. ***S. rostrata*** (SCHLOTHEIM) (**B 62**), Unt. Jura (Pliensbach); ca. 3,3 cm. ***S. verrucosa*** (BUCH) (**B 63**), Unt. Jura (Pliensbach); ca. 1,7 cm.
B 64 ***Punctospirifer.*** Karbon – Perm. Umriß breiter als hoch; bis mittelgroß. Uniplicat; Sattel und Einbuchtung glatt. Relativ zahlreiche, wohlgerundete seitliche Falten. Kommissur gewellt. Area hoch. Deutliche Anwachsstreifen. Schale punctat. ***P. scabricosta*** NORTH, Unt. Karbon (Vise); ca. 2 cm.
B 65 ***Spiriferellina.*** Perm. Kleinwüchsig. Gehäusebreite variabel. Sattel und Einbuchtung deutlich, schmal. Seitlich schließen sich 3–6 kräftige Falten an. Anwachsstreifen oft deutlich. Schale punctat. ***S. cristata*** (SCHLOTHEIM) (syn. ***Spiriferina cristata***), Ob. Perm; ca. 0,9 cm.

Familie Reticulariidae (? Ob. Silur; Devon – Unt. Karbon; ? Ob. Karbon – Trias)

B 66 ***Reticularia.*** Devon – Unt. Karbon. Umriß rundlich; Länge etwa gleich Breite. Schloßrand kurz. Bikonvex; Klappen ungleich gewölbt. Faltung alternierend; Stirnrand uniplicat, meist schwach bis sehr schwach ausgebildet. Oberfläche glatt oder mit Anwachsstreifen, mitunter mit Dornen. ***R. maureri*** (HOLZAPFEL), Mittl. Devon (Givet); ca. 3,5 cm.

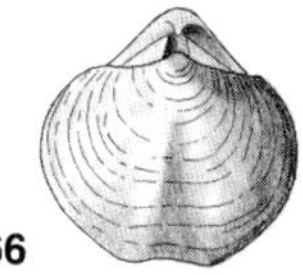

B 66

B 67 ***Undispirifer.*** Mittl. Devon (Givet) – Ob. Devon (Frasne). Gehäuse breit und dick; Schloßrand kurz. Bikonvex. Stirnrand deutlich uniplicat; Sattel und Einbuchtung glatt, seitlich davon gerundete und mitunter undeutliche Falten. Oberfläche mit Anwachsstreifen. ***U. undiferus*** (ROEMER), Mittl. Devon; ca. 3,7 cm.

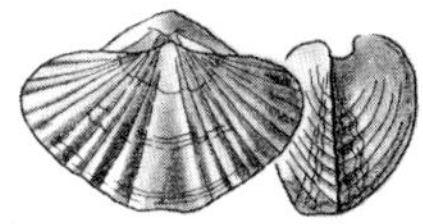

B 67

Familie Martiniidae (Karbon – Perm; ? Trias)

B 68 ***Martinia.*** Karbon. Umriß gerundet, gleichseitig (Breite gleich Länge). Bikonvex; Schloßrand kurz. Alternierende Faltung, Stirnrand uniplicat, meist schwach ausgebildet. Keine Skulptur; Anwachsstreifen mehr oder weniger deutlich. Oberfläche genarbt durch viele kleine Löcher, Gruben. ***M. glabra*** (MARTIN) (syn. ***Spirifer glabra***), Vise – Namur; ca. 3,5 cm.

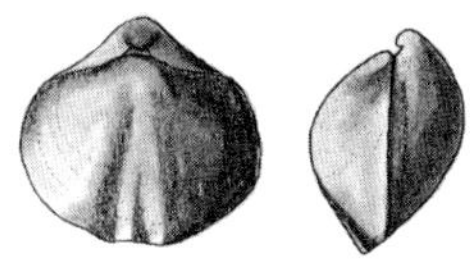

B 68

B 69 ***Mentzelia.*** ? Perm; Trias. Umriß und Form ähnlich ***Martinia.*** Stirnrand rectimarginat bis schwach uniplicat. Keine oder kaum wahrnehmbare Faltung. Oberfläche glatt, ohne Anwachsstreifung. Area hoch. ***M. mentzeli*** (DUNKER) (syn. ***Spirifer mentzeli***), Mittl. Trias (Muschelkalk); ca. 1,7 cm.

B 69

Ordnung Terebratulida (Devon – rezent)

Armgerüst ancylopegmat; Schale punctat. Gehäuseform: *Terebratula*-Typ. Mehr oder weniger länglich-oval, mit kurzem Schloßrand.

Unterordnung Centronellidina (Devon – Perm)

B 70 ***Stringocephalus.*** Mittl. Devon. Großwüchsig, leicht asymmetrisch. Gehäuse mehr oder weniger kugelig, aufgebläht. Wirbel der Stielklappe auffallend groß, geringfügig asymmetrisch. Beide Klappen mit Medianseptum. Die Arten der sehr ähnlichen Gattung ***Bornhardtina*** unterscheiden sich durch wesentlich stärker eingekrümmten und auffallend asymmetrischen Wirbel. ***S. burtini*** (DEFRANCE), Givet; ca. 7 cm.

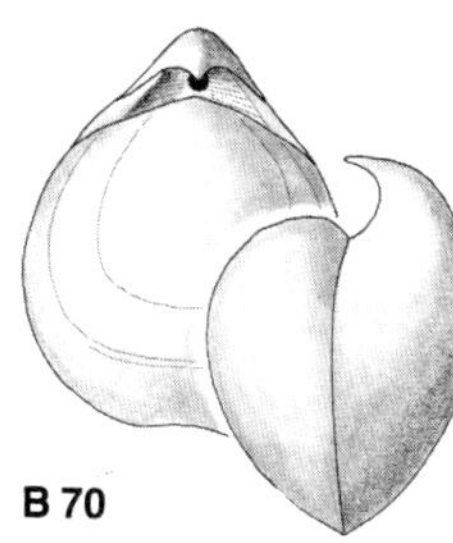

B 70

Unterordnung Terebratulidina (Devon – rezent)

Familie Dielasmatidae (Karbon – Trias)

Bis mittelgroß; glattschalig. Armgerüst im Alter meist terebratulid.

B 71 ***Coenothyris.*** Mittl. Trias (Muschelkalk). Mittelgroß; meist bikonvex. Armklappe mit deutlichem Sattel; Stirnrand uniplicat. Wirbel gerade bis schwach gekrümmt. Oberfläche mit konzentrischen Anwachsstreifen. Armklappe mit niedrigem Medianseptum. ***C. vulgaris*** (SCHLOTHEIM), Ob. Muschelkalk; ca. 2,3 cm.

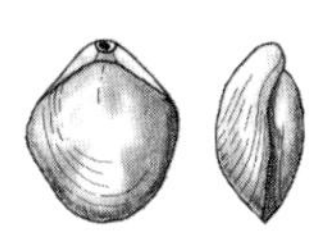

B 71

B 72 ***Rhaetina.*** Ob. Trias (Ob. Keuper; Rhät). Klein bis mittelgroß; angenähert fünfeckig. Stirnrand sulciplicat. Anwachsstreifen. ***R. gregaria*** (SUESS); ca. 2,3 cm.

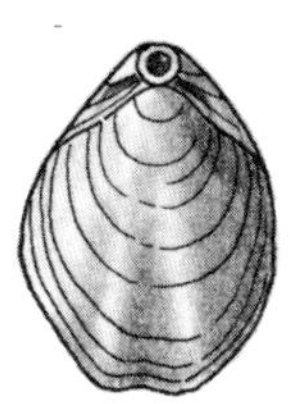

B 72

Familie Terebratulidae (Ob. Trias – rezent)
Glattschalig oder mit Anwachslamellen bzw. -streifen. Armgerüst terebratulid. Armklappe ohne Medianseptum.

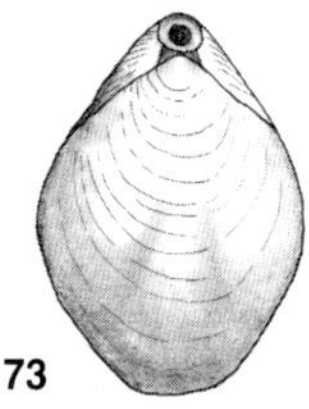

B 73

B 73, 74 ***Terebratula.*** Tertiär (Eozän – Pliozän; bei sehr enger Gattungsfassung Miozän – Pliozän). Zu dieser Gattung wurden früher alle glattschaligen Arten des *Terebratula*-Typs gestellt, vor allem Formen aus dem Mesozoikum. Diese sind heute z. B. bei ***Coenothyris, Loboidothyris, Lobothyris*** usw. eingegliedert. Mittelgroß bis großwüchsig; bikonvex. Stirnrand uniplicat bis sulciplicat. Wirbel kurz und dick; mäßig bis kräftig gekrümmt; Stielloch groß. Deutliche Anwachsstreifen. ***T. grandis*** Blumenbach (**B 73**), Oligozän; ca. 5 cm. ***T. hantonensis*** Muir-Wood (**B 74**), Eozän (Ypres); ca. 4,3 cm. Aus dem Pliozän werden folgende Arten genannt: ***T. terebratula*** (Linne) und ***T. ampulla*** Brocchi (beide ohne Abb.).

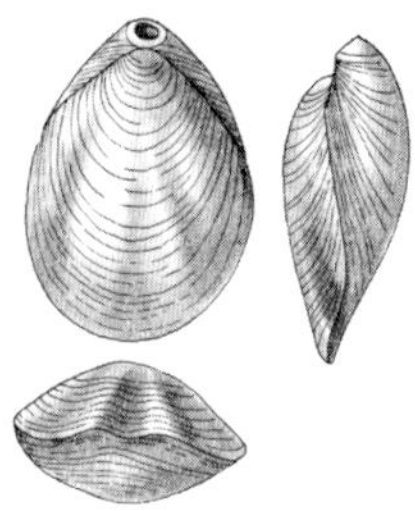

B 74

B 75 ***Gigantothyris.*** Mittl. Jura (Mitt. – Ob. Bajoc; Dogger delta). Mittelgroß bis großwüchsig; Umriß rundlich bis länglich-oval. Plan- bis bikonvex. Stirnrand meist uni- oder biplicat, selten rectimarginat. Area klein; Stielloch groß. Anwachsstreifen. ***G. blanda*** Seifert, Mittl. Bajoc (Dogger delta 1; *humphriesianum*-Zone); ca. 3,5 cm.

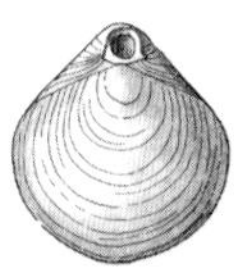

B 75

B 76 ***Cererithyris.*** Mittl. Jura (Bathon). Schale plan- bis bikonvex; mittelgroß. Stirnrand rectimarginat bis uniplicat, auch sulciplicat. Wirbel kurz und dick; Stielloch relativ groß. ***C. intermedia*** (Sowerby), Ob. Bathon (*discus*-Zone); ca. 4 cm.

B 77 ***Goniothyris.*** Mittl. Jura (Bajoc). Umriß selten rundlich, meist länglich, gerundet fünfeckig bis dreieckig. Mittelgroß bis großwüchsig. Armklappe wesentlich stärker gewölbt; Stielklappe flach oder schwach gewölbt. Stirnrand schwach uniplicat bis biplicat, mit kräftiger Faltung. Wirbel extrem kurz. ***G. uniformis*** Seifert, Ob. Bajoc (*subfurcatum*-Zone); ca. 2,7 cm. Im Ob. Bajoc (*garantiana*- und *parkinsoni*-Zone; Dogger delta 3) treten auf: ***G. gracilis*** Seifert und ***G. amoena*** Seifert (ohne Abb.).

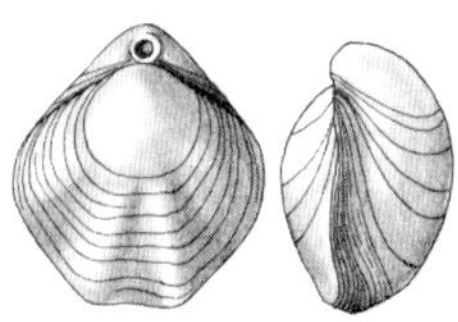

B 76

B 78 ***Juralina.*** Ob. Jura (Oxford – Kimeridge). Bis mittelgroß; Umriß rundlich bis länglich-oval, auch stark gerundet-fünfeckig. Stielklappe wesentlich stärker gewölbt. Stirnrand rectimarginat bis uniplicat. Wirbel kräftig, gekrümmt, über den Schloßrand der Armklappe deutlich hinausragend. Anwachsstreifen fein und dünn. ***J. humeralis*** (Roemer), Kimeridge; ca. 1,3 cm.

B 79–85 ***Loboidothyris.*** Mittl. Jura (Bajoc) – Ob. Jura. Meist mittelgroß, selten großwüchsig. Bikonvex; kräftig gewölbt. Stirnrand uniplicat bis sulciplicat. Wirbel massiv und kurz, Stielloch sehr groß. Oberfläche mit mehr oder weniger deutlichen Anwachsstreifen. ***L. bisuffarcinata bisuffarcinata*** (Schlotheim) (**B 79**) (syn. ***Terebratula bisuffarcinata***), Ob. Jura (Oxford – Kimeridge); ca. 2 cm. ***L. bisuffarcinata birmensdorfensis*** (Moesch) (**B 80**) (syn. ***Terebratula birmensdorfensis***), Ob. Jura (Oxford – Unt. Kimeridge); ca. 1,8 cm. ***L. zieteni*** (Loriol) (**B 81**) (syn. ***Terebratula bisuffarcinata, Terebratula zieteni***), Ob. Jura (Ob. Oxford – Mittl. Kimeridge); ca. 3 cm. ***L. subselloides*** Westphal (**B 82**) (syn. ***Terebratula subsella, Loboidothyris subsella***), Ob. Jura (Unt. Kimeridge); ca. 2,5 cm. ***L. stockari*** (Moesch) (**B 83**) (syn. ***Terebratula stockari***), Ob. Jura (Unt. Oxford); ca. 2,5 cm. ***L. gigas*** (Quenstedt) (**B 84**) (syn. ***Terebratula bisuffarcinata gigas, Loboidothyris engeli***), Ob. Jura (Oxford – Unt. Kimeridge); ca. 4,4 cm. ***L. lucerna*** Westphal (**B 85**), Ob. Jura (Oxford – Mittl. Kimeridge); ca. 1,2 cm.

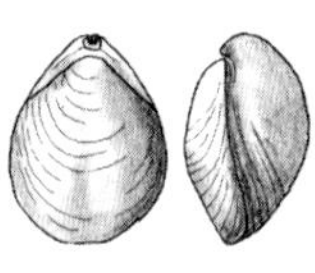

B 77

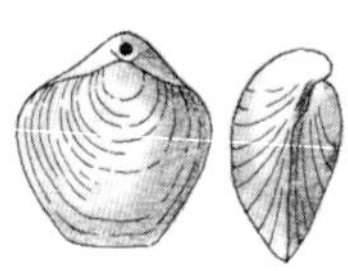

B 78

B 79–85 s. S. 303

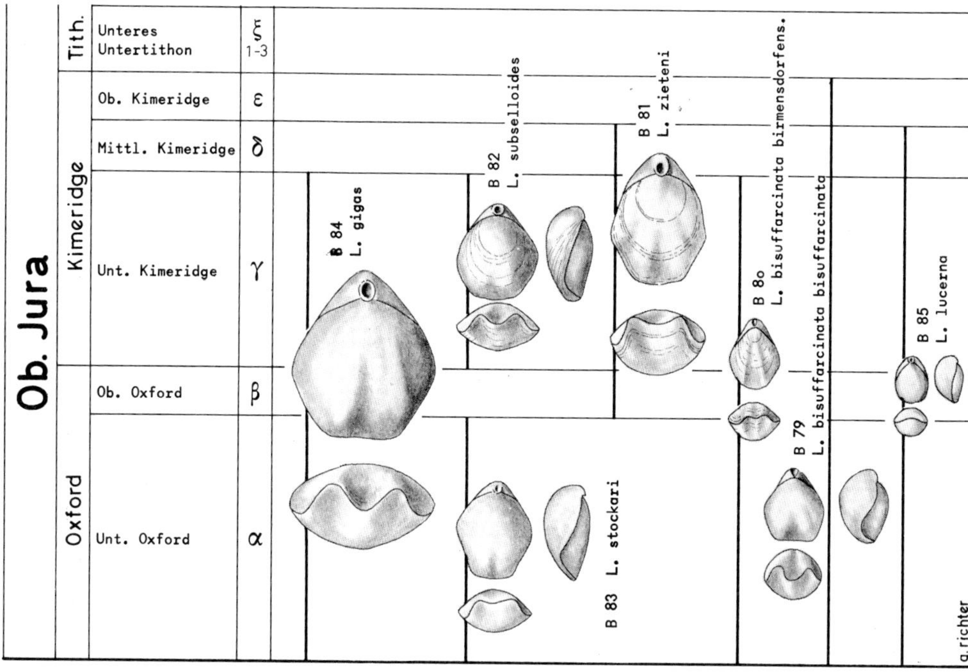

Stratigraphisches Auftreten der Gattung Loboidothyris im Ob. Jura.

B 86–88 ***Lobothyris.*** Unt. Jura – Mittl. Jura (Bajoc). Umriß rundlich bis länglich-oval. Mittelgroß; bikonvex; Klappen mäßig gewölbt. Stirnrand rectimarginat bis selten sulciplicat. Sehr ähnlich ***Loboidothyris,*** mit Bestimmtheit nur durch innere Merkmale zu trennen. ***L. punctata*** (Sowerby) (**B 86**) (syn. ***Terebratula punctata***), Unt. Jura (Ob. Pliensbach); ca. 3 cm. ***L. pervulgata*** Seifert (**B 87**), Mittl. Jura (Mittl. Bajoc; Dogger delta 1); ca. 3,1 cm. ***L. dubia*** Seifert (**B 88**), Mittl. Jura (Ob. Bajoc; Dogger delta 2); ca. 2,7 cm.

B 89 ***Sphaeroidothyris.*** Mittl. Jura (Bajoc – Bathon). Klein bis mittelgroß; plan- oder bikonvex bis kugelig (aufgebläht). Stirnrand rectimarginat oder sehr schwach gefaltet (uniplicat). Wirbel sehr kurz; Stielloch klein. Nur wenige Anwachsstreifen. ***S. sphaeroidalis*** (Sowerby), Bajoc – Unt. Bathon (*zigzag*-Zone); ca. 2,2 cm.

B 90 ***Stiphrothyris.*** Mittl. Jura (Bajoc). Mittelgroß; konkavo-konvex, bikonvex oder kugelig. Stirnrand mit kräftiger biplicater Faltung. Wirbel kurz, abgestutzt; Stielloch relativ klein. Anwachsstreifen. ***S. tumida*** (Davidson), Ob. Bajoc – Bathon (*zigzag*-Zone); ca. 3,2 cm.

B 91–93 ***Wattonithyris.*** Mittl. Jura (Ob. Bajoc – Bathon). Klein bis mittelgroß; meist bikonvex. Umriß länglich-oval bis gerundet-fünfeckig. Stirnrand schwach bis kräftig gefaltet (uni-, sulci-, epiplicat). Wirbel gerundet, teilweise eingekrümmt. Anwachsstreifen. ***W. callosa*** Seifert (**B 91**), Ob. Bajoc (Dogger delta 3); ca. 3 cm. ***W. pseudobullata*** Seifert (**B 92**), Ob. Bajoc (Dogger delta 3); 3,1 cm. ***W. lata*** Seifert (**B 93**), Ob. Bajoc (Dogger delta 3); ca. 3,5 cm. ***W. wattonensis*** Muir-Wood, Bathon (ohne Abb.).

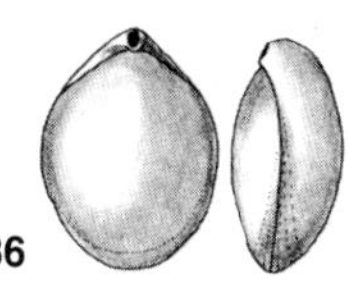

B 86

B 87–89 s. S. 307

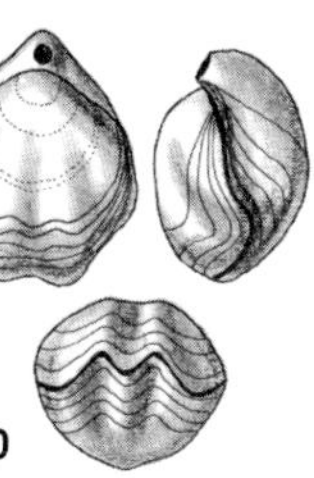

B 90

B 91–93 s. S. 307

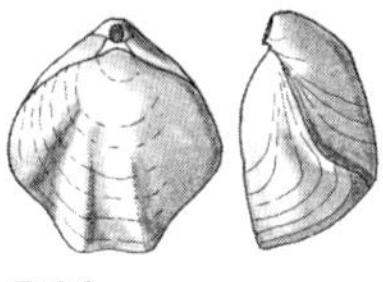

B 94

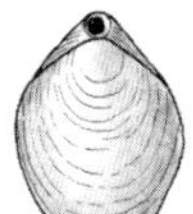

B 95

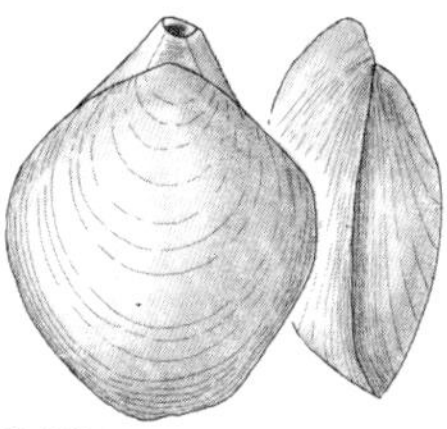

B 96

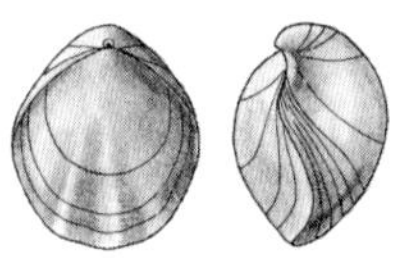

B 97

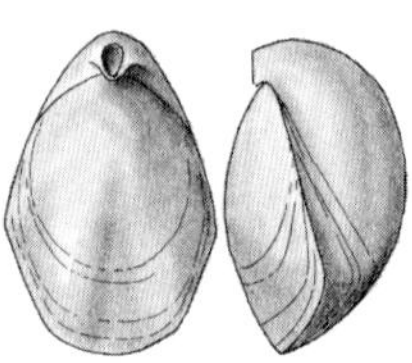

B 98

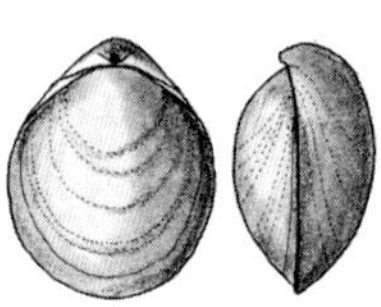

B 99

B 100

B 101 s. Foto S. 266

B 94 ***Sellithyris.*** Unt. Kreide (Valangin) – Ob. Kreide (Cenoman). Klein bis mäßig groß; Umriß gerundet-fünfeckig. Stirnrand episulcat, kräftig gefaltet. Oberfläche mit mehr oder weniger deutlichen Anwachsstreifen. ***S. sella*** (SOWERBY) (syn. ***Terebratula sella***), Unt. Kreide (Hauterive) – Ob. Kreide (Cenoman); ca. 3 cm.

B 95 ***Platythyris.*** Unt. Kreide (Valangin – Apt). Mittelgroß; länglich-oval. Stirnrand rectimarginat bis schwach uniplicat, selten sulciplicat. Wirbel kurz. ***P. moutoniana*** (ORBIGNY); ca. 1,5 cm. ***P. comptonensis*** MIDDLEMISS finden wir im Apt (ohne Abb.).

B 96 ***Rectithyris.*** Ob. Kreide (Cenoman). Großwüchsig; Umriß gerundet-fünfeckig. Bikonvex; Stirnrand rectimarginat bis uniplicat, selten sulcat. Wirbel kaum gekrümmt; Stielloch groß. ***R. depressa*** (VALENCIENNES); ca. 5,3 cm.

B 97 ***Gibbithyris.*** Ob. Kreide. Mittelgroß; Umriß rundlich bis länglich-oval. Bikonvex bis kugelig, aufgebläht. Stirnrand rectimarginat bis biplicat, meist nur schwach gefaltet. Wirbel gerade und kurz; Stielloch sehr klein. Anwachsstreifung deutlich. ***G. semiglobosa*** (SOWERBY); ca. 3 cm.

B 98 ***Placothyris.*** Mittl. Jura (Bathon) – Ob. Jura. Mittelgroß bis großwüchsig, selten klein. Länglich, gerundet-fünfeckig. Bikonvex; Stirnrand uniplicat bis sulciplicat. Wirbel meist schlank; Stielloch relativ groß. Anwachsstreifung deutlich. Von ***Loboidothyris*** eindeutig nur zu trennen aufgrund der Merkmale des inneren Schalenbaus. ***P. rollieri*** (HAAS), Ob. Jura; ca. 4,5 cm. Im Mittl. Jura (Bathon) finden wir ***P. gerda*** (OPPEL); ohne Abb.

B 99 ***Carneithyris.*** Ob. Kreide (Coniac – Maastricht). Umriß wohlgerundet, mäßig länglich-oval bis nahezu kreisförmig. Bis mittelgroß; bikonvex. Klappen annähernd gleichmäßig gewölbt. Stirnrand rectimarginat bis schwach uniplicat. Wirbel nicht eingekrümmt; Stielloch klein. ***C. carnea*** (SOWERBY), Campan; ca. 3 cm.

Familie Pygopidae (Mittl. Jura – Unt. Kreide [Unt. Apt])

B 100 ***Pygope.*** Ob. Jura (Kimeridge) – Unt. Kreide (Unt. Apt). Mittelgroß bis großwüchsig; Umriß gerundet-dreieckig. Armklappe mit Einbuchtung, Stielklappe mit Sattel im hinteren Schalenbereich. Durch verschieden schnelles Gehäusewachstum ab einem bestimmten Alter entsteht in der Mitte des Stirnrandes eine zentral oder nach hinten geschobene Einsenkung bzw. Lücke, die als Vertiefung oder auch als Loch erhalten bleibt, nachdem im weiteren Wachstumsverlauf die beiden Gehäuselappen wieder zusammengetroffen sind. Für die Gattung ***Pygope*** ist kennzeichnend eine zentral liegende oder nach hinten geschobene Öffnung (bzw. Vertiefung), bei ***Antinomia*** (Ob. Jura [Ob. Tithon]; Unt. Kreide [Unt. Apt]) liegt diese Stelle mehr zum Vorderrand, bei ***Pygites*** (Unt. Kreide; Valangin bis Hauterive) tritt eine sehr große und tropfenförmige Öffnung auf. ***Pygope diphya*** COLONNA, Ob. Jura (Tithon); ca. 4 cm.

B 101 ***Nucleata.*** Ob. Jura (Kimeridge – Tithon). Kleinwüchsig; Umriß rundlich bis mäßig länglich-oval. Schale konkavo-konvex. Stirnrand kräftig sulcat. Wirbel kurz, gestutzt. ***N. nucleata*** (SCHLOTHEIM) (syn. ***Glossothyris nucleata***), Unt. – Mittl. Kimeridge (Malm gamma – Malm delta); ca. 1,5 cm.

B 102

B 103

B 104

Familie Cancellothyritidae (? Unt. Jura; ? Mittl. Jura; Ob. Jura – rezent)

B 102–104 ***Terebratulina.*** Ob. Jura – rezent. Meist klein, selten auch großwüchsig. Umriß oval bis angenähert fünfeckig. Bikonvex; Stirnrand rectimarginat bis schwach uniplicat. Oberfläche meist mit feinen Radialrippen oder -streifen, gekreuzt von unregelmäßigen Anwachslinien. ***T. substriata*** (SCHLOTHEIM) (**B 102**), Ob. Jura (Kimeridge – Unt. Tithon); ca. 2 cm. ***T. chrysalis*** (SCHLOTHEIM) (**B 103**), Ob. Kreide (Cenoman – Campan); ca. 2 cm. ***T. striatula*** (SOWERBY) (**B 104**), Ob. Kreide (Coniac – Campan); ca. 1,8 cm. In der Ob. Kreide (Turon) tritt auf ***T. lata*** ETHERIDGE (ohne Abb.).
B 105 ***Plectothyris.*** Mittl. Jura (Ob. Aalen – Bajoc). Mittelgroß; Gehäuse plan- bis bikonvex. Umriß kreisförmig. Stirnrand rectimarginat; Kommissur gezackt. Nur der Bereich unmittelbar am Schalenrand zeigt radiale Rippenfaltung; der hintere und weitaus größere Bereich ist glatt. Anwachsstreifen. ***P. fimbria*** (SOWERBY), Ob. Aalen; ca. 3,8 cm.

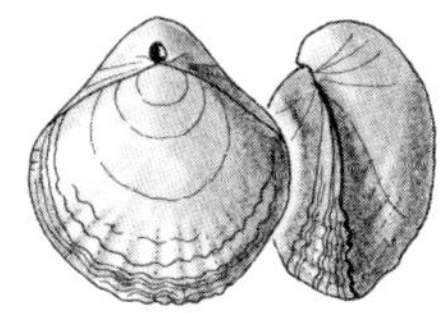

B 105

Unterordnung Terebratellidina (Devon – rezent)

Familie Zeilleriidae (Trias – Unt. Kreide)

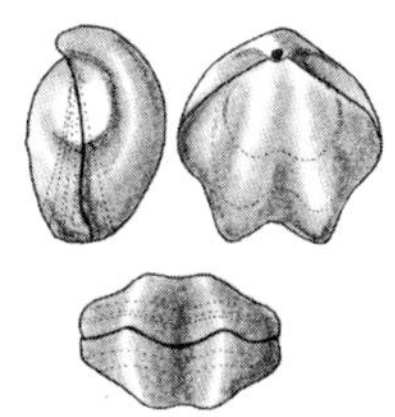

B 106

Gehäuse vielgestaltig; Umriß rund bis fünfeckig. Faltung meist gegenständig (ligat, strangulat, bilobat, quadrilobat). Bikonvex, aber auch mit flacher Armklappe. Stirnrand rectimarginat, selten uniplicat oder sulcat. Oberfläche normalerweise glatt.
B 106 ***Zeilleria.*** ? Ob. Trias; Unt. Jura; ? Mittl. Jura. Klein bis großwüchsig; Umriß im adulten Zustand fünfeckig. Bikonvex; strangulat bis bilobat oder quadrilobat. Kommissur des Stirnrandes gerade. Stielloch klein. Nur schwache Anwachsstreifen. ***Z. cornuta*** (SOWERBY), Unt. Jura (Ob. Pliensbach); ca. 3 cm. Eine nahezu kugelige Art aus dem Ob. Pliensbach ist ***Z. quadrifida*** (VALENCIENNES); ohne Abb.

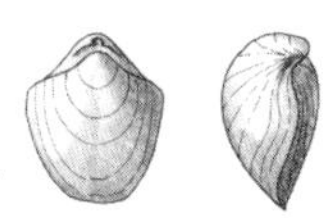

B 107

B 108 s. S. 307

B 107, 108 ***Aulacothyris.*** Trias – Mittl. Jura. Umriß länglich-oval bis dreieckig oder fünfeckig. Klein bis mittelgroß. Plan- bis konkavokonvex. Stirnrand sulcat, teilweise sehr tief, auch rectimarginat. Wirbel nicht gekrümmt; abgeflacht. Stielloch sehr klein. ***A. angusta*** (SCHLOTHEIM) (**B 107**) (syn. ***Waldheimia angusta***), Mittl. Trias (Muschelkalk); ca. 1,4 cm. ***A. subkonvexa*** SEIFERT (**B 108**), Mittl. Jura (Unt. Callov; *macrocephalus*-Zone); ca. 2,3 cm. Im Ob. Callov und im Unt. Oxford (Dogger zeta – Malm alpha) finden wir ***A. bernardina*** (ORBIGNY) (syn. ***Waldheimia impressa, Aulacothyris impressa***); ohne Abb.

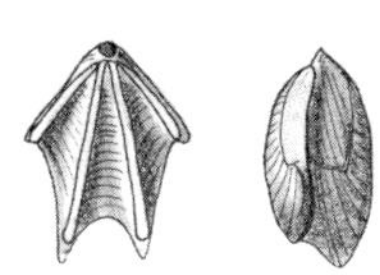

B 109

B 109 ***Cheirothyris.*** Ob. Jura (Ob. Kimeridge – Unt. Untertithon). Klein bis mittelgroß; Umriß fünfeckig. Bikonvex; Klappen schwach gewölbt. Faltung gegenständig, metacarinat; mit 4 kräftigen Rippen. Kommissur des Stirnrandes gerade. Wirbel sehr kurz und breit; Stielloch groß. ***C. fleuriausa*** (ORBIGNY), Unt. Untertithon (Malm zeta 2); ca. 3 cm.
B 110 ***Cincta.*** Unt. Jura – Mittl. Jura (Ob. Aalen). Klein bis

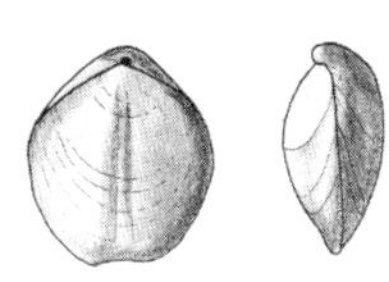

B 110

Stratigraphisches Auftreten einiger Brachiopodenarten im Mittl. ▶ Jura.

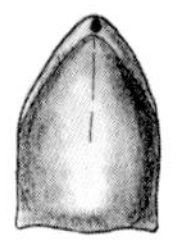
B 111

mittelgroß; Umriß angenähert kreisförmig bis fünfeckig. Klappen nur sehr schwach gewölbt; Schale flach. Faltung gegenständig, ligat bis strangulat. Vordere Kommissur gerade. Wirbel spitz, niedrig; Stielloch sehr klein. ***C. numismalis*** (VALENCIENNES) (syn. ***Waldheimia numismalis***), Unt. Jura (Unt. Pliensbach); ca. 3 cm.

B 111 ***Digonella.*** Mittl. Jura (Bathon). Klein bis mäßig groß; Umriß länglich-oval bis sackförmig, mit der größten Gehäusebreite am Vorderrand. Bikonvex; Wirbel niedrig, abgeflacht, mit kleinem Stielloch. Oberfläche vollkommen glatt. ***D. digona*** (SOWERBY) (syn. ***Terebratula digona***); ca. 2,5 cm.

B 112–115 s. S. 307

B 112 ***Obovothyris.*** Mittl. Jura (Bathon). Umriß gut gerundet-fünfeckig, klein bis mittelgroß. Bikonvex. Klappen stark gewölbt. Wirbel spitz und klein; Stirnrand rectimarginat. Deutliche Anwachsstreifen. ***O. magnobovata*** BUCKMAN; ca. 2,8 cm.

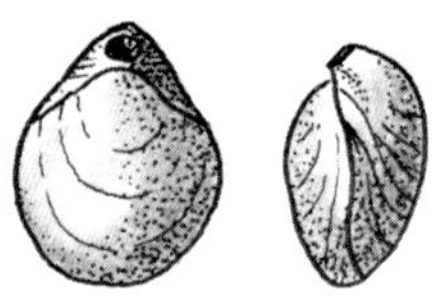
B 116

B 113–115 ***Ornithella.*** Mittl. Jura. Umriß länglich-oval bis fünfeckig; klein bis mittelgroß. Bikonvex; im vorderen Gehäusebereich mit gegenständiger ligater oder strangulater Faltung. Vordere Kommissur gerade. ***O. bathonica*** (ROLLIER) (**B 113**), Bathon; ca. 3,5 cm. ***O. expolita*** SEIFERT (**B 114**), Bathon (*aspidoides*-Zone); ca. 4 cm. ***O. lagenalis*** (SCHLOTHEIM) (**B 115**) (syn. ***Microthyridina lagenalis***), Unt. Callov (*macrocephalus*-Zone); ca. 4,2 cm.

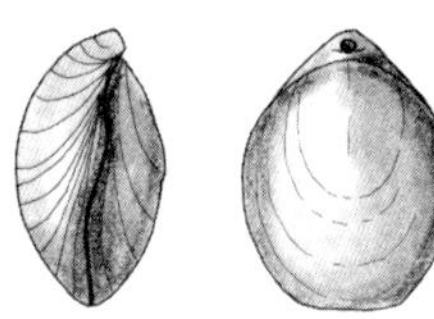
B 117

B 116 ***Rugitela.*** Mittl. Jura (Bajoc) – Unt. Kreide (Apt). Klein bis mittelgroß; Umriß länglich-oval. Bikonvex, auch angenähert kugelig. Gegenständige Faltung im vorderen Schalenbereich, ligat oder bilobat, meist nur schwach. Vordere Kommissur gerade. Oberfläche mit konzentrischen Runzeln. ***R. tamerindus*** (SOWERBY), Unt. Kreide (Hauterive – Barreme); ca. 1,5 cm. Aus dem Mittl. Jura stammen (ohne Abb.): ***R. waltoni*** (DAVIDSON) (syn. ***Zeilleria waltoni***) (Bajoc) und ***R. bullata*** (SOWERBY) (Bathon).

Familie Dallinidae (Ob. Trias – rezent)

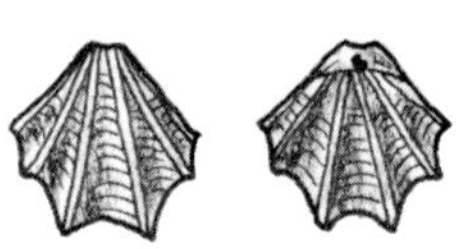
B 118

B 117 ***Zittelina.*** Ob. Jura; ? Unt. Kreide. Kleinwüchsig; Umriß kreisförmig bis länglich-oval. Bikonvex. Stirnrand rectimarginat. In der Regel keine Faltung. Anwachsstreifen. ***Z. orbis*** (QUENSTEDT) (syn. ***Terebratula gutta***), Unt. Oxford – Mittl. Kimeridge; ca. 0,7 cm.

B 118, 119 ***Trigonellina.*** Ob. Jura. Kleinwüchsig. Umriß meist kreisförmig. Dickschalig. Oberfläche mit meist 6 bis 10 mitunter scharfen Rippen bzw. Falten, gegenständig angeordnet. Bei manchen Arten ist die Radialberippung feiner und gleichmäßiger. Zwischen den Rippen meist kräftige konzentrische Skulptur. Stirnrand rectimarginat, mitunter schwach geschwungen. ***T. loricata*** (SCHLOTHEIM) (**B 118**) (syn. ***Terebratella loricata, Ismenia loricata***), Oxford – Unt. Kimeridge; ca. 0,8 cm. ***T. pectuncula*** (SCHLOTHEIM) (**B 119**) (syn. ***Terebratella pectuncula***); Oxford – Unt. Kimeridge; ca. 1,1 cm.

B 119 s. Foto S. 283

B 120

B 120 ***Ismenia.*** Ob. Jura. Umriß rundlich bis breiter als lang; kleinwüchsig. Dickschalig. Bikonvex. Mit etwa 5 kräftigen alternierenden Falten, meist gerundet. Anwachsstreifen. ***I. pectunculoides*** (SCHLOTHEIM) (syn. ***Terebratella pectunculoides***), Unt. Untertithon (Malm zeta 2); ca. 1,5 cm.

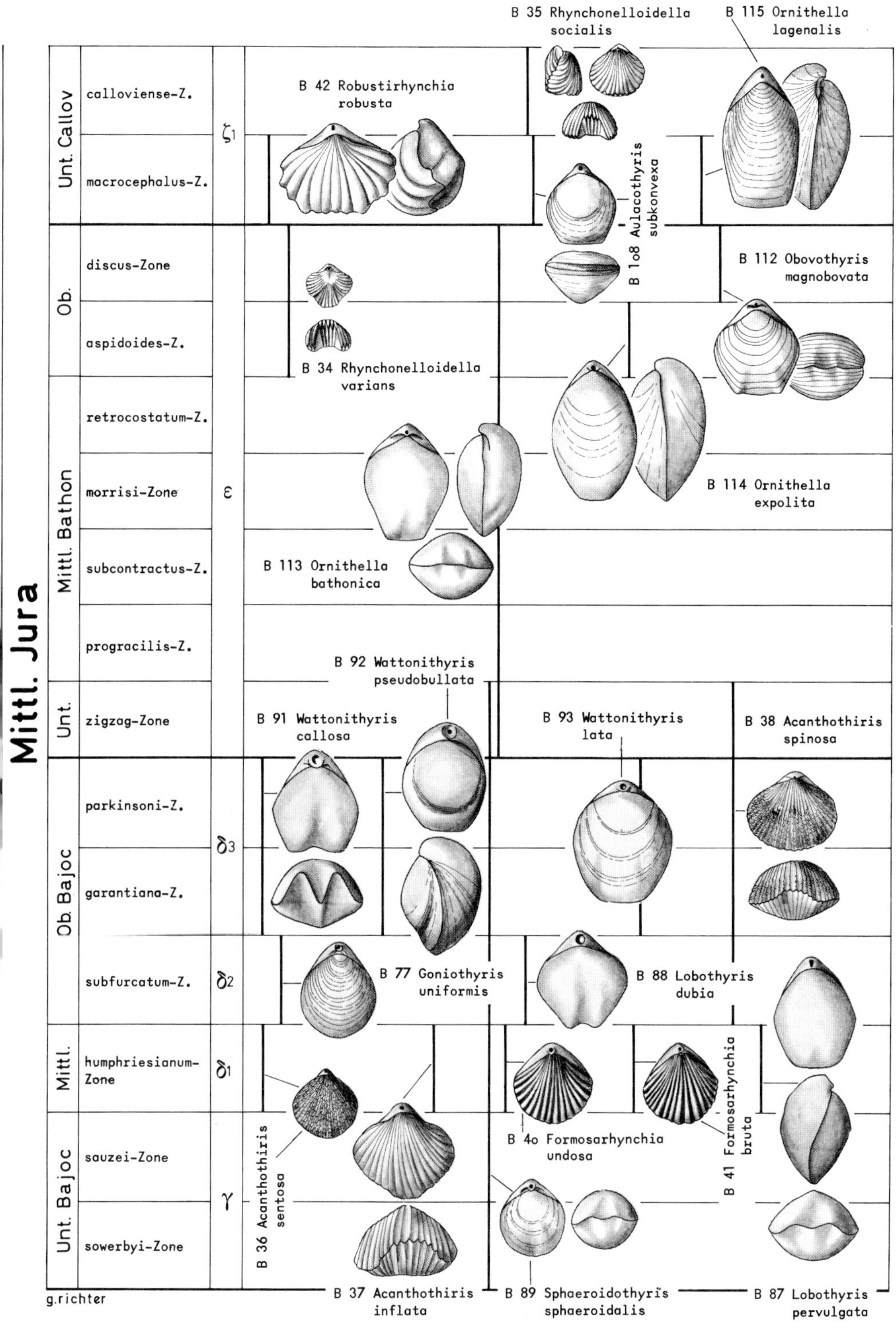
Mittl. Jura
Unt. Callov
Ob.
Mittl. Bathon
Unt.
Ob. Bajoc
Mittl.
Unt. Bajoc
calloviense-Z.
macrocephalus-Z.
discus-Zone
aspidoides-Z.
retrocostatum-Z.
morrisi-Zone
subcontractus-Z.
progracilis-Z.
zigzag-Zone
parkinsoni-Z.
garantiana-Z.
subfurcatum-Z.
humphriesianum-Zone
sauzei-Zone
sowerbyi-Zone
ζ1
ε
δ3
δ2
δ1
γ
B 35 Rhynchonelloidella socialis
B 115 Ornithella lagenalis
B 42 Robustirhynchia robusta
B 1o8 Aulacothyris subkonvexa
B 112 Obovothyris magnobovata
B 34 Rhynchonelloidella varians
B 114 Ornithella expolita
B 113 Ornithella bathonica
B 92 Wattonithyris pseudobullata
B 91 Wattonithyris callosa
B 93 Wattonithyris lata
B 38 Acanthothiris spinosa
B 77 Goniothyris uniformis
B 88 Lobothyris dubia
B 4o Formosarhynchia undosa
B 41 Formosarhynchia bruta
B 36 Acanthothiris sentosa
B 37 Acanthothiris inflata
B 89 Sphaeroidothyris sphaeroidalis
B 87 Lobothyris pervulgata
g.richter

Familie Terebratellidae (Ob. Kreide – rezent)

B 121

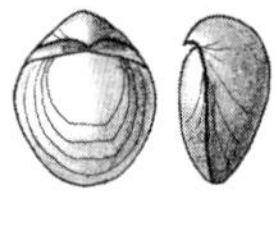

B 121 ***Magas.*** Ob. Kreide. Kreisförmig bis mäßig länglich-oval. Plan- bis bikonvex. Wölbung der Klappen ungleich. Stirnrand rectimarginat bis sulcat. Wirbel stark eingekrümmt. Anwachsstreifen deutlich, mitunter wulstig. Mediansepum der Armklappe hoch. ***M. pumilus*** (SOWERBY), Coniac – Campan; ca. 1,2 cm. Im Cenoman finden wir ***M. geinitzi*** SCHLOENBACH (ohne Abb.).

Stamm Echinodermata (Stachelhäuter)

Die Stachelhäuter sind ausschließlich marin und weitgehend benthonisch lebende wirbellose Tiere. Ihr Körperbau ist in der Regel fünfstrahlig-symmetrisch (radial). Das Skelett besteht aus Kalkplatten, die unter dem Epithel gebildet werden. Dieses Skelett trägt oft Stacheln (Name!) oder Borsten. Der Seeigel mag als extremes Beispiel dienen. Ein wichtiges und typisches Merkmal des Körperbaus ist das Ambulakral-(Wassergefäß)-System, das der Fortbewegung, der Sauerstoffversorgung und auch der Nahrungsaufnahme dient. Die Larven aller rezenten Formen gehen zurück auf eine gemeinsame bilaterale Grundform, die Dipleurula-Larve.
Früher wurde der Stamm der Stachelhäuter grundsätzlich gegliedert in die gestielten oder unmittelbar aufgewachsenen Formen (Pelmatozoa) und die freilebenden Formen (Eleutherozoa). Diese Einteilung wird heute nicht mehr angewandt. Wir unterscheiden vielmehr 4 Unterstämme:
Homalozoa. Primitive, ohne radiale Symmetrieebenen, aus Kambrium bis Devon. Hierher gehören z. B. die Carpoidea. Die Gruppe ist für den Sammler relativ unwichtig und wird im folgenden nicht berücksichtigt.
Crinozoa. Seelilienartige, mit den Klassen Cystoidea (Beutelstrahler), Blastoidea (Knospenstrahler), Crinoidea (Seelilien) und weiteren.
Asterozoa (Stelleroidea). Sternförmige Stachelhäuter: Asteroidea (Seesterne), Ophiuroidea (Schlangensterne) und die nur fossil bekannten und wohl als Urform der Schlangensterne zu betrachtenden Somasteroidea.
Echinozoa. Seeigelartige, mit 6 Klassen, deren wichtigste jene der Echinoidea (Seeigel) ist.
Der Stamm ist sehr formenreich und für den Paläontologen wie auch den Sammler wichtig und interessant. Fossile Seeigel oder Seelilien gehören zu den schönsten Funden überhaupt. In den meisten Fällen sind die auftretenden Skelette bzw. Skeletteile ohne weiteres mit dem bloßen Auge zu erkennen. Aber auch isolierte Skeletteile können meist noch identifiziert werden. Manchmal, wie z. B. bei den Holothurien (Seewalzen; Unterstamm Echinozoa), treten nur derartige, schon im Körper ohne Zusammenhang eingelagerte Hartteile auf. Dann hilft die mikroskopische Untersuchung weiter.
Fossile Echinodermenreste brechen meist mit glänzend-spätigen Spaltflächen (calcitischer Bruch). Das ist eine Folge der Fossilisation, bei der die Poren des kristallographisch einheitlichen Stereoms mit Calcit gleicher Gitterorientierung zuwachsen.

Unterstamm Crinozoa (Seelilienartige)

Meist gestielt und sessil lebende Stachelhäuter, mit nach oben gerichteter Theka. Zur Nahrungsgewinnung wird die Krone schirmartig gegen die Strömung gestellt. Hierher gehören die meisten der früher als Pelmatozoen beschriebenen Formen.

Klasse Cystoidea (Beutelstrahler)

Allgemeines, Größenverhältnisse, Leitwert

Die Beutelstrahler sind eine primitive Tiergruppe des Altpaläozoikum. Das erste gesicherte Auftreten erfolgte im Ordovizium, und bereits gegen Ende des Devon starb die Klasse aus. An sich sind diese Fossilien für Sammler relativ unwichtig, weil Fundmöglichkeiten in der Regel kaum bestehen. In nordischen Geschieben aber treten Cystoiden nicht gar so selten auf, und auch im anstehenden Gestein

in Skandinavien kommen sie vor. Zudem werden immer wieder Funde aus außerdeutschen Gebieten angeboten.
Die durchschnittlichen Kelchabmessungen liegen etwa zwischen 2 und 5 cm. Die Erhaltung ist in den meisten Fällen nicht gut. Nur in Ausnahmefällen gelingt die Bergung hervorragend erhaltener Stücke. Beim Bau des Erie-Kanals in Nordamerika z. B. wurden im Niagaran (Mittl. Silur) „scheffelweise" prächtig erhaltene Cystoiden der Art *Caryocrinites ornatus* SAY in Mergelschichten gefunden. Das ist allerdings schon eine Weile her.
Bedingt durch das normalerweise spärliche Auftreten, die schlechte Erhaltung und die damit verbundene schwierige Bestimmung werden Cystoiden in der Regel zur Horizontierung nicht herangezogen.

Systematik

Die Klasse wird in 2 Ordnungen unterteilt, die aufgrund der das Skelett durchdringenden Poren gebildet werden: Rhombifera (mit Porenrauten) und Diploporita (mit Doppelporen). Beide Ordnungen haben die gleiche stratigraphische Verbreitung. Es wird angenommen, daß die Cystoiden die Vorfahren bzw. die Stammgruppe der Blastoiden sind.

Hartteile

Der Kelch (Theka) kann vielgestaltig sein: Beutel-, kugel-, ei- oder birnenförmig, selten auch zylinderförmig. Er setzt sich aus zahlreichen polygonalen Platten zusammen. Je nach Gattung variiert ihre Zahl zwischen 50 oder weniger und ca. 2000. Bei der bekannten Art *Echinosphaerites aurantium* (Cy 2) sind es um 350 Platten. Die Platten der Diploporita sind meist zahlreich und klein, unregelmäßig angeordnet, während jene der Rhombifera in Kreisen zu je 5 Platten regelmäßig eingebaut und relativ groß sind.
Diese Skelettplatten bestehen aus 3 Schichten, deren äußere (Epistereom) und innere (Hypostereom) sehr dünn sind, während die mittlere recht dick werden kann (Mesostereom). Die Plattenporung durchdringt immer die Außen- und Mittelschicht, meist auch die Innenschicht. Die Diplo- oder

Terminologie und Morphologie der Cystoidea (Beutelstrahler). Rekonstruktion von Pleurocystites. (Abgeändert nach MOORE, A.H. MÜLLER.)

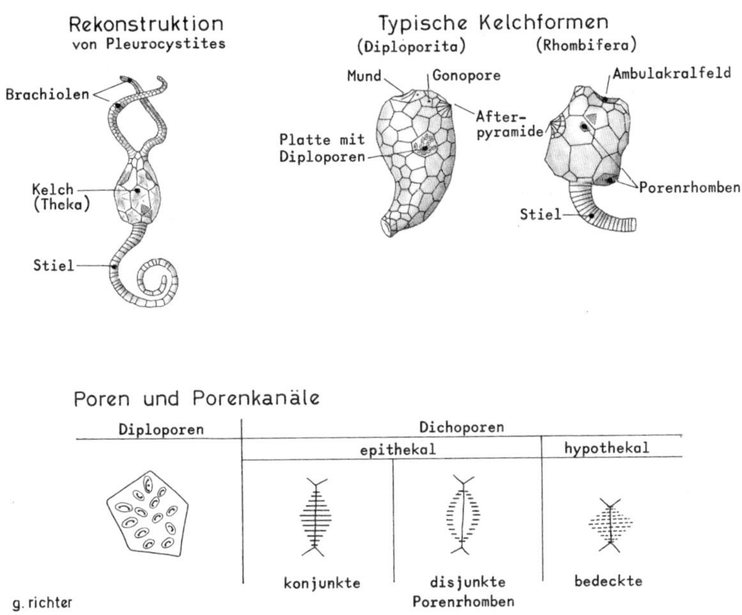

Doppelporen sind paarig angeordnet und unregelmäßig über die Oberfläche verstreut, die Dichoporen (Porenrauten) dagegen in rautenförmigen Mustern angeordnet. Die Poren sind über die Plattenenden hinweg mit geradlinigen, oberflächlichen Furchen versehen (Porenkanäle). Sofern die Porenrauten äußerlich nicht sichtbar, also von der Außenschicht verdeckt sind, heißen sie hypothekal, bei Überdeckung im Bereich der Plattengrenze disjunkt. Konjunkt schließlich werden sie genannt, wenn sie in ihrer ganzen Länge unbedeckt sind. Sofern nur auf wenigen (meist 3) Platten des Kelchs kammförmige Rhombenporung und -furchung auftritt, handelt es sich um Pectinirhomben.
Die Mundöffnung an der Oberseite des Kelchs umgeben 2 bis 5 Ambulakralfurchen; exzentrisch davon sitzt die Afteröffnung. Alle Formen zeigen eine Genitalpore, während eine Madreporenplatte bisher nur bei wenigen Arten nachgewiesen werden konnte. Meist am Ende der Ambulakralfurchen sitzen die biserialen Brachiolen (Fangfinger) auf besonderen Gelenkflächen. Sie sind oft dünn und fadenförmig und im Gegensatz zu den Armen der Crinoiden (Seelilien) unverzweigt. Die meisten haben auf der Innenseite eine Rinne (Ventralfurche). Der Stiel, sofern vorhanden, gliedert sich ähnlich dem der Seelilien in Kalktäfelchen; er kann eingerollt werden.

Lebensraum, Lebensweise

Bevorzugter und wahrscheinlich einziger Lebensraum waren die kalkig-mergeligen flachen Sedimentationsräume der Schelfgebiete. Es ist anzunehmen, daß sie hier pseudokolonial in großer Populationsdichte lebten. Die Lebensweise war nach einem freien Larvenstadium sessil. Als Nahrung dienten ausschließlich planktische Stoffe, die mit den Brachiolen eingestrudelt werden konnten.

Bestimmung

Wichtig sind die allgemeine Kelchform, Form und Zahl der Kelchplatten, Poren- und Kanal- (bzw. Furchen-)form, Anordnung sowie Lage der Ambulakralfurchen und Anordnung der Afteröffnung. All dies kann allerdings nur bei einigermaßen guter Erhaltung beobachtet werden.

Klasse Cystoidea (Beutelstrahler)

Ordnung Diploporita (Ordovizium – Devon)

Zahlreiche kleine Platten. Poren gepaart; Porenkanäle überschreiten die Plattengrenze nicht.

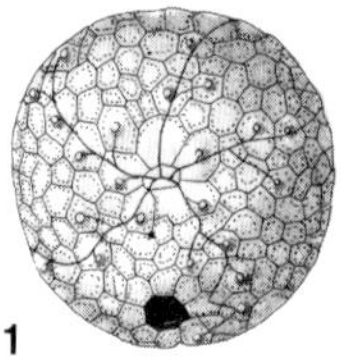

Cy 1

Cy 1 ***Glyptosphaera.*** Ob. Unterordovizium (Ob. Arenig) – Ob. Ordovizium. Kelch kugel- bis apfelförmig. Platten klein, zahlreich, polygonal, unregelmäßig angeordnet. Ambulakralfurchen mehr oder weniger unregelmäßig verlaufend, zickzackförmig, ziemlich lang, mit unregelmäßig aufsitzenden Brachiolen. Diploporen auf allen Platten. After am Hinterrand der „Oberseite". Dreieckige Madreporenplatte sowie eine Genitalpore neben dem Mund. ***G. leuchtenbergi*** VOLBORTH, Ob. Unterordovizium (Ob. Arenig – Unt. Llanvirn); ca. 5 cm, Kelch von oben; gut zu sehen das in der Mitte liegende Mundfeld.
Eine weitere Gattung ist z. B. ***Aristocystis*** aus dem Ob. Ordovizium, mit eiförmiger, ungestielter Theka, ohne Abb.

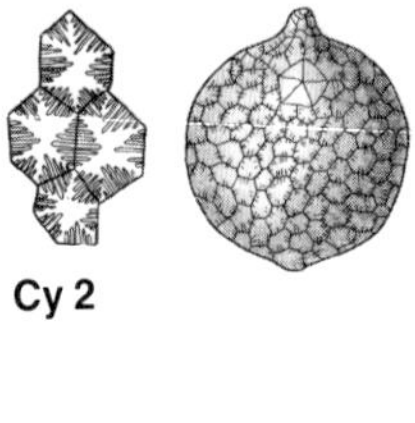

Cy 2

Ordnung Rhombifera (syn. Dichoporita)

(Ordovizium – Devon)

Plattenzahl relativ gering; Platten im Vergleich zu jenen der Diploporita groß und mehr oder weniger regelmäßig angeordnet. Porenrauten. Wir unterscheiden Rhombifera mit relativ unregelmäßiger Plattenanordnung (Cy 2, Cy 3) und reguläre Rhombifera (Cy 4, Cy 5).

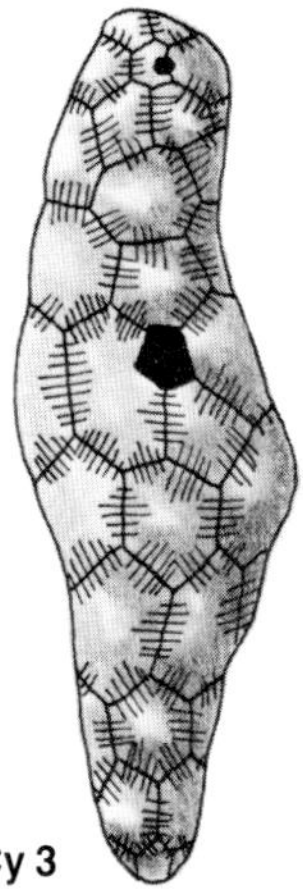

Cy 3

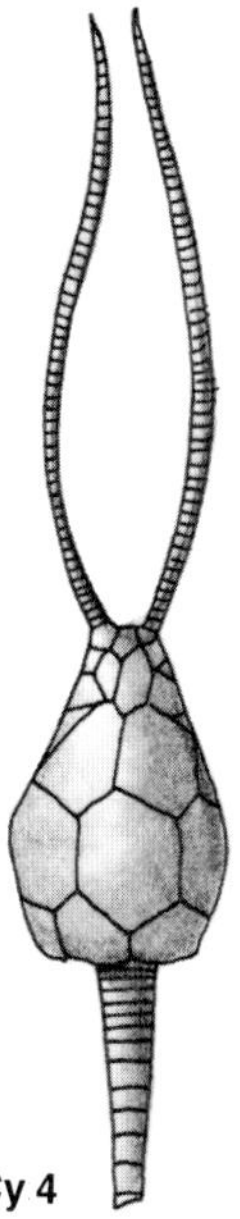

Cy 4

Cy 2 ***Echinosphaerites*** (syn. ***Echinosphaera***). Ordovizium. Mit Kalkspat gefüllte Formen werden im Volksmund als Kristalläpfel bezeichnet. Theka eiförmig oder kugelförmig. Plattenzahl meist einige hundert Stück. Brachiolen 2 bis 4. Madreporenplatte nicht nachgewiesen, Genitalpore vorhanden. Unmittelbar mit der Unterseite oder mit einem kurzen Stiel aufgewachsen. ***E. aurantium*** (GYLLENHALL), Ob. Unterordovizium (Ob. Arenig) – Mittl. Ordovizium (Caradoc); ca. 2 cm. ***E. citrus*** KLOEDEN trägt im Gegensatz zur vorigen Art einen kurzen Stiel und hat etwa „zitronenförmige" Kelchform (Auftreten Ob. Llanvirn – Caradoc).

Cy 3 ***Caryocystites*** (syn. ***Caryocystis***). Ordovizium. Theka lang und beutelförmig bis ei- oder kugelförmig; gestielt. Plattenzahl 50 bis 100, Platten relativ groß, regelmäßig angeordnet. Porenrauten disjunkt. 3 Brachiolen. Madreporenplatte und Genitalpore vorhanden. ***C. angelini*** (JAEKEL), Mittl. Ordovizium; ca. 6 cm. Im Gegensatz zur langgezogenen Theka der vorigen Art sind jene der beiden folgenden (ohne Abb.) kugel- bis eiförmig und kräftig skulptiert: ***C. aranea*** (SCHLOTHEIM), Mittl. Ordovizium (Ob. Llanvirn); ***C. granatum*** (WAHLENBERG), Mittl. Ordovizium (Caradoc).

Cy 4 ***Pleurocystites.*** Mittl. Ordovizium. Theka seitlich abgeplattet, Seiten verschieden ausgebildet. Vorderseite mit 24 skulptierten Platten, mit 3 Porenrauten; Rückseite mit zahlreichen kleinen Platten und großer Afteröffnung. Zwei große Brachiolen; Madreporenplatte und Genitalpore vorhanden. Stiel lang, einrollbar. ***P. filitextus*** BILLINGS; ca. 5 cm.

Cy 5 ***Echinoencrinites.*** Ob. Unterordovizium (Ob. Arenig) – Mittl. Ordovizium. Theka ei- bis birnenförmig. Platten radial oder gitterförmig skulptiert. In Mundnähe sitzen 15 Brachiolen. Afteröffnung seitlich, etwa in halber Kelchhöhe. Alle Formen gestielt. ***E. senckenbergi*** MEYER, Ob. Unterordovizium (Ob. Arenig – Unt. Llanvirn); ca. 4,5 cm.

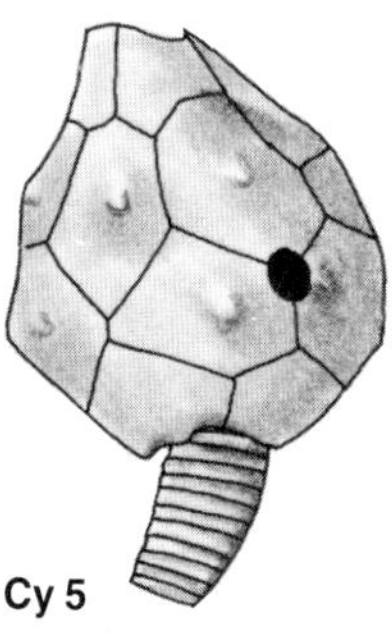

Cy 5

Klasse Blastoidea (Knospenstrahler)

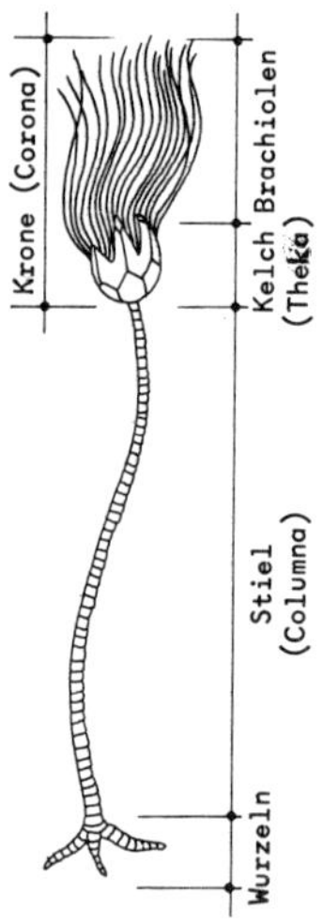

Rekonstruktion eines Blastoiden. (Abgeändert nach SHIMER und SHROCK.)

Allgemeines, Größenverhältnisse, Leitwert

Die ersten Abbildungen von Blastoiden finden wir bei James PARKINSON (1811). Seine Bezeichnung „Kentucky Asterialfossil" deutet allerdings darauf hin, daß er nicht viel mit diesen Fossilien anzufangen wußte. Etwa 10 Jahre später beschrieb dann Thomas SAY einige Formen und führte die Bezeichnungen Blastoidea und *Pentremites* ein, den wohl bekanntesten Gattungsnamen (Bl 1–5). Bereits Ernst Friedrich von SCHLOTHEIM beschrieb einen *Encrinites florealis*. Die Klasse existierte vom Silur bis zum Perm; bekannt sind etwa 400 Arten.
Bedauerlicherweise werden in Deutschland kaum Blastoiden gefunden. Die meisten der vor allem in Nordamerika und auf Timor häufig vorkommenden Fossilien sind gut bis hervorragend erhalten. Knospenstrahler unterscheiden sich von den Cystoiden augenfällig durch die immer sehr deutlich ausgeprägte fünfstrahlige Symmetrie. Erfreulicherweise werden Blastoiden neuerdings häufig angeboten, vor allem Stücke aus den USA, so daß der Sammler ohne Schwierigkeiten eine oder auch mehrere Arten in seine Kollektion aufnehmen kann.
Die Blastoidenkelche sind in der Regel etwa 1 bis 5 cm groß. Die überwiegende Mehrzahl aller Formen ist gestielt und mittels Wurzeln im Sediment verankert. Der Stiel (Columna) ist verschieden lang und setzt sich aus zahlreichen, gelenkig verbundenen Kalktäfelchen zusammen. Stielüberreste werden selten gefunden, da der Zusammenhalt nach dem Tod der Tiere gering war und die einzelnen Stielglieder verstreut wurden, jedenfalls isoliert im Sediment eingebettet. Der Kelch (Theka) bildet zusammen mit den Brachiolen (Fangfinger) die Krone (Corona). Brachiolen-Überreste sind aus dem gleichen Grund wie Stielteile selten. Der Name Knospenstrahler ist treffend gewählt; die Theken erinnern oft wirklich an Blütenknospen.
Im nordamerikanischen Karbon treten verschiedene Arten mit Leitwert auf. Außerhalb des Kontinents allerdings haben die Blastoiden kaum Bedeutung als Leitfossilien.

Systematik

Im Gegensatz zu den früher gültigen Ordnungen Protoblastoidea (syn. Protoblastida) und Eublastoidea (syn. Eublastida) werden heute die Ordnungen Fissiculata und Spiraculata unterschieden, gekennzeichnet durch offene bzw. verdeckte Hydrospiren. Die frühere Ordnung Protoblastoidea wird heute als eigene Klasse Parablastoidea geführt mit einer einzigen Gattung, *Blastoidacrinus*. Die Klasse wird als Parallelentwicklung zu den Blastoidea betrachtet. Die Blastoidea hatten vor allem im Unt. Karbon und schließlich kurz vor dem Aussterben im Perm Blütezeiten.

Hartteile

Der Kelch ist immer fünfstrahlig-symmetrisch und wird von 13 Platten gebildet. Wenn wir uns die Kalkplatten des Skeletts in eine Ebene geklappt vorstellen (s. Abb. S. 313), sehen wir zuinnerst die 3 Basalia (2 große, 1 kleine). Darauf folgt ein Kranz von 5 Radialia, wegen ihres Aussehens auch Gabelstücke genannt: sie sind vom Oberrand her mehr oder weniger tief eingeschnitten. Die 5 restlichen Teile heißen Deltoidea (Interradialplatten); sie tragen eine oder 2 Öffnungen für das Ambulakralsystem (Spiracula). Eine der Deltoidalplatten enthält die Afteröffnung.
Die im Bereich des ausgesparten Raums der Gabelstücke liegenden Ambulakralfelder bestehen aus mittig gefurchten Lanzettplatten. Beidseitig des Lanzettstücks befindet sich je eine Reihe sogenannter Seitenplatten (Porenplatten), denen die dünnen und gegliederten zahlreichen Brachiolen (Pinnulae) aufsitzen. Die gesamte Fläche der Ambulakralfelder wird von dünnen und beweglich angeordneten Deckplättchen überlagert.

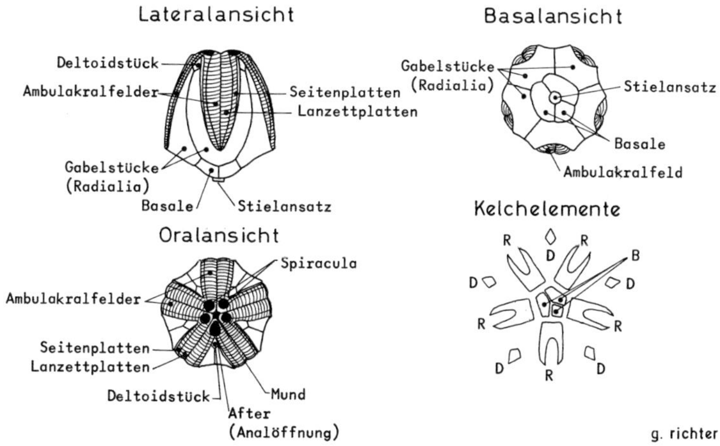

Terminologie und Morphologie der Blastoidea (Knospenstrahler). (Abgeändert nach SHIMER und SHROCK.)

Unterhalb der Ambulakralfelder verlaufen die Hydrospiren, vorhangartig gefaltete, dünnwandige Gebilde, die wohl der Sauerstoffversorgung dienten und dementsprechend von Wasser durchspült waren (gut zu beobachten an Querschliffen). Die in der Kelchspitze liegenden Öffnungen der Hydrospiren werden Spiracula genannt. Da pro Ambulakralfeld 2 Hydrospiren ausgebildet sind, treten entweder 9 Öffnungen auf oder 5, bei Verschmelzung von je 2 Poren zu einer. Die Afteröffnung ist meist ebenfalls mit einem (bzw. zwei) Spiraculum vereinigt; hier ist die Öffnung dann besonders groß. Spiracula und After umgeben die mittig liegende Mundöffnung. Der Mund wie auch die Afteröffnung können mit kleinen, beweglichen Platten bedeckt sein. Der After kann auch in Form einer Röhre ausgebildet sein.

Lebensraum, Lebensweise

Ebenso wie die Cystoiden lebten die Knospenstrahler wohl hauptsächlich in Schelfzonen mit kalkig-mergeliger Sedimentation. Sie traten sicherlich in großer Individuenzahl auf. Mit dem Stiel waren sie – nach einem freien Larvenstadium – im Sediment verankert. Als Nahrung diente Plankton, das mit Hilfe der Brachiolen eingestrudelt wurde.

Bestimmung, Vorkommen

Wichtig ist die allgemeine Form der Theka. Weiterhin achten wir auf die Form der einzelnen Skelettelemente und auf Form und Anordnung der Ambulakralfelder und der Öffnungen auf der Oberseite.

Im Unt. Karbon Nordamerikas (Mississippian) sowie in Permablagerungen der australischen Inselgruppen (z. B. auf Timor) treten reichlich Blastoiden in meist sehr guter Erhaltung auf. Aber auch im Karbon von Belgien und Nordfrankreich (Bretagne) sowie von Irland und England (untergeordnet auch von Deutschland) findet man gute Fossilien dieser Klasse. Im Devon der Eifel wurden nur wenige Funde gemacht.

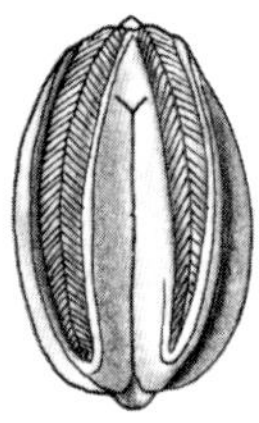

Bl 1

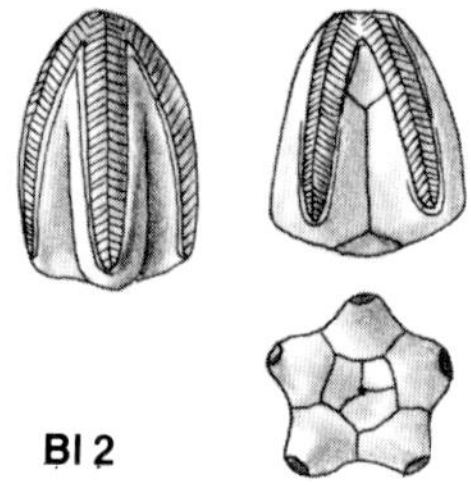

Bl 2

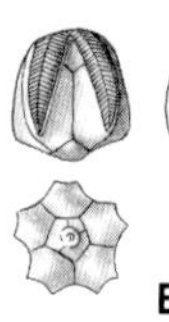

Bl 3

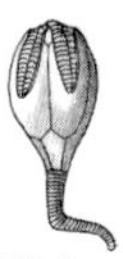

Bl 4

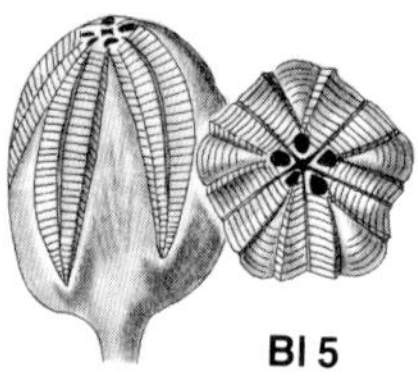

Bl 5

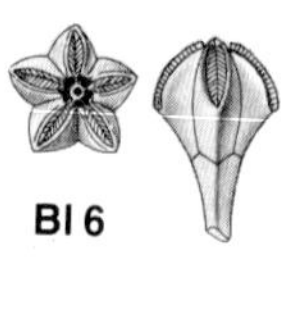

Bl 6

Klasse Blastoidea (Knospenstrahler)

(Silur – Perm)

Ordnung Fissiculata (Silur – Perm)

Hydrospiren sind von außen sichtbar; Spiracula wenig bis vollständig reduziert. Einige Gattungen seien genannt (ohne Abb.): ***Codaster*** (Silur – Unt. Karbon), Theka langgezogen, nußförmig, Ambulakralfelder blattförmig; ***Timorblastus*** (Perm), Theka sternförmig, niedrig; ***Orophocrinus*** (Unt. Karbon), Theka sternförmig, jedoch hoch und schmal.

Ordnung Spiraculata (Silur – Perm)

Die Hydrospiren sind vollständig von den Platten der Ambulakralfelder überdeckt und von außen nicht sichtbar. Spiracula (Name!) immer deutlich ausgebildet.

Bl 1–5 ***Pentremites.*** Karbon. Zahlreiche Arten (etwa 80). Theka ei- bis knospenförmig. Basis flach bis gewölbt. Spiracula deutlich, einzeln oder vereinigt. Afteröffnung mit den beiden hinteren Spiracula vereinigt und deshalb immer größer (oft tropfenförmig). Die folgenden 4 Arten stammen aus dem Unt. Karbon (Mississippian): ***P. elongatus*** SHUMARD (**Bl 1**); ca. 2,5 cm. ***P. conoideus*** HALL (**Bl 2**); ca. 2 cm. ***P. godoni*** (DEFRANCE) (**Bl 3**); ca. 3 cm. ***P. pyriformis*** SAY (**Bl 4**); ca. 1,5 cm. ***P. ovalis*** (GOLDFUSS) (**Bl 5**), Unt. Karbon (Kohlenkalk); ca. 4,5 cm. ***P. boletus*** W. E. SCHMIDT tritt ebenfalls im Unt. Karbon auf; die Theka ist rundlich, und die Gabelstücke sind mit senkrecht laufenden Rippen besetzt; Spiracula nicht verschmolzen.

Bl 6 Cordyoblastus. Devon. Meist kleinwüchsig. Theka sieht von oben sternförmig aus. Gabelstücke schmal, nach außen ausladend. Ambulakralfelder schmal. Kelch wirkt keulenförmig. ***C. eifelensis*** (ROEMER); ca. 2,5 cm.

Weitere Gattungen sind (ohne Abb.): ***Schizoblastus*** (Unt. Karbon; Perm), Theka kugelig bis eiförmig; Ambulakralfelder extrem lang; ***Orbitremites*** (Unt. Karbon), Deltoidstücke sehr lang und über die Ebene der Mundöffnung hinausragend.

Klasse Crinoidea (Seelilien und Haarsterne)

Allgemeines, Größenverhältnisse

Seelilien – das ist eine Art Reizwort für den Sammler. Er denkt an wunderschöne Kelche, womöglich noch mit Stiel, als „Relief" auf dem Stein liegend, die Platte gerade im richtigen Schrankmaß. – Nun, so selten sind derartige Funde nicht, um solche Gedanken ins Reich der Träume zu verweisen. Gerade die Schichten des in Deutschland relativ häufig aufgeschlossenen Germanischen Muschelkalks bieten Gelegenheit, Kronen der typischen und bei uns wohl bekanntesten Seelilie zu sammeln: *Encrinus liliiformis* (C 12).

Rezente Seelilien sind noch nicht gar so lange Zeit bekannt – um 1750 beschrieb Jean Etienne GUETTARD als erster einen „Palmier marin", gefischt unweit der Insel Martinique. Louis AGASSIZ entdeckte zusammen mit Charles Dwight SIGSBEE etwa 100 Jahre später vor der Küste Kubas reiche Vorkommen: Die Seelilien auf dem Meeresboden „wucherten nebeneinander wie die Ähren im Felde" – „SIGSBEE's *Pentacrinus* grounds".

Die Anatomie der Seelilien wurde 1841 in einer hervorragenden Arbeit dargelegt, veröffentlicht von Johannes MÜLLER in den Abhandlungen der Berliner Akademie: „Über den Bau von *Pentacrinus Caput Medusae*". Natürlich wurden die vielen damals schon bekannten fossilen Formen mit den rezenten Arten verglichen, und die Ähnlichkeit war so groß, daß der Amerikaner S. A. MILLER vermutete, daß der Tiefseeboden mit seinen Seelilienvorkommen unverändert aus früheren Zeiten der Erdgeschichte überkommen sei, daß er jura- oder kreide-, vielleicht sogar silurzeitlichen Alters sei . . .

Der Name ist jedenfalls glücklich gewählt: Crinoidea bedeutet in etwa „vom Aussehen einer Lilie", und beim Anblick einer der hervorragend erhaltenen und optisch ungemein ausdrucksvoll auf der Platte liegenden langstieligen Arten aus dem Unt. Jura Holzmadens (*Seirocrinus*, C 22) erscheint der Vergleich mit einer Lilie nicht abwegig. So gut erhaltene und große Funde wird der Sammler nicht bergen können. Isolierte Skeletteile aber sind nicht selten. In fast allen Systemen treten Schichten auf, die teilweise reichlich, im Extremfall gesteinsbildend, z. B. Stielglieder enthalten. Aber auch Kelchplatten oder Einzelteile der Arme treten oft im Gestein auf: Nach dem Tod der Tiere verloren die Hartteile sehr schnell den Zusammenhalt, und da die Skelette der meisten Crinoiden aus zahlreichen Kalkteilen bestehen und bestanden, treten diese entsprechend häufig im Gestein auf.

Vollständige Exemplare bilden die Ausnahme. Aber gerade in bestimmten paläozoischen Schichten Nordamerikas oder im schon erwähnten Muschelkalk waren entweder die Erhaltungsbedingungen so günstig, daß komplette Kronen häufiger auftreten, oder aber die Individuenzahl war so groß, daß im Zusammenhang überlieferte Exemplare nicht ausbleiben konnten. Ein bekanntes Beispiel für Massenauftreten hervorragend erhaltener Kelche beschrieb Otto JAEKEL im Jahre 1894. Zu dieser Zeit war in den Muschelkalkbrüchen von Freyburg an der Unstrut eine Schicht der Schaumkalkzone erschlossen, die von Kronen geradezu bedeckt war. Und alle gehörten der ansonsten seltenen Art *Encrinus carnalli* (s. bei C 12) an! Viele der damals geborgenen großartigen Schaustücke bereichern seitdem Museums- und Institutssammlungen in ganz Europa.

Die meisten der fossil bekannten über 5000 Arten sind langgestielt und lebten sessil auf dem Meeresboden. Andere Formen waren freischwimmend wie z. B. die Comatulida (Haar- oder Federsterne; C 23); sie sind nur während eines Jugendstadiums gestielt und sessil. Die bekannteste freischwimmende Art dürfte aber *Saccocoma* sein (C 33), die in den Solnhofener Schichten (Ob. Jura; Unt. Untertithon) in solchen Massen auftritt, daß ganze Schichtflächen bedeckt sein können. Neben den Arten mit langen Stielen gab es auch solche mit nur wenigen Stielgliedern bzw. kurzen Stielen (z. B. *Pentacrinites*, C 21, und *Eugeniacrinites*, C 34).

Die größte der rezenten Seelilien ist *Metacrinus superbus* CARPENTER. Bei einem Kelchdurchmesser von nur ca. 1,2 cm und Armlängen von immerhin 19 cm erreicht ihr Stiel die beachtliche Länge von ca. 2 m. Komplette Exemplare von der Wurzel bis zur Krone sind allerdings bisher nicht bekannt; bei den vom Meeresboden heraufgeholten Arten war der Stiel immer abgerissen. Demgegenüber waren die Vorfahren teilweise beträchtlich größer. Wenn wir für den Kelch von *Encrinus liliiformis* (C 12) durchschnittlich 3–4 cm Durchmesser ansetzen, so ist das klein, vergleicht man mit den ca. 15 cm Kelchdurchmesser paläozoischer Formen wie *Gilbertsocrinus berosus* (LYON & CASSEDAY) aus dem Karbon oder *Scyphocrinites elegans* ZENKER (C 4) mit einer Kronenhöhe bis zu 65 cm. Verglichen mit rezenten Arten sind 3–4 cm Kelchdurchmesser schon großwüchsig. In den heutigen Meeren die

„größten" sind freilich die Haarsterne (z. B. *Heliotremata glacialis* [OWEN]) mit ihren bis zu 35 cm langen Armen und somit ca. 75 cm Durchmesser. Die bislang größten Seelilien aber dürften die *Seirocrinus*-Formen des Unt. Jura gewesen sein: Stiellängen bis ca. 20 m konnten nachgewiesen werden.

Leitwert

Als streng horizontgebundene Leitformen kann man die Seelilien in der Regel nicht bezeichnen. Immerhin aber können sie für gewisse Ablagerungen charakteristisch sein. Denken wir z. B. an die für den Muschelkalk typischen *Encrinus*- (C 12) oder *Dadocrinus*- (C 24, C 25) Formen. *Cupressocrinus crassus* (C 10) gilt in bestimmten Schichten des Mittl. Devon als „Leitform", wenn dies auch wegen des doch relativ seltenen Auftretens der Art nicht sehr wesentlich ist. Vor allem aber im Unt. Karbon (Mississippian) von Nordamerika dienen zahlreiche Seelilien als Leitformen; sie treten hier teilweise als echte Leitfossilien auf und ermöglichen Schichtparallelisierungen.

Systematik, Stammesgeschichte

Wir unterscheiden 4 Unterklassen:
Camerata (Mittl. Ordovizium – Perm)
Inadunata (Ordovizium – Trias)
Flexibilia (Mittl. Ordovizium – Perm)
Articulata (Trias – rezent)

Folgende Aufstellung verdeutlicht uns die Verteilung der Arten auf die Unterklassen, gegliedert nach Systemen (ergänzt nach Raymond C. MOORE):

System	insgesamt	Camerata	Inadunata	Flexibilia	Articulata
(rezent)	620	–	–	–	620
Tertiär	60	–	–	–	60
Kreide	145	–	–	–	145
Jura	250	–	–	–	250
Trias	30	–	–	–	30
Perm	324	37	230	57	–
Ob. Karbon	276	4	255	17	–
Unt. Karbon	2432	1650	680	102	–
Devon	696	385	265	46	–
Silur	595	340	175	80	–
Ordovizium	198	56	140	2	–

Die weitaus größte Zahl der Crinoiden tritt also im Unt. Karbon auf und zwar vor allem in Nordamerika. Zur relativ großen Zahl rezenter Crinoiden tragen vor allem die zahlreichen Haarsternarten (etwa 500) bei. Die Crinoiden als Klasse erleben allerdings einen ständigen Niedergang seit der extremen Blütezeit im Karbon, wobei die Seelilien in den heutigen Meeren nur noch ganz schwach vertreten sind und möglicherweise in absehbarer Zeit (geologisch gesehen) aussterben werden.

Hartteile

Wir beobachten bei den Seelilien in der Regel eine deutliche Trennung in den Stiel (Columna) und die aufsitzende Krone (Corona). Die Krone wird unterteilt in den Kelch (Theka) und die an- oder aufsitzenden Arme (Brachia). Im Gegensatz zu den Brachiolen der Blastoiden sind die Arme immer gegabelt und z. T. mit fiederigen Pinnulae besetzt. Der Stiel endet in Wurzeln, Haft- oder Ankerscheiben, inkrustierenden Platten, regelrechten Ankern oder Ankerschlingen. Einige Formen entwickeln

Terminologie und Morphologie der Crinoidea (Seelilien und Haarsterne). (Abgeändert nach FECHTER, A.H. Müller.) ▶

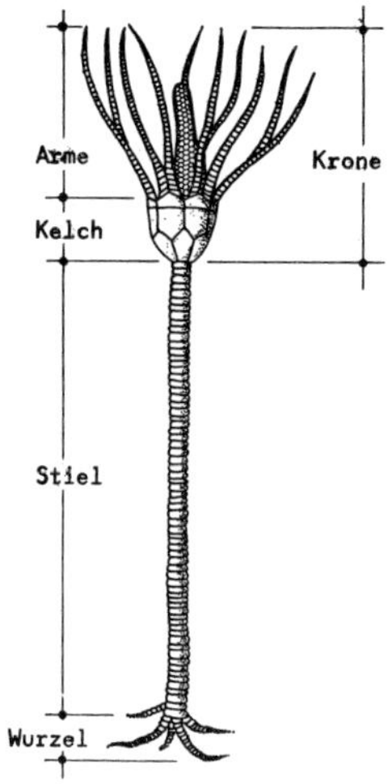

Seelilie
(schematische Darstellung)

Kelch einer rezenten Art

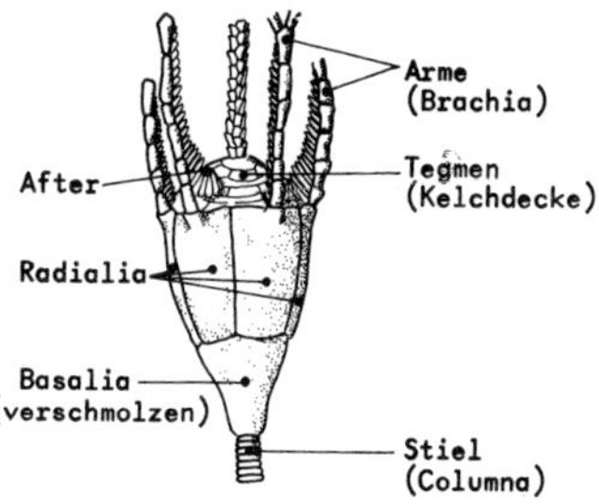

(Hyocrinus bethellianus)

Kelchausbildung

Basis monozyklisch

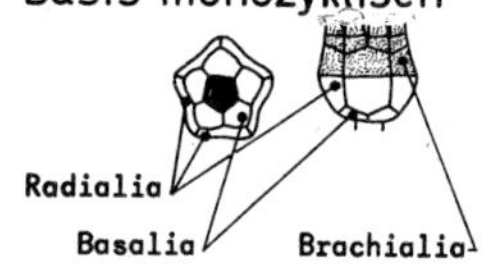

Basis dizyklisch

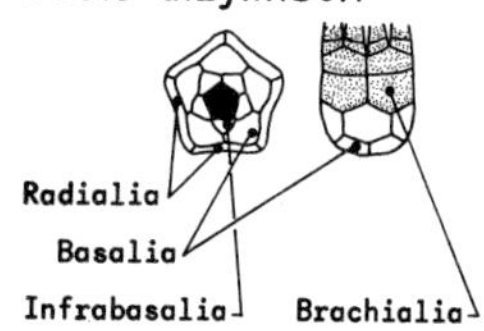

Terminologie der Arme

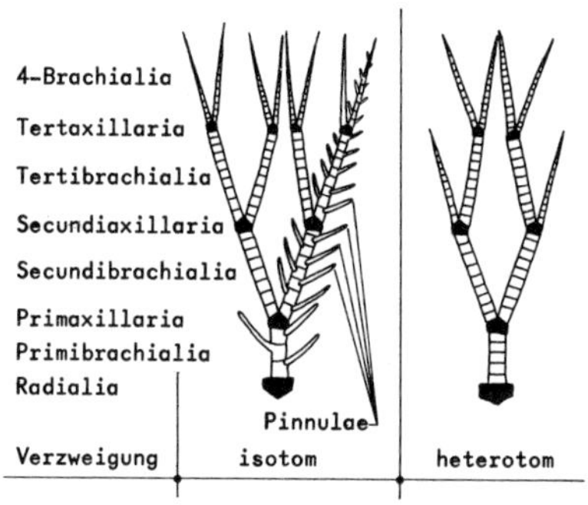

Armausbildung (schematische Darstellung)

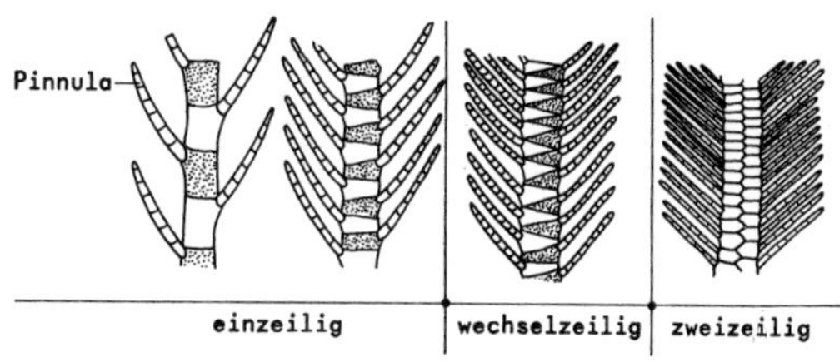

Beispiele zur Stielausbildung

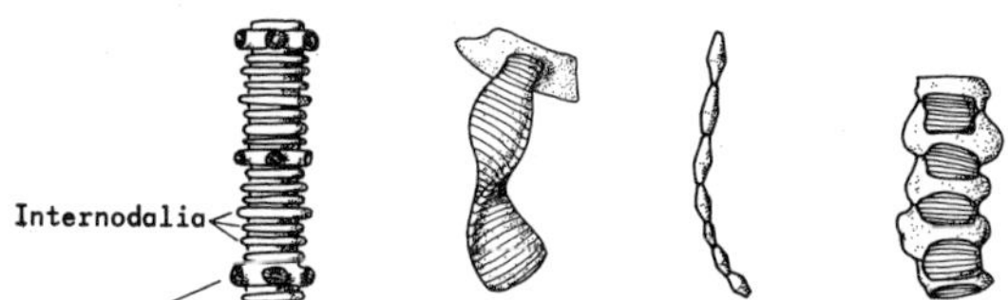

Beispiele zur Stielverankerung

Wurzel Ilycrinus (rezent)	Wurzel Crotalocrinites (Silur)	Inkrustierte Platte Euspirocrinus (Silur)	Anker Ancyrocrinus (Devon)	Schlingenanker Acanthocrinus (Unt. Devon)
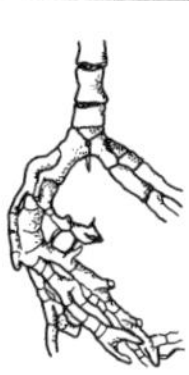				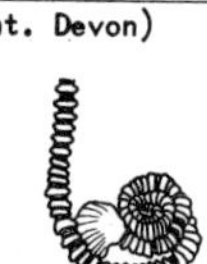

g. richter

keinen eigentlichen Stiel, sondern sind z. B. direkt mit der Kelchunterseite aufgewachsen. Wurzelteile werden in der Regel nicht häufig gefunden; in bestimmten Ablagerungen aber, z. B. im Oxford von Liesberg oder in gewissen küstennahen Ablagerungen des Ob. Pliensbach Südfrankreichs treten solche Fossilien hin und wieder häufiger in Erscheinung.

Das Material aller Skelettelemente war ursprünglich Kalk. In Mergeln und Tonen können sie sekundär pyritisiert sein, in Kalken sind sie spätig-calcitisch überliefert. Naturgemäß am häufigsten findet man Stiel- oder Cirrenglieder und Armteile. Cirren heißen die an einigen Formen zu beobachtenden Neben- oder Stielarme; die einzelnen Teile der Cirren werden mitunter als Cirrale oder Cirralia bezeichnet.

Stiel- und Cirrenglieder werden als Columnalia zusammengefaßt. Sie sind in der Regel zylinderförmig, mit kreisrundem, elliptischem oder fünfeckigem Querschnitt, können aber z. B. auch oval sein. In der Mitte ist meist eine ehemalige oder noch vorhandene Öffnung erkennbar, die zur Aufnahme des Nervenkanals diente (Zentralkanal oder Axialkanal). Die Gelenk- oder Kontaktflächen der Stielglieder zeigen meist feine, radial oder jedenfalls symmetrisch angeordnete Rippen (Crenellae) und Furchen. Die Seiten können durch Linien oder Punkte verziert sein. Die Columnalia waren durch elastische Fasern miteinander verbunden, die den Stiel und die Cirren biegsam machten. Die Form der Stielglieder konnte variieren. Bei manchen Arten (z. B. *Encrinus*) waren die kelchnahen Columnalia anders ausgebildet als die wurzelnahen, z. B. niedriger oder sie wiesen einen anderen Querschnitt auf. Bei manchen Stielen beobachten wir sogenannte Nodalia, die größer sind als die dazwischengeschalteten Internodalia. Bei cirrentragenden Formen sitzen an diesen Nodalia die 5 Cirrenarme auf sogenannten Cirrensockeln (s. z. B. Abb. S. 317 oder auch C 13–15, C 21). Die Nodalia können einen von den Internodalia abweichenden Querschnitt haben. Das unmittelbar unter einem Nodalium liegende Stielglied wird Infranodalium genannt. Seine dem Nodalium zugewandte Seite trägt keine Crenellae und ist mehr oder weniger glatt. Die Zahl der zwischen den Nodalia liegenden Stielglieder wechselt. In der Regel sind es zwischen 10 und 20; es können aber bis um die 100 sein. Das oberste Stielglied, also jenes unmittelbar unter dem Kelch, heißt Proximale. Seine Form kann z. B. fünfseitig-abfallend sein (C 29, C 30). Die Cirrenglieder zeigen keine auffallende Crenellierung, aber die Öffnung des erwähnten Nervenkanals.

Der Kelch (Theka oder Calix) ist meist kegel- bis kugelförmig. Der Abschluß nach oben wird durch eine lederartige, häutige oder kalkige Decke (Tegmen; in letzterem Fall aus zahlreichen besonderen, teilweise sehr kleinen Kalkplatten) gebildet. In dieser Kelchkapsel liegen die Weichteile des Tieres. Anordnung und Ausbildung der zahlreichen, die Kelchkapsel bildenden Kalktafeln haben hohen taxonomischen Wert. Sie dienen u. a. dazu, die verwandtschaftlichen Verhältnisse innerhalb der Klasse zu ermitteln.

Die Ansatzstelle des Stiels heißt Basalplatte. Daran schließen sich ein (monozyklisch) oder zwei (dizyklisch) Kränze mit je 5 Platten an. Bei der monozyklischen Ausbildung folgen Basalia und Radialia, während bei der dizyklischen Ausbildung die Teile des innersten Kranzes Infrabasalia, die anschließenden Basalia und die folgenden Radialia heißen (s. Abb. S. 317). Die Radialia können einen oder mehrere aufeinanderfolgende Kränze bilden. Die obersten Radialia haben oft gewinkelt (dachförmig) ausgebildete Gelenkflächen, denen die Arme (Brachia) aufsitzen. In der Regel sind alle Platten eines Kranzes unter sich gleich. Plattenverschmelzungen und Bildung von Großplatten treten allerdings hin und wieder auf.

Die Arme (Brachia) verzweigen sich teilweise mehrfach, bis in hohe Ordnungen. Wir beobachten 2 grundsätzlich verschiedene Verzweigungsformen: isotom und heterotom. Die einzelnen Skelettelemente der Brachia heißen Brachialia. Je nach Anordnung derselben unterscheiden wir einzeilige (uniseriale), wechselseitige und zweizeilige (biseriale) Ausbildung. Die isotom verzweigten Arme tragen Pinnulae (Fiederfäden), die ebenfalls aus einzelnen Elementen bestehen. In der Regel sitzen diese Pinnulae wechselseitig an.

Die Hartteile der Haarsterne sind prinzipiell gleichartig angeordnet und gebildet, jedoch weitgehend verkümmert. Das Mittelstück mit Cirrensockeln heißt Centrodorsale, daran schließen sich reduzierte oder verkümmerte Basalia und Radialia an.

Speziell für mikropaläontologische Arbeiten wurden von MOORE folgende Gruppen aufgestellt, wobei zu beachten ist, daß diese Bezeichnungen mit taxonomischen Bezeichnungen, also Gattungen und Arten, keine Verbindung haben. Sie bezeichnen isolierte Skeletteile, die untereinander gleich sind bzw. die gleiche Funktion gehabt zu haben scheinen: Columnalia (alle Stielglieder und Cirren); Apicalia (Platten der Kelchbasis, also Basalia und Infrabasalia); Facetalia (Kelchplatten und Gelenkflächen, also ursprünglich obensitzende Radialia); Polygonalia (die übrigen Kelchplatten und Deckenplatten, die nicht eindeutig als solche indentifiziert werden können); Tegminalia (Deckenplatten); Pinnata (Brachialia mit Gelenkflächen, jedoch keine in den Kelch integrierten Teile).

Weichteile

Die Weichteile des Tieres sind im Verhältnis zur Größe des Gesamttiers (Wurzel, Stiel, Kelch und Arme) sehr klein. Sie sind im Kelch untergebracht bzw. in Kelch und Krone und bestehen aus einem kurzen, muskulösen Schlund, einem schleifenförmigen Darm mit mehreren Blindsäcken, die wohl magenartige Funktion haben, und aus einem sehr muskulösen Enddarm, der schließlich im mitunter schornsteinartig ausgebildeten After am Rande der Kelchoberseite mündet. Die Mundöffnung liegt meist in der Mitte der Kelchdecke (Tegmen). Von hier aus ziehen 5 radiale Rinnen zu den Armen und setzen sich auf diesen bis in die feinsten Verzweigungen fort. Diese wimpernbesetzten Rinnen transportieren die Nahrung wie ein Förderband mundwärts. Die Arme stellen also den Apparat zur Nahrungsbeschaffung dar.
Unter den Nahrungsrinnen liegen die Radialkanäle des Ambulakralsystems, die einem Ringkanal entspringen. Bis zu 3 Nervensysteme übernehmen verschiedene Funktionen. Die Oberfläche des Körpers ist mit Sinneszellen besetzt, die wahrscheinlich dem Tast- und Geschmackssinn dienen, wofür auch die Anhäufung in den Nahrungsrinnen spricht. Die Respiration (Atmung, also Austausch von Sauerstoff und Kohlendioxid) wird von der gesamten Körperoberfläche ausgeübt. Das Blutgefäßsystem besteht aus zusammenhängenden Blutbahnen; herzähnliche Funktion übernimmt ein Axialorgan.

Ontogenese

Die Entwicklung der Einzeltiere ist vor allem bei den (getrenntgeschlechtlichen) Haarsternen gut untersucht. Hier durchläuft das Tier nach dem Schlüpfen (einige Arten sind lebendgebärend, andere betreiben Brutpflege) ein verschieden langes Larvenstadium, um sich schließlich – ebenso wie die Seelilienlarven – auf einem geeigneten Untergrund festzusetzen (durchaus auch am Stiel anderer Seelilien). Nach dem nun folgenden auch bei Haarsternen gestielten Stadium (*Pentacrinus*-Stadium) lösen sich die Tiere vom Stiel und gehen zu freibeweglicher Lebensweise über. Die Dauer dieses *Pentacrinus*-Stadiums kann bis zu 2 Jahren betragen. Wie sich die Seelilien entwickeln, ist nicht bekannt, da die Tiere in Aquarien bisher nicht zur Fortpflanzung gebracht werden konnten. Die Lebensdauer der Crinoiden beträgt im Höchstfall wohl 20 Jahre.

Lebensraum, Lebensweise

Seelilien treten nur im Meer auf und leben meist in mäßig tiefen bis tiefen Bereichen. Oberhalb einer Wassertiefe von ca. 200 m sind die Tiere kaum anzutreffen. Eine der wenigen noch existierenden cirrentragenden Arten, *Cenocrinus asterius* LINNE, lebt in westindischen Gewässern in Tiefen zwischen 200 und 600 m. Die wohl bekannteste Art der Millericrinida, *Rhizocrinus lofotensis* SARS, tritt in Bereichen zwischen etwa 140 und 4800 m auf; die Art *Bathycrinus australis* (CLARK) konnte sogar noch in ca. 8300 m Tiefe nachgewiesen werden. Ganz allgemein können wir sagen, daß die Verteilung der Seelilien in den Weltmeeren bei teilweise ungewöhnlich hoher Populationsdichte höchst ungleichmäßig ist (s. Allgemeines).
Haarsterne dagegen leben in vergleichsweise flachen und jedenfalls durchlichteten Meeresbereichen, wo sie sich tagsüber in Löchern und Spalten verstecken, um nachts zur Nahrungssuche herauszukommen. Dabei halten sie an günstigen Plätzen die weitgespreizten Fangarme in die Strömung. Das darin enthaltene Plankton und die aufgewirbelten bodenbewohnenden Kleinlebewesen werden aufgefangen und mittels der Nahrungsrinnen dem Munde zugeführt. Ein bevorzugter Lebensraum dieser Tiere sind tropische Korallenriffe. Die Nahrung setzt sich zusammen aus Kieselalgen (Diatomeen), Dinoflagellaten, Foraminiferen, Radiolarien, weiterhin Krebslarven und Flohkrebse, Ruderfüßer (Copepoden) und Muschelkrebse (Ostracoden), Teilen von Schwämmen (Poriferen), Hydrozoen und Moostierchen (Bryozoen) wie auch Algen (festgestellt aufgrund von Magenuntersuchungen).
Bei den Seelilien sieht die Speisekarte wohl ähnlich aus. Allerdings ist das Tier nicht fähig, den Standort zu wechseln. Die sessile Lebensweise wird zwar von einigen Arten durchbrochen, aber nur für kurze Zeit: Verschiedene cirrentragende Formen unterbrechen den Stiel in Bodennähe und lassen sich von

der Strömung verdriften, wobei sie möglicherweise sogar mit Cirrenschlägen die Bewegung unterstützen. Am neuen Standort verankern sie sich mit Hilfe der Cirren. In jedem Fall können Seelilien die Krone bewegen, weil der Stiel flexibel ist. Kronenbewegungen dürften vor allem in Hinblick auf die Ausnutzung des Nahrungsangebots sinnvoll sein. Inwieweit die Tiere beim Nahrungsfang auf reine Strömungszufuhr angewiesen sind oder durch die Bewegungen der Arme und Pinnulae die Nahrung aktiv heranstrudeln, ist ungeklärt.
Die Ernährungsweise der fossilen Seelilien wird sich wahrscheinlich von jener der rezenten nicht unterschieden haben. Der Körperbau hat sich im Lauf der Jahrmillionen kaum verändert. Sehr verändert haben sich dagegen die als Standort bevorzugten Tiefenbereiche: Im Gegensatz zu den rezenten Vertretern bevorzugten die Vorfahren offensichtlich Flachmeergebiete. Wie sich aus Fazies und Begleitfauna rekonstruieren läßt, lebten vor allem die paläozoischen und mesozoischen Formen in flachen Meeresgebieten. Erst ab dem Tertiär wanderten die Seelilien in tiefere Bereiche ab.
Die rezenten Formen treten sowohl auf Hartgründen wie auch auf weichen Schlammböden auf. Ähnliches dürfen wir für die fossilen Seelilien annehmen; eine Spezialisierung der Gesamtgruppe auf ein bestimmtes Substrat war nicht gegeben. Entsprechend finden wir Seelilienüberreste in den verschiedenartigsten Sedimenten. Spezialisten waren offensichtlich die langstieligen Formen aus dem Posidonienschiefer von Holzmaden (Unt. Jura; Unt. Toarc) – sie waren möglicherweise an ein Leben auf Treibholz angepaßt (*Seirocrinus*, C 22; s. a. Abb.).

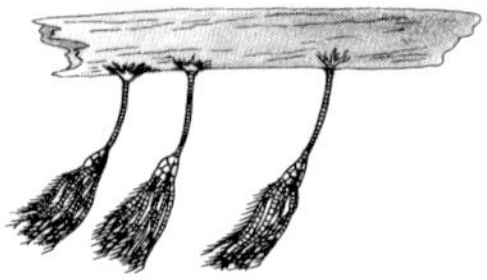

Seelilien auf driftendem Holz (Rekonstruktion).

Das häufige Auftreten von Stielgliedern der Art *Encrinus liliiformis* (C 12) (Trochiten, danach Trochitenkalk oder -schichten) im Muschelkalk ermöglicht einige Aussagen. Wir finden schichtweise Anhäufungen von meist geringer Mächtigkeit, bedeckt von einer mehr oder weniger starken, meist aber dünnen Ton- bzw. Mergelschicht. Viele solcher Schichten bilden ein Paket mit einer Mächtigkeit um 10 m. Die Deutung dieser Massengräber wird mit einer abrupten Verschlechterung der Lebensbedingungen versucht: Die ursprünglich auf Hartböden siedelnden Seelilien konnten die neuentstandenen, durch Tonzufuhr getrübten Wasserverhältnisse nicht verkraften und starben ab. Ob dies nun geschah, weil der Organismus ganz allgemein durch die feinen Tonteilchen belastet wurde und vergleichsweise „erstickte“ oder ob die Nahrung zu wenig wurde, ist letztlich ungeklärt. Viele Forscher vermuten, daß die oft bodennah lebenden Larven, durch die Tonzufuhr bedeckt, abstarben.
Die Ursache dieser offensichtlich regelmäßig wiederkehrenden Trübeströme ist mit letzter Sicherheit nicht zu ermitteln. Ein Jahresturnus scheidet jedenfalls aus, da der Großteil der verendeten Tiere großwüchsig bzw. ausgewachsen war. Vielmehr fällt das Zurücktreten sehr kleiner Kelche oder Kronen auf. Zusammenfassend kann gesagt werden, daß die jeweilige Seelilienpopulation weitgehend dezimiert wurde, wohl aufgrund toniger Sedimentzufuhr, und daß die Tiere nach Beendigung dieser Trübephase wieder normale Seelilienrasen bilden konnten.

Bestimmung

Wichtig sind vor allem die Merkmale der Kelche. Wir achten also ganz allgemein auf die Form der Kelchkapsel, die Zahl, Form und Anordnung der Kelchplatten, weiterhin auf die Form und den Aufbau der Arme. Für den Sammler wird die Form der Stielglieder besonders wichtig sein: Querschnitt, Oberflächenausbildung, Dicke der Nodalia und der Internodalia. Kennzeichnend kann auch die Zahl der Internodalia zwischen den Nodalia sein. Die Gestalt der Cirrensockel ermöglicht mitunter auch Aussagen über Gattungs- oder Artzugehörigkeit.

Vorkommen

Das bekannteste Massenauftreten von Seelilienüberresten bildet die erwähnte Anreicherung im Trochiten-Kalk (Ob. Muschelkalk). Stielglieder treten aber auch in vielen meso- und paläozoischen Schichten reichlich auf (z. B. im Silur der Tschechoslowakei *Scyphocrinites*, C 4, oder auch im Devon der Eifel und des Harzes). Neben Stielgliedern finden wir oft auch isolierte Kelchplatten usw. In bestimmten Schichten des Ob. Jura oder auch des Unt. Jura fallen öfters solche Fossilien auf. Komplette Kelche und Kronen sind selten. Was sie angeht, stehen die außereuropäischen Fundgebiete an erster Stelle. Vor allem im Karbon von Nordamerika wurden und werden nicht selten Prachtstücke geborgen. Auch aus dem Devon von Marokko gelangen immer wieder gute Platten mit Kronen oder Kronenteilen, meist auch mit Stielgliedern besetzt, in den Handel. Berühmt sind die jurassischen Seelilien der Schweiz (z. B. *Chariocrinus*, C 20, *Pentacrinites*, C 21). Für den Sammler leider kaum erreichbar sind die hochinteressanten Crinoiden des Unt. Devon (Hunsrück-Schiefer) wie auch jene aus dem Posidonienschiefer Württembergs (Unt. Jura; Unt. Toarc); *Seirocrinus*, (C 22). Aber auch Geschiebesammler stoßen bei ihren Exkursionen hin und wieder auf Crinoidenreste – *Phacites gotlandicus* und *Crotalocrinites* (beide Silur) sind solche Fossilien.

Klasse Crinoidea (Seelilien und Haarsterne)

Unterklasse Camerata (Mittl. Ordovizium – Perm)

Gestielte Formen; Kelchbasis mono- oder dizyklisch. Alle Kelchplatten starr verbunden. Arme uni- oder biserial, isotom verzweigt und mit Pinnulae, oder einfach gegabelt. Mund- und Afteröffnung liegen unterhalb der Kelchdecke (subtegminal).

C 1 s. Foto S. 283

Ordnung Diplobathrida

(Mittl. Ordovizium – Ob. Unterkarbon)

Kelchbasis dizyklisch; relativ wenige Gattungen (ca. 40).

C 1 ***Rhodocrinites.*** Unt. Karbon. Meist kleinwüchsig. Kelch halbkugelig. Basalia und Radialia bilden selbständige Plattenkränze; Radialia und Interradialia alternieren. Arme biserial; Stielquerschnitt rund. ***R. douglassi serpens*** (LAUDON); ca. 2 cm.

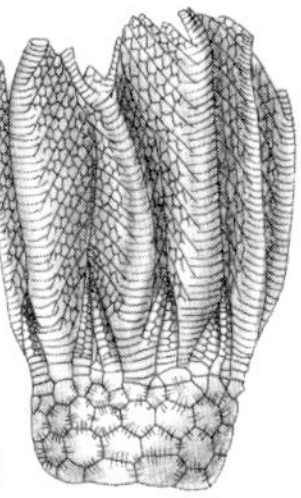

C 2

C 2 ***Rhipidocrinus.*** Devon. Kelch flach, schüsselförmig. Basis besteht aus 5 Basalia und 5 sehr kleinen Infrabasalia. Alle Kelchplatten skulptiert. Kelchdecke besteht aus zahlreichen Kalkplatten. Keine Afterröhre. Arme sehr zahlreich, biserial, mit vielen pinnulaebesetzten Nebenästen. Brachialia niedrig. Stiel mit rundem Querschnitt, mit zahlreichen niedrigen Columnalia. Oft mit großem Durchmesser. Querschnitt des Zentralkanals meist sternförmig (fünflappig). ***R. crenatus*** GOLDFUSS, Mittl. Devon; ca. 6,5 cm.

Ordnung Monobathrida (Mittl. Ordovizium – Perm)

Kelchbasis monozyklisch. Biostratigraphisch wichtigste Gruppe der Crinoidea.

C 3

C 3 ***Hexacrinites.*** Devon. Kelch einfach aufgebaut, aus 3 Basalia, 5 großen und sehr hohen Radialia und einem den letzteren ähnlichen Teil (Primanale). Kelchdecke mäßig gewölbt. After ohne Röhre, immer am Rand. Arme wechselzeilig. Stielquerschnitt rund. ***H. spinosus*** (MÜLLER), Mittl. Devon; Durchmesser ca. 1 cm. Eine weitere Art aus dem Mittl. Devon ist ***H. elongatus*** GOLDFUSS (ohne Abb.).

C 4 ***Scyphocrinites.*** Silur – Unt. Devon. Großwüchsig. Kelch länglich, birnenförmig. Basis vierteilig. Anzahl der Kelchplatten sehr hoch, wobei nur die untersten beiden Kränze von Basalia und Radialia gebildet werden. Kronenhöhe bis 65 cm. Ein Teil der Pinnulae ist in die Kelchwand einbezogen. Afterröhre zentral. Stielquerschnitt rund; Axialkanal sternförmig. ***S. elegans*** ZENKER, Silur – Unt. Devon; ca. 15 cm.

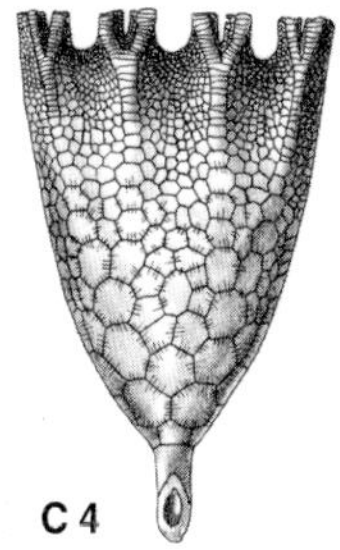

C 4

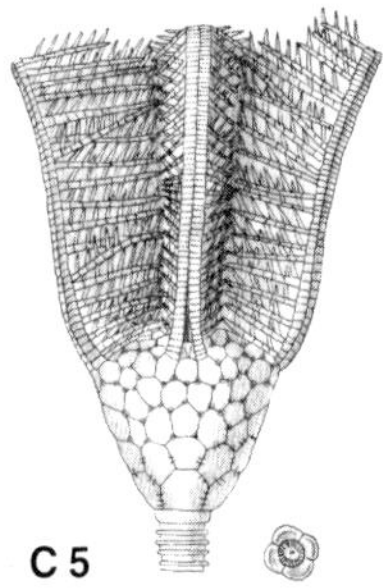

C 5

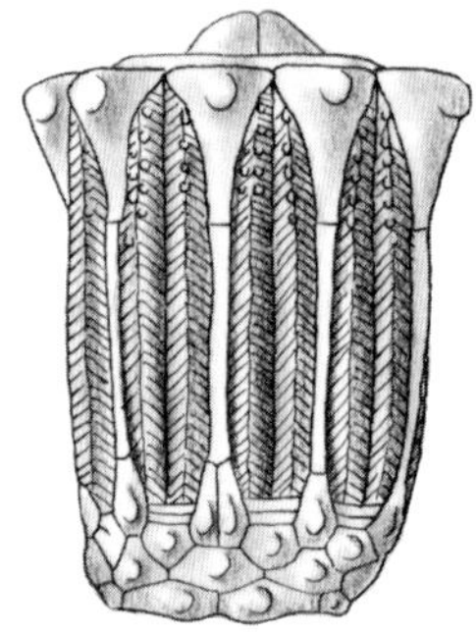

C 6

C 7 s. Foto S. 283

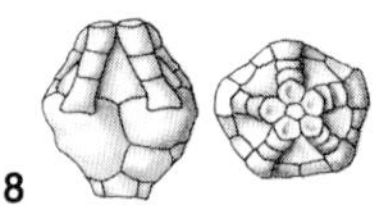

C 8

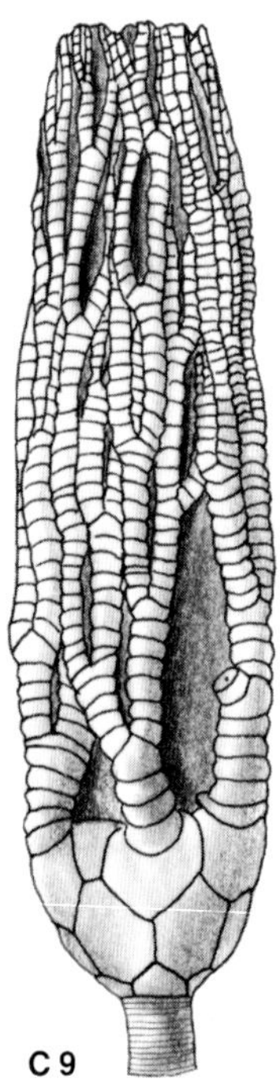

C 9

C 5 Ctenocrinus. Ob. Silur – Mittl. Devon. Kelch birnenförmig bis kugelförmig. Basis vierteilig. Arme uniserial, insgesamt 10; Nebenzweig mit Pinnulae. Afterröhre vorhanden. Stielquerschnitt rund oder elliptisch, niedrig, mit rundem Zentralkanal. ***C. typus*** BRONN, Unt. Devon; ca. 7,2 cm. Zu dieser Art gehören wohl viele der Hohlabdrücke von Seelilienstielgliedern aus dem Spiriferensandstein, wobei das ursprünglich vorhandene Bindegewebe zwischen den Stielgliedern sowie der Zentralkanal mit Gestein ausgefüllt sind.
C 6 *Eucalyptocrinites.* Silur – Mittl. Devon. Kelch hoch. Basis konkav, mit Stielansatz und 4 sehr kleinen Basalia. Drei Radialiakränze. Die Interradialia tragen hohe Platten (Nischenstücke), die Nischen bilden; darin sitzen die biserialen Arme. Afterröhre zentral. ***E. rosaceus*** GOLDFUSS, Mittl. Devon; ca. 4 cm.
C 7 Platycrinites. Devon – Perm. Klein bis großwüchsig. Kelch vielgestaltig. Basalia 3, ungleich groß. Die 5 Radialia sind hoch und tragen einen hufeisenförmigen Ausschnitt für die Arme. Arme kelchnah uni-, später biserial. Stiel unten zugespitzt. Querschnitt der Stielglieder in Kelchnähe rund, sonst oval oder elliptisch, wobei die Columnalia immer leicht gegeneinander versetzt sind, so daß der Stiel spindelförmig gedreht ist. ***P. hemisphericus*** (MEEK & WORTHEN), Unt. Karbon; ca. 6 cm.

Unterklasse Inadunata (Ordovizium – Trias)

Kelchbasis mono- oder dizyklisch. Kelchplatten meist fest verbunden. Mundöffnung unterhalb der Kelchdecke. Arme frei.

Ordnung Disparida (Mittl. Ordovizium – Perm)

Kelchbasis monozyklisch. Arme uniserial, isotom oder heterotom, jedoch in keinem Fall mit Pinnulae.

C 8 Haplocrinites. Silur – Unt. Karbon. Kleinwüchsig. Kelch kugel- bis birnenförmig. 5 Basalia; Radialia, dann 3 aus je 2 Stücken. Radialia oben eingeschnitten für die uniserialen und ungegabelten Arme. Stielglieder niedrig, mit rundem Querschnitt. Stiel kurz. ***H. mespiliformis*** (GOLDFUSS), Mittl. Devon; ca. 0,5 cm.

Ordnung Cladida (Mittl. Ordovizium – Trias)

Kelchbasis dizyklisch. Arme uni- oder biserial.

C 9 *Cyathocrinites.* Silur – Perm. Kelch rundlich bis becherförmig.

Fünf niedrige Infrabasalia, 5 große Basalia und 5 große Radialia. Gelenkfläche maximal halb so breit wie Plattenbreite. Arme isotom, stark verzweigt. Afterröhre vorhanden, meist dick. Stielquerschnitt rund. ***C. longimanus*** (ANGELIN), Silur; ca. 7 cm.

C 10 ***Cupressocrinites.*** Mittl. Devon. Mäßig großwüchsig. Kelch flach, schüsselförmig. Je 5 Basalia und Radialia. Arme uniserial, Brachialia breit und dick. Beidseitige Anhänge. Stielquerschnitt quadratisch. ***C. crassus*** GOLDFUSS; ca. 6 cm.

Unterklasse Flexibilia (Mittl. Ordovizium – Perm)

Kelchbasis dizyklisch. Immer nur 3 Infrabasalia vorhanden. Kelchdecke flexibel. Die unteren Brachialia sind in den Kelch integriert, jedoch nie im starren Verband. Keine Afterröhre. Arme uniserial, nicht mit Pinnulae besetzt. Gesamtkelch flexibel. Stielquerschnitt rund; Stielglieder nahe dem Kelch sehr niedrig.

C 11 ***Sagenocrinites.*** Silur. Kelchplatten relativ starr verbunden. Kelch mitunter sehr hoch, Krone eiförmig bis länglich. Infrabasalia klein, niedrig, ohne bedeutenden Anteil an der Kelchwandbildung. ***S. expansus*** (PHILLIPS), Wenlock; ca. 8 cm.

Unterklasse Articulata (Trias – rezent)

Kelchbasis dizyklisch oder in anderer komplizierter Form, nie monozyklisch. Infrabasalia und teilweise auch die Basalia können reduziert oder ganz zurückgebildet sein. Kelch meist klein, mit nur einem Radialia-Kranz. Kelchdecke flexibel. Gestielt oder frei, dann aber mit einem gestielten Jugendstadium (Haar- oder Federsterne). Mund und Nahrungsrinnen freiliegend.

Ordnung Isocrinida (Trias – rezent)

Stiel lang; Wachstumszone unmittelbar unter dem Kelch. Cirren können vorhanden sein. Radialia mit großen Gelenkflächen.

C 12 ***Encrinus.*** Trias. Kelch niedrig, schüsselförmig. Basis dizyklisch. Infrabasalia sehr klein; sie bilden einen fünfstrahligen, unter dem Stielansatz verborgenen Stern. Basalia groß. Armzahl 5 x 2 oder 5 x 4. Arme uni- oder biserial oder beides. Stielquerschnitt rund. Keine Cirren. Aufgewachsen mit dicker Haftscheibe. ***E. liliiformis*** SCHLOTHEIM, Ob. Germanischer Muschelkalk (Trochiten-Kalk); Kronenhöhe ca. 4,5 cm, darunter kelchferner Stielabschnitt, rechts Basalplatte von unten. ***E. liliiformis*** hat 5 x 2 Arme, die am Kelch uni-, später biserial sind. Aus dem Unt. Germanischen Muschelkalk sei genannt ***E. carnalli*** BEYRICH, mit 5 x 4 Armen (ohne Abb.).

C 13, 14 ***Balanocrinus.*** Trias – Tertiär (Miozän). Basalkranz offen bis nahezu geschlossen. Gelenkfläche mit radialen und kurzen, am Rand sitzenden Crenellae sowie mit 5 sternförmig angeordneten

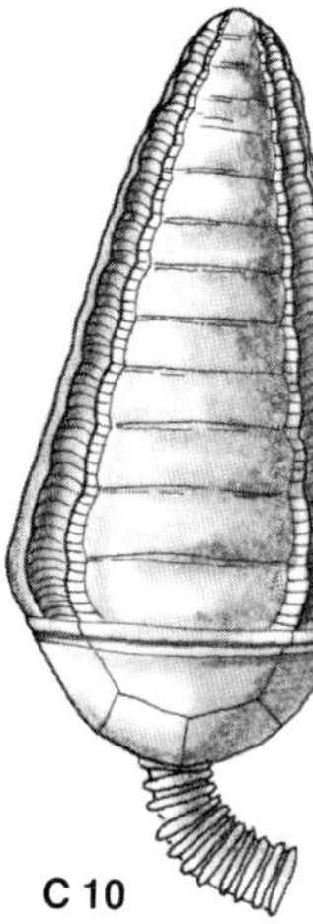

C 10

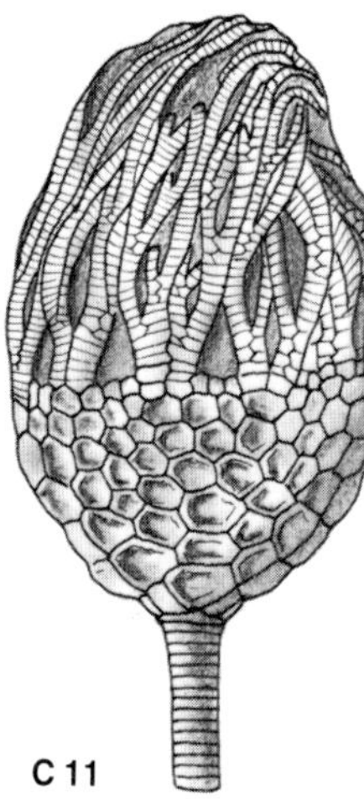

C 11

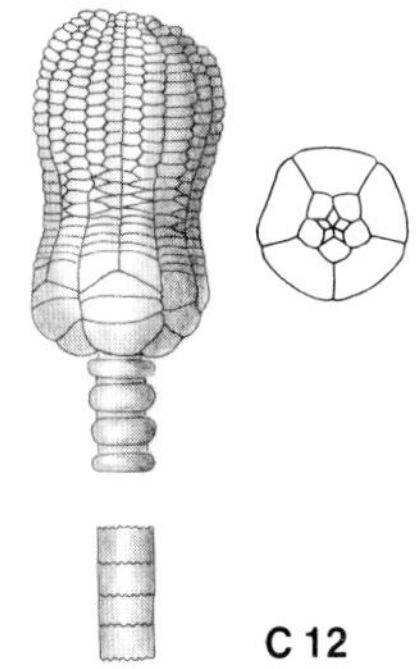

C 12

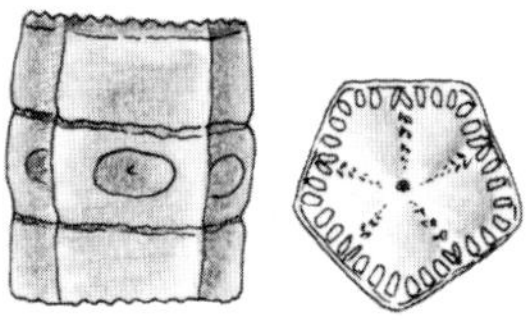

C 13

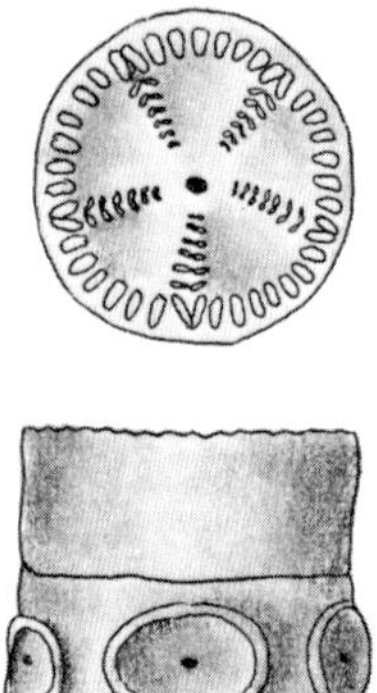

C 14

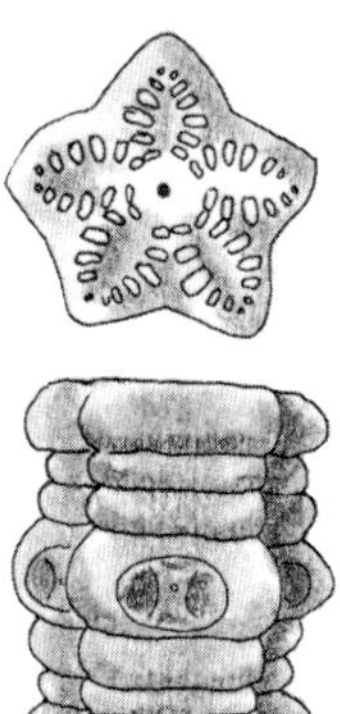

C 15

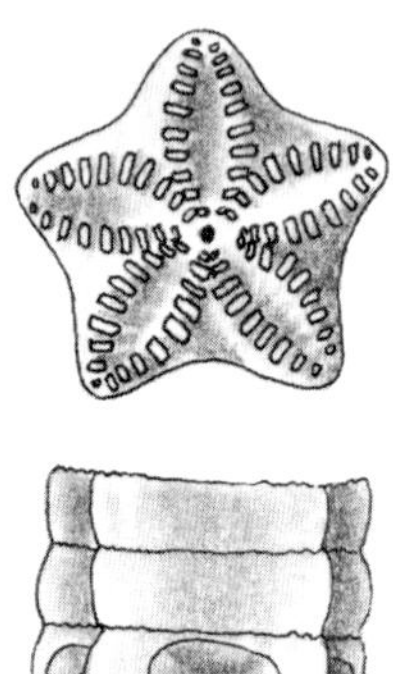

C 16

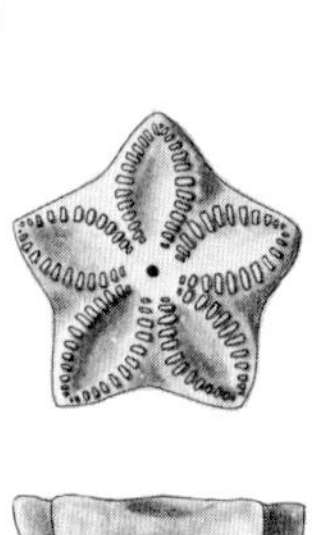

C 17

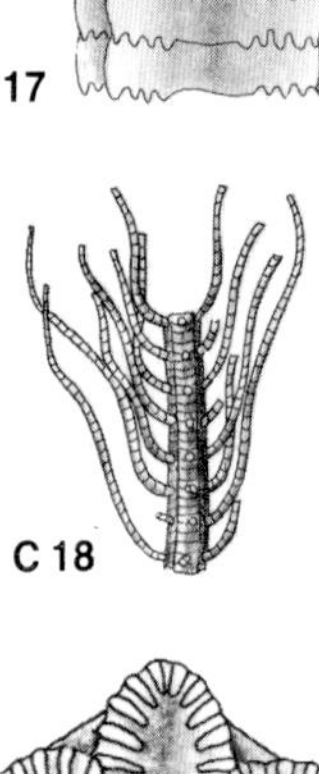

C 18

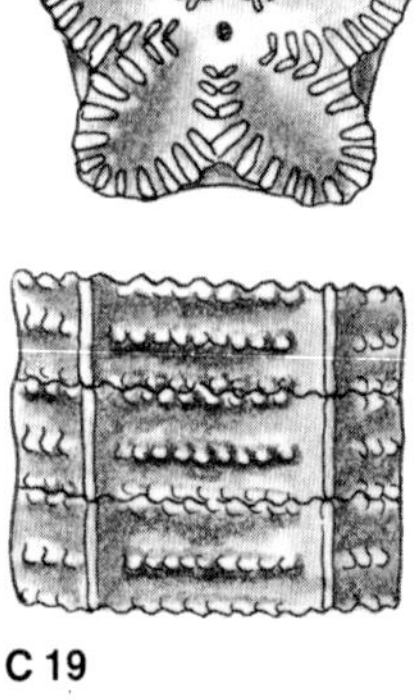

C 19

Reihen parallel dem Außenrand verlaufende (adradiale) Crenellae. Stielquerschnitt rund bis fünfeckig. ***B. pentagonalis*** (GOLDFUSS) (**C 13**), Ob. Jura (Oxford); Durchmesser ca. 0,4 cm. ***B. subteres*** (MUENSTER) (**C 14**), Ob. Jura (Oxford); Durchmesser ca. 0,5 cm.

C 15 ***Nielsenicrinus.*** Kreide. Basalkranz offen bis fast geschlossen. Gelenkflächen mit sternförmig angeordneten Crenellae. Stielquerschnitt fünfeckig. Nodalia deutlich entwickelt, mit großen Cirrensockeln. ***N. chavannesi*** (LORIOL), Unt. Kreide (Unt. Hauterive); Durchmesser ca. 0,5 cm.

C 16 ***Isocrinus.*** Trias–Tertiär (Miozän). Kelch mit offenem Basalkranz, mit getrennten Basalia. Infrabasalia sehr klein. Gelenkflächen mit sternförmig angeordneten Crenellae. Seiten der Stielglieder glatt oder verziert. Stielquerschnitt fünfeckig, schwach eingebuchtet bis sternförmig. Cirrenquerschnitt rund oder oval. Viele der früheren ***Pentacrinus***-Arten werden heute zu ***Isocrinus*** bzw. zu ***Chladocrinus*** gestellt. ***I. pendulus*** MEYER, Ob. Jura (Unt. Oxford); Durchmesser ca. 0,6 cm. Eine Art aus dem Mittl. Jura ist ***I. nicoleti*** (THURMANN) (Bathon – Callov); im Bajoc des Mittl. Jura finden wir ***I. bajocensis*** ORBIGNY (beide ohne Abb.).

C 17–19 ***Chladocrinus.*** Unt. – Mittl. Unterjura. Untergattung von ***Isocrinus***; Stielteile sind jedoch nicht unterscheidbar. Basalkranz offen. Stiel kräftig, Querschnitt fünfeckig, lappenförmig eingebuchtet bis sternförmig. Die Crenellae folgen dem Außenrand. Seitenfläche der Stielglieder glatt oder verziert. Nodalia mit großen Cirrensockeln. Bis zu 20 Internodalia. ***C. tuberculatus*** (MILLER) (**C 17**), Unt. Sinemur; Durchmesser ca. 1 cm. ***C. scalaris*** (GOLDFUSS) (**C 18**), Ob. Sinemur – Pliensbach; ca. 5,5 cm. ***C. basaltiformis*** (MILLER) (**C 19**), Pliensbach; Durchmesser ca. 0,7 cm. Aus dem Hettang sei genannt ***C. psilonoti*** (QUENSTEDT) (ohne Abb.).

C 20 **Chariocrinus.** Mittl. – Ob. Jura. Kleinwüchsig. Basalkranz geschlossen. Arme gerundet und wenigstens zweimal gegabelt. Gelenkflächen mit senkrecht zum Rand stehenden Crenellae und 5 sternförmig zum Zentralkanal laufenden Crenellaereihen. Die Seiten der Stielglieder weisen keine oder nur schwache Verzierungen auf. Stielquerschnitt in der Regel fünfeckig bis schwach sternförmig, unter dem Kelch mitunter abweichend. ***C. württembergicus*** (OPPEL), Mittl. Jura (Aalen); Durchmesser ca. 0,3 cm. Aus dem

Mittl. Jura (Unt. Bajoc; *sauzei*-Zone) stammt ***C. cristagalli*** (QUENSTEDT), während ***C. andreae*** (DESOR) aus dem Bathon in hervorragend erhaltenen Kronenexemplaren bekannt wurde (Schweizer Jura); beide ohne Abb.

C 21 ***Pentacrinites*** (syn. ***Pentacrinus, Extracrinus***). Trias – Jura. Arme vielfach verzweigt (heterotom). Stiel kurz; die stark reduzierten Internodalia werden von den Nodalia vollkommen überdeckt. Der Gesamteindruck der Tiere war buschartig. ***P. dargniesi*** TERQUEM & JOURDY, Mittl. Jura (Bathon); ca. 1,5 cm, Gelenkfläche eines Stielgliedes mit Cirrenresten. Diese Art tritt im Schweizer Jura in hervorragend erhaltenen Exemplaren auf; die Überreste bilden ganze Bänke (Columnalia).

C 22 ***Seirocrinus.*** Unt. – Mittl. Jura. Stiel sehr lang. Die Nodalia sind in Kelchnähe dichter angeordnet; am distalen (kelchabgewandten) Stielende kann die Zahl der Internodalia um 100 betragen. Crenellae in sternförmig angeordneten Schleifen, teilweise auf einem etwas größeren, aber gleichförmigen Sockel liegend. Die übrigen Bereiche können granuliert bzw. mit Knötchen besetzt sein. Cirren kurz. Zu ***S.*** gehören die berühmten Seelilien des Posidonienschiefers (Unt. Jura; Unt. Toarc) von Holzmaden (Württemberg). Man nimmt an, daß diese Formen auf Treibholz lebten. Inwieweit derartige Spezialisierung auch von den anderen zu ***S.*** gehörenden Arten aus anderen Zeitabschnitten des Jura erreicht wurde, ist unklar. An den Kronen von ***S. subangularis*** von Holzmaden wurden bis zu 1400 Nebenarme gezählt; die Zahl der Skelettelemente wird auf ca. 5 Millionen geschätzt. Die Stiellänge konnte knapp 20 m erreichen. Die Vermutung liegt nahe, diese enorme Vergrößerung der Körperoberfläche als Maßnahme zur intensiveren Sauerstoffversorgung anzusehen, da gerade das Faulschlammeer der Posidonienschiefer-Zeit doch zumindest teilweise relativ sauerstoffarm gewesen sein muß. ***S. subangularis*** (MILLER), Mittl. – Ob. Unterjura; Durchmesser des rechten Stielgliedes ca. 0,7 cm.

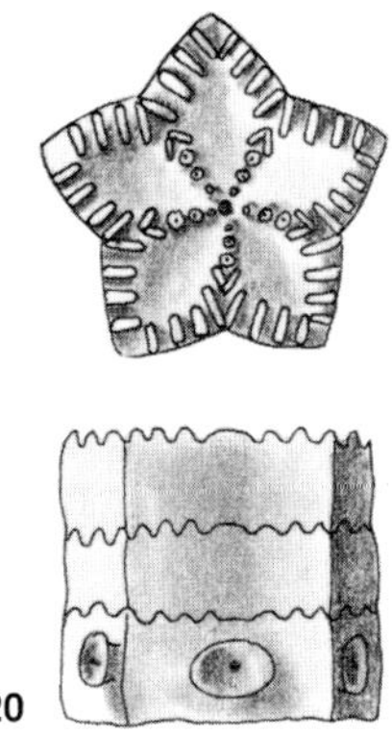

C 20

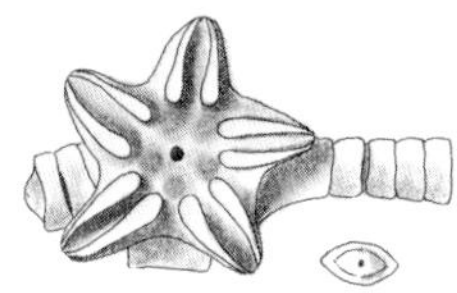

C 21

C 22

Ordnung Comatulida (Jura – rezent)

Zu dieser Ordnung gehören die Haar- oder Federsterne. Lebensweise frei, nach einem (bei den rezenten Formen) maximal 2 Jahre dauernden gestielten Stadium (*Pentacrinus*-Stadium). Vom Stiel wird nur das cirrentragende Centrodorsale „mitgenommen". Fortbewegung kriechend, laufend oder auch schwimmend, jedoch immer langsam. Armzahl bis 20 und mehr. Die meisten der rezenten Crinoidea gehören zu dieser Ordnung. Fossil sind nicht übermäßig viele Formen bekannt (ca. 190 Arten). Die isolierten Skeletteile dürften verständlicherweise wesentlich häufiger sein als ganze oder großenteils erhaltene Tiere; andererseits werden sie wegen ihrer Kleinheit leicht übersehen.

C 23 ***Pterocoma*** (syn. ***Comatula, Antedon***). Ob. Jura. Die 10 langen Arme sind dicht besetzt mit wechselständigen Pinnulae. Bekannt ist vor allem die Art ***P. pennata*** (GOLDFUSS) aus den Schichten des Unt. Untertithon (Solnhofener Schichten); ca. 8,5 cm.

C 23 s. Foto S. 283

Eine weitere Gattung aus dem Mittl. Jura – Unt. Kreide ist ***Solanocrinites***, mit großen bzw. langen Cirren. Die Arten von ***Palaeocomaster*** aus dem Unt. Jura – Tertiär (Miozän) haben dagegen nur rudimentäre oder gar keine Cirren. Eine der rezent häufiger vertretenen Gattungen ist ***Antedon***.

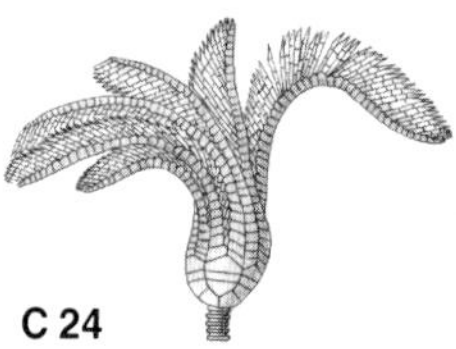

C 24

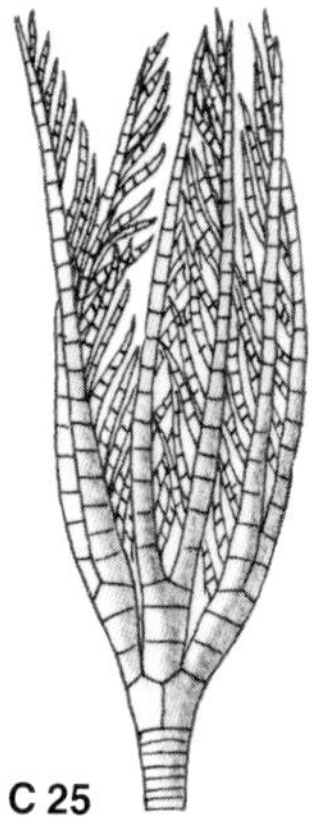

C 25

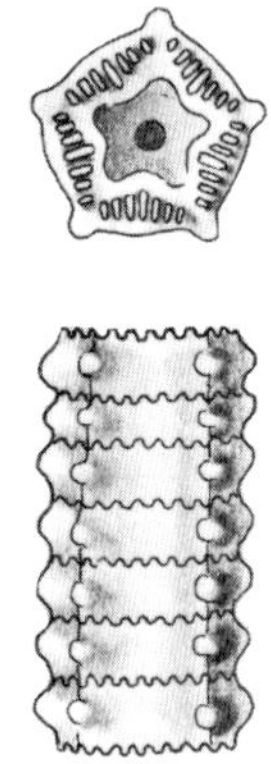

C 26

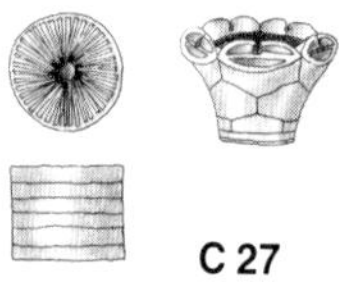

C 27

Ordnung Millericrinida (Mittl. Trias – Kreide)

Arme isotom verzweigt. Stiel ohne echte Cirren; Wurzel inkrustierend.

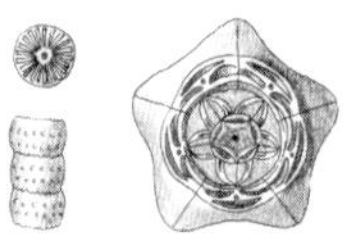

C 28

C 24, 25 ***Dadocrinus.*** Trias. Kleinwüchsig; grazil gebaut. Krone länglich, Kelch kegelförmig. Radialia relativ hoch. Arme am Ansatz nicht eingeschnürt. Stielquerschnitt rund, jedoch in Kronennähe fünfeckig. ***D. kunischi*** (WACHSMUTH & SPRINGER) (**C 24**), Unt. Muschelkalk; ca. 6 cm. ***D. gracilis*** MEYER (**C 25**), Unt. Muschelkalk; ca. 5,5 cm.

C 26–29 ***Millericrinus.*** Mittl. – Ob. Jura. Kelch konisch bis schwach birnenförmig; er setzt sich aus 5 großen Basalia, einer weiteren, wahrscheinlich aus verschmolzenen Infrabasalia hervorgegangenen Basalplatte sowie aus 5 großen Radialia zusammen. Gelenkflächen der Radialia breit und gestutzt. Stielquerschnitt rund, in Kelchnähe auch fünfeckig. Stielglieder meist niedrig. Der Übergang vom Stiel zum Kelch kann allmählich erfolgen oder abrupt sein. Zentralkanal rund oder sternförmig. Gelenkflächen mit teilweise auf der ganzen Fläche, teilweise auch nur im Randbereich auftretenden Radialleisten. ***M. echinatus*** (SCHLOTHEIM) (**C 26**), Ob. Jura (Ob. Oxford); Durchmesser ca. 0,7 cm (syn. ***M. aculeatus, M. beaumontianus, M. bruckneri, M. calcar, M. dilatatus, M. etrocheyensis, M. horridus, M. nodotianus, M. ornatus, M. regularis, M. scalaris, M. subechinatus,*** teilweise ***M. knorri***). ***M. munsterianus*** (ORBIGNY) (**C 27**), Ob. Jura (vor allem Oxford); Durchmesser ca. 1,5 cm (syn. ***M. buchianus, M. conicus, M. desori, M. duboisianus, M. obconicus, M. punctatus, M. scriptus, M. studeri, M. sutus,*** teilweise ***M. elongatus*** und ***M. knorri, Apiocrinus polycyphus, A. martini***). ***M. milleri*** (SCHLOTHEIM) (**C 28**), Ob. Jura; Kelchdurchmesser ca. 2,8 cm. ***M. mespiliformis*** (SCHLOTHEIM) (**C 29**), Ob. Jura; Kelchdurchmesser ca. 3,5 cm (syn. ***M. hoferi***).

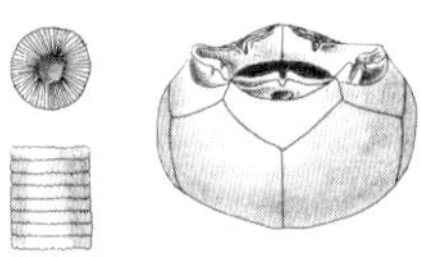

C 29

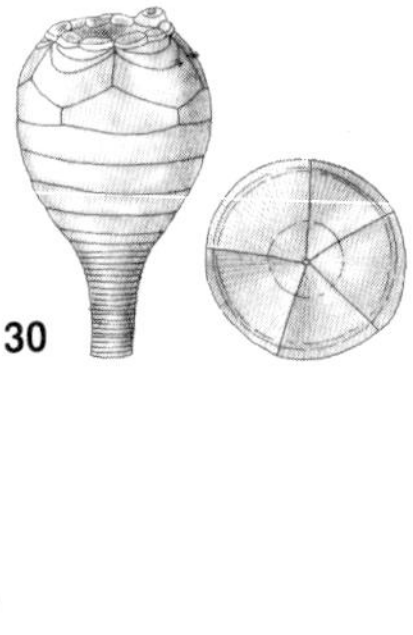

C 30

C 30 **Apiocrinites** (syn. ***Apiocrinus***). Jura; ? Unt. Kreide. Kelch birnenförmig, mit allmählichem Übergang vom Stiel zum Kelch. Die 5 Basalia sind breiter als hoch; daran schließen sich 3 Kränze aus je 5 meist niedrigen Radialia an. Das oberste Stielglied (Proximale) zeigt auf der Oberseite 5 nach außen abfallende Flächen; auf ihm sitzt der Kelch. Stielquerschnitt rund, Stiel lang und gerade, möglicherweise wenig flexibel. ***A. elegans*** (DEFRANCE) (syn. ***A. parkinsoni***), Mittl. Jura (Ob. Bathon); ca. 6 cm.

C 31 ***Bourgueticrinus.*** Kreide. Kelch nur kurz und geringfügig breiter als der Stiel, bestehend aus 5 Radialia und 5 Basalia. Übergang vom Stiel zum Kelch allmählich. Das oberste Stielglied (Proximale) fällt nach 5 Seiten dachförmig ab. Arme dünn; Pinnulae sehr lang. ***B. ellipticus*** (MILLER), Ob. Kreide (Mittl. Turon – Unt. Campan); links Unterseite des Kelchs mit ca. 0,9 cm Durchmesser.

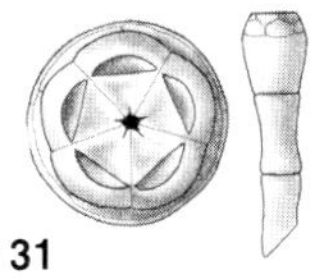

C 31

C 32 ***Marsupites.*** Ob. Kreide. Kelch kugelförmig. Platten sehr groß, mit feiner Radialskulptur. Wir beobachten unten ein fünfeckiges, großes Centrodorsale und je 5 Infrabasalia, Basalia und Radialia, letztere mit schmalen und hufeisenförmigen Gelenkflächen für die Arme. ***M. testudinarius*** (SCHLOTHEIM), Unt. Senon; ca. 4 cm.

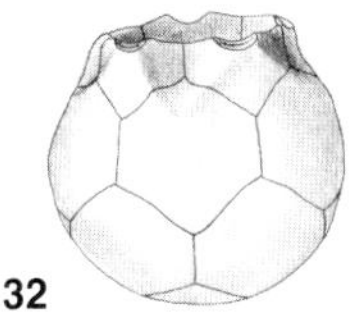

C 32

Ordnung Roveacrinida (Trias – Kreide)

Kleine und stiellose Crinoiden, meist mit grazilem Körperbau. Frei schwimmende Lebensweise.

C 33 ***Saccocoma.*** Ob. Jura – Kreide. Kelch klein und halbkugelig, bestehend vor allem aus den 5 relativ großen Radialia. Fünf Arme, die direkt am oder in geringer Entfernung vom Körper gabeln. Im distalen Armbereich sitzen zahlreiche alternierende Seitenzweige; im proximalen Bereich können den Brachialia paarige, blattartige Fortsätze ansitzen. Die Arme werden oft im eingerollten Zustand überliefert. ***S. pectinata*** GOLDFUSS, Ob. Jura (Unt. Untertithon; Solnhofener Schichten); ca. 1,7 cm. Tiere dieser Gattung bedecken oft ganze Schichtflächen der Solnhofener Schichten (Bayern). Die Erhaltung ist allerdings in der Regel mäßig; vor allem der Kelch ist meist durch Calcitierung vollkommen zerstört. Zwei weitere in der Literatur erwähnte Arten sind ***S. tenella*** (GOLDFUSS) und ***S. schwertschlageri*** WALTHER. Inwieweit diese 3 Arten differieren, ist in neueren Untersuchungen nicht überprüft.

C 33

Ordnung Cyrtocrinida (Unt. Jura – rezent)

Kleine und gedrungene Crinoiden mit monozyklischer Kelchbasis, aufgewachsen unmittelbar mit dem Kelchboden oder mit einem sehr kurzen Stiel. Basalia können fehlen. Zehn, meist einrollbare Arme. Gelenkflächen der Stielglieder glatt oder granuliert.

C 34 ***Eugeniacrinites.*** Ob. Jura – Unt. Kreide. Kleinwüchsig. Kelch besteht aus 5 dicken und starr verbundenen Radialia; die Form ist flach, schüsselförmig. Die wenigen Stielglieder sind walzenförmig ausgebildet; die Länge der Stielglieder und des Stiels ist variabel. Die Gelenkflächen können granuliert sein; mitunter beobachten wir auch 5 schwache, vom Zentralkanal sternförmig nach außen verlaufende radiale Linien. Stielende als Wurzel ausgebildet. ***E. cariophilites*** (SCHLOTHEIM) (syn. ***E. caryophyllatus, E. quenstedti***), Ob. Jura (Oxford – Kimeridge); die Zeichnung zeigt eine Rekonstruktion mit einer Höhe von ca. 3 cm. Der größte auf dem Foto (S. 283) dargestellte Kelch hat einen Durchmesser von ca. 0,8 cm. In den Schichten, in denen ***E. cariophilites*** auftritt, finden wir auch tonnenförmige, zur Gelenkfläche hin verjüngte Stielglieder. Sie werden von einigen Autoren zu einer eigenen Art, ***E. hoferi*** MUENSTER, gestellt. Da aber dazugehörige Kelchteile scheinbar fehlen, handelt es sich

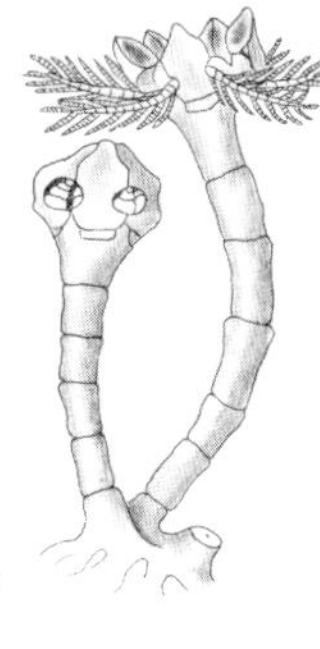

C 34

entweder um eine Unterart mit abweichendem Stielbau oder um Teile einer anderen Seelilie, möglicherweise von ***Pilocrinus***, Ob. Jura – Unt. Kreide, mit großem und hohem Kelch und kurzen, dünnen Stielgliedern, tonnenförmig ausgebildet; ohne Abb.

Unterstamm Asterozoa

Hier werden die sternförmigen Stachelhäuter zusammengefaßt; die einzige Klasse ist jene der Stelleroidea.

Klasse Stelleroidea

Die in der Außenform in der Regel sternförmigen Tiere (Ausnahme z. B. *Sphaeraster*, As 4, As 5 und *Valettaster*, As 6 und As 7) sind frei beweglich, haben eine flache, mehr oder weniger große Körperscheibe und normalerweise 5 von ihr ausgehende Arme. Sonderformen mit 4 Armen wie auch Formen mit 6, 7, 15 bis maximal 50 Armen sind möglich. Die Mundöffnung und die Füßchen liegen auf der Unterseite. Bei manchen Formen wird das Skelett durch außenseitige Kalkplatten, die immer von Gewebe umgeben sind, bei anderen durch innere Hartteile gebildet.
Wir unterscheiden 3 Unterklassen:
Somasteroidea (Unt. Ordovizium-Devon; ? rezent). Arme mehr oder weniger scharf von der Körperscheibe abgesetzt; wahrscheinlich Stammgruppe der beiden anderen Unterklassen.
Asteroidea (Ordovizium – rezent). Seesterne; Arme gehen allmählich in die Körperscheibe über; 5 Ordnungen.
Ophiuroidea (Ordovizium – rezent). Ophiuren, Schlangensterne; Arme dünn und deutlich von der Körperscheibe abgesetzt.
Bedauerlicherweise sind Fossilfunde dieser Gruppe verhältnismäßig selten und meist nur fragmentarisch; Stelleroidea treten im Gegensatz zu den Seeigeln z. B. extrem selten auf. Der Sammler muß sich normalerweise mit isolierten Skeletteilen begnügen, die meist nicht bestimmbar sind.

Unterklasse Asteroidea (Seesterne)

Allgemeines, Größenverhältnisse

Seesterne sind zusammen mit den Seeigeln die bekanntesten Stachelhäuter, denn man kann diese Tiere in der Regel an allen Stränden beobachten. So gut ihre äußere Form, ein fünfstrahliger Stern, dem Laien geläufig ist, so wenig weiß er über die innere Organisation und die Lebensweise der Seesterne. Bekannt ist ihre Fähigkeit, verlorene bzw. abgetrennte Arme zu regenerieren. Bei einer Gattung, bei *Linckia*, entstehen sogar aus einzelnen Armen neue Seesterne; ein Zwischenstadium hat dann Kometenform.
Der Körper der Tiere ist flexibel. Die Arme gehen allmählich in die Körperscheibe über, im Gegensatz zu den dünnen und scharf abgesetzten Armen der Schlangensterne. Die Zahl der Arme beträgt in der Regel 5, möglich sind jedoch bis zu 50. Der Mund ist der Unterseite zugewandt.
Die größte rezente Form erreicht eine Armlänge von ca. 45 cm, also eine Spannweite von etwa einem Meter (*Freyella remex* SLADEN). Die Durchschnittsgröße beträgt wohl zwischen 10 und 20 cm. Das gilt auch für die Mehrzahl der fossilen Seesterne. Bedauerlicherweise finden wir in aller Regel nur isolierte Skeletteile, und auch diese sind nicht auf Anhieb zu erkennen. Im Ob. Jura oder in der Ob. Kreide z. B. treten derartige Elemente an sich nicht selten auf, wenn sie wegen der geringen Größe (ca. 2 bis 10 mm) auch nicht auffallen. Man faßt sie unter der Bezeichnung Seestern-Asseln zusammen.

Systematik, Stammesgeschichte

Wir schließen uns der von SPENCER & WRIGHT aufgestellten Gliederung an. Danach werden 5 Ordnungen unterschieden:

Platyasterida (Mittl. Ordovizium – rezent). Nur 2 Familien mit zusammen 3 Gattungen.
Paxillosida (Ordovizium – rezent).
Valvatida (Ordovizium – rezent).
Spinulosida (Mittl. Ordovizium – rezent).
Forcipulatida (Zangensterne) (Ordovizium – rezent).

Bau und Organisation des Körpers wie auch die Lebensweise haben sich bei den Seesternen im Verlauf der Stammesgeschichte nur wenig verändert. Die Aufspaltung der Klasse Stelleroidea in die Gruppen der Somasteroidea (s. S. 328), Seesterne und Schlangensterne, muß sehr frühzeitig – im frühen Paläozoikum oder sogar schon im ausklingenden Präkambrium – erfolgt sein, wobei noch offen ist, inwieweit die Somasteroidea als Stammgruppe der See- und Schlangensterne anzusehen sind. Seesterne sind in den heutigen Meeren mit ca. 1500 Arten vertreten, während die Schlangensterne etwa 1900 Arten stellen. Die ursprünglich als ausgestorben angesehene Unterklasse der Somasteroidea konnte vor kurzem noch in einer rezenten Art nachgewiesen werden (*Platasterias latiradiata* GRAY), doch handelt es sich möglicherweise nur um einen parallel angepaßten Vertreter einer moderneren Gruppe.

Terminologie und Morphologie der Asteroidea (Seesterne). (Abgeändert nach FECHTER, HESS, A.H. MÜLLER, SPENCER und WRIGHT.)

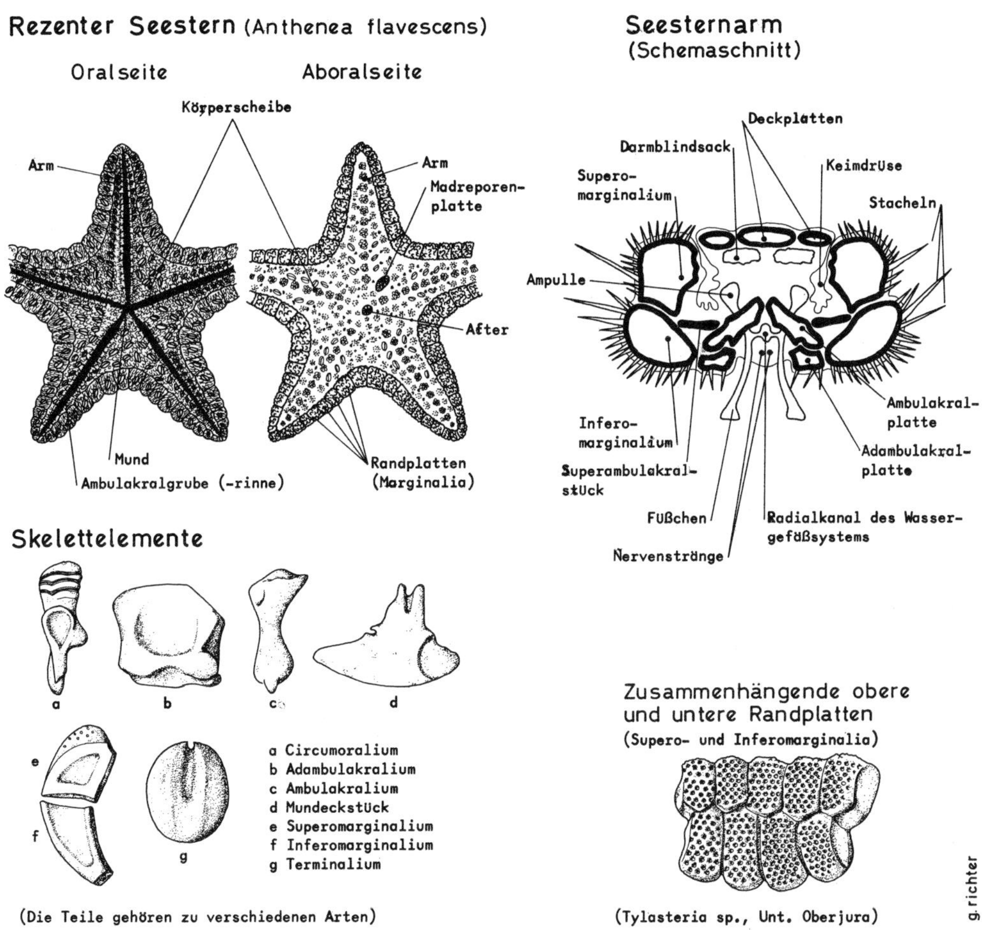

Hartteile, Weichteile, Ontogenese

Eine Reihe von Skelettplatten, in der Regel durch Muskeln beweglich verbunden, versteifen die Körpermasse. Die auf der Armunterseite liegenden Ambulakral- und Adambulakralplatten bilden die Einfassung des Radialkanals. Die Seiten der Arme werden von einem oberen Marginalteil (Superomarginalium) und einem unteren (Inferomarginalium) gebildet bzw. eingefaßt. Mundstücke (in der Regel 10) und Circumoralia (in der Regel 10) bilden das Mundskelett. Die Armspitzen sind durch je ein Terminalteil besetzt. Deck- oder Zwischenplatten schließlich schalten sich zwischen den Marginalia (Randplatten) ein. Einige typische Platten sind auf der Abb. S. 329 dargestellt. Die Oberfläche der Platten kann Stacheln, Dornen oder Körnchen tragen. Immer vorhanden sind die Pedizellarien, mikroskopisch kleine, calcitische Greifzangen (s. a. Echinoidea).
Der Nahrungsverarbeitung dienen Mund und Magen, von dessen oberem Ende 5 (bzw. der Armzahl entsprechende) Paar sogenannte Blindschläuche bis in die Armspitzen oder jedenfalls weit in die Arme hinein verlaufen. Ein Teil der Arten hat einen auf der Oberseite mündenden After. Das Ambulakral- oder Wassergefäßsystem entspricht dem der übrigen Stachelhäuter (s. Echinoidea). Ein Axialorgan treibt den Blutkreislauf an. In Verbindung mit zahlreichen Sinneszellen stehen zwei Nervensysteme. Die schlauchförmigen Füßchen stehen in Zweier-, seltener in Viererreihen in den Armfurchen. Sie werden durch den Druck des Ambulakralsystems ausgestreift, heben den Körper vom Grund und tragen ihn vorwärts. Zudem dienen sie der Respiration, bei manchen Arten auch zum Eingraben.
Die allermeisten Seesterne sind getrenntgeschlechtlich. Über 2 Larvenstadien und ein meist festsitzendes Metamorphosestadium entwickeln sich die Tiere zur endgültigen Form. Das erste Larvenstadium wird Bipinnaria-Stadium, das zweite Brachiolaria-Stadium genannt.

Lebensraum, Lebensweise

Der Name Seestern trifft gut: Wir finden die Tiere wirklich nur im Meer. Vor allem in flachen Küstengebieten leben die Tiere, wobei die meisten Arten bestimmten Böden den Vorzug geben: Felsgrund, Sandboden, Riff. Eine ganze Reihe von Formen bewohnt gleich häufig Fels-, Sand- und Schlickboden: Als Faziesfossilien sind Seesterne kaum zu nutzen. Einige wenige rezente Arten treten in extremen Tiefen auf: *Hymenaster pellucidus* THOMPSON von ca. 15 bis 2800 m Tiefe!
Unter den Seesternen finden wir Räuber, Weidegänger und auch Kleinstfutterverwerter. Die meisten aber leben räuberisch von Muscheln, Schnecken, Scaphopoden, Krebstieren, Seeigeln, Seesternen usw. – wählerisch scheinen die Tiere nicht zu sein. Eine Reihe von Arten geht beim Beutefang so vor, daß der bei allen Seesternen sehr großvolumige Magen ausgestülpt und über das Opfer gestreift wird. Andere führen den Magenlappen in den Schalenraum des Opfers ein, bei Muscheln z. B. in den klaffenden Teil. Mittels Verdauungssäften wird das Körpergewebe des Opfers aufgelöst und schließlich als Brei zur endgültigen Verdauung in die Darmblindschläuche aufgenommen.

Bestimmung, Vorkommen

Die Bestimmung wird in der Regel sehr schwierig oder öfter noch unmöglich sein, da in den meisten Fällen isolierte Platten gefunden werden. Gelingt uns der Fund einiger zusammenhängender Skelettteile oder gar eines nahezu vollständigen Exemplars, so ist dies als kleine Sensation zu werten. Interessant und auch recht häufig sind die in manchen Sedimenten (Schreibkreide) vorkommenden, allerdings meist kleinen Platten. Schlämmproben von Tonen oder Mergeln mögen gutes Material liefern. Erfreulicherweise basiert die Systematik auch der rezenten Seesterne zumindest teilweise auf der Form dieser Skelettplatten, womit eine Zuordnung der Funde wenigstens zu den höheren systematischen Einheiten möglich ist – allerdings auch nur dem Fachmann.
Bedeutende Funde wurden vor allem in den Hunsrückschiefern gemacht (Bundenbacher Schiefer). In diesen unterdevonischen Gesteinen sind hin und wieder hervorragend erhaltene Seesterne – auch Trilobiten, Schlangensterne, Seelilien usw. – enthalten. Die frühere rege Abbautätigkeit erbrachte manches Prachtstück. Nachgewiesen wurden hier – teilweise erstmals: *Palasterina, Palaeosolaster, Xenaster, Eostella, Hunsrueckaster*. Auch im germanischen Muschelkalk treten, wenn auch sehr selten, Seesterne auf; bekannt ist die Art *Trichasteropsis weissmanni* (MUENSTER). Letztlich seien die teilweise hervorragend erhaltenen Funde aus dem Mittl. Jura der Schweiz erwähnt (*Ophiomusium ferrugineum* BOEHM, *Noviaster polyplax* HESS, *Pentasteria longispina* HESS).

Unterklasse Asteroidea (Seesterne)
Ordnung Paxillosida (Ordovizium – rezent)

As 1 ***Pentasteria.*** Unt. Jura – Tertiär (Unt. Eozän). Körperscheibe klein, Arme lang und meist mit geraden Seiten. Obere Marginalplatte mit Stachel bzw. Stachelsockel, untere Marginalplatte granuliert und mit Stachelwarzen. ***P. longispina*** HESS, Ob. Jura (Unt. Oxford); links obere Randplatte, ca. 0,9 cm; rechts untere Randplatte, ca. 1,1 cm.

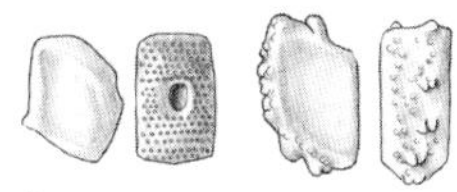

As 1

Ordnung Valvatida (Ordovizium – rezent)

Falls untere und obere Marginalia ausgebildet sind, entsprechen sich Zahl und Anordnung.

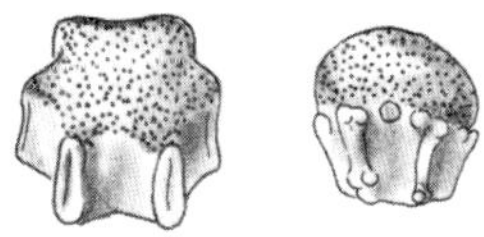

As 2

As 2 ***Stauranderaster.*** Ob. Jura (Kimeridge) – Ob. Kreide. Arme lang und schmal, mit geraden Seiten. ***S. primaevus*** (ZITTEL), Ob. Oberjura; ca. 1,5 cm. Bei den abgebildeten Platten handelt es sich um Elemente der Körperscheibe. Eine Art aus der Ob. Kreide (Cenoman) ist ***S. coronatus*** (FORBES); ohne Abb.

As 3 ***Aspidaster.*** Mittl. Jura (Bathon) – Tertiär (Dan). Arme keulenförmig; Körper dick. ***A. bulbiferus*** (FORBES), Ob. Kreide (Santon); ca. 4 cm.

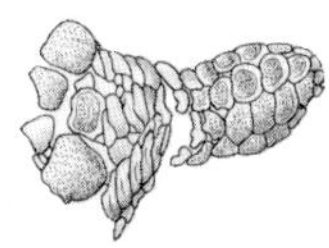

As 3

As 4, 5 ***Sphaeraster.*** Ob. Jura (Oxford – Kimeridge). Eigenartige Form, mit flacher Basis und hochgewölbtem, nahezu halbkugeligem Körper. Oberfläche mit zahlreichen, oft sechseckigen, dünnen bis dicken Platten bedeckt, die teilweise Stachelansätze tragen. Platten und Stacheln werden in manchen Jurasedimenten nicht selten gefunden. ***S. scutatus*** (GOLDFUSS) (**As 4**), Kimeridge; ca. 3,5 cm, Platte mit Stachel, Seitenansicht und Draufsicht. ***S. punctatus*** (QUENSTEDT) (**As 5**), Oxford; größte Platte ca. 2,5 cm.

As 4

As 5

As 6, 7 ***Valettaster.*** Mittl. Jura (Bathon) – Ob. Kreide. In der Form etwa wie ***Sphaeraster,*** jedoch mit unregelmäßig geformten Platten, die immer relativ dick sind, besetzt mit einem Sockel. ***V. sp.*** (**As 6**), Ob. Jura; ca. 1,4 cm. ***V. ocellatus*** (FORBES) (**As 7**), Ob. Kreide (Santon); ca. 1,3 cm.

As 8 ***Metopaster.*** Ob. Kreide – Tertiär (Miozän). Fünfeckig-scheibenförmig, selten auch mit kurzen Armansätzen. Marginalia sehr groß und wenige pro Seite. ***M. parkinsoni*** (FORBES), Ob. Kreide (Santon); ca. 5 cm.

As 9 ***Calliderma.*** Ob. Kreide – Tertiär (Oligozän). Große Körperscheibe, Arme relativ kurz. Marginalia kurz und breit. ***C. smithiae*** (FORBES), Ob. Kreide (Cenoman); ca. 4 cm, Armteil; Länge der unteren Marginalplatte ca. 0,6 cm.

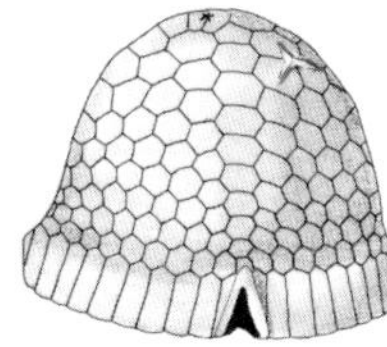

As 5

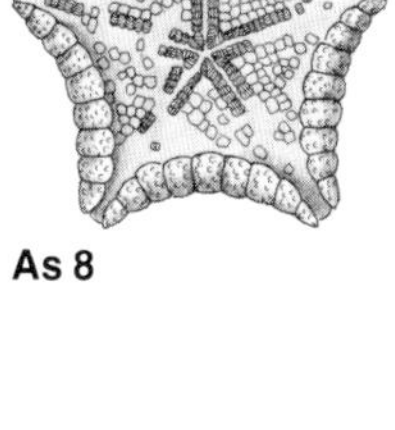

As 8

As 7

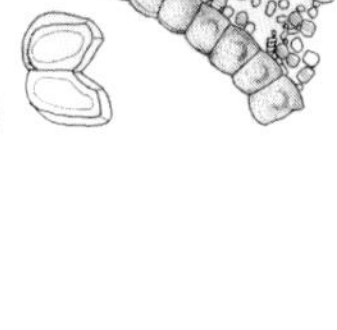

As 9

As 6

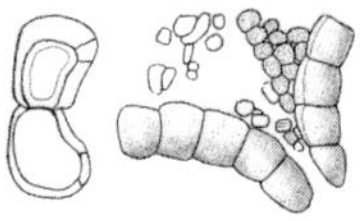

As 10

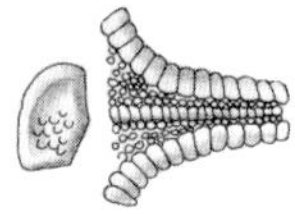

As 11

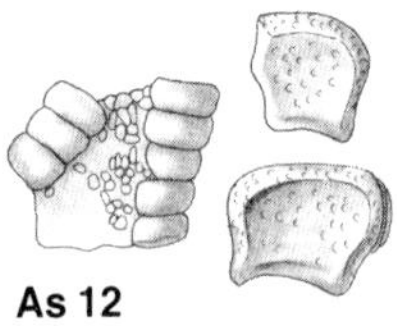

As 12

As 10 ***Crateraster.*** Kreide (Ob. Alb – Campan). Fünfeckig-scheibenförmig bis schwach sternförmig. Marginalia groß, relativ wenig, von Armspitze bis Armspitze ca. 8 bis 14. Seitenansicht der Marginalia ähnelt jener der Teile von ***Tylasteria*** (As 12). ***C. quinqueloba*** (GOLDFUSS), Ob. Kreide (Santon); ca. 3,7 cm, Armteil; Länge der unteren Marginalplatte ca. 0,5 cm.
As 11 ***Noviaster.*** Mittl. Jura (Bathon). Arme lang, mit geraden Seiten, an der Basis ziemlich breit. Marginalia mit Knoten. ***N. lissajousi*** VALETTE, ca. 3 cm, Armteil; Höhe der Marginalplatte ca. 0,4 cm.
As 12 ***Tylasteria.*** Mittl. Jura – Unt. Kreide (Alb). Arme spitz zulaufend, breit ansitzend an der großen Körperscheibe. Marginalia in zahlreichen Formen. ***T. jurensis*** (GOLDFUSS), Ob. Jura (Oxford – Kimeridge); ca. 3,2 cm, Armteil; das größere Marginalteil mißt in der Länge ca. 1,2 cm.

Unterklasse Ophiuroidea (Schlangensterne)

Allgemeines, Größenverhältnisse

Insgesamt sind heute ca. 1900 Schlangensternarten bekannt, verbreitet ausschließlich in den Meeren; das sind immerhin 400 mehr als bei den rezenten Seesternen. Bedingt durch ihre überwiegend versteckte und nachtorientierte Lebensweise fallen die Schlangensterne meist trotz oft massenhaften Vorkommens nicht auf.
Im Gegensatz zu den Seesternen haben Ophiuren eine meist kleine, runde Körperscheibe. Die Arme sind dünn, sehr beweglich, einfach (selten auch verzweigt) und scharf von der Körperscheibe abgesetzt. Die Mundseite ist dem Boden zugewandt; der After fehlt. Weiterhin haben die meisten Füßchen keine Saugnäpfe. Der größte rezente Schlangenstern gehört zur Ordnung der Medusensterne (Phrynophiurida): Das Gorgonenhaupt (*Gorgonocephalus stimpsoni* [VERRILL]) erreicht Spannweiten von ca. 1,55 m, während die größte Art mit unverzweigten Armen immer noch etwa 50 cm Spannweite haben kann (*Ophiarachna incrassata* [LAMARCK]). Dagegen nehmen sich die meisten anderen rezenten und auch die fossilen Formen recht bescheiden aus mit Durchschnittsmaßen zwischen ca. 5 und 15 cm.
Fossile Schlangensterne in Form komplett überlieferter Körper bzw. deren Hartteile sind ausgesprochene Seltenheiten, treten aber andererseits an manchen Lokalitäten geradezu massenhaft auf. Leider sind derartige Fundstellen – weltweit! – praktisch an einer Hand abzuzählen. Wir müssen uns also auch hier, wie bei den Seesternen, mit einzelnen Skeletteilen zufriedengeben, die außerdem meist winzig klein sind.

Systematik, Stammesgeschichte

Die Schlangensterne sind die entwicklungsgeschichtlich erfolgreichste Gruppe innerhalb der Stachelhäuter, und zwar sowohl im Hinblick auf die Arten- wie auch auf die Individuenzahl der rezenten Formen. In der Vergangenheit dürfte das nicht anders gewesen sein, wie uns die angesprochenen Massenvorkommen vermitteln. In Anbetracht der außerordentlichen Zerbrechlichkeit dieser Tiere muß jedes im Zusammenhang überlieferte Tier als extremer Ausnahmefall erscheinen.

Wir unterscheiden 4 Ordnungen:
Stenurida (Unt. Ordovizium [Unt. Arenig]–Devon). Nur bei dieser Ordnung sind die Ambulakralplatten nicht zu internen Armwirbeln umgebildet.
Oegophiurida (Ordovizium – rezent). Ca. 22 fossil nachgewiesene Gattungen und eine einzige rezente Art.
Phrynophiurida (Devon – rezent), Medusensterne. Arme lang, meist verzweigt; fossil nur mit etwa 3 Gattungen belegt.
Ophiurida (Silur – rezent). Rezent wie fossil mit den meisten Gattungen und Arten vertreten.

Hartteile, Weichteile

Die unter der Haut entwickelten Skelettplatten sind vor allem an den Armen gut zu beobachten. In der Regel besteht die Armpanzerung aus einer oberen, einer unteren und je einer seitlichen Plattenreihe. Die Ambulakralplatten sind paarweise verwachsen zu sogenannten Armwirbeln, welche durch Muskeln verbunden und gegeneinander beweglich sind. Die Oberfläche der Körper- oder Zentralscheibe ist meist von kleinen bis winzigen Plattenelementen bedeckt. Das Mundgerüst wird durch Mundschilde (Scuta buccalia), Seitenmundschilde (Scuta adoralia) und Mundeckstücke (Scutella oralia) gebildet. Die Armzahl der Formen mit unverzweigten Armen beträgt meist 5, wesentlich seltener 6 oder 7. Die Arme der filtrierenden Medusensterne (z. B. Gorgonenhaupt) hingegen verzweigen sich aus meist ebenfalls 5 Grundarmen in zahlreiche, buschartig wirkende Nebenarme. Die Radialkanäle des Ambulakralsystems verlaufen in einer Rinne auf der Unterseite der Armwirbel. Der Magen ist groß

Terminologie und Mörphologie der Ophiuroidea (Schlangensterne). (Abgeändert nach HESS, SPENCER und WRIGHT.)

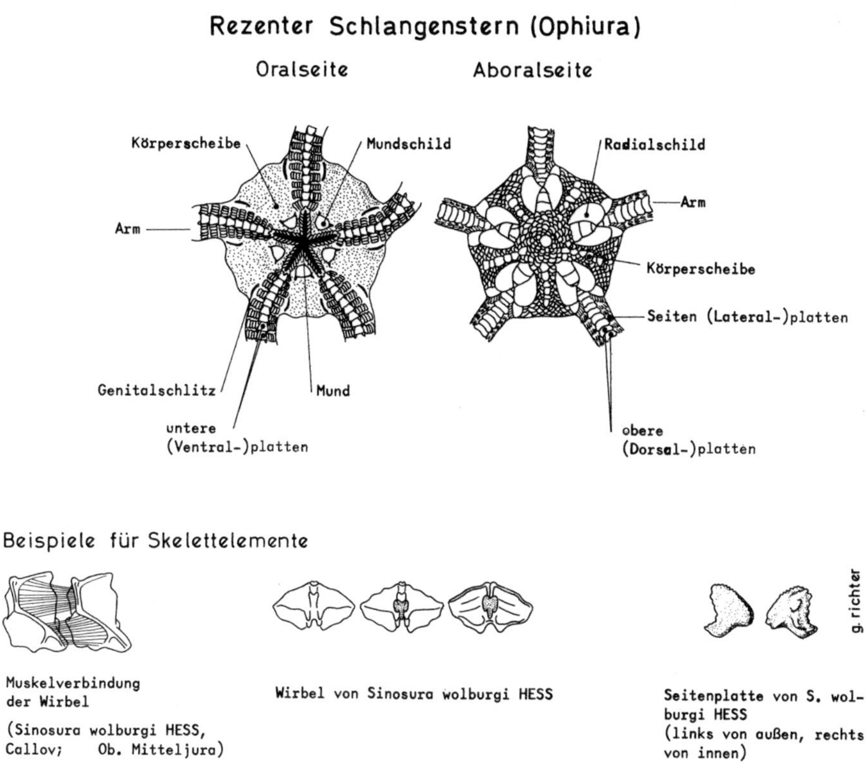

und mündet unmittelbar in den Mund; ein After ist nicht vorhanden. Die Tiere haben zwei Nervensysteme, eines in den Armen und ein schwach ausgebildetes auf der mundabgewandten Seite der Körperscheibe.

Ontogenese

Der allergrößte Teil aller Schlangensterne ist getrenntgeschlechtlich, wobei wir zwei Entwicklungsmöglichkeiten unterscheiden. Die aus kleinen, dotterarmen Eiern entstehenden Tiere durchlaufen zwei Larvenstadien (Blastula- und Ophiopluteus-Stadium), die bis zu ca. 9 Wochen dauern können. Die endgültige Metamorphose kann sehr lange dauern und geht im schwimmenden Zustand vor sich. Der zweite Weg ist kürzer. Die dabei aus dotterreichen Eiern entstehende Vitellaria-Larve ist bereits nach ca. 12 Tagen zu einem sternförmigen, wenn auch winzig kleinen Schlangenstern entwickelt.

Lebensraum, Lebensweise

Die meisten rezenten Schlangensterne leben in rein marinen Bereichen. Einige wenige Arten dringen aber auch ins Brackwasser vor. Bevorzugter Lebensraum sind die flachen Schelfmeergebiete, obwohl wenige Formen auch in der Tiefsee leben. Alle aber leben benthonisch, also auf dem Meeresboden, wobei wir sowohl auf Hartgrund spezialisierte Arten kennen als auch solche, die Sand- oder Schlickböden bevorzugen. Einige nichtspezialisierte Arten richten sich nur nach dem Nahrungsangebot; sie treten in allen möglichen Bereichen auf. Manche Tiere leben eingegraben, lediglich die Armspitzen ragen einige Zentimeter über das Sediment (Infauna).
Grundsätzlich sind alle Ophiuren beweglich und meist sogar sehr rege, verglichen mit allen anderen Stachelhäutern. Die meisten bewegen sich durch kräftige Armbewegungen vorwärts, andere schlängeln. Die Nahrung besteht bei vielen Arten aus Kleinlebewesen wie Kieselalgen und Foraminiferen, Strahlentierchen, Larven usw., die durch Auftupfen gewonnen werden: Das wandernde Tier nimmt mit den Füßchen der Armunterseite Nahrungspartikel auf und transportiert sie mundwärts (Fließbandeffekt). Größere Beutetiere wie Würmer, Schnecken, Muscheln, Krebschen und andere Stachelhäuter werden mit den Armen umschlungen und zum Mund geführt. Allesfresser setzen die Körperscheibe direkt mit dem Mund auf die Nahrung, z. B. Aas, und fressen auf diese Weise. So werden mitunter auch Korallenstöcke abgeweidet. Schließlich existiert noch der sogenannte „Geschwebefang“, wobei die Tiere die mit einem klebrigen Exkret bedeckten Arme ins Wasser halten und die durch Strömung anfallenden Kleinlebewesen auffangen. Der Fangbereich dieser „Leimruten“ kann durch Schwenken vergrößert werden.
Ebenso wie die Seesterne sind die Ophiuren erstaunlich regenerationsfähig; ein Tier geht nur zugrunde, wenn alle Arme unmittelbar an der Körperscheibe abgetrennt werden. Ansonsten werden alle verlorenen Teile neu gebildet. Sogar die Oberseite der Körperscheibe ist regenerationsfähig.

Bestimmung, Vorkommen

Isolierte Skeletteile sind in der Regel nicht bestimmbar, zumindest nicht mit den Hilfsmitteln des Sammlers. Diese Teile zu gewinnen, fällt nicht schwer: Beim Schlämmen vieler Sedimente fallen Seiten(Lateral-)schilde und Wirbel an, und zwar nicht selten in Menge. Durchschnittlich messen sie allerdings kaum mehr als 1 bis 3 mm. In der Regel werden wir daher zur Beobachtung nicht ohne ein Auflichtmikroskop auskommen.
Ein berühmtes Massenvorkommen von wohlerhaltenen fossilen Schlangensternen liegt im Département Ardèche/Frankreich. Hier treten komplette Exemplare schichtweise angereichert auf. Handgroße Platten zeigen bis zu 10 Exemplare (Op 10, *Ophiopinna elegans*, Mittl. Jura). Ruhespuren von Schlangensternen sind lokal in einigen Gebieten zu sammeln. Es handelt sich dabei um Ablagerungen des Unt. Jura, wohl von der Art *Palaeocoma escheri*, bekannt als *Asteriacites lumbricalis* (Sp 1). Schließlich finden wir mit Glück in den Solnhofener Schichten wohlerhaltene Exemplare der Art *Geocoma carinata* (Op 3).
Berühmt sind die bedauerlicherweise für den Normalsammler unerreichbaren Funde von Bundenbach (Unt. Devon; Bundenbacher Schiefer). Bekannt wurden u. a. die Gattungen *Cheiropteraster, Euzonosoma* (Op 1), *Mastigophiura, Palaeophiura, Furcaster* und *Ophiurina.*

Unterklasse Ophiuroidea (Schlangensterne)
Ordnung Oegophiurida

(Unt. Ordovizium – rezent)
Bis auf eine rezent vorkommende Gattung sind hier ausschließlich paläozoische Formen zusammengefaßt.

Op 1 ***Euzonosoma.*** Ob. Ordovizium – Devon. Arme mittig meist verbreitert; Ambulakralplatten in Körpernähe deutlich entwickelt. ***E. tischbeiniana*** (ROEMER), Unt. Devon (Bundenbacher Schiefer); ca. 5,5 cm.

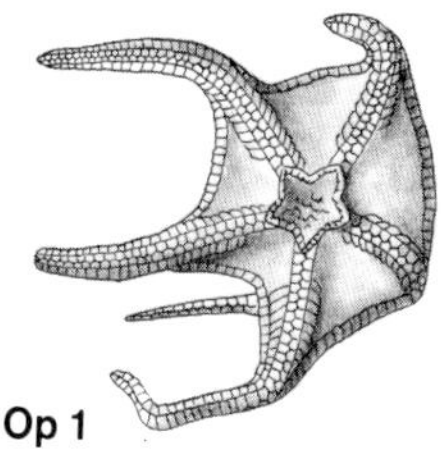

Op 1

Ordnung Ophiurida (Silur – rezent)

Hierher gehören die meisten der fossil und rezent bekannten Arten. Die zu Wirbeln verschmolzenen Ambulakralplatten haben meist zylinderförmiges Aussehen, mit differenzierten Gelenk- oder Muskelansatzflächen.

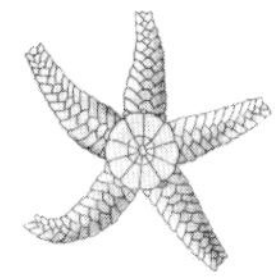

Op 2

Op 2 ***Aspidura.*** Mittl. Trias (Muschelkalk). Arme sehr kurz und an der Zentralscheibe breit ansitzend. ***A. loricata*** (GOLDFUSS) (syn. ***A. scutellata*** BLUMENBACH); Ob. Muschelkalk; ca. 1 cm. Eine weitere (sehr seltene) Art ist ***A. ludeni*** (HAGENOW) aus dem Unt. Muschelkalk mit vergleichsweise schlankeren Armen (ohne Abb.).
Op 3 ***Geocoma.*** Jura. Körperscheibe extrem klein, Arme lang und schlank, bis fast in die Mitte des Körpers reichend. ***G. carinata*** (MUENSTER), Ob. Jura (Unt. Untertithon; Solnhofener Schichten); ca. 4 cm. Eine sehr ähnliche Form aus der gleichen Schicht ist ***G. planata*** QUENSTEDT; die Berechtigung dieser Art erscheint fraglich (ohne Abb.).

Op 3 s. Foto S. 284

Op 4 ***Ophiomusium.*** ? Perm; ? Trias; Unt. Jura – rezent. Platten ohne Hautüberdeckung; Körperscheibe durch regelmäßig angeordnete, porzellanartige Platten bedeckt. Seitenschilder oben und unten zusammenstoßend; die unteren und oberen Platten sind klein, die Wirbel schmal und lang. ***O. gagnebini*** (THURMANN), Ob. Jura (Oxford); ca. 2 mm, Ansicht von oben und von der Seite. Eine Art aus dem Mittl. Jura (Bathon) ist ***O. ferrugineum*** BOEHM; aus dem Unt. Jura stammen ***O. solodurense*** HESS (Pliensbach) und ***O. scabrum*** HESS (Toarc), während ***O. weymouthiense*** (DAMON) im Mittl. Jura (Callov) auftritt (die letzten 4 Arten ohne Abb.).

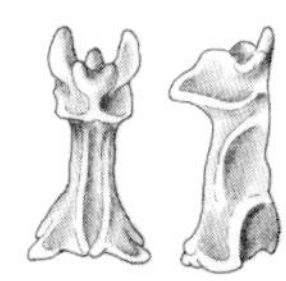

Op 4

Op 5, 6 ***Palaeocoma.*** Unt. Jura. Arme mit relativ hohem Querschnitt und ziemlich großen unteren und oberen Platten. Wirbel massiv und zylinderförmig, mit mehr oder weniger senkrechten Gelenkflächen, die eine Zeichnung aufweisen. ***P. escheri*** (HEER) (**Op 5**), Hettang; ca. 3,2 cm. ***P. milleri*** (PHILLIPS) (**Op 6**), Pliensbach; ca. 3 cm, Körperscheibe mit Armansätzen; ca. 3 mm, Wirbel, körperabgewandte Gelenkfläche.
Op 7, 8 ***Sinosura.*** Unt. Jura (Pliensbach) – Ob. Jura (Oxford).

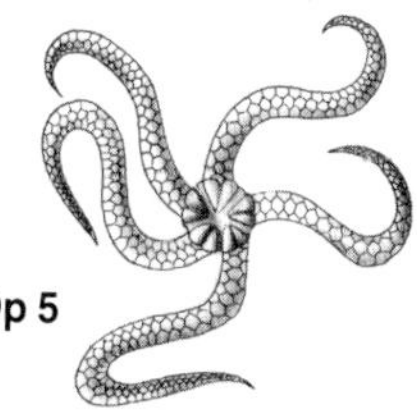

Op 5

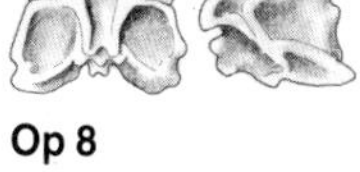

Op 8

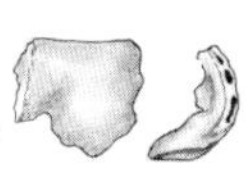

Op 7

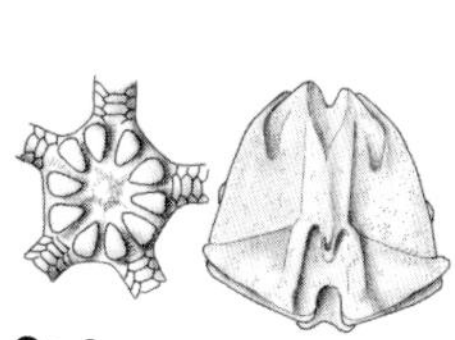

Op 6

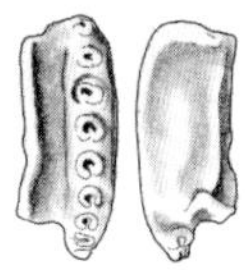

Op 9

Op 10 s. Foto S. 284

Kleinwüchsig bis mittelgroß. Arme zart. Seitenschilder sehr dünn, leicht gewinkelt. ***S. brodieia*** (WRIGHT) (**Op 7**), Unt. Jura (Pliensbach); ca. 1 mm, Seitenschild von außen und von der Seite. ***S. wolburgi*** HESS (**Op 8**), Mittl. Jura (Callov) – Ob. Jura (Oxford); ca. 1,5 mm, Wirbel von unten und von der Seite.

Op 9 ***Ophiacantha.*** Unt. Jura (Pliensbach); ? Ob. Jura (Oxford). Seitenschilde mit großen Stachelwarzen. ***? Ophiacantha constricta*** HESS, Ob. Jura (Oxford); ca. 1,9 mm, Seitenschild von außen und von innen.

Op 10 ***Ophiopinna.*** Mittl. Jura (Callov). Kleinwüchsig. Arme verjüngen sich allmählich. Seiten gerade. Arme proximal mit maximal 10 deutlich erkennbaren Dornenpaaren besetzt; Bedornung danach nur noch rudimentär. ***O. elegans*** (HELLER); Spannweite ca. 2,3 cm.

Unterstamm Echinozoa (Seeigelartige)

Hier werden die mehr oder weniger kugelförmigen bis zylinderförmigen Stachelhäuter zusammengefaßt. Alle diese Formen zeigen in der Regel keine seitlichen Körperausbuchtungen. Der weitaus größte Teil lebt bzw. lebte freibeweglich und entspricht einem Teil der früher bei den Eleutherozoa zusammengefaßten Formen (s. S. 308). Unterschieden werden 7 Klassen, deren wichtigste, zumindest für den Sammler, diejenige der Echinoidea (Seeigel) ist:

Helicoplacoidea (Unt. Kambrium). Mit spiralig gedrehter und dehnbarer Theka.

Holothuroidea (? Kambrium, Karbon – rezent). Seewalzen oder Seegurken; eine Konservativgruppe, die in den heutigen Meeren mit ca. 1100 Arten vertreten ist. Die in den Weichteilen isoliert angeordneten winzig kleinen und vielgestaltigen Skelettelemente trifft man bei mikropaläontologischen Untersuchungen zahlreicher Sedimente an. Die Bestimmung ist nur nach Formgruppen möglich.

Ophiocistoidea (Ordovizium – Devon). Körper scheibenförmig, mit ungewöhnlich großen unterseitigen „Füßen"; wenige Arten.

Cyclocystoidea (Mittl. Ordovizium – Mittl. Devon). Scheibenförmig und kleinwüchsig; Auftreten selten.

Edrioasteroidea (Kambrium – Unt. Unterkarbon). Scheibenförmig angeheftet, bis ca. 6 cm Durchmesser; mit deutlich ausgebildeten Ambulakral- und Interambulakralfeldern.

Camptostromatoidea (Unt. Kambrium). Scheibenförmig und mit Armen versehen; bekannt ist nur eine Gattung.

Echinoidea (Ordovizium – rezent). Seeigel.

Klasse Echinoidea (Seeigel)

Allgemeines

Ähnlich den Ammoniten und Trilobiten begeistern auch die Seeigel eine große Zahl von Sammlern: Seeigel gehören zweifellos zu den bevorzugten Fossilien. Erfreulicherweise treten ihre Überreste in manchen Gesteinen ziemlich häufig auf. Vor allem in Kreideablagerungen können wir oft reichlich Seeigel auflesen. Vollständige Cidariden hingegen sind selten und werden von Sammlern geschätzt.

Seeigel sind leicht zu erkennen und auch den meisten Nichtsammlern ein Begriff. Im Volksmund haben die „versteinerten" Gehäuse und Stacheln eine Reihe mehr oder weniger bezeichnender Namen: Krötensteine, Schlangeneier, Siegsteine, Judensteine usw. Manche der herzförmigen Seeigel aus der Kreide wurden in früheren Zeiten als versteinerte Kinderherzen gedeutet.

Sehr viel häufiger als die kompletten Gehäuse finden wir natürlich die Überreste des zerfallenen „Panzers" im Gestein, d. h. mehr oder weniger große Teile der Gehäusekapsel (Corona) und isolierte Stacheln oder Stachelbruchstücke. Da die Stacheln in der Regel sofort nach dem Tode des Tieres abfallen und im Sediment verstreut werden, sind Funde von Seeigeln mit anhaftendem Stachelkleid ausgesprochene Raritäten. Bekannt wurden derartige Stücke vor allem aus den Schichten des Unt.

Oberjura (Oxford) der Schweiz und Frankreichs. Aber auch in anderen Gesteinen treten hin und wieder solche besonders interessanten Exemplare auf. Sie allein ermöglichen die zweifelsfreie Zuordnung der isolierten Stacheln zum Gehäuse! Manchmal allerdings verhindert gerade der erhaltene Stachelbesatz die genaue Bestimmung, weil er wichtige Merkmale der Corona verdeckt. Weitere „Einzelteile", die wir mit Glück und guten Augen finden können, sind Teile des Kauapparates, der „Laterne des Aristoteles".

F.S. VOIGT beschreibt im „Lehrbuch der Zoologie" von 1853: „Alle sind leicht kenntlich an der mehr oder weniger kugelförmigen Gestalt, die freilich von der eines etwas pyramidenförmigen Apfels bis zu der einer ganz flachen Scheibe abändert. Ihr gemeinschaftlicher Charakter besteht in einer unter der Haut abgesetzten Kalkschale . . .". Die Gehäuseform ist also meist kugelig bis oval, herzförmig oder auch scheibenförmig; Cidariden sind oft turbanförmig.

Größenverhältnisse, Leitwert

Die Hauptmasse der fossilen Seeigel dürfte zwischen 2 und 5 cm groß sein. Aber auch Formen mit Abmessungen bis über 20 cm wurden bekannt, wie z. B. *Conoclypus conoideus* (E 42). *Clypeaster altus alticostatus* erreicht immerhin auch noch 15 cm. Demgegenüber kommt die größte rezente Form auf ca. 32 cm! Die Stacheln sind je nach Art wenige Millimeter bis über 30 cm lang und übertreffen somit oft um ein Vielfaches den Gehäusedurchmesser. Die kleinsten Adultformen messen wenig mehr als 5 mm.
Seeigel eignen sich nur bedingt als Leitfossilien, da viele Arten relativ langlebig und faziesgebunden sind. In den Schichten der Ob. Kreide allerdings gelingt die Horizontierung mit Hilfe einiger charakteristischer Arten. Einige davon zeigt die Tabelle S. 354. Regional werden auch in verschiedenen Tertiärschichten Seeigel als Leitformen verwendet.

Systematik, Stammesgeschichte

Die Klasse wird in 2 Unterklassen geteilt: Perischoechinoidea und Euechinoidea. Von den 4 Ordnungen der Perischoechinoidea ist für den Sammler lediglich die Ordnung Cidaroida wichtig. Die anderen 3

Klasse Echinoidea (Seeigel)

Unterklasse	Überordnung	Ordnung	Unterordnung
Perischoechinoidea		Bothriocidaroida	
		Echinocystitoida	
		Palaechinoida	
		Cidaroida	
Euechinoidea	Diadematacea	Echinothurioida	
		Diadematoida	
		Pedinoida	
		Pygasteroida	
	Echinacea	Salenioida	
		Hemicidaroida	
		Phymosomatoida	
		Arbacioida	
		Temnopleuroida	
		Echinoida	
		Plesiocidaroida	
	Gnathostomata	Holectypoida	Holectypina
			Echinoneina
			Conoclypina
		Clypeasteroida	Clypeasterina
			Laganina
			Scutellina
			Rotulina
	Atelostomata	Cassiduloida	
		Holasteroida	
		Spatangoida	Toxasterina
			Hemiasterina
			Micrasterina
			Asterostomatina
		Neolampadoida	

Systematik der Echinoidea (Seeigel).

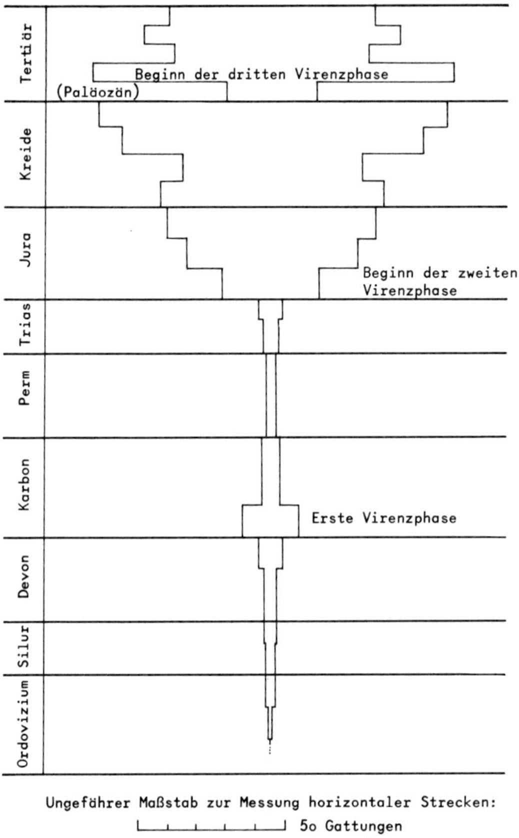

Stammesgeschichtliche Entwicklung der Echinoidea (Seeigel). (Abgeändert nach A.H. MÜLLER.)

Ordnungen treten nur in den Gesteinen des Paläozoikum auf und sind praktisch nicht zu sammeln und zu belegen. Die Unterklasse der Euechinoidea umfaßt alle nachpaläozoischen Seeigel außer den Cidaroida.
Die ältesten Seeigel findet man im Mittl. Ordovizium. Eine erste und relativ schwache Blütezeit beobachten wir im Unt. Karbon. Der Beginn der zweiten Virenzphase fällt in den Unt. Jura. Sie hält an bis gegen Ende der Kreide, wobei Formenvielfalt und Gattungszahl steigen, von einem geringfügigen Einschnitt abgesehen. Im frühen Tertiär (Paläozän) erfolgte ein markanter Niedergang, gefolgt von der dritten Virenzphase mit dem bisherigen absoluten Höhepunkt der Gruppe im Eozän. Diese Phase weist eine abklingende Tendenz auf. Trotzdem sind die Seeigel in den Meeren mit einer beachtlichen Formenvielfalt und teilweise großem Individuenreichtum vertreten. Insgesamt sind knapp 850 fossile und rezente Gattungen bekannt.

Gehäuse, Hartteile

Mit ganz wenigen Ausnahmen haben alle Seeigel, wenn sie erwachsen sind, ein aus zahlreichen Kalkplatten gebildetes Gehäuse. Die Kalkplatten sind bei den jüngeren Formen mit Nähten zu einer meist starren Kapsel zusammengefügt. Paläozoische, selten mesozoische Formen zeigen mitunter eine dachziegel- oder schuppenartige Anordnung der Kalkplatten. Die Gehäuseform ist variabel, meist aber rundlich oder mäßig langgezogen oval. Das Gehäuse bedecken mehr oder weniger lange, mitunter recht kräftige Stacheln. Verschiedene Arten, vor allem im Sand oder Schlick eingegraben lebende Formen, besitzen ein sehr feines Stachelkleid.
Die Mundöffnung (Peristom) liegt stets auf der Gehäuseunterseite (Oralseite). Sie sitzt meist in Gehäusemitte oder ist in Richtung auf den Vorderrand verschoben. Das Peristom zeigt bei vielen Formen „Kiemenschlitze“, gut zu erkennen z. B. bei Abb. E 19. Bei den regulären Seeigeln liegt die Afteröffnung (Periprokt) gegenüber der Mundöffnung auf der Gehäuseoberseite (Aboralseite) oder

Terminologie und Morphologie der Echinodea (Seeigel). (Abgeändert nach DURHAM, FECHTER, HESS, LEHMANN aus Fischer, A.H. MÜLLER.) ▶

Schnitt durch einen regulären Seeigel

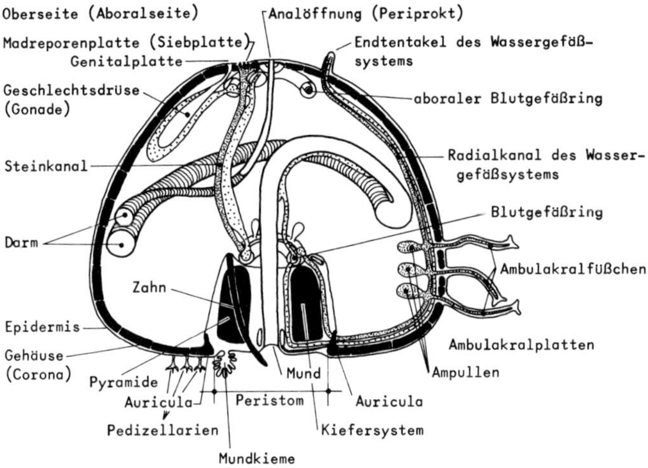

Gehäuseunterseite (Oralseite)

Corona
eines regulären Seeigels

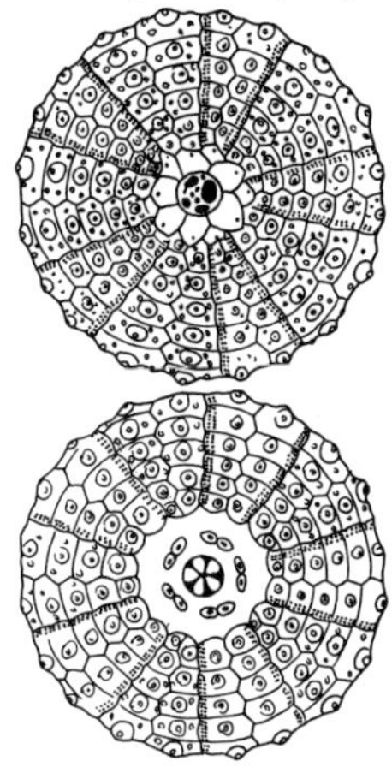

oben: Aboralseite mit Apikalschild;

unten: Oralseite mit Peristom und den Zahnspitzen.

Typische Gehäuseformen

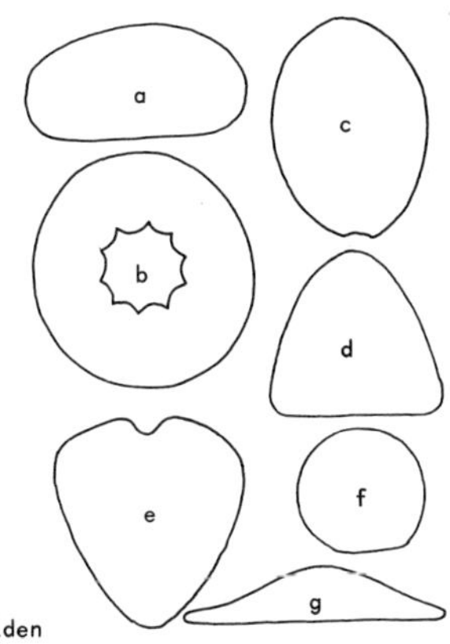

Apikalschild
eines regulären Seeigels

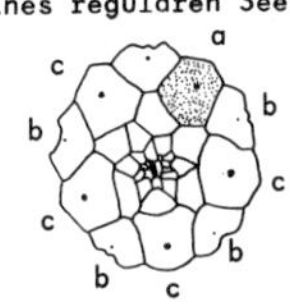

a Madreporenplatte
b Ocellarplatten
c Genitalplatten

a turbanförmig (lateral)
b rund (oral)
c oval (aboral)
d kegelförmig (lateral)
e herzförmig (aboral)
f rund (lateral)
g schildförmig (lateral)

Kieferapparat
eines regulären Seeigels

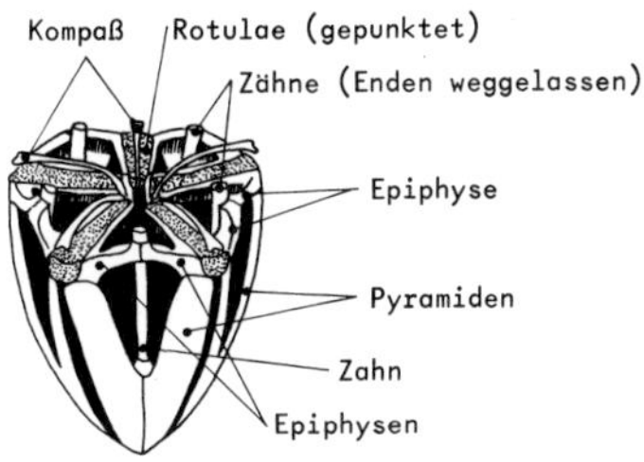

Pyramidenteile aus Kieferapparaten

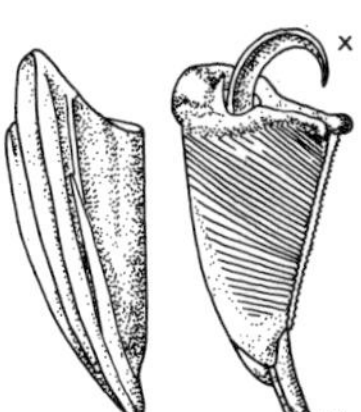

a eines fossilen Cidariden aus dem Ob. Jura (Halbpyramide), ca. 2,5 cm

b von Strongylocentrotus droebachiensis, rezent (Pyramide), x Zahnsäckchen zur Zahnneubildung, y Zahnspitze

Rotula eines fossilen Cidariden aus dem Ob. Jura (Oxford); ca. 1,2 cm

Wichtige Ambulakralplattentypen der regulären Seeigel ("Großplatten")

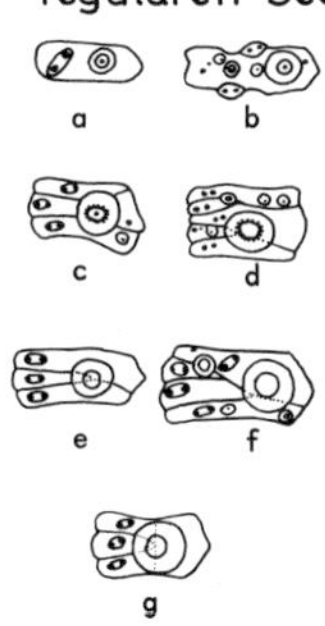

a cidaroid
b echinothuroid
c diademoid
d diademoid
e echinoid
f echinoid
g arbacioid

g. richter

auf einer gedachten Linie zwischen Scheitel und Mund im rückwärtigen Bereich der Corona. Derartige Formen nennen wir irregulär. Der Bereich des größten horizontalen Durchmessers heißt Ambitus.
Auf der Aboralseite finden wir eine Reihe von Platten, die zusammen Scheitelfeld (Apikalsystem) genannt werden. Bei den regulären Seeigeln umschließt es das Periprokt. Der Scheitelpunkt der Corona wird Apex genannt; sehr häufig sitzt hier das Apikalsystem. Letzteres besteht aus Ocellarplatten mit sehr feiner Perforation und aus Genitalplatten, die an einer größeren Pore (Genitalpore) erkennbar sind. Eine der Genitalplatten zeigt eine mikroskopisch feine Porung. Diese Platte heißt Madreporen- oder Siebplatte und liegt über der Mündung des Steinkanals.
Das Gehäuse besteht aus zahlreichen Kalktafeln oder -platten, Asseln genannt. Sie bilden alternierend je 5 Ambulakral- und Interambulakralfelder, meist verbunden durch eine zickzackförmige Naht. Die Ambulakralplatten sind immer perforiert – aus den Poren treten die Ambulakralfüßchen aus. Die Porenzonen am seitlichen Rand der Ambulakralplatten bestehen meist aus zwei runden oder einer runden und einer quer verlängerten Öffnung. Sind die paarigen Poren durch eine Querfurche verbunden, bezeichnet man sie als gejocht. Die Porenzonen verlaufen oft geschwungen oder geradlinig vom Periprokt zum Peristom. Eine andere Form der Porenzonen wird petaloid genannt. Hier verlaufen die Porenstreifen vom Apikalfeld auseinander und neigen sich in einer gewissen Entfernung wieder zueinander, wobei sie blattförmige Felder (Petalodien) meist in der Nähe des Apikalfeldes bilden (gut zu erkennen z. B. auf Abb. E 46). Subpetaloid nennen wir relativ lange und unten offene Petalodien, begrenzt von ungejochten Porenpaaren. Den Abschluß im Bereich des Apikalschildes bilden bei den Ambulakralfeldern die Ocellarplatten. Der Umriß dieser Platten ist meist drei- oder fünfseitig; sie tragen eine feine Pore.

Stacheln und Warzen der Cidaroida. (Abgeändert nach BARRACLOUGH, FELL, A.H. MÜLLER.)

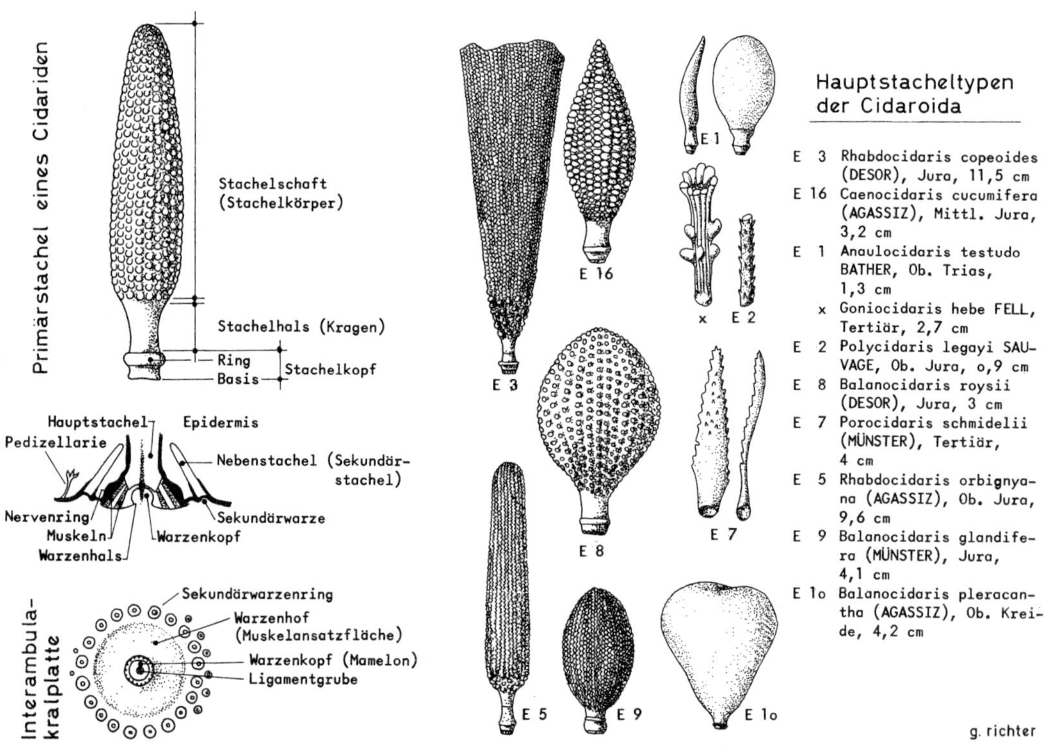

Fasziolen der Spatangoida. (Umgezeichnet nach LEHMANN aus TERMIER.)

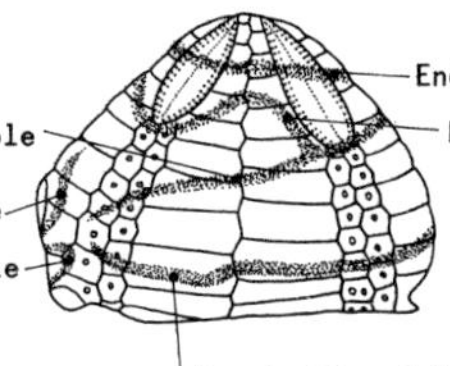

Die Interambulakralfelder werden im Apikalbereich von den Genitalplatten abgeschlossen. Sie sind fast immer größer als die Ocellarplatten und haben je eine gröbere Pore, abgesehen von der fein geporten Madreporenplatte. Die Interambulakralplatten tragen – gut erkennbar z. B. bei den regulären Seeigeln – die Primärstacheln (Hauptstacheln) und haben entsprechend große Stachelwarzen (Primärwarzen), teilweise auch noch Sekundärwarzen als Basis der Sekundärstacheln. Während die Plattenzahl eines Interambulakralfeldes sehr gering sein kann – bei den Cidaroida z. B. 4 oder 5 –, kann die Zahl der Interambulakralplatten bis zu 60 pro Feld betragen.
Bei den meisten Seeigeln der Ordnung Spatangoida beobachten wir ein schmales, mitunter eingetieftes Band auf dem Gehäuse. Hier saßen zu Lebzeiten der Tiere feine Borsten und Wimpern (Cilien), nie aber Stacheln. Diese Fasziolen tragen je nach Lage besondere Bezeichnungen; die wichtigsten können der Abb. S. 341 entnommen werden. Sie sind teilweise wichtig für die Zuordnung und Bestimmung der Spatangiden.
Alle Seeigel haben unterschiedlich viele kalkige Stacheln. Manche Arten tragen ein gleichförmiges, dichtes und feines Stachelkleid, wobei es sich meist um sand- oder schlickbewohnende Arten handelt. Andere haben große, auffallende Hauptstacheln und dazu noch kleinere Nebenstacheln (z. B. die Cidaroida). Bekannte rezente Formen mit zweierlei Stacheln sind z. B. der Lanzenseeigel (*Prionocidaris baculos*) oder der Griffelseeigel (*Heterocentrotus mammillatus*, s. Foto S. 284). Diese Arten leben meist im Riffbereich. Die Stacheln ermöglichen ein Einspreizen im Untergrund, gewähren Schutz gegen die hier zahlreichen Feinde und bewahren das Tier davor, durch Wasserbewegung fortgerollt zu werden. Die Stacheln sind immer beweglich mit dem Gehäuse verbunden. Neben der Schutzfunktion (Defensivbewaffnung) spielen sie auch eine wichtige Rolle als Fortbewegungsmittel.
Der innere Bau der Stacheln kann sehr kompliziert sein und ist mitunter wichtig für Systematik und Bestimmung. Da er nur an Hand von Dünn- und/oder Anschliffen untersucht werden kann, wird hier nicht darauf eingegangen. Die Stachelform kann sehr variieren. Vor allem die Primärstacheln der Cidaroida zeigen ein breites Spektrum (S. 340). Stachelabmessungen bis über 30 cm sind bekannt. Die Stachellänge kann den Gehäusedurchmesser um ein Vielfaches übertreffen.
Das Gehäuse trägt Stachelwarzen. Wir unterscheiden zwischen Primär- und Sekundärwarzen. Der Stachel selbst gliedert sich in Stachelkopf, Stachelhals und Stachelschaft, wobei letzterer normalerweise den größten Teil des Gesamtstachels bildet. Der Stachelkopf wie auch die Warze auf der Corona können perforat (gelocht) oder imperforat sein, gekerbt bzw. gezähnelt oder ungekerbt, glatt. Der Stachelschaft ist in den meisten Fällen gekörnelt, bedornt oder gestreift, nur ganz selten glatt.
Alle Seeigel haben eine Anzahl von Pedizellarien in Form winziger calcitischer Zangen. Sie sitzen auf stielartigen Schäften zwischen den übrigen, wesentlich größeren Stacheln. Die Backen einer solchen Pedizellarie sind oft zangenförmig ausgebildet und können entsprechend bewegt werden. Je nach Ausbildung werden eine Reihe von Typen unterschieden (dactyl, ophiocephal, globifer, tridentat, triphyllat). Die Aufgabe der Pedizellarien ist die Abwehr von Kleintieren wie z. B. Larven usw., die sich im Schutz des Stachelkleides ansiedeln wollen. Einige dieser Zangen weisen Giftdrüsen auf. Für die Bestimmung der rezenten Seeigel sind die Pedizellarien sehr wichtig. Das gilt nicht für fossile Seeigel, da die Pedizellarien nie am Gehäuse gefunden werden. Da aber andererseits verschiedene Gesteine häufig derartige Fossilien enthalten, ist anzunehmen, daß früher oder später ausführliche mikropaläontologische Arbeiten darüber vorgelegt werden.
Bei den regulären und einigen anderen Seeigelgruppen (z. B. den Schildigeln, Clypeasteroida) beobachten wir ein Kiefersystem. Nach der Form und der ersten wissenschaftlichen Beschreibung durch Aristoteles wird dieser Apparat als „Laterne des Aristoteles“ bezeichnet. Die wichtigsten Bauelemente sind 5 meist zweiteilige Pyramiden, 5 Zähne, 10 Epiphysen, 5 Rotulae und 5 Kompasse. Die Pyramiden sind untereinander durch Muskeln zu einem auf- und zuklappbaren Kieferapparat

verbunden. In sogenannten Zahnsäckchen werden die Zähne ständig neu gebildet und entsprechend der Abnutzung nachgeschoben (s. S. 339). Vor allem in verschiedenen Schichten des Ob. Jura und auch der Kreide werden Einzelteile dieses Apparates gefunden. Komplette fossile Kiefersysteme sind außerordentlich selten. Zum Studium der Laterne des Aristoteles und zu Vergleichszwecken eignen sich die Systeme rezenter regulärer Seeigel. Die ganze Laterne ist mit Muskeln an Sockeln der Gehäusewand (Auriculae) rund um das Peristom befestigt.

Weichteile

Der Schemaschnitt auf S. 339 zeigt uns die innere Organisation eines regulären Seeigels, stellvertretend für die Klasse. Zwischen Mund und After verläuft ein dicker, zweifach gegenläufig gewundener Verdauungskanal, zusammengesetzt aus Speiseröhre, Magen und Darm. Das Wassergefäßsystem besteht aus dem Ringkanal und dem sogenannten Steinkanal, der unter der Madreporenplatte mündet. Der Ringkanal ist mit dem Ambulakralsystem verbunden, das unter den Ambulakralfeldern liegt: Die sogenannten Ampullen ragen in das Gehäuseinnere und sind durch „Schläuche" miteinander und mit dem Ringkanal verbunden. Durch die Poren treten die muskulösen Ambulakralfüßchen nach außen, die am Ende mit winzigen Saugscheiben besetzt sind. Wird durch Kontraktion der Ampullen Wasser nach außen gepreßt, so werden die Füßchen größer. Zweck des Ambulakralsystems ist einerseits die Fortbewegung, andererseits das Erfassen und Transportieren von Nahrungsteilchen.
Die Sauerstoffaufnahme erfolgt an allen dünnwandigen Stellen des Körpers, vor allem auch über die Ampullen des Ambulakralsystems. Einige Formen haben Mundkiemen in der Umgebung des Peristoms.
Die einzigen Sinnesorgane der Seeigel sind die Sphaeridien. Sie sitzen in Form sehr kleiner, rundlicher und opalisierender Anhänge in der Umgebung des Mundes. Weitere Sinneszellen befinden sich sowohl auf den Pedizellarien wie auch auf den Stacheln und den Ambulakralfüßchen, jedoch auch auf der Außenhaut. Diese wie auch die Sphaeridien vermitteln mechanische, chemische und optische Reize.

Ontogenese

Der Laich wird in der Regel in flachen Küstengewässern abgelegt. Die Eigröße liegt im Durchschnitt bei ca. 0,2 mm. Bereits die ersten Entwicklungsstadien (Blastula, Gastrula) erlauben den Larven, sich mit Hilfe zahlreicher Wimpern schwimmend zu bewegen. 4–6 Wochen im Durchschnitt, maximal aber 10 Wochen leben sie als freischwimmende Planktontiere (Echinopluteus). Dann bilden sie Primärfüßchen, sinken schließlich zu Boden und bewegen sich kriechend fort. Im Verlauf der nun einsetzenden Metamorphose verwandelt sich die Larve in einen Seeigel. Das junge Tier mißt normalerweise nicht mehr als 1 mm. Beim rezenten Strandseeigel (*Psammechinus miliaris*) erreicht die Corona nach einem Jahr ca. 2 cm Durchmesser bei einer Maximalgröße der Art von ca. 5 cm. Einige Arten verändern sich im Lauf der Ontogenese. Die Zahl der Platten und Primärwarzen z. B. nimmt zu, bis das Adultstadium erreicht ist.

Lebensraum, Lebensweise

Seeigel leben ausschließlich marin, von ganz wenigen, auch in Brackwasserbereiche vordringenden Arten abgesehen. Die meisten Arten bevorzugen die flachen Küstengebiete. Hier leben sie auf dem Meeresboden, von der Hochwasserlinie des Strandes bis in ca. 200 m Tiefe. Einige Arten leben in der Tiefsee; Vertreter der Gattung *Pourtalesia* wurden in 7200 m Tiefe nachgewiesen. Die größte Artenvielfalt rezenter Formen beobachten wir in der indomalaisischen Region, aber auch an den australischen Küsten: Hier leben immerhin Vertreter von 135 Gattungen. Weltweit verbreitete Arten gibt es nicht.
Die Mehrzahl der regulären Seeigel lebt auf Hartböden. Stillwasserformen haben meist hochgewölbte Gehäuse, während Formen des bewegten Wassers und der Brandung meist flache Formen aufweisen. Die irregulären Seeigel aber leben zum größten Teil auf oder in Sand- und Schlickböden. Wir beobachten häufig eingegraben lebende Formen (Infauna), die das Sediment durchwühlen und ihm dabei Nahrung entziehen. Grabende Formen haben ein anliegendes Stachelkleid mit nach hinten ausgerichteten Stacheln. Das Gehäuse erhält dadurch sozusagen Stromlinienform. Viele im Sediment lebende Formen benötigen den Panzer nicht mehr als Schutz. Durch Reduzierung der unnötigen dicken

Kalkschale wird das Gehäuse mitunter sehr zerbrechlich, wie z. B. beim Herzigel, *Echinocardium cordatum*.
Die Fortbewegung der Seeigel erfolgt auf Hartböden mittels Stacheln und Ambulakralfüßchen, auf Weichböden nur mit Hilfe der Stacheln, denn die Saugscheiben finden hier keinen Halt. Die Tiere kriechen sehr langsam vorwärts, obwohl es auch einige ausgesprochen „schnelle" Arten gibt, die es immerhin auf ca. 2,10 m pro Minute bringen. Die langsamen Seeigel schaffen in der gleichen Zeit etwa 30 cm.
Form und Beschaffenheit der fossilen Seeigelgehäuse erlauben einige Aussagen über die Beschaffenheit des damaligen Meeresbodens, ob die Tiere auf Hart- oder Weichboden, im Riffbereich, in der Stillwasser- oder Brandungszone usw. lebten. Seeigel können also als Faziesanzeiger dienen.
Die meisten regulären Seeigel suchen ihre Nahrung als Weidegänger. Sie bewegen sich langsam über den Meeresboden und fressen den Bewuchs ab, wobei zwischen tierischem und pflanzlichem Leben kein Unterschied gemacht wird. Auch Aas, wie z. B. tote Fische, Krebse oder Weichtiere, wird nicht verschmäht. Im Gegensatz hierzu gewinnen die irregulären Seeigel ihre Nahrung durch Auftupfen, Aussieben oder Ablecken – sie untersuchen dabei die oberste Sedimentschicht, welche den größten Anteil an Kleintierleben aufweist. Manche Formen bewegen sich dabei im Sediment, also eingegraben, fort – sie „bewältigen" die ergiebige Sedimentschicht von unten (z. B. der Sanddollar, *Melitta sexiesperforata*). Die Hauptnahrung der irregulären Formen dürften neben Zerreibsel Kieselalgen sein, Foraminiferen, Radiolarien usw.

Bestimmung

Zuerst stellen wir fest, ob unsere Funde zu den regulären oder den irregulären Seeigeln gehören. Wir prüfen also, ob fünfstrahlige (reguläre Formen) oder bilaterale Symmetrie vorliegt. Bei regulären Seeigeln liegt das Peristom immer zentral auf der Oralseite, bei irregulären kann es nach vorne verschoben sein. Wir achten nun auf die Gehäuseform, die uns jedenfalls auch weiterhelfen wird. Wichtig ist auch die Beschaffenheit der Oberfläche: Trägt diese große, kleine oder kaum ausgeprägte Stachelwarzen? Im ersten und zweiten Fall gehört das Fossil zur Ordnung Cidaroida oder zu den Oberordnungen Diadematacea und Echinacea. Formen mit nur sehr schwach ausgeprägten Stachelwarzen oder nahezu glatter Oberfläche gehören zu den Oberordnungen Gnathostomata und Atelostomata.
Auch aufgrund der Stachelform lassen sich Aussagen machen. Da wir die Stacheln in den allermeisten Fällen isoliert finden, läßt sich eine Verbindung Stachel- zu Gehäuseresten nur durch Häufigkeitsvergleiche von Coronaüberresten und Stacheln in der gleichen Schicht – provisorisch! – ermitteln. Im systematischen Teil wird jedenfalls die Stachelform häufig erwähnt, um die Bestimmung isolierter Stacheln zu ermöglichen.
Wichtig sind weiterhin Form und Ausbildung des Apikalschildes und der Ambulakralplatten sowie auch die Anordnung der Ambulakralfelder. Feine Einzelheiten z. B. des Apikalschildes lassen sich allerdings nur bei guter Erhaltung erkennen.

Klasse Echinoidea (Seeigel)
Unterklasse Perischoechinoidea

(Ordovizium – rezent)

Reguläre Seeigel, ohne Großplatten. Ambulakralfelder aus je 2–20, Interambulakralfelder aus je 1–14 Plattenreihen. Periprokt immer innerhalb des Apikalschildes. Keine Kiemenschlitze.

Ordnung Cidaroida (Ob. Silur – rezent)

Gehäuse meist turbanförmig bis abgeflacht kugelförmig. Ambulakralfelder aus 2, Interambulakralfelder aus 2 oder selten 4 Plattenreihen. Jede Ambulakralplatte mit einem Porenpaar. Pro Interambulakralplatte eine meist perforate Primärwarze. Kieferapparat vorhanden.

E 1–3 s. S. 340

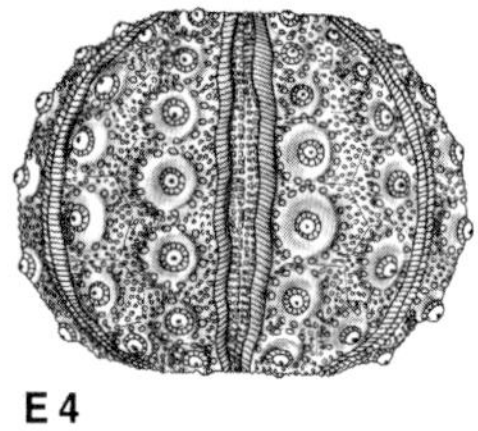

E 4

E 5 s. S. 340

E 6

E 7–10 s. S. 340

E 11

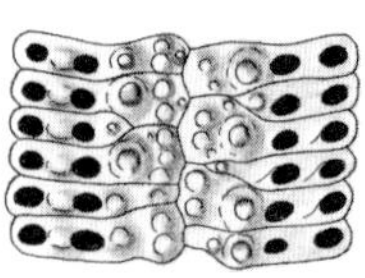

E 12

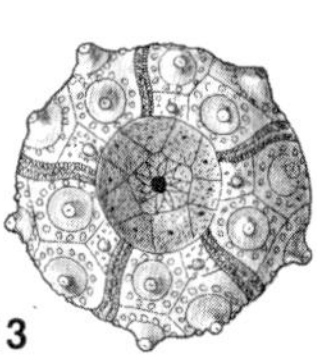

E 13

Familie Miocidaridae (Unt. Karbon – Unt. Jura)

E 1 ***Anaulocidaris.*** Ob. Trias (Karn). Mittelgroß. Gehäuseplatten teilweise gegeneinander beweglich, also nicht starr. Interambulakralplatten dünn. Primärwarzen glatt, ohne Kerbung. Primärstacheln flach. ***A. testudo*** BATHER; ca. 1,3 cm, Stachel.

Familie Cidaridae (Ob. Trias – rezent)

E 2 ***Polycidaris.*** Mittl. Jura (Bajoc) – Ob. Jura. Gedrungen, turbanförmig. Zahlreiche (bis zu 15) Interambulakralplattenreihen, Platten breiter als hoch. Primärwarzen gekerbt. Primärstacheln relativ schlank, bedornt. ***P. legayi*** SAUVAGE, Ob. Jura (Unt. Tithon); ca. 0,9 cm, Stachel.

E 3–6 ***Rhabdocidaris.*** Unt. Jura – Tertiär (Eozän). Meist großwüchsig, um 10 cm Durchmesser. Gehäuse hoch turban- bis kugelförmig, mit abgeflachter Oral- und Aboralseite. Ambulakralfelder leicht gewellt. Poren gejocht. Warzenhof sehr flach. Primärwarzen perforat, kräftig gekerbt. Primärstacheln lang und kräftig, meist flach oder dreikantig. Oft mit regelmäßigen Dornenreihen und/oder eingestreuten gröberen Dornen. ***R. copeoides*** (DESOR) (**E 3**), Jura; ca. 11,5 cm (Stachel). ***R. orbignyana*** (AGASSIZ), Ob. Jura (Ob. Oxford – Kimeridge); (**E 4**) ca. 11,3 cm, Gehäuse lateral; (**E 5**) ca. 9,6 cm, Stachel. ***R. horrida*** (MERIAN) (**E 6**), Mittl. Jura (Bajoc); ca. 7,5 cm, Stachel.

E 7 ***Porocidaris.*** Tertiär (Eozän). Ähnlich ***Rhabdocidaris***, jedoch mit geraden Ambulakralfeldern. Primärstacheln abgeflacht, Stachelhals fein gekörnelt. ***P. schmidelii*** (MUENSTER); ca. 4 cm, Stachel.

E 8–10 ***Balanocidaris.*** Ob. Trias – Ob. Kreide. Ambulakralfelder sinusförmig gewellt. Poren ungejocht. Primärwarzen perforat und ungekerbt. Primärstacheln extrem dick, keulenförmig, mit starker Körnelung. ***B. roysii*** (DESOR) (**E 8**), Jura; ca. 3 cm, Stachel. ***B. glandifera*** (MUENSTER) (**E 9**), Jura; ca. 4,1 cm, Stachel. ***B. pleracantha*** (AGASSIZ) (**E 10**), Ob. Kreide; ca. 4,2 cm, Stachel.

E 11, 12 ***Paracidaris.*** Ob. Trias (Rhät) – Ob. Jura (Tithon). Turbanförmig. Ambulakralplatten einfach; Außenwarzen der Zwischenporenzone ungleich groß. Poren ungejocht. Primärwarzen gekerbt, Primärstacheln dick keulenförmig bis zylinderförmig. Kurzer Kragen mit allmählichem Übergang in den Schaft, welcher kräftige längslaufende Reihenkörnelung zeigt. ***P. florigemma*** (PHILLIPS), Ob. Jura (Oxford); (**E 11**) ca. 3,3 cm, Stachel; (**E 12**) Ambulakralplatten. ***P. florigemma*** ist eine häufige Art des Schweizer Jura. Weitere Arten: ***P. blumenbachii*** (MUENSTER), Ob. Jura (Unt. Oxford); ***P. filograna*** (AGASSIZ), Ob. Jura (Unt. Oxford).

E 13–15 ***Plegiocidaris.*** Ob. Trias (Nor) – Ob. Jura. Turbanförmig. Ambulakralfelder einfach, am Peristom mitunter pluriserial. Warzen der Zwischenporenzone gleichmäßig groß. Primärwarzen perforat und ungekerbt. Primärstacheln mit langem, zylinderförmigem Hals und mindestens gleichlangem bis höchstens dreimal so langem Schaft. Übergang vom Hals zum Schaft oft schief, gekennzeichnet durch abrupte Durchmesservergrößerung, mitunter auch durch kleinen Wulst am Ende der Stachelkörnelung. Diese besteht aus regel- oder unregelmäßigen längslaufenden Knötchenreihen. ***P. coronata*** (SCHLOTHEIM), Ob. Jura (Oxford – Tithon; verschiedene Autoren beschränken das Auftreten der Art auf das Oxford); (**E 13**) ca. 3,8 cm, Aboralseite; (**E 14**) Ambulakralplatten; (**E 15a**) ca. 3,7 cm,

Stachel. ***P. cervicalis*** AGASSIZ (**E 15b**), Ob. Jura (Oxford); ca. 4 cm, Stachel.

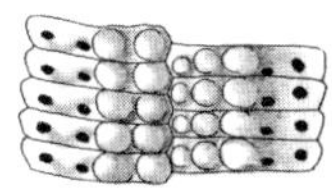

E 14

Familie Psychocidaridae (Ob. Jura – rezent)

E 16 ***Caenocidaris.*** Mittl. Jura (Bajoc). Poren ungejocht, durch Wall getrennt. Primärwarzen teilweise gekerbt. Primärstacheln dick und keulenförmig, mit grober Körnelung. ***C. cucumifera*** (AGASSIZ); ca. 3,2 cm, Stachel.

E 17 ***Tylocidaris.*** Ob. Kreide. Turbanförmig, niedrig, oben und unten abgeflacht. Poren ungejocht. Primärwarzen sehr groß, imperforat und ungekerbt; bei ***T. clavigera*** ausnahmsweise perforat. Primärstacheln mit feiner Körnelung, in regel- oder unregelmäßigen Längsreihen. Stacheln sehr groß – die Länge entspricht mitunter dem Gehäusedurchmesser. ***T. clavigera*** (KÖNIG), Turon (*labiatus*-Zone) – Unt. Campan; ca. 3 cm, Stachel. Das Gehäuse von ***Psychocidaris*** weist eine ähnliche Form auf, jedoch sind die Stacheln der zu dieser Gattung gehörenden Arten ungekörnelt.

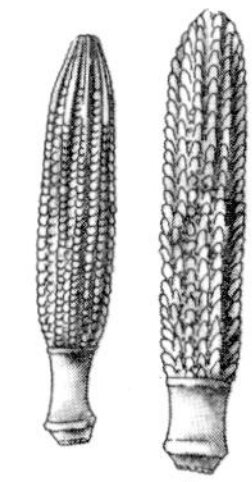

E 15 a b

E 16 s. S. 340

Unterklasse Euechinoidea

(? Karbon, Ob. Trias – rezent)

Die Ambulakral- und die Interambulakralfelder bestehen in der Regel aus je 2 Plattenreihen. Das Periprokt kann, muß aber nicht im Apikalfeld liegen. Kiefergebiß und Kiemenschlitze sind vorhanden, können aber im Altersstadium fehlen.

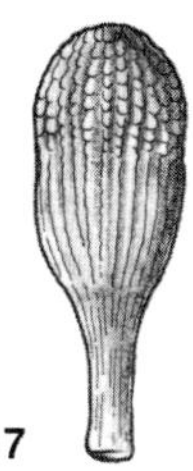

E 17

Oberordnung Diadematacea (Ob. Trias – rezent)

Gehäuse annähernd radialsymmetrisch, niemals auffallend zweiseitig symmetrisch. Falls Großplatten vorhanden sind, gehören sie zum diademoiden Typ.

Ordnung Pedinoida (Ob. Trias – rezent)

Gehäuse dünnschalig. Kiemenschlitze nur schwach ausgebildet. Stachelwarzen nicht gekerbt.

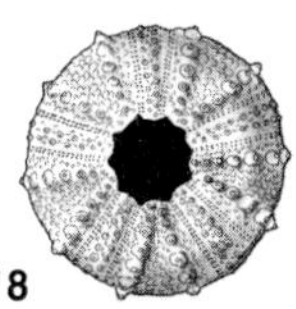

E 18

Familie Pedinidae (Ob. Trias [Rhät] – rezent)

E 18 ***Hemipedina.*** Unt. Jura (Pliensbach) – Ob. Kreide (Cenoman). Gehäuse meist klein und nur schwach gewölbt. Interambulakralplatten hoch und schmal, Primärwarzen in Plattenmitte; nur jede dritte Ambulakralplatte trägt eine größere Warze. ***H. granulata*** (MERIAN), Mittl. Jura (Bathon); ca. 1,8 cm, Oralseite.

Ordnung Pygasteroida (Unt. Jura – Ob. Kreide)

Gehäuse mittelgroß bis groß. Periprokt außerhalb des Apikalfeldes. Keine zusammengesetzten Ambulakralplatten. Warzen der Interambulakralplatten ungekerbt.

Familie Pygasteroida (Unt. Jura – Ob. Kreide)

E 19 ***Plesiechinus.*** Jura (Pliensbach – Bathon). Mittelgroß, meist flach. Apikalplatten angeordnet um den im Apikalbereich liegenden Teil des Periprokts. Die 4 Genitalplatten berühren im Gegensatz zu den Ocellarplatten die Öffnung. ***P. ornatus*** (BUCKMAN), Bajoc; ca. 5,5 cm, Oralansicht, Aboralansicht, Lateralansicht (von oben).

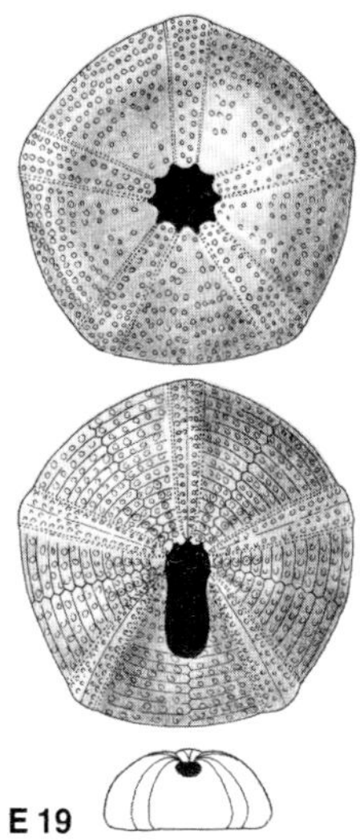

E 19

Oberordnung Echinacea (Ob. Trias – rezent)

Periprokt innerhalb des Apikalfeldes. Adulte Exemplare haben Kiemenschlitze und einen Kieferapparat.

Ordnung Salenioida (Unt. Jura – rezent)

Gehäuse ähnlich demjenigen der Cidaroida: Jede Interambulakralplatte trägt eine große, meist gekerbte Primärwarze und kleine Sekundärwarzen. Ambulakralplatten einfach oder verbunden (diademoid). Periprokt durch zusätzliche Platten des Apikalsystems leicht exzentrisch im Apikalfeld angeordnet.

Familie Acrosaleniidae (? Ob. Trias, Unt. Jura – Ob. Kreide)

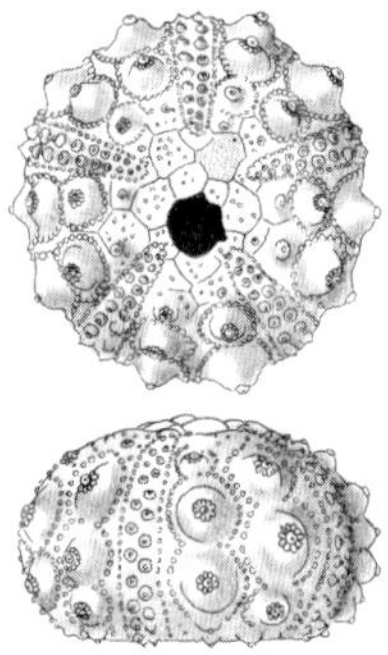

E 20

E 20 ***Acrosalenia.*** ? Ob. Trias (Rhät), Unt. Jura (Hettang) – Unt. Kreide. Gehäuse meist niedrig, mit flacher Oralseite. Porenreihen in geraden Linien. Fast immer Großplatten. Ambulakralplatten mit 2 alternierenden Warzenreihen; Interambulakralplatten mit 2 Reihen perforater und gekerbter Primärwarzen. Stacheln zylindrisch, meist lang und glatt. ***A. hemicidaroides*** Wright, Mittl. Jura (Bathon); ca. 2,5 cm, Aboralansicht, Lateralansicht (von oben).

Familie Saleniidae (Ob. Jura – rezent)

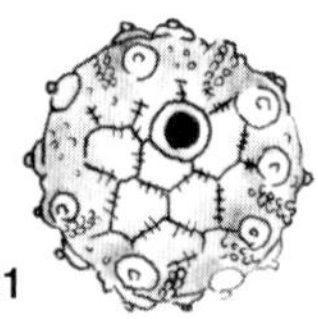

E 21

E 21 ***Salenia.*** Kreide. Gehäuse meist klein; Durchmesser 5–15 mm. Ähnlich ***Acrosalenia***, jedoch mit imperforaten Primärwarzen. Primärstacheln schlank und leicht gebogen, mitunter bedornt. Periprokt exzentrisch. ***S. scutigera*** (Muenster), Ob. Kreide (Cenoman); ca. 2 cm, Aboralansicht.

Ordnung Hemicidaroida (Ob. Trias – Ob. Kreide)

Gehäuse meist hoch. Primärwarzen perforat, meist gekerbt. Deutlicher Warzenhof. Peristom groß und mit Kiemenschlitzen.

Familie Hemicidaridae (Unt. Jura – Ob. Kreide [Cenoman])

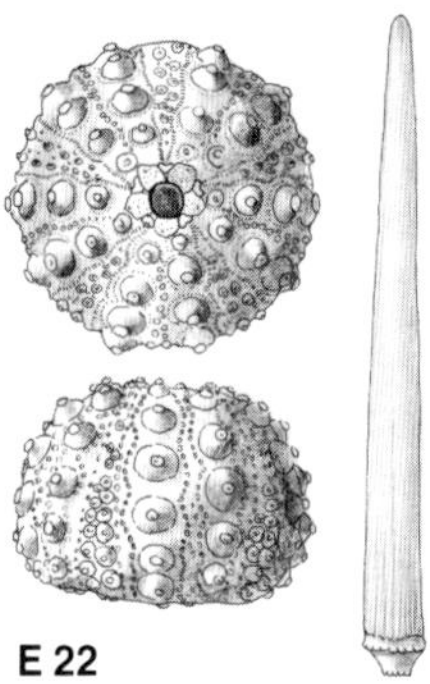

E 22

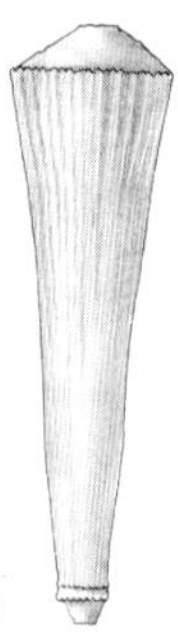

E 23

E 22, 23 ***Hemicidaris.*** Mittl. Jura (Bajoc) – Ob. Kreide (Cenoman). Hoch turbanförmig, mit flacher Oral- und gewölbter Aboralseite. Interambulakralfeld mit 8 bis 10 Platten. Primärwarzen groß, mit einander berührenden Warzenhöfen. Im Bereich unterhalb des Ambitus zeigen die Ambulakralfelder 2 Reihen mäßig großer Warzen. Interambulakralfelder wesentlich breiter als Ambulakralfelder. Primärstacheln groß, längsgestreift, zylinder- oder keulenförmig. ***H. intermedia*** (Fleming), Ob. Jura (Oxford); (**E 22**) ca. 4 cm, Aboralansicht, Lateralansicht; ca. 6 cm, Stachel. ***H. crenularis*** (Lamarck) (**E 23**), Ob. Jura (Oxford), ca. 5,5 cm, Stachel. Die Gehäuse von ***H. intermedia*** und ***H. crenularis*** sind gleich, abgesehen von dem bei letzterer Form etwas größeren Peristom. Ohne Erhaltung der Oralseite ist somit keine Artbestimmung möglich. Die Form ***crenularis*** wird mitunter zu einer eigenen Gattung gestellt: ***Sphaerocidaris.*** – Eine Form aus dem mittl. Mitteljura ist ***H. meandrina*** (Agassiz); ohne Abb.

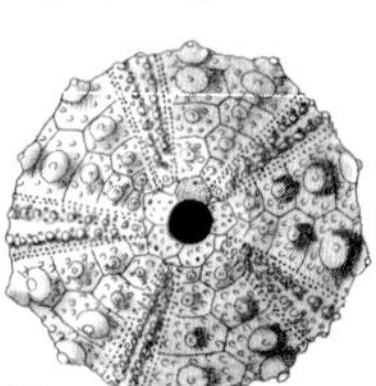

E 24

E 24 ***Gymnocidaris.*** Mittl. Jura (Bathon) – Unt. Oberjura. Wie ***Hemicidaris,*** jedoch mit reduzierten Interambulakralwarzen oberhalb des Ambitus. ***G. diademata*** (Agassiz), Mittl. Jura (Bathon); ca. 4,5 cm, Aboralansicht.

E 25 ***Hemitiaris.*** Ob. Jura. Ähnlich ***Gymnocidaris***, jedoch zeigen die Primärwarzen der Ambulakralfelder unterhalb des Ambitus eine unpaare, zickzackförmige Anordnung. ***H. stramonium*** (AGASSIZ), Ob. Oxford – Kimeridge; ca. 11,5 cm, Gehäuse mit Stacheln, Aboralansicht.

E 26 **Plesiocidaris.** Jura. Ähnlich ***Gymnocidaris***, jedoch weisen alle Ambulakralplatten oberhalb des Ambitus bzw. im Aboralbereich Primärwarzen auf, die alle gleichmäßig entwickelt und imperforat, ungekerbt sind. ***P. durandi*** (PERON & GAUTHIER), Ob. Jura (Kimeridge); ca. 9,3 cm, Gehäuse mit Stacheln, Aboralansicht.

E 27 ***Pseudocidaris.*** Mittl. Jura (Bathon) – Ob. Kreide (Cenoman). Ambulakralplatten wie bei ***Plesiocidaris***, sinusförmig. Interambulakralplatten wie bei ***Hemicidaris.*** Primärstacheln kurz und dick. ***P. clunifera*** (AGASSIZ), Unt. Kreide; ca. 3,5 cm, Aboralansicht.

E 28 ***Acrocidaris.*** Mittl. Jura (Bathon) – Ob. Kreide (Cenoman). Gehäuse mittelgroß bis groß, mit gewölbter Aboral- und flacher Oralseite. Die großen Ambulakralwarzen sind sehr kräftig ausgebildet und nur geringfügig kleiner als die interambulakralen Primärwarzen, die in 2 geraden Reihen verlaufen. Warzen oberhalb des Ambitus ungekerbt. Apikalschild klein; jede Genitalplatte trägt eine große Stachelwarze. Peristom groß. Primärstacheln der gekerbten Warzen groß und dreikantig, die anderen nur flach und schildförmig (Riffbewohner: unten festhalten, oben wenig Wasserwiderstand). ***A. formosa*** (AGASSIZ), Ob. Jura (Oxford); ca. 5 cm, Aboralansicht.

E 29 ***Diplopodia.*** Ob. Trias (Rhät) – Ob. Kreide (Cenoman). Gehäuse rund, sehr niedrig, oral abgeflacht, aboral sanft gewölbt. Poren der Ambulakralfelder ober- und unterhalb des Ambitus in 2 Reihen (unterhalb mitunter auch in 3 Reihen), am Ambitus aber nur in einer Reihe. ***D. subangularis*** (GOLDFUSS), Ob. Jura (Oxford – Kimeridge); ca. 3 cm, Oralansicht.

E 30 ***Polydiadema.*** Unt. Jura (Ob. Pliensbach) – Ob. Kreide (Cenoman). Ähnlich ***Diplopodia,*** geschieden aber durch einzeilige, gerade oder schwach gewellte Porenzonen. Die Primärwarzen der Ambulakralfelder sind ebenso groß wie jene der Interambulakralfelder. ***P. langi*** (DESOR), Ob. Jura (Oxford – Kimeridge); ca. 1,5 cm, Lateralansicht. Vor allem im Mittl. und Ob. Jura treten zahlreiche Arten auf, z. B. ***P. homostigma*** (AGASSIZ), Mittl. Jura (Bathon); ***P. mamillanum*** (ROEMER), Ob. Jura (Oxford – Kimeridge). ***P. rotulare*** (AGASSIZ), Unt. Kreide (Hauterive), ist eine wichtige Form aus der Kreide.

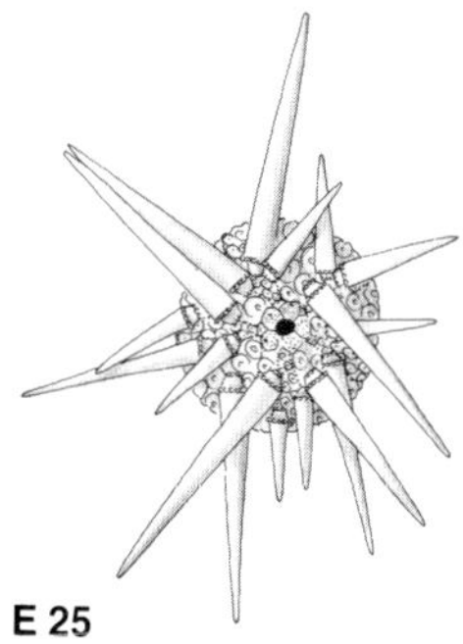
E 25

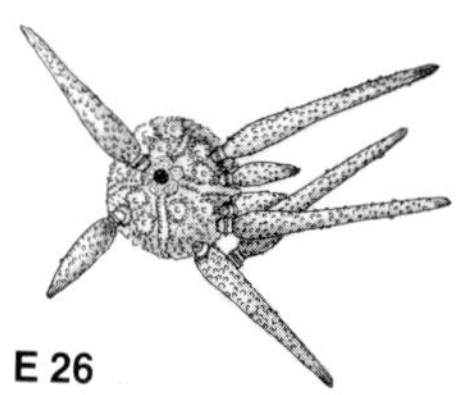
E 26

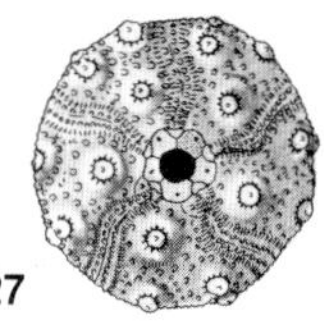
E 27

Ordnung Phymosomatoida (Unt. Jura – rezent)

Die Ambulakralfelder bestehen aus Großplatten (diademoid), seltener aus Einzelplatten. Die Interambulakralplatten tragen mehrere glatte, mitunter auch gekerbte, jedoch immer imperforate Primärwarzen.

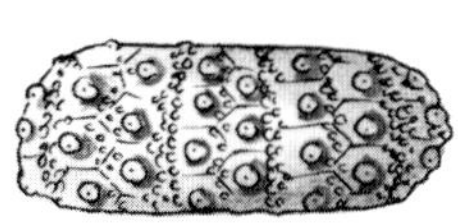
E 30

E 29

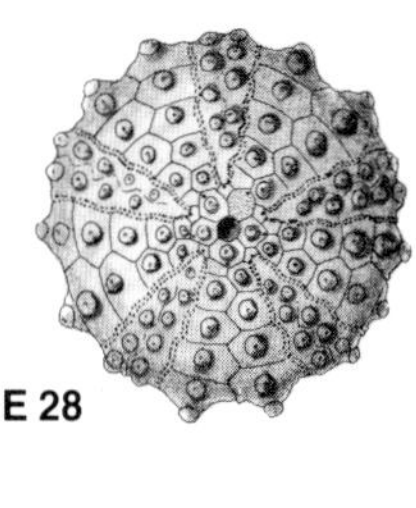
E 28

Familie Stomechinidae (Unt. Jura – rezent)

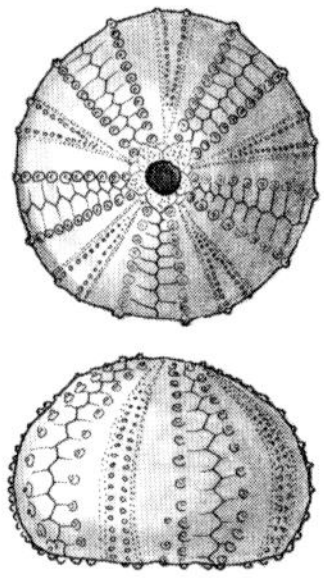

E 31

E 31 ***Stomechinus.*** Unt. Jura (Ob. Pliensbach) – Unt. Kreide. Mittelgroß bis groß (bis ca. 8 cm Durchmesser). Gehäuse niedrig bis hoch, oral abgeflacht. Ambulakralplatten dreiteilig. Poren schräggestellt, Porenzone breit. Primärwarzen klein, imperforat, ungekerbt. Ambulakral- und Interambulakralwarzen gleich groß, Ambulakralwarzen nur auf jeder zweiten Platte. Apikalschild klein, Periprokt klein, Peristom groß, mit deutlichen Kiemenschlitzen. ***S. bigranularis*** (LAMARCK), Mittl. Jura (Ob. Bajoc); ca. 4 cm, Aboralansicht, Lateralansicht. Im Ob. Jura finden wir ***S. perlatus*** (DESMAREST).

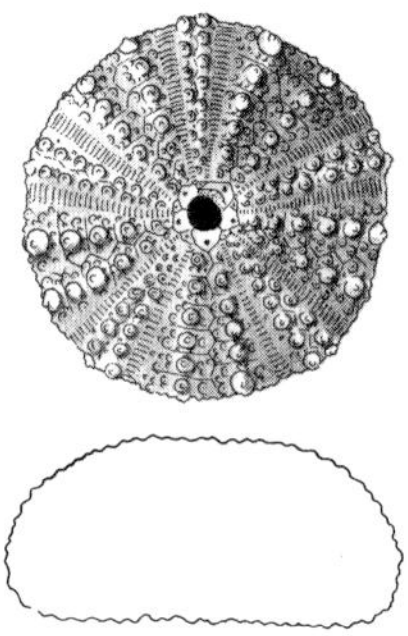

E 32

E 32 ***Phymechinus.*** Mittl. Jura (Bajoc) – Ob. Kreide. Gehäuse groß, Form ähnlich wie bei ***Stomechinus.*** Ambulakralfelder bestehen aus Großplatten. Porenpaare in 2 senkrechten Reihen angeordnet. Primärwarzen groß, sowohl in den Ambulakral- wie auch den Interambulakralfeldern in 2 geraden Reihen angeordnet. Apikalschild klein. Peristom groß, mit deutlichen Kiemenschlitzen. ***P. mirabilis*** (AGASSIZ), Ob. Jura (Oxford); ca. 4,5 cm, Aboralansicht, Lateralumriß.

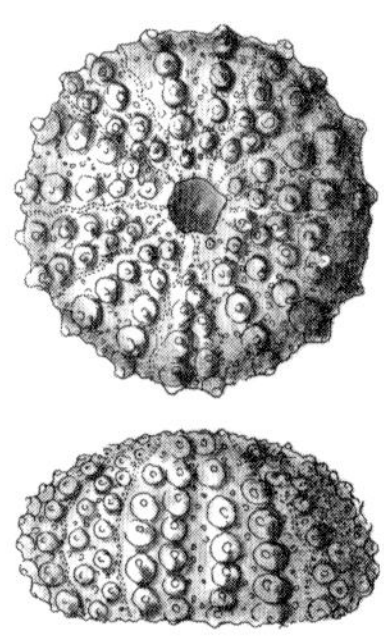

E 33

E 33 ***Phymotaxis.*** Ob. Kreide – Tertiär (Eozän). Gehäuse mittelgroß, Form ähnlich wie ***Stomechinus.*** Porenpaare in Doppelreihen auf der Oralseite, aboral aber in welligen Einzelreihen. Primärwarzen der Ambulakral- und Interambulakralfelder etwa gleich groß, je Feld in 2 geraden Linien angeordnet. ***P. tournoueri*** (COTTEAU), Ob. Kreide (Senon); ca. 4 cm, Aboralansicht, Lateralansicht.

Ordnung Arbacioida (Mittl. Jura [Bathon] – rezent)

Großplatten arbacioid. Primärwarzen imperforat, ungekerbt, meist unauffällig. Die Warzen der Interambulakralfelder sind größer. Primärstacheln meist glatt, Sekundärstacheln sind klein oder fehlen ganz.

Familie Arbacioidae (Mittl. Jura [Bathon] – rezent)

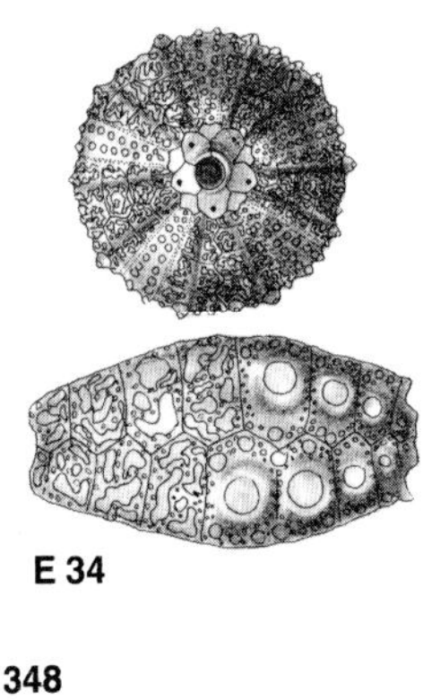

E 34

E 34 ***Glypticus.*** Mittl. Jura (Callov) – Ob. Jura (Tithon). Gehäuse niedrig, oral abgeflacht, aboral sanft gewölbt. Porenzone einzeilig. Großplatten arbacioid. Primärwarzen auf der Oralseite ausgeprägt entwickelt, jedoch nur schwach auf der Aboralseite, ersetzt durch unregelmäßige wulstartige Erhebungen. Apikalschild deutlich entwickelt. ***G. hieroglyphicus*** (GOLDFUSS), Ob. Jura (Oxford); Aboralansicht, ca. 3,5 cm; Interambulakralfeld, ca. 2,6 cm.

Oberordnung Gnathostomata (Jura – rezent)

Periprokt außerhalb des Apikalschildes. Keine Großplatten. Primärwarzen meist perforat und gekerbt. Stacheln hohl. Kieferapparat vorhanden.

Ordnung Holectypoida

(Unt. Jura [Pliensbach] – rezent)
Gehäuse halbkugelig bis kugelig oder oval. Ambulakralfelder teilweise mit petaloiden Porenzonen. Kiemenschlitze vorhanden oder nicht. Apikalschild dem Peristom gegenüberliegend.

Unterordnung Holectypina

(Unt. Jura [Pliensbach] – Ob. Kreide [Senon])
Porenzonen nicht petaloid. Kiemenschlitze deutlich. Apikalschild klein, mit 5 Genitalplatten.

Familie Holectypidae (Unt. Jura [Pliensbach] – Ob. Kreide [Senon])

E 35, 36 ***Holectypus.*** Unt. Jura (Pliensbach) – Ob. Kreide (Senon). Gehäuse niedrig, Oralseite flach oder konkav, Aboralseite gewölbt. Periprokt groß, meist tropfenförmig, am Rand oder unterhalb des Randes auf der Oralseite. ***H. depressus*** (LESKE) (**E 35**), Mittl. Jura (Bathon – Callov); ca. 4,5 cm, Oralansicht, Aboralansicht, Lateralansicht. ***H. orificatus*** (SCHLOTHEIM) (**E 36**), Ob. Jura (Kimeridge); ca. 2,5 cm, Aboralansicht, Oralansicht.

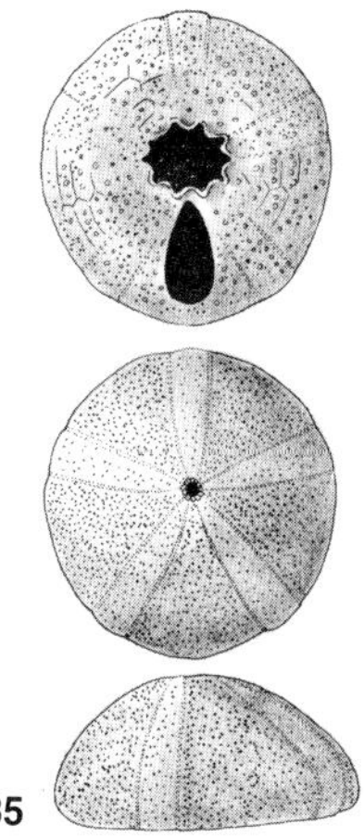

E 35

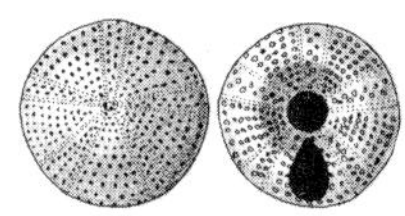

E 36

Familie Anorthopygidae (Kreide [Alb – Cenoman])

E 37 ***Anorthopygus.*** Kreide (Alb – Cenoman). Gehäuse nieder. Porenpaare einreihig. Periprokt sehr groß, randlich oder oberhalb des Randes. ***A. orbicularis*** (GRATELOUP), Ob. Kreide (Cenoman); ca. 4 cm, Aboralansicht.

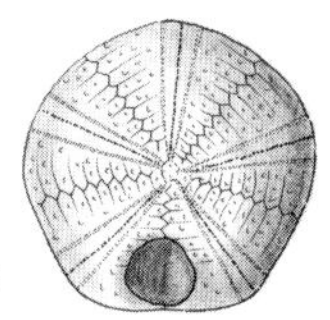

E 37

Familie Discoididae (Kreide)

E 38 ***Discoides.*** Kreide (Apt – Turon). Aboralseite konisch, Oralseite flach. Porenpaare in einer geraden Linie. Periprokt unterhalb des Randes, auf der Oralseite. Steinkerne zeigen 10 kräftige, die Ambulakralfelder abgrenzende Radialfurchen. ***D. subucula*** (LESKE), Ob. Kreide (Cenoman); ca. 1,5 cm, Aboralansicht, Oralansicht.

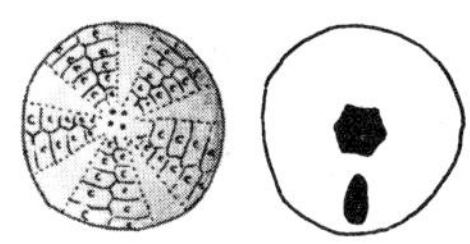

E 38

E 39 ***Camerogalerus.*** Ob. Kreide (Cenoman). Mittelgroß bis groß (ca. 6 cm). Gehäuse sehr hoch. Oralseite flach; Umriß rundlich bis fünfseitig. Zahlreiche Ambulakralplatten. Apikalschild klein. Steinkerne zeigen 10 ausgeprägte Furchen ähnlich wie bei ***Discoides. C. cylindricus*** (LAMARCK); Lateralansicht, ca. 5 cm, Oralansicht, ca. 5 cm, Steinkern, ca. 3,3 cm.

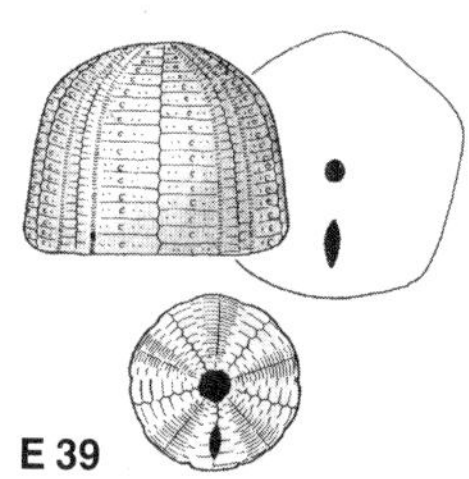

E 39

Unterordnung Echinoneina (Mittl. Jura [Callov] – rezent)

Porenzonen nicht petaloid. Kiemenschlitze undeutlich oder nicht vorhanden.

Familie Conulidae (Mittl. Jura [Callov] – Tertiär [Eozän])

E 40 ***Conulus.*** Ob. Kreide. Gehäuse meist hoch, kegelförmig; Oralseite flach, Aboralseite gewölbt. Periprokt unterhalb des Randes auf der Oralseite, meist oval, größer als das Peristom. Kiemenschlitze nur angedeutet. Apikalschild mit 4 Genitalplatten. Interambulakralwarzen zahlreich. ***C. albogalerus*** LESKE, Santon; ca. 3,8 cm, Lateralansicht, Oralansicht. Eine im Turon nicht seltene Art ist ***C. subrotundus*** MANTELL. Gehäuse halbkugelig mit flacher Oralseite. Ambitus etwa in Gehäusemitte.

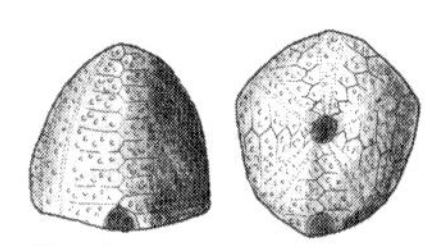

E 40

Familie Galeritidae (Ob. Kreide [Senon])

E 41 ***Galerites.*** Ob. Kreide (Senon). Halbkugelig bis kegelför-

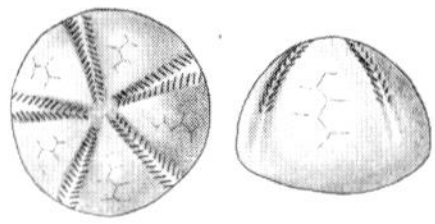

E 41

mig; Oralseite flach. Porenpaare schräg untereinander, in geraden Reihen. Peristom rund oder fünfeckig. Periprokt rund, unterhalb des Randes. Stachelwarzen sehr klein, perforat und gekerbt. ***G. vulgaris*** (LESKE), Ob. Campan – Unt. Maastricht; ca. 3 cm, rechts Lateralansicht, links Aboralansicht. Die Art wird nicht selten in Geschieben gefunden, erhalten als Feuersteinkern. Die Interambulakralfelder sind dann meist etwas vertieft.

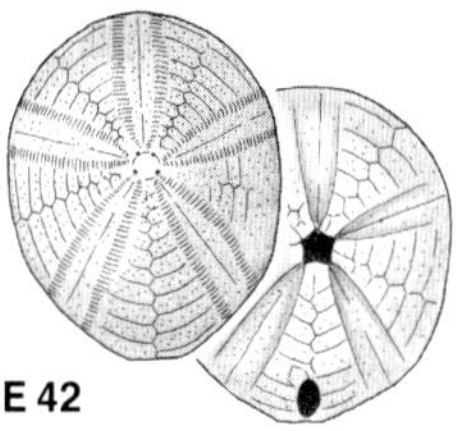

E 42

Unterordnung Conoclypina

(Ob. Kreide [Senon] – Tertiär [Miozän])
Porenzonen der Ambulakralfelder petaloid oder subpetaloid. 4 Genitalporen.

Familie Conoclypidae (Tertiär [Eozän – Miozän])

E 42 ***Conoclypus.*** Tertiär (Eozän – Miozän). Großwüchsig. Gehäuse verlängert. Oralseite flach. Das ovale Peristom liegt unterhalb des Randes, in der Längsachse. Primärwarzen klein, perforat und gekerbt. ***C. conoideus*** (LESKE), Mittl. Eozän; ca. 16 cm, Aboralansicht, Oralansicht.
E 43 ***Oviclypeus.*** Tertiär (Eozän). Gehäuse ähnlich ***Conoclypus,*** jedoch niedriger. Periprokt genau am Rand. ***O. lorioli*** DAMES; ca. 13,5 cm, Aboralansicht, Oralansicht.

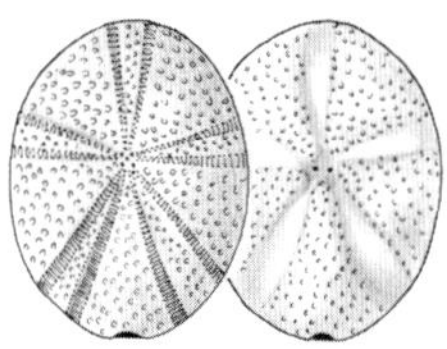

E 43

Ordnung Clypeasteroida (Ob. Kreide [Ob. Maastricht] – rezent)

Gehäuse meist niedrig, flach, schildförmig. Porenzonen petaloid. Peristom klein. Keine Kiemenschlitze. Genitalplatte verschmolzen.

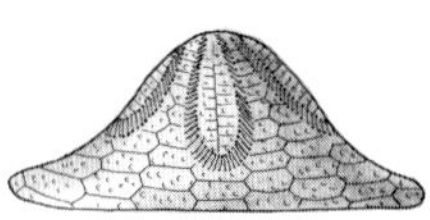

E 44

Unterordnung Clypeasterina

(Tertiär [Mittl. Eozän] – rezent)
Gehäuse mit inneren Stützpfeilern.

Familie Clypeasteridae (Tertiär [Mittl. Eozän; Barton] – rezent)

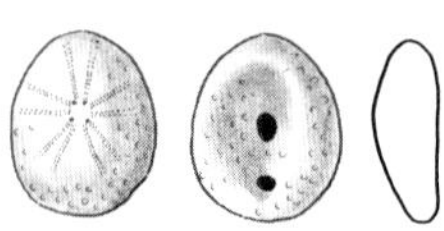

E 45

E 44 ***Clypeaster.*** Tertiär (Mittl. Eozän; Barton) – rezent. Mittelgroß bis sehr groß. Gehäuse flach bis niedrig glockenförmig. Oralseite flach bis konkav. Petalodien geschlossen oder offen. Periprokt unterhalb des Randes, auf der Oralseite, selten auf dem Rand. ***C. altus*** LAMARCK, Mittl. Miozän; ca. 14 cm, Lateralansicht.

Unterordnung Laganina (Ob. Kreide [Senon] – rezent)

Aufgebläht oder flach, im letzteren Fall mit inneren Stützpfeilern.

Familie Fibulariidae (Ob. Kreide [Senon] – rezent)

E 45 ***Echinocyamus.*** Ob. Kreide (Senon) – rezent. Kleinwüchsig. Gehäuse mäßig abgeflacht. Petalodien mitunter nur schwach erkennbar. Periprokt auf der Oralseite, rund, kleiner als das Peristom. ***E. pusillus*** (MÜLLER), Quartiär – rezent; ca. 0,8 cm, Aboralansicht, Oralansicht, Lateralumriß.

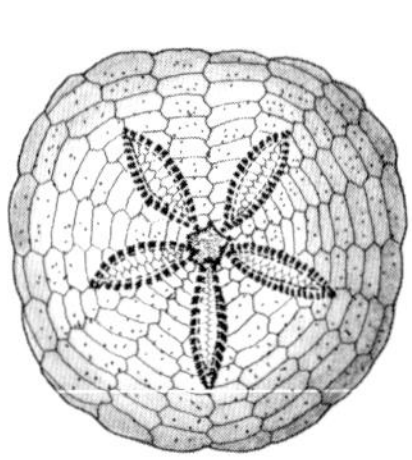

E 46

Unterordnung Scutellina (Tertiär [Eozän] – rezent)

Mehr oder weniger flach, mit inneren Stützpfeilern. Porenzonen petaloid.

E 47 s. Foto S. 284

Familie Scutellidae (Tertiär [Oligozän – Miozän])

E 46 ***Parascutella.*** Tertiär (Miozän). Großes, jedoch sehr niedriges und flaches Gehäuse. Petalodienlänge beträgt etwa 0,7 des Gehäuseradius. Periprokt unterhalb des Randes, meist klein. 4 Genitalporen. ***P. leognanensis*** (LAMBERT); ca. 7,5 cm, Oralansicht, Lateralumriß.

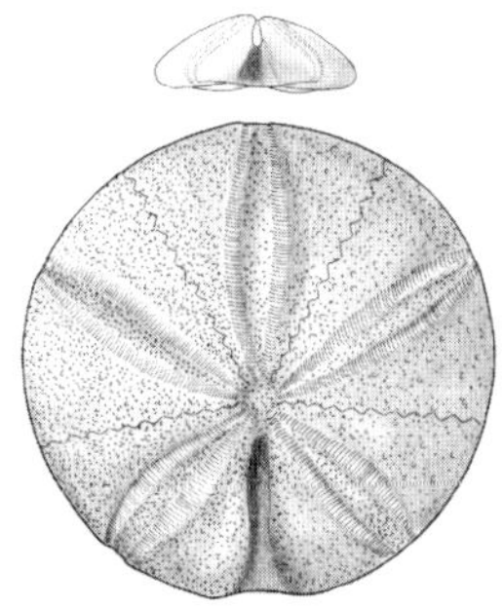

Familie Mellitidae (Tertiär [Unt. Miozän] – rezent)

E 47 ***Encope.*** Tertiär (Unt. Miozän) – rezent. Mittelgroß bis sehr groß. Flach und dünn. Horizontalumriß rundlich, mit Einkerbungen, die am Gehäuserand bei manchen Formen geschlossen sind, wodurch unweit des Randes Löcher auftreten können. Periprokt auf der Oralseite, klein. 5 Genitalporen. ***E. micropora*** AGASSIZ, Tertiär (Pliozän); ca. 6 cm, Oralansicht.

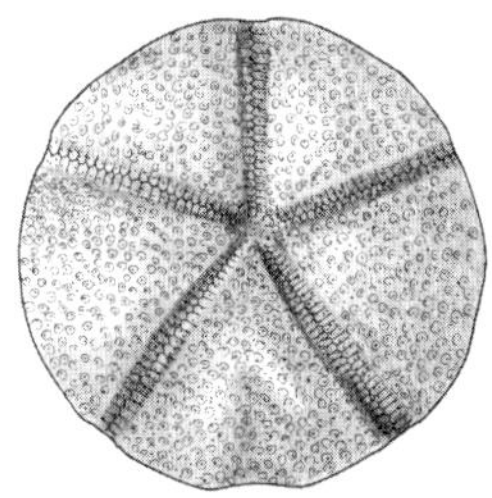

E 48

Oberordnung Atelostomata (Jura – rezent)

Keine zusammengesetzten Ambulakralplatten. Periprokt außerhalb des Apikalschildes, nur in Ausnahmefällen gegenüber dem Peristom. Primärwarzen perforat und gekerbt. Primärstacheln hohl. Kieferapparat fehlend.

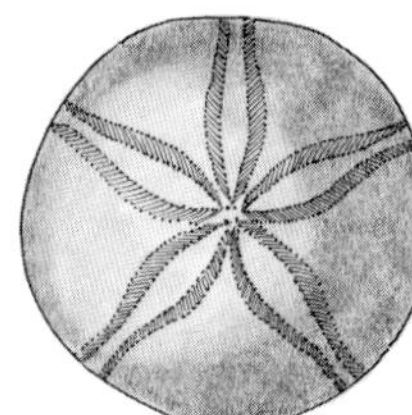

E 49

Ordnung Cassiduloida (Jura – rezent)

Porenzonen petaloid. Adulte Exemplare ohne Kiemenschlitze.

Familie Clypeidae (Jura – Ob. Kreide)

E 48 ***Clypeus.*** Mittl. Jura (Bajoc) – Ob. Jura (Kimeridge). Mittelgroß bis groß; Umriß rundlich. Oralseite flach, Aboralseite sanft gewölbt. Petalodien lang und breit, unten offen. Periprokt in einer Furche oberhalb des Randes, langgezogen. 4 kleine Genitalplatten und 1 große Madreporenplatte. ***C. plotii*** LESKE, Mittl. Jura (Bajoc – Bathon); ca. 8,5 cm, verkleinerte Lateralansicht, Aboralansicht, Oralansicht.

E 49 ***Mepygurus.*** Mittl. Jura (Bajoc) – Ob. Jura (Oxford). Gehäuse niedrig, Umriß rundlich bis herzförmig. Apikalschild zentral. Periprokt oval, knapp unterhalb des Randes. Poren gejocht. Petalodien lang und breit, unten offen. ***M. depressus*** (AGASSIZ), Mittl. Jura (Callov); ca. 11 cm, Aboralansicht.

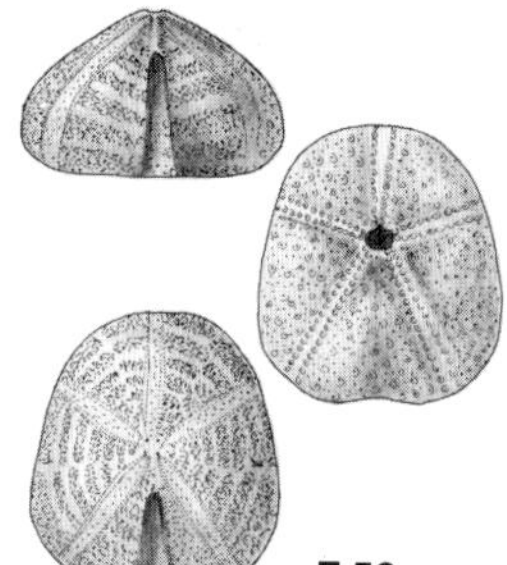

E 50

Familie Nucleolitidae (Mittl. Jura – Ob. Kreide)

E 50, 51 ***Nucleolites.*** Mittl. Jura (Bajoc) – Ob. Kreide (Cenoman). Klein bis mittelgroß. Umriß rundlich, oval oder gerundet vierseitig. Hinterende gerade. Periprokt oval, in einer Furche oberhalb des Randes. Alle Ambulakralplatten mit Porenpaaren. Vordere Petalodien kürzer und schmäler als die hinteren. 4 Genitalporen. ***N. clunicularis*** (W. SMITH) (**E 50**), Mittl. Jura (Bajoc) – Ob. Jura (Oxford); ca. 2,8 cm, Lateralansicht, Oralansicht, Aboralansicht. ***N. scutatus*** LAMARCK) (**E 51**), Ob. Jura (Oxford); ca. 2,3 cm, Aboralansicht.

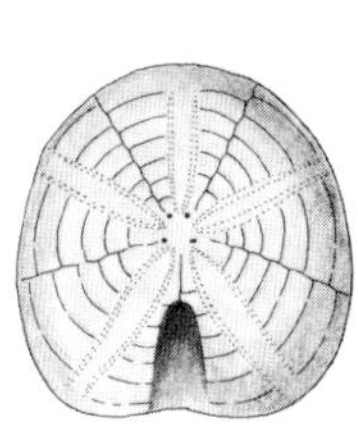

E 51

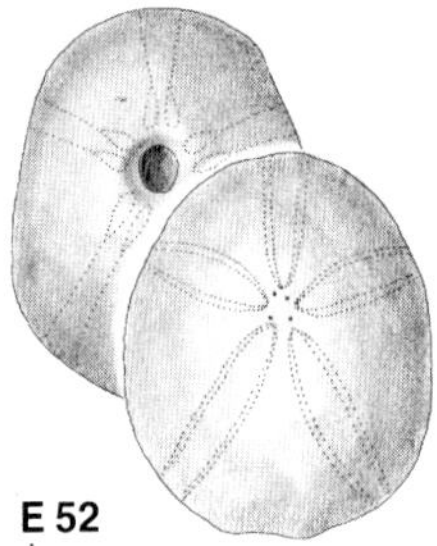

E 52

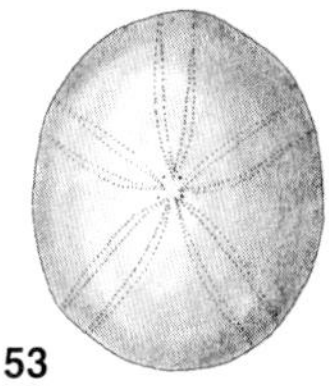

E 53

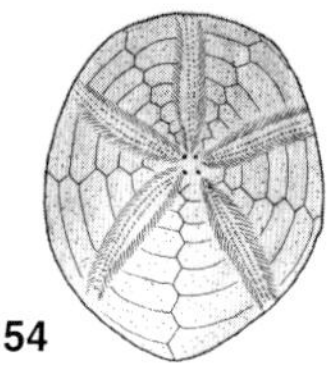

E 54

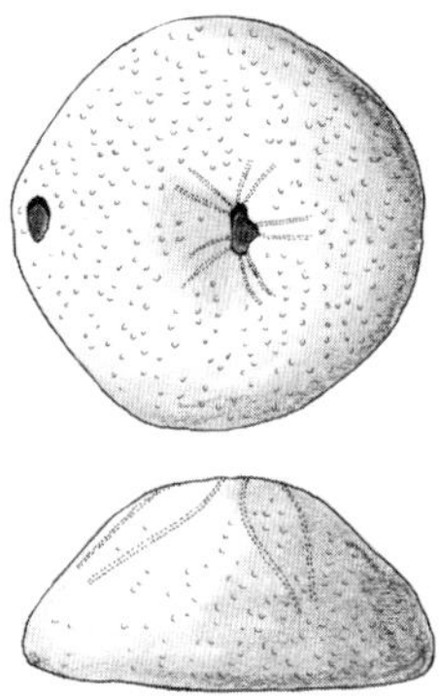

E 55

E 52 ***Catopygus.*** Ob. Jura (Kimeridge) – Ob. Kreide (Senon). Gehäuse klein; Umriß oval; relativ hoch. Petalodien ausgeprägt. Periprokt auf dem Rand. 3 oder 4 Genitalporen. ***C. carinatus*** (GOLDFUSS), Ob. Kreide (Cenoman); ca. 2,5 cm, Oralansicht, Aboralansicht.

E 53 ***Pygaulus.*** Unt. Kreide (Neokom) – Ob. Kreide (Cenoman). Mittelgroß; Umriß oval; relativ hoch, aufgebläht. Petalodien breit. Periprokt unterhalb des Randes. ***P. desmoulinsii*** COTTEAU, Unt. Kreide (Barreme); ca. 2,4 cm, Aboralansicht.

Familie Echinolampadidae (Kreide [Cenoman] – rezent)

E 54, 55 ***Echinolampas.*** Tertiär (Eozän) – rezent. Mittelgroß bis groß; Umriß oval. Petalodien lang und offen. Apikalschild vom Zentrum nach vorn gerückt, Peristom etwa gegenüberliegend. Periprokt breitoval, knapp unterhalb des Randes. 4 Genitalporen. Stacheln klein, dornig oder glatt. ***E. calvimontanum*** KLEIN (**E 54**), Eozän (Lutet); ca. 5 cm, Aboralansicht. ***E. kleini*** GOLDFUSS (**E 55**), Oligozän; ca. 5,5 cm, Oralansicht, Lateralansicht. Diese Art tritt mit einer großen Variationsbreite z. B. am Doberg bei Bünde auf.

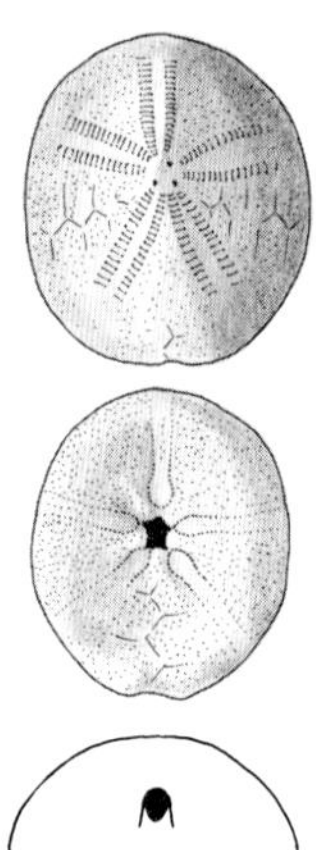

E 56

Familie Pliolampadidae (Ob. Kreide [Senon] – rezent)

E 56 ***Studeria.*** Tertiär (Oligozän) – rezent. Umriß oval bis gerundet vierseitig. Oralseite konkav. Petalodien gerade und unten offen. Periprokt auf dem Rand. Nur 3 Genitalporen. ***S. subcarinata*** (GOLDFUSS), Oligozän; ca. 3 cm, Aboralansicht, Oralansicht, Lateralumriß.

Ordnung Holasteroida (Unt. Jura – rezent)

Apikalschild langgezogen oder geteilt; mitunter gegenüber dem Peristom liegend. Petalodien können fehlen; falls vorhanden, sind sie nicht vertieft.

Familie Collyritidae (Unt. Jura – Unt. Kreide)

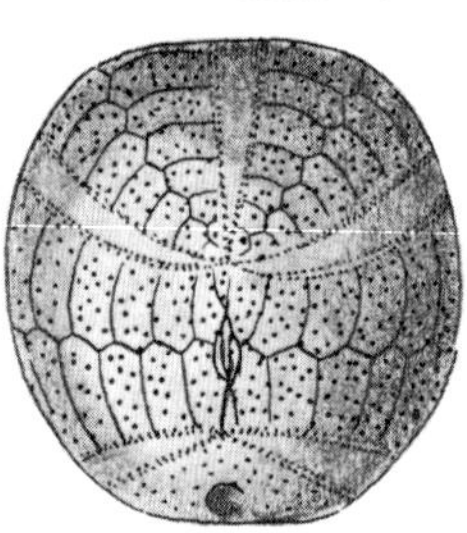

E 57

E 57 ***Collyrites.*** Mittl. Jura (Bathon) – Ob. Jura (Tithon). Umriß oval bis rundlich; aufgebläht. Apikalschild langgezogen, zerrissen, wodurch die vorderen 3 Ambulakralfelder weit entfernt von den hinteren beiden zusammenlaufen. Periprokt oval, auf dem Rand oder knapp darüber. Peristom rund, nicht vertieft. Warzen der Oralseite größer als jene der Aboralseite. ***C. elliptica*** (LAMARCK), Mittl. Jura (Bathon); ca. 4,5 cm, Aboralansicht.

Familie Disasteridae (Mittl. Jura – Unt. Kreide)

E 58 ***Disaster.*** Mittl. Jura (Bathon) – Unt. Kreide (Neokom). Kleinwüchsig; Gehäuse oval mit geradem Hinterende. Apikalschild getrennt. Ambulakralfelder ähnlich wie bei ***Collyrites.*** Periprokt klein, knapp oberhalb des Randes. Madreporenplatte groß. ***D. granulosus*** (GOLDFUSS), Ob. Jura (Oxford); ca. 3,5 cm, Aboralseite.

E 59 ***Metaporinus.*** Ob. Jura (Oxford). Mäßig groß; Umriß gerundet vierseitig, mit schwach konkavem Vorder- und geradem bis schwach konkavem Hinterende. Gehäuse hoch. Apikalschild getrennt, Ambulakralfelder ähnlich wie bei ***Collyrites.*** Periprokt auf dem Hinterende, Peristom unweit des Vorderrandes, nicht eingesenkt. ***M. michelini*** AGASSIZ; ca. 4 cm, Aboralansicht, Oralansicht, Lateralansicht.

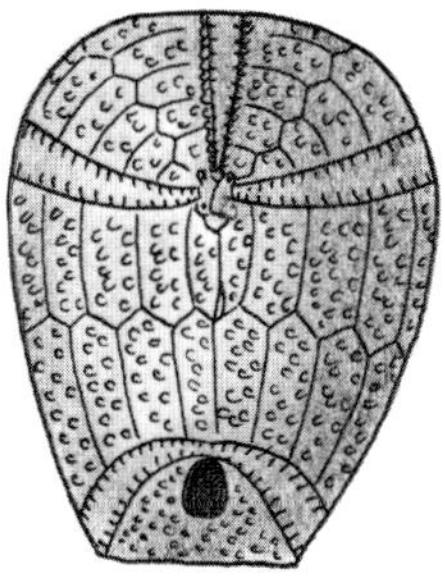

E 58

Familie Holasteridae (Unt. Kreide – rezent)

E 60 ***Holaster.*** Unt. Kreide (Valangin) – Tertiär (Eozän). Gehäuse mäßig groß, hochgewölbt; Umriß herzförmig bis oval. Vom zentralen Apikalschild (4 Genitalporen) läuft eine Rinne zum Vorderrand, worin das vordere Ambulakralfeld liegt – diese Furche fehlt bei den sonst ähnlichen Formen von ***Echinocorys.*** – Porenpaare ungejocht. Das ovale Periprokt sitzt auf dem hinteren Rand, das ungelippte, querovale Peristom im vorderen Bereich der abgeflachten Oralseite. Aboralseite mit relativ großen Stachelwarzen. ***H. nodulosus*** (GOLDFUSS), Ob. Kreide (Cenoman); ca. 5 cm, Aboralansicht, Oralansicht, Ansicht von hinten.

E 61 ***Echinocorys.*** Ob. Kreide (Turon) – Tertiär (Dan). Umriß oval mit zugespitztem Hinterende; hochgewölbt, breit kegelförmig. Porenzonen nicht petaloid. Apikalschild geringfügig langgezogen. Porenpaare klein, schwach gejocht. Peristom zweilippig, queroval, im vorderen Bereich der Oralseite. Periprokt langoval, dicht unterhalb des Hinterrandes. Oberfläche dicht und gleichmäßig mit feinen Stachelwarzen bedeckt. ***E. scutatus*** LESKE, Ob. Kreide (Senon); ca. 6,5 cm, Aboralansicht, Lateralansicht, Oralansicht.

E 62–65 ***Galeola.*** Ob. Kreide (Campan). Gehäuse klein bis mittelgroß; mäßig hoch bis hochgewölbt. Umriß meist oval, mit zugespitztem Hinterende. Periprokt im Randbereich. Peristom unweit des

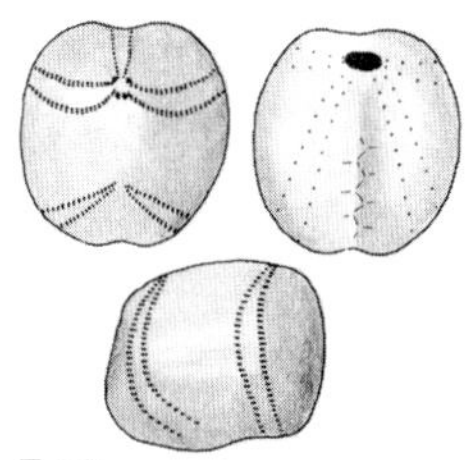

E 59

E 62–65 s. S. 354

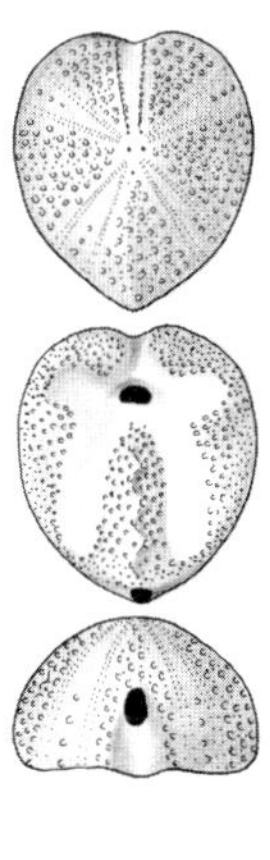

E 60

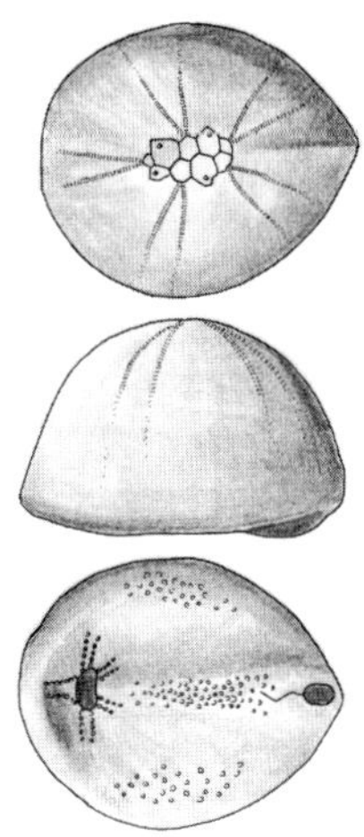

E 61

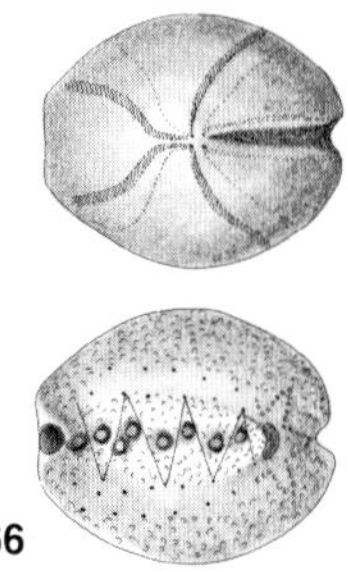

E 66

Vorderrandes, meist queroval. ***G. senonensis*** (**E 62**), Unt. Campan; ca. 3 cm, Lateralansicht. ***G. papillosa*** KLEIN (**E 63**), Unt. Campan; ca. 4 cm, Oralansicht, Lateralansicht. ***G. papillosa corcula*** (GOLDFUSS) (**E 64**), Ob. Campan; ca. 2,5 cm, Lateralansicht. ***G. papillosa basiplana*** (**E 65**), Ob. Campan; ca. 3,5 cm, Lateralansicht.

E 66 ***Hemipneustes.*** Ob. Kreide (Senon). Gehäuse meist groß; hochgewölbt mit ovalem Umriß. Oralseite flach. Vom zentralen Apikalschild verläuft eine tiefe Rinne zum Vorderrand. Porenzonen subpetaloid. Peristom unweit des Vorrandes, halbmondförmig, mit Lippe. Periprokt unterhalb des Randes am Hinterende. Oberfläche mit sehr feinen Stachelwarzen. ***H. striatoradiatus*** (LESKE), Maastricht (Maastrichter Tuffkreide); ca. 8 cm, Aboralseite, Oralseite.

Stratigraphisches Auftreten einiger Offaster- und Galeola-Arten in der Ob. Kreide. (Abgeändert nach ERNST.)

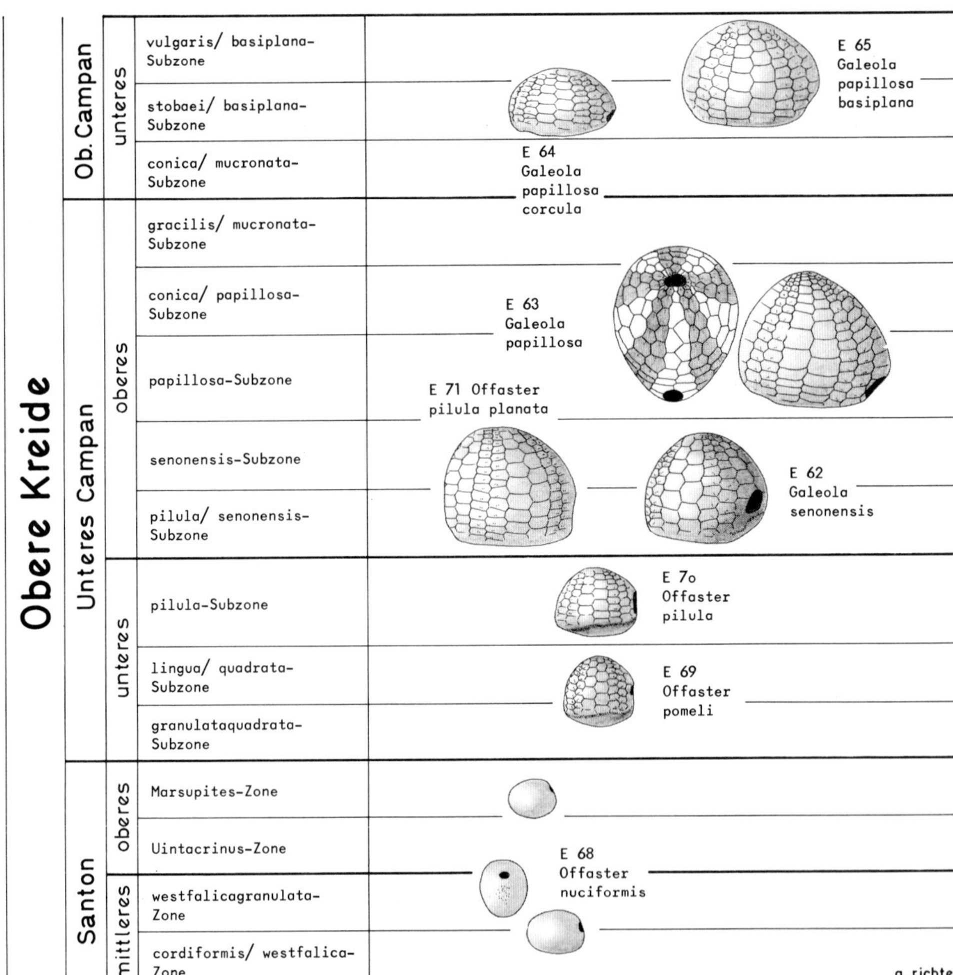

E 67 ***Infulaster.*** Ob. Kreide (Turon–Coniac). Umriß langgezogen und schmal; hochgewölbt; größte Höhe unweit des Vorderrandes. Tiefe Rinne vom höchsten Punkt über den Vorderrand bis zum unweit desselben liegenden Peristom. Periprokt auf dem geraden, gestutzten Hinterende. ***I. excentricus*** (WOODWARD), Turon; ca. 4 cm, Oralansicht, Frontalansicht, Lateralansicht.
E 68–71 ***Offaster.*** Ob. Kreide (Campan) – Tertiär (Dan). Klein; aufgebläht, halbkugelförmig. Porenzonen nicht petaloid. Poren klein und rund. Periprokt oberhalb des Randes am leicht abgeplatteten Hinterende. Peristom queroval, unweit des Vorderrandes. ***O. nuciformis*** (**E 68**), Ob. Kreide (Santon); ca. 1,5 cm, verschiedene Lateralansichten, Oralansicht. ***O. pomeli*** (**E 69**), Ob. Kreide (Unt. Campan); ca. 2 cm, Lateralansicht. ***O. pilula*** (LAMARCK) (**E 70**). Ob. Kreide (Unt. Campan); ca. 2 cm, Lateralansicht, Oralansicht. ***O. pilula planata*** (**E 71**), Ob. Kreide (Unt. Campan); ca. 3,5 cm, Lateralansicht.
E 72 ***Pseudholaster.*** Unt. Kreide (Apt) – Ob. Kreide (Senon). Großwüchsig. Ähnlich ***Holaster***, jedoch mit ausgeprägter Rinne vom Apikalschild zum Vorderrand, worin das vordere Ambulakralfeld verläuft. Petalodien breit; äußere Poren der hinteren beiden Ambulakralfelder länglich. ***P. bicarinatus*** (AGASSIZ), Ob. Kreide (Senon); ca. 8 cm, Aboralansicht, Oralansicht.
E 73 ***Sternotaxis.*** Ob. Kreide (Turon – Senon). Umriß oval bis langgezogen herzförmig; stark aufgebläht. Rinne vom Apikalschild zum Vorderrand nur seicht. Periprokt länglich oval auf dem geraden Hinterende, oberhalb des Randes. Peristom halbrund bis oval, unweit des Vorderrandes. 4 Genitalporen. ***S. planus*** (MANTELL), Turon; ca. 3,5 cm, Aboralansicht, Oralansicht, Lateralansicht.
E 74 ***Toxopatagus.*** Ob. Kreide (Senon) – Tertiär (Miozän). Umriß rundlich bis herzförmig; niedrig; Oralseite flach. Markante tiefe und breite Rinne vom im hinteren Drittel gelegenen Apikalschild bis zum Peristom unweit des Vorderrandes. Die beiden vorne seitlich verlaufenden Ambulakralfelder sind deutlich länger als die beiden hinteren. ***T. italicus*** (MANZONI), Tertiär (Miozän); ca. 7 cm, Aboralansicht, Lateralansicht.

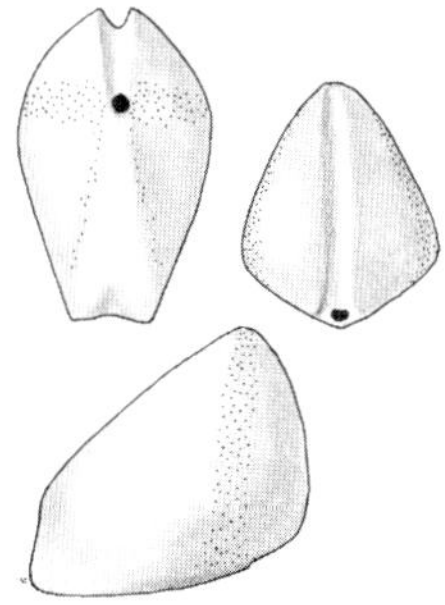
E 67

E 68–71 s. S. 354

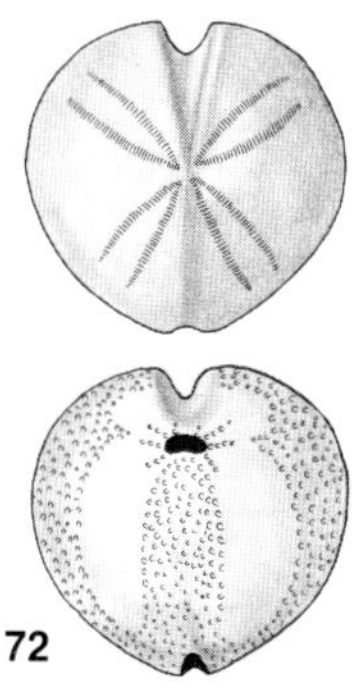
E 72

Ordnung Spatangoida (Unt. Kreide – rezent)

Gehäuse mehr oder weniger langgezogen, oft deutlich herzförmig. Ambulakralfelder oft mit Porenzonen in Petalodienform, teilweise auch vertieft. Apikalschild kompakt, dem Peristom nie gegenstän-

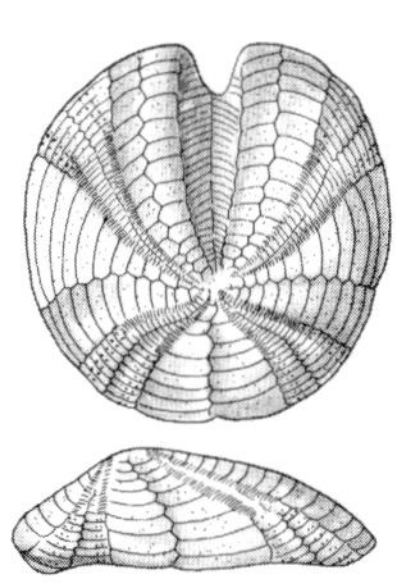
E 74

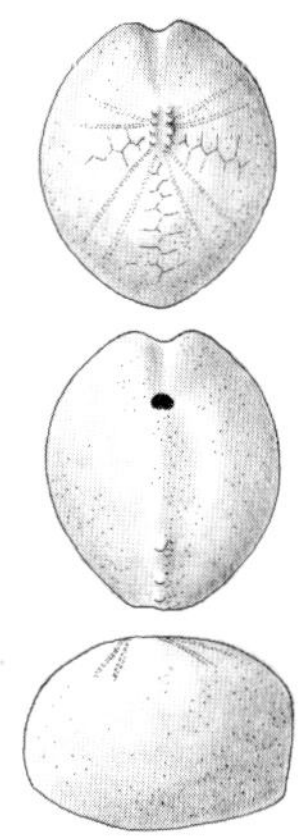
E 73

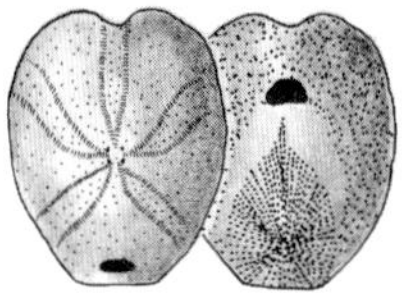

E 75

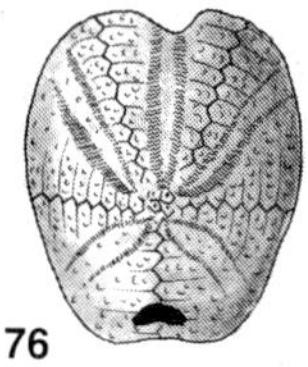

E 76

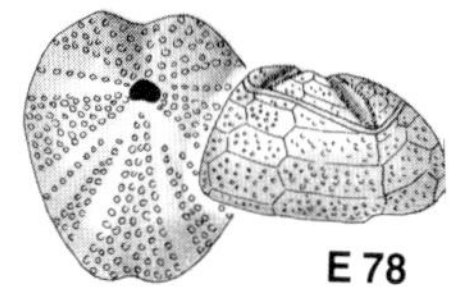

E 78

dig, meist hinter der Mitte. Periprokt unweit des Hinterrandes. 4 oder weniger Genitalporen.

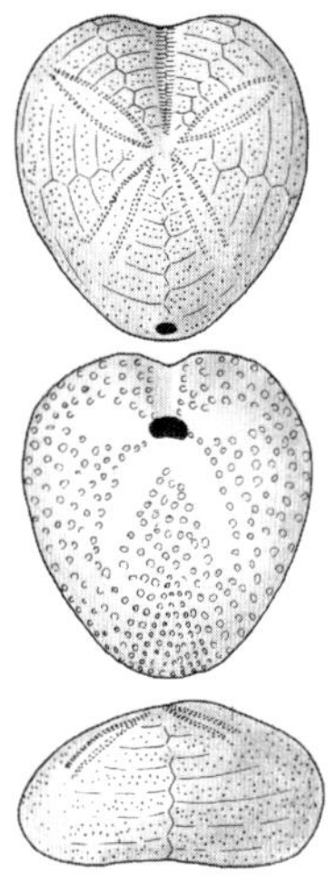

E 77

Unterordnung Toxasterina (Unt. Kreide – rezent)

Porenzonen immer petaloid; Gehäuse ohne Fasziolen. Keine Primärstacheln.

Familie Toxasteridae (Unt. Kreide – rezent)

E 75 ***Toxaster.*** Unt. Kreide (Berrias) – Ob. Kreide (Cenoman). Umriß herzförmig bis oval; Hinterende abgestutzt, gerade. Vom hinter der Mitte liegenden Apikalschild verläuft eine flache Rinne zum Vorderrand; das darin verlaufende Ambulakralfeld weist subpetaloide Porenzonen auf. Alle anderen Porenzonen sind petaloid. Die Poren sind quer verlängert. Peristom angenähert fünfeckig, ohne Lippe. Periprokt oval, auf dem gestutzten Hinterende. 4 Genitalporen. ***T. retusus*** (LAMARCK), Unt. Kreide (Hauterive); ca. 3,5 cm, Aboralansicht, Oralansicht.

E 76, 77 ***Heteraster.*** Unt. Kreide (Barreme) – Ob. Kreide (Cenoman). Ähnlich ***Toxaster***, jedoch zeigt das vordere Ambulakralfeld kleine runde Poren, alternierend mit quer verlängerten Poren. ***H. oblongus*** (BRONGNIART) (**E 76**), Unt. Kreide (Barreme – Apt); ca. 4,5 cm, Aboralansicht. ***H. trigonalis*** (DESOR) (**E 77**), Unt. Kreide (Alb); ca. 5 cm, Aboralansicht, Oralansicht, Lateralansicht.

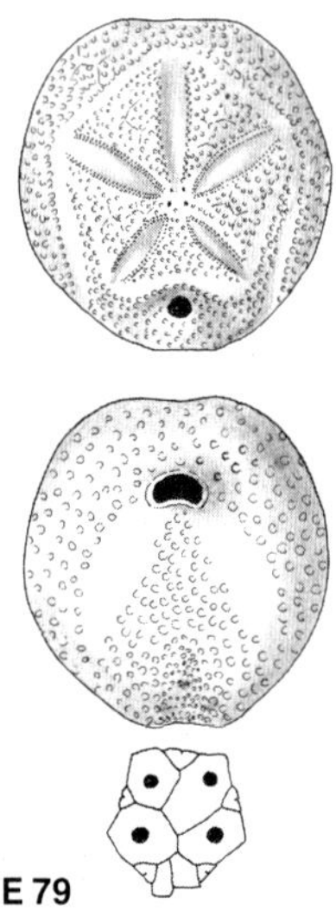

E 79

Unterordnung Hemiasterina (Unt. Kreide [Apt] – rezent)

Porenzonen petaloid. Gehäuse mit Peripetalfasziole, teilweise kombiniert mit Lateral- oder Marginalfasziole. Einige Formen mit Primärstacheln.

Familie Hemiasteridae (Unt. Kreide [Apt] – rezent)

E 78 ***Hemiaster.*** Unt. Kreide (Apt) – Tertiär (Eozän). Umriß oval bis herzförmig; aufgebläht, mit gestutztem Hinterende und seichter Furche vom Apikalschild zum Vorderrand. Apikalschild geringfügig hinter der Mitte. Ambulakralfelder von Fasziole umgeben. Periprokt auf dem Hinterrand. Peristom oval bis halbrund, unweit des Vorderrandes. 4 Genitalporen. ***H. orbignyanus*** DESOR, Ob. Kreide; ca. 3,5 cm, Oralansicht, Lateralansicht.

Familie Schizasteridae (Ob. Kreide [Cenoman] – rezent)

E 79 ***Periaster.*** Ob. Kreide (Cenoman) – Tertiär (Eozän). Gehäuse hochgewölbt, Oralseite flach. Petalodien vertieft. Peristom gelippt; Periprokt oberhalb des Randes. 4 Genitalporen. ***P. elatus*** (DESMAREST), Ob. Kreide (Senon); ca. 3,5 cm, Aboralansicht, Oralansicht; Apikalschild, ca. 2 mm.

Unterordnung Micrasterina

(Ob. Kreide [Cenoman] - rezent)
Porenzonen petaloid. Gehäuse mit Subanalfasziole, mitunter kombiniert mit Peripetal- oder Endopetalfasziole. Außer bei den Micrasteridae sind Primärstacheln entwickelt.

Familie Micrasteridae (Ob. Kreide [Cenoman] - Tertiär [Eozän])

E 80, 81 ***Micraster.*** Ob. Kreide (Cenoman - Senon). Umriß herzförmig. Apikalschild zentral oder geringfügig abweichend; davon ausgehend flache Furche zum Vorderrand. Porenzonen petaloid, vertieft. Poren gejocht. Peristom unweit des Vorderrandes, gelippt, oval bis halbmondförmig. Periprokt mit Subanalfasziole auf dem gestutzten Hinterende. 4 Genitalporen. ***M. cortestudinarium*** (GOLDFUSS) (**E 80**), Cenoman - Turon; ca. 5,5 cm, Oralansicht, Aboralansicht, Lateralansicht. ***M. coranguinum*** (LESKE) (**E 81**), Santon; ca. 5,5 cm, Aboralansicht, Lateralansicht.

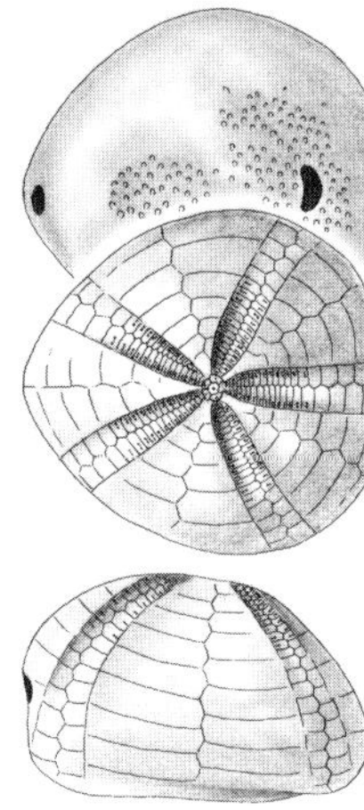
E 80

Familie Spatangidae (Tertiär [Eozän] - rezent)

E 82 ***Spatangus.*** Tertiär (Eozän) - rezent. Großwüchsig; Umriß herzförmig. 4 Genitalporen. Nur Subanalfasziole. Primärwarzen über die Interambulakralfelder verbreitet. ***S. desmaresti***, Oligozän; ca. 8 cm, Oralansicht.
E 83 ***Granopatagus.*** Tertiär (Eozän) - rezent. Ahnlich ***Spatangus,*** jedoch sind hier die Primärwarzen nur entlang des vorderen Petaloids und auf dem hinteren Interambulakralfeld der Oralseite ausgebildet. ***G. lonchophorus*** (MENEGHINI), Eozän; ca. 8 cm. Aboralansicht.
E 84 ***Maretia.*** Tertiär (Eozän) - rezent. Umriß breit herzförmig bis oval. Hinterende abgestumpft. Furche vom Apikalschild zum Vorderrand schwach ausgebildet. Große Warzen auf der Aboralseite. 4 Genitalporen. ***M. hoffmanni*** (GOLDFUSS), Oligozän; ca. 3,3 cm, Aboralansicht, Lateralansicht.

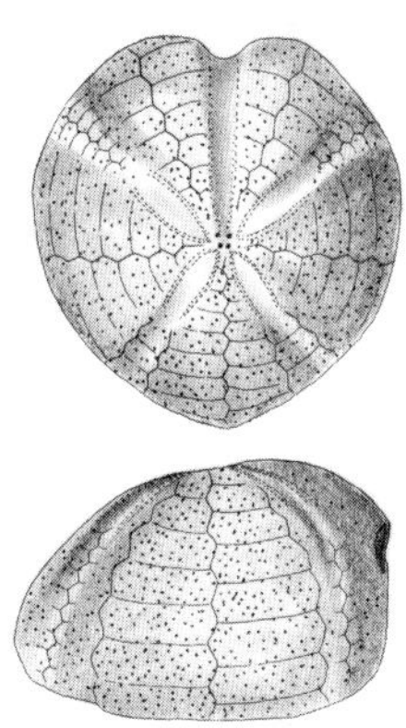
E 81

Familie Loveniidae (Tertiär [Eozän] - rezent)

E 85 ***Vasconaster.*** Tertiär (Eozän) - rezent. Gehäuse niedrig; Umriß herzförmig bis oval. Subanal- und Endopetalfasziolen vorhanden. Porenzonen petaloid, abgesehen von jener des vorderen Ambulakralfeldes. Primärwarzen groß. 4 Genitalporen. ***V. sulcatus*** (HAIME), Oligozän; ca. 5 cm, Aboralansicht, Lateralansicht.

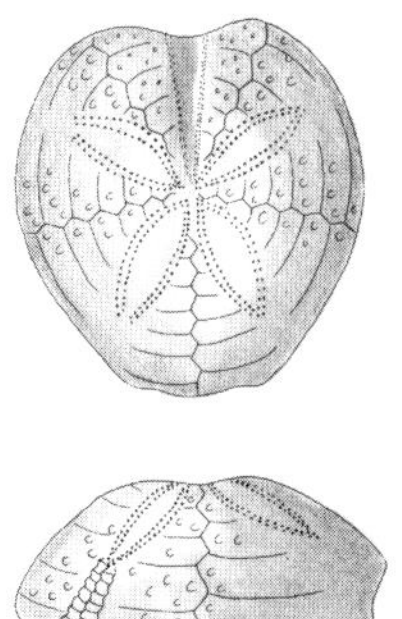
E 84

E 82 s. Foto S. 284

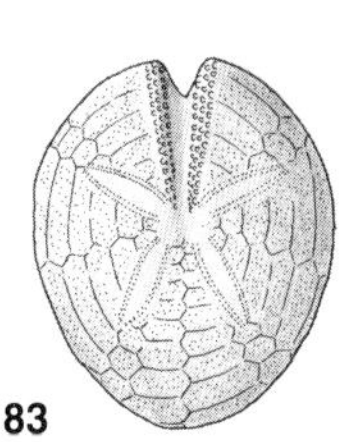
E 83

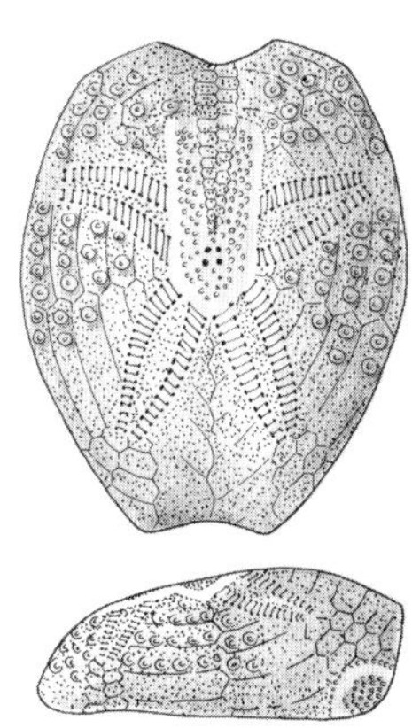
E 85

Stamm Branchiotremata (Kragentiere)

Die als Branchiotremata zusammengefaßten Klassen – Eichelwürmer (Enteropneusta), Flügelkiemer (Pterobranchia) und Graptolithen (Graptolithina) – sehen sehr unähnlich aus. Während die Eichelwürmer nur rezent und die Graptolithen nur fossil bekannt sind, können von den rezent auftretenden Flügelkiemern auch verschiedene Arten im Ordovizium nachgewiesen werden.

Klasse Graptolithina (Graptolithen)

Allgemeines, Größenverhältnisse, Leitwert

Am häufigsten treten diese Fossilien in den nach ihnen benannten Schiefern auf, den Graptolithenschiefern. Sie sind meist dunkle Gesteine, und die weißlichen Fossilien erscheinen darauf manchmal wie skurrile Schriftzüge, worauf auch ihr Name zurückzuführen ist: Schriftsteine.
Ursprünglich wurden diese relativ hochentwickelten Tiere zu den Pflanzen gestellt. Erst 1821 wies Georg WAHLENBERG auf die tierische Natur hin; es folgten grundlegende Arbeiten über die Tiergruppe, z. B. von Frederick McCOY, Joachim BARRANDE und James HALL. Die Verwandtschaft der Branchiotremata mit den Pterobranchiern wurde von Roman KOSLOWSKI erkannt.
Graptolithen traten ausschließlich als Kolonien auf und lebten immer im Meer. Die Kolonien bestanden aus Röhren mit rundem bis ovalem Querschnitt. Manche dieser Stabkörper (Rhabdosome) erinnern an Laubsägeblättchen, wobei jedes Sägezähnchen einer Theka mit darin lebendem Einzelindividuum entspricht. Das Baumaterial der Rhabdosome war chitinige Sklerotinsubstanz. In der rezenten Tierwelt existiert außer den Pterobranchier-Röhren nichts den Graptolithen Vergleichbares.
Die Größe der Rhabdosome liegt meist im Bereich zwischen ca. 2 und 10 cm; die einzelnen Theken messen selten mehr als 2 mm. Bisher wurden über 1000 Arten beschrieben. Wenn auch der erste Blick keine großen Unterschiede zwischen den einzelnen Formen ergibt, so erkennen wir doch bei gründlicher Untersuchung der Funde eine Anzahl unterscheidender Merkmale.

Stammesgeschichtliche Entwicklung der Graptolithen. (Abgeändert nach A.H. MÜLLER.)

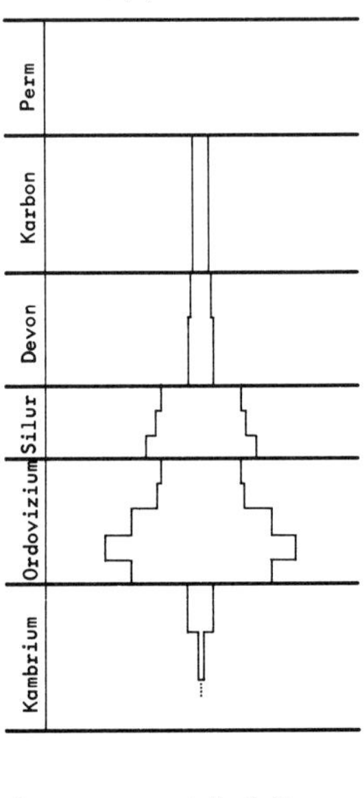

Graptolithen sind auf das Paläozoikum beschränkt. Die frühesten Formen erscheinen im Mittl. Kambrium. Die letzten Vertreter treten im Unt. Karbon auf. Die ersten und letzten Formen waren aber Vertreter der am Boden angewachsenen Untergruppe (Dendroidea). Vom untersten Ordovizium bis ins Ob. Unterdevon treten dazu im freien Wasser lebende Graptolithen, die deshalb als Leitfossilien nützlicher sind. Diese Zeitspanne – 115 Millionen Jahre – wird in etwa 80 Graptolithenzonen und -subzonen gegliedert. Bedingt durch die meist kurze Lebensdauer der Arten (hohe Evolutionsgeschwindigkeit der einzelnen Formen), eignen sich Graptolithen in hervorragender Weise als biostratigraphische Zeitmarken. Weltweite Verbreitung aufgrund der epiplanktischen Lebensweise (eines Teils der Klasse) und relative Häufigkeit im Gestein sind weitere Pluspunkte für die Eignung als Leitfossilien.

Systematik, Stammesgeschichte

Die Klasse wird in 6 Ordnungen unterteilt: Dendroidea, Tuboidea, Camaroidea, Stolonoidea, Crustoidea und Graptoloidea. Alle Ordnungen außer den Graptoloidea brachten praktisch ausschließlich sessile Formen hervor. Für den Sammler sind nur die Ordnungen Dendroidea und Graptoloidea wichtig.
Die Stammesgeschichte der Graptolithen verlief regressiv. Im ein-

Terminologie und Morphologie der Graptolithina. Stratigraphische Abfolge einiger wichtiger Graptolithengattungen. (Abgeändert nach KRUMBIEGEL und WALTHER aus FISCHER, LEHMANN, McKERROW, A.H. MÜLLER.) ▶

Rhabdosom von Monograptus
(schematische Darstellung)

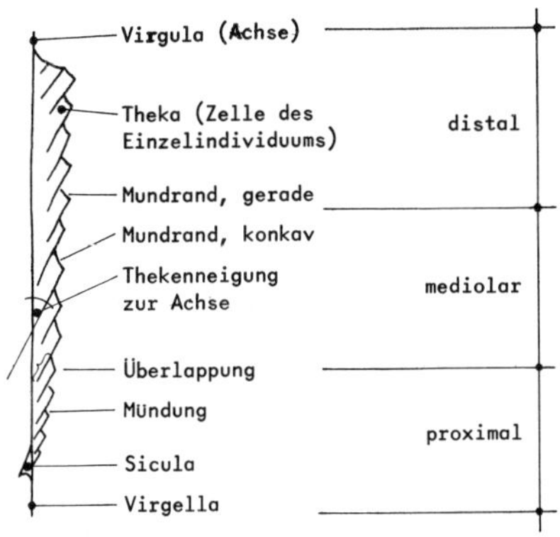

Synrhabdosom ("Großkolonie") von Glossograptus (Ordoviz.)

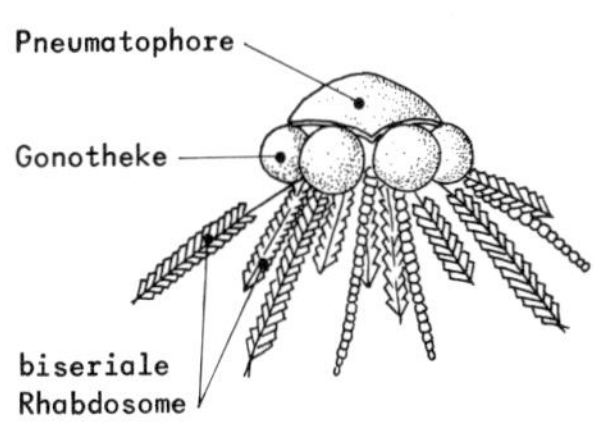

Rekonstruktionsversuche silurischer Graptolithenrhabdosome

Cyrtograptus

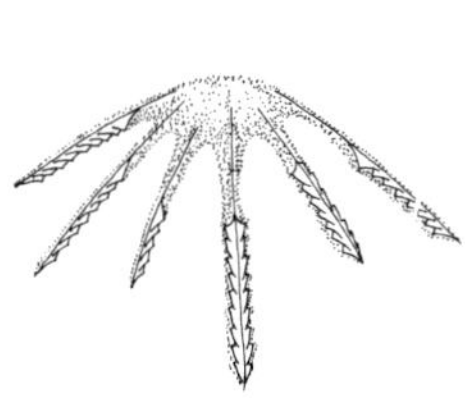

Pristiograptus

Stratigraphische Abfolge einiger wichtiger Graptolithengattungen

(Entwicklungsgeschichtliche Zusammenhänge sind teilweise durch Pfeile angedeutet)

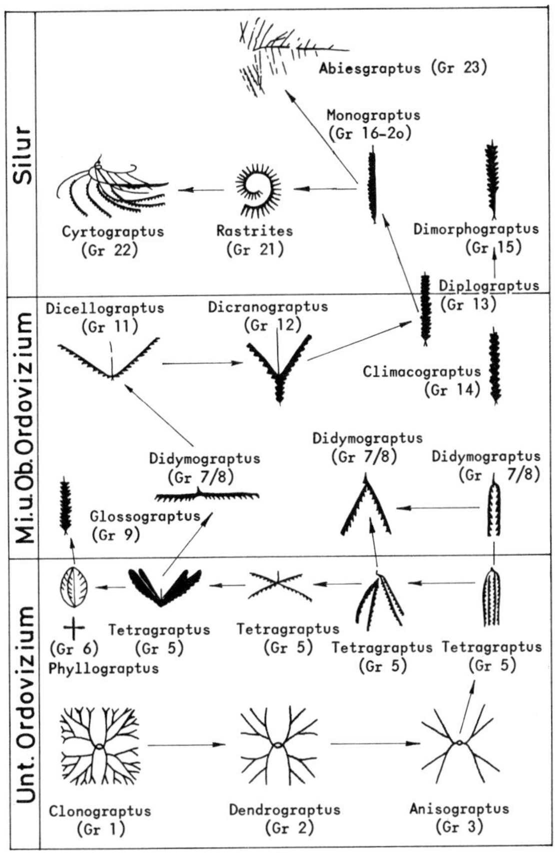

Auswahl wichtiger Thekenformen

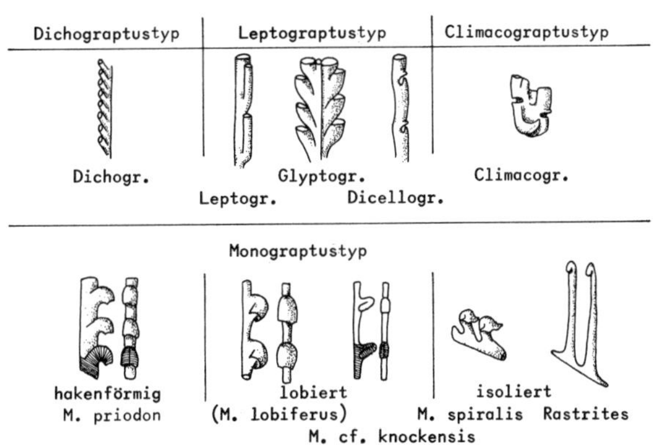

g. richter

zelnen beobachten wir (s. Graphik S. 358) wenige kambrische Vorläufer. Bereits im Unt. und Mittl. Ordovizium erlebte die Gruppe eine Blütezeit und ihr absolutes Entwicklungsmaximum. Eine zweite, schwächere Virenzphase zeichnet sich im Silur ab. Ohne weitere Blütezeiten kann sich die Klasse noch bis gegen Ende des Unt. Karbon halten, um dann nachkommenlos auszusterben.
Verschiedene übereinstimmende Skelettmerkmale (vor allem der mikroskopische Bau der Wandung) von Graptolithen und Pterobranchia (Flügelkiemer; kleine bis winzige sessile, koloniebildende und ausschließlich marin lebende Branchiotremata) ermöglichten die Eingliederung der Graptolithen in den Stamm Branchiotremata.

Hartteile

Die erhaltungsfähigen Hartteile der Tiere bestehen aus dem Außenskelett, das ursprünglich aus chitinähnlicher Substanz bestand. Im Gestein ist es meist als zartes kohliges Häutchen von unterschiedlichem Inkohlungsgrad erhalten. Diese Erhaltungsform beobachten wir vor allem in geschieferten Gesteinen. Die z. B. in Kalkgeschieben mitunter körperlich erhaltenen Graptolithen lassen sich durch vorsichtiges Ätzen (mit verdünnter Säure) herauslösen und ermöglichen das Studium der verschiedenen Baumerkmale unter dem Mikroskop. Die Kolonie heißt wegen ihrer Stabform Rhabdosom. Dieses ist gegliedert in einzelne Wohnkammern (Theken) von röhren- oder schüsselförmiger Gestalt. Bei den Graptoloidea unterscheiden wir aufgrund der Verzweigung und Krümmung des Rhabdosoms sowie der Thekenausbildung mehrere Gruppen (s. Übersicht S. 359). Die aus der Larve hervorgegangene Anfangs- oder Mutterzelle eines Rhabdosoms heißt Sicula. Aus ihr entsteht, ungeschlechtlich, durch Knospung die nächste Zelle, aus jener wiederum die nächste usw. Die Sicula ist meist zwischen 1 und 2,5 mm groß, kann aber auch mehr als einen Zentimeter messen.
Eine fadenartige Verlängerung der Sicula bei den Graptoloidea wird entweder Nema genannt (bei freiem Wachstum) oder Virgula (bei Integration in das Rhabdosom bei den Monograptidae und bei zweizeiligen Rhabdosomen); das über die Sicula hinausragende kurze Ende heißt Virgella.

Weichteile, Ontogenese, Lebensraum, Lebensweise

Begreiflicherweise können wir – mangels „Unterlagen“ – über diese Punkte kaum etwas aussagen. Immerhin wissen wir, daß das Muttertier in der Sicula sich aus einer geschlechtlich erzeugten Larve entwickelte, die weitere Knospung aber ungeschlechtlich erfolgte. Im Meer waren die Graptoloidea, wie bereits angedeutet, weltweit vertreten als Bestandteil des Planktons, während alle anderen Ordnungen hauptsächlich sessile Formen hervorbrachten. Vor allem die planktischen Formen waren mittels Strömungsdrift in der Lage, sich in kurzer Zeit weiträumig auszubreiten. Es ist anzunehmen, daß die Tiere in den oberen Wasserschichten lebten; als Nahrung diente wohl Mikroplankton. Für die Spiralformen (z. B. *Cyrtograptus*) könnte man langsam rotierende Bewegung annehmen. Auf diese Weise ließ sich das Nahrungsangebot besser nutzen.
Sternförmige Großkolonien (Synrhabdosome) wurden von wenigen Formen (z. B. von *Glossograptus*) ausgebildet. Hier sind mehrere zweizeilige Rhabdosome durch die Nemafäden zu Großgemeinschaften verbunden. Diese Kolonien verfügten über regelrechte Schwimmblasen (Pneumatophoren). Über Entstehung, Aufbau und Sinn dieser Kolonien besteht noch keine endgültige Klarheit.

Bestimmung

Graptolithen weiter als bis zur Gattung einzuordnen, ist für den Sammler sehr schwierig. Wer sich nicht mit der Gattungsermittlung begnügen möchte, wird ohne das Studium entsprechender Monographien nicht weiterkommen. Eine weitere Schwierigkeit liegt in der oft ungenügenden Erhaltung der Fossilien. Stoffliche Umwandlung und verwischte Konturen erschweren die Feststellung eindeutiger Merkmale. Variable Lage des Rhabdosoms zur Gesteinsschieferung kann Verzerrungen des Fossils hervorrufen und damit verschiedene Arten vortäuschen.

Einige Vorkommen

Aus anstehendem Gestein Graptolithen bergen können wir z. B. in England und Schottland und natürlich auch in Skandinavien. In Mitteleuropa sind die silurischen und unterdevonischen Graptolithenschiefer Thüringens und des Vogtlandes zu nennen. Aber auch im Harz treten graptolithenführende Devonkalke auf. Dem Geschiebesammler eröffnet sich ein weites Feld. In verschiedenen, teilweise häufigen Geschieben des Ordovizium und Silur finden sich Graptolithen, wie z. B. im hellen obersilurischen Ostseekalk und im grünlichgrauen silurischen Graptolithengestein (mit oft reichlich *Monograptus*-Arten). Die *Rastrites*- und *colonus*-Schiefer des Silur sind wesentlich seltener, was auch für die ordovizischen *Dictyonema-*, *Didymograptus*- und *Dicellograptus*-Schiefer gilt.

Klasse Graptolithina (Graptolithen)
Ordnung Dendroidea

(Mittl. Kambrium – Unt. Karbon)

Meist sessil; mit der oft zylinderförmigen Sicula am Grunde verankert durch eine wurzelartige Hüllschicht. Bekannt sind wenige inkrustierende Formen. Rhabdosome immer vielästig; benachbarte Zweige können durch Queräste (Dissepimente) verbunden sein. Ein dünner innerer Chitinfaden wird Stolon genannt. Von ihm aus verlaufen die Theken. Ca. 34 Gattungen.

GR 1–3 s. S. 359

Gr 1 ***Clonograptus.*** Unt. Ordovizium. Rhabdosom bilateral-symmetrisch, dichotom verzweigt etwa bis zur 9. Ordnung, meist nur bis zur 5. oder 6. Ordnung. Die Zwischenräume werden dabei immer kleiner. Zweige anfangs starr und auseinanderstrebend, dann parallel und schließlich biegsam und gekrümmt. ***C. sp.*** s. S. 359.
Gr 2 ***Dendrograptus.*** ? Mittl. Kambrium; Ob. Kambrium – Unt. Karbon. Rhabdosom buschig, kräftig, mit Hauptstiel am Grund verankert. Hauptzweige gerade oder gebogen, Seitenzweige unregelmäßig. Keine Querbrücken. ***D. sp.*** s. S. 359.
Gr 3 ***Anisograptus.*** Unt. Ordovizium (Tremadoc). Rhabdosom dichotom verzweigt bis maximal zur 6. Ordnung, meist nur bis zur 3. oder 4. Ordnung. ***A. sp.*** *s. S. 359.*
Gr 4 ***Dictyonema.*** Ob. Kambrium – Unt. Karbon. Rhabdosom korbartig, konisch; mit Stiel. Stark verzweigt, mehr oder weniger regelmäßig. Zahlreiche Querbrücken. ***D. flabelliforme*** (EICHWALD), LF, Ordovizium (Unt. Tremadoc); ca. 5 cm.

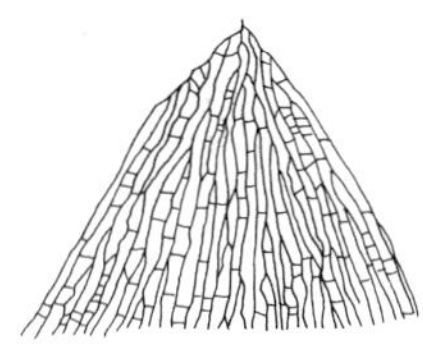

Gr 4

Ordnung Graptoloidea (Unt. Ordovizium – Silur)

Lebensweise durchweg planktisch bzw. epiplanktisch. Rhabdosome uni- oder biserial. Theken untereinander gleich (Autotheken). Nur wenige Zweige. Die wichtigsten Typen der Thekenausbildung zeigt die Tafel. Die Graptoloidea entwickelten sich aus den Dendroidea; sie stellen zahlreiche Leitfossilien.

Gr 5

Gr 5 ***Tetragraptus.*** Unt. Ordovizium (Arenig). Rhabdosom bilateral-symmetrisch, mit 2 kurzen Hauptzweigen 1. und je 2 langen Hauptzweigen 2. Ordnung. Theken einfach. ***T. serra*** (BRONGNIART); ca. 1,5 cm. S. auch S. 359.
Gr 6 ***Phyllograptus.*** Unt. Ordovizium (Unt. Arenig) – Mittl. Ordovizium (Unt. Llandeilo). Rhabdosom bilateral-symmetrisch, blattförmig. Die 4 Zweige sind rückenseitig verwachsen, bilden also von oben gesehen ein Kreuz, und außen mit einfachen, leicht gekrümmten Theken besetzt. Große Überlappung. ***P. sp.*** s. S. 359.
Gr 7, 8 ***Didymograptus.*** Unt. Ordovizium (Arenig) – Mittl. Ordovizium (Llandeilo). Rhabdosom bilateral-symmetrisch, bestehend aus 2 uniserialen Hauptzweigen. Diese verlaufen von der Sicula aus meist in einem Winkel von geringer als 180 Grad. Theken meist einfach; gerade oder leicht gekrümmt. ***D. bifidus*** HALL (**Gr 7**), LF,

Gr 6 s. S. 359

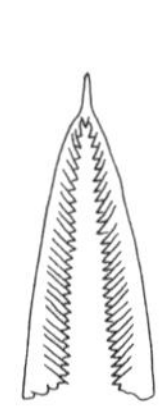

Gr 7

Gr 8

Gr 9 s. S. 359

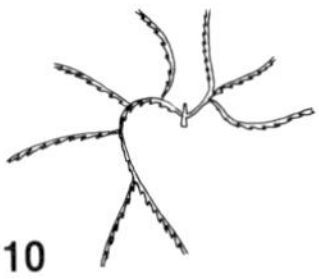

Gr 10

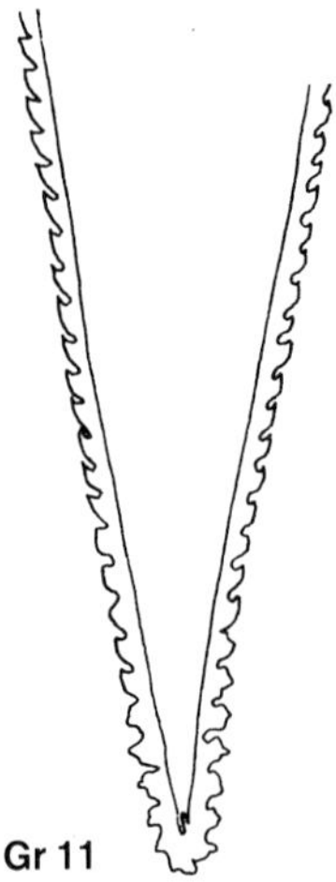

Gr 11

Gr 12 s. S. 359

Gr 13

Gr 14 u. 15 s. S. 359

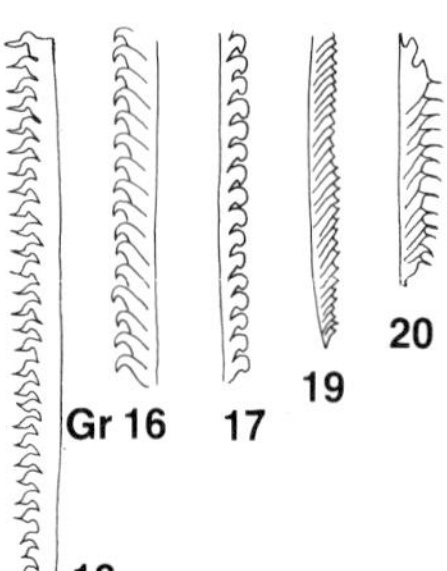

Unt. Ordovizium (Unt. Llanvirn; *bifidus*-Zone); ca. 1,3 cm. ***D. murchisoni*** (BECK) (**Gr 8**), Leitfossil, Mittl. Ordovizium (Ob. Llanvirn; *murchisoni*-Zone); ca. 4 cm. S. a. S. 359.

Gr 9 ***Glossograptus.*** Unt. – Mittl. Ordovizium. Rhabdosom biserial, aneinanderliegend mit den Seiten, so daß die Theken in entgegengesetzte Richtungen stehen. Theken lang, mit großer Überlappung; Mündungs-, Dorsal- und Lateraldornen. ***G. sp.*** s. S. 359.

Gr 10 ***Nemagraptus.*** Mittl. Ordovizium. Rhabdosom bilateral-symmetrisch, uniserial. Hauptzweige sehr dünn, schwach S-förmig verlaufend. Zahlreiche einfache Seitenzweige in regelmäßigen Abständen. Theken gerade, schwach geneigt oder leicht gekrümmt. ***N. gracilis*** (HALL), LF, Ob. Llandeilo – Unt. Caradoc (*gracilis*-Zone); ca. 1,8 cm.

Gr 11 ***Dicellograptus.*** Mittl. – Ob. Ordovizium. Rhabdosom bilateral-symmetrisch, uniserial; gerade oder gekrümmt. Die zwei Hauptzweige divergieren unter einem Winkel von mehr als 180 Grad. Theken röhrenförmig, gekrümmt, mit verdrehter Mündung. ***D. anceps*** NICHOLSON, LF, Ob. Ordovizium (Ob. Ashgill; *anceps*-Zone); ca. 3 cm. S. auch S. 359.

Gr 12 ***Dicranograptus.*** Mittl. Ordovizium. Rhabdosom stielartig biserial verwachsen; am Ende des „Stiels" stehen die beiden freien uniserialen Zweige ab. Das Rhabdosom wirkt wie ein Y. Divergenzwinkel größer als 180 Grad. Theken röhrenförmig, gekrümmt, Mündungen verdreht; s. S. 359.

Gr 13 ***Diplograptus.*** Mittl. Ordovizium – Unt. Silur. Rhabdosom bilateral-symmetrisch, biserial. Die beiden Zweige sind dorsal miteinander verbunden. Theken röhrenförmig, stark gekrümmt bis gerade. Mündungen in halbkreisförmigen Höhlungen. ***D. modestus*** (LAPWORTH), Unt. Silur (Llandovery); ca. 1,8 cm. S. auch S. 359.

Gr 14 ***Climacograptus.*** Unt. Ordovizium – Unt. Silur. Rhabdosom ähnlich ***Diplograptus,*** mit etwa kreisförmigem Querschnitt. Theken häufig kreisförmig gekrümmt, Mündungen in schmalen Höhlen und mit meist horizontal verlaufenden Rändern. ***C. sp.*** s. S. 359.

Gr 15 ***Dimorphograptus.*** Ob. Silur. Rhabdosom biserial, abgesehen von einem mehr oder weniger langen uniserialen Abschnitt nach der Sicula. Die Thekenausbildung des uniserialen Teils weicht von jener des biserialen Teils ab. ***D. sp.*** s. S. 359.

Gr 16–20 ***Monograptus.*** Silur. Rhabdosom immer uniserial; gerade oder gekrümmt, auch spiralförmig; unverzweigt. Theken sehr variabel; bei manchen Arten sitzen Theken verschiedener Ausbildung am Rhabdosom. Zahlreiche Untergattungen: ***Pristiograptus, Monoclimacis, Spirograptus, Demirastrites, Streptograptus, Colonigraptus, Pernerograptus, Saetograptus, Globosograptus, Mediograptus, Cucullograptus. M. priodon*** (BRONN) (**Gr 16**), Unt. – Mittl. Silur; ca. 2 cm. ***M. lobiferus*** (MCCOY) (**Gr 17**), LF, Unt. Silur (Mittl. Llandovery; *lobiferus*-Zone); ca. 2 cm. ***M. sedgwicki*** (PORTLOCK) (**Gr 18**), LF, Unt. Silur (Mittl. Llandovery; *sedgwickii*-Zone); ca. 3,5 cm. ***M. colonus*** (BARRANDE) (**Gr 19**), LF, Ob. Silur (Unt. Ludlow; *colonus*-Zone); ca. 2 cm. ***M. leintwardinensis*** HOPKINSON (**Gr 20**), LF, Ob. Silur (Mittl. Ludlow; *leintwardinensis*-Zone); ca. 1,5 cm. S. a. S. 359.

Gr 21 ***Rastrites.*** Unt. Silur. Rhabdosom uniserial; gekrümmt, hakenartig. Theken lang und gerade, voneinander getrennt. Mündung hakenartig. ***R. linnaei*** BARRANDE, Unt. Silur; ca. 3,5 cm. S. auch S. 359.

Gr 22 ***Cyrtograptus.*** Mittl. Silur (Wenlock). Rhabdosom uniserial. Von einem mehr oder weniger spiralig eingerollten Hauptzweig gehen Nebenzweige ab, die an Theken des Hauptzweiges sitzen. Nebenzweige können ebenfalls verzweigt sein. ***C. murchisoni*** CARRUTHERS, LF, Unt. Wenlock (*murchisoni*-Zone); ca. 3 cm. S. auch S. 359.
Gr 23 ***Abiesgraptus.*** Ob. Silur (Ludlow). Rhabdosom bilateral-symmetrisch; gerade oder schwach gekrümmt, mit zahlreichen, paarig stehenden Nebenzweigen. Theken einfach, untereinander gleich. Bisher nur in Thüringen nachgewiesen. ***A. sp.*** s. S. 359.

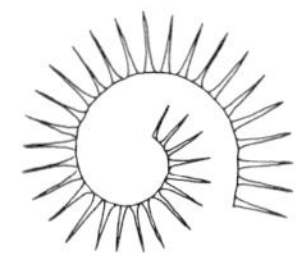

Gr 21

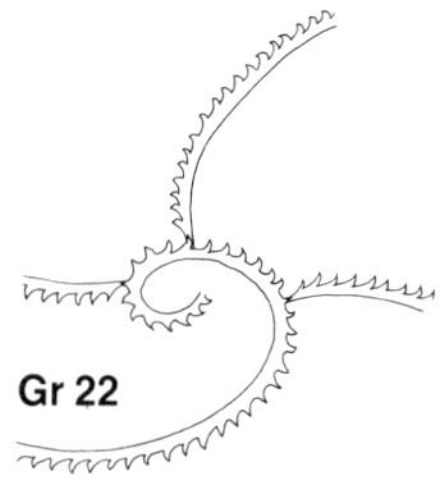

Gr 22

Gr 23 s. S. 359

Stamm Chordata (Chordatiere)

Hier werden alle Tiere mit dorsal gelegenem Stützorgan (Chorda, Wirbelsäule) und röhrenförmigem dorsalem Zentralnervensystem zusammengefaßt.
Drei Unterstämme gibt es:
Tunicata (Manteltiere); Mittl. Kambrium – rezent; fossil extrem selten.
Acrania (Leptocardia; Schädellose); rezent; dazu gehören z. B. die Lanzettfischchen.
Vertebrata (Craniota; Wirbeltiere); Ordovizium – rezent.

Unterstamm Vertebrata (Craniota; Wirbeltiere)

Die meisten der ca. 4400 Arten der Vertebrata haben eine wohlentwickelte Wirbelsäule, wenige eine Chorda dorsalis (stabförmiges Stützelement). Die Tiere sind bilateral-symmetrisch gebaut und haben meist ein innenliegendes Skelett (Endoskelett) entwickelt. Die in der Regel vorhandenen 2 Extremitätenpaare weisen axiale Skelettelemente auf und sind je nach Lebensweise als Flossen, Beine oder Flügel ausgebildet. Das Blutgefäßsystem ist geschlossen. Die Atmung erfolgt über Kiemen (bei den Fischen sowie bei einem Teil der Amphibien) oder mit Hilfe von Lungen. Wirbeltiere treten in allen vorstellbaren Lebensbereichen auf. Der Untersuchung der stammesgeschichtlichen Entwicklung der Vertebrata wurde seit jeher besondere Bedeutung beigemessen, da der Mensch zu dieser Gruppe gehört.
Die Bedeutung des Unterstammes für die Wissenschaft ist entsprechend groß, während die Fossiliensammler meist nur wenige entsprechende Belege in ihren Kollektionen haben. Dazu gehören z. B. Haizähne, denn vor allem in tertiären Ablagerungen finden sie sich mitunter massenhaft, bedingt durch ihre Widerstandsfähigkeit und ständigen Zahnwechsel bei den Haien. Komplette Fischskelette sind schon sehr viel seltener, obwohl auch hier Häufungen auftreten können. Amphibienüberreste treten sehr selten auf; mit den Reptilienfossilien steht es leider kaum besser. Fossile Vögel oder ihre Überreste sind extrem selten. Am besten lassen sich noch die Säugetiere belegen, allerdings überwiegend in quartären Ablagerungen.
Der Unterstamm wird in folgende Klassen unterteilt, wobei anschließend – der Bedeutung für den Sammler entsprechend –, nur auf die Fische im weiteren Sinne, die Reptilien und die Mammalia (Säugetiere) eingegangen wird:
Klasse Agnatha (Kieferlose); Ob. Kambrium – Devon; Ob. Karbon; rezent. Kieferlose Fische, nur vorn mit oder ganz ohne paarige Flossen.

Klasse Placodermi (Panzerfische); Ob. Silur – Unt. Karbon. Das Außenskelett dieser Fische enthält echtes Knochengewebe. Größte Formenvielfalt im Devon. Ursprünglich Süßwasserformen, ab dem Devon auch im Meer.

Klasse Chondrichthyes (Knorpelfische); Mittl. Devon – rezent. Fische ohne echtes Knochengewebe, jedoch mit erhaltungsfähigen und häufig auftretenden Zähnen.

Unterklasse Elasmobranchii (Haie, Rochen); Mittl. Devon – rezent. Keine Schwimmblase; die Haut kann Placoidschuppen (Hautzähne) tragen.

Unterklasse Holocephali (Chimären); Karbon – rezent. Molluskenfresser mit meist flachen Kauplatten; ähnlich wie die Rochen aus der vorigen Gruppe.

Klasse Osteichthyes (Knochenfische); Ob. Ordovizium – rezent. Höhere Knochenfische.

Unterklasse Acanthodii; Ob. Ordovizium – Perm. Endoskelett aus echtem Knochengewebe; teilweise großwüchsig.

Unterklasse Actinopterygii (Strahlenflosser); Ob. Silur – rezent. Anfänglich mit Ganoid-, später mit Cycloid- oder Ctenoid-Schuppen. Die meisten der rezenten Fische gehören hierher. Die Übergänge zwischen den 3 Infraklassen sind fließend.

Infraklasse Chondrostei (Knorpelganoidfische); Ob. Devon – rezent. Hierher gehören z. B. die Palaeonisciden und die Störe.

Infraklasse Holostei; Perm – rezent. Charakteristische Fischgruppe des Mesozoikum. Rezent mit wenigen Arten (*Lepisosteus,* Kaimanfisch oder Knochenhecht).

Infraklasse Teleostei (Moderne Knochenfische); Jura – rezent. Skelett verknöchert; dünne und überlappende Schuppen.

Unterklasse Sarcopterygii (syn. Choanichthyes; fleischflossige Fische); Devon – rezent. Zwei Ordnungen; Crossopterygii (Quastenflosser) mit der berühmten rezenten Art („lebendes Fossil") *Latimeria chalumnae* SMITH und Dipnoi (Lungenfische), zahlreich im Devon (*Dipterus*). Bekannt sind die triadischen Zähne von *Ceratodus*. Rezent nur noch 3 Gattungen.

Agnatha, Placodermi, Chondrichthyes und Osteichthyes bilden die Gruppe der Fische im weiteren Sinne.

Klasse Amphibia (Lurche); Ob. Devon – rezent. Vierfüßer; zeitweise oder immer im Wasser lebend; Larvenentwicklung im Süßwasser. Die bekanntesten rezenten Vertreter sind wohl Frösche und Salamander. Amphibien bilden eine zwischen den Fischen und den Reptilien stehende, nach Ansicht einiger Wissenschaftler heterogene Gruppe. Fossile Überreste sind recht selten und werden meist nur durch systematische wissenschaftliche Grabungen gewonnen. Für den Sammler ist die Gruppe weitgehend bedeutungslos.

Klasse Reptilia (Kriechtiere); Ob. Karbon – rezent. Die Tiere sind weitgehend wechselwarm; die Körperoberfläche ist meist geschuppt oder mit Knochenplatten gepanzert. Alle möglichen Lebensräume wurden besiedelt: Wasser, Land und Luft. Höhepunkt der Entwicklung im Mesozoikum. Sechs Unterklassen (s. Reptilia). Zu den Reptilien gehören z. B. die Krokodile, die Eidechsen und die Schlangen, die Schildkröten, die Brückenechsen und die Dinosaurier.

Klasse Aves (Vögel); Ob. Jura – rezent. Die geringe Größe und die meist landbezogene Lebensweise der Tiere stehen einer fossilen Überlieferung entgegen: Fossilreste von Vögeln sind extrem selten. Gegenüber ca. 8600 rezenten Arten sind nur knapp 500 fossile Formen beschrieben. Die Vögel entwickelten sich wahrscheinlich aus den Archosauria, zu denen z. B. auch die Flugsaurier gezählt werden. Eines der berühmtesten Fossilien überhaupt, der „Urvogel" *Archaeopteryx*, stellt ein Bindeglied zwischen Reptilien und Vögeln dar.

Klasse Mammalia (Säugetiere); Jura – rezent. Warmblütige, meist behaarte Tiere; in der Regel lebendgebärend und säugend (Name). Der Ursprung der Säugetiere wird bei den Therapsida gesucht, einer Ordnung der Reptilienunterklasse Synapsida. Systematik s. Mammalia.

Gruppe Pisces (Fische im weiteren Sinne)

Allgemeines, Größenverhältnisse

„Zwei Drittheile des Erdballs sind mit Meerwasser bedeckt, viele andere Strecken noch mit Süßwasser: die Tiefe des Oceans hie und da noch unergründet, wird im Durchschnitt auf vier deutsche Meilen geschätzt: und dieser ganze Raum ist mit einer thierischen Schöpfung, reicher als die des trockenen

Landes erfüllt, unter welcher die Fische die erste Stelle einnehmen." (VOIGT, Lehrbuch der Zoologie, 1853.)
Zwar ist das tierische Leben auf dem Festland doch wesentlich reicher als im Wasser – man denke nur an die Insekten – aber immerhin stellen die Fische mit ca. 20 700 Arten einen beachtlichen Teil des Wasserlebens. Alle aquatischen Bereiche werden bewohnt: Wir finden Fische im Meer, im Brack- und im Süßwasser, oft in großen Schwärmen auftretend. Fische sind jedermann vertraut, wenn schon nicht vom Biologieunterricht her, so doch von der Speisekarte. Und schließlich werden Fische von Liebhabern in Aquarien beobachtet und gezüchtet.
Die dem Nichtbiologen am besten bekannten Meeresfische sind neben den Heringen und anderen Speisefischen wohl die Haie, eine Gruppe beweglicher Raubfische. Geschichten über menschenfressende Haie oder jedenfalls schlimme Unglücksfälle sind reichlich in Umlauf. Angeblich sollen Haie ihr Unwesen auch an zivilisierten Küsten wie z. B. an der jugoslawischen Adria treiben. Genauere Untersuchungen über die Lebensweise der Tiere verdanken wir u. a. Jacques COUSTEAU, dem Direktor des Musée Océanographique in Monaco.
Die häufig fossil auftretenden Haizähne erweckten schon früh das Interesse der Naturwissenschaftler, auch sonst wurde viel über Herkunft und Entstehung dieser Fossilien spekuliert. Diese Haizähne wurden Glossopetren genannt oder auch Zungensteine, Steinzungen, Schlangensteine oder Vogelzungen. Die Germanen hielten sie für Zähne, die dem Mondwolf beim monatlichen Verschlingen des Mondes ausgebrochen waren. Auch PLINIUS war der Meinung, daß die Zähne nicht in der Erde „entstanden", sondern vom Mond herabgefallen seien. Eine maltesische Legende erzählt von der Verfluchung der Schlangen durch den von einer solchen gebissenen Apostel Paulus und der anschließenden Versteinerung aller Schlangenzungen. Dazu muß gesagt werden, daß die in den Miozänkalken der Insel Malta reichlich und wohlerhalten auftretenden Haizähne (z. B. von *Procarcharodon*) begehrt und geschätzt waren als Heilmittel und Amulett und seinerzeit von kirchlicher Seite mit Gewinn unters Volk gebracht wurden. Die Schlangensteine von anderswoher galten als ihnen an Heil- und Zauberkraft unterlegen und wurden entsprechend geringer bewertet.
Zwar glauben wir heute nicht mehr an eine Zauber- oder Heilkraft der Haizähne, aber jeder Sammler freut sich doch über gute Funde. Glücklicherweise existieren eine ganze Reihe ergiebiger Fundorte, und somit wird es an Nachschub nicht fehlen (s. Vorkommen).
Komplette oder auch nur in Resten erhaltene Fischskelette sind vergleichsweise selten, kommen jedoch in bestimmten Ablagerungen gehäuft vor. Die Größe derartiger Fossilien schwankt zwischen wenigen Zentimetern und einigen Metern; die Mehrzahl liegt zwischen 5 und 20 cm. Isolierte Zähne finden wir – mit der Lupe – schon in Größenordnungen unterhalb eines Millimeters und bis maximal 15 cm (*Procarcharodon*, P 23). Die rezenten Arten der Gattung *Carcharodon* haben bei einer Körperlänge von ca. 12 m Zähne von maximal 6 cm Größe, weshalb für die fossilen Formen eine Körpergröße von über 20 m angenommen werden darf. Die Mehrzahl der fossilen Fischzähne liegt aber zwischen 1 und etwa 5 cm.

Systematik, Stammesgeschichte

Die zu den Fischen im weiteren Sinne zählenden Tiere werden auf 4 Klassen verteilt. Die Systematik entnehmen wir der Aufstellung beim Unterstamm Vertebrata. Die Abb. S. 368 zeigt für die jeweilige Klasse typische Vertreter.
Aus der Klasse der kieferlosen Agnatha, deren Herkunft mehr oder weniger im dunklen liegt, entwickelten sich aller Wahrscheinlichkeit nach die Placodermi (Panzerfische). Dazu gehören ausschließlich Fische des Paläozoikum mit Knochenskelett und verknöchertem Exoskelett (Außenskelett). Verschiedentlich werden die Acanthodii (Stachelhaie) hierher gestellt (als Ordnung), während sie in unserer Systematik als Unterklasse zu den Osteichthyes verwiesen sind.
Die Knorpelfische (Chondrichthyes) tauchen als letzte Großgruppe auf, sicher nachgewiesen seit dem Mittl. Devon. In silurischen Kalken Spaniens wurden bei der Suche nach Conodonten in jüngster Zeit Placolithen (Hautzähne) gefunden, die wohl auch von Knorpelfischen stammen. Somit wäre die Gruppe älter als bisher angenommen. Die Abstammung der Chondrichthyes von noch nicht genauer bekannten Placodermi darf als sicher angenommen werden; das Knorpelskelett ist wohl eine Rückentwicklung.
Die umfangreichste Gruppe der Fische aber ist jene der Osteichthyes (Knochenfische). Ihr relativ plötzliches Auftauchen im Ob. Ordovizium wird damit erklärt, daß die ersten Entwicklungsstadien im

Oberlauf von Flüssen abliefen. Diese sind in der Regel Abtragungsgebiete, weswegen entsprechende Schichten und Fossilien fehlen.
Für den Fossiliensammler sind vor allem die Überreste der Knorpel- und der Knochenfische von Bedeutung, weshalb diese beiden Klassen etwas ausführlicher vorgestellt werden.

Klasse Chondrichthyes (Knorpelfische)

Die wichtigsten fossilen Überreste dieser Tiere sind die Zähne, praktisch die einzigen erhaltungsfähigen Hartteile, abgesehen von meist seltenen Funden von Wirbeln, Placoid-(Haut-)schuppen und Flossen- bzw. Schwanzstacheln. Bedingt durch den lebenslang anhaltenden Zahnwechsel – die Zähne werden bei Verlust oder Abnutzung innerhalb eines „Revolvergebisses" durch neue ersetzt – und die Widerstandsfähigkeit des Materials enthalten vor allem küstennahe Sedimente mitunter Unmengen von Zähnen.
Wir unterscheiden folgende Gebißformen:
Das Fanggebiß der pelagisch lebenden Haie, deren Zähne bei geschlossenen Kiefern ineinandergreifen; Beutetiere sind Fische; das Greifgebiß der benthonisch lebenden Grundhaie mit kleinen und spitzen Zähnen; Beutetiere sind z. B. Krebse; das Greifgebiß der pelagisch lebenden Riesenhaie mit winzigen Zähnen und langen, dichten Kiemenbarten, die wie Reusen funktionierten; ihre Beute war Plankton; schließlich das Zermalmgebiß z. B. der Rochen, bestehend aus abgerundeten oder flachen Pflasterzähnen; Beutetiere sind Hartschaler wie Muscheln und Schnecken.
Betrachten wir die auf S. 367 dargestellte Entwicklung der Unterkieferzähne eines rezenten Hais der Gattung *Heterodontus* mit den je nach Lage im Gebiß verschiedenen Zahnformen, wobei Zähne gleicher Lage altersbedingt stark voneinander abweichen können, so erkennen wir, daß die Einordnung fossiler Haizähne außerordentlich schwierig sein kann. Allerdings ist *Heterodontus* ein Extrembeispiel; bei vielen anderen Haien bleiben die Zähne von der Geburt bis zum Adultstadium gleich, abgesehen von der Größenzunahme. Sofern die fossilen Zähne in direktem Vergleich mit den Zähnen verwandter rezenter Arten bestimmt werden können, lassen sich auch Zähne heterodonter Gebißträger bestimmen. Ist dies aber nicht möglich, weil z. B. rezente Vertreter der Gattung nicht bekannt sind, besteht die Gefahr, daß verschieden aussehende Zähne einer Art und/oder Zähne von Tieren einer Art, jedoch verschiedenen ontogenetischen Alters, als jeweils eigene Arten beschrieben werden. In diesem Sinne unbegründete Arten wurden vor allem im 19. Jh. aufgestellt.
Die Körperoberfläche der Knorpelfische ist häufig mit sogenannten Placoid- oder Hautschuppen (Placolithen, Hautzähne) besetzt und dadurch sandpapierartig rauh. Aus solcher Haihaut wird bzw. wurde das sogenannte Chagrinleder hergestellt. Der Aufbau dieser Placoidschuppen entspricht dem der Zähne: Auf einer Basalplatte sitzt ein aus Dentin und Zahnschmelz bestehender Dorn, innen durchzogen von einer Pulpahöhle. Die Zähne sind nichts anderes als in die Mundhöhle gewanderte und zweckentsprechend abgewandelte Placoidschuppen.
Die verschiedentlich fossil zu beobachtenden Wirbel gehören zu folgenden Typen: Cyclospondyl nennt man Wirbel mit ringförmigen Kalkanlagerungen um das Zentrum; sie sind meist beidseitig trichterförmig eingetieft. Von tecto- bzw. asterospondyl spricht man, wenn zusätzliche radiale, mitunter verzweigte Kalkblätter oder -keile vorhanden sind. Diese beiden Wirbeltypen treten auf bei Vertretern der Ordnungen Selachii und Batoidea (s. unten). Die Wirbelsäulen der Holocephali und der Cladoselachii gehören zum aspondylen Typ, ohne eigentlichen Wirbelkörper.
Die Rückenflossen einiger Chondrichthyes, z. B. der Selachii, werden durch einen Flossenstachel versteift, der in der Regel erhaltungsfähig ist, meist allerdings nur in Bruchstücken überliefert wird. Bekannt sind z. B. die großen Flossenstacheln der karbonischen Art *Gyracanthus formosus* AGASSIZ oder jene von *Acrodus anningiae* AGASSIZ (P 8) aus dem Unt. Jura.
Die Klasse Chondrichthyes wird in 2 Unterklassen gegliedert. Eine davon, die Holocephali oder Chimären, ist für den Sammler unwichtig, weil fossil sehr selten. Die zweite Unterklasse, die Elasmobranchii, zerfällt in 5 Ordnungen:
Cladoselachii; Mittl. Devon – Unt. Perm. Bekannt vor allem aus dem Karbon Schottlands, ansonsten selten.
Pleuracanthodii (syn. Xenacanthi, Ichthyotomi); Ob. Devon – Trias. Zähne mit einer kleinen Mittelspitze und 2 größeren divergierenden Seitenspitzen. Wichtigste Gattung: *Xenacanthus* (syn. *Pleuracanthus*). Fossilien selten.
Bradyodonti; Ob. Devon – Perm. Zähne in Form großer Platten. Fossilien selten.

Gebißentwicklung bei einem rezenten Hai (Heterodontus portusjacksoni)

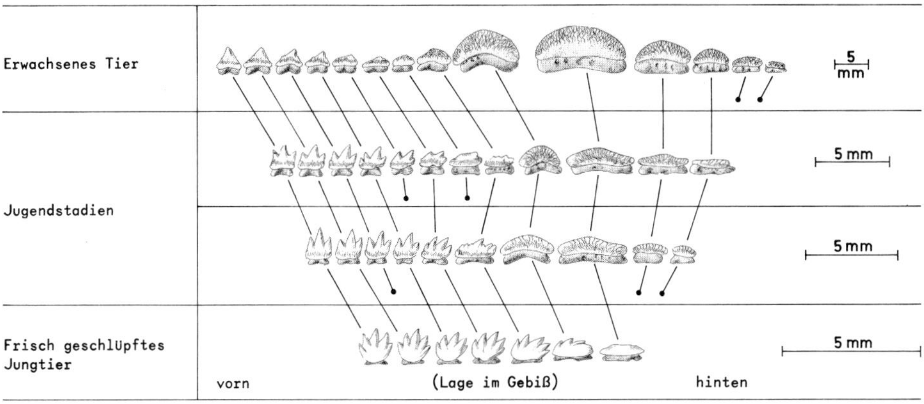

(Dargestellt sind die Unterkieferzähne der linken Gebißhälfte)

Heterodontus lebt bodenbezogen in felsigen Flachwasserbereichen und Riffen. Die Jungtiere ernähren sich von Würmern, weshalb ihre Zähne zahlreiche feine Spitzen zum Ergreifen von Weichnahrung aufweisen. Die erwachsenen Tiere leben von Muscheln, Schnecken und Seeigeln, deren Hartteile zerquetscht werden. Dementsprechend reduziert sich im Verlaufe der Ontogenese die Zahnspitzenzahl und die Quetschzähne werden vorherrschend.

Haizähne - vergleichende Morphologie

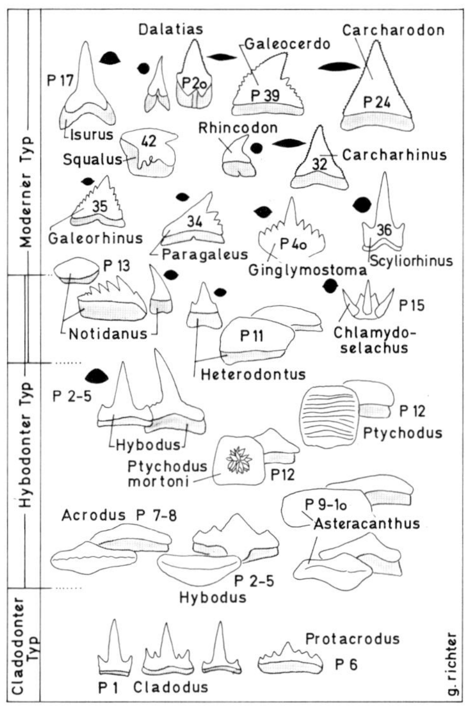

Ausbildung der Schwanzflosse

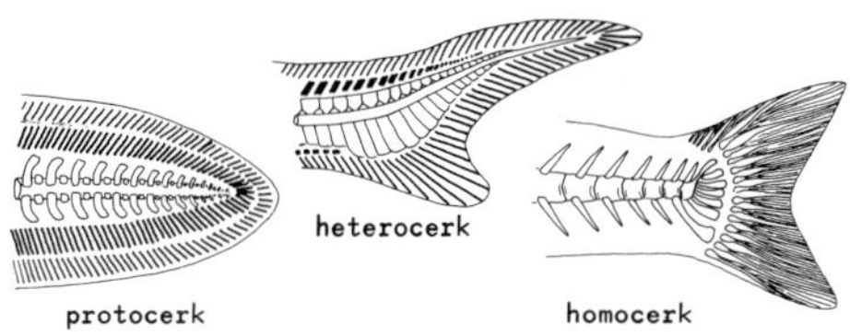

Wirbeltypen

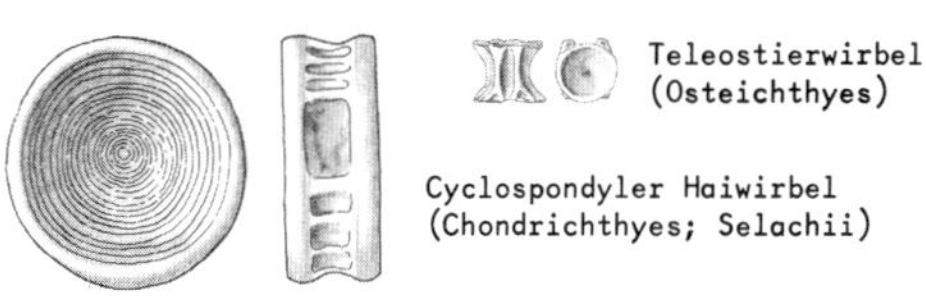

Schuppentypen

Terminologie und Morphologie der Chondrichthyes (Knorpelfische) und Osteichthyes (Knochenfische).Terminologie des Haiskeletts. (Abgeändert nach FRAAS, PORTMANN, REIF.)

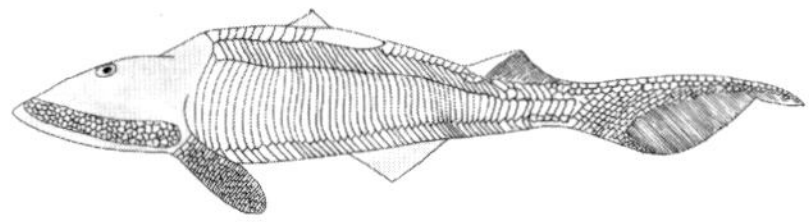

Hemicyclaspis murchisoni (EGERTON); Rekonstruktion; Ob. Silur. (Agnatha) Ca. 22 cm.

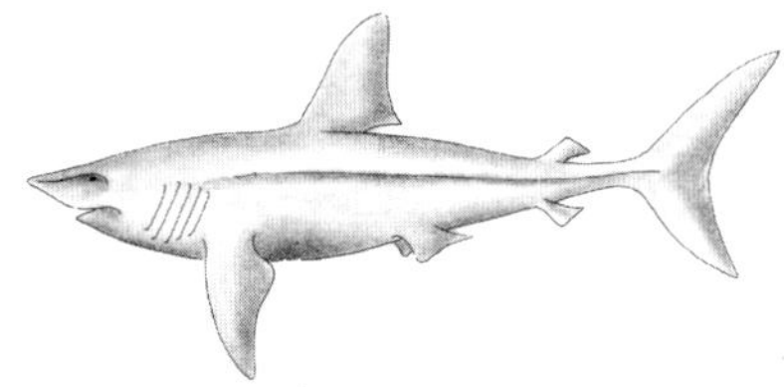

Lamna nasus (BONNATERRE), Heringshai; rezent. (Elasmobranchii, Selachii) Ca. 4 m.

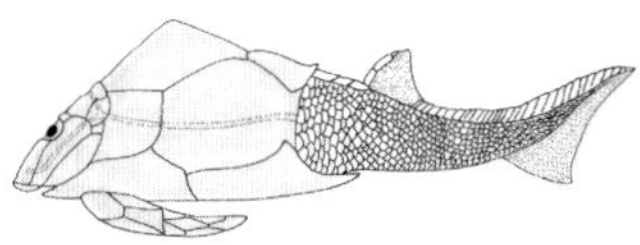

g. richter

Pterichthys sp.; Rekonstruktion; Mittl. Devon. (Placodermi) Ca. 19 cm.

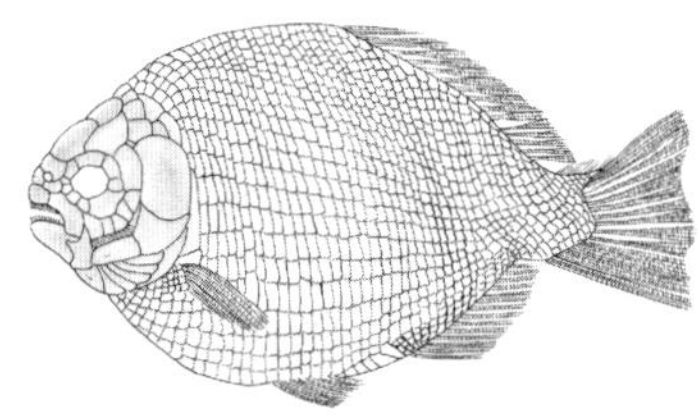

(P 56) Dapedius pholidotus QUENSTEDT; Unt. Unterjura. (Osteichthyes, Holostei) - Ca. 36 cm.

Vertreter der 4 Klassen der Fische (im weiteren Sinne). (Abgeändert nach EIGNER, A.H. MÜLLER aus STENSIÖ, TRAQUAIR, WOODWARD.)

Selachii (Haie im eigentlichen Sinne); Ob. Devon – rezent. Unterordnungen: Hybodontoidei, Heterodontoidei, Hexanchoidei (syn. Notidanoidei), Galeoidei, Squaloidei, Pristiophoroidei und Squatinoidei. Die Hybodontoidei (Ob. Devon – Tertiär [Eozän]) waren vor allem im Mesozoikum wichtig, während die modernen Haie mit räuberischer Lebensweise (Galeoidei) im Ob. Jura in Erscheinung treten. Hierher gehören die zahllosen tertiären Zahnfunde.
Batoida (Rochen); Ob. Jura – rezent. Meist dorsoventral abgeplattete Formen mit großen Brustflossen und ohne Schwanzflosse. In der Regel Molluskenfresser mit pflasterartigen Kauplatten. Zähne wesentlich seltener als Selachierzähne.

Klasse Osteichthyes (Knochenfische)

Von den etwa 20700 bekannten rezenten Fischarten gehören ca. 20000 zu den Knochenfischen. Die äußere Form kann sehr unterschiedlich sein, läßt sich aber meist zu einem der folgenden Typen stellen: Hechtartig, aalförmig, Körper hoch und dorsoventral abgeflacht. Der Schädel wie auch das übrige Skelett sind komplett verknöchert. Die Mehrzahl der Arten besitzt eine Schwimmblase.
Die älteren Formen der Unterklasse Actinopterygii trugen knöcherne, meist rhombische, glänzende Schuppen, deren äußere Schicht aus Ganoin (ähnlich dem Dentin) besteht und relativ dick ist. Danach wurde die Bezeichnung Ganoidschuppen und entsprechend Ganoidfische gebildet (Schmelzschupper). Aufgrund des unterschiedlichen Materials wird weiterhin unterschieden die Cosmoidschuppe. Sie besteht aus einer dünnen äußeren Ganoinschicht und einer dicken Cosminschicht. Wir finden sie vor allem bei einigen Crossopterygii (Quastenflosser) und Dipnoi (Lungenfische). Die Elasmoidschuppe schließlich besteht nur aus einer dünnen Platte knochenähnlicher Substanz.
Nach Schuppenform und Aussehen des hinteren Randes werden unterschieden die Cyloidschuppe mit rundlichem oder ovalem Umriß, glattem Hinterrand und mit von konzentrischen Anwachsstreifen bedeckter Oberfläche („Jahresringe"). Sie ist typisch vor allem für primitive Teleostei wie Hering, Hecht und Karpfen. Bei der Ctenoidschuppe sind Vorder- und Hinterrand unterschiedlich ausgebildet; der Hinterrand kann lange Zähnchen tragen. Manche Fische haben das ursprüngliche Schuppenkleid im Laufe der stammesgeschichtlichen Entwicklung sekundär verloren; andere, z. B. die Panzerwelse, tragen Knochenplatten.

Die Schwanzflosse kann verschiedenartig ausgebildet sein. Wir unterscheiden z. B. die protocerke (diphycerke) Form, eine gerade auslaufende Schwanzflosse mit symmetrischen Flossensäumen, z. B. bei den Dipnoi. Bei der heterocerken Form verläuft das Achsenskelett (Wirbelsäule) im dorsalen (rückenseitigen) Flossenlappen, der dann in der Regel größer ist als der ventrale. Zu beobachten ist diese Form vor allem bei den Haien und bei primitiven Osteichthyes. Hypocerk nennen wir die umgekehrte Form, wobei die Wirbelsäule also im ventralen Flossenlappen liegt. Ausgebildet haben sie viele Agnatha und übrigens auch die Ichthyosauria. Homocerk schließlich heißt eine äußerlich symmetrische Form mit etwa gleichgroßem dorsalem und ventralem Flossenlappen; das kurze Ende des Achsenskeletts ist dorsalwärts gebogen. Diese Form der Schwanzflosse entstand aus dem heterocerken Typ.

Otolithen

Als Otolithen oder auch Statolithen werden die Gehörsteine der Fische bezeichnet. Diese kalkigen Konkretionen sitzen in zwei Organen, die sowohl Gleichgewichts- wie auch akustische Wahrnehmungen ermöglichen (Labyrinth). Beide Organe sind spiegelbildlich gebaut und enthalten je 3 verschiedene Otolithen. Der größte heißt Sagitta und wird verallgemeinernd als Otolith bezeichnet. Die beiden anderen werden Asteriscus und Lapillus genannt und sind bis auf einige Ausnahmen wesentlich kleiner. Die Otolithen der Gattung *Arius* bilden eine solche Ausnahme; hier ist der Lapillus der weitaus größte Otolith. Der Sagitta, im folgenden als Otolith bezeichnet, zeigt zahlreiche artspezifische Merkmale wie Furchen, Leisten, abgegrenzte Flächen. Bei den Teleostei spielen sie eine große Rolle bei der Bestimmung von Gattung und Art, vergleichbar den Zähnen der Knorpelfische.
Die Durchschnittsgröße liegt bei ca. 6 x 2 mm. Otolithen werden in der Regel isoliert gefunden, da sie sich beim Zerfall des Kopfskeletts frühzeitig lösen. Bei genauer Betrachtung erkennen wir Zuwachslinien bzw. -zonen, die im Normalfall je einem Jahr Wachstum entsprechen. Bei der Bestimmung ist zu beachten, daß Form wie auch Skulptur gewissen Schwankungen auch innerhalb der Art unterworfen sind und daß sich Merkmalsveränderungen während der Ontogenese ergeben können. Sofern die Zugehörigkeit eines Otolithen zu einer Gattung bzw. Art feststeht, wird er unter der entsprechenden Bezeichnung geführt (z. B. *Albula eppsi*), ansonsten als *Otolithus* mit angehängtem Artnamen. Bei bekannter Familienzugehörigkeit wird der Familienname im Genitiv Plural hinter die Sammelbezeichnung *Otolithus* und in Klammern gestellt, z. B. *Otolithus (Sparidarum) nobilis,* zugehörig also zur Familie Sparidae (Meerbrassen).

Verschiedene Typen von Otolithen bei Fischen. (Umgezeichnet nach British Caenozoic Fossils, A.H. MÜLLER aus WEILER.)

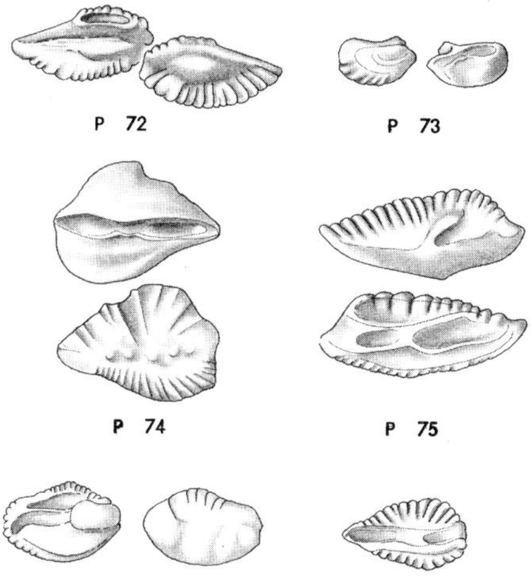

P 72 Otolithus (?Lycopteridarum) rhenanus, Mittl. Jura (Callov); ca. o,3 cm.

P 73 Albula eppsi, Tertiär (Paläozän (Ob. Thanet) - Eozän (Ypres)); ca. 1,7 cm.

P 74 Otolithus (Macruridarum) toulai, Tertiär (Mittl. Oligozän); ca. o,9 cm.

P 75 Palaeogadus emarginatus, Tertiär (Ob. Oligozän); ca. 1 cm.

P 76 Otolithus (Sciaenidarum) teutonicus, Tertiär (Mittl. Miozän); ca. o,5 cm.

P 77 Colliolus friedbergi, Tertiär (Mittl. Miozän); ca. o,5 cm.

g. richter

Die ältesten bekannten Otolithen stammen von permischen Palaeonisciden. Funde aus der Trias sind bisher nicht bekannt. Im Unt. Jura treten schon vereinzelt Otolithen auf, werden aber erst im Mittl. und Ob. Jura häufiger. Aus der Ob. Kreide sind wiederum nur wenige Arten bekannt. Ab dem Alttertiär aber werden sie recht häufig (Zunahme der Knochenfische!).
Da Otolithen in der Regel doch klein sind und im Gelände kaum wahrgenommen werden können, sollte bei Interesse entsprechendes Gesteinsmaterial geschlämmt werden – so wird der Erfolg kaum ausbleiben.

Lebensraum, Lebensweise

Fische leben durchweg aquatisch, und zwar in allen möglichen Bereichen, vom Süßwasser bis zum hypersalinaren Meerwasser. Sie treten sowohl in küstennahen Regionen wie auch in extremen Tiefen auf. Manche Arten sind Hochseebewohner, während andere in Riffen leben. Fossile Überreste von Fischen können nur in seltenen Fällen als Faziesanzeiger herangezogen werden, meist nur durch Vergleiche mit der Lebensweise bzw. dem Lebensraum verwandter rezenter Arten.
Viele Fische ernähren sich räuberisch: von anderen Fischen, von Mollusken, Krebsen, sogar von Stachelhäutern usw. Andere leben von Plankton, d. h. sie filtern mittels Reusen die im Wasser enthaltenen Kleinlebewesen aus, ähnlich den Bartenwalen. Manche Arten weiden an Korallenstökken. Wie alle Tiergruppen brachten auch die Fische eine ganze Reihe hochspezialisierter Formen hervor, ausgerichtet auf eine bestimmte Nahrung.

Bestimmung, Vorkommen

Versuchen wir vor allem, unsere Funde den richtigen Gruppen zuzuordnen, also z. B. den Haien, den Rochen oder den Knochenfischen. Dies wird bei Zahnfunden in der Regel nicht schwierig sein; Hai- wie auch Rochenzähne sind typisch, und zusammenhängende Skelette dürften im allgemeinen zu den Osteichthyes gehören. Hierher gehören auch die z. B. im Ob. Oberjura oder in der Kreide auftretenden Kugelzähne oder solche aus dem Tertiär. Im folgenden systematischen Teil werden die Gattungen nur innerhalb der höheren taxonomischen Einheiten geordnet, im übrigen aber nach dem stratigraphischen Auftreten aufgezählt.
In einer Reihe typischer Sedimente, z. B. den sogenannten Fischschiefern, werden relativ häufig Fischfossilien gefunden. Solche Ablagerungen treten schon im Unt. Devon auf – in den Hunsrückschiefern z. B. wurden Placodermi (wie *Stensiöella* und *Gemuendina*) gefunden. Derartige Fossilien sind dem Sammler natürlich in der Regel nicht zugänglich. Leichter erreichbar sind karbonische Überreste aus England und Schottland, z. B. von *Canobius, Gonatodus, Psammodus, Helodus* und *Gyracanthus*. Die bekanntesten paläozoischen Fische stammen aus dem Perm (Zechstein; z. B. aus dem Kupferschiefer Thüringens): Die Gattung *Palaeoniscus* (P 50) ist wohl jedem Sammler ein Begriff.
Als bekannteste Fundstelle wohlerhaltener Fische in einer enormen Arten- und manchmal auch beeindruckenden Individuenfülle sind die Solnhofener Schichten des Ob. Jura anzusprechen. Nach Oskar KUHN sind insgesamt folgende Arten erhalten: 4 Foraminiferen, 1 Porifera, ca. 13 Cnidaria, 24 Echinodermata, ca. 20 Annelida, 20 Brachiopoda, 2 Bryozoa, 54 Lamellibranchia, 5 Gastropoda, 2 Nautiloidea, 11 Coleoidea, 29 Ammoniten, 65 Crustacea, 1 Xiphosura (Schwertschwanz), 1 Arachnida (Spinnen), ca. 180 Insecta, ca. 150 Pisces, 62 Reptilia und 1 Aves. Diese Lagunenablagerungen enthalten also vergleichsweise viele Vertebrata. Zu beachten ist hier, daß in der KUHNschen Liste wohl immer noch zahlreiche Artensynonyme enthalten sind. Zwar stellen die Invertebrata mit ca. 432 Arten noch immer den größeren Teil (gegenüber 213 Vertebrata), jedoch ist dieses Verhältnis im Vergleich mit anderen Faunen deutlich verschoben zugunsten der Wirbeltiere, unter denen die Fische wiederum den größten Teil stellen. Zurückzuführen ist das wohl auf die seinerzeitigen besonderen, außerordentlich günstigen Erhaltungsbedingungen.
Der Sammler darf nun allerdings nicht glauben, daß er während eines kurzen Besuches im Plattenkalkgebiet gleich mehrere Fischfossilien bergen kann. Die zahlreichen Funde resultieren ausschließlich aus der kontinuierlichen Abbautätigkeit. Verschiedene Arten gibt es außerdem nur in ganz wenigen Exemplaren. Die einzige Art, die häufiger gefunden wird und die man auch bei den diversen Händlern im Plattenkalkgebiet meist für relativ wenig Geld in schönen Exemplaren erwerben kann, ist *Leptolepis sprattiformis* (P 64). Die in den Museen (Maxberg, Solnhofen, Eichstätt) zu bewundernden Prachtstücke wie *Aspidorhynchus* (in der Form hechtartig) oder die berühmten Mondfische (*Gyrodus,*

Gyronchus) und eine beeindruckende Vielfalt weiterer Arten sind meist auch für viel Geld nicht ohne weiteres in ähnlichen Exemplaren vom Händler oder Steinbruchbesitzer zu bekommen.
Ähnliches gilt für die Fundstelle Monte Bolca unweit Verona. Die großartig erhaltenen Fische aus den Schichten des Tertiär (Mittl. Eozän), die in den Museen und Sammlungen finanzkräftiger Sammler auffallen, werden unter Tage gewonnen. Der Sammler hat somit keine Fundchance. In den Posidonienschiefern (Unt. Jura; Unt. Toarc; Lias epsilon) von Holzmaden in Württemberg treten verschiedene Arten auf, die allerdings recht selten sind, verglichen mit den Reptilienüberresten. Immerhin können wir mit etwas Glück Schuppen z. B. von *Dapedius* (P 55) beim Durchmustern der Halden finden. – Bonebedfunde (Trias) s. Reptilia.
Am reichhaltigsten sind die Funde jedenfalls in tertiären Schichten, wobei wir vor allem Hai- und Rochenzähne bergen werden. In bestimmten Ablagerungen des Mainzer Beckens und Niedersachsens (Fürstenbau), aber auch in Belgien, Frankreich oder Dänemark treten Haizähne in Massen und oft auch artenreich auf. Wir sollten beim Besuch dieser Fundstellen nicht versäumen, auch reichlich Material zum Schlämmen mitzunehmen. Die in Ruhe vorgenommene Sichtung des Schlämmrückstandes wird zahlreiche weitere, kleine Zähnchen erbringen. Im Sand von Ermingen (bei Ulm; Miozän) sind größere Haizähne recht selten, in den Schlämmrückständen aber finden wir in der Regel etliche, wenn auch kleine bis sehr kleine Zähne.
Auch in Tertiärablagerungen treten mitunter gehäufte wohlerhaltene Knochenfische auf. Bekannt sind z. B. die Fischschiefer von Glarus (Schweiz), die Oligozänfunde lagunenartiger Ablagerungen der Provence oder auch (die leider wenig ertragreichen) Miozänschichten von Unterkirchberg bei Ulm. Die Eozänfundstelle Messel (bei Darmstadt) ist leider nicht mehr zugänglich.
Außereuropäische Fossilien werden angeboten von Fundstellen im Libanon, mit prächtig erhaltenen Fischen auf hellen Kalkplatten (ganz ähnlich den Solnhofener Schichten, jedoch jünger) aus der Ob. Kreide (Cenoman); aus dem Eozän von Wyoming (USA) oder der Kreide von Brasilien – dem Sammlungsausbau sind keine Grenzen gesetzt.
Im folgenden systematischen Teil werden eine Reihe wichtiger und/oder typischer Gattungen vorgestellt und mit wenigstens einer Art abgebildet.

Klasse Pisces (Fische im weiteren Sinne)

Klasse Agnatha (Kieferlose)

(Ordovizium – Devon; Ob. Devon; rezent)

Beispiel : ***Hemicyclaspis murchisoni*** (EGERTON)

Klasse Placodermi (Panzerfische) (Ob. Silur – Unt. Karbon)

Beispiel: ***Petrychthys sp.***

Klasse Chondrichthyes (Knorpelfische)

(Mittl. Devon – rezent)

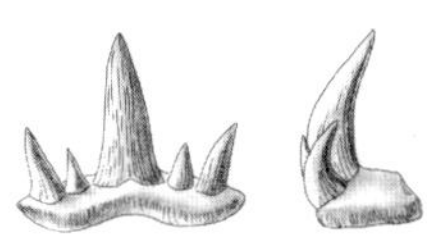

P 1

Unterklasse Elasmobranchia (Spaltkiemer; Haie und Rochen) (Mittl. Devon – rezent)

Ordnung Cladoselachii (Mittl. Devon – Unt. Perm)

P 1 ***Cladodus.*** Mittl. Devon – Unt. Perm. ***C. mirabilis*** AGASSIZ, Unt. Karbon; ca. 2,5 cm.

Ordnung Selachii (Haie im eigentlichen Sinne) (Ob. Devon – rezent)

Unterordnung Hybodontoidei (Ob. Devon – Tertiär [Eozän])

P 2–5 ***Hybodus.*** Trias – Unt. Kreide (Barreme). ***H. plicatilis*** AGASSIZ (**P 2**), Trias (Muschelkalk); ca. 1,4 cm. ***H. longiconus*** AGASSIZ (**P 3**), Trias (Muschelkalk; Bonebed); ca. 2,4 cm. ***H. major*** AGASSIZ (**P 4**), Trias (Muschelkalk; Bonebed); ca. 6 cm (Flossenstachel). ***H. delabechei*** CHARLESWORTH (**P 5**), Unt. Jura; ca. 2,8 cm. S. auch S. 367.
P 6 ***Protacrodus.*** Trias. ***P. sp.***
P 7, 8 ***Acrodus.*** ? Perm; Trias – Kreide. ***A. lateralis*** AGASSIZ (**P 7**), Trias (Muschelkalk – Keuper); ca. 0,8 cm. ***A. anningiae*** AGASSIZ (**P 8**), Unt. Jura; Flossenstachel ca. 20 cm, Zahn ca. 2,1 cm. Der Flossenstachel wurde früher als ***Hybodus curtus*** bezeichnet, gehört aber zur gleichen Art wie die als ***A. anningiae*** bezeichneten Zähne, die Priorität haben.
P 9, 10 ***Asteracanthus.*** Ob. Trias – Unt. Kreide. ***A. semisulcatus*** AGASSIZ (**P 9**), Mittl. Jura (Aalen – Bathon); ca. 4 cm. ***A. ornatissimus*** AGASSIZ (**P 10**). Ob. Oberjura; ca. 3,7 cm. S. auch S. 367.

Unterordnung Heterodontoidei (Ob. Jura – rezent)

P 11 ***Heterodontus.*** Ob. Jura – rezent. ***H. sp.***
P 12 ***Ptychodus.*** Ob. Kreide. ***P. latissimus*** AGASSIZ, Turon; ca. 2 cm. Siehe auch S. 367.

Unterordnung Hexanchoidei (syn. Notidanoidei) (Mittl. Jura – rezent)

P 13 ***Notidanus.*** Mittl. Jura – Ob. Kreide. ***N. muensteri*** AGASSIZ, Ob. Jura; ca. 2 cm.
P 14 ***Notorhynchus.*** Ob. Kreide – rezent. ***N. serratissimus*** AGASSIZ, Tertiär (Eozän; Ypres); ca. 1,6 cm. Aus dem Oligozän sei genannt ***N. primigenius*** AGASSIZ (ohne Abb.).
P 15 ***Chlamydoselachus.*** Tertiär (? Oligozän; Miozän) – rezent. ***C. sp.***

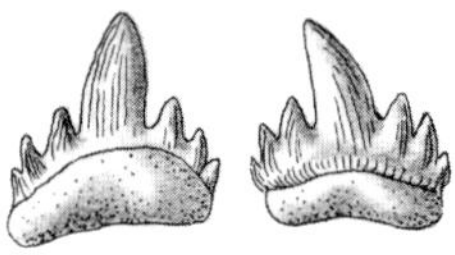
P 2

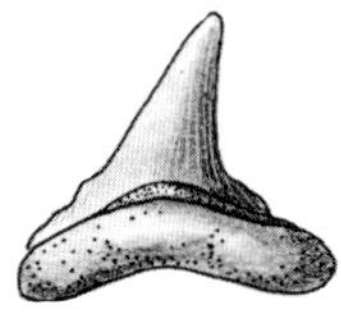
P 3

P 4

P 5

P 6 s. S. 367

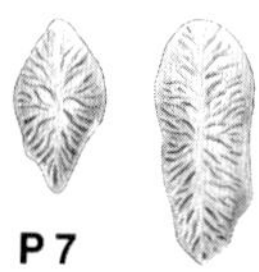
P 7

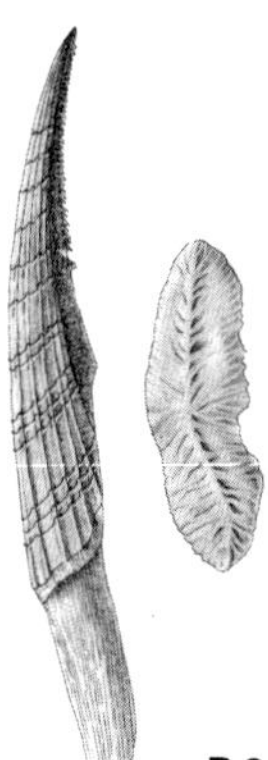
P 8

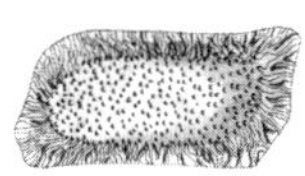
P 9

P 10

P 11 s. S. 367

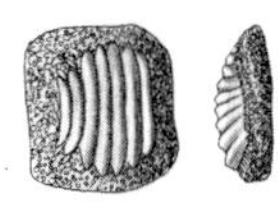
P 12

P 13

P 14

P 15 s. S. 367

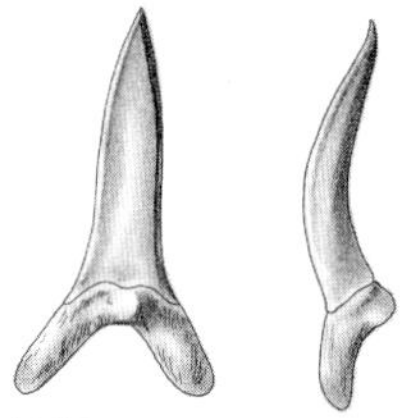

P 16

P 17 s. S. 367

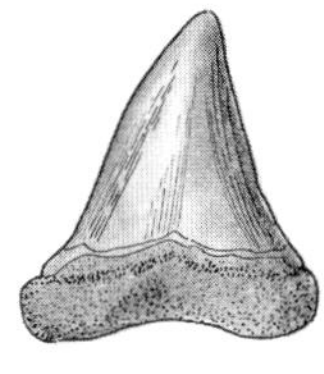

P 18

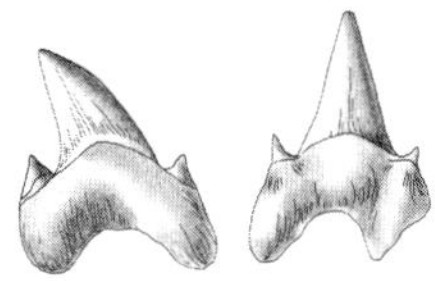

P 19

P 20 s. S. 367
P 21 s. Foto S. 381

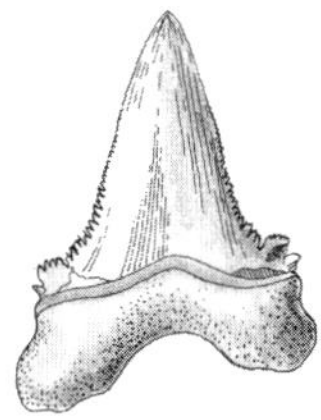

P 22

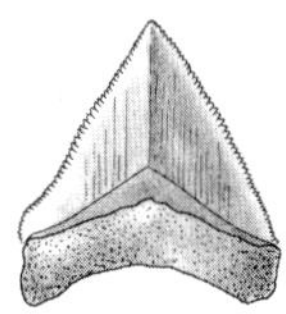

P 23

P 24 s. S. 367

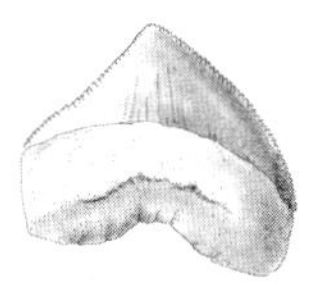

P 25

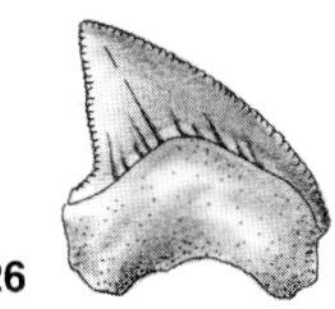

P 26

Unterordnung Galeoidei (moderne Haie) (Ob. Jura – rezent)

P 16 ***Orthacodus.*** Jura – Kreide. ***O. sp.,*** Unt. Oberjura; ca. 3 cm. Als Seltenheiten in zahlreichen jura- und kreidezeitlichen Sedimenten.
P 17 ***Isurus.*** Tertiär (? Eozän; Miozän) – rezent. ***I. sp.*** .
P 18 ***Macrorhizodus.*** Tertiär (Eozän – Pliozän); ? Pleistozän. ***M. hastalis*** (AGASSIZ), Miozän – Pliozän; ? Pleistozän; ca. 4 cm.
P 19 ***Cretolamna.*** Kreide. ***C. appendiculata*** (AGASSIZ), Alb – Maastricht; ca. 3 cm. ***C. maroccana*** (ARAMBOURG) tritt im Maastricht auf (ohne Abb.).
P 20 ***Dalatias.*** Tertiär – rezent. ***D. sp.***
P 21 ***Otodus.*** Tertiär (Paläozän – Eozän). ***O. obliquus*** AGASSIZ, Tertiär (Paläozän [Thanet] – Eozän [Ypres]); je ca. 8 cm.
P 22, 23 ***Procarcharodon.*** Tertiär (Eozän – Pliozän). ***P. auriculatus*** (BLAINVILLE) (**P 22**), Mittl. – Ob. Eozän; ca. 5 cm. ***P. megalodon*** (AGASSIZ) (**P 23**), Miozän; ca. 13 cm.
P 24 ***Carcharodon.*** Tertiär (Miozän) – rezent. ***C. sp.*** In den warmen Meeren der Gegenwart lebt ***C. carcharias*** (LINNE) (Menschenhai) mit einer maximalen Körperlänge von ca. 12 m.
P 25, 26 ***Squalicorax.*** Kreide – Tertiär (Dan). ***S. pristodontus*** (AGASSIZ) (**P 25**), Ob. Kreide (Campan) – Unt. Tertiär (Dan); ca. 2,5 cm. ***S. falcatus*** (AGASSIZ) (**P 26**), Ob. Kreide (Cenoman – Turon; ? Coniac); ca. 1,4 cm (meist maximal 0,8 cm).
P 27–30 ***Odontaspis.*** Tertiär (? Paläozän; Eozän) – rezent. ***O. acutissima*** (AGASSIZ) (**P 27**), Oligozän – Miozän; ca. 3,1 cm.

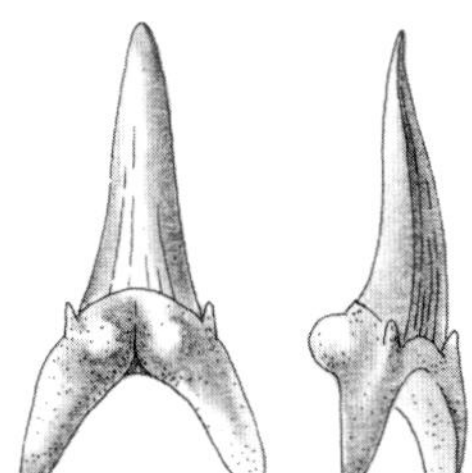

P 27

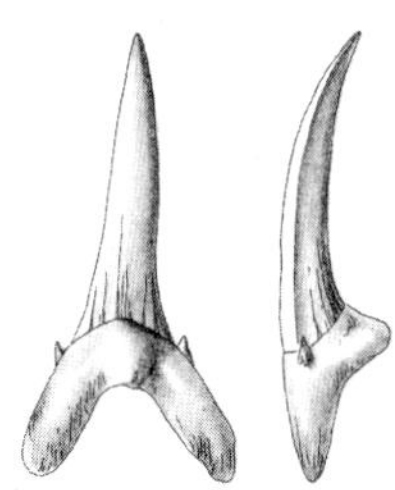

P 30

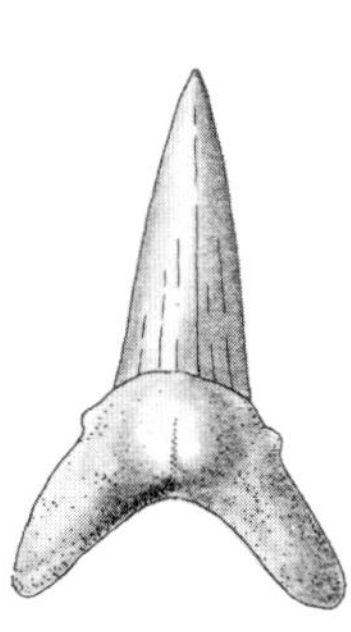

P 28

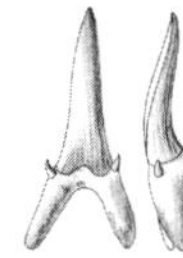

P 29

P 32 s. S. 367

P. 34–36 s. S. 367

P 31
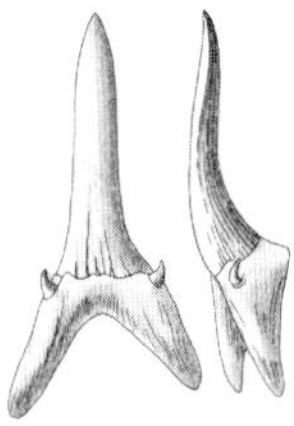

P 33
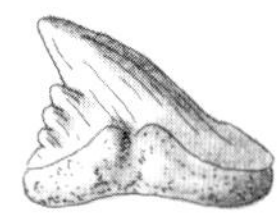

P 37

O. crassidens (AGASSIZ) (**P 28**), Miozän; ca. 3,6 cm. ***O. teretidens*** WHITE (**P 29**), ? Paläozän (Ob. Thanet); Eozän (Ypres); ca. 2 cm. ***O. cuspidatus*** (AGASSIZ) (**P 30**), Oligozän; ca. 4 cm. Die Abgrenzung der Gattung ***Synodontaspis*** ist zur Zeit noch unklar, weshalb entsprechende Arten sinnvollerweise vorerst grundsätzlich zu ***Odontaspis*** gestellt werden sollten.

P 31 ***Striatolamia.*** Tertiär (Paläozän – Eozän). ***S. striata*** (WINKLER), Paläozän (Ob. Thanet) – Eozän (Ypres); ca. 3,3 cm.

P 32 ***Carcharhinus.*** Tertiär (Eozän) – rezent. ***C. sp.*** (s. S. 367). Ohne Abb.: ***C. elongatus*** (LERICHE), Oligozän.

P 33 ***Hemigaleus.*** ? Tertiär; rezent. ***H. ? affinis*** (PROBST), Miozän; ca. 1,2 cm.

P 34 ***Paragaleus.*** Tertiär (Miozän) – rezent. ***P. sp.***

P 35 ***Galeorhinus.*** Kreide (Campan) – rezent. ***G. sp.*** Ohne Abb.: ***G. lefevrei*** DAIMERIES, Tertiär (Paläozän [Thanet] – Eozän).

P 36 ***Scyliorhinus.*** Ob. Kreide (Turon) – rezent. ***S. sp.***

P 37 ***Rhizoprionodon.*** Tertiär (Eozän) – rezent. ***R. ? secundus*** (WINKLER), Eozän (Ypres – Barton); ca. 0,6 cm.

P 38
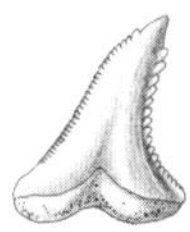

P 38 ***Hemipristis.*** Tertiär (Miozän – Pliozän); ? rezent. ***H. serra*** AGASSIZ, Mittl. Miozän – Pliozän; ca. 3 cm.

P 39

P 39 ***Galeocerdo.*** Tertiär (Paläozän) – rezent. ***G. latidens*** AGASSIZ, Eozän (Lutet) – Miozän; ca. 1,4 cm. Rezent: ***G. cuvieri*** (LE SUEUR) (Tigerhai), maximale Körperlänge ca. 6 m (ohne Abb.).

P 40 s. S. 367

P 40 ***Ginglymostoma.*** Ob. Kreide (Campan) – rezent. ***G. sp.*** Eine Art aus dem Eozän (Lutet) ist ***G. blanckenhorni*** STROMER (ohne Abb.). Rezent: ***C. cirratum*** (GMELIN) (Ammenhai; ohne Abb.).

P 41
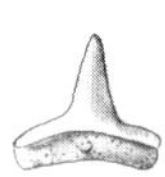

P 41 ***Aprionodon.*** Tertiär (Miozän) – rezent. ***A. acuarius*** (PROBST) (syn. ***A. stellatus***), Miozän; ca. 0,8 cm.

Unterordnung Squaloidei (Stachelhaie) (Mittl. Jura – rezent)

P 42 s. S. 367

P 42 ***Squalus.*** Ob. Kreide – rezent. ***S. sp.*** Rezent: ***S. acanthias*** LINNE (Dornhai; maximale Körperlänge ca. 1 m; ohne Abb.).

Unterordnung Squatinoidei (Ob. Jura – rezent)

P 43
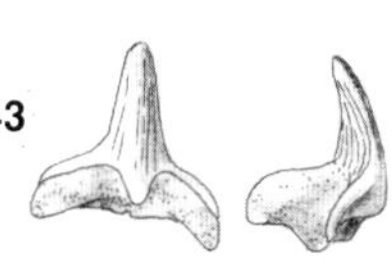

P 43 ***Squatina.*** Ob. Jura – rezent. ***S. prima*** (WINKLER), Tertiär (Paläozän [Ob. Thanet] – Eozän [Barton]); ca. 0,9 cm. Rezent: ***S. squatina*** (LINNE) (Meerengel; maximale Körperlänge ca. 2,50 m; ohne Abb.).

P 44 s. Foto S. 381

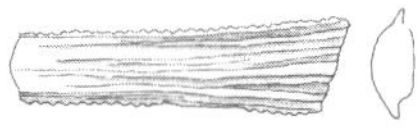

P 45

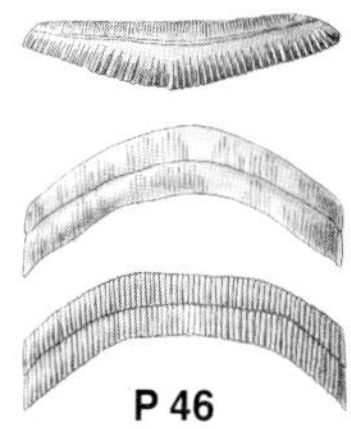

P 46

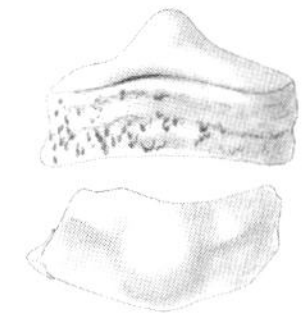

P 47

Ordnung Batoida (Rochen, Sägefische)
(Ob. Jura – rezent)

P 44, 45 ***Myliobatis.*** Tertiär – rezent. ***M. dixoni*** Agassiz (**P 44**), Eozän (Ypres); ca. 4,3 cm. ***M. serratus*** Meyer (**P 45**), Tertiär (Oligozän); ca. 5 cm (Schwanzstachel; die Zuordnung von Schwanzstacheln zu bestimmten Gattungen ist allerdings umstritten). ***M. striatus*** Buckland tritt im Eozän (Lutet – Barton) auf (ohne Abb.).
P 46 ***Aetobatus.*** Tertiär (Eozän) – rezent. ***A. irregularis*** Agassiz. Eozän (Ypres – Barton); ca. 8,6 cm (glatte Oberfläche = Kaufläche).

Ordnung Bradyodonti (Ob. Devon – Perm)

P 47 ***Helodus.*** Ob. Devon – Unt. Perm. ***H. turgidus*** Agassiz, Unt. Karbon; ca. 3,5 cm.

Klasse Osteichthyes (Knochenfische) (Ob. Silur – rezent)

Unterklasse Acanthodii (Ordovizium – Perm)

P 48 ***Acanthodes.*** Devon – Perm. ***A. gracilis*** Roemer, Perm (Rotliegendes); ca. 25,5 cm. ***A.*** gilt als Sammelgattung.
P 49 ***Amblypterus.*** Perm – Trias. ***A. macropterus*** Bronn, Perm (Rotliegendes); ca. 24 cm.

Unterklasse Actinopterygii (Strahlenflosser) (Ob. Silur – rezent)

P 50 ***Palaeoniscus.*** ? Ob. Karbon; Perm; ? Unt. Trias. ***P. freieslebeni*** Blainville, Unt. Perm (Kupferschiefer); ca. 32 cm. In der gleichen Schicht tritt die Art ***P. macropomus*** Agassiz auf (ohne Abb.).
P 51 ***Gyrolepis.*** Mittl. – Ob. Trias. ***G. albertii*** Agassiz, Ob. Muschelkalk; ca. 0,6 cm (Ganoidschuppen). Häufig im Bonebed an der Grenze zum Keuper (Grenzbonebed).
P 52 ***Platysomus.*** Karbon – Perm; ? Unt. – Mittl. Trias. ***P. gibbosus*** (Blainville), Unt. Perm (Kupferschiefer); ca. 29 cm.
P 53 ***Saurichthys.*** Trias. ***S. acuminatus*** Agassiz, Unt. Keuper (Lettenkohlenkeuper) – Ob. Keuper (Rhät); größtes abgebildetes Exemplar ca. 1 cm. Zahlreiche weitere Arten im Muschelkalk und im Keuper (Bonebed.).
P 54 ***Birgeria.*** Trias. ***B. mougeoti*** Agassiz, Ob. Muschelkalk – Unt. Keuper (Lettenkohlenkeuper); ca. 1 cm.

P 48

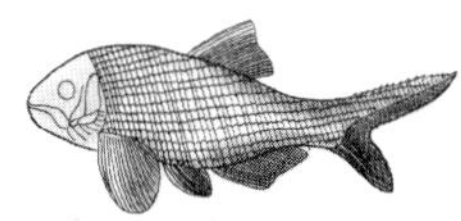

P 49

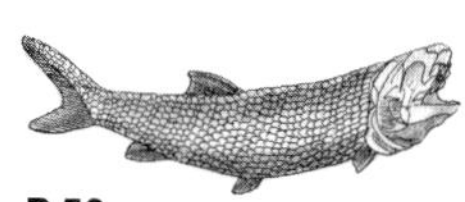

P 50

P 51

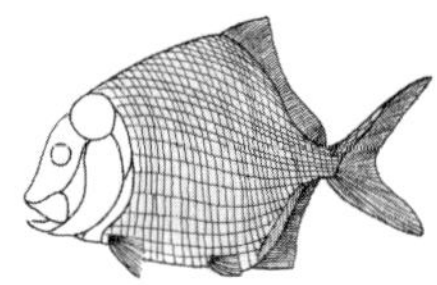

P 52

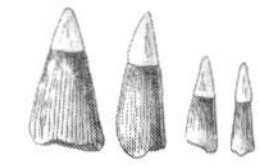

P 53

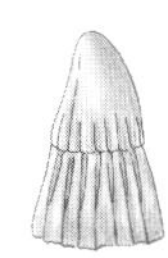

P 54

P 55 s. Foto S. 381
P 56 s. S. 368

Infraklasse Holostei (Perm – rezent)

P 55, 56 ***Dapedius.*** ? Ob. Trias; Unt. Jura; ? Ob. Kreide. ***D. sp.*** (**P 55**), Unt. Toarc (Lias epsilon); Schuppengröße ca. 1 cm. ***D. pholidotus*** QUENSTEDT (**P 56**), Unt. Unterjura; ca. 36 cm (abgebildet auf S. 368).
P 57 ***Eomesodon.*** Jura. ***E. trigonus*** (BUCKLAND), Mittl. Jura (Bathon); ca. 4,8 cm.
P 58, 59 ***Lepidotes.*** Ob. Trias – Unt. Kreide. ***L. maximus*** WAGNER (**P 58**), Ob. Oberjura; ca. 1,1 cm. ***L. mantelli*** AGASSIZ (**P 59**), Unt. Kreide (Berrias – Barreme); ca. 3,2 cm, Schuppe.
P 60 ***Coelodus.*** Ob. Jura – Kreide. ***C. muensteri*** AGASSIZ, Ob. Kreide (Cenoman); ca. 1,2 cm.
P 61 ***Lepisosteus.*** Ob. Kreide – rezent. ***L. suessionensis*** GERVAIS, Tertiär (Paläozän); ca. 2,7 cm, Schuppe.
P 62 ***Amia.*** Ob. Kreide – rezent. ***A. sp.***, Knochenplatte; ca. 3 cm. Eine im Eozän von Messel bei Darmstadt sehr häufige Art ist ***A. kehreri*** ANDREAE.

Infraklasse Teleostei (moderne Knochenfische) (Jura – rezent)

P 63, 64 ***Leptolepis.*** ? Trias; Ob. Unterjura – Unt. Kreide. ***L. coryphaenoides*** (BRONN) (**P 63**) (syn. ***L. bronni***), Ob. Unterjura (Unt. Toarc); ca. 7 cm. ***L. sprattiformis*** AGASSIZ (**P 64**), Ob. Jura (Unt. Untertithon; Solnhofener Schichten); ca. 7 cm.
P 65 ***Prolebias.*** Tertiär (Eozän – Oligozän). ***P. goreti*** SAUVAGE, Oligozän (Rupel); ca. 7 cm.
P 66 ***Phyllodus.*** Tertiär (Paläozän – Eozän). ***P. toliapicus*** AGASSIZ, Paläozän (Ob. Thanet) – Eozän (Ypres); ca. 5,5 cm.
P 67 ***Chrysophrys.*** Tertiär (Miozän) – rezent. ***C. molassicus*** (QUENSTEDT), Miozän; größtes Exemplar ca. 0,9 cm.

Unterklasse Sarcopterygii (Fleischflossige Fische) (Devon – rezent)

Ordnung Dipnoi (Lungenfische) (Devon – rezent)

P 68–71 ***Ceratodus.*** Trias – Kreide. ***C. priscus*** FRAAS (**P 68**), Trias

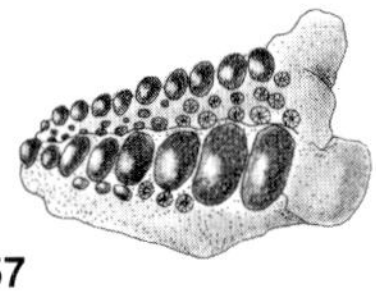

P 57

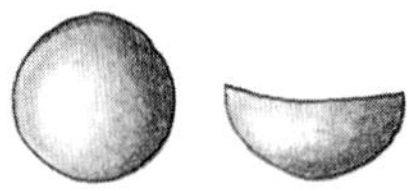

P 58

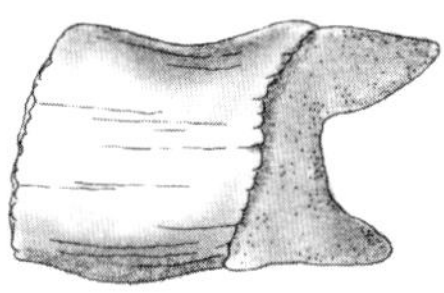

P 59

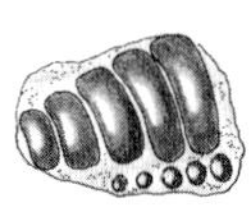

P 60

P 61

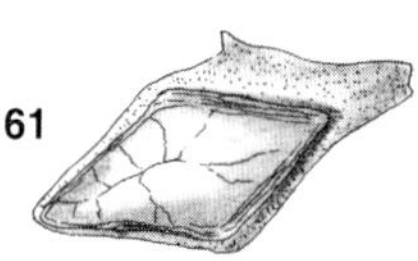

P 62

P 63

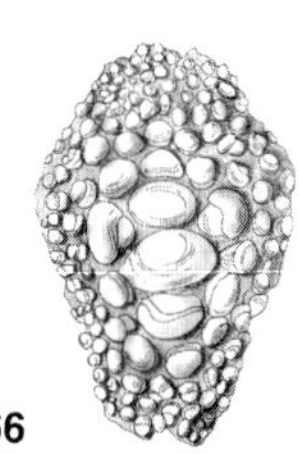

P 66

P 68

P 69

P 70

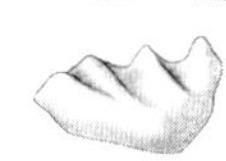

P 71

P 64 s. Foto S. 382
P 65 s. Foto S. 382
P 67 s. Foto S. 382

(Mittl. Buntsandstein); ca. 2 cm. ***C. kaupi*** AGASSIZ (**P 69**), Trias (Ob. Muschelkalk – Unt. Keuper [Lettenkohlenkeuper]); ca. 8 cm. ***C. latissimus*** AGASSIZ (**P 70**), Trias (Rhät); ca. 7,5 cm. ***C. parvus*** AGASSIZ (**P 71**), Trias (Rhät); ca. 2 cm.

Otolithen (syn. Statolithen; Gehörsteine)

P 72–77 s. S. 369

P 72 ***Otolithus (? Lycopteridarum) rhenanus*** WEILER, Mittl. Jura (Callov); ca. 0,3 cm.
P 73 ***Albula eppsi*** WHITE & FROST, Tertiär (Paläozän [Ob. Thanet] – Eozän [Ypres]); ca. 1,7 cm.
P 74 ***Otolithus (Macruridarum) toulai*** SCHUBERT, Tertiär (Mittl. Oligozän); ca. 0,9 cm.
P 75 ***Palaeogadus emarginatus*** (KOKEN), Tertiär (Ob. Oligozän); ca. 1 cm.
P 76 ***Otolithus (Sciaenidarum) teutonicus*** WEILER, Tertiär (Mittl. Miozän); ca. 0,5 cm.
P 77 ***Colliolus friedbergi*** (CHAINE & DUVERGIER), Tertiär (Mittl. Miozän); ca. 0,5 cm.

Klasse Reptilia (Kriechtiere)

Allgemeines, Größenverhältnisse

Zu den Reptilien gehören die größten Tiere, die jemals auf dem Festland gelebt haben (Dinosaurier), aber auch die noch rezent vertretenen Krokodile, Schildkröten, Schlangen und Eidechsen. Die rezenten Formen vermögen uns allerdings nur einen schwachen Eindruck zu vermitteln von der Formenvielfalt und Größe der früheren Reptilien: Der pflanzenfressende *Brachiosaurus* erreichte z. B. bei einer Länge von knapp 30 m ein Gewicht zwischen 50 und max. 100 Tonnen. Ein Halswirbel mißt etwa 1 m und der Humerus über 2 m! Eine Reihe weiterer Arten blieb nur wenig unter diesen Maßen. Raubsaurier wie z. B. *Tyrannosaurus* waren immer noch rund 14 m lang und erreichten etwa 5 m Höhe. Seine dolchartigen Zähne stellten mit ca. 15 cm Länge beachtliche Waffen dar.
Immerhin erreichen auch verschiedene rezente Arten noch enorme Abmessungen, wie z. B. das Leistenkrokodil, *Crocodylus porosus* SCHNEIDER, um 9 m, oder die Anakondaschlange, *Eunectes murinus* (LINNE), knapp 8 m. Die Mehrzahl der rezenten Formen aber ist wesentlich kleiner. Insgesamt sind etwa 5900 rezente Arten bekannt.
Im Gegensatz zu den Amphibien leben die meisten Reptilien auf dem Land. Die wechselwarmen und deshalb von der Außentemperatur abhängigen Tiere legen auch ihre Eier auf dem Land ab. Die Jungtiere schlüpfen fertig aus den Eiern und durchlaufen im Gegensatz zu den Amphibien kein wasserlebendes Larvenstadium. Damit ist zumindest für die rezenten Formen eine deutliche Trennung von Reptilien und Amphibien gegeben. Die Körperoberfläche ist mit von innen erneuerten Hornschilden oder -schuppen bedeckt, die teilweise auch verknöchert sein können wie z. B. bei den meisten Schildkröten. Zwei Extremitätenpaare sind immer vorhanden, außer bei den Schlangen und einigen Eidechsen.
Die zahlreichen Sagen und Märchen, in deren Mittelpunkt Drachen stehen, dürften nur in wenigen Fällen auf Funden von Reptilienüberresten fußen. Sie entstanden wohl eher durch Fehldeutung großer Säugetierfossilien. Die Drachenhöhle bei Mixnitz in der Steiermark z. B. erhielt ihren Namen aufgrund der hier zahlreich auftretenden Höhlenbärenüberreste. Ähnlich werden wohl zahlreiche andere auf Drachen bezogene Ortsnamen zu erklären sein. Verschiedentlich wird auf die verblüffende Übereinstimmung gewisser vorwissenschaftlicher Drachendarstellungen mit modernen Saurierrekonstruktionen hingewiesen, und es werden daraus hochinteressante Schlüsse gezogen (z. B. das Nebeneinander Großsaurier – Urmensch). Fest steht, daß bis heute der Beweis dafür fehlt, daß noch irgendwo auf der Erde Dinosaurier leben: Die Gruppe starb gegen Ende der Kreidezeit aus und war somit etwa 65 Millionen Jahre vor dem Erscheinen des Menschen verschwunden.

Leider sind Reptilienfossilien sehr selten und für Sammler kaum zugänglich. Trotzdem sollen einige der auffallenderen Gruppen (wie auch die Großsaurier) kurz angesprochen werden.
Die fremdartigsten Saurier waren wohl die Flugsaurier (Pterosauria), die etwa zu Beginn der Jurazeit auftauchten und in der Ob. Kreide ausstarben, also einen Zeitraum von knapp 130 Millionen Jahren überdauerten. Das spricht für die enorme Anpassungsfähigkeit dieser erstaunlichen Lebewesen. Daß sie schließlich doch im Konkurrenzkampf mit den Vögeln unterlagen, geschah aufgrund verschiedener Konstruktionsnachteile. Sie waren unfähig zum „Gehen", konnten sich also auf dem Festland nur hüpfend fortbewegen. Weiterhin müssen wir eine hohe Empfindlichkeit der Flughaut annehmen – ein einziger Riß machte das Fliegen unmöglich. Im Gegensatz dazu wird die Flugfähigkeit eines Vogels durch das Fehlen einiger Schwungfedern nicht entscheidend beeinflußt. Die kleinsten Flugsaurier waren etwa spatzengroß oder wenig größer (*Pterodactylus*), während *Pteranodon* aus der Ob. Kreide die größten Arten (mit maximal ca. 7,50 m Spannweite) hervorbrachte. Reste noch größerer Flugsaurier (über 15 m Spannweite) wurden neuerdings in Texas gefunden.
Eine weitere interessante Gruppe waren die fossil relativ häufig vorkommenden Ichthyosauria (Fischechsen). Sie waren – wie der Name schon andeutet – von fischähnlicher Gestalt und hervorragend an das Wasserleben angepaßt. Während des Mesozoikum hatten diese Tiere die Position der rezenten Zahnwale inne. Die kleineren Arten glichen in Form und Größe den heutigen Delphinen, während die größten Formen um 20 m Länge erreicht haben müssen (ermittelt aufgrund isolierter Wirbelfunde). Alle Ichthyosauria waren wohl lebendgebärend, da die Tiere zur Eiablage auf dem Lande nicht fähig waren. Die Plesiosauria oder Paddelechsen (bekannt ist vor allem der Schlangenhalssaurier aus dem Unt. Jura) lebten ebenfalls marin und brachten eine Reihe interessanter Formen hervor, mit ziemlich einheitlichem Körperbau, jedoch stark differierenden Halsformen.
Natürlich gab es im Mesozoikum nicht nur große und riesengroße Reptilien, sondern auch kleine Formen wie z. B. den eidechsenähnlichen *Homoeosaurus* aus den Solnhofener Schichten; das kleinste bekannte Exemplar mißt gerade 5,6 cm. Die Spannweite der fossilen Arten ist ganz erstaunlich, leider aber wie angedeutet in dieser Formenvielfalt für Sammler nicht zugänglich. Wir begnügen uns also mit Wirbeln und anderen Skelettfragmenten, Teilen der Panzerung und Zähnen.

Systematik, Stammesgeschichte

In Anbetracht der für den Sammler geringen Bedeutung der Klasse werden im folgenden nur die Unterklassen und die Ordnungen angeführt, dazu stichwortartig typische Vertreter.
Unterklasse Anapsida; Ob. Karbon – rezent. Ordnungen Cotylosauria, Mesosauria und Chelonia (Testudinata; Schildkröten).
Unterklasse Ichthyopterygia (Fischsaurier); Trias – Ob. Kreide.
Unterklasse Euryapsida (Synaptosauria); Perm – Kreide. Ordnungen Araeoscelida (Protosauria), Sauropterygia (z. B. *Nothosaurus, Cymatosaurus, Thaumatosaurus, Plesiosaurus*), Placodontia (z. B. *Placodus*).
Unterklasse Lepidosauria; Ob. Perm – rezent. Ordnungen Eosuchia, Rhynchocephalia (z. B. *Homoeosaurus, Pleurosaurus*), Squamata (Schuppenechsen; Eidechsen und Schlangen; z. B. *Tylosaurus, Mosasaurus, Platecarpus*).
Unterklasse Archosauria; ? Ob. Perm; Trias – rezent. Ordnungen Thecodontia (z. B. *Belodon*), Crocodilia (Krokodilartige; z. B. *Stenosaurus, Geosaurus, Goniopholis, Alligator, Crocodylus*), Pterosauria (Flugsaurier; z. B. *Dimorphodon, Rhamphorhynchus, Pterodactylus, Pteranodon*), Saurischia (z. B. *Compsognathus, Tyrannosaurus, Brachiosaurus, Diplocodus, Titanosaurus, Hypselosaurus*), Ornithischia (z. B. *Iguanodon, Anatosaurus, Stegosaurus, Triceratops*). Die beiden Ordnungen Saurischia und Ornithischia werden zusammengefaßt als „Dinosaurier" (Schreckensechsen); sie stammen von den triassischen Thecodontia ab und unterscheiden sich durch den Bau des Beckens.
Unterklasse Synapsida (Theromorpha); Ob. Karbon – Mittl. Jura. Ordnungen Pelycosauria (z. B. *Dimetrodon*), Therapsida.
Die hier verwendete Systematik (nach A. S. Romer) stellt nur einen der verschiedenen Klassifikationsversuche dar. Abschließende Erkenntnisse über die Systematik wie auch die Stammesgeschichte stehen noch aus.
Die Frühgeschichte der Reptilien ist noch relativ unerforscht. Eine erste Blütezeit erlebte die Klasse jedenfalls bereits im Ob. Perm. Einen erneuten Aufschwung brachte die Ob. Trias, nach einem vorhergehenden Niedergang. Im Unt. und Mittl. Jura tritt die Gruppe erneut stark zurück, um

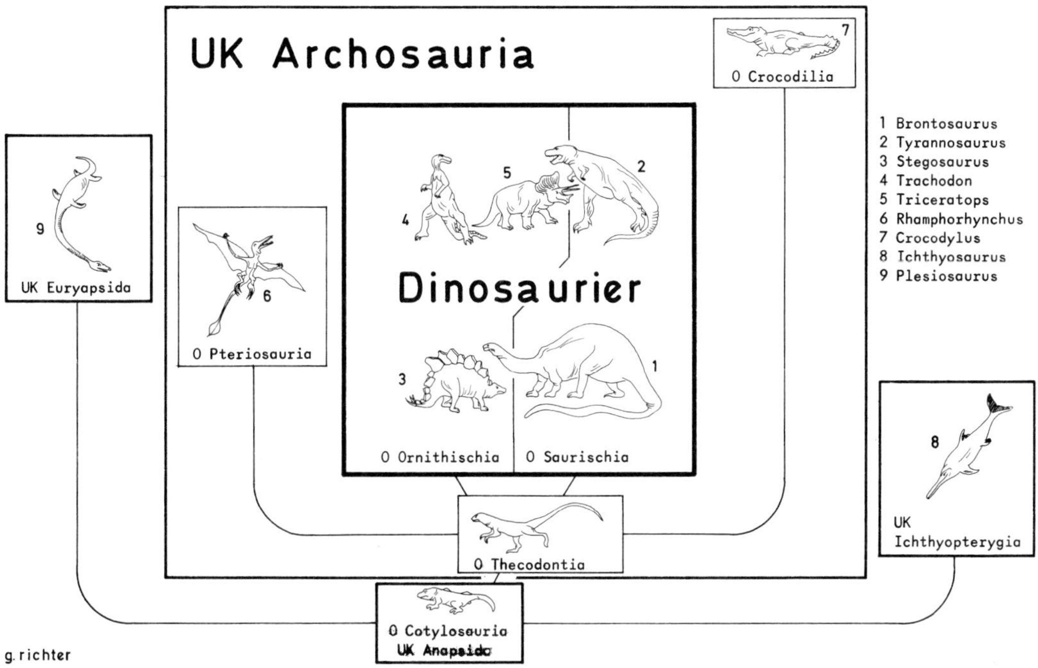

Stammesgeschichtliche Zusammenhänge bei den Reptilien. (Abgeändert nach HÖLDER.)

schließlich während der Ob. Kreide das absolute Entwicklungsmaximum zu erreichen, ausgelöst durch ein geradezu explosionsartiges Aufblühen der Ornithischia und ebenso abrupt beendet durch das allmähliche Aussterben dieser und anderer Ordnungen gegen Ende der Kreidezeit. Im Tertiär schließlich treten die Schlangen, Krokodile und Eidechsen verstärkt auf. Diese dritte Virenzphase hält heute noch an.

Über das Aussterben der Dinosaurier wurden vielerlei Theorien aufgestellt: Aufgrund extremer Klimaveränderungen, durch Ernährungsprobleme, atmosphärische Veränderungen (Druck, Zusammensetzung usw.), kosmische Strahlung, den Einschlag eines oder mehrerer großer Meteore und anderes mehr. Wie beim Aussterben vieler anderer Gruppen müssen wir auch bei den Dinosauriern ein Zusammenwirken mehrerer Ursachen annehmen, wobei Klimaveränderungen, großflächige Regressionen und Gebirgsbildungen zusammenwirkend zu ihrem Verschwinden führten. An den in gewissen südfranzösischen und spanischen Ablagerungen in großer Zahl auftretenden Dinosauriereiern, z. B. von *Hypselosaurus priscus*, wurden umfangreiche Untersuchungen durchgeführt. Es ergab sich, daß die Mikrostruktur dieser spätkreidezeitlichen Eierschalen pathologische Merkmale aufweist. Zum einen beobachtete man zu dicke, zum anderen zu dünne Schalen, was ein Ersticken bzw. Austrocknen der Embryonen zur Folge hatte. Die Ursache dieser Schalenmißbildungen dürften Hormonstörungen gewesen sein, die ihrerseits z. B. durch überhöhte Populationsdichte und damit verbundene Streßsituationen hervorgerufen worden sein können. Eine Deutung von vielen möglichen . . .

Skelettbau, Zähne

Der Reptilienschädel ist im Vergleich mit einem Amphibienschädel höher, der vordere Bereich (Schnauze) ist länger ausgezogen und die Zahl der Schädelknochen geringer. Bei den Zähnen

beobachten wir eine Tendenz zur Verbreiterung der Kaufläche und Reduktion der Anzahl. Ihre Befestigung am Kiefer kann erfolgen:
acrodont: Zahnbasis fest mit der Knochenoberfläche des Kieferrandes verwachsen (wie bei den meisten Fischen und Amphibien);
pleurodont: Außenseite der Zahnbasis sitzt dem erhöhten Innenrand des Kiefers auf (Stegocephalen z. T., z. B. bei vielen Eidechsen und Schlangen);
protothecodont: Zahnwurzel ist in einer flachen Grube oder Rinne fest mit dem Kieferknochen verwachsen (Stegocephalen z. T., Cotylosaurier z. T.);
thecodont: Die Zahnwurzeln (meist eine, seltener 2) sitzen in Höhlungen (Alveolen) und sind mit Faserbündeln der Wurzelhaut (Zahnperiost) befestigt (höhere, säugerähnliche Reptilien, alle Säugetiere).
Die Zahnform variiert vom einfachen Spitzkegel bis zur spezialisierten, an bestimmte Nahrung angepaßten Form. Die Zahl der Zähne im Kiefer ist im Vergleich zu den Säugern hoch. Art- oder Gattungsbestimmungen aufgrund der Zahnform können bei den Reptilien nur in wenigen Fällen durchgeführt werden (Zahnaufbau siehe Mammalia).
Auf die einzelnen Skelettelemente wird hier nicht eingegangen, da zusammenhängende Reptilienskelette im Normalfall dem Sammler nicht zugänglich sind und sogar isolierte Knochen schon Ausnahmen darstellen. Aufgrund derartiger Funde nun aber eine Gattung oder gar die Art ermitteln zu wollen, ist für den Nichtfachmann aussichtslos.

Lebensraum, Lebensweise

Die überwiegende Zahl der Reptilien lebt auf dem Festland, hier allerdings in allen denkbaren Biotopen vom Sumpf bis zur Wüste, die Kälteregionen ausgenommen. Für die riesigen Saurischia wie *Brachiosaurus, Brontosaurus* usw. wurde ein Daueraufenthalt in Binnengewässern diskutiert, da diese das enorme Körpergewicht besser bewältigen halfen. Gewisse Formen waren sekundär an das Schwimmen im Wasser angepaßt, wie z. B. die Ichthyosaurier (*Stenopterygius*), die Meereskrokodile (*Steneosaurus*) oder die Mosasaurier. Bei den rezenten Reptilien sind Pflanzenfresser, Fleischfresser wie auch Insektenfresser vertreten, und wir dürfen für die früher lebenden Arten die gleiche Speisekarte annehmen. Die großen Dinosaurier waren sicherlich reine Pflanzenfresser, während die Raubdinosaurier wie z. B. *Tyrannosaurus*, durch ihre zweifüßige (bipede) Fortbewegung vergleichsweise schnell, von Fleisch bzw. Aas lebten. Die Ichthyosaurier lebten von Fischen (und verschmähten auch Belemniten nicht) ebenso wie die Flugsaurier. Andere Gruppen waren anders spezialisiert.

Bestimmung, Vorkommen

Wie bereits angedeutet ist die Bestimmung von Reptilienfossilien sehr schwer. Ohne die Hilfe eines Fachmanns oder das Studium einer großen Vergleichssammlung werden kaum Ergebnisse zu erreichen sein. Immerhin können wir die Herkunft der Funde zur Einengung der Zugehörigkeit heranziehen. Stammt unser Stück aus marinen Sedimenten, was sich aufgrund der Begleitfauna in der Regel leicht feststellen läßt, so kann es sich um einen Vertreter der Ichthyosaurier, der Sauropterygia usw. handeln. Im Bestimmungsteil sind einige wichtige und/oder charakteristische Reptilienfossilien abgebildet, die zu finden möglich ist.
Die beiden in Deutschland bekanntesten Reptilienfundstellen sind Holzmaden in Württemberg (der Name des Ortes steht für alle Fundstellen der Umgebung) und das Plattenkalkgebiet bei Solnhofen, Eichstätt und Kelheim. In den Posidonienschiefern (Unt. Jura; Unt. Toarc; Lias epsilon) von Holzmaden kommen Überreste von Ichthyosauriern nicht selten vor. Meist allerdings sind die Funde nicht „präparationswürdig". Krokodilartige wie z. B. *Steneosaurus* sind schon seltener, während Überreste von *Plesiosaurus* und noch mehr jene von Flugsauriern zu den Seltenheiten zählen. Mit Geduld können auch im Haldenmaterial Wirbel und Knochenfragmente gefunden werden.
In den Solnhofener Schichten (Ob. Jura; Unt. Untertithon) treten ebenfalls eine ganze Reihe von Arten in Erscheinung, allerdings meist nur mit wenigen Exemplaren in den Sammlungen belegt. Ichthyosaurier sind selten. Auffallende Funde bilden *Geosaurus* und *Pleurosaurus*. Berühmt sind die Flugsaurier, die man hier in einigen Arten findet. Für den Sammler ist allerdings kaum etwas zu holen. Der Haldenfund eines Flugsaurierknochens ist als unerhörter Glücksfall zu werten.
Ganz anders sieht es da im Muschelkalk aus. Abgesehen von den zwar seltenen, doch immer möglichen

Gr Platte mit verschiedenen Graptolithenarten (*Rastrites linnaei, Spirograptus planus, Monograptus becki, Petalolithus palmeus palmeus),* Unt. Silur (Valentium; *linnaei*-Zone); Hohenleuben, Thüringen/DDR. Bildbreite ca. 11 cm.

P *Hemipristis elongatus* (KLUNZINGER), Gebiß eines Haies, aus dem Pazifik. Ca. 10 cm.

P 21 *Otodus obliquus,* Tertiär (Eozän; Ypres); Khouribga/Marokko. Ca. 8 cm.

P 44 *Myliobatis dixoni,* Tertiär (Eozän; Ypres); Khouribga/Marokko. Kauplatten; ca. 4,3 cm.

P 55 *Dapedius sp.,* Unt. Jura (Unt. Toarc; Lias epsilon); Waldstetten bei Schwäbisch Gmünd/ Württ. Schuppen; je ca. 1 cm.

P 64 *Leptolepis sprattiformis,* Ob. Jura (Unt. Untertithon; Solnhofener Schichten); Langenaltheim bei Solnhofen/Bayern. Ca. 7 cm.

P 65 *Prolebias goreti,* Tertiär (Oligozän; Rupel); Forcalquier, Provence. Ca. 7 cm.

P 67 *Chrysophrys molassicus,* Tertiär (Miozän); Ballendorf bei Ulm/Württ. Ca. 9 mm. Kugelzähne.

R 14 *Mosasaurus sp.,* Ob. Kreide (Maastricht); Texas/USA. Ca. 8 cm; Wirbel.

R 20 *Goniopholis sp.,* Unt. Kreide (Wealden); Sehnde bei Hannover/Niedersachsen. Ca. 1,3 cm. Zähne.

R 25 *Hypselosaurus priscus,* Ob. Kreide (Ob. Maastricht); St. Victoire bei Aix-en-Provence/ Frankreich. Ca. 2,7 cm; Eierschalenfragment.

M 7 *Vulpes vulpes* (Rotfuchs), Schädel eines rezenten Tieres. Ca. 8 cm.

Pflasterzahnfunden (*Placodus*, R 13) steht Sammlern das „Bonebed" zur Verfügung. Bonebeds oder Knochenschichten entstanden in küstennahen Schelfgebieten, wobei Ablagerungs-(Ruhe-)phasen mit Aufarbeitungsphasen wechselten. Die in den Ruhephasen sedimentierten Reptilien- und Fischüberreste fossilisierten und überstanden dank genügender Härte die Aufarbeitungsphase, während das Sediment in Grob- und Feinfraktionen zerlegt wurde. Letztere wurden durch Wasserbewegung abtransportiert, die Grobpartikel aber sedimentierten zusammen mit den Fossilien erneut. Eine Aneinanderreihung derartiger Aufarbeitungsphasen führte zur Fossilkonzentration. Das letztlich abgelagerte und mit wenigen Zentimetern Mächtigkeit anstehende Grenzbonebed des Muschelkalks entspricht wenigstens 6 m ursprünglichem Normalsediment.
In kurzen Worten: Der Sammler kann in wenigen Handstücken Bonebed eine große Anzahl von Wirbeltierfossilien nach Hause tragen. Am häufigsten sind Zähne, aber auch Wirbel (*Nothosaurus*, R 10) und Flossenstacheln (von Fischen) kommen nicht selten vor. Ein Problem für sich ist allerdings die Präparation: Die Fossilien zerspringen beim Herausarbeiten sehr leicht.
Eine große Zahl weiterer Fundstellen von oft hervorragend erhaltenen Reptilien sind über nahezu alle Gebiete der Erde verteilt, für den Sammler aber nur beim Blättern in Lehrbüchern oder beim Besuch der großen Museen zu betrachten. Einige sollen trotzdem namentlich erwähnt werden: Die Lettenkeuper-Fundstelle bei Kupferzell, Württemberg (hauptsächlich Amphibien); die Schichten der Mittl. Trias am Monte San Giorgio im Tessin; der Unt. Jura von Lyme Regis in England. In den USA wurden u. a. die Morrison Beds (Ob. Jura) sowie die Schichten der Ob. Kreide berühmt. Hier treten neben vielen anderen Arten wohlerhaltene Exemplare von *Stegosaurus* bzw. *Tyrannosaurus* auf.

Klasse Reptilia (Kriechtiere)

Unterklasse Anapsida

Ordnung Chelonia (Schildkröten)

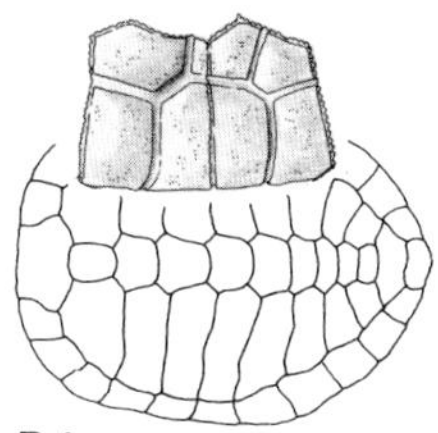
R 1

R 1 ***Clemmys.*** Tertiär (Eozän) – rezent. Zur Familie Emyidae (Sumpfschildkröten) gehörende Gattung. Panzer der erwachsenen Exemplare vollständig verknöchert, nur mäßig gewölbt. Artenreich. Fragmente in zahlreichen Tertiärsedimenten. Zu ***C.*** gehörende Arten wurden früher oft zu ***Emys*** gestellt, mit der gleichen stratigraphischen Reichweite. ***C. steinheimensis***, Mittl. Miozän (Serravall); ca. 3,6 cm. ***C. caspica*** (GMELIN), rezent; Rückenansicht des Panzers, ca. 12 cm.

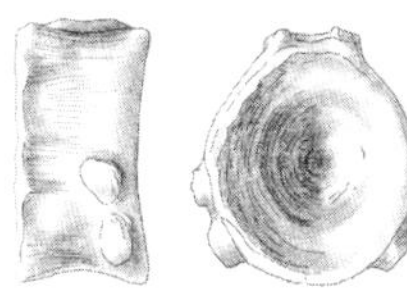
R 2

Unterklasse Ichthyopterygia

Ordnung Ichthyosauria (Fischsaurier)

R 2 ***Mixosaurus.*** Mittl. – Ob. Trias. Primitive Formen der Familie Mixosauridae, meist kleinwüchsig. Zahnbefestigung thecodont, einreihig; Zähne vorn spitz, hinten pflasterzahnartig. Dornfortsätze der Wirbel relativ lang. ***M. helveticus*** HUENE, Unt. Muschelkalk (Wellendolomit); ca. 3 cm, Rückenwirbel.
R 3, 4 ***Leptopterygius.*** Unt. Jura. Großwüchsige Formen bis zu ca. 12 m Länge der Familie Stenopterygiidae. Extremitäten lang und schlank, wobei die hinteren geringfügig kleiner sind. Zahnbefestigung thecodont, einreihig; Zähne kräftig, spitz. ***L. platyodon*** (CONYBEARE) (**R 3**), Unt. Unterjura; ca. 6 cm (Zahn). ***L. sp.*** (**R 4**), Ob. Unterjura; stark verkleinerte Vorderextremität.
R 5 ***Stenopterygius.*** Ob. Unterjura. Familie Stenopterygiidae. Mäßig großwüchsig. Zähne gekrümmt, mit feiner, nur bei Vergröße-

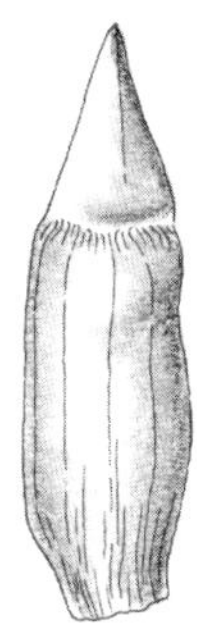
R 3

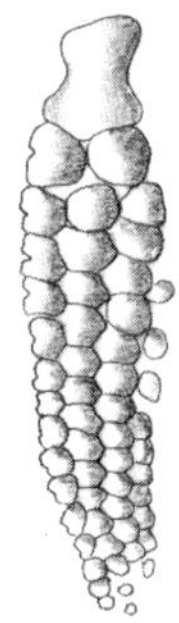
R 4

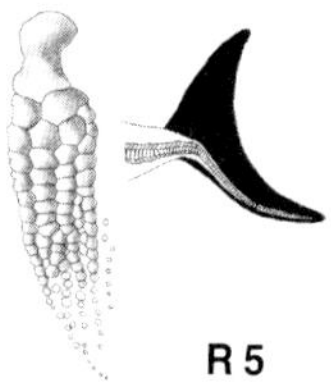

R 5

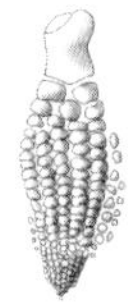

R 6

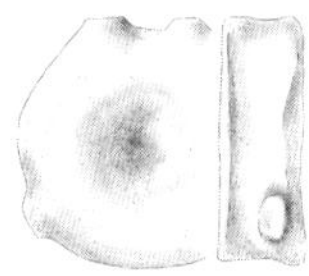

R 7

R 8

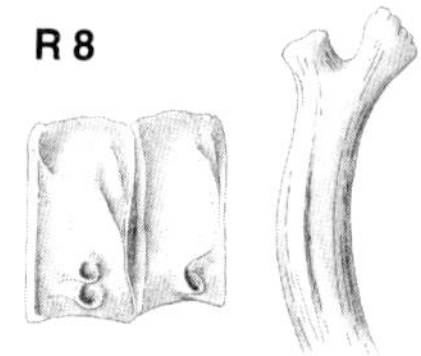

R 9

rung erkennbarer Streifung. Neben Fischen wurden bevorzugt Belemniten gejagt, wie aus dem massenhaften Auftreten von deren Fanghaken im Magenbereich geschlossen werden kann. Vor allem im Unt. Toarc von Holzmaden (Lias epsilon) treten zahlreiche Exemplare auf. Die weitaus häufigste Art ist ***S. quadriscissus*** (QUENSTEDT), Unt. Toarc; Vorderextremität, stark verkleinert; hypocerke Schwanzflosse, stark verkleinert.

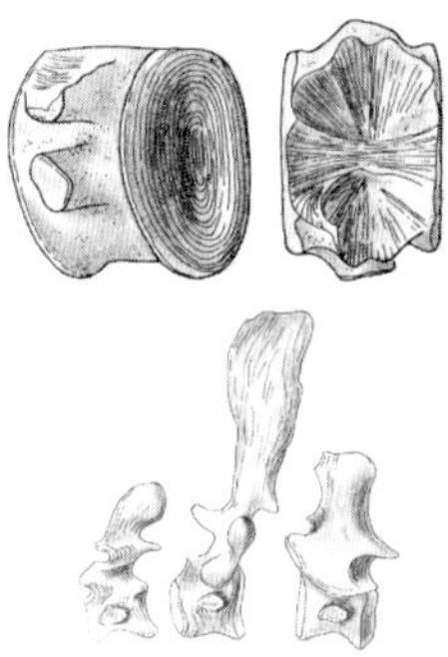

R 10

R 6, 7 ***Ichthyosaurus.*** Jura. Familie Stenopterygiidae. Vor allem im Unt. Unterjura verbreitet. Extremitäten mit mehr als 5 Phalangenreihen (latipinnat); Phalangen der ersten Reihe mit Einkerbungen (Scissen). Zähne sehr kräftig, an der Wurzel verdickt und mit kräftigen Längsfurchen. Krone konisch, nicht seitlich abgeflacht. Zahnbefestigung thecodont. ***I. sp.*** (**R 6**), Unt. Unterjura; Vorderextremität, stark verkleinert. ***I. sp.*** (**R 7**), Ob. Jura (Kimeridge); ca. 6,6 cm, Schwanzwirbel.

R 8, 9 ***Ophthalmosaurus.*** Ob. Jura – Kreide. Familie Stenopterygiidae. Zähne schwach, in Rinnen sitzend. Rumpf sehr langgezogen. Extremitäten mit mehr als 5 Phalangenreihen. Hinterextremitäten wesentlich kleiner. Körperlänge max. 4 m. ***O. icenicus*** SEELEY (**R 8**), Ob. Jura (Oxford); ca. 6 cm, hintere Thorakalwirbel; ca. 12 cm, oberes Ende einer Thorakalrippe. ***O. sp.*** (**R 9**), Ob. Jura (Oxford); Vorderextremität, stark verkleinert.

Unterklasse Euryapsida

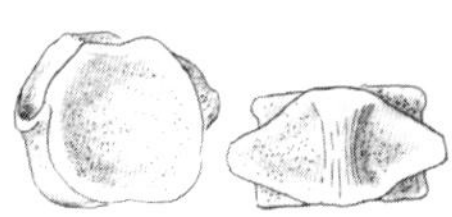

R 11

Ordnung Sauropterygia

R 10, 11 ***Nothosaurus.*** Trias. Körperlänge maximal ca. 3 m. Zähne im vorderen Schnauzenbereich lang und spitz, als Fangzähne ausgebildet. Wirbel auf der Oberseite (dorsal) mit einem charakteristischen, kreuzförmigen Eindruck. Die Tiere lebten vor allem im Küstenbereich des germanischen Muschelkalkmeeres, amphibisch. ***N. mirabilis*** MUENSTER (**R 10**), Ob. Muschelkalk (Bonebed); ca. 3,5 cm, Wirbel; Hals-, Rücken- und Schwanzwirbel (Rückenwirbel ca. 10 cm). ***N. ichthyospondylus*** FRAAS (**R 11**), Ob. Muschelkalk (Bonebed); ca. 1,5 cm, Wirbel.

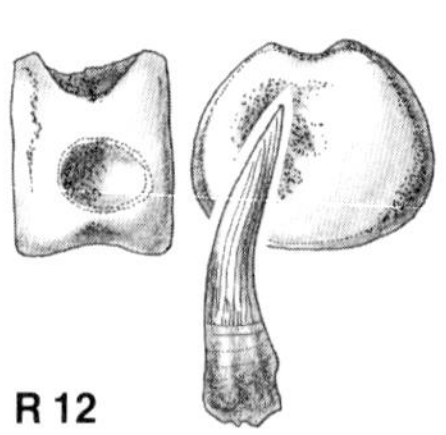

R 12

R 12 ***Plesiosaurus.*** ? Ob. Trias (Ob. Keuper); Unt. Jura. Körperlänge maximal ca. 5 m. Schädel sehr klein. Zähne gleichförmig, zum vorderen Schnauzenbereich allmählich länger werdend. Zahnoberfläche mit feinen Längsrillen. Extremitäten sehr kräftig. Gut erhaltene Funde z. B. aus dem Unt. Toarc von Holzmaden. ***P. sp.,*** Ob. Jura (Kimeridge); ca. 6,6 cm, Wirbel; ca. 4,2 cm, Zahn.

Unterklasse Euryapsida

Ordnung Placodontia

R 13 ***Placodus.*** Trias (? Ob. Buntsandstein; Muschelkalk). Gebiß vorne mit 6 meißelartigen „Schneidezähnen", hinten mit flachen und sehr großen Pflasterzähnen. Die zahlreichen, früher unterschiedenen Arten gehören wohl alle zu ***P. gigas*** AGASSIZ und ***P. andriani*** HUENE. Die Tiere lebten vor allem im Küstenbereich des Muschelkalkmeeres. ***P. gigas*** AGASSIZ, Ob. Muschelkalk; ca. 12 cm, Teil des Unterkiefers; ca. 10 cm, Wirbel.

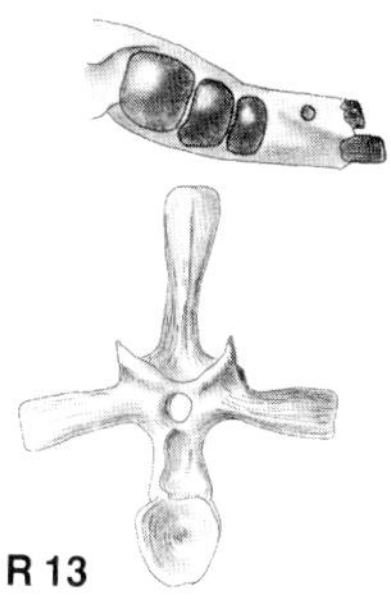

R 13

R 14 s. Foto S. 382

Unterklasse Lepidosauria

Ordnung Squamata (Schuppenechsen)

R 14 ***Mosasaurus.*** Ob. Kreide (Maastricht). Familie Mosasauridae. Körperlänge maximal ca. 12 m. Körperform waranartig. Zähne kräftig, teilweise mit Längsfurchen, konisch. Zahnbefestigung thecodont. Gefährliche Räuber, dem Leben im Meer sekundär angepaßt. ***M. sp.;*** ca. 8 cm, Wirbel.

R 15 ***Palaeophis.*** Tertiär (Eozän). Gehört zur Unterordnung Serpentes (Schlangen). Wirbel schmal, mit hohen Dornfortsätzen und niedrig ansitzenden Querfortsätzen. ***P. toliapicus*** OWEN, Ypres; ca. 2 cm, Wirbel.

R 15

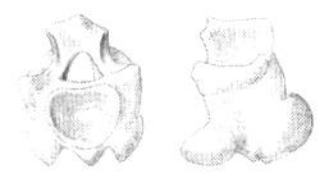

Unterklasse Archosauria

Ordnung Thecodontia

R 16 ***Belodon.*** Ob. Trias (Keuper). Körper gavialartig; Kopf bis ca. 90 cm lang, mit sehr schmaler, rostrumartiger Schnauzenregion. Zähne gleichförmig, konisch und spitz. Körperoberfläche mit zahlreichen kleinen, polygonalen Knochenplatten mit netzförmiger oder höckeriger Struktur gepanzert. Die Tiere lebten in Seen und Flüssen, ähnlich den heutigen Krokodilen (ohne mit diesen verwandt zu sein), und ernährten sich von Fischen. ***B. albertii*** (PLIENINGER), Rhät; Länge des größeren Zahns ca. 4 cm.

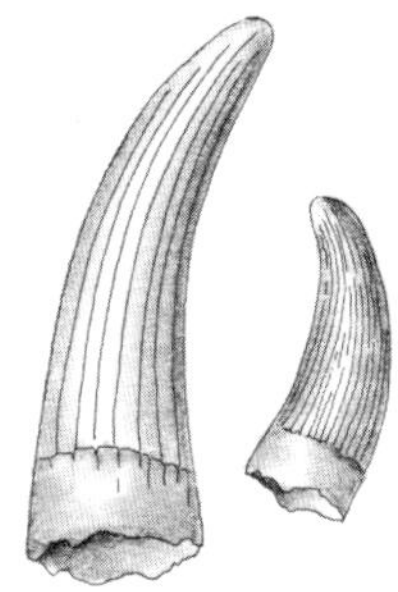

R 16

Unterklasse Archosauria

Ordnung Crocodilia

R 17 ***Steneosaurus.*** Mittl. Jura (Bathon) – Ob. Jura (Kimeridge). Schädel meist langgezogen, mit mehr oder weniger rostrumartiger Schnauze. Zähne klein und spitz, gleichförmig. Panzer aus zahlreichen Knochenplatten mit grubiger Oberfläche. ***S. durobrivensis*** ADREWS, Ob. Jura (Oxford); ca. 3,5 cm, Zahn; ca. 13 cm, Wirbel.

R 18 ***Pelagosaurus.*** Ob. Unterjura. Kleinwüchsig; maximal ca. 1,6 m lang. Schnauze langgezogen, rostrumartig. Zähne spitz, schwach, mit fein geriefter Oberfläche. Bekannt ist nur eine Art: ***P. typus*** BRONN; ca. 4,5 cm, Panzerplatte.

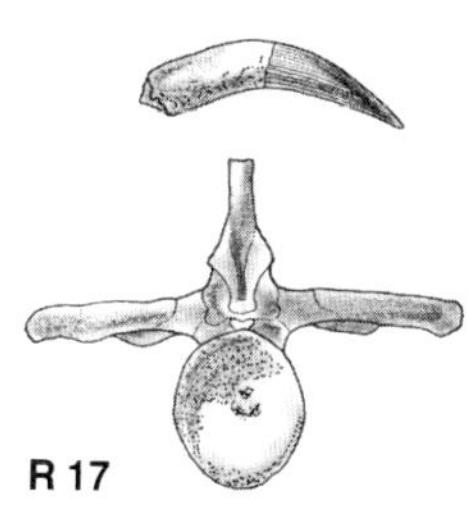

R 17

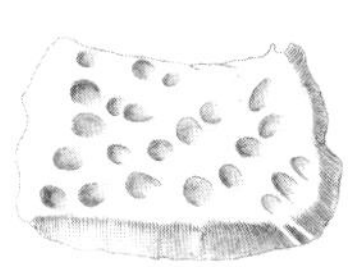

R 18

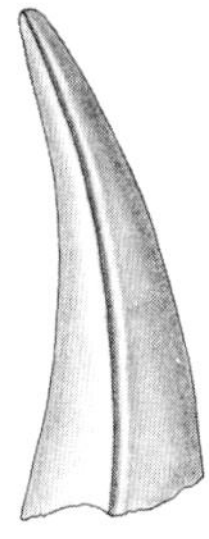

R 19

R 20 s. Foto S. 382

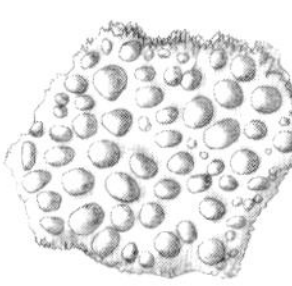

R 21

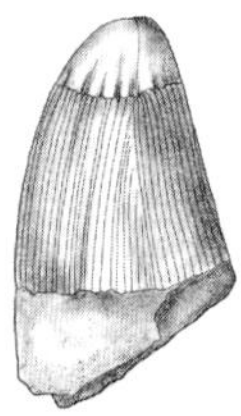

R 22

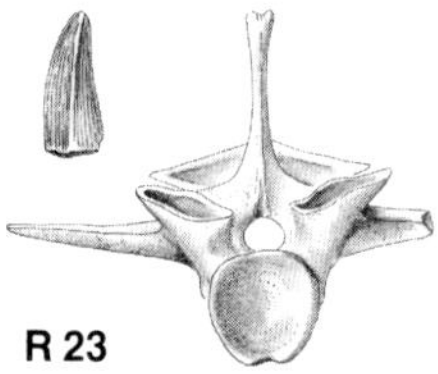

R 23

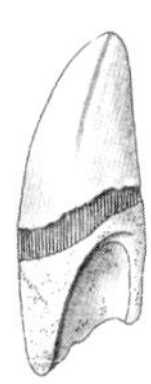

R 24

R 25 s. Foto S. 382

R 19 ***Dakosaurus.*** Ob. Jura. Sehr groß. Zähne leicht gebogen, in tiefen Alveolen sitzend, mit 2 längslaufenden Graten, konisch und relativ spitz. ***D. maximus*** QUENSTEDT, Ob. Oberjura; ca. 8 cm.

R 20, 21 ***Goniopholis.*** Ob. Oberjura (Ob. Obertithon) – Unt. Kreide. Schnauze relativ breit. Zähne kräftig, gedrungen, mit feiner, längslaufender Riefung. Rücken und Bauch der Tiere waren gepanzert; die Platten des Rückens waren mit Dorn und Nut verbunden. ***G. sp.*** (**R 20**), Unt. Kreide (Wealden); ca. 1,3 cm, Zähne. ***G. crassidens*** OWEN (**R 21**), Unt. Kreide (Wealden); ca. 8 cm, Panzerplatte der Bauchseite von außen.

R 22 ***Machimosaurus.*** Ob. Jura. Sehr großwüchsig. Bekannt sind bisher nur Zahnfunde. Zähne sehr kräftig, kegelförmig, gedrungen, stumpf. Querschnitt oval; Oberfläche mit feiner, scharfer Längsriefung. Spitzenbereich skulpturmäßig abgesetzt. ***M. hugi*** MEYER, Kimeridge; ca. 3 cm.

R 23 ***Diplocynodon.*** Tertiär (Mittl. Eozän – Miozän). Unterordnung Eusuchia, wozu auch ***Alligator*** (Oligozän – rezent) und ***Crocodilus*** (? Ob. Kreide; Paläozän – rezent) gehören. Die Unterkieferzähne liegen teilweise in Zahngruben des Gaumens. Zähne kegelförmig, längsgerieft, mit 2 längslaufenden Graten. ***D. hantoniensis*** (WOOD), Ob. Eozän (Unt. Priabon); ca. 2 cm, Zahn; ca. 12 cm, Rückenwirbel.

R 24 ***Tomistoma.*** Tertiär (Eozän) – rezent. Unterordnung Eusuchia. Schnauze lang und schmal. Zähne gedrungen, leicht gekrümmt, kegelförmig. Zwei längslaufende Grate. Spitze abgestumpft. Zahnzahl oben und unten je ca. 40. ***T. sp.,*** Unt. Miozän (Burdigal); ca. 4,5 cm.

Unterklasse Archosauria

Ordnung Saurischia (z. T. Dinosaurier)

R 25 ***Hypselosaurus.*** Ob. Kreide (Maastricht). Maximale Körpergröße ca. 12 m. Landbewohnende, pflanzenfressende Formen. Zähne dünn und stiftförmig, skulpturlos. Bekannt sind vor allem die der Art ***H. priscus*** zugeordneten Eier aus Südfrankreich (bis ca. 20 cm Durchmesser). Die Schalenfragmente treten in gewissen Schichten gehäuft auf und zeigen teilweise pathologische Merkmale (s. Stammesgeschichte). ***H. priscus,*** Ob. Maastricht; ca. 2,7 cm, Schalenfragment.

Klasse Mammalia (Säugetiere)

Allgemeines, Größenverhältnisse

Säugetiere sind warmblütige, meist behaarte Wirbeltiere mit vier Extremitäten. Sie stellen die höchstentwickelten Lebensformen der Erde dar. Der Mensch wiederum ist die höchstentwickelte Art dieser Klasse. In unglaublich kurzer Zeit aus seinen Vorfahren hervorgegangen, beherrscht er mehr oder weniger alle anderen Lebensformen, beutet die natürlichen Rohstoffe seines Lebensraumes in unverantwortlicher Weise aus, verseucht die Umwelt und arbeitet damit wahrscheinlich beharrlich an seinem eigenen Untergang sowie an dem vieler anderer Lebensformen.
Säugetiere finden wir in allen möglichen Biotopen der Erde: Auf dem festen Land, von den Eisflächen in Polnähe bis zu den Sandwüsten, von der Küste bis weit ins Hochgebirge hinauf. In den Meeren, in Form der gewaltigsten Lebewesen aller Zeiten (Wale); aber auch in Flüssen, Bächen und Seen, ja selbst in der Luft (Fledermäuse).
Der bei allen Säugern aus einem einzigen Knochen bestehende Unterkiefer (Dentale) ist bei den Reptilien noch aus mehreren, oft zahlreichen Knochen zusammengesetzt. Er ist somit ein wichtiges Bestimmungsmerkmal.
Die meisten Säugetiere bringen lebende Junge zur Welt, die sie säugen. Die Embryonen entwickeln sich geschützt im Körper des Muttertiers. Die Entwicklung erfolgt in der Placenta. Bei den meisten Formen besteht somit eine enge Verbindung zwischen Embryo und Muttertier; eine Ausnahme bilden die Beuteltiere. Die Kloakentiere, zu denen z. B. das Schnabeltier gehört, legen als einzige Gruppe der Säugetiere Eier, säugen dann aber wie alle anderen die Jungen mit Muttermilch. Alle Säugetiere sind getrenntgeschlechtlich.
Rezent existieren etwa 6000 Säugerarten. Im täglichen Leben sind wir von einer Reihe von ihnen umgeben. Denken wir an Katzen und Hunde, Ratten und Mäuse, auf dem Land Rind und Schwein usw., im Wald Hirsch, Reh, Eichhörnchen und viele andere. Weitere Formen sind uns aus Zoologischen Gärten bekannt, andere schließlich aus Büchern – die Säugetiere interessieren den Nichtbiologen wohl am meisten.
Das größte rezente Säugetier ist der Wal. Mit bis 34 m Körperlänge und über 100 Tonnen Gewicht hält er den absoluten Rekord innerhalb des Tierreichs. Ein möglicher Konkurrent war *Brachiosaurus*; die Angaben über dessen Körpergewicht beruhen allerdings auf Schätzungen. Das derzeit schwerste Landtier ist der Elefant mit knapp 4 Tonnen Gewicht, gefolgt vom Flußpferd mit etwa 2,5 und vom Nashorn mit ca. 2 Tonnen. Zu den kleinsten Formen gehören die Spitzmäuse. Die finnische Knirpsspitzmaus (*Sorex minutissimus* ZIMMERMANN) erreicht eine Gesamtlänge von etwa 58 mm bei einem Gewicht von 1,5 bis 2 Gramm.

Leitwert

Im Tertiär fungieren eine Reihe von Säugerformen als Leitfossilien (Kontinentale Säugerstufen), mit deren Hilfe sich festländische bzw. fluviatile oder andere Süßwasserablagerungen parallelisieren lassen. Bedingt durch das seltene Vorkommen ist allerdings die praktische Bedeutung geringer als bei marinen Leitformen. Im Quartär stellen die Säugetiere ebenfalls wichtige Leitformen und sind auch für den Sammler, z. B. in Kiesgruben usw., leichter zugänglich. Rüsseltiere und Pferde, Nashörner und Nagetiere können kennzeichnend sein. Bedauerlicherweise setzt eine stratigraphische Wertung der Funde eine genaue Bestimmung voraus. Da die Bestimmung aber, wie wir noch sehen werden, für den Laien schwierig oder gar unmöglich ist, sind Säugerfunde für den Sammler zu Horizontierungszwecken nicht verwendbar.

Systematik, Stammesgeschichte

Die Klasse Mammalia wird in 2 oder 3 Unterklassen gegliedert. Bei Aufstellung von 3 Unterklassen sind dies Monotremata (Kloakentiere), Didelphia (Beuteltiere) und Monodelphia (Placentatiere). Zu den Monodelphia werden alle modernen Säuger gestellt, auf 15 Ordnungen verteilt. Wir schließen uns der anderen Systematik an. Sie faßt in einer Unterklasse die Nontheria zusammen, bekannt seit dem Unt. Jura und möglicherweise schon in der Ob. Trias existierend. In der anderen Unterklasse, den

Orthotheria, werden die Marsupialia (Beuteltiere) und die Placentalia (Placentatiere) zusammengefaßt. Von den 4 Infraklassen der Nontheria sind 3, von den 32 Ordnungen der Orthotheria 13 ausgestorben.
Obwohl für den Sammler nur einige Ordnungen der Placentalia wichtig sind, wird im folgenden ein allgemeiner Überblick gegeben.

Unterklasse Nontheria

Infraklasse Triconotheria, mit der Ordnung Tricondonta; Mittl. Jura – Unt. Kreide; Zähne triconodont; Körper bis katzengroß; Kleinraubtiere.
Infraklasse Eotheria, mit der Ordnung Docodonta; Ob. Trias (Rhät) – Ob. Kreide; stammesgeschichtlich möglicherweise den rezenten Monotremata verbunden.
Infraklasse Allotheria, mit der Ordnung Multituberculata; Jura – Tertiär (Eozän); Molaren vielhöckerig, Inzisiven nagetierartig; relativ großwüchsig; Pflanzenfresser.
Infraklasse Prototheria, mit der Ordnung Monotremata (Schnabeltiere, Kloakentiere); rezent bzw. subfossil. Nur in Australien lebende Säuger, wohl unabhängig von den anderen Formen aus den Theromorpha hervorgegangen.

Unterklasse Orthotheria

Infraklasse Pantotheria; Mittl. – Ob. Jura.
Ordnung Symmetrodonta; Tiere kleinwüchsig; Molaren dreispitzig.
Ordnung Eupantotheria; Zähne und Kieferfragmente relativ häufig in den entsprechenden Sedimenten; Zahnzahl höher als bei den späteren Säugern.
Infraklasse Theria; Unt. Kreide – rezent.
Kohorte Metatheria.
Ordnung Marsupialia (Beuteltiere); Kreide – rezent; in der Ob. Kreide noch häufiger als die Placentalia, jedoch im Tertiär allmählich zurückgedrängt auf ihre heutigen Verbreitungsgebiete Südamerika und Australien.
Kohorte Placentalia (Eutheria; Placentatiere).
Ordnung Zalambdodonta; Gebiß zalambdodont (Molaren mit V-förmigem Muster); rezent vertreten durch *Solenodon* (Schlitzrüßler) oder *Tenrec* (Borstenigel); die Gruppe wurde früher bei den Insectivora eingegliedert.
Ordnung Deltatheridia (Hyaenodonta; Urraubtiere); Ob. Kreide – Tertiär (Miozän); wichtige Gattungen sind *Hyaenodon, Deltatheridium, Oxyaena.*
Ordnung Insectivora (Insektenfresser); ? Ob. Jura; Ob. Kreide – rezent; dazu gehören z. B. die Spitzmäuse, Igel und Maulwürfe.
Ordnung Macroscelidea (Rüsselspringer); Tertiär (Oligozän) – rezent; rezent vertreten z. B. durch die Elefantenspitzmaus (*Elephantulus intufi* [A. Smith]).
Ordnung Tupaioidea (Spitzhörnchen); Tertiär (? Mittl. Eozän; Unt. Oligozän) – rezent; rezent vertreten z. B. durch das Spitzhörnchen *Tupaia ferruginea* (Raffles).
Ordnung Primates (Herrentiere); Tertiär (Paläozän) – rezent; dazu gehören Halbaffen, Affen und Mensch; urspr. baumbewohnende Formen, wohl von den Insektenfressern abstammend.
Ordnung Dermoptera (Riesengleiter); Tertiär (Paläozän; Eozän) – rezent; auch rezent wenige Arten; z. B. *Cygnocephalus volans* (Linne).
Ordnung Chiroptera (Fledermäuse); Tertiär (Eozän) – rezent; Gruppe von Säugern mit ausgezeichnetem Flugvermögen.
Ordnung Edentata (Zahnarme); Tertiär (Paläozän) – rezent; von allen anderen Säugetieren u. a. durch die zwischen 6 und 9 wechselnde Zahl der Halswirbel unterschieden; rezent vertreten z. B. durch Ameisenbär (*Myrmecophaga tridactyla* Linne), Faultier (*Bradypus* und *Choloepus*) oder Gürteltier (z. B. *Priodontes giganteus* Geoffroy, Riesengürteltier).
Ordnung Pholidota (Schuppentiere); Tertiär (Oligozän) – rezent; zahnlose und beschuppte, ameisenfressende Tiere (früher zu den Edentata gerechnet); rezent vertreten z. B. durch das Riesenschuppentier (*Manis gigantea* Illiger).
Ordnung Taeniodonta (Bandzähner); Tertiär (Paläozän – Eozän); Zahnschmelz auf ein außenseitiges Band reduziert (bei den jüngeren Formen).

Ordnung Rodentia (Nagetiere); Tertiär (Paläozän) – rezent; 7 Unterordnungen; zu den Nagern gehören z. B. Stachelschwein (*Acanthion, Hystrix*), Meerschweinchen (*Cavia*), Eichhörnchen (*Sciurus*), Biber (*Castor*), Hamster (*Cricetus*), Ratte (*Rattus*) und Maus (*Mus*).
Ordnung Carnivora (Raubtiere); Tertiär (Paläozän) – rezent; Gebiß mit Reißzähnen und einer „Brechschere"; z. B. Wolf (*Canis*) oder Tiger (*Panthera*).
Ordnung Lagomorpha (Hasenartige); Tertiär (Paläozän) – rezent; die frühen Formen gleichen den rezenten; zu letzteren gehören z. B. der Feldhase (*Lepus europaeus* PALLAS) und das Kaninchen (*Oryctolagus cuniculus* [LINNE]).
Ordnung Artiodactyla (Paarhufer); Tertiär (Eozän) – rezent; Pflanzenfresser; Gebiß bunodont oder selenodont; 3 Unterordnungen: Suiformes (Schweine und Schweineartige); z. B. Wildschwein (*Sus scrofa* LINNE) oder Flußpferd (*Hippopotamus amphibius* LINNE); Zahnbau bunodont; Tylopoda (Kamele, „Schwielensohler"; z. B. *Camelus* oder *Lama*); Ruminantia (Wiederkäuer; z. B. Reh (*Capreolus capreolus* (LINNE) und Hirsch (*Cervus elaphus* LINNE), Giraffe (*Giraffa*), Rind (*Bos*), Bison, Gazelle, Ziege (*Capra*), Schaf (*Ovis*).
Ordnung Cetacea (Wale); Tertiär – rezent; sekundär an das Wasserleben angepaßte Tiere; Gehirn hochentwickelt; rezente Vertreter z. B. Blauwal (*Balaenoptera musculus* LINNE), Pottwal (*Physeter macrocephalus* LINNE) oder Delphin (*Delphinus delphis* LINNE).
Ordnung Condylarthra (Urhuftiere); Ob. Kreide – Tertiär (Oligozän); Habitus noch raubtierartig; Molaren niedrigkronig und bunodont.
Ordnung Tillodontia (Rupfzähner); Tertiär (Ob. Paläozän – Mittl. Eozän).
Ordnung Tubulidentata (Röhrenzähner); Tertiär (Miozän; Pliozän) – rezent; einzige rezente Gattung ist *Orycteropus* (Erdferkel).
Ordnung Litopterna (Glattferser); Tertiär (Paläozän) – Quartär; Huftiere;
Ordnung Notoungulata (Südhuftiere); Tertiär (Paläozän) – Quartär (Entwicklungshöhepunkt Oligozän – Miozän); mit 2 Ausnahmen auf Südamerika beschränkt.
Ordnung Astrapotheria; Tertiär (Paläozän – Miozän); Huftiere mit starken Eckzähnen; nur in Südamerika.
Ordnung Perissodactyla (Unpaarhufer); Tertiär (Eozän) – rezent; komplizierter Zahnbau; rezente Formen sind z. B. Pferd (*Equus*), Nashorn (*Diceros, Rhinoceros*), Tapir (*Tapirus*).
Ordnung Amblypoda; Tertiär (Paläozän – Oligozän); primitive, teils großwüchsige Huftiere; bekannt ist z. B. *Uintatherium* aus dem Eozän der USA.
Ordnung Desmostylia; Tertiär (Oligozän – Miozän); primitive, amphibisch lebende Küstenbewohner bis zu Flußpferdgröße; wichtigste Gattung: *Desmostylus* aus dem Miozän.
Überordnung Subungulata.
Ordnung Sirenia (Seekühe); Tertiär (Eozän) – rezent; aquatisch lebende Pflanzenfresser; die rezenten Formen (z. B. *Dugong*) leben im Mündungsbereich großer Flüsse.
Ordnung Proboscidea (Rüsseltiere); Tertiär (Ob. Eozän) – rezent; Elefanten und ihre Vorfahren; die Ordnung stellt im Tertiär und Quartär wichtige Leitformen (*Palaeomastodon, Bunolophodon, Stegomastodon, Archidiskodon, Palaeoloxodon, Mammuthus*).
Ordnung Hyracoidea (Klippschliefer); Tertiär (Oligozän) – rezent; fossil wie rezent nur in Afrika nachgewiesen.
Ordnung Embrithopoda; Tertiär (Oligozän); nur eine in Ägypten nachgewiesene Gattung (*Arsinoitherium*).
Stammesgeschichtlich zeigt sich eine recht schwache Linie von der Trias bis gegen Ende der Kreidezeit, mit Fundmaxima in der Ob. Trias, im Ob. Jura und während der Ob. Kreide. Im Tertiär schließlich beobachten wir eine kräftige Entwicklung, deren Höhepunkt im Pliozän lag. Inwieweit das Aufblühen der Säugetiere, ihre Verbreitung und Formenvervielfachung mit dem Aussterben der Dinosaurier in Verbindung steht, bedarf noch der Klärung. Sicher ist, daß die Säuger den Niedergang der Riesenechsen nicht bewirkt haben, jedoch davon profitierten. Sie besetzten die freiwerdenden ökologischen Nischen und brachten Formen hervor, die denjenigen der Saurier teilweise recht ähnlich waren: *Triceratops* oder *Monoclonius* ~ Nashorn; die großen pflanzenfressenden Sauropoden ~ Rüsseltiere; Carnosaurier ~ katzenartige Raubtiere; Ichthyosaurier ~ Delphine; Plesiosaurier ~ Seelöwen; Pliosaurier ~ Pottwal.
Die Abstammung der Säugetiere ist im Detail noch nicht restlos geklärt; wir dürfen aber wohl annehmen, daß sie in mehreren Linien gleichzeitig von verschiedenen Reptiliengruppen der Ordnung Therapsida entstanden. Die meisten mesozoischen Formen waren kleinwüchsig. Warmblütigkeit und

damit die von der Temperatur unabhängige Aktionsfähigkeit mögen schon damals einen Pluspunkt gegenüber den meisten Reptilien gebracht haben, obwohl nach moderner Auffassung auch viele Dinosaurier warmblütig gewesen sind.

Skelett

Das Gesamtskelett ist für den Sammler relativ unwichtig, da zusammengehörende Skelette kaum geborgen werden können. Die Bezeichnung der wichtigsten Teile ist am Beispiel eines Hirschskeletts auf S. 391 dargestellt. Die Identifizierung eines Oberschenkelknochens, eines Mittelhandknochens, Wirbels usw. wird in der Regel immer möglich sein.
Am aussagekräftigsten sind Teile des Schädels, vor allem der Unterkiefer (Dentale) oder der zahntragende Teil des Oberkiefers. Mittels der Zähne ist am ehesten eine Bestimmung möglich. Die Wirbelsäule der meisten Säugetiere hat 7 Halswirbel, unabhängig von der Halslänge. Hand wie auch Fuß waren ursprünglich immer fünfstrahlig angelegt, wurden aber bei einigen Gruppen durch Anpassung an besondere Fortbewegungsweisen umgebildet.

Gebiß

Bei vielen Gruppen ist das Gebiß in besondere Funktionsabschnitte gegliedert: Zähne zum Festhalten, Ergreifen, Zerreißen, Zerreiben, Zerkleinern. Ein aus verschiedenartigen Zähnen aufgebautes Gebiß wird heterodont genannt. Die Zahnzahl ist, verglichen mit vielen Reptilien, niedrig. Säuger haben maximal 68, normalerweise aber 44 Zähne oder weniger (von Ausnahmen wie z. B. den Delphinen abgesehen). Die Zahnform kann auch gleichförmig sein (isodont).
Zähne entstanden ursprünglich, bei primitiveren Wirbeltieren, aus Hautzähnen (Placoidschuppen) und können sich, wie z. B. bei manchen Fischen (Rochen), an verschiedenen Stellen der Mundhöhle bilden. Bei den Säugern sitzen sie auf den Kieferrändern. Die primitivsten Zähne waren spitzkonisch (Fische, Reptilien z. B.). Daraus entwickelten sich Zähne mit verbreiterter Kaufläche. Die höchstentwickelten derartigen Zähne finden wir bei den Säugetieren.
Die Zähne bestehen hauptsächlich aus Dentin (Elfenbein). Dieser Dentinkern wird im unteren Bereich (Wurzel; in einer Kieferhöhlung sitzend) von Zahnzement umhüllt. Der obere Teil wird Krone genannt, ist meist von Zahnschmelz überzogen und hat eine glatte, porzellanartige Oberfläche. Vertiefungen der Kaufläche kompliziert gebauter, hochkroniger Zähne sind mit Zement gefüllt. Im Dentinkern verläuft ein Kanal, die sogenannte Pulpahöhle, in der ein besonderer Bindegewebestrang (Pulpa; mit Blutgefäßen und Nerven) liegt. Er dient der Ernährung des Zahns während des Wachstums. Die Zahnbefestigung am Kiefer ist bei den Säugern durchwegs thecodont: die Zahnwurzel sitzt in einer Alveole, ist mit dem Knochen nicht verwachsen, jedoch durch Faserbündel der Wurzelhaut befestigt. Wurzellose Zähne wie z. B. die Schneidezähne der Nagetiere oder die Backenzähne vieler Huftiere wachsen lebenslang weiter, bedingt durch ständige starke Abnutzung. Bei anderen Zähnen schließt sich nach dem Wachstumsstillstand die vorher unten offene Pulpahöhle bis auf eine dünne, mit Blutgefäßen und Nerven durchzogene Röhre. Die wurzellosen Zähne werden entsprechend der sehr hohen Zahnkrone hochkronig (hypsodont, z. B. Pferd) genannt. Zähne mit Wurzeln haben meist niedrige Kronen und werden deshalb als niedrigkronig (brachyodont) bezeichnet (z. B. Höhlenbär). Als Zahntypen gibt es Schneidezähne (Inzisiven), Eckzähne (Caninen), Vorbackenzähne (Prämolaren) und Backenzähne (Molaren, Mahlzähne). Die Anzahl der jeweiligen Zähne im Gebiß wird durch die Zahnformel dargestellt; das Fehlen eines Zahntyps wird durch eine „0" ausgedrückt. Die obere Zahlenreihe gehört zu den Zähnen des Oberkiefers, die untere zu jenen des Unterkiefers. Die Reihenfolge von links nach rechts: Inzisiven, Caninen, Prämolaren, Molaren. Als Beispiel sei hier die Zahnformel des Dauergebißes von *Cervus elaphus* (Hirsch) angegeben: $\frac{0.1.3.3}{3.1.3.3}$

Wir können auch folgende Schreibweise beobachten: $\frac{0I.1C.3P.3M}{3I.1C.3P.3M}$

Bei den Säugetieren tritt ein sogenanntes Milchgebiß auf. Dabei handelt es sich um die ersten Zähne der Jungtiere, die normalerweise nach einer gewissen Zeit durch ein Dauergebiß ersetzt werden (Dentes lacteales, Dentes decidui; Permanentgebiß). Die Zahnzahl im Milchgebiß ist geringer als jene im Permanentgebiß. Der Zahnwechsel erfolgt vertikal, das heißt, daß der neue Zahn von unten bzw. von oben (im Oberkiefer) an die Stelle des Vorgängers geschoben wird. Lediglich bei manchen Rüsseltieren

Skelettbau
Rothirsch (*Cervus elaphus*)

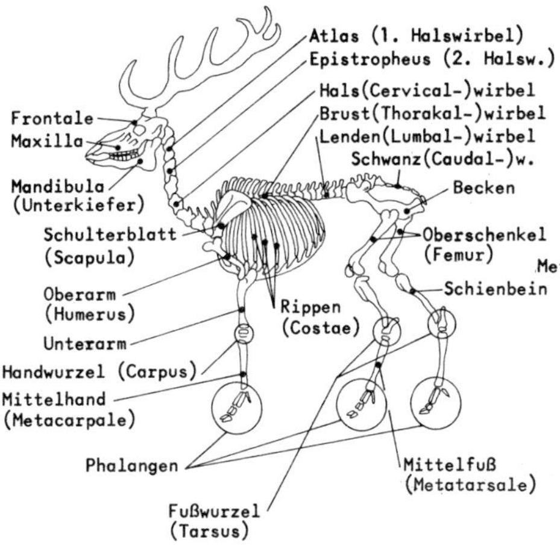

Terminologie des Laufskelettes
(a Allgemein; b am Beispiel eines Paarhufervorderbeines)

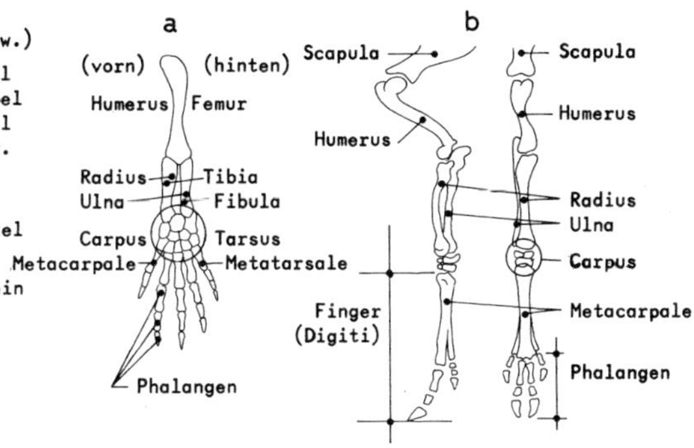

Zahnaufbau
(a Schneidezahn; b Backenzahn)

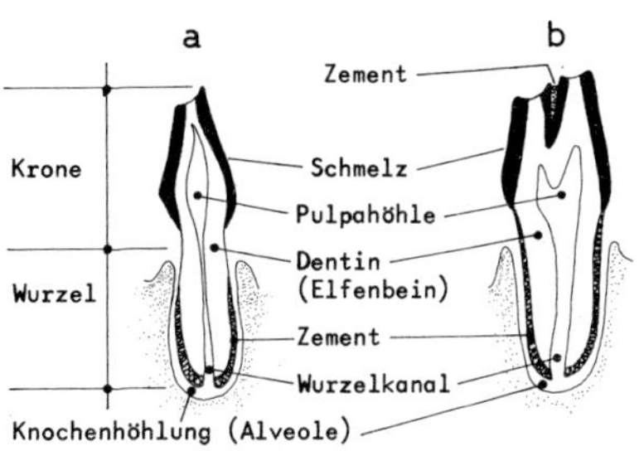

Bauschema trituberculärer Molaren
(a oberer, b unterer Molar)

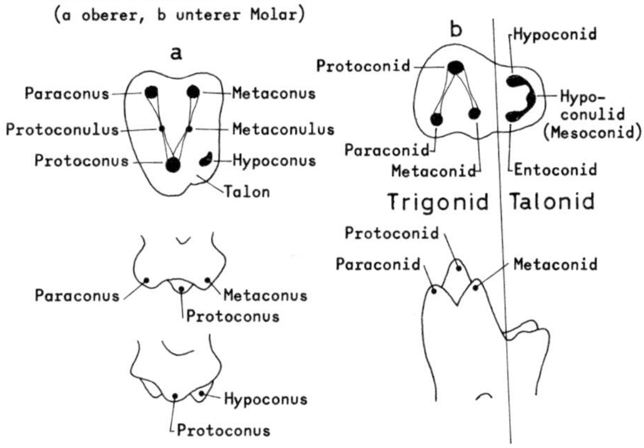

Gebißentwicklung
(am Beispiel von *Cervus elaphus*)

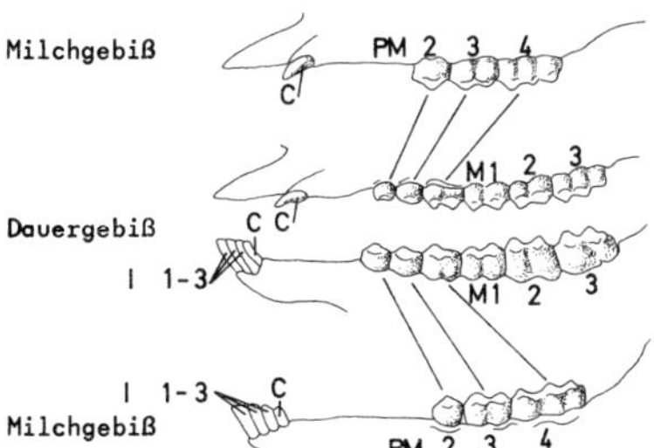

Molarentypen von Huftieren (Ungulata)

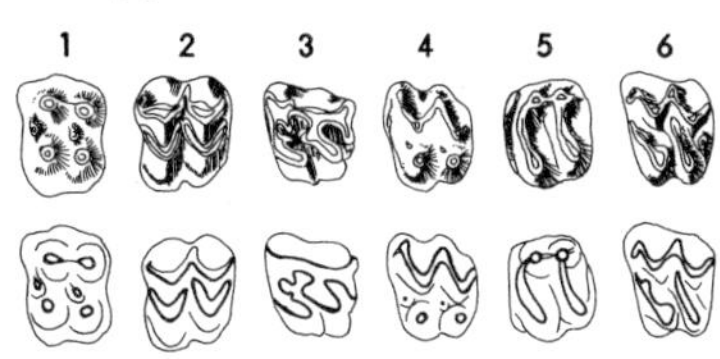

1 bunodont (*Hyracotherium*) 2 selenodont (*Protoceras*)
3 lophodont (*Rhinoceros*) 4 bunoselenodont (*Palaeosyops*)
5 lophobunodont (*Tapirus*) 6 lophoselenodont (*Anchitherium*)

g. richter

Terminologie und Morphologie der Mammalia (Säugetiere). (Abgeändert nach ABEL, FRAAS, A.H. MÜLLER, OSBORN.)

werden die nachfolgenden Zähne von hinten nach vorn geschoben (horizontaler Zahnwechsel). Wenn in der Zahnformel Milchzähne erscheinen, wird ein d (für deciduus = hinfällig) nachgestellt.
Isolierte Zähne werden nach Möglichkeit genau bezeichnet nach der ehemaligen Lage im Gebiß, also z.B. P^2 r; es handelt sich um den zweiten Prämolaren des rechten Oberkiefers. Der dritte Molar links unten wird bezeichnet als M_3 li, usw.
Vor allem die Ausbildung der Molarenoberfläche (Kaufläche) kann sehr vielgestaltig sein. Die verschiedenen Höcker, Leisten, Gruben usw. werden mit Hilfe einer umfangreichen Terminologie erfaßt. Die Ausbildungsformen der oberen Molaren am Beispiel der Ungulata (Huftiere) zeigt die Übersicht S. 391. Der triconodonte Typ stellt wohl den ursprünglichsten Zahntyp dar, woraus der bunodonte Typ entstand: Zahnoberfläche mit Höckern. Beim selenodonten Typ wurden die Höcker zu halbmondförmigen Leisten umgestaltet (Paarhufer), beim lophodonten Typ dagegen zu Querjochen vereinigt. Zwischenformen heißen bunoselenodont, lophobunodont und lophoselenodont. Die Elefantenzähne mit zahlreichen Lamellen schließlich werden als polylophodont bezeichnet.

Lebensraum, Lebensweise

Die überwiegende Mehrzahl der Säuger lebt auf dem festen Land bzw. im Süßwasser. Nur eine Ordnung, die Wale, lebt ohne jeden Landkontakt im Meer, sekundär angepaßt. Wenige Formen erwarben ein teilweise hervorragendes Flugvermögen (Fledermäuse). Ermöglicht durch Warmblütigkeit und Pelz leben einige Arten in den Polargebieten. Sie sind in der Lage, die Körpertemperatur bis zu 80 Grad über der Außentemperatur zu halten (Eisbär, Polarfuchs). Andere wieder haben sich den extremen Bedingungen des ariden Klimas von Wüsten angepaßt und überleben bei großer Hitze und teilweise monatelangem Fehlen von Trinkwasser (außer Tau).
Wir können aus den sicher bestimmten Säugetierfunden gewisse Rückschlüsse auf den damaligen Lebensraum ziehen, zumindest soweit wir Vergleichsmöglichkeiten mit rezenten Faunen haben. Die Faunenzusammensetzung ermöglicht Aussagen über Klima und Biotop. Wir betrachten einige typische Biotope des Quartär mit Aufzählung entsprechender Faunen (nach KUHN-SCHNYDER). Dabei müssen wir beachten, daß an manchen Fundstellen natürlich Mischfaunen auftreten können.
Tundra: Boden feucht, Untergrund häufig ganzjährig gefroren. Im Winter Schneedecke. Keine Bäume, jedoch dichter Unterwuchs. Eisfuchs, Vielfraß, Schneehase, Lemminge, wollhaariges Nashorn, Ren, Moschusochse, Mammut.
Subarktischer Wald, einschließlich Taiga: Im Winter Schneedecke. Nadelwald, mitunter verkümmert oder sumpfig; ähnlich manchen Gebieten in Sibirien. Braunbär, Vielfraß, Luchs, Edelhirsch, Elch, Ren (Waldform), Ur.
Gemäßigter Wald: Laubwerfend. Braunbär, Luchs, Flußpferd (nur bei milden Wintern), Mercksches Nashorn, Edelhirsch, Elch, Ur, Wisent, Waldelefant.
Warme kontinentale Waldsteppe: Parklandschaft, durchsetzt mit Wiesen und Weideflächen. Laubwerfende Bäume. Faunenmischung aus der Fauna des gemäßigten Waldes und jener der warmen kontinentalen Steppe.
Warme kontinentale Steppe: Heiße Sommer, Winter mit Schnee. Wiesen und Weiden, mit oder ohne Gestrüpp. Pfeifhase, Pferdespringer, Ziesel, Bobak, Przewalski-Pferd, Hemion, Saiga-Antilope.
Lößsteppe: Klima auch im Sommer kalt; winterliche Schneedecke. Untergrund häufig dauernd gefroren. Baumlose Wiesen, Weiden oder Gestrüpplandschaften. Fauna wie in der warmen kontinentalen Steppe, wozu Eisfuchs, Schneehase, wollhaariges Nashorn, Ren, Steppenwisent, Moschusochse und Mammut kommen.
Einige Tiere wie z. B. der Höhlenbär, der Höhlenlöwe oder die Hyäne lebten überall; sie bevorzugten kein besonderes Biotop. Vertreter der alpinen Fauna wie z. B. Murmeltier, Steinbock und Gemse drangen während der Kaltzeiten in die Flachlandbiotope vor.
Säugetiere leben von aller denkbaren Nahrung. Wir kennen Räuber und Aasfresser, Insektenfresser, Allesfresser und Pflanzenfresser. Eine ganze Reihe von Arten sind hochspezialisiert – der Koalabär z. B. lebt nur von Eukalyptusblättern –, andere wieder (Schwein, Mensch) bestreiten ihren Lebensunterhalt aus einem breiten Nahrungsangebot.

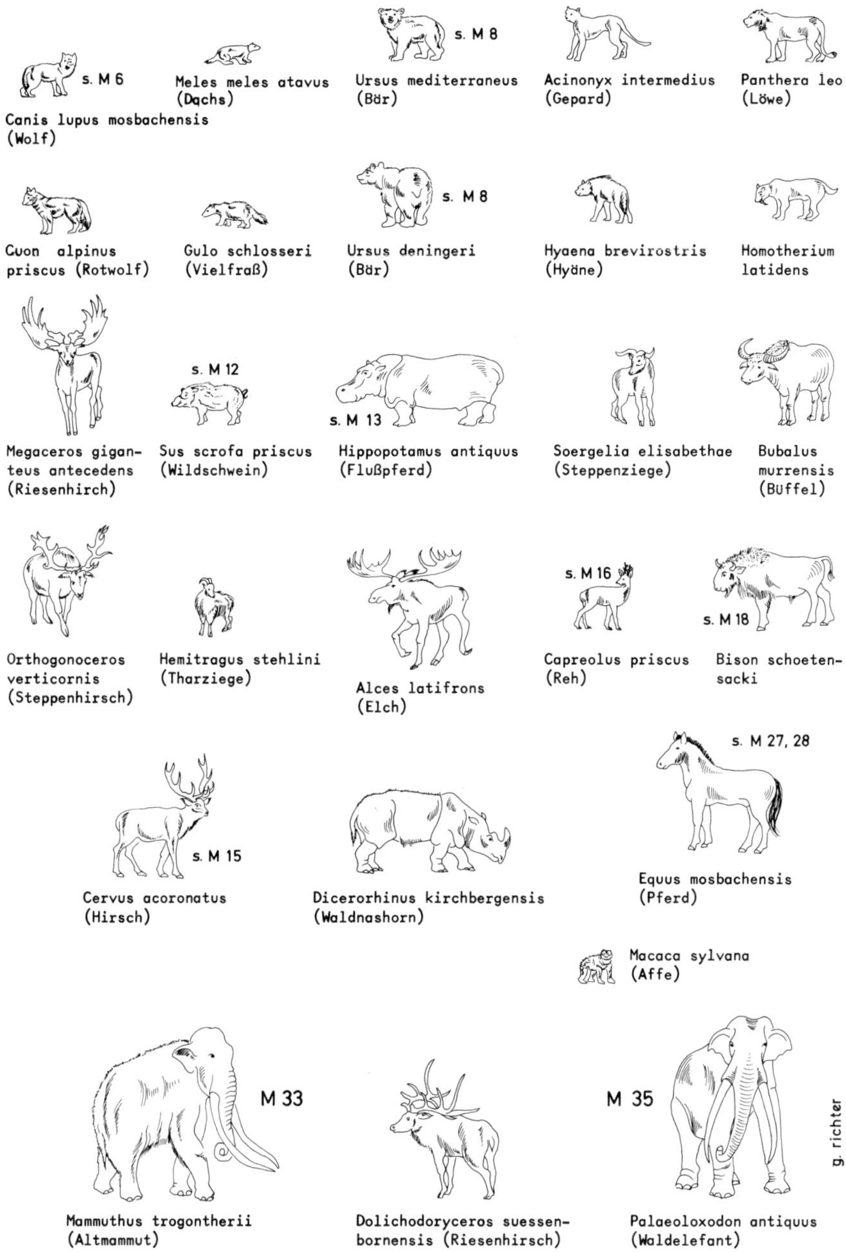

Die Tierwelt des älteren Pleistozän in Mitteleuropa. (Umgezeichnet nach THENIUS.)

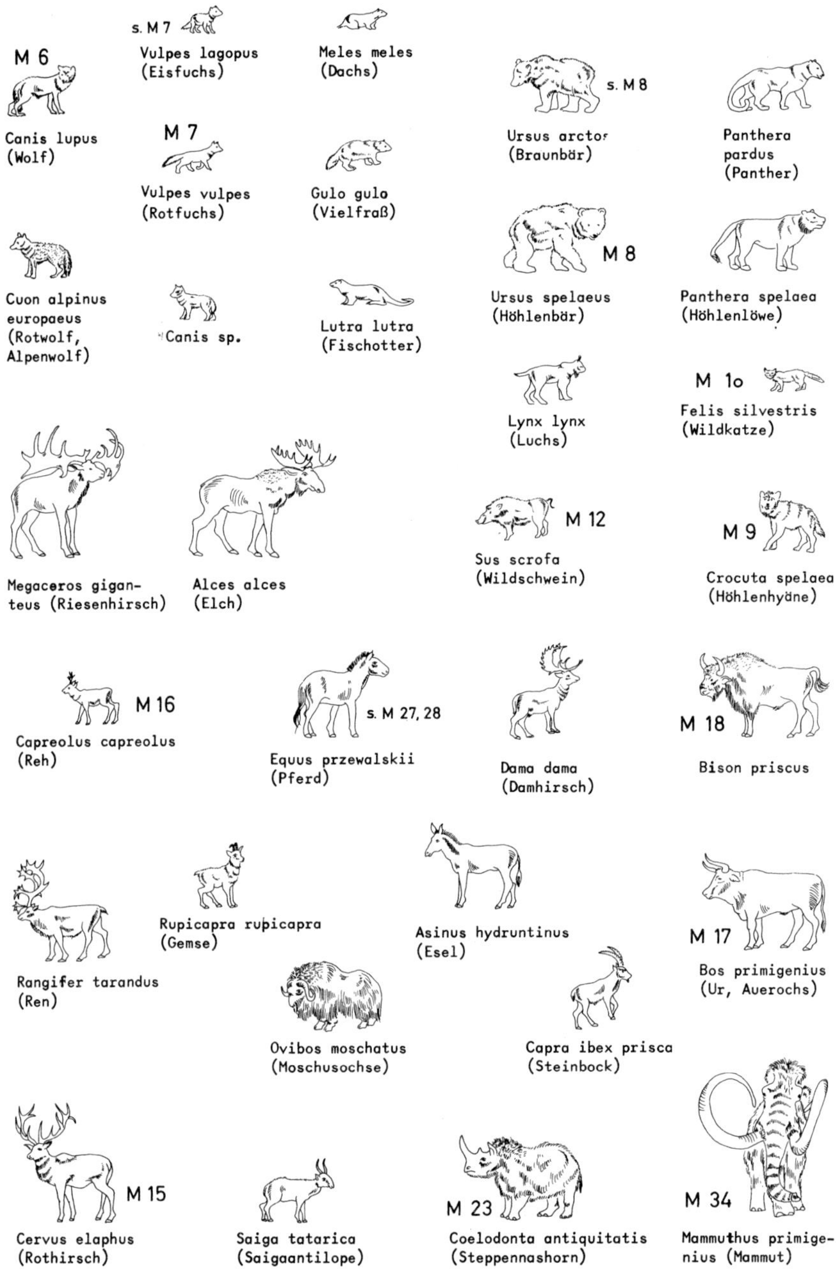

Die Tierwelt des jüngeren Pleistozän in Mitteleuropa. (Umgezeichnet nach THENIUS.)

Bestimmung, Vorkommen

Wie bei allen anderen Wirbeltieren ist auch die Bestimmung von Säugetierresten sehr schwierig. Die Zuordnung isolierter Knochen zu einer bestimmten Art ohne gründliche osteologische Kenntnisse (Osteologie = Knochenlehre) ist so gut wie unmöglich. D. h., wenn wir z. B. den Femur eines quartärzeitlichen Nashorns finden, müssen wir den Fund mit dem Femur eines rezenten Nashorns vergleichen, um Ähnlichkeit bzw. Identität feststellen zu können. Am sinnvollsten wäre es demnach, an rezentem Vergleichsmaterial Kenntnisse zu erwerben bzw. die fossilen Exponate von Instituten usw. zu studieren. Das lohnt sich aber wohl nur für einen Sammler mit großem Interesse und gutem Material. Bei Gebissen und Gebißfragmenten bzw. Einzelzähnen sieht es etwas besser aus. Hier finden sich wesentlich leichter Abbildungen, mit deren Hilfe wir unsere Funde wenigstens grob einordnen können. Sichere Bestimmungsergebnisse lassen sich ohnehin am leichtesten über Zähne erhalten. Hinzu kommt, daß Zähne zu den widerstandsfähigsten Teilen der Säuger gehören und entsprechend häufig gefunden werden. Ein interessierter Säugetiersammler sollte jedenfalls versuchen, sich eine rezente Vergleichssammlung von Gebissen bzw. Zähnen anzulegen, angefangen beim Hasen, weiterführend über Katze, Hund und Fuchs, Rind, Pferd und Schwein bis hin zu außereuropäischen Tieren wie z. B. Antilope oder Nashorn. Derartiges zu erhalten, dürfte allerdings einige Findigkeit erfordern!
Säugerüberreste sind in der Regel selten. Die besten Fundmöglichkeiten bieten noch Quartärablagerungen: Flußgerölle oder -kiese oder terrestrische Sedimente. Vor allem in den durch Kiesgruben und Baggerseen aufgeschlossenen Flußablagerungen treten – hin und wieder sogar gehäuft – Knochen und Zähne auf. Die Arbeiter an den Lesebändern sortieren manchmal interessante Stücke aus, legen sie beiseite und geben sie an Sammler weiter. Bekannt sind z. B. die Funde vom Niederrhein oder von Baggerseen unweit der Porta Westfalica. Wir können grundsätzlich in allen Flußschottern nach Fossilien suchen.
Weitere gute Fundmöglichkeiten bieten sogenannte Spaltenfüllungen. Im Ob. Jura Süddeutschlands z. B. sind in Steinbrüchen derartige Spalten aufgeschlossen. Der darin anstehende tertiärzeitliche Ton bzw. Lehm kann Säugerreste enthalten, sowohl von winzigen wie auch von großen Arten. Wie kam es zu solchen Spaltenfüllungen? Die Landoberfläche z. B. im Oligozän wurde durch Kalke des Ob. Jura gebildet, die teilweise tiefgründig verkarstet waren. In den Karstspalten sammelten sich Sediment und die Überreste hineingespülter oder -gestürzter Tiere. Auch in verschiedenen triassischen Gesteinen treten derartige fossilführende Spalten auf, mit paläozänen Sedimenten.
Reste höhlenbewohnender Tiere finden sich in Höhlen, wie in der Drachenhöhle bei Mixnitz oder der Zoolithenhöhle bei Burggaillenreuth in Franken, aber auch in Frankreich. Berühmte limnische Fundstellen sind Messel bei Darmstadt (Urpferdchen, Fledermäuse) oder das Geiseltal bei Merseburg (Altpferd). Südamerika lieferte teilweise einzigartige tertiäre und quartäre Funde (z. B. Gürtel- und Faultiere), Nordamerika interessante Faunen aus den „Bad Lands" verschiedener Staaten (z. B. *Merycoidodon* syn. *Oreodon*, *Leptomerys*, *Ischyromys*) usw.

Klasse Mammalia (Säugetiere)

Ordnung Insectivora (Insektenfresser)

(? Ob. Jura; Ob. Kreide – rezent)
Meist kleinwüchsige bodenbewohnende Tiere. Fossilfunde selten.

M 1 ***Sorex.*** Tertiär (Oligozän) – rezent. Spitzmaus (im eigentlichen Sinn). Kleinwüchsig; Habitus mausartig, mit rüsselförmiger Schnauze. Zähne spezialisiert; obere Molaren im Umriß etwa quadratisch, mit W-förmig gezeichneter Kaufläche. Untere Molaren mit Trigonid und Talonid. Alle Wirbel mit Dornfortsätzen. Zahnformel: $\frac{2.1.3.3.}{3.1.1.3.}$. ***S. grivensis*** DEPERET, Miozän; rechter Unterkieferast von außen mit C, PM – M 3 (ca. 1 cm); Zahnreihe des linken Oberkiefers mit PM – M 3 (ca. 0,5 cm).

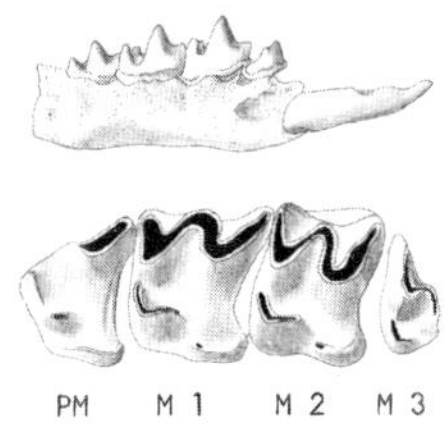

M 1

Ordnung Rodentia (Nagetiere) (syn. Simplicidentata) (Tertiär [Paläozän] – rezent)

Meist kleinwüchsige (um 10 cm) Pflanzenfresser mit langen, gekrümmten Inzisiven (je ein Paar oben und unten). Lebensweise variabel, meist jedoch auf dem Boden.

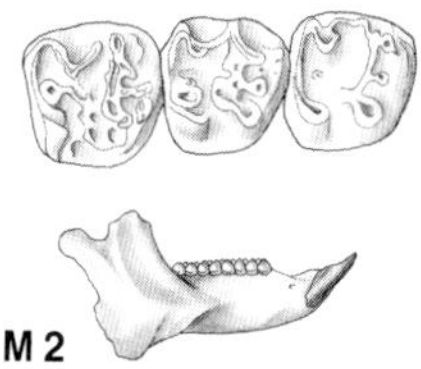

M 2

M 2 ***Pseudosciurus.*** Tertiär (Ob. Eozän – Oligozän). Körperbau wohl eichhörnchenartig (***Sciurus*** = Eichhörnchen). Molaren des Oberkiefers mit deutlichem Metaconulus; untere Molaren mit hinterem Querjoch und Mesoconid, Trigonid rückseitig durchbrochen, durch neues vorderes Querjoch ersetzt. ***P. suevicus*** HENSEL, Oligozän; PM – M 2 (ca. 1 cm); rechter Unterkieferast von außen (ca. 4 cm).

M 3 ***Eomys.*** Tertiär (Ob. Eozän – Oligozän). Bekannt wurden vor allem Molarenfunde; die Tiere dürften in gewisser Beziehung zu den Hörnchenartigen gestanden haben. Obere Molaren niedrigkronig, mit 4 Höckern, untere Molaren mit deutlichem Paraconid. ***E. zitteli*** SCHLOSSER, Mittl. Oligozän; Molaren des Oberkiefers, PM – M 3 (ca. 0,4 cm).

M 3

M 4 ***Rattus.*** ? Pliozän; Quartär – rezent. Ratte; rezent weltweit verbreitet. Zahnformel: $\frac{1.0.0.3.}{1.0.0.3.}$. ***R. rattus*** LINNE, rezent; Unterkiefer (ca. 3 cm); obere Molaren M 1 – M 3, untere Molaren M 1 – M 3 (je ca. 0,7 cm).

M 5 ***Mus.*** ? Pliozän; Quartär – rezent. Maus; rezent weltweit verbreitet. Molaren relativ hypsodont. Zahnformel: $\frac{1.0.0.3.}{1.0.0.3.}$.
M. musculus LINNE, rezent; M 1 – M 3 des Ober-, M 1 – M 3 des Unterkiefers (je ca. 0,4 cm).

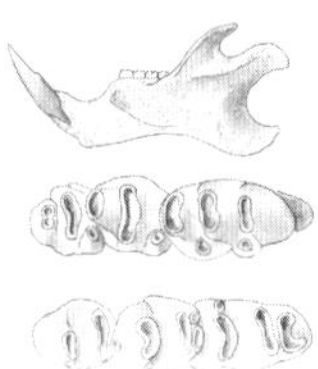

M 4

Ordnung Carnivora (Raubtiere)

(Tertiär [Paläozän] – rezent)

Formenreiche Ordnung; Körperbau relativ einheitlich, Gebiß jedoch mit wichtigen taxonomischen Unterscheidungsmerkmalen. Kennzeichnend ist die Ausbildung einer Brechschere hinten im Gebiß, gebildet aus PM^4 und M_1 (als erfolgreichste Version, andere Kombinationen sind möglich). Kräftige Caninen.

M 6 ***Canis.*** Tertiär (Pliozän) – rezent. Wolf. Gliedmaßen vierstrahlig (erster Strahl rudimentär). Untere Molaren mit schneidendem Talonid und rudimentärem Hypoconid. Der Haushund (***Canis***

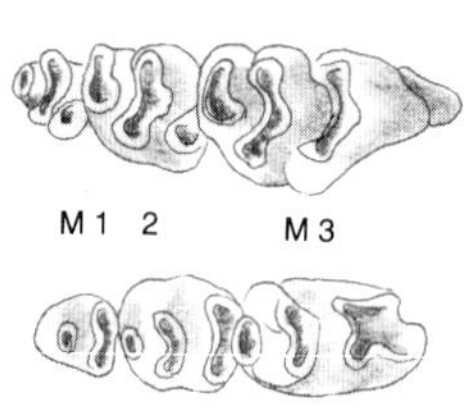

M 5

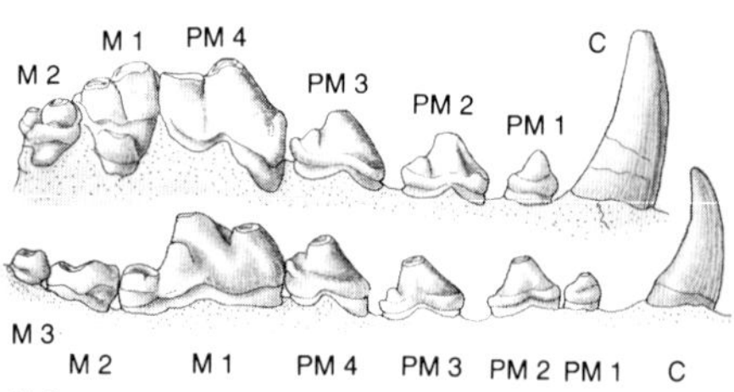

M 6

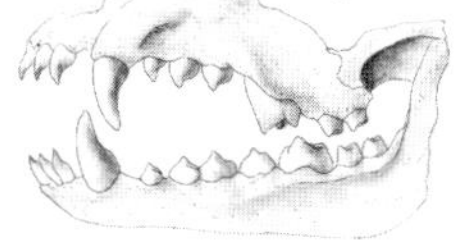

M 7

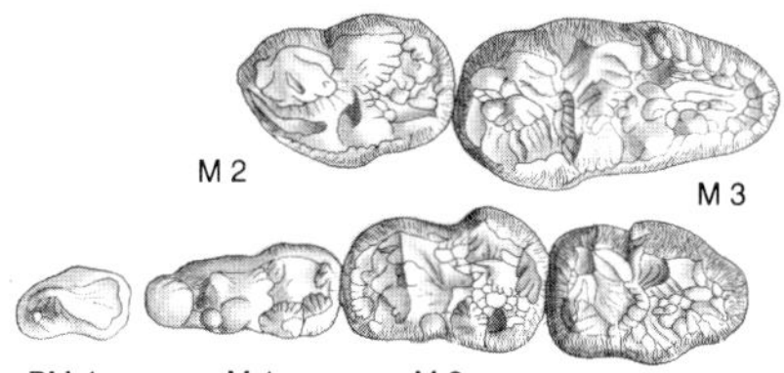

M 8

familiaris) ist bereits seit dem Mesolithikum bekannt, mit zahlreichen Rassen ab dem Neolithikum. Zahnformel: $\frac{3.1.4.2.}{3.1.4.3.}$. ***C. lupus*** LINNE (Wolf), Quartär; Zahnreihen des Oberkiefers (oben) und des Unterkiefers (je ca. 15 cm).

M 7 ***Vulpes.*** ? Tertiär (Pliozän); Quartär – rezent. Fuchs. Molaren und Caninen schlank; Talonid der unteren Molaren grubig. Überreste des Rotfuchses (***Vulpes vulpes***) sind relativ häufig in pleistozänen Ablagerungen zu finden. Zahnformel: $\frac{3.1.4.2.}{3.1.4.3.}$. ***V. vulpes*** LINNE (Rotfuchs), rezent; Zahnreihe des Unterkiefers ca. 8 cm. Das Foto S. 382 zeigt den Schädel eines ausgewachsenen rezenten Tieres (15 cm). Der Eisfuchs (**Vulpes** [syn. ***Alopex***] ***lagopus*** LINNE) ist ebenfalls seit dem Quartär bekannt; eine Trennung von ***V. vulpes*** gelingt an Hand der abweichenden Ausbildung des M_2.

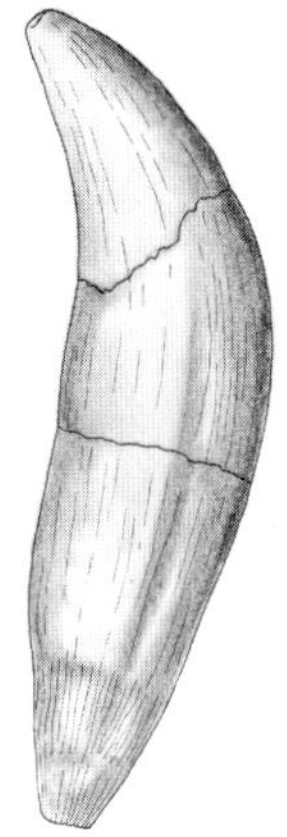

M 8

M 8 ***Ursus.*** Tertiär (Pliozän) – rezent. Bär. Brechschere reduziert. Molaren gut entwickelt. Molaren des Oberkiefers länger als der hinterste Prämolar, größter Unterkieferzahn ist der M_2. Zahnformel: $\frac{3.1.1. \quad 2.}{3.1.1.(2).3.}$. Der Höhlenbär ist eines der am besten bekannten Tiere des Quartär, fossil auch häufig anzutreffen, in Höhlen, die als Winterquartier und Wurfplätze aufgesucht wurden. Die rezente Art ***U. arctos*** ist etwa ein Drittel kleiner als der Höhlenbär. ***U. spelaeus*** (ROSENMÜLLER), Quartär; Canin des Oberkiefers (ca. 11 cm); PM 4 – M 3 des Unterkiefers (ca. 11,5 cm); M 2, M 3 des Oberkiefers (ca. 8 cm). Das Foto S. 399 zeigt einen Rückenwirbel (ca. 14 cm).

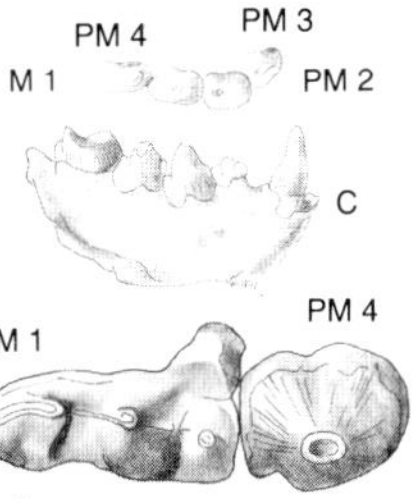

M 9

M 9 ***Crocuta.*** Tertiär (Ob. Miozän) – rezent. Hyäne. Brechzähne im Vergleich zu ***Hyaena*** vereinfacht. Teilweise großwüchsige Arten (***C. brevirostris*** AYMARD aus dem Villafranche; bis löwengroß). Bekannt ist vor allem die Höhlenhyäne (***C. spelaea***), die teilweise massenhaft in Höhlen gelebt haben muß. Zahnformel: $\frac{3.1.4.1.}{3.1.3.1.}$. ***C. spelaea*** (GOLDFUSS), Quartär; rechter Unterkieferast mit C, PM 2 – PM 4, M 1 (ca. 16 cm); PM 4 und M 1 des Oberkiefers (ca. 6 cm).

M 10 ***Felis.*** Tertiär (Pliozän) – rezent. Katzen. Zähne in erster Linie schneidend. Zahnformel: $\frac{3.1.3.1.}{3.1.2.1.}$. Oberer Brechzahn ($PM^4$) mit einem Innen- und 3 Außenzacken. M^1 rudimentär. Unterer Brechzahn (M_1) ohne Metaconid. ***F. silvestris*** SCHREBER (Wildkatze), Jungquartär; Zahnreihen des Ober- und Unterkiefers (je ca. 3,5 cm).

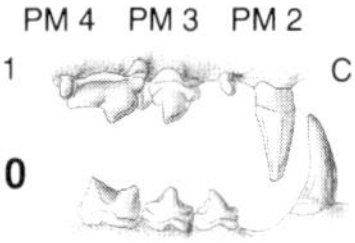

M 10

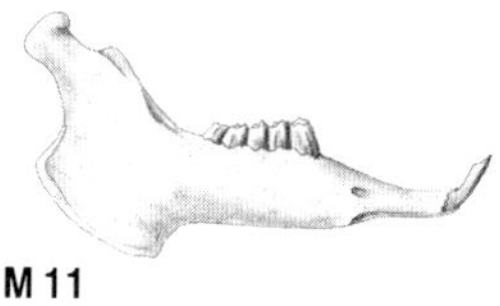

M 11

Ordnung Lagomorpha (Hasenartige)

(Tertiär [Paläozän] – rezent)
Kleinwüchsig bis mittelgroß; keine Caninen, jedoch 2 Paar Inzisiven im Ober- und 1 Paar im Unterkiefer.

M 11 ***Lepus.*** Tertiär (Pliozän) – rezent. Hase. Der rezente ***Lepus europaeus*** ist bereits im Quartär vertreten. Der Querschnitt der Inzisiven ist rechteckig (im Gegensatz zum quadratischen Querschnitt der Inzisiven des Schneehasen, ***L. timidus*** LINNE). Zahnformel: $\frac{2.0.3.3.}{1.0.2.3.}$. ***L. europaeus*** PALLAS (Feldhase), rezent; rechter Unterkieferast von außen (ca. 7 cm).

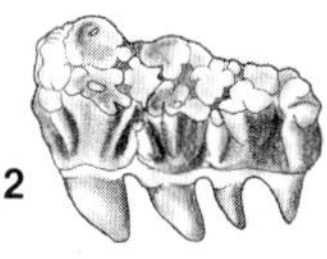

M 12

Ordnung Artiodactyla (Paarhufer) (Tertiär [Eozän] – rezent)

Dritter und vierter Gliedmaßenstrahl stark entwickelt; die anderen sind reduziert oder verkümmert. Molaren ursprünglich bunodont oder bunoselenodont, später selenodont.

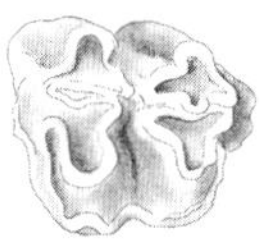

M 13

M 12 ***Sus.*** Tertiär (Ob. Miozän) – rezent. Schwein. Prämolaren (außer PM^4) mit schneidenden und seitlich abgeflachten Kronen. Molaren bunodont. Kauflächen stark differenziert durch tiefe und kompliziert gefaltete Radialfalten. Prämolaren und Molaren relativ niedrigkronig. Obere Caninen der männlichen Tiere nach oben und außen gedreht (Waffen), untere Caninen ebenfalls groß (Hauer; beim weiblichen Tier Haken). Zahnformel: $\frac{3.1.4.3.}{3.1.4.3.}$. ***S. scrofa*** LINNE (Wildschwein), Quartär – rezent; M^3 (ca. 4 cm); das Foto S. 399 zeigt einen Teil des linken Unterkieferastes mit PM 4, M 1 – M 3 (Zahnreihe ca. 7,7 cm).

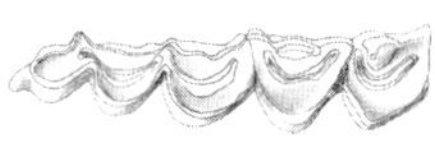

M 14

M 13 ***Hippopotamus.*** Tertiär (Pliozän) – rezent. Flußpferd. Inzisiven lang und wurzellos, zylinderförmig; Caninen groß. Der Schmelz der Inzisiven und Caninen zeigt Längsstreifung. Molaren bunoselenodont. Skelettbau primitiv, gedrungen, Zahnformel: $\frac{3\text{–}2.1.4.3.}{3\text{–}1.1.4.3.}$. ***H. amphibius*** LINNE, Quartär – rezent; Molar (ca. 7 cm).

M 14 ***Camelus.*** Quartär – rezent. Kamel. Molaren relativ hochkronig. Lücke zwischen PM^3 und PM^4 sowie zwischen PM 3 und Canin. Vorderzähne sehr kräftig. Zahnformel: $\frac{1.1.3.3.}{3.1.3.3.}$. ***C. knoblochi*** POLJAKOV, Mittl. Quartär; M 2 und M 3 des Oberkiefers (ca. 11,5 cm).

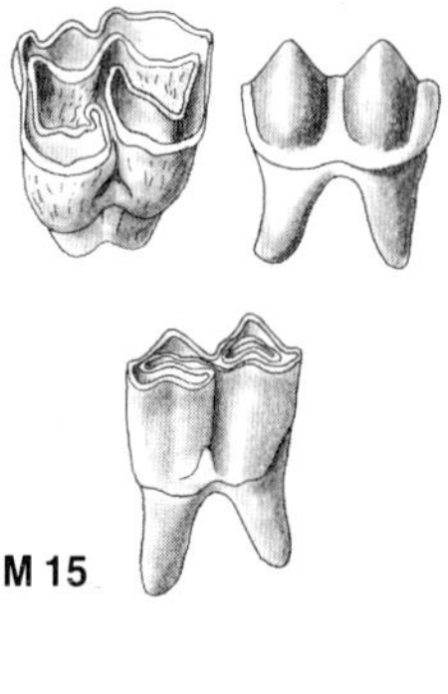

M 15

M 15 ***Cervus.*** Tertiär (Pliozän) – rezent. Hirsch. Molaren relativ niedrigkronig. Zahnformel: $\frac{0.1.3.3.}{3.1.3.3.}$. Kennzeichnend für die Artzugehörigkeit kann auch das Geweih sein. ***C. elaphus*** LINNE (Rothirsch), Quartär – rezent; Molar des Oberkiefers (links und unten; Kaufläche ca. 2,4 x 2 cm); M_2 des Unterkiefers von innen (rechts; ca. 3,2 cm). Das Foto S. 399 zeigt den linken Unterkieferast eines rezenten Tieres mit PM 2 – PM 4, M 1 – M 3 (Länge der Zahnreihe ca. 11,6 cm). Skelett s. S. 391.
(Bekannte Gattungen sind auch ***Megaceros*** (Riesenhirsch), vor allem in wohlerhaltenen Exemplaren aus irischen Torfmooren

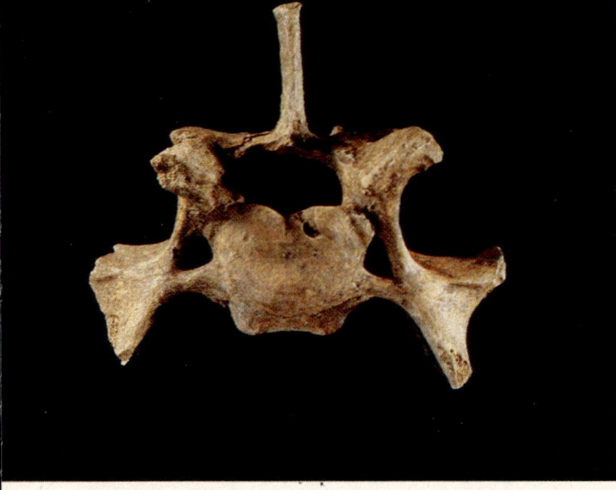

M 8 *Ursus spelaeus* (Höhlenbär), Quartär (Pleistozän); Zoolithenhöhle bei Forchheim/Bayern. Ca. 14 cm; Rückenwirbel.

M 12 *Sus scrofa* (Wildschwein), Quartär (Pleistozän); Weserablagerungen an der Porta Westfalica. Teil des linken Unterkieferastes mit PM 4, M 1 – M 3. Länge der Zahnreihe ca. 7,7 cm.

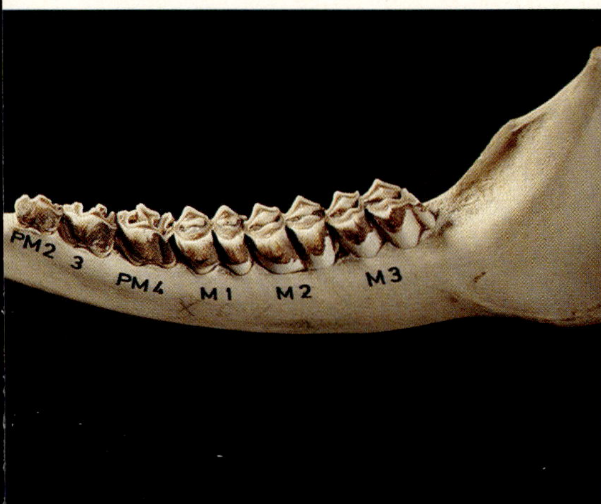

M 15 *Cervus elaphus* (Rothirsch), linker Kieferast eines rezenten Tieres mit PM 2 – PM 4, M 1 – M 3. Länge der Zahnreihe ca. 11,5 cm.

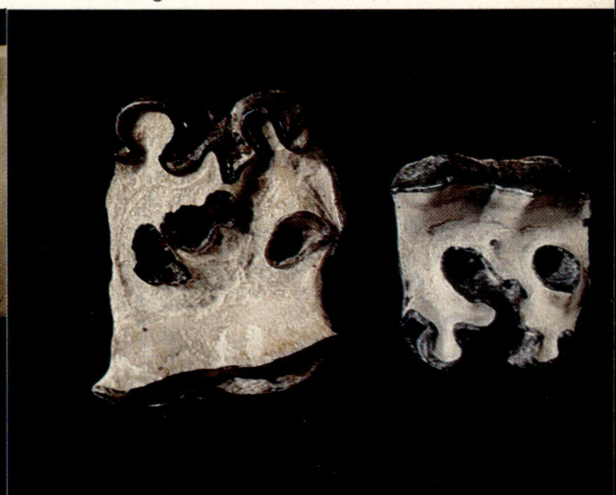

M 22 *Teleoceras sp.*, Tertiär (Pliozän); Florida/USA. Ca. 6 cm. Molaren.

M 26 *Hipparion sp.*, Tertiär (Miozän); Florida/USA. Molaren, links des Oberkiefers, ca. 3 cm; rechts des Unterkiefers.

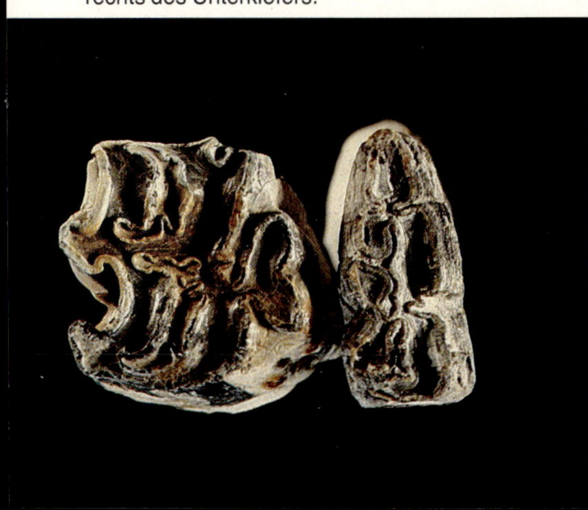

M 30 *Mastodon americanus*, Quartär; Vero, Florida/USA. Ca. 10 cm.

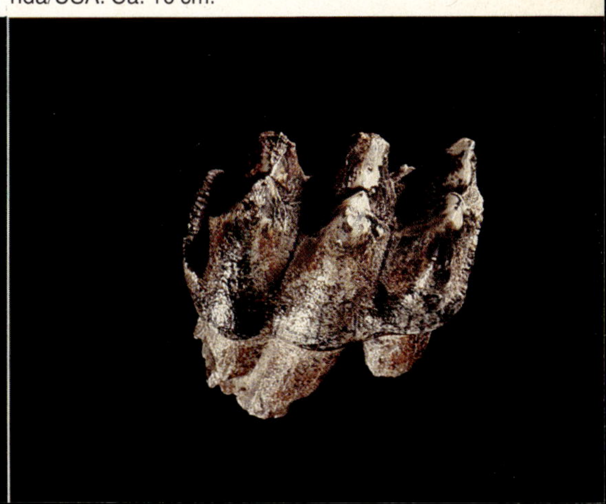

Sp 1 *Asteriacites lumbricalis,* Unt. Jura (Hettang; Lias alpha 2); Frankenhofen bei Wassertrüdingen/Bayern. Ruhespuren von Schlangensternen; abgebildet ist die Hangendplatte, also das Negativ. Spannweite der großen Spur rechts unten ca. 5 cm.

Sp 6 *Teredo sp.,* Tertiär (Ob. Miozän; Gram-Stufe); Gram östlich Ribe/Dänemark. Bohrgänge einer fossilen Form des Schiffsbohrwurmes (*Teredo navalis*) in fossilem Holz. Ca. 9,5 cm.

Sp 7 *Balanophyllia sp.* mit Fraßgang, Tertiär (Unt. Oligozän); Weinheim bei Alzey, Mainzer Becken/Rheinland-Pfalz. Ca. 3,5 cm.

Sp 9 *Subula plicaria,* Tertiär (Miozän; Burdigal); Saucats bei Bordeaux/Frankreich. Schneckengehäuse mit Bohrlöchern (eines unvollendet); Bohrlochdurchmesser ca. 4 mm.

Sp 10 *Nereites thuringiacus,* Unt. Devon (Ob. Ems; *Nereites*-Quarzit); Schaderthal bei Probstzella, Thüringen/DDR. Maximale Spurbreite ca. 8 mm. Weidespur (geführte Mäanderspur). Sammlung SCHEUENPFLUG.

Sp 20 Schreitspur eines kleinen Sauriers, Unt. Perm (Autun); Lodève, Herault/Südfrankreich. Vom ersten zum letzten Abdruck ca. 13,5 cm. Sammlung SEEH.

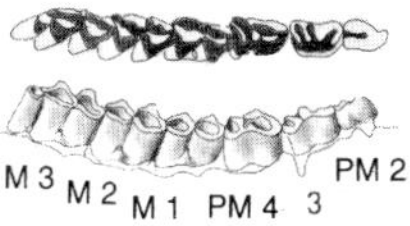

M 16

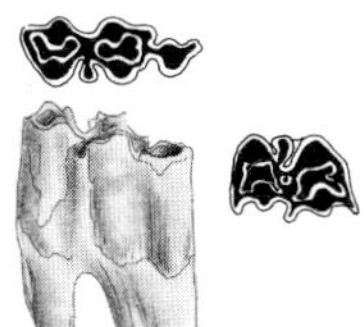

M 17

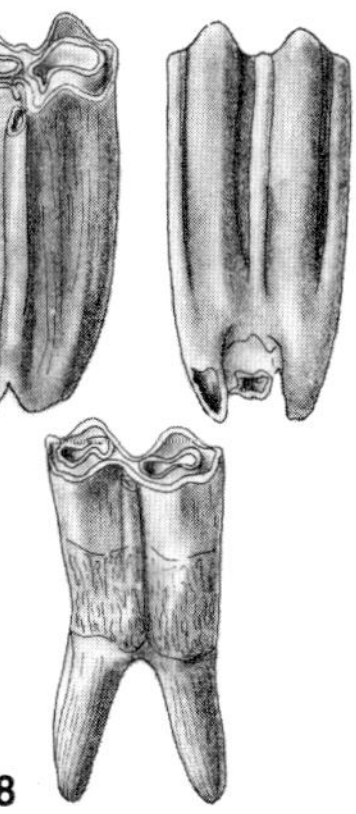

M 18

bekannt, mit Geweihspannweiten bis um 3,50 m, oder ***Orthogonoceros*** aus dem älteren Quartär.)

M 16 ***Capreolus.*** Quartär – rezent. Reh. Zahnformel: $\frac{0.1.3.3.}{3.1.3.3.}$ Gehörn klein und meist einfach (maximal dreisprossig). Die oberen Caninen können fehlen. ***C. capreolus*** LINNE, Quartär – rezent; Zahnreihe des Unterkiefers: PM 2 – PM 4, M 1 – M 3 (ca. 7,5 cm).

M 17 ***Bos.*** Quartär – rezent. Rind. Stirn flach oder konkav; Stirnzapfenquerschnitt rundlich. Obere Molaren mit kleinen Halbmonden im Zentralteil. Zahnformel: $\frac{0.0.3.3.}{3.1.3.3.}$. ***B. primigenius*** BOJANUS (Ur, Auerochs), Quartär (– 1627); M 3 des Unterkiefers (links; ca. 8 cm); Molar des Oberkiefers (rechts; ca. 3,5 cm). Ab Jungquartär weit verbreitete Art.

M 18, 19 ***Bison.*** Quartär – rezent. Stirn kurz, flach und sehr breit. Stirnzapfen kräftig längsgestreift. Molaren hochkronig; in Zement eingebettete, seitliche Längsrippen. Zahnformel: $\frac{0.0.3.3.}{3.1.3.3.}$.
B. priscus BOJANUS (**M 18**), Quartär; Molar des Oberkiefers (oben links von außen, daneben von innen; ca. 5,3 cm); Molar des Unterkiefers (unten von außen; ca. 5,5 cm). ***B. bonasus*** LINNE (Wisent) (**M 19**), Altholozän; Molaren des linken Unterkiefers, M 1 – M 3 (ca. 12 cm); fünfter Halswirbel von vorn (ca. 13 cm). – Überreste von Bison sind mitunter sehr häufig.

M 20 ***Gazella.*** Tertiär (Pliozän) – rezent. Schädel schmal, Hornzapfen steil nach oben bzw. hinten gerichtet. Gliedmaßen lang und dünn. Molaren hochkronig. ***G. dorcadoides*** SCHLOSSER, Pliozän; Zahnreihe des linken Oberkiefers, PM 4, M 1 – M 3 (ca. 3,8 cm).

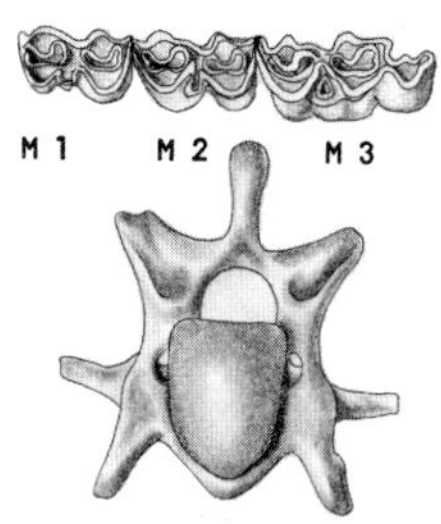

M 19

M 20

Ordnung Cetacea (Wale) (Tertiär – rezent)

Nackthäutige, sekundär dem Wasserleben angepaßte Tiere mit meist torpedoförmigem Körper. Fossilien selten.

M 21 ***Schizodelphis.*** Tertiär (Miozän – Pliozän). Insgesamt ca. 200 kleine, schief eingesetzte Zähne, wobei die vorderen relativ lang, spitz und seitlich abgeflacht, die hinteren niedrigkronig sind. ***S. canaliculatus*** (MEYER), Unt. Miozän (Burdigal); Länge des größeren Exemplars ca. 2,4 cm.

Ordnung Perissodactyla (Unpaarhufer)

(Tertiär [Eozän] – rezent)

Der dritte Gliedmaßenstrahl wird in Anpassung an eine schnelle Fortbewegungsweise verstärkt, die anderen reduziert. Dies führt

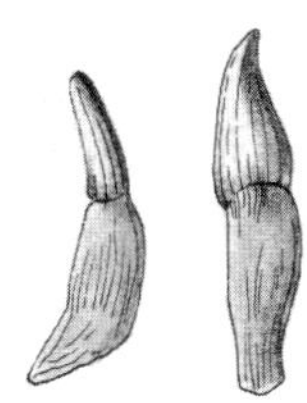

M 21

schließlich zu einem einstrahligen Stadium wie bei den höheren Pferden. Molaren der primitiven Vertreter bunodont bzw. bunolophodont, niedrigkronig. Die Molaren innerhalb der Pferdereihe wurden mehr und mehr hochkronig und lophodont, bedingt durch Anpassung an harte Grasnahrung (starker Verschleiß).

M 22 s. Foto S. 399

M 22 ***Teleoceras.*** Tertiär (Miozän – Pliozän). Praemolaren mehr oder weniger reduziert. Molaren kräftig, mäßig hochkronig. Skelettbau gedrungen, niedrig. ***T. sp.,*** Pliozän; größeres Exemplar ca. 6 cm (Molaren).

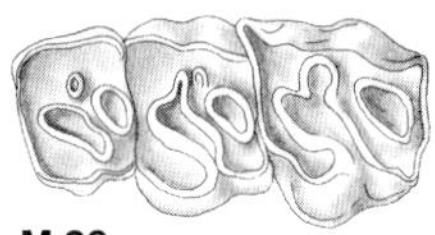

M 23

M 23 ***Coelodonta.*** Quartär. Wollnashorn. Auf Nase und Stirn je ein Horn. Vordergebiß ganz reduziert. Molaren mäßig hochkronig, mit dicker Zementschicht, im Gegensatz zu ***Dicerorhinus*** (Waldnashorn). Zahnformel: $\frac{0.0.4.3.}{0.0.3.3.}$. ***C. antiquitatis*** (BLUMENBACH), Quartär; Zähne des linken Oberkiefers, PM 4, M 1 – M 2 (ca. 11 cm). – ***C.*** ist neben zahlreichen Knochenfunden auch durch komplette Mumienfunde aus dem sibirischen Dauerfrostboden bekannt.

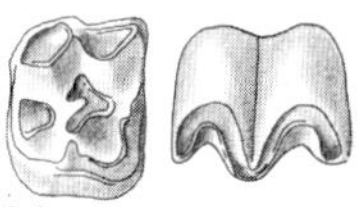

M 24

M 25

M 24, 25 ***Palaeotherium.*** Tertiär (Mittl. Eozän – Unt. Oligozän). Meist etwa Tapirgröße erreichende Tiere. Zahlreiche Arten. Abgesehen von PM^1 und PM_1 gleichen die Prämolaren den Molaren. Zahnformel: $\frac{3.1.\ \ 4.3.}{3.1.3–4.3.}$. ***P. medium*** CUVIER (**M 24**), Ob. Eozän; Molar des Oberkiefers (links), des Unterkiefers (ca. 2,5 cm). ***P. magnum*** CUVIER (**M 25**), Ob. Eozän; Zahnreihe des Oberkiefers PM 1 – PM 4, M 1 – M 3 (ca. 13,5 cm).

M 26 s. Foto S. 399

M 26 ***Hipparion.*** Tertiär (Ob. Miozän) – Unt. Quartär. Caninen immer vorhanden. PM^1 klein; PM^2 mit dreieckigem langgezogenem Querschnitt; die übrigen Backenzähne des Oberkiefers zeigen quadratischen Querschnitt. Molaren hochkronig und leicht gekrümmt, insgesamt niedriger als bei ***Equus***. Schmelzfaltung stärker differenziert als bei ***Equus. H. sp.,*** Miozän; Oberkieferzahn (links; Kaufläche ca. 3 cm), Unterkieferzahn.

M 27

M 27, 28 ***Equus.*** Quartär – rezent. Pferd. Unterkiefer nach hinten schnell höher werdend. Backenzähne sehr hochkronig, diejenigen des Oberkiefers mit mehr oder weniger quadratischem, die des Unterkiefers mit rechteckigem Querschnitt. Zahnformel: $\frac{3.(1).3.3.}{3.(1).3.3.}$. ***E. stenonis*** COCCHI (**M 27**), Ob. Pliozän – unterstes Quartär; Oberkieferzahn (ca. 2,5 cm). ***E. caballus*** LINNE (**M 28**), Quartär – rezent; Oberkieferzahn (links; ca. 7 cm); Unterkieferzahn (ca. 9 cm). – Zahlreiche Arten: Typisch für das Unt. Quartär ist ***E. mosbachensis*** (REICHENAU; jüngere Arten sind z. B. ***E. germanicus*** NEHRING, ***E. abeli*** ANTONIUS und ***E. przewalskii*** POLJAKOW. Die Bestimmung der einzelnen Arten erfolgt aufgrund der Schmelzfaltenausbildung und ist recht kompliziert; zudem sind die Übergänge fließend.

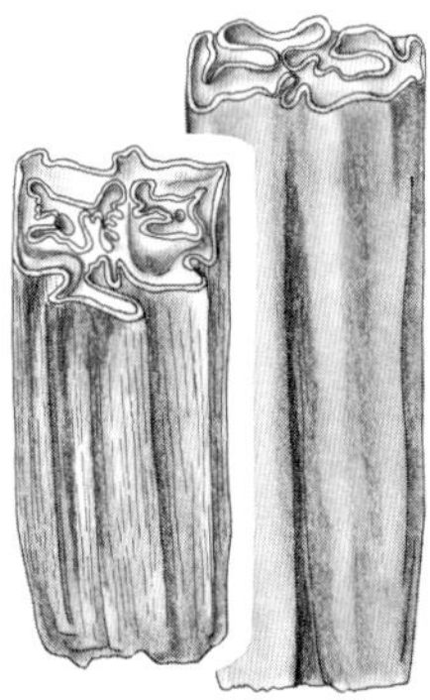

M 28

Oberordnung Subungulata
Ordnung Sirenia (Seekühe)

(Tertiär [Eozän] – rezent)

Nackthäutige Pflanzenfresser mit meist walzenförmigem Körper. Backenzähne lophodont bzw. bunodont.

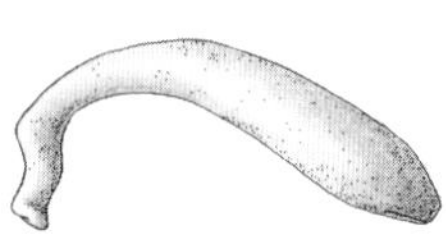

M 29

M 29 ***Halitherium.*** Tertiär (Oligozän – Unt. Miozän). Körper etwa 2,5 m lang. Je 3 Molaren im Ober- und Unterkiefer, mit angenähert quadratischem, jedenfalls rechteckigem Querschnitt. Oben und unten je 4 Prämolaren, einwurzelig und einspitzig. Im Oligozän des Mainzer Beckens werden vor allem Rippenbruchstücke von ***H. schinzi*** gefunden. ***H. schinzi*** KAUP, Oligozän; Rippe; ca. 24 cm.

Ordnung Proboscidea (Rüsseltiere)

(Tertiär [Ob. Eozän] – rezent)
Meist großwüchsige und hochbeinige Pflanzenfresser mit beweglichem Rüssel. Backenzähne bei den primitiven Formen bunolophodont, dann lophodont und schließlich polylophodont (mit zahlreichen querlaufenden Lamellen). Zahlreiche Funde; die Ordnung stellt wichtige Leitfossilien.

M 30 s. Foto S. 399

M 30 ***Mastodon.*** Quartär. Molaren brachyodont, mittelgroß, mit relativ niedrigen Kämmen. Abgekaute Zähne mit etwa rhombischen Kaufiguren. ***M. americanus*** CUVIER, Quartär; ca. 10 cm.

M 31 ***Anancus.*** Tertiär (Ob. Miozän) – Quartär. Molaren relativ breit, bei geringer Länge. Höckerreihen alternierend; bunodonter Zahntyp, relativ niedrigkronig. Kaufiguren einseitig in Kleeblattform. Obere Stoßzähne nach oben und außen gerichtet, gekrümmt, bis ca. 3 m lang. ***A. avernensis*** CROISET & JOBERT, Unt. Quartär (Villafranchien); ca. 18 cm. – Vom Ob. Miozän bis zum Quartär zeigt sich eine Entwicklungsreihe von ***Gomphotherium angustidens*** (CUVIER) über ***Tetralophodon longirostris*** KAUP (Unt. Pliozän) bis hin zu ***Anancus avernensis*** (Ob. Pliozän – Unt. Quartär).

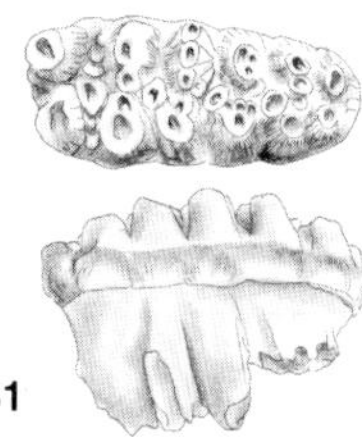

M 31

M 32 ***Archidiskodon.*** Quartär (Villafranchien). Unterordnung Elephantoidea, Familie Elephantidae, wozu auch alle nachfolgend aufgezählten Gattungen und z. B. die rezenten Elephanten gehören. Molaren relativ breit, niedrig, mit wenigen Lamellen, die verzerrt und im mittleren Bereich mit kleinen Zacken besetzt sein können. Die Stoßzähne können je nach Art bis über 5 m lang werden. ***A. meridionalis*** (NESTI); ca. 19 cm.

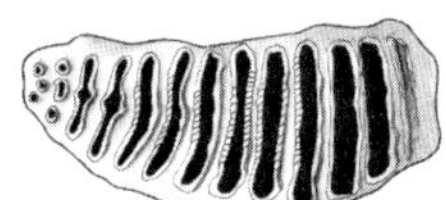

M 32

M 33, 34 ***Mammuthus.*** Quartär. Wahrscheinlich aus ***Archidiskodon*** hervorgegangen. Zahnformel: $\frac{1.0.0.3.}{0.0.0.3.}$. Die Molaren bzw. Milchmolaren schieben sich von hinten in die Kauposition, wobei der Md_1 etwa im vierten Lebensjahr ausfällt, der Md_2 im siebten, der Md_3 etwa im vierzehnten, der M_1 im sechsundzwanzigsten, der M_2 im dreiundvierzigsten; der M_3 schließlich muß bis zum Lebensende vorhalten. Der Zahnwechsel geschieht langsam und kontinuierlich, so daß mitunter 2 Zähne gleichzeitig in Gebrauch sein können. Mit Hilfe der Schmelzrandfiguren können die Arten unterschieden werden. Auch das Lebensalter des Tieres läßt sich anhand der Lamellenformel über den Molaren ermitteln. In Europa sind vor allem 2 Arten wichtig: ***M. trogontherii***, dessen Typusformen im Alt- und Mittelpleistozän auftreten (vorher finden sich Übergangsformen von ***Archidiskodon meridionalis*** zu ***M. trogontherii***, danach solche von ***M. trogontherii*** zu ***M. primigenius***. Diese Art war möglicherweise noch vor wenigen tausend Jahren vertreten. Im sibirischen Dauerfrostboden wurden etliche Mumien gefunden. Die Typusformen von ***M. primigenius*** treten vor allem im Jungquartär auf.

M 33

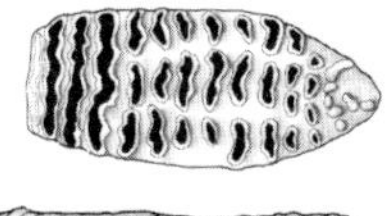

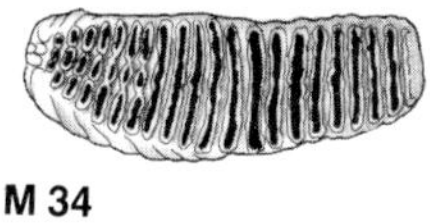

M 34

Die Molaren von ***M. trogontherii*** sind hoch und breit und zeigen dicke Lamellen mit sinusartig gefaltetem Schmelz, der Umriß variiert von oval und birnenförmig bis rechteckig. Maximale Lamellen-

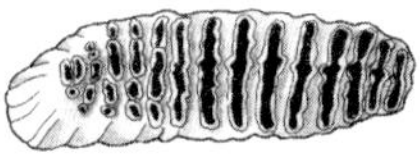

M 35

zahl 22 bei einer Zahnlänge von ca. 48 cm. Die Molaren von ***M. primigenius*** sind ebenfalls relativ hoch und breit; die Schmelzleisten sind jedoch nur schwach gefaltet. Kauflächenform meist oval, selten rechteckig. Lamellenzahl maximal 27. ***M. trogontherii*** POHLIG (**M 33**), Quartär; ca. 22,5 cm. ***M. primigenius*** (BLUMENBACH) (**M 34**), Jungquartär; ca. 25 cm.

M 35 ***Palaeoloxodon.*** Quartär (Pleistozän). Waldelefant. Molaren hoch, Kaufläche schmal, bandartig verlängert, im Umriß rechteckig. Schmelzleisten dick und stark gefaltet, oft mit einem etwa in Lamellenmitte stehenden Zacken nach außen. Lamellen weitständig. ***P. antiquus*** (FALCONER & CAUTLEY); ca. 23 cm.

Spurenfossilien

Hierzu werden alle Lebensspuren gezählt, Erscheinungen also, die von lebenden Organismen auf oder im Substrat verursacht wurden. Grundsätzlich davon zu unterscheiden sind durch rein physikalische Kräfte entstandene „Marken". Dazu gehört auch der Fall, daß Tierkadaver Schleifspuren im Sediment hinterließen oder Leergehäuse Abdrücke verursachten (Ammonitenaufsetzmarken, z. B. in den Solnhofener Schichten).

Die Lehre von den Spurenfossilien heißt nach SEILACHER Palichnologie, in Anlehnung an die früher gebrauchte Bezeichnung Ichnologie, welche alle Lebensspuren, ob rezent oder fossil, erfaßte. Die rezenten Erscheinungen werden heute in der Neoichnologie zusammengefaßt. Spurenfossilien wurden früher kaum beachtet, weil sie sich nur sehr schwer oder gar nicht taxonomisch zuordnen lassen – die Erzeuger sind nur ausnahmsweise zu ermitteln. Erst später erkannte man ihre teilweise große Bedeutung vor allem für die Fazieskunde: Spuren können im Gegensatz zu Körperfossilien nicht umgelagert werden.

Lebensspuren sind in zahlreichen Sedimenten vertreten, teils sehr häufig, teils sogar als einzige fossile Zeugnisse.

In derartigen Fällen kann sowohl die Gesamtspurenfauna als auch ein isoliertes Spurenfossil ersatzweise zur stratigraphischen Einstufung herangezogen werden. Der lokale stratigraphische Wert ist hier besonders hervorzuheben. Bekannt sind z. B. Fukoidenbänke oder Zoophycos-Schichten als Leithorizonte in gewissen europäischen Juraablagerungen.

Die Entstehung der Spurenfossilien ist zurückzuführen auf Ruhen, Wohnen, Ortsveränderung, Nahrungssuche, Ausscheidung der Stoffwechselprodukte. Es wurden nun verschiedene Versuche gemacht, alle derartigen Spuren sinnvoll zusammenzufassen und zu deuten.

Taxonomische Deutung

Hier wird versucht, die Spur auf den Erzeuger zurückzuführen. Dies ist in vielen Fällen unmöglich. Als weitere Schwierigkeit ist zu beachten, daß verschiedene Tiergruppen sehr ähnliche Spuren hinterlassen können. Fälle, in denen am Ende der Spur der Erzeuger gefunden wurde, wie z. B. beim Pfeilschwanzkrebs *Mesolimulus walchi* (DESMAREST) aus den Solnhofener Schichten, sind sehr selten.

Stratonomische Gliederung

(Biostratonomie = Lehre von Einregelung und Lage der Fossilien im Gestein). Hier werden nach der Lage der Spurenfossilien zu einem „Hauptabformungsmedium" (meist eine Hart- zwischen 2 Weichschichten) 4 Typen unterschieden: Epichnia, Oberseitenspuren; Hypichnia, Unterseitenspuren; Endichnia, Spuren innerhalb des Hauptabformungsmediums; und Exichnia, Spuren außerhalb des Hauptabformungsmediums. Die letzten beiden Typen können in Wühlformen übergehen, wobei die Verformung des ursprünglichen Gefüges durch Organismentätigkeit auch als Bioturbation bezeichnet wird.

Ökologische Deutung

Hier werden die Spuren als biologische Funktionsabläufe gedeutet, was die sinnvollste der 3 Methoden darstellt und die wenigsten Fragen offenläßt. Die wichtigsten hierbei unterschiedenen Bereiche sollen kurz besprochen werden.

Ruhespuren

Cubichnia entstehen in der Regel nicht durch bloßes Liegen auf dem Sediment, sondern durch flaches Einwühlen. Biostratonomisch handelt es sich um Epichnia, Eintiefungen der Schichtoberseiten bzw. erhabene Negative (Aufragungen) der Unterseite der darüberliegenden Schicht. Horizontal-Repetitionen (Wiederholungen) treten auf. Erzeuger der Ruhespuren sind Mollusken, Arthropoden, Seesterne, Fische und andere Tiere. Das bekannteste Beispiel sind die sternförmigen Ruhespuren von See- und Schlangensternen (*Asteriacites*).

Wohnbauten

Domichnia sind durch Schächte oder U-förmige Tunnelbauten vertreten, wobei die Gänge meist senkrecht zur ehemaligen Sedimentoberfläche stehen und deshalb als Hilfsmittel bei der Schichtein-

Gliederung der Spurenfossilien. (Abgeändert nach SEILACHER.)

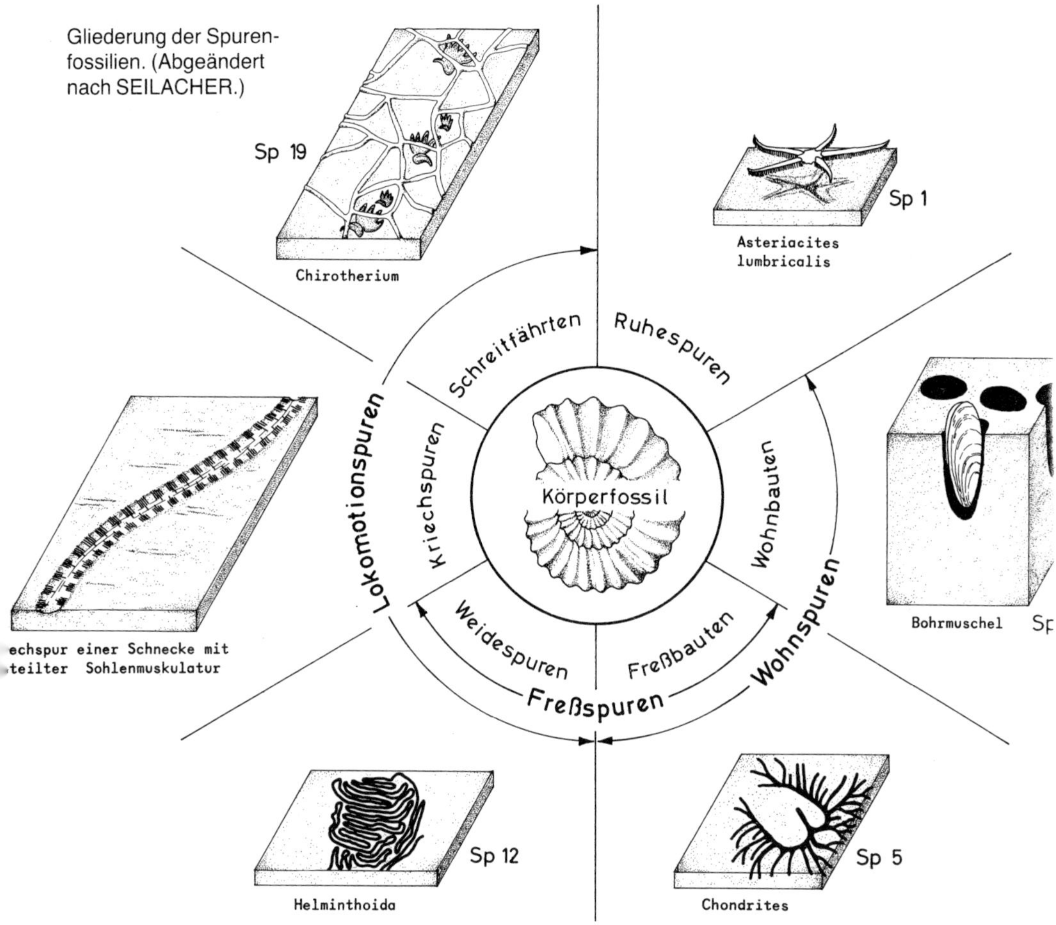

ordnung dienen können. Wegen der nötigen Wasserzirkulation sind die Wohnröhren in ehemals durchlässigen Sedimenten meist einröhrig, in relativ undurchlässigen aber doppelröhrig. Biostratonomisch gesehen gehören die Wohnbauten zu den Endichnia und Exichnia. Zu den Erzeugern zählen Würmer, Mollusken, Arthropoden und auch Brachiopoden (*Lingula*). Sofern Hartsubstratspuren (siehe unten), wie z. B. Bohrlöcher der Muschel *Pholas,* als ständige Wohnbauten gedeutet werden können, werden sie ebenfalls hierher gestellt. Beispiele für Wohnbauten sind z. B. *Bergaueria, Skolithos* und *Arenicolites*.
Bohrspuren in Schalen, Skeletten, Hölzern und harten Gesteinen können hierher gestellt werden, sofern nicht eine eigene Gruppe (Insolidichnia oder Hartsubstratspuren) gebildet wird. Zu diesen „Bergwerksbauten" gehören sehr feine bis große Spuren, verursacht durch Schwämme und Bryozoen, Würmer, Gastropoden und Muscheln, Seeigel, Cirripedier usw.

Freßbauten

bestehen aus komplizierter angelegten Systemen. Sie sind stark verzweigt und meist zentralisiert angelegt oder mit Versatz-Strukturen (Spreiten) versehen. Biostratonomisch betrachten wir Freßbauten als Endichnia und Exichnia.
Beispiele für die oben erwähnten komplizierten Bergwerksbauten sind z. B. *Fucoides, Chondrites* (Sp 5) und *Rhizocorallium* (Sp 4). Ein weiterer, zwar nicht zu den Freßbauten, jedenfalls aber zu den Freßspuren gehörender Bereich umfaßt die Mordichnia, welche durch Befraß von Hartteilen entstehen. Zu beobachten sind solche Beiß- oder Nagespuren z. B. an Molluskenschalen oder an Seeigelgehäusen, verursacht wohl durch Krebse oder auch durophage Fische. Bekannt sind auch angenagte Wirbeltierknochen pleistozänen Alters (vor allem belegt durch Höhlenfunde).

Weidespuren

Spiral-, Mäander- und Netzspuren werden als Weidespuren zusammengefaßt. Bei diesem Spurentyp ist das Bestreben erkennbar, die Sedimentoberfläche möglichst gleichmäßig zu erfassen. Wir unterscheiden die freie Mäanderspur (z. B. *Cosmorhaphe*, Sp 11), die geführte Mäanderspur (z. B. *Helminthoida*, Sp 12) und die ein- und ausführende Mäanderspur (z. B. *Spiroraphe*, Sp 13). Biostratonomisch gesehen gehören die Weidespuren zu den Epichnia und Hypichnia. In Flachwasserablagerungen sind vor allem Schnecken als Erzeuger anzunehmen, während jene des tieferen Wassers von Würmern und Arthropoden hervorgerufen worden sein dürften.

Kriechspuren

Repichnia bestehen aus meist geraden oder auch wenig gebogenen band- oder punktförmigen Linien, wobei die Bänder gerieft, geperlt oder gezopft sein können. Kriechspuren gehören zu den Epichnia und Hypichnia. Als Erzeuger kommen Würmer, Mollusken (Schnecken z. B.) und Arthropoden in Frage, jedenfalls Tiere des Benthos. Als Beispiele werden genannt *Cruziana* (geriefte Bandspur), *Neonereites* (ein- oder zweizeilige Perlspur) und *Gyrochorte* (Sp 15; „Zopfspur" oder „Zopfplatte").

Schreitfährten oder Trittspuren

Gradichnia werden nur in einigen bestimmten Schichten gefunden. Zu diesen Spuren zählen z. B. die Wirbeltierfährten. Gradichnia gehören zu den Epichnia bzw. als Ausgüsse und also Negative zu den Hypichnia. Bekannt sind vor allem Fährten von *Chirotherium* und die Dinosaurier- bzw. Reptilienspuren verschiedener mesozoischer Schichten (Sp 20).

Weitere Spuren

Eine in unserer Übersicht nicht gezeigte Gruppe wird von den Kotspuren, Faecichnia, gebildet. Hier werden alle als solche erkenntlichen Stoffwechselprodukte eingeordnet, also z. B. Fisch-Koprolithen (Sp 22), Kotpillen (Pellets, kleine kugel- bis spindelförmige Körper, auch angeheftet an Fossilien) usw. Ein bekanntes Beispiel sind die wurmähnlichen Lumbricariafossilien der Solnhofener Schichten (Ob. Jura; Unt. Untertithon).

Weiterhin werden unterschieden Schwimmspuren, Natichnia, und Flugspuren, Volichnia. Beide haben allerdings, bedingt durch äußerst seltenes Vorkommen, so gut wie keine Bedeutung. Bei der Beurteilung unserer Spurenfossilien müssen wir immer bedenken, daß zwischen den verschiedenen Gruppen keine scharfe Trennung möglich ist; die Abgrenzung kann Schwierigkeiten machen. Immerhin ermöglicht die ökologische Gliederung vor allem eine scharfe Abgrenzung gegenüber den Marken. – Die ältesten Spuren stammen aus dem Präkambrium.
Im folgenden werden einige typische Spurenfossilien genannt, deren Kenntnis die Einordnung anderer mehr oder weniger ähnlicher Funde in das ökologische Schema ermöglichen sollte.

Spurenfossilien

Ruhespuren (Cubichnia)

Sp 1 s. Foto S. 400
Sp 1 u. **2** s. S. 405

Sp 1 ***Asteriacites.*** Silur – rezent. Vor allem auf Schichtunterseiten von Sandsteinen als erhabenes Negativ (Ausguß). Es handelt sich um Ruhespuren von See- oder Schlangensternen. Die abgebildete Art ***A. lumbricalis*** kann vielleicht auf ***Palaeocoma escheri*** zurückgeführt werden (s. Op 5). ***A. lumbricalis*** (SCHLOTHEIM), Unt. Jura (Hettang); Spannweite der großen Ruhespur rechts unten ca. 5 cm.

Wohnbauten (Domichnia)

Sp 2 **Muschelbohrgänge.** Perm – rezent. Vor allem von Tieren der Ordnung Myoida (Unterordnung Pholadina) und der Ordnung Mytiloida (Familie Mytilidae) angelegte Wohnbauten, mit Durchmessern zwischen wenigen Millimetern und maximal etwa 2 cm. Die Bauten werden sowohl in Hartgesteinen, z. B. in Kliffbereichen, wie auch z. B. in Korallenstöcken usw. gefunden, z. B. in Riffkalken des Ob. Oberjura, von Fundstellen bei Nattheim/Heidenheim in Württemberg. Die Abb. auf S. 405 zeigt Wohnbauten der Gattung ***Lithophaga*** (Tertiär [Miozän] – rezent).

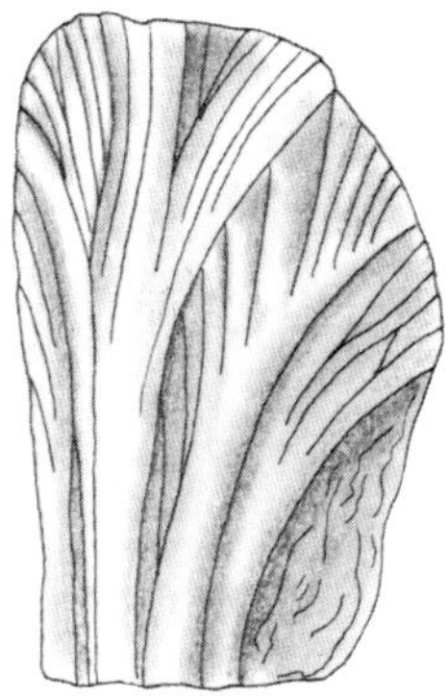

Sp 3

Freßbauten (Fodinichnia)

Sp 3 ***Phycodes.*** Kambrium – Jura. Freßbauten, besenartig aufspaltend, mit zahlreichen nacheinander angelegten und wieder verfüllten schwach U-förmigen Gängen, im „Stiel" parallel laufend. Erzeuger waren möglicherweise Ringelwürmer. ***P. circinnatum*** R. RICHTER, Ordovizium (Ob. Tremadoc; Phycodenschichten); ca. 4,5 cm.

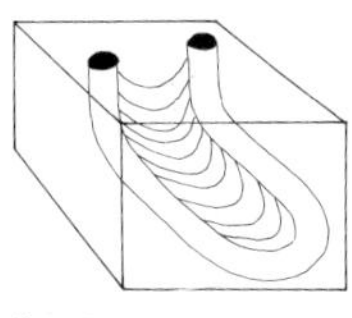

Sp 4

Sp 4 ***Rhizocorallium.*** Karbon – Tertiär. Bauten planktonfischender Tiere, wahrscheinlich von Krebsen. U-förmige Röhre mit dazwischenliegenden Wänden bzw. Spreiten. Die Abb. zeigt das Bauschema. Aus dem Unt. Muschelkalk sei genannt ***R. jenense*** ZENKER.

Sp 5

Sp 5 ***Chondrites.*** Kambrium – Tertiär. Pflanzenähnlich verzweigte Freßbauten. Als Erzeuger kommt wohl ein Wurm in Frage. ***C. bollensis*** (ZIETEN), Unt. Jura (Unt. Toarc; Lias epsilon); ca. 6 cm. Aus dem Flysch der Ob. Kreide sei genannt ***C. intricatus*** STERNBERG (ohne Abb.).

Sp 6 s. Foto S. 400

Sp 6 ***Teredo.*** Tertiär (Eozän) – rezent. Die Bezeichnung ***Teredo*** entspricht in diesem Fall dem Erzeuger, nämlich der Muschel Teredo, zugehörig zur Unterordnung Pholadina. Die Tiere leben in Holz und verdauen das Bohrmehl. Bekannt ist der rezente Schiffsbohrwurm (***Teredo navalis*** LINNE), der die Freßgänge mit einer dünnen Kalktapete umkleidet. Die sehr dünne Schale wird sehr

Sp 7 s. Foto S. 400

Sp 9 s. Foto S. 400

Sp 8

Sp 10 s. Foto S. 400

Sp 11

selten gefunden. Dagegen treten die Freßspuren in fossilen Hölzern hin und wieder auf. ***T. sp.,*** Tertiär (Ob. Miozän; Gram-Stufe); ca. 9,5 cm.

Insolidichnia (Hartsubstratspuren)

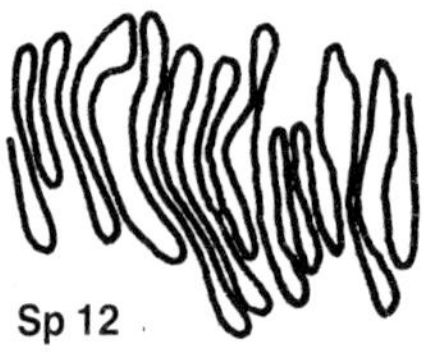

Sp 12

Sp 7 **Bohrspuren** an einer Koralle. Solche Bohrgänge treten in Gesteinen und Körperfossilien verschiedener Systeme auf, wobei als Erzeuger wohl ein Wurm angenommen werden kann. ***Balanophyllia sp.*** mit Bohrgang, Tertiär (Mittl. Oligozän); ca. 3,5 cm.

Sp 8 ***Nygmites.*** Trias – rezent. Feine Bohrgänge, vorzugsweise in meist dickschaligen Muscheln, mit kleinen, runden Mündungen. Die Erzeuger sind unbekannt. Inwieweit Bohrschwämme in Frage kommen, ist ungeklärt. Abb. ohne Maßstab.

Sp 9 **Bohrlöcher** räuberischer Schnecken. Derartige Spuren von Nahrungsspezialisten unter den Gastropoden (***Natica*** usw.; s. Oberfamilie Naticacea) treten etwa seit der Trias auf. Vor allem an tertiären Schnecken- und Muschelfossilien lassen sich die kreisrunden Löcher beobachten; Durchmesser meist um 2 bis 4 mm. ***Subula plicaria*** (BASTEROT) (G 138), ein Exemplar mit fertig geätztem, das andere mit unvollendetem Bohrloch. Tertiär (Miozän; Burdigal); Durchmesser des fertigen Loches ca. 4 mm.

Sp 13

Weidespuren (Pascichnia)

Sp 10 ***Nereites.*** Devon. Geführte Mäanderspur. Erzeuger unbekannt; angenommen wird eine Wurmart. ***N. thuringiacus***, Devon (Ob. Ems; Nereitenquarzit); maximale Spurbreite ca. 8 mm.

Sp 11 ***Cosmoraphe.*** Kreide – Tertiär. Vor allem bekannt aus Flyschgesteinen. Typ der freien Mäanderspur. Abb. schematisiert, ohne Maßstab.

Sp 12 ***Helminthoida.*** Kreide – Tertiär. Geführte Mäanderspur aus Flyschgesteinen. Obwohl die Spuren der Schichtfläche folgen, sind sie im Inneren des Sediments entstanden. Da die Hohlräume gleich wieder versetzt wurden, fehlen Verbindungsgänge. Abb. schematisiert, ohne Maßstab. Aus dem Eozän stammt ***H. labyrinthica*** HEER (ohne Abb.).

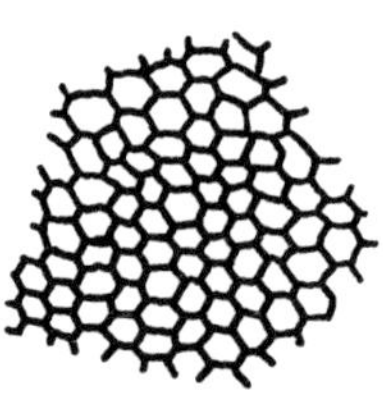

Sp 14

Sp 13 ***Spiroraphe.*** Kreide – Tertiär. Vor allem bekannt von Bankunterseiten in Flyschgesteinen. Typ der ein- und ausführenden Mäanderspur, also einer geführten Spirale. Die Weidespur wurde von außen her angelegt. Abb. schematisiert, ohne Maßstab.

Sp 14 ***Paleodictyon.*** Ordovizium – Tertiär. Vor allem bekannt aus

Flyschgesteinen. Waben- oder netzartige Lebensspur, in fortgeschrittenem Stadium ein regelmäßiges hexagonales Maschenwerk bildend. Abb. schematisiert, ohne Maßstab.

Kriechspuren (Repichnia)

Sp 15

Sp 15 ***Gyrochorte.*** Paläozoikum – rezent. Sogenannte Zopfspuren, erhalten auf Zopfplatten, flachmeerischen Sandsteinen, wobei im Vergleich zu Oberflächenspuren das Relief umgekehrt ist. Erzeuger möglicherweise Würmer. Die abgebildeten Spuren stammen aus dem Mittl. Jura (Ob. Aalen; Dogger beta); ca. 3,5 cm.

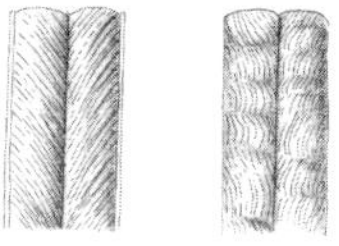

Sp 16 Sp 17

Sp 16, 17 ***Cruziana.*** Paläozoikum – rezent. Meist bilobate geriefte Bandspuren, wohl von Trilobiten erzeugt. ***Cruziana*** kommt in verschiedenen Abwandlungen auch als Wohnbau, Freßspur, Ruhespur und Weidespur vor. ***Cruziana*** aus dem Kambrium sind z. B. ***C. semiplicata*** (SALTER), aus dem Ordovizium ***C. goldfussi*** (ROUAULT) und ***C. rugosa*** (ROUAULT). ***C. semiplicata*** ohne Abb., die anderen beiden ohne Maßstab; schematisiert. ***C. goldfussi*** (**Sp 16**), ***C. rugosa*** (**Sp 17**).

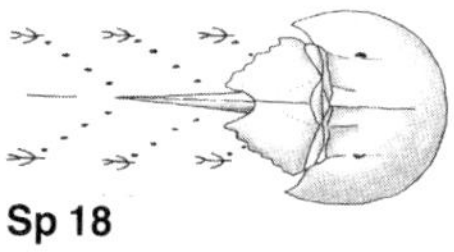

Sp 18

Sp 18 ***Kouphichnium.*** Ob. Oberjura. Damit werden Kriechspuren des Pfeilschwanzkrebses ***Mesolimulus walchi*** (DESMAREST) bezeichnet. Frühere Deutungen nahmen als Spurenerzeuger Flugsaurier, Urvögel oder einen kleinen bipeden Saurier an. Abb. schematisiert, stark verkleinert (Solnhofener Schichten).

Schreitfährten (Gradichnia)

Sp 19 s. S. 405
Sp 20 s. Foto S. 400

Sp 19 ***Chirotherium.*** Trias. Fährte eines mäßig großen Reptils (wahrscheinlich ***Stagonolepis***), die in Ablagerungen des Buntsandsteins und in ähnlichen Sandsteinen der nordamerikanischen Trias gefunden wird. Es wurden mehrere Arten beschrieben, deren Eigenständigkeit mitunter fraglich ist. Abb. auf Sp Ü 1, schematisiert, stark verkleinert.

Sp 20 **Reptilspur.** Perm – Kreide. Schreitfährten kleiner bis großer Reptilien, als Epichnia erhalten. Das Foto zeigt die Fährte eines kleinen Sauriers des Perm (Autun); vorderer und hinterer Abdruck liegen 13,5 cm auseinander.

Kotspuren (Faecichnia)

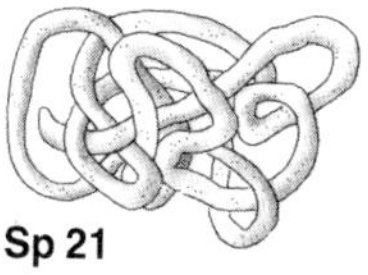

Sp 21

Sp 21 ***Lumbricaria.*** Ob. Oberjura. In den Solnhofener Schichten finden sich derartige, wahrscheinlich als Fischkoprolithen zu deutende Fossilien recht häufig. Sie bestehen vorwiegend aus Resten der Seelilie ***Saccocoma.*** Größe und Ausbildung sind variabel. Maximalmaß des abgebildeten Exemplars ca. 5 cm.

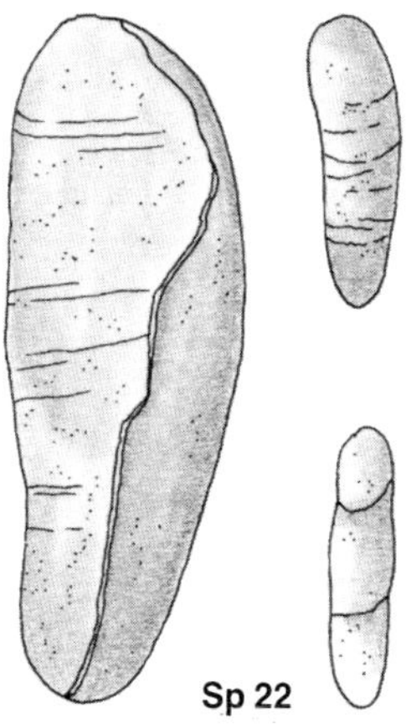

Sp 22

Sp 22 **Koprolithen.** Paläozoikum – rezent. Fossile Kotballen usw. In marinen Ablagerungen finden sich mitunter Fischkoprolithen, die den Selachiern zugeschrieben werden. Erkennbar sind sie an ihrer Spiralfaltung, produziert durch den Spiraldarm der Haie. Die Abb. zeigt 3 Selachierkoprolithen, ohne Maßstab. Es existieren jedoch auch festländische Koprolithen. Bekannt sind z. B. solche vom Murmeltier (Pleistozän).

Stratigraphische Tabellen

ÜBERSICHT

Äratheme	Systeme	Million. Jahre Dauer	von bis	max. Mächtigkeit
	QUARTÄR	1,8	0,01	2000 m
			1,8	
KÄNOZOIKUM	TERTIÄR	63,2		30 000 m
			65	
MESOZOIKUM	KREIDE	75		17 000 m
			140	
	JURA	55		15 000 m
			195	
	TRIAS	30		10 000 m
			225	
PALÄOZOIKUM	PERM	60		6 000 m
			285	
	KARBON	65		19 000 m
			350	
	DEVON	55		13 000 m
			405	
	SILUR	35		11 000 m
			440	
	ORDOVIZIUM	60		13 000 m
			500	
	KAMBRIUM	70		13 000 m
			570	
PROTEROZOIKUM	(unmaßstäblich)			
AZOIKUM	Bildung der festen Erdrinde vor ca. 4500 Millionen Jahren			

Lebensdauer einiger Gruppen

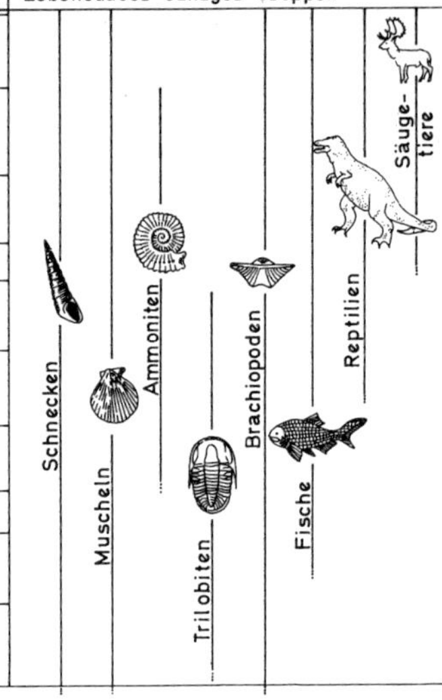

KAMBRIUM

ORDOVIZIUM

Serie	Trilobiten-Zonen und	-Stufen	Oslo-Graben	Böhmen	Bornholm/Schonen	Montagne Noire
Ob.	Acerocare 500 Mill.J.		Oberkambrische Alaun-Schiefer mit Stinkkalken ("Orsten")		Obere Alaun-Schiefer	"Übergangs-Schichten"
	Peltura					
	Leptoplastus					
	Parabolina spinulosa					
	Homagnostus obesus	Olenus				
	Agnostus pisiformis					
M.KAMBRIUM	Lejopyge laevigata	Paradoxides forchhammeri	forchhammeri-Schiefer			Bailiella Solenopleuropsis
	Jincella brachymetopa			Böhmen: Schiefer von Jince und Skryje	Andrarum-Kalk	
	Goniagnostus nathorsti					
	Ptychagnostus punctuosus	Paradoxides paradoxissimus	paradoxissimus-Schiefer		Untere Alaun-Schiefer	"Paradoxides-Schiefer" Paradoxides rouvillei/ Pardailhania
	Hypagnostus parvifrons					
	Tomagnostus fissus					
	Triplagnostus gibbus				exsulans-Kalk	
	Paradoxides pinus	Paradoxides oelandicus	Phosphorit-Konglomerat		Alaun-Schiefer	
	Paradoxides insularis					
Unt.	Strenueva linnarsoni	Protoleniden-/ Strenuelliden-Stufe	Evjevik-Kalk		?	Kalke und Dolomite mit Archaeocyathen
	Holmia kjerulfi	Olenelliden-Stufe	kjerulfi-Schiefer		"Grauwacken-Sch."	
	Schmidtiellus mickwitzi/ Volborthella		Brastad-Schiefer mit Volborthella		Rispebjerg-Sandstein Norretorp-Sdst.	Pardailhan-Schichten Marcory-Sch. Arkosen/Quarz./ Sandsteine
	Mobergella holsti		Brastad-Sandstein		Hardeberga-Quarz.	
	Platysolenites		Brennsaeter-Kalk Ringsacker-Quarzit		Brantevik Vik-Lunkaberg	

570 Mill.J.

PRÄKAMBRIUM

ca. 4500 Mill.J. - Bildg. d. Erdrinde

PROTEROZOIKUM
AZOIKUM

a.e. richter 1980

DEVON

SILUR

Serie	Stufen	Graptolithen-Zonen	England	Gotland	Schonen
Ob. SILUR	4o5 Mill.J. PRIDOLI	Monograptus transgrediens	Downtonian	Beyrichien-Kalk	Schonen:
		Monograptus ultimus/ Monograptus formosus			Öved-Sandst.
	LUDLOW	Monograptus dubius thuring.	Whitcliffian	Sundre-Schichten Hamra-Schichten	(Siltsteine)
		Monogr. fritschi linearis		Burgsvik-Schichten	Bjärsjölagard-Kalke und Mergel
		Monograptus leintwardinensis	Leintwardinian	Eke-Schichten	
		Monograptus tumescens/ Monograptus incipiens Monograptus chimaera Monograptus scanicus	Bringewoodian	Hemse-Schichten	
		Pristiograptus nilssoni/ Monograptus colonus	Eltonian		colonus-Schiefer
Mittl. SILUR		Pristiograptus ludensis Monograptus deubeli	Homerian	Klinteberg-Riff	
	WENLOCK	Monograptus dubius Retiolites nassa			
		Monograptus testis Cyrtograptus lundgreni Cyrtograptus radians		Halla-Schichten Mulde-Mergel	fleminigi-Schichten
		Cyrtograptus ellesae	Sheinwoodian		
		Cyrtograptus linnarssoni/ Monograptus flexilis		Slite-Mergel	
		Cyrtograptus rigidus (Monograptus dubius)			
		Monograptus riccartonensis		Högklint-Riff	
		Cyrtograptus murchinsoni			
		Cyrtograptus centrifugus		Visby-Mergel	Retiolites-Schichten
Unt. SILUR	LLANDOVERY	Monograptus spiralis Monoclimacis crenulata	Telychian		
		Monoclimacis griestoniensis		"Rote Mergel"	Rastrites-Schiefer
		Monograptus crispus			
		Monograptus turriculatus Rastrites linnaei			
		Monograptus sedgwicki	Fronian		
		Monograptus convolutus/ Monograptus lobiferus	Idwian		
		Monograptus gregarius			
		Monograptus cyphus	Rhuddanian		
		Monograptus atavus			
		Akidograptus acuminatus			
	44o Mill.J.	Glyptograptus persculptus			

ORDOVIZIUM

Serie	Stufen	Graptolithen, Trilobiten		Anglowall.Beck.		Oslo-Graben	
Ob.	ASHGILL	Dicellograptus anceps		Hirnantian, Rawtheyan, Cautleyan		Gastrop.-Kalk	Dalma.-S.
		Dicellograptus complanatus		Pusgillian		Isotelus-Kalk und -Schief.	Tretas.-S.
		Pleurograptus linearis		Onnian		Tretaspis-Kalk u. -Schief.	
Mittl.	CARADOC	Dicranograptus clingani		Actonian Marshbrookian Longvillian		Ob. Chasmops-Kalke und -Schiefer	Chasmops-Serie
		Climacograptus wilsoni Diplograptus multidens Climacograptus peltifer		Soudleyan Harnagian		Unt. Chasmops-Kalke und -Schiefer	
	LLANDEILO	Nemagraptus gracilis		Costonian		Ampyx-Kalk	
		Glyptograptus teretiusculus				Ogyocaris-Schiefer	Ogyoc.-S.
Unt. ORDOVIZ.	LLANVIRN	Didymograptus murchisoni			Endoceras-Kalke	Ob. Didymograptus-Schief.	
		Didymograptus bifidus			Asaphus-Schiefer	"Orthoceras"-Kalk	Asaphus-Serie
	ARENIG	Didymograptus hirundo			Megistaspis-Kalke		
		Didymograptus extensus				Unt. Didymograptus-Schief.	
		Tetragraptus approximatus					
	TREMADOC	Angelina sedgwicki	Ceratopyge			Ceratopyge-Kalk	Ceratopyge-Serie
		Shumardia pusilla	Conophrys Apatokephalus			Ceratopyge-Schiefer	
		Bryograptus ramosus	Symphysurus incipiens			Symphysurus-Kalk	
	5oo Mill.J.	Bryograptus kjerulfi Clonograptus tenellus/ Adelograptus hunnebergensis Dictyonema flabelliforme				Dictyonema-Schiefer	

KAMBRIUM

a.e. richter 198o

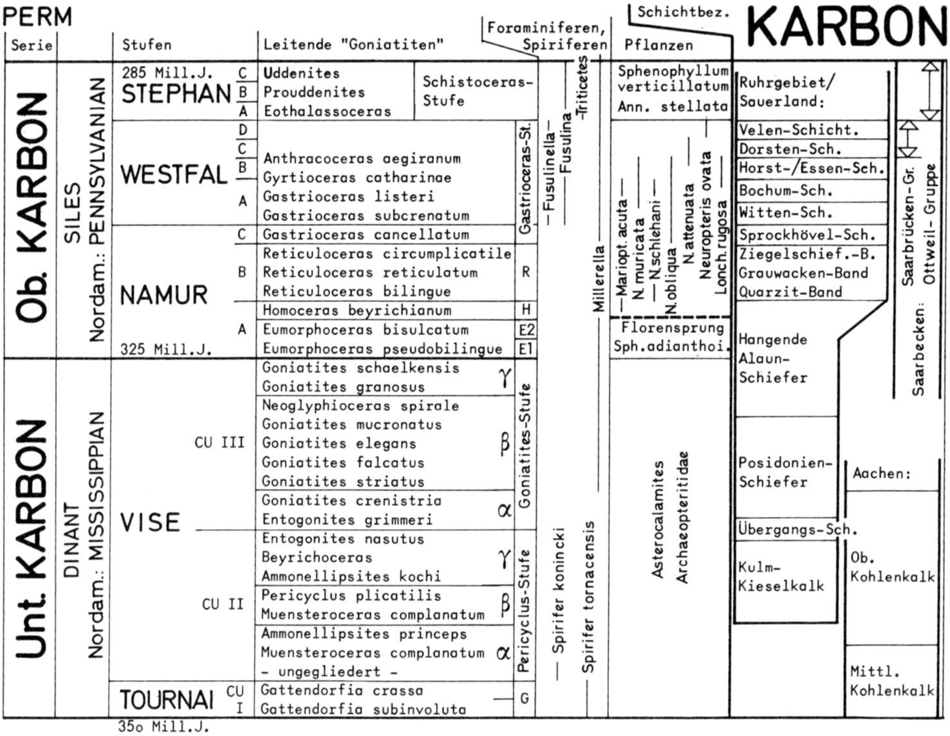

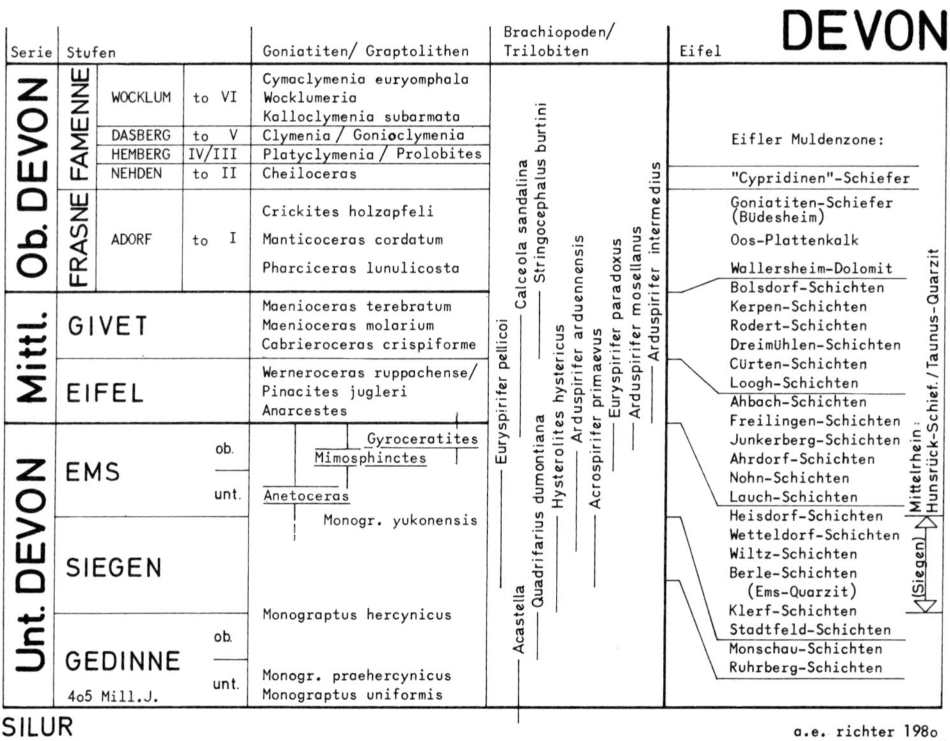

a.e. richter 198o

JURA

TRIAS

Serie	Germanische Trias Gliederung			Alpine T. Stufen	Fossilien (Ceratiten u.a.)	Schwarzwald-Neckar-Odenwald	
Ob.	195 Mill.Jahre Rhät	ob.	ko	Rhaet	(Triletes-Zone) Rhaetavicula contorta	Rhät-Tone und -Sandstein	
Ob.	KEUPER	mi.	km 4	Nor	Araucarioxylon	Knollenmergel	
			km 3	Nor	Trigonodus	Stubensandstein Bunte Mergel	
			km 2	(Raibl)	Equisetites u.a.(wie ku)	Schilfsandstein	
			km 1	Karn (Cassian)	häufig: Costatoria goldfussi	Gipskeuper	Estherien-Sch. Grundgips
Mittl. TRIAS		unt.	ku	Hallstatt-Kalke	Equisetites arenaceus, Pterophyllum, Voltzia	Lettenkohlen-keuper (Lettenkeuper)	Grenzdolomit Dolomite, Mergel Anthrakonit-Bank Hauptsandstein Estherienlager Vitriolschiefer
						Grenzbonebed	
	MUSCHELKALK	ob.	mo 3	Ladin	Discoceratiten-Zone	ob.	
			mo 2		Ceratites nodosus Ceratites similis C.enodus/ C. laevigatus Ceratites spinosus Ceratites evolutus		Tonlager Terebratel-Bänke
						Ceratiten-Schichten	
			mo 1		Ceratites compressus Ceratites robustus Ceratites pulcher Ceratites atavus	mittl. unt.	Spiriferina-Bank Blaukalke Trochiten-Kalk
		mi.	mm		Diplopora annulatissima	Salinare Folge	
		unt.	mu 2	Anis	Neoschizodus orbicularis Coenothyris vulgaris Hoernesia socialis Dadocrinus	Wellenkalk	orbicularis-Merg. Schaumkalk-Bank Spiriferina-Bank Terebratel-Bank
			mu 1		Decurtella decurtata Beneckeia buchi		Konglomerat-Bänke Grenzschichten
Unt.	BUNTSAND-STEIN	ob.	so 4 so 3 so 2 so 1	Skyth	Costatoria costata Beneckeia tenuis	Röt-Tone und Platten-Sandsteine	
		mi.	sm		Gervillia murchisoni	Karneol-Bank, Kristall-Sandstein, Fels-Sandstein, Hauptgeröll, Ob. geröllfreie Zone	
	225 Millionen Jahre	unt.	su			Tonlagen-Sandstein, Dickbank-Sandstein, Eck'sches Konglomerat, Heigenbrücken- u. Tiger-Sandstein	

PERM

Serie	Kontinentale Ausbildung: Glieder.	Saar/Nahe	Thüringen	Fossilien	Marine Ausb.: Karn.Alpen/Karaw.	Fusulinen/Ammoniten
Ob.	225 M.J. ZECHSTEIN Thuringium	Kreuznach-Gr. 235 Mill.J.	Mariner Zechstein: Alle-Folge Z 4 Leine-Folge Z 3 Staßfurt-Folge Z 2 Werra-Folge Z 1 (mit Kupferschiefer) Basis-Konglomerat	Pseudo-voltzia, Ullmannia, Spheno-baiera	Bellerophon-Kalke	Tompophiceras Palaeofusulina Araxoceras Cyclolobus Timorites Codonofusiella Lepidolina/ Yabeina Neoschwagerina
Unt. PERM	ROTLIEGENDES Ob. Saxon	Wadern-Gruppe	Tambach-Schichten	Lebachia ("Walchia")	Gröden-Sandstein	(Cancellina)
		Grenzlager-Gr.				Parafusulina
	240		Lücke			(Misellina)
	ROTLIEGENDES Unt. Autun	Tholey-Gruppe	Oberhof-Schichten		Lücke	Perrinites
		Lebach-Gruppe	Goldlautern-Schichten	Branchio-saurus, Lebachia, Callip-teris	Trogkofel-Stufe	Pseudofusulina vulgaris Pseudoschwagerina schellwieni
		Kusel-Gruppe	Manebach-Schichten		Ob.Pseudoschwa-gerinen-Kalk Rattendorf-Sch.	Propopanoceras Pseudoschw. confinii
	285 M.J.		Lücke Gehren-Schichten		Unt.Pseudoschwa-gerinen-Kalk	Properrinites Pseudoschw. alpina

KARBON

a.e. richter (198o)

JURA

KREIDE

Serie	Stufen		Gliederung in Süddeutschland		Zonen (leitende Ammoniten)	Andere Gliederungen, Fossil.; Schichtbez.
Ob. JURA	Tithon (140 Mill. Jahre)	ob.	MALM (Weißer Jura)	ζ	Berriasella jacobi	Engl.: Portlandian
					Virgatosphinctes transitorius	
		mi.			Semif.semiforme/Pseudoliss.bavar.	
					Danubisphinctes palatinum	Solnhofen-"Formation"
		unt.			Franconites vimineus	
					Neochetoceras mucronatum	"Treuchtlinger Marmor"
					Hybonoticeras hybonotum	Gravesia gigas, G. gravesiana
	Kimeridge	ob.		ε	Virgataxioceras setatum	
					Sutneria subeumela	Aulacostephanus autissiodorensis
					Sutneria pedinopleura	
		mi.		δ	Aulacostephanus eudoxus	Kasten: England: Aulacostephanus eudoxus
					Aulacostephanus mutabilis	Aulacost. mutabilis
		unt.		γ	Katroliceras divisum	Rasenia cymodore
					Ataxioceras hypselocyclum	Kimeridgian
					Sutneria platynota	Pictonia baylei
	Oxford	ob.		β	Sutneria galar	
					Idoceras planula	Ringsteadia pseudocordata
		unt.		α	Epipeltoceras bimammatum	Decipia decipiens
					Divisosphinctes bifurcatus	Perisphinctes cautisnigrae
					Perisphinctes plicatilis	
					Cardioceras cordatum	NW-Deutschl.: Heersumer Sch.
					Quenstedtoceras mariae	NW-Deutschl.: Korallen-Oolith
Mittl. JURA	Callov	ob.	DOGGER (Brauner Jura)	ζ	Quenstedtoceras lamberti	
					Peltoceras athleta	
		mi.			Erymnoceras coronatum	Reineckeia anceps
					Kosmoceras jason	Württ.: Ornatenton
		unt.			Sigaloceras calloviense	
					Macrocephalites macrocephalus	NW-Deutschl.: Porta-Sandstein
	Bathon	ob.		ε	Clydoniceras discus	
					Oxycerites aspidoides	
					Prohecticoceras retrocostatum	
		mi.			Morrisiceras morrisi	NW-Deutschl.: "Cornbrash"
					Tulites subcontractus	England:
					Procerites progracilis	Bathonian (Great Oolite)
		unt.			Zigzagiceras zigzag	Oraniceras württembergica
	Bajoc	ob.		δ	Parkinsonia parkinsoni	
					Garantiana garantiana	
					Strenoceras subfurcatum	
		mi.			Stephanoceras humphriesianum	Teloceras blagdeni
					Otoites sauzei	
		unt.		γ	Sonn.ovalis/Witchellia laeviuscula	Sonninia sowerbyi
					Hyperlioceras discites	
	Aalen	ob.		β	Graphoceras concavum	England:
					Ludwigia murchisonae	Bajocian (Inferior Oolite)
					Leioceras comptum	
		unt.		α	Leioceras opalinum	Pachylytoceras torulosum
Unt. JURA	Toarc	ob.	LIAS (Schwarzer Jura)	ζ	Pleydellia aalensis	
					Dumortieria levesquei	Engl.: Yeovilian; Lytoceras jurense
					Grammoceras thouarsense	
					Haugia variabilis	
		unt.		ε	Hildoceras bifrons	
					Harpoceras falcifer	Engl.: Whitbian
					Dactylioceras tenuicostatum	
	Pliensbach	ob.		δ	Pleuroceras spinatum	England: Middle Lias
					Amaltheus margaritatus	Frankr.: Domerien
		unt.		γ	Prodactylioceras davoei	Charmouthien
					Tragophylloceras ibex	Frankr.: Carixien
					Uptonia jamesoni	
	Sinemur	ob.		β	Echioceras raricostatum	
					Oxynoticeras oxynotum	Frankreich: Lotharingien
					Asteroceras obtusum	
					Caenisites turneri	
		unt.		α	Arnioceras semicostatum	
					Arietites bucklandi	
	Hettang (195 Mill. J.)	ob.			Schlotheimia angulata	
					Alsatites liasicus	
		unt.			Psiloceras planorbis	

TRIAS

a.e. richter (198o)

KREIDE

TERTIÄR

Serie	Stufen		Zonen (Ammoniten, Belemniten, Inoceram.)	Andere Gliederungen, Fossil.; Schichtbez.
Ob. KREIDE	Maastricht (65 Mill. Jahre)	ob.	Belemnella casimirovensis	Rügener Schreibkreide; Deutschl.: Senon
			Belemnitella junior	
			Belemnella occidentalis	
		unt.	Belemnella lanceolata	
	Campan	ob.	Belemnitella langei	
			Belemnitella minor	Bostrychoceras polyplocum
			Belemnitella mucronata	Hoplitoplacenticeras vari
		unt.	Gonioteuthis quadrata gracilis	
			Gonioteuthis quadrata quadrata	Engl.: Senon
			Gonioteuthis granulataquadrata	Placenticeras bidorsatum
	Santon	ob.	Gonioteuthis granulata	Placenticeras syrtale
		mi.	Gonioteuthis westfalicagranulata	Engl.: Upper Chalk
		unt.	Gonioteuthis westfalica	
	Coniac	ob.	Gonioteuthis praewestfalica	Texanites subtricarinatum
		unt./mi.	Inoceramus koeneni	
	Turon	ob.	Inoceramus deformis	Scaphites geinitzi
			Inoceramus striatoconcentricus	Subprionocyclus neptuni
		mi.	Inoceramus lamarcki	
			Inoceramus labiatus	Engl.: Middle Chalk
		unt.	Inoceramus mytiloides	
			Inoceramus opalensis	
	Cenoman	ob.	Actinocamax plenus	
			Calycoceras naviculare	
		mi.	Acanthoceras rhotomagense	Scaphites equalis; Engl.: Lower Chalk
		unt.	Mantelliceras mantelli	
	100 Mill. Jahre		Neohibolites ultimus	Essener Grünsand
Unt. KREIDE	Alb	ob.	Stoliczkaia dispar	Frankr.: Vraconien
			Mortoniceras inflatum	
			Dipoloceras cristatum	Westf.: Grünsand und Gault-Sandstein; England: Upper Greensand und Gault-Clay
		mi.	Euhoplites lautus	
			Euhoplites loricatus	
			Hoplites dentatus	
		unt.	Douvilleiceras mammillatum	
			Leymeriella regularis	
			Leymeriella tardefurcata	
			Proleymeriella schrammeni	
	Apt	ob.	Hypacanthoplites jacobi	Frankr.: Clansayesien; England: Lower Greensand
			Nolaniceras nolani	
			Parahoplites nutfieldiensis	
			Epicheloniceras laticostatum	Frankr.: Gargasien
			Tropaeum drewi	
		unt.	Trop.bowerbanki/Dufrenoyia furcata	
			Deshayesites deshayesi	Frankr.: Bedoulien
			Prodeshayesites tenuicostatus	
	Barreme	ob.	Parancyloc.bidentatum/P.scalare	
			Simancyloceras stolleyi	Frankr.: Urgonien (Fazies)
			Sim.pingue/"Ancyloc."innexum	
		mi.	Paracrioceras denckmanni	Deutschl.: Neokom
			Paracrioceras elegans	
		unt.	"Hoplocrioceras" fissicostatum	
			"Hoplocrioceras" rarecinctum	Pseudothurmannia angulicostata
	Hauterive	ob.	Craspedodiscus discofalcatus	Plesiospitidiscus ligatus
			Craspedodiscus gottschei	Subsaynella sayni
			Milanowskia staffi	England: Neocomian
			Speetoniceras inversum	
		unt.	Endemoceras regale	
			Endemoceras noricum	Acanthodiscus radiatus; England: Wealden Beds
			Endemoceras amblygonium	
	Valangin („Valendis")	ob.	"Astierien-Schichten"	
			Dicostella pitrei	
			Dichotomites bidichotomus	Frankr.: Neocomien
			Dichotomites tardescens	
			Dichotomites biscissoides	
			Prodichotomites polytomus	
		unt.	Polyptychites sphaeroidalis	
			Polyptychites clarkei	
			Polyptychites brancoi/P.euomphalus	Bückeberg-"Formation"
			Platylenticeras involutum	Münder-"Formation"; England: Purbeck Beds
			Platylenticeras heteropleurum	
			Platylenticeras robustum	
	Berrias		Berriasella boissieri (Tethys)	Deutschl.: Cypridea-Zonen
			Berriasella occitanica (Tethys)	
	140 Mill. Jahre		Berriasella grandis (Tethys)	

JURA

a.e. richter (1980)

QUARTÄR

„Jetztzeit"

System	Subserien		NW-Europa		Menschl. Kulturen		Menschen, Säugetiere
QUARTÄR	HOLOZÄN		Postglazial		Eisenzeit – 85o; Bronzezeit – 185o; Neolithikum – 4ooo; Mesolithikum – 835o		Homo sapiens sapiens ("Cro-Magnon-Mensch", seit ca. 3oooo Jahren)
	835o						
	PLEISTOZÄN	Jung-	Weichsel-Kaltzeit (2oooo)	Würm	Paläolithikum, Jung-: Hamburg, Magdalenien, Solutréen, Aurignacien	Klingen-Kulturen	
		7oooo	Eem-Warmzeit		Paläolithikum, Mittel-: Moustérien, Micoquien	Faustkeil-Kulturen	Homo s. neanderthalensis (15oooo - ?3oooo)
		1o5ooo	Saale-Kaltzeit	Riß	Paläolithikum, Mittel-: Acheuléen	Faustkeil-Kulturen	Homo s. steinheimensis (?25oooo)
		Mittel-	Holstein-Warmzeit		Paläolithikum, Alt-: Clactonien	Faustkeil-Kulturen	
		175ooo	Elster-Kaltzeit	Mindel	Paläolithikum, Alt-: Abbévillien	Faustkeil-Kulturen	Homo erectus heidelbergensis (?7oooooo - 35oooo)
		Alt-	Cromer-Warmzeit	Günz			
		85oooo	Menap-Kaltzeit				Homo e. pekingensis ("Sinanthropus", 4ooooo)
		Ältest-	Waal-Warmzeit			Geröll-Kulturen	Homo e. erectus ("Pithecanthropus", 7ooooo-4ooooo)
			Eburon-Kaltzeit			Geröll-Kulturen	Homo habilis (1,5 Mill. - 9ooooo)
			Tegelen-Warmzeit			Geröll-Kulturen	Australopithecus (2oooooo - 6ooooo)
		1,8 Mill.J.	Prätegelen-Kaltzeit			Geröll-Kulturen	Villafranchien

Säugetiere: Ursus spelaeus – U. deningeri; Palaeoloxodon antiquus; Mammuthus primigenius – M. trogontherii; Equus caballus-Gruppe – Equus stenonis-Gruppe; Coelodonta antiquitatis

(Jahresangaben beziehen sich auf den Beginn der Zeitrechnung)

TERTIÄR

Serie	Subserien		Stufen	Regionale Gliederungen und Schichtbezeichn.			
NEOGEN (JUNGTERTIÄR)	PLIOZÄN (1,8 Mill.J.)	ob.	Asti / Piacenza	Belgien: Scaldisien	Südengland: Coralline Crag, St. Erth Beds	Dänem./Schl.-Holstein:	Villafranchien
	PLIOZÄN (5 Mill.J.)	unt.	Tabiano			Morsum	Zentrale Paratethys, z.B. Wiener Becken:
	MIOZÄN	ob.	Messiniano			Sylt	Pontium
			Torton	Pariser Becken:	Niederrh.: Dingden	Gram	Pannonium
						Langenfelde	
		mi.	Serravall	Helvetien		Reinbek	Sarmatium
			Langh		Belgien: Auversien	Hemmoor	Badenium
		unt.	Burdigal	Burdigalien (Girond.)		Vierland	Karpatium; Ottnangium; Eggenburgium
	MIOZÄN (22,5 Mill.J.)		Aquitan	Aquitanien (Girond.)			
PALÄOGEN (ALTTERTIÄR)	OLIGOZÄN	ob.	Chatt	Stampien superieur	Mainzer Becken:	Weisenau-/Hochheim-Sch.; "Cyrenen"-Sch.	Egerium
		mi.	Rupel	Stampien inferieur	Südengland:	Schleichsand, Rupelton/Meeressand	
	OLIGOZÄN (37,5 Mill.J.)	unt.	Latdorf	Sannoisien	Lattorfian	Ostdeutschl./Polen:	Oberbayern (Helvetikum):
	EOZÄN	ob.	Priabon	Ludien	Headonian		Lithothamnien-Kalk; "Granit-Marmor"
		mi.	Barton	Marinesien, Auversien	Marinesian	Blaue Erde (Bernstein-"Formation")	Nulliporen-Sandst.
			Lutet	Lutetien	Lutetian		Adelholz-Schichten
	EOZÄN (53,5 Mill.J.)	unt.	Ypres	Cuisien, Sparnacien	Cuisian, Sparnacian		Kressenberg-Sch.
	PALÄOZÄN	ob.	Thanet	Landenien	Thanetian		Lithothamnien-Sch.; Oiching-Schichten
	PALÄOZÄN (65 Mill.J.)	unt.	Mont / Dan	Dano-Montien			

KREIDE

a.e. richter (198o)

Literaturhinweise

Die folgende Auswahl erfaßt bewußt Arbeiten sehr unterschiedlicher Thematik, d. h. allgemein einführende wie auch hochspezialisierte Literatur. Sie stellt also einen beliebigen Querschnitt dar durch die kaum mehr überschaubare Menge der Fachliteratur. Genannt werden neben paläontologischen Werken auch zoologische, geologische (u. a. geologische Führer) und stratigraphische Veröffentlichungen (Regionalbearbeitungen usw.). In vielen dieser Bücher sind ausführliche Literaturlisten zu den jeweiligen Spezialgebieten enthalten.
Viele der genannten Bücher sind im Buchhandel nicht mehr erhältlich, andere sehr teuer. In jedem Fall ist empfehlenswert, die Bücher zunächst auszuleihen, eventuell über die Fernleihe. Auf diese Weise kann in aller Ruhe geprüft werden, ob sich der Erwerb lohnt.
Wichtige ein- und weiterführende Werke sind durch Fettdruck des Autorennamens hervorgehoben, solche mit zahlreichen Fossilabbildungen durch einen Stern vor dem Autorennamen.

ABEL, O.: Grundzüge der Paläobiologie der Wirbeltiere. – E. Schweizerbart, Stuttgart 1911.
– Paläobiologie der Cephalopoden. – G. Fischer, Jena 1916.
– Lebensbilder aus der Tierwelt der Vorzeit. 2. Aufl. – G. Fischer, Jena 1927.
– Vorzeitliche Lebensspuren. – G. Fischer, Jena 1935.
– Vorzeitliche Tierreste im deutschen Mythos, Brauchtum und Volksglauben. – G. Fischer, Jena 1939.
*ALBERTI, H.: Trilobiten (Proetidae, Otarionidae, Phacopidae) aus dem Devon des Harzes und des Rheinischen Schiefergebirges. – Beih. Geol. Jahrb., 73, Hannover 1968.
ANDREOSE, M. (Hrsg.): Die Geheimnisse der Urzeit. 5 Bände. – Bibliographisches Institut, Mannheim/Wien/Zürich 1975.
ARKELL, W.J.: Jurassic Geology of The World. – Oliver & Boyd, London – Edinburgh 1956.
BACHMANN, G.H. u. GWINNER, M.P.: Nordwürttemberg. – Gebr. Borntraeger, Berlin-Stuttgart 1979.
*BACHMAYER, F. u. KOLLMANN, H.A. (Hrsg.): Schätze im Boden – Bilder aus Österreichs geologischer Vergangenheit. 2. Aufl. – Verl. Naturhist. Museum Wien, Wien 1969.
BANTZ, H.-U.: Der Fossilinhalt des Treuchtlinger Marmors (Mittleres Unter-Kimeridge der südlichen Frankenalb). – Erlanger Geol. Abh., 82, Erlangen 1970.
BARTHEL, K.W.: Zur Ammonitenfauna und Stratigraphie der Neuburger Bankkalke. – Bayer. Akad. Wiss., math.-naturwiss. Kl., NF, 105, München 1962.
*– Solnhofen. – Ott, Thun 1978.
*BERCKHEMER, F. u. HÖLDER, H.: Ammoniten aus dem Oberen Weißen Jura Süddeutschlands. – Beih. Geol. Jahrb., 35, Hannover 1959.
BEURLEN, K.: Geologie. – Franckh, Stuttgart 1978.
***BEURLEN, K., GALL, H. u. SCHAIRER, G.:** Die Alb und ihre Fossilien. – Franckh, Stuttgart 1981.
*BIRENHEIDE, R.: Die Trilobiten des Ober-Devon, Karbon und Perm. GÜRICH, G. (Hrsg.): Leitfossilien, No. 1. – Gebr. Borntraeger, Berlin – Stuttgart 1975.
***BRINKMANN, R.:** Brinkmanns Abriß der Geologie. Zweiter Band: Historische Geologie. 10./11. Aufl., neubearbeitet von K. KRÖMMELBEIN. – F. Enke, Stuttgart 1977.
***British Caenozoic Fossils.** 5. Aufl. – British Museum (Natural History), London 1975.
***British Mesozoic Fossils.** 5. Aufl. – British Museum (Natural History), London 1975.
***British Palaeozoic Fossils.** 4. Aufl. – British Museum (Natural History), London 1975.
*BUBNOFF, S. von: Einführung in die Erdgeschichte. 3. Aufl. – Akademie-Verlag, Berlin 1956.
BUCHSBAUM, R. u. MILNE, L.J.: Niedere Tiere (Knaurs Tierreich in Farbe). – Droemer Knaur, München/Zürich 1970.

Bülow, K. von: Geologie für Jedermann. 10. Aufl. – Franckh, Stuttgart 1974.
*__Claus, H.:__ Die Kopffüßer des Deutschen Muschelkalkes. – A. Ziemsen, Wittenberg 1955.
Colbert, E.H.: Die Evolution der Wirbeltiere. – G. Fischer, Stuttgart 1965.
Cushman, J.A.: Foraminifera, Their Classification And Economic Use. 5. Aufl. – Harvard Univ. Press, Cambridge (Mass.) 1955.
*__Daber, R. u. Helms, J.:__ Das große Fossilienbuch. – Urania, Leipzig-Jena-Berlin 1978.
Dacqué, E.: Vergleichende biologische Formenkunde der fossilen niederen Tiere. – Gebr. Borntraeger, Berlin 1921.
*Denizot, G.: Atlas des fossiles. 6. Aufl. 3 Bände. – N. Boubée & Cie., Paris 1976.
*Disler, C.: Stratigraphischer Führer durch die geologischen Formationen im Gebiet zwischen Aare, Birs und Rhein. – B. Wepf & Cie., Basel 1941.
*Doflein, F.: Das Tier als Glied des Naturganzen. – B.G. Teubner, Leipzig und Berlin 1914.
*Ehrenberg, K.: Paläozoologie. – Springer-Verlag, Wien 1960.
Elmi, S.: Le Lias Supérieur et le Jurassique Moyen de l'Ardèche. 3 Bände. – Documents des Laboratoires de Géologie de la Faculté de Sciences de Lyon, 19, 1–3, Lyon 1967.
*Enay, R.: L'Oxfordien dans la moitié sud du Jura Francais. 2 Bände. – Nouvelles Archives du Muséum d'Histoire Naturelle de Lyon, Lyon 1966.
*Endriss, K.E.: Versteinerungen. – Franckh, Stuttgart 1927.
Engel, F.-M.: Die Tierwelt der Meeresküsten. – Keyser, München 1968.
*Engel, T.: Geognostischer Wegweiser durch Württemberg. 3. Aufl. – E. Schweizerbart, Stuttgart 1908.
Erben, K.H.: Die Entwicklung der Lebewesen. – R. Piper & Co., München – Zürich 1975.
Farb, P.: Die Ökologie. – Rowohlt, Hamburg 1976.
*Felix, J.: Die Leitfossilien aus dem Pflanzen- und Tierreich. – Veit & Comp., Leipzig 1906.
Fischer, E.: Geologische Untersuchungen des Lochengebietes bei Balingen. – Geol. Paläont. Abh., NF, Bd. XI, 4, G. Fischer, Jena 1913.
*__Fraas, E.:__ Der Petrefaktensammler. – Nachdruck des Originals von 1910. 5. Aufl. Franckh, Stuttgart 1980.
Frenzel, B.: Die Klimaschwankungen des Eiszeitalters. – F. Vieweg & Sohn, Braunschweig 1967.
Freyberg, B. von: Der Faziesverband im Unteren Malm Frankens. – Erlanger Geol. Abh., 62, Erlangen 1966.
Garutt, W.E.: Das Mammut. – A. Ziemsen, Wittenberg 1964.
*__Gremer, R.:__ Leitfossilien in der Schichtenfolge des Saarkarbons. – Beih. Geol. Landesaufnahme, 3, Saarbrücken 1971.
Geyer, O.F.: Grundzüge der Stratigraphie und Fazieskunde. 2 Bände. – E. Schweizerbart, Stuttgart 1973 und 1977.
Geyer, O.F. u. Gwinner, M.P.: Einführung in die Geologie von Baden-Württemberg. 2. Aufl. – E. Schweizerbart, Stuttgart 1968.
– Die Schwäbische Alb und ihr Vorland. – Gebr. Borntraeger, Berlin – Stuttgart 1979.
Gillet, S.: Les Ammonites du Bajocien d'Alsace et de Lorraine. – Memoire du Service de la Carte Géologique d'Alsace et de Lorraine, 5, Strasbourg 1937.
Göke, G.: Methoden der Mikropaläontologie. – Franckh, Stuttgart 1963.
Gothan, W.: Aus der Vorgeschichte der Pflanzenwelt. – Quelle und Meyer, Leipzig 1912.
*Gothan, W. u. Remy, W.: Steinkohlenpflanzen. – Verlag Glückauf, Essen 1957.
*Gothan, W. u. Weyland, H.: Lehrbuch der Paläobotanik. – Akademie-Verlag, Berlin 1954.
Grzimek, B. (Hrsg.): Grzimeks Tierleben. 3. Band: Weichtiere, Stachelhäuter. – Kindler, Zürich 1970.
*Haas, H.J.: Die Leitfossilien. – Veit & Comp., Leipzig 1887.
*Hahn, G. u. R.: Rugose Korallen des Devon. Gürich, G. (Hrsg.): Leitfossilien, No. 2. – Gebr. Borntraeger, Berlin – Stuttgart 1978.
Hantke, R.: Eiszeitalter. 2 Bände. – Ott, Thun 1978 und 1980.
*Haubold, H.: Die fossilen Saurierfährten. – A. Ziemsen, Wittenberg 1974.
Hauff, B. sen.: Untersuchungen der Fossilfundstätten von Holzmaden im Posidonienschiefer des Oberen Lias Württembergs. – Palaeontographica, 64, Stuttgart 1921.
*Hauff, B. jun.: Das Holzmadenbuch. 2. Aufl. – F. Rau, Öhringen 1960.

HEBERER, G. (Hrsg.): Die Evolution der Organismen. 3. Aufl. 3 Bände. G. Fischer, Stuttgart 1967.
HEER, O.: Die Urwelt der Schweiz. – Zürich 1865.
*HELMDACH, F.-F.: Leitfaden zur Bestimmung fossiler und rezenter Ostrakoden. – W. de Gruyter, Berlin – New York 1977.
***HESS, H.:** Die fossilen Echinodermen des Schweizer Juras. – Veröffentl. Naturhist. Museum Basel, 8, Basel 1975.
HÖLDER, H.: Geologie und Paläontologie in Texten und ihre Geschichte. – K. Alber, Freiburg i. Br. – München 1960.
*– Jura. LOTZE, F. (Hrsg.): Handbuch der stratigraphischen Geologie, Band IV. – F. Enke, Stuttgart 1964.
HÖLDER, H. u. STEINHORST, H.: Lebendige Umwelt, Flora und Fauna der Vorzeit. – Spectrum Verlag, Stuttgart 1964.
*HOWARTH, M.K.: A Monograph of the Ammonites of the Liassic Family Amaltheidae in Britain. 2 Bände. – Palaeontogr. Soc., London 1957, 1958.
***HUCKE, K.:** Einführung in die Geschiebeforschung. – Nederlandse Geologische Vereniging, Oldenzaal 1967.
*HUCKRIEDE, R.: Molluskenfaunen mit limnischen und brackischen Elementen aus Jura, Serpulit und Wealden NW-Deutschlands und ihre paläogeographische Bedeutung. – Beih. Geol. Jahrb. 67, Hannover 1967.
*JEANNET, A.: Stratigraphie und Palaeontologie des oolithischen Eisenerzlagers von Herznach und seiner Umgebung. – Beitr. Geol. Schweiz, Geotechn. Serie, XIII. Lief., 5. Band, Bern 1951.
***KAEVER, M., OEKENTORP, K. u. SIEGFRIED, P.:** Fossilien Westfalens. Invertebraten der Kreide. 2. Aufl. – Münster. Forsch. Geol. Paläont., 33/34, Münster 1974.
*– Fossilien Westfalens. Invertebraten des Jura. – Münster. Forsch. Geol. Paläont., 40/41, Münster 1976.
*– Fossilien Westfalens. Invertebraten des Oberdevons. – Münster. Forsch. Geol. Paläont., 50, Münster 1980.
*KAHLKE, H.-D.: Großsäugetiere im Eiszeitalter. – Urania, Leipzig – Jena 1956.
*– Die Cervidenreste aus den altpleistozänen Ilmkiesen von Süssenborn bei Weimar. Teil 1–3. – Akademie-Verlag, Berlin 1956–1959.
KARSCH, K. u. MUNTWILER, E.: Der Schweizer Jura und seine Fossilien. Franckh, Stuttgart 1981.
*KAYSER, E.: Lehrbuch der geologischen Formationskunde. 6. u. 7. Aufl. – F. Enke, Stuttgart 1923–1924.
KNETSCH, G.: Geologie von Deutschland. – F. Enke, Stuttgart 1963.
KRAUS, O.: Internationale Regeln für die zoologische Nomenklatur. 2. Aufl. – W. Kramer, Frankfurt 1970.
KRUMBECK, L.: Stratigraphie und Faunenkunde des Lias γ in Nordbayern. – Z. dt. Geol. Ges., 88, Hannover 1936.
*KRUMBIEGEL, G.: Die tertiäre Pflanzen- und Tierwelt der Braunkohle des Geiseltales. – A. Ziemsen, Wittenberg 1959.
***KRUMBIEGEL, G. u. WALTER, H.:** Fossilien. – VEB Dt. Verl. Grundstoffind., Leipzig 1977.
*KUHN, O.: Die Fauna des Dogger δ der Frankenalb. – Nova Acta Leopoldina, NF, Bd. 6, 37, Halle 1938.
*– Die Ammoniten des fränkischen Calloviums. – Nova Acta Leopoldina, NF Bd. 6, 43, Halle 1939.
*– Die Tierwelt des Solnhofener Schiefers. – A. Ziemsen, Wittenberg 1971.
KUHN-SCHNYDER, E.: Geschichte der Wirbeltiere. – B. Schwabe & Co., Basel 1953.
KURTÉN, B.: Die Welt der Dinosaurier. – Kindler, München 1968.
LEHMANN, U.: Ammoniten. – F. Enke, Stuttgart 1976.
– Paläontologisches Wörterbuch. 2. Aufl. – F. Enke, Stuttgart 1977.
***LEHMANN, U. u. HILLMER, G.:** Wirbellose Tiere der Vorzeit. – F. Enke, Stuttgart 1980.
*LINDEMANN, B.: Die Erde. 2. Aufl. 2 Bände. – Franckh, Stuttgart 1925.
LOTZE, F.: Geologie Mitteleuropas. 4. Aufl. – E. Schweizerbart, Stuttgart 1971.
*MÄGDEFRAU, K.: Paläobiologie der Pflanzen. 4. Aufl. – G. Fischer, Stuttgart 1968.
*MANGOLD, C.: Les Perisphinctidae (Ammonitina) du Jura Meridional au Bathonien et au Callovien. – Documents des Laboratoires de Géologie de la Faculté de Sciences de Lyon, 41, 2, Lyon 1970.
MARSAL, D.: Statistische Methoden für Erdwissenschaftler. – E. Schweizerbart, Stuttgart 1967.

MATTHES, H.W.: Einführung in die Mikropaläontologie. – S. Hirzel, Leipzig 1956.
McKERROW, W.S. (Hrsg.): Palökologie. – Franckh, Stuttgart 1981.
MÜLLER, A.H.: Der Großablauf der stammesgeschichtlichen Entwicklung. – VEB Gustav Fischer, Jena 1955.
*– Lehrbuch der Paläozoologie. 2. Aufl. 3 Bände. – VEB G. Fischer, Jena 1963–1970.
***NEBEN, W. u. KRUEGER, H.H.:** Fossilien ordovizischer Geschiebe. – Nederlandse Geologische Vereniging, Oldenzaal 1971.
*– Fossilien ordovizischer und silurischer Geschiebe. – Nederlandse Geologische Vereniging, Oldenzaal 1973.
*ORBIGNY, A.D': Paléontologie Française. – Cosson, Masson, Paris 1840–1855.
*PETTER, G.: Goniatites Dévoniennes du Sahara. – Service de la Carte Géologique de l'Algérie, Algier 1959.
*– Clymènies du Sahara. – Service de la Carte Géologique de l'Algérie, Algier 1960.
***PIVETEAU, J.** (Ed.): Traité de paléontologie. 7 Bände. – Masson, Paris 1952–1969.
***POKORNY, V.:** Grundzüge der zoologischen Mikropaläontologie. 2 Bände. – VEB Deutsch. Verl. Wiss., Berlin 1958.
*QUENSTEDT, F.A.: Der Jura. – H. Laupp, Tübingen 1858.
*– Petrefaktenkunde Deutschlands. VII. Gasteropoden. Text- und Atlasband. – F. Fues, Tübingen und Leipzig 1881–1884.
*– Handbuch der Petrefaktenkunde. Text- und Atlasband. – H. Laupp, Tübingen 1885.
*– Die Ammoniten des Schwäbischen Jura. 3 Bände, 2 Atlas-Bände. Nachdruck des Originals von 1885. – E. Schweizerbart, Stuttgart 1973.
– Die Ammoniten des Schwäbischen Jura. Revision der Gattungs- und Untergattungsnamen. – Dt. Subkomm. Jura Stratigr., E. Schweizerbart, Stuttgart 1973.
*REMY, W. u. R.: Pflanzenfossilien. – Akad. Verl., Berlin 1959.
*ROMER, A.S.: Vertebrate Paleontology. 3. Aufl. Univ. Chicago Press, Chicago – London 1966.
RICHTER, M.: Allgäuer Alpen. – Gebr. Borntraeger, Berlin 1966.
RICHTER, R.: Einführung in die zoologische Nomenklatur durch Erläuterung der Internationalen Regeln. 2. Aufl. – W. Kramer, Frankfurt 1948.
SCHÄFER, W.: Aktuo-Paläontologie nach Studien in der Nordsee. – W. Kramer, Frankfurt 1962.
SCHINDEWOLF, O.H.: Wesen und Geschichte der Paläontologie. – Wissenschaftliche Editionsgesellsch. mbH., Berlin 1948.
– Grundfragen der Paläontologie. – E. Schweizerbart, Stuttgart 1950.
– Der Zeitfaktor in Geologie und Paläontologie. – E. Schweizerbart. Stuttgart 1950.
– Studien zur Stammesgeschichte der Ammoniten. – Akad. Wiss. Lit., Abh. math.-naturwiss. Kl., Mainz 1961–1968.
– Analyse eines Ammoniten-Gehäuses. – Akad. Wiss. Lit., Abh. math.-naturwiss. Kl., Mainz 1967.
SCHLEE, D. u. GLÖCKNER, W.: Bernstein. – Stuttg. Beitr. Naturkunde, Reihe C, 8, 1978.
***SCHLEGELMILCH, R.:** Die Ammoniten des süddeutschen Lias. – G. Fischer, Stuttgart – New York 1976.
*SCHLÜTER, C.: Cephalopoden der oberen deutschen Kreide. – Palaeontographica, NF, I. Kassel 1872–1876.
*SCHMIDT-EFFING, R.: Zur Paläontologie jurassischer Invertebraten. Die Dactylioceratidae, eine Ammoniten-Familie des unteren Jura. – Münster. Forsch. Geol. Paläont., 25/26, Münster 1972.
***SCHMIDT, M.:** Die Lebewelt unserer Trias. – F. Rau, Öhringen 1928.
SCHÖNBERG, G.: Einführung in die Geologie Europas. – rombach hochschul paperback, Freiburg 1971.
SCHRÖDER, B.: Fränkische Schweiz und Vorland. 3. Aufl. – Gebr. Borntraeger, Berlin – Stuttgart 1978.
*SCHWEGLER, E.: Revision der Belemniten des Schwäbischen Jura. Teil 1–6. – Palaeontographica, A, 116–138, Stuttgart 1961–1971.
SEDLAG, U.: Die Tierwelt der Erde. 2. Aufl. – Urania, Leipzig – Jena – Berlin 1973.
*SEIFERT, I.: Die Brachiopoden des oberen Dogger der Schwäbischen Alb. – Palaeontographica, A, 121, Stuttgart 1963.
SEILACHER, A. (Hrsg.): Palökologie. – Zentralbl. Geol. Paläont., II. Paläontologie, E. Schweizerbart, Stuttgart 1976.
*SHIMER, H.W. u. SHROCK, R.R.: Index fossils of North America. 4. Aufl. – J. Wiley & Sons, New York et Chapman & Hall, London 1949.

SIMON, W.: Zeitmarken der Erde. – F. Vieweg, Braunschweig 1948.
SIMPSON, G.G.: Leben der Vorzeit. Einführung in die Paläontologie. – F. Enke, Stuttgart 1972.
SÖLL, H. Stratigraphie und Ammonitenfauna des mittleren und oberen Lias-β (Lotharingien) in Mittel-Württemberg. – Geol. Jahrb., 72, Hannover 1956.
*STEINER, W.: Der Travertin von Ehringsdorf und seine Fossilien. – A. Ziemsen, Wittenberg 1979.
TERMIER, H. u. G.: Paléontologie stratigraphique. – Masson & Cie., Paris 1960.
*TOEPFER, V.: Tierwelt des Eiszeitalters. – Akadem. Verlagsgesellsch., Leipzig 1963.
THENIUS, E.: Lebende Fossilien. – Franckh, Stuttgart 1965.
– Versteinerte Urkunden. – Verständl. Wiss., 81, Springer-Verlag, Berlin – Göttingen – Heidelberg 1963.
– Stammesgeschichte der Säugetiere (einschließlich der Hominiden). – Handb. Zool., W. de Gruyter & Co., Berlin 1969.
– Paläontologie, Franckh, Stuttgart 1970.
THORSON, G.: Erforschung des Meeres. – Kindler, München 1972.
***Treatise on Invertebrate Paleontology** (Ed. R.C. MOORE u. C. TEICHERT). Part A – W. Univ. Kansas Press, Lawrence (Kans.) et Geol. Soc. Amer., New York, ab 1953.
VANGEROW, E.-F.: Mikropaläontologie für jedermann. Bestimmung und Bearbeitung von Kleinfossilien. Franckh, Stuttgart 1981.
VOGELLEHNER, D.: Paläontologie. 2. Aufl. – Herder, Freiburg-Basel-Wien 1972.
VOIGT, F.S.: Lehrbuch der Zoologie. 2. Aufl. 6 Bände, 1 Atlas-Band. – E. Schweizerbart, Stuttgart 1853.
***WAGNER, G.:** Erd- und Landschaftsgeschichte mit besonderer Berücksichtigung Süddeutschlands. 3. Aufl. – F. Rau, Öhringen 1961.
WALTHER, J.: Die Lebensweise der Meerestiere. – G. Fischer, Jena 1893.
WEGNER, H.: Der Fossiliensammler. 4. Aufl. – Ott, Thun und München 1976.
*WELZEL, E.: Foraminiferen und Fazies des fränkischen Domeriums. – Erlanger Geol. Abh., 69, Erlangen 1968.
*WESTERMANN, G.: Monographie der Otoitidae (Ammonoidea). – Beih. Geol. Jahrb., 15, Hannover 1954.
*– Monographie der Bajocien-Gattungen Sphaeroceras und Chondroceras (Ammonoidea). – Beih. Geol. Jahrb., 24, Hannover 1956.
*– Ammoniten-Fauna und Stratigraphie des Bathonien NW-Deutschlands. – Beih. Geol. Jahrb., 32, Hannover 1958.
*WESTPHAL, K.: Die Terebratulidae (Brachiopoda) des tieferen Weißjura der Schwäbischen Alb. – Jber. u. Mittl. oberrh. geol. Ver., N.F. 52, E. Schweizerbart, Stuttgart 1970.
*WIEDENMAYER, F.: Die Ammoniten der mediterranen Provinz im Pliensbachian und unteren Toarcian aufgrund neuer Untersuchungen im Generoso-Becken (Lombardische Alpen). – Birkhäuser, Basel – Boston – Stuttgart 1980.
WIEDMANN, J. (Hrsg.): Aspekte der Kreide Europas. – E. Schweizerbart, Stuttgart 1979.
*WINTER, B.: Foraminiferenfaunen des Unter-Kimeridge (Mittlerer Malm) in Franken. – Erlanger Geol. Abh., 79, Erlangen 1970.
ZIEGLER, B.: Einführung in die Paläobiologie, Teil 1. Allgemeine Paläontologie. 2. Aufl. – E. Schweizerbart, Stuttgart 1975.
ZITTEL, K.A.: Aus der Urzeit. 2. Aufl. – R. Oldenbourg, München 1875.
– Geschichte der Geologie und Paläontologie bis Ende des 19. Jahrhunderts. – R. Oldenbourg, München und Leipzig 1899.
*– Grundzüge der Paläontologie (Paläozoologie). 5./4. Aufl. 2 Bände. R. Oldenbourg, München – Berlin 1921–1923.

Register

Im **Sachwortregister** sind die terminologischen Begriffe erfaßt, die stratigraphischen Bezeichnungen, Orts- und Personennamen und alle der Gattung übergeordneten taxonomischen Einheiten (Familie, Oberfamilie, Ordnung usw.).
Da eine ganze Reihe von Fachausdrücken bei verschiedenen Gruppen verwendet werden (z. B. Peristom oder Mund, Septe, Oralseite), muß der gewünschte Bezug u. U. mit Hilfe der Seitenangabe des Inhaltsverzeichnisses ermittelt werden. Als Beispiel: Septen – auf die Korallen bezogen S. 105, auf die Nautiliden S. 181, auf die Ammoniten S. 193, auf die Belemniten S. 225. Auf ausführliche Erläuterungen zu einem Stichwort ist durch ein der Seitenzahl nachgestelltes »ff.« hingewiesen, auf Abbildungen durch halbfett gesetzte Seitenzahlen.

Im **Fossilnamenregister** sind alle im Text aufgeführten Gattungs- und Artnamen erfaßt, einschließlich der genannten Synonyme. Auf der beim alleinstehenden Gattungsnamen genannten Seite (z. B. Holectypus 349) werden in der Regel die Gattungsmerkmale genannt; unter dem Gattungsnamen stehen die dazugehörigen Arten (– orificatus 349). Um die Ermittlung von Synonymen zu vereinfachen, sind alle Artnamen noch eigens aufgeführt (orificatus 349); auf Abbildungen wird dabei nicht verwiesen.

Abkürzungen: S (Stamm), US (Unterstamm), K (Klasse), UK (Unterklasse), IK (Infraklasse), OO (Oberordnung), O (Ordnung), UO (Unterordnung), IO (Infraordnung), OF (Oberfamilie), F (Familie).

Sachwortregister

Fossilnamenregister (Gattungen und Arten)

Zwei weitere Bände von Andreas E. Richter

Südfrankreich und seine Fossilien
Wohl selten wird der Fossilienfreund ein Gebiet finden, in dem die Lebewelt des unteren Jura und der unteren Kreide so vorzüglich zugänglich ist wie in den Causses und in der Provence. 30 Aufschlüsse aus diesem Gebiet stellt der Autor vor. Er kennt sie aus langjähriger intensiver Sammeltätigkeit. Das versetzt ihn in die Lage, den Fossilinhalt der aufgeschlossenen Schichten mit einiger Vollständigkeit anzugeben. Das viele vom Verfasser gesammelte Vergleichsmaterial kommt den Fossilbeschreibungen zugute, die, unterstützt durch Zeichnungen und Farbfotos, mindestens die Bestimmung der Gattung, vielfach sogar der Art möglich machen. Und damit wird das Buch zum Bestimmungsführer auch für Funde der gleichen Schichten aus anderen Gebieten. – Natürlich versäumt der Autor nicht, die Gesteine und Stratigraphie der Aufschlüsse zu beschreiben und die Fundlandschaften in den großen geologischen Zusammenhang zu stellen. Selbstverständlich ist die genaue Fundortbeschreibung inklusive der Anfahrtsrouten dorthin. Und weil Fossiliensammler vielseitige Menschen sind, wird auch manch Wissenswertes über Land und Leute mitgeteilt, finden sich in diesem Buch ebenso Hinweise auf Sehenswürdigkeiten und Tips nicht nur zum Kennenlernen interessanter Landschaften, sondern auch für die Erholung. Ein Wegweiser und Reiseführer, der dem Fossilienfreund ungewollte Umwege erspart.
192 Seiten, 150 Farbfotos, 143 Zeichnungen, 1 farbige geologische Karte, 7 Tabellen.

Fossilien zum Sammeln
120 Versteinerungen in Farbe
Fossilien nennt man die versteinerten Überreste von Pflanzen und Tieren, die vor Jahrmillionen gelebt haben. Die ältesten sind 3800 Millionen Jahre alt, die jüngsten »gerade« etwa 10000 Jahre. Damit bietet sich dem Fossiliensammler ein weites Feld für sein Hobby. Auch kann er überall dort mit Funden rechnen, wo Ablagerungsgesteine in Steinbrüchen oder bei Baumaßnahmen aufgeschlossen sind.
120 Fossilien, die fast alle jedem Sammler zugänglich sind, beschreibt dieser Taschenführer. Sie stammen aus Gesteinsschichten vom Paläozoikum bis ins Quartär. Als Momentaufnahmen vergangenen Lebens lassen sie uns einen Blick tun auf Welten, die sich grundlegend von unserer unterscheiden. Und nicht zuletzt das macht den Reiz des Fossiliensammelns aus, wozu dieser Führer die Hand reicht.
72 Seiten, 120 Farbfotos, 1 Tabelle, 20 Zeichnungen.

In Ihrer Fach/Buchhandlung erhältlich!

Wenn Sie sich ausführlicher über unsere Bücher zum Thema informieren möchten, fordern Sie bitte unverbindlich unseren **Prospekt „Mineralien/Fossilien“** an beim **Kosmos-Verlag, Postfach 640, 7000 Stuttgart 1.**

Standardwerke der Paläontologie

W. S. McKerrow (Hrsg.)
Palökologie
Wenn uns heute verstärkt bewußt wird, daß Pflanzen, Tiere und ihre Umwelt in enger Beziehung zueinander stehen, so ist diese allgemeine Erkenntnis auch für die Lebensgemeinschaften vergangener Erdperioden gültig. Nur sind da für die Wissenschaft die Zusammenhänge aufgrund mangelnder, d. h. sehr lückenhafter Überlieferung weit schwerer zu erfassen als heute. Dennoch gibt es seit wenigen Jahren eine ganz spezielle Forschungsrichtung, die Palökologie. Sie versucht, die Beziehungen fossiler Organismen zueinander und zu ihrer Umwelt aufzudecken, rekonstruiert Funktionsweisen und Vergesellschaftungen ausgestorbener Organismen und erschließt damit indirekt deren einstige Umwelt.
Diese erste umfassende, in England erarbeitete Darstellung der Palökologie gibt dem Wissenschaftler einen Überblick, welcher Methoden sich die Palökologie bedient und was sie bisher an Ergebnissen vorlegen kann. Es ist ein nützliches Buch auch für den Laien und Hobbysammler, dessen Interesse an Paläontologie sich nicht im bloßen Aufsammeln schöner Versteinerungen erschöpft. Hier werden Fossilien nicht einfach nach geologischen Zeitaltern und Tierklassen sortiert aneinandergereiht. Die Autoren entwerfen vielmehr Bilder der spezifischen, d. h. von der Überlieferung her faßbaren Lebensgemeinschaften aus vergangenen Jahrmillionen. Der interssierte Leser und Sammler kann so auch eine Vorstellung davon gewinnen, welche - vielleicht unvermuteten - Dimensionen sein Hobby hat: Aus der Einbettung der Fossilien und ihrem Nebeneinander im Sediment läßt sich z. B. leicht schließen, wie der Lebensraum dieser Tiere einst ausgesehen haben könnte und das Thema Fossilien erweitert sich zum komplexen Gebiet Erdgeschichte. Lebensnahe Bilder vergangener Lebensräume vermitteln die textbegleitenden über 100 exakten, mit wissenschaftlicher Gründlichkeit erarbeiteten Zeichnungen. Sie zeigen die Tiere in ihrer Umwelt; bis zum Devon im Wasser, danach auch auf dem festen Land. Hinzu kommt abschließend die Untersuchung einiger rezenter Faunengemeinschaften, was dem Leser den Vergleich mit den Verhältnissen der Gegenwart erlaubt.
248 Seiten, 88 Zeichnungen, 16 Karten.

Ernst-Friedrich Vangerow
Mikropaläontologie für jedermann
Für den Liebhaber wird es immer schwieriger, schöne Fossilien selbst zu sammeln, da die guten Aufschlüsse abgesammelt sind oder gesperrt werden. So wie die Mineraliensammler häufig zum „Micromount“ übergehen, kann sich auch der Fossiliensammler auf Mikrofossilien umstellen. Mikrofossilien gibt es in großer Formenvielfalt, und die dafür brauchbaren Gesteine sind praktisch unerschöpflich. Dieses Buch gibt Anregungen zum Sammeln und beschreibt ausführlich die Präparationsmethoden, die auch der Laie anwenden kann. Ausgewählte Beispiele aus der Fülle der Formen ermöglichen ein erstes Bestimmen der Funde. Ein Überblick über die Vorkommen dieser Fossilien in der Erdgeschichte und den entsprechenden Gesteinen in Deutschland erleichtert das Sammeln. Professor Dr. Ernst-Friedrich Vangerow vertrat bis zu seiner Emeritierung an der TH Aachen das Gesamtgebiet der Paläontologie. Sein spezielles Arbeitsgebiet ist die Mikropaläontologie, besonders die Ökologie der Foraminiferen.
71 Seiten, 130 Fotos und Zeichnungen.

Weitere Bücher zum Thema

Karl Beurlen
Geologie
Der Autor zeigt, was wir in unserer Heimat vom Ablauf geologischen Geschehens selbst beobachten und wie wir Einblicke in die Vergangenheit der Erde gewinnen können. Der Ablauf der Erdgeschichte von der Urzeit bis zur Nach-Eiszeit, in der wir leben, wird eingehend dargelegt.
3. Auflage, 320 Seiten, 87 Fotos (z. T. farbig), 5 Lebensbilder aus verschiedenen Zeitaltern, 158 Zeichnungen, 3 geologische Karten.

Beurlen/Gall/Schairer
Die Alb und ihre Fossilien
Schwäbische und Fränkische Alb mit ihren vielfältigen und zahlreichen Gesteinsaufschlüssen sind ein Paradies für alle, die Geologie und/oder Paläontologie zu ihrem Hobby erkoren haben. Dieses Buch will ihnen Wege weisen und Kenntnisse vermitteln, die sie vom bloßen Anhäufen schöner »Steine« zu einem tieferen und letztlich forschenden Verständnis vergangenen Lebens und geologischer Vorgänge führen können. Die Schwäbisch-Fränkische Alb ist im wesentlichen vom Jura aufgebaut. Daher steht die Beschreibung seiner Gesteine und seines Fossiliengehalts im Mittelpunkt.
2. Auflage, 224 Seiten, 19 Farb- und 44 SW-Fotos, 265 Zeichnungen, 1 Kartenskizze, 4 Tabellen.

Karl Beurlen
Welche Versteinerung ist das?
Dieser Kosmos-Naturführer erschließt die Welt der Versteinerungen in ihrer vielfältigen Form und eigenartigen Schönheit. Aus den zahlreichen Überresten und Zeugnissen früherer Lebensformen der Erde sind hier die charakteristischen Fossilien kurz und treffend beschrieben. Die klaren Abbildungen helfen dem Sammler, seine Funde zu bestimmen und richtig einzuordnen.
10. Auflage, 232 Seiten, 28 Farbfotos, 1400 Abbildungen.

Karl Karsch/Ewald Muntwiler
Der Schweizer Jura und seine Fossilien
Hier erfährt der Sammler, wie im einzelnen die Sedimente aussehen, wo sie aufgeschlossen sind und welche Fossilien sie enthalten. Alle Fossilien sind detailliert beschrieben und die wichtigsten auf 31 Fototafeln abgebildet. Ein besonderes Kapitel beschäftigt sich mit Fundstellen und ein anderes gibt Hinweise auf die speziell im Jura beim Sammeln zu beachtenden Umstände.
136 Seiten, 12 Farb- und 127 SW-Fotos, 7 Karten.

Woolley/Bishop/Hamilton
Der Kosmos-Steinführer
Durch die Gegenüberstellung von Text und Bild wird eine genaue Bestimmung von 834 brillant fotografierten Fossilien, Gesteinen und Mineralien ermöglicht. Der Leser erfährt alles über die Entstehung der „Steine“, über Sammelmethoden und Sammlungsaufbau. Fachausdrücke werden erklärt, und über jedes Einzelgebiet wird umfassend informiert.
4. Auflage, 318 Seiten, 834 Farbfotos, 370 Zeichnungen.

TERRA
SIGILLATA